“2011计划”“公民道德与社会风尚协同创新中心”成果

江苏高校哲学社会科学重点研究基地东南大学
“道德哲学与中国道德发展”研究所成果

国家“985”三期“哲学社会科学创新基地”研究成果

国家社会科学基金重大招标课题
“生命伦理的道德形态学研究”（13&ZD066）中期成果

江苏医学人文社会科学基金成果

后现代生命伦理学 上

——关于敬畏生命的意志以及生命科学之善与恶的价值图式：生命伦理学的新原道、新原法与新原实

孙慕义 著

中国社会科学出版社

图书在版编目(CIP)数据

后现代生命伦理学：关于敬畏生命的意志以及生命科学之善与恶的价值图式：生命伦理学的新原道、新原法与新原实：全2册/孙慕义著.—北京：中国社会科学出版社，2015.6

ISBN 978-7-5161-6237-8

Ⅰ.①后… Ⅱ.①孙… Ⅲ.①生命伦理学—研究 Ⅳ.①B82-059

中国版本图书馆CIP数据核字（2015）第111977号

出 版 人　赵剑英
责任编辑　周晓慧
责任校对　无　介
责任印制　戴　宽

出　　版　中国社会科学出版社
社　　址　北京鼓楼西大街甲158号
邮　　编　100720
网　　址　http：//www.csspw.cn
发 行 部　010-84083685
门 市 部　010-84029450
经　　销　新华书店及其他书店

印　　装　北京君升印刷有限公司
版　　次　2015年6月第1版
印　　次　2015年6月第1次印刷

开　　本　710×1000　1/16
印　　张　74.25
字　　数　1251千字
定　　价　238.00元（上、下）

凡购买中国社会科学出版社图书，如有质量问题请与本社联系调换
电话：010-84083683

总　序

东南大学的伦理学科起步于20世纪80年代前期，由著名哲学家、伦理学家萧昆焘教授、王育殊教授创立，90年代初开始组建一支由青年博士构成的年轻的学科梯队，至90年代中期，这个团队基本上实现了博士化。在学界前辈和各界朋友的关爱与支持下，东南大学的伦理学科得到了较大的发展。自20世纪末以来，我本人和我们团队的同仁一直思考和探索着一个问题：我们这个团队应当和可能为中国伦理学事业的发展作出怎样的贡献？换言之，东南大学的伦理学科应当形成和建立什么样的特色？我们十分明白，没有特色的学术，其贡献总是有限的。2005年，我们的伦理学科被批准为“985工程”国家哲学社会科学创新基地，这个历史性的跃进推动了我们对这个问题的思考。经过认真讨论并向学界前辈和同仁求教，我们将自己的学科特色和学术贡献点定位于三个方面：道德哲学；科技伦理；重大应用。

以道德哲学为第一建设方向的定位基于这样的认识：伦理学在一级学科上属于哲学，其研究及其成果必须具有充分的哲学基础和足够的哲学含量；当今中国伦理学和道德哲学的诸多理论和现实课题必须在道德哲学的层面加以探讨和解决。道德哲学研究立志并致力于道德哲学的一些重大乃至尖端性的理论课题的探讨。在这个被称为“后哲学”的时代，伦理学研究中这种对哲学的执著、眷念和回归，着实是一种“明知不可为而为之”之举，但我们坚信，它是我们这个时代稀缺的学术资源和学术努力。科技伦理的定位是依据我们这个团队的历史传统、东南大学的学科生态，以及伦理道德发展的新前沿而作出的判断和谋划。东南大学最早的研究生培养方向就是“科学伦理学”，当年我本人就在这个方向下学习和研究；而东南大学以科学技术为主体、文管艺医综合发展的学科生态，也使我们这些90年代初成长起来的“新生代”再次认识到，选择科技伦理为学科生长点是明智之举。如果说，道德哲学与科技伦理的定位与我们的学科传统有关，那么，重大应用的定位就是基于对伦理学的现实本性以及为中国伦理道德建设作出贡献的愿望和抱负而作出的选择。定位“重大应用”而不是一般的“应用伦理学”，昭明我们在这方面有所为也有所不为，只是试图在伦理学应用的某些重大方面和重大领域进行我们的努力。

基于以上定位，在“985工程”建设中，我们决定进行系列研究并在长期积累的基础上严肃而审慎地推出以“东大伦理”为标识的学术成果。“东大伦理”取名于两种考虑：这些系列成果的作者主要是东南大学伦理学团队的成员，有的系列也包括东南大学培养的伦理学博士生的优秀博士论文；更深刻的原因是，我们希望并努力使这些成果具有某种特色，以为中国伦理学事业的发展作出自己的贡献。“东大伦理”由五个系列构成：道德哲学研究系列；科技伦理研究系列；重大应用研究系列；与以上三个结构相关的译著系列；还有以丛刊形式出现并在20世纪90年代已经创刊的《伦理研究》专辑系列，该丛刊同样围绕这三大定位组稿和出版。

“道德哲学系列”的基本结构是“两史一论”。即道德哲学基本理论；中国道德哲学；西方道德哲学。道德哲学理论的研究基础，不仅在概念上将“伦理”与“道德”相区分，而且从一定意义上将伦理学、道德哲学、道德形而上学相区分。这些区分在某种意义上回归到德国古典哲学的传统上，但它更深刻地与中国道德哲学传统相契合。在这个被宣布“哲学终结”的时代，深入而细致、精致而宏大的哲学研究反倒是必需而稀缺的，虽然那个“致广大、尽精微、综罗百代”的“朱熹气象”在中国几乎已经一去不返，但这并不代表我们今天的学术已经不再需要深刻、精致和宏大气魄。中国道德哲学史、西方道德哲学史研究的理念基础，是将道德哲学史当作“哲学的历史”，而不只是道德哲学“原始的历史”、“反省的历史”，它致力于探索和发现中西方道德哲学传统中那些具有“永远的现实性”的精神内涵，并在哲学的层面进行中西方道德传统的对话与互释。专门史与通史，将是道德哲学史研究的两个基本维度，马克思主义的历史辩证法是其灵魂与方法。

“科技伦理系列”的学术风格与“道德哲学系列”相接并一致，它同样包括两个研究结构。第一个研究结构是科技道德哲学研究，它不是一般的科技伦理学，而是从哲学的层面、用哲学的方法进行科技伦理的理论建构和学术研究，故名之“科技道德哲学”而不是“科技伦理学”；第二个研究结构是当代科技前沿的伦理问题研究，如基因伦理研究、网络伦理研究、生命伦理研究等。第一个结构的学术任务是理论建构，第二个结构的学术任务是问题探讨，由此形成理论研究与现实研究之间的互补与互动。

“重大应用系列”以目前我作为首席专家的国家哲学社会科学重大招标课题和江苏省哲学社会科学重大委托课题为起步，以调查研究和对策研究为重点。目前我们正组织四个方面的大调查，即当今中国社会的伦理关系大调查；道德生活大调查；伦理—道德素质大调查；伦理—道德发展状况及其趋向大调查。我们的目标和任务是努力了解和把握当今中国伦理道德的真实状况，在此基础上进行理论推进和理论创新，为中国伦理道德建设提出具有战略意义和创新意义的对策思路。这就是我们对“重大应用”的诠释和理解，今后我们将沿着这个方向走下去，并贡献出团队和个人的研究成果。

“译著系列”、《伦理研究》丛刊，将围绕以上三个结构展开。我们试图进行的努力是：这两个系列将以学术交流，包括团队成员对国外著名大学、著名学术机构、著名学者的访问，以及高层次的国际国内学术会议为基础，以“我们正在做的事情”为主题和主线，由此凝聚自己的资源和努力。

马克思说过，历史只能提出自己能够完成的任务，因为任务的提出表明完成任务的条件已经具备或正在具备。也许，我们提出的是一个自己难以完成或不能完成的任务，因为我们完成任务的条件尤其是我本人和我们这支团队学术资质方面的条件还远没有具备。我们期冀通过漫漫兮求索乃至几代人的努力，建立形成以道德哲学、科技伦理、重大应用为三元色的“东大伦理”的学术标识。这个计划所展示的，与其说是某些学术成果，不如说是我们这个团队的成员为中国伦理学事业贡献自己努力的抱负和愿望。我们无法预测结果，因为哲人罗素早就告诫道，没有发生的事情是无法预料的，我们甚至没有足够的信心展望未来，我们唯一可以昭告和承诺的是：

我们正在努力！

我们将永远努力！

樊 浩

谨识于东南大学“舌在谷”

2007 年 2 月 11 日

总 目 录

第一部 新原道：生命伦理学原理

第二部 新原法：生命伦理学的元理论与体系构架

第三部　新原实:生命伦理学实践与理论应用诸题

终曲:归田园居:诗的拯救

目　录

上

序　“推罗蓝”行动，生命伦理学遭遇后现代

孙慕天

摆在我们面前的这部皇皇巨帙——《后现代生命伦理学》，是在人类历史最严峻的时刻，尝试回答我们面临的最迫切、最重大的时代主题，对此作者的言说方式是“生命伦理学遭遇后现代”。

世上最宝贵的是生命。科学哲学家波普尔在古稀之年谈到生命的可贵时，讲过一个浅显而又令人信服的道理，他说：

> 如果我们在宇宙中随便选择一个地点，那么——根据我们目前尚存疑点的宇宙论来计算——在这个地点发现生命的几率将为零或近于零。所以生命至少有一种稀有之物的价值，生命是宝贵的。我们都容易忘记这一点，把生命看得太一文不值了。①

世上最可怕的事情莫过于对生命的糟蹋，而工业社会和随之而来的信息社会，在彻底解构我们星球的自然生态的过程中，正使人类步入最可怕的自我迷失中，人的生命——不仅是个体生命，而且是整个人类的生命——正面临生命史上前所未有的挑战：全球性的生态污染，不时袭来的流行性传染病，足以将地球毁灭百十次的核武器，此起彼伏夺走无数生命的恐怖袭击，且不说基因工程、数字技术对生命延续所造成的潜在威胁了，——难怪政治学家伯林（Isaiah Berlin）在评价20世纪的历史时要说“从对人类的野蛮摧毁的观点看，20世纪毫无理由地成为人类曾经经历过

---

① Karl Popper, “How I See Philosophy,” In C. J. Bontempo, S. J. Odell (eds.), *The Owl Minerva* (New York: McGraw Hill Book Company, 1975), p. 55.

的最糟糕的世纪”①，而更可怕的是这种“对人类的野蛮摧毁”，在21世纪仍然继续着。这就是生命伦理学所“遭遇”的后现代。

作者用了一个深刻的隐喻——“推罗蓝”行动，这正是作者为此书规定的目标，也是作者以沉重的历史感和热切的现实关怀所背负的理论使命。

“推罗蓝”的隐喻既极饶诗意又深寓哲理。作者指出，蓝天大海是永恒的生命颜色，是爱情，是幸福，是自由，是希望，这是西方的文化传统，也是人类的颜色图腾。而古以色列推罗城的毁灭，正是生命之蓝的消失。我专门做过考索，《荷马史诗》也许是第一部把蓝色作为生命文化符号的典籍。当阿尔奥斯人陷入“神降的惊慌，令人寒栗”时，大海是黑色的，泛起“黑色的波浪”；当大海“吞噬吕卡昂的尸身”时，则翻腾着“黑色的浪沫”。特洛伊人和阿尔奥斯人混战，海神波塞冬深感惋惜，这时大海是灰色的，大雪“盖遍灰色大海的曲折海岸和港湾”。史诗中只有两处大海是蓝色的，恰恰都是在展现希望和得救的时刻：英雄阿喀琉斯扣下了赫克托斯的尸身，快捷如风的女神伊里斯传达大神宙斯的旨意，让阿喀琉斯返还尸身，阿喀琉斯于是“宽宏大量地饶恕了一个祈愿人”，这时大海是蓝色的，伊里斯“钻进深蓝色的大海”；英雄奥德赛被卡吕普索囚禁，“用泪水、叹息和痛苦折磨自己的心灵”，大神宙斯让信使赫尔墨斯传达释放奥德赛的旨意，使饱受苦难的奥德赛返回家园，这时大海也是蓝色的，“他离开蓝色的大海”。人为的横暴摧毁了以蓝色为标识的推罗，“推罗蓝”行动就是拯救生命，这是作者为这部著作设定的主旨。

生命伦理学是对生命的意义和价值的追问，本书的副题是“关于敬畏生命的意志以及生命科学之善与恶的价值图式”，这种价值和意义的载体当然是人。作者以宏阔的眼光考察了历史上几乎所有的文化领域，哲学、宗教、科学、文学、艺术，乃至日常生活，并从不同民族、不同时代、不同学派留存下来的浩瀚文献中，披沙沥金，爬梳剔抉，试图给出生命本质意义的答案。纵观历史上所有对人的生命价值的探索，可以发现一个共同的理路：人的生命与所有其他存在物的最根本区别在于，人是自我设计、自我规定、自我完善的创造者，而人之所以能够如此，是因为他能

---

① ［英］彼得·沃森：《20世纪思想史》（上），朱进东等译，上海译文出版社2008年版，第1页。

够设定并遵守道德准则，这是人特有的功能。亚里士多德已经认识到这一本质，他说：“如果我们能够发现人的‘功能’（εργονορ），我们就能够准确地测定幸福之所在。”人的生命的目的是寻求幸福，而为此就要发现人独有的“功能”，这种功能是什么呢？亚里士多德告诉我们，人“具有分享道德价值的能力”，这是人独一无二的功能。① 这使我想起柏拉图在《普罗泰戈拉篇》中的一个发人深省的寓言：当诸神创造出各种动物之后，便派普罗米修斯和厄庇墨透斯（亦译爱比米修斯）从性能宝库中选取适当的性能，分配给各种动物。厄庇墨透斯独揽了这项工作，让普罗米修斯负责事后检查；但他却把所有的功能都分给了动物，而把人遗忘了。普罗米修斯发现了这个重大失误，为了拯救人类，于是偷天火和技艺给世人，结果受到了处罚。人类由于没有得到宙斯掌管的政治智慧和道德而争斗自残，不能以集体力量同心协力应对环境的挑战，因而濒临灭亡。“宙斯担心整个人类会因此毁灭，于是派遣赫耳墨斯来到人间，把尊严和正义带给人类，以此建立我们城邦的秩序，创造出一条友谊和团结的纽带。”当赫耳墨斯问这一馈赠是针对所有的人，还是只给少数人的时候，宙斯回答说：“分给所有人。让他们每人都有一份。如果只有少数人分享道德，就像分享技艺那样，那么城邦就决不能存在。”② 这就是说，道德是人的生命最根本的规定，是人的基本功能，也是人性的类本性。历史上，这样的看法是具有普适性的文化共识。康德认为，人的生命有三种固有的素质：技术素质；实用素质；道德素质。其中最根本的是道德素质，因为人“表现为一个从恶不断地进步到善，在阻力之下奋力向上的理性生物的类”③。中国先秦思想家荀子也说：“义则不可须臾舍也：为之，人也；舍之，禽兽也。”④ 基督教教义把人看成是按神的形象创造的，恶是被魔鬼诱惑而步入的歧途，人有向善的天性，因而是可以被救赎的。19 世纪，提出“福音伦理学”（Evanglical Ethics）的基督教神学家芬德利（George Gillanders Findlay）指出：“成为神的模仿者使人性成了生命的最高元

① Aristotle, *Nicomachean Ethics*, Trans. T. Irwin (Indianapolis: Hackett, 1985), pp. 1097 b24–1098a20, 1253a 7–18.

② 柏拉图：《普罗泰戈拉篇》，《柏拉图全集》第 1 卷，王晓朝译，人民出版社 2002 年版，第 443 页。

③ 康德：《实用人类学》，邓晓芒译，上海人民出版社 2002 年版，第 23 页。

④ 《荀子·劝学》。

素。”“在我们身上，爱，思想，意志把我们的存在提升到非人之上。”①

总而言之，本书对生命伦理学的阐释不仅使我们重新认识了人的生命——道德是人的生命的类的属性，是使人成为人的本质规定，而且对生命伦理学重新做了定位：这一学科是人学的核心内容，也可以说是所有人文科学的根基。本书的深刻性在于论证了一个重大的观点：当代最尖锐最具挑战性的现实问题——保卫生命的价值，只有诉求于生命的终极关怀才可能得到根本解决。贯穿这部著作的一条红线是坚持人类文明的最高理想，即寻求真、善、美，而这正是生命伦理学的基石。康德之问是哲学的永恒主题：人能够认识什么？人应该做什么？人可以希望什么？虽说只有应然属于实践理性即道德的范畴，但是这三者却是密不可分的。陈寅恪提出“了解之同情”，是说在探究本质、用理性求真时，要有设身处地与人为善的情怀，真与善是统一的；冯友兰则提出“有情无私”，是说在实现审美理想、抒发美好诗意的感情时，应秉承廓然大公的德性，美与善是统一的。所以，连接真、善、美的枢纽正是善，没有一颗善良真诚的心，离开了正确的价值导向，心灵之镜被扭曲，人和世界的关系就颠倒了。本书作者“发现生命伦理之‘是’”，揭示真与善的关系；探寻“生命美学的伦理之根”，揭示美与善的关系，这些理论言说正是从终极关怀的制高点寻求生命的真正价值。人作为此在与所有的在者的不同在于，他一经涌现出来而在场，便时刻在超越自身，所谓“存在先于本质”，亦即在自我创造中不断成就新我。但这种创造有向上和向下两个方向：人有本我，即作为生物本能的我，是为兽性；人有自我，即文明教化塑造的社会的人性；人有超我，即扬弃小我人格升华的神性。向上的方向是走向人类的终极关怀——真、善、美，如科学史家萨顿（George Sarton）所说：“生命的最高目的是造成一些非物质的东西，例如真、善、美……无论是否有一个最高顶点，无论这个顶点最终能否达到，我们都必须朝着这些理想奋勇前进。我不能为我的生命找到其它的意义，不能为我的行动找到其它的动因。”② 这就是走向神性的上升之路，对人的生命来说，生无所息，美无所穷，爱无所尽，思无所止。

---

① George Gillanders Findllay, *The Epistle to the Ephesians* (London: Hodder and Stoughton, 1892), pp. 309, 311.

② 乔治·萨顿：《科学史和新人文主义》，陈恒六等译，华夏出版社 1989 年版，第 9 页。

从工业社会以来，人类面临的问题是，随着韦伯所说的祛魅，人欲横流，娱乐至死，出现了所谓流行性物欲狂（affluenza），告别崇高，告别信仰，告别理想，生命成了由无数短暂快感拼合起来的一堆碎片。如莱德菲尔德（James Redfield）在其畅销书《圣境预言》（*The Celestine Prophecy*）中所说，前500年，“生活被解说成经历一种精神考验：获得或失去拯救”；后500年，“构造世俗、物质的可靠性，只求舒适的生活，不求为什么生活”。也许在这一点上，马克思的预见比任何人都更超前，他在1844年就说过：“物的世界的增值同人的世界的贬值成正比。”① 这个方向就是生命之路下行的危险方向，是走向沉沦，是后现代境遇对人类前途和命运的挑战。生命伦理学要回答的首要问题是，怎样让整个人类的生命即人类文明永续发展。20世纪初，德国学者明斯特贝尔格（Hugo Müsterberg）关于这一主题连续发表《永恒的生命》和《永恒的价值》两部著作，他指出：

> 如果生命不是别的而只是一种短暂的闪光，如果不是即刻起超出自身，如果没有把超越飞逝体验的内容保留下来，生命就没有意义，而我们也就不会有任何可以称之为世界的东西了。②

从未来和永恒看现在和今世，本书堪称警世之作。

本书看似散漫，其实作者匠心独运，在恢弘的范畴建构中，贯穿着严谨的辩证逻辑。学者牟宗三指出：“所谓关心生命，生命的意义有好几层。”③ 本书作者条分缕析，对生命的各个层次逐一论列：生命载体上的个体生命，群体生命，人类生命；生命形式上的肉身生命，精神生命；生命存在上的现时生命，永恒生命；生命内涵上的生命体验，生命反思，如此等等。最具原创性的是，作者以原道、原法、原实三论谋篇，可谓别具慧眼。原道是在本体论维度上对生命本质的反思，这是从实证科学到形而上学论域上考察生命的理论基础；原法是在认识论（和知识论）维度上

---

① 马克思：《1844年经济学哲学手稿》，《马克思恩格斯全集》第3卷，人民出版社2002年版，第267页。

② Hugo Müsterberg, *The Etrenal Value* (Whitefish, Motana: Kessinger Publishing, 2007), p. 75.

③ 牟宗三：《中西哲学之会通十四讲》，吉林出版集团有限责任公司2010年版，第14页。

对生命认识的逻辑重构，是对生命伦理研究域及其规则、方法的探求；原实则是在操作论维度上对生命伦理学应用价值的考察，是立足于案例分析（case studies）对理论原理在现实生活中所做的实践检验。

如果求全责备的话，我十分希望作者今后能将生命伦理学的讨论拓展到数字化革命与人的生命的关系这一领域。从梅洛—庞蒂（Maurice Merleau-Ponty）将身体置于本体论的中心开始，到现在声名大噪的唐·伊德（Don Ihde）提出“具身关系”（embodiment relation），关于人的生命体与技术共生的思想，正在产生深刻的影响。近来，数字解释学（Digital Hermeneutics）的兴起尤其引人注目，卡普罗（Rafael Capurro）甚至提出了数字人（the digital human）的概念，认为人的生命正在被数字革命重构。[①] 这当然是一个极富挑战性的领域，生命伦理学也许必须进入网络伦理或“数字伦理”的研究域。

我十分欣赏作者最后以“诗的拯救”作结的文本设计。海德格尔思想的发展是有启示性的：以《存在与时间》为代表的前期海德格尔或海德格尔Ⅰ，主要着眼于在与在者的对立，解释作为此在的在者在世的生存状态，认为此在是在畏和烦中向死而生；以《林中路》为代表的后期海德格尔即海德格尔Ⅱ，则是着眼于此在与存在的统一，找出通向存在真理的澄明之路。此在作为在者是不能得救的，可救的只能是思，而诗是存在的思的拓扑学，“诗，是存在的神思”，是抛开一切私欲、邪念、虚妄、奢求向“本真状态”的回归。这是海德格尔哲学的伟大转向，这一转向的界碑就是关于诗的新言说：思想之音必须是诗意的，因为诗是存在解蔽而敞开的言说，是真理的显示，在尼采所谓的“上帝死了”之后，向诗而生才是人的得救之路。荷尔德林被海德格尔推崇为“诗人中的诗人”，而他那首因“诗意地栖居”这一诗句而深刻启示了海德格尔的《在可爱的蓝色光芒中》，就可以称作“诗中的诗”了。国内流行的中译本对此诗的翻译都仅从文学修辞上着眼，偏离了诗人要传达的哲思，我特地从德文原文做了重译：

---

① Rafael Capuro, “Interpreting the Digital Human,” In Elizabeth Buchanan and Carolyn Hansen (eds.), Proceedings Thinking Critically: Alternative Methods and Perspectives in Libery and Information Studies (University of Wisconsin-Milwaukee, 2008), pp. 190–220.

纵然生活是终生苦役，
人仍然会抬望眼向天发问：
我是否还是愿意继续生存？
是的，只要纯真绵延不绝，
良善便长驻我心，
将再无哀怨地用神性度量自身。
神不可知吗？
神抑或如青天一般澄明？
我倒是愿意相信后一种。
神本来就是人的尺度，
人虽劳绩彰扬，
但却诗意地
栖居在这片大地上。

人的此在是“短暂者”（Sterblichen），他艰辛劳顿，即使劳绩彰扬，仍然是向死而生（Sterblichen 的动词词根 sterben 就是死亡）；但是，人之所以仍然愿意生存在大地上，是因为他以神性为尺度，他只要按照这样的标准生活，像天空一样澄明，就会诗意地栖居。而神性的尺度就是回归人性的本真，“只要纯真绵延不绝，良善便长驻我心”。这岂不正是这部《后现代生命伦理学》的结论？遵守生命的伦理规则，就能幸福地居住在天空之下和大地之上——“诗意地栖居”。我相信这正是作者的心声。

我的专业是科学哲学，对于生命伦理学，我是门外汉，但作者嘱我作序，我却责无旁贷，因为我和作者无论身与心均谊属至亲。孙慕义教授是我的胞弟，我们都生长在宗教家庭。我们的父亲是基督教长老会牧师，在孩提时代，我们接受了以信、望、爱为纲的神学教义的训诲，这在我们兄弟的心中刻下了难以磨灭的印痕。时代的风雨重新铸造了我们的精神世界，但是那种崇高的精神境界却像脚前的灯和路上的光一样，始终照耀着我们的生命旅程。慕义是学医出身，多年临床实践的经验，悬壶济世，使他对生老病死有着切身的感受。中年后，他弃医从文，正是出于对生命价值和自身使命的深刻感悟。我从事哲学工作自然对他也有些许影响，但作为兄长，我却深深感受到他这一人生转向所透露出的郑重和庄严。如今吾弟也已年届古稀，想起他青年时代在南京求学时，让家母在他的睡枕上绣上了一行诗句：“念平生所爱，红岩翠柏；少年壮志，海阔天空。”我曾深深为之动容。现在，我们兄弟都处在人生金黄色的秋天，始终不断相互砥砺，一定要把心中青春的火炬高高举起。棠棣情深，让我把传记作家克拉克（Ronald W. Clark）写给老年罗素的话送给我挚爱的兄弟：

“日落时仍有闪电。”

是为序。

2015 年 1 月 13 日午夜

赘言　学问的生命伦理样态

樊　浩

12 月 10 日晚，收到在同一个学校、同一个学科打拼但却差不多一年未见面的老朋友孙慕义教授的邮件，除一百多万字的专著书稿，和一百多万字的译著之外，还“附”着一信：“在同一个城市，一直难见，我们都很忙……也许忙是一种营养吧!”接着，是斩钉截铁的任务布置：“我想约请你为这部书作序……元旦前能否交我?”一如既往的“老孙风格”：至情至性，而又情义并茂，既无客套，也毫不留余地。“老孙”，几十年来，我，我们的同事，都这么称呼他，不仅年长，而且是发自内心“赋魅”式的敬重，就像“老师”之于“教师”，“老师”之“老”是一种文化认同的“魅”，而“教师”则是一种职业认同的脱魅甚至如价值沦丧一般，在我们这批不合时宜的“最后的文人”心目中，“老孙”的称谓不仅亲切随和，而且潜意识里真的觉得他够格被尊为“老”。老者，传道解惑，以文化生生不息传人为己任，历史之自然大文脉是也。

在这个一切都快餐化的时代，面对一百多万字的独立专著，以著述简短自慰的人们只能偷偷在心底泛起一番羡妒；面对一个年届“从心所欲不逾矩”之龄学者这样的皇皇巨著，我们这些自“知天命”之日便时常感叹“力不从心”的学者，只能“被震撼”和“被汗颜”；而如果一部百万言巨著和一部百万言译著（主译）同时放到你的面前，那么，你唯一能做的，也许只能高山仰止，献上一掬心灵的鞠躬——千万别以各种理由说三道四，面对心血和智慧的结晶，面对人类精神世界正在绽出的那丛“康乃馨”，理智正常和伦理健全的人献上的应当是敬意，任何未经仔细回味的信口开河都只是披着学术外衣的妒忌，或阿 Q 式的自嘲。

“作序”实在太抬举，“欣然命笔”是自不量力，但“不作”又有点

"不识抬举"，作为同事，也是伦理上的"不作为"。最好的选择，还是以"生命"对"生命"，谈谈"触电"这部皇皇百万言"后现代生命伦理学"巨著的"生命"感受吧。

指间刚在电脑上敲出几行字，大脑里便缓缓而高清地舒展出一个问题：学问的生命伦理样态！这个问题不仅是浏览全书纲目后所产生的学术直觉，潜意识中更是"蒙太奇"老孙为人为学而获得的灵感和顿悟。问题的重心不只是作为核心概念的"样态"，更是对学问的生命、学问的伦理的追问与反思。

怀疑首先指向"学术"。面对如此这般的大部头，严谨的思维指向应当是学院化的"学术"而不是生活化的"学问"。但是，从最近的阅读和学术反思中我获得一种开悟：在相当程度上，直指内心的学术直觉比严谨细致的分析论证更接近真理，因为，可解释的是事实，不可解释的是生活，直觉所动员与激活的全部知识和思想灵动，往往与生命，与生活的真谛更接近，而人文科学恰恰是也只是"人"的科学。不过，当这一问题刚在脑海显现，思想的生物电的第一波——自我好奇也是自我反思便是：面对老孙，面对老孙这部书，为何首先想到的是"学问"，而不是"学术"？凝神驻足数秒，便有了答案：原来，"术"这个词对老孙不适用，甚至从来不适用，面对"学"，他，他的"孙氏研究"要的、做的、玩的，不是这个"术"，他，他的作品，是在"问"，而且总是在"问"，可以说，他和他的作品，一直行走在"问"的路上，这部巨著就是其集一生关于生命、关于生命伦理学的"问"之大成。

值得玩味也应当反思的是："术"和"问"到底有什么不同？"问"什么？如何"问"？

自从有了近代以来的学科大分化，自从知识的生产和再生产成为一种职业，聪明的知识人就试图建立某种垄断，将知识的生产与再生产演化为一种权力，最精明也是最有显示度的方法，就是将它变成一种"术"，一种只有极少数被称为"专家"、"学者"，一言以蔽之"知识精英"才能读得懂、做得来、玩得起的"术"，于是，一种高雅得令人仰止的标签便让人欲求不得般地位于社会的巅峰而俯视众生："学术"。其实，仔细打量，"学术"并不那么神秘，更不那么高不可攀，学者之"术"，学问之"术"是也。一部分人为了保护自己的领地和特权，防止"他者"的入侵和僭越，而画地为牢，讲一些别人或所谓被称为"外行"的人所不懂的话，制定一些圈外人所不懂也不想懂的套路和规则，敝帚自珍，自我玩赏起来，最后从自恋变成自大，从自大变成自封。其实，“术”本身并不是什么秘器或秘籍，“术”人人有，行行有，政治家有“权术”，工程专家、匠人有“技术”，至于我们这些百无一用的文人，说出来高雅并且吓死你：有“学术”。于是，“术”便成为界碑，成为海域，成为防空识别圈，最后禁锢的却是自己。“术”之繁荣与泛滥，乃至同一学科内部，已经“话语系统不兼容”，“术”过细过严，学者们过于热衷于“术”，于是，人人成了“术中人”，犹如莫泊桑笔下的“套中人”一般。要不，“不学无术”，怎能成为对人最严厉的批评乃至死刑般的宣判？

老孙从不肖于这般为学。也许他从来不在意甚至有点藐视这种“术”。因为他的经历很特殊。从医十八年，可谓精通“医术”，可一觉醒来，忽然见异思迁，喜欢上了“学术”。于是，便放下手术刀，玩起了“刀笔”，从江西跑回南京，到南京铁道医学院做起了为他的医生同行，也为天下生民立法立命的“勾当”：从事医学伦理学、生命伦理学的研究。不想或是无心插柳，或是天降大任，居然很快打下一片天地，成为改革开放以后中国医学伦理学、生命伦理学领域崛起的几位最有代表性的学者之一。从20世纪80年代初举办医学伦理学助教进修班，为中国医学伦理学的兴起和发展准备了第一批师资，到从全国调兵遣将，组建南京铁道医学院医学伦理学团队，一时形成南北鼎立的医学伦理学大格局，成为两大全国医学伦理学基地之一。

我与老孙相识相知近三十年，感觉他颇具“魏晋风度”，魏晋名士的酒、药、玄三元色中，除了药之外，其他全是他所嗜。老孙嗜酒，无论何人生病，生什么病，他开出的药都是“喝酒”！嗜酒虽未达到嵇康、刘伶的地步，但每次聚会，不经意间从口袋、从包包中掏出一瓶、半瓶酒的那种惬意和得意，煞是可爱和感染人。他的为人，他的研究，他的作品，带有浓烈的酒味酒性，是典型的“酒神精神”。情之所至，兴之所至，信马由缰，然而至情至性，全是发自生命，发自灵魂深处的本心和本真，全无理性的羁绊，也毫无世俗追求的那种矫情的献媚。于是，在这个“术”的时代，“术”的世界里，老孙有许多精妙绝伦的高论，有许多发自肺腑、感天动地的追问，也有一本接一本的鸿篇巨制，但却少有我们这些世俗学者们为追求学术市场“占有率”或影响力的“论文”。一方面，医学伦理学、生命伦理学本身就是交叉学科，甚至是边缘学科，阵地与舞台很少；另一方面，老孙不愿意也不屑于求“术”玩“术”，酒神精神不允许他做“术中人”。这种状况在今天的评价系统中可能影响了他的世俗利益，但丝毫不能影响人们对他的敬重，更不能影响他的学术创作和学术成就。医学院并入东南大学17年，我任人文学院院长15年，我们两人长期共事，我曾多次戏言：在东南大学，我谁都不怕，就怕老孙。这当然是戏言，但戏言之外有真情。怕者畏也，畏者敬也。我敬畏他对事业的执着，敬畏他作为文人的真本色，敬畏他“为生民立命”的那种抱负。记得在一次会议上，我刚对医学伦理学有点批评，他便放言：谁不重视医学伦理学，谁就是我的敌人！放达至此，酒神至此，魏晋名士恐怕也追不上。这部作品，从标题到副标题，到目录，可以明显地感受到他的放达。只要稍许浏览一下目录就可以发现，从语言到标题，从标题到格式，心之所至，意之所至，情之所至，当下就是表达，全无“规约”的痕迹，他像一个刚来到世上的赤子，从没穿过衣服，一穿上衣衫，就浑身的不舒服。也许，赤子不仅是人的童真，也是人的本真，穿衣服是人的教化，就像亚当、夏娃在伊甸园用第一块遮羞布只是为了“分”，即将本是同一的生命世界分成男人和女人，从此就如有了“原罪”一样，人一旦穿上衣服，进化了，也就退化了，从此离不开衣装。“术”的规约或规范同样如此，一不小心，钻入“术”中，牢笼的其实是自由的思想和本真的性情。

但是，千万别以为老孙“无术”，他是藐视“术”的，他和他的作品所追求和表达的乃是“问”。问谁？问自己，问世界，问苍天；问什么？问生命，问伦理。藐视“术”不仅要有胆魄，有不俗心，而且要有真学问，真本事，就像道家隐世必须有惊世的才华一样，否则老庄早就“没”而不是“隐”了，根本不可能由“无为”而“无不为”，又怎能有那般对中华文明产生几千年影响的子子孙孙不绝的道家？老孙这本书，取名《后现代生命伦理学》，从十多年前的著作一直到现在，他似乎对“后现代”情有独钟。与其他研究或钟情“后现代”的学者不同，老孙的“后现代”，与其说是一种话语，不如说是一种情结，一种生命情结，一种未来情结，也是一种历史情结，因而对他当下和以往的著作乃至书名中多次出现的“后现代”不可作形而上的简单概念分析，毋宁当作他的“问”，他的追求的整体性话语。这本书建立了一个“新原道——新原法——新原实”的宏大体系，这个体系之大，抱负之大，让人很容易联想起冯友兰先生的“新原道”、“新原人”。三结构取名“原”，所问所求直指本真，“道—法—实”不仅是生命伦理学在元理论、元方法和元实践方面的一些基本问题，也是人的生命或与人的生命攸切相关的根本大问题。如果用传统中国哲学的话语表述，就是一个“道—法—术（狭义）”的体系。显然，作品虽在讲生命伦理学之“法”，实际上在他的体系、他的理论中，法无定法，法无定术，有的是问题流和思想丛。读老孙的书，很多时候感到他似乎在自说自话，完全旁若无人，其实这正是他的可爱与可贵之处，因为他的学问，他的作品，首先是在问自己，是自己真思想、真价值、真追求的自然流淌。所以，他的作品，似乎不是在表达，而是在倾泻，你会感受到一种思想在澎湃，一种激情在汹涌，这种激情如此炽烈，似乎要把他自己，把这个世界燃烧起来。在他的作品中，思想和知识，包括他的作品本身，并没有对象化，他的所思所言，就是他的所信，他的作品就是他的信念的宣言书，而不像现代性的研究那样，作品只是思想的对象化，或理性的呈现。老孙的作品是有生命的，这个生命就是他自己，无论何种模样，无论别人如何看待，它们都是老孙自己。只有真正用心用情用信念著书的人，才会有这种境界。所以，读他的书，其实就是读他的人，如果有幸听过他的演讲或发言，就会更加感性地了解这一点。学问，已经成为他的生活，成为他的生命。由此，以近七十之龄，才能写出如此恢弘、如此激越之作品。其实，这已经不是作品，而是符号化的作者本身。这个宏大的体系，最后以三个问题收卷：“我们从哪里来?”“我们是谁?”“我们走向何方?”他在向自己发问，向世界发问，向苍天发问。问的意义不在于答，乃至不在于有答，“我问，故我在”。有问，就有灵动在，就有意义在，就有真文人在。

老孙所言，就是这样的真性情；老孙所做，就是这样的真学“问”；老孙所求，就是这样的真文人。老孙的这部巨作，所问所做所求，不仅“生命”，而且“伦理”，本身就是“生命伦理”的真样本。如果要问“学问的生命伦理样态”是什么？这部作品已经作了演绎：生命且伦理，或者，在不断追问中，生命并伦理着。至于“后现代”是否，大可不必在意，“道可道，非常道”。“祭神，如神在。”

樊　浩

二〇一四年十二月十五日

于东南大学“舌在谷”

引　言

先知以利亚应该是一位值得尊敬的神，我们很多人都不知道他逃避以色列王后耶洗别迫害的遭遇。这是有记录的。在何烈山山洞中耶和华让他出来站在山上，此时，“在他面前有烈风大作，崩山碎石，耶和华却不在风中；风后地震，耶和华却不在其中；地震后有火，耶和华却不在火中；火后有微小的声音”①。其实我们每天都有良心的呼唤，但是，那是最微弱的声音，所以我们经常听不见，因此，我们无法思索和反省，我们只是活着，“满眼流光随日度……不觉芳洲暮”②。我们必须学会倾听最微弱的声音，也许，那是最后的真理，那是比金子还贵重的生命的依靠。

这个微弱的声音，就是那个弱小的幽灵，它羸弱而低沉，只是漂浮和点燃着。

我们亲历它开始的强大，它化成无数更小的幽灵，由其中一个最小的幽灵化作又一个最强大的幽灵；幽灵依然散落尘埃，尘埃还在积淀，当尘埃中仅存留的精魂成为一个思想的胚胎时，只要有足够的营养或文明的培基的爱，新生的幽灵就将战胜一切旧有的，借黎明的光照和精神的差遣，诞生并发育；如果在暗夜，它将照亮万物。

人在有生命之前与之初，即由于这种幽灵的存在而存在，它潜藏着人的性与人的意识的可能，它指向未来的元素、分子、颗粒或碎片、段落，最后归为一种具有整体特征的结构。

生命从根本上讲是一组符号，作为语词，它拥有了内部结构以及系统整体行为的对立、冲突与统一。我不知道用什么其他的语词来替代之，“生命”或我们面前这个学科，之所以被我说成幽灵，是因为我在凝视它

① 《旧约·列王纪上》19：12—13。

② 《茶烟阁体物集》下卷《蝶恋花·春暮》。

后，无法再提出正义以外的、任何其他的意义、思想与声音，那个“能指”的音位只有一个，作为生命的概念和价值的“所指”一直被变化着——不是本身被改变，就是本身改变着；那个 life 和 bioethics 只是一个声音，且是唯一的声音。

如果再次考量和追问时间的产生或品能，似乎没有人会赞同这种做法，因为时间就是没有最终“解”和最后“结”的神秘谷，但正是它托起了生命，时间给与生命以可能，并在空间中显表生命的华彩。时间和空间给与百花盛开，给与泉水叮咚，给与莺啼虫鸣，给与人类文化符号的自由与历史漂变的任意性。

我们的问题在于，很少有人还愿意和欧几里得、爱因斯坦、普朗克、波尔、达尔文、哥德尔、高斯、普利高津这些人一样，把“上帝掷骰子”和偷看上帝“创造世界的底牌”作为自己的科学赌博，或如斯蒂芬·霍金那样和上帝比心智。

> 空虚空间能够产生短寿命的粒子，这些粒子在不确定性原理控制的时间尺度上突然出现和消失，正是能量——时间不确定性原理的一个特别重要的结果。①

从量子力学的观点来看，不存在任何一个量可以在一个个体事例的因果中决定碰撞的效果……粒子的运动遵循概率规律。同样，生命的运行显然决定于概率，本来应该用概率和数学计算的方法预测疾病的生物数学规律，但霍金放弃了这个想法。

换一种说法，我们不是把认识局限于纯粹的意义，纯粹的意义是否存在，生命是否就是我们理解的那个意义，人是否就是我们感觉的那个主体。我们无法再进一步超越在生命意识和意识范围内自身的存在，我们对于人的生命现象的认知知识似乎已经穷尽或必然会穷尽，我们再也不能够更换一种思维形式或取向、心智、价值观以及文化传统去重新定义生命。我们的能力不再为我们提供更超越的智慧，我们只有服从于人的生命自体。

---

① ［英］彼得·科尔斯：《霍金与上帝的心智》，李醒民译，北京大学出版社2005年版，第34—35页。

花力气去艰苦地探究事物发生的原因和历史驱动力，对生命事物的感情和喜悦，是与单纯的求知欲和民族的荣誉感连在一起的，特别是为了表述我们的前驱者（即那些引领我们走上这条星光大道的人）的业绩和我们对于他们的感恩而设定的时间界限和节日或纪念日情结，就把本来不是这样的历史过程人为化、情感化了。站在世纪边上，用过去的美好、温暖的激情、甜蜜的忧伤、神圣的价值和绝对的善，与现在的缺陷作对比，用一种纯粹的唯心姿态回望曾经的存在和早年的艰苦与欢乐，那种献身和自觉，那种无私与信仰，那种低质量的快感和情愫，都隐匿和包含了未被检验的信念。正如弗雷德·戴维斯所言："过去的事情比现在更好、更美、更健康、更令人愉悦、更文明也更振奋人心……尽管这类宣告也多倾向于仪式性地承认……但总有一种内在的情感与不言而喻的认识前提……"① 诚然，我们绝不是为历史的罪孽招魂，决然无意掩盖我们曾经历的痛楚，那种压抑和不平，那种泯灭人性的伤害，都是对后世的警示。实在地想，文化是很难复兴的，"文化"过了的就是文化的历史，其存在已经成为过去的曾经，问题是，我们心向往之的只能是没有伤痕的未来。

但是，它在哪里？我们要用什么去获取？今天的美好，掩饰不了内在的冲突和新的理性的伤痛；狂风扫落所有枯萎的秋叶，也掩埋了从来没有炫示过春华的树，仿佛一夜之间"诚信"就失去了生命；消费的文化心理、后现代经济贪欲的风暴夺获了我们往日的诗意、浪漫、价值与意义，金钱的引力和拜物教崇拜的涌潮改变了生活中很多美丽、光明、高尚的东西，丑陋、贪婪、琐屑充斥于我们的生活，我们躯体与精神的生命也面临着被啃噬或蚕食的命运。人们被焦灼、狂躁、抑郁所挤压，就此，美德被一些人扔进了荒蛮的沼泽地？

朴素地或回归式地怀旧，遭到过很多人的批评，戴维斯对于美好的过去与毫无吸引力的现在给予过历史哲学性的定义，"不管这个"究竟是哲学的还是社会的规避或限制性话语，或者隐藏着对于反叛传统的愤懑，都反映在他的定义中。Simple nostalgia ②不是故意要把后现代作为一个学术

① Fred Davis, *Yearning for Yesterday: A Sociology of Nostalgia* (New York: The Free Press, 1979), p. 19.

② 请参考周宪主编《文化现代性与美学问题》，中国人民大学出版社2005年版，第36页。

名词，而是作为一种心理的寄托，以及对于眼下文化与伦理冲突的策略性消解。

> 赖遇南平豁方寸，复兼夫子持清论。有似山开万里云，四望青天解人闷。人闷还心闷，苦心长苦辛。①

戴维斯的苦心让我们反思后现代道德文化歧路上的郁闷以及重新选择或创造的艰辛。那种焦躁不安，那种冲突后的快慰，那种矛盾与内疚的心理，那种局促与不宁，都值得我们深思。

生命伦理学学科形成的历史进程很长很难，生命伦理的事更烦更难。

当代汉语学界关于生命伦理话题的一个最广泛领域的、具有历史感的、语义赋形的深刻交流，是以道德哲学语言作为基础，把实践问题和现象作为载体，以形而上“异乡人”的部分共认意识和多元宽容心理作为前提，建立共商的生命伦理语汇，最后回归到高端理念中。当然，这样一些短暂的对话，不可能解决根本的话语会同和汇通，但我们毕竟有了一个令人欣慰的开始；虽然各自依旧愿意保留自己的话语权利，但又互相理解与尊重，在一个最好的思想和信仰家园以及学术追求的生活中，构结一个最有效的伦理中轴，坦诚并忠实地追求德行的美好与自由。为了生命的明天与明天的生命，我们将继续完成与哲学、科学以及其他学科和文化领域的融合，使包括身体伦理语言在内的生命伦理学与生命政治学有一个真实的突破。

我们处于一个鲜活、复杂又耐人寻味的时代，一方面对新生文化和新的创造感到惊异与茫然，另一方面又不得不寻找适应性话语去应对各种事变。人的生命附丽于身体的有形存在之上，由生命原体、文化体和相关体构成一个精妙的逻辑结构，而其存在是以人性伦理、人的生存伦理或性伦理话题展开的，化生为身体伦理和信念、信仰的争议，转而化生为生殖与生存的“二生”（生存与生殖）哲学，即性欲、婚姻、生长发育、快慰痛苦、成功失意、生老病死、爱恨情仇、离合忧念，以及灾难福祉、政治经济、物质追求与欲望满足、冲突碰撞、战争和平、理想和谐、公平正义，等等；本来生命伦理与人文精神就不可分离。在身体文化的讨论中，诠释

---

① 《李白全集·江夏赠韦南凌冰》，上海古籍出版社1996年版，第99页。

专制、权利与自由，特别是高新生命科学技术和长寿、保健、卫生政策和体制、市场、竞争、资源和财富分配以及文化传统相互融汇以后，使我们这段探索和寻觅的生命历程成为一个迷惑、期待、探究与争论的文化历史和生命政治的断代。

时间使生命和身体成为一种尊严。时间已进入知识成为知识对象的内在因素的阶段，我们似乎最终也无法理解"人"的出现与存在，并且为什么常常由于我们内在的情感断裂而使人的尊严瓦解，生理的、劳动的、言说的现代人开始重新思考自身的价值、人在环境与宇宙和历史中的位置，以及身体的意义。我们已知并关注着现代人的三个哲学上的二元性，这种二元性从一个方面表现了人生的双重角色。第一个二元性是，人是一个奇怪的经验——先验二元体，这是因为对有限者的分析源于对具体人的存在，即对生命、劳动和语言的经验事实的把握。人只有通过言语、有机体与创造的对象才接近为人，人又是使一切知识成为可能的先验条件，真理的话语必须先于经验真理而存在，才能保证有限者发现的稳定性。第二个二元性是，我思（Cogito）和无思（unthought），它是经验—先验二元性为人类主体设置的条件产物，我思不再是明察秋毫的顿悟，无意识也已成为无思的一种形式，米歇尔·福柯的无思就是卡尔·马克思"异化的人"，人的实践背景是无思，这使思想和行动成为可能，使我们的生存有了价值。第三个二元性是起源的后退与回归，起源是真正的历史问题，比如人和人性的起源、社会的起源，但起源常常后退，我们只把希望寄与未来，起源就是正在回归的东西，起源通过时间变得可见，它径直退向未来，用"完成"消灭时间，使我们从相反方向找到真理；回归，诸如生命的政治性回归、医学的人文回归或身体的伦理回归，位于起源的极端后退之中。

其实，拉康式的这三种二元性所确定的人的"知识主题与知识对象"的地位是值得怀疑的，人必须用人文的学科，即关于人的科学与哲学、社会学、心理学、艺术、神学、语言及历史文化研究来缓解这种紧张关系，特别是与自然科学的疏离。社会排斥人的活动内容，不承认自然或工程技术的科学被人文学控制的现实，生物学规范和功能、经济学的冲突和规则使人文学科丧失其所有权与价值，正是人否认了人作为意识与真实内容的存在，正是人由于受学科极权主义的干预而置自身于死亡的末路。人学的沉睡与人文学科的萎缩是20世纪最大的悲剧，是"杀死上帝"又"杀死人"的时尚恐怖；同样，对于21世纪来说，人类将面临更大的生命政治压力，源于生命科学成就所引发的道德争议，将会更加紧迫地苦逼人类作出最后的伦理选择，如何指导新的医学人文运动？复兴还是创建？或者在静默中仅仅是期盼和怀疑？

人类的价值观和理想，为我们这个不断变化社会的道德行为提供了目标与方向，但我们生活在一个有缺陷和易于发生冲突的世界里，因此，我们必须用规则和标准提供生活的指导方针以求指导人们如何使个人与社会的发展符合人类的生存需求。按查尔斯·坎默的意见，这些指导方针有两种类型：第一种是能为我们调整与其他人、与世界之间相互关系提供具体指导方针的规则；第二种则是那些指导我们思考在特定环境中应如何行动的规则。

眼下，我们再也无法保持一贯的沉默和冷静，只有加入恢复医学自然科学化之后的医学人文振兴运动，我们才能救助生命科学和医学，并让伦理学救助我们。

生命伦理学界、生命科学界、医学人文学界乃至哲学界亦十分茫然，人文精神依然迷失，多数人陷于浮躁、急躁、聒噪的学风中；我们的声息尽管弱小，但还是克服了这种喧嚣，在韬晦养性、怡然养心、出世又入世、无为又有为之中，怀着飘逸而淡泊的心绪，在极圣极明极致的学术征程中造就一个历史时刻。我们正经历着无数次精神炼狱中最漫长的一次，我们在凝思、冷思与沉思中集合着情思与语言，市场经济如果失去控制，天使就会沦为魔鬼，这将是寻回人文精神的路障。

1517 年为我们留下了辉煌的记忆，马丁·路德的革命引发了人类人文主义思想的解放；1948 年，卡尔·巴特这位坚定地反希特勒主义的勇士，尖锐地批判新教中严重的教义问题，呼吁“世界就是世界，人就是人”。随后，巴尔塔萨注意到了巴特思想中精明的人文注释和理性语言的力量，并扬弃了加尔文派的二元论，使人类幸运地走出丢失人道主义的 40 年代。精神活动的各阶段之间根本不存在清晰的分界线，新的思想常常在潜移默化中发生；精神获得了心灵文化，我们能重新在语言中恢复新的精神，是因为黑格尔超越了赫德尔的语言精神；我们对生活的理解只能是目的论的理解，生存、生活与生命只能是具有目的性的存在方式，这种目的性就是生命伦理学学术生活的根基，也是世人人性生活的根基。对任何一种伦理工具而言，对所有受造物的伦理敬畏都需要一些澄化，我们永远有一些必须规范的不朽个体，但我们又总是处于各种力量的矛盾中心。

我们眼下有许多困惑，这或是观念错了，或是研究方法错了，或是方向选择错了，或是人错了，或是世界错了；人文学的评价只有在不同观念和可能的认识或行动路线之间进行选择，人和世界才有意义，这种具有文化内容的新的进化事实已按照其自身规律发生了。

生命伦理学背负着人类的命运，并始终针对公民健康权利的维护等重大人类社会与时代问题，是生命科学和人文社会科学联系的纽带，是与生命科学相关的人文学科的核心，业已成为哲学与伦理学的焦点学科。生命伦理学尚在演化与完善之中，其理论与体系还极不成熟，许多基本问题还难以得到最后解决，而生命科学技术、药械研发、医患冲突、医疗公正和卫生改革等生命政治与身体伦理问题又急于得到理论与政策的回应。目前，该学科不仅无法面对这一现实，甚至对有些基本概念的理解尚存在许多分歧和争论，我们先在的研究又主要着重关涉具体问题的争论，罕见道德哲学的探索文章。康德在回答什么是启蒙运动时指出：

> 不成熟状态就是不经别人的引导，就对运用自己的理智无能为力。当其原因不在于缺乏理智，而在于不经别人的引导就缺乏勇气与决心去加以运用时，那么这种不成熟状态就是自己加之于自己的了。Sapere aude！①

要有勇气运用你自己的理智！

今天汉语文化圈的生命伦理学正是缺乏这种勇气与决心，没有自己的语符身份和知识系统，生命的伦理学便没有“生命”，“任何一个个人要从几乎成为自己天性的那种不成熟状态之中奋斗出来，都是很艰难的”②。我们必须在这种艰难的意念中获取一种成熟的知性，摆脱非汉语语式的历史符形，从混乱胶着的符义的尴尬处境中解放出来，并且排释各种干扰，兴发一场获得生命伦理学的“是”和生命的“真理世界”的学科建设运动。

---

① 意谓“要敢于认识”。语出罗马诗人贺拉斯，德国启蒙运动的重要组织之一“真理之友社”于1736年采用这句话作为该社的口号（详见康德《历史理性批判》，何兆武译，商务印书馆1990年版，第22页）。

② 康德：《历史理性批判》，何兆武译，商务印书馆1990年版，第23页。

我们必须找到生命伦理语言变化中的意义，并且在医学知识的基础上把语言的变化设置为一种动态的平衡。其实，在此有必要明确，对于这些新的生命科学问题，传统的哲学语言和医学人文用语在失去它们的表达性后趋于消亡，它们只是在被用来进行技术对话时，使各学科主体在对话过程中保持尊严的一种工具，因此无法掩饰这些不过是退化之中的语言残余。生命伦理学者应该同时具有科学家和哲学家的双重创造心理，这来源于他们的生命科学知识基础与经历，并且具备哲学家深厚的理论功力以及思想觉悟和热情，那种激荡胸臆的人文气质是一般的医学或生命科学工作者所缺失的。因为生命伦理学本该是一个按照一种特殊的严格计划构成的语言观念的结构。最后，科学的、哲学的和伦理的语言作为一个紧密融合的整体，把艰涩的生命伦理问题推给真理检验。生命伦理学的体系应分列于原理（原道）、原论（原法）和原用（原实）上，这个原理是学科的符质，为符义（原论）、符形（原用）做核心的理性奠基，这就是“是”，它决定着这个学科是否最后可能，是否独立，是否被接受，是否有意义。我们的生命伦理学需要三重还原：价值的；行为事实的；道德语言与元理论的。揭示某些行为的动机和规则，对我们来说就是要揭示身体道德行为的动机和规则，以及身体存在和保护的权利；而只有解释精神生活规律的经验科学，才能够帮助我们最后解决这个问题，别无其他事物可以替代。人的精神活动有一定的规律，尽管它跟从多元的文化和多态的道德人格而有一定的变化，这给予相对论以机会，但人最终总会按一定的道德标准、训诫或道德心理暗示生活。为了保证生命伦理学的意义和爱的价值，而且要使我们在道德试验场和生活场地中获得成功，我们必须建构一个正义客观条件理论，限制脱离实际的理论家，更应该限制决策人、官员、媒体以及医生和科学家滥用社会赋予他们的权力。

我们必须通过对道德哲学的研究、探索与训练，找到一种适合于我们介入现实和走向未来的生活方式。这里，我们要说明的是生命的本然和生命真正的可能性，尽管我们服从于多元的文化或文明所能接受的各种适合于自身的种系，然而，我们还是要回归生活的现实，或者是令我们每时每刻都困扰的社会情境，我们百般挑剔物质和精神财富分配的不公平，从而感到压抑、忧虑，但我们却没有想到，我们是在体验生命的可能性和幸福获得的艰难，我们难以找到最后的幸福和最后的没有一切束缚的自由，或是说，就人类本身来说，那是不存在的。

我们应反复思考这样一句话："人类团结原则和最大快乐原则是我们全部的哲学根基。"① 这是从康德到尼采的最宝贵的精神资源，也是生命伦理精神原道的内核。

安静的学术品行与风格，是善和沉思的基质，真理并不需要过分张扬，它是历史的必然"到场"和一定"到时"。我们发现与开挖生命的可能性，费尽心机地制造生命的欢乐，以至于追求快乐形式的极致；那些被我们称为幸福的内容到底应该是什么？是人的快感与机体欲望的实现和满足、生理的彻底宣泄，还是身体的自由、经历磨难和挫折之后精神的愉悦，或是由于利他主义的奉献或牺牲所带来的宗教式的欢愉与希望？其实，生命伦理学应该是对于生命体验的一种研究，用所有文化语言诠释生命的寄托，为敬畏生命和爱每一个生命个体作出所有的奉献，语言、行为、行动现实以及为这些善与爱的行动所作的辩护。

用最浅近的思维足以表明，我们总是以经验的世界来扩延生命伦理的现实，每一天以同样的语言试图解释、评价和裁决对错或责任，我们即使了解周围生命世界的需要和伦理纠纷，也不知晓我们真正裁决的凭据是什么或这个凭据的凭据是什么？我们以自身"内在的"与"主观的"经验和感悟，去框定"外在的"、"客观的"现象与事件，尽管我们依托于冠冕堂皇的形式和组织制度，也只是对真理的猜测；我们始终带着内心生活的体验以及对习承传统的敬畏，或者对印象中知识的理解，推断出一系列究问历史的方法、研讨问题的语境、回应行动选择的判断以及所谓我们长期奉行的伦理原则——我们甚至认为这些都是天经地义、不证自明的。其实，我们必须明确：

> 任何人类知识都会包含谬误，——这是因为某些知觉是虚假的，且还可能产生臆想的、没有客观依据的概念组合，——所以我们总是面临持续不断的、永无止境的任务——摈弃错误的表象和判断，而代之以我们可以认定是对实在的正确了解的另一些表象和判断。②

---

① Bertrand Russell, *A History of Western Philosophy*, *A Touchstone Book* (Simon & Schuster, New York, 1972), p. 774.

② ［俄］弗兰克：《实在与人》，李昭时译，浙江人民出版社 2000 年版，第 2 页。

我们应努力守望理论园地和致力于形上之思。脱释学科在襁褓期那种误译、误读、误传，规范学科，构建学术逻辑体系，形成学术共同体的学术心理呼应；撰写具有深刻见地与高远的伦理与哲学思想的文章。我们的宗旨是以形而上之思，用生命伦理生活或历史事件作为载体，解决形而上的哲学问题，再凝神、回思、影响社会和人，而不是挤兑或替代社会学家的使命，亲自进入社会学领地；我们只是提供哲学辩护和人文精神，形成指导和影响现实问题的研究方向和科学策略。我们通过生命伦理学的研究来试图完成一种对古典主义的人的哲学的回归，为了实现研究方法、内容、价值和水准的空前超越，我们必须抵制那种媚俗的逢迎或把玩、戏说严肃而沉重的生命伦理问题的流行方式和作风，对抗大众或媒体文化中对生命尊严的侵蚀和肆虐的伤害，同时建设我们健康的、完整的汉语生命伦理学文体，并坚实地致力于精炼优质的、纯净的哲学内核。

我们应试着享受生活与生存的事实，努力适应新的社会、新的时代、新的文化，但我们必须比别人在思想和精神生活上先一步评价和冷思、观察人类最新的真正的文化成果。在这浮躁的年代，只有这样，才能使我们育成能够鉴别那些仅仅引起文化快感的学术垃圾的能力，以此抵制那些市井有毒的快餐，它们已经侵蚀了我们曾经充满清纯和本真情愫的灵性家园；在生命伦理学的旗帜指引下，对于不管是善的，还是极其野蛮与凶恶的，我们都要加以审视和考量。

生命伦理学依然是年轻而幼稚的学科，依然要仰赖哲学和医学的母体和父体。我们有一个很大的空间可以进行创造与建设。我们沉默、争论、沮丧与兴奋，但始终充满着遗憾与羞怯；太多的不足使我们清醒，太多的成功使我们振奋，我们正在生发一种学术旨趣，为了生命与世界的嘱托，为了人类共同的事业，我们愿意终生为之付出与奋斗。年龄与时间纵然充满了暴力，但它们只是对个体而言的，信仰与精神在理性的宇宙中将呈现永恒的生命力量。它们有无比的威慑力与震撼力，它们是我们群体生命的一部分。生命伦理学是我们的一种生存方式，也是我们生活的目的之一。

生命、真理与道路，永远的追求、永远的信仰、永远的精神，我们祈盼着奇迹的出现，这个奇迹会唤起更长更久的思考，思考生命、人类、伦理与爱。

第　一　部

新原道：生命伦理学原理

第一章　以批判肇始的精神哲学：后现代生命伦理学

第一节　批判的端点

哲学是沉思的学问，道德哲学不仅是沉思，还要有行动，特别是生命的道德哲学，如此，我们这里称之为的生命伦理学的道德哲学，应该是动词。后现代化的身体伦理学和生命政治的道德哲学，除形而上的本源追求外，更偏爱于具体的现象与问题的考思。

> 【道德意愿的】非理性的存在物，在感觉世界随时都能获取。但是因为它是【我们】实践上必然的需要，因此它只能朝着完全适当性的无尽进程之中找到；根据纯实理性原则，有必要假定这样一种实践上的进程作为我们医院的实际目标……道德完美只有从较低阶段到较高阶段无止境地发展，才可能到达一种合理但有限的存在。①

但我们先要沉思，不要盲目地尝试你自认为善意的举动；沉思能够使我们变得清醒，沉思必须克服浮躁，浮躁与潦草是我们当今的流行色，是安静思想和哲学的敌人，有良知和哲学自觉的人，应该警惕浮躁的诱惑和腐蚀，把真爱作为自己的意志和目标的人，尤其要鄙视浮躁的语言与甚嚣尘上的流行，而应该觉悟到：克服浮躁比克服怠惰更困难。

生命伦理学源自于古老的信仰与圣约，圣徒以生命和苦情书写下了他们的生命历史语言，为人类建立了一个道义的秩序结构，并给与一种严酷

---

①　请参阅［美］尼古拉斯·雷舍尔《复杂性——一种哲学概观》，吴彤译，上海世纪出版集团2007年版，第142页。

的戒律和最初的约法，以一种灵魂召教的形式，命令我们恪守与维护：

> 耶和华吩咐摩西说："你要将这话写上，因为我是按这话与你和以色列人立约。"摩西在耶和华那里四十昼夜，也不吃饭，也不喝水，耶和华将这约的话，就是十条诫，写在两块板上。①

这一道德权威的传统，是这门学科的最先在的基础。

当下，汉语文化圈的生命伦理学显然在没有这种注意和学习的境况和心绪中，舶来了西方学术研究的时尚成果，在缺乏信仰和灵性的生命政治生活中，投入此类清新、鲜美的果珍，确实为我们的生命科学理想添置了神圣和庄严的油彩，也确实解决了我们临床与生命科学工作所遭遇的很多伦理难题。

但应该知道，我们的道德观、生命价值观正在经历危机的时刻，并且因此使其成为一个先天有缺陷的寄生学科，很可能使它存有持续的危机。历史危机很少在一种具有戏剧性的时刻达到高潮，或是这种真正的生命伦理思想争执的高潮根本就不会出现；但蕴含这场危机的过程却已经持续了相当长的一段时期，并使我们这些受到直接或间接影响的人以一种特殊的方式体验着。中国在发展中，并因对危机的理解不同而正在形成差异，我们依然在脆弱中被"有教养的人"称为所谓有教养的学者。我们还没有意识到我们正处在出埃及的途中，我们饥寒交迫，结晶与析出了许多成功的经验，但我们毕竟没有拥有真理，毕竟没有创造知识的精致，还没有把我们完整的规约写在所有人都尊崇的石板上，我们的精神世界依然是那么空乏与寂寥。

生命伦理学由西方，严格来说，作为一个相对成形的、规范的学科，是由美国引入的，我们在一边学习一边理解的同时，在还没有完全弄清楚这个学科的深刻背景和形成的神学动议之前，在存在明显误读、误译、误识的阶段，就急迫而草率地把翻译、介绍的目光只对应在对具体问题、事件或案例的分析及难题本身上，而很少关注其基本理论渊源与哲学基础，甚至几乎没有顾及生命伦理学的后先驱人物埃德蒙德·佩里格雷诺（Edmund Pellegrino）、彼彻姆（Tom Beauchamp, L.）、鲍尔·拉姆塞（Paul Ramsey）、约瑟夫·弗莱

---

① 《旧约·出埃及记》34：27—28。

彻（Joseph Fletcher）、詹姆斯·邱卓斯（James F. Childress）、麦克·佛克斯（Michael W. Fox）、安德鲁·赫里格尔斯（André Hellegers，1926—1979）、理查德·麦克考米克（Richard McCormick，S. J.）、保罗·奥·卡拉汉（O'Callaghan，Paul D.）、祁斯特拉姆·恩格尔哈特（Engelhardt，H. Tristram，Jr.）等有关生命伦理学的基本思想和观念，更没有顾及亚里士多德、康德、黑格尔、海德格尔、柏格森、杜威、约翰·斯图尔特·穆勒（John Stuart Mill）、利奥塔、麦金太尔、米歇尔·福柯、约翰·罗尔斯、诺齐克（Robert Nozick）、哈耶克等有关人的生命的道德哲学研究成就和生命哲学理论；也不愿意考量托马斯·阿奎那、马丁·路德、约翰·克利索斯托姆（St. John Chrysostom）、圣·巴西拉（St. Basil）、阿陀斯山的圣·西吕安（Silouan the Athonite，St.）、列夫·托尔斯泰、索伦·克尔凯郭尔（Søren Kierkegaard）、卡尔·巴特、弗拉基米尔·索罗维约夫（Вл. Соловьев）、别尔嘉耶夫（Н. А. Бердяев）、汉斯·昆（Hans Küng）等神学家的基督教生命伦理信念和主张，从而使中国生命伦理学学人以为美国与西方式的生命伦理学及其研究方法就是不要高蹈的理论与精神；甚至有人把部分美国卫生官员或政客的行政和制度伦理话语作为生命伦理辩词的凭据或理论的基核；在模仿方法与内容的同时，肤浅地整理或结合了些许传统中华医学道德文化遗产，初步建构了一个虽然成形但断裂、散漫与破碎的、缺乏厚实理论作为支撑的“中国现代生命伦理学体系框架”、基础学科语言与基本概念。在生命伦理学诞生以后，伦理学思想与理论走向变得十分复杂；亚里士多德主义、康德主义、尼采主义与海德格尔主义，或者自由意志论世界主义都不能成为生命伦理学的“主义”；义务论、超验主义、功利论、价值论、实用主义、境遇论、情感主义、相对论、正义论等也都不能成为生命伦理学的根基理论。历史性的译语行动演变为生命伦理学思想的汉语人文历史解释学，汉语医学人文学在没有清整和规范语言之前就焦急地承担了生命伦理学学科的构建工作，因此使得这门学科不仅在语介表意上显得混乱不堪，而且对本当统一的概念也认知各异，使其会议、教学、著述语境谱调千差万别，大多是仪式性的或是临时设计的塑形，声东而言西、指此而言他。加之这门学科的学者群修道与素养的局限，使得汉语生命伦理学真的显得“幼稚”；在我们连“无聊”的评价都没有资格作出时，大多数人采取了一贯的麻木或鸵鸟的处世哲学；虽然不必为“羊头狗肉之说”失去君子的风度，但还是应该认真思忖，我们的问题出在哪里？

对此，祁斯特拉姆·恩格尔哈特教授曾经给予我们诚挚的建议：

> 中国在生命伦理学方面坚持正义的道德任务，首先应该重新获得和吸收其自身的文化资源，从而可以通过自己的文化语言重新预设生命伦理学弘扬的意义。用汉语重新铸造的生命伦理学，无疑将会对当下起着主导作用的道德观念，即那些经常不加批判的各种欧美的生命伦理学进行批判性反思。这些曾经从西方输出、传入世界各地的生命伦理学需要重新评价，这种重新评价需要包括对所谓的生命伦理学原则的重新审视，也包括对晚期欧洲文化革命中人权和人的尊严的俗世概念的重新审视。①

生命伦理学在某种意义上就是“伦理生命学”，即“伦理化的关于人的生命问题和人的问题的学问”。它应是这样一门学科：对人的生命状态进行道德追问；对生命的终极问题进行伦理研究；对生命科学技术进行伦理裁判与反省；对生命特别是人的生命的本质、价值与意义的道德哲学进行解读。生命伦理学的核心不在于对某一种或几种道德理论的应用，而是研究和创制适应于生命本体或生命科学技术发展的道德哲学理论；它不仅限于解释与论证生命行为和生命科学技术行为的合道德性，而且必须帮助人们努力认识生命的所有问题或难题，生命现象、生命技术、医药卫生等的伦理问题仅仅是它十分表浅的研究内容之一；对灵性生命和精神生命的哲学化注释，是其重要的使命。应用伦理学原则与规则去解释具体生命科学实践问题或医学问题，必须建立在对所有道德哲学学派和学说的研究基础之上，这就决定了它不是一般意义上的应用伦理学，假如应用伦理学存在的话。生命伦理学是一个为复合生存目的和人的或其他生命而存在的思辨体系与实证策略系统，它是后现代文化的一部分和后哲学时期人类对生命悟省的标志，它尤其注意对生命的终极关怀，它有独特的学术品格与研究方法，它在特殊的语境下运用特殊的语言符号，依赖于特殊的逻辑秩序构建人文学、社会科学与生命科学的内在关系；由于它对灵性生命的先验自觉以及与宗教神学的血缘联系，它离不开神学特别是基督教神学的营养与喂育。

---

① 请参阅孙慕义主编《医学伦理学》，高等教育出版社 2008 年版，第 1 页。此段文字摘自祁斯特拉姆·恩格尔哈特（H. Tristram Engelhardt，Jr.）教授为此书所做的序言。

生命伦理学学科重建不到40年，但它顶天立地，充满悬疑地对生命进行了全视域地思考，它饱含对生命原始的追问和对人的生存状态、生命延异、生命文化震荡以及人类未来生命的渴盼、困惑与对生命科学技术所引发的恐惧与艰苦探究；生命伦理学使人类对身体的肉性、精神以及灵性生命内质进行道德哲学诠释并带来了新的觉醒；生命伦理学是对人类伦理智慧和伦理精神最后、最高、最精致的表达、叙事、集中的体验与心理反应；它以美国和当代西方文化语境下后现代伦理神学的改革为缘起，以反思、诘问、追寻、批判、预测、设计和维护人与所有生命的生存权利为前提，以创造良善的生活和新的并且高品质的生命、生活质量为目的；它已经成为所有人与智者本身的道德情感的浓缩与释放。

我们究竟在怎样难以确定的场景中最易于发生差错?

> 我们在行为中的差错与在基于德性的东西中的差错相同。在追求德性的问题上，我们的差错出在自然的途径方面。因为差错既在不及中，又在过度中，而且，我们是由于快乐和痛苦而被移往其中的每一方面的。因为由于快乐，我们犯下恶行，由于痛苦，我们又放弃了善行。[①]

为使某种伦理学或某种伦理学的理论成为对某一问题的解释系统，我们就不遗余力地对这种理论加以粉饰，并拼命营造与其他理论隔离的屏障，凭借自己的偏爱而只给具体当事人以单一的原则与规范，不顾及与其他理论的分歧与对立，使刻意的指导成为明显的误导；我们的批评意见也依据我们所偏爱的理论而不是客观的影响现实。迄今为止，我们几乎没有圆满地解释任一高新生命科学技术的伦理根由，我们自己制造了生命伦理学特有的、所谓的两难；给与克隆人与辅助生殖技术、同性恋问题、医疗贿赂与药械商品化、卫生资源分配、知情告知与同意的合法性、放弃治疗与安乐死以无休止的、平庸的争议与论辩。

首先，后现代主义文化在其短暂的存在中已经产生出涵盖哲学和艺术的令人振奋的作品，并以它非凡的创造力替代了那些前现代曾被奉为经典的矫揉造作的伦理著述，许多自鸣得意的学派在后现代时期与后生物科技社会里已经开始被人唾弃。它们不仅成为压迫性或束缚性的规范，而且已

---

① 《亚里士多德选集》(伦理学卷)，苗力田编，中国人民大学出版社1999年版，第282页。

堕落为一种科技进步的负担，它们的理性基础已经异常脆弱，与其说它们在妄想症的老路上呻吟，还不如将其看作依然企图控制科学的所谓“纯洁性”。生命伦理学作为后现代主义的产品果断地用价值论哲学颠覆了关于生命无价的道德传统，随后又对人工生命、同性恋取向等进行文化注释。它“借助于揭露控制公共机构的常规，使得对公共机构的最坚定的接受非神秘化了”，即使挂上某种牌号的新诡辩论，也在批判专横的生命科学技术常规的运动中超出了胆怯的新改良主义。①

实际上我们已经概念化了我们的选择，在“宁愿健康而不是疾病”，或者在“痛苦与不痛苦之间的选择”中，堕入了一种无价值的推理与考量中；生命伦理学并非只是完成生命政治的一个最极端的使命，而是要追求最大多数平民的生存和健康保全，尽可能免除因疾病所造成的痛苦的政策制定，做出卫生经济学或生命政治经济学的当下和远期纲领。这是人类共同的，是自由世界主义的理想。②

生命伦理学依旧是刚刚跃出襁褓的婴儿，离开母乳之后必须有充分的哲学养分的喂育，它才能成长壮大。生命伦理学存在着明显的先天不足，它其实无法再寄生于康德、亚里士多德之上，一切七拼八凑的理论或思想都无济于它的生长，希波克拉底、孙思邈式的语汇只是写作者个人信奉的风格与快感，简约主义的政治叙事只会毁坏这门新学科的初始形象。生命伦理学需要建立一套完整的道德哲学理论，生命科学的勇敢与直率，伦理神学的信仰与忠诚，道德哲学的质朴、睿智与深邃会使这门新学科枝叶繁茂。使用穷极理论以解决生命科学活动中伦理问题的时代应该结束，在理论上清除各种障碍之后应关注建立生命伦理学的理论体系。生命伦理学来源于哲学与神学，由道德感确定选择的基础；宗教或道德神学对于人类生存来说具有独特的意义，它无法由确定的意识形态或哲学道德观来替代。包尔生认为，伦理学与一般人类学的关系和医学与体质人类学的关系是相同的；伦理学立足于对一般人性（尤其是精神与社会层面）的知识，目的在于解决生活中的所有问题，使生活达到最充分、最美好和最完善的发展。③ 我们必

---

① ［英］特里·伊格尔顿：《后现代主义的幻象》，华明译，商务印书馆 2000 年版，第 28 页。

② 请参阅［法］米歇尔·福柯《生命政治的诞生》，莫伟民、赵伟译，上海人民出版社 2011 年版，第 241 页。福柯以休谟割手指的例子说明生命政治的朴素原则。

③ ［德］弗里德里希·包尔生：《伦理学体系》，何怀宏、廖申白译，中国社会科学出版社 1988 年版，第 432 页。

须单独为生命伦理问题准备一套完整的理论，针对生命活动和生命科技活动的具体现实提出哲学的根源、人类精神和信仰的起源以及解决具体问题的原则的理论来源。我们不应片面地使用个别或根据偏爱攫取某一学派的思想作为唯一根据以确立我们的伦理选择，而应汇集人类所有的道德哲学成果，创造性地建立专门的生命伦理学理论，决定人生命行为或身体实现的目的或至善，并指明实现这一目的的方式与手段。

斯宾诺莎哲学著作的终极目的是研究伦理学的善是由什么构成的，关于“上帝理智的爱”、“人类在天国永福”以及“心灵的生命才能永恒”等命题，是斯宾诺莎最有特点的思想，他关于宗教的哲学表达以及与现实有关的伦理学问题使人类心灵绵延的思想是生命伦理学最应钟情的理论；他认为：肉体变化（a modification of the body）的纯生理方面与灵魂变化（a modification of the soul）的纯精神方面不可分割，“我的肉体变化的每一个事件也是我的灵魂变化的一个事件，反之亦然”。生命伦理学应培育人的主动性情感，并努力“寻求人们如何能够从人的奴役状态过渡到人的自由状态”，尽管只有少数人达到了自由的状态。生命冲动应包括除自我保护本能之外的因素，它在与本能对抗之中超越了前理性水平；生命伦理判断是“自由人思考的最后一件事”，死亡的智慧“不是关于死亡的冥想，而是关于生的冥想”。这种“僧侣式德性”本应成为一种价值，生命伦理学可借用类似的学说来支持理论体系的建立与发展。但是我们没有做出这种努力，在一个贫瘠的土地上种植与耕耘，我们没有得到应许的收获，甚至劣生了许多低等的生物，生命伦理学一直贫穷，没有说明的理论和理论的说明。生命伦理学没有对快乐与痛苦的善恶的理性的本质或理性的认识进行研究，对生命力的增加或降低也没有最基本的理解，这样又如何解读生命的道德本质？我们的生命价值判断又如何使人信服？我们放弃和回避了对生命伦理的最本质探究，只顾急功近利地揭示身边发生的罕见的、偶发的事件，煞有介事地借用几条本不相干的原则对个别具体案例进行文不对题的分析，得出连自己都不能满意的结论，如果连生命伦理学家都不能感受达到高度生命力和精神清晰状态的快乐，生命伦理学还有何意义？

要使用一种理论，并且理解由该理论推引出的原则，就不得不严肃地探讨和研究这种理论。在这一点上，约瑟夫·巴特勒就是这样一位理论与实践的优秀代表。巴特勒提出，人类心灵是一个有机系统，在这个系统里可以区别出不同的爱好与原则，而要真正理解人性，就必须知道人性的目的以及人性的多种原则和爱好所具有的多种功能及其相互关系；人作为一种道德的存在，是一个拥有多种爱好的复杂体，原则与爱好不是内在的恶，行为中的某个原则过分或不恰当的作用就会导致恶行，德性就在于按照人的理想本性去行为，恶就在于违反人的理想本性去行为。伦理学特别是生命伦理学中诸多人造的原则都是超乎现实存在的理想，如果没有规定较低的界限或给出与理想道德权威的中间地带，我们无论如何也无法形成医疗行为或科学研究行为的善的概念，我们连基本概念都没有建立或统一，仅有心目中的“圆”或“直线”，道德行动是无法比照的。我们存在于一个将被选择的行动系列中，不存在完美曲线，也不存在完全的好人、善人与恶人，现实生活只是一个从善到恶的系列，如同仁爱、良心原则一样，公正、医疗行善、切勿伤害、自主等只有在实行过程中才有价值，人的反思和对照完全理想人性的能力或品质最为重要，单纯给出几个煞有介事的原则，医学活动中的行为怎么可能不走形地做出呢？生命伦理学必须解决重大的理论问题，如此，应用的原则才是可信的。巴特勒对人性的设定为我们开启了智慧的天门，他在所有的人中区别出行为的四种根源：特殊的激情或感情；普遍的冷酷的自爱原则；仁爱的普遍原则；良心原则。人性使伦理学生动而充实，在人性中，良心统辖自爱与仁爱，自爱或仁爱为满足每一次冲动会付出代价，人常常牺牲仁爱以实现自身，对有利于社会的事皆施普遍的仁爱，它或是被良心压倒或是被自爱征服，但为了普遍的善，个人的错误行为常常被上帝所制服。生命伦理学的最终目的是把全宇宙的幸福总量最大化为一个具体的部分，因此它直接赞同与仁爱相关的其他行为，如正义与讲真话，实行由此而生的一系列原则是我们的义务。医学中的公正是为人类普遍的幸福，只凭借“爱我们的邻人”的命令是不能实现我们生命伦理的具体价值的；生命伦理学如果不研究医学的恶与生命的善，仅凭借简单而粗糙的理论，再捡拾几个无根的原则，就急躁地分析现实的案例，这种离开人性仅凭借分析家的偏执所获得的结论，让我们如何维护良心的至高无上性？伦理学的应用原则如同人性一样复杂，是一个庞大的网络，面对更加复杂的生命伦理问题，只凭简单的几个原则预设就企图解决所有的生命问题，难道还不算幼稚可笑？这样的学问何以能长久？

其次，生命伦理学作为再创性学科，不仅理论构架粗糙，尚没有共同的学科语汇与学科语言，很多概念还不被学界认同，关于生命伦理学的核心内容，尚未形成统一的认识。学科内甚至无法进行真正的对话；少数人掌握着话语权力或译名权，或与官僚伦理媾和，控制着政策发布和学术表达机会的分配。“生命伦理学”的译名既然由“bioethics”而来，那它就应该包容生命问题，特别是关于人的问题的所有内容。我们当下就忽视了精神的“生命”这部分伦理和人的现实权利的伦理，比如，生命伦理学更应该关注经济社会中的卫生经济伦理问题。就现在流行和公众理解的含义而言，“生物伦理学”或根据最初的“bio-medical-ethics”被译为“生物医学伦理学”等，都没有强化医疗中的公平正义和普通民众的健康权利。“生命伦理学”的译名是根据希腊文“bios”而来，因为“bios”含有“生命”的意思，但在英语中，凡是作为前缀的词汇通常都是“生物”之意，真正的“生命伦理学”的英文应是“ethics of life”，如“生命哲学”（the philosophy of life），美国人在创立这个学科时也没有“精神属性的生命”这一所指。但应该说，我们这个“生命伦理学”的译名很漂亮，也很精致，而我们却没能深刻和准确地把握这个中文词的完整意义。要知道，汉语文化中的“生命”与英语语境中的“生物”之意是大相径庭的，对这一点我们必须拨乱反正。公认的权威辞书关于生命伦理学的词条都偏重于生物学和医学，只是淡淡地提及“保健政策”，这虽然继承了美国神学家最初讨论生物技术的伦理问题的传统，但它既然已成为一门独立的学科，就应得到发展和完善。要知道生命，特别是人的生命，最重要的是精神的与社会属性的生命，生命的价值在于获得真实的爱、享有公义和彻底的解放与自由，因此应把主要的研究内容转移到对精神、灵性与社会生命的伦理学解读上，研究生命的伦理价值以及“医疗与保健政策的公正”方面的内容。生命伦理学的生长正值后现代的多元主义、生命自由主义、个人化世界主义、境遇主义与次级相对主义被作为选择特性的依据之际，后现代对普遍主义的批评，尽管减弱了普遍主义与多元主义、绝对主义与相对主义之间的调和色彩，然而作为后现代时期一门重要的新兴学科的生命伦理学却同时受到了看起来冲突的二元论的恩沐，既坚持人类普世之爱又阐扬人的生命的个性。生命伦理学不是游戏，也不使用符号图式表征人类的永恒条件，我们必须既应用道德哲学的普遍化论断又照顾到每个生命体的个性差异。生命伦理学不是对单纯的生命科学技术作伦理研究，虽然可以把这种争议作为学科的起跑线，但当它逐渐长大以后，就要彻底改变创造者的初衷，如同已经从幼虫变成飞蛾的蚕，是蚕又不是蚕了。

最后，汉语生命伦理学亟须整顿学风。这些年来，很多人十分热衷于表面上轰轰烈烈的会议，喜欢用有限的经费编排和导演仪式化、官商化的舞台剧，设定了很多根本没有现实意义和距离百姓民生甚远的议题和伪命题，脱离中国现实，甚至连行动计划和研究都要由别人指手画脚，有思想有抱负的学者却只好俯首称臣；所谓的学问也基本上是信息文献的编译、简单的案例分析和不具代表性、毫无价值的社会调查。没有精神和民族自尊的生命伦理学已经成为一种官场文化、重商主义的传播或转播；缺乏理论的深入研究，没有针对国情和现实的内容，屈从于个人、官员或西方投资者的霸权，严重脱离中国生命伦理的本真；不顾中国“医疗公正”这个压倒一切的伦理问题，而纠缠在对“基因组计划”、“生殖性克隆和治疗性克隆”等无休止的、近乎无聊的讨论中，并误导大哲学、大文化界乃至政界也一起置我们数亿人的基本医疗保健而不顾，陷入价值有限或起码在相当长的时间内还不紧迫和重要的甚至不会有结果的课题的争论中。枯竭或干涩的营养，培育和勉强维持了一个幼小的生命，没有哲学之水的浇灌和民族文化的沃土，生命伦理学终将萎缩。我们或是拾捡前人的理论或判断方法，或是等待大伦理学理论的突破，或吸食“应用伦理学”的残羹；其结果是我们的论述和分析陷于一片混乱之中。我们没有有力的证言批评医学中的心理利己主义，也没有勇气确立不伤害并有利于人类的仁爱情操，我们的事实判断与价值判断常常分离，只顾事实陈述而不承担道德陈述，我们的很多结论只是一些伪结论或假命题的毫无意义的注释。我们的“是”与“应当”一贯存在着“承担裂隙”①，事实的陈述与评价性陈述之间永远是一个巨大的逻辑上的裂隙；尽管我们花费巨资去替代社会学家的调查使命，考量世俗社会对生命伦理事件的评价，然而，这非但没能演绎出“应当”的陈述，反而连“是”的陈述都开始被质疑；脱离了文化研究，放弃了哲学家的身份，那些“安乐死”、“知情同意”、“病人权利”和庸俗的“美容美体”的调查以及精卵商品化的案例讨论怎么会使人信服。我们做了许多哲学家不应该做的工作，哲学上的逻辑是：“应当”陈述不能由“是”陈述演绎而来，在调查之后，没有做出独立而充

① ［美］汤姆·L. 彼彻姆：《哲学的伦理学》，雷克勤等译，中国社会科学出版社 1990 年版，第 516—517 页。

分的理论论证，这不是道德哲学的方法。“在伦理学证明中，任何人试图从纯事实前提（所谓‘是’陈述）推演出纯评价性结论（所谓‘应当’陈述），他都应该向我们解释清楚这个推演是如何能够实现的。”① 我们往往恰好缺少这种“解释”。我们没有自由争鸣的风气，很少有认真的、深入的批评，没有形成学派的良好土壤，寄生于西方语言霸主的思维习惯永远是用西风压倒东风，在重大主题的讨论和条规的制订中不允许有任何不同的声音。中国生命伦理学的学术知识生产，已深深地和各种社会权力、利益体制相互交缠。我们的学术体制的内部组织、学科发展、学术行动和开拓的规划，都受制于社会权力和利益关系，加之学科门类的顽固偏见，使得汉语生命伦理学始终处于政治伦理、制度伦理或政策边缘，始终处于医学、哲学与社会科学专门化的边缘。生命伦理学至今没有建立形成完整而融贯的理论传统和科学的方法学训练机制，并有着由少数人操控学术体制使之成为学术偏见的生产地，以服务自己的利益，建立虚假的权威之虞。生命伦理学不是制度工具，而是一种社会建设和发展的航标，是民主和民族精神的象征，学者必须把全部的自我投入到学术研究中，它之所以又被称为伦理生命学，就是因为它需要研究者做出生命的奉献，而不是以此作为谋一己之利的手段。由于缺乏潜心钻研的学者，我们没有建立起跨科际的规训制度，没有生产出完整的学科知识，没有严密的体系；学科语汇、研究对象、方法、理论、认识论上的预设和生命伦理精神与意识形态都无法实现统一，由于学风浮躁和急功近利，没有在生命科学与道德哲学的领域边缘开放真实的创造空间，我们的研究没有基本的密度。破碎的、杂乱无章的、孤立的选题式研究带来了许多恶果，使生命伦理学始终是一种应时的、即兴的、跟风的、俗化的、表浅的学问，我们给不出使人信任的、虔诚的、有力度的结论，使这门为人的学科变得最没有人性，以致研究者和学习者遗失了最宝贵的精神与灵魂。

我们正经历着人的文化的大转型，思维模式的转变影响了传统的概念性前提和我们制造的有关“人的语码”的研究方式，源于库恩的“基本范式”（basic paradigms）和福柯的“基本认识型”（underlying episteme），我们考虑到了建立新的学科文本的艰巨性。我们现在创立的生命神学是一种很好的生命伦理学变体文本，通过它，我们可以呼唤一种后现代人类精

① ［意］艾柯等：《诠释与过度诠释》，王宇根译，三联书店 1997 年版，第 63 页。

神，回到生命伦理学的起源，用神学的语言研究生命伦理问题，以开凿本该在最初就应完成的学科建构工程。这个补偿人类文化的历史性工作是十分有价值的，也是生命伦理学研究方法的一种尝试。

对文本的诠释或建立诠释的文本本来就是学科建构的基础。神学诠释学或神学伦理诠释学即是对人的生命和生态伦理问题诠释的母体。诠释活动与怎样描述诠释活动所引起的争论与困惑在西方具有很长的历史："这一问题首先是由试图确立上帝之言的意义这一极为大胆的想法所引起的。其近代阶段始于十九世纪初，施莱尔马赫所建立的圣经诠释学导致了对本文的意义这一问题高度自觉意识的产生；到十九世纪末，狄尔泰便将施氏的神学诠释学进一步推向普遍化和理论化，诠释在他的理论体系中占据着非常重要的地位，成为理解人类精神创造物、探讨整个'精神科学'（Geiteswissenschaften）的基础。"① 卡尔·巴特的"宗教就是不信"② 的著名论断肯定了无神论者对人的生命的一种大关切，神学与伦理学都把宗教作为一种人工的话语与信念，从一个特殊的方面支配人的生活。神学是人与道德最好的中介，从神学方面解决伦理问题也是一个重要途径。诸如，只有履行基督教最大的诫命"爱人如己"，才能得出医疗行善的原则；而且基督教限定了行善的人必须对等地对待病人，如果不伴随着尊重与对等性，爱就成了要人领情、要人回报的仁慈，这就意味着它不再是本真之爱。生命伦理学的每一条原则都有基督宗教或其他宗教的支持，神学伦理学已经给与了充分的诠释，这个诠释行动有着漫长的历史。

> 基督教全部伦理学的最终目的和原则是，使人类和上帝——内心永远幸福的对象——相像，因此就是包含上帝之爱和仁爱的仁慈。在此，能直接或间接地看到人类的最高目的、个体和共同体的最终目的、每个共同体的最终目的。这种仁慈容纳所有高贵和合理的关系。③

---

① ［美］保罗·尼特：《宗教对话模式》，王志成译，中国人民大学出版社 2004 年版，第 30—31 页。

② ［德］席林：《天主教经济伦理学》，顾仁明译，中国人民大学出版社 2003 年版，第 13 页。

③ 同上。

科学与知识是世界的一个部分，我们说是在发展过程中的主要部分，知识并不是不变的主体，柏格森的相对主义和意识之流，是否定位于把真理理解为各种否定的综合，把概念吸收进对某一时空有效的新关系中。对于生命伦理学来说，当下能否就把它作为医学或生命科学与伦理学的交叉学科，这是个很重要的命题。①

世俗的伦理学要从宗教道德哲学中寻找生命道德哲学的渊源，当然不可越过基督教生命伦理学。是否可以认为，生命神学或基督教生命伦理学正是回答生命伦理学根本命题的本源，是追查它的理论根源和原则的思想奠基，从而用神学伦理学的研究诠释它的真正含义。也有理由在现代语境下对它们进行认知以及重新肯定，并赋予崭新的意义，予以改造或剔除。任何人都不能否定生命伦理学的基督教渊源，也不能无视人类伦理文化这个总的源头。生命伦理学是对基督教伦理学的一种俗世化的诠释，而生命神学是生命伦理学的变体或宗教哲学副本；是后现代成长时期人类对宗教记忆的恢复，也是对生与死亡、疾病与痛苦、保健与生命关爱思考的文化起源的回归。当宗教性的生命伦理学关怀的统治地位逐渐让位于俗世的生命伦理学工程以后，使人失望的是，不管在西方还是汉语文化圈里，这门由基督教伦理神学家所创立的后现代希望学科因过于贪恋对具体问题和具体案例的话语权力，并极力谄媚于各利益集团或权力阶层，而丢弃了最宝贵的信仰与精神，同时也失掉了思辨的品行和耐心探究知识的传统。我们的新生命伦理学可以帮助伦理学重建一种世界观和一种有关生命观念的哲学态度，拯救对生命敬畏的高尚情感。对伦理学特别是对生命伦理学来说，“关于神、人和人类命运的神学信念，关于人类自由的范围和人对历史事件的预言和控制能力的人类学假设具有特殊的重要性。”②

第二节　一个意味深长的质疑

生命伦理学该不该作为所谓应用伦理学？应用伦理学究竟是什么样的“学科”或“学问”？其实对此一直存在着争论。

---

① 参阅［美］约瑟夫·祁雅理《二十世纪法国思潮》，吴永泉等译，商务印书馆 1987 年版，第 155 页。

② ［美］查尔斯·L. 坎默：《基督教伦理学》，王苏平译，中国社会科学出版社 1994 年版，第 19 页。

如果一开始我们就否认应用伦理学作为一门完善、成熟学科的存在，那将会引发激烈的纷争，因为迄今为止，很多人都认为应用伦理学作为一门新生的学科已经在世界范围内勃兴。但事实上令人失望的是，应用伦理学至今尚不是一门认真和成形的学科，它依旧限于伦理学理论的应用范围，它只是作为一个过程，表明一种方法，运用一种哲学理论，“或者要求一般道德提供一种特殊的法则去解决一种特殊的道德复杂问题”①。

在奉行什么都“行”与什么都“后”的生活模式的今天，对道德特权的挪用以及对道德能力的篡夺在伦理工具化与生命伦理虚无化的保护下，已开始与我们进行公开的竞争；其诸多原因中最为关键的是，把生命伦理学作为应用伦理学的一个具有代表性的分支，并认为“是以突出民主原则为特征的公民社会的产物，是公民社会的文化发明，是公民社会的道德理论”②。

首先，应用伦理学还不是一个真正的学科，它没有一套完整的理论与体系，它只是一个松散、缺乏严密逻辑结构的“应用问题群”，只是为便于对实践问题的解释、阐明、陈述和对职业规范的探究而用伦理学的部分理论与研究方法，与社会和人类对话；它只是一种机会主义的研究概念、教育概念和体制化的传达语式，并为说教或世俗伦理学的传播而进行的相对主义修补，其运用直觉主义或境遇主义的后现代手段，移植或制造一系列“不证自明的”后经典原则，实用主义地、分裂地、常常孤立地对具体问题予以说明。如果我们抛开对道德起源、人的情感与理性依据的研究，单纯就现有的道德规定对日常生活、经济社会和科学实践进行指导，并各自居于某种文化偏爱中以“个人价值”取代人类价值，这种结果如能不造成失误，那是一种侥幸，对应当的决定和对善恶的评价是充满风险的事。休谟指出：

> 首先确立一条一般抽象的原则、而后将之分化为各种不同的推论和推断，其自身可能是更完善些，但更不适合于人类的不完善的本

---

① ［美］约瑟夫·P. 德马科等编：《现代世界伦理学新趋向》，石毓彬等译，中国青年出版社 1990 年版，第 400 页。

② 请参见甘绍平等主编《中国应用伦理学 2002》，中央编译出版社 2004 年版。本书第 1 页“卷首语”中的一段文字，就是作者所言明的应用伦理学旨在“建立的一种新的道德观念”。

性，是道德和其他各种主题中幻想和错误的一个共同的源泉。①

以不同方式理解正义原则的两派人显然经常在“应用伦理学”上发生激烈的争论，即使对《旧约》关键部分或其他权威经典的解释以及相继发表的一篇篇注释文本，都达成了一致的意见，也没有办法使人们的分歧消解。麦金太尔认为，对福柯来说，学术表述问题就像一个谱系学家所戴的面具，它所经受的压力比尼采所感受到的更为紧张。② 官方学术史经常把学术研究的成果作为一种面具，尤其是伦理学或生命伦理学观念，一经应用者的修饰，就与经典作家的道德愿望相抵触，结果，“事实上没有导致任何对真理和理性的进步”，却因没有意识到局限性而成为要求毁灭和自我毁灭的牺牲品。③ 这一切都是由于“应用伦理学”的导引错误而造成的。拉丁语基督教的教条主义神学是由哲学的理论和伦理学的论证而得到广泛传播的，“并是在其自身对真理和理性的奥古斯丁主义的理解之内得以落实的”④，这些理解与很多最好的注释者的理解都不一致。如果对一项生命伦理学原则不进行重新注释和学理性研究，不经过道德哲学的讨论与创新，就不能最后解决堕胎、克隆人技术的善恶评判问题，再多的社会调查与讨论都是没有意义的。两种哲学相遭遇，各自都有其评价哲学主张之真理性与合理性之标准，这两套或几套标准明显不可公度，有些互不相容，那又如何求证行动的正当性呢？过于强调应用，甚至使其部门化与行业化，势必会淡化理性思考与研究，依赖不成功的理论末节去将其生搬硬套地应用于实践，使这一学问只剩下不变的原则，而没有了“支持原则的理论”。

伦理学不是宗教信仰，宗教信仰必须由神学来求证；信仰常常是没有

---

① ［英］休谟：《道德原则研究》，曾晓平译，商务印书馆2001年版，第26页。休谟明显不同意那种不顾及道德语言的根源，只根据一种应用习惯对事实发表议论的做法，而非常精确的理论与判断力往往来自于对道德哲学理论的深究和探索。休谟特别重视对道德情感的分析，而不希望再强加给人们一种“学问”，把理论与实践相分离。

② 此处可参阅［美］A. 麦金太尔《三种对立的道德探究观》，万俊人等译，中国社会科学出版社1999年版，第49页。这里讲述的是，历史学家对社会与学术的影响，并如何在研究之中通过一种创造断裂的对立记忆而隔开历史与记忆以及记忆对过去的尊重之间的联系。我们不能对往事进行拙劣的模仿，但也不能割裂与历史文化复杂的联系。

③ 请参阅上书。

④ 请参阅上书，第106页。本人有个性化的改写。

原因的，反对一项高生命科学技术必须有充分的理论依据，不能用某些人的信仰作为理由而禁止科学家不作为。我们为什么认为医生对病人的病情保密或不准堕胎是应用伦理学，而要求孩子们“你不该说谎”等告诫就是一般的道德问题？叔本华既重视道德实践又不忘记具体训诫的理论来源，他指出：

> 在科学伦理学中，除意志作用法则外，我们要承认其他支配意志的法则——那些原初的和不以人的命令为转移的法则——以前，我们必须首先证明并且推定他们的实存；也就是说只要是在伦理道德事务方面，我们不仅涉及推荐诚实，而且涉及实践诚实。直到给出那一证明，我将只承认一个可以追溯到关于法则、戒律、责任的概念所由输入到伦理学的来源。①

道德法则的应用只能源于伦理学理论，“认为职业领域存在着不同于一般道德情景的应用伦理学，这是错误的”②。哲学与神学不同，即使是来自“摩西十诫”或上帝的话，也必须进行理论的论证；任何特殊情境的理论伦理学应用都必须合乎逻辑，在方法上也必须使人信服。叔本华开始批评康德的第一个错误步骤在于他对道德学本身的概念，不是关心发生之事的理由，而只一味地寻找“关于纵然从未发生、仍应当发生之事的法则”③。其实，普通人之所以认为许多信条或法则是天经地义的，就是因为“道德发生于神学并且是以作为上帝特殊旨意的神学为根据的”④。康德摧毁了将不可动摇的思辨神学作为伦理学的基础，而用自己的理论支撑伦理学；伦理学的旧支撑物被认为是腐朽的，难道只是在康德那个时代？当我们回到神学中去思考欧洲的那次反叛和变革时，今天学术界的基本哲学信念就再次出现了更大的危机。我们为什么不能建立一套新的适合

---

① ［德］叔本华：《伦理学的两个基本问题》，任立、孟庆时译，商务印书馆1996年版，第143页。叔本华认为，每一个道德命题都必须为了应用，而每一个应用的法则都来源于充分的伦理学理论。

② 参阅［俄］杜比宁《人究竟是什么》，李亚卿等译，东方出版社2000年版，第400页。该文原引自1984年2月29日对美国价值研究会所作的一篇会长演说。

③ 原载［法］伽罗蒂《向活着的人呼吁》（英文版），第142页。显然，康德的这种伦理学预设习性一直统治着我们，应用伦理学从老康德那里就已有预见，并不是什么新鲜的发明。

④ 同上书，第134页。

后医学社会和人工生命科学时代的伦理学基本原理或基础，为什么非要制造一个“应用伦理学”，怀有不同心态、持有不同意见、操有不同语言、来自不同职业境遇的人聚在一起，用一些幼稚又行之无效的“原则”、“宣言”、“声明”、“纲要”等捍卫人类的所谓自尊？

叔本华认为，道德发生于神学并且是以作为上帝特殊旨意的神学为根据的；但哲学家一直期望躲开它，尽管他们不得不承认思辨神学一直支撑着伦理学。[①] 我们从来都在寻觅好的道德，但是我们缺乏足够的辩词来有力地论证这些好道德存在的条件与必要性，尤其没有注意它们的最初来源，这就容易使生活神学化。应用伦理学创造了一些观点来让人们理解境遇，以启发人们的行为，排列或拼凑一些规则，以解释或标示选择的合理性，但是，这更像用很多方法来运用知识，而不是从特殊的条件中推导或引出结果。这还是把一般道德（法则、观念）用来处理问题。应用伦理学是用半自动化的方法解决实际问题和纷争，甚至把那几个翻来覆去的原则作为“上帝的话”来考证现实境况应当与否，而往往掩盖了事情发生的背景，在实际决策对正在被应用的法则和理论起作用的过程中，我们不能溯本求源。我们成了理论和实践分离的牺牲品，这分离刻画了元伦理学与规范伦理学分离的特征。[②] 没有应用伦理学，人们从没有放弃伦理学理论对政治、家庭、经济、性以及对生命科学研究、医务或其他职业的指导。“应用伦理学”易于使人忘却道德哲学理论或使人养成肤浅的实利主义习惯。

应用伦理学是在急躁和浮躁的学术心绪背景下所产生的一种简单、粗暴的行动测量工具，反映了“忧、畏、烦”的“后现代”人的一种懒惰、急于求成、躲避深刻的心态与情感。在后现代主义初期，主要是使技术纯净并极力使其发展成为一种生活方式，它一方面因工具的超现实性而吸收且消化了抽象的领域；另一方面，它把价值评判作为实现具体目标的手段。一种普遍的玩世不恭成为我们思索问题的障碍，只是这样去做，不必研究为什么，特别是以为没有必要去追问处置原则的起源。他们从不考虑

---

① 原载［法］伽罗蒂《向活着的人呼吁》（英文版），第142页。我在这里对其作了语言文字的简化。

② 很多作者认为，应停止使用“应用伦理学”这一名称，并积极研究理论与道德对决策起启发作用的途径，以及它们相互作用的方法，那样的话，我们的处境就会得到改善。

反对克隆人技术的背后已经承认上帝之手的神圣，也更不知晓“14天”[①]的规定竟然使用了基督教的时间；宗教对他们的影响如此之大，他们完全没有理性的觉察，显然，理性已经被其工具化和俗世化了。他们与信仰的骑士相距甚远，他们没有缺乏理论的恐怖，更不会有悲天悯人的伦理责任，没有专心致志的关注，没有激情澎湃的语言，唯有的目标是他们的生活，只有目标是他们生存的意义。

> 信仰的骑士独自为自己负责；他为自己不能为他人理解而深感痛苦，但他并不妄想去教导他人。他的信心就是他的痛苦，但他并不知道虚妄的想法，只因他的心灵太过于诚实。那冒牌的骑士一旦认识到这一点就会将自己的真面目暴露出来，因为他绝不可能明白什么东西处在危险之中：只有另外的个人准备走上同一条道路，它就必须成为那条路上单独的一个，而且听不到任何人的忠告，任何想施加影响的人的忠告。[②]

应用伦理学产生于伦理学贫困与危急的时刻，我们一方面没有理论应对当代科学技术进步和经济环境的改革；另一方面又不适应由于生活方式的变化而发生的后现代伦理价值的颠覆。我们遭遇了前所未有的新文明的挑战，我们已经耗尽了康德以来物自身的所有知识，他所辟出的宗教与道德的稳妥大道已经达到尽头，如果不重新开辟道路，我们将走不到明天。我们应该重新体味康德的这句话：“我必须放弃知识来给‘相信’腾出一个地方。”[③] 应用伦理学是一部矫揉造作的作品，虽然他们故意分别制造了原则应用模式的应用伦理学和理论应用模式的应用伦理学，也掩盖不了这一怪胎的窘迫与尴尬。理论应用伦理学只是原则模式应用伦理学的一个难登大雅之堂的陪衬，他们始终意在用简单的几个拼凑的原则以完成伦理学全部的解释性工作。

---

① 将一个星期规定为7天，是基督教传统；罗马人最初规定一星期为8天；国际上近来有一个规定，认为克隆胚胎如果超过14天，即两个基督教周，就被视作所谓“生殖性克隆”，那在伦理学上是不能被允许的。根据国际上的做法，我国出台的《人胚胎干细胞伦理指导原则》规定：利用体外受精、体细胞核移植、单性复制技术或遗传修饰获得的囊胚，其体外培养期限自受精或核移植开始不得超过14天。

② ［丹麦］克尔凯郭尔：《恐惧与颤栗》，刘继译，贵州人民出版社1992年版，第55页。

③ 请参阅孙志文《现代人的焦虑与希望》，陈用禹译，三联书店1994年版，第28页。

他们或者不得不采取某一种理论作为其解释系统而摈弃所有其它解释系统，或者由于采取混合方式的理论解释而牺牲其应有的内在一致性，或者由于始终会处于同应用其它伦理学理论的应用伦理学的对立地位而倾向于认为所有以往的伦理学理论都是应当摒弃的，而勉为其难的从事了取代以往全部伦理学的"解释性"工作。[①]

其实，理论模式的应用伦理学并不存在，怎么可能完成检验、纠正和改造伦理学传统的使命？因为热衷于应用伦理学的人只关注原则的应用，而不关心原则的理论支撑，他们已厌倦了理论的研究，其初衷就是要逃离理论的"灰色"与沉闷，回到现实中来，他们又如何肯花力气再去挖掘理论的深井呢？

有人认为，"原则模式的应用伦理学不是从解释的起点出发，而是以主要的伦理学解释系统共同赞同或支持的那些有关实践准则或解决方案的共同结论为起点"[②]；那么，如果应用伦理学的使命不是研究原则的理论依据和原则获取的基础，而只是将现成的原则或方案拿来，这样的"学科"还能称为伦理学吗？连具体的实际工作者、自然科学家都不必花思想就可应用的技术，还有必要由我们专注地投身于其中吗？许多自称为应用伦理学家的人，自此便不去探究实践推理的最初始点，躲开一切哲学化的理论歧义和冲突，专事进行个案分析或社会调查，操持社会学家的方法，使用伦理学家的语言，做起行政官员的文章。应用伦理学者首先应是伦理学家，他不可替代当事人进行具体行动的选择，只能通过苦心的研究提供可供参考的行动准则，提出共识理论和道德规范，而不是为他们做主。但伦理学永远是哲学，不能一经应用就失去了哲学的品性，或是成为一种技艺，或是成为一种术式；如果丢弃对"意义与价值的理想世界"的研究，如果抛开对事务"终极实体和根本属性"的追问，我们将"应用"什么？谁来判断道德的有效性？谁来为科学当事人的行动提供辩护？如果用道德直觉主义强迫现实，"应用伦理学"与"法律"还有何区别？

现实生活与社会的复杂性，使伦理学论证习惯必须发生改变，包括经

---

① 请参阅［德］叔本华《伦理学的两个基本问题》，任立、孟庆时译，商务印书馆1996年版，第143页。叔本华认为，每一个道德命题都必须为了应用，而每一个应用的法则都来源于充分的伦理学理论。又见廖申白文《原则模式的应用伦理学的两个优点以及对两种质疑的回应》。

② 同上。

典原则在内的许多原则已经无法直接解释或解决各职业领域中的大量问题，而且有些问题是从未遭遇过的甚至是以往任何人都无法想象的道德难题；如果不改变哲学思维就无法接受的高生命技术的现实，直觉主义已经无法奏效，相对主义又不可靠；如果不追溯逻辑起点，不创造新的理论与方法，我们如何能解决堆积如山的新问题。我们毕竟没有生活在一个智性和道德的世界里，那种由合理而理性的人所组成的世界离我们还十分遥远或永远也不存在，康德的目的王国只是一个理想。只有在理想的世界里，道德价值和幸福才有可能通过一定的方式连接起来，并处处、事事、人人都服从于道德法则，每个人都达到了具有一个完全善良的意志的程度，"康德甚至不试图去证明这些至善观念是如何产生于道德法则的，因此并不试图去证明这两个观念中的任何一个能否成为纯粹意志的先天对象"[①]。但康德还是忍不住解释了德性与幸福相称性的根据：

> 如果人们追问上帝创世的终极目的，那么他们不应该举出世界上理性存在者的幸福，而必须举出至善；至善为这个存在者的愿望添加了一个条件，也就是配当幸福的条件。亦即这些理性存在着的德性，因为只有它包含着他们据以能够希望凭借一个智慧的创造者之手享有幸福的标准，盖缘智慧……意指对至善的认识，而从实践上来考察，它意指意志与至善的切合，因为只有在切合与作为源始至善的上帝意志的神圣性符合一致这个限制条件时，人们才能思考这种仁慈行动。[②]

罗尔斯企图说明至善是上帝创世的终极目标：幸福与德性相称的必要条件是使那个至善充分的意志与作为善的最高源泉的上帝意志神圣化；上

---

① 请详阅［美］约翰·罗尔斯《道德哲学史讲义》，张国清译，上海三联书店 2003 年版，第 424 页。罗尔斯认为，康德的社会是一个特殊的至善的社会，这个社会本来是不存在的，德性与幸福的相称性依据是一种虔信派神学观念。今天社会中的实际伦理学难题无法直接应用这样的法则，必须研究和建立一个新的体系来应对这些鲜活的问题；如果科学家坚持生殖性克隆，我们如何禁止、说服、引导或对其行动给予辩护，"应用伦理学"淡化了我们的理论意念，遮蔽与阻抑了我们的思想，结果不能证明任何一件事，并使问题更复杂，对话更难求一致，实证更困难。

② 这是罗尔斯在《康德讲座》中引用《实践理性批判》中的一段话，可见《康德全集》（英文版）第 5 卷第 130 页及以后。

帝为世人呈现的最大幸福是只受他们的职责限制的幸福；一个无偏私的理性要求是德性与幸福相陪伴。康德的庄严设计以及所得出的华丽秩序的理想是必须仰赖上帝的命令和遵守上帝的法则。而在上帝已死的当今经济与技术无限发展的社会里，何以由上帝伦理支配我们的行动和思想，我们的选择和意志如何才能成为一种至上原则的应用。罗尔斯肯定，无偏私理性观念不隶属于康德的建构主义，

> 至善不切合于作为被建构起来的道德法则对象的目的王国的观念：它无法成为那个被建构起来的对象。因为在绝对命令程序中不存在这样的东西，它能够创造出要求我们使幸福与德性相称的戒律。①

神学的哲学靠的是上帝伦理：

> 上帝对亚伯拉罕说的第一句话已经表明了真正的神人关系，创世主和被创作的人之间的自愿结合。②

那种许诺与诏令都是建立在牢固的相互信任基础上的，即使这种诏令要求亚伯拉罕作出巨大的牺牲，当事者也极其愿意，因为那是神权政治的高尚品德的力量。

应用伦理学更像是实证哲学的翻版。在实证的状态下，在承认不可能有绝对知识的基础上，认为没有必要继续探求世界的本原与目的，更无须说明用什么理论或学说去解决什么问题，只要编制一套原则系统，教给当事人针对具体问题加以使用就已达到了目的，这就是应用伦理学的全部功能与秘密。在应用伦理学者看来，人事现象的内在原因以及发现原则的来源是没有任何意义的，只要一心从事现象的实际规律与方法的运用，其任务就已经完成得尽善尽美了。除“实证伦理学”外，应用伦理学还可以称为“实践伦理学”或“实用伦理学”；对它来说，“探求所谓的原因，不论

---

①［美］约翰·罗尔斯：《道德哲学史讲义》，张国清译，上海三联书店2003年版，第426—427页。罗尔斯显然不同意康德的立论，过于理想化的道德求证在现实中是不可实施的；应用伦理学企望信手拿来什么原则指导实践几乎是不可能的。

② 请参阅索洛维约夫《神权政治的历史和未来》，钱一鹏等译，华夏出版社2001年版，第83页。

是初步的原因，还是最终的原因”，是根本做不到的和毫无意义的，“他（指孔德。——作者）把所有现象都看成是受不变的自然法则支配的，准确解释自然法则并将其归并成尽可能少的数量”，这才是它努力的目的。①

应用伦理学是一个过渡，可以作为召集研究群体的一个理由；当它已经成为一种习称和流行语时，我们可以就势建立一个单独的学术舞台，把“伦理学理论应用”或“应用伦理”作为交流语式，引导其对一系列悬而未决的问题进行充分研究；在我们的社会中，把伦理学理论化为进行社会抉择的理智力量，使道德哲学家重新在公共生活、立法与决策中占有地位。但是，应用伦理学的第二阶段显然已走入歧途，应用伦理学者弃元问题和元理论于不顾，依然更加急切地想直接解决迫在眉睫的道德难题和社会问题，由于忽视对伦理学基本理论的研究，他们无法正确地描述公众的争论与分歧；“他们忙着把自己的深刻怀疑论的、相对主义的态度和非哲学听众（他们打算向这些听众大声疾呼）的科学态度结合起来”②。尽管应用伦理学家花费十数年时间说明了两个问题：职业决策和公共政策不仅是科学技术或政治问题，也是道德问题，必须通过哲学分析提供价值与意义的判断；伦理学建议和原则可以帮助解决实际难题并指导实际工作者的工作。然而，他们由于缺乏哲学的训练而终于没能完成从普遍的道德原则中准确地推出规定性的和禁令性的道德准则，甚至引起了实际工作者的不满与科学家的反感，有些人在扮演“卓别林式的既滑稽又可怜的形象”时，“还没有挖井就欲取水，还未能找到火就欲救火，不像一个很有理智的人”③。应用伦理学并没有认真区分不同文化背景和特殊制度下道德原则与具体道德决策之间的关系，也没有注意这些差异对道德行为选择的重要影响。各民族、各地区、各种制度所筑成的道德文化分歧是客观的，用单一的美国或欧洲模式去解决国际和各个国家的问题，特别是对道德行为

---

① 这是孔德《实证哲学教程》中的几段话，我作了节选，但并没有对原意进行丝毫改动。请参照索洛维约夫《西方哲学的危机》，李树柏译，浙江人民出版社 2000 年版，第 136 页。索氏对孔德的哲学进行了尖锐的批判，特别是实证哲学对宗教和形而上学的不满，激起了索氏的愤慨，而这也是西方哲学危机的根源所在。

② ［美］A. 麦金太尔：《三种对立的道德探究观》，万俊人等译，中国社会科学出版社 1999 年版，第 238 页。这是书中第 11 章，由海斯廷斯中心政治哲学研究所博士詹宁斯撰文，李志刚译。这篇文章主要讨论应用伦理学的研究作风，以及它与社会科学的关系。

③ 同上书，第 258 页。转引自威廉·F. 梅《职业伦理学：背景、范围和教师》；原书由丹尼尔·卡拉汉等编，纽约普林努姆出版社 1980 年版，第 239 页。

和决策所施加的强制与约束，已经成为伦理原则或准则应用的羁绊。应用伦理学毕竟是价值与意义的评价，它只是对现实世界进行指导，它与具体技术不同，如果硬要用工具的本性规定它的全部内容，结果就弄错了精神、思想、理论、原则和行为的关系。我们很多人过分热衷于社会调查和对案例的讨论而忽视对理论的追究，以为这些原则无须求证就可作为普适的真理标尺，这样的话，我们与工程师和医生还有何区别。即使把这种应用模式作为工程模式①，也不能忘记道德原则是建立在理性基础之上的，它必须经过充分推理的元伦理学的正当性证明以及不可或缺的逻辑推演才可能被接受。

麦金太尔批评应用伦理学的理由是，某一原则在应用之前就已存在，则说明这个道德原则只能是形式的、无内容的；应用伦理学三个步骤的逻辑顺序也一直受到质疑，并被麦氏认为是不正确的，这个顺序已经在实际应用中被无情地推翻了；它把普遍原则公式化并从理论上加以阐述；经验地描述特定的社会背景或制度背景，包括体现在个人动机和目的之中的制度习惯结构；它把道德原则应用于此背景下可能的行为选择过程。例如，教会权威和天主教道德神学家拒绝接受直接医疗性堕胎是基于拒绝与其他种类的直接堕胎相同，基于无论在什么情况下，“无辜的生命的直接被杀害总是不道德的”原则；② 这种原则应用必须在治疗性堕胎的背景和实例的应用中通过阐释而获得内容，它有更高级的神学或教义学的基础，并有强大的《圣经》这一来源；应用伦理学在伦理学的发展中并没有起到建设性的作用，很多应用伦理学家已经开始参与开井取水的工作，因为他们通过这近二十年的实践，已经深知只从伦理学理论家们已开凿的井里汲水已远远不够，我们必须探明哪些井里是无水的。

在生命伦理学的建设与发展的现当代，我们更不可将其归类于上述所

---

① ［美］A. 麦金太尔：《三种对立的道德探究观》，万俊人等译，中国社会科学出版社1999年版，第260页；转引自阿瑟·L. 卡普兰《义务结构：伦理学家关于应用伦理学研究的作用所作的技术定义的几点限定》，载《加拿大哲学杂志》增刊第8卷，1982年，第1—18页。这个工程模式的应用伦理学就类似于前述的“原则模式的应用伦理学”，但他没有将理论这部分与应用分开，其实那种划分完全是人为的，不但没有意义反而是有害的；虽则加强了伦理学的技术应用这一方面，但容易使人误解应用伦理学不过是玩弄几个永远不变的原则而已，这倒像是医生的协定处方，只要打钩即可治百病。

② 参阅［德］卡尔·白舍客《基督宗教伦理学》第2卷，静也等译，上海三联书店2002年版，第363页。

谓的应用伦理学范畴内，不能放弃对有关生命的道德哲学的追问，如果放弃对于生命本体的哲学化关注，我们只能是在暗淡的漠视中理解生命的价值。或者始终无法通过语言的申诉，阐释生命的道德国度，在此，语言的陷落现象随时会发生，因为“生命并不是由道德想象出来的：生命需要迷惑，生命靠迷惑维持”①。人类关于生命的知识永远是有限的，不可完知的生命与无法完知的宇宙自然一样，永远要保留无解的真空，因为这个世界的有限和无限的自然之谜，永远不可协调统一，我们对于生命的解读最多是大致的概观，其迷惑就像对时间和空间之源的迷惑一样，最后由宗教神秘主义终结。

因此，生命伦理学不应该止步于具体的问题与对现象的处理，缺乏哲学的培育，一个问题会获得无穷解，我们就不能从复杂的情节中解脱出来，在分析或研究各种难题的同时，必须通过哲学推理，或是通过决疑方法，使具体案例适应于一般的原则。而我们原来设定的原则，又来源于纯粹哲学的思维，这就倒逼着我们去探究更纯粹的生命的本体哲学和有关生命的道德哲学原理，支持和发现我们是否有更好的办法，为我们的病人和深陷疾病痛苦中的身体带来福音。

我们在讨论生命伦理学是否属于应用伦理学，或者应用伦理学是否存在这类命题时，应该考量关于标准的伦理学应该是什么样的？这个问题其实已经被尼采等人彻底颠覆和批评过了。在尼采看来，伦理学本来就不应该是理性主义的那种标准，也就是说，伦理学本来就是面向实践经历的。美国的生命伦理学和生命哲学，按约翰·埃德温·史密斯（John Edwin Smith）的说法，也源于三种世俗哲学的信仰与观念：第一，人的思维主要立足于行动的具体情境，其行动的目的仅仅是解决现实问题；第二，思想与理论因行为人目的的不同而必然存有差异；第三，世界上的人能够走向文明，但必须学会运用知识来克服进步过程中的各种障碍。② 我们应该做的是，立足于“应用”伦理学理论或知识，在具体的医学情境或生命

---

① 参阅［德］费迪南·费尔曼《生命哲学》，李健鸣译，华夏出版社2000年版，第51页。该书指出，尼采的基本思想是道德责任，并认为标志生命概念的活力和美学的辩证是每种责任的最终原因。这段评语对生命伦理学来说很有意义。既要接受道德多元化的可能，又要不放弃责任。这就与恩格尔哈特的“道德异乡人”和“部分道德共认意识”相一致，而就维护关爱生命的责任来说，人类面临的问题是共同的。

② Albert R. Jonsen, *The Birth of Bioethics*（New York，Oxford：Oxford University Press，1998），p. 71. Smith, *The Spirit of American Philosophy*, p. 188.

问题的当口提出一个最佳的选择方案，解除人们的疑惑与顾虑，指导其行动；而这些凭证和理由的获得，必须通过我们业已存在的由理论延伸或发展而设定的原则与规则，如果我们还没有这方面的现成的、很充分的、具有明确指向和针对性的理论，我们就无法获得能够为具体事件的处理方案提供有力辩护的理由。如此，我们就应该回到非应用层面的道德原理或那些原理的原理中，寻找我们处理生死攸关当口的治疗决策的依据，或者寻觅一条或数条理由，说服那些不同意或在犹疑之中的当事人。

在一般意义上，对于身体和生命的处置决定是十分艰难的，人的意识——对生命的敬畏意识是难以言表的。我们的思想受到各种因素的制约，我们不能脱离我们所处的政治、经济、文化和传统的社会关系环境，所以，在何时、何种情境下、面对何人最后获得何方案，或许都是在普遍原则前提下的一种特殊主义行为，我们仅仅出于一个良善的目的和职业的责任。

现在，我们面对着一个十分严肃的问题，这个问题本身与它所关联的问题，在医学生活中，无论如何也无法绕过与回避。那就是类似爱、善、恶的本质与概念，以及对于这些元问题或伦理大词的诠释或理解。如果不对它们逐一进行认真阐释，我们就不可能理解它们各自的意义。“若不对它们阐释，它们就没有意义。”① 我们也就不知道判断的标准，就不会制定什么考量或评价的原则，就没有行动的基础和选择的凭据，也就谈不上理论的应用或应用的伦理了。由此，我们必须花工夫去认真研究善的原理和正当的学问，只有这样，才会知道什么才是我们的责任与义务，才会知道病人的权利究竟应如何维护，为什么要维护、维护些什么、维护的方法与纠错的教育，以及如何调节医患关系和其他关系，建立和宣表我们的医学秩序与改革的正义。

我们只有有意识地去查验原有的理论，才能够辨别生活中的善与恶、好与坏、是与非、对与错，才能使我们称之为生命伦理学的学问成为生命塑造的指导，才能在为他人奉献爱的过程中实现我们的完满的责任，实行整全的道德义务。正如朋霍费尔所言：责任性行动的特点是代理。代理是一种具体爱的行为，包括为他人的全然奉献和自我牺牲；代理有两种表达

① ［美］苏珊·桑塔格：《反对阐释》，程巍译，上海译文出版社2011年版，第8页。

形式，即平时的责任和特殊处境的责任；我们医学的责任就是这两种。①要坚持一点，即我们必须重视医学或生命道德问题的哲学原理的研究，避免用一种平面、浮躁、潦草的方式对待生命的正义，你还不知道什么是善，什么是正当，你如何从绝对主义的观念中得到解放？没有沉思和艰苦的分析，你的行动如何避免偏差或无意作恶？②

我们用桑塔格的一段话来结束本章，也算是一段耐人寻味的结论：

> 阐释不是（如许多人所设想的那样）一种绝对的价值，不是内在于潜能这个没有时间概念的领域的一种心理表意行为。阐释本身必须在人类意识的一种历史观中加以评估。在某些文化语境中，阐释是一种解放的行为。它是改写和重估死去的过去的一种手段，是从死去的过去逃脱的一种手段。③

① 参阅［德］朋霍费尔《伦理学》，胡其鼎译，上海世纪出版集团2007年版，第16—17页。

② 此处请参阅［美］阿拉斯代尔·麦金太尔《伦理学简史》，龚群译，商务印书馆2003年版，第18章。

③ ［美］苏珊·桑塔格：《反对阐释》，程巍译，上海译文出版社2011年版，第8页。

第二章　后现代生命伦理学的基本原理与可能的知识

我们往往在没有深刻理解人类思想史之前就进入对于伦理学的探索之中，还没有真正熟悉人性以及对于人性的批判就开始用标准的人性的价值来说明或揭示人性的难题。费希特哲学的“绝对之我和我与非我的相互规定”，影响了黑格尔与席勒关于生命观念的形成，这在荷尔德林的书信中作了很明确的说明。可以认为，今天的生命伦理学的创建与作为一个学科的系统对于生命的道德考量，正是人类开始在技术占主体和思想极度贫乏的时代对于人性本质、人的居住境况重新关注的结果。

诗人荷尔德林在图宾根学院与谢林、黑格尔结成了“神的王国”同盟，并立志于把自由的思想贯彻和传播给沉闷的现实社会，它也成为荷尔德林整个生命和诗歌的纲领，对于黑格尔和谢林来说，“一即万有”的概观哲思，无法与荷尔德林的诗篇那样透悟与宏大的精神相比，在荷尔德林那里，生命的颂歌乃是对这个未来世界的唯一期盼：

> 这个与迄今的人和世界不同的另一种人的另一世界，其结构的规定性在于大地与天空、凡人与神圣的亲近。海德格尔只在荷尔德林的诗当中听到这种亲近的惠临，诗与思共同在吟唱的元素中运作。①

在图宾根学院时期，荷尔德林就着迷于康德的伦理学，后来在耶拿更加认真地研究康德“生机勃勃的法规”中的深刻哲学基础，他把康

---

① 请参阅《荷尔德林文集》译者前言，戴晖译，商务印书馆1999年版，第3页。1794—1795年，荷尔德林拒绝母亲为他安排的牧师职位，经席勒等友人介绍以做家庭教师谋生，他一边坚持研究诗与哲学，一边听费希特的哲学讲座，此期与席勒、黑格尔交往密切，一起讨论费希特的哲学。

德比做“我们民族的摩西”，并认为，“康德统一了自然机械论（命运的机械论）和自然合目的性的方式”①。但他并没有按康德模板建构道德哲学的体系，而是去理性化和神圣说教，把以理性为基础的人性投射到自己浪漫的诗意之中，追求理性、心和美的合一。他带给我们的是诗性的自由感，人的原始冲动，以及俗世平民的宁静情怀。一直存有作者争议的《德国唯心主义的最早纲领》②所提出的伦理学体系，“是在康德的两大事件假设即神的存在和灵魂永生基础之上成为整个形而上学的归宿”③。这对于生命伦理学的思想根基而言是一个核心的奠基，那就是作为人的生命来说，人是或应该是绝对自由的存在，而诗人只是用诗的言说证明世界是“人”的创造，特别突出了所谓“生命”是“非我”又赖于“我”的。康德一再强调，这个世界必须有实现自由的可能和机会，现存世界把自身道德化的组织——国家与教会，还不如由“人性的理念”彻底取代。人性的自由被诗化的过程，就是使伦理学在承认物理世界存在的同时，尽可能为了拯救和重现道德本质的存在而创造自然的世界和可以给人带来福利的生态秩序组织。有机的生命和人的结构正是为了实现这一理想而不断进化和超越的。用美统一物理学和伦理学，使二元论的被奴役的人的世界变为“感性宗教”化的、神话的、客观的、审美的、哲人与民众平等的、诗化的人性自由的世界，是“最后的、最伟大的人性之作”。

> 他们缺少你的日子有多么漫长？啊，长久以来他们轻慢你，庸俗地称呼你和你的众神，这生命本身，这至乐的寂静！
>
> 人陨落，像你熟透的果实，啊，让他们坠落，这样他们重返你的根，而我，生命之树啊，我和你一齐再绿，你的树冠和你所有含苞的枝干共呼吸！和平而深情，因为我们都出自这金色的种

① 《荷尔德林文集》，戴晖译，商务印书馆1999年版，第6页。

② 此文作者是黑格尔、谢林，还是荷尔德林，一直存有争议，但研究者一直把它收入荷尔德林的作品中。

③ 《荷尔德林文集》，戴晖译，商务印书馆1999年版，第6页。我们理解席勒的论点，正是为证明诗化伦理的意念，席勒认为，理性的最高行动是审美的。本书作者的原意在于说明哲学和宗教的无奈，常常在诗人的诗意之中寓藏，而与诗密切相关的就是康德的感性宗教，它的纯粹的思想和哲学内涵已经在纯粹理性中形成，但只能在“诗性的创造”之中，成为一种以审美为形式的理性神话。

子而长成。①

生命是躯体、精神与灵魂三种意义层的统一，而不是三种序列；生命的统一场域是生命原体、相关体和文化体现象的语言以及行为的现象；只有综合所有学科的有关理论和研究方法，才可能确立生命的问题。生命的道德哲学问题是研究生命至善主义的学问，而应该考察生命延异或变化过程中的恶伦理与伪知识，同时凸显维护生命的正义、健康的价值、幸福的感受以及由此构建的物质需求文化、经济秩序等。

只有在躯体的具体的现实存在与精神的虚拟世界非具体结构合为一处时，才会使所谓人文行动成为事实，成为一种能被人认识的生命存在的推动力量与活动力、变化力；变化是我们选择世界和机遇的最重要因素。在医学的教育运作、程序和人文世界结合以后，人的现实性才有可能被显现价值或功能，也才会被赋予神圣的意义。

医学、心理、大脑、生理、生物化学、物理问题和精神、社会、经济文化的问题，既是现实的又是虚拟的，这种虚拟是事实的虚拟，而不是非现实的纯粹的虚拟；因此，它们（即灵魂）所指涉的宗教和由语言构造的历史是具有人文意义并可解释人的问题的，它可以引导我们从自觉地研究出发，逼近人的结构，使躯体、精神和灵魂成为能被我们认识的三种意义层，而不是三个层级；由此建构的生命的统一场域，就是可靠的，就是有医学人文性的最终人的概念。

第一节 找回家园：从生命开始考量，到生命的道德哲学

一 后现代生命伦理学的伦理形态、现象与学科生命

生命伦理学应该始终叙事和把握人类的命运，这是它的核心功能。对生命道德现象进行纯客观的经验描述与分析，是其最重要的使命。伦理形态是以类伦理的方法对完整的伦理世界进行勾画与叙述，说明生命伦理的生命和生命伦理世界的结构和秩序；生命伦理形态学不拘泥于现象学的或

① 《荷尔德林文集》，戴晖译，商务印书馆 1999 年版，第 150 页。此句选自《许配里翁致北腊民》，表述对于人的存在、生命的发生以及世界的本质的思想。

那种学究式的规范、描述和元伦理学的三维视角，而是在普遍意义上的一种尽可能的文化包容。生命伦理学形态是道德哲学理论的根本性奠基，它不仅仅是对生命伦理世界的一般性说明，而必须对形态进行整体化建设，同时追问其存在的合法性及其原因、基础、价值与意义。它并非局限于专事对医学生活、生命科学技术和生与死、生存状态的伦理观照，而是对人的整全生命道德现象、问题、关系的全景观挂虑；后现代生命伦理学应该是对现代伦理学的一种超越之后的最精致和最具实践指导功能的成果，它必须克服道德分化、精神脱落和被世俗挟持[①]的缺陷，开展东西方跨文化的对话和融合，使生命伦理生态和生命（学科灵魂）牢牢地生成于强大的生命信仰和良善的生活土地上，并在健康的后现代文化和经济背景的变化中，求得一种后现代式的转换与适应，以逐渐培育显明的、整全的学科气质和道德个性。

欲要完全把握生命或“人”的观念、语义、术语，以及我们本书关于生命的理解，应该先求得一个概念的统一。我们不能开始就在一个虚伪或虚浮不定的语言秩序中，支持和成就我们生命的“善”的追求，尽管文字或语言是有限的，特别是道德的文字。我们必须尊崇一个秩序，然后就生命的命题，建立一个原则的框架，引导我们为一个生命的终极目的，或者为至善的“实践必然性”而努力。因为我们所设定的目标，对于所有理性的有限存在者，即人的生命的道德属性而言，是本然的伦理秩序的基本要求。我们不是平面地建构生命拥有者的自由广场，而是利用这些语汇完成我们应予承担的道德义务，对于生命的责任，是上天赋予我们的，是不可推卸的。

> 道德法则作为应用我们自由的形式上的理性条件，独自就使我们负有义务，无须依赖某个目的来作为质料上的条件；但是，它毕竟也为我们乃至先天地规定了一个终极目的，它使我们有义务追求这一目的，而这一目的也就是通过自由而可能的尘世中的至善。[②]

---

① 此处可参阅樊浩《“伦理形态”论》，《哲学动态》2012年第11期。该文认为，现代伦理的特征为“道德分化、精神脱落、皈依世俗”。

② ［德］伊曼努尔·康德：《康德论上帝与宗教》，李秋零编译，中国人民大学出版社2004年版，第233页。此段文字译自康德《判断力批判》（1790）。

我们从没有冷静地、认真地、精致地清理生命伦理学的语言、术语和习惯性称谓，这种乱象会搅乱我们的思想和交流的效果，效果伦理和商谈伦理不可能帮我们清理语词的垃圾，这要靠研究者的自觉和睿智。

二 生命伦理学中“生命”的语义、哲学与现象

我们如何坚持一个稳定的概念，不再为变化的语义所忧虑。生命不是无限与绝对的，提起它，不至于给我们带来形而上学的恐怖（horror）。为了生命的整全，我们尽可能把生命的善作为一个绝对的目标，因为“一切形而上学的立场都等于善”[①]。生命就是这样的，生命常常不可以言说，生命原本或本当是道德的，为了人的存在或存活，人的或他者的生命必须在善的规范下，争取自由与求得生命的延续，以至于必须遵循细胞理论、生物定律、组织遗传法则以及人体运行的逻辑节律和道德律，去实现生命的自然和生命的自由。

> 生命代表着诸意义的总体，这些意义向着并不被作为在世界基础上的诸“这个”提出的对象而自我超越。生命是他人的作为基础的身体，与作为形式的身体对立，而这作为基础的身体不再能被他人的自为暗含而非位置地把握，而恰恰是能被我明确地作为对象来把握：于是在宇宙这基础上它表现为有意义的形式，但是他仍然是为他的，并且恰恰是作为基础的基础。[②]

这里必须做一个额外的解释，生命现象是可以用精确的定律说明的，但是这所有的说明只限于一种尝试，因为生命远不止如此狭隘，生命的说明，是一个语法上的无限。

在生命化学现象中，最具魅力的无非是生物氧化（biological oxidation）、酶的作用以及细胞信息的传导，它们甚至带有神秘的色彩。而三磷腺苷（ATP）生成则是奇中之奇，物质在生物体内主要依赖于糖、脂

---

① ［英］莱斯泽克·柯拉柯夫斯基：《形而上学的恐怖》，唐少杰等译，三联书店 1999 年版，第 115 页。

② 请参阅［法］萨特《存在与虚无》，陈宣良等译，三联书店 1987 年版，第 448 页。

肪、蛋白质在体内分解，逐步释放能量，生成二氧化碳和水，回归自然。在回归过程中，相当一部分能量可以使 ADP（二磷酸腺苷）磷酸化成 ATP（三磷腺苷），以供生命活动之需，其余能量以热能形式释放，维持体温；就是这个氧化磷酸化过程，承载了人类社会与文化；就是这个依靠“呼吸链电子传递过程中耦联 ADP 磷酸化”，生成 ATP（或 GTP）的过程的存在；正是这个依然被称之为“高能磷酸键”水解时释放的能量，维持着我们的生存和情感，为我们复杂的社会生活和文化样态提供了足够的能量；让我们得以行善或者“作恶”，建设、发展、破坏甚至发动战争。

回到生命伦理学语境，这里对“生命”的认知常常存在误解，因而贻误了生命伦理学的学科建构和基础研究。这个语境中的“生命”有五层含义：蛋白质与核酸之人的生命——自在与物质的（物之理与化之理）；肉身之人的生命——自然与生态的（生物之理与生化之理）；精神之人的生命——思想、欲念与人性的（心之理与性之理）；社会之人的生命——经济、关系与劳作的（伦之理与法之理）；灵性之人的生命——觉悟的与宗教的（神哲之理与神灵之理）。

医学或生命科学的基础来自于生命，生命存在着一个统一的场域。按庞蒂的说法，人的生命包括生命原体（本原身体）、生命相关体和生命文化体三部分。生命原体（本原身体）是：【物质与物理元】物质的（分子生物学）、组织与生物化学的、生理的；【精神与意识元】大脑、心理、精神、灵性；【身体与行为（变化—时间维）元】新陈代谢（熵增）、性与生殖、衰老、疾病、残疾与死亡等。生命相关体是社会、经济、国家政治、权力与制度、政策、伦理与法律、战争等。生命文化体是哲学、语言、文学艺术、教育、宗教、科学、生活礼仪等。[①]

今天必须恢复与发现的，不仅是我们的学术个性与生命观，而且是我们关于生命伦理学的知识和文本理解及其关注点，亦即文本力图回答并不断地向它的解释者与听众提出的问题；我们只有在被主题推动着、在主题所指示的方向上作进一步询问时，才会出现真正的对话；真正的对话必须建立在语义与情感的真实认知的基础上，否则就是语言和价值的浪费。关

① 这是作者对于庞蒂知觉哲学的一种理解，特别是对人的生命而言，这种生命三元体的解释，可以使我们更精确、细致地理解身体、社会与文化之间的关系。可以参阅安德烈·罗宾耐《模糊暧昧的哲学》，宋刚译，北京大学出版社 2006 年版，第 61—69 页。余可参阅本书第二章第四节中的有关文字。

于生命的道德哲学的提问总是包含对于可能性的揭示与追踪，并同时不断发现，如此这般，即使悬置了文本或读者的最终确定性，我们还是能够超越文本的历史视域，与我们原有的视域融合，从而改变我们、改变伦理学、改变我们的世界观与生活；我们必须参与作为一种运动的不断理解的生活，从新的语词开始，我们才能够接近真理，就像我们最初企盼的那样；若存有对比之相似的可能，人创造的“上帝”的绝对就类比于生命的有限之中；……生命是行动之结构空间与行动的时间序列与形式，生命既是个别又是整体，生命的充实是形式的内容与血液，它们承载着生命；对比研究可以透悟生命本原；人享有的主要是精神和信仰的生命。

生命伦理学中的生命，应该是概念性的，并且是在道德哲学意义上的概念，又是生物学意义和哲学意义上的综合，既是存在又是虚无，既是物质又是精神。

三　生命伦理学中“医学”的语义、哲学与现象

要回答什么是生命伦理学这一问题，除对生命概念的清整外，还必须矫正对“医学”的理解。健康与疾病是以五种生命属性为基础的，那么，医学、医学的哲学、生命的哲学、医学人文学、生命的道德哲学应该是什么？为什么？怎么样？做什么？这些问题都应获得答案。

与生命伦理学密切相关的是医学哲学。医学哲学的研究范畴是：医学（人与人的生命）认识论——观念与形式；医学（人与人的生命）本体论——始因与本质；医学（人与人的生命）价值论——意义与目的；医学（人与人的生命）方法论——操持与策略。

有了以上的论证，我们就可以用医学人文学对医学加以定位：医学的**本质**是科学（身体科学—生命科学—卫生科学—疾病学与临床学）；其**形式与形态**是技术（生命技术—身体技艺—临床技艺）；其**角色**是生命政治学—伦理学、心理学、经济学—生命政策学、社会学，特别应该是文化的；其**本体**（凝视）与存在（生命意义或身体意义）或是人的哲学，或是神学（灵性或灵悟性）的。因此，要理解和解决医学问题，就必须研究生物（人与生命）哲学；精神或灵性（灵魂）哲学（心理学与神哲学）；医学与生命领域的政治哲学与经济哲学、道德与法律哲学、方法学、科学意识和技术哲学、管理哲学、语言哲学、艺术或美的哲学、人文地理哲学、历史或未来哲学；与生命和医学相关的人类学与人种学、民族

学、宗教学、人口学、社会风俗文化等。

要把握生命伦理学，还必须对健康与疾病的界限进行正确理解。如何把握健康和疾病的界限，其实是一个哲学问题，以下的几种区分均受到不同程度的诟病：健全与不健全；稳态与变态；完整（完美）与缺陷（不足或过度）；常态（均态）与非常态（偏态）；功能均衡与偏离；那么，如何理解生活风格的个我化、癖趣放纵与节制过度？类似李叔同式的或俄罗斯“圣愚”那样的苦修或禁欲主义者的行为，特别是他们对于肉身的摧残以及对死亡的追求①，是否属于文化病态？是否应作为疾病？这是宗教心理学、道德哲学难题；对其应该作为生命伦理学的一个问题进行专事研究。而按一般通识性理解，其行为可视为文化现象，是正常的、健康范围中的别类。其行为构成社会文化生活之一脉，并且是个我化精英阶层理性的、脱俗的、超然的生命范型。

生命伦理学与健康和疾病存在的人文价值与意义紧密相关。我们需要明确和接受一个新的定义，即健康是一个人在生理与机体、心理与精神、道德与法律等方面都是良好的，并且具有良好的社会适应能力与基本的劳动技能。但这样的人真的存在吗？其实在多数情况下，人的生命世界就处于这个理想化的健康和疾病状态之间，所谓亚健康、第三种状态或边缘过程，就是泛指这个广阔的中间态。即绝对的健康是不存在的。而谈到疾病，首先要问：人为什么会有疾病？为什么会有死亡？为什么会有痛苦？谁有病？什么病？何时患病？病程长短？症状如何？如何折磨人？何时死？如何死？要给与有关人的生命以文化思考与人性解析。

关于疾病现象学和知觉，生命伦理学应厘清如下的问题：首先，疾病现象学的指涉对象，它主要应该包括：（1）疾病意义和疾病意义的意义；疾病本身对人与社会是有意义的，人生来必然会患病并难能整全；（2）对疾病所引起的经验作出根本的反思，对疾病经验的感知和经验的对象，疾病对主体经验的感知，对主体权利和自由的剥夺，疾病剥夺了自由和诸多的权力与权利；（3）疾病对主体舒适、快乐、幸福的侵害与削弱；（4）作为疾病后果的人际关系的改变、环境的变动、个体尊严的完全或部分丧失；（5）疾病造成的历史性影响对主体自信的毁坏；（6）疾病主体的扭曲，身

---

① H. Tristram Engelhardt, Jr., *The Foundations Christian Bioethics* (Swets-Zetlinger Publishers, 2000), pp. 309-314.

体、感觉、意志、信心以及对于事物评价和情感的转移和重构；（7）对医学和医务人员的托付和期待，对自然的屈服、阐释、评价、体验的确立；（8）对生命保全的盼望、风险与危险；（9）疾病所引发的空间感错位和时间伦理学问题等。[①] 其次，在临床的现实过程中，医患双方对疾病理解存在客观差异，有时是情感差异，既有道德问题，也有其他社会学问题；但伦理学应该引导双方共享疾病的意义，医学的目的应尽可能使病人的体验水平接近科学事实（当然很艰难）；通过交流，使患病一方（包括家人、亲友）认识到痛苦的暂存性、聚焦注意力、挖掘与医方合作的智慧。最后，疾病作为一种特定意义上的痛苦和作为特定种类的痛苦而被体验着，患者对病情的体验受他所处的生活世界中的文化背景之影响；疾病代表着一种他人的存在；疾病使人与本来生存的躯体发生疏离，它不再生动，成为自己物质的、生理的客体或在工作中必须克服的对抗力量。这一切都应该成为医方同情病人的发因、理由和动力，同时对努力摆脱和战胜疾病负责。

疾病是一种不协调、不平衡、失去能力和不舒适的状态，这种状态体现了一种熟识世界的丧失与陌生化。疾病给人带来痛苦，生命通过痛苦显示意义以及健康的宝贵，痛苦是符号，可以让人知快乐；保健和医疗应作为社会生活伦理和公正回报利益的核心，医学的伦理问题就是实现“使人得救”。痛苦有理性与非理性的，因为生命存在肉身[②]、精神与灵性三个意义层。

显然，生命伦理教育必须包含疾病哲学和伦理教育。除前文对于疾病的疑问外，还应包括：为什么要有治疗？怎样治疗？谁来治疗？各种治疗的关系如何？是否公正？无效治疗的界限？有什么理由放弃治疗？高新生命技术价值怎样？生命质量如何计算？安乐死究竟是善、伪善，还是恶？

但我们必须同意，未完成的生命或未实现的身体，本当是或作为一般意义上正当的生命。

---

① 参阅安德烈·罗宾耐《模糊暧昧的哲学》，宋刚译，北京大学出版社2006年版，第76—79页。这里只是对梅洛—庞蒂的思考进行研究后，结合疾病的伦理学进行的解析，没有具体的引文。亦可详阅庞蒂的《知觉现象学》。

② 身体可作为人的生命的总体称谓，但我们认为，“肉身”与“躯体”仅仅限于对物质的自然人体本身的狭隘范畴。故在本书中，已经明确诠释与统一定义在各种语言环境中。

第二节　生命伦理学和生命政治学的知识场域，以及相关知识的伦理说明

生命的政治性呈示给我们的是，如何更完整地表述生命与政治权力以及专制主义之关联。历史给予了我们极大的异常宝贵的知识空间和经验；有些经验，如生命伦理学与生命政治的经验，启发我们如何逼近我们将要坚持的原则，解决我们面临的复杂的伦理生活难题。我们欣赏政治自由主义的假设，那些讨论和建议存在或蕴含着许多相互冲突的合乎理性的完备性学说及其善的观念，我们同意这种思想：

> 只要每一种学说可以通过一种政治正义观念的资源而得以确定，它与人类个人的充分合理性就是相容的。……我们把各种相互无公度性学说之间的理性多元论，看作是持久的自由制度下实践理性长期产生特殊作用的结果。①

生命政治学展示给我们的生命复杂性，应该是生命伦理思想的重要基础。

生命政治化不是对于生命存在形式或存在状态的解读，也不是故意把生命问题政治化，而是原本的人的生命作为宇宙哲学的核心（智性的成果）应该获得权利（权力），同时追求公平正义，并肩负责任和实现管理与控制自然、社会的目标。因此，要为了这个权力（权利）而劳作、求知、拼搏以及进行斗争，甚至付出生命的代价。以上这一切都是伦理学，准确地说，是生命伦理学问题，也就是我们迷恋的一个永恒：生命权利的正当和人的善。

生命政治的主体是人的政治；生命本身的存在状态或人的生命状态，是政治的可能性、政治的核心内容；“政治人”是整全的生命的人（生物人与社会人）；政治必须是为人的生命的，只有政治价值的生命才是有意义的生命，为生命的政治才有政治价值；围绕食、性、健康、生殖、疾病、所有医学现象和问题、生态环境等所有科学、经济、宗教、法律、战

---

① ［美］约翰·罗尔斯：《政治自由主义》，万俊人译，译林出版社2000年版，第143页。

争、教育、艺术以及全部文化，都类属于生命政治。

生命是多元的，每一种系与个体都是平等的，即使为了维护生态链的运转与平衡，某一弱小种系必须作出适度的牺牲，也应该得到尽可能地保护，直到它毁灭之前的最后一刻，都应该获得人的爱和尊重。要使所有人都找到自己的生活方式和自由，只要有一个人还处于贫穷、罹病与痛苦中，这个世界就不是整全的和真全的；个人感受与需求千差万变，只有自己彻底了悟自己，才产生了"功利论"、实用主义等，其中，不乏浓烈的机会主义。要警惕极端病态的个人世界主义情绪的膨胀，防止文化战争。

必须有一个统一的法律与伦理规范，在任何境况下都应该有一个至上的信仰和共同的生命政治意志。

中国化的后现代个人世界主义，这个乌托邦并非乌有之乡，而是可以实现的理想主义选择；是在一个非宗教化的民族中，构造（或制造）新的信仰（试验性地替代），并把生命的政治目的定位在"身体人文"境界中，使每一个人都找到自己的幸福和梦。梦是虚无与幻境，似一类信仰或别样的宗教，如果你相信，就可能会在未来实现，就会成为一种意识的存在。

我们目前还无法像库比特那样消解生与死的界限。就是说，死亡与"活"的现象和问题，依然可以作为生命伦理学的理性基础和学科的发展动力之一，从传统上理解，这是生命和医学的根基或全景观的端点。

现在，在后现代科学技术时代，定义"活"的生命是很困难的，不仅在哲学上，而且在医学上，也存在着极大的争论。从什么时间计算生命的起始，胚胎是不是人，受精卵的伦理地位，脑死亡的界定（人生命的结束），这些如果没有医学科学、哲学、伦理学、社会学恰适的统一观点，没有法律、人类学、经济与文化，以至临床或生命科学技术研究以及生命政策规定，对这些是无法进行精准划定和顺达进行操作的；这些不仅是学术问题，而且涉及政治和权力，涉及人类的生存方式和生命质量。生命伦理学作为生命的决策和人类生存状态的学科，有责任对此予以关注和进行深入研究。伦理生命的"活"的概念，与生存、生活、生计、生意、生机和生气密切相关，并将此类生命伦理学的知识场渗透或延扩到其他科学与人文社会学各个领域。因为这种研究已经成为人类行为标准的最普遍的需求和人的生命的一切活动的依据。对胚胎干细胞应用、基因控制、遗传检测、辅助生殖与克隆人、放弃治疗、安乐死等的争执如此之大，原因就在于此。

人工生命的技术引发了关于“活生命”的哲学问题的困惑，不管是强人工生命还是弱人工生命，都是对生命伦理学的挑战。我们须解决什么才是“活的数字生命”、“活的人工生命”、“活的人的生命”等问题；它涉及对自我繁殖、新陈代谢活动、死亡、复杂的组织行为、人特有的意识、疾病的形式与对医学的依赖等科学和哲学。如果不对这个基本问题作出解答和解困，伦理学研究什么呢？如果没有这个知识场的确立，生命伦理学就难以建构其基本语境，很多对话都是没有基础的，讨论和研究就不会有结果。

死亡是生命的一个阶段，是生的反面，是生命的“终局”，是必然的生命毁损的完成；是作为一个自然事物发展的阶段，是一种合理的结束方式；死是时间伦理过程，是生命空间的关闭；死是生的一个必备条件，是生的一种形式；死亡使生命有意义，因为未完成的生命才可能称为美好。死亡使医学有价值；死亡唤醒了宗教，向死的存在是人的本质，对虚无之紧迫的忧虑是人类最本真的存在方式。死是最令人震撼的人文化问题。

有死亡、疾病、康复和“活”的生命才会有医学科学和生命科学技术，才会有治疗和治疗的正负结局，才会产生医患关系、医疗机构、卫生经济和公正，以及人的生命的权利与责任，才会有卫生职业人这一角色。医学的道德建立在语言、符号、时间、空间与人的文化和哲学的基础之上；而在研究生命的道德问题之前，必须先追问：人是什么？我是谁？我在哪里？何处？何时？何态？何形？何为？为何？何始？何终？何来？何去？究竟谁主宰着我们的生与死？

至此，我们必须提出一个看似时尚或流行的词汇，同时又被哲学家、文化学者、政治家提及的“生命政治”。有学人如此定义它：

> 生命政治应该区别于过去的、外部能够感觉到的、强制性的、暴力性统治，是从传统的宏观的权力奴役和控制，转向个体、身体和生理机制的一种微观控制，我们也称之为一种微观的“控制束”。[①]

控制束无非是一个暴力控制人的生命行为的集合。剥夺人类自由和生

---

① 张一兵：《中国有没有生命政治》，《艺术时代》2011 年第 22 期。

命基本权利的历史，以东地中海的"牧领权力"的征服历史达到极致。本来是善意的基督教牧领机制，却成为傲慢、嗜血成性、充满暴力的权力形式，制造了巨大的政治藩篱和制度网络。奴役肉身化与个体、身体、生理与精神的微观控制，使生命在权力奴役之下，失去全部或局部自由，人丧失身体和情感的自主能力和支配的自由，以至于被控制或"自拘"于各种权力机构之中。我们有时在文化霸权和暴力之间游移与徘徊，以空心人的身份出场，盲目地乞求"他者"主宰自己的生理和心灵选择；我们已经丢弃了"我"的主体地位与角色，只是跟从者和听命于他者的观众或仆从；我们又有别于对于神圣上帝那样地敬拜，仅仅是接受制度或者管理生命、快感、痛苦缓解、疾病治疗、死亡判定的他者的命令。生命政治以医学或医院政治为核心，或以各类文化艺术载体、传媒形式为内容，或以养生、饮食和环境安全为外延，或以卫生经济政策与卫生产品价值评估、应用、流通为标志；能够在自由市场化的机制下，在自由主义或自由世界主义的框架内，尊重自我的主体人格，尊重法律主体和个体的创造性自由；我们创造的体制、原则、方法，应使我们的生命权利获得基本的保障，以最小的经济和政治成本获得最大的治理效果。①

伦理学其实在本质上是难以与政治学清楚、明确地区分开来的。政治学关注作为国家成员的善与福利，特别是能否使每一位公民享有应得的权利，并为此建立一整套适合于这一目的的国家机构与机制。而伦理学则以强调公平正义为主体，更为显明地实现以上的政治目的，即考虑国家政治机器的终极目的或良善，以及确立政治制度的善或恶的一般标准或尺度。对于人的健康、医疗卫生、身体安全、临终和死亡等问题，更应获得政治化的关注和体制的保障；对此，仅仅从狭义的伦理学角度来认识、研究或处理，远远无法实现这一目的。生命问题就是政治问题。因此，生命伦理问题，从某种意义上说，就属于生命政治范畴。这个深明的会意早在古典功利主义大师亨利·西季威克的著述中即有论道：

> 以为政治家的主要终极目标应当是促进他的同胞，作为个体在现在或将来的福祉：由此对这种福祉的具体细节的考察就必然成为政治

---

①　参阅［法］米歇尔·福柯《生命政治的诞生》，莫伟民、赵伟译，上海人民出版社2011年版，"译者的话"第3页。

学的一个不可或缺的部分。①

生命政治的语言应该引导我们有关人的生命保全的社会框架政策，制定一个使所有人均能够享有健康权利的制度和卫生体制，使个人在一个统一的、安全的、无缝隙或无真空的卫生保健、医疗制度的大网络中安康地、自由地、无忧无虑地生活与工作，他们必须为了维护这个成熟的卫生机制和福利积极工作，维护这个秩序的整全性，遵守公共卫生法则，自觉地为他人和自己的生命安全和健康保障做出奉献。生命政治的功业，应该是国家元首和所有公务人员的基本义务；也应该成为每一位公民的一种信仰，人民必须支持一个廉洁的、具有高尚德性的政府，对每一个生命均平地进行关爱和照护。为保持这样一个卫生保健框架政策或卫生政治伦理制度所决定的稳定秩序，每个人都有责任付出自己的爱和劳动、创造和智慧，如同宗教似的觉悟和团结精神，作为这个制度和秩序的基础。自由与安全，构成一个社会的主体风格，这也是真全生活的基本保障。而对于人类来说，每一位活着的人，都应该为地球人和每一个角落或每一片土地上人的生命保全状况挂虑，即使有一个人在疾病中煎熬或在死亡线上挣扎，我们都应该给予尽可能的爱心或者力所能及的援助。这种个人世界主义的关怀品质，要通过普遍教育和世界组织的影响力进行长期培养。

> 个人的变故以及某个人生活中所发生之事，不管是疾病还是必然出现的衰老，都不应该对个人和社会构成危险。总之，各种安全策略，在某种程度上作为自由主义的反面及其自身条件，都应当符合所有这个要求——利益的运转机理不该对个人和集体造成风险。②

福柯这段话，意在把人的自由和身体安全作为生命政治的最重要内容，并把疾病和健康保障作为文明社会和自由世界主义的理想。

身体伦理、生命伦理应该是生命政治最具代表性的主体范畴，生命伦理问题、现象和理论，也最集中地反映了生命政治的本质、情势和面貌。身体伦理学或生命伦理学是生命政治语言的持有者和生命政治学的基础。

---

① ［英］亨利·西季威克：《伦理学史纲》，熊敏译，江苏人民出版社2008年版，第13页。
② 同上书，第54页。

也可以认为，生命伦理学从某种意义上说，就是生命政治学。

第三节　生命伦理学的基础和语言以及理论精要

在回到生命伦理学学科建设问题中之前，我们无法规避一个应该使人警醒的背景，生命伦理学研究出现的一种倾向，已经偏离了原有的轨迹和目的，不再讨论和研究伦理和道德哲学问题，而是用社会学方法设法解决社会学问题；与20世纪中期的科学技术哲学和科学社会学分化一样，生命伦理学已经分化为医学社会学和生命的道德哲学两个部分，也就是生命伦理学界许多学者的研究已经是医学社会学领域和方向了，已经远离了生命伦理学的研究；他们的问题式研究与社会学者的工作早已经融合为一体。这在汉语文化圈的学界里是很明显的。首先，这在学科发展过程中是很正常的，但不能因为正常，我们就忽视或任其发展，这是一个严肃的问题。且不谈这种转变的价值和意义，其问题本身就值得我们反省和冷思，因为我们还没有成熟的哲学理论去应付和解决那么多复杂的生命伦理现象和问题。如果不研究生命伦理学的原理和原论，哪有那么多的指导原则能为我们解决困惑提供充分的理论依据？

人类经历了奋争、痛苦、祈盼和成功的历史，但依然在矛盾和希望中生存与追求。

因为有需要，所以才有了人的生存、生活以及理性的劳动，才有了人的文化和文化中的人性；我们由人来思考人，由人来思考生命，由生命来讲述道德，当人发现自己拥有“自我实现”的需要时，人终于明确什么是目的：做人的目的，生存的目的，劳动的目的，生命的目的；这些都将在生命伦理和生命伦理学中找到答案。

后现代生命伦理学最重要的基础有三：基督教；医学；哲学（主要包括道德哲学、科学技术哲学、宗教哲学）。而这个哲学，作为最重要的核心，主要源于亚里士多德、康德、黑格尔与克尔凯郭尔，然后才是其他人及其理论。

一　亚里士多德与生命伦理学

生命伦理学真的应该奉亚里士多德为先驱，他的公正与道义理论至今仍是精神哲学的基础。亚里士多德既是传统的承继人，又是一位勇敢的反叛者，他针锋相对地驳斥他的老师柏拉图及其追随者关于道德哲学的学说。细想起来，正如学园的领袖艾斯科伦（Ascalon）的安提克斯（Antiochus）所分析的那样，亚里士多德反对的主要集中在柏拉图对事物的想象甚于思考上，而关于人类善和伦理学中德性体系的理论，他们几乎没有任何差异。今天的医生的规范行为和医务实践的善的知识，以一种至高的科学智慧影响着我们的实践德行，并指导我们的医学生活的技艺。亚里士多德一开始就以生命政治的责任建立了医疗政治结构，同时以政治家的身份把为人类福祉这一目的看做一种道德优长（excellence）的生活方式，导引医生必须为人或人类（包括每一个人）的福祉而努力。

被称为福祉（ευδαιμοντα）的概念，与我们所理解的善有密切的关联，正如西季威克所言，人们对于这种福祉的本质存在着极其不同的看法，但归根结底，我们所追求的所谓福祉（wellbeing）或“做得好”（doing well）“实质上就在于对人的适当职能的充分实现——也就是说，在正常的人类生存状态下，能够充分实现被我们视为人类之显著特性的那种理性灵魂的生活”①。亚里士多德多次强调，构成普通人的福祉或善的生活的最重要因素就在于行善，因此，医学善的核心就是善举。这一美德的经典思想，就是生命伦理的“医疗行善”的源头。而为病人奉献的职业福祉和为病人解除疾病痛苦的健康福祉，又是如此的统一。

在生命伦理学理论的研究中，我们没有很好地重视节制的德性，除勇敢之外，亚氏超越了对于节制囿于食、色、性范畴的定义，而暗含在“没有内心冲突地做出正当的行为选择——与抗争于被误导的各种冲动的自我克制之间存在着重大的区别”，它应该包含对于财富、名誉、权力、懒惰、庸俗等诱惑的节制和抵御。因此，应该在当代常规的医学伦理原则中添加“节制原则”作为医学职业人品质培育的一个要项。

理解亚里士多德的正义美德，并传达给我们的后人，是我们的责任。在这个时代里，我们缺乏的依然是正义。在广义上，即回到柏拉图那里，是将正义与生活中的“正直”融合在一起的。而亚里士多德强调了正义的公平或“作为公平的正义”，从而才引导出 2400 年后约翰·罗尔斯的这句箴言：

---

① ［英］亨利·西季威克：《伦理学史纲》，熊敏译，江苏人民出版社 2008 年版，第 54 页。

> 每个人都拥有一种基于正义的不可侵犯性，这种不可侵犯性即使以社会整体之名也不可逾越。因此，正义否认为了一些人分享更大利益而剥夺另一些人的自由是正当的，不承认许多人享受的较大利益能绰绰有余地补偿强加于少数人的利益。①

医学的公正理论与原则，显然以此作为根据，延伸出医疗权利的公平正义、获得医疗机会和服务与医疗保健产品，以及无论病人的贫贱富贵、亲疏关系，对于医者来说都必须一律平等相待或一视同仁。遵循这样的思想，今天我们制定了医学伦理的公正原则，并由此推演出在有着正义秩序的国家中，所有公民都应享有平等医疗的权利。这在自然与后天习成混合而生的两种因素的道德中，医学道德最为突出地表达了这种伦理意愿。而且在分配性正义和补偿性正义原则中具体指明，如何按劳绩、受伤害者的利益损失、质量计算比例或相互补偿比例等，进一步精细地解决配额问题，以保护弱者但又不损害强势人群的基本利益。

在梳理亚里士多德伦理学对至善性所作的具体定义之前，我们注意到，首先，他特别强调每一门学科都有其自身的标准和可能的精确性；其次，也是更重要的，即“在伦理学方面，我们为一般性思考所指引而达到一般性结论，当然允许有例外”②。用我们现在的意识来看，就是生命伦理学应该拥有本学科独立的语言、标准和学科特有的精确性，而不可以与其他所谓应用学科混同起来，我们面对生命的善恶和医疗的原则作出取舍或设计，不应该违背这一金律。境遇主义、次级相对主义、个人世界主义都是针对人性的特殊性和医疗选择的特殊性的，它们继承了亚里士多德传统的衍生理论。因此，我们才可以建立和坚定地维护尊重自主和临床中的知情同意原则。每个人都是自己身体的主人，其快乐、幸福与自由应该由其本人做主。亚里士多德激烈地批评柏拉图“形式善永存”的观点，医学中在具体某一点上的善不可能永远是善，对某人适合，而对于另一个人就可能不适合，甚至是痛苦与灾难。但是，我们又不能没有一个基本的共同规则和基本信念，以此约束过分、歪曲、不适当扩张这些规则的人，

---

① ［美］约翰·罗尔斯：《正义论》，何怀宏等译，中国社会科学出版社1988年版，第3页。

② 参阅［美］阿拉斯代尔·麦金太尔《伦理学简史》，龚群译，商务印书馆2003年版，第94页。

意思是你不能破坏公共秩序，因为这个基本规则是为了每个人的权利和共享的福祉而建立的，所有人无一例外地都必须遵守，这样，才能有个人选择的自由。也就是为了共同的利益，应该列出一些必要的前提条件，例如，不要伤害他人，不要损害公共秩序，不要破坏大多数人的安全，不要违反自然生态的稳定性等。我们认为晚期癌症患者不断地要求注射吗啡或成瘾性止痛剂是合理的，应该予以满足；而如果通过医学手段在人工授精过程中拒绝减胎处置、要求一次生育多胞胎，就不应被允许，因为这样会破坏人口的生态平衡。这显然与一位女子隆乳的请求不属于同样性质的技术。至于，基要主义的信徒或其他出于信仰的原因，而拒绝本人或直系亲属输血的行为，我们只能加以规劝和说明，应该允许个别人的特殊选择。

当然，亚里士多德较为狭隘地、过多地限于政治体的道德考虑，而没有彻底地出于人性的关注，因此留下了不完整的概念体系。也因此他不能真正为当代的生命伦理学提供充分的理论。但在精神指导上，其理论是宝贵的。

二 再说康德与生命伦理学

康德作为思想家、作为对于人的或对于生命的思想者是活生生的。康德生长在东普鲁士，美丽而文化多元与厚重的波罗的海东岸哥尼斯堡，他并不是孤立的、离群索居的，从探讨牛顿物理学形而上学基础的学者，到捍卫启蒙文明世界道德的伟大思想家，他对于生命和人的思考，为今天的生命伦理学奠定了坚实的理论基石。

就人文地理环境来考索，每个人的成长都接受了他所处的文化、经济、宗教以及教育形式的影响，很多特殊的历史英雄都离不开其生长发育的物质文化和精神文明因素的培植、熏染。如此，就有一个不可忽视的背景，就是德意志人、俄罗斯人、立陶宛人、白俄罗斯人、芬兰人、乌克兰人以及犹太人之间多民族、多重宗教信仰、交混的语言、民间文化和习俗氛围，最早喂育和生发了少年康德，以致逐渐成就了康德的学术品质与风格。

列徒维亚人的天主教与俄罗斯人的东正教，以及康德所处的路德宗虔敬派（pietist）的基督新教的家庭境遇，铸造了康德在生活中追求内心虔诚，鄙视世俗娱乐，以致其人生的重点朝向将教义置放于道德的道义之上。但是，如同梅列日科夫斯基东正教思想的“肉体的圣化”这样的生命伦理观念，以及用美拯救世界等思想，都混杂在青年时代的康德心中。

康德是全人类的，是属于在一个多元宗教文化中育成的道德哲学家，对于生命的深刻理解使他经历了在上帝恩典中的自我更新，遵守律法，在“小教会”的团契生活中相互监督，最终实现信仰的重生。家庭中敬虔主义的温馨与腓特烈中学那种令人恐怖的反省压抑的反差和心理张力，使康德最终结束或归结于善良意志这一人的生命的结点。康德从这里出发，展开他的激烈的批判；最后，又皈依于此，成为他生存中不能用理性说明的情感，在生存和生命历程中培养起来的善良意志，是一种生命的必然，也是最后的自由。康德的一生是人类反省的一生，在道德的生活中和日常的生命体验过程中，他极力去除虚伪、奴性与人的傲慢。人类最终能够理性地理解这个世界的本质，从而为我们的生命与身体的存在目的找到答案，应该是所有思想者的心理诉求。虽然很多人终其一生也可能难以厘清人和世界关系的核心究竟是自然的，还是必须遵从上帝的秩序。我们认识和说明终极目的时，总会想到康德的“这个终极目的就不可能是别的，而只能是服从道德法则的人（即每一个理性的尘世存在者）”①。尘世的秩序应该无条件地服从这样一个法则，无论我们生命存在的状态如何，我们的肉身和躯体都通过生殖、健康、衰老、疾病、死亡这样的过程来实现由自然智慧控制的道德节奏，道德法则是这种律令的体现。康德在对“虚伪”的批评和反省中，敬畏上帝之善，怀疑教育中树立的善，同时体悟自己心中的善。这三种始终困扰的善，使康德创造性地建立了他的生命伦理的善的体系，并使其在天主意志和正教神律裹挟中的哥尼斯堡普鲁士路德会幽谷中，在这个曾被誉为“世界学术中心和思想之城”的哲学花园中进行静思和批判。这就如同他把自己的名字“埃马努埃尔”（Emanuel）修正为“伊曼努尔”（Immanuel）一样，使自己的名字接近于希伯来文的发音和本意，“与上帝同在”显得更加主动、自信与自豪。康德把自己的一生献给这一品格与信念，即“这个世界是个有目的的整体，而其中的一切，包括他自己（的生命）在内，皆有定所”②。这就从一开始证明，康德是

① ［德］伊曼努尔·康德：《康德论上帝与宗教》，李秋零编译，中国人民大学出版社2004年版，第232页。其意在于，必须把道德法则的证明作为先天的一种道德智慧，不必建立在世界上所发生的事情上。如果把身体作为一种艺术智慧的结果，那么，造物主道德智慧的结果就是道德法则，故而生命的存在，包括我们肉身或躯体的各种现象，都应该服从这一法则。只有这样才能得以生存。

② ［美］曼弗雷德·库恩：《康德传》，黄添盛译，世纪出版集团2008年版，第57页。

把人类的生命与道德观念（因为上帝即至善）紧密连在一起的，略想一下，生命伦理学的内在发源，应该从“上帝”这个观念上探秘，并在“Immanuel”[①] 中渐进考量与追踪。

要特别强调的是，康德在《道德形而上学的奠基》等作品中反复论证的“人是目的”这个论点，人的超脱了整个自然机械作用的自由和独立的超验人格，在康德那里，是与全部感性世界的秩序和目的的总体相联系的，鉴于此，

> 在全部造物中，人们所想要的和能够支配的一切也都**只能作为手段**来运用；只有人及连同人在内所有的有理性的造物才是**自在的目的本身**。[②]

他在很多行文中找到了有机体作为自然目的论的支点，主要通过一个哲学家的身份以有机体原理从科学向人类学过渡；同时也给自然科学家提出一个尊重有机体的理由。他花费很多文字论证执行本身的客观根据就是实践理性的超验的人的本体，这是康德从经验人类学朝向先验人类学的过渡。人的感性存在（躯体）是人的道德本体在感性世界中的副本，因为人具有理性，从而获得了把其他有机物用作手段的权利，结果，导致了“人的理性存在为终极之目的”的结论。

而与生命伦理学的追求最为相近的是，康德强调：“一个理性存在者的尊严，存在于这个存在者是一个自主的行动者，和作为规定其自身使命的理性法则的自发源泉的事实之中。”[③] 从而，人才属于自我主体的道德权利（权力）的享有者和行使者。我们由此有理由在一个适应于生命道德秩序的前提下，主宰自己的命运。这种确立为知情同意的权利攀附了依据；同时作为病人的主体，能够以己之意愿，处理选择的纷争和利益的冲突。

生命伦理学一直简单、粗糙地把这段文字当做金科玉律，来回重复，却不知内中深意。康德是内在地解释人的存在的合理性的，对于人与物、人与其他生命、人与人之间的关系，远非如此表意化。我们必须在肯定人的终极价值的同时，实现至善的理想，必须悬设意志自由、灵魂不朽和至

---

① 中文可译为“伊曼纽尔”、“埃马努埃尔”或“以马内利”等。

② ［德］康德：《实践理性批判》，邓晓芒译，人民出版社2003年版，第119页。

③ ［美］艾伦·伍德：《康德的理性神学》，邱文元译，商务印书馆2014年版，第10页。

上权威（上帝）的存在，凭此方可获得人本身的尊严。并且，人必须尊重其他的生命，绝不应一概把其他视作无理性的生命，粗暴地将其视为手段；而应强调，对于所有的人，其价值是平等的。**首先，医生需将每一个病人都作为自己的终极目的，把每一次救治行为都作为神圣的义务；其次，有时，医生与病人，可以互为手段（工具）又互为目的，同时是互利并行的；最后，在医学生活中，医生本身与他人（病人或与其相关联的人，或另外的异乡人）都是目的。**[①] 康德的这个论点，是个人世界主义的，这是著名道德律之“绝对命令”，并以自然规律—自在目的—自律意志三种变形形式进行逻辑之推演。[②]

康德认为，准则是恒常的，是生命的规则（lebensregel），而不应是摇摆不定的、单一的决定；而人的品格以准则的支配为基础，以此束缚人的任性。这对于医学职业人的道德修习，是很有意义的。

康德把认识的核心从客体向主体进行了革命性的转换；他完成了西方道德的一个最重要的变革，即从寻求上帝和深度的宗教式度转向追求人性与人类本真的期盼，就是说，从此，人类转向了本身并以自我作为主体，这就实现了从先验的客体或上帝，转向以科学和道德为基础的文明社会；我们今天感受和面对的医学，就是从康德开始生命伦理化的。正如恩格尔哈特所论述的那样：

> 康德的哥白尼式革命（Copernican Revolution）关涉到，以认识者的自身视角理解已知事物，客观世界以其通用的方式贴近主体。康德的哥白尼式革命同时关涉到，从知识描述直接导向超然运动，并代之以认识者有限的内在性知识为基础。有限的主体，而不是客体或上帝，演化为知识的基础。[③] 以世俗方式和内在性语言使知识重新概念化（reconceptualized knowledge）。康德提供了一种有关知识、道德和宗教的整体性陈述，由此，为不需要超然上帝的生命伦理学提供了基石。[④]

---

① 康德在《道德形而上学基础》中的第二个定言命令范式是：“在你的行为实践中，你应始终将你自身或他人的人格视为目的，绝不仅仅视为手段。”

② Bertrand Russell, *The History of Western Philosophy* (Simon & Schuster, 1972), pp. 706 - 707.

③ 见《纯粹理性批判》（*The Critique of Pure Reason*）。

④ H. Tristram Engelhardt, Jr., *The Foundations Christian Bioethics* (Swets-Zetlinger Publishers, 2000), p. 81.

1514 年，那位来自于波兰维斯杜拉河畔的哥白尼，一名医术精湛的医生，自幼酷爱天文学，怀着新柏拉图主义和毕达哥拉斯主义的动机，为满足集聚已久的梦想以及美学规则，为了寻找伊甸园似的黄金王国，为破解医治病患者和奇妙身体结构的难题与奥秘，将其全部的业余时间，醉心于他的日心理论。哥白尼创造的太阳中心伦理与他的人的生命和自然节律同构的生命伦理，是他天体运行说的副本；这场伟大的革命震动了地球的每一个地方，改变着和将要改变每一个生命体的命运。以太阳为中心的观念转化，引发了人的处境和意义的思考，催生了人类的知识自觉和科学良知。同样，260 多年后的 1781 年，哥白尼把另一项使命交给了伟大的康德，以他“上有日月星辰，内有天理良心”① 的人的道德源于自然律令的颠覆性革命，解放了人类，在并非否定上帝永恒的前提下，使人类作为主体，但人的道德行为必须顺从于以太阳为中心日夜运行而不再停息的天律。从此，人的生命伦理秩序便以康德的道德律作为基础，尊重自主的律法，成为自我决定和自我神圣意志的核心。在两位“哥白尼”，两次中心转换的革命后，历史进入了一个漫长的、悲壮的、为争取自由意志的实现、个性的解放和自由世界主义而奋斗中。

康德的伦理学，尽管有很多缺陷和局限，尽管带有浓郁的理想主义色彩，尽管没有完全脱却伦理神学的印痕，但对于生命伦理学，它确实是核心理论来源之一。他的道德律应与日月同辉，照耀着我们的生命和生活；**他与哥白尼共同织筑的“宇宙伦理或地球物理伦理定理”体系，给后继的所有关于生命的道德哲学观念划定了一个佳构，可昭垂奕世地使我们对存有高智生命的地球人类关系把握了一种珍贵的永恒，在文化和文明的轨道上，有秩序地运转与运行不息。**

三 追寻黑格尔

尝试分析黑格尔的思想体系与生命伦理学究竟有什么内在的关联，是一种理论奠基。

生命伦理学，归根结底是追求人性或生命的自由，黑格尔统一伦理学与物理学，给我们的启示是最后归结为美的概念，**是期盼人通过身心康健**

---

① 康德名言“头上的星空与心中的道德律”的诗化翻译。

而实现自由与美。这在其密友荷尔德林的诗歌中得以完美体现。诗人荷尔德林以灵性地返回人的故乡作为实现道德法则的驱动力，为黑格尔的道德观念添加了诗化的注解。他在《帕特默斯》第四稿中这样为自然自由的原则呼吁：

纯洁大多是
一种命运
一种生命，它有一颗心，
在如此之容颜前面……①

这个“纯洁”就是道德的善，就是黑格尔的“伦理的人格”，即为实体的生命所应当渗透的主体性，就是德。② 作为个别化的个人的实体，无需不断反思便可完成他的义务，这个作为本来的自己存在的东西，是自然赋予的，也就必然成为他自身在现实中的行动自由。这将指涉所有人，不限于医生或病人，以及与他们相关联的人，由此可以理解为，在医学生活与医学社会中，每个人的意向都是“对实体和他们所有一切利益与全体的统一性的知”；③ 而对于具体的个体，在其同一性中，不仅是互相共认和相识，而且是相互作为共在体，现实地面对，即信赖，也就是“真正的、伦理的意向”。

把生命伦理学与黑格尔的哲学直接联系起来，是一种思想实验。但确实，今天由伦理神学衍生而来的这门学科，有着浓郁的黑格尔哲学印记，不仅是那些受其影响的伦理学家和神学家，而且就目前这些不成形的生命伦理学体系辨认，很多都与他的哲学或道德哲学不无关系。

生命伦理学一直追求一个权威的、精准的、康德式的道德内容序列，由此我们推出价值的排序或者最后建立内容整全的道德原则，若真如是，我们就不用再为暂时的、个体化的生命伦理难题而感到困扰。在医学生活中，绝不像传统基督教或凭借一部《圣经》即可以解除所有现世的人生忧虑，正当与善或者道德义务与个人利益之间形成的冲突，在生命道德（有时是生活中的道德）实践中，是很复杂的。

---

① 《荷尔德林文集》，戴晖译，商务印书馆 1999 年版，第 487 页。

② ［德］黑格尔：《精神哲学》，杨祖陶译，人民出版社 2006 年版，第 330 页。

③ 同上。

黑格尔作为启蒙运动和后现代的唯一桥梁，强烈意识到生命的内容整全性道德的偶然应时性特征，以及我们一定要面对事物的特定内容的理由。黑格尔不同于康德之处，就在于不拘泥于普遍的诉求，因为那不能提供道德的满足。对于生命现象的伦理裁决，以所谓普世希望和善的抽象普遍性是不适合复杂多变且富于个性化特征的医学生活的；我们面对各种患有同一病种的病人，即使他们处于同一的病毒血症或康复期，对于生命或身体的感受以及做出的治疗方案的选择，都是不同的。他们自由的内心诉诸一个巨大的偶然，这就决定了我们的道德行为或医学道德行为的差异。权威的内容令人如此失望；面对这样的窘境，我们为了追求幸福并履行做正当之事的义务，应该怎么办？黑格尔为我们提出了一个革命性的设计，对其做出深入思考，就会理解其中的生命伦理学意义。这个方案仅针对进行理性辩护的道德，并说明了具有道德内容应急偶然性的必要性和伦理价值。我们追求的生命伦理学理想，从道德（根植于理性内化的普世道德）到伦理（世俗习惯上的或社会的伦理）的转变过程中，黑格尔从提供道德理性转向已经建立形成的风俗习惯，即对深植于特定社会的沉重历史内涵作出道德理解。“在一个合乎道德的社会（in einem sittlichen Gemeinwesen），很容易说清楚人们该做的事，正直的人该履行的义务：他只需要按照他生活环境中众所周知的以及明确的规则做事即可。”① 黑格尔描绘了合乎道德的社会中个人的形象，为医生的道德形象典范做了一个经典的定义，同时说明，在特殊的场合与时间里，人们应该以他们应时的道德（pieties），在市民社会的开放空间里和国家框架下，构筑多种道德共同体，也就是有可能以多元生命伦理学面对变化的医学生活。

黑格尔最先描述了以市民为主体的社会和它们各自代表的阶层所需要的生命伦理学，并指出，一旦出现有关健康或卫生保健政策中的利益纷争，就应该由它们本身所代表的政治团体来完成或代言患者主体的医疗保健权利。黑格尔曾经明确说明他那个时代的生命伦理学和公共卫生政策，并且为我们构筑了一个虽然有限但理想的道德的医学社会。

生命伦理学应该考虑的是可能面对医疗事端的人，他是个体的，不能等同于任何的前者，每一个人都是自由的个体，而个体的需要又是一个

---

① G. W. E. Hegel, *Hegel's Philosophy of Right*, trans. T. M. Knox (Oxford: Clarendon Press, 1965), p. 107.

“自由的世界”，必须获得尊重，但国家和市民社会，以及医疗机构与医学职业者，又如何以偶然应时性方案满足这个“自由的世界”的卫生需求，是生命伦理学面临的难题。

黑格尔其实不仅不同于理查德·罗蒂（Richard Rorty）关于偶然应时性和道德内容之间契合的观点，而且区别于后来的弗莱彻的境遇伦理；他不是无原则地任由事情的放任，而是在一个十分稳定的规范的伦理框架中，给予决策者一个选择的空间，比起后现代的那些实用主义和相对论学者，黑格尔道德内容的偶然应时性，对社区、社会和国家是区别对待的。正如恩格尔哈特所分析的：

> 市民社会和国家是社会范畴，在内容和功能上有别于社区和家庭。市民社会不能直接提供整全道德的引导，相反，市民社会可以为整合各色各样的个人和不同的社区提供范畴框架。黑格尔的市民社会和国家概念在原则上显然具有多重意义。国家为其市民提供了自己界定实体道德生活的空间，在这种框架背景下，可以为多元性、包括生命伦理的多元性提供空间。黑格尔也预想了后现代道德的多元性：意识到并且照顾到道德内容尽可能的多元性。①

如果一位医生面对一位母亲因信仰原因而坚决反对产后出血的女儿紧急输血的治疗方案，该如何决断？如果病情还允许采取其他病人家属同意的措施，医生可以做出变通的决策；但如果病情危急，已经出现失血性休克并且补充其他血液替代品无效，非血浆或全血不可的情境下，医方将如何决断？对于这个经典案例，可以采取劝导（由宗教人士出面调适信仰与生命的冲突）、独立伦理委员会（或权威机构）紧急商讨、签订放弃治疗同意书（在道义或法律上医生可豁免责任）、行使医生干涉权等。在偶然应时性的医学实践上，我们最后只信赖于医学的善的标准，以医疗行善的原则和尊重自主的决定，求得一个平衡；如果从敬畏生命的最高医学使命出发，我们不应该放弃抢救的机会。当然，即使因母亲的信仰而失去了保留这个生命的机会或失去了这个生命，我们也陷入了没有履行“医疗行善”原则的陷阱，这本来是可

---

① H. Tristram Engelhardt, Jr., *The Foundations Christian Bioethics* (Swets-Zetlinger Publishers, 2000), p. 92.

以避免的。违抗母亲信仰与保留一个生命比起来，当然后者为先。在此，“作为善的不确定后果，总是有多种善以及很多种类的义务，这种多元性是一种互相对立并导致相互冲突的辩证法”①。黑格尔的主张显然为我们确立了方案，违抗母亲信仰的行为是正当的，也是一种医学的善。

黑格尔最先解决了生命伦理学的多元性，并相对于权威的生命伦理规范的单一性，而又不同于康德那样的“神圣霸权”和刻板的生命至善性。黑格尔对生命政治和生命伦理的胆识与剖析，解释了人的多样性在世界多元化的现实面前，如何以一种圣谕的方式予以表达。黑格尔认为，应该建立一种相对中立的生命政治构架，以至于把各种不同信仰的公民社区整合为一个生命政治的统一体，其前提是维系对上帝的忠诚。黑格尔希望建立一种道德规范，在生命问题遭遇冲突或面临多种选择时，以信仰作为标准或原则，获得个性的生命自由，使人在面对难题的困扰时实现某种统一。

医疗体制应该在一个稳定的公平的生命政治和基本人权的框架之内，生命伦理规范所依赖的国家的道德基础必须是尊重公民的基本信仰与医疗选择的相对自由。虽然黑格尔并没有直接提供一种内容整全的医学道德，但他以一种不同的道德理性的张力（正当与善之间的）说明了，对于人来说，不可避免的但却是道德理性多样性不可或缺的生命保全伦理政治。黑格尔式的生命伦理学，“是旨在实现各种道德观念都能在其中繁荣发展的道德空间。其重点在于道德关注的范畴，而非特定的道德内容”②。

生命伦理学是后现代的，在此，真的不必迷信和无限崇奉亚里士多德、康德或者黑格尔，但是，我们在任何境遇下或任何时候，都不应淡化或忽视他们为生命伦理学所积淀的思想和理性资源。没有他们，就没有今天的生命伦理学。

黑格尔对道德范畴的分析，为特定道德社区的多元生命伦理学以及指导着国家市民的政府生命伦理学（我们所能够理解的卫生医疗体制，或者医疗体制改革中所遭遇的问题）都提供了空间。黑氏所指明的、可能存在着适应不同基督教信仰的民众道德，也存在着适合作为我们今天中国

① 转引自 H. Tristram Engelhardt, Jr., *The Foundations Christian Bioethics* (Swets-Zetlinger Publishers, 2000), p. 83. 原文出自《精神哲学》（*Hegel's Philosophy of Mind*）（英译本），A. V. 米勒（A. V. Miller）译，牛津：克拉伦登出版社 1971 年版，第 251 页。

② 转引自 H. Tristram Engelhardt, Jr., *The Foundations Christian Bioethics* (Swets-Zetlinger Publishers, 2000), p. 95.

社会普通市民的道德。虽然在黑格尔以及启蒙运动的继承者看来，前者必须规范并限制后者。作为生命伦理学的前者，民众的道德/善的伦常（sittlichkeit），或者说特定社区的习俗，（那个时代）可能是坚定信仰的基督教。作为基督教范畴的“更高真理”的后者，它为自由城邦提供了道德基础。其中包括市场经济下的君主政体、医学道德观念的确立以及有秩序的医学社会的形成。

> 黑格尔对道德以及社会结构的多层化的欣赏，甚至可以被视为是为了使足够的中立的自由国家能够包含大量的非地理区域/非本属地社区。这些社区都可以在自身的公共卫生体系内维护其自身的生命伦理学。在这种范式内，我们可以想象（虽然黑格尔没有明确地产生这种想象）马丁·路德的、罗马天主教的、新纪元派的[①]、不可知论的、无神论者、什叶派穆斯林的、浸礼会教友、东正教的、正统犹太人的公共卫生体系都可以并行不悖，每一种公共卫生体系，都受到其自身基于的生命伦理学特有的规章制度的规制，甚至每一种公共卫生体系都可能保有针对自身机构和社区的特殊民法和刑法。在罗马天主教的医院如果提供堕胎或者安乐死可能是触犯刑法甚至是可处死刑的。所有这一切必须有国家的普遍授权以及对市民的普遍保护。黑格尔的国家论，在原则上为道德多样性提供了重要的空间。[②]

当然，我们今天可以细微地分析，黑格尔的多样性究竟是否为医学社会建立了一个常模，或者在医务人员面临医疗纠纷的场景时，应该如何具体解决形式上的被动局面，尽管这可能不完全是伦理问题；但我们必须承认，不同的案例、对象、患者的社会关系、信仰背景、经济条件以及个性等因素，使得事实本身的处理千差万别，可能一句话就会解除纠纷，亦可能因一句失言而使纷争绵延数年。

多样、多元、多视角与人的个性或者我们面对的、称为生命的多态与

---

① 新纪元派，即 New Age Movement，是一种去中心化的社会现象，起源于1970—1980 年西方的社会与宗教运动。新纪元运动所涉及的层面极广，涵盖了灵性、神秘主义、瑜伽术以及东方的一些宗教文化因素，后来逐渐形成了由反文化、反习俗衍生而来的精神派别。

② H. Tristram Engelhardt, Jr., *The Foundations Christian Bioethics* (Swets-Zetlinger Publishers, 2000), p. 95.

复杂，是特殊主义的生命伦理学基础，是真正讳莫如深的问题与难题。诚然，我们会尽量回避或绕开相对主义伦理。但是，自从黑格尔提出伦理范畴的常模以来，道德基础又开始关注概念性或者范畴方面的关系，也就是说，人们从宗教与身体的、与生命感知的、与艺术的、哲学的或者绝对精神的关系出发解释人的信仰。结果出现了若恩格尔哈特所说的一种教化的信仰、教化的道德和教化的生命伦理学，这与早期基督教热情与虔敬格格不入。但其结局留存给医学的是爱、忠诚以及对生命的敬畏。世俗社会的实质，包括医学社会，不需要什么超验的上帝，但是，我们需要一种支持生命的永恒精神，这就需要有一种伦理的信仰替代对于生命的传统寄托。启蒙运动创造了一种文化，该文化断言，在生命体和个我化的上帝间存在不相关性。这种文化在当下受到“上帝已死”的影响。对中国社会和我们的民族来说，上帝本来并不存在，即使我们心中有一位或几位至尊无上的神祇，也随时“已死或平素安息”。黑格尔的哲学一定非常重视失去上帝的这种感受。上帝必须通过哲学来复苏，并且进入具有重要意义的哲学化生活中。这种新的哲学的上帝，虽然不是真正的超验，但却必须启示超验性所给予的更高真理。在这个可以仰赖的、重建的上帝的恩典之下，哲学必须说明宗教的真相，尤其是在新教保护下的世界历史的真相。而我们在没有所谓上帝的生活中，就应该找到能够恪守的伦理戒律，不必有外在地制约和提醒，就可以自觉地管理自己的行为，有一个常模化的规范，使我们的医学生活遵从一个稳定而健康的秩序。

对生命伦理学来说，必须格外珍存黑格尔哲学中的思想统一性和人的内心体验，虽然存在超验的精神世界，但同时要重视大众化的绝对真理。黑格尔式的生命伦理观念强调范畴体系论存在着两种不同的对基督教生命伦理学地位的观念。基于黑格尔的确认，可以认为，生命虽然（1）具有特殊性、差异性，但又万万不可被忽视；（2）人和生命具有同等性，也就是黑格尔早就为大众世俗生命伦理学准备了最高的真理和思想基础。生命伦理学判定也许形形色色、多种多样，并且按恩格尔哈特对黑格尔的解读，每一种生命伦理学都有其自身的公共卫生体系或者网络结构。医疗卫生行为所处的市民社会将极大地包容民众的道德（sittlichkeit）多样性。规模庞大的国家不可能是单一的道德社区，而是包容着真正的多元道德的社会结构。在黑格尔看来，生命伦理学的更高境界之真理，将会在自由和互相尊重的权力行使中得以体现。这种自由和互相尊重所表达的是规模庞大的、信仰中立的国家道德统一体。“国家意志”[①] 是更高境界的真理，实际上就是准自由的或自由的、放之四海而皆准的权威伦理。[②]

黑格尔把国家制度（当然包括国家的卫生制度）和市民社会以及家庭伦理实体，都作为自然精神和利益共同体的结合，他再三说明：

> 德首先是公正，而后是仁爱的倾向；在后一领域内和在对自己的定在和身体的态度中，个性将其特殊的性格、气质等等表现为种种德。[③]

通过以上的论述，应该说，黑格尔是生命伦理学的理论先驱。

四　索伦·克尔凯郭尔对生命伦理学的历史作用

与康德和黑格尔不同的是，克尔凯郭尔穷其一生都激烈反对理性的宗教改革，他不同意康德式的理性道德，也不接受黑格尔所谓经过修饰与改造的伦理原则或世俗操守，他主张人要依靠内在的热情和对生命的渴望，求得生命伦理信念。克尔凯郭尔极力阐明意志辩证主义[④]，抨击黑格尔将真理奉为至高无上的宗教的观点，他反对基督教的圣餐礼拜仪式，认为那是由政府或体制主持的。他鼓吹如果没有信仰，真理就会模糊，甚至成为谬论。也就是提倡，要培育生命伦理和有关生命的道德哲学基础，必须通过个人的修行以及一种由信任转化的冲动，由此才能显表对生命的敬畏和尊重。

克尔凯郭尔一直以为自己是道德传统的守护者，他甚至不能认同微小的世俗性对信仰观念的丝毫撼动，他主张人的那种由上帝赋予的善要用本真的内心修炼来获得。但他毕竟彻底地背叛了他信奉的那个宗教，因为他偏爱于欧洲的浪漫主义和人的自由，他要争取个人的自由世界；克氏在对

---

① 这个“国家意志”不应该是坏政府所代表的那种生命政治主张，而是一种政治良善生活的统治者、决策人和管理者。

② 请参阅 H. Tristram Engelhardt, Jr., *The Foundations Christian Bioethics* (Swets-Zetlinger Publishers, 2000), p. 95. 作者对恩格尔哈特的分析作了很大修正。因为恩氏主要是想说明基督教生命伦理学，而本书是面向世俗的生命伦理问题的。

③ ［德］黑格尔：《精神哲学》，杨祖陶译，人民出版社 2006 年版，第 330—331 页。

④ 按克氏自己的解释是：“基督教新约集中于人的意志；每一件事情都致力于转化人的意志；所有短语（与世界断绝关系、否定自我、从世界中死亡，等等；与之相似的，讨厌某人、爱上帝，等等），与这一基督教基本观念相关的每一件事都是关涉到意志的转化。”（克尔凯郭尔：《论文与杂志》，54 XI 2 A 86，第 618 页。可参阅恩格尔哈特《基督教生命伦理学基础》，孙慕义主译，中国社会科学出版社 2014 年版，第 151 页）。

康德、黑格尔的道德观进行否定的同时，也远离了传统的“上帝”的权威，但他的迷失过程就是使生命获得新的意义的追求和奋争，他并没有为后来的生命伦理学奠定丝毫理性基础，但他不断地提醒我们：信仰和人的内心冲动对于医学生活的重要性；我们必须生活在完全的承诺之中，才能避免医疗过程中的冲突和难题。但克尔凯郭尔不知道，面对这个后现代及以高度发达的生命科学技术作为基础的医学，不是简单的承诺就可以解决实践过程中的难题的；他不仅与康德、黑格尔相分离，而且他所做的是一种与当代精神难以融合的努力。当然，他对于生命信仰的特别关注，值得我们过度商业化或资本主体化医学的反省。这对于新的生命伦理学来说，是极其有价值的。克尔凯郭尔是一位孤独的基督徒，他本身就是一个奇迹，他不赞同康德接受社会体制与理性的控制，使人在一种普遍的规范中完成对于生命、死亡、痛苦、疾病问题的选择；也不同于黑格尔用“美德”缩小社会机制和信仰之间的距离，他对于信仰的忠诚，填补了康德、黑格尔为自由的世界和世俗社会坚守道义之后的真空。他虽然以自己微小的呼唤来改造后现代时期的主流文化，但他所释放的热情，却为生命伦理学作了重要的信仰提示，即我们所要建立的生命伦理学不能缺乏信仰的传统和道义的冲动，否则，医学生活永远会存留和产生生命的道德难题，因为不可漠视的是，人类精神世界的很多事物，始终是超然的和非理性的，并且，信仰能够爆发一种惊人的至善或博爱的力量。生命伦理学不单纯是一系列规则或理性道德，单靠理论，不能做出完全的、彻底的正当承诺，仅仅依赖于客观规定与禁令，生命伦理秩序不会坚固地维系和持续发展，这一思想值得我们深思。

克氏的这种追求恰好补偿了世俗生命伦理的阙如，医学的伦理或生命的道德不能离开信仰，没有信仰的生命伦理不会完成生命的最终实现，生命或身体不可能最终获得整全的爱。

第四节 准备知识

一 道德与生命，道德非常规诠释

“道德者，天地也。”[①] 道家以五常来解：仁为木，主“生发”；义为

① 谭峭：《化书》，中华书局 1996 年版，第 41 页。

金，主“救难”；礼为火，主“明白”；智为水，主“变通”；信为土，主“悫然”①，其意由中华文化可全然大观。

“世说”有言：

> 如一某物系为许多分子所构成者，此诸分子必依照此某理所规定之基本规律以动，此某物方能成为某物，方能存在。此诸分子愈能依照此基本规律以动，则此某物之构成，即愈坚固，其是某物之性，亦愈完全。②

这就表明了道德成为生命之理和社会发展制动力的原因。人必须循客观规律而行，合乎此规律者，是为道德的；反之，为不道德；与此规律无关者，是非道德。但如果以这样的法则和道理来看，生命的存在必然应该遵循道德的本真“存在”的规律，否则，人就无法生存与延续，因此，人维护生命延续必不能违背道德的规律；其实，这是就整体而言的，因为道德规律与自然规律确有本质的不同，那个头上星空，比如时间律、四季的节气、生死律、心脏射血的节律、消化与呼吸的规律等，可以说是一种不可抗拒的暴力，你不遵守它也会控制你；而道德律可以遵守，也可以不遵守或者反其道而行之。即

> 道德定律之所以为道德定律，就在于它的不必遵守或可以不遵守，道德现象之所以为道德现象而不同于自然现象——简单地说，道德现象的 differentia——就在它包含着的自由（freedom）的成分。我们所以“必然”之外加了“应然”，在 indicative 之外加了 imperative，在 does 之外加了 ought to，就因为自然现象里，我们只能这样干，没有第二条路可走，而在道德现象里，我们可以任意干，同时有一条以上的路，让我们自由选择着去走——不过在这许多条路中，只有一条是“应当”走的，此外，都是“可”走而不“当”走的。③

---

① 谭峭：《化书》，中华书局 1996 年版。悫：que，意为“诚实”。

② 冯友兰：《贞元六书》（上），华东师范大学出版社 1996 年版，第 115 页。

③ 《钱锺书散文集·读〈道德定律的存在问题〉书后》，浙江文艺出版社 1997 年版，第 151 页。

这是钱锺书先生最为精辟的有关道德的论述，也道出了人的生命存在与道德定律之关系；道德律所以较自然律更具诱惑力，由此可见。

言说“道德”，常人都会有自认为明白和自认别人也明白的“解”，也就是不证、不争而自明。但深入去追问，又似乎晦昧不明，甚至神秘莫测。自亚里士多德或孔子开始，就已经关注其名其性其行其用。

哲学家或道德哲学家，是他们制造了语词和术语的混乱，但也因为良心、恶、至善、责任、义务和关系的问题过于复杂，且又过于重要，都看重它们的意义与价值，都认为它们不能缺少，哲学上的争端和形而上学的激辩，就不可能缺少。我们面对人的问题，面对人的生命问题，人的爱、生命的质量评价、死亡与生命的有无、疾病、痛苦；我们临在于一个生命体濒临死亡，无法救治的情场和悲剧，在我们面临是否保留生命和损害生命体的十分艰难的选择当口，亲情与爱的测量，让我们容忍那些过激的行为和人的冲动，我们的裁判依据是必须回到哲学的本源，去回答为什么、以什么理由解决医疗决策选择的争论？为什么因为科学的限制或社会的惯性或习俗，我们为保存生命而使某人终身致残？或者为了产妇的生命而舍弃她盼望已久的新生儿的生命？

在对道德的解读与诠释上，我们这个民族做了太多的事，下了太多的工夫，给我们悠远的历史留下了不小的财富，但也曾经余存太多的遗憾与负面的影响。

中华民族的道德有其特有的民族性、本土性，而作为文化传统，通过几千年历史的嬗变，其内涵已有很大改变。在道德或所谓“伦理”的语义认知与理解上，中华民族一直没有停止与外来民族或外来文化的交融或互为影响，不能说，我们是一个完全孤独的、单一道德教化的民族。

汉语界普遍认为，先有“德”而后有“道”，即先研究“德”后寻找“道”，这符合事物的规律。“德”是目标，有了目标与方向，再去寻“道路”，去实现目标，于是，为了实现理想，研究应该如何去完成，当然要有计划、路线、方法和原则，“道路”则成为“道理”，“道”由此而生。三千多年前，商代甲骨文中已有“德”的记载，但其含义十分笼统，语释并不专一，直至西周大盂鼎铭文中的“德”，才开始具有“按规范行事有所德”之意，至此，有关“德”的伦理学意义也有了胚胎。训诂之旨，源于音，东汉刘熙有解，“德者，得也，得事宜也”，即人际关系处置得当，共同享用其得，“以善念存储心中，使身心互得其益”，内得于己，外得于人；“德”有一“心”、“双人”，人与人，心心有约，默契和合，天下太平。“德”从产生起就有精神价值，这个精神价值后来演绎成“善”，成为儒家的人之初本性。道德二字连用，始于春秋战国诸子之书。荀况在《劝学》中说：“故学至乎礼而止矣，夫是之谓道德之极。”就此，汉语“道德”演绎完成。“道”是事物发展变化的规律，“德”是指立身根据和行为准则，指合乎道之行为。道德说明人的品质、原则、规范与境界。道家因以其“道”作为天地万物的本原和人类观念形成的总法则而闻名于世。道家之道既具有一本性和统贯性，又具有多变性和包容性，既创生万物又包孕于天地万物之间，涵盖天地人并可以统贯天道、地道与人道。老子哲学的理论基础是“道”，它是一个由老子预设的具有种种特性和作用的概念，“道可道，非常道”；“道”崇高而伟大，是人内在生命的呼声，“道”是一种规律、典范，是形而上的存在，其为“众妙之门”；其“有物混成，先天地生，寂兮寥兮，独立不改，周行而不殆”；其“可以为天下母”，不可名，言无形。它超越万物，超越感觉和知觉，但又并非空无所有，它有象、有物、有精、有信，它既是一个变体，又是一个动体，既“无”又“有”，生生不尽。“道”是一种宇宙意志与精神，不可由人为力量而改变。

虽然以上分析了中华之道之德，但并不是说，在伦理语境中，国人就与西人的观念完全相合。中西道德文化差异和情感上难以真正彻底互融，是客观存在的。

其实，我们应该同意亚里士多德所言：德性是一种支配我们选择的气质。其实他回避了对德性或道德本质的概念诠释，而只是说明了道德的功能，等于没有言说什么和如何判断以及如何选择才是道德的，或者那样去做就是正当或善的。结果，他留下了一个结论，也就是道德之事是不言而喻的。

学人钱穆言：“言其德性，斯谓之诚矣。”① 他又说，犹如庄老哲学的自然，道德须以诚为贵，诚者实为自成，是物之终始。中国古人认为，正德利用厚生，在内正德，方能在外有利用，最后以生命的安平、身体的康健为目的。医学更应以道德为前提，以敬畏生命为最终的追求。这样的生命伦理观念，为道德的诠释提供了一个明晰的基础。持有正道，方具德

---

① 钱穆：《现代中国学术论衡》，岳麓书社 1986 年版，第 66 页。

性，循正道遵德性才可德（得）行。

西方原本无“道德”特指的词，罗马哲学家西塞罗和塞涅卡作为伦理学的译语，使用了“moralis”，由此产生“道德”这一正式概念。它的语源是“mos”，与希腊文“ethos”相近，意谓习俗和习惯。西方的道德一直与“伦理”混在一起，他们的“道”（logos）也是与“德行”（arete）分开的，德行是“长处”，而非崇高的善。

儒家的道德概念含有较浓厚的自我主义和强烈的主体观念；在某种意义上，“道德”就是“使道（道理、道义、原则之类）得之于己”，“道德”也可以说就是“得道”。

生命伦理学的道德观是生命的终极目的，德行是终极的善，是最高的善；道德是人类崇高的理想，它每一刻都影响着伦理、法律以及这个社会；道德是镶嵌在宇宙中的一颗行星，它运行，不停地发着光，给予每个生命体以生活的能量，滋养和哺育着他们的精神；生命因为获得这种精神，并接受了生存的终极目的，才有了意义，也回报给这个世界以同样性质的光。

黑格尔不同意康德的道德观。尽管他们同样把道德建立在理性的基础之上，然而康德得到的原则充满了抽象的普遍性，而黑格尔是具体的普遍性。康德脱离情感和欲望，为义务而义务；黑格尔的道德包含人的情感与欲望，具有真实的人性的内容。作为法或权利的三个阶段，道德居于“抽象法”和“伦理”之间，都属于客观精神的三个发展环节。有学者说：

> 每一环节就是一种特殊的“法”，就是自由在一种形式下的体现：“抽象法”的阶段体现着抽象的自由，是“自由意志”的外在化和客观化；“道德”阶段体现着主观的自由，是“自由意志”的内部状态，是个人内部的良心；“伦理”阶段是自由的充分实现，是内与外、主与客的统一。①

可见，黑格尔的道德与中华文化的道德是有差异的，显然，我们的传统道德包括了其道德与伦理的全部；由此，我们今天对这些概念就必须予以清理和重新定义。毕竟，文化或道德文明的进化与变化，已经再生和更

① 转引自张世英《论黑格尔的精神哲学》，上海人民出版社1986年版，第90页。

新了古人的语义。为了新的生活秩序，我们没有必要传承这种“词的伦理”程式。

二　伦理与生命，伦理非规范释要

首先，再话一次伦理。

生命的本质充满了伦理秩序，生命应该是伦理化的。

我们一直坚持认为伦理是一个外来词。格致、修身、为政以德等都不足以与伦理相对应，其意旨散在于哲学、宗教学或政治学等各种范畴内。也就是说，我们仅有伦理思想和伦理学说，而“伦理”一词，却是日人用汉字重新造化的，这是事实。

“伦”是中国词源中的类、辈、关系、次序，“理”为道理、原理、条理、法则。虽然战国至秦汉之际的《礼记·乐记》最早曾提到“伦理”一词，如“乐者，通伦理者也”，但它不是现代意义“伦理学”中的“伦理”，只是指称“处理秩序的道理”。有学者认为，中国的伦理学始发轫于周代，其时儒、墨、道、法各家并兴，到汉武帝罢黜百家，独尊儒术，可视儒学为我民族唯一之伦理学；魏晋以后，佛学输入，对道德主张虽然影响很大，但只处于哲学与政治学范畴之内。真正定义伦理学的“伦理”，为日本木村鹰太郎和久保得二；木村鹰太郎用西方学术史的研究方法及原则整理中华伦理学说，著述《东西洋伦理学史》；久保得二随后考证了大量文献，撰写了《东洋伦理史要》。由此，二人始用“伦理”一词，后再行传入中国学术界。据蔡元培先生考，日人也“仅治西洋伦理学而未通东方学派者，皆不足以胜创始之任”，蔡氏还指出了近代将修身书与伦理学混用的错误。[①] 修身书即我们今天的品德修养教科书，而伦理学则是“道德或伦理的哲学”或“道德与伦理的哲学”。

“伦理”一词应源于西方，我们接受的是西方的词义。伦理应是人际关系的法则，是自由实现的法则。Ethics 与 ethik，来自希腊语的 ethika-ethos（janok），词根为“eo-os”（品质）或“novs”（风俗），原指动物不断出入的场所，定居并惯常生息的地点，后引申为“习俗”、“习惯”，发展为由风俗习惯养成的个人性格和品行。好的品行、德行才是“德性”。既然是源于“风俗”，出入的空间一定有规定的道和路径，有具体的按某

① 引文与以上分析可参阅蔡元培《中国伦理学史》绪论，东方出版社 1996 年版。

一方向行走的路线。

有学者坚持："西方伦理在宗教中寻找，中国伦理在家族血缘中寻找。西方文化假定上帝是伦理的根源，是伦理准则的制定者，也是伦理的归宿与最高的价值取向；中国文化认为，伦理的最深厚的根源存在于家族血缘关系之中，血缘关系……为伦理提供范型和最后的价值标准……"①

因此"伦理"主要指人们处理相互关系时所应该遵循的具体行为准则。

再说黑格尔。在黑格尔的眼中，良心是抽象的，善也可以加添任意的内容，对生命伦理而言，这是很危险的；因为，只要讲纯粹的主观内心的"善"，就无法现实地把握，只有伦理是现实的，**伦理是自由概念的真理**(die Waheheit des Freiheitsbegriffes)。② 黑格尔的"伦理"，指的是社会性的实体，而"法"与"道德"是伦理的环节与成分，也就是说，黑格尔并不排斥研究法与道德，只是必须与伦理的社会性相联系，否则，道德和法就失去了根基和存在价值。

黑格尔激活了"伦理"的生机，他把这个自由的概念发展成现存世界，有进一步推向自我意识的本性。这种辩证地推理，使得伦理的意向既出自于个人内心的道德意志，又必须合乎普遍的法；这正符合生命伦理问题处置中的个人利益与总体制约的同一，既要尊重自主选择，又要不伤害社会和他人。当然，个人只是一个原子，"伦理"的自由与合理性，如同神是永恒的，个体必须予以服从。主体或个人（在医疗活动中）正是在"伦理的实体，它的法律和权力"中才确立自己的尊严的。③ 黑格尔同时认为，天赋、技能、任意性和偶然性（机会）的制约，造成基础条件的差异，在普遍分配财富的过程中，存在"人的自然的不平等"，而我们设定的医学公正往往会遭遇"等级"差异的挑战。如何解决医学中公平的正义，是生命伦理的重要内容。黑格尔在此提出国家是伦理的最高形态，是家庭、市民社会、所有人的对立统一的真实基础。这就告诫我们，卫生经济伦理关系必须由国家来调整并从体制上解决医疗的不公平问题，建立一个理想的相对平等的医学秩序，以实现生命权利的平等与公正。这给后

---

① 参阅樊浩《伦理精神的价值生态》，中国社会科学出版社 2001 年版，第 147 页。

② 转引自张世英《论黑格尔的精神哲学》，上海人民出版社 1986 年版，第 135 页。原文出自黑格尔《法哲学原理》，第 162 页。

③ 同上书，第 139 页。

来的约翰·罗尔斯的理论和医学功利主义奠定了思想基础，也使罗尔斯有可能在康德普遍正义的理论传承下创造差别原则，并以补偿原则、互惠观念以及博爱原则完善了公平正义理论的建构。

有学者解释，道德命令缺乏操作性，伦理却很有效，它的律令很具体，有一种实存性。道德是与伦理不同的维度，是一个前规范概念。对正义行为来说，道德是“你最好应该”；而伦理是“你必须应该”；法律则是“强迫应该”或“不应该你就违法”。道德对应该与否非常宽容，其劝说留有一定的余地，不是命令，而是靠高度的自觉和省悟来选择自己的行动；伦理是道德与法律中间的宽阔地带，伦理是一种强硬的律令，是自律与他律之间的律法；它是一种压迫力，有来自于道德但又不是道德的觉悟，有来自于法律但又不是法律的强迫性。

美国伦理学者彼彻姆（Tom L. Beauchamp）指明，道德是中性的，“道德的”并不是“道德上好的或善良的”，而是说“是道德上的”，因此“道德的”（moral）和“非道德的”（nonmoral）相对应，而不是和“不道德的”（immoral）相对应。“不道德”是为谴责某一行为和评价某一种恶行使用的，它只与“好的道德”相对应。但对于伦理来说，虽然“伦理”也是中性的，但我们不能说“不伦理的”和“非伦理的”这样的词，因为伦理学中不允许这样的使用。

我们还是要继承黑格尔对于伦理的透彻解析，在某种意义上，其解析与中国的传统道德观念存在内质的契合。伦理须通过道德和法来实现其最终的“善”的意志。

其次，再话一次伦理学。

米兰·昆德拉在其小说《生活在别处》的前言中，一再对我们说，要反对既定的思维模式，绝不墨守成规和媚俗取宠，要用一种新的美感与道德观解答“人的存在究竟是什么”。他用玛曼重复艾吕雅的诗句来回应人类对于身体道德的疑问和困惑：“一只眼睛里有月亮，一只眼睛里有太阳。”[①] 昆德拉通过笔下人物的语言，道出不能言说的伦理和宗教的律令，并对于传统的“善”的观念所谓不言而喻以致被滥用的文化社会进行批评。罗伯特·施佩曼无情地拆解医生的职业道德观念，他们只是对于健康

---

① 参阅［捷克］米兰·昆德拉《生活在别处》，安丽娜译，青海人民出版社1998年版，第47页。昆德拉反叛和质疑了人类道德的陷落，并阐扬了个性和个人世界的美好。

的风险进行了消极说明，缓和地规劝说：“倘若健康对您来说是至关重要的，这对您是最好的。”用对一位患有肺炎的患者（具有社会身份的人）的劝说来讲，就是不要做出违反身体健康或疾病治疗的行为，那样的“恶”是医疗的伦理规则不能容忍的。[①] 施佩曼说明了医生有责任向病人传达为了保全生命必须摘除肾脏或者截肢的治疗是合理的原因，也进一步追求，应该专门为此类行为的责任规范建立一门伦理学。当然，这些都源于人类的道德传统和对于幸福理想的向往。

伦理学作为一门学科，出于“宇宙万物都是向善的。一切技术和科学都有目的”[②]。对于善、幸福与责任，应该有一门学科去研究，为生活做顾问，特别是为技术与科学行为。选择与判断需要理由和依据。对于善与恶的评价要有标准和理由；对财富的分配要有原则，以说服那些没有获得所求利益的人；关于公正和权利，我们要解决由此类事件所引发的冲突，等等。因此，我们要建立一门新伦理学。

伦理学是既可言说又不可言说的学问；它十分古老，但又很年轻，也应该永远年轻。

伦理学（ethics）是以道德现象作为自身研究的客体的，即研究有关道德和伦理问题的学科，包括道德和伦理问题的理论和实践。伦理学是人类社会产生最早的意识形式和文化现象之一。伦理学一方面关注人们的品质、行为、修养以及相互关系的道理与规则；另一方面又关注道德起源、本质、发展变化规律及其社会作用。

伦理学主要应该是哲学的，其次是文化的与社会的；它是对人性的道德律令和人性本质的追踪与探究。

不管是否合理，伦理学曾经被人为地分为规范伦理学和非规范伦理学，规范伦理学又分为普通规范伦理学和应用规范伦理学，非规范伦理学包括描述伦理学和元伦理学。规范伦理学使用价值—规范的方法，注重对道德规范的论证、制定与实施策略的研究；描述伦理学是依据经验描述的方法从社会的实际状况再现道德、说明道德的本质，其中包括道德心理

---

① ［德］罗伯特·施佩曼：《道德的基本概念》，沈国琴等译，上海译文出版社 2007 年版，第 2 页。施佩曼为德国当代最著名的哲学家之一，特别对医学与自然科学的伦理界限、基因技术问题有很多具有影响力的文章。

② ［古希腊］亚里士多德：《尼克马科伦理学》，苗力田译，中国社会科学出版社 1990 年版，第 1 页。

学、道德社会学和道德人类学等；而元伦理学凭借逻辑语言分析的方法，从分析道德语言（概念、判断等）的意义和功能开始对道德进行研究，从而反映道德的语言特点和逻辑特征。

伦理学所有的核心词汇只有或最终应该是：善、爱、公义与自由。

因此，仅仅依赖于以往的伦理学理论是难以实现这一目的的。伦理学需要有一个彻底的革命或对传统的颠覆。也就是必须改变对于德性的习惯熏陶，不是作为一种道德的驯化，而是作为一种对权利和自由的辩护。

有人依然认为，医学伦理学属于应用规范伦理学。其实，医学伦理学特别是生命伦理学，不是“应用伦理学”，而是一种道德哲学理论在生命科学领域中的应用，生命伦理学应有其独立的伦理学理论体系。

既然是作为生命伦理的学问，就不能把我们意识中的生命只应用于人的身上，必须纠正陈俗的观念，将自然中的所有生命都作为历史文化的载体，同样以它们的命运和人的命运一起承担我们的伦理挂虑，甚至让它们参与进来共同制定生命伦理原则，维护自然的生命伦理秩序。当然，人类的精神生活是神圣的，因为我们还没有合适的语言与其他生命对话，但在承受其他生命所赋予的责任时，应该更加宽泛地理解我们的历史使命。

伦理学由此给与生命伦理学以特殊的内容，即对以人为代理人的所有生命体权利的维护。

三　医学的伦理之学与生命伦理之学

医学从基督医学肇始，就应该是伦理之学，因为这门为人的、以人为唯一主体的技艺或学问，是保全人的身体、精神与灵性的健康，施医者本身只有奉献、博爱与牺牲。基督精神是医学的根基。何又将医学与伦理分开，专门造设一门医学伦理之学？道德的医学本质就是伦理化的，我们是在医学过于科学化、失人性化、资本主体化、技术至上、商业市场经济的挤压之下，被迫做一个医学伦理学或生命伦理学的选择，以反顾监督和批判救人的医学的堕落。

今天的误解在于，有太多的道德哲学理论供我们无尽地享用，可以对任何一个具体的医学道德难题进行论证或辩护，不管是妇女的流产，还是超出文化习俗的隆乳手术，或者一位并未进入终末期的肝癌患者的拒绝治疗甚至安乐死要求，都可以用现有的理性资源为当事人做理论的求证。事实上，这些年我们失败了；我们没有那么充分的理由提供道德或文化上的预设，在保持他们尊严的前提下，实现他们的真实请求。我们还面临着无穷尽的关于人体改造与以先进的技术解决生存、生命增强、唯美、延长寿命以至于死亡的强烈请求，而我们原本以为这些都是可以任意满足“他们”的。这样，我们就必须有一个发展的生命道德的学问来解决这些问题和难题。

按以往传统的学术认知，在狭义的语境中，医学道德是一种职业道德，一般指医务生活中的道德现象和道德关系，具体来说，应包含医务人员的道德风貌以及行医过程中的道德问题。它是社会一般道德在医学领域中的具体表达，是医务人员自身的道德品质和调节医务人员与病人、他人、集体及社会之间关系的行为准则、规范的总和。它存在于从事医学职业的全体人员以及与卫生事业相关的人员之中，是由长期的医学文化积淀而形成的，并且总是围绕医学工作者的职业活动及与医学相关的社会活动而展开的。医学道德现象包括意识现象、规范现象和活动现象。医学道德对医务人员、病人和社会都具有重要意义，特别是在保障人类健康和发展医学科学以及卫生事业等方面，具有不可忽视的特殊价值。

但是，在另外一种语境中，医学道德不仅仅限于“医学”的执业范围内，是一种道德的宏大叙事。有关人的问题与有关非人类的生物物种的道德问题，有关这两类生命及全部生命的生存状态的道德现象，与疾病和治疗、健康维护、疾病预防、身心发育、人口生态相关联的政治、文化、经济政策或谓之生命政治等道德因素的研究，均可纳入这个范畴。

医学技艺是人类社会无法回避的一项关于生命存在的基础，我们必须把它看做“关于一系列政治技艺的一个严肃辩论”[①]。生活怎么样，人如何生存，如何面对疾病、痛苦与死亡，如何在临危的情境下与自身以及所处的环境或文化争斗，归至最后，就是伦理问题，生命需要我们付出的情感和信念，一直是道德的，因为这与权利、责任以及当事人及其关系人的利益纠结在一起。

> 医学是有一个大致目标的，（比如说健康）是普通人所希望的，

---

① 参阅［美］玛莎·纳斯鲍姆《善的脆弱性》，徐向东等译，译林出版社 2007 年版，第 128 页。

> 而作为一种产品，又是医生的行为活动所要达到的目的。但是，医生工作的一个重要部分就是更准确地定义这一目标的本身。如果他不知道什么是健康，他就不可能找到必要的手段来达到健康的目的。当一个医生为自己的医术感到自豪时，他一方面是对那种生产性手段的研究感到自豪，另一方面是他对健康这一目的的研究感到自豪。①

如此，医学的道德应该是生活的道德，是生活中遭遇的所有事情的道德，特别是一个国家应该将其作为生命的政治目的，以道德意志去实现。

至于医学道德规范，我们不再重复教科书中的说明，但是以下这几段文字还是不可略去的。如《美国医学会伦理学原则》就提出："医生应保证病人的治疗，不怠慢病人；只有当给予病人充分的关注后，才能终止治疗，除非被解职。"古老的《希波克拉底誓言》写道："我愿尽余之能力与判断力所及，遵守为病家谋利益之信条，并检束一切堕落及害人行为，我不得将危害药品给予他人，并不做该项之指导，虽有人请求亦必不与之。"《医学生誓言》在职业道德规范中明确表明医务人员的神圣责任是："我决心竭尽全力除人类之病痛，助健康之完美，维护医术的圣洁和荣誉。"

医学道德规范的基本精神是跨文化的、稳定的、全球性的，其内容一直是公正与平等地对待病人；诚实与慎言守密；信任、尊重与爱护同行；热爱医学事业，不断进取，钻研与发展医学科学技术；廉洁奉公与文明行医等。这皆是不容改变的。

四　超越冥有，唯有冥性不泯：生命伦理学在人类精神世界和生命探秘的历史中孕育与复生

人类以肉体作为生命的主体内容，并为其自然权利而以身体同时作为手段和目的，用道德的戒律约束和限制人对于这种权利的滥用。

容我们粗略地先白描一下生命道德文化史略，以开启生命伦理思想历程。

德谟克里特认为：

---

① 参阅［美］玛莎·纳斯鲍姆《善的脆弱性》，徐向东等译，译林出版社 2007 年版，第 128 页。

> 宇宙间一切现象都是具有确定性的、而又不可变易的形状的简单物体之组合与运动的结果，它们受到最初的推动，便产生一种作用量，那在每个原子之中虽然形态不同，但在其整体上则永远保持着同样不变。①

道德现象无疑是一种最普遍的高级精神现象，当然也是一种复杂的社会现象；因为人的生存和人类种系延续相关联，就更有其观念性价值和语言功能意义。

生命或医学道德与医学科学一样和人类生息、迁徙、灾变等生存活动以及战争、动乱等社会活动联系在一起。在生产力很低的原始社会里，人类以极原始的合作方式和劳动工具来应付千变万化的自然灾害，同时学习与积累原始的医药知识，运用压迫、按摩、刮刺等手段诊治疾病，于是就有了医学活动。自远古到前21世纪，由人类本能自保的"己—患"模式过渡到"神（圣人）—患"和"巫—患"模式；在传统文化中，伏羲与神农皆为神，《通鉴外记》称："圣人出，医道立。"至前476年（夏—春秋），"武丁疾身，御祭妣己及妣庚"，出现大祝、大卜、司巫等神职官员，"医患巫神—患"又逐渐演变为"医巫—患"和"巫医—患"模式；通过医患之间长期的斗争，产生医患关系的萌芽，以医患关系为主体的医学道德初步形成，生命或医学道德思想、医生道德规范和准则开始建立。因为医疗活动关系着人的生命安危、生存发展和生产活动，关系着社会经济的进步和文明水准；医患关系与人们对幸福、安全、健康需要的基本利益相联系，所以它决定了生命或医学道德的起源和发展趋势。医务道德是由社会道德维系的，并与科学技术和经济水平相关，人类最初对自然有限的抗御能力决定了只有依赖"尝百草"、"制九针"和祈天祛病、献纳求福去追求医学的目的与表达医学道德愿望。

在奴隶社会，阶级对立的道德观念影响了医学领域，从此医学道德具有了鲜明的时代性。以奴隶主为代表的敬天崇祖的习俗为巫医的出现和存在提供了思想的土壤。待生产力、经济和文化水平进一步提高后，专事占卜疾病的巫医日趋没落，产生了以治病为职业的医生，生命或医学道德有

---

① ［法］孔多赛：《人类精神进步史表纲要》，何兆武等译，北京大学出版社2013年版，第32页。

了明显的专业性和特殊性，这也是人类早期思想启蒙时代的文明产物。从巫医并存到医巫斗争说明了人类对于科学、真理和幸福的向往，这在医学伦理学的形成与发展中是一次重要的经历和考验。劳动作为人类和自然对话的过程，是社会生活的基础。人在与自然斗争和适应的同时，也不断认识和改造自然本身，从而变革医学、变革社会，促进精神包括医学道德精神的发展。

西方医学的奠基者、古希腊的希波克拉底（Hippocarates，前460—前337）及以其作为象征的群体，最早对医疗职业和医生行为提出规范，他们为人类贡献了千古不朽的医学伦理学文献《誓言》《原则》和《操行论》等。《希波克拉底誓言》把"为病家谋利益"作为医生的最高准则，他说："无论至于何处，遇男或女，贵人及奴婢，我之唯一目的，为病家谋幸福。""检点吾身，不做各种害人恶劣行为。""不论进何人家，我皆维护病人利益，戒绝随心所欲的行为和贿赂。"人类最早的文本化保密原则就是这个共同守则："凡我所见所闻，无论有无业务关系，我认为应守秘密者，我愿保守秘密。"

希氏《誓言》以鲜明简洁的善恶标准和真理的美感，以及高超的智慧和傲岸的风骨格力为生命伦理学的形成和发展奠定了基础。希波克拉底学派的思想与基督教的"信义"论、博爱精神交织融合，强烈地影响着医学生活和医生的人生观。前2世纪，罗马医学全面继承并发展了古希腊的生命道德思想和理论，其代表是古罗马医生盖仑（Gelen，约130—200），他的"我研究医学，抛弃娱乐，不求身外之物"的诺言，影响了世代医家。由于地中海文化的交流和商业贸易的发展，阿拉伯医学沿袭了希腊医学，并使之在6世纪至13世纪这一漫长的历史时期里逐渐本土化、民族化，形成了具有浓郁希腊色彩又具有阿拉伯特征的生命伦理新体系。犹太医生迈蒙尼提斯（Maimonides，1135—1204）就是这一体系的卓越代表，他的《迈蒙尼提斯祷文》是医学伦理学史上的杰出文献之一。祷文敦促医生为人类生命与健康、为人类幸福与和平，时刻怀着崇高的生命道德和神圣的从医使命感，切不可因贪欲、虚荣、名利的诱惑而忘记为人类谋利益的理想。应该提及的是，基督教神学伦理学对西方医学的影响源远流长，从4世纪罗马建立的教会医院到1600年的牧师医生伦理文件，都没有脱离基督教的统辖，基督教用耶稣治病救人的双重使命教育医生，用神学、伦理学和医学共同关注人的生命的终极问题，西方医学这一浓郁的宗教伦理色彩一直影响着生命伦理学。

东方生命道德传统十分悠久，5 世纪印度外科鼻祖妙闻曾说："医生要洁身自持，要使患者信赖，并尽一切力量为患者服务，甚至牺牲自己的生命。"中国的生命或医学道德的形成与发展是与中华文化传统紧密相连的，显然接受了儒、释、道各家学说的强烈影响。医儒同道，"医乃仁术"，"泛爱众"，"举乃和柔，无自妄尊"等儒家主张润泽了医家的思想行为；同时，"布施得福，治病济人"的佛家教诲，以及道家的"累功积德，乐善好施，度人为仙"等共同构成了中华生命或医学道德的思想宝库。前 43 年汉元帝刘奭以质朴、敦厚、右行、逊让作为考核医生的主要标准；汉末医学家张仲景在《伤寒杂病论》自序中明确提出医药方术"上可疗君之疾，下可救贫贱之厄，中可保身长全"；唐代大医学家孙思邈（581—682）所著《备急·千金药方》中的"大医精诚"、"大医习业"等名篇，全面论述了医家道德准则，是汉语医药文化史上最全面、最系统的生命伦理文献，是汉语生命伦理思想发展的一座里程碑，篇中对"充逐荣誓，企踵权豪"等不道德的医疗作风给予了抨击。宋及元代，生命道德有了一些发展，但真正形成较为完整理论的还是在明代晚期，汉语生命伦理或医学道德学说开始接受行与思、理论与实践相合的研究方法，开创了一个新的阶段。李梴的"本于古而不泥于古"、龚信的《医学十要》、张璐的《医门十诫》、程钟灵的《医学心悟》都是这一时期的代表作品。明代名医陈实功（1555—1636）在《外科正宗》的"医家五戒十要篇"中提出了十分具体的医学道德规范，曾被美国乔治敦大学主编的《生命伦理学百科全书》的附录收入，与《希波克拉底誓言》《迈蒙尼提斯祷文》并列为人类最早成文的古代生命伦理文献之一。1840 年以后，西方以基督医学为文化入侵的一部分，西方医学逐渐走上中华医学文化的前台，中华生命伦理文化也开启了新的特殊的发展时期。

欧洲文艺复兴思潮和马丁·路德的宗教改革冲破了中世纪宗教与封建统治，发起了人道主义的运动，从神正论到人正论，人类经历了漫长而艰苦的斗争，举起了"自由、平等、博爱"的旗帜，医学的迅速发展和卫生事业的社会化，对医学道德提出了新的要求，医务人员行为准则从个体到集体，又从国家到国际，内容和范畴不断延伸扩大，医学伦理学的国际化趋势逐渐形成。伟大的文艺复兴运动的成果即是为医学提供了人道主义，从此医学人道主义成为生命伦理学的核心思想和灵魂。在这一背景下，德国柏林大学教授胡佛兰德（Huffland，1762—1836）提出了救死扶伤、治病救人的《医德十二箴》；1791年，英国学者托马斯·帕斯瓦尔专门为曼彻斯特医院起草了《医院及医务人员行动准则》，并于1803年针对医院内部的人员关系等问题出版了专著《医学伦理学》，本书不仅淡化了医学道德的宗教色彩，而且为医学伦理学成为一门学科，为医学伦理学教育的科学化和普世性奠定了基础。1847年，美国医学会成立并同时制订了《美国医学会医德守则》，其内容涉及医生对病人的责任，病人的权利与义务；医生对其他医务人员的责任；医务人员和医务界对公众和社会的责任与义务等。

作为生命伦理学前体的医学伦理学发展成一门独立、完整的学科，应该是在第二次世界大战后。第二次世界大战以后，人类反思了法西斯分子用活人体进行极其残忍实验的暴行，传统的医学伦理原则受到法西斯主义的粗暴践踏，其反人道的罪行令世人震惊，美、苏、英、法四国在德国纽伦堡对纳粹医生进行审判，发表了著名的《纽伦堡法典》。它是1946年审判纳粹罪犯的纽伦堡军事法庭决议的一个重要部分，牵涉到人体实验的10点声明，此文件的精髓后来成为1964年世界第十八届卫生大会通过的《赫尔辛基宣言》的主要内容，一直作为生命科学研究中人体实验的指导方针。汲取沉痛的历史教训，医学和医学伦理学界深切感到建立系统的现代医学伦理学的必要。此后，对医学伦理学的深入研究使其日臻成熟，而且成为医务人员和生命科学工作者重要知识与修养的必然要素。

医学伦理学难以定位最后形成的年表，不能仅仅依据它有明确的研究对象以及开始受到国际医学界的重视，或者何时成为法律界的理性资源，或者何时开始影响世界的政治和经济生活。1948年，世界医学会出版了经过修改的《希波克拉底誓言》，汇编了《日内瓦宣言》，它标志着现代医学伦理学的开始。1949年，世界医学会在伦敦通过了《世界医学会国际医德守则》。1965年，国际护士协会通过了《国际护士守则》。1964年，第十八届世界医学会在芬兰赫尔辛基宣读并采纳了《赫尔辛基宣言》，于1975年的东京大会正式通过，此后于1983年、1989年、1996年和2000年经历届世界大会修订。连同1968年的《悉尼宣言》、1975年的《东京宣言》、1977年专为精神科医生制订的《夏威夷宣言》等，生命伦理学文件和文献初步体系化。医学或生命伦理学的基本原则逐渐完善，学术研究日趋深入；随着高新医学的进步，医学中的伦理问题越加复杂，人类面临着深刻的伦理困惑，例如克隆人、胚胎干细胞、人工授精、器官移植、基因医学、人类基因组计划、变性手术、美容技术、精神控制、严重遗传性残疾新生儿处置、放弃治疗、脑死亡、安乐死以及卫生资源分配等卫生经济政策伦理学问题，促进了生命伦理学研究的国际联盟的成立；联合国正式成立了国际生命（生物）伦理学委员会。

生命伦理学已经成为当代人类精神新的标识和学术先导，成为文化界、科学界以及整个学界关注的学科，并且被认为是哲学范畴内最有生命力、最活跃的新兴学科之一。并因其在生命政治领域的导向作用和特殊的价值而被国际社会公认为后现代时期的历史航标。

生命伦理学在人类对自身的忧虑和困惑中重新复兴。

知识与科学以及被我们崇奉为人类智慧的技术产品，正在绞杀我们的身体和情感；我们赖以生息和繁衍后代的地球家园，正在被所谓的科技文明所载掳，其身躯已经极其疲惫和脆弱，自从几十亿年前第一个单细胞生物出现在毒气笼罩下闷热的化学溶液里以来，我们的生命就一直为了生存与进化而与地球的物理现象进行不懈的斗争；在宇宙竞争中终于获得头彩的地球，今天已经被自然的灾难和所谓的人类科技文明成果摧残得体无完肤。我们再也看不到查尔斯·狄更斯（Charles Dickensi）笔下美丽洁净的白色圣诞节，我们几乎要戴着面罩，走向圣殿，跪拜在基督和圣母的面前，献上我们罪孽深重的儿女的忏悔来阻挡雾霾的圣锦，以让我们心中的神圣信念抵御撒旦的污损。

今天我们说，人类不要再自负地放言：人定胜天。无有心，何成道？无有厚德，何以载物？无有思，何以为人？没有德行，没有源于人文之学的规矩，没有因人道、天道编织的心网，我们何以继续生存？

不要忘记悉达多头上的那棵菩提树写下的证悟，只有它能让我们清静无为，涤荡灰尘。我们由此才能够粉碎最后的所谓文明和物欲横流的染污，证得正觉，面对三界，坦表我们修持之后如此鲜白圆融、永断众流的身体。可知，正如《薄伽梵歌》所唱：

超越冥有，
另有冥性永存，
万物尽皆消逝，

唯有冥性不泯。①

可怜的人，你们为何还没有从科技文明的美梦中惊醒，还不为你们的行为而后悔与劳作，“睡在尘埃中的，必有多人复醒，其中有得到永生的，有受羞蒙辱永被憎恶的”②。

哭泣一万年
流尽十亿泪
只缘当年未曾料
人类家国锦绣河山
而今都已碎③

人们啊，听听这句警言和劝诫吧：“我面前有两条路，一条是到伊甸园，另一条是到地狱，我不知我会走哪条路。”④

生命伦理学是人类面临危机的时日所选择的一条回归伊甸园的复兴之路。生命伦理学是渐进的历史产物，其演变所经历的阶段以及所谓四个重要的历史时期也是为研究所划定的：在希波克拉底时代，生命或医学道德与人们朴素的自然观、道德观相连。在黑暗的中世纪里，以《主祷文》为代表的医学道德规范具有浓厚的神学色彩，医学伦理学以神正论为指导，其表达几乎是宗教教义的具体化。在文艺复兴以后，人正论取代了神正论，人道主义开始唤起良知，自由、平等与博爱，深刻地影响了医患关系，这是人类生命伦理思想也是医学伦理学发展的重要时期。在近现代与后现代时期，医学道德日益由医生、病人等个体的道德发展为社会公益道德，哲学上的价值论、功利主义、公益论开始影响和指导医学伦理选择；高新生命科学技术和新的死亡观念以及发达的经济社会背景，使医学伦理学理论不得不发生重大转折，人们开始对以往的科学技术行为以及工业文

---

① 《薄伽梵歌》，张保胜译，中国社会科学出版社 1989 年版，第 98—99 页。冥性：不可察觉之性；冥有：非显现的存在。

② 《塔木德》，赛妮亚编译，重庆出版社 2008 年版，第 249 页。

③ 转引自［英］比尔·麦克奎尔《全球灾变与世界末日》，梁福明译，外语教学与研究出版社 2007 年版，第 233 页。原文引自扎格和埃文斯《在 2525 年》。

④ 《薄伽梵歌》，张保胜译，中国社会科学出版社 1989 年版，第 98—99 页。

明所带来的负性后果进行强烈的反思与批评，医学伦理学开始向生命伦理学过渡；生命伦理学逐渐兴起、形成与发展，生命伦理学诞生并进入后现代时期，成为人类历史的领航者和生命政治的理性指导。此时面临着美国学者恩格尔哈特所指出的道德差异的核心问题以及哪种道德意见被我们采纳的问题，比如建立医疗保健伦理模式与决策方法、比较传统与后传统、家族本位与个人本位之间的关系。其重点同样也要引入根深蒂固的道德多元化的哲学基础。同时，正是出于这样的理论背景，自由意志论的世界主义也开始向自由世界主义转变，人类开始普遍理解与尊重个人化的生命或身体的自主选择的自由。我们更加为发展所付出的生态灾难的代价而痛苦万分，并期望用行动偿还这种人类共同的罪过。

有一些事，我们很难开初就理解，只能在经过一段历史之后，才能逐渐从教训和苦难的后果中，反省我们的过激行为，包括对待自己的生命和赖以生存的环境，因为我们没有很好地善待它们。我们只有一边品尝着自己酿就的苦果，一边改正错误。总之，考虑到以道德多元化定义当代人类处境，关于生态灾害、卫生保健政策、身体权利和生命政治法则的反思已经成为生命伦理学的焦点；这种反思、批判与关注，一方面强调了俗世伦理学的道德多元化和对人的自由、健康权利和医学责任进行深刻思考的结论之间分歧的意义；另一方面指出，只有解决学科的重大理论问题，才能够指导和影响生命伦理视域中现实问题的研究。

生命伦理学，英文是 Bioethics，应由 Meidical-Bio-Ethics 所演绎而来，因此，亦可译为“生物医学伦理学或生物伦理学”。

生命伦理学形成、发展，已逾千年，切不可随意归功于什么人或断言“诞生”于什么年代；甚至推说是以一本书名作为开端，实不可信，应属谬误。

如果不把柏格森、居友等生命哲学语式的“生命伦理学”划归在内，生命伦理学一词最早似乎“**重现**”于 20 世纪 20 年代，而后经过 50 年代的酝酿和 60 年代美国学界的讨论，历经近半个世纪的历史，一个偶然的机遇，由美国威斯康星大学的凡·瑞斯勒·波特（Van Rensselaer Potter）在 1971 年重新提起。[①] 其用意在于应该建立一门新的“把生物学知识和

① Albert R. Jonsen, *The Birth of Bioethics* (New York, Oxford: Oxford University Press, 1998), pp. 27, 34.

人类价值体系知识结合起来的学科”，这门学科应该作为科学与人文学科之间的桥梁，帮助人类生存，维持并促进世界文明。生命伦理学（bioethics）可以承担这一使命。波特指明：“生命伦理学是利用生物科学以改善人们生命质量的事业，同时有助于我们确定目标，更好地理解人和世界的本质，因此它是生存的科学，有助于人类对幸福与创造性的生命开具处方。”这个定义积极并且深刻，表达了一位医学家对伦理学的祈盼之情，尤其在生物医学模式的境况下，它最初尚未脱离生命伦理学的科学属性，因而忽视了它的人文性和人文精神。生命伦理学另一个权威定义出自于《生命伦理学百科全书》主编莱克（Reich），他的定义是：“对生命科学和卫生保健领域中人类行为的系统研究，用道德价值和原则检验此范围内人的行为。”生命伦理学在深入发展以后，人们更加认识到它在当代人生活中的现实意义，它不仅仅是一门“生命的伦理学”，而且可以认为是一门“伦理的生命学”，是关注和启示人类重新回到人性善的原初，纯真和真全地缓释我们的乡愁与精神和信仰危机，清除我们生命和身体中的杂质与病毒，用整全的道德规划我们的行动，催我们清醒，教我们自重，使我们人类重新为“人”。

诸多人文学、社会科学、自然科学学科在此交融；学者们也使用和借鉴其他学科的研究方法与伦理学研究方法共同研究生命伦理学问题，以解决生命科学与人的需求，以及人与社会、人与自然、人与人的冲突。由于生命伦理学本身处于发展过程中，其定义还无法统一。但促发这一学科诞生和创立的，主要是神学界、科学界和社会各界对生命政治化与医疗保健政策的关注，生命科学技术的迅速发展，以及围绕医疗关系的社会化变革所引起的人类对卫生问题观念的改变，并由此生发了学界对于生命的伦理问题的强烈关注和危机的情感。

我们可以认为，生命伦理学是对生命诸问题的道德哲学注释；是对人类生存过程中生命科学技术和卫生保健政策以及医疗活动中道德问题、道德现象以及道德关系的伦理学研究；是有关人和其他生命体生存状态和生命终极问题的学科；它可以包括生命伦理学原理、理论与应用三个层级；原道（道德哲学的）、原法（生命科学技术伦理的法则与方法理论）与原实（生命科学技术伦理化实践应用与行动）。

拉南·格尔伦（Laanan Gillon）在权威的《应用伦理学百科全书》中对生命伦理学进行了如下界定：生命伦理学是研究产生于生物学实践领域

包括医学、护理学乃至兽医在内的其他卫生保健职业中伦理问题的学科；它的研究范围除了生物科学研究中的伦理学，还包括环境伦理学、性、生殖、遗传、人口中的伦理问题以及各种与卫生事业相关的社会政治道德问题，例如贫困、失业、歧视、暴力与迫害、犯罪与战争等对人类健康的影响。涉及该学科的人员除医生、护士、生命科学工作者、患者、受试人员外，还有政策专家、法律工作者、管理者、宗教界人士和政府官员等。生命伦理学的学术领域涉及哲学、伦理神学、法学、经济学、心理学、人类学、社会学和历史学等。

后现代生命伦理学的主题一直在变化，范围也在不断扩大。一个很不成熟的意见是，后现代生命伦理学应分为四个阶段。第一阶段以某些医学行为准则的形成为标志，如禁止医学广告，不允许诋毁同行等，此阶段以传统的神正论和古老的义务论作为思想基础，可称为“医学伦理学阶段”；第二阶段即“医学伦理学向生命伦理学过渡阶段”，医生的处境发生了根本性的变化，传统医务执业活动中的家长主义、生命无价论、讲真话等受到挑战，此期的生命伦理学家应成为病人权利的代言人，生命伦理学也必须汲取新的哲学理论与研究方法，医务人员的行动道德不仅要用沿袭的伦理原则去规范，而且还要用价值论和公正理论以及社会与政治哲学去说明；第三阶段是“生命伦理学形成阶段”，除生命价值论日益影响医学行动决策外，生命伦理学家开始观照卫生医疗政策、卫生经济和医疗改革问题，生命伦理学已逐步成为国家政府制定卫生政策或立法的重要理性资源；第四阶段为“生命伦理学的发展阶段”，有学者把这一阶段称为“人口保健的生命伦理学”，它包容了所有传统医学伦理学内容，并且超越了医患关系的范围，应用生物学、人类学、管理学等诸多人文社会科学理论与方法对卫生保健的多种因素进行研究，除异常关注高新生命科学技术中的各种难题外，它还把目标主要集中在为什么与如何解决人类平等享有医疗保健的权利上。

1971年，波特在其《生命伦理学：通往未来的桥梁》① 一书中再一

---

① 实际上，波特是在《全球生命伦理学》这本书中形成他的思想的。他的那本《生命伦理学：通往未来的桥梁》（*Bioethics*：*Bridge to the Future*）只是一个阶段的开启，当然也是不可忽视的。但生命伦理学作为一个学科，不能认为是从他开始的，尽管他恰巧提示了我们这个后现代的世界。关于后来的发展，也可以参阅 Albert R. Jonsen，*The Birth of Bioethics*（New York，Oxford：Oxford University Press，1998）。

次使用了“生命伦理学”这一术语。其实，波特是在重创生命伦理学的历史长河中，在现代学术语境之下起了助推作用，西方哲学界从来没有接受是由他把生命伦理学从襁褓中托出，而仅仅认为可能是由他重新提起的。至于生命伦理学的当代意义是由安德鲁·赫里格尔斯（André Hellegers）[①] 非常明智地考虑时代需要而重新命名的。更重要的是，赫里格尔斯把生命伦理学变成一门特定的学科，旨在发挥一种即将到来的高科技时代世俗神学的价值与作用。[②] 波特的贡献在于把生命伦理学看成一种全球的生活方式（这是一个美好的愿望，尽管难以实现）。真正赋予这门学科重要价值和现代内容的是埃德蒙·佩里格瑞诺（Edmund Pellegrino），他比任何人都关注生命伦理学，而且把古罗马的人文精神与文艺复兴的情感在生命的现象中予以融合，并建立起一个历史上从来没有的、新的学科框架，使欧洲具有反叛特质的异教历史和多元文化的现实结合起来，使人性得到更大的尊重。这应该是一种在医学生活中的特定体验和非正常的尝试。[③]

任何现实的存在都不能割裂历史的成因和历史动力的作用。生命伦理学作为哲学的学科应该与人类思想史存在有机的血缘关联，它是哲学和人类精神的一脉，绝不是凭空而降的。只有正视这一学科的形成，我们才不会狂傲地与明见的历史相对峙，也有利于回归本源的哲学母体和思维惯性，有利于为这一学科寻觅理性资源和创立整全的理论根基。

生命伦理学的真正历史应该是，19 世纪末至 20 世纪初，生命伦理学是重新复兴和流行于德国、法国的一股伦理学思潮，也是唯意志论伦理学之后一个非常重要的现代人本主义伦理学派。在马丁·路德及其继承人加尔文等掀起的波澜壮阔的宗教思想革命之后的三个世纪里，人类重新思考由于人的感性存在而制造的一系列经验性心灵法则，后人才开始认识与理

---

① 安德鲁·赫里格尔斯（André Hellegers，1926—1979），出生于荷兰，27 岁移民到美国。从事妇产科学医疗工作，特聘研究员，主要研究领域为胎儿生理学。他是医学会的妇科调查和围产期研究会会长。后加盟肯尼迪研究所，即乔治城大学的世界上第一所生命伦理学研究所，该所成立于 1971 年 10 月 1 日。参阅 Albert R. Jonsen，*The Birth of Bioethics*（New York，Oxford：Oxford University Press，1998），p. 27.

② 参阅［美］祁斯特拉姆·恩格尔哈特《基督教生命伦理学基础》前言，孙慕义主译，中国社会科学出版社 2014 年版，第 14 页。

③ Tristram Engelhardt，Jr.，*The Foundations Christian Bioethics*（Swets-Zetlinger Publishers，2000），p. xviii.

解生命本体在具体生活实践中的价值，才把意志作为身体的“物自体”本质这一基本概念视作生命的道德化主体，从此，人——所有的人，都有权利支配和选择自己的生命归属和最后的生命终结的方式。令人震惊与迷惑的无机世界的生物机械与化学力量，使生命从低级向上发展，并最后使拥有意识的大脑、有机体的人类成为具有意志和为生存自觉奋斗、战胜本能冲动、学会抑制、在痛苦中解脱的人。叔本华（Schopenhauer，1788—1860）的悲观主义应该是生命伦理学最初的道德哲学基础，他的悲观主义对于生命的肯定，为我们设计了一个最好的医学活动和生命伦理选择模式，表面上的苦行主义和对于生命快乐的拒斥，对于种族繁衍的一系列身体的行为，必须给与道义的压制和意志的指导。① 爱德华·冯·哈特曼（E. Von Hartmann）既是叔本华的继承者，又具有鲜明的独创性。对于生命的伦理问题，他拒绝接受叔本华的身体快乐是对于痛苦解除的观念。他认为，生命的状态，比如健康、年轻、自由——这是人体最重要的，因为远离痛苦，才具有生命伦理价值，其他的，比如对于财富、荣誉、权力的追求都是虚幻的，就是说，这个世界上的痛苦远超出快乐，我们应当以对生存意志的否定为目标，通过努力促成世界进程的目的和对一切所谓的存在的毁灭，而普遍对生命意志加以否定。② 如果把生命伦理学作为新教的一种后现代的文化现象，哈特曼寄希望于此，希望自由主义的新教成为一种无信仰的历史现象，把这种现代性文化利益作为新教世俗化的依据。③

不要动辄就把历史事件或新生的思想产品作为奇迹来观赏，历史其实是按常规的秩序和生态的规律行走、发展和顺序的呈现，历史是一种感性与理性的混合表达，是人类情感的自然叙事，尽管往往是通过某一个思想代言人的话语来完成这种正当性的表意化形态的，实际上，也反映了很多有意义或者无意义自然存在的世界精神的历史。生命伦理学并非在开初就被人们认识、自明，或者把它理解为有关人类生存状态和目的以及生命价

① Bertrand Russell, *The History of Western Philosophy* (Simon & Schuster, 1972), pp. 755-756.

② 参阅［英］亨利·西季威克《伦理学史纲》，熊敏译，江苏人民出版社2008年版，第232页。哈特曼还进一步否定科学抵御痛苦的价值，认为难以用其减轻人的天生的身体的不幸。

③ H. Tristram Engelhardt, Jr., *The Foundations Christian Bioethics* (Swets-Zetlinger Publishers, 2000), p. 56.

值的观念学科；实际上，人们一直把它作为一种仅仅解决具体生命问题或医学科学研究策略与方法的学科，我们也过于功利地、实用主义地、境遇地使这门学问变得具象化和俗物化，而没有考量它的辉煌诞生所构成的人类思想与精神的革命。

我们应该从李凯尔特的历史哲学的文化历史评述中获得这样的结论，生命伦理学的形成与发展，不是一个应时的、偶然的、简单的学术现象的哲学变革和医学思想事件。

> 如果价值是一种指导历史材料的选择，从而指导一切历史概念形成的东西，那么人们可能而且必定会问：在历史科学中是否永远把主观随意性排除了呢？诚然，只要专门研究立足于它的作为指导原则的价值事实上已获得普遍承认这个基础之上，而且牢牢地保持与理论价值的联系，那么专门研究的客观性是不会受到主观随意性的影响的。①

这使我们想到尼采的唯意志论，他的狂浪无忌和奔放的生命伦理理想。弗里德里希·威廉·尼采（Friedrich Wilhelm Nietzsche，1844—1900）是唯一一位以其生命和身体为代价，尝试解决和诠释生命道德原理的哲学大师。他以酣畅淋漓的语言，为生命伦理做了最本真的注解，实际上，从1889年患病开始，他就已经制造了因为道德的规制与善恶的界限，以及对人性的束缚而化生的人性悲剧，他的生命意志本当作为生命伦理的基础，但由于他没有真正地获得生命和身体的自由，而是在异常的信仰与心理的张力挤压之下，被强力意志、生理障碍、善与恶的价值判断的难题所击溃，他的起源于怨恨而非“圣灵”的基督教文化的评价，以及超人的生命道德愿景，与以生理学和病理学方法分析人的行为和精神世界，为后来的弗洛伊德精神分析生命伦理、海德格尔存在主义生命伦理一族做了特别的启示。

尼采质疑道德作为疾病、毒药和兴奋剂，永远不能达成本可以达成的强盛与壮丽的人生，那么，道德还值得我们去追求吗？我们不应该因道德的有限性而使认知主体成为一个自相矛盾的核心，更不能以生命反生命来

---

① 请参阅《李凯尔特的历史哲学》，涂纪亮译，北京大学出版社2007年版，第122页。

否定生命的创造和欲望。失去对人的生命的信念是人的最大威胁，就是生命难以纯净的原因。尼采以诘问反讽病人权利的意义，因为所谓文明社会和医学不能够为病人意志的优越表达而提供任何环境或条件，病人作为弱者只能用强力的意志对健康人“施虐”。尼采始终挂虑过于幸福者、有教养者、强壮者与病者之间的关系，是要为病人找回作为人的尊严，并期望唤醒医生对于病人的关爱和病人对于医生的信任。① 尼采生命伦理思想的核心是呼吁改造医院文化，批评我们背离了人文精神的传统以及对于弱者的无情抛弃。只有我们成为真实的病人，才能够理解病人的强力意志和无限的痛楚，以及他们是多么需要巨大的同情。

我们可以把德国浪漫主义哲学家弗里德里奇·施莱格尔（Fridrich Schlegel，1772—1828）的“生命哲学”② 的首创作为生命伦理学的开端，是他指出，1772 **年有位匿名作者提出了道德上的美和生命哲学命题，这显然应该是生命伦理学的最早开端**，即使当初包括生命哲学在内还只是德国古典哲学理性主义天幕上的一丝萤光。③ 自叔本华以后，对理性主义进行了根基性颠覆，又经过威廉·狄尔泰（Welhelm Dithey，1833—1911）到达鲁道夫·奥伊肯（Rudolf Eucken，1846—1926）、让—马利·居友（Jean-Marie Guyan，1854—1888）和亨利·柏格森（Henri Bergson，1859—1941），最后构成了 19 世纪末到 20 世纪初的经典生命伦理学思潮。生命哲学反对传统的形而上学，特别针对德国理性主义哲学方法论，冲破主客体二元关系的羁绊和栅栏，不再以认识论作为哲学思维主体，而是以人的生命存在作为核心的哲学本体论，并以个人真实的生命现象和运动情势作为道德哲学的对象，从而追问生命存在的本质和动态变化。这样，

> 个体的生命现象既是哲学的唯一对象，也成为了伦理学的最高本体。狄尔泰把“生命本身”和“生命的充实”作为人类思维、道德和一切历史文化的解释本体；居友以“生命的生殖力”作为人类的道德本原；柏格森同样是以“生命的冲动”和“生命之流的绵延”揭示

---

① 详请参阅［德］尼采《道德的谱系》，周红译，三联书店 1992 年版，第 100—101 页。

② “生命哲学”的德文原文为：philosophie des lebens，是施莱格尔 1827 年在《关于生命哲学的三次演讲》中明确提出与阐述的。他自己申明，早在 1722 年就有人匿名出版了《论道德上的美和生命哲学》，提出了生命哲学并暗隐了“生命伦理学”这一概念。

③ 见万俊人《现代西方伦理学史》上卷，北京大学出版社 1990 年版，第 153 页。

人类的各种道德现象。这一切都与生命哲学原理直接关联，也是现代生命伦理学的突出特征。[①]

如此观之，寓居于德国与法国生命哲学中的生命道德哲学理论应该称为**经典生命伦理学**，应该作为后现代复兴的“**后现代生命伦理学**”的前体，从叔本华开启的现代西方非理性主义思潮和英国的进化论伦理学是其重要的理论渊源之一。

今天的生命伦理学，即后现代生命伦理学复兴于以下五大背景与前提：

第一，医学模式的回归、转变或重建。

模式、模型、模板是人类对于生活或生产方式的一种图解和诠释。模式（Pattern）其实就是解决某一类问题的方法论。模式是一种指导，是一组符号的逻辑集合，是有关某一主题的一系列生活方式和概念的组织结构指南和说明。

《魏书·源子恭传》曰：“故尚书令、任城王臣澄按故司空臣冲所造明堂样，并连表诏答、两京模式，奏求营起。”宋张邦基《墨庄漫录》卷八曰：“闻先生之艺久矣，愿见笔法，以为模式。”清薛福成《代李伯相重锲汶滨遗书序》云：“王君、夏君表章前哲，以为邦人士模式，可谓能勤其职矣。”模式标志了物件之间隐藏的规律关系，而这些物件并不必然是图像、图案，也可以是数字、抽象的关系甚至思维的方式。模式强调的是形式上的规律，而非实质上的规律，是前人积累的经验的抽象和升华。简单地说，就是从不断重复出现的事件中发现和抽象出的规律，是解决问题的经验的总结，是一种认识论意义上确定的思维方式，是人们在生产生活实践当中通过积累而得到的经验的抽象和升华。简单地说，就是从不断重复出现的事件中发现和抽象出的规律，是对解决问题、形成经验的高度归纳总结。只要是一再重复出现的事物，就可能存在某种模式。

医学科学史和人类对于自己生存状态的反思和省视的结果，是再次把医学作为人的文化哲学来研究，医学模式作为人们观察、处理疾病和健康的思维方法和行为方式，作为一种医务职业活动方式则必然会随之发生改变。医学模式是对医学主体性质的一种认识论评价，是一种教育观念。1977

① 请参阅万俊人《现代西方伦理学史》上卷，北京大学出版社1990年版，第153页。

年，美国的戴伊主张，人类的健康应表现为生物—心理—社会的健康；其后，神经科医生恩格尔在《科学》杂志上提出了“一种文化上的至上命令下的生物—心理—社会医学模式”。他们针对的是传统生物医学模式使现代医学丧失人性，已成为“尸体医学”的现实。新医学模式从大卫生观出发，重新认识到人的健康应包括机体、心理、社会适应能力和道德上的良好等方面；它强调医学应是完整人的医学和“活人”的医学。人类追求健康的生存，而真正健康的生存只有在最佳的自然和社会环境中才可实现。

医学模式的概念是在医学模式科学的发展和医学实践活动过程中逐渐形成的观察和处理医学领域中有关问题的基本思想和主要方法。由于医学包括认识和实践两个方面，医学模式也就包括医学认知模型（medical model）和医学行为模式（medical pattern）。前者是指一定历史时期人们对医学自身的认识，即医学认识论；后者是指一定历史时期人们的医药实践活动的行为范式，即医学方法论。医学模式是从实践中抽象出来的理论概念，常用语言文字或图像表示。医学模式一经形成，便会成为医学实践的指导。医学模式（medical model）作为认识论的工具，可以引导医学观，是人们考虑和研究医学问题时所遵循的总的原则和总的出发点，即人们从总体上认识健康和疾病以及相互转化的哲学观点，包括健康观、疾病观、诊断观、治疗观等，影响着某一时期整个医学工作的思维及行为方式，从而使医学带有一定的倾向性、习惯化了的风格和特征。世界医学史几乎无争议地被划分为神灵（神巫）主义医学模式（spirtualism medical model）；自然哲学医学模式（nature philosophical medical model）；机械主义医学模式（mechanistic medical model）；生物医学模式（biomedical model）；生态医学模式（ecomedical model）；社会—心理—生物医学模式（bio-psycho-social medical model）。

以上是十分勉强地书斋式划分。其实，医学模式应该是从自然主义、神巫至尊的、失人性的技术主体化向回复人性的个人世界主义的演变过程。我们现在就是在确立最后一个人道主义并敬畏生命的模式，以回复个人世界主义的卫生医疗目标，使每一个生命体都获得最好的卫生保健和医疗服务。

这是我们的终极追求。

第二，从义务论、道义论道德哲学到价值论、自由世界主义哲学的转变。

道德价值应具有实践内容，它不具有自然的和超自然的属性，而是一种特殊的社会现象。传统义务论不顾及现实情境，不考虑条件，追求绝对的理想的善；根据义务论思想可以认为，人的生命不管质量高低，都必须加以保护和保存，因为生命是“无价的”。价值论认为，行动选择的个人与社会的后果，是评价善恶的标准，人的生命是有价的，根据生命质量的高低来选择我们的行动，是一种认识上的飞跃。从无价到有价，从无条件到有条件，是生命伦理学有别于传统医学伦理学的重要标志，是人类对于自我认识的一次深刻革命。生命价值论是对生命神圣论的超越，是当代生命伦理学的重要思想基础，生命伦理学可以从价值论哲学中找到辩护，它可以有力地解决生命质量、放弃治疗、脑死亡与安乐死等重大实践问题。

自由意志论把上帝作为至善的权威，人类始终受其约束，神性替代了人性，后现代以真实的人的个性自由为理想，可以自己作为身体的主人，自由支配自己的卫生保健与生死选择，以“尊重自主”作为核心原则，任何医学决策都必须以主体的“知情和同意”作为依据。

第三，高新奇身体科学技术的应用与市民社会的文化流行病。

医学技术正在悄然但却激烈地冲撞这个以科学和文化变革为显著特征的时代。医学科学进步所掀起的思想和文化的潮汐一次次把当代人带入梦境，同时使其陷入难以解脱的困惑中。随着高新奇医学技术的迅猛发展以及当代文化的漂变，医学除传统意义上的防治疾病外，逐渐兼容了人类享乐、完善和发展自我，以及以偏爱作为文化主体的需求，从而刺激了医学技术的潜能；医学逐渐向繁复的社会生活和生存嗜好延伸，如美容、变性、长寿等，并与其他高新奇生命科学技术构成了广泛的后医学社会图景。器官移植、精神控制、克隆及胚胎干细胞技术、人类基因组计划、人工授精等生殖工程、变脸术、冷冻、复苏与生命支持装置、基因医学技术等的研究和应用，是人类开启历史新阶段的标志，但却涉及了深刻而复杂的伦理问题。

第四，资本主体的卫生经济发展与卫生经济伦理冲突。

世俗经济生活一直接受道德的引导，伦理学对经济社会进行着持续的渗透，把人文关怀重新引入经济学，是人类文化中带有终极意义的命题。当代经济的发展已达到前所未有的高峰，人类正力图摆脱贫困；医疗机构有条件向大规模或超大规模扩展，医院有条件购买大型昂贵的仪器和设备；生命科学研究机构能够获得巨额资金以支持高新奇生命科学技术的研究项目。与此同时，贫富之间的巨大差距和严重的分配不公现象困扰着医生、医学家、经济伦理学家。富人医学和奢侈医疗、医疗保健的消费文化运动、卫生资源分配中的严重不公正问题已成为医学道德争论的焦点。

第五，生命政治体制的应变、批判性生命政策与医药卫生制度改革。

卫生活动不是一项典型的生产活动和经济活动，它是一项具有福利性、社会性、政治性的公益事业，它是由国家始终干预的伦理性服务行业。公民享有基本保健与享有生命安全一样，是国家的政权秩序和国家政治理想的需要，其健康保健伦理含有极其深刻的制度伦理和政治文化伦理内容。一个国家公民医疗保健制度其实是修葺和维护公民民主社会制度和政治文化秩序机制的重要部分，它的特殊经济生产形式旨在保护政党的权力和社会的安定，并具有无法替代和掩饰的“太平盛世”的象征意义。世界上还没有哪一种卫生制度和医疗体制是尽善尽美的，其实，不管处于什么发展水平的国家，都需要进行持续的生命政策与卫生保健制度的改革，这已成为整个社会政治改革的一部分。生命政策是一种思想的成果，卫生保健改革是这种意志的表达，它们已经融入世界性社会大变革中。卫生制度改革主要是医学活动中伦理关系的重新调整，尽早使“人人享有医疗保健”或“人人享有基本医疗保健”的理想成为现实。各国人民对卫生保健事业发展的期盼已构成对政府和国家首脑的巨大压力，他们必须在卫生经济决策时格外重视伦理学的价值与作用。

生命伦理学的重生是多种因素会通的结果，也是人类文明与文化进步的必然需要，把公众卷入医疗的伦理文化和社会运动之中，生命伦理学起到了重要的引导作用。

生命伦理学不仅限于解释与论证生命行为和生命科学技术行为的合道德性，而且必须帮助人们努力认识生命的所有问题或难题，其中，对灵性生命和精神生命的道德哲学注释，是其重要的使命。需要纠正的是，作为生命科学技术的伦理学问题，生命伦理学的研究对象应为对人的生命状态进行道德追问；对生命的终极问题进行伦理研究；对生命科学技术进行伦理裁判与反省；对生命特别是人的生命的本质、价值与意义进行道德哲学解读。生命伦理学的重要使命是研究和创制适应于生命本体或生命科学技术发展的道德哲学理论；肉身的生命现象、生命关系、生命技术、医药卫生等的伦理问题仅仅是它十分表浅的研究内容之一；对灵性生命和精神生命的道德哲学化注释，是这门学科的原道。生命伦理学又称伦理生命学；

生命伦理学的主旨是精神哲学伦理学，是研究人的精神的，而精神是人的本质与所谓“神”（信仰）的本质的结合。人的生命只有和精神结合在一起，人才有价值。生命伦理学不能回避精神去解决肉身的人的问题。生命神学或宗教生命伦理学是生命伦理学的重要发源，是用宗教学理论和研究方法解决人的生命和高新生命科学技术的伦理问题，肉性的生命不能离开精神和宗教哲学。道德概念的糊涂和伦理原则的混乱足以摧毁生命伦理学这一学科。而生命神学就具有解救这种局面的特有的功能。眼下，生命伦理学除理论探索外，其首要任务是解决卫生保健事业的不公正问题，高新生命科学技术中的道德难题，不是生命伦理学研究的核心。

经典生命伦理学是包含在哲学、神学或道德哲学之中的。当代的或后现代的生命伦理学应该确立自身的学科体系，这是十分重要和很有意义的。

生命伦理学的学科体系应该分为原理（原道）、原论（原法）与原用（原实）三部分。原理（原道）包括元生命伦理学（生命道德的哲学与基本思想；各道德哲学学说的有益成分；生命道德本质、价值与意义；生命伦理学的精神；生命伦理学的理论渊源、语言、逻辑与原理构架等）；文化生命伦理学（人类文化与生命伦理学的关系；与生命伦理学相关的学科；生命伦理学的知识场域；生命伦理学的比较学等）；生命神学（基督教生命伦理学与其他宗教的生命伦理研究等）。原论（原法）包括生命伦理学的学科诞生、形成与发展；基本体系；基本原则；研究对象、方法与学科价值；对现实问题的指导技术等。原用（原实）即应用生命伦理学，包括医务伦理学（或称临床伦理学，包括病人权利、医生义务、医务与生命科学的职业道德、医患关系、医务道德评价等）；生命存在与死亡伦理学（或称为生命科学技术道德与生命科学研究伦理，它仅仅是生命伦理学中的一个部分，包括生命的界定、生命质量、遗传与基因、克隆、胚胎干细胞、生殖、器官移植、美容、性以及脑死亡、无效治疗、放弃治疗、安乐死等的伦理研究）；卫生政策与卫生经济伦理学（卫生资源分配、医疗制度改革、卫生保健中的公正问题）；公共卫生事业（包括食品安全）、老龄、人口与社会生命伦理学（自杀、吸毒、文化流行病等）以及自然环境、生态、动物权利的伦理学。

生命伦理学应重视一切传统和经典的生命伦理文化资源、关于生命问题的各学科的研究成果、已经和正在进行的学科创造、尚未构成的但又异常重要的与生命伦理学相关联的道德哲学成就。

总之，生命伦理学的研究内容广泛，关注领域非常宽阔，并且始终处于开放的态势；由于研究者的研究视角不同，划分方法也不尽相同。有人认为，为适应教学的需要，可以将其划分为理论生命伦理学和应用生命伦理学两大部分，这可以作为我们的一种参照。具体研究内容和理论框架如下：

理论生命伦理学包括元生命伦理学（或生命伦理学理论）和文化生命伦理学。元生命伦理学（或生命伦理学理论）主要研究生命伦理学的原理即道德哲学基础，生命伦理学的学术思想渊源、发展史、基本原则与科学本质、规律、评价体系，生命伦理学语言和逻辑、思想动力以及研究方法与教育策略等；文化生命伦理学主要探究文化人类学传统、宗教、民族心理、风俗、社会经济形态以及教育水平和自然生态等因素对生命伦理学学科的影响，同时研究由于文化偏好的不同而形成的医学选择的差异与生命伦理学和其他学科之间的关系等。

应用生命伦理学包括医务伦理学、生命与死亡伦理学、卫生经济与医疗保健政策伦理学、环境与生态伦理学四个分支。医务伦理学包括临床决策和行为的伦理原则、病人及医生的权利（或权力）与义务、医患及医际关系、医务人员的道德修养等；生命与死亡伦理学包括生命科学研究的伦理问题、人体受试者的权益保护、高新生命科学技术应用中的伦理问题、脑死亡、临终关怀、生命质量和安乐死等；卫生经济与医疗保健政策伦理学包括卫生经济伦理问题、医疗改革、保险与医院工作、医院伦理委员会、卫生政策与法制建设等；环境与生态伦理学包括生态与环境保护、大地或地球伦理、动物权利保护等。

目前，学界与文化界或民间常常对生命伦理学有内容上的误读，也有理解上的不同，这将随着生命伦理学学科的发展与逐渐成熟最终趋于统一。如果我们把生命伦理学作为医学伦理学的一个崭新的阶段，那么，生命伦理学的研究对象和范畴就是当代医学伦理学的对象和学科范畴，这更加有利于医学伦理学的学科繁荣和发展。这种认识也是与国际上对生命伦理学的定义相一致的。

生命伦理学或当代医学伦理学尚在演化之中，其理论与体系还不够成熟，许多基本问题还难以最后确立；由于生命伦理学诞生于西方，存在文化上的差异和最初译介过程中的历史限制，甚至至今在对有些基本概念的理解上还存在许多分歧和争论，也正因此，它为我们的研究和学习提供了一个十分广阔的空间。

有一个无法否认的历史，就是生命伦理学脱胎于伦理神学，生命伦理学诞生于后现代神学家对生命和人的尊严、权利问题关切的成果；也就是说，基督教神学是生命伦理学的学科母体；生命神学（或基督教生命伦理学）原本是生命伦理学的基督教神学文本，它本应与世俗文本（即今天的生命伦理学）合一，但由于有神论和无神论的歧义，这才出现了后来的分野，其世俗化也因此被很快接受。这就是我们必须在接受这个历史之后，对其理性资源进行深入研究，只有这样，我们才能完整地认识生命伦理学的精神传习，掌握它的语言与逻辑。只有精神的生命才是人的生命角色的本质；生命神学在客观上可以帮助生命伦理学摆脱目前缺乏哲学思想的窘况，也是一种道的复归；对生命教义伦理学的研究是一种道德哲学的研究方法。例如，对生命至善与三位一体、生命至爱与道成肉身、生命至道与因信称义等的追究，都可能会进入理论的核心，而不是限制在思想的外围。将宗教与世俗的道德观进行对比，将基督教伦理观与其他宗教进行对比，是否可以深刻认识很多世俗的道德原则选择的缘由，使我们在生命问题、人的困境、法律争执、政策制定时，有成熟的理论支持我们的立场。诸如“爱”和尊重、自主与公正、医疗行善和切勿伤害等，与宗教教义的关联为我们的思想路径提供了指导。若存有对比之相似的可能，人创造的“上帝”的绝对就类比于生命的有限；生命是行动之结构空间与行动的时间序列、充实与形式，生命既是个别又是整体，生命的充实是形式的内容与血液，它们承载着生命；对比可以透悟生命本原；人享有的是信仰的生命。

其实，不管是否愿意，我们都不断地被迫接受宗教化判断的暗示。

人的生命展示在生与死的行动过程中，这是历史哲学给与生活模式（艺术地描绘和物质的消费）的构架和完成的机会，由此建立的社会、经济、文化秩序等必须接受实践伦理与道德哲学原理的制约；在认识这个世界的同时，我们应该认识生命，并用特有的伦理语言解释生命的问题和人的现象，分析善恶，获得价值，评价行为的合法性；我们追求真理，学习各种方法，寻求意义，并追查什么是意义（哲学）以及提出为什么有意义这样的问题（宗教）；最后我们回到“精神”的研究中，借助精神科学或心理学、精神哲学或精神分析方法解决生命的哲学和伦理学问题。生命伦理学则由此而发生。

第五节 身体伦理学作为生命伦理学的变体

身体是人的存在的物质和精神方式，也是唯一的人的身份的表达和合法的意志的载体。我们的一切情感、善恶的表意和痛苦或快乐的成就，都由身体接受。在通常意义上，身体即是人的存在，身体就是“我”。

一 身体的语义：身体—人—生命

医学中人的道德行为和人的道德困境，即是身体的伦理和身体的关系的显现形式；身体表现和显示了人对现实世界介入的个体化。身体是诸事物指示的归属中心，身体自为地存在，具有一种自由性和散朴性。①

身体是我们最熟悉的物质存在，而又充满了新异和未知，因此身体几乎包容了自然的全部奥秘，身体赖于心而为我们提供了脸面、肢体、器官和感觉，它在空间中化生，又在实践中消费与衰老，在自然中陶造，又在自然中毁灭。

> 在以整体论为基础的传统社会里，人是不可分割的，身体不是分裂的对象，人被融入宇宙、大自然与群体当中。在这类社会中，身体的意义实际上就是人即个人的意义。②

身体使我们有“看”的功能，梅洛—庞蒂认为，看不能离开思考，但为了看，只有思考还不够，看是一种有条件的思想，它“看机会”从进到身体中的东西产生出来，它通过身体引起思考。③

---

① 萨特使用的“散朴性”（facticité，英文 facticity）一词，有人认为，可以译为“人造性”或“人为性”，但依然是“散朴性”更为精准。萨特运用此词的含义是指一种自为的外在存在结构和自在的虚无化的结合体。也可以理解为，自在的渐趋消失的不断的偶然性纠缠着自为，并且把自为和自在的存在联系起来而永远不让自己被捕捉到，这种偶然性可以被称为自为的散朴性。本书作者认为，可以将其解释为“道法自然”中的“自然”，即“就是那样的”、“所是”等。

② 参阅［法］大卫·勒布雷东《人类身体史和现代性》，王圆圆译，上海文艺出版社 2010 年版，第 13 页。

③ 参阅［法］莫里斯·梅洛—庞蒂《知觉现象学》，姜志辉译，商务印书馆 2005 年版，第 102—105 页。庞蒂说：“我离开我的体验，到达观念。”他解释道：在我与有关身体的知识建立的内部联系中体验自己的身体、时间与世界，仅仅谈论观念中的身体。

身体只有与身份建立关系，才有意义，才属于个人的定义。身体承载着生命，对生命是否存在、是否完整、是否健康负责，并提供各种信息给“我们”，判断是否患病、是否需要治疗、是否快乐和濒临死亡。那么，身体是人的一个部分，还是全部的人？我们说，身体在一般意义和传统上，就是人的有形的体，或者说，就是人，就是人的全部。活着的人的身体，也就是社会学或人类学语义上的人的生命的存在，人与身体不可割裂。

身体的空间性是指身体成为一种具象化的存在，赫尔曼·施密茨对身体和躯体进行了区分，人的身体的整体意象延伸的结果，造就了感觉的可能性，“身体感觉是从氛围上把捉整个身体”；[①] 身体由身体岛（leibesinseln）分享整体的感觉，并且部分独立地实现躯体的“生活情感”，完成狭窄（紧张）与宽广（放松）的对话，并“部分地从身体经济学中分离出来”[②]。身体的经济学概念，使治疗成为可能性，也说明了身体的解放以及如何摆脱“沉重的精神”的伦理价值，验证了哲学家劝导人不要执迷于身体冲动的任何一个局部，而应该关注它们中的每一个与每一次。[③]

我们常常在他人的看中存在于我个人的生活中，一旦身体生病或残缺，我们就破坏了原有被“看”的模式，角色以及我们与他者的关系也同时发生了改变，医生的使命是尽量使这种原有的模式恢复，或者回到原来的关系之中，重拾原来的“我”的那个曾经被人接受和习惯的角色，即“正常”和“健康”。

萨特认为，我们从来不能看到“我”的身体，不能看到自己的大脑，只是通过解剖台上的尸体以及器官或彩色解剖图谱，了解“我的”身体的结构，身体一般来说是对他人、为他的，“我”是没于这个世界的，通过推理，我才成为存在，其实，还不如说是我的属性的存在。[④] 身体是活的物，只有将身体作为人，我们才是真实的。

身体与人类文化一样，具有多样性，身体是特殊的文化和特殊的社会

---

① ［德］赫尔曼·施密茨：《身体与情感》，庞学铨、冯芳译，浙江大学出版社 2012 年版，第 25 页。

② 同上书。身体经济学（leibliche Ökonomie）是施密茨的身体学术语，意为“强烈的，有节奏的紧张与放松之间的联系”；既可拉紧，也可以放松，越从身体经济学中分离出来，就越放松。参阅《身体与情感》第 25 页和第 31 页。

③ 参阅上书，第 111 页。

④ 本段文字，可以理解为身体与人的关系必须是结合为一体的，这是萨特的本义，请参阅萨特《存在与虚无》，陈宣良等译，三联书店 1987 年版，第 397—398 页。

元素，他预示着终极实在的中介。就此，勒布雷东指出：

> 身体将其性能与成分与社会象征体系混杂融合在一起。相对而言，身体被理解为一种表征再现，它从未与现实混为一谈，但是没有它，现实将不复存在。世界符号论使世界人性化，赋予了它意义与价值，令它与集体行为不再遥远。身体的本质即隐喻，有效的想象。①

三维身体本体论，是萨特的一种设计：我使我的身体存在；我的身体被他人使用和认识；我作为被身为身体的他人认识的东西而为我的存在。② 道德地认识身体，就要明晰“我与他人”的基本关系，生命伦理下的身体，要以身体本身的散朴性作为前提，它自为地存在以及自由地选择“同意”作为自主主体的可能性，自主权利对他来说仅仅是选择的一种可能，虽然我们必须给与或自然赋予那种散朴性权利，但如何使用这种权利，要赖于具体的“生命伦理环境”或“伦理生态环境”。

这里面有一个必须明确的概念，即身体的“想象解剖学”，这超出了我们现有的医学范畴，但肉眼不可见这一“思想”的隐秘身体——“无意识模式下透明可知的”身体各部分、器官、姿势、语言、表情，即意向化、二次加工的、概念的身体结构。疼痛和濒死感，就是概念的身体范畴，这个体系不是僵化不变的，是由时间维度参与，并且动态、透明而不直接暴露、潜隐但可以测量的。医生如果没有能力认识和把握这种概念的身体，就无法整全地了解疾病的身体和作为人的“病人”。

身体既是具象的存在，又具有象征的意义，不能由医生负责身体，而由心理学家负责精神；没有一位成功的心理学者不顾及身体的变化，也不应该有纯粹关注身体表面的临床医生。列维—施特劳斯批评形而上学二元论模式把身体的精神部分剥去，并且无论如何，我们也不能同意笛卡尔在《第一哲学沉思录》中，将身体比做尸体或非人化的缓期执行的尸体。

《圣经》人类学的主要观念，本来不愿意承认身体与人的分裂。而在柏拉图和俄尔普斯的思想中，身体是人的个性的物化，精神须下凡到身体

---

① 参阅［法］大卫·勒布雷东《人类身体史和现代性》，王圆圆译，上海文艺出版社 2010 年版，第 119 页。

② 请参阅［法］萨特《存在与虚无》，陈宣良等译，三联书店 1987 年版，第 456 页。

中，人才成为完整的人。

在《圣经》的语言中，人等同于身体，身体即人本身，别无他物。① 勒布雷东引用克劳德·特勒蒙唐（C. Tresmontant）《希伯来思想》中一句话：

> 我所感知的不是一个“身体”，一个装有“心灵”的身体，我直接感知到的是一个有生命的心灵，明白易懂、内涵丰富，我用所拥有的感觉能力来加以辨读。这心灵对我来说是可见、可感的，因为它在世，也因为它融合了构成并融入自身令其成为肉身的物质。这一肉身即人，人的精化即心灵。如果心灵被剥夺，一切将化为乌有，“身体”也将不复存在。除了世间的尘埃，一切都将消失不见。希伯来语中的“心灵”或“身体”都针对同一实体，即活着的人。因此，希伯来语可以不加区别地使用“心灵”或“身体”来表示活着的人。②

就是说，就个人来说，我们看到的是他的身体的个性化存在，作为人的整体或集体的一分子，他的精神的“我”是与其在一起的，是不可分离的。医生眼中和手下救治的病人，就不应只看做一团物质的集合，而是那个心灵，俗语中的“将心比心”，谭峭在《化书》“大化”中称：“虚化神，神化气，气化形，形化精，精化顾盼……”③ 则概当人是心，是命，是体，是身。

如此，身体是自我意识的载体与存在的基础，是社会关系总和的依凭，是蛋白质逻辑有序结构的物质集。④

二 身体的宗教与身体神秘主义：灵肉二元

身体权利，特别是平民的身体权利被漠视的道德观，源于宗教的灵肉分离和世俗社会传统的等级制，此二因构成中西方社会生命政治的主律。

---

① 参阅［法］大卫·勒布雷东《人类身体史和现代性》，王圆圆译，上海文艺出版社2010年版，第16页。

② 同上书，第16页。这是作者在该书中引用特勒蒙唐《希伯来思想》第53页中的文字。原书为法文，由Le Cerf出版社1953年出版。

③ 谭峭：《化书》，中华书局1996年版，第9页。谭峭是五代南唐“以不人而人”的老庄哲学的道家涉世者，曾涉足于三清山，学道于嵩山，炼丹于衡山，隐居于庐山栖隐洞，终老于青城山的紫霄真人。

④ 这个定论是根据人的定义而来的，即“**人是蛋白质的逻辑构成，是自我意识的存在，是社会关系的总和**”。

加之，神学或宗教对于身体奥秘的膜拜，罪性人格的民族心理印痕，使得沉重并“罪性的肉身”成为人的敌人。当然，对于中世纪的西方而言，国人似乎更多的是误解，古希腊文明与中世纪神学和哲学一直被西方思想界作为西方文化的根，尤其伦理学或关于人性的哲学，没有中世纪和古希腊，就无从谈论基本观念的发端；对于生命伦理学来说，对于肉身的概念、灵与肉的冲突、人如何为生命的净化、神圣、高洁而禁欲或苦行，用摧残身体实现这种皈依或救赎。但是，身体的意义在基督教那里，却长期被作为堕落、羞耻的本体。基督徒以其高贵的实体（ex digniotate substantiae）掂量出恶的卑微，又由其杰出的本性（ex speciositate naturae）认识到罪的丑恶，[①] 因此，厌恶自己的身体和由于身体的存在而发生的欲望，比如对异性身体的向往，回忆和领悟伊甸园中最初的罪恶，人只能接受各种惩罚。诸如圣徒格里高利在《布道集》中所论：

> 我为了维持尘世间暂时的生命而从至高的施与者那里所接受的一切，都被我加以扭曲与滥用，用来作恶与犯罪。我把人的和平与宁静视为虚假的安全；将尘世的旅程珍视为幸福的家园；我把肉体的健康安泰当作享乐的本钱；我不是为了肉体的必需而使用富饶的万物，而是把它们用来满足我那过分的贪婪；甚至那清爽柔和的空气也被我视为尘世享乐的工具。[②]

托马斯·阿奎那认为：“灵魂充满肉身，是以全体充满全体，并以全体充满各部。”[③] 他又说明灵魂与肉体的关系：“灵魂既是一个性理，便是人性本体的一部分；离开了身体，就也是不完善的。”[④] 他进一步认为：“灵肉之合是一个附性的境况。”[⑤]

二元对立的基督教之一脉，始终坚持一个恶的物质世界与一个善的精神王国的隔离。肉体是物质世界的一个恶的保护，只有死亡才可以获得精

---

① 转引自［意］圣·波纳文图拉《中世纪的心灵之旅》，溥林译，华夏出版社 2003 年版，第 61 页。

② 同上。此源自格里高利《布道集》36，第一节。

③ ［意］托马斯·阿奎那：《宇宙间的灵智灵体问题》，吕穆迪译述，安徽人民出版社 2013 年版，第 80 页。

④ 同上书，第 361 页。

⑤ 同上。

神的最后解放。其中，保罗又把肉体（sarx）与躯体（soma）分开，认为肉体是没有得救的污染物，躯体则把整体的人包含在内，躯体包括灵魂，可以被救赎和解放。可见，选择肉体作为道德权威性的贬义语汇，是保罗实践伦理学的逻辑中心之一；他是“身体（这里可以等同于保罗的‘肉体’）天生就倾向于邪恶，应该对人的堕落、腐败、犯罪负责”这一观念的始作俑者。这粒种子遭遇了柏拉图哲学、诺斯替教和摩尼教的土壤，使反对肉体的身体伦理二元论发展到极致。①

分明是灵魂的恶，圣徒们偏偏推给了肉身，从此，身体成为罪恶的替身和代理人。只有肉身冒犯造物主，而灵魂被真光所照耀，可以洗刷被污浊的罪名。灵魂出卖自己的美丽和尊严，并且污秽自身的容颜和伟大的美善，是因为受到了身体的诱惑；鄙斥与排异身体的文化就此开启。苦行主义者认为，身体既是知己又是敌人，既是至亲又是仇寇；身体以怨报德，“它”剥夺人的一切与价值无限的美善。13 世纪，新兴的亚里士多德主义与柏拉图传统的奥古斯丁主义之间进行了激烈的思想搏斗，其结果产生了代表那个经院哲学黄金时期的两位代表，即创立神学—哲学综合体系的伟大神学家托马斯·阿奎那（Thomas Aquinas）和波纳文图拉（Bonaventura）。②阿奎那利用亚里士多德理论建立了新的神学—哲学体系，而波纳文图拉则

① 参阅［美］理查德·纳塔斯《西方思想史》，吴象婴等译，上海社会科学院出版社 2007 年版，第 162—163 页。

② 波纳文图拉，本名乔万尼·费但扎（Giovanni di Fidanza），1217 年（另说 1221 年）生于意大利巴格劳里，父亲是有名的医生。1240 年加入弗兰西斯修会，最初在巴黎受教于哈勒斯的亚历山大（Alexander Halensis，1185—1245）。英国人亚历山大为巴黎大学的弗兰西斯修会的第一位神学教授，有“不可辩驳的博士”（Doctor irrefragabilis）之称，著有《神学大全》（Summa theologica）。波氏 1248 年在巴黎大学获得圣经学学士学位，开始在本校讲授《圣经》，后来编辑了一部神学百科全书《是与否》（Sic et Non），并对郎巴德的《箴言四书》进行注释。1255 年完成《彼得·郎巴德的〈箴言四书〉注释》，这是其最重要的学术著作，共四卷，计 100 余万字。1257 年，他当选为弗兰西斯修会总会长。波氏坚决反对适应世俗生活、改革修会制度的主张，最后修会分裂为放任派（Relaxti）和属灵派（Spirituales）。属灵派主张，必须坚持禁欲和苦修，如同基督和弗兰西斯那样过贫困简朴的生活。作为属灵派的代表，波氏于 1259 年远行去阿维纳圣山，写下《心向上帝的旅程》的名著。在这座山上苦修期间，他获得了“出神”迷狂与上帝融为一体的体验，就此，把身体与灵魂对立起来。1273 年，他被任命为阿尔巴诺红衣主教，协助教皇格里高利十世在里昂召开了影响巨大的促进东西方教会重新联合的会议，在达成希腊教会与罗马教廷联合后的第八日，即 1274 年 7 月 15 日，波纳文图拉逝世，教皇亲自出席其葬礼。1482 年，教皇西斯廷四世（Sixtus IV）封他为圣徒；1588 年，教皇西斯廷五世提升他为教会的导师。他对于内心的修炼和对上帝的赤诚，以及他的博学和纯洁，达到了一个很难逾越的顶峰。但丁在著名的《神曲》中，为他在天堂中预留了一个位置。他的导师亚历山大对人说，他似乎已经摆脱了亚当原罪的诅咒。从哲学上分析，托马斯主义为启蒙运动和近代科学的兴起开辟了道路，代表了教会的革新力量；而波纳文图拉主义代表了教会的保守势力。但作为信仰的宗教哲学，后者更具学术价值和理性意义。

将柏拉图传统的奥古斯丁主义推向巅峰。作为大阿尔伯特（Albertus Magnus，1200—1280）[①] 的反对者的波氏，在他的《独白》中写道：

> 恕我直言，这仇敌便是你亲近爱怜而又不幸可怜的肉体。你如害怕它，就等于替自己树立起最凶恶的敌人；你如亲近它，又等于为自己武装了最残暴的仇寇；你如以各种缤纷珍贵的服饰从外面去打扮它，你也就在里面剥夺了你自己全部的美善。[②]

他还在书中引用格里高利《伦理丛谈》中的一句话："现在你的肉体在哪儿享乐，将来你的灵魂也就在哪儿受折磨并呻吟悲鸣。""肉体越受抑制，灵魂越能因对天国的希望而感到喜悦。"[③] 波纳文图拉主义认为身体贪婪、充满罪恶和欲情，身体是丑陋、污秽与肮脏的，在身体中就等同于踏在荆棘之上，置于污泥之中。正如贝尔纳诠释《雅歌》时所描述的那样，灵魂在肉体中如同百合花开在荆棘之中，肉体和俗世，处处都有荆棘的考验。"人必须脱离污秽身体的包裹"[④]，才可以通达天堂，那里没有死亡，没有肉性罪恶的身体，过一种完全贞洁的生活，寻求不会带来死亡的生活，再不需要回归于尘土；人的身体本是卖给了罪，要离开这罪恶的世界，要发现一条实现良善的道路，进入圣保罗看到的不可言说的那个美妙的天国。[⑤]

法国作家法朗士的小说《黛依丝》生动地描绘了灵与肉的冲突，以宗教道德善恶的搏斗，揭示了身体存在的烦恼和灵魂救赎的追求。意在褒奖与鼓动：只有远离尘世，过苦行的生活，才有光明的希望。小说主人公

---

① 大阿尔伯特（Albertus Magnus，约1200—1280年，又译阿尔柏·马格纳斯或艾尔柏图斯·艾尔努斯，据另一考证，其出生年为1193），德国人，多米尼克修会的修士，以博学著称于世，号称全能博士（Doctor universalis）。与哈勒斯的亚历山大比起来，他对于亚里士多德的理论有更深刻的理解与支持，他把亚里士多德的许多理论和思想吸收为基督教神学理论的一部分，并使其成为可以理解和有更大价值的宝贵财富。当时作为多米尼克修会修士的托马斯·阿奎那曾经于1245—1252年先后两次近七年的时间在巴黎大学和科隆大学跟随他学习神学。而大阿尔伯特在巴黎大学任教时，波纳文图拉也曾经常聆听他的讲演，那种浓郁的亚里士多德主义倾向使他十分反感，但这些理论成为他后来与作为朋友和论敌的阿奎那进行长期学术论战的基础。

② 转引自［意］圣·波纳文图拉《中世纪的心灵之旅》，溥林译，华夏出版社2003年版，第66页。

③ 同上。

④ 参阅尼萨的格里高利《论灵魂与复活》，张新樟译，上海世纪出版集团2006年版，第191页。

⑤ 同上书，第193页。

神父巴弗奴斯想到美丽的妓女黛依丝，血管里燃起了欲念：

> 因为黛依丝是他的罪恶，他按照酷刑的规则，默想了好久，想到肉体欢乐的可怕的丑恶……天主，请你作证，我是在想我的罪孽的丑恶！①

“巴弗奴斯争斗”就是典型的灵肉冲突，即肉欲与灵性的搏击或者身体的挣扎。

宗教问题是十分复杂的，从远古时代起，人类就接受了来自于自然界的各种威慑与暴力，死亡与生存的艰难极大地形成一种人类各族群和种属的神秘主义心理的发育，他们赖于人造的神话和神灵保佑与祈福，解脱、释放、梦想以及移情，平缓心理的张力，安身立命，从而延续自己的民族。各民族以其特有的民族个性，用宗教作为文化载体，诉说他们自由的生命伦理品质，对于身体文化和身体的理解，反映了他们对于身体生老病死的自然的神秘和世俗语言的特征，这在宗教人类学和医学人类学视域中，尤为集中地显表了神秘的宗教心理范式。

学界公认，任何对于希腊化时期（Hellennistic era）的描述都必须从亚历山大大帝开启，他对于东方世界的征服（前334—前323）是世界文明史的一个最重要的转折；毫无例外的是，生命伦理思想也是从此开启的，即亚历山大东征创造了文化联合体——作为爱琴海周围地域的“西方”与埃及到印度的古老东方文明地区的联合。“宇宙城邦”（cosmopolitan，即世界主义）的观念，成为当时世界化的人类文明，或者是最初的世界主义的伦理意识，这个意识观念一直延续到耶稣时代的希腊化前半段。西方的思想和东方的信仰实现了融合，造就了对灵魂的塑造和对于身体概念的形成。希腊化向东方宗教文化变形，形成了一股强势的浪潮，催化了诺斯替精神与诺斯替主义，作为一种新的精神原则，“诺斯”实现了对身体、对于人的始源和命运的知识性拯救。忘我（self-annihilation）与成圣（deification）成为人修行的最终目标。从此，人对于身体的仇视与特别的炼狱式体验开始成为苦行主义的主题功课。诺斯替主义从其开初即关切灵魂的拯救，如何摆脱身体的重负，从对于身体的摈弃出发，教导人远离物质主义和世俗生活。

身体伦理的宗教维度，无法回避诺斯替主义、诺斯替教和诺斯替文化。

---

① ［法］法朗士：《黛依丝》，傅辛译，上海译文出版社1982年版，第7页。

诺斯替文化是西方思想的宝库，诺斯替主义对人类思想和神秘主义心理的构成具有重要影响。特别是对于人关于身体的观念以及身体的善恶本原性情感选择，可视为最具内驱性作用的感性基础之一。诺斯替文化关于身体的概念源于神秘的、难以解释的经验，先于思维能力和人的想象。“经验是意识内容的表现形式”①；宗教经验是对于人的存在的一种论证，帮助人去认识那些神秘的、不可知的事物和谜团。由此，特别是关于人的身体的关注，恩格斯也作过这样的论述：

在远古时代，人们还完全不知道自己身体的构造，并且受梦中景象的影响，于是就产生一种观念：他们的思维和感觉不是他们身体的活动，而是一种独特的、寓于这个身体之中而在死亡之后就离开身体的灵魂的活动。从这个时候起，人们不得不思考这种灵魂对外部世界的关系。如果灵魂在人死时离开肉体而继续活着，那就没有理由去设想它本身还会死亡，这样就产生了灵魂不死的观念，这种观念在哪个发展阶段出现绝不是一种安慰，而是一种不可抗拒的命运，并且往往是一种真正的不幸。②

宗教徒与庶民在对于身体的认知上的最重要差异，就在于认为身体是外在的人的生命，而灵魂才是人的内在生命的核心。诺斯替主义③（gon-

① ［英］约翰·希克：《宗教之解释》，王志成译，四川人民出版社1998年版，第178页。

② 参阅《马克思恩格斯选集》第4卷，人民出版社1995年版，第223—224页。

③ 诺斯替主义（Gnosticism）是一个现代学术名词和术语，源于希腊词汇gnostikos，即knower，指一个拥有诺斯gnosis，即知识、秘传知识、与神交往以及与性交往，该词表达了人类的认识能力。诺斯替主义泛指寓于希腊化晚期大规模混合主义宗教运动之中的共同精神原则，它普遍体现在当时的新柏拉图主义、斐洛主义、犹太教以及其他神秘宗教等所有哲学与宗教派别之中。尤其在基督教中，融化于其中，永久栖居与变异，形成了教父学中基督教异端的诺斯替派。它也形成了独立的哲学化宗教派别，与基督教诺斯替派共同作为诺斯替主义精神原则最集中的体现。诺斯替主义是与亚历山大大帝东征时期的宗教、哲学、科学混合主义潮流中规模浩大、覆盖最广的混合主义，不仅限于两希文化，而且与印度文化交融，它深刻地影响了后古典时期的人类思想运动。它形成了对基督教主流的威慑，使教会面临最强大的危机，教父们的使命即是如何在思想上战胜它，从而求得自己的生存。最终在表面上的衰落，并不说明诺斯替主义和哲学思潮的消亡，它以各种形式保留了下来，并在欧洲等地引发了一系列新的教派运动。其诺斯替幽魂和精神原则已经以各种形态嵌入现代思想中，如黑格尔、谢林、施莱尔马赫、马克思、尼采、巴特、梅列日科夫、海德格尔、索伦·克尔凯郭尔、施密特、伊曼纽尔·勒维纳斯、布洛赫、梅洛—庞蒂、薇依等这样的思想家身上都含有明显的诺斯替“幽灵”（可参阅张新樟《“诺斯”与拯救》第一章，三联书店2005年版）。

sticism）发源于1世纪希腊—罗马世界的宗教融合背景之下，它超越了诺斯（gnosis）仅仅限于“知识”或“秘传知识”的狭隘范畴，成为一种混合的和复杂的宗教哲学派别和精神思想原则。诺斯替主义的主流思想认为，人的肉体属于恶因，因为世界是恶的，身体从世界的物质中来；因此人不能与上帝直接交通，必须靠基督的拯救才能超脱身体的桎梏，为此必须苦行、禁欲与摧残身体。极端的对于身体的仇视，甚至不承认“道成肉身”，其神的力量使基督采取了一种奇异的身体形式，这只是一种方式，有一种神秘的驱动力，看起来是身体的形象，但没有成为真的“肉身”，普纽马提可（pneumatikoi）作为精神的人可被拯救，而沙尔克可（sarkikoi）作为放纵肉体的人，永远要接受惩罚。

诺斯替的基本神话是一曲浪漫而又神秘的异乡人之歌，这首歌没有终曲，只是在光明与黑暗、知识与愚昧、平静与情欲、痛苦与纵情之中歌唱，盼望在堕落之后被拯救。它是一曲永远在进行中期盼回归彼岸，但又永远不能到达皈依故乡的心灵颂歌。在曼达[1]文献中，“异乡”（alien）是生命的永恒属性，人的生命永恒地异在于这个陌生的并不属于自己的世界。人原本来自于另外的地域，他是不熟悉、不可理解、不知所措的人和身体，这些远离家乡的人痛苦、孤独、无助、充满危险，但他们又不应该忘记自己不属于这个世界，唤回对故乡的记忆，就是踏上回家之路的开始。诺斯替的曼达信徒把空间看作一种邪灵，“诸移涌”（aeons）是生命在宇宙中存在时间之维的邪灵化，它是人的身体流落他乡的体验。肉体是人的生命的暂时寓所，是生命的房子、住棚和衣袍，是包裹灵魂的暂时的地上的形体。

曼达文献曾清晰地指明：

> 我是伟大的生命玛拿（Mana）。他使我居住在梯比尔（Tibil）之中，是它把我扔进了这肉体的残骸。

---

① 曼达派（Mandeans）是个晚近的学术术语，可追溯到古代“Manda”中的知觉、知识、诺斯等含义上，因此，也可以理解为“知者、诺斯替派”的意思。因17世纪基督教传教士将其作为“施洗约翰的门徒”而长时期在欧洲文献中多以“约翰基督徒”（john-christians）出现。曼达派信众多以金银铁匠、造船匠人为主体，但其用东部亚兰文（Semitic 方言）写成的丰富的曼达文献，却令人惊异，这些文献被认为是古代秘传下来的，是古代曼达派诺斯替传统的象征。

我是伟大的生命玛拿，是谁把我扔进了这个世界的苦难之中，是谁把我扔进了这罪恶的黑暗？我忍耐居住在这个世界之中已经如此长久，我居住在我手所造的作品中已经如此长久。

悲伤痛苦我在这肉体的衣袍中承受，他把我送到、扔入到其中。我要多少次地把它脱去，多少次地又把它穿上，不断地一次再一次地了断我的挣扎，却看不到生命在他的斯金纳（sh'kina）中。①

诺斯的伦理即逃脱黑暗、邪恶的伦理，同样，归乡之路是设计好的一种通往良善的生活，挣脱邪灵的束缚，走向光明。基督教与很多宗教始终处于矛盾之中，既对身体不舍，又嫉恨身体的邪恶：

这个充满强烈肉欲、贪婪和侵略的星球也是人类自己明白自然的境遇。上帝观察到人类堕落后，就人类的罪孽深重的情形而告诫，“耶和华见人在地上罪恶很大，终日所思想的尽是恶。”②

人的生命就是在这个二元困惑与冲突之中始终追求爱恋身体的康健与欲望的满足，而又不时地回避、压抑、消解由于身体存在而生发的肉性欲望，由此所感受的痛苦和纠缠，构造了人的生活和人的处境，这也是身体伦理的重要结构基础。

在此，我们不能忽视的是，东方宗教身体文化的渊源之一是佛教身体伦理。博大精深的佛学与佛教一向以破除有我为悟道的宗旨，认为无我即无物。真可道：“万物本闲，闹之者人耳。人而不闹，天下何事。”③ 万物本来空寂无物所附，世事繁杂只是一些虚幻的空象，人执幻为真，受万物

---

① 这三段文字引自《曼达文献》的引文，分别为 G454，G457f，G461。基于 M. Lidzbarski 的德文译本，G 代表 Ginna，字母后的数字表示页码。本引文由汉斯·约纳斯（Has Jonas）所著《诺斯替宗教》（*Gnostic Religion*）转译而来。玛拿，原意“器皿”，指人身体里面的生灵，伟大的玛拿是最高的神；梯比尔，为《旧约》中的 tevel，意为“坚固的大地”，曼达派用其命名地上的世界，隐含卑贱；了断挣扎，是指“死亡”；斯金纳指“光明存在物的居所”，隐含着荣耀，等于“移涌”，是最高神的拟人化能量。

② 参见 H. Tristram Engelhardt, Jr., *The Foundations of Christian Bioethics* (Swets-Zetlinger, 2000), p. 175.

③ 《紫柏老山集》卷 3。

所惑所诱，肉身因感受虚假的变化而受困扰。人的身体由地、水、火、风四大聚合而生，四大无定，人身并无实体，只是暂时的聚合，此虚幻只是假名，“我”从而为不实之体。①

禅宗为中华文化的智慧结晶，各宗派无一不正视现实与现世的人间疾苦与肉身的痛楚。择选晚唐时期盛兴于湘赣的惟俨禅系的昙晟为例。

> 切忌从他觅，迢迢与我疏；我今独自往，处处得逢渠，渠今正是我，我今不是渠，应须与么会，方得契如如。②

认定“我”为人的性理，而“相貌”（身体）或“事相”只不过是过“影”，仅仅为“我”的造作而已。相貌为理性的假象，人只有在虚幻中醒悟、与“我”还归，才可恢复“人身”，在此，禅宗指示了，信仰对于把握人的本质的意义以及如何拯救作为影像的身体。

中国道家的身体文化与儒家最重要的差异在于，顺其自然，接受自然，“长生之本，惟善为基”③，以其乐天主义态度对待身体的存灭。最值得我们赏慰的是，我命在我不在天；既来自自然，又要主宰命运，修缮而德福，顺应大化，生死自然，体道无为。道家身体学认为，生命与身体本不属于自己所有，天地为一大冶炉，人乃在若有若无之间变而成气，气而成形，形成生命，变而死亡，身体存在于天地之间，无所谓有无。此一道理，概之经纶，妙在其中。

伊斯兰教身体观源于对于“我”的思考。伊本·西那认为，肉身与精神为二元，精神不变，而身体一直处于变化之中，各器官在“我”的指挥下发展与运动，“我”就是灵魂。伊斯兰思想家安萨里说：“你的灵魂根本不是肉体或肉体的德行。”④ 伊斯兰的身体哲学恰应了柏拉图的“身体属于可感世界的临在性”观念，因此，论证了由于灵魂不朽而延伸的正义理性和善的恒久存在。伊斯兰清洁的伦理给世俗社会树立了护生洁

---

① 可参阅张怀承《无我与涅槃》，湖南大学出版社 1999 年版，第 164—166 页。

② 见杜继文、魏道儒《中国禅宗史》，江苏人民出版社 2007 年版，第 356 页。传昙晟迁化前，回复弟子“百年之后，还貌得师真也无”的提问，“单向他道，只这个汉是”（《景德传灯录》中为“即这个是”）；弟子良价后偶过大溪，“临水睹影，大省前事”。该禅语为造偈所云。

③ 《墉城集仙录》卷一。

④ 见陈中耀《阿拉伯哲学》，上海外语教育出版社 1995 年版，第 161 页。也可参阅杨捷生《伊斯兰伦理研究》，宗教文化出版社 2002 年版，第 123—124 页。

净的榜样。伊斯兰教认为，先知的一个共同特点是，受到安拉保护，性灵与身体冰清玉洁，为追求心灵纯净，必须坚守淋浴净身的生活仪式，清洁精神与清洁文化，包括品德与心地的修行。此与罪性身体的观念存有明显的差异。通过后天的洁净方式，人可以成为清净的人。

印度教的无德之梵，即梵不存在，生物体的灵魂皆为梵，但却不可知自己为梵，梵是绝对的超越，不可能是一个人格，不可能被认识，通过"物"转向作为生物体的身体，再转向自在天（上主的恩典），再转向梵；如此悖论，论证了一个事实：身体是具体的暂时存在，但只是一种对于行动者"上帝"呼召的回应。① 身体从沉默中走来，又沉默地必然离去。正如《坛经》所道：无所从来，亦无所去，无生无灭。②

作为印度古代哲学，把生命、身体与世界通过"五支湍流"融连在一起，并使"人"从宇宙缘起于欲望（eka-pasam），于是，出现了知识（jnana）、道德（dhaema）与反道德（adharma）三条路径；从而人的生命以身体作为对象，被我们认同，我们生来自由，但身体却把我们束缚，因此，我们常常因为"无明"而被感官黏附、被"两因"（愉悦与烦恼）驱迫，生命的目的就是超越苦乐，这就是身体的价值；我们必须修习冥想，解决"我是谁"的问题，认识了我们的本性，亲证自己就是"梵"，就获得了解脱。这样，我们就需要强化"吾即梵"的信念。即

> 我们必须一再告诫自己，我们不是身体，发生于身体的一切并不能真正影响我们。实则我们超越于所有限制。我们不必苦恼于恒处此宇宙之内，我们与梵本是一体，我们并无分离。③

身体宗教观是身体伦理的基础，而身体伦理观念为生命伦理学奠定了理论基石和提供了本原的哲学认识法则。虽则我们还难以通观和讨论完整的宗教身体伦理体系，建立统一的语义概念，但我们从以上的论述中可以

---

① 请阅［西］雷蒙·潘尼卡《印度教中未知的基督》，王志成、思竹译，四川人民出版社2003年版，第166页。

② 《坛经》（汉英对照），顾瑞林译，湖南出版社1996年版，第202页。

③ 参阅［西］斯瓦米·洛克斯瓦南达《印度生死书》，闻中译，浙江大学出版社2013年版，第109页。这是"《白骡氏奥义书》释"中的一段论述。《白骡氏奥义书》约成于前3世纪，比其他奥义书晚近一些，但一直被印度学者引为正典，极具权威性。此奥义书肯定了哲学反思的价值，强调冥想和虔信奉爱之道。全书113节，分为6章。详请阅该书导言部分。

洞见灵与肉及精神（或灵性）与身体的对立统一关系，决定了身体伦理的哲学取向。由此可知，这样的探索是有意义的。

三　作为生命伦理学的变体——身体伦理与身体伦理学

生命的伦理从总的概念上理解，是身体存在的伦理，也是事实上的身体保全的伦理；但在更重要的意义上，绝非仅仅作为身体单一的伦理，而应该是整全的人的伦理（ethics of content-full person）、人的整全性伦理（content-full ethics of person）或整全性"我"的生命伦理。"我"是一个事实上生物体的存在与人的精神存在的联合，是一个人意义上的整全，是文化或哲学意义上的存在。"我"是一个作为实存的复合，是肉身的、精神的、灵性的集合。由此，在这个意义上，人的概念和"我"是同一的。

人的身体与人的肉身，在语义上，不尽相同；人的身体包括人的概念，人因此不至于将身体作为工具或物质主义的器物，而是作为人的值得尊重的、有尊严的主体，并不是一般意义上的代理者或替代物。而在医学活动中，我们同样必须把肉身化的人和精神、社会的人、法权的人，都作为唯一拥有的那个身体、情感、意志、意识、灵智、心术、有效关系的主权的人。这个人就是"我"作为人的在。

萨特言：

> 身体使我不能以别的工具为中介使用的工具，我不能获得对它的观点的观点。……身体不可能为我地是超越的和被认识的；自发的，不反思的意识不是对身体的意识。毋宁应该说，在把动词存在（exister）当作及物动词使用时，意识使他的身体存在。于是作为观点的身体和事物的关系是一种对象的关系而意识和身体的关系是一种存在的关系。①

萨特用近乎艰涩的语言破解了身体与意识的存在关系，是人的内在和外现、工具化以及必须通过行为表述人的现实生存状态，是归结于身体的选择的必然性和选择的相对自由，如此，身体才是有意义的；但身体同时"制约着作为对世界纯粹意识的意识"，身体使意识成为一种可能，使意

---

① 请参阅［法］萨特《存在与虚无》，陈宣良等译，三联书店1987年版，第429页。

识以某种方式向人的意识表现。当我处于“忘我”的境遇时，我会把身体的“物性”忽略，“它”此时只能在客观中存在了，因为“我”被遗忘了，没于世界了，隐匿退却了，但是，一旦我开始感到疲劳、疼痛，特别是某一器官开始罹病，我就又回到这个真实的存在中来，回复物化的身体，“痛苦恰恰是意识使之存在的眼睛”①。

我的存在是我的时间作为普遍时间的一种反映或抽象表现，而人的或者“我的”作为生命的人的身体是客观空间的一种方式。我们的自主性与自主权利是因为在知觉体验和灵性体验中的身份都有空间的合法性，由此延伸为社会的、经济的、文化的多自发活动（polythétique）中的知觉、概念、界域和所有身份的综合，这是一个开放和无定限的多样态的综合概念。如此，身体已经不仅仅是一种体验，而是一种在时间和空间中有效的个别化的普遍确定能力的表现。梅洛—庞蒂认为：

> 我不再关注在前断言的知识中，在我与它们建立的联系中我体验到我的身体、时间、世界。我仅仅谈论观念中我的身体，观念中的宇宙，空间的概念和时间的观念。由此产生了一种“客观”思维（在克尔凯郭尔的意义上）——常识的思维，科学的思维——它最终使我们断开与知觉体验的联系，虽然它本身是知觉体验的结果和自然延伸。②

这样一来，我们在医学活动和生命科学活动中的身体，可以作为人的生命的唯一生命体，体验、接受和表述人的道德知觉与反应，形成和聚合我们原本能够评价的行为或活动的道德价值，以及考量善恶的品级或梯度。

身体伦理学更加强化了身体的尊严和价值，并从社会的、人性的、经济的，特别是文化意义上强化了道德价值。

身体伦理学可以作为生命伦理学的变体，以此回应文化意义和生物学意义上的人的生命存在和社会空间权利或人与人关系的诸多可能性，

---

① ［法］萨特：《存在与虚无》，陈宣良等译，三联书店1987年版，第433页。

② ［法］莫里斯·梅洛—庞蒂：《知觉现象学》，姜志辉译，商务印书馆2005年版，第104页。

也可直接地表达人的身体价值和道德效益。同样，生命伦理学可以作为身体伦理实现它的学术追问和学科理念。凡是关于人的肉身与精神的道德问题的研究，都可以构成身体伦理学的全部内容，身体伦理更直接地与具象地对人的生死疾病、苦难、欲望、快感进行伦理的辨析与对话，并对肉身的真实体验和他者的测查、道德认知、观念以及主体表达，进行综合地审视或评价，最后获得权利等级的排序，以求得问题或案例解决的方案和计算。身体伦理学较之生命伦理的评价更为精致与细腻，它并不排斥精神与灵性的侦察、觉悟与沉思，而更突出和强化了身体的社会性和生命政治意义，更符合物质的实存所引发的卫生经济价值与身体的文化功效。在此，只要有伦理的要素始终参与对人性的反省，就不至于将身体物化或仅仅作为失人性的符号。如此，人的身体会更加自由，更有尊严，更加个我化。人类伦理研究就会更贴近于现实生活，会加强医学或生命科学技术的亲切感，更显现出个人世界主义意识，提高医生与病人交流的质量和效率。

身体的文化与社会意义在于它承担着思想和情感的实现功能，由此，才可以通过这种身体的叙事来表示善或者恶的诉求，以达到道德理想，使无数个体建立各种关系，并接受权利和权力，拒绝暴力的鞭打和压迫。身体是实现生命伦理意向的唯一工具，因此，身体的概念绝非仅仅限于物质的平面，其广度与深度都与心理、精神、灵性的功能紧密相连，有时合为一体，身体可以替代（几乎是一种常态）思想和意志，实现人的活动和创造力，旨在完成“心”的召唤和命令。但如果没有身体的同一或同步配合，道德效应只能等于空灵。医学生活和疾病过程是一个社会和技术的肉身反应和身体的病理性经验，没有它，人的身体就没有展开的空间和施治、爱的对象。只有医学生活有效地恢复到健康的、正常的程序化生活，身体才能找到自身的完整性：主体的生命社会化秩序才可以建立，与之相关的人的活动才可以展开和运行，才能够使伦理性和生理性获得完美结合。所以，梅洛—庞蒂说，身体“本质上是一个表达空间”，因此，“身体的空间性……是一个有意义的世界形成的条件”。并断言：“身体是我们能拥有世界的总的媒介。”[①] 而美国社会学家约翰·奥尼尔则在《身体

① 参阅［法］莫里斯·梅洛—庞蒂《知觉现象学》第三章，姜志辉译，商务印书馆 2001 年版。

形态》一书中更详尽地指出：身体是我们赖以栖居的大社会和小社会所共有的美好工具。身体同样是我们在社交中表达亲昵和热情的工具。

人的行为或生活行动的法则主要接受伦理观念的控制，比如公正和爱；这是由理性对整体秩序的约束所支配的。理性在伦理上由理论思想构成，在观念与可理解性上是由伦理本身构成的。胡塞尔的理性强调存在的重要性，它覆盖了“整个人类存在的意义和无意义的各种问题”①。作为身体现象学来说，对于“我”与“他者”共现在一种完全的心理和身体的“共存”唯我论经验之中，是通过触感和情感统一在心理场和感觉场之中的，只有在心理和身体进行联系时，主体才会有意识地把身体作为自我的一个替代。笛卡尔的神圣真实性是建立在生命的那个特指的身体观念自明性的基础上的，胡塞尔则从现象出发，分析本质中居有一个“他我”的身体观念，即把身体的自然和理性意向分开，制造了一个“自我”和“他我”的相异性。这样，我们就可以将身体分别从医学、物理学、哲学、宗教或艺术、社会学视角做出不同的评价，而最后用伦理学的最高本体收集与整理，获得整全的生命伦理形式，归结为人的医疗行为的正当性选择，就不至于被身体扩延的意念知觉和痛苦或快感的经验所困惑。

人的身体有时被分离，但这种分离的整体依然作为身体本身，人通过身体移动进行感知，表达自己的存在，我们的肉体“充当在次级还原中不再形成客观世界而是极其重要的自然、固有的自然的所有身体的参考极。”因此，胡塞尔进一步分析道：

> 由于这种对一切陌生事物的抽象消除，为我们保留的是一种世界，一种被还原为固有的本性，正是因为肉身，即心理—胜利的自我、肉体、灵魂和个体的自我，还原世界独一无二的特点才融入到本性当中。②

人的自我的自身和自然的自身之抽象远远超过由教育习成的虚构形式或想象，我们日常对身体的理解仅仅是一种化身，自己的自然是以我为中

---

① ［法］保罗·利科：《论现象学流派》，蒋海燕译，南京大学出版社2010年版，第27页。此句转引自*Krisis II.* §2.

② ［法］保罗·利科：《论现象学流派》，蒋海燕译，南京大学出版社2010年版，第182—183页。此句为利科对胡塞尔《第五沉思》的分析，见Cf. ［129，1.8］（81-82）。

心的自然，是可以运用权力的境遇，它是可以看到、听到、触摸到的；身体作为物质的肉身是对本有境遇的还原，至此，身体依然是没有被察觉的器官，依然没有被“我”的行为所渗透的器官，“我”的行为最终以事物终止，这就是我和我的肉身。① 问题是，我们必须有一个确认自身是“我”的过程，如何获得在场的自身成为他者在“这里”的体验，我可以自由地驾驭和控制我的身体，并使得我的身体透视的原点所接受的经验体系的方向和他另外的经验体系的方向相统一，使身体的双重归属合法地被不同的视觉评价后实现最后的同步，由此避免他者逃逸“这里的我”，背叛自身原我的道德意义。人类的身体应该最终结束和圆满完成局部孤立的平行活动（愉快），还有就是要完善亚里士多德所称道的工具的功能（人类的成果）。此外达到康德所称道的决心实现的人类重点，即命运或计划，也就是我们所描述的幸福。幸福不是欲望的全部，身体不可能达成绝对自由，人只是通过身体的一种承诺，只能享有有限的欲望满足。快乐因为时间的限制，只是局限的完美。生命的进程是由人的身体指定和呈现的，我们的身体无法逃脱自然所规范的伦理程式，即使我们经常充盈着身体表达的自由意志的冲动与激情，我们也不能放任它和“自我”的解离。

对身体形象的体验、感觉、记忆以及联想、想象，对于身体患病中疼痛的放大、夸张、外显图示的延伸、编织、杜撰和猜想，皆建立在原始的身体空间性外壳以及肉性基质的描述与语言中。医生用科学和技术的“看”来考问疾病的元素和因果关系，用已身的知觉，分析他者呈示或给予的非正常身体现象，以求得疾病的诊断，获得治疗的意见。医生以个人的身体接触病人的身体，形成身体与身体的相互交通，成为被关注、被爱护、被救治的主体，接受另外一个职业的施爱与权力的主体的道德行动目的和伦理追求。生命伦理学则更加生动和具象、外显、现实以及易于体验与理解。

身体伦理学主要应包括以下七方面的议题：

第一，身体现象、身体分析与身体的道德哲学问题，以及身体的伦理意义。身体是人的道德目的实现的载体，身体成就和完成了社会责任，并

① ［法］保罗·利科：《论现象学流派》，蒋海燕译，南京大学出版社 2010 年版，第 184 页。胡塞尔的意思是，自我是以现象的身份成为自己实存的世界的，人类在生活的境遇中，通过相应构成的综合途径，完成对自身和身体自然的统觉，是这种统觉将人转化为世界的一个存在。

直接与人类社会生活相连接；人的生命主体的唯一代理人，通过身体的感觉、知觉、意识、语言和行为，践履家庭成员角色义务，负担人的功业和创造性工作，接受外在世界和社会的各种政治、文化、经济信息，参与人类的道德活动，爱人与被人爱，处理善与恶的冲突，选择和听从“心与意志”的号令。身体的主权归于人，从而受到敬畏和保持自己的尊严，以及享有人的身体的权利与行使自己生命的权利。

第二，身体应该是有限性自由的，人有权正当地处理身体的关系，保持身体的健康与自然化，自主自由地支配其从事良善的日常事务和有益于社会、他人的事务。身体在某种意义上，有权利保持秘密和一定的隐秘性；身体与“我”一旦发生冲突，必须由一定的准则约束主体的意志，考量或比较价值数阶，任何自残、鞭挞、随意毁灭身体的行为都是作恶和犯罪。任何身体不管质量如何，不分性别与年龄，都应获得爱护与保护。身体不可放纵欲望，应该给予必要的节制和限制，应确定每一个身体所允许的程度。

第三，有病与残缺的身体需要得到格外尊重，应该与健全的身体角色地位平等，应该在条件许可的前提下，给予最好的治疗和最佳的营养品与获得最好的恢复方式。医务人员应该给与关爱与照护；社会组织应该给与人的病体以特别的保障。

第四，谨慎与合理使用麻醉剂，制定使用的范围和规范，手术的目的或在其他必要的情境下，对于麻醉剂和精神性药物的使用，必须受到严格控制。在使用催眠、麻醉剂、镇静药物、应用含有兴奋作用的物质（酒精、咖啡因、毒品等）而使身体与“我”分离之后，必须获得社会与他人的照顾和关心，法律和行政的惩治，不应以身体的暴力方式实行。

第五，身体增强术不适合所有的人，并且应规定身体增强、修补、修复的范围与限度，在给与一定自主权利的同时，必须予以限制。必须控制身体荒诞文化需求和对身体的无节制修造，必须尊重身体自然选择的神圣性；特别要限制身体增强技术的过度商品化；基因是身体的微成分；基因技术和遗传伦理是身体伦理的重要内容。

第六，身体的性身份和角色如何定位，应由个人选择，后天通过变性手术或其他医学方式，或者生活中个人的心理化暗示、强烈取向、社会表述或教育，均应予宽容。不管何种性别，一旦确立，就应得到尊重。但在性活动中，对于身体的使用或享用，不应无度地放纵，双方必须控制把身体作为性娱乐工具，始终保持性器官、心理的常态健康。

第七，严禁把身体、器官或身体的生物性资源作为商品出卖，或者从事商业化活动，以及类似的具有商业性质的文化娱乐活动，尽管这种问题已经存在，也应给与必要的管理、疏导和限制。对于死后器官的支配权利应该属于亡故者本人或其委托的代理人，如果遭遇捐赠或利用的争议，由专门的行政机构或组织会同法律、伦理学专家，在其家属成员接受的前提下，合理进行调配，并以救治他人的生命为目的。

身体的伦理是身体存在的自然目标，身体伦理学应该做为生命伦理学的学科变体；从身体伦理的视角研究人的生命道德难题，可以更直接和透彻地把握身体的自然属性，并尊崇自然的造化和服从于它的根本律令或法则。身体是医学的物质化载体，身体结构决定人的感觉、知觉、意志与精神形态，生理与精神取向的道德性评价，必须通过身体的指示度量，在某种意义上，身体即人，包括临床的、自然的、社会的以及文化的、哲学的有生命的人和人的生命。

再看谭峭所道：

> 虚化神，神化气，气化血，血化形，形化婴，婴化童，童化少，少化壮，壮化老，老化死。死复化为虚，虚复化为神，神复化为气，气复化为物。化化不间，由环之无穷。……达此理者虚而乳之，神可以不化，形可以不生。①

从审美的角度来审察，肉身乃是心理或精神的根。所有的艺术形式载体都用身体语言书写欲望和理想，生命在此可以被理解为具有本根论的意义；身体形态与构造的差异使人有了外在的、丰富的动感和活力，并只有通过外在的身体叙述和反映心灵的内在符号，并多次由身体的活动表达行为的目的和肉欲。“肉欲”的本义是身体的理想，主要并不含有色情和性的性质或成分。身体爆发出的冥思和突破的幽暗，赢获了生命的美丽和自然的原始力量。诗人或舞者用身体歌颂生命，奏响各种旋律的背叛伦理传统的肉体的颂歌。有诗评者这样论述道：

---

① 谭峭：《化书》，中华书局1996年版，第13页。

> 肉体作为“美的真实”，作为自由而丰富的存在，成为一切思想、行为和感受的根，而思想、行为和感受都只是从它上面生长出的缤纷的枝叶。①

思想者、诗人穆旦几乎用哲学的词语为身体正名，他在《我歌颂肉体》这首诗中发出身体伦理的宣言：

> 那压制它的是它的敌人：思想，
> (笛卡尔说：我想，所以我存在。)
> 但思想不过是穿破的衣裳越穿越薄弱越褪色
> 越不能保护它所要保护的，
> 自由而丰富的那肉体。
>
> 我歌颂肉体：因为它是大树的根，
> 摇吧，缤纷的树叶，这是你坚固的根基；
> ……
> 但是我们害怕它，歪曲它，幽禁它，
> 因为我们还没有把它的生命认为我们的生命，
> 还没有把它的发展纳入我们的历史，因为它的秘密
> 还远在我们的语言之外。②

语言和知识一样，是有限的，有关身体的道德哲学，很多话语和“思”，诸如善恶、权利、责任的伦理说教，都在语言和知识之外，有时我们只能赖于感受和悟省来体味和读解内中的“道”，甚至所做出的行为选择与伦理判断都在“语言之外”，或者说，是康德所认为的“头上的星空”规划的自然律令；其意在于，那是不可违抗的，我们的生命存在，以及我们为生命而设定的生命伦理法则，不也如是么？

---

① 参阅一行《词的伦理》，上海书店出版社2007年版，第114页。这是作者对诗人穆旦有关歌颂肉体的诗所作的评论。

② 穆旦：《蛇的诱惑》，曹元勇编，珠海出版社1997年版，第127页。本诗摘自诗人穆旦（查良铮）的诗《我歌颂肉体》。

四　身体伦理、神经伦理学与达马西奥的“道德神经元”

晚近，美国科学家提出了神经伦理学的概念，虽然不是一个伪学科概念，但却是一个具有挑战性的议题。它是应用认知神经科学手段和技术，如事件相关电位技术（event related potential，ERP）、功能性磁共振成像技术（fMRI）、正电子发射层描记术（脑成像技术，PET）等来研究道德和伦理问题的一门新的交叉学科，是脑科学的重要组成部分。目前该学科的著名研究专家有格林（Greene）、莫尔（Moll）、柯尼希斯（Koenigs）等。

有人企及于神经伦理学这个崭新的领域，尽管其内容含有错误和误会。①

其实，在这个学科概念提出之前，很多学者就已经致力于这种研究了。我们质疑的是，人的犯罪心理、道德失范和作恶的动机，是否与人的神经特殊结构以及基因的组成存在某种正相关关系？如此，犯罪、恶行与道德失范就不是什么法律、道德和社会学问题，而是病理学问题或一种疾病。如此，按滑坡的推论，盗窃、强奸、杀人、暴虐、违反公共道德、反社会只是一个医学问题，需要医学的治疗，而不是刑律、身体惩罚或处以极刑，应改由药物、基因或手术治疗。这是否把人类与学术研究引入了歧途并导致了荒谬？我们也不应一概否认其中一部分案例存在这种概率与可能性，或许存在某种生物学因素。这种研究是否有一定的意义，对此还存在着很大的争议。

如果按安托尼奥·达马西奥（Antonio Damasio）的研究结果，人的大脑确有一个“道德中枢”②。这个道德中枢应该存在于大脑前额叶，如果这个部位受到某种损伤就会出现对他人漠不关心以及丧失责任感的现象。研究小组谨慎地提出它们对这个区域与道德表现的关联度，但不能确认所有这一部位因疾病或意外事故而损害者均缺乏道德认知或会触犯法律。但

---

① 这一概念被认为是由威廉·萨季拉（William Satire）于2002年杜撰的，出现在《纽约时报》上。事实上，由于萨季拉本人的致谢，这个术语的产生在日期上要早于他的使用。人们广泛认为，这一术语起始于2002年这件事的本身就意义重大，它说明了最新的不是术语本身，而是对它所包含的各种问题的广泛关注。

② 可参阅［英］乔治·弗兰克尔《道德的基础》，王雪梅译，国际文化出版公司2007年版，第98页。在本书的“身体伦理学”部分将予以详述。

可以找到一种线索，在每一个健康的大脑中，都有一个专门记录和存储父母应答以及那些影响和刺激他们道德神经元的早期环境，不管双亲是爱、呵护还是冷漠排斥。[①] 但是，达马西奥和他的小组没有做出“反社会或不道德行为的人都遭受过脑损伤”这一结论。尽管如此，我们也不能无视道德观念和对于道德原则的遵守，或者作为一种自觉行为，是在生命早期经过学习训练储存在人的记忆里的，而不是通过遗传编码的程序，在道德失范与犯罪时主导人的意志。对于犯罪与神经生理或神经心理的关系，一直是犯罪心理学的难题之一。即使英国法庭于1724年首次宣布了判定精神病人刑事责任能力的“野兽测验”规则，人们还是被犯罪与神经病理之关系所困扰，直至1843年麦克纳唐（McNaughten）规则成为经典法律规则为止，学术界依然怀疑，犯罪者是否存在不可抗拒的神经组织解剖学、神经生理学或神经化学介质与生物电流作用基础。人的智力与大脑的结构相关，而其行为特别是道德失范或犯罪难道就与其自然的组织结构毫无关联？乔治·弗兰克尔因此提出：

> 新皮层的任务是分析从脑的较老区域接受到众多神经冲动，将这些冲动与那些服务于生存和舒适需求的冲动区分开来。因此，我们必须分析，为什么人们会选择那些非理性和明显带有伤害性的追求。这都是精神分析学家和人类学家需要解决的问题。[②]

至于，自私的基因问题更值得社会伦理学家对生命的自然性关注，以至于延伸到道德遗传基因和道德行为的关系上。道德图示或先天遗传的道德倾向性有时会令我们感到恐怖，我们忧虑为什么竟然会存在这种问题。对于用“自私的基因”解释达尔文理论的方式，一直被人们所诟病。这个命题被斯蒂芬·R.L. 克拉克视为一种隐喻。[③] 如果出于自然的、生理的或者纯粹是动物性的缘由，社会上人人自私自利，无端地、无节制地伤害他人，丧失起码的友爱、互助和团结，这个社会和人类将不可能持续生

---

① 可参阅［英］乔治·弗兰克尔《道德的基础》，王雪梅译，国际文化出版公司2007年版，第98页。

② 同上书，第100页。

③ ［英］斯蒂芬·R.L. 克拉克：《生物学与基督教伦理学》，李曦译，北京大学出版社2006年版，第109页。

存或发展。生存竞争一定要融合人类的真善美的普世价值观念，是人类文明社会的自然法则；道德律是最伟大的自然律，与头上的星空一样，道法自然维护着我们进化的天性。动物的自私天性必须遵循整体与协同的定律，必须服从“唯有统一和克服自私、贪欲和犯罪倾向”，如此，我们作为自然的生命种属才能保留下来，不至于因为内部的纷争而自我毁灭。

2001年，哲学家和神经学家约书亚·格林发表了一篇研究论文。他通过功能性磁共振成像，对大脑应付道德困境时的反应进行了扫描。格林试图发现在这样的情况下，大脑中应对情感和应对理智的区域之间是否会发生冲突。① 但在其研究中，并没有找到有力的证据，证明不道德行为与脑结构之间存在着联系。

早在1996年，里佐拉蒂和同事们就在试验中发现，恒河猴的前运动皮质F5区域的神经元不但在它做出动作时会兴奋，而且看到别的猴子或人做相似的动作时也会兴奋。他们把这类神经元命名为“镜像神经元”。1999年，亚科博尼等人发现，镜像神经元系统会在动作模仿和模仿性学习中起作用。他们利用功能性磁共振成像技术，观察到了志愿者在模仿动作时大脑皮层布洛卡区的活动。② 但这项结果不能说明，人的不道德心理或施暴行为的生物学或神经生理学基础的存在。

事情似乎又有了一个新的说辞，晚近，卡迪夫和德州大学关于因果报应的秘密的研究，为神经伦理学或者生命伦理学添了一块新的砖瓦。他们

---

① 恩斯特·费尔（Ernst Fehr）等人的研究还发现，3—8岁儿童的利他行为随着年龄的增长而增加，呈现出平均主义，即“你一份，我一份”的发展趋势。绝大部分3—4岁的儿童表现得自私，而大部分7—8岁的儿童偏好去除有利或者不利的不平均现象。恩斯特·费尔等人在研究结果中还发现了显著的独生子女效应和幼子效应，即在共享游戏中，独生子女比非独生子女表现出更愿意与他人分享所得和更多的利他行为，而家中最小的孩子往往较为不愿意与他人分享所得。人们通常认为，猴子只懂得获取各种食物，而不知道与同伴分享。美国的一项最新研究显示，猴子不仅懂得获取，而且懂得给予，它们甚至享受给予所带来的快乐。

“好撒玛利亚人”是《圣经》故事：有人躺在路边，祭司和利未人路过却不闻不问，唯有一个过路的撒玛利亚人不顾隔阂，动了善心帮助了他。该故事借以表明鉴别人的标准是人心而非身份。因此，心理学家约翰·达利（John Darley）和C. 丹尼尔·巴特森（C. Daniel Batson）希望对宗教信仰在助人行为上的影响进行测试。结果，出现了难以解释的多样性后果。即依照神经心理学或神经伦理学来求证，善与恶、利他与自私，还没有一个确切的生物学基础，但有些实验已经预示，存在着某种可能性。但神经结构与基因遗传因素在后天的道德行为选择中究竟作用如何，还需要进行进一步相应的研究。

② 以上列举的部分实验引用了南方医科大学严金海教授“关于善的实证研究与启示”讲稿中的资料。

无意把道德社会和物质世界的善恶回报联系在一起，但在客观上却完成了一个宗教式的夙愿，以因果循环率回答生命与道德问题。他们举例证明：神经化学领域的研究证实了一种现象，当人心怀善念，人体会分泌出使细胞健康的神经传导物质，免疫细胞也变得异常活跃，人体就不容易罹患疾病，正念常存，人体免疫系统就会强健无比；相反，心存恶念、负面所思，启动了相反的激惹神经系统的活动，身体的正常机能和良性的内循环会遭到破坏。这就印证了另一篇《坏心情产生毒素》的实验报告：在心理实验室中的实验显示，人类的恶念能引起生理上的化学物质变化，血液中会产生一种恶性道德毒素，会使一个冰杯中的液体污浊起来，本来在平静心态中的无色透明液体，当人处在怨恨、暴怒、恐怖、嫉妒的心情下凝聚起的物质便分别显现出不同的颜色。通过化学分析得知，人的负面思想与情感会使人的体液内产生毒素。美国耶鲁大学和加州大学关于“社会关系如何影响人的死亡率”的课题，也证实了行善能够延长人的寿命的结论。他们抽取7000个样本进行了9年的研究和跟踪调查，发现乐于助人并与他人相处融洽的人，其健康状况和预期寿命明显优于常怀恶意、心胸狭隘、损人利己的人，后者的死亡率比正常人高出1.5—2倍，他们的实验是在不同种族、阶层和健身习惯的人群中进行的。孔夫子曰：**仁者寿**；中医学警句有：正气内存，邪不可干，这同样得到了科学实验的验证。纯净、慈悲、善良的思想情感可令身心健康喜悦，恶念会使机体组织失去平衡、发生病变，对此，有着更多的临床证明。科学家认为，善恶有不同的能量频率，有不同的物质特性。有科学哲学研究者致力于水结晶形态的研究，结论是：万物有灵，天地有一种特性存在，善恶在自然界中秉持着客观的标准；当水接触到慈悲、博爱、幸福、激励这些积极的信息时，水结晶会呈现出绚丽、美妙的形态结构；相反，当它接触到负面的信息时，水结构就会变异与扭曲，甚至涣散、无法成形。水是生命之源，身体的70%以上的物质是水形态，人服从于水的“道德性”。宇宙在运行之中，是一种物质和意志、精神的综合，善德长久，恶行败亡，“天道无亲，常与善人”，“静则神藏，躁则消亡”①。

人类社会的生活是一个递质共存（neurotransmitter co-existence）的结果，多重递质可以共存于一个神经元内，这就修正了神经末梢只能释放同

---

①《黄帝内经·素问·痹论篇》第43。

一种递质的戴尔原则（Dale Principle）[①]，这是一个不可小觑的生理学发现，亦可能是我们后现代人类多元态势生存的生物学基础。

人类经历了漫长的进化历史，善与恶始终伴随着我们，对于恶的审判和制裁，始终是维护社会秩序、保护人类安全的重要内容和责任，人不能任其恶行而随意践踏道义，不允许恶人伤害好人，社会不能助长犯罪与作恶。应该说，神经伦理学只是在一个有限意义上的研究和实验，是一个悖论和令人恐怖的研究。人类历史和道德思想史是在一个巨大的、周而复始的转盘上书写的，在往返不息的巡回中，文化、道德、宗教总是在正义的标杆指引下，努力追逐健康的秩序与和谐的关系，而不是以任何理由逃逸这样的道德规范框架，以"道德病"或"性恶综合征"为不义或罪恶辩护，人类不能违抗星空的运行和心中的天律。此路不可通行。神经伦理学的价值在于，探索另外一条蹊径，对于部分"恶"进行个别评价和分析，特别是对于道德教育给予神经生理或医学提示和指导，并在司法精神病学的研究、理论构筑和法律实践中，予以更科学化的选择依据和生物学验证。

争论似乎又回到了原点，即善是自然，"善就是在实在中，即在其本源、本质和生命，就是说，在'基督是我的生命'[②]这句话的意义上的生命"。善是生命本身，成为善的，就是生活着的。[③]

五　美与善、身体伦理与生命美学

生命美学或身体美学是在身体伦理的基础上确立的，否则，道德缺位的身体结构和造美活动是漂浮的、虚化的，其主体和社会也将难以承受和呼应内中的价值与原有的意义。

生命美学的基本课题应该主要是研究生命秩序与宇宙秩序内在结构而表现的美；真与善是生命美的条件；人的健康与心灵美的齐一等。这显然与神学的理想同一。神学是以膜拜来约限造美的行为的。神性以抽象主义压抑人性，使人丧失人格，凭视觉想象人的存在。在神境中，自然、天体、天使以及被造之物——人之美，都以其行为的道德美来规范。圣化的人道

---

① 请参阅姚泰主编《生理学》，人民卫生出版社2004年版，第284页。

② 《圣经·腓立比书》1：21。

③ ［德］朋霍费尔：《伦理学》，胡其鼎译，上海世纪出版集团2007年版，第182页。

和神道使人和生命的美异化或变形。神学美学以崇高的信、望、爱作为美的基本内容，美是信仰的实现，自由从属于信仰，美是善行，必须依据上帝的"道"。中世纪以信而不是的审美为前提，对人与自然、人与神的终极命运的思考是被设定在神坛之上的。神学家用创世来规范人的现世，用道成肉身来界定神人双性，用三位一体来训导美的感受以及启发审美的体验。神学用上帝的四重性来控制人：长、阔、高、深分别象征着"永恒、博爱、尊严与智慧"。神学美学化一的原则是使一般情感在理解中进行想象，同时使诸因素在相互渗透中得到处理，其美的"情感的表现"（科林伍德）和"情感的逻辑形式"（苏珊·朗格）都被淹没在这种想象中。

用神学认识论的知性四范畴（量、质、关系、模态）对人体结构进行审美判断，是基督教美学评价的扩要方法；同时，强调美是对象（人体）和目的的形式（关系），用非功利目的判断对象（人体）的划归（质）。神性的壮美饱含崇高与恐惧，充满了无形式、无结构、道德的理性力量和爱的追求以及超自然的神性选择。基督教的"造就道德文化的人"（康德）和渴望"灵知世界"与现实世界合一的结果则忽视了肉体需要。

失乐园的故事作为《旧约》的导言，把"原罪观"最先传达给基督徒，他们将美喻称为"魔鬼的手指"，因为正是尝试了善恶树的果子，人类才被逐出乐园，从此美与罪恶性连在一起，于是，野性但本真的亚当、夏娃用两片无花果叶遮羞。用"镜子中不是你"（奥古斯丁）既作为防范失"真"，又作为反对装饰人体的禁"美"的道德律令。这尤其是针对女性的，因为她是从男人身上取出来的。

> 女性最先被撒旦诱惑，并把这罪过传给男人。他们被禁用化妆品，要一生保持端庄……应廉耻、自守，不以编发、黄金和贵价衣服为妆饰，只有善行，才与敬神的女人相宜。①

"女人身着艳装，将被魔鬼带入地狱。"神学对女性美容的禁阻来自于性禁忌。奥古斯丁的性禁欲主义理论体系的核心是：性就是罪；肉体生来邪恶；反对妆饰。弗留葛尔批评说："灵魂与肉体间大张其矛盾性而且教导对肉体的注意就是有碍于灵魂的得救。若要不想到肉体，最容易的办

---

① 《提摩太前书》2：9。

法就是将肉体掩蔽起来，因此，展露裸体的倾向就认为是无廉耻的了。”奥古斯丁式的神学家的性别倾斜，把原罪归于女性诱惑，使基督教神学美学理论两性失衡，宗教哲学是这种亚当夏娃式的道德意识与羞耻意识并生的根源，并同时形成了美化人体伴随着罪恶性感的定势心理。这种肉体与灵魂对立的救赎观把美送入了深渊。

美与道德、真实与伪造相冲突的神学理式是基督教审美心理学的基础。抹杀人性，过分强调神性，并以神性替代美的基本内容，用强制手段甚至立法限制人的审美行为，使人对自我美化的欲望成为一种罪恶，这种以宗教圣训为美学特征的时代，严重摧残了医学美容技术活动。美容艺术、人体修造与基督教启示之间因此形成了巨大的历史性冲突。在中世纪，美与艺术被扭曲、变形，失人化的神性把逾越（pascha）作为生命的主题，人的生命由罪过到永生、由犯罪到接受恩典、由污秽走向神圣，是漫长的、痛苦的而又必须经历的赎罪过程；在这心路和天路历程中，没有人的自由和愉悦，爱德与完美相背离，生命陷入冷寂的黑夜，美失掉了形式（形）、抽象（景）和真实（情）启示的价值。

文艺复兴运动冲决了神学的罗网，出现了美、艺术与医学科学的空前繁荣。人们从“道成肉身”（incarnation）中找到美的依据。在并不触犯最高理性的前提下，强调人性化和人的人格特征，并在肉身上发掘神性或神的旨意，使神变成人，天国变成人间，神境变成人境。基督的神人双性，成了新的美学始基；美开始由手术刀、眉笔、唇膏和饰物这些物质化的工具所实现。化为人身，美与善统一，上帝的纯美、大美在现实人体的美的活动中得到体现。“鸽眼，滴蜜的唇，双生小鹿般的胸乳，玉腿和象牙似的裸体”都被先知与神学家们从“天上众灵之相”移到人体，从神坛移到人境，“脊背把全部生产力纠集在一起”①，神和人在艺境中被同时赞美和歌颂。技艺接受了神学的启发，在修造和装饰人体的医学活动中，人类又充分运用了神意。人类天性中本来就具有“美与趣味的法则”。人的认识（符号）、人的意志（伦理）、人的享受（审美）都溶解在“道成肉身”的轨迹中。20世纪后，基督教神学批判了传统的“外在因素观”，而对审美态度、感受和审美理想则予以重视，虽然医学艺术操作手段有明确的“宗教”目的，但从观念、欲望和情感等哲学理性上，已完全与人

---

① 《但以理书》10：5。

融合了。纯粹的非功利性愉快（康德）和托尔斯泰式的情感交流，都在“人类社会和社会化了的人类”（马克思）中得到统一。神学开始承认“自然向人生成”，人是按美的规律来造型、“依照美的尺度来生产的”（马克思）。医学对人体的修造，用特定的情绪、色调服从于特定的功能结构。其简约和繁复、矜持和开拓、雕琢与粗犷都遵循了人体造型艺术的规律；它不刻意取悦神意，而是注重生动的人间个性、力量、性格和风尚；其传统雕塑式的模式被热烈、明快和亮丽的现实格调所替代。医学与医学美的技艺和神学共有一个根本特征：来自于生活和命运，而不是仅仅来自反省。虽然它们植根于内在世界对外在世界的克服，但它们主要是对于自身终极命运的追逐与肯定。

德日进、汉斯·昆、莫尔特曼这些20世纪的革命神学家以极冷静的态度提出的后现代社会的新神学理论，为基督徒世界和非基督教国家的医学美学学科发展排除了精神障碍，并提供了极恰适的参照。“上帝”一定承认和赞许医生在人体上所进行的创造发明，“一切的事都是为造就你们的”，“这权柄原是为造就人，并不是为破坏人”。在当今社会，茜蒙奈塔式的曲线暴露，热浪式的美化人体运动几乎成为一种时尚。神学甚至容忍了杂乱、自主的后绘画抽象，并以禅家的寂静主义态度对待荒谬的减少美学内涵的极简艺术。①

未来世纪是恢宏的大地艺术的世纪，多样的组合、对感觉的协调、在形式上用感情表示完满、复归于朴与游思于淡最终将平衡美学价值的天秤。美学家的终极义务感和神学家的时代精神结为一体，这是在商品文化的背景下对人文主体的又一次成功界定。神学、医学和美学的对话使医学美学范畴变得十分宽泛，并标定这门学科不是纯粹的实用技艺，也不是晦暗莫测的“死海古卷”，任何媚俗行为都会歪曲其学科形象。

人类追求灵魂的自由，追求抽象、崇高、含蓄，追求传统的比例与对称，沿袭“上帝在伊甸园的艺术行为”和创造使命，坚持整体意识，反对破碎、变态的艺术硬伤，更反对矫揉造作、过分夸张与渲染，在放大的原动冲创（reality of power）中摆脱美学戏拟和调侃，在文化断裂与转型中发展医学的美，同时与神学相合，用大宇宙的和谐与比例，创造既美又真的世界——人境、天堂——神境，使医学和人学、艺术和神学在剧变的

① 请参照孙慕义《论神学与医学美学的冲突与协调》，《医学与哲学》1994年第10期。

历史时刻，以本真的刺激力催化医学美学文化的繁荣。

医学与神学都忌恨伪善，需要真美。

身体的美感与观念的确立，不仅仅是造型或自然形成的传统和价值问题，而是引导人类生活的意志和历史秩序的理解；对毕加索的作品《与人身牛头怪物的搏斗》一直存有激烈的美学争议，画家本人也“从来不向我们提供一种或者隐蔽在画面之后，或者由一个头是装着他的观念的哲学家的头、手则是为了表示一种思想而展开线条和色彩的花束的画家的手的混合人抽象地制定的观念”①。美的背后从来都存在着神圣的道德基础，毕加索，或者梵·高、达利，都是把身体与灵魂的集合作为光明与良善的附体，体现和表述如何在生命的焦虑中与黑暗搏杀。这样的美永远带有人类理想的力量和内在的道德诉求。

六　身体与生命痛苦的美学和道德

疾病或身体创伤往往与痛苦相连。痛苦与疾病会使人的情感发生变化，与之连带的是引发自己对他人和他人对自己、自己对自己本身的身体或器官的关系变化。人与自己的疏离感、厌烦、怜悯以及对医生以及他者的期待开始增强。疼痛动摇了自己对于生命的信任。痛苦的人需要爱和同情，身心需要抚慰，而此目的与医学价值相符合。

保罗·利科认为：

> 疼痛这一术语的含义是由身体的某一器官或整个身体所感受到的、确定下来的一些情感来决定，而痛苦这一术语也要有某些自我反省、语言、自身的关系、他人的关系、感官的关系以及与所有一切问题相关的情感来决定。②

身体的痛感是整个身心的痛苦，它具有社会、精神和文化的内部结构，它是由文化和精神、伦理价值以及偏见替代性定义或框定的个人、社会、职业感受所构成的体系，医学、人类关怀机构、心理学专家强行

---

① ［法］罗杰·加洛蒂：《论无边的现实主义》，吴岳添译，百花文艺出版社1998年版，第50页。

② 参阅［法］阿兰·科尔班主编《身体的历史》卷2，杨剑译，华东师范大学出版社2013年版，第234页。原文出自论文集《社会的痛苦》引言，里昂，1999年。

规范了有关疼痛的意义和标准，并由此规定医生有关疼痛缓解与治疗的义务，或者是结成社会性疼痛救助共同体，来确定吗啡类药物的使用权利以及医疗机构对疼痛和痛苦的责任范围。这样的伦理话语对于病人的感受和心境可能会造成各种影响。疼痛在尚未与身心整体的痛苦直接相连之前，就已形成了与经济、社会关注和医疗对策选择的联系。

人类除祈求快乐以外，还有一种隐藏至深的品行，那就是我们需要痛苦，痛苦是上帝给与我们的最珍贵和随处可见但很难直接享用的礼物，那是一种沉重、高尚、典雅、率真的赠品，痛苦是一种教育，是一种人的生命存在，是一种人生财富，是人类一种最厚实的文化。

拉奥孔终极给与我们痛苦的精神体验和生命的苏醒，痛苦是生命的阴影。阴影是对于光明的求证，阴影是一种形式的爱，是一种对于规正的反叛，是一种对于正当的呼应，是一种负向的叙事；痛苦是一种牺牲，是一种用恐怖的责任对于华美存在的承担。人经历痛苦的事件和折磨，是为坚守理性和对抗那些被理性拒斥的事务；有时痛苦是以心理危机的形式出现和发生的，它昭昭于现实的痛感，是为了换取快乐，鼓励人解决情感与欲望的冲突；痛苦是为快乐存在和服务的，悲剧快感构造了不可逃避之痛苦，织筑了生命的骨架，它是人类最后意志的母亲。

拉奥孔[①]就是生命的阴影，因为阿格桑德罗斯们重复的是痛苦。《拉奥孔》使我们认识了这样一位思想巨人，还没有一位比他更理解人类痛苦并精妙诠释痛苦的剧评家和美学家。在神学与哲学的烽火战线上，他勇敢地挖掘了基督教思想深处的主根，同时从单纯的宗教学逻辑和神哲学的、历史的、外在的对立转入历史和哲学、逻辑与神学理论结构的统一，转入用历史科学方法研究神学，这为后来的宗教改革和哲学的后现代萌芽

---

① 拉奥孔和他的儿子们（“the laocoon and his sons”），又名拉奥孔，大理石群雕，高约184厘米，阿格桑德罗斯等创作于约前1世纪，现收藏于罗马梵蒂冈美术馆。罗得岛位于爱琴海东部，很早就有灿烂的文明史。在希腊化时期，罗得岛社会繁荣，成为当时希腊一个重要的经济文化中心。罗得岛人以他们的财富和智慧，修建了大量的建筑和雕塑美化他们的城市。雕塑艺术在那里尤为发达，曾经出现的被誉为“世界七大奇迹”之一的罗得岛太阳神巨像和这尊鼎鼎大名的雕塑《拉奥孔》，都显示了当时罗得岛雕塑艺术的高超水准。拉奥孔是希腊神话中特洛伊战争故事中的一个人物，希腊人攻打特洛伊城十年未遂，后来建造一个木马，并假装撤退，希腊将士却暗藏于马腹中。特洛伊人以为希腊人已走，就把木马当作献给雅典娜的礼物搬入城中。晚上，希腊将士冲出木马，毁灭了特洛伊城，这就是著名的木马计。拉奥孔是当时特洛伊城的一个祭祀和预言家，他曾警告特洛伊人不要将木马引入城中。这触怒了阿波罗和众神要毁灭特洛伊的意志，于是阿波罗派出了两条巨蛇将拉奥孔父子三人咬死。

种植了一粒珍贵的种子；海涅把他与伟大的路德相比拟，尤其是借助于戏剧评论与创作来实现他对于人的内在微细的情感和精神结构以及神经组织或微循环体系的解剖，用医学家的视角审视和分解人的心脑原动力、行为、语言以及人与环境、文化基因、经济、风俗、人种、地理气候、饮食起居方式的因素、各种关系。他就是莱辛（Lessing，Gotthold Ephraim，1729—1781），一位伟大的痛苦的奋斗者。

莱辛是德国18世纪启蒙运动的主要代表，是一位狄德罗式的启蒙运动之王，他撼动了他所处的那个时代。他出生于萨克森一个贫苦牧师家庭，13岁进入著名的圣阿弗拉公爵学校，显现出非凡的天赋。1746年进莱比锡大学学神学，后改学医学。医学院的学习给予他最重要的生命科学知识基础和对于人的思想的完整智慧；他又从灵魂到精神，深入认识了人的肉体组织结构以及生理和心理的行为发生，了悟欲望、需求、犯罪、创造和竞争的生物学基础；他最早发现了戏剧与生活实践的关联，人生舞台和戏剧舞台是同一个人的境遇场，唯有在神那里才是一个理性的美善之地。他同正统派神学家展开了长时间论战。他在痛苦中挣扎，贫困、流离，他晚年幸福的唯一寄托——爱妻和孩子，过早地被死神夺走，孤独以及被世人误解，使他生命陷入深深的谷底，他被摧毁，他尽管挣扎，与崩溃和衰竭作斗争，他一直用克服各类痛苦、用写作排解内心对于死亡的恐惧；在梦中他被置于一个暗无天日的瓦砾堆积的广场，刺骨的寒风在呼啸，卷起的飞沙击打着他脆弱的头颅和充血的面颊，他倒伏在雪地上，呻吟着，泪花结成冰凌，他暗自以为他的心脏也即将停止跳动。这时，他突然看到一束光芒，照在阿格桑德罗斯的拉奥孔雕像上，他几乎凝滞地停留在处于极度的恐怖和痛苦之中的那位祭司的脸上，他还极力想使自己和他的孩子从两条蛇的缠绕中挣脱出来。他抓住了一条蛇，但同时臀部被咬住了；他左侧的长子似乎还没有受伤，但用惊愕的目光望着这一切，他战栗着，处于极其恐惧中，所有暴露的肌肉都在收缩，正在奋力想把腿从蛇的缠绕中挣脱出来；父亲右侧的次子已被蛇紧紧缠住，绝望地高高举起他的右臂。那是三个由于苦痛而扭曲的身体，所有的肌肉运动都已达到了极限，都在痉挛，肌纤维纠结成若干集块，但三具肉体还在挣扎，凸显了终极反抗的巨大张力，痛苦之流延伸和传递到每一根血管、神经和每一块肌肉；莱辛又回到1766年那个寒冷的冬夜，他自问，为什么我的文字表面上还停留在论画与诗上，而不是直指痛苦与生命？为什么我又用转世化身

(reincarnation of men）的概念呼唤在理性时代到来之前已经淹没于痛苦之中并死去的人再回来，以达至真正的人类的完成。

在痛苦的生活中，从理性神学走向启示神学，不是莱辛的思想危机，而是他的一种超越。当他还是一名身份卑微的一个公爵图书馆的管理员时，他编辑了哲学家来马鲁斯的一本小书①，在新教历史上几乎掀起了从未有过的汹涌浪涛。来马鲁斯对历史上的耶稣进行了现代的探索，该书极尽历史批判主义，他激起的轩然大波挑起了正统派神学的猛烈回击，那犀利的对于耶稣生平的历史认识和传统概念的质疑，均来自于严肃的文件和翔实的经典记录，莱辛以此提醒人们在研究耶稣和圣书中不可回避这种科学的方法，他的编辑工作本身就如同激烈的枪战一样，使基督徒和神学家们仿若再次经历《死海古卷》出版时所遭遇的冲击，这是使莱辛成为伟人的英气逼人的历史事件。值此之际，莱辛开始试图把理性与神灵进行统一化，他认为人类不再需要权威，为后来几个世纪漫长的普世运动和后现代基督教文化开凿了一条绵细但流淌不止的智慧小溪。

莱辛的自觉和痛苦的自律，通过对于基督教、伊斯兰教和犹太教的调节，通过莱辛式的宗教相对主义，统一在对于人类痛苦的解脱目标之中；对正义与和平的向往，最后又由斯宾诺莎的犹太神秘主义成为启蒙思想运动的“冰冷几何学系统下埋藏的火山”：“每个事物在永恒神圣的实体中有同一性的基础，实体建基于一切事物之下。”② 痛苦的存在是痛苦的有限性与一切无限的东西的融合，人体的、性的、情感的、爱的、友善与邪恶的、羞耻感与犯罪心理、精神和灵性的、环境的、文化的，从具体的生活俗世到神秘的时空冥界，人的呼吸、消化、心脏跳动、血糖调控、激素分泌、神经介质生物化学活动、生殖、凋亡，以至于一个生命体为自由独立与鲜活而挣扎着使内环境稳定。与统一性原则或这种神秘主义泛神论体系相对立的康德哲学，捍卫着距离原则，人类必须接受有限性和时间的暴

---

① 来马鲁斯（Hermann Samuel Reimarus，1694—1769），保罗·蒂利希称他为历史学家。他的研究成果在其于1768年去世后，由莱辛出版，收入名为 Wolfenbuttel Fragmants（《沃尔夫比特残卷》）的论文集中，该书英译本名为 *The Object Jesus and His Disciples*，*as Seen in the New Testament*（《从新约中所见的耶稣及其门徒》），A. Voysey 编，1879年。史怀泽（Albert Schweilzer）编辑的 *The Quest of the Historical Jesus*（《历史上的耶稣探索》）也收录了本文；德文原本为 Von Reimarus zu Wrede（《从来马鲁斯到瑞德》）。

② 参阅［美］保罗·蒂利希《基督教思想史》，尹大贻译，东方出版社2008年版，第328页。

力法则，人不能永恒但又期盼永恒，这给宗教留下了无限的可能性，神超越一切人的把握，人不可达到的无限性成为康德批判的动力；但从莱辛开始，我们就试图把神秘主义和新教原则连接在一起。这个世界是同构的，而神参与到我们中间，在我们的日常生活中起指导作用，使我们克服悲哀和痛苦，并把所有痛苦都作为暂时的、过程的、非终极的，因为有一种永恒，这个分离的、与人对立的、与我们常理相矛盾的永恒也是一种原则，这一综合与调节在后康德时代开始把理性主义完全融于我们的生活之中，从而我们可以从容地排解痛苦、制造欢乐的世界和快感的文化——美酒、时尚、享乐、消费、麻醉、刺激的生活和泄欲方式等，以与痛苦对抗或消解本来作为无限的痛苦，因为死亡的恐惧和伤病、灾难的痛苦是无法逃避的结局，而我们只有延伸这段距离和这段生命的行程。

归根结底，这是你最后的结局，不管你一生活得如何，不管你留下多少遗产和多么庞大的家业，不管财富堆积如山还是家徒四壁、一贫如洗；不管你如何辉煌、如何轰轰烈烈或默默无闻，四处摆满了你的雕像或连一个名字的符号都被忘却；或清苦平淡，或行善或作恶，这都是你的杰作和完成，是你最精彩的实现，你其实每一天都在等待这个成就，都在和每一个人告别，不是再见，是永别，是诀别，是死别。

史蒂芬·霍金表示，人类如果想一直延续下去，就必须移民火星或其他的星球，而地球迟早会灭亡。至于这个时间期限，霍金预言两个世纪。霍金说，人类已经步入越来越危险的时期，我们已经历了多次事关生死的事件。由于人类基因中携带的“自私、贪婪”的遗传密码，人类对于地球的掠夺日盛，资源正在一点点耗尽。霍金讲的是人类的整体因地球的毁灭而行将灭亡，末日预言已经成为一种文化和观念，这就是那个时间的暴力和生命的有限性，是万苦之源。

人类与拉奥孔一样陷于双重的痛苦中，肉身的与精神的，为真理与雅典娜抗争，民族的责任感使他必须承受这种痛苦，从感觉到知觉直至理觉的痛苦，肉身疼痛的苦，对两个儿子被自己牵连后所遭遇的共苦，那亲子之爱和怜爱以及对死亡的结局连续的恐惧所造成的理觉的痛楚交织在一起；莱辛认为，既然绘画用来模仿的媒介符号和诗所用的确实完全不同，这就是说，绘画用空间里的形体和颜色而诗用事件中所发出的声音；既然符号无可争辩地应和符号所代表的事物互相协调，那么，在空间中并列的符号就只宜于表现那些全体或部分本来也是在空间中并列的事物，而在时间中先后承续的符号也就只宜于表现那些全体或部分本来也是在时间中先后承续的事物。痛苦是一种内在的骨架，把诗的语言和绘画雕塑的线条语言有机地连在一起，逻辑地阐明现象、关系与问题，表现情感，意在说明本质。拉奥孔的痛苦是一种目的与意义；正是在这个意义上，“诗的理想却必须是一种关于动作（或情节）的理想”，而绘画的最高法律是美。当然他并不排斥用一种艺术形式表现其他艺术所擅长的对象：绘画描绘物体，通过物体，以暗示的方式描绘人的痛苦感受和生命存在的意义活动；诗描绘运动，通过运动，以暗示的方式描绘人的行为和内心世界的变化。空间艺术适于描写静态美和富于包蕴性的时刻及应尽力表达人类整体的痛苦。宗教的痛苦是神学化的整体痛苦，是一种悟觉的苦，是根本的、深刻的、终极的、永恒的痛苦，例如死亡的不可抗拒所引发的忧郁、恐慌、烦闷、畏惧、悲情和压抑，都是痛苦的延伸和播散，个我的、暂时的、表浅的、具体的俗事或琐事的痛苦的点的连接，成为长久的但有别于永恒的整体的苦感，那是一种综合的觉悟，是一种痛苦的最巨大的集。

把小苦转化为大苦，把一过性的苦转化为永恒的心灵的苦，只有宗教可为之，而从积极意义上说，它还可以指导人去爱人，去行善，不断内省，寻求救赎和牺牲、奉献自我的快慰。节制、无功利地修炼、几乎病理性地作践自己的肉身，如《卡拉马佐父兄弟》中的费拉庞特神父。尽管陀思妥耶夫斯基对于19世纪俄罗斯流行的圣愚持否定与批判态度，并对旧俄国价值观表示质疑，但他还是接受和审视了基督教苦行主义，费拉庞特赤脚走路，穿戴褴褛，配挂铁链，禁食节欲，以别人的侮辱与厌倦作为自己的快慰；我们观测藏传佛教的敬拜仪式，或者陈建民、李叔同式的皈依；他们用血与肉的祭典，奉献给自己的信仰。

人通过“神圣沉默”的修炼使自己奉行的苦行主义获得实现，他们克服一切生理的和心理的欲望，在物质上苛刻到几乎只能维系最低的热量和生命的运行，努力克制一切过分的动物性需要的联想。他们为自己安排孤独、禁欲、不停地劳作、苦读和苦思的生活内容，尽量使自己的生命状态接近基督的被钉在十字架上的模板，他们把这样的摧残和修行作为一种神圣的救赎的考验，甚至反转为一种特殊美学标准的美好与幸运。每日怀着这样的宁静去接受上帝、道、真谛和圣明的训诫，自觉是人的生命攀登精神极顶的天路历程。基辅的苦修士帕尔费尼似听到圣母说：“苦行戒律者就是为整个世界的祈祷者。”① 苦了，曾经受苦，痛苦过了，在痛苦中……这就是生活，如何通过痛苦通达高远的精神彼岸，而那称为极乐的世界的基础乃是万苦；人苦了，苦过了，则成了人，成了一位大人，成了一个能成为人的人。人要求苦，不求福乐，不求安逸，不求富裕，对任何最低价的功利都无祈求，只是奉献和牺牲，只求给予，无望获得。一种非常态地受苦、自践、自残的心理，渴求灵性地净化与圣化。

痛苦是一种宗教。

痛苦本身就是神学与哲学！所有文化样态都在痛苦的问题上停住，哲学、政治、艺术、医学、社会学和经济学，甚至几何学，都在对痛苦的叙事中存在与发展，历史的统一性和知识的内在结构，都针对定义诠释痛苦、解决痛苦、理解痛苦而激发生命的热情和创造精神，坚定人类意志，培育人类对于崇高生活的理想和不畏艰险的品质。痛苦给予爱以永恒的活水，痛苦是生命的原始动力，痛苦才是生命之母。人生中真正的要务就是生活本身……我们把每一天每一分钟都给予的那种东西叫作生活。搞清楚怎样生活是所有知识的最终目的。

还是这位痛苦的莱辛，其一生穷困潦倒，郁郁寡欢不得其志，除了担任过一位普鲁士将军的秘书，一位公爵的宫廷图书馆管理员等职务之外，几乎总是在失业之中。他比贝多芬更凄惨，比梵·高更悲情，他没有“英雄”和“田园”，更没有“命运交响”的排解与防御；也没有“向日葵”和“麦田”的移情与宣泄；直到47岁之年同汉堡的一个寡妇情思瑰异之后，还是处于哀叹与抑郁中；他寄托的全部生命的音符最后停止了，1781年死于贫穷和孤独之中。他对诗和画的艺术哲学议论，成为他痛苦的心的交感与步行。他没有回应的呼唤，诅咒那模仿的艺术、模仿概念和一切大自然的法则与规律，那些被他捕捉到的诗和画，而二者用来模仿的媒介或手法、画笔与染料，都循着特殊规律的空间中的形状和颜色以及时间中明确发出的声音，一切都停止了，乐曲就停止在痛苦的终止部，没有狂欢和谐虐的结尾，没有泪水和安魂曲的葬礼，只有痛苦，只有痛苦的诗与画。

莱辛认为，一切艺术皆是现实的再现和反映，都是“模仿自然”的

---

① 参阅［俄］索福罗尼《俄罗斯精神巨匠长老西拉》，戴桂菊译，华东师范大学出版社2007年版，第435页。

结果，这是艺术的共同规律。但作为人的痛苦的叙事，以绘画、雕刻的色彩、线条为媒介，诉诸视觉，其审美心理的题材是并列于空间中的全部或部分“物体及其属性”，其特有的效果是如何描绘完成了的人物性格及其特征；诗以语言、声音为媒介，诉诸听觉，其擅长的题材是持续于时间中的全部或部分“事物的运动”，其特有的效果则是展示性格的变化与矛盾以及动作的过程。人们凝视和存留于象征体和具象实物的形态和联想中，他们认知和无限构造的情境与过程，还有那善与恶、罪与罚的因果关系以及后续的结局，再次获得对于恶的仇杀和对善的阐扬或亲近。如同耶稣在十字架上结束自己的生命——替人类忍受极不光彩的死亡；死亡是不可代替的，《福音书》记载了古利奈人西门背着耶稣受刑的十字架，《马太福音》《马可福音》《路加福音》都是这样说的，尽管第四福音书或诺斯替教派的巴西里迪斯认为，西门替代基督被钉在十字架上；但谁能替代去背负本来应该由自己背负的十字架呢？就比如痛苦，谁又可以分担和替代呢？“让她去哭吧！”只有这样，人才可以最终从痛苦中获得解脱。人生路上，弘一并非欢庆自己的解脱，小说家终于没能理解叔同高僧对于生死的解围，他在生死之际，还是悲愍着众生的烦恼与痛苦，他的彻悟不在于个人的超生脱死，而是惦怀着十方众生的苦难，弘一一生工于诗词歌赋绘画音律戏剧，深明空间艺术的绘画、雕刻和时间艺术的诗是可以突破各自的界限而相互补充的。绘画和雕刻可寓动于静，选择物体在其运动中最富于暗示性的一刻，使信众和虔敬的研习者想象这物件和人体在过去和未来的状态。诗可化静为动，赋予物体的某一部分或属性以生动如画的感性形象。叔同的大关爱，对于宇宙万物的承诺化为他的涅槃和超脱的精神，他化生于宇宙之间，并定位在痛苦的位格中。

莱辛对“为什么拉奥孔在雕刻里不哀号，而在诗里却哀号”这个问题进行了耐心细致的比较分析。莱辛认为，拉奥孔之所以在诗歌中大声呼号，而在雕塑中只是“轻微地叹息”，是因为“美是古代艺术家的法律，他们在表现痛苦中避免丑”，拉奥孔真的很痛苦吗？完全是痛苦吗？在痛苦的外表下，洋溢于拉奥孔胸中的还有幸福也未为可知！拉奥孔说出了真话，真实地表达了自己的内心渴盼，这不是一种幸福吗？只有将痛苦不当作一种痛苦，并自觉自愿地承担这种痛苦，才会将之视作幸福，不，这不可称为幸福，乃是一种大自由！这需要内心里的自觉与自愿。

人生可贵在于具有倒计时的属性。

时间给了生命最富戏剧性的品行，它没有重复，没有“悔过”的可能性，只是一次，只是唯一的一次，一次就是最后的、唯一的、不会再发生的；消亡就是绝对的毁灭。所有的对来世众生的盼望都是虚拟的，都是不在现实维度之内的，我们皮囊的干涸就是生命的终结，因此才有灵魂之说、转世之说、复活之说、托生之说、天国之话语、地狱之话语。那么，痛苦又为何有意义？《斐多》篇中的灵魂管理全身的各部分，对它们实行专政，给予它们严厉的惩罚与痛苦，就像《荷马史诗》中的奥德修斯那样捶着自己的胸，斥责自己的心：“心啊，承受吧，你没承受过更坏的事情吗？”① 你怨恨人类，为什么给予痛苦以意义，痛苦本来不应该有意义，人们为抵抗痛苦，虚构了神，用特洛伊的悲剧解决痛苦的原因，那是一种误解。痛苦和意义之间存在着平衡，痛苦是一个宏大的概念，它存在着两重性逻辑、循环的解说和生命的全息性。

全息、同构、整体、同一都是明申：生命在一帧设计图上，对于人的生命，是一元论的。我的我，就是我的这个暂时的一过性的存在，不可复制，我生不再来，但我们设定了爱和善的永恒，否则，那痛苦就是浪费，那痛苦就真的永远不再有意义。首先，痛苦作为符号，被我们感受到、感受过，是那么真切，就如同疼痛，是处于大自然中我们的神经系统的正常反应，是机体面临危机的警示，受苦的刺激帮助我们认识健康与平安的珍贵，不要富贵荣华，我们只要平安健康，只要不再疼痛——多好的告诫，多好的誓言和决断。可是痛苦能否抵挡住自私以及贪婪，能否使人不至于忘却痛苦的价值？疼痛的大自然的苦涩的果实原本是为伟大的善心而设定的超教育，是危难意识的拯救者与先知。其次，痛苦是一种补偿与对于罪过的惩罚，是另一种形式的恩典，我们的躯体与精神都负担着债务，痛苦是对我们平素所犯罪过的最好补偿和救赎。最后，痛苦是一种美的教育和学习的最高深的最后阶段的功课，为了“只要不痛苦了”，我们必须修习痛苦的功德，而你不尝尽痛苦的种类与内容，你又怎么回答什么是痛苦呢？你不亲自体验痛苦的生活，你如何才能理解痛苦有多么难以忍受？多么难以抗争？多么丰富多彩？多么使人难以忘怀？有痛苦，我们不再苟且，我们不再徘徊，我们不再浪费生命；我们就此坚定，就此以博大的胸怀包容这个沉重但多元的世界。

---

① ［古希腊］柏拉图：《斐多》，杨绛译，辽宁人民出版社 2000 年版，第 65 页。

我们依然需要用我们的思想驱逐迷雾与黑暗，我们盼望明天的朝霞和炽烈的曙光。在绚丽的曙光照耀之下，不应该再有邪恶与阴郁，但痛苦是不可缺少的，因为要把秩序与光明投入现实，要使我们的肉身和精神都能够获得自由与安宁，就必须经历数不清的各种形式的痛苦甚至死亡的征程。这个征程就被称作人生。

第三章 “推罗蓝”在行动：我们的未来计划

现在最要紧的是，我们应该设计一个未来的计划，要创造一个从来没有过的，在短时间里也很难信任的研究体制与纲目——汉语语境生命伦理学的语符身份与后续研究的知识系统。我有理由称它为“推罗蓝行动”。

你要作以弗得的外袍，颜色全是蓝的。①

蓝色是古代近东最名贵的颜色，因为它象征蓝天与大海，那是永恒的生命的颜色。蓝色被用于推罗商船的大旗，那表明生命在延续。推罗人自古以来崇拜太阳神，在其宗教活动中常把活人杀死以献祭。因推罗地处地中海沿岸，是一个天然的出海港。随着推罗经济和文化的繁荣，许多国家要上岸攻击推罗，“推罗啊，我必与你为敌，使许多国民上来攻击你，如同还是波浪涌上来一样”。② 推罗由于丰盛与傲慢，成为世人的鱼肉，最后推罗“成为净光的磐石”③；前 332 年，推罗尽管顽强地抵抗了马其顿王亚历山大大帝的征讨，但却无法阻止亚历山大修长堤自大陆直逼岛上，城垣崩塌，城池陷落，大批居民被杀戮。自此，推罗与大陆连成一片，成为罗马时代的重要城市之一。至此，地中海世界把这种“推罗蓝”作为一种符号，地中海文化以蓝色作为人类的颜色图腾，“推罗蓝”更成为一种生命的警示。

康德在回答什么是启蒙运动时指出：

---

① 《出埃及记》28：31。
② 《以西结书》26：3。
③ 《以西结书》26：4。

> 不成熟状态就是不经别人的引导，就对运用自己的理智无能为力。当其原因不在于缺乏理智，而在于不经别人的引导就缺乏勇气与决心去加以运用时，那么这种不成熟状态就是自己加之于自己的了。Sapere aude![1] 要有勇气运用你自己的理智！

今天汉语文化圈的生命伦理学正是缺乏这种勇气与决心，没有自己的语符身份和知识系统，生命伦理学便没有“生命”，我们没有获得推罗蓝的生机，我们事实上已经被学界丢失，或者只余下一副空壳。“任何一个个人要从几乎成为自己天性的那种不成熟状态之中奋斗出来，都是很艰难的。”[2] 我们必须在这种艰难的意念中获取一种成熟的知性，摆脱非汉语语式的历史符形，从混乱胶着的符义的尴尬处境中解放出来，并且排释各种来自于学界无端、世俗无聊、官宦无由的干扰，兴发一场“推罗蓝式”的获得生命伦理学的“是”和生命的“真理世界”的学科建设运动。

第一节　发现生命伦理学的“是”——对学术符形和符义的追查

安静的学术品行与风格，是善和沉思的形，真理并不需要过分张扬，它是历史的必然“到场”和一定“到时”。

用最浅近的思维足以表明，我们总是以经验的世界扩延生命伦理现实，每一天以同样的语言试图解释、评价和裁决对错或责任，我们即使了解周围生命世界的需要和伦理纠纷，也不知晓我们真正裁决的凭据是什么或这个凭据的凭据是什么？我们以自身“内在的”与“主观的”经验和感悟框定“外在的”、“客观的”现象与事件，尽管我们依托于冠冕堂皇的形式和组织制度，也只是对真理的猜测；我们始终带着内心生活的体验以及对习承传统的敬畏，或者对印象中知识的理解，推断出一系列究问历史的方法、研讨问题的语境、回应行动选择的判断以及所谓我们长期奉行的伦理原则——我们甚至认为这些是天经地义、不证自明的。其实，我们

---

① 意谓“要敢于认识”，语出罗马诗人贺拉斯；德国启蒙运动的重要组织之一“真理之友社”于1736年采用这句话作为该社的口号（详见康德《历史理性批判》，何兆武译，商务印书馆1990年版，第22页）。

② 同上书，第23页。

必须明确:

> 任何人类知识都会包含谬误,——这是因为某些知觉是虚假的,且还可能产生臆想的、没有客观依据的概念组合,——所以我们总是面临持续不断的、永无止境的任务——摈弃错误的表象和判断,而代之以我们可以认定是对实在的正确了解的另一些表象和判断。①

首先,生命伦理问题的判定权力掌握在医生或者有权力的医生、科学家手中,他们根本不相信道德判断可以制约医学行动或生命科学技术选择;他们凭借个人的创造冲动与兴趣、凭借感觉与业已形成的流行方式进行生命科学实验与研究,把生命伦理原则或禁令搁置一旁,或者只是在鉴定或公布成果之前,为顾盼不得不通过的伦理组织的手续,程序化或形式主义地整理一份避重就轻的报告,把几份印制好的流行的知情同意书文本附在后面(也许具体医生和实验人员根本没有遵守或严格遵守甚至几乎不理解知情同意的意义和概念)。委员会或者流于形式,或者由权威的医学家掌控,生命伦理学成为医学的婢女。汉语文化圈的医生和科学家也有自认为熟谙生命伦理学的学者,他们连篇累牍地发表伦理文章,甚或向学界和社会做生命伦理学的专业讲演,他们没有最简化的启蒙的伦理或道德哲学驯养,遮蔽了生命伦理学的学科视界,蒙骗了许多善良的科学家和医生。康德认为:“实践原理是一系列命题,命题包括意志的一般规定以及一般规定之下的几条实践规则。”② 在我们没有最后完全找到这些原理或这个“是”之前,我们几十年来却运用各类命题,去解决生命科学实践和临床实践中的伦理问题与难题,我们并没有追究为什么几条苍白的原则背后极其缺乏哲学的辩护?因为那是彼彻姆和其他几位最早的“作家”们的即兴杜撰(当然他们也许是煞费苦心的)。而我们的医学家们在把衡量善恶的先决条件看作只对自然科学或技术工作者有效时,却没有意识到这些实践原理不过只是主观主义的准则,这些先决条件并没有被主体视为客观的通用的法则,它对其他的有理性的存在物就是无效的,他们所自认

① [俄]弗兰克:《实在与人》,李昭时译,浙江人民出版社2000年版,第2页。

② 参见[德]康德《实践理性批判》,刘克苏等译,《康德文集》,改革出版社1997年版,第145页。

为正当的实践原理并非是客观的，也就是说，他们的这种伦理判断行为是不可靠或者错误的。“仁义者常行之道，行之不得其术，以至于亡国。忠信者常用之道，用之不得其术，以至于获罪。廉洁者常守之道，守之不得其术，以至于暴民。”①

其次，生命伦理问题的审议与主导条例的制定，由卫生官员与科学研究、教育管理人代理，或成为伦理话语的发言人。他们以不容辩驳的说服者的身份，剥夺了生命伦理学家的权力，他们不认为他们停留在外在经验的内容中，在伦理环境中使用了官方的暴力程序，使讨论的空间所呈现的生命伦理现象被物质地化简；他们不顾及还有结构解密的必要，使问题被作为关系调节的对象和机会，使人文文化和制度文化相混淆，用行政命令的方式造成人民、社会、历史必须接受的道德事实，以为如此就被事件参与者心悦诚服地接受，结果使道德实践程序结构本身成为行政或政治制度结构的网状思想的纽结。在某种意义上，社会制度的形式结构所证明的逻辑运算体系和过程，表面上由政府官员来完成，实际上，其是否正确，是否能被历史证明，需要集合所有学科的思想精华与研究成就，包括生命伦理学在内的对于生命科学政策和卫生改革公正方案的制定，都是这个结构的哲学基础和精神营养。药物实验、胚胎转移、基因控制以及脑死亡的决定，是必须由生命伦理学界经过缜密、长期、艰苦的论证和反复的检讨才能够获得基本意见的；如果受制于传统文化或暗存暴力的干预，这种意见很可能是错误的。很多参与这些工作的官员，没有任何生命伦理学背景和知识教育经历，没有能力运用伦理思维去判别道德选择的是非；他们用生命伦理的无意识去驾驭和比照行政的现存制度，在具体条款的拟订中，改动几个音位，最后画记一个新的谱号，基础的伦理元结构就此完成。这个连道德空间关系的局部真理都阙如的条例，怎么能作为行动的依凭。知性是一种沉思，不能用狭隘的生命科学心理解释我们对这个世界的信仰，就我们现在的有限的伦理知识是无法解决被理解的生命伦理和应该建立的生命伦理学之间所发现的冲突的。在历史上，制度的暴力伦理压制人的心性伦理，酿成了过多的道德悲剧，造成了政治伦理的不可信任；生命伦理与制度伦理应该有稳定的和谐性，这是对生命伦理无知的政策制定人和执行者并不关注的。制度伦理与生命伦理的冲突掩盖了卫生体制的各种诟病，

---

① 参阅谭峭《化书》，中华书局1996年版，第34页。

但对待生命伦理问题的行政暴力行为已成为我们很多人的思维定式和习性，官僚主义制度伦理的流毒培育了许多“精神的自动木偶”；即使他们属于始终不理解生命伦理原则的人还是在不断编造“知情同意”、“自主与公正”等谎言，人为地挑起医学生活和生命科学社会的思想纷争，不断为政界和科学界添加冲突的引线，而他们并不认为是自己的社会身份的位格错误。

再次，“意义把生命赋予言语，就像世界把生命赋予我的身体：通过一种能唤起我的意向，但不在我的意向面前展现的暗中的呈现。”[①] 生命伦理学作为学科，没有认真表达它的精神与意义，它经常或一直被人误解和歪曲，它至今还没有找到自己的学科语言，被哲学和医学挟持着生存。特别是哲学家们，总企图用傲慢的态度和歧视的语汇，想把它和那些新生的没有居家的学者招安，加之那些可怜的人又没有合法的定位，只好屈从于哲学大亨的传唤。以康德的“伦理”或以黑格尔的“道德”来分辨生命伦理案例是很危险的，即使使用最正宗的康德心理也无法解读胚胎干细胞孕育了多么巨大的生命潜质与生机；克隆技术究竟如何克隆那些基因，如何传达人体和人性的信息，内细胞群为什么可以诱导出无穷的组织器官原体。哲学家对此既无知觉也无理觉，生命伦理学何以承担巨大的康德三问？申明一，我们必须找到生命伦理语言变化中的意义，并且在医学知识的基础上把语言的变化设置为一种动态的平衡。其实，在此有必要明确，对于这些新的生命科学问题，传统的哲学语言和医学人文用语已经失去了它们的表达性并趋于消亡，它们只是在被用来进行技术对话时，为了使各自学科主体在对话过程中保持尊严的一种工具，因此无法掩饰这些不过是退化之中的语言残余。哲学家凭借自己是“人”的感受和经验，凭借自己自认为无所不能的视觉洞察力去制造一个生命伦理世界，结果是远离了生命世界的本真，离开了生命的大道，因为他们从来都是按照哲学的规范去操作哲学文章的，离开了生命原体去说生命，只是为了做“道德文章”而制造道德语言，结局是只有话语的哲学逻辑，而没有生命的生命逻辑，那样的“蛋白质”是没有生命的，是“活”不起来的。申明二，生命伦理学如果作为一个学科，它只属于哲学，但它有相当成分的语言是属于科

---

① ［法］莫里斯·梅洛—庞蒂：《符号》，姜志辉译，商务印书馆2003年版，第112页。庞蒂认为，表达只是一种表面的方式，表达的同时肯定有语言未尽的意义，即是暗隐的东西。

学的，对此传统意义上的哲学家是难以认知的，是难以进入语境与我们沟通和对话的，我们可以参与一个共时性会议，却难以产生科学情感的共鸣；因为双方对于生命过程的理解和对于疾病的省悟是不一致的，即使找到某种感觉，也只是在一个单义的横断面上。科学家能够具有哲学激情，哲学家却不会有真正的科学创造冲动与灵感；生命伦理学者应该同时具有科学家和哲学家的双重创造心理，这来源于他的生命科学知识基础与经历，并且具备哲学家深厚的理论功力以及思想觉悟和热情，那种激荡胸臆的人文气质是一般的医学或生命科学工作者所缺失的。申明三，哲学家可以为过问或关注生命科学或医学的伦理事务，学习生命科学知识和把握卫生医药事业的规律，尽可能达成通透的生命伦理意识，再去驾驭批判的和评价的生命伦理语言行为，因为生命伦理学本该是一个按照一种特殊的严格计划所构成的语言观念结构。科学的、哲学的和伦理的语言作为一个紧密融合的整体，把艰涩的生命伦理问题推给真理去检验。

最后，后工业社会后文化时代的到来，首先是以生命科学技术为标志的，一些本不具有先锋意识的科学家被迫参与及策划媒体传播，因为他们关于生命和人的强烈刺激信息的播放，引发了受众的心理变化或遐想，媒体则悄然地放弃了本真严肃的保护科学隐私的轴心原则，使知识与社会的伙伴关系变为某种商业目的和广告利润的奴隶。媒体主持人和编导苦心积虑地制造与采掘吸引公众眼球的材料，例如用克隆人、换脸术或变性手术作为“决定性变量”①，并装扮成生命伦理学的代言人，由对道德哲学完全无知的电视主持人、记者、科学家和社会人士演出的记述式节目，搅乱了伦理语言和伦理程式，这种经歪曲后发生变异的生命伦理学构建因接受者摆脱不了媒体的误导，而制造了一种被公认存在的新的言语情境，其会话脚本替代了伦理学家的批评，甚至成了微不足道的没有独白权利的小角色。有时，也邀请几位生命伦理学教师粉墨登场，但一般只作为论坛的陪衬，因为编导者只重视怎么样表述（能指）谈资，而不在乎谈资（所指）本身。生命伦理现象或案例已经变成一种悦人视听的奇观，所包容的生命伦理性状浅俗，经典哲学分析文本所蕴含的深度美学体验已让位于简单的

① 参考［美］马克·博斯特《信息方式——后结构主义与社会语境》，樊静哗译，商务印书馆2000年版，第25页。这是贝尔的宣称，他认为知识与信息在后工业社会里，已经成为“决定性变量”，这只是他的一个理论论点。

感官震惊。

社会秩序的稳定和坚定的道德原则能够使大众清醒，我们在生命科学进化的今天有必要保持心境的平和。灵性的家园需要透悟的理觉和生命伦理化的情感的节制，而不是流行的戏剧式躁动。

第二节 “是”之源——学术符质：原理必须“在”

生命伦理学的体系应分列为原理（原道）、原论（原法）和原用（原实）。这个原理（道）是学科的符质，为符义（原论——法）、符形（原用——实）做核心的理性奠基，这就是“是”，它决定这个学科最后是否可能，是否独立，是否被接受，是否有意义。

生命伦理学应该发端于“托马斯主义的内心平静”，是神哲学的思考和悬疑催生了生命伦理学的诞生。

欲望的人性迁怒于律法的诅咒，保罗·利科把罪的实在论吸收到有罪良心的现象论中，重新确立了一个伦理标准，为了不使“有上帝”监督的天道失传和失范，在分析保罗律法书称义的体验对个人的道德责任度、对归罪的轻重及细微差别的赎罪感受、人的忏悔意识、正直或正义、审慎、良心的自责，在此，生命戒律和生命伦理戒律实现统一，但还不是“是”和“应该”的统一，因为生命伦理的“是”，一直是作为一种“存在”而存在的。“是”是“为什么要善”的原理和依据，“应该”是善的标准和善的评判的基本原则，怎么可以互相替代呢？生命伦理高于普遍化伦理，更需要真理的论断，否则就成了卡夫卡式的无人诅咒的诅咒了。就“安乐死”是否是善，要根据对人、对人的死亡、对生命的价值、对死亡权利的尊重、对人的生命的意义、对医学手段的伦理评价、对死亡的文化理解等，最后给出选择的结论，而不是对纯粹安乐死现象的情感判定。

死亡是生命现实化的精神与肉体的二元论，死亡不应该是外加给罪的，它符合生命的基本伦理“法”，是预先设定并在暗中进行的，是肉身的罪、自夸、称义、人生用过“肉体”过程后的后果或结局、收成；我们顺从肉体活着，就必须“死”，医学或生命技术治死身体的“恶行”是由伦理条件评判的，而不是保罗律法的（伦理的）结果。我们被置于律法中，死与“活”是一样的，生命的诞生或发生就是一具“赶死的身体”，“因为我们属肉体的时候，那因律法而生的恶欲，就在我们肢体中发动，以致结成死亡的果子”①。生命伦理学研究生命善还是“人善”？研究“善在”还是“善哉”？应该是综合的“人的生命善”和“人的生命状态的综合的善”，是观照人的精神与肉体的二元，是生命原体、生命文化体、生命相关体的痛苦—快乐的完成与实现。“人—生命在”不一定是“人—生命快乐”，不一定是“生命—责任关系”的协和，可能是分裂的、崩溃的、被排斥的，那个存在也经常凋亡；尽管如此，灵魂与肉体还是存在过并要求最后完成死亡的结局，给与或判决说：“那是人的生命的完成—生命责任的履行—生命关系的协和。”生命实现完全的“善”了吗？是意义的实现还是目的的完成？人是目的，是意义，是一种崇高的价值，被“在”、“快乐幸福”、“责任”、“关系”所拯救，所充满。

生命是先在地服从，是在把人具体化后再道德地在社会关系中完成应有的虚拟，那是精神的形式和成果。无意识存续的伦理过程，是执行道德律令的原始基础，因此，人的生命展现是被曾经的程序控制的，暗隐的作用机制——生命善的达成原理（尽管它不断被修正），是我们必须追究的。神学的原创为生命伦理学发现了这个“达成原理”，而后来的世俗经历消解了我们深入建构学科的热情，一直在没有“是”的前提下延续着，进入“应该”的讨论和对现象的阅读与阐释之中。我们让渡了能指语符，使生命伦理学被圈育在所指的“东西”和这些“东西”的意义之中，而丢弃了生命伦理学语言，我们唯有“言语”，导致我们不理解什么是“生命善”。比如，克隆胚胎的 14 天划定、严重残疾新生儿处置、主动安乐死的权利等，就不知是康德还是“我主基督”、孔子、尼采、利奥塔们在起作用。生命的伦理原理是生命伦理学原理的质料，必须制作一个基本的生命伦理学原理系统，虽然很多人后现代地认为这没有必要。没有原理的学科还是学科吗？没有理论应用的研究还是研究吗？生命伦理的精神现象只有用精神的原理剖析与认识，那是感觉所无法驾驭的。生命伦理的无意识和感觉是有差异的，无意识是先验的道德律，感觉是主体的特定反应，道德观的客观显露已经添加了人的经验和社会影响，不是本真“心中”存在的。

生命伦理领域一经被框定，就出现许多假的设定和假的学问，所谓的两难选择是做文章时制造的。亲生父亲不愿把脏器给女儿，是一个有权利的父亲的个人自由；严重残疾新生儿的处置，应按临床情境自然解决；安

① 《罗马书》7：5。

乐死一定是“结束痛苦的极端”，否则交给“自杀”问题来论证；“杀一个活人取脏器救活另外五个病人”，是玩弄学术噱头，等等。我们被“假生命伦理问题”遮蔽了。生命现象与生命伦理“物如”存在差异，按康德的理论，物如不能渗入现象，它不是现象里面和后面的东西，“即悟性也只能思维它而不能厘定它”。伦理悟性只能厘定经验的对象，而物如是先验的对象。“它的量，不倚于我们的直观，它的质，不倚于我们的感觉，它的本质和因果，没有时间的决定，它的必然性，不靠我们的认识方式。”[①] 在伦理生活中，我们实际上一直具有自然的善的判别力，医生是在医学伦理程序和“善的生态”环境中规约医学行动的。生命伦理学的研究对象有“物如”[②] 的部分，但生命伦理学不可能作为玄学，常常由悟性去表象对象，更不应该由感性去表象，而应了解其真，而不应只看其貌；由此对于人的生命的复杂伦理问题的研究，就变得很艰难。康德认为，现象与物如不是程度上的分别，而是类的分别，但他又反对物如应该是现象剥开感性的表象后所剩余的那部分。我们关于医患关系性质的争论，关于人体器官材料的商品化问题的分歧，关于同性恋行为的判定，关于克隆人或人工生命、人造人体自然和干预人体自然状态或者毁胎术以及安乐死的哲学解悟，都有物如性。我们只能接触和感觉到很多现象，但我们不能最后得出一个固化的模式的结论，我们不能说服人，善也成为相对的。物如似乎是宇宙中的第一因，它决定和推动着事物的发展变化，一切都是暂时的，我们只能在此时此刻此地此关系中进行此判断，今天的结论明天对另外的人和事就不再适用。

在对生命的形而上意义确立之后来理解生命存在与行为的伦理目的、过程的影响与结果的效应；生命的物质形式必须服从功能和意义，因此生命的道德哲学是人的精神的哲学。语言判断生存，并表示生命的形式，是生命的符号系统，生命伦理语言必须能够明示至善性和正义性。人的生命展示在生与死的行动过程中，这是历史哲学给与生活模式（艺术地描绘和物质的消费）构架和完成的机会，由此建立的社会、经

---

① 请参阅郑昕《康德学述》，商务印书馆2003年版，第16—17页。

② 根据康德的解释，物如是先验的对象，悟性是经验的对象，物如的存在不决定于我们的直观，不决定于我们的感觉，它的必然性不依靠我们的认识方式，物如是非感性直观的对象。对于我们的知识体系来说，物如是一个极限，似乎是宇宙的第一因，我们不能对物如或先验的对象有知识，玄学的研究对象就是物如。生命伦理学的很多判断对象是属于物如范畴的。

济、文化秩序等必须接受实践伦理与道德哲学原理的制约；在认识这个世界的同时，我们应该认识生命，并用特有的生命伦理语言解释生命的问题和人的现象，分析善恶，获得价值，评价行为的合法性；我们追求正义，学习各种方法，寻求意义，并追查什么是意义（哲学）以及提出为什么有意义这样的问题（宗教）；最后我们回到“法的正义性”的研究中，借助精神科学或心理学、精神哲学或精神分析方法解决生命伦理和道德哲学问题。

生命原体（本原身体）由物质的（分子生物学）、组织与生物化学的、生理的、大脑、心理（负载精神世界）与现象的新陈代谢（熵增）、生殖、衰老、疾病、残疾与死亡等构成；生命相关体由社会、经济、国家政治、权力与制度、政策、伦理与法律、战争等构成；生命文化体由哲学、语言、文学艺术、教育、宗教、科学等构成。生命伦理学是在这样的自然生命的实体语境之上建立的，但作为核酸—蛋白质（物质的）、器官—系统（肉身的）、心理—精神（人性的）、制度—关系（权力的）、物如—诺斯（灵性的）——“完整的生命”，这个自然的实体的概念就必须重新扩展。结合黑格尔的精神哲学，生命伦理实体应该：（1）由肉体的欲望和心理召唤作为基础构成的生命组合（作为直接和自然的精神）——比如家庭、肉身、性、生与死亡问题以及被文化或者被异化而形成的冲突，家庭的生命伦理精神是被感受的精神，是爱与信任的直接性自然，肉身的健康与医疗保健、生殖方式、技术与养育、家庭成员关系。（2）为了维系生命存在的利益，并使独立自由的个人生命和家庭生命共和体联结起来成为生命体网络社会，以利益需要或生命的物质和非物质的基础构成经济系统，在分配利益过程中制定伦理制约的法则，以解决物质短缺或人性贪婪和自私所造成的不公平，建立有利于生命存续的道义社会；医学社会是人的生命形体的集合，它是为了解除疾病、缺陷或获得美感与享乐而建立的，这种生命逻各斯是生命意向性的反映，虽然它还不是最后的生命赋形的意义，但它一定是身体的意义，这就必然给生命的伦理认知或伦理判断提出一个物质并同时是精神的生命体—意识体系。（3）作为制度的目的，此目的是作为伦理权利保护的对象而制定的，也同时监控与生命权利相关的职业权力的过度膨胀或滥用，但我们在确立制度之前，是把体验作为生命世界意义的基础的，而没有很好地顾及体验的意向是否跟从我们实际生活和科学发展的需求。生命的伦理观念和“是”的判断依据，是处在“自然、身体、灵魂和哲学意识的连接中”的，①这个连接已经被现实生活和生命伦理技术所断裂，我们业已形成的秩序是被裹挟在裂缝之间的。②人是有精神的生命，生命伦理学应该是有生命的精神，医学社会和医学关系纯粹是一个有机的并由特殊目的集合和编制的整体；是以表面生命保全以及健康照护、解除痛苦、祛避死亡为利益或目的的，而将完成此目标的是一些职业人和被这种职业眷顾的人以及发生这类事件和现象的网络中所涉及的各个群体的共同体。“把所有人都有权力的东西给与所有的人；不去夺取属于别人的东西。”③医疗资源应该是所有人共同拥有的，任何人不可剥夺，特别是对那些急需救助的生命，不能以任何理由中止这种供给。

我们需要确立“是”的系统，第一，必须重新创制一套新的道德哲学理论，用形而上的语言说明生命伦理学的精神实质，制定一个基础，指导“应该”的原则架构。第二，要承认现象的差异性和多样性，问题只是相对地发生和具体地被认知，个体的解决只能是个体的现象的存在，有些甚至不可能重复，不可能用一个标尺评判所有的现象和问题，没有永远的、永恒的、绝对的“真理”与原则，只有变化的和具体的、不断更换的法则；只要不违背在此时此地此文化框架和经济背景下的“世俗善”和“相对善”的公认范畴和不低于公众或社会的道德心理底线，就可以施行和作出决定。第三，任何生命伦理的问题都不能违反“爱”和抽象的公正，即使做起来很难，也必须坚持良心的平静，生命的本体应该是一个“自由”，最快乐最幸福最自由就是“最善”；相对于另外的生命处置，只要保留这样的“最”，就是那个“爱”与“应该”。第四，要建立一个权威的象征，要有一位“上帝”，没有至高无上，就没有约制力，精神的阙如就是“恶”的始因；只有承认“上帝”的至善性，伦理才有终端；没有崇高，就没有心理根基；没有信仰善的河流，就没有发源。

---

① ［法］莫里斯·梅洛—庞蒂：《符号》，姜志辉译，商务印书馆2003年版，第220页。庞蒂是通过对胡塞尔现象学的评论来解释观念世界与体验世界的关系的。

② 参阅［德］黑格尔《精神哲学》，杨祖陶译，人民出版社2006年版，第330—343页。

③ ［美］恩格尔哈特：《生命伦理学基础》，范瑞平译，北京大学出版社2006年版，第166页。恩氏又提出联合体的概念，在对医学社群的卫生利益的俗世道德解释中，必须确立国家政府的权威，而政治权威必须成为道德的力量，化生为卫生医疗政策的哲学价值体系，支持生命的保全等问题。

第三节　生命伦理心理的后现象学证伪与生命原体的适应

生命伦理的心理基础归根结底是显示道德自身的现象，并对于“它自身”的一种伦理暗示，同时是对隐蔽中介的一种揭露，“面向事物本身”更适用于生命伦理问题的解释方式，海德格尔所看重的胡塞尔现象学准则，也是探究生命原体和揭露道德现象伪善的依据。道德意识活动的现象学作为道德现象的自身—显示，被当作此在的解蔽过程，对人类躯体（生命原体）的适应性研究，应该是回到生命伦理现象的原本意义的先验思考的途径。[①]

一　生命伦理心理的后现象学与适应

爱给了我们适应的理由和能力，爱给了我们生活的权利，爱可以破解一切谜团；人类的爱带来欢乐与活力。伦理心理学研究爱，研究爱的包容和外溢的特点。“爱的生活是最丰富的生活，因为它使感官充分地发挥作用；爱带来青春活力是因为青春活力的本质就是容纳。”[②] 我们应尽可能适应进步，适应变化，适应困难与情感的挫折；因为不习惯和缺乏连续性而造成的窘迫的最好化解方式是爱。爱不依赖于财富，爱可以赢得精神的饱足和集体的富有。生命伦理学对于爱的解释和原则的创制，对于尊重自主、切勿伤害、医疗行善以及公平正义的阐释与应用均需探究伦理心理学，从而求证“生命伦理学即是生命之爱”[③]。

我们人类的肉身适应是自然的赐品，胸腺与阑尾的退化，正是为了适应物质与社会的文明进步。为抵御环境变化、物理化学因素或微生物侵害，机体会出现应激反应，应激所产生的适应性激素的绝对量过多或不足，都会引起疾病；应激时绝对量过多或不足的适应性激素的影响，在外

---

① 张灿辉：《海德格尔的现象学概念》，《中国现象学与哲学评论》，上海译文出版社 1995 年版，第 143—145 页。

② 同上。

③ 这句话语出日籍新西兰生命伦理学家、筑波大学教授 Darryl R. J. Macer 博士所著 *Bioethics is Love of Lofe* 一书，由 EubiosEthics Institute 1998 年出版。该书对生命伦理与基督教的爱进行了系统的解说与论证，并取生活的现实去解决信仰的问题，又用神学的研究处理生命伦理的困惑。

围的靶子器官中持续存在；应激时各种拮抗的适应性激素相对分泌失调；由于应激所引起的代谢紊乱改变了靶器官对适应性激源（应激源）的反应；机体的其他器官和系统，如神经系统、肝脏与肾脏的反应异常则在应激的适应中引起疾病。肉体的每个部分都在内外环境的变化时进行适应性调整，如果调整后建立了新的平衡或稳定的系统，健康被巩固和保持，反之则出现适应性疾病，甚至因系统被破坏而死亡。

我们生存于应答变化的感觉之中，E. H. 韦伯对最小可觉差（just notice-able difference，简称 jnd）的研究，使我们明确了人的心理适应度，即感觉印象的最小可觉差不是一个绝对的值，而是一个分数。韦伯分数是一个常数，可以用新增的刺激量与原有的刺激量的比值来表示。古斯塔夫·费希纳没有像穆勒那样强调斯宾诺莎的泛神论，而是夸张了斯氏的唯物质观点。费希纳的"白天观点"和"夜晚观点"[①]的生命解释学，对主观生命的认识已经走入宗教的尽头，但是他却开启了适应心理学的先河。韦伯定律说明，人对客观世界变化的感觉差异不是一成不变的，它随重量变化而变化。天才的费希纳发展了韦伯的公式：

$$S = C\ \ell og\ e\ (\sum j / \sum \text{阈限})$$

S 代表感觉的数量（假定是由刺激值之和所引起的），C 是一个常数；当刺激（$\sum j$）大于 0（即刺激处于阈限以上）时，感觉就表示与 jnd 的"距离"比率。这种比率不是线性的，而是对数关系。人类在受到绝对值较小的刺激时，刺激值发生小的变化就可能会引起注意；而当刺激的绝对值较大时，同样小的变化可能就得不到注意。于是刺激就会受到自身以外各种因素的影响而具有各种不同的心理意义。如果我们心理上一直处于平静状态，即使稍微一点小的刺激都会引起恐慌，但对每天都经受较大刺激的后医学社会的人来说，很多由生命科学技术进步所引起的刺激量已不足以引起惊愕；克隆人的湿件人工生命比起强人工生命（硬件与软件人工生命）来说对人的情感刺激已经逐渐减弱，现在谁还会为试管婴儿感到紧张和忧虑呢？正如费希纳的问题：一个人拿着 10 克重的物体，再加上 1 克重的物体，这时对 1 克重的物体的感觉标记是什么情况呢？难道我们

---

① 费希纳的"白天观点"为：能够知道生命与心理；"夜晚观点"为：不能知道生命与心理。这是他对"宇宙另一边存在主观的、生命的方面"的心理原子活动学说的说明（详见爱德华·S. 里德《从灵魂到心理》，李丽译，三联书店 2001 年版，第 101—102 页）。

还会大惊小怪吗？在生活中，只有⊿超过某个特定的值，如果给与的事件低于jnd，是属于“阈下的”（below threshold），我们就会感觉麻木不仁。适应使我们逐渐习惯了这个变化的世界，使我们克服心理和生理的危机；我们的理性也是有限的，适应使我们战胜了很多原初认为几乎无法战胜的压力与干扰，我们由于正在经受狂风暴雨的考验，已经听不清什么人在弹奏肖邦的降D大调前奏曲《雨滴》，更无法分清是帕格尼尼的《魔鬼的笑声》还是塔尔蒂尼的《魔鬼的颤音》了。“费希纳可能受到了赫尔巴特（他相信所有的心理元素都是力）的影响，认为对阈下刺激的这种感觉印象是作为世界心理（a world mind）的一部分而存在着。”① 费希纳不仅想把物理世界与心理世界联系起来，而且，他企图把白天观点和夜晚观点连接起来，提出生命与心理的很多问题人类是不能看到甚至难以感知的。“他以为自己不但有证据支持他所谓的世界灵魂的存在，而且有证据支持个体单元附属于更大、更广泛的实体的观点。”②

感觉是身体的生理觉悟，有时表现为直觉，直觉很复杂，和感觉有关，可能会蓦然产生一个跳跃，飞跃到悟觉，但这种现象很罕见。所谓悟性，就是重复以往遭遇所留存下的记忆或多次浮现曾经的直觉体验的痕迹，就是培育了累计体验的“经验”。知觉是有思考基础的体验，是认识的开始。好坏、善恶的判断应该是在知觉和理觉之间。一旦把欲判断的对象定性就过渡到了理觉。最后是悟觉，是一种自由的、自然的、不加修饰的发生，这种自由的感觉又是建立在认识、认知、记忆、判断、辩护、比较、定性的基础之上的，它是一种灵性的、思考之后的成果，灵性思考之后的灵感往往是悟觉，灵感是在长期的知识积累、磨炼训练、涉猎造化基础上的升华，理性的升华就是悟觉。

曾经作为费希纳医生的R. H. 洛采被看作最后一位自然形而上学主义者。从医生到哲学家的心路过程使洛采建立了独特的灵魂理论，他认为，只要不讨论心理状态和物理状态真正的本质，就可以回避宗教与科学的冲突。人的灵魂不受神经系统的空间结构影响，只受神经系统中某个特定的

① 爱德华·S. 里德：《从灵魂到心理》，李丽译，三联书店2001年版，第104页。

② 同上。费氏意在说明宗教灵魂说对人类的真实性和生存论价值，这实际上是科学与哲学、科学与神学的问题；我们的生命神学就是要解决或解释人对看不到的生命和心理无意识理论问题。具有讽刺意味的是，一些宣称立足于现象的心理学家，却提出了无意识（无法观察）的过程，这其中也包括一部分思想家在内。

点的活动强度的影响；肉体到底是什么？灵魂如果作为神经活动的空间模式，它为什么不可以占据空间？感觉甚至知性的信息、皮层运动、无意识活动的心理加工，如果不是由身体中的“上帝”控制，那么是什么起着作用？是谁发出的命令？其目的是什么？洛采的灵魂说溶解了宗教理念，使其用科学的溶解剂创制了一个科学神学概念：灵魂可以在自己内部进行活动，可以引起某些身体运动，灵魂并不知道生命机制在执行完成各种动作的命令。灵魂由生命机制控制的观点重叠了上帝的功能和意旨，上帝通过生命机制发出生命的号令，这对临床心理学家和神经生理学家来说，没有任何思考和探索的障碍；在有上帝知识的前提下，每个人都在过程中运动，并同时说服自己服从自然，适应自然，以求得变化中的心理稳定与平衡。生命科学还会发生更多更大的事变，人创造任何奇迹，都由“生命机制”控制，都是对先验图示的重复设计，我们只有接受；对基督徒来说，生命科学应该由生命神学规范；但对我们而言，任何研究本应在“为人类造福”的宗旨之下，只要不偏离这个中心，我们就应尊重科学家的劳动并给与支持和鼓励。人的世界是自然世界的一部分，自然的福祉就在人的社会内，就在今天，就显现在科学家的创造过程中。正如伟大的德日进所指出的：天惠、灵魂、神圣生命是综合的现实；科学分析不应该搅乱我们的信仰；“相反，它应该帮助我们更好地认识、理解和重视上帝。……对宗教生活来说没有比接触充分理解了的科学现实更强大的自然食粮。”①

> 把科学和基督对立起来，或者像两个陌生的领域一样分离开是徒然的，是不公平的。科学不能独自发现基督——但基督使我们在科学学校里产生新的愿望得以满足。人类下到多元物质世界的腹地，再由此回到精神统一的中心的循环是个自然的循环。我们可以说这是个神圣的循环，因为他已首先被先下地狱再升天堂以充实万物一切的那一

① 请参阅《德日进集》，王海燕编选，上海远东出版社 2004 年版，第 241 页。德日进神父是把宗教与科学结合得最好的学者，他对于上帝与人、上帝概念与生命本质的理解是独特的，带有对人的生命构造精美的激情和赞叹，同时怀有对上帝万有的虔拜与信仰。本书这一段文字译自 1921 年 2 月 27 日德日进在巴黎的一次报告，题为“科学与基督——关于对物质的科学研究如何可以并应该用于重归神圣中心的几点看法”。

位走过一遍。[①]

即说升上，岂不是先降在地下吗？那降下的，就是永远升诸天之上要充满万有的。[②]

二　生命原体和身体文化设计的道德证伪与伦理心理适应

人类常常会迁就自然与社会，有些意识的选择甚至出于无奈。当某一事件发生时，个体就成为自我意识的反应中心，他开始对事件的发生产生对该过程的反应链，而且必须重新调整情绪与关系秩序，原有的模式经过繁复不定的时间的改造而出现变化。当整个社会经验与行为进入该过程以顺应受到他对意识或了解的更改与限制时，智能的惯性就逐渐建立了，正是通过反向过程，即个体经验返回其自身，整个社会过程被引入该过程所涉及的那些个体的经验之中；正是通过这种方式，个体能够对其自身采取他人所取的态度，能够有意识地使自身顺应那一过程，并自觉地接受它。克隆人的诞生作为一个文化社会的重大事件，也迟早会被引入个体的经验之中，逐渐被视为一种存在的自然。

人是适应的动物，除感觉对创造人类的文明历史的适应外，更重要的是文化的适应，人类对自然环境、社会文化环境的顺应是使生命得以繁衍、文明得以延续的原因之一。对社会环境的迁就，根据环境条件改变自身，不断调节自身与环境的关系，使之协调，是人的本能。文化适应包括同化与调节，同化必须完成人对于文化新事物的认同与脱敏，恐怖、震惊，视为异己，了解与熟悉，亲近与接触，接受与视为自己，同化完成。各民族对其他的事物与生活方式的学习，文化上的调节，朝向兴趣、好奇、新鲜感与自然、自觉。克隆人这一科学事件对人的刺激可使人们产生心理消退性抑制，只要“它”不伤及人，“它”就会使人与社会对其适应，并最终成为人类全体的一个构成成分。克隆人同样作为人类的一个部分参与全部社会生活，进入历史与人的自然，进入人的意识和经验之中，并随之发展并得以完善。一种复杂的人格在一定意义上是正常的，人们一般是依照我们所处的社会情境和所属的社会群体对整个自我进行组织。我

---

① 《德日进集》，王海燕编选，上海远东出版社2004年版，第241—242页。

② 《以弗所书》4：9—10。

们同现在的人生活在一起与我们同过去的人生活在一起或是我们与克隆技术创造的人生活在一起都将构成社会。当惊异和新鲜感逐渐褪去时，我们将十分适应并习惯于生活在这个社会中，只不过最初也许有一个调整我们心理品性的过程而已。在我们所属的那个作为整体的群体之中，每个人都有一个本来自觉统一的自我，但那个自我可能经常发生异化或分裂，甚至飘浮不定、反复无常，这种分裂的迹象在每个人身上都会出现，何况克隆人的人格结构了；但社会必然会习惯于这种分裂的发生或不发生，而其最终是一个老调重弹、司空见惯的“迹象”而已。分裂在我们身上的闪现只是暂时的，我们会因习以为常而很快摆脱它。

我们乐意忘掉某些事情，摆脱把自我束缚在过去经验中的那些东西。这里的情况是可能有不同的自我，至于我们将成为哪一个自我，取决于所涉及的那一套社会反应。①

适应的品性可使我们进入未来社会，与那个世界一切新鲜的事物相互沟通与接触，并且从心理和情感上筛分出自我与他我。当“我”把属于自我的部分吸纳进来后，我们将适应于它们并形成一个新的自我整体组织，这个顺应共同体的过程就是生存竞争的过程，我们在顺应中的变化是十分重要的。一个有秩序的社会的价值是人类生存所必需的，但要使这个被大多数人适应并满意的社会向文明发展，就必须使每一个个体不断地随着文化的进化而接受改造。真理不仅是作为事实被发现的，也是个人的一种创造。人类适应新的科学环境、接受新成果是一种义务，克隆人有其负面作用，这是负面作用有些是可以被化解的，有些则可以通过社会伦理控制加以克服，如商业化或被滥用。马林诺夫斯基指出：

人类的调协行为是本于生理的和与生俱来的天赋，和这种行为是在全人类一致的模式之下进行的。②

---

① ［美］乔治·H. 米德：《心灵、自我与社会》，赵月瑟译，上海译文出版社 1992 年版，第 127 页。

② ［俄］马林诺夫斯基：《文化论》，费孝通译，中国民间文艺出版社 1987 年版，第 90 页。

在各种文化形式交互影响的基础上，人们通过各种文化媒介进行交流，每一类文化传统都出于一种迫力而放弃一部分又吸纳一部分，从不适应向最后的适应过渡，终于把外来文化视为本体文化的一部分。后现代文化的先驱利尔塔在评述亨佩尔（K. Hempel）的《自然科学哲学》时说："19世纪的科学称之为证实，20世纪的科学称之为证伪。"① 而21世纪的科学在一个文化超越的更高理性的基础上可以被称为"证明"。克隆人技术本身就是一次文化证明，它为人类自身的发展与改造提供了更广阔的空间，同时证明了这次生命科学技术创作和存在的真理性，它远不只是回答疑问和填补空白或戳穿谎言，而是证明了人的能力和人的发展。

文化已被视为社会发展与变革的关键环节，文化使新的技术准入并且对它的社会"承认"变得容易起来，文化已成为社会增长标志之上的社会发展的终极标准。任何民族与区域都有独立的文化判别标准，都有选择或接受某种技术的权力，他们可以由于偏爱的不同而引进或拒斥某项新事物，但他们有足够的信心欢迎最先进、最适合于自己的创造。文化设计及社会发展的终极标准一直制约着社会的环境，我们能否扩大彼拉多"你们看看这个人吧"来完成我们的文化设计，从而认识真理并使科学成果具有人道主义。人本身是对真理的一种回答，尤其能够解释历史过程中的暂时的迷惑，克隆人不仅可以承担这种回答，而且可以协助完成一个科学时代的文化设计。克隆人设计是一种文化设计，它不仅是对真理的一种科学追求，而且是为了人的某种实现。对此，科兹洛夫斯基总结说：

> 文化设计也不仅是人，因为存在着的人还不足以作为人自身及人的全部形象。对人来说，人不是最高本质。高于人和文化的是神性的真理。②

生命科学设计是文化设计的一个重要内容，它是21世纪新文化生活的标志，它始终处于探究真理、探究人的本质、探究人的各种模式的漩涡

① ［法］让·弗·利尔塔尔：《后现代状态》，车槿山译，三联书店1997年版，第52页。

② ［德］彼得·科兹洛夫斯基：《后现代文化》，毛怡红译，中央编译出版社1999年版，第207页。

之中，技术发展只能促进真理去蔽和人的本质去蔽的设计。“技术是存在的去蔽的一种方式”，包括克隆技术在内，生命技术更佐证了科学对文化的要求，人的完整的形象与人的正在发展和改造过程中的本质在文化的复兴过程中日益显明：人是这个人，又不是原来的这个人。

三 生命伦理心理对生命伦理现象的约制与规划

任何新的生命伦理认识的建立，都不可逃脱成人期道德心理的经验过程，我们把发展的、皮亚杰式的认知—结构经验模型与成人期个体道德经验模型结合起来，试图从道德选择与责任的分析方面解决对伦理现象的评价。①

我们是在责任的肩负感觉中寻找各自的道德定位的，意义与价值的判断是这种寻求的基础。人本主义心理学忽视社会发展和科学技术进步对自我实现的决定性意义，使生命伦理判断易于陷入两难和道德心理冲突之中。很多对于生命伦理现象的争论就源于这种约制，我们人类从对堕胎一直到克隆胚胎技术生命伦理的争论，都因为过分强调宗教道德的传统，而不能理性地规划我们的科学行为。西塞罗一直忧虑人类离开美德选择生活，按自然还是按科学抑或是按真理生活不是心理学问题，而是哲学问题。因为哲学才能给与我们以意义。我们是在意义的追问中实施和检验科学价值的，善的价值不应该以某部分人的偏好被扭曲或被掩盖。显然，人生之视为享受快乐的观点是不符合美德理论的，人的存在必须肩负做人的责任。西塞罗还说，造人是为了两个目的：思想和行为；② 我们要在人的行为和思考中，也就是在道德的生活中追求快乐。无痛苦的人是不存在的，我们可以通过伦理心理的训练，减少或化解人生命的痛苦。生活空间里的每一个部分都可同等于一个区域，我们填画生命的时间维度，生命常常因伦理心理危机而发生位移，人生命的各阶段需要的是一个复杂的自由运动的多连通区域；约当曲线（Jordan curve）相当于拓扑学中各种连续的环形，它是本身不相交的封闭曲线，它把平面划分为内、外两个区域，区域内均可通过与曲线不相交的道路连接任何两点；约当曲线是完成生命

---

① 请参考［美］L. 科尔伯格《道德发展心理学》，郭本禹等译，华东师范大学出版社2004年版，第474页。

② ［古罗马］西塞罗：《论至善与至恶》，石敏敏译，中国社会科学出版社2005年版，第56页。

各点连通的心理边界。伦理心理边界的打通，必须靠我们的道德心理训练，如同信仰训练一样，来改造我们的伦理生活。人的生命最初是因为一系列基本需要而产生发展自我、克服自我、改造自然、创造文化与文明的动机和动力的，这些都需要在规划中分别实现或遭遇挫折，一个个连通和传递再产生新的需要，理性的、善的、美好的、秩序的、正义的、苦修的和忘我的实现，表明了人的生命的完成。

人的生活是创造性的，生命科技伦理的生活更具有创造性，这种生活集中了人类的审美感受和发现未知世界的热情。生命科学的冲动其实一直充满着“善”，它是整体道德的一个部分，它涉及人、世界和宗教的真实状态和需要，它的价值体系从来是科学道德选择的基础。压抑创造冲动，常常是不道德的；有时这种压抑反而会引起道德上的邪恶，必须靠至善主义的心理调节技术来治理或疏导，以使其不致因冲动的抑制而引起负面的强化。当然，必须把道德上的善同内在善的所指在现实中加以区别，在生命科学的创造中，我们应该追求和促进那些自身就是所谓善的行为状态和体验，但也要关注它们所产生的效应或结果是否符合社会和人类普遍的价值和标准。科学家创造的快乐有些是与道德选择无关的，但它却可能会导致道德的后果。如果只追求创造的愉悦而不顾及公众的利益，甚至伤害社会或人类就是一种恶行。因此，科学的自由是有限的，是被道德责任所限制的。善行必须导致利益、健康、爱、团结、快乐和避免痛苦；在此过程中的心理冲动效应是可以计算与衡量的；但医学活动和生命科学的研究却不可能通过计算而确定在道德上是否应该做。我们的常识、习惯和经验以及其他可以提供我们计算的因子不可能令人信服地代入这个尚不存在的算式。这个价值判断又会受到文化因素的影响与干预，伦理学的辩护就显得十分软弱和无力了。如果通过计算可以获得是否进行某一项选择，或者某一项选择是道义的，这固然值得，但这种计算对于克隆人伦理判断则无能为力。科学家也许出于纯粹的创造冲动，并未顾及其善恶的后果，因为他们没有伦理判断的经验和习惯，只是为了追求创造；责任感已经在当代生命科技时代被淡化。

自由是人对允许限度内这样或那样行为的选择；人的自由结构是人的连续的生物学的、心理的、社会的及其理性和感性双重决定的行为选择的秩序。“行为是把感性和理性世界结合起来的媒介，而在康德式实践理性自我立法的道德法则之中充分包含意志自身的根据，但为了实现意志，就必须对意志对象作出规定。”① 现在我们无法凭空判定技术行为的善恶，也就是说，可以把生命科学技术看作中性的，必须参照其行为后果的形成方式，其理性方可进入悟性范畴，实践理性才会以行为方式提供评判，并且同时参照目的与结果。如此一来，科学家以纯粹意志的自发性为基础的理性范畴，就可以成为实践理性因果性的自由范畴。欲求有着各种各样的对象，人通过自由范围，决定对这些对象进行选择，从而欲求则被提升到理性意志的高度。偏爱只有具有理性的指引，自由才是清醒的。“自由是自然世界的赠品”，但自由总有限制，如果自由无限，就不会有自由。自由是理性世界的秩序，正如从“量”的表达式中的准则发展到法则的表述那样，一切行为终归会进化为接受道德法则的制约。情状的范畴就是指导一般实践原理向道德原理过渡的范畴。每个人包括科学家在内，都必须听从良心的召唤去选择自由，从根本意义上讲我们“是自由的”，但不是“有自由”；“是自由的”是评价“自由的”情状，“有自由”是自我感受；如果听从良心的反省，在道德反省中生存，将获得行为选择的最后自由。存在主义并非鼓吹无拘束、无制御地建立在诸价值合理性之上的绝对自由，萨特不否认存在自由的责任。萨特同海德格尔一样，经过康德向黑格尔式复归，因为黑格尔认为历史是自由增多的过程。完全的自由意味着只要想做就能做到，但这种不遭遇任何挫折又容易做到的事是极其有限的，对有些人有些事来说，这一可能性几乎是不存在的。范伯格一再申明“实际发生”和“意向中的”两种自由的差异，即意向性自由只有在作为欲望满足手段时才是有价值的，自由和欲望满足是两回事。自由必须合理地排除某种障碍或约束，这种障碍和约束只有不合乎法律或代理规约，才是非清除不可的。传统和整体的约制当然不一定就是合理的，因为伦理也必然会发生变化。禁止规则的“内在权威”，除内在的良心认同外，还须经过反复的分析和辩护，最后解决新生事物与传统伦理约制的冲突。

不加限制的享乐主义原则是有害的，不加限制的自由也不是伦理化的自由。生命开始时是一种期许，而后就是一种使命；因此，伦理化的自由必须建立在伦理责任的前提之上，我们要为因某项生命科学技术研究这一事件所发生的危害负道德责任，我们必须能够管理控制这一事件或现象，

① 请参阅孙慕义《后现代卫生经济伦理学》，人民出版社1999年版，第198页。

科学共同体既然有能力来完成这项科学计划，就必须履行有关这项计划的指导控制和管理控制的责任；我们有时无法阻止一件事的发生，但我们有责任对之进行指导与管理。盖里·沃森（Gary Watson）提出了道德责任“多重来源”的一致性理论，他刻意研究了偏爱的不同来源，对道德责任的影响；依照沃森的理论，“估价的偏爱”往往不如“动机的偏爱”更有效用。研究者可以放弃或无视研究的目的与理由，只凭感觉的驱使操作其行动。沃森认为：

> 评价的偏爱反映了行为者可以用来辩护的东西，把他的生活作为一个整体来进行考虑。①

科学家对其的选择，一般而言，都应负道德责任，这种行为应该表达他的品格、习性与偏爱或许这种品格的变体，但这种动机的产生不只是由心理成分的驱使，而应该有履行社会责任的作用。科学家和科学共同体不能没有社会责任感。个人的在某种意义上就是社会的，人离开社会就不是人，也不会有科学的社会行为；科学行为就是社会行为，社会的当然应该以道德选择为先，没有道德的制约，就没有人与社会的存在，科学成就也就没有价值。科学家的行动选择既是社会的又是历史的，个人的瞬间选择仅仅是表面现象，责任归因在认识上是历史的，道德责任也是一个历史概念，科学行为不是个人的行为，伦理的心理学基础的内核是道德意识，科学共同体更是社会共同体，它们一直承担着神圣的历史责任。技术的行为人应明确，这项技术必须承担完全的伦理责任。

新生命技术成果的诞生过程就是人类的历史过程，这一成果是科学家行动的结果；这一科学行为的后果可能引发的伦理纠纷都应加以逐一解决，并且被合理地处置，至少应对当代社会作出一个公正而有说服力的答复；这一行为确实是为造福于社会或在不伤害社会的前提下造福于某个群体与人的，同时与医学科学的目的不相背离。

人通过一定的机制承担道德责任，并在环境关系的作用下，逐渐拥有对这种机制的所有权，最后在对行为进行伦理心理反应的同时必然会出现对该机制的理性反应。他可以习惯性地对行为的后果进行伦理判断，采取

---

① 孙慕义：《后现代卫生经济伦理学》，人民出版社 1999 年版，第 173 页。

反思性态度，其行动的取舍显然充满着责任感或使命感，行为人可追随社会与历史，确定本身的科学立场，或是把这一科学行动看作个人的一种信念。“道德责任是一个真正的历史现象”，科学家必须明确这一点，并附丽于行动。有意回避后果是不正当的，也是有害的；科学家不仅要学会科学判断，也必须学会伦理判断，应把伦理判断变成一种科学自觉，科学世界就会变得阳光普照。

当然，理性的范围是有限的，理性从人的具体的个别的存在中被抽象出来并被当做人的本质，克尔凯郭尔是不同意的。他解构思维与存在的同一，就是为了否定从理性、思维中演绎存在的可能性，通过对存在的重新诠释，嘲弄了理性对生活超越的观点，同时告诫，“理性并非理解人的最有把握的钥匙”，理性之外还有无限可能性的领域，偏爱、执着、好奇、追求刺激等对理性传统形成了正面挑战，人重新回归生活的中心，科学家作为有情感的、具体的、鲜活的人则成为可能。康德所揭示的理性陷入二律背反的必然命题，其实已经打破了理性至高无上的权威，克氏再一次将这一哲学化为现实，他与叔本华、尼采共同“开启了以非理性形态出现的现代人本主义对人的存在的理解的基本思路”①。

生命伦理心理体验的后现象学分析，有助于生命科学技术伦理的至善性，是创造人类精神最终幸福的应用心理学途径。为了爱他者的目的，我们通过心理传染去诱导和调遣公众的心理材料，利用伦理同一感②，使人类至善的情感合流，作为一种心理力量的同一感，应该持续地对伦理文化精神发生作用和影响，使正义的冲动成为我们自身“圣徒”式的奋斗决心，从现象学和伦理心理学的证明上，获得道德的同一感和确立人类生命存在意义的共同法则。

---

① 王为理：《人之问》，上海三联书店 2001 年版，第 67 页。

② “同一感”的德文为 einsgefühl；请参阅［美］曼弗雷德·S. 弗林斯《舍勒的心灵》，张志平译，上海三联书店 2006 年版，第 91—93 页。

第四章　后现代生命伦理学的思想渊源、历史哲学背景

准确地论证，应该说，我们所指称的现代生命伦理学，应该对应于经典生命伦理学的“新生命伦理学”，即后现代生命伦理学；是一门古老学科的复活或复兴，而不应该被认为是“诞生”，或者什么人的新创造、新发明。这个“后现代”或“后”生命伦理学学科，可追溯至20世纪70年代。

启蒙运动及其成果是人类精神文明最有价值的财富，特别对于生命和人的生命本身而言，具有无可比拟的历史哲学价值。这场运动对于经典生命伦理的理论与创建，以及对于后世的后现代生命伦理学的形成是最为关键的转折。从此，人类重新把人的生命作为最重要的主体或者核心予以关注。

人的悲剧在于，长时期为了权力和权威地位的争夺（经常是血腥的）而忽视平民生命的价值，生命伦理学不管是经典的、现代的、后现代的，都应该彻底地摈弃这样一种自由意志世界主义意识，认真反省我们的伦理认知，重建一种敬畏生命的道德模型。暗隐的文化战争以及生命伦理意识的争斗，汇聚了生命伦理学发展的动力。

启蒙运动在普遍事物的本身中寻找与基督教相对应但又超越基督教历史、信仰和仪式的道德参照体。救世主与基督教需要用理性道德术语来重新释义，如康德所诠释的那样，一个人可以信仰改良后的基督教，而这种改良的基督教没有耶稣但却有其至关重要的历史和形而上学的主张。对于人的生命来说，不必再以神祇的权威作为约制，而应以人本身的生命感受和状态作为标志和基准，作为我们评价的依据，从而对个体生命道德的价值实现进行评估和裁决，其目的在于指导我们对于生命的生死留存以至于

身体重大修正技术如何实施选择。①

一方面，生命伦理学可以从启蒙运动的一个目标中获得信心——创立一个普遍而有效的道德视角（即使当这种有效性只能通过消极词汇来言说时，如从一个传统暴君的蛮横手段中得到的自由），这一目标在伊曼努尔·康德的著作和思想中得到了最好的阐释，也在1789年8月26日法国大革命中所发表的独立宣言中得以表述。另一方面，生命伦理学也可以从启蒙运动的诸多方面获得信心，如建立人类自治的政府，但并非通过系统的哲学，而是通过基础性、对道德基础非理性的重塑和对传统基督教的教条主义束缚的批判，这在大卫·休谟（David Hume，1711—1776）的反宗教观点中有着强有力的阐述。②

“要敢于认识，要有勇气运用你自己的智力！（Sapere aude）”康德和康德哲学的夙愿是使人的生命回归自然的本真，而不依赖父亲式的权威，找到自己的道路，为自己的身体自由，建立权力选择的理由，不要顾及任何力量的束缚，只是为自我本真的自由而存在，这是第一次人类启蒙关于自由的宣言，应该是经典生命伦理学的核心。

启蒙运动点燃了人们对于生命平等和确立人权观念政权的希望之火，但是恰好在生命伦理理想还没有完全实现之前，和中欧世俗化运动相背离的是法国的大屠杀与拿破仑的血腥统治，与传统基督教精神相抗衡的世俗生命道德意识虽然可以作为这个时代启蒙狂飙运动的成果，并成为生命伦理学的基石，但令人惊异的是，当人们还没有从科技革命与人权信仰的欢喜中醒来时，人类无节制的战争、苦闷、种族灭绝、杀戮充斥了20世纪历史的序幕。这个生灵涂炭的时代，对刚刚跃出襁褓的新生命伦理学进行了嘲弄与无限的讥讽；一方是医疗行善、尊重自主、有利无伤、公平正义，另一方是惨烈的灭绝人性、草菅人命的道德暴行；甚至出现了纳粹医生遵从新国家利益，配合战场上的节奏，对人体进行反人性的残酷屠杀与实验。在这个充满矛盾的新世纪里，人们彻底丢弃了启蒙运动所带来的人人平等、生命至上的梦想。“显然，世俗理性仅仅简单地通过合理论证，是无法超越以生命伦理学为基础的道德多视

---

① 此处可参阅康德《单纯理性限度内的宗教》（*Riligion innerhalb der Grenzen der blossen Vernunft*）第三篇，李秋零译，商务印书馆2012年版。

② H. Tristram Engelhardt, Jr., *The Foundations Christian Bioethics*（Swets-Zeitlinger Publishers, 2000）, p. 22.

角的多元性的。”①

经典生命伦理学同那个时代的世俗伦理学一样，“在中世纪西方基督教道德作为普世道德的失败”与“建立一种可以和中世纪相媲美的世俗道德的失败”中走入末路，后现代的经历和后现代的多元化以及张扬生命个性的思潮，是人类在需要新的完美的道德规范和能够与原有的所谓启蒙后的世俗化情绪彻底决裂的号角。**后现代生命伦理学**作为对宗教多样性和古典道德哲学理念的回应，以世俗医学道德的身份出现在20世纪60年代以人本为价值核心的医学人文主义运动中，以更新或替代经典生命伦理学，与人类的生存状态相联系，加强医学与人类价值的关系，并将医学科学作为纽带，关爱所有生命，为生命壮威，激发和振奋后现代时期的人文精神，保卫生命的权利。

第一节　一种考证方式：人文地理视角和效果历史语境

假如我们身陷一个伟大的历史漩涡中处变不惊，并在众生的慌乱中灵巧机智地解脱与应变；假如我们的所有历史英雄既能够保持他们真实的人类本性和坚毅的英雄品质，又能够战胜邪恶，始终怀抱对于神圣天道的信仰，并选择过一种高尚的道德生活，坚持一个为道德理性所赞许的方向并不断向前，这样的历史就是英雄的历史。但是，历史就是存在的那种偶然的发生和必然的结束，诸多本来不合情理的事件和人物，都参与历史的叙事，事情是人类这个物种的连续表演和对于非常平凡的事端的轮回重复，也许有一个事件是匪夷所思和诡异重生的，但这不是历史的主流。像人类生老病死和大自然季节变换一样，爱恨情仇引发了看起来秩序井然的权力变更或主义的颠覆。“在历史的领域中，大自然或天意是在追求着一种长远的规划，它那最终的效果将是造福于作为整体的人类物种，尽管在这个过程中是以牺牲个人的利益为代价的。”②

人的性属，接受大自然的抚育，与自然的规律相适应，偶然并谜一样

① H. Tristram Engelhardt, Jr., *The Foundations Christian Bioethics* (Swets-Zeitlinger Publishers, 2000), p. 24.

② 参阅［英］W. H. 沃尔什《历史哲学导论》，何兆武、张文杰译，北京大学出版社2008年版，第122页。本段引言是伊曼努尔·康德《判断力批判》第87节的论证语。

地生存与繁殖，他们贪婪、自私、绞杀与寻觅快感，创造宗教来安抚、慰藉自己的灵魂，也慈善，对其他类属和植物、动物的生命群体实施关怀和救助，但他们远不能理解和理会其他物种的真正感受，不能理解其他物种存在与生息也是自然的一个重要部分和存在形式。道德的力量在于它用责任和爱来调节人与人、人与其他物种、人与自然的关系，并高扬权利的意义，但又对权利和权力加以限制。

基督教影响了西方文化或整个世界。在医学伦理学的学术研究中，应引入一种方法，即人文地理和伦理地理学研究，它使我们明晰今天的医学人文主张或生命伦理精神来源于人类的思想史和文化史；地理历史学标示了四大半岛（伊比利亚、亚平宁、巴尔干、小亚细亚）、两大海（地中海、波罗的海）作为人类文明心脏的道德文化功能；希腊罗马神话、古希腊哲学与中世纪基督教神谕的汇合、德国的理性主义、启蒙思想与宗教革命（马丁·路德）、法国的辉煌和法兰西的启蒙主义狂飙运动（历史地理与民族心理—加尔文主义—浪漫主义）；文艺复兴与人道主义以及后来的空想社会主义（法国大革命—巴黎公社—人权宣言）；精神现象学、存在主义哲学与后现代文化思潮；美国新大陆的新教伦理精神、实用主义等。

这一切起初通过中华民族不情愿的鸦片战争与基督教文化渗入，后来以医学和生命科学技术为载体对我们的民族文化心理和生活方式以及精神进化产生了渐进的、深刻的影响（科学、工业文明、文化艺术、教育；特别是孙中山的辛亥革命和他的医学伦理化的民生追求等）。

我们任何人都活在记忆中，有时会陷入现实、回忆和对于未来向往的转换中，而我们的知识和判断力决定了我们如何识别或批判这段似乎发生过或是编造或是杜撰的伪历史。孔子说：祭如在。心中存有，无所谓在与不在，这要看我们是否接受它，认为它存在，而且似若真理。弗洛伊德挖掘人的意识深层有一种深度的自觉，事到临头，言语和行为就会按这样一种自觉去回应和判断。我们常常会选择认为最优化的那一种行动，虽然它可能是错误的，但正是这个最优化的行动构成了我们下一轮历史，人类循环往复地重复过去或曾发生或根本不存在的行为，或是我们被暗示被引导被诱惑被强迫，我们明知会陷入僵局和窘迫，最终还是选择了错误。“历史已经进入我们的生命之中，成为我们日常生活的一部分；就像曾化于水的盐，不必有形，不必可见，却始终存在，且无处不在。”[①] 存在的特有性是说，无需与其不同的存在物支持其显现，存在的现象并非总能够通过显现来证实。萨特通过海德格尔的“人的实在”是本体状的——本体论的（ontico-ontologique）来说明人的存在总能超越现象走向他的存在。[②] 人想自由地游弋于现象、存在、虚无之间，并且保持意识澄明，是不可能的。我们实际上是在勾画一个本不存在的、自己不情愿或不够情愿的生命轨迹，我们的良善十分脆弱，因为贪婪、自私、欲望、虚伪、狡诈、谎言每时每刻都纠缠着我们的判断，即使我们有一个爱和宽容的评价，有时也拗不过“恶”的魔鬼的胁迫。我们的内心是角斗的战场，我们说，我超越我要做超人和圣人，但历史的境遇使我们临场脱逃，上帝监控和制约着我们，我们只是模糊地试着服从，而犯罪却成为活着的“我”的常态。

生命的力是难以想象的。不要卑贱地梦想谁会赐予你真正的威力，要我们不要愧对大自然母亲，人类过度的傲慢已经开始受到惩罚，不仅是地震和火山爆发，不仅是瘟疫流行和冰山消融！一颗种子可以在岩石里发芽，穿透那份坚硬，为了追求太阳，为了表现生命和显现其存在，它必须克服岩石的挤压，石破天惊，是由于生的存在；自然的力，犹如精子和卵子极其偶遇地、极其不可能造就地结合。胎儿在子宫中游泳之后，强烈地选择变成新生儿，从那母亲羊水的海洋深处，狂烈地朝着世界奔跑，哭嚎着，撕裂开母亲的阴道，冲向自由的天地。而当他一生并没有获得生命本体渴盼或筹划的快乐的福地时，在饱尝了世间的痛苦、辛酸、失意、孤独、煎熬之后，他又必须奔向死亡。这是宇宙之力，是不可抗拒的生命的、物化的、自然的、历史的向力，是牛顿、海克尔、薛定谔、达尔文以及爱因斯坦、霍金、加尔文的力。过去存在于现在，现在皆为过去，浮云还不是虚无，虚无是真的不曾存在，只要存在就无所谓浮云，就是有，也没有过去的有或“将有”，本来有的、本应该有的、不应没有的却可能永远是乌有。死亡的是活着、活过、存在过的，活着的是将要死亡、将要不再存在、将成为历史的有。在“在”中存在，还是在“无”中存在，不由我们选择，只由我们理解和记忆。死亡不是生命的结束，而是另外一种形式的显现，是生命的一种变体，是真实的准备，是即将发生的历史的效

① 罗志田：《历史飘渺而不虚无》，《南方周末报》2010年12月23日。

② 参阅［法］萨特《存在与虚无》，陈宣良等译，三联书店1987年版，第5页。

果和效果历史的开端。

伽达默尔说：

> 真正的历史对象根本就不是对象，而是自己和他者的统一体，或一种关系，在这种关系中同时存在着历史的实在以及历史理解的实在。一种名副其实的诠释学必须在理解本身中显示历史的实在性。因此我就把所需要的这样一种东西称为“效果历史”。理解按其本性乃是一种效果历史事件。①

流荡的罗马尼亚的作家和思想家萧沆（Cioran，1911—1995）在其用法语写的第一部非凡的作品《解体概要》中这样写道：

> 地球啊——这造物主犯下的原罪！我可不想再偿还他人的过错了。我要治愈我的降生，在所有大陆之外，在一片流淌的沙漠上，在一次无名的沉船中，静待死亡。②

联想到《旧约·传道书》中关于“虚无”的言说，原本人生没有意义，意义和价值是人为生存所为的，这就是哲学上“意义”的意义，也即意指了内在的、深隐的生命存在的意义。同时指出感恩心态的重要性，那是我们获得平静的理由。佛家说，人的此在意义一旦把自身当做欲的主体而使之泯灭，人的此在意义就完结了；我们活在所谓的文明中，不过是促进一个只是被观赏和游戏的世界，我们一生即使百年，最终也是要结束这种制造的游戏和悲喜剧的，有人说是一场梦，所以，所有宗教都在空或涅槃这个问题上扩延开来。叔本华的学生阿尔斯堡坚决反对用精神或理性来定义“人”，理性只是人制造的概念，是语言的结果，不是语言的根；人就是“求生”，这就是“人性的原则”。想克服我们与环境、自然界在我们求生过程中所存在的不足，我们才活；繁殖后代还是接续这个“求生”，都解决不了“不死”或无法消解所有生命的冲突，直到人类消亡、

---

① ［德］汉斯—格奥尔格·伽达默尔：《诠释学Ⅰ：真理与方法》，洪汉鼎译，商务印书馆2010年版，第9页。

② ［法］萧沆：《解体概要》，宋刚译，浙江大学出版社2010年版，第92页。

地球毁灭，所以要企及那个“上帝”来拯救我们，是我们“求生”的目的与意义，即成为“永生”。有了信仰的追求和哲学的解惑，我们会活得更有力量，特别是当我们学会了爱、信心、充满希望和理想之后，我们会感恩，明晰周围的各种复杂的关系和纠缠不休的事物，或是遭遇突发的事变或者不幸，我们就有能力和智慧战胜它们，并重新获得内心的平和与恬静。这里面最重要的是学会爱人，生命伦理学的终极追求就是教会所有的人懂得我们为什么要爱人，为什么对生命的爱需要学习以及我们如何选择行动才可被称作爱人，我们怎样爱人，并且使这份爱有价值。

谁也无法知晓某段历史中的真正场景和真实的人与事件，我们只能考据或揣测，历史思想与历史学都遭遇着危机，因为人类越来越不诚实，就是发生在昨天的事件都会被人掩盖和遮蔽真相，极尽扭曲和颠覆，我们还能指望这些江湖术士和惯于制造骗局的写手们会忠诚于真理？他们给予后世的是何种变体的历史啊！每个个体都不愿意直白自己的罪孽和恶，即使是内心反省的《忏悔录》《讲真话》这类东西也少不了伪善和有意地规避、躲闪。我们由言辞主义过渡到视觉主义，又用情感和所谓理性编写图像和新的故事。我们很喜欢蒯因们“语义上升”类的造假技术，在事件的叙事中，避重就轻地解决价值的危机问题；我们总以为还处在孩提时代，可以在假山后面随意制造谎言，使我们的伙伴觉得这场游戏更有趣。可以说，历史本身的危机以及历史学的危机来源于历史写作的危机，或是历史家信仰与精神的双重危机。不要再为什么人辩护，我们迷信过的圣贤和偶像不过是彼得·伯克讥讽的那些危机的制造者们，不断地更动历史的游戏规则和演习场次的秩序。①

为了少陷入无聊的历史真理是否存在的辩论，我们只能重新怀疑历史书或口传的那一切；因此，我们还不如建设生命伦理学，因为它的前提是事实、科学、爱、信仰和虔诚。

传道者说，虚空的虚空，虚空的虚空，凡事都是虚空。

日光之下，并无新事。岂有一件事人能指着说，这是新的？哪

① 参阅［波兰］埃娃·多曼斯卡编《邂逅：后现代主义之后的历史哲学》，彭刚译，北京大学出版社2007年版，第256—280页。

知，在我们以前的世代，早已有了。已过的世代，将来的世代，后来的人也不纪念。①

第二节　切近德性的文化，先在的说明与判断

德性是人类的自然禀赋的性，我们已经一再论证；而德行是最重要的道德实践。子思以道德原于性，认为："天命之为性，率性之谓道，修道之谓教。"循性而行之，是为道德。②

我们对于原理的思索能否集中到这样一个问题上，就是人类要寻找共同认识、理解和解读生命的道德属性，去掉它们之间的一些差异，在不同的道德文化境遇中的道德选择是不同的，但这种不同又在人类"大同"的框架之下，不违反大的伦理规范，同时又给予个人充分的自由和自主，即使很多人不适应同一的文化、行为选择、生存方式和道德选择的这种现实，也只是对其表示不同意或者感觉不舒服而已，但他们毕竟还有自由选择的权利，因为它们不会伤害你，你只是在心理上感觉不舒服；究其终极，我们不能够使选择让每个人都感到舒服，也就是说，对所有的选择不可能都愿意接受。所以摆在我们面前的有两个问题：一个是什么叫伤害别人，伤害别人就是恶，我们不能伤害别人，不能伤害社会，也不能伤害团结、友好、和谐的气氛。实际上在细微的伦理理解上，和谐是人类的理想，但绝对和谐是不存在的，我们只能实现相对的和谐，甚至为了和谐而利用非常不和谐的手段，比如战争。《圣经》讲不杀人，佛教亦然，但有时我们杀人是义举，是正义之举，替天行道。替天行道是为了实现一种和谐，所以和谐始终是理想的、相对的，绝对的和谐是不可能的，因此我们要找到一个基本的框架。另一个是要找到一种调和的技术，就是怎么使我们虽然不同，但能"和"，就是"和而不同"，就是找到一个伦理的中轴，就是诺斯替文化中的道德异乡人理论。我们从不同的道德传统、道德家庭走到一起，但是带着各自的一种道德风范、道德习性和道德惯性，差异很大，这就要有一种调和的技术，寻找中轴线，就是我们还有结合点，让我们这个世界、让人类社会生存下去，这

---

① 《传道书》1：2、9—11。

② 转引自蔡元培《中国伦理学史》，东方出版社1996年版，第14页。

里的中轴是指稳定的生活方向、驱动向前运动以及平衡、调节、和谐。有了中轴，就能稳定一个民族的政治、文化、经济和教育秩序以及实现多民族国家的繁荣和富强。

选择是在符合逻辑的选择模式之下所隐藏的推理过程，用亚里士多德的话论证就是："行为的本原是选择，而选择的本原是欲望与推理……没有智力和性格的结合，好和坏的行为也就不可能存在。"① 诺贝尔经济学奖获得者加里·贝克尔的一篇著名论文的题名，就用了拉丁文的一句谚语：爱好不容争辩，暗示选择没有理由。②

人类所有道德行为的选择依据可以这样去探究：选择应该是深思熟虑的欲望，选择有时需要理由，有时依赖于理性，有时需要二者共同主宰你的意志，有时可能都不需要。选择是一个复杂的过程，道德选择尤其复杂。选择需要主体判断，而有时完全是一种激情和冲动，它来源于平素的准备、积累或长期的培育。

选择的条件与基础可能与下述各条有关：

第一是心理上觉悟的信。

不管是崇拜的还是敬尊的，都要信，认为是事实的存在，唯有遵从；另外要仰，佩服、敬佩、崇拜、笃信无疑，甚至迷狂地敬拜，如此，人甘愿非常觉悟化地、非功利化地选择、实践。

信仰是最强大的道德选择依据，是一种特殊的社会心理现象和特殊的情感体验，对人的生命而言，有时信仰会以不可抗拒的号召力决定我们的善恶表达，信仰常常以宗教的形式或仪式对人的行为进行控制和支配，那是一种无形的压力和强制力；信仰培育和发育到一定阶段，就可能成为一种自觉，人们往往以为是自己的悟性和自由使然。信仰也可以是非宗教性的，是人对于客观世界、自然或文化对象的无限敬拜，或是对于某一目标的笃信与追求。信仰甚至可以使人癫狂、心理变态以至于陷入完全的病态性愚痴，可以驱动人的生活方式发生改变。

信仰和理性可能会发生冲突，在选择过程中或选择之后，由于权威的力量，二者会实现统一。信仰不是为改革社会而存在的，甚至不是为改革

---

① ［英］米盖尔·阿林厄姆：《选择理论》，路赟译，译林出版社2009年版，前言第Ⅰ页。

② 同上书，第1页。贝克尔主要研究方向与选择理论紧密相关。原文也可译为：人各有所好。

个人的世界观或为推进社会进步而存在的；信仰是一种个人的关怀和个人的一种需要，其价值取向并不受社会环境和条件的真正控制，因此又会使个人因为信仰与社会、时代发生疏离。

第二是传统与习惯。

传统是人类永恒的不可轻易改变的精神遗产和历史动因，传统可能是一种文化，也可能是一种习俗，先祖的传统从旧式家庭传下来，后嗣承继，形成家族的风尚与传习。古代是这么做的，旧式的中国人也是这么做的。传统的力量是不可忽视的，很大一部分是由教育、家法、家规和遗传造就的。作为种族、民族的传统是根深蒂固的，一直传承下去，是社会性的，更是自然化的；它是文化的、生物学的、历史的、天演选择的力量。

传统有时是一种习惯，由于经历与经验而成为一种行为模式，而非个人的理解、认知、理性和知识概念的效力；对善恶的分辨和判断不是出于良心的实践原则，而似乎是先验存在的“信仰真理”①。传统有时是落后于时代的，甚至会是个人选择的倒行逆施，有些传统既落后、愚昧又顽劣、僵固，甚至是一种陋习。所以，我们只有弘扬优秀的传统，才可能维护健康的伦理生命。

第三是流行与时尚。

流行是时尚偏好的传播和风行。流行在很多情况下是一种集体无意识的结果。传播流行和阐扬时尚有多种方式，我们存在于一个文化社会的全息化境况里，有时是困境，因为媒介的善恶难以筛分，但它是改造传统、颠覆传统的很重要的一种文化存在。人类社会不断进步、发展，剔除传统中不适应于新一代选择的那一部分，保留了一部分，最后和现当代文化流行的思想内核或结构语式相结合，铸成了此时此刻的新的流行。流行带有一种从众倾向，一种心理的盲从，有时会接受反响心理的胁迫，我们被裹挟其中，难以摆脱，现在很多流行的东西都是这样的，但文化信息交流环境和受众有自御的能力。这个恐怕也是一种历史选择的力量。流行有时是病态的，后现代大众可能会对某一个时尚明星偶像顶礼膜拜，而那位偶像本身很可能只是一个被人嬉戏、被人把玩的工具，在被人暂时以其作为对象泄欲、意淫、观赏后，则被残忍地丢弃，或者被另外一位低俗的角色代

---

① ［美］迈尔威利·斯图沃德编：《当代西方宗教哲学》，周伟驰等译，北京大学出版社 2001 年版，第 33—34 页。可参阅潘能伯格的第一篇文章：《信仰与理性》。

替。后现代主义的流行信奉的是风格与快感，没有生命的道德标志，只是一味追求感官的刺激，其理论一直怀疑与质疑形象的线性陈述，是一种简约到无以复加的生命政治叙事。①

流行可能成为一种暴力，人们会不自觉地跟从悲催而消极的文化模式，比如以节食违背生理规律的方式对自己身体的关注与节制。失去方向感和生命意义时尚，不加分辨地盲目用他者的式样组合自己的风格，而对自己真正的道德价值与生命偏爱予以压抑和鄙视，无缘由地放弃自己自主选择的权利，屈从于无目标指向的流行话语和表演，而这种话语的多变性和暂时性，经常会使主体丧失生命活力、创造力和生命自由。

第四是权力、权利和律法对意志的控制。

我们不能容忍对于权利是法律，权力是政治或国家政体化的解读，即使权利与权力存在内在的关联。当然，一方面，权力以法律上的权利为基础，以实现法律权利为目的，权利作为一种法律上的资格又制约着权力的形式、程序、内容及过程；另一方面，某些法律上权利的实现依赖一定的权力的行使。两者也存在一定的一致性，如都以追求一定的利益为目的，都有相应的法律上的规定和限制要求。英语中的 power 和 right 可以供我们参考。权力、权柄、权势具有威慑与权威作用，权利、权益、利益具有现实获得性和普遍共享特征。权力来源于权利。在古代社会，氏族成员为了自身的利益而委托首领进行统治，根据全体氏族成员的委托和信任，他就享有了对于氏族公共事务进行管理的力量。这种力量就是最初的权力；权力是为维护权利而产生的。在私有制出现，权利与义务逐步分离以后，权利就不时遭到侵犯。如果完全听由受害者自由复仇，就难免会导致混乱。而且一旦受害者是弱者，复仇也就相当困难。为了防止因自主复仇而导致的混乱和保护弱者，就必须产生一种公共权力来维持社会秩序，保护弱者，使人们的权利得到保障。理论上，权利应该优位于权力。由于权力是来源于权利的，也由于权力的目的在于维护和实现权利，相对于权利，权力就是手段和工具，而不是目的。谁要背离了这一点，也就是对于权力的反动和对于权利的否定。在医务活动中，医生的权力与作为公民的权利有时会发生冲突，因为责任的原因，医生作出正确的选择，是职业义务和

---

① 可参阅［英］特里·伊格尔顿《后现代主义的幻象》，华明等译，商务印书馆 2000 年版，第 37 页。

权力服从于病人权利。

在临床工作中，权利的主体不是特定的，医患双方都持有权利，而医学权力的主体却是特定的；病人权利或医务人员权利的内容比权力的内容广泛；病人权利可以放弃，医生的权力不能放弃。这是由权利的自主性所决定的，而权力往往都是职权，它是与职责相伴随的。放弃权力则可能意味着渎职，这在道德上是不被允许的。权力也不可由权力享有人随意转让；而除一些最基本的权利之外，许多权利都是可以转让的。

权利能够让渡为人的现实选择，特别是道德选择。而道德对于权利的约制即是平等与正义，如果没有应有的平等，就必须以某种平衡方式予以补偿，这就是补偿原则。

农耕文化社会与农耕体制造就了父权伦理，男人要求实现永久的权力，他们一再强调其在生命的生产和再生产中的重要价值，这表现在狄俄尼索斯式的公牛两角之间的日轮象征上，那个光环代表了只有男人才可能享有的繁衍生命的荣耀，这就演变为一种无以替代的父亲的权力。狩猎的成就、大地与作物的收成，成为父权主义的物质权威性载体，因为这种食物的意义在于生命的保有和繁育以及安全感、性的满足。男人在生产中的作用和战争中的角色，使女人甘愿屈从于男人的统治。权力最后扩张为对于人的身体的占有或支配。权力含有对利益的控制，或者是对于物质分配享有的可能性。① 医学中父权主义的一种形式表达就是医生干涉权，在特殊的情境下与出于维护患者生命权利的根本利益的目的，医生有权强制病人接受诊查和治疗，如果因此与“家长干涉权”相冲突，就要以患者生命的利益为核心进行裁决或选择。

病人必须服从医生为其生命权利而握持的职业权力。权力的基础是权威，需要对于人的意志的控制，如此，才有可能实现某种秩序的确立和团体机制的运行，当然，这其中含有很大的生命政治风险和道德风险，如果权力机构和权力行使人有败德行为，我们必须有办法对其加以限制和制裁。权力可以制约恶习，但如果权力本身败坏了，则反会助长恶势力。权力常常决定制度的程序和体制，只有好的卫生体制才会发挥动员、利用有限卫生资源的效率。

---

① 参阅［英］乔治·弗兰克尔《道德的基础》，王雪梅译，国际文化出版公司 2007 年版，第 149 页。

第五是利益。

利益连接着权益，是人的权利的具体化；来自于人的需要和欲望，以及生命必备条件的需求，包括精神和心理的、文化的、生理和生命所需的具体物质等。需要就是利益，自私是人的天性，是因为生命的需要来源于生命的自然，我们批判个人本位、小团体主义，不能盲目行事。

身体的满足与感官的快乐是以利益为基础的。边沁在讨论功利主义时，故意用快乐的总价值与痛苦的总价值计算，来评价个人的利益余额，结论是善还是恶，就是要计算利益本身或与利益相关因素的数量。[①]

按个人世界主义对于个人利益的定义，只要有一人还没有获得应该享有的权益，就没有实现整体的善，就不能说是正当的。这可能很荒唐，但作为一种主义，它能制约我们对于他人利益的侵害。众生皆存于现世，我们不可以无端地给他人制造不幸。我们经历过的那些苦难的年代，所谓顾大全而弃己之利，结局是全局被抽空而毁损殆尽，那还有什么意义和存在的价值？“仁爱开始于家庭。”[②] 无条件地牺牲个人愿望和利益本身，并不是善的。[③] 追求个人利益也不能损害他人的利益。功利主义是建立在利益基础之上的，罗尔斯之利益公平分配和公平正义，就是一种世界主义；同时，承认差等的合理性。创造利益不能极欲，不可自私自利、急功近利，不能伤害社会，要以天下社稷之益为己任，天下兴亡，匹夫有责；天之兴，民之义，人之益。

包尔生一再强调，牺牲个人的利益而为一个病人的生命保全，是普通人的善举，对于医生来说，更是职业的义务和责任。而我们不应该在他人处于生命危难之时无动于衷，那种冷酷心肠应当受到谴责。[④]

健康和维护健康的环境也是一种利益，生命健康利益的分配与获取，是道德选择，是大事。如果利益这个问题没有得到合理处置就会从善到恶，当然也可以从恶到善。

---

① 请参阅［美］汤姆·L. 彼彻姆《哲学的伦理学》，雷克勤等译，中国社会科学出版社1990年版，第122页。这是该书论述功利主义中的一部分引文，原文中的good，译者认为，可以同时译为“利益”和“善”。

② 此文源于［德］弗里德里希·包尔生《伦理学体系》（何怀宏等译，中国社会科学出版社1988年版）第334页中的讨论。他认为，亲属与家人应该比陌生人更接近，更应率先接受利益。

③ 同上。

④ 这个语义，包尔生在《伦理学体系》中不止一次地提及。

第六是人的本能，就是人性。居友认为：

> 无意识或下意识的生命才是人类行为的真正根源所在，在人类行为的背后，最重要的推动力不是来自于有意识的思想和愿望，而是来自于无意识的本能和冲动。①

食、性、安全既是动物性，又是人类社会的基础，这个“二性”论的人，无一例外，谁也逃脱不了，我们人类的历史就是建立在人性的基础上的。人性有中性、正性、负性，“食色”当属中性；只要在规范和允许的范围之内，其任何行为，即使极端，也非罪之有，这是为生存。追求健康也属中性，是自然权。卫生和医学的目的就是要满足这个人的中性、共性的“本能”。

马斯洛的需要理论被误解为绝对的层级分明，是一个歪曲。人的选择是复合的向力。应该赞成弗洛伊德的人性二元论，不必争论人的本质的善恶，而是要把人看作受两种同等且对立的力量所驱使。基督教原罪说是一个创造，使人开初就具有一个由于人性驱使而可能犯错并加以改正和救赎的动议，生理的需求和情感的叙事很可能遭遇挫折，人们会因为这一本性并通过教育、反省而变得良善，也可能因为受阻转而对生命与对周围进行反应性的破坏和攻击。② 当然，人必须正视人性的价值和意义，甚至要设法顺从和顺应这个本性，正如弗洛姆所分析的：

> 人有一种内在的成长与尊严的驱力……它来自于人的真正本性，来自于这样一个原则，即行动的力量创造了运用这种力量的需要，而不能运用这种力量则会造成机能失调和不幸福。③

马斯洛不止一次地提示，人必须完成促进自我发展的健康地回归，那是一种自我、本我、超我和自我理想的融合，一种意识、前意识、无意识

---

① ［法］居友：《无义务无制裁的道德概论》，余涌译，中国社会科学出版社1994年版，第4页。

② 可参阅［美］弗洛姆《为自己的人》，孙依依译，三联书店1988年版，第198页。弗洛姆精致地分析了人的生命破坏力的生成和危害。

③ 参阅［美］弗洛姆《为自己的人》，孙依依译，三联书店1988年版，第200页。

的融合，一种原发性过程、合计发生过程的融合，一种快乐原则与现实原则的融合。①

第七是环境，包括自然与社会的。

环境问题是哲学问题，也是医学问题，宇宙的意志使人的生命存在成为现实。人是环境的产物，环境决定人的意识和对身体感知的原因。人的特定的生境规范着人的道德选择和道德偏好。生境包括自然之境和人的心境以及人的社会、文化、经济处境。“天地人，万之本也。天生之，地养之，人成之。”②

重视存在和观照人的现实生存状态，是当代医学伦理学的思想根基，生命伦理学接受存在主义是很自然的。存在主义是从现象学观念中生长出来的、对20世纪人类文化具有重要影响的现代西方哲学和伦理学思潮。“存在主义”（existentialism）本质上不是一种哲学伦理学理论，而是起源于19世纪、兴于20世纪的一股世纪性的反传统思潮。就存在主义的理论主体和理论旨趣来看，存在主义也可以被认为是一种人道主义，即存在主义人道主义。

人依赖于环境，环境造就了人，人可以有限地改造环境，损毁环境是一种罪恶，环境是生命之本。

境遇伦理是人对于栖居的内外各种环境的适应选择理论和实用主义态度。

境遇伦理学所主张的伦理方法，实质上就是坚持从实际情况出发作出道德决断，以具体的境遇和实际经验作为道德评价的标准，在道德判断中把实用主义和存疑的道德相对主义结合起来。境遇伦理学原理由一系列命题构成，是按照实用主义、相对主义、实在论和人格至上论这四条基本的“实用原理”推导出来的行动方针。实质上，境遇伦理学正是多种理论综合构成的一种具有新质的伦理学理论，这一新的理论系统的中心坐标是个人人格，价值思维方式是实用主义和相对主义，行为方式则是以道德决断为主题的道德行为主义，其理论目标则是一种经验主义的伦理学。根据“实用原理”，境遇主义伦理学以“爱”为核心制定了六个基本命题，组成其行为伦理学的行为准则系统。基督教其实是律法主

① 请参阅［美］马斯洛《自我实现的人》，许金声等译，三联书店1987年版，第315页。

② 此可参见董仲舒《春秋繁露·立元法》。

义的宗教，并坚持规则下的公平和道义。当法令和规则应用于实际境遇时，必须允许怀疑与困惑的自由，对待不同的案例，规则是否完全适合，如果为了保全而被统一的律令伤害或束缚，就要用爱的德行去调节和决疑，“天主教决疑法”往往淡化僵硬的律法主义判断。弗莱彻指明，天主教伦理学家是通过将人类理性运用于自然事实、运用于历史经验来勾勒道德规则，获得正确的自然道德律；新教道德学家利用《圣经》的规训，是圣经主义的，而非理性主义的。[①] 伦理相对主义作为哲学相对主义最深刻的回应，它不仅反映了现代哲学方法论的危机和困境，而且在实质性内容上反映了人类道德价值观念上的矛盾、困惑和无所适从。作为伦理神学家，弗莱彻的境遇主义伦理学的实质是典型的相对主义伦理学，而且这种相对主义之彻底在西方宗教伦理学的阵营中是绝无仅有的，从根本上动摇了基督教伦理学的传统，抛弃了基督教伦理学绝对主义的原则系统。这种状况的形成，同样是由社会发展和科学进步带来的对社会道德观念的强烈冲击所造成的。[②]

后现代性明显解决了神学伦理学所遭遇的窘境，坎默曾引用查尔斯·柯伦的文字指出：“圣经中的某些部分，特别是在保罗的话中……存在着神学上的窘境。”[③] 坎默接着分析道：

> 在圣经中，并没有讨论人工流产、遗传学试验、使用核能或原子武器、活在一个人口过于稠密的世界上过多养育孩子的道德。[④]

正如马丁·路德的观点，《圣经》仅仅是一种媒介，通过它，上帝的话语被揭示出来。《圣经》必须在更加开放和可变的意义上被理解和使用。

其实，不管我们是否愿意，我们都不断地、自然地接受宗教化判断的暗示。人的生命展示在生与死的行动过程中，这是历史哲学给与生活模式（艺术地描绘和物质的消费）的构架和完成的机会，由此建立的社会、经

---

① 这段文字是本书作者对于约瑟夫·弗莱彻思想的理解，可参阅［美］弗莱彻《境遇伦理学》，程立显译，中国社会科学出版社 1989 年版，第 12—13 页。

② 孙慕义主编：《伦理研究·生命伦理学卷（2008—2009）》（上），东南大学出版社 2009 年版，第 103 页。

③ ［美］查尔斯·坎默：《基督教伦理学》，王苏平译，中国社会科学出版社 1994 年版，第 50 页。

④ 同上。

济、文化秩序等必须接受实践伦理与道德哲学原理的制约；在认识这个世界的同时，我们应该认识生命，并用特有的伦理语言解释生命的问题和人的现象，分析善恶，获得价值，评价行为的合法性；我们追求真理，学习各种方法，寻求意义，并追查什么是意义（哲学）以及提出为什么有意义这样的问题（宗教）；最后我们回到“精神”的研究中，借助精神科学或心理学、精神哲学或精神分析方法解决生命的哲学和伦理学问题。生命伦理学由此而发生。

基督教伦理的基本原则在以下几个方面强烈地影响了生命伦理学。这在恩格尔哈特的《基督教生命伦理学基础》和卡尔·白舍克的《基督宗教伦理学》[①] 中有明显表述。首先，其核心原则就是爱。[②] 基督教将人与神结合在一起，信仰至善的上帝，而最高的善就是爱，要求人们抑制心灵的惯性与习惯性运作，把心灵的方向引向爱并用爱来对抗生活世界的苦难。这种爱是人的神性，它关注不幸的生命，例如有病的生命和衰朽的生命；对他们报以爱与宽容。这种爱意味着把他人当作“人”来尊重而非作为物来看待，不是爱某种身份而是爱作为生命的“人”，不因贫贱、富贵而有所分别，它强调对弱者的爱是对上帝的崇敬，而对弱者的冷漠则是对上帝的损伤。基督教除“一神一主”外，一切世人都是“兄弟姊妹”，其人人关系平等的思想对基督医学伦理影响深远。在基督教看来，耶稣传播的福音就是爱的福音，“要尽心、尽性、尽意，爱主你的神。这是戒命中的第一，且是最大的。其次也相仿，就是爱人如己”。基督教人道主义以这一总纲作为蓝本，因此又称福音人道主义，其心理学前提是“弥赛亚”期盼，其哲学前提是柏拉图主义和新柏拉图主义关于善的理念、灵魂的转向与净化观。其次，“因信称义”。福音人道主义就是爱的人道主义，爱就要信，因信而称义并获得拯救，因信称义的实质是因恩典而信并因恩典而称义，但也不是消极地接受恩典而是要对耶稣的救赎作出积极的回应。这些思想原则源于公教、正教和新教的诸多具有影响力的伦理神学家，我们在清理这些精神历史的过程

① 这两部著作的明显区别在于恩格尔哈特的《基督教生命伦理学基础》是以东正教神学视角诠释生命和医学道德问题的；而后者是以罗马公教的伦理神学观念解读世界和人类命运的。

② ［德］卡尔·白舍克：《基督宗教伦理学》，静也等译，上海三联书店2002年版，第573页。

中，不可忽视这些理论和学说对于生命伦理学最后形成的重要价值。诸如奥古斯丁、托马斯·阿奎那、安舍伦、路德、加尔文、茨温利、卡尔·巴特、克尔凯郭尔、德日进、帕斯卡尔、舍勒、蒂利希、索洛维约夫、列夫·托尔斯泰、汉斯·昆等，很明确就是他们的影响造就了赫尔德里斯、拉姆塞、弗莱彻、麦克考米克、卡拉汉、佩利格里诺等人，以至于恩格尔哈特这一批基督教生命伦理学学者，在基督教生命伦理学世俗化的初期，起到了至关重要的作用。

生命伦理思想谱系充满鬼魅性，它是在茫茫人类精神的宇宙星河中经过积淀与筛滤的历史最后汇集而成的；我们如同考古队伍的发掘者整理和醇化其思想谱系。

生命伦理学是属于哲学范畴的，思想家和哲学家无一不谈论的问题、无一例外要谈论的问题就是道德现象。道德现象主要是人的现象、人的问题，因此从亚里士多德和柏拉图开始，他们要解决的就是人的问题，基督教也是要解决人的问题，当然这里有一个上帝的观念。后来，特别是在11世纪完全确立了基督教的统治力量，在这样的背景之下，才能有众多的建构自己体系的哲学巨星承继他们的思想脉络。这是生命伦理学体系的第一位点。第二位点就是康德。康德和黑格尔的关系在思想上仿若柏拉图和亚里士多德的关系，这是生命伦理学建构最原初的渊源。还有我们不能忽视的是，对后世生命道德理论作出重要贡献的很多作品及其语言都隐映着他们的痕迹，如胡塞尔和海德格尔，也是体系的第三位点。他们进一步在康德和黑格尔的基础上觅求人和生命现象、现世的本质。海德格尔颠覆了胡塞尔，颠覆了现象学始祖的观点；此前，先在的尼采实际上在某种意义上已经对上帝问题采取了一个非常绝对的、非常冷酷的、断然的手段，就是提出上帝死亡论，至此，哲学界发生了一场根本性的地震。地震产生的影响在法国既绽放了奇异的百花，也有瞬间丛生的杂木野草，如同法国式的启蒙主义浪潮一样。法国的现代主义生命哲学和后现代主义形成的思想群体，为生命伦理学做了一个有力的奠基，构成了第四位点。第五位点与当代社会关系很密切的是尼采的超然的对“认知身体”与“以生命反生命”的激烈批判；① 法国的思想已具有康德、黑格尔的血脉，有了胡塞尔和海德格尔以及对于原初生命哲学的共同

① 参阅［德］尼采《论道德的谱系》，周红译，三联书店1992年版，第96页。

呼唤；而且在经济上、政治上、文化上以及在哲学认识论和道德价值观念上，产生了美国罗尔斯这一位主张“权利平等”的重要代表，罗尔斯洗去了一部分詹姆士、爱默生、富兰克林、杜威的实用主义，这就给诺齐克在“存在不同拥有权和不存在不同拥有权”等问题上的基础性批判留下了把柄，[①] 它们引起了在当代卫生经济伦理学和卫生资源分配问题上所谓公平正义或“差等正义”的研究、差等的自由民主研究和差等的民主化研究。其结果是，这些成果对现代卫生经济伦理社会有着独特的指导作用。这是生命伦理学理论不可缺失的。这样就构成了五个位点，既与生命伦理学当代理论紧密关涉但又非生命伦理学理论完整的理论基础：康德和黑格尔、胡塞尔和海德格尔、法国的现代主义和后现代主义、罗尔斯与诺齐克，引导我们最后走到了意义与意义的推广、语言转向、追求本真以及交流品行的所谓分析哲学上，从现象学到分析哲学的过程是哲学发展很重要的质变，从分析哲学中人们认识到价值问题；有了价值问题，我们才会认同后果论。我们理解只有把道德哲学动词化，才可以激活生命伦理学，这个开启是分析哲学的贡献。特别是几乎在生命科学技术发生革命性突变的同时，伦理神学界悄然构建了一个人数有限但能量巨大的思想共同体，在对试管婴儿、克隆人、堕胎、安乐死、同性恋和变性手术等的争议中，拉开了后现代生命伦理的大幕。

科学界要为创造性工作据理力争，但传统道德家仅仅以美德与义务等作为掩护，因此一直处于被动和守势，更有失哲学的尊严与身份。最后仅从人的所谓尊严出发予以辩护，人的尊严其实很可能是一个值得怀疑的虚假命题，尊严要有实际内容，尊严或许不应该理解为人格象征，对于实用主义来说，尊严必须与权力相匹配，才会被充填和饱满、丰富起来。为了不被歧视，很多人花力气去求证尊严，而一旦遭遇神学，人们就没有必要紧张和战栗了，因为这个尊严是那位“神圣”的“至圣”或“圣神”赐予的。只要从神学视角说明神圣态度的转变，就可以回答某些生命科学技术的合法性、合道德性、合“神意”性，那也就要从后现代神学，比如实践神学、过程神学、解放神学、妇女神学等神学理论中寻找证据，也就是要使传统的至圣权威“去神圣化”。我们总要

---

① 参阅［澳］乔德兰·库卡塔斯等《罗尔斯》，姚建宗、高申春译，黑龙江人民出版社1999年版，第95页。

看看这个结果到底对这个个体的根本利益和对我们的社会是否会造成伤害，由此判断是行善还是作恶。在此，直接的、具体的指导性语言是不存在的。如果信仰这道堤坝被冲开，恐怕生命技术的新浪潮就会有如惊涛拍岸，是难以阻挡的。这个动力极大地或者根本地推动了后现代生命伦理学的学科形成。人们必须集中精力用一个学科来应对这个后医学时代的道德哲学危机。

如此，伦理神学与后现代神学的诸派别，就成为后现代生命伦理学元理论的重要资源之一。

当然，生命伦理学应该是哲学化的。对生命伦理学来说，哲学不仅是主语，而且是谓语，同时应该是动词。哲学应该指导三个动作：一个是我思（想），一个是我爱（行善），还有一个是我会或我能（行动）。思考就是判断，最重要的目的是解决一个价值评判、价值衡量或评估，伦理学就是要解决价值问题，确立一个价值标准。有了这个价值标准，才能判定可否用安乐死方法结束一位老年病人的生命？这个“后医学行为”是不是有道德意义？是否由此使这个生命从痛苦的境地获得解放？他的身体形式的被消灭（物质或物理身体、实存肉身的化空）是不是符合我们善的标准？假如符合医学善的标准和原则，我们就可以作为了。①

思考什么问题？思考爱不爱？因为医疗是行善的，这个善就体现在我们爱不爱这个个体，爱不爱病人上。然后才能解决行动问题。分析哲学是在考量“意向对象”，追索意义与真这些问题中发展的，这间接地推动了分析伦理学的形成以及价值哲学、价值论伦理学的学科概念，价值论伦理学还没有成形的学科分支。但以价值分析和判断指导伦理选择和人的行动，确实是很重要的。

> 人们在感知医学生活中的鲜活的生死病痛的现象以及与其相连锁的人际关系、痛苦、不公正等问题中，给与生命逻辑实证的语言说明，同时把生命或身体中“疾病”或“死亡”制作成意义的模块，通过真与假两个“值”，完成我们对于医学生活的指导，这就迫使我们必须找到行动和评价行动正当与否的方法之间的关系，从而做出我们的选择。这就成为我们建立的几个基本伦理原则的基础。真假、善

---

① 这个问题，可以参阅本书第十四章“良善而生，安乐之死”中的有关内容。

恶、美丑、爱恨都成为我们检验真理的工具，如此，医学或生命科学行为就有了托付，而不至于失去依靠茫然地在林中游荡。

这是生命伦理学产生的一个重要的基础以及这一后现代化伦理学分支的宗旨。[①]

> 哲学发源于对生活难局的一种深刻而广大的反应。哲学诞生是为了找出一个可以代替盲目习惯和盲目自然冲动而知道生活、指导行动的向导。可是古典哲学找到了什么呢？它找到了一个超验的绝对实在，找到了一个超越尘世的实在世界。[②]

杜威依然留恋那个理性的世界，那是一个宁静而无波澜的世界，是一个真正的自由的意志和理性的王国，那里没有因为不确定而带来的颠沛流离，也没有因为变幻莫测而造成的痛苦无奈，但杜威认为，这不过是一个自欺欺人的梦。虽然至善、至美、至福，但不可实现，不可通达。[③] 因此，杜威否定和颠覆了一切古典哲学与伦理学造就的那个理想，以哥白尼式的革命精神，完成了哲学的实用主义、价值哲学的转换。生命伦理学应该从价值哲学中获得行动指向：必须以人的生命问题与各种医疗活动之关系作为研究对象；价值问题和生命存在状态中的评价以及卫生行动选择是生命伦理学的核心问题；生命伦理学必须为人类的健康提供智慧。价值判断、价值选择和应用价值理论指导医学活动、生命科学技术难题与身体取向，是生命伦理学的学科路径。

对生命伦理学西方思想渊源与谱系的粗略清理应该是：古希腊古典哲学（道义论与美德论）与希氏誓言的医学道德内核；迈蒙尼提斯—汉谟拉比法典的训诫与精神；犹太神秘主义—基督教哲学与文化（灵魂—理智—欲望—意志—实践善—《誓言》；“神学是第一哲学”，“德性就是知识”—神人合一的教义）；诺斯替主义；路德、加尔文的宗教改革（公

---

① 请参阅［英］迈克尔·达米特《分析哲学的起源》（王路译，上海译文出版社 2005 年版）一书中关于胡塞尔、弗雷格等人思想的分析。

② 见［美］约翰·杜威《评价理论》，冯平等译，上海译文出版社2007年版，译者序，第3页。

③ 同上。

教、新教、东方正教以及清教主义精神）；文艺复兴人道主义；启蒙主义狂飙精神（欲望是人的主人，事物服从于心灵，批判哲学）；德国古典哲学（大阿尔波特信仰与美德之争）与康德—黑格尔哲学（把人作为主体——义务论、人为自然立法、人为自己立法、绝对命令与人是目的；生命政治的多元性——个性自由与精神哲学等）；进化论；生命哲学与“生命伦理学”（柏格森）；弗洛伊德的伦理哲学；价值论与现象学；后果论与存在主义；功利主义；敬畏生命观；法国哲学与后现代主义；尼采哲学与上帝死亡论；相对主义、次级相对论与道德异乡人论；实用主义和美国当代伦理神学（新教伦理精神）；英美法系法律文化；当代分析哲学与语言转向；科技哲学；医学社会学、境遇主义；罗尔斯正义论与诺齐克的伦理学；卫生经济学与卫生公平的争论；梵蒂冈第二次大公会议期间及其会后兴起的汉斯·昆等人的后现代伦理神学思潮（希望神学、政治神学、过程神学、实践神学、妇女神学等）以及其他。

要作具体深入分析，可以如此考略。

首先，西方观念中的超验性感官体验的绝对相异性，即柏拉图的“形”（forms）与“相”（ideas）是最早的生命哲学核心概念。[①] 这也造就了后来人的生命伦理观和生命的伦理秩序。古希腊人以此为出发点，为人类的最初生命伦理思想奠定了原始的基础。苏格拉底、柏拉图和亚里士多德、毕达哥拉斯和泰勒斯及其学派，用“努斯”、“逻各斯”、“科斯莫斯”（kosmos）等名词表述宇宙、人类社会与生命中的“心灵、理性、智力、组织原则、思想、言辞、智慧和意义”[②]，特别是生命的秩序。古希腊人用医神阿斯克雷皮斯和“蛇与杖”作为医神的仁爱与医生的权力以及医生的道德象征符号，存留于医学社会之中，直至今日，我们添加了更加丰富的、深刻的内容，以完整地反映人类对于生命的道德诉求和健康的向往。

经过前9世纪的荷马时代，盲诗人荷马的“医生为大众公仆”的告诫已经被人颂扬。这些积淀给此后的希波克拉底（Hippocrates，前460—前371）的辉煌提供了营养。希波克拉底成为克斯学派的领袖，在实验医学与自然哲

---

① 参阅［美］理查德·纳塔斯《西方思想史》，吴象婴等译，上海社会科学院出版社2007年版，第10页。

② 同上书，第50页。另参阅周俊、何兆雄主编《外国医德史》，上海医科大学出版社1994年版，第114—115页。

学理论上，做了深入的探索和超越；他汲取意大利医学先驱阿尔克迈翁的生理解剖学成就与理论，结合他本人特有的哲学天赋，成为伯利克里时代重要的启蒙思想者；希波克拉底把医学实践技艺和理论与医学精神会通融合，除《誓言》外，还有《论可贵的品行》《论箴言》《论医生》《论法规》《神圣的疾病》等涉及医务道德或生命伦理议题的文献留存。他再现或在医学领域激活了先哲的哲学。最先表达和制定了尊重病人的人格尊严、敬畏生命、不伤害、保密、公平正义、忌毁同行等一系列医学道德原则，被奉为“一切美好的奇妙创造者”。亚里士多德在《政治学》中评价道：

> 希波克拉底之所以被称为伟人，并不是作为一般的人，而是作为一个医生，他比别的比他高大的人更伟大。[①]

他既是思想家又是医生，当然，希波克拉底并不是孤身一人，他是奉命搜集与集合当时的道德流行规范的，希氏早已成为医学道德训诫和原初西方生命伦理学的核心符码和象征。他虽没有直接用古希腊的伦理和道德哲学作为自己医学道德的语言，但他创造和开辟了古老的西方化的医师道德品质形成和行医规则的里程碑，《誓言》充满着天命观念和浓郁的宗教训诫风格，以美德论和义务论为主体，确立了生命伦理学的精神基础。

《希波克拉底誓言》的要义为：

> 仰赖医神阿波罗，埃斯克雷波斯及健康之神为证……
>
> 我愿尽余之能力与判断力所及，遵守为病家谋利益之信条，并检束一切堕落及害人行为，我不得将危害药品给与他人，并不作该项之指导，虽有人请求亦必不与之。尤不为妇人施堕胎手术。我愿以此纯洁与神圣之精神，终身执行我职务。……
>
> 无论至于何处，遇男或妇，贵人及奴婢，我之唯一目的，为病家谋幸福，并检点吾身，不作各种害人及恶劣行为，尤不作诱奸之事。凡我所见所闻，无论有无业务关系，我认为应守秘密者，我愿保守秘密。……以医济世，受人尊敬；倘我食言违誓，天地鬼神共罚之。

---

① 参阅周俊、何兆雄主编《外国医德史》，上海医科大学出版社1994年版，第118页。

如此慨言激越的号令般誓词，实不多见。

象征理论的学者在分析符号与非语言象征时认为，所指、能指和事物三概念可以语词注释心灵状态、精神和印象，并且用此作为符号永远给与人以教育意义和提示；斯多葛派指明能指是一种声音（Dion），所指就是“揭示出来的、依赖我们思想而存在并被我们掌握的事物”；事物就是外界的存在。[①] 而医学精神最初就是以两个有形体的符号（蛇杖与红十字）和一篇有意义实体的语言“誓言”（《希波克拉底誓言》）作为生命伦理学三位一体的逻辑位格，框定其不朽的精神哲学结构核心的。蛇杖表示公平的正义与科学智慧，红十字（弥赛亚的奉献精神）表述博爱与奉献的精神，誓言用文字警诫医者的行为规范和敬畏生命的至善原则。

语行至此，忽然记起马一浮先生在《太极图说赘言》中借用佛学华严宗“总别不二”思想对理气之体用关系所作的论证：

> 学者须知，此实理者，无处不在。不是离心而别有，所谓总该万有，不出一心。在华严以法界缘起不思议为宗，恰与此相应。[②]

其次，是犹太神秘主义与基督教的生命伦理观。

对于人的生命来说，神秘的情感与体验是一种力量，常常会从心理上解决我们的忧思、痛苦甚至影响我们疾病的治愈和疗效，“宗教因素能够完成医疗技艺无法解决的难题，有些，只有通过宗教似的感悟和体验，疾病才能获得完整的‘治愈’”[③]，对此恩格尔哈特就做过专门的论述。犹太教的神秘主义充满了悖论与矛盾，他们的上帝本身是神秘的“无”，人的生命与身体是赖于上帝的灵光维持与延续的，人的生命体验可以向最高的天急遽跃升——其本质表达的是与上帝合一，并且感受自己的灵魂升华，由此回馈于患病之躯。[④] 理性化的神秘论者有别于盲信和迷狂，不应该出现冥游般的病态体验。正如托马斯·阿奎那所指出的：神秘主义只是“通过体验

---

① ［法］茨维坦·托多罗夫：《象征理论》，王国卿译，商务印书馆2004年版，第10页。

② 可参阅滕复《马一浮思想研究》，中华书局2001年版，第192页。本文字引自《易·系辞》。

③ 可参阅［美］祁斯特拉姆·恩格尔哈特《基督教生命伦理学基础》，孙慕义主译，中国社会科学出版社2014年版，第8页。

④ 参见［德］G. G. 索伦《犹太教神秘主义主流》，涂笑非译，四川人民出版社2000年版，第5页。

而获得对上帝的知识”①。犹太教的神秘主义和犹太民族的神秘主义有所差异，犹太民族的神秘主义与希伯来民族的传统一样承继了两河流域文化，即从苏美尔文化到腓尼基文化再到巴比伦文化这样一种地中海文化圈以及北非和亚洲海岸流行的神秘主义，神秘主义对于宗教徒和非宗教徒都有一种统治或控制功能，有时甚至对于人可以形成一种制恶的暴力，对人的道德选择具有一种天赋的价值。神秘主义对于生命道德观影响的主要表现是：对于生命的敬畏；疾病本身是“恶”势力的侵害，必须用爱和行善予以祛除；肉身是上帝所赐予，是灵魂在宇宙中偶然栖居或披戴的“皮袍”，人永远在回乡的途中，只有积德行善，与魔鬼搏斗并以信仰胜之，这一时期是尽早到达天国之家的阶段，那里没有痛苦、贫穷、疾病。

从基督教发端时的保罗到古典末期基督教里最有影响的奥古斯丁，这一时期是新的宗教确立一种模型、满足人生命的内在渴望以及追求摆脱肉身痛苦目标的历史阶段。基督教“一神一主”观和斯多葛派“人人皆兄弟”的主张，结合为“所有人都是上帝的自由、平等的孩子”的伦理观念，为产生一种崭新的生命政治学说，作出了最直接、最关键的理论准备。这其实应该是所谓经典生命伦理学的学科胚胎。

犹太—基督教神学及其神秘主义的波峰与古希腊哲学、希腊罗马的神话汇合，似乎承担了新神秘主义和新异教教义的精神芯片。基督教由备受争议的保罗和他的同伴传播给欧洲各民族，“将以色列的一神信仰传遍世界”②，而且与希腊哲学共生、互补，由此改变了人类的历史。犹太教与基督教共有的有关至高无上的、至善的造物主的启示，使柏拉图形而上学的概念臻于完整；伟大的奥古斯丁把诸相确认为“道”即逻各斯的集体表现，并认为所有的原型皆存在于基督之内。基督教使用和包含了柏拉图哲学，使犹太教律法趋于成为整全的法律。③ 并同时授予道成肉身、三位一体意

① 参见［德］G. G. 索伦《犹太教神秘主义主流》，涂笑非译，四川人民出版社 2000 年版，第 4 页。这个定义的原文是：Cognitio dei experimeirtalis。

② ［德］汉斯·昆：《基督教大思想家》，包利民译，社会科学文献出版社 2001 年版，第 6 页。保罗是历史上饱受争议的重要人物，犹太教和基督教学界对其身份、言行及对基督的皈依等都存在巨大分歧。尼采批评他是一位邪灵之人，造伪币的人，以及善于仇恨的天才。而多数人则推崇保罗的伟大贡献，认为他是给这个世界带来永久福泽之人；作为基督教的传播者，他完成了从法利赛人向信仰基督的转变，这应是历史事实。

③ 参阅［美］理查德·纳塔斯《西方思想史》，吴象婴等译，上海社会科学院出版社 2007 年版，第 120—127 页。

识，特别是欧洲各民族开始逐渐统一于基督教的一神论崇拜心理之中。

奥古斯丁（Augustine，354—430）是至今依然保持精神冲击力的唯一一位教父神学家。奥古斯丁的人生轨迹与列夫·托尔斯泰极为相似，少年迷狂、放浪不羁、花天酒地，中年皈依信仰。中国与其相似者如纳兰性德、李叔同等，这个“奥古斯丁现象”可能是由人性的一种自我救赎的生命内在本质使然的。奥古斯丁与保罗都相信，上帝将不道德的人，特别是对于生命和躯体不道德的人罚入地狱的判决，那种不堪忍受的痛苦，都化解在基督自愿钉死在十字架上，以此天恩来感召凡人。保罗在去大马士革的途中，而奥古斯丁则在米兰的花园中，实现了他们灵性的根本转折，他们开始忘却自我生命的存在，开始生命伦理化的救赎，即构建现实存在和人的生命现实与天国伦理规范和人类无助的二元论哲学。奥古斯丁在个人宽恕的恩典中，忏悔因为肉身诱惑而犯下的过错，他的伟大伦理工程在于唤醒后来人如何获得灵魂的安适。奥古斯丁综合犹太教思想遗产、保罗的神学、使徒约翰的神秘主义、基督教的禁欲伦理、诺斯替信徒的生命二元论、新柏拉图主义和古典文明末期的批判，铸成了其对自然与尘世、对生命与理性、肉身与道德关切的思想框架。奥古斯丁启动了人追求自由、爱和解放的伦理幕布，与保罗在去大马士革的路上的灵性彻悟一样，在米兰的花园中发生了生命的重大转折，完成了接受天恩干预后的自身宗教皈依。

> 在右面与我靠得最近的这一位，
> 是我的兄长和师长，他是
> 哥伦的阿尔伯，我是阿奎那的托马斯。
> ……
> 这第二个火焰从格雷喜安的微笑里
> 射发出来，他对两种法庭都给与
> 极大的帮助，意志从天国得到恩宠。①

但丁在他的伟大的《神曲》中，把大阿尔伯特置放于太阳层中，作为

---

① ［意］但丁：《神曲》，朱维基译，上海译文出版社 1994 年版，第 564—565 页。但丁在其作品中多次提到大阿尔伯特并将其自由意志理论作为他的道德系统的基础。在《神曲》中但丁将大阿尔伯特与阿奎那一起当作知识的热爱者（Spiriti Sapienti）并将他们放在天堂的太阳层中。

最伟大的知识传播者加以敬拜，是因为诗人真正地被大阿尔伯特的自由意志论所征服。生命伦理学的自由意志论世界主义由此开端，在至上的道德权威的关怀下，一切人类成兄弟；这也正是席勒画中和贝多芬在《第九交响曲》里所赞美的主题。经典生命伦理学的思想火炬由此点燃，成为世界主义化的人类自由意志。这一精神观照了人的生命保全和身体的健康权利的维系，并超越了亚里士多德关于自然与最高的形的关系的神学观念，在阿奎那继承和修正之下，宣布了人的尊贵与潜能的存在，人的生命应该向着一个完美交融的方向进化，上帝赋予人与任何生物按照各自的特殊本质分享上帝的存在，人应该为自由以及实现自己的价值而努力，人类回到自己的源头，实现自治和自由支配地上的行动；“除非人类获得自由，否则人类就不能自由地爱上帝，不能自由地实现其崇高的精神命运”①。

在讨论与评点中世纪思想特质的形成过程时，不可越过这位伟大的人，即大阿尔伯特，他是一位不得不关注的大人物。作为中世纪欧洲重要的哲学家和神学家，同时又是多明我会神父，他知识丰富，被奉为全能博士，他提倡神学与科学和平并存。有人认为他是中世纪德国最伟大的智者。他也是首位将亚里士多德学说与基督教哲学综合在一起的中世纪学者。

阿尔伯特的信仰与美德争论对日耳曼民族的形成产生了深刻的影响，也对生命伦理学的理论构成有着重要意义，生命伦理学最早发源于数位深受德国古典哲学影响的哲学家和神学家，他们从哲学与神学的视角对生命进行考量，再结合卫生保健体制、医生的职业责任、生命科学技术、临床医学和临床医学所出现的生和死与医患关系等问题，以及所面临的思想挑战，给予一个完整的哲学化的回应。这种哲学化的回应当时有两个指导思想：一个是批判地集成古希腊哲学而形成的德国古典哲学；另一个就是基督教神学。大阿尔伯特革命地也是里程碑式地把哲学和神学分开，利用哲学的思辨、对现实问题的观察使其离开神学。神学是超自然的，是靠人的悟性和领悟力所开辟的另外一个世界，他把哲学化的世界从神学中剥离出来，这是人类对于生命与自身认识的一个关键进化，是生命的新伦理的开端。把神学和要解决真理问题的哲学放在一起是永远解决不了“真”这一问题的，这个有魅力、有魔力的大阿尔伯特因而成为这样的历史斗士。

---

① 参阅［美］理查德·纳塔斯《西方思想史》，吴象婴等译，上海社会科学院出版社2007年版，第206—207页。

大阿尔伯特培养了托马斯·阿奎那。托马斯·阿奎那曾经在欧洲遭到非议，而当阿奎那的神学思想确立以后，欧洲就开始了漫长的中世纪，就开始了经院哲学的历史。德国的这一段历史非常稳定地在欧洲思想史上占据至高无上的地位，他的思想统治、催生了德国古典哲学和德国后来的一系列思想家，而最大的受益者和最杰出的革命者就是马丁·路德。实际上，没有大阿尔伯特就不可能有马丁·路德。路德是通过对大阿尔伯特的思想和阿奎那的神哲学学说以及其他的古典哲学观念的借鉴和吸收，有了坚实的理论和精神支持，才发动16世纪的宗教革命的。当然他也汲取了拉丁、法兰西、德意志甚至斯拉夫等民族的思想传承，最后构成其“95条信纲”思想的主脉，这就激活了人类最初的生命伦理学神经与意志。马丁·路德和加尔文的宗教改革对于后来经典生命伦理学萌芽时期和后现代生命伦理学创立者的思想形成是不可或缺的。

应该说，在改革的风暴之前，那个基督教的世俗主义和普遍的世俗化思潮已经开始席卷欧洲大陆的各个角落。受阿奎那教导的很多人，开始致力于将哲学与神学分开的事业，大学寻求思想独立的要求和异教亚里士多德主义、阿拉伯科学所引发的人类理性以及对自然的接受，形成了一种重新认识生命的暗流，对基督教的批评与信仰之外的科学理性，造就了神学与哲学分离的前奏。基督教“到此为止，不得逾越”的禁令和中世纪全胜时期经院哲学的代表阿奎那死后，作为英国哲学家兼具牧师身份的奇特人物奥康姆的威廉，如同14世纪那个意味深长时代的一颗新星，他坚决否认共相在人类思想和人类与语言之外的实在性。他提出，一个共相乃是表示真正具体个别存在物质某一概念化方面的名称，所以就其本身而言并不构成一个形而上学的实体，共相与形并不占有独立的秩序。我们理解包括生命体的人体在内都是个别的存在，而所谓生命的共相的推论，都是虚假的。“除非必要不得增加实体”（non sunt multiplicanda entia praeter necessitatem）[①] 原则，被称为奥康姆剃刀的这一观念，改变了人类物种单独作为实体的可能性，从而确立了每一个具体生命仅仅存在着为心灵所承认

---

① 参阅［美］理查德·纳塔斯《西方思想史》，吴象婴等译，上海社会科学院出版社2007年版，第228—229页。奥康姆后来又用公式表述、解释了这一原则：没有必要就不应当假设多重性，或者是“能用较少假定来解释的就无需更多假定”。意为事物本身就是本身的事物存在，没有其他的共同概念化的指称。只有这样，基督教真理才能保持其超然的不可侵犯性，世界的自然状态才能根据其自身条件、特殊性和偶然性获得正确的理解。

的“共有的相似性”。这为后来的多元多态生命体的尊严与权利找到了一个证明，也为生命伦理的境遇理论和五六百年之后的后现代哲学和生命政治文化埋下了宝贵的伏笔。奥康姆使神学与哲学彻底分离，并预示了科学思维的胜利。他为经典生命伦理学思想设计了一条合法自由的世俗哲学路径，并指明人的生命的特殊性和偶然性境遇，以此铸造了基督教生命伦理学和世俗化的经典生命伦理学共同的逻辑内核。

伸张人的尊严与权利、宗教与世俗文化的亲近以及基督教走入世俗社会、重视今世今生生活的意义与生命的平等观，是宗教改革的伟大贡献，也是这场运动的生命伦理成就。

其实，在路德面前，还有一个强大的伊拉斯谟，一位伟大的人文主义者，北欧最伟大的思想家和那个时代“世界的大脑”。不是我们故意将其嵌入生命伦理学里，而是因为在生命伦理学思想悠长的形成历史中，他是在历史转折点上一位不可忽视的重要人物。信仰问题是一个历史人类学问题，利奥波德·冯·兰克[①]认为：“在当代，信仰的不同已经不再能使西方民族整体分裂。”[②] 讲生命伦理，不能回避信仰问题。没有信仰就不会有人类精神，也就没有什么善的原则和法令，道德就不会有规范，生活就没有秩序。而这个新的信仰是与宗教革命紧密相连的。没有基督教的那一场风暴，就不会有人类对于人的价值和生命意义的新的伦理观念，就不会世俗地对待每个生命，就不会有后来的自由世界主义和个人世界主义。伊拉斯谟用他的语言感召力和博大、精深的思想以及他的人文主义智慧，完成了基督教精神与人文主义的融合；并把古典文化中的生命伦理观念和基督教中的平等观结合在一起，为后来路德的“因信（仰）称义”（justification by faith）做了深刻的启示和不可或缺的奠基。[③] 伊拉斯谟是悲剧性的理想主义者，天主教一致认为，他是路德的支持者和改革的捉刀人，实

---

① 利奥波德·冯·兰克（Leopold von Ranke，1795—1886），德国历史学家，出身于基督教中产阶级家庭。在大学时代，他从神学转入古典研究，获得莱比锡大学博士学位，后成为柏林大学教授，主编《历史—政治杂志》。因卓越的历史研究成就，他被选为柏林科学院院士，被封为贵族。兰克治史广泛，曾编撰历史 54 卷，著名作品有：《拉丁与条顿民族史》《教皇史》《宗教改革时期的德意志史》《十六七世纪法国史》等。他提倡历史研究的客观性理想，首创学术研讨班制度，对现代历史学研究和发展产生了世界性的影响。

② ［德］兰克：《历史上的各个时代》，杨培英等译，北京大学出版社 2010 年版，第 110 页。

③ 参阅［荷兰］约翰·赫伊津哈《伊拉斯谟传》，何道宽译，广西师范大学出版社 2008 年版，第 106—109、119—132 页。

际上，他拒绝作为新教精神的旗手。虽然他处于教皇和改革派中间，对保守势力和陈旧错讹的神学进行过激烈地批判，但他坚持走中间道路，并在他的书斋里隐居起来，做他的学者和诗人，尽管他依然批评那个堕落的时代。他用他的影响和精神创造了令人称羡的奇迹，在革命风暴的后面劈波斩浪，在马背上吟咏他的《阿尔卑斯颂歌》，如山洪冲决河岸，又若和风吹拂温润的大地。他是生命伦理精神最早的明灯。他揭示人类的现实生活，讥讽和批评不健康的人际关系，呼吁重视平民的权利和身体，并要求给与每一个生命以平等的地位和待遇，不可轻视任何俗世间的人性需要，人应拥有正义和爱，学习职业的美德和增添生命的活力。他宣扬人性的价值、人的权利、自然的伟大力量、人的自由和博爱，倡导尊重女性、健康的两性关系和婚姻；提出改造形式虚伪的礼仪和蒙昧主义的生活。他激烈批评那些不称职的医生。这都是经典生命伦理学的重要内容。

路德改教的另外一个重要动因就是伟大的文艺复兴运动。处于东地中海的亚平宁半岛的文艺复兴运动与路德的宗教改革以及科技革命，三位一体不可分割，是人类历史的一次精神运动的汇流和思想风暴的聚合。迎来了人道主义和人的尊严伦理，两股潮流汇合，人类开始通过科学与艺术，通过人体文化和医学，深入并反思自然的秘密，特别对于生命，以背叛上帝造物的创世观，拓展知识世界，以人类为中心认识生命事实。

> 注重个人主义合格人才的新价值观强化了意大利人文主义一个共同的特征，个人的价值是以个人的能力为基础的，他们的理想就是要成为解放的人……①

在这种思想的潮涌之中，路德与哥白尼、米开朗基罗、马基雅维利、麦哲伦这样影响人类的人，同期诞生，来拯救这个苦难的世界。

与教会抗争的科学行为，莫过于破解人体的活动。奠定解剖学基础，使人类真实地认识自己的肉身结构，是由威廉·伯克顶着“掘尸人”的罪名进行的。之后，教皇克莱门特七世终于在1537年允许将实体解剖用于教学。此距离路德改革运动已经过去20年了。达·芬奇、维萨里、哈维、柯

---

① 参阅［美］理查德·纳塔斯《西方思想史》，吴象婴等译，上海社会科学院出版社2007年版，第256页。

伦（William Cullen）、比沙、雷奈克，直至19世纪，医学完成了向实验医学的转变，人们认识了身体的物质本质并开始从上帝的权柄中夺得自己的生命权利，巴斯德与科赫又开辟了微生物学的路径，发现了疾病的种子，为免疫学并最后为自身设置或维护健康的屏障，寻找拯救者。[①]

基督教的一大功绩是为医院和护理事业的发展以及慈善行动，奠定了最初的基础并注入了充足的能量。就此，世俗社会、政府、市场和医药工业化以及卫生消费运动，使20世纪的医学人文事业充满了机遇和可能。尤其是高新奇生命科学技术的飞跃进步，艾滋病、癌症和文化病症的提示，人类开始回归原有的医学信仰，渴望用人文精神重新解放身体和生命。

医学呼唤着一种新的伦理精神并自觉地汇集与整合了历史的生命伦理思想成果，铸就了后现代的生命伦理学。

本来，宗教对人类，特别是对西方思想的控制，对生命科学技术、对医学的控制都是无形的，所以只有宗教的束缚解脱了，才有可能谈及后现代文化的新时代。

如此一来，有一个人，我们就不能绕过和回避，他就是德国著名的当代思想家、哲学家，也是伦理学家和神学家的汉斯·昆。[②] 昆为1965年的大公会议草拟文件，后来他解放生灵与推动神学在后现代处境中的典范转移以及与后现代人类世俗文化相衔接的思想，触怒了天主教内部很多权威神学家和主教，被驱逐出大公会议。在长达10年的时间里，汉斯·昆坚持从事解放神学的研究，最后，过程神学、实践神学、黑人神学、女性主义神学等都是在其影响和努力之下展开和形成的，这些神学可以作为后现代神学文化运动的成就和硕果。汉斯·昆继卡尔·巴特、鲁道夫·布尔特曼、莫尔特曼、尼布尔兄弟、保罗·蒂利希、约翰·科布、马利坦、德日进、拉纳等之后，被誉为“第二个路德”。后现代神学再次点燃了宗教内部对于科学的激情，后现代神学家像对待“圆的方”那样对待“有神论进化主义”，以之说服这个世界，使其接受有神论的进化观，使上帝、世界、科学和生命的进化最后得以统一和协调。后现代神学一再强调生命的意义与价值，并指出每一生命个体都应该具有同样的尊严，我们必须过一种维护生

---

① 参阅［美］罗伊·波特等编《剑桥医学史》第5章，张大庆等译，吉林人民出版社2000年版。

② 又译孔汉斯（Hans Küng，1928—　），瑞士著名的国际天主教神学家，德国图宾根天主教神学系基本神学教授、普世宗教研究所所长。

命权利和提倡一种自主和自由的生活，保护生态平衡和健康的生命秩序。

开场于1962年10月，结束于1965年12月8日的不寻常的梵蒂冈第二次大公会议，也就标示了一个新时代的开始，相当于路德和加尔文革命之后的又一次宗教改革。教宗约翰表明，“梵二会议”并不是号召反对某些东西，而是要赞成某些东西①。其实，是生命伦理思想的革命，是“允许”宗教“宽容”原则的一个发展，对后来的生命伦理学和世界普世伦理注入了新的精神。有关生命的意义、避孕、人工生命技术、禁止离婚法等的激烈争论，使基督教继路德之后陷入最严重的危机之中。这次会议以深刻的世俗化和建设“后基督教时代”的精神成果完成了人类一次文化的历史转折。在依然坚持信、望、爱的普世价值原则的传统基础上，解放我们的思想，许多传教士和神学家成为医药领域和高等教育的精英或先锋战士，他们开始用生命科学、自然因果定律来解释人类的疾病和灾难，把超自然的信仰与敬拜情感限制在个人体验的范围内。人类开始用神圣的目光评价和凝视宗教，神学家开始以世俗的目光转向现世和世俗社会。生命科学技术和研究，开始被基督教允许，一些以往被作为大逆不道的生活行为以及身体增强技术，或是被基督教接受，或是被允许，或是被宽容。天主教会医院也有魄力允许进行试管婴儿与其他辅助生殖技术的研究；个别新教牧师挺身而出支持痛苦中煎熬的晚期癌症患者的安乐死选择。人们在自由的地球村中享受着自由的个性化的生活方式，美国的同性恋基督徒和神学家甚至勇敢地创建了同志神学。诸如此类的重大变化，当然激起了新一轮的神学大辩论高潮，但我们必须承认，这确实是对于历史性的“梵二会议”的一种庄严的回应，生命科学的道德法则必须服从于后现代本性，而究竟什么才既符合自然律又合于世俗生活以及人的本质？

> 上帝本性中的对应要素不是世俗的现实性，而是那种世俗现实进入生命即永恒存在的事实存在中的转化。世俗世界中的那种持续的人格是那些具有独特完善性的后继者用来总结其前辈的那些场合的路径。②

---

① ［美］布鲁斯·雪莱：《基督教会史》，刘平译，北京大学出版社2004年版，第512—513页。

② 参阅［英］阿尔弗雷德·诺思·怀特海《过程与实在》，杨富斌译，中国城市出版社2003年版，第636页。

如此，世俗的人本主义和鼓噪生命权利的医学人道论，也作为一种后现代文化语言进入20世纪的医学社会，同时参与了后现代生命伦理学形成的行动。

至于由人文精神演绎和纯化的“人道主义”一词，是被无数次滥用的流行语，我们还不如说它仅仅是一个符号，有时成为一种装饰物。我们的任务是要恢复人道主义纯粹的理念和价值。对于生命伦理学来说，这是至关重要的，不能因为理解上的偏差与混乱而使我们对人道主义的伦理学产生怀疑。生命科学或医学，更应该有人道主义的导航，否则放任自流就等于毁灭了它的人化属性或人性。人性（human nature）是说明，人类从本质来说是一类理性的动物，这是柏拉图、亚里士多德对于人的经典论证，当然遭到了休谟、达尔文以及弗洛伊德的质疑和挑战，以至于受到反本质主义和巴特勒等人性系统或人性结构理论的颠覆。[①] 在医学上，这种歧义有了新的争论焦点，就是生命质量论、生命价值论和生命神圣论的冲突。以胎儿、植物人状态者或智商严重低下者（比如IQ小于20），是否还具有人性的问题，是否还可算作“人”（person），或只是生物学意义上的“人”（human being），也就是丧失“自我意识的蛋白质的逻辑结构的自然体系”是否还可称作“人”，这涉及临床上的放弃治疗和安乐死的伦理争议，所以人性的问题乃是生命伦理学的一个观念和意志基础，否则，如何评判和裁决临床决策，对于严重残疾新生儿的处置等问题就会陷于窘境。

法国作家弗兰西斯·拉伯雷在《巨人传》中写道：“科学没有良心，就意味着灵魂的毁灭。”这就是人道主义的语言，但他并没有阐释，良心与人之“道”的指向与法则，医生对一位患有严重心脏疾患的高月孕妇实施堕胎，是不是人之良善之道？

最后，就是法国哲学和后现代主义，包括梅洛—庞蒂、保罗·利柯、萨特、拉康、米歇尔·福柯等，还有很多神学家。再就是俄罗斯斯拉夫文化神学群体，以及后面还要论述的东正教神学家们。道德异乡人作为恩格尔哈特的思想之一，来自东正教文化传统和诺斯替主义。其他如史怀泽的敬畏生命观对生命伦理学也有喂育；次级相对主义是一个创造，它和实用

---

① ［英］尼古拉斯·布宁：《西方哲学英汉对照大辞典》，余纪元译，人民出版社2001年版，第448页。

主义有一种内在的关联；与杜威的实用主义不一样，爱默生的实用主义要隐晦一些。

现象学是追求人的本质的，正如黑格尔曾经指明的那样：一种广泛审查，不仅是认识论的，还包括伦理、政治、宗教与感性世界、日常生活的经验。人的悲剧和人的生命存在的逻辑，就这样被作为生命现象学的对象，被伦理考量着；又如同康德的分析方法的描述和诠释，以及休谟式的对生命存在价值和人的品质的感受；或者更像是笛卡尔的怀疑论"我思"对生命现象的检验。保罗·利科实际上一直认为，现象学与其说是一种学说，不如说是一种能够在广泛的领域中应用的方法。① 现象学对生命伦理学影响很大，主要来自胡塞尔，胡塞尔和海德格尔师徒关于人的本质和身体伦理的争论、争议，促进了它的形成与发展，但他们都没有否定对生命本质的研究是用现象学作为其理论依托的。尼采的上帝死亡论恐怕对生命伦理学的影响颇大，尼采实际上搞了一次思想和哲学理论的探索和实验，虽然这一探索和实验是不成功的，他象征性地假说，仅余剩人尚未死，其意在将上帝这一绝对权威推翻然后解放我们人类，就像普罗米修斯拯救世人一样，使人类从上帝的枷锁和奴役之下得到最后的自由和解放。这个自由世界主义思想很生动、很现实、很符合生命伦理的基本动议。

事实的医学或生命科学孕育了事实的人，人是观念复制物，胡塞尔的观念则是存在的范式，也就是，人的目的的危机导致生命科学的危机，而首要的应该是伦理的危机、哲学的危机和生命信念的危机。

人的任务是无限的，哲学具备使人类人道化的功能，生命伦理学或生命的道德哲学理想，就是人类存在的最终形式，它同时应该作为人道主义开始的最初的形式。② 我们可以从下面的文字中了解量上的人类生命通过理性服从于具有质的意义上的人类生命的本质：

> 人的性质本质上说是通过血统和社会关系相连的人的群体成为人的存在——理性动物——它也只能是根据理性的原则，在其整个人道

---

① ［法］保罗·利科：《论现象学流派》，蒋海燕译，南京大学出版社2010年版，第2页。他还指出了慕尼黑学派的心理学家群体存在的现象学踪影，如普凡德尔（A. Pfander）、马科斯·舍勒、海德格尔、哈特曼以及雅斯贝尔斯等人的思想。

② 可参阅［法］保罗·利科《论现象学流派》，蒋海燕译，南京大学出版社2010年版，第29页。这是胡塞尔在维也纳讲座时发表的观点，本书作者用生命伦理学改写了原句。

主义，也就是人类这样的范围内才是理性的存在：人类要么以一种潜在的方式被引向理性，要么被明显地引向本质，一旦它达到自我并且明显地为自我而发展，它就会有意识地驾驭人类的未来。哲学和科学于是就会成为历史运动，一般的理性在该运动中得到显示，即人之所以为人而天生具有的东西。①

生命伦理学资源磅礴浩瀚如大海之波，对之，我们还要进行十分艰苦地努力，以承担这种资源的研究和发掘使命。这个使命是觉悟的、哲学的、历史的。

一　德性与德性伦理

德性是从善恶的角度说明人之本质的范畴，它有广义和狭义之分。广义的德性泛指道德，狭义的德性（Virtue）指的是优良的品质。在这里，我们着重阐述后一种含义即德性指称一种“内在善”。亚里士多德学派的沙夫茨伯里（Shaftesbury）认为：德性是某种天赋的品格，其中最重要的是具有制控性的激情（情感）。② 而具有高尚德行的人，并不是没有仇恨、爱情、蔑视和愤怒情感的人。③

德性分为理智型和伦理型两类，理智型德性是由教育生成、培养起来的，需要经验和时间；伦理型德性则是由风俗习惯熏陶出来的，因此把“习惯”（ethos）一词的写法略加改变，就形成了“伦理”（ethike）这个词。④

从个体的人来看，德性显现的是人性本身的不断提升和完善，人在这种超越中开拓和培育自己的精神世界，德性与人的个性相关却又不等同于个性，它是个性心性结构中可以进行善恶评价的那部分心理特质和行为方式、一种与价值相关的个性特质，源于个体调整自身与他人与社会关系的需要，在道德实践中逐步形成可以用善恶，而且应该用主体的内在价值尺

---

① ［法］保罗·利科《论现象学流派》，蒋海燕译，南京大学出版社2010年版，第29页。转引自*Krisis I*，§6.

② Roger Scruton，*A Short History of Modern Philosophy*，Second edition（Printed in Great Britain，by Routledge 2008），p. 111.

③ Ibid.

④ 请参阅［古希腊］亚里士多德《尼克马科伦理学》，苗力田译，中国社会科学出版社1992年版，第25页。

度来衡量的个性特质。因此，黑格尔认为，德性是一种“伦理上的造诣”，或者说是伦理性的东西在个性中的体现。

从伦理学意义上看，德性是指个体所具有的理解、内化与践履伦理原则和道德规范的秉性、气质和能力，德性就是化“德”为“性”，达到“从心所欲不逾矩”的境界，而麦金太尔则认为“德性是一种获得性人类品质”。这些都表明，德性概念所标识的是道德主体自身完善的一种人格境界。值得注意的是，德性不能仅仅被理解为个体的品质，它同时也是对制度和社会的一种伦理性要求，即制度德性；“德性”与“美德”并非两个等质的概念。德性可以被理解为“品德”，是一个中性概念、“种”的概念，而美德是一个“属”的概念，外延比德性小，内涵比德性更丰富。在实践理性的意义上，美德是指保持人与自然、人与人、人与社会、人与自身关系之和谐的、在一定社会的历史条件下经过长期的道德实践而逐渐形成的、受到普遍尊崇、具有普遍和永恒价值的优秀道德品质和能力的综合，它集中体现了道德的向善性。医疗卫生领域中的医学关系是最丰富的关系之一，它对人的德性具有更高的要求。

包尔生规范了德性的基本定义：

> 旨在提高个人和集体幸福的意志习惯和行为方式。冲动构成德性的自然基础。德性不是道德学家们的创造物；它们是自然的素质。请记住，它们仅仅是素质，因为冲动本身不是德性：作为冲动出现的这些素质没有道德性质。①

亚里士多德曾把德性比喻为一个“美德包”（the bag of virtues），我们不得不承认，道德论证是一个极其复杂的现象。②

德性的结构可以从主体、要素结构和层次结构予以考察。从德性主体来看，德性包括两个层次，即个体的内在精神品性和外在社会制度的伦理精神；就要素结构来说，德性主要由道德认知、道德意志、道德情感和道德行为所构成。

---

① ［德］弗里德里希·包尔生：《伦理学体系》，何怀宏、廖申白译，中国社会科学出版社1992年版，第405页。

② Claudia Card, *Feminist Ethics* (University Press of Kansas, 1991), pp. 209-211.

道德认知标识一种知“善”的能力，是科学认知能力与人文价值判断能力的统一与融合，是道德行为的理性—精神驱动力。孔子说：“未知，焉得仁。”苏格拉底“知识即美德”的命题旨在为德性提供一个具有普遍意义的理性基础。对于医学工作者而言，要在疾病背后看到人与人之间的关系并理解疾病的伦理意义，这样才能做到不伤害和医疗行善等；道德意志是一种为“善”的勇气，是道德行为的“心理—精神驱动力”。德性不等于“知”，它只是包含“知”。从“知”到“行”有一个“意”的重要环节。在康德看来，“德性的首要条件就是控制自己”；英国学者塞缪尔·斯迈尔斯在《品格的力量》一书中，也将“道德勇气”作为德性的基本构成部分并抨击了生活世界中的各种道德懦弱现象。在某种意义上，对于一个医学工作者要做到“医疗行善”，其道德勇气更具有决定性的意义，因为在特定的情境中，一些医疗实践可能会承担一定的代价，甚至意味着某种自我牺牲，因而不仅要有敏锐的道德认知、道德情感，而且更需要一种爱的意志与勇气以及一种精神。

道德情感应该是自然情感和理性价值的融合，而生成的情感应体现为一种人文精神。德性不是如苏格拉底所说的那样，那样就是“知识”，也不是如康德所说的就是“意志”，从知、意还可以走向恶、伪道德或伪善。因此，德性必须有一种向“善”的意愿，它是道德行为的一种“情感—精神驱动力”。在道德心理层面，道德情感常常表现为一种道德冲动和道德激情，在道德意识层面，往往伴随着一种对他人的不幸遭遇的同情以及对他人造成不幸的耻感和内疚等形式。密尔就认为，无论义务的标准是什么，义务的内部制裁力是自己内心的情感，它伴随着违反义务而产生的相当强烈的痛苦感。亚当·斯密超越人性先验本能的道德学路径，在人的内心情感与外在道德环境的相互作用下解释道德情感的生成并称之为“第六感觉”。因而道德情感一如人性本身，需要合宜的社会文化环境的滋润和培育。医学人不仅要有对于患者的自然同情感而且要理性地审视、考察患者的需要及具有对医疗行为所带来的后果的承担能力，这样才能体现对生命的真爱。德性的层次结构有正直、美德（狭义）和崇高。在医疗实践领域，我们不可能用同一个层次的德性要求所有人，但我们确实需要美德和崇高的德性，表现为“以义为上”，即以履行义务为第一要务，以至于能不能享受相应的权利，他是不计较的，而且在特殊的境遇中，作为一个医务工作者要作出这种计较是不可能的或是不道德的。当以美德人格“以义为上”履行超越权利义务关系的“义务”时，就走向了崇高的德性。医疗实践行为所体现出来的对生命的爱应该是一种崇高的德性，它对医学工作者“所要求的是尽其所能，而不是报其所值”。

德性结构要素中知、情、意、行的结合充分体现了德性的伦理本质，即内在超越性与自律性；也体现了德性的功能，即对于个体生命来说是塑造和守护心灵的秩序，对于社会制度的德性或伦理精神来说是实现公正、自由和平等等价值目标。从价值的角度看，德性的必要性从根本上源于人的存在的需要，是对“存在”的解答，是对“应该存在”的追问与解释，这种追问和解释是人类对生命终极价值的关怀和生命可能存在方式的终极关切。在现代社会里，医疗资源的有限性和配置的不均衡性带来了对社会医疗公正、尊重生命和生命平等的伦理要求。这种现实的伦理图景更凸显了德性对于医学和医疗实践的伦理意义与存在意义。

德性伦理是与规范伦理相对的伦理学类型，德性伦理就是美德伦理。如果说规范伦理以道德、规范和行为为中心，那么，德性伦理则以品德、美德和行为者为中心，前者关注“我应该做什么”，后者则突出“我应该是什么样的人”，但二者之间并非截然对立和排斥的。相对于规范伦理来说，德性伦理认为，做具有德性的人比做一个符合道德规范的人更为根本、更重要和更具有决定性意义。德性伦理作为一种美德伦理，其典型代表在中国古代是儒家的伦理学说，在西方是古希腊的亚里士多德美德论。

中国儒家德性伦理所提供的伦理观和生存图式可以成为医学伦理学的重要思想和理论资源。首先，儒家德性伦理的人学基础是人性论，其思想基础则是“天人合一”的德性观和人文精神，“天人合一”是儒家重要的价值观思想。“尽其心者，知其性也，知其性，则知天矣”，也即人性与天道同一，这种同一所体现出来的伦理精神的核心是“生”，“生”的内涵是儒家伦理精神的形上根据和精神之源。对“天人合一”的追求，就是强调人不仅要爱人，而且要爱万物，“仁者以天地万物为一体”。儒家伦理思想以天与人互不相违为理想的自然与人和谐统一的观念，也包含着自然规律与人的道德规律存在某种联系的认识，体现的是一种整体生命观。其次，儒家德性论的核心是建构了一个内容涉及人们生活各个领域的德目系统，同时构成了人们生活的行为准则和修养的理想目标。在这个系统中，以“仁”为核心的“仁、义、礼、智、信”是其中最重要的德目。“仁爱”体现“生”的精神与理念，它不仅是一种慈爱、宽厚与同情，更是促生、利生的具体行动。最后，儒家德性伦理的实践价值是“推己及人，修身养性”，其实践理性原则是“己所不欲，勿施于人”和“中庸”或“中道”。中庸的轴心是作为道德规范的“诚。”“诚”在中国传统的道德认识中是广泛地作用于自然、社会和思维各个领域的，是具有“正人正己”、“成己成物”功用的重要道德信条，其理想的人格载体是“君子”，其最高的境界则是“致广大而尽精微，极高明而道中庸”。中国传统的道德思想对中庸作了多方面的规定，认为中庸是道德规范得以发生的起源。《中庸》对“诚”的解释是：“诚者，天之道也；诚之者，人之道也。诚者不勉而中，不思而得，从容中道，圣人也。诚之者，择善而固执者也。”“诚”可以被理解为一种完全合乎德性的终极道德规范。这个“诚”还被认为是贯通天地的普适规范。“为天下之至诚，为能尽其性，则可以赞天地之化育；可以赞天地之化育，则可以与天地参也。”“诚”有效连接了天、地、人三者，并使人的生存处在一种相互和谐的格局之中。“诚”还有一层更为现实的和具体的含义，就是认为“诚”可以使人在具体而不完满的道德实践中，产生一种达到全体的、完满的道德理想的可能性。在此，“诚”成为一个本体与规范、特殊与普遍、个人与社会等辩证统一的概念。生命是在与“他者”相联系的整体中存在的，存在的过程是“仁心”的展开过程。

中国传统德性伦理对医学伦理学的影响可以从三个方面来认识。其一，以“生”为核心的儒家伦理精神表现了对生命的关怀与尊重，这正是医学的人学和人道本质所要求的。医学工作者的行为要以“生”为理念处理医疗实践中的各种关系并不断调整其行为方式，始终以利“生”和促“生”为行为的终极目的。其二，传统中的一般伦理道德观念和思想对塑造医学主体的人格特征和规范一般的医疗行为具有深刻的影响作用；中国的伦理道德传统对构成医学道德的基本原则特别是义务论和道义论意义上的道德规范有重要的意义。其三，应当充分认识到在中国传统道德的思想系统中包含着重要的医学伦理思想和观念。中国医学历史发展的每一个重要阶段，都有着具有重要影响的医学大家和闪烁着医学道德光辉的重要医学道德文献得以诞生并被保存下来。从神农尝百草的历史记载，到诸子百家思想活跃的春秋战国时期“医乃仁术”观念的确立和《黄帝内经》中丰富医学道德思想的形成；从东汉名医张仲景在《伤寒杂病论》中治病不分贫富贵贱的“爱人知人”的道德信条，到名医辈出的隋唐时期传统医学道德的集大成者孙思邈的《大医习业论》和《大医精诚论》中对医学道德的总结和概括，其中仁爱救人、清廉正直、精湛医术、不畏艰难、勇于创新、谦虚好学、献身医学的精神和道德信仰，都对医学伦理学的理论和实践具有重要的影响作用。

由古希腊开始的西方德性伦理也有自身的历史谱系。毕达哥拉斯认为“美德乃是一种和谐”，“友谊就是一种和谐的平等”，“正义就是一种呈正方形的数”，整个宇宙就是一个由“数”形成的和谐系统，其和谐的程度与音乐一样，形成由宇宙和谐长生的“天体音乐”，因而，人的生命也是一种和谐。苏格拉底的“知识即德性”的命题把真与善、知识理性与价值理性内在地统一起来。柏拉图将德性与城邦公民的身份直接联系起来，描述了一个和谐公正的道德理想国。在西方，对德性伦理进行系统而深刻分析并为西方德性伦理学奠定系统理论根基的是亚里士多德。首先，他批判了前人的德性观，认同人的本性在于理性，但也看到非理性因素的作用。通过对灵魂的深刻分析，他指出德性是指灵魂方面的优秀而不是肉体方面的优秀，灵魂由感受、潜能和品质三者生成，而德性是品质但又是关于感受和行为的，在这里过度和不及产生了失误，因而德性就是“中道”，是对中间的命中，但他认为，有些恶德根本不能适用于“中道”原则。因此，一种医疗行为只有基于生命健康的目的才可能是正当的并可以选择最佳的医疗方案，否则就可能是不道德的乃至会产生某种“恶”。亚里士多德由此引出两条具体的实践原则：一是要努力避开那个与适度品质对立的极端；二是要研究自己容易陷入其中不能自拔的那些事情，然后把自己拉向相反的方向。其次，亚里士多德在《尼各马可伦理学》中以其“中道”原则系统分析了德性的具体形式和德目，如“怯懦、勇敢、鲁莽”等。他在分析了节制、勇敢和其他相关个人行为的伦理德性之后，讨论了与交往生活乃至共同生活有着密切联系的伦理德性，即正义和爱。再次，德性生成于实践行为。他认为德性不同于技术，技术的目的在结果中显现，而伦理的目的只能在不断实现的活动中显现。最后，亚里士多德论述了德性的目的。既然德性是灵魂的一种具有状态且在于实现和使用这一目的，因而他明确提出德性的目的在于达到幸福，而善和幸福就是合乎德性的实现活动。

值得一提的是，在东西方德性伦理的历史谱系分析中，我们可以看到两种不同的基本生存图式和伦理路径：“修身——躬行——生活——成人”构成了东方儒家德性伦理的自我生存图景；“传统——实践——共同体——幸福生活”成为西方美德伦理的基本生存图式。这实际上给予我们这样一种伦理启示：伦理学包括医学伦理学或生命伦理学的作用都不仅仅在于成就个体的某种美德，而是要认同并参与作为一种生命存在的人的幸福生活的实现活动或促进一种“可能生活”乃至“好生活”，这无疑需要把个体的德性状态与社会结构、制度德性的伦理精神结合起来。对于生命伦理学来说，不仅要塑造一个具有热爱生命、尊重生命、维护生命尊严的人文情怀与精神的医学人，而且需要对卫生医疗体制进行伦理设计以造福于普世大众。①

二 正当与善，规范伦理以及医学中的显见义务

> As God is righteous and just, so God desires all of his children to be righteous and just（上帝是公义的，所以上帝希望他的孩子是公义的），这是圣经中反复强调的话语，以此警示：正当与善的正义，都是上帝所规制的，我们每个人和我们的家庭的道德，必须予以遵从。②

正当与善一直是严肃的直觉主义理论的核心，正因为有客观价值的在场，也就是宇宙中有价值的存在，我们的道德判断才能为“真”，人类对于客观的“性善”或者“行善”的趋同性，是实在的、还原的；正当与善几乎是不可定义的，因为在某种意义上，它们是非自然属性的，但它们又是极其简单的属性（simple properties）。③

生命伦理学尤其关注正当与善的问题，因为正当与善是医学行动的理论依据。正当与善的冲突与协调，在生命科学技术与医学临床活动中，往往会遭遇难以逾越的难题。医学中有些正当与善的行为不存在冲突，即正当行为不减少善的结果，则正当与善之间就不需要协调。但在很多情境下，我们需要花费精力去作出最后的正确选择：（1）因为大多数人的幸福是否可以牺牲极少数人的利益，比如，用少数几个人的身体进行未经同

① 请参阅孙慕义主编《医学伦理学》第三章，高等教育出版社2008年版。

② Ron Rhodes, *Understanding The Bible from A to Z* (Harvest House Publishers, 2006), p. 199. 可参见《约翰福音》7：24；《彼得一书》3：12；《约翰一书》3：7等。

③ 请参阅［英］戴维·罗斯《正当与善》导论，林南译，上海译文出版社2008年版。

意的试验，以解决其他人的生命威胁；或因某种恶性传染病而杀死作为“传染源”的人。（2）医生为了拯救患者的生命必须作出欺骗患者同意手术的决定。（3）某医生为了其家人或亲友免于某种传染疾病的感染，去偷窃奇缺的疫苗。[①]（4）结束某位必死并在痛苦中煎熬的晚期癌症病人的生命，等等。

不能简单地用法律的正当或当下流行的说法的正当遮蔽完全的善，也不能以通行的习惯的善的标准，掩盖医学的正当。康德明显以道德直觉赞同道义上的正当行为，而忽视行为的后果；黑格尔则认为，不管站在哪一方的立场上，都存在着冲突，问题是，只要使善扩大，保护非常重要的人类利益，即使行为不近情理，也属“正当”。

道德上的“善”并不意味着一定是“该”做的事；[②] 反过来说，我们该做的事，并非一定是善的。直觉主义关于当下实践活动中的正当或义务，关注其是否应该的问题，而往往忽视道德上善的后果；康德追求道德论证和道德理论建构；罗斯认为，义务应该是“显见”的、自明的责任，靠我们的直觉和感受，就可以控制和把握我们的行动，而没有必要评价我们认为的“正当”的行动动机的价值，即使这种价值有利于行动人，或者属于某种独立于行动之外的善。边沁的“将普遍幸福作为行为的目的，对普遍幸福是有引导意义的”，但是，这并不是说，真的“正当”就意味着“能产生普遍幸福”。而密尔则认为，“行为是依它们增进幸福的程度而相应地为正当的”；西季威克则驳斥正当意味着能产生任何特殊种类的结果的观点，并反对给“正当”或“应该”下定义。只有摩尔明确和勇敢地申明：“正当”意味着“能产生尽可能多的善”[③]。

在医务工作和生命科学研究中，我们面临的选择是严肃的，不是玩弄

---

① H. Tristram Engelhardt, Jr., *The Foundations Christian Bioethics* (Swets-Zeitlinger Publishers, 2000), pp. 76-80.

② 戴维·罗斯（David Ross, 1877-1971），英国著名伦理学家，牛津大学默顿学院名誉学者，牛津大学奥利尔学院院长，1927 年成为英国学会会员，1936—1940 年担任该学会会长。1941—1944 年任牛津大学副校长。在其学术生涯中，他因突出的成就而在英国乃至欧洲获得无数名誉学位。1938 年封爵。主要著作有《亚里士多德》（1923）、《亚里士多德尼各马科伦理学译介》（1925）、《正当与善》（1930）、《伦理学基础》（1939）、《亚里士多德思想的发展》（1957）、《康德的伦理学理论》（1954），等等。此观点即这位英国伦理直觉主义哲学家的主张，请参阅戴维·罗斯《正当与善》，林南译，上海译文出版社 2008 年版，第 57 页。

③ 以上议论均源自［英］戴维·罗斯《正当与善》，林南译，上海译文出版社 2008 年版，第 61—62 页。本书作者根据个人理解进行了必要的缩写。

结构词汇或用语言进行无休止的激辩；我们必须在实践中解决和规定什么是应该做的或者我们对于该问题应该采取什么方案；摩尔的前两个问题，即“什么是善的或善的意味着什么”，“哪些事物本身是善的”，[①] 就只能留给我们研究和长期争论了。

在临床上，我们已经存在着一个固有的价值标准来定义“是”，即在道德上的善或许是相对最大可能的善（幸福或快乐，哪怕是暂时的，但惟能如此而已）；由此确定我们的应当、该、义务与责任（实践并直觉的正当性）；并且医务人员和决策者当然要把握后果的可能的“好”（另一种理解的善）和动机的“良善”，其中，我们必须有一个明确的道德上善的引导，并遵从条件和境遇的限制，作出“应该”并“我能”成功的计算。正当的应该就是有用的，是好的：

> “正当的”的确代表，而且只能代表产生“好结果之原因”，因为跟“有用的”是同一的；由此可见，目的总是会证明手段是正当的；而且，如果一行为的结果，不能证明该行为是正当的，那么该行为就不可能是正当的。[②]

我们的爱也必须在一个判断的基础之上表示和显现在行动之中，爱也必须是正当的，是比任何其他的选择都不会引起较少的善的行为；爱不仅是一种情感，而且应该是一种行动。

因为正当的考量和目标指向，我们才知道如何制定规范和法则。我们的选择一刻也不能停止。

规范伦理学主要关注三个方面的主题：一是对道德规范制度化的伦理论证并由此形成伦理制度学；二是对社会制度道德性的伦理论证，由此形成制度伦理学；三是对生活世界中的现实问题的伦理审视，由此形成所谓应用伦理学，尽管应用伦理学并不存在，或者并不是合法地存在。

规范伦理有两个主要的前提性预设观念：一是人的本性的自利性，利益成为人的根本，人是唯利是图的，因而人与人之间的关系所需要的只是让步性和约束性的规范。二是做一个什么样的人是每个人自己的事情，每

---

① ［英］摩尔：《伦理学原理》，长河译，商务印书馆 1983 年版，第 84 页。

② 同上书，第 155—156 页。

个人都有权利决定自己成为一个什么样的人，但无论一个人成为什么样的人，其外在行为都必须符合社会的普遍性道德规范，或者说，都应具有道德上的“正当”。基于这两个预设，一方面，现代规范伦理的价值取向是自由主义的而不是如德性伦理那样是社群主义的；另一方面，现代规范伦理学认为，伦理学应当从社会生活的现实出发，研究针对人的行为的道德原则和道德规范，而不是关注和研究人的内在品质。人的行为的道德性和善的判据在于它是否符合道德原则和道德规范，在这个意义上，现代规范伦理属于道义论伦理。

规范伦理的伦理本质在于：人的行为的道德性质和道德意义不在于某种内在价值而在于一种“正当性”，而这种正当性是伦理性的而非单个道德主体自身行为的目的、价值的实现程度，这样，行为的正当性就是一种“伦理正当性”，其根本在于它对于道德原则或道德规范的相符性。因此，现代伦理需要根据理性原则来制定行为的道德原则和道德规范，对于医学伦理学或生命伦理学来说，制定具有“普遍意义的底线伦理”原则不仅是自身体系建构的要求也是对生命之爱的要求。问题在于，作为某种行为的道德性判据的原则和规范的伦理正当性的源头在哪里？现代规范伦理是以个人自由、权利为价值原点的，其合理性在于是否能公正合理地确定行为的权利和义务，为道德实践确定正确合理的权力范围和相应的义务承诺，从而为生命权利和生命存在提供可能性和可靠的伦理保障。因此，现代规范伦理所言谈的道德原则和道德规范与社会制度安排所体现的伦理精神具有内在的相关性。对此，罗尔斯做了一个很好的说明：

> 康德的“哥白尼革命”不是从独立于正当的善观念开始，而是从纯粹（与经验相对的）实践理性所给予的正当概念（道德法则）开始的。然后我们根据此正当观念来界定什么目的是可允许的，以及什么样的社会安排是正当和正义的。我们可以说：一种道德观念并不是围着一种独立的善转的，而是围绕着那个由我们的纯粹实践理性建构起来的、任何可允许的善都必须与之相适应的正当观念的。①

---

① 《罗尔斯论文全集》下册，陈肖生等译，吉林出版集团有限责任公司2013年版，第577页。

生命伦理中处理患者与制度关系、医患关系的伦理本质在于人与人、人与社会关系中所体现的对生命尊严的尊重和生命权利的保障。实践理性中的正当概念就是我们应遵从的生命伦理法则，由此界定与评价我们的医学行为是否正义。因此，沃诺克认为“几乎不可能划一条界线，把伦理学与政治学甚至社会学区分开来”。因此，后现代生命伦理学的学科建构应该有政治学和社会学的视域，并在与政治学、社会学和心理学等的结合中体现生命伦理的精神和人文关切。

三　现代医学规范伦理的限度与德性伦理回归

现代道德沿着两个方向展开：一是经验主义的，休谟对之作出了系统阐释，他将事实与价值区分开来，认为从“是”中不能推出“应当”，为现代道德的理论和实践模式奠定了基于经验、情感和实证的基本思路。二是理性主义方向，康德对之作了系统阐释。他从理性自律来证明道德。这两种对于现代道德的哲学证明构成了“为辨明道德提供合理性基础”的启蒙方案，这一方案的整体特征在于对理性和人性可塑的依赖，并以此把现代伦理学构造成为一种凸显规则重要性的规范伦理学。实际上，无论是经验主义还是理性主义，都是有局限的，医学伦理学的“应当”，显然必须以理性的“是”与经验作为依凭，才能正确地规范人们的行为。

规范伦理有其自身的内在限度。规范伦理学的前提预设是：利益是人的根本，规范是人们在利益追求中的一种让步与妥协，道德仅仅是人与人之间的一种契约。但利益都是有条件的、偶然的和不确定的，它不足以使生活成为有意义的或者说是根本幸福的。利益与规范都只能是一种手段性的存在，它们到底有利于人们去做什么，才是一个目的论问题、价值问题和意义问题，而这是规范本身所无法回答的；规范伦理学把伦理学问题完全等同于规范问题，因而遗忘了伦理学应该解决的根本性问题。“伦理学问题”必须考察某个规范如何才能是应当的价值源头，而规范伦理对行为正当性的论证并不具有终极性；规范具有确定性和稳定性，具体的规范总是确定地对应于一些具体的行为，而且，规范总是外在性的，因而与个体的具体行为之间往往存在着一定的差距。对此，一些伦理学家表达了他们的担忧：原则的道德观只关心人们做或未做，在这种伦理范围内，人们除了拥有原则和具有按原则行为的意志（和能力）以外，很可能根本没有什么道德性质。不仅如此，面对新的境遇和新的行为，规范的确定性与稳定性极有可能蜕变为封闭性与僵化性从而显得无所适从。特别是对于医学伦理学或生命伦理学来说，生命的偶然性与复杂性，以及高新生命科学技术所带来的不确定的后果等往往会引发经验之外的伦理论争，凸显面对新的生命伦理现象而体现的伦理资源的匮乏。在特定的境遇中，医学伦理学的基本原则之间也存在着某种对立与冲突，它反映了医疗实践中道德选择的困境。

规范伦理学在一定程度上消解了关于人的目的观念在道德体系中的核心地位并瓦解了道德体系的自身完整性。现代伦理学离开了人类道德生活的内在目的、意义和品格基础，使道德成为纯粹外在的约束性规范，冲淡了道德的价值本性、历史本性和人学本性，从而生成了自身难以克服的理论困境和现代性道德困境。启蒙以来道德谋划的失败，现代性道德困境的出现，其根本原因在于德性伦理的边缘化使得社会进入所谓“德性之后”的时代。基于这样的现代性诊断，麦金太尔历史地回顾了亚里士多德的目的论美德伦理学，并针对以边沁、密尔的功利论，康德义务论，罗尔斯的新契约论等为代表的新旧规范伦理学所无法解决的伦理难题，提出了德性优先于规则的伦理命题，力图回归古典的亚里士多德主义的德性伦理传统，建构现代德性伦理学。在其代表作《德性之后》以及《谁之正义？何种合理性？》等中，麦金太尔质疑了罗尔斯等的“规则道德观”和“正义观”，较为深入地阐释了德性的含义并系统地呈现了他的德性伦理观的理论图式和特征。

我们必须通过对于善的情感和对于恶的贬斥，在内心深处建立我们大家均赞同的善的标准，用以衡量和评价我们面对的现实行为选择的道德规则，从而激发我们的积极热情，维护生活中的美好事物。

> 我用于称某物为善的标准，是我在真正评价时所选择的标准，是我通过运用所赞同的标准。因此，评价性述词和道德规则都是当事人所做的基本选择的表现。①

一方面依靠最小国家制度，另一方面依靠市场自由调节，这样的古典自由主义论点以哈耶克为代表，提出了对于市场道德生态的无限希望，也

---

① ［美］麦金太尔：《伦理学简史》，龚群译，商务印书馆2003年版，第336页。

对用这样的最小国家制度维护人的自然权利和基本权利的作用给与了关键性肯定。为了避免罗尔斯式的财产再分配的“道德灾难的善”[①]，尽管诺齐克对罗尔斯的批判源自于对罗尔斯的细微的误解，但是，他的原则论的自由主义论断，是有积极意义的，并且逐渐成为自由世界主义的基础，即借用国家或某一权威的部分强制力，充分维护人业已获得的正当权利，在程序上考虑“最小国家制度”式地分配社会资源，从而导致更大的社会整体善。那么，是否可以说，罗尔斯坚守了自由意志论世界主义的观念，而诺齐克引导了自由世界主义理论，这一理论上的风险恐怕不能回避，因为二者存在着难以调和的冲突，绝不应该发生对于个人财富和扩延的权利的过度干预现象。

在医学上，我们是否对二者进行一次调和，既保留社会正义和自由意志的世界主义的国家干预权力，尽可能公平地分配卫生资源，使每个人都可以享用基本医疗保健，又允许更多的权利和财富持有人（只要他们获取财富的理由是正当合理的）享受更大的或者一般人没有能力享用的奢侈医疗。即使诺齐克的自由世界主义（平等的自由）和罗尔斯的自由意志世界主义（公平合作的自由）在医疗保健领域获得和解，自由与正义都是相对的，人类永远不可能实现绝对的公平，但是我们必须坚持正义，通往最大可能的善。可以说，给与身体行为选择的更大自由，才能够体现后现代生命伦理学的当代价值。问题是如何既满足个人医学自主权又能够有力地促进社会整体善，使鼓励生育和控制生育者，都能够幸福快乐，或者允许财富较富裕者享用更多的生命增强技术，而财富较有限者，只要最大地满足其基本医疗保障，并且保持他们的相对心理平衡。也许可以设想，后者由政府从税收中分配一定份额来逐步满足其部分文化性或“奢侈型”医学消费，也可将其作为一种正当。

此外，麦金太尔认为，如何确立一种善的标准，指导现实生活中的道德选择，这就是一种规则的价值。有了这样的规则，我们才有行为的规范，就此摆脱仅仅凭借情感的偏好，决定我们的行为。规则主义应该是规范伦理的基础。

---

① 这是罗伯特·诺齐克在《无政府、国家和乌托邦》一书中经常使用的语句。意在批判罗尔斯所谓公平正义国家的邪恶品质，作为一位杰出的原则论自由主义论者，他鲜明地提出，人人自由权和个人财产权不容侵犯。

现代规范论与德性论分野的实质在于：二者对于个体德性和行为规范何者为先的理解不同。从人性的角度看，德性伦理的限度和规范伦理的限度一样，本质上反映的依然是人性的限度或人的理性认知的局限性。事实上，一种完整的伦理学体系应该也必须是规范伦理学和德性伦理学的融构。现代性社会中生活世界的高度分化和实践交往范围的拓展不仅涉及“行为规范”问题，同时也涉及“人格塑造”问题，只是人们对于德性伦理和规范伦理在现代生活世界中的地位与作用的不同认知导致了对现代性伦理学性质的不同理解。现代性的客观进程使得个体、利益、自由权利、理性规则等价值理念在某种程度上僭越乃至消解了共同体、内在善与美德等价值理念从而引发了“现代性问题”。而无论是德性伦理学还是规范伦理学都只是对现代性伦理精神一个侧面的阐释。现代性伦理学理论谋划的完成取决于现代德性伦理学与现代规范伦理学的有机融和。

对于生命伦理学来说，其完整的现代性理论形态也应该体现德性伦理与规范伦理的融和。伦理学与医学、生命科学的结合形成了这样三种伦理理论形态：古代医德学；近现代医学伦理学；后现代生命伦理学。在这个历史性的演绎过程中，伴随着德性和规范的显隐与结合的过程。

但德性伦理和规范伦理都不能独自为生命伦理难题的解决提供合理性论证或为新的生命伦理现象提供足够合理的评价系统。应该在德性伦理与规范伦理的融通中审视医学伦理和生命伦理现象与难题，这体现的是二者的内在关联与互补性。首先，德性不可能仅仅停留于主观品性、人格等精神形态的存在方式之中，而应该进一步转化为“制度化的事实”（institutional facts），因为德性不仅仅是涉“己”的，更是涉“他”的，呈现在医患、医生与社会关系的人际互动中，内蕴着对行为正当性的承诺与担保。一方面，原则与规范既是一种包括医疗卫生秩序在内的社会秩序生成中的整合机制，又是医疗行为的约束机制，德性的形成过程包含着规范的内在化。另一方面，如伦理学家麦金太尔所认为的那样，在美德与法则之间还有另一种关键性联系，因为只有拥有正义美德的人，才可能了解如何运用法则。其次，德性体现在行为选择中。

四　也论马克思

由于复杂的历史动因，我们从急匆匆的、戏剧性的、短促的叙事节奏里和为了满足个人或某一位伟人的权力需要或偏好，有时甚至是病态的企盼，杜撰了许多本来并非如此鲜艳或精彩的时代事变。马克思与马克思主义在20世纪的中国所获得的特殊拥戴和修造，使得本来的历史和意识进化过程被分解为若干断片的价值。马克思接受了文艺复兴、宗教改革和启蒙运动的欧洲意志，而法国大革命、英国产业革命以及黑格尔的思辨哲学等又催生了马克思的理想建基，为后来的研究和对于传统的颠覆性工作储备了最稳定的资源。马克思一生对于生命、对于人的存在、对于人的道德境遇，是通过对于商品交换、资本、生产力和生产关系，或者阶级以及剥削等现象和问题，去侧面剖析与研究的，其对于生命的关注还不如恩格斯对于婚姻、家庭、女性解放等问题的研究更接近于今天的生命伦理学范畴。但马克思的终极眷注——“个人的自主活动”的人的自由王国——彼岸世界的人之自由个性的彰显和他悲剧式地道德践履，以及置身于暗夜中那磅礴庄严地呐喊，却让我们感悟到其内心深处寓藏着一份生命伦理之情愫。

马克思最重要的工作是把神造的人以基督和社会作为中介，使其成为现实的自由的能够主宰自我命运的人：

> 神要人自己去寻找可以达到这个目标的手段；神让人在社会上选择一个最适合于他的、最能使他和社会得到提高的地位。①

马克思认为，辩证法是激流，它冲毁各种事物与界限，冲毁各种独立形态，将万物淹没在永恒之海中。马克思关于死亡和生命的论述，足以使我们感觉他的生命伦理学自觉，并应该被他的“死亡本身已预先包含在生命里面”的感悟所钦服。死亡是生命的永恒动力与条件②；马克思的末世语言，隐喻了生命的有限性和生命伦理的天赋含义，并为以后的主义和生命平等观念以及对人的命运的深情探问提示了历史哲学意义。

生命自主与医疗行善是生命伦理学的两大原则。而正是走出路德新教教义的马克思最初把人从神灵的观照之下，超越“因信称义”的神学之“义”，求得最后的自由，人不再单向度地听命于神，而是通过某一神圣

---

① 《马克思恩格斯全集》第40卷，人民出版社1972年版，第3页。

② 参阅孙慕义《后现代卫生经济伦理学》，人民出版社1999年版，第35页。

信仰获得解放，反省并确立生命伦理化的人的意义。[①] 使得人自我对生命做主，成为行善的目的。

如此理解马克思的生命伦理思想，就可以确知，马克思的人学观念是生命伦理学的重要基础。

马克思巧妙地构建了一个生命伦理的社会和人的关系的体系，并为人的生存和人的生命权利做了一个多元的、自由世界主义的诠释：

> 首先应当避免重新把“社会”当作抽象的东西同个人对立起来。个人是社会存在物。因此，他的生命表现，即使不采取共同的、同其他人一起完成的生命表现这种直接形式，也是社会生活的表现和确证。[②]

可见，马克思最早提出人的生命的多元性，暗示在不同境遇中，如何处置人的生命本真的需求。要理解和解决具体的生命境况和内在感受，就需要提示若干可能出现或发生的痛苦诉求与对于疾病治愈的祈盼或绝望，人性的内在选择与伦理决断。病体和病人是社会的，更是自然的，有社会契约的约制，更有由于生命的感受或痛苦的暴力所产生的身体呼应，或是作为直觉的仆从，或是作为肉身的主人，他应该享有决定自己处置方案的真正权力。

马克思主义伦理学的经验伦理学部分，主要是采用道德社会学性质的考察、调查和搜集等方法对现实生活中的道德状况进行经验的描述和分析。由于经验伦理学的研究对象是现实道德生活中的各类事实，它就构成了理论伦理学和规范伦理学的研究基础。因为按照伦理认识的一般规律，伦理理论的形成以及社会道德原则和规范的确立，都应当正确认识和全面反映社会道德的实际状况。在社会现实中，道德的载体是社会生活中的民风民俗、职业习惯、民族传统、人际关系、生活方式等道德实践方式，镶刻在这些现象中的道德成分是特定环境和条件下，特定的人类群体长期积累、继承和发展的结果。没有这些约定俗成的无形规则和人们习以为常的行为准则，人类的社会生活就不会有秩序可言。马克思主义伦理学把这些

---

① 可以参阅黄克剑《人韵——一种对马克思的读解》，东方出版社 1994 年版，第 82—83 页。

② 《马克思恩格斯全集》第 42 卷，人民出版社 1972 年版，第 122—123 页。

现实道德现象作为考察和研究对象的目的，一方面是为研究道德变化规律寻求现实根据，另一方面是为指导社会道德发展选择方向。脱离了对道德事实的考察和描述，“伦理学就会变成抽象的思辨的道德说教，就会脱离生活而没有力量”①。经验伦理学的建立充分体现了马克思主义伦理学在道德问题研究中的唯物论思想路线和方法。

由于特定的生命政治教育的经历和受特殊的政治话语环境的熏染，以及几代人特殊政治心理的经历，我们必须从生命伦理学视角重新审视马克思主义理论的价值。马克思主义伦理学本质上是要形成与社会道德现实相适应的、对社会道德的变化和发展具有及时和准确反应能力的、在对道德发展规律认识基础上的、具有前瞻性和预测性的社会道德原则和规范体系。在这部分内容中，马克思主义伦理学对历史上人类丰富伦理遗产中的概念、范畴和道德实践方式加以总结和提炼，形成了关于善恶、义务、良心、幸福、自由、正义、理想、节操等伦理学概念的科学认识和解释，并在此基础上逐步建立了马克思主义伦理学的道德规范体系，比较科学地解决了社会公共生活中的道德规范，对在卫生医疗体制的改革过程中如何梳理和确立爱国主义、集体主义、人道主义、公正和诚实守信等马克思主义伦理学的道德原则，值得我们进一步探究和思考。可以鲜见地以这些道德原理和原则作为评价标准，初步建立马克思主义伦理学的价值判断理论。如此对道德评价、道德教育和自我教育的方法、过程和目标等进行探讨，可以科学地解释道德律令的本质、道德规范的根源、现有与应有、理想与现实、道德选择中的必然与自由、目的和手段等的关系问题。

生命伦理学领域的马克思主义反省，必须克服浓重的中国式政治流行病惯性，应以对人以及人与人之间关系的社会学分析为核心，历史性地回归到人的权利的平等与人道关爱，特别是人的身体自主和自由的观念之上。

但是，应该分析的是，马克思主义的伦理观念，不是唯一的理论依据，由于历史的局限，其理论绝不可能概观所有可能，他关于人的自然本性、社会本性和人的活动本性的异化理论应与诸多丰实的、珍贵的哲学理论相结合，方可以成为生命伦理学理论建构的基础。②

---

① ［苏］季塔连科主编：《马克思主义伦理学》，中国人民大学出版社 1984 年版，第 365 页。

② 刘全复、何祚榕：《马克思主义与人学三题》，陕西科学技术出版社 1988 年版，第 84 页。

五　“价值”和“价值哲学”的价值，兼析实用主义伦理学

价值是一个谜。这是一个寓意深邃，语义开放、宏大的，令人敬畏且颇有些恐怖的词汇。

首先，我们必须对价值本身给出一个叙述身份的定位，然后再进一步分析价值的实在意义和功能。因为伦理学在某种意义上，就是研究价值的，所以必须对价值进行追查。

人的认识是无限小的，是极其有限的；对于价值这个词汇来说，我们只能接近客观的价值，因为人的主观价值确认能力的有限性，我们只能努力深入揭示客观价值。在日常生活中，我们“认识的价值只是传统意义上的价值，是认识的效果，是认识对早已获得这个名称的那些价值的增长所发生的正面影响”①。人类认识客观世界的直接价值，是包括道德价值在内的间接价值的基础。

> 我们被淹没在语义的汪洋大海中，周围是可能呈现为价值的无穷尽的符号客体；我们的话语中充满了用分离法（debrayage）确立的拥有价值或追求价值的主体；基本句法图示引导着主体，根据情况选择客体位上的价值，并通过这种推演关系把任何主体和客体都推向一种符号性存在。状态陈述含有一种价值，其功能是在主、客体间建立合取关系，实际上，唯有这种价值允许我们把该主体与客体看做相辅相成的符号存在。②

不管我们析取还是合取，总是作为主体给事物的存在下定义，并尽可能从开放的意义世界进入价值的内部世界攫取和建立对人类社会有意义的符号体系或者结构，使我们创造的语言鲜活起来，为我们的判断做裁判员或法官。

价值源自拉丁词 valere，德文 wert，英文 value，最初被亚当·斯密、

---

①［苏］库兹涅佐夫：《认识的价值》，孙慕天译，中国人民大学出版社 1987 年版，第 32 页。本书集中讨论的认识的价值，主要在于科学认识的价值，而作者引申的价值哲学问题，有其独到的突破和理论特征。

②［法］A. J. 格雷马斯：《论意义》下册，冯学俊、吴泓缈译，百花文艺出版社 2005 年版，第 23—24 页。

冯·纽曼等作为政治经济学名词使用，原义为“值得的”、“有力量的”。由于新康德主义者、叔本华、尼采哲学语义的扩散，价值概念从单纯经济学概念延伸出来，具有了广泛的哲学、社会和文化意义。虽然马克思又一次限定了经济社会学说“价值与交换价值”的一个基本特征性概念，但没有影响哲学家们对于价值理解的各种推演。如果回归到苏格拉底与柏拉图的善的理念上，就价值的本体来说，应该属于伦理学术语，即作为“善的”、“值得”、“有用”、“有意义”的应用，意指那件物、那件事是值得欲求、值得向往或引起我们兴趣的目标，是主体的主观欣赏，是把主体投射入客体的存在物。“价”具有主观成分，是人为确定的；而“值”在逻辑上，是把一个函项运用于一个主目的结果。例如，“14”是把函项“X + Y”应用于主目的“10”和“4”的值。按内格尔的观点，“价值表达着客观的意愿。伦理价值尤其来自于在一种单一的判断中把许多生命和多种利益结合在一起”①。

生命伦理学显然依然把“至善”作为学科精神，因此，它与真和美共同构成了三位一体的普世价值理想。由此，我们设法建立一个主客观的价值统一逻辑，在实践中，逐渐推进认识的可能，建立基本原则、应用原则和行动规则，确定评价体系，以指导或规范医学伦理生活以及生命道德社会的行为标准。

价值哲学、价值论或价值主义，本质上是通过对价值问题进行哲学的探讨以使人类能够更智慧地生存的学问。现代西方哲学的大多数流派都把价值问题作为重要的研究对象和研究内容，并在价值的性质、分类、标准及其与科学事实的关系等方面作了深入的研究，但是现代西方的价值哲学一般只注重从本体论意义上对价值问题进行研究，忽视甚至否定价值是以客体的一定属性为客观基础的本质特征。在一些现代西方价值哲学理论中，价值被作为一种超验的、超现实的规范或者理想。当代价值哲学修正了现代西方价值哲学单纯强调价值本体论的不全面性，认为价值哲学不应当只是形而上的纯哲学理论，而应当包含社会和实践论的意义。价值哲学的根本使命在于，对一些根本性和总体性问题进行研究，为人类生存提供正确的价值理念。因此，当代价值哲学在整个哲学系统中占有极为重要的地位。

---

① 以上一部分内容来源于尼古拉斯·布宁、余纪元编著的《西方哲学英汉对照辞典》，人民出版社2001年版，第1050—1051页。本书作者作了较大的改写。

现代价值哲学研究的主要观点首先是价值的本质问题。价值究竟是什么的问题，是价值哲学古老而常新的问题。历史上思想家们对价值概念的种种界定，例如“实体说”、“属性说”、“观念说”、“关系说”、“人说”等都为今天全面理解价值范畴提供了借鉴和理论资源。当代价值哲学研究认为，对价值本质的理解还应当从客体对主体作用的实践效益或效果上来分析。主体的需要和客体的属性是构成价值的两个不可缺少的要素。客体的属性是构成价值的客观基础，主体的需要是构成价值的基本前提。价值是从人们对待满足他们需要的外界物的关系中产生的。其次是价值观问题。不同的生存条件和不同的文化背景必然会造就不同的价值观。社会生活领域是价值观研究寻求当代世界不同价值观之间对立和冲突的现实领域。要创建人类统一的价值观就必须从创造人类共同的生存条件做起，这个创建过程将是一个长期的、分层次的渐进过程。最后应该是价值选择与价值实现问题。价值哲学在价值实现问题上的研究所体现的是价值观与历史观的统一。因为当价值问题进入实现环节，就意味着价值哲学必然会具体化和现实化，从这样的意义看，价值哲学就具有了社会历史的性质，从单纯的一般性的价值本体研究进入价值的实践领域。

价值本身存在逻辑悖谬和绝对主义与相对伦理转换或滑动的玄机，孔德、穆勒、斯宾塞都认为，不同的境遇应该有不同的价值核心，公益的德性也必须发生改变。这遭到了很多人的批评和质疑。历史的生活条件的差异性变量，是否倒逼着德性的基本价值发生变动，使得基本价值又退化为生活条件的要素。马克斯·舍勒坚持认为，价值与价值评价的变化，不同于历史的生活现实及其变化，诸价值本身之间的优先法则亦是各不相同的。

> 一种“伦理”便是诸价值之间优先法则的一种体系。一个时代和民族的具体评价作为这一体系的“伦理结构”，只有从这些具体评价的背后才能找到这一体系，它能够形成一种演变，这种演变与评价和行动在现存伦理占统治地位时不断适应变幻莫测的生活现实毫不相干![①]

---

① 请参阅［德］马克斯·舍勒《价值的颠覆》，罗悌伦等译，三联书店1997年版，第52页。舍勒本身也存在一种矛盾，一方面激烈反对相对主义和现代实证主义，一方面又怀疑绝对主义在现实生活中的可能性。他设定实际事物的载体的可变性以及伦理本身的适应性，以此替代相对的价值主义倾向。

如果伦理结构的核心发生变异，伦理就已经变异，那么，也只有在其所处的时代它才会被作为基本价值来制定优先法则。无论“相对”还是“绝对”都只是相对的，也就是说，根本不存在永恒的或者基本永恒不变的伦理价值；舍勒指明了伦理上的绝对主义，承认和接受了“伦理价值评价的这一深刻得多的相对性的”[①]，或是伦理价值本身，或是由此延伸的法则，即在价值内部存在着一种与之相应的永恒级别的学说，并由此我们得以建立伦理学和自在的有效体系，比如，生命伦理学和医务道德中的一些基本原则。公正、有利、尊重、行善和爱，都是不会自变的。康德的天上星空永恒的第一推动者作为创造万物的始基，自愿降身，像奴隶一样惨死在十字架上，就是要去除唯我的神圣独尊，而把诸善的内容与爱重新连接，使爱的行动成为行为价值，“万般皆下品，惟有爱本身”，行为价值就是爱的自身价值。“一切作为都只是位格之中的爱之存在的认识根源和象征。”[②]

生命伦理学中有关义务的规范，同样会遭遇冲突的检验，我们必须对于那些十分激烈的冲突给出解决或调和的方案，否则会酿成十分悲惨的结果。按塞森斯格的分类，应该存在价值之间、义务之间以及价值与义务之间的冲突。为了解决这些冲突，就比照他的办法，把伦理学判断分为第一层级（评价判断和义务判断）和第二层级（在第一层级的判断发生冲突时起到调节作用的判断）；第二层级的判断是至关重要的判断，它决定了个体之间、共同体之间、个体与共同体之间价值冲突的调和。[③] 价值冲突最后要通过衡量如何使更大的群体获得最佳利益来平衡或协调，但必须判定弱小群体或个人利益的等值，或者他的利益的获得是否产生对于更大群体权利的致命伤害；如果不是，则必须进一步设法在不牺牲多数人权利的前提下，给与最可能的满足。对义务之间的冲突，必须事先判断哪一种行为更好。这其中必须明确共同遵守的以下原则：首先，任何共同体的利益一般都通过尊重义务而得到维护，因为违反义务而受到损害；其次，如果

---

① ［德］马克斯·舍勒：《价值的颠覆》，罗悌伦等译，三联书店 1997 年版，第 52 页。

② 同上书，第 59 页。舍勒在他的《同情现象学》中指出，在爱这一行动中，我们心满意足地处于一种价值之中，无论这一价值实现与否。这样理解爱的行为和情感，就可以读懂爱的价值和真实的意义了。

③ 请详阅［美］A. 塞森斯格《价值与义务——经验主义伦理学理论的基础》，江畅译，中国人民大学出版社 1992 年版，第 14 页。

行为人是评价判断所指的共同体成员，他必须履行对该共同体的义务。这个调节过程的前提是，冲突各方必须有一个善良的意志和基本道德训练，并都希望冲突获得合理的解决。其实，塞森斯格的美好愿望过于理想化，现实中冲突本身可能更为复杂，因素更加琐杂，还要加上难以控制的人的情感爆发。假若缺乏调解人的机动性和灵动性，就难以应付冲突的局面和避免事态的恶化。

对上述价值哲学研究的问题域作综合或整体性把握则会涉及价值理论中的价值冲突问题，与此相联系的则是价值规范问题。现代社会人的自由、尊严和权利正成为日常生活规范化的重要价值来源，而现代性的世俗化使个人精神的现实存在缺乏终极依托，从而留下“理性不及”的价值真空，人们最终以感性和功利的生命本能肢解完整的意义世界，造成价值秩序的崩塌；同时，人们的价值、信仰和立场的多元状态及其不可通约性使得某种共识难以达成。这种不可通约指涉这样三种情况：无法比较（incomparable）；无法衡量（immeasurable）；无法排序（unrankable）。于是，价值矛盾和价值冲突就出现了，其深层的后果则是信任危机、公正秩序的紊乱等价值规范问题，这些问题同样会出现在医疗卫生领域。从价值规范问题反思价值重建，可以使我们深入探究价值危机的成因，批判现实生活世界中的制度缺陷，进而重建制度伦理精神，这对于医学伦理学和生命伦理学学科体系及其生命伦理精神的后现代建构都具有极其重要的启示作用。这种价值冲突和价值规范问题必须放在对生命的终极关怀和爱的前提下去寻求解决的途径。

因为价值本身的核心功能，在哲学上，特别是在道德哲学的研究中，这个问题始终是备受关注的最为核心的议题，几乎可以作为相对主义和绝对主义、普世说和特别主义（particularist）、自由论世界主义（libertarian cosmopolitan）与自由世界主义（liberal cosmopolitan）论证的焦点，也是伦理学中实用主义、境遇主义等产生的基础。人类临在的境况引发了一切存在的可能性条件，我们一直在神圣的上帝权威的律令之下顺从着生存，我们的存在状态和个体感受一直都接受着普遍意义上的价值考验。所以，尼采之后哲学和思想界的再一次颠覆和反动，宣告了权威的离去，“戈登”（GOD）以及祂的特质（ethos）的消解，带走了共同的价值标准，后现代的多元文化思潮，像飓风一样，把建筑产品类别的清晰界限搅浑；我们只有祈求允许、宽容、部分共认意识（overlaping consensus）来保留与形而上异乡人（metaphysical stragers）[1] 或道德异乡人（moral stragers）的对话与交流，从而确立新的团结精神和人类关系。这既逼迫着我们必须接受这个新鲜的、多彩的、培育个性的、自主的世界，又要花力气创构许多交往语式与交流模式，引发了话语神学（discursive theology）与交谈伦理学（conversation ethics）的热潮。

价值论的重要理论先驱培里（Ralph Barton Perry）说："价值理论关涉的是人类生存和历史的一种特别普遍的特征。"[2] 这句话几乎引起了世界大战，人们当然就要提出"有没有整个人类共同接受或公认的普遍价值"这样的问题，这也就是是否存在"普世价值"（universal value）的问题。其实，在道德哲学史上，普世价值历来就是价值论（axiology）的核心论题。古希腊智者派的普罗塔戈拉提出了"人是万物的尺度"的著名命题，开启了相对主义价值观的闸门，以后的相对主义宗派纷至沓来。相对主义价值论最有代表性的导向是情感主义（emotionalism），可以上溯到休谟。在《人性论》中，休谟认为对恶与德的价值评价，不是单单建立在对象关系上的，也不是被理性所察知的，道德善恶的基础是凭借事务所引起的某种印象或情绪。现代的情感主义价值论的主要代表是艾耶尔（A. J. Ayer）和斯蒂文森（C. L. Stevenson）。艾耶尔认为，价值陈述不是在实际上有意义的陈述，只是既不真又不假的情感的表达；而斯氏认为，相对主义价值论是一种元理论，它系统地使"好"、"证明"具有了"被认为好"和"被认为证明"的意义，所以评价取决于态度，而"态度是据以接受或反对某事的倾向，具有愿意或不愿意、赞成或不赞成、喜欢或不喜欢等特性"[3]。就生命伦理学这门学科而言，不能回避的就是实用主义伦理学这个幽灵，它在胚胎期，就明显遗传了实用主义的基因；因为在两难的道德选择面前，原教旨主义者或传统基督教、异教以及各有特征的新的教派之间发生了极大的冲突，如果所有人都坚持和固守自己的观念和价值定位，生命科学研究和临床救治就无法进行，就不能有什么进步。甚

---

① H. Tristram Engelhardt, Jr., *The Foundations of Christian Bioethics* (Swets-Zeitlinger Publishers, Amsterdam, 2000), p. 131.

② Perry, R. B., *Realms of Value: A Critique of Human Civilization* (Massachusetts: Harvard University Press, 1954), 1ch, 7.

③ C. L. Stevenson: *Ethical Fallibility*. In R. T. De George (ed.), *Ethics and Society* (London: Macmillan, 1968), p. 199.

至对“患有严重心脏病的产妇，是否被允许堕胎”这类常见的问题都无法解决，我们如何生活下去？更不要涉及安乐死、人工授精、克隆技术或同性恋这类更加尖锐的生命伦理问题了。恰好，像弗莱彻这一些神学家，以另一副面孔加入了实用主义这一美国哲学的主流话语中，制造了一段精彩的和弦，变相地再现了以境遇和效用为标准的价值哲学主题，汲取了杜威的实用主义价值观成分。弗莱彻几乎抄袭了杜威的理论。杜威集中批判了终极价值或绝对价值：他把价值评价或价值判断作为价值哲学的核心问题，颠覆了事实与价值、手段与目的的二元划分这两个教条，提出实验经验主义的价值论，主张根据具体情境确定价值评价标准，而以行为效果评定价值。尽管弗莱彻巧妙地把“通过爱世人而爱上帝”的戒律作为其理论的唯一的一般命题和原则，这其实是十分机会主义的，他始终掩饰不了他的实用主义—经验主义倾向。“它完全根据实际问题的具体特性来解决问题，它战战兢兢地服从挚友爱的规则。境遇伦理学坚定地把原则置于恰当的位置上，发挥着不具有否决权的顾问作用。”①

实用主义的价值论早已受到猛烈的抨击，至今也没有停止。1909 年，美国心理学家闵斯特伯格（Hugo Müstberg）发表《永恒的价值》一书，挑战相对主义价值论。闵斯特伯格认为，实用主义价值论的要害是主观主义和相对主义：

> 当然，有很多东西我们重视它们，因为你或是喜欢它们，或是因为它们对你的目的有用。但是，这些价值依赖于我们的特殊观点。一个东西对我可能有用，而对我的邻居却可能没有；它可能被我们的社会群体所欣然接受，却不被其他国家或其他时代所接受。……每个东西都似乎依赖于个人的观点，依赖于个人的需要。……简言之，我们所谓的价值似乎仅仅意味着个人的满足，随时代、国家、群体和个人而发生变化。②

闵斯特伯格要问的是，在这种变化的价值取向中，有没有不变的永恒

---

① ［美］约瑟夫·弗莱彻：《境遇伦理学》，程立显译，中国社会科学出版社 1989 年版，第 43 页。

② Hugo Münsterberg, *The Eternal Values* (Whitefish, Motana: Kessinger Publishing, 2007).

目的？在价值的偏爱和人的特别的选择中，有没有普遍的共同的目的、需要与倾向？作为实证科学家，他论证永恒价值的基本论据是世界和过程的同一性。闵斯特伯格指出，自在的世界（self-dependence world）是在不断更新中自我实现的，因而也是自我指认的，无论存在着何种差异、个性和变迁，终究贯穿着三重同一性：一是“每一部分在变换的事件中总是自我认同”；二是不同部分在某种意义上彼此存在着一致性；三是在改变中属于自身的意义存在着连续性。独立于我们的世界要求我们从这三方面给予满足，闵斯特伯格称之为“三重纯价值”，即“保守的价值，一致的价值，实现的价值”[①]。人的生命也是如此，整个生命过程总是通过一个个短暂的瞬间把某些东西保存下来，它超越了偶然的变化，实现了生命的意义和本质：

> 如果生命不是别的而只是一种短暂的闪光，如果不是即刻超出自身，如果没有把超越飞逝体验的内容保留下来，生命将没有意义，而我们也就不会有任何可以称之为世界的东西了。[②]

这种自我连续性是永恒的，并且永恒地约束着个体的所有个别行为，这正是普遍价值的基础。如此，生命伦理学可以从中修正和检验其根基及理论，是不是非要一种相对的、境遇的、极其个我化的理性依据，来求证那几个基本原则。特别是生命自主和尊重的原则，难道非要满足每一个个体的需要才算是医疗行善吗？

生命伦理学看来与实用主义更为亲和，他们用自由的世界主义作为更为开明的因由，应对各种可能发生的具体难题，当然他们反对闵氏的观点，杜威发表《评闵斯特伯格〈永恒的价值〉》一文专门进行反驳。杜威否定存在普遍价值的理由是差异的绝对性。一切判断，一切信念，一切理想都依赖于具体情境，因此差异性、新颖性是绝对的，没有超越个体的普遍价值目标。杜威批评普遍价值论是把经验世界的任何一种状态或一种因素归结为终极（Ultimate），而“这种终极也就失去了一切区

---

① Hugo Münsterberg, *The Eternal Values* (Whitefish, Motana: Kessinger Publishing, 2007), p. 678.

② Ibid., p. 75.

别或差异”①。

这里触及唯物辩证法的精髓——个性和共性的关系问题。我们同意，只有差异性包含在同一性中，才有真理性；不能因为存在差异而否定同一，也不能因为存在特殊性而否定普遍性，这是辩证法的根本原理。这一原理适用于一切事物，当然也适用于价值。马克思肯定黑格尔的法哲学命题——“在普遍利益中保存着特殊利益”。确实存在着个人的利益和价值诉求，同样也存在着群体的、阶级的、民族的乃至全球的或人类的普遍利益和价值诉求，这就是个性中存在共性，特殊中存在普遍，相对中存在绝对。

生命伦理学应该始终是个性的，在尊重普遍利益的基础上，我们需要衡量个人的追求或选择是否违背集团或者全体的利益底线，就是说，不能因为你个人的利益实现而影响其他更大集团的利益，更不能损害多数人的利益而满足少数几个人的利益。判断或者评价行为的善恶以及后果，当然不能只顾及局部的伦理诉求而抹杀整体的善和正当的需要，爱应该在测量过程中选取最终的结果，这个结果必须有益于最大多数的人群和社会，在不伤及整体利益的前提之下，可以尽可能满足个人的行为选择，例如堕胎、人工授精、安乐死、美容、变性，或者其他的个性化的生命增强技术。

价值伦理学是把道德价值作为研究对象的伦理学，它一方面要从本体意义上研究道德善恶的最一般问题，如善恶的含义、性质、来源和本质等；另一方面要从道德实践的层面研究善恶标准和道德价值判断等具体应用问题，并在理论和实践的结合中审视生命的价值问题。另外，当代生物医学科学技术的发展所带来的一系列道德问题，单纯依靠以义务论为根据建立起来的道德原则和规范已经无法应对，因而将价值哲学和价值伦理学引进医学道德领域就显得十分必要。诸如脑死亡、器官移植、安乐死、人工生殖技术应用、生物遗传工程等和宏观上的医疗卫生制度、政策和资源分配等许多方面问题的道德判断。在医学进步所带来的道德困惑面前，人类不会选择放弃科学，但也不会让科学这把双刃剑伤害人类自身。只有找到通过道德上的利弊权衡与合理的价值判断来消解“事实”与“价值”之间所谓的“承担裂隙”的方法，人类才有可能走出困境，获得科学和

① 冯平：《价值哲学哥白尼式革命》，约翰·杜威：《评价理论》，冯平、余泽娜等译，上海译文出版社2007年版。

道德的双赢。再者，就医学实践来说，价值多元化及其冲突也是经常出现的：生命形态多元复杂，各种生命形态的价值彼此无法化约；生命价值之间存在着紧张与对立；在善与善的价值并存中，难以进行词典式排序或预设一种共同的最高善来解决冲突。对于这种价值冲突的研究可以找寻医学伦理学建构的新路径。在一定程度上可以说，医学伦理学向生命伦理学的延伸正是价值哲学应用的一个具体体现及其理论与实践结果。

六　道与义，重识“道义伦理”

> 道，可道，非常道；名，可名，非常名。无，名天地之始；有，名万物之母。

道为宇宙本体，道为万物之源，道为事物变化运行的规律。《道德经》与犹太—基督教的《旧约·创世记》相互呼应：“太初有道，道与神同在，道就是神。这道太初与神同在。万物是借着他造的：凡被造的，没有一样不是借着他造的。生命在他里头，这生命就是人的光。”[①] 这光就是世人的道，亦为道法，唯有信他的，才可有道、得道，并方能培育爱养万物之恩德。《圣经》开篇即道：“起初神创造天地。地是空虚混沌，渊面黑暗：神的灵运行在水面上。”[②] 道是自在者（I am），“耶和华”（Yh-wh-jehovah）、“夷、希、微”等，都是基督教的命理，我是我所是的，即道是永在的造化者、超越者、富有的生命者、启示者、公益者与拯救者。在老子那里获得了全面的诠释，并以生命的道理，说明宇宙的大道。“我对你们所说的话就是灵，就是生命。”[③]

> 老子之道，以自然为来源；以无为体，以有为用；以反始守柔为处世之方。其言曰：反者，道之动；弱者，道之用；天下万物生于有；有生于无。[④]

---

① 《约翰福音》1：1—4。
② 《创世记》1：1—2。
③ 《约翰福音》6：63。
④ 王力：《老子研究》，天津古籍书店1989年版，第1页。

幽昧深远之“道”，可会意，只能会意其中蕴涵生命伦理之正道。

汉语言之“道”，既为实又为虚，既为有又为无；真理、规律与方略，皆为道。道为生命之来源，如《系辞》：“乾道成男，坤道成女，乾知大始，坤作成物。”乾坤二卦表述了中国古代医学的基础和宇宙之物力取向，乾卦代表了大道的本体。人命归于天，乃谓明道与命道。南怀瑾借《易经》的道说解释疾病和病理生理，同时关注易学的医学伦理之道，透悟出生命的伦理之学，可谓机巧。①

中西关于“道”的对应性迻译，只能是意会，而难以真正地恰如其分。千年以前，曾流传一起公案，玄奘坚持把“道”译为梵语“末伽”，而道士们坚持译为佛教术语“菩提”，久辩难宁；玄奘认为，末伽可译为“度”，今翻“道德”，奉敕不轻。对此历史公案，陈寅恪先生有其精到之见：“‘佛陀’梵文为 Buddha，‘菩提’梵文为 bodhi，同自语根 budh 衍出。然一为具体之名，一为抽象之名。所谓‘人法两异’者，混而同之，故慈恩以为不可。‘末伽’梵文 Marga 之对音，慈恩以为‘道’之确译者也。”② 以上，足可见人们对于“道”之本义理解上的差异，显见汉文化之“道”远非西人所常规意会，只能翻译为 Tao。

道与义相连，无义不道，有道不义无可为义。因为人类要攫取“道之用”来规范行为，引导善行，则以求道义，缩微精到之，可谓“义之道”、正义之道。义指一种立法、卫法、守法的行动和规则，是政治、社会的根本原理，也是道德的根本原理。郭沫若考证，“德”中有正直、正义的道德观念，中华民族从周代开始，把“义”作为百德之王。③ 由此，道德律为“义律”，伦理秩序为“义序”。

华夏民族之义，具有特殊的含义，往往与侠情相耦联，“义”乃为侠文化之灵魂。“义”与“仁”相联为“仁义”，与“信”相联为“信义”，恰与中华民族的医学传统相呼应：“救人于厄，振人不赡，仁者有乎？不既信，不倍言，义者有取焉。”④ 金庸小说艺术的生命伦理核心价值，全

---

① 南怀瑾：《易经杂说》，中国世界语出版社 1994 年版，第 138 页。先生将生命与道德问题连在一起，借说易经和医学来讨论，显出其睿智的学术思维和风格。

② 参阅刘克敌《陈寅恪与中国文化》，上海人民出版社 1999 年版，第 63 页。

③ 见周辅成《论中外道德观念的开端》，《中西哲学与文化比较新论》，人民出版社 1995 年版，第 154 页。

④ 引自司马迁《史记·游侠列传》。请参阅严家炎《金庸小说论稿》，北京大学出版社 1999 年版，第 33—34 页。

当为一个“义”字，作为一种胸怀大义的气节，郭靖、杨过、萧峰等宣表了一个民族悲悯天下和义薄云天之浩气。

“礼以行义”[①]，“德义，利之本也”[②]。这是中华文化的义德遗产。但也因此，义又与“情”相连接，情义无价也成为中国社会的一大特质。金庸借陆菲青和林镇南的话语，一再批判了中国人的亲情与交情，“镖局走镖，七分靠交情，三分靠本领”，“这‘交情’二字，倒比真刀真枪的功夫还要紧些”[③]。传统中国是一个人情伦常—生命政治型社会，没有西方式的上帝面前“人人平等，彼此为兄弟姐妹”的那种宗教大化于私情的道德关系基础，人情关系以狭隘的“情义”关系为中心，大义有时会萎缩为“小义”，以“小情义理天下”，疏通、斡旋、私了、说情、行走关节等成为人之常理；用原则做交易，最后对“义”进行了颠覆，使其积极的德性内质堕入克尔凯郭尔所指涉的“是对伦常的反叛，是一种奸诈的虚伪”[④]。

与此相对照，西方的道德观念与生命政治观念格外强调政治与法。

> 古今中外，并不是先有礼与法，而后有道德上的“义”或“义道”，实际上是先有人民或社会公认的道义，而后有一定的礼法或法典（……是人民要求的正义与道德规范）。[⑤]

先于华夏文化的尼罗河文化中，即前21世纪，和古希腊宙斯的女儿Dike主管“义”一样，人们崇拜的诸神中有一位Maat女神，其职责即是义、正、中、平，她是农神Osiris的女儿，手握天秤，西人把Maat译为主管公正、真理和公义之神。前2000年，埃及的一位明君普塔豪特普（Ptahotep）的墓志铭就是：“公正或义，胜过所有。”雅利安人征服后的古代印度，混融了“义德”文化，创造了达摩（Dharma）一词，与Maat一样，表示“义”的主德。释迦牟尼用“去恶行慈”普救百姓脱离困苦，

---

① 《左传》僖公二十九年。

② 同上。

③ 这两句分别是金庸小说《书剑恩仇录》中陆菲青教导李沅芷的话，以及《笑傲江湖》中林镇南对林平之的告诫。请参读金庸原著。

④ 《克尔凯郭尔日记选》，晏可佳等译，上海社会科学院出版社1995年版，第110页。

⑤ 见周辅成《论中外道德观念的开端》，《中西哲学与文化比较新论》，人民出版社1995年版，第160页。

把韦陀和婆罗门那种强硬的达摩义法（伐），改造为慈悲的义道和义术。[①]

基督教《圣经》从摩西五经开始，一直到《启示录》，不管是《旧约》还是《新约》，都是叙述一个“义”字的，是巴比伦文化、希伯来文化、古代埃及文化以及古希腊等文明的混合积淀和结晶。《圣经》的义德文化细腻而精致，如“我告诉你们，你们的义如不胜于文士和法利赛人的义，断不能进天国”[②]。通过神的话语，说明“义”的含义的差异。路德的因“信”道而成“义”道，便为人类的正义之道开了先河。

但是正义（justice）或公正（righteousness）在基督教文化中，以致在对于世俗社会道义德性的影响、使用与延伸中，又十分复杂与宽泛。对于基督徒来说，其正义就是对于上帝诫命的恪守与遵循；对于上帝来说，正义就是正直的楷模形象以及对于人的德性的引导与教诲，并在具体分配利益时给与公平的评价与裁判，即重新分配权利（retribution）。耶稣在“山中宝训”中为门徒描述的正义，主要是道德的，而不是遵守法律或形式主义外化的“义”，完全是人的一种自觉的善的品质。

西方的义主要追求公平之正义，平等观念中的义，除一神一主外，人皆兄弟，中国人追求的是差等的义，主张亲亲、君君、臣臣的等级秩序；西方人是由上帝或神祇作为义德的引导者和义人的主宰的，中国人往往以帝王或圣旨代表天命之大义；西方依律法监督不义之行，维持义德秩序，中国人以伐（罚）和礼义、仁义为重；西方人以信、望、爱来维系义德，中国人以人治武功、交相利、智仁勇维系义之道。以上为中西义德文化的差异。

医学的正义也是一种重要的社会规范，是指导人在医疗过程中的行为原则；医学正义是一种评价标准，是核查与决定是否接受某一行为的凭据；医学正义佐证了人的行动的义务性与合法性。因为这一正义符合法律的要求，同时符合社会利益与自然规律，因此，医学的正义必须满足人的权利的需要；这一原则含有强制、明确并对被损害的利益的必要补偿的特征。对于义务论所指的医学正义而言，其形式可分为互相交换与互惠、卫生资源和生命权利分配的合理性、服从普遍的社会利益需要、平衡与平均各社会成员之间的正义、爱、自由的权利。[③]

---

① 《中西哲学与文化比较新论》，人民出版社 1995 年版，第 161—163 页。

② 《马太福音》5：20。

③ 以上观点可以参考［德］卡尔·白舍客《基督宗教伦理学》第 2 卷，静也等译，上海三联书店 2002 年版，第 260—274 页。

可以说，义务论与权利论是现代道义论的两种基本表现形式。前者是内指型的，是强调理性对于感性欲望的压制的自我约束和自我牺牲伦理；而后者是外指型的，是认为道德要关注个体自由和权利并对权利进行制度性配制的伦理。

从希腊文的词源学意义上说，义务论作为一种典型的规范伦理学理论，就是关于责任、应当的理论。围绕这些道德概念，义务论以道德规范和戒律的形式表达人们关于怎样行为、生活的道德要求和道德观念。从这一意义上说，义务论又称准则论。

这种义务论的典型代表观点还是出自于康德。他从“善良意志”出发提出“为义务而义务”的主张。康德认为，人的道德义务来源于先验的善良意志，是善良意志发出的所谓的“道德律令”，即“头上的星空”和“心中的道德律”。康德所强调的这种义务论是主张遵照某种既定的原则或者某种东西本身所固有的正当性去行为，而不考虑行为对人对己所带来的结果如何。其实质在于强调义务的绝对性、至高无上性、命令性和无条件性。但义务论的片面性在于，由于对道德行为全过程的把握不够全面和彻底，它有可能忽视人的需要、目标和派生价值，而走向极端的义务论，有可能彻底割断道德与价值的联系。而道德作为一种价值存在，是为了人能更好地生活，它关系着人的幸福，道德从根本上可以说是出于人而且是为了人而存在的。反过来，目的论虽然使道德与人类的追求发生了积极的联系，但其极端则可能走向完全以“目的证明手段”的非道德主义。

道义论的另一代表是自由主义者罗尔斯的正义伦理或新契约论。罗尔斯的正义伦理试图以社会正义的规范伦理学替代古典功利主义和康德的义务论伦理学，试图为社会制度的公正安排提供理论依据。罗尔斯把正义称为“公平的正义”。正义原则是用来分配公民的基本权利和义务，划分由社会合作所产生的利益和负担的主要政治和经济制度。在罗尔斯看来，人们的不同生活前景受到政治体制和一般经济、社会条件的限制，也受到人们出生伊始就具有的不平等的社会地位和自然禀赋的深刻而持久的影响，而且这种不平等又是个人无法自由选择的，这种不平等就是正义原则的最初应用对象。换言之，即正义原则就是要通过社会制度的合理正当调节，从全社会角度处理这种出发点方面的不平等，尽量排除社会历史和自然方面的偶然因素对于人们生活前景和经济状态的影响。

七　功利主义、效益论和迈克尔·桑德尔的“良善生活”

功利主义是一个幽灵，有人说它是一个魔鬼，因为它会搞乱原本井然有序的世界，而它又推动了人类社会的进化。功利主义（Utilitarianism）又可以化为功用主义、效益主义和效用主义等变体。功利主义思想就其本身来说是社会哲学和社会理论，其中的伦理思想是核心。单纯从功利主义伦理思想的角度来看，功利主义是一种强调将行为的功利后果和对他人、对社会的普遍功用作为对人的行为道德价值判断和评价根据的伦理学理论体系。“最大多数人的最大幸福”是代表和反映这种伦理思想本质的核心原则。功利主义与生命伦理学思想的奠基有重要的关联。

古典功利主义伦理思想中当然有许多值得生命伦理学汲取的元素：第一，个体道德理论。个我性是功利主义的基础，只有通过个我的主观评价，才与所谓传统的共在意识相区别。这种理论强调对人的理解不应当从道德哲学反思的角度，而必须建立在对人的实际经验的基础上。“苦乐原理”是这一理论的基石，即作为道德标准的体验应归结为快乐和痛苦。只有心理感受和主观体验是否苦乐，才能引导人应当做什么，以及决定人将要怎样做。对苦与乐的强调决定了功利主义伦理学必然采用后果论的形式，也就是将道德评价建立在人的行为后果之上，即判断行为正当与否，必须审视行为是否最大限度地促进了所涉及的所有人快乐的增加或者痛苦的免除。第二，社会功用理论。在“苦乐原理”的基础上，功利主义伦理学建立了功用原则和最大幸福原则，从而将个体道德理论扩展到社会伦理领域。所谓功用原则是说对任何一种行为的评价，要以这种行为增加或减少当事者的幸福为根据。当事者不仅仅是指个人主体，而且包括社会主体和政府设施。最大幸福原则是对功用原则的发展，这一原则克服了功用原则中“功用”概念与幸福、快乐等观念联系不够明确的缺陷，可以明确地指明“苦”与“乐”的观念，同时又会使人们想到所涉及的利益攸关的人的数目（最大多数人的最大幸福），因而能够简短而有效地说明功用原则的实质。第三，律法调节理论。在功利主义思想家看来，律法调节理论是建立在“苦乐原理”基础上的，是从道德上衡量善恶与否的幸福和快乐的增加或减少，在政治上就是优越，在法律上就是权利。早期功利主义认为，道德理论和立法理论密不可分，立法理论从属于广义的道德理论，而“苦乐原理”是贯彻在人的道德、政治和法律多个领域的一种共同的标准。第四，个人的自由权和自我发展。在功利主义幸福概念的内涵中，个人自由权和自我发展是两个重要的内容。任何人的幸福是与他的精神和个性的自由发展相联系的，全面深刻的幸福不能脱离个人的自我发展，个人能力的发展，个人自身的趣味、追求和同情心的培养和发展。个人的自我发展是个人自由的积极实现，而不受干涉的自由权则是消极的个人自由的维护。第五，作为人们内心情感的良心。功利主义认为，只有人的良心才能够为功用原则提供其义务性的根本来源，提供其准则性的最终动力。

显然，功利主义伦理理论为我们提供了一种基本的道德思考模式，从行为后果对人的幸福和快乐的影响程度来判定行为的正当与否，就是值得借鉴的；而且功利主义不是单纯从原则出发，而是主张具体分析和比较可供选择的不同的行为后果。这一理论的后果论思路，对个人和社会幸福的注重，对个人利益和社会利益关系的调和以及对道德制裁力的研究，都为生命伦理学提供了理论上的启示。

20世纪50年代，功利主义伦理学重新复兴，后果主义和福利主义构成了现代功利主义伦理学的两大基本结构特征；恰逢此时，生命伦理学开始苏醒，如沐春雨。

后果主义表明了现代功利主义关于道德义务的观点，认为人的行为的正当性、应当性是由它的后果的价值所决定的，而不是由某种先验的原则所决定的；福利主义表明的是现代功利主义关于道德价值的观点，认为行为后果的价值是由它所产生的福利或人的偏好的满足所决定的。现代功利主义伦理学是在新的转向、新的流派和新的讨论格局中发展起来的。

功利主义伦理学作为基本的伦理理论已经成为生命伦理学的一种必然诉求。现代生命科学的发展对旧有生命道德观念的冲击和建立新生命道德哲学的渴望，要求社会在科学进步和道德控制之间作出抉择，功利主义伦理学在一定程度上可以对这种选择提供理论上的有效支持。事实上，现代生命伦理学理论的建立和成熟，功利主义伦理学理论在其中扮演了重要的角色。因为无论是生命质量的确定、生命价值判断、死亡方式的选择，还是有限卫生资源的合理分配、医疗卫生事业的宏观决策等，都存在依据什么样的标准进行价值判断和道德选择的问题。在这种选择中，功利主义伦理学的理论在方法和原则上具有不可替代的理论功用。

就如同阿尔蒙德真的不幸堕入艾洛依人的大峡谷一样，是因走错了路，但却意外地展开了一场前所未有的探索，他没有抓住粗壮的树根和黑紫色的软藤，而是在不由自主中进行了道德哲学关于幸福与人性、善恶王国的对话。①

在西登汉姆山脚下的道尔威奇公学接受过良好教育的乔治·爱德华·摩尔（George Edward Moore，1806—1873），其祖父与父亲都是医生，并有基督教教友派反对暴力的母亲的德性传习，音乐、宗教和治病救人的气氛培育了摩尔的良善品格。

我们至今对于伦理学的理解都存在着一种很大的差异，这可以从摩尔伦理学中加以克服。在摩尔那里，伦理学主要研究极少变化的最普遍的善恶基础概念，而道德学才是专注于原则与行为规范的，至于具体的行为或在特定的境遇中遭遇到具体问题时，应该采取什么样的行动，那是决疑学（casuistry）的任务。摩尔的理论更倾向于行为的功利主义，更适合于自由的世界精神，对于生命伦理学来说，是一个宝贵的理论资源。他认为，规则总是会出现例外的，只要最后能够产生最大的或最好的结果，即使违背规则，也应该是完全允许的，所以，恩格尔哈特的允许原则实际上是摩尔的实践伦理学的成果，为追求最大总量的人类善，或者成为最大的“总善”，用伦理学的普遍认识、道德学的基本原则、决疑论的方法，解决生命伦理学难题，是我们最终的目的。②

摩尔没有具体或直接涉及生命伦理问题，但他早年在家庭的医疗善的影响下，思考过类似的临床伦理境遇问题，不管是实践还是应用，摩尔始终为我们提供了理想的功利主义范型。他对于尊重个人性情、爱、美的欣赏，对于幸福的描绘和向往，都是可以见到的。富有戏剧性的是，摩尔的诞生年，恰好是约翰·穆勒的离世年，穆勒对于理性幸福的向往，也就是对于深刻的快乐的诠释，正好成为摩尔的理想，幸福存在层级的差异，好比穆勒对伊壁鸠鲁的批评，伊壁鸠鲁的幸福只适用于猪。人类需要满足理性，还需要满足生理上的饥饿。例如政治和社会生活的自由，“选择与个

---

① 可详阅［英］布伦达·阿尔蒙德《探索伦理学》，刘余莉、杨宗元译，中国社会科学出版社2002年版。

② 可以参阅［英］摩尔《伦理学原理》，长河译，商务印书馆1983年版，第153—171页。另可见聂文军《元伦理学的开路人——乔治·爱德华·摩尔》，河北大学出版社2005年版，第93页。

性必须是完整的幸福概念的基本组成部分”①。

语路行此，论到政治和社会生活自由，当议及迈克尔·桑德尔的“良善生活”。

迈克尔·桑德尔②（Michael Sandel）以他的政治哲学对于“什么是正义”进行了三种解读：首先，以边沁（Jeremy Bentham）为代表的功利主义哲学家认为，正义即能够实现最大多数人的最大幸福；其次，以弗里德曼（Milton Friedman）和诺齐克（Robert Nozick）为代表的自由主义哲学家主张，正义就是尊重个人的自由和选择，是自由的个人在完全自愿的基础上相互间商谈和交易的结果；最后，是开启于亚里士多德传统的古典社群主义。多数人认为，对正义的诠释远远不止于此，它还与保障和推进美德、共善及良善生活有关。

我们的问题是，挂念人们对于生命伦理选择的困难，也就是如何沿着桑德尔教授的思路，检验这些抽象层次的哲学观点，并且立即回到临床医学或医生们日常工作中所面临的道德困境中，去判断和评价其在具体生命伦理问题中的解释力度和效率。这也是我们最迫切需要的。桑德尔教授以市场经济为背景提出了一系列假设性问题，采用他独特的追问和反诘方式，比如他列举：作为销售商，利用大风雪的时机将雪铲价格翻倍，这是否合乎正义？灾难降临，饮用水涨价，这种行为是否正义？可口可乐公司曾试图推行可以依气温自行调整价格的自动售货机，你是否支持？你是否赞同大学为引进投资而“出售”入学机会？有人高价出售辛苦排队得来的演唱会门票，这种做法是否合理？他曾经在大学的一次演讲中，举例说，如果高价出售的是医院就诊号，又当作何理解？他特别批评，在市场经济社会中（我们正面临这样一种境况，特别是目前以资本为主体的医院体制，对待急需救治的病人，是何等残酷！）存在着一种极其不良的倾向，即认为正义是由单一的市场因素决定的。市场能够推动经济飞速发展，但一味地推崇市场价值可能会排挤、破坏福利、美德等非市场价值。我们必须重新审视市场分析与市场理性，特别是对于医药卫生事业，尤其要对不为市场看重，却难以用金钱买到的善与美德给予高度关注。

---

① 可详阅［英］布伦达·阿尔蒙德《探索伦理学》，刘余莉、杨宗元译，中国社会科学出版社2002年版，第53页。

② 美国哈佛大学政府系讲座教授、美国人文艺术与科学学院院士。

桑德尔认为，当人的生存受到威胁时，是否具有购买能力不应成为生存还是死亡的决定性因素；除了生存威胁，当社会资源、善与美德受到威胁时，市场原则的适用性也值得怀疑。于此，我们应当针对每个个案进行具体分析。在医学生活中，很多关于正义的判断都是基于人们的道德直觉。但是，当面对一些两难困境时，人们需要超越道德直觉，进行哲学反思。政治哲学源于日常生活，也是反思性的人类生活所不可或缺的。

正义问题关系到每个个体所处的位置、阶层与场景，对不同的情形会有不同的解读；这就又回到在道德背景的多元化境遇里我们如何判定医学伦理选择的正义性问题上；同时，作为生命伦理学的价值表述，我们如何负责任地对医学道德问题进行反思，如何剔除由于资本主体和技术本位给医学带来的恶，从而引导医疗事业成为一种良善的事业和社会的福利。对这一主张，桑德尔在其《公正，该如何做是好?》(*Justice: what's the Right Thing to Do?*)[①] 一书中做了很有力度的探索。

谭峭在《化书》中写道：

> 好行惠者恩不广，务奇特者功不大，善博弈者智不远，文绮丽者名不久。是以君子唯道是贵，惟德自守，所以能万世不朽。[②]

何以此道，何以此德性?

桑德尔惟道是贵，但他并不为万世不朽。使人惊异的是，他从来不脱离这个世俗社会，有人称他为现代的苏格拉底，实在不合他的品格，尽管他和奔放的青年人一样，去怀疑和梦想，他关注社会的每一个角落和琐屑的事端，作为学者，他能从普通的小事中获得伟大的真理。

一篇文章曾经列举了一个有趣的例子：

> 上世纪70年代，牛津大学圣·安妮女子学院中有一些年长的教员，基于传统道德反对异性留宿，但因为时代在变，不能直接用“伤风败俗”来支持她们的观点，于是她们就想出“留宿者要洗澡，

---

① ［美］桑德尔：《公正，该如何做是好?》，朱慧玲译，中信出版社2011年版。

② 谭峭：《化书》，中华书局1996年版，第50页。

> 因而会使用更多的热水”的理由，激进派和保守者最终达成协议：每名女子每周最多可以有三个晚上留宿访客，而每名访客每晚需要向学院支付50便士的费用。次日，《卫报》的头条写道：“圣·安妮的女生，每晚50便士。”①

如此无厘头的饭后谈资在桑德尔这里，轻轻巧巧就和最乏味的哲学道理挂上了钩，保守主义老太太们之所以汗颜，是因为“德性的语言没有很好地被转变为效益的语言”。有人评价，桑德尔复原了哲学思考的原生态，他把哲学从天上拉回人间，带领读者和听众从那些或大或小，或琐碎或古怪的公共话题一路谈到效益、自由、德性和正义这些大词和宏大概念。桑德尔认为，评判一个社会是否正义，“就要看它如何分配我们所看重的东西——收入与财富、义务与权利、权力与机会、公共职务与荣誉，等等。”但是问题在于，不同的人不仅看重不同的东西，而且分配的标准也是人言言殊。效益、自由以及德性这三个关键词，分别对应着三种不同的正义观：效益主义、自由主义以及社群主义。作为一个社群主义者，桑德尔坚信，政治的目的是培养公民的德性和推导共同之善（cultivating virtue and reasoning about the common good），为此，思考正义就必须思考何谓“良善生活”②。

几乎所有的智者都关心和寻找良善的生活，人们内心深处的本质在一切生物中均存在，也就是存在于人的意识中。叔本华在评论对待生活的两种方式时认为，生活方式表现了每个人的本性与气质。“性格好的人生活于一个和他自己存有一致的外在世界；人类的其余部分在他心目中并不是非我；相反，他认为它是‘又一个我自身’。”③ 伦理学的意义在于创造最好的生活方式与最幸福的状态，生活本身在于幸福感，无论是贪欲、奉献、爱、牺牲、拼搏与奋斗，为自己为他人，都为了一个目的，为了让自己感到幸福，只有过有意义的生活，才会有幸福感；当然对于世界来说，不一定有幸福感的自我，一定会有意义。个人的意义未必对社会有利；动物性的生活始终会与理性的生活方式发生冲突，如果我们创造性地使生活

---

① 周濂：《哲学是一个动词》，《南方周末》2011年4月28日。

② 同上。

③ ［德］叔本华：《伦理学的两个基本问题》，任立、孟庆时译，商务印书馆1996年版，第301页。

服膺于大众的共享利益，这种可能的生活或者生命，就不至于被我们浪费，因为对于外在的世界来说，生活是为了他人的快乐。人往往会选择利己又利他的生活方式，像基督徒那样，但是，这种选择未必很容易实现。有人认为，“幸福是在生活中健全生活的感受，是全部生活行为追求的状态而不是结局，所以永恒性是幸福的一个特征。”① 我们是选择理性地生活，还是完全被情欲或情感所左右，是检验生命是否整全的镜子；如果你选择道德地生活或者完全按照逻各斯生活模式，你就必须有非凡的信仰与意志，如果认为这就算是生活或生命的整全（integrity of life），那么，普通人就难以践行。对于人来说，最基本的目的是生存，其次才是如何生活，最后才是过一种道德的生活。生活的整全性是一种理想，实现这种真全的价值和理性地生活，是我们的希望和追求。通过整全的道德生活实现真全的生活，是我们的精神与灵性的需要，大多数人在柴米油盐的平凡生活中，没有这种欲望，去改造自己原有的平凡者的生活模态，他们认为，我这样就足够了、知足了、只要平安康健，就此下去，就已经十分快乐了。此时，宗教才会启发和引导他进一步积累生活的激情，为了博爱和助人，他会奉献，追求更高尚的生活方式，改变自己，过一种良善的生活。② 这需要一种动荡、事变或者强烈刺激，生活的变故往往会改变一个人的生活态度；良善的生活需要激情！

桑德尔批评效益主义或功利论者，他们一味把“良善生活”、“幸福”这些提法还原成可以被公度的量化标准，比如“收益”、“效率”、“效益”。他们认为，一个社会是否正义，要看它的政策和法律是否能使效益最大化。如此想法，桑德尔认为，有着致命的缺陷：第一，它使正义和权利成为一种算计，而非原则。这种做法不但贬低道德价值本身，还会导致荒诞的后果；第二，它试图用一个单一的、整齐划一的价值衡量标准去等量齐观所有的人类善，而没有考虑它们之间质的区别。③

我们的理想设计既包含了自由主义的个体权利意识，又包括了社群

① 参阅赵汀阳《论可能生活》，三联书店 1994 年版，第 22 页。实际上，幸福是一种评价的感受，自我的、他人的以及社会的评价对于主体的影响，常常做为幸福的后果，而这个后果既是道德的，又是心理的。在其中，还会发生“我与世界”、“身体与世界”等诸多冲突。

② 参阅［美］威廉·席葳克《追寻生命的整全》，孙尚扬译，华东师范大学出版社 2011 年版，第 153 页。

③ 周濂：《哲学是一个动词》，《南方周末》2011 年 4 月 28 日。

主义的共同体价值；这是过于理想化的中庸调和主义，或者说是不可能实现的，或者说总有少数的个别人无法与此同步。这就涉及了我们的设计是否合理与现实的问题，在这样丰富的多元世界里，是否能把一切的人都引导到我们的理想社区里，过我们的“良善生活”？对此，桑德尔认为：

> 免于一切道德干涉和评判的自由主义话语会导致公共话语的贫瘠化，以及公民德性的极度萎缩。亚里斯多德式的良善的生活在于，使人们能够发展各自独特的人类能力和德性——能够慎议共同善，能够获得实际的判断，能够共享自治，能够关心作为整体的共同体的命运。①

生命伦理难题就是既要建立普遍的公共信守的原则，又要对个别案例的处置给与自主选择的权利；他或她对于其身体有权利支配或决定保留还是放弃；这是否真的能够实现，或者至少在绝大多数情况下，把这个决定权完全地交给病人个人，不受外来因素的干预，没有任何强制或者压力。当然我们必须事先设定几个例外（这实际上还是限制了个体的绝对自由，绝对自主是没有的）。比如，不能伤害他人与社会；不能违背本人的根本利益（有心脏病的产妇牺牲自己换取婴儿的生命）；不可随意杀害自己或自残等。也就是说，绝对地自主权利是没有的，这在道德上不能或永远不能获得辩护。限制和节制是另一条律令。在自主和尊重的同时，必须确立一个“节制原则”，允许的承诺才能够履行②。如此，生命伦理原则，每一条都不应该是孤立的，这些原则是原则共同体或原则的组合。除爱与善两个母原则外，任何基本原则和应用原则，都要有所限定，这样，我们的医疗秩序才不致被扰乱和破坏，正常的医务生活才能进行，我们的责任才可以体现。

其实，约翰·斯图加特·穆勒（John Stuart Mill）在对正义的情感本质作注释时，强调正义与功利存在着真实的差别，他主张“基于功利之上的正义才是整个道德的主要组成部分”。这就回到了医务伦理中“合理

---

① 周濂：《哲学是一个动词》，《南方周末》2011年4月28日。

② ［英］斯图加特·穆勒：《功利主义》，叶建新译，九州出版社2007年版，第137页。

谎话”的争议中，不把真相告知癌症患者是否正义；即如同康德的道德困境——康德坚决反对撒谎，但当杀人犯上门寻找藏匿在你家阁楼上的好人时，你真的要说实话吗？关于医学谎言，恩格尔哈特在他的《基督教生命伦理学基础》一书中也作了长篇的论证，书中写道：奥利金（Origen，185—232）宣称：“有时运用欺骗方式是允许的，而且在某种程度上，谎言好比通常所说的那样一种药物。”奥利金的学生，亚历山大里亚的克莱门特（Clement of Alexandria），同样坚持人应该讲求真理，“除非在医学上，为了患者的利益，医生可以欺骗或说谎”。克莱门特将此称作智者所为。到5世纪，这种合理谎话的医学形式已经得到很好确立。[①] 桑德尔不是痴人说梦，也不是采取一种梦幻的手法，引领我们越过道德的险滩和思想的沙漠；实际上，我们已经远离了芬芳的玫瑰和美丽的野百合，现代人正在品尝杯中苦涩难忍的毒酒，在朦胧的眼神中，透出了期待与无奈。培养德性和推论共同的善，就是通向美好良善生活的捷径？这支桑德尔式的正义之师是否能够建立共同善的政治？社群主义是否能够夯实良善的正义观？利己主义难道就不能有助于共同善吗？经济学家普遍认为，利己主义是有效率的，因为只有自己最深刻地知道自己需要什么。这就使我们想起了亚当·斯密。他的观点是，如果每个人都追求自己的利益，这个过程就会成为一个自然的机制，即“看不见的手”，产生每个人的最大利益。斯密认为，财富和伟大只是一些有愚蠢用途的小事，而“身体的暗示和心灵的平和方面，各种不同社会阶层的人都是相近的，在高速公路旁晒太阳的乞丐所拥有的安全感，国王也要为之奋斗”[②]。蚂蚁与蜜蜂的社会可以按组织机制，在自然的规约下，建立一个共同的良善关系。工蜂或蜂王都没有人的信仰和道德，它们完全是自然的，为了个体的生存而紧密地结合在一起，生存成为这个社会结构的基础，而不是德尼·维拉斯笔下的塞瓦兰人的社会[③]，以宗教信仰把每个人连接在一起。良善生活不应该

---

① H. Tristram Engelhardt, Jr., *The Foundations of Christian Bioethics* (Swets-Zeitlinger Publishers, Amsterdam, 2000), p. 358.

② 转引自［英］布伦达·阿尔蒙德《探索伦理学》，刘余莉、杨宗元译，中国社会科学出版社2002年版，第32—33页。

③ 17世纪法国著名的空想社会主义者维拉斯撰写的《塞瓦兰人的历史》一书，以虚构的“塞瓦兰”为背景，杜撰了一个社会主义公有制、人人劳动、按需分配的国家，并拟订了维系这个社会存在和繁荣的道德原则与法律。可参阅黄建华等译《塞瓦兰人的历史》（译林出版社2011年版）。书中的叙事，颇似本书中有关“太阳伦理”的论述。

具有排斥性和强制的压力，应该给予公民极大的自主与自由，这才是我们的追求，桑德尔的哲学就此还必须经得住各种责难和检验。

设计一个良善的生活，需要足够的智慧，因为人类的理想太悠久与邈远了，经常给我们一个可望不可及的印象，所以，一提起这个词汇，人就会有一种疲劳感，但我们又必须说到它。哲学不是名词，桑德尔认为，哲学知识要我们不断寻找良善生活的答案。我们可以在蓝图上进行这样的描画：

1. 团结的、友爱的、宽容的、和谐的和共享的政治；2. 由信仰的公民（citizens of faith）构成的社区，努力为他人牺牲与服务，关心集体的命运；3. 使道德局限的市场发挥最大的效益，资源充分并极大地发挥作用；4. 具有自由世界主义觉悟的人共同维护公共秩序；5. 在不违背公共利益的前提下，人人极大地享有个人的尊严、自主权与自由；6. 人人幸福与安详。

这应该是我们最好的生活。

八 生命伦理学与唐·库比特的“太阳伦理学”

“你们是世上的光。”① 这是《圣经》中以耶稣的话语所做的一句类似警示的语言。我们则从文森特·梵·高的向日葵画作中感受到太阳燃烧的炽烈情境、动感与生命的活力。一位伦理学家，特别是生命伦理学的追求者，不能不为太阳的表现力、向外倾泻的内在性质而震撼。如果没有同时对于生命伦理的联想或冲动，怎么能说明我们读懂了我们的身体和生命？怎么能说我们已经理解了我们的存在融于人的生命，成为充满生机的成分的自然。梵·高不断地重复一句话，那就是：

> 我在对向日葵的注释中寻求到安慰。②

梵·高作为地球上最孤寂的人之一，以自比向日葵的灿耀的大花朵，来表述对自然界恢弘的美善情意，并以绘画的哲思回报太阳的恩德。

---

① 《马太福音》5：14。

② 《梵·高艺术书简》（张恒、翟维纳译，新星出版社2010年版，第303页。这是画家梵·高于1888年8月18日致贝尔纳信中的一句话，表达了他对于阳光、爱、愉悦的向往。

唐·库比特（Don Cupitt，1934—　）[①]，这位杰出而多产的后现代宗教哲学家在后现代语境下，坚持把伦理学从市场转向剧院，从规则的道德转向生活方式的道德，他说明有价值的东西已经不再是那种空谈的戒律的虚伪生活，而应该是通过各种艺术载体或其他变现形式，塑造具体的行为模式和行动榜样；道德像生活方式一样被美学化了，人们通过审美来感受伦理规范的“应该”，以及与良善的“舞台角色”的伦理选择共在或共鸣。人生是一种展示，需要选择最快乐的方式和对于最幸福生活的追求的表达。那么，库比特的“太阳伦理学就是一种竭尽全力，表现宗教性的伦理或者生活方式”[②]。它否定各种教条主义，自由地展示自我；反对虚假不实的内敛，强调外在的表现；赞美与热爱现实的生活，立足于当下的问题和现象；将人本身客观与外在化，就如同光照世界的太阳，不断燃烧自己，消耗能量，流逝与忘却自我。[③] 太阳给我们带来了光明与温暖，她不需要着意展示自己，只是以自己的方式向外倾泻与表现她的存在，她的实现就是我们在自然的生机中所感到的，她的良善与美好的道德训诫，都容括在暗示之中。她内在的结构，是朴实的奉献，完全没有先验的道德秩序，但她不断地宣表她的情感，“这些给伦理学留下的，只不过是我们应该热爱生活，倾注我们的心”[④]。

形而上学戏剧化、具体化，使我们进入现实医学生活，我们带着问题，追求一个真理的目标，最终为的是给我们的服务或爱的对象（比如病人）以好的治疗、安慰、康复和希望。如此，库比特制造了新的生活理念或称为太阳式生活，并超越传统的二元区分：

第一，超越生与死的区分，它赖以生存的热核，在燃烧的同时也是消亡的过程。因此，我们的生命也是生死合一的统一体。亦生亦死，细胞的死亡与更新，新陈代谢，就是这样完美循环。超越生死的差异，即是说，生和死本来就是合一的统一体，这种合一可以把我们人类从自私以及对

---

① 唐·库比特：剑桥大学伊曼努学院前院长。他是英国杰出的后现代宗教哲学家、基督教神学家，至今已经出版著作40余部。代表作有《信仰之海》《告别上帝》《上帝之后》《空与光明》《生活》《人生大问题》《不可能的爱》《后现代神秘主义》和《快乐之路》等。他的太阳伦理学，是他的新基督教伦理学的一个理想，是唤醒人类朝向光明、走向自由新生和美丽生活的一种情感主义生活态度与方式、灵性与生活实践哲学，而不是一套准则和原则。

② ［英］唐·库比特：《太阳伦理学》，王志成译，浙江大学出版社2009年版，第11页。

③ 同上书，序言第2页。

④ 同上书，第5页。库比特说，这就是情感主义，或者就是太阳伦理学。

死亡的拯救中解放出来，这个论点好比普利高津的耗散结构理论所揭示的熵增学说；库氏给我们的是一种充分的宗教伦理独白，他劝诫我们要彻底放弃“死而后生”这样的奢求，也要放弃生活之死亡的观念；我们要学会理解方生方死的生命观，这也是一种价值训练，既继承了传统基督教的生死神学，又改正了重生与复活的机会；既是世俗的，又是宗教的。

第二，超越存在与行动的区分。太阳式的生活强调生命的过程性，是对于时间伦理的平铺，把时间的单向性和暂时性置于名词—动词、本质—活动、存在—行动的区别之上，一切就是行动，活着就要竭尽全力，就是雷鸣、闪电、交响乐，我们都在时间的生发中表演，我们不可能还有其他的存在，只有走过，只有流逝，只有消耗。这是对于整个后现代思潮的浓缩。生命的存在是暂时的，是在过程中倾泻着，就如同交响乐在时间中演奏一样，一经响起“轻骑兵进行曲”，就进行着——行动结束了，因为它与时间在一起，单向地流过去，不再回返；就身体而言，生活着就是死亡着；生命从诞生起就已经进入死亡进行时；人的生命没有名词与动词、本质与行动的差异，是 be-ing 的状态“存—在”、经过或“流—逝”，由此成为你和我。

第三，超越理想与现实的区分。现实本应该就是理想本身，人的生命已经外泄得很充分，无须再做更多对于生活的追逐，完美的存在已经证明所有的拥有；库比特认为，真正的伦理将帮助我们避免那些乏味的责备，我们已经把生命全部贡献出来，必须从理想的暴政中获得解放，我们应该对自己的展示满足。但是，库比特另外的意思是指“我们的责任意识和决策决定于究竟是谁，做了什么，而那个人必须是一个有意志，并且有良好工作法则的人”①。太阳伦理不是无限制伦理，是对于人的选择给与充分的尊重与信任，特别是自身存在的、业已形成的事实。生活情状本身就是能够“是”或应该是的一切。完全倾泻之后就无需再做什么，因为已经达到了极致的完美，别无他求，这也就是一种表现主义的伦理，是争取一种“倾空”状态，是一种满足。

第四，超越内在与外在的区分。消解内在本质的意义，这个颠覆会

① Claudia Card ed., *Feminist Ethics*, *On the Logic of Pluralist Feminism* (Maria C. Lugones, University Press of Kansas, 1991), p. 42.

使主体的生命无拘束地展现自我，张扬和展现自己，就会更易于觉悟快乐和幸运，不至于埋怨和委屈，自由地生活在过程和具体的事件中。勇敢地爱和奉献，生命没有别的诉求，只是充分、持续地自我外泄、自我外在化的现象过程。它只是求助于外在地表现和表演，以满足个我的需要，它不在意持久与永恒，它坚守存在即真实，甚至在行动之初，对于自身可能的展现也没有约制，它就是外在的自我，它就是展现、宣扬、外泄。

第五，太阳的德行，并不刻意区分善恶、好坏、高贵者和卑贱者、富人与穷人，人只是对太阳的恩德作出不同的回应，是人自己作出这种评价的，而太阳并不理会这些，依然光照世人。与传统最大的区别在于，太阳超越好人与恶人、得救者和迷失者、可敬的人和龌龊之徒的一般性差异，太阳不做这样的分类，而由圣人指明这种现象，“太阳不加选择地照耀一切”，这段经文是：“……因为他叫日头照好人，也照歹人；降雨给义人，也给不义的人。……所以你们要完全，像你们的天父完全一样。”① 为什么不加以区分，这也是时间伦理问题，过去只是过去的善恶，不能表示和保证你的明天行为的性质，就是说，你的“本质”的揭示，在于每一天的行动，给所有人以当下的机会，是客观意志；人在任何情境下都可以重新起始和表现自我。你每一次的行动选择只是唯一的一次，没有重叠的痛苦与不幸，幸福也是暂时的，如果你不再行善，你还是要堕入罪恶的。这对医疗伦理和医生的伦理最为重要，即一视同仁地对待所有的求医者，它们的生命具有同样的意义，尽管因为价值论的颠覆，生命质量有高低不等的计算，但医务职业人需要敬畏一切生命，应视疾病的情状同样地给予他们尽可能的治疗。基督教伦理或“爱你的邻人，爱你的仇敌”的基督伦理，也就是，我们应该效法太阳的医生伦理。

第六，去除道路与目的、旅程与终点的差别。西方文化中有一个观念，认为“基督”既是道路又是目的，库比特借用这个寓意，说明人的生活现实就是一种方式，其本身也就是目标或者目的。通常，人们过于追求未来的目标，不重视生活的过程，对当下的事务漠然视之，把我们已经或正在实践着的生活方式只作为一种通向未经目标的手段，一切都在于在竞技场上获得金牌的一刹那，只认为那个时刻才是我们人生的辉煌，而日

① 《马太福音》5：45，48。

常而漫长的生活仅仅是为了那一刹那间的荣耀与快感。库比特指出，我们应该表现性地生活、展现自己、燃烧生命。道路就是广场，就是我们所求的终点，就是我们的故乡；因为，“人生本无乡，心安是归处”。一位医生的目的就蕴含在他看似平凡的每日的医学活动里。

太阳式的伦理学（solar ethics）只是追求平等的权利，它鄙视旧的律法所体现的差异，意在制造一种新的太阳秩序，剥去所有不可能实现的历史与社会理性的光环，纵身跃入向外倾泄、自我更新的舞蹈之流以及散播为符号的能量之流，这一酷似神秘主义的宗教式快乐生活方式，可以成就我们新的伦理模型。

库比特的太阳伦理是一个新的自由的、情感化的、表现主义的世界，是给予人类更大的自由和解放感，完全赖于境遇选择生活、处理问题以及与他人相处，这显然背叛了古典主义道德哲学的内在主义与近代西方的本质主义和基督教哲学的内敛。是否任何事物都深藏着唯一的本质？是否本质与现行的区分提供了人类观察万事万物的基本概念图式？以“一”应对“万变”，“道立于一，造分天地，化成万物”等，对否？医学和生命的事务、现象是多元万变的，有些无法用“其踪”来回答。传统上反对的堕胎、变性、人工授精、克隆技术、安乐死，不都在进行着吗？有人喜欢，那是人家的自由，你反对你不做就是；各走各的，道德异乡人可以往来，但意见大不同，邻人相识，关起门来各自为政，能和则合，不和则分。这不关什么“爱与善”的事，你只要不伤害别人和违反普遍价值底线，一切都是私人化的，都是你的正当，都是你的行为自由。从这一点上说，生命伦理也可以说是太阳式的伦理学。

太阳的辉煌就在平凡之中。由此，这样的伦理就告诫我们：我们不要为所谓难以实现的目标浪费更多的资源和精力，很多事本来花费很少，在平时的劳作中，就可以作出很好的成就，不必只追求惊天动地的壮举，那是虚浮的，应该学会在平凡的、微小的事务中做得更多更好。这也类似于“切勿浪费较多东西去做用较少的东西同样可以做好的事情”的奥卡姆法则。①

看来，库比特的一系列思想对生命伦理学建设是很有价值的，可以

① Bertrand Russell, *The History Western Philosophy* (Simon & Schuster, New York, 1972), p. 472. 此句原文是：It is vain to do with more what can be done with fewer.

作为一种参照和参考。那种平等、自然以及对生命的尊重态度、多种形式的“二元”论消解，都提示我们应如何重视当下的生动现实和火热的生命伦理生活，教会我们如何把情感与爱献给我们的事业。这是一种十分宗教化的伦理，也是一种十分后现代的道德语式。当然，这是学者个人的设计，势必融有自我思想情绪的偏颇，也显露出一些缺憾。例如，他抹杀了理想与希望，显然这就使人易于丧失对摆脱困境的信心，人的生活如果没有了理想装点，生活就失去了审美感受，信、望、爱和真、善、美是人类的终极道德理想与审美境界，如何可以使我们的生命成为美的阙如呢？库比特极端地回避了人生的痛苦与死亡，视死如归没有错，但死亡的存在是人的一种哲学终结，是有哲学意义的；库氏的理论非但没有消解和溶化人生的悲剧，反而消极地劝人放弃对于困难和痛苦的抗争和搏斗，最终依然只能处于困惑中，受“恶”和黑暗所责罚。理解库比特思想，不能哲学化地进行诠释，因为他持有一种颠覆传统的心理，抽空了事物的本质和内在的逻辑结构核心，把理论空心化、虚无化，由此，太阳伦理学只是一方较为平面的伦理技术说教，不是一个很严肃、严谨的哲学理论构建。

九　是舞者，还是舞：人道主义和人的生命主体观念

“身随乐舞，骤然一瞥，是舞者还是舞。”① W. B. 耶茨实在地告诫我们，我们是生活的“舞者”，我们是主人，现代人万万不要迷失自我和陷于角色失忆中，我们不仅要奏响并和声于舞曲的旋律与节奏，还要管理好舞池乐团的秩序以及乐舞演奏的规则。②

舞蹈是精神与身体的手书，是肉身与生命幻化的自由语言，舞蹈是人的生命气息，“台”是“舞”之家，舞台是人的生命之家，舞是一场善的礼仪，是原始的灵地的探索，是觅魂的游戏。

斯特拉文斯基认为，任何仪式的源泉都是舞蹈。③ 人类的仪式基本上都是宗教化的，是道德的表演与奉献，这种戏剧化的良善欲望维系着我们

---

①　冯文坤：《论女性主义翻译观与译者主体性》，《四川师范大学学报》（社会科学版）第32卷第1期。

②　冯文坤：《自然思维与诗学再识》，四川大学出版社2003年版，第126页。

③　［苏］德鲁斯金：《斯特拉文斯基传》，焦东建等译，东方出版社2002年版，第120页。伊·费·斯特拉文斯基（1882—1971），俄罗斯著名作曲家和指挥家。

向善的生活，规范着我们的行为。我们的选择是人道的，因为不仅仅是肉身的需求，还有理性的约制。

“人道主义”一词是被无数次滥用的名词，还不如说它仅仅是一个符号，有时成为一种装饰物。我们的任务是要恢复人道主义纯粹的理念和价值。对于生命伦理学来说，这是至关重要的，不能因为理解上的偏差与混乱，就对人道主义伦理学产生怀疑。生命科学或医学更应该有人道主义的导航，否则放任自流就等于毁灭了它的人的属性或人性。人性（human nature）是说明，人类从本质上来说是一类理性的动物，这是柏拉图、亚里士多德对于人的经典论证，当然遭到了休谟、达尔文以及弗洛伊德的质疑和挑战，以至于被反本质主义和巴特勒等人性系统或人性结构理论所颠覆。[①] 在医学上，这种歧义有了新的争论焦点，就是生命质量论、生命价值论和生命神圣论的冲突。至于胎儿、植物人状态者或智商严重低下者（比如 IQ 小于 20）是否还具有人性，是否还可算作“人”（person），或只是生物学意义上的“人”（human being），也就是丧失“自我意识的蛋白质的逻辑结构的自然体系”是否还可称为人，这涉及临床上的放弃治疗和安乐死的伦理争议，所以人性的问题乃是生命伦理学的一个观念和意志基础，否则，如何评判和裁决临床决策，对于严重残疾新生儿的处置等问题就会陷于窘境。

法国作家弗兰西斯·拉伯雷在《巨人传》中写道：“科学没有良心就意味着灵魂的毁灭。”这就是人道主义的语言，但他并没有阐释，良心与人之“道”的指向与法则，医生对一位患有心脏疾患的高月孕妇实施堕胎，是不是人之良善之道？[②]

生命伦理学能以一种特定的形式从人道主义找到理性基础吗？人道主义是一个标签还是一顶帽子，抑或是一件外衣？都不是，应该是一颗跳动着的心，是永远的博爱和永久的尊严感还有不可缺少的对于自由的追求。其实，人和人道主义的定义只是根据特定的哲学语境来进行规约和描绘的，但既然是以人之道为真理的内核，就不应允许有任何形式的概念偷

---

① 可参阅［英］尼古拉斯·布宁、余纪元编著《西方哲学英汉对照大辞典》，人民出版社 2001 年版，第 448 页。

② 拉伯雷（Francois Rabelais，1483—1553），法国大作家，以渊博的人文主义学识赢得声誉，《巨人传》（Panta gruel）即《庞大古埃》，共四卷，对后世产生了巨大影响，伏尔泰、巴尔扎克等都接受了它的精神营养。

换。有人曾经取“医学人道主义”为名，这就歪曲了人道主义，或是以多余的居心加以过分的修饰，不是画蛇添足就是巴洛克式的雅风滋扰。人道主义就是人道主义，在任何领域都反对任何超自然的宇宙观，不独立于人的经验之外；生命伦理学语境下的人道主义依然是以人为中心的道德哲学。应该明确的是：

> 在分析和评价判断方面在某种程度上致力于批判理性；对人类——不论对社会还是对个人——都有着博爱的伦理关怀。①

对于 humanism 的表达有人文主义、人本主义和人道主义三种方式，有学者主张“人道主义”具有更宽泛的涵盖性。但无论哪种表达方式，都与人或人性、人的本质具有内在的相关性，无论是其内蕴的生物学问题还是一种哲学和伦理学问题，对于医学来说都有其特定的研究价值和意义，因此，医学伦理学应该把人道主义纳入自身的体系建构之中。

人道主义是一种几乎可以渗透进人类社会各个领域中的、具有深厚历史渊源的人类精神、观念和思想乃至一种实践理性精神。对人道主义的解释和界定可以从多角度和多侧面进行，但人道主义的根本价值原点是人的问题，并以处理人的“身—心”张力关系作为自身的基本理论前提，从而形成了不同的人道主义伦理精神。人道主义可以追溯到古代希腊和古代中国乃至世界古代各种文化形态中去。西方的人道主义历来有两种历史渊源：来自基督教的和世俗现实生活的，以这两个渊源形成的理论形态的显隐构成了人道主义的历史。

西方人道主义并非起源于文艺复兴时期，而是起源于古希腊，因而与西方文明有着同样悠久的历史。在古希腊神话中就已经蕴涵着人道主义思想并经由后来的智者派奠定其基础。从毕达哥拉斯、苏格拉底、柏拉图、亚里士多德到晚期希腊的斯多葛伦理学派，人道主义思想的发展一直以善行和教化为其主要内涵。因此，俄罗斯“白银时代”的哲学家弗兰克把

① ［美］保罗·库尔茨：《保卫世俗人道主义》，余玲玲等译，东方出版社 1996 年版，第 68 页。这是库尔茨在人道主义者的综合意见基础之上总结出的两条附加原则。本书强调人道主义的自由探索和自由理想以及批判理性主义，他提出道德教育的重要性并对宗教进行质疑，同时他反对对科学技术的研究进行限制，但他并没有考虑生命科学发展过程中所出现的动摇人的尊严和地位的新技术。

古希腊与罗马都看作“人道主义”的真正故乡，称那是“以高尚形式逐渐阐明人的尊严、人形象之美和意义的地方”。

基督教人道主义是希腊人道主义传统的基督教化，是西方人道主义伦理思想的第二个理论形态。但由于基督教在中世纪逐渐意识形态化，福音人道主义也被扭曲并趋向贬低人的价值和漠视人权而最终转向了反人道主义，催生了新的反对神权的人道主义运动，即肇始于西欧文艺复兴时期的“启蒙—理性的人道主义”。这种新的人道主义反对信仰，弘扬理性，以自由、平等、博爱为原则。尽管它与福音人道主义一样倡导人的平等与博爱，但其基础是不同的：前者以理性为基础，后者以信仰为根基。围绕科学与宗教、理性与信仰的张力及其关系的论争形成了宗教哲学和道德哲学中一道独特的理论景观。这种新的人道主义因其与宗教的人道主义相对立而被称为世俗人道主义。启蒙—理性的人道主义以康德的立论“人是目的而绝不能成为手段”为其最高成就。但这种以理性为核心的人道主义在逻辑上包含着无法克服的矛盾，导致最终在实践上走向自己的反面，既把人当作善和理性的绝对化身，又把人看作自然本原的合理体现，最终或者走向人的主体性和工具理性崇拜，造成人与自然关系的异化；或者走向自然感性主义和物质崇拜，造成人与人关系的异化。人类文化危机中蕴涵着极为深刻的双重性：工具理性神话的幻灭所导致的理性主义危机和基督教式微所导致的信仰危机。二者的焦点正是生命存在困境图景的反映。人道主义再次走向反人道主义。

作为对“启蒙—理性人道主义”的反省，现代人道主义力图走出理性的樊篱，企图颠覆柏拉图的思想帝国，于是就有了从19世纪末开始直到当代还没有结束的人道主义哲学、伦理学等学派和思想体系的多元化。如生命哲学对生命的认识和存在主义伦理学中人道主义等非理性主义伦理思想；现代基督教伦理学中的人道主义伦理学理论；精神分析伦理学中弗洛姆的人道主义伦理学；对宗教人道主义和启蒙—理性人道主义进行全面反思基础上的俄罗斯“新精神哲学”人道主义；对现代性进行批判、解构和颠覆的后现代主义等。这些人道主义思想在哲学和伦理学层面对人、人性、人的本质等问题所进行的宏观到微观的研究，对于人类从社会生活的各个领域和层面认识人类本身以及人与人、人与社会和人与自然之间的关系，有着重要的理论价值和现实意义。

从哲学和伦理学的意义上看待人道主义，主要是指一种以人为本，给人以更真实的人性的本体认识，充分尊重人的价值的人学哲学观念和道德观念。人道主义的历史昭示了人道主义的核心是一种人文精神，只是在不同的历史时期表现出在内容、原则和功能方面的具体差异性。对这样一种本质上呈现出多重性的人类文化现象进行全面认识，是包括医学伦理学研究在内的重要课题。

对于人道主义的历史考察，我们可以清晰地看到，人道主义所要解决的问题归根结底是康德提出的那三个问题，即我能知道什么？我应该做什么？我希望什么？而这三个问题根本上可归结为“人是什么？”即“人的本质是什么？”或“人性是什么？”这个根本问题成为西方哲学和人道主义的核心问题。西方人道主义传统蕴涵无非两个方面：人的善行（德性）和人的教化，对“善行”理解的不同决定了“教化”方式的差别。从古希腊荷马时代一直到现在，西方世界理解人道主义基本上是从身与心两个方面进行的，这里的“心”主要指人的生活的精神层面和伦理价值层面。因此，注重人的心性结构和内在精神秩序的塑造与建构是人道主义的内在要求，这也是医学伦理学应有的功能之一。同时，人道主义伦理学出于对人的问题的关注和人与世界关系的价值思考所提出的“自由、平等、博爱”等人道主义原则和思想在社会生活各个领域中的广泛渗透，不仅使得人道主义成为社会在许多方面进行价值判断和评价的标准和根据，而且成为它与医学伦理学结合的切入点，医学伦理学的基本原则——爱、尊重自主、医疗行善和切勿伤害等与基督教人道主义和世俗人道主义有着特定的、内在的历史渊源关系。

人道主义与医学的紧密结合造就了医学人道主义的理论与实践。人道主义和医学是血肉相融的。不是偶然的和单纯实用意义上的，而是人道主义原则的本质和医学的人学本质之间内在统一性的必然结果。医学和基督宗教有着深厚的历史渊源，医学及其实践蕴含着一种宗教性精神和宗教般的情怀。而人的生命在其意义层中也蕴含某种宗教性，是一种宗教性的存在。仅就这一点来说，医学中本来就有着深厚的人道主义传统，这种传统与作为历史观和世界观的人道主义不无关联性，但是也有其自身生长和发展的独特脉络。人道主义在古希腊《希波克拉底誓言》和中国、印度与阿拉伯传统医学的许多著名文献中都有充分的体现。医学中的人道主义思想源于人类对生命的追求和渴望，对受到病痛折磨的生命的同情、关心和爱，对人在社会生活中平等权利的尊重。在这个阶段，医学中的人道主义是一种在恻隐之心驱使下的带有浓厚宗教色彩的观念，因而，还是直觉的和朴素的。伴随着欧洲文艺复兴浪潮，医学由经验医学向实验医学的划时代转化，医学中的人道主义成为一种具有深刻道德意义的思想和理论。20 世纪以来，医学的发展使人道主义不仅成为医学伦理的一个基本原则，而且成为一种带有法律效应的医学规则，在许多国际性和地域性的医学法规中得到了充分的体现，在患者权利、弱势人群的健康和医疗保障、人体实验、精神病患者、战争中俘虏的医疗权利等方面都得到彰显。

在后哲学文化与后医学时代，人道主义理论在医学伦理学和生命伦理学中的地位和方式正在发生着改变。一方面，在生命科学技术带来的对传统道德的强烈冲击面前，人道主义所一贯主张的义务论的意义本性正发生着变化，因为现代医学伦理学对医学道德诸多问题的解决和解释更多地需要从价值和公益等角度进行，传统人道主义的内涵必须相应地发生变化，也就是说，在新的社会里科学技术和道德要求发生剧烈变化的条件下，对什么是人道主义和怎样才能体现人道主义的问题需要进行反思和调整以符合时代精神和科学发展的要求。另一方面，传统人道主义思想体系中占统治地位的人类中心主义的观念，已经在自然生态环境的严重破坏面前遭到质疑，单从人类生存和健康的角度看，建立在对自然界践踏甚至摧毁基础上的人类中心主义价值观，对人类的人道所带来的直接结果是对自然界的极不人道，而这种对自然界的不人道在本质上也是对人类本身的不人道，因为这种从表面上看是人道主义的人类中心主义，是建立在把人类与自然界截然割裂开来的狭隘观念上的，而人类赖以生存的环境和生态的严重破坏对人的健康和发展带来的伤害则是根本性的和不可逆的，人道主义在这种由于自身的理论定位所带来的不人道结果面前，唯一的办法就是依据现实来调整和改变自己。生命哲学和存在主义等非理性主义道德哲学对于这些方面都予以了一定程度的思考与探索。

人类从康德时代开始，就逐渐完成了自我主体的转换，生命伦理意识油然强大起来，而这个以人道为主题、以人自身为主体的生命伦理运动依然在搏斗中进行着，我们仍处在身随乐舞之中，但有了生命伦理化的人道自觉，我们就不至于把自己遗忘，我们是行动的舞者，在尊重和真正的自主中，维护生命的权利。

十 生命政治学的基础：陈述句式的生命伦理学

生命哲学伦理学是指19世纪末到20世纪初流行于德国、法国的一种具有非理性主义特征的道德哲学思潮。生命哲学伦理学承继并发展了唯意志主义理论的反理性和直觉主义倾向，把非理性建立在生物学基础上，以人的生命特点及意义作为出发点，强调人的情感意志对道德行为实践的根本作用，以非理性的永恒的生命冲动作为世界的本原，并始终从生命本身的内在特征和意义中探究道德的形成及其本质。

生命伦理学开先河于德国，流行于法兰西，包括叔本华的唯意志论生命伦理观在内的德国生命哲学与英国现代进化论伦理学是今天的后现代生命伦理学最早期的理论源头。生命伦理学家开出的非理性主义思维习惯和非理性的方法论原则，无一例外地影响了该学科的后世学者。秉承这一学风的遗传，他们惯于直接以对生命的心理体验及对其的解释阐述人类的道德起源与发展，如“柏格森的‘心理直观’和狄尔泰的生命存在的‘历史阐释学’”，或用生物学、病理学、医学心理学的成就说明人类的道德行为，如居友的“道德生殖论”[①]。人的生存问题和生命的境况是人类摆脱宗教德性和形而上学道德的先验性之后的最核心内容。而生命伦理学的重新振兴正是对此热情的逻辑呼应，特别是法国的生命伦理运动正是显表了自笛卡尔以后到18世纪启蒙思想理性精神的终结，也是第二次人类启蒙运动[②]开始孕育的标志。

法国的天才与多病的让—马利·居友（Jean-Marie Guyan，1854—1888），应该是生命伦理学的奠基者。多病的居友一直处于个人生命痛苦和身体挫折的感受之中，几乎被撕裂的对健康的理想和渴盼铸造了他对生命的道德思考。他最先对理性主义和宗教压抑与贬低个人生命价值展开了批评，他意在珍视活着的生命；尽管他对人的社会性和历史性存在一定的忽视[③]，但他义勇地宣示了任何道德都必须以生命的存在和发展需要为基础的观念，并指出，一切轻视、压抑、否定生命价值的现实生存情境的道

---

① 万俊人：《现代西方伦理学史》，北京大学出版社1990年版，第154页。

② 第二次启蒙运动如果从法国生命哲学形成之初孕育，至今天人类对于科学技术革命，特别是生命科学技术发展的挂虑以及对环境生态的破坏、资源的过度开发等的反思，可以视为第二次启蒙运动的真正开始。这个开始是以生命伦理学作为先锋的。

③ 万俊人：《现代西方伦理学史》，北京大学出版社1990年版，第168页。

德都应该摒弃。他最先提出“道德卫生学”的理念。[①] 他说：

> 道德和智力生命也是一种枝条，是肉体生命的强有力的枝条。它在社会环境中得到极大的发展，甚至可以说，被扼杀了道德生命的个体似乎会因此而更彻底地被征服，它就像已经失去全部活力和叶子的树干，成了一具名副其实的僵尸。[②]

居友号召人类在欣赏贝多芬为之陶醉的快感中，消解人生的痛苦，把良心的“神谕”作为信仰的义务，依靠生命自身完成智力生殖、情感和感觉生殖以及意志生殖的人的生活冒险。居友让我们明确，道德情感与行为只是生命本能的自然倾向，而不是某种超生命经验的意识，生命本身就存在生命选择的必然要求与倾向。居友强势地否定信仰道德，即对于宗教的宿命感予以根本否定，鼓励人的生命自主和医学中知情权利的合法性，正告医生们尊重病人选择医疗方案的普世原则的意义。居友弘扬生命本体的伦理主张是生命伦理学的经典动力，我们的道德评价不能绕开居友的伦理生命自主理论，而这一经典性奠基具有恒久的活力。

亨利·柏格森（Henri Bergson，1859—1942）是一位继居友之后具有血性代表性的生命伦理学家。音乐家的父亲与来自于犹太教徒的母亲的影响，使其人生的“生命之流”从奔放的创化到绵延的冲动，最后实现了“压力道德”的释放，解决了开放道德与开放宗教道德的统一。柏格森难以掩饰的道德相对主义对后来成形的生命伦理学功利论具有重要的影响。

柏格森认为，生命需要是人的最大的动力，与自然斗争、为生存而攫取自然资源，同时为爱而争取自由，这是生命伦理价值的基础。[③] 提倡直觉贬抑理性，认为只有通过直觉才能体验和把握生命存在的“绵延”和作为绵延的存在和时间。在他看来，世界包括自身都是作为精神性本原的“生命冲动”的产物，这种生命意识与道德的行进是同向、同维度的，他

---

① ［法］居友：《无义务无制裁的道德概论》，余涌译，中国社会科学出版社1994年版，第154页。

② 同上书，第134页。

③ Bertrand Russell, *The History of Western Philosophy* (Simon & Schuster, Inc. New York, 1972), pp. 792-793.

区分了不同的道德层次（道德义务与道德抱负）所对应的对于人类关爱之心的强弱等级，以生命的冲动重新肯定了世俗道德。康德所说的绝对命令在柏格森看来，不是因为理性的原因形成的而是生命冲动的结果，而功利主义立足于个人的观点认为，个人寻求自己的利益往往与群体利益相背离，因而功利主义的观点也是不足取的。

柏格森用“双重疯狂律”解嘲享乐主义与禁欲主义（斯多葛主义）、生命的简单与复杂、放纵与节制、肉食与素食主义；他的一句经典用词是：“性欲是我们整个文明的关键。”① 他认为，生理学与医学越来越清楚地向我们揭示出增加需求的危险；人不可妄自追求生理的满足；医学对付不了很多疾病，是因为我们不懂得什么是我的生命的真正“缺少”②。

柏格森的生命哲学伦理学区分了两类道德：“道德义务”；“道德抱负”。在对道德义务的探讨中提到了纪律和责任两个范畴。他认为，人不仅是个体自我而且是社会自我，从社会秩序的命令出发，为了获得社会自我的认同，我们会接受、履行一定的法则，服从其规定的义务，这样，一种外在的压力使我们感到责任的重负，但当我们把责任作为一种习惯的力量接受下来时，也就意味着对某种秩序的遵从，责任构成了某种态度，即纪律。正因为社会责任的存在才有纪律的约束，而服从纪律就意味着个体自我和社会自我的一致，这种社会自我即是道德。正是纪律和责任的存在使得一种伦理秩序得以形成和维护。因而，责任给我们指明了一种不可回避的状态，这种不可回避的状态表明“对责任的服从意味着对自我的反抗”，这是一种非理性因素的力量和作用；在探讨道德抱负的来源时柏格森生命哲学伦理学又涉及了另外两个重要范畴，即自由和正义。自由的灵魂是爱人类的力量，它源于人类的生殖原则，可以用某种生物原则说明。因为这种爱是一种博爱，它超越了狭义情感的束缚。③

生命哲学发现并试图克服西方传统理性主义的缺陷，然而，作为一种非理性主义思潮，它对于生命的理解依然是片面的，但生命哲学因其注重吸收生物学、心理学、细胞学和现代生命科学发展的一些理论观点和成果而具有一定程度的科学性，不仅对于现代西方哲学而且对文学、

① 这里的“性欲”是指人的所有生理欲望。

② ［法］柏格森：《道德与宗教的两个来源》，王作虹等译，贵州人民出版社2000年版，第262—263页。

③ 万俊人：《现代西方伦理学史》，北京大学出版社1990年版，第210—212页。

历史、艺术、医学伦理学等人文社会科学乃至自然科学都产生了一定的影响。生命哲学伦理学与医学伦理学的结合对医学、医学伦理学和生命伦理学来说是极为重要的，可以成为医学伦理学和生命伦理学重要的理论资源。生命哲学伦理学以生命及其特征作为伦理学的出发点和价值原点，并试图在对生命本性的解释中建构自身的理论基础，生命哲学伦理学中生态伦理观的伦理本质也在于对生命的尊重，只有敬畏生命、尊重生命、尊重和关怀生态系统与生态过程，人才能真正地关怀自己和他人，体现了对生命及其存在样态的深切人文关怀，具有深厚的人文精神意蕴，这无疑是一个医学工作者应该具备的人文情怀和生命精神；它对于人的心理、情感、意志和良心等非理性因素的关注，和医学的人学本质及其生命精神也是相契合的，是医学人道主义或医学人文精神的重要呈现，可以促进后医学模式的形成与建构；它从心理和情感角度对道德义务、伦理责任等伦理范畴的研究，在爱与正义的关系、自我与社会的关系中探究道德的发生、发展及其本质，也为医学伦理学范畴、体系的建构提供了理论资源与理论视域。

阿兰·德波顿曾在他的作品中引尼采的说法：两种欧洲最大的毒品，酒精与基督教。①

在总结生命哲学化的生命伦理学的末页，我们可以沉思这句警言，因为人的肉身与精神都需要麻醉，而道德才是使我们恢复神智的药物；但很可能有人会说，他们并不需要。这可是生命伦理的历史悖论？

生命是一种存在，伦理学是一种叙事，它能够陈述生命的过程和存在的意义以及合理性、善行与合道德性。针对资本主义特殊的权力运作模式，米歇尔·福柯天才地提出了关乎人的，也表示平民的身体权利维护和生命健康、保健、医疗过程的权力技术道德评价以及医疗管理体制与现代政治制度的关系。实际上，这一思想引导了后来的生命伦理学的重生与繁荣。人类第一次理直气壮地为自己的生存、性的权利、疾病治疗和健康保健、卫生环境等，与坏政治和坏政府进行斗争，以及在各种权利的博弈中追求作为平民应有的卫生权利。**生命政治**（bio-politique）**与“解剖政治学”**（或政治解剖学，anatomo-politique；anatomie politique）始终与政治

---

①［英］阿兰·德波顿：《哲学的慰藉》，资中筠译，上海译文出版社2009年版，第275页。

制度下的权力技术和政治技术（technique politique）的权力意志和统治阶级权力关系相关联。执政者的利益意识决定了他们在市政过程中如何运用管理智慧，以何种方式和权重，解决普通民众的健康、保健以及医疗问题，包括对于老人、妇女、儿童和弱者的身体保护和关爱每一个生命的政治技术。福柯批评说：

> 所谓现代国家的管理技术化，其关键，就是国家在管理技术方面所玩弄的计谋。现代国家在管理技术方面所玩弄的计谋，比古代国家更加狡猾，更加隐蔽。①

生命政治是当代社会发展的一种必然结局，是以人类生命文化、卫生经济伦理和经济制度以及对于维护人类健康需求和卫生保健的绝对权力为核心的创造。它既是“微观的政治技术和策略程式的总和”，又是“现代资本主义制度的核心与灵魂”②，它以确保社会权力关系和整体的政治体制、连同任何一种国家政治制度与机制为目标，实现对个人、集团以及与医学文化、生命保全的相关的所有组织、国家机器、文化教育传媒机构以至于整个社会的多重控制；在此，由所在国家或地区的政府实行一系列的合理的统治技巧和政治技术，以便解决与生命保全相关的所有事务，特别对于医院组织和医务人员进行特别的限制和勉励，尽可能采取福利和自由政策，实现公民的健康和延长寿命的理想，或者添加新鲜的生命科学技术并应用于身体的保全和生命的增强，以期达到最大的政治功效，从而稳定社会和维系现有的制度。包括医疗改革在内的所有针对人口、性与生殖、家庭保健、医院建设、医疗制度、社区卫生、食品安全、环境保护、寿命、衰老、残疾人照护等，都包容于生命政治范畴之内，并作为国家理性最重要的部分。

我们可以从生命伦理学的视角论述和传播生命政治理论，并且不局限于仅仅是个人政治技术的发展，我们认识到生命技术与生命伦理学的血缘关联，更觉悟到在宰制和规训个人方面，创造性地研制了一系列细腻而灵

---

① 转引自高宣扬《当代法国哲学导论》下卷，同济大学出版社 2004 年版，第 918 页。原著作者为 Foucault，1994：III，656.

② 同上。

活的策略和技艺。我们能否对福柯们的狭小或限制性问题域进行放大与转换，作为医学和生命科学诸领域的政治哲学观察，第一，关于医学的论述应成为整个社会最主要的论述体系，因为医学关系着所有人的生命状况、疾病、损伤、精神健康、寿命和人身保障，健康是理想人生和幸福的基础，是和谐社会的保证，医学应该纳入整个社会经济、政治、文化的所有运作过程。第二，医学必须体现公民的正义和资源分配的公平，并有效地发挥人力与物力的资源作用，医学活动自始至终应该以现代的科学理性作为指导，以正义与良善制约各种人的行为和调整各种行政关系、人际关系。第三，生命政治应当控制个人的无限生理欲望和过度的心理诉求，并使其伦理秩序适应于社会发展，同时符合历史规律，任何无良者的越轨行为和对生命权利的践踏，都应以道德和法律手段予以杜绝。第四，保护个人的生理和健康需求，管理者和统治集团必须最大限度地给予公民以伦理和法律规约下的自由，社会应使医学成为一种政治化利器，维护人民的生命安全和幸福康乐。第五，医疗保险和社会安全政策是生命政治的核心，现代医疗体制以及卫生机构、社会救助组织、灾难急救系统和机制、医院以及血液、食品安全管理监督体系等，是当代政治改革和制度革新的最重要部分，公权力医学、私有制医学都应得到进一步完善与革新，这是“构成政治制度革新的关键”，“没有一个社会不实行一种疾病政治”①。

18世纪，法国与整个欧洲出现的疾病政治说明了政治与医学的关系，当时的政府已经把社会群体和公民的健康和疾病，当做最重要的政治经济问题来看待。

> 而且也以多种形式及多种机构组织的建制，保障国家能够发挥它对于医学系统的控制；从这个意义上说，疾病政治并不只是关系到医学技术的问题，而是超越了医学的范围，构成了政治统治的一般性问题。

福柯将“当时的健康政策同警政系统的建立及运作，看作是现代国家理性统治和管理个人的最重要的政治技术”②。

---

① 高宣扬：《当代法国哲学导论》下卷，同济大学出版社2004年版，第924页。

② 同上书，第925页。

如是，后现代生命伦理学作为一门陈述句式的学科，必须使基本的公民与国家政治理性以及卫生学、医学结合在一起，成为现代生命政治的不可分割的组成部分和时代进步的指导者，引领社会经济、文化以及政治理想或观念的改革。

十一 存在主义

生命伦理学的开宗实际上融汇了物质的身体和精神的人的双重理念，人不能超越人的肉身感知觉来传达生命信息，而只能悬置在非物在的虚空中，因此，关于人的存在问题，一直是哲学与宗教最能引发兴致的话语核心。“存在先于物质”的命题，意在指涉人的存在与人的行动的方式与意义，人的肉身的反应，不管是生理的还是意志的，都是所处环境以及对物质世界需要的欲望对生命体刺激的结果，“人应当承担责任，人应该是自由的”等萨特式人道论，就是生命伦理学的基本追求。萨特的存在主义是人道主义的意见，是针对人的生命需要与相对匮乏的世界的。他指出：

> 一种要使人类得以实现，得以产生的努力：这是道德问题。接着是一个反对匮乏的斗争。①

现象学观念和生命哲学思潮催生了生命与人的存在主义观念，同时因为接受了这种影响的基督教神学生命伦理主张，而激发了后现代生命伦理学的讨论，从而很自然地催生了这个学科的复兴。“尽人事听天命”的海德格尔，依天律的旨归，所为、所思、所行动，并期盼在圣思之后，把一切都系于存在之道，因为人之道全由存在之道汲收，人大可不必为失去身体的故乡而烦恼，“本质性的并不是人，而是存在，是存在作为绽出而生存的迷狂绽出的那一度”②。

我们当然依旧同意，“存在主义”（existentialism）本质上不是一种哲学伦理学理论，而是一股世纪性的反传统思潮。它是生命伦理学理论的重

---

① ［法］让—保罗·萨特：《存在主义是一种人道主义》，周熙良等译，上海译文出版社1988年版，第72页。

② 参阅陈嘉映《海德格尔哲学概论》，三联书店1995年版，第373页。原文出自《关于人道主义的信》，第333—334页。

要基础之一。我们关注生命的权利与人的责任，人的选择自主性以及人的自由；特别是人的境遇化存在决定我们临床选择的多元与个我性等，都延续了存在主义人道主义价值哲学。克尔凯郭尔（S. A. Kierkegaard）可算是存在主义的先驱，他在对近代唯心主义伦理思想进行尖锐批判的基础上，用一种本体化的人学方法陈述和论证了他的人生哲学和伦理思想。在克尔凯郭尔之后，存在主义作为一种哲学伦理学思潮形成了基本理论主题和发展方向。20世纪初叶，海德格尔、萨特等以哲学的高度对存在主义伦理学进行了重大建构。海德格尔（M. Heidegger）的“原始伦理学”，以“人是什么”和“人怎样活着”这种人学本体论为主题，对人的存在、意义或价值作了原始具体的而非抽象理性的、本体现实的而非规范理想的本体化层次上的伦理观照。其实，萨特（Jean-Paul Sartre）从哲学的高度、以文学艺术的方式对现代存在主义进行了深刻而又形象化地发挥，从而在存在主义伦理学中占据了无可替代的地位。萨特在经院式的逻辑论证和概念推演之外，成功地将存在主义普及为一种与千万人休戚相关的人生哲学，把存在主义突现为人类面对苦难的伦理学反思。他标举“存在先于本质”，“世界荒谬虚无”的理念，提倡以自由为尚，强调“自我选择，重在行动”。

存在主义伦理学深刻地认识到并紧紧抓住了人们价值观念和情感深层危机背后人的生存现实，并对生命存在的现实样态进行真实地呈现，表达了对生命存在的关注。体验不到痛苦的心灵不是人性的，也是缺乏审美意识的。假设如阿多尔诺所说：让苦难有出声的机会，是一切真理的条件，那么，苦难本身就并非只是一种悲剧，只有对于苦难一无所知才是悲剧。因而，存在主义并非简单地体现了一种悲观主义，它对个体生存的残破性与悖论性的揭示在于真正理解了虚无与死亡对于生命的意义。一个医学工作者应该以“同感”方式对待生命存在以及因疾病而给生命带来的肉体苦痛和精神压抑，在医疗实践过程中把握生命的状态并形成一种生命理念和生命精神。

存在主义思想家们把这种生命存在的现实提升到哲学本体论高度和伦理学的核心地位，人的价值、异化、价值关系、行动（选择、谋划等等）、责任以及各种复杂的心理经验结构和情感状态，不仅占据了存在主义伦理思想的全部构架，而且成为其伦理学的基本主题。应当认为，存在主义伦理学所具有的现实的批判性、人学精神、价值意识以及对人的关切的道德责任感，都对医学伦理学的建立以及向生命伦理学的转化具有重要的思想和理论影响。萨特的自由与责任观，海德格尔的“基础存在论”、“死亡观”、对技术本质的认识，对于医学人文精神、医学伦理学和生命伦理学来说都是极其重要的思想资源。

存在主义深刻影响了这个茫然的世界，给予几乎一代人以新的生活和价值观念。而医学的人学特性和对人文精神内涵的把握与深刻认识，决定了存在主义伦理学必然会在医学伦理学的形成过程和理论构建中成为一个最有力的思想支柱。

十二　作为后现代生命伦理学的学术贻赠与学科基因

（一）作为动词的“伦理相对主义”

这个标签是为了面向生活而不是传统，相对地、境况化地思考问题，就是因为我们是在多样态的案例发生中必须立即并且必须解决生死或者是否救治的问题。假如眼下只有一种方法，而这种方法又不一定绝对有效甚至还可能有一定风险，那么，我们的行动该如何决定？

伦理相对主义问题是一个重要的形而上学的讨论。不能因为后现代主义以及分析哲学与实用主义的压力，我们就对于严肃的道德哲学问题予以回避或者采取冷漠的态度，患上康德所批判的形而上学冷漠症。[①] 生命伦理学研究最易于罹患这种病症，我们需要警惕的是，绝对的伦理相对主义把我们幻化为没有思想和理性的庸俗的欲望动物。我们不能使生命伦理学成为一种无学之术。守护普遍的良善和追求生命的整全，是我们普遍的伦理。为不同的文化和伦理体系，寻找有普遍约束力的价值标准，是我们共同的愿望。[②] 人类应避免因为文化的差异而激发的仇恨、怨言、冲突与战争，对于生命伦理而言，尤其要在尊重相对自由的前提之下，谋求一种新的人类文明模式，创造普适的生命伦理文化社会。

> 只有当这个世界上不再存在不同的、互相矛盾的，甚至互相斗争的伦理学地带，那么我们生活的这个世界才有一个生存的机会，这样

---

① 朱刚：《本原与延异》，世纪出版集团、上海人民出版社2006年版，第358页。

② Kung, H., Schmidt, H., eds., *A Global Ethic and Global Responsibilities* (London: SCM Press Ltd., 1998).

> 一个世界需要这样一种基础伦理：这样一个世界共同体无疑不需要一种统一的宗教或统一的意识形态，但是，它却需要一些相互联系的，有约束力的准则、价值、理想与目标。①

很多的正统学者至今对于相对主义还是很警惕，他们害怕陷入失去基本道德原则的泥潭，不愿意别人说他们是没有主义的人。他们也许有自己高蹈的见地和哲学愿景，坚持那种不曾动摇的伦理信念以及不容质疑的普遍道德标准。这种哲学的慰藉可以长久地给与他们傲慢和自负，但在很多现实难题面前，他们又总会托称由于环境变化和当事人的特殊性，只有用传统的决疑方式或用一种所谓变通的方法，把人们从困境中解救出来。

伦理相对主义作为哲学相对主义最深刻的回应，它不仅反映了现代哲学方法论的危机和困境，而且在实质性内容上反映了人类道德价值观念上的矛盾、困惑和无所适从。弗莱彻境遇主义伦理学的实质是典型的相对主义伦理学，而且这种相对主义之彻底在西方宗教伦理学的阵营中是绝无仅有的，从根本上动摇了基督教伦理学的传统，抛弃了基督教伦理学绝对主义的原则系统。这种状况的形成同样是社会发展和科学进步所带来的对社会道德观念的强烈冲击造成的。

相对主义是20世纪科学文化领域方法论革命的观念产物。对伦理相对主义可以做两种理解：一是在现代西方相对主义哲学大气候影响下出现的道德相对主义思潮；二是现代西方伦理学中的一种理论。所谓伦理相对主义，主要是指主张这样一种伦理学思想，即认为一切道德原则都仅仅相对于一定的文化或个人的选择方式才是有效的，不存在普遍适用的道德原则。20世纪初，最先提出道德相对性的是道德社会学家维斯特马克，其后，美国的实用主义哲学家从哲学和道德也即真理和价值两个方面把相对主义推向了高峰。这种道德相对主义又和后来席卷欧美的存在主义思潮结合在一起，从而使道德相对主义和自由价值观风行一时。人们注意到，当相对主义在哲学和价值观念上形成气候的时候，就意味着传统哲学模式正进行着一次自身的超越，意味着形而上的本体论探索走向破产，同时也意味着对一切传统观念、原则和秩序的蔑视和否定。随之而来的是哲学、伦理学等学科研究的困惑。

---

① ［德］汉斯·昆：《世纪伦理构想》，周艺译，香港三联书店1996年版，第Vi—Vii页。

伦理相对主义可分为描述伦理相对主义和规范伦理相对主义。描述伦理相对主义强调的是，描述可以使人们正确地认识人类行为“是”什么，而非“应该”是什么。如果我们试图从过去和现在的事实中抽取道德原则，那么，我们不得不承认，按照这个原则来衡量，任何东西都是可以接受的。规范伦理相对主义认为，在道德问题上没有客观标准，任何规范都不可能普遍地适用于全人类，每个地方对道德的正确看法都取决于那个地方人们的情感、意见和习俗。

伦理相对主义的伦理本质在于它强调伦理规范的相对性，而伦理规范的相对性又取决于社会道德存在的相对性，社会道德的形成、变化和发展与特定地域、国家或民族的政治、经济、文化密不可分，特定的社会条件和传统会造就不同的甚至迥异的道德境况，从这种意义上说，作为要求社会成员遵守的伦理规范，无论从其出发点和归宿上看，都应当是与具体的社会结构和社会道德相适应的。但是伦理的相对性并不意味着必须彻底地否定伦理规范的绝对意义，这种伦理规范的绝对性一方面可以作这样的理解：在特定社会条件下针对特定的道德境况必然会形成和建立相应的伦理规范，这种道德规范又必然会对它赖以建立的社会道德发生作用，任何伦理规范在这一点上都是相同的，这是伦理相对性的抽象意义；另一方面，我们还可以作这样的现实意义的理解：社会道德会因社会条件的不同而存在差异，但是社会条件处在不停地变化当中，在特定条件下建立起来的伦理规范发生作用的时空会因这种变化而产生一般的、具有普适性的意义。这一点在现代医学伦理学的发展中表现得十分明显。特别是被不断改造的“相对主义”，比如“次级伦理相对主义”等，就体现着一种实践理性，它是否能够作为重建卫生秩序或一些敏感的医学管理技术准入的理性依据，值得我们讨论、思考或借鉴。

然而必须警惕，没有绝对的对错、是非的判断，使医学伦理中的正当与善的评价成为一种虚无，或者被恶意地抽空。价值的判断总应该依赖于某种公认的道德标准，否则我们的基本原则就会被消解为“花瓶”。生活中是有因立场不同、条件差异而引起的相互冲突与对立，但还需要将生命或具体人的根本利益作为最本真的前提和基础，求得最后的统一，宽容、让步和允许争议的对方作出与自己不同的意见选择，只要不伤害他人和社会以及人类即可。

“真理相对论”对普遍绝对真理的否定，表述了人们对于具体实践问题的关注和迷恋，担心由于绝对主义的高压而使自我丧失自主权利和人格尊严；对于生命伦理语言来说，“行善与爱生命”应该是绝对真理，这不会束缚人的具体选择，即使诸如流产与安乐死之类，也完全可以给予其不违背这一绝对真理的辩护。因语言文化不同而产生的文化相对论主张，可以借用道德异乡人的理论对之予以回应，这样我们会免于责难，从容地处置临床中的艰难抉择，以平复争端。

讨论相对论伦理学，不能忽略一个人，就是恩斯特·马赫（Ernst Mach，1838—1916）这位奥地利著名的物理学家、生理学家、心理学家、科学史家和科学哲学家。他的整个工作，他的精湛的实验，他的历史著作，他的科学哲学学说，永远受到人们的怀念与发掘。他的坚定不移的怀疑主义和独立性，他珍惜思想自由胜过珍惜生命安全和对智力财产的占有的高尚品格，他的人道主义的言论和行动所显示的博大胸怀，将作为一种精神财富，永远激励着人类自身的更新和文明社会的进步。作为相对论的先驱，他启发了爱因斯坦。既然宇宙相对论可以帮助我们认识宇宙，那么为什么道德和人的生命就可以逃避相对主义？马赫对生理学的相对主义观念，转移到对于人的道德诉求上，他指出，知识与道德方面变动不定的条件可以应用在个别事物上，并作为一切事物的尺度，应用在社会特性与文明特性上，如在境遇伦理（situation ethics）、阶级、种族道德等中亦成为判定标准。这些条件也许是心理学上的，也许是社会学或历史哲学上的，更应作为生命伦理学的一个有意义的参照。[①] 对人的生命存在而言，条件与环境决定了人的基本选择，包括道德的判断在内，即“真理是一切有用的事物”，这就回应了实用主义主体转变的生命适应理论，或是进化论伦理学的指向。

此外，更广义的相对主义认为，人只能在有限的范围内获取普遍有效的知识，或只局限于表面，如现象主义哲学、康德的批判哲学等；[②] 或仅关注主体的感觉与事件的感觉主义；或必须能够体验到的可验证的事物；或个别的事物本身；或仅仅停留在案例本身。对临床案例的判定和具体病人要求的合道德性的审查，必须以具体案例的情状进行分析，当然不能够

---

① E. Mach, *The Science of Mechanics, a Critical and Historical Account of Its Development*, 6th ed., Translated by T. J. McCormack (Open Court Publishing Company, U. S. A. 1960), p. 559.

② ［奥］马赫：《感觉的分析》，洪谦等译，商务印书馆1986年版，第24、239页。

离开病人本身的病情、个性、情绪以及文化—社会—经济—信仰等条件的制约。

不可否认生命伦理学的基础是客观真理与普世伦理原则，即使我们不能绝对说服那些反对全球生命伦理的人。一方面，我们应该避免陷入矛盾辩解的循环中；另一方面，我们应预防堕入不可知论。

后现代主义伦理学一直遭遇着很多人的误解，误解的理由之一就是相对主义，这是一顶令人不安的哲学帽子。即使像罗蒂（Richard Rorty）这种典型的后现代主义者也不愿背负“相对主义”的恶名，而宁可将自己的观点称为“种族中心主义”。生命伦理学就在于建立一种客观和普世的道德哲学观念，用人的生命同构的自然甚至生理学层面的现实真理，使我们的伦理判断服从客观实在。

真正的后现代伦理学认识论，不同于相对主义那种诡辩论的哲学学说。它承认相对静止的可能性，承认理想范型的存在，而且一直约制着主观随意性的扩大。

这里面有一个非常重要的个体价值的相对性问题。生命伦理学或者现实的临床境遇，是否可以将一些个体的价值进行加总，将统计出来的结果作为“公认的价值”，或者“医学社会价值”；当然，加总的方法虽然有很多种，但依然被统计学家所诟病。“孔多塞投票悖论”和“阿罗不可能定理”说明，按投票的大多数规则，也不能得出合理的社会偏好次序。①

由此可见，想把个体价值加总为群体价值，从数学的角度来说，是根本不可行的。所以，这再一次证明了群体价值的相对性。

在怀疑论中，最有名的一个实验莫过于“桶中脑实验”了。其实，每个人都无法知道自己究竟是不是“桶中脑”，所以我们对于客观世界的认知永远都是一个有偏斜的估计。正是因为这种绝对偏差的存在，我们无法使用“大样本”来消除它。这种系统偏差的存在阻碍了我们对“真相”的把握。

相对主义道德方法显然在一定的限度内为生命伦理或临床伦理选择提供了一定的可能性。

---

① 大数学家阿罗曾在其《公众选择》一书中通过数学原理证实了社会偏好次序的不存在性，即不存在所谓的“上帝的视角”。阿罗不可能定理源于“孔多赛投票悖论”，即不存在一种选择机制，能够产生同时满足四个特征的社会偏好；这对于医学伦理学的两难选择是一种提示。

相对主义也是庄子哲学思想的核心，也是其对老子辩证法的极端化发展。庄子说："物无非彼，物无非是。彼出于是，是亦因彼。"这样一来，"是亦彼也，彼亦是也"，于是事物的规定性和界限就不存在了。庄子的"齐万物"，否认了事物的定规以及物质之间的差异，又以"齐是非"来否定价值判断的统一标准，最后以"齐物我"彻底消除主观世界的物我界限。庄子的相对论思想是对儒家至圣至尊的挑战，对于客观世界的永恒变化的强调有其重要的意义。生命是自由的，是千差万别的，虽然有普遍统一的基本结构，但生命的品格、个性和行为的多样化以及差异，造就了丰富的生活。正如《庄子·秋水》所道："物之生也，若骤若驰，无动而不变，无时而不移。"又若《庄子·知北游》篇里所说："人生天地间，若白驹过隙，忽然而已。"[①] 人的生命无定，生死变动、疾病表现，特别是人的感觉千差万别，医务生活的个人世界主义观念，在此又必须接受同一的自由，使道德行动适应于个体的诉求。

道德相对主义是一种立场，认为道德或伦理并不反映客观或普遍的道德真理，而主张社会、文化、历史或个人境遇的相对主义。道德相对主义者与道德普遍主义者相反，坚持不存在评价伦理道德的普遍标准。相对主义立场认为，道德价值只适用于特定文化边界内，或个人选择的前后关系。极端的相对主义立场坚持其他个人或团体的道德判断或行为没有任何意义。

如此，我们这位存在主义者让—保罗·萨特坚持个人的、主观的"moral core"应该成为个体道德行为的基础。公共道德反映社会习俗，只有个人的、主观的道德表达本真的生活与生命真实（Authenticity）。

应该给与生命伦理学的道德相对论，或称生命伦理相对论一种借鉴和提示：第一，生命是千差万别的，我们的道德评价必须在一个基本统一的原则下，给与个体充分的自由权利，对于医生来说，只要在一个可能或允许的范围内，都是道德的。第二，由于境况、主体、情感、信仰、文化、客观条件的差异，要根据诸多的特殊因素，求得一个最佳的处置方案，以维护病人的生命安全和尽可能的健康需求。第三，在不违背医疗善与爱的前提下，在遵守法律和普遍利益不受伤害的范围内，或者应该在不违背生命伦理基本原则的前提下，允许病人与家属的个性化选择，如生命增强技

---

① 参阅王泽应《自然与道德》，湖南大学出版社 1999 年版，第 19 页。

术、特殊方式的人工生殖、精神与心理干预、特种药物与器械的嗜好、死亡方式的选择等。第四，可以与功利论、境遇论和实用主义相结合，作为后现代生命伦理相对论（Post-modern Bioethics relativistic）的融合理论，指导复杂、生动、多元化的当代医学生活。第五，后现代生命伦理相对论应该强化道德的公正，避免行为与价值的分离，应该接受普遍的善对于医学的指导（无需使用“绝对道德”的词语），要使“做的”可变，使“应当做”的不变，并使“做的”不违法——结果是“善”。第六，后现代生命伦理相对论应该撇清以下易于混淆的观念：普遍道德与对具体事务认知的混乱（即对普遍道德原则和适用道德原则现实情况的理解）；普遍道德与普遍道德原则具体应用的混乱（医学中的两难案例正说明普遍道德的存在，如关于谁应优先获得供体肾脏的争论）；普遍的原则与如何应用的混乱，即道德价值是普遍绝对的，但是实践方式是相对的；普遍绝对道德与道德的争论，如道德相对主义者经常用堕胎所引发的争议来说明道德是相对的，一些人认为堕胎是可以接受的，另外一些人认为堕胎属于谋杀，这仅仅因为人们对堕胎有不同的看法，并不能证明道德是相对的；作为医学道德，保护生命是普遍绝对原则，但又要不干涉孕妇自由与她对自己身体的权力，如果“胎儿不是人”成立，支持堕胎就是正当的；普遍价值与行动方式的混乱，对此可以由价值等级排序进行调节，或者根据时间、空间、具体场景和条件的差异，进行行动方式的调整，但并不因此违反普遍的伦理原则。①

至于所谓次级相对论或次级相对主义，不过是一种弱相对主义观点，是一种对于理论锋芒的收敛和隐藏，比如生命伦理学中流行的“允许”、宽容、特殊主义等，这些都将留给后面的其他段落加以论述。

（二）医学宽容问题

“文艺复兴的确大大振兴了良知的自由、宽容和更为美好的世界。”②宽容从此成为爱的一种形式，成为它的一个重要的显性内容。自由、平等、博爱使世界的每个民族都获得主体性，各民族努力实现“最低限度的共识”，尽可能消除伦理差异，为了一个文化上更美好的目标而交流、

---

① Bertrand Russell, *The History of Western Philosophy* (Simon & Schuster, Inc., New York, 1972), pp. 832-833.

② ［美］房龙：《宽容》，迮卫、靳翠微译，三联书店 1996 年版，第 168 页。

沟通、忍让甚至妥协。

医学关系是所有关系中最丰富的关系之一。它的复杂性与富于情感是任何文化生活样态都无法比拟的，因此必须建立一种“绝对的”善，独立于人类体系所产生的想象。我们曾不停地追寻这种伦理判断的一致性，并反向给予多极的医学生活以指导，为规约医疗行为和生命科学行为，我们必须注入各种相异的个人、团体、民族、国家以相互认同的善的标准，消除医疗行为和技术发展所带来的对立、矛盾和冲突，在理解、平等对话、相互尊重的基础上，尽可能达到和谐。“道德能力主体应当是观念，观念是解决一切难题的万能钥匙。”① 观念是伦理认识的中心。观念常常源于信仰与文化传习，源于生活过程和教育背景，源于社会影响和历史事件，种种因素注入文化主体便形成了主体意识，支撑着伦理认识与评价依据。而观念差距的永恒性，只有用宽容应对，否则就不会有自由，就不会有公平。这是一个多元的时代和多极的世界，自由与境遇的多样化使人们每时每刻都采用不同的选择，人类无法抹去高新医学技术时代选择过程的个性痕迹，相互忍让、谦恭、尊重、诚信、爱将由宽容来表述，因为人经常会陷入个性偏好之中。在异端、个性、差异、分歧面前只有用宽容来发展科学，稳定社会，维系和平。

人类的文明史、文化史是一部追求宽容的历史，医学史是一部追求宽容的科学技术史。没有宽容，便没有今天的人类文明；没有宽容，便没有今天高度发达的社会；没有宽容，便没有今天的世界和平；没有宽容，便没有今天的医学。

当罗马帝国终于发现，基督教可以成为自己的支柱时，它于311年颁布了信仰宽容令，好大喜功的君士坦丁大帝就此用基督教捆缚医学思想的自由，经院哲学不能宽容“放纵的原罪的肉体”，因而阻碍了医学的发展。9世纪，皇帝菲特利（Frilerich）二世宽容了医学思想，并容忍与默许离经叛道的医学研究脱离宗教束缚，建立了人类历史上第一所医学校，为沉闷的欧洲大陆投射了一束希望的科学曙光，以萨勒诺医学校为中心的医学研究和医学教育成为西方医学发展的先锋。

在人类历史上，没有任何一种思想学说比进化论的传播更能说明宽容

---

① ［法］利奥塔：《后现代道德》，车槿山译，学林出版社2000年版，第67页。

的宝贵了。面对不能容忍的、生性妒忌的理查德·欧文[1]，准备接受火刑的科学斗士、天才的论战者赫胥黎为捍卫进化论进行了激烈的反击。之后，他又经受住了威尔伯福斯主教的谩骂，用真理的声音淹没了骄傲冷漠的讥讽。马克思夫人燕妮称“这是一场对待宗教方面的巨大运动”，赫胥黎正向人民进行着启蒙，用真正充满自由的科学思想，赢得了英格兰学界与公众的宽容。直到1996年10月，罗马教皇约翰·保罗二世不得不以迟到的宽容态度承认：

> 进化论已渗透到现代科学的各个领域，它不再和教会的教义相对立，只是为不失其教义的威严，采用了一种机巧的补充，再次用宗教宽容技术化解了这场文化科学思想的历史性冲突，教皇指出：“如果人类肉体起源于先它而存在的有生命的物质，那么它的灵魂是上帝直接创造的。[2]

基督教用肉体是尘土的能指，有意淡化人体解剖行为，用宗教宽容催生了意大利学者蒙迪诺（Mondino de Luzzi）《解剖学》的诞生；医学生虽然宣誓“真诚而没有欺骗”，但为了科学他们依然偷盗尸体，校方宽容了他们的行为；加拿大的蒙特利尔、意大利的波洛尼亚，在法律的宽容之下，出现了解剖学研究的热潮，玉成了伟大的维萨里；1543年诞生的维萨里的《人体构造》彻底推翻了统治医学界达千年之久的盖仑学说。《人体构造》激怒了坚持灵魂—肉体关系说的教会人士，宗教裁判所判其死刑，国王腓力二世的宽容使其免于死罪，医学完成了一次伟大的革命。

由于当地教会和校方的宽容，年轻的哈维就读的剑桥大学凯厄斯学院每年都有两具死刑犯的尸体供教学使用，这就为帕多瓦时期的研究提供了不可缺少的条件，当伽桑狄等一大批学者和平民愤怒指责哈维的血液循环学说时，他却得到了以国王查理一世为代表的统治者的宽容，从而在30年后，哈维的理论终于得到医学界和思想界的支持，英国医生托马斯·布朗认为，这一发现比发现美洲新大陆的意义还要大。但哈维的先驱者塞尔维特却因破除神学目的论得不到宽容而被大火烧死。生理学的进步是人类

---

① 余风高：《解剖刀下的风景》，山东画报出版社2000年版，第21页。
② 同上书，第29页。

一段追求宽容的悲壮历程，宽容为医学发展开辟了道路。文艺复兴时期的思想解放是宗教宽容后的思想自由，人体解剖学的突破性成果为医学发展奠定了基础；17 世纪的生理学，18 世纪的病理解剖学，19 世纪的细胞学和细菌学都是在思想宽容的境遇下建立和发展的。

西方医学的入驻也是一部思想宽容的历史。1840 年，中英鸦片战争爆发；1842 年以后，清政府签订了一系列丧权辱国的不平等条约，伯驾等一大批传教医生利用自由传教的“宽容条款”在华夏大地掀起了一个潮流，向沉闷的中国社会送来了先进医学文化思想与生活方式。不能否认帝国主义列强对旧中国文化侵略的历史，但从医学对中国文化润泽这个侧面来认识文化渗透的双重效应应该是客观的。在英法联军胁迫下订立的《天津条约》中，就有了明确的“宗教宽容”专列条款，医学与宗教从此耦联。科学宽容、世俗宽容与宗教宽容在这种耦联中协同，医学成为一种文化黏合剂。基督教认为，信仰可以产生力量与奇迹，耶稣用圣者的威严和医生的爱，宽容每一个生命。这种形象已成为圣经文化和西医文化的一种位格，其神圣的启悟和道德实践也为老一代中国医生树立了体现天道的格、致、诚、通、修、齐、治、平的榜样，构成了中国近代特殊的基督教化医生宽容的伦理位格，即“宽容一切肉体陷于痛苦的病人的”基督医学精神。传统的伦理学理论探求和假定宇宙范围内普遍正确的道德标准，基督教传统却肯定人的具体化对于生活的指导和个体之间伦理关系的重要性。它始终对其他宗教有关善的悲观说教有所宽容，用过滤的性灵体验指导人的具体医学道德行为，包括一切世俗的伦理选择。中国近代医学的发展是以西医为主体的，并建构了一个特殊的传教与行医并重的医学文化模式；这一模式是在清廷对外来文化思潮宽容的前提下得以发扬、繁衍的，它培育了中国大众对于西方医学的宽容心理，以此引发了中华民族寻求维新、改造中国以至于革命的期盼。孙中山先生 1882 年由喜嘉理这位英国纲纪慎会的牧师荐举学医，后师从传教医生康德黎（James Cantlie），满怀救世之情，从“医人”转为“医国”，用扩大的医学宽容主义拯救处于危难中的中华民族。中山先生独有的民族自由、民权平等、民生博爱的三民主义就融会了基督教和医学伦理双重信仰，这源于宗教宽容的救世追求终于酿成了辛亥革命的伟大壮举。马克思的社会哲学是基于一种宽容的人性论，他提出要废除阶级差别必先废除阶层差别，必须用一种宽容的胸怀化解用暴力手段不可解除的矛盾，他以宗教式的人文关切把平民团结为一体。宽容是爱的手段，爱是宽容的目的，医学把外在重心落在哲学与道德上，同时以学术途径与世俗文化相沟通，按医学的个性把爱保存于宽容之中。

宽容其实是一种原则，也是一种爱的变体，与尊重自主、公平正义、有利和不伤害一样，应该是临床工作的伦理原则，它介于理性的认识和具体考量之间，可以操作，也可以约制医生和科学家的技术行为选择。特别是对于决策人来说，更具有道德情感效应，能直接冲击人的道德灵性与感悟，也是我们探索生命伦理规制的情境依凭；由此，允许原则和境遇原则都能够被连接和沟通，在进行具体的临床决策选择时，尤其是陷于极其尴尬、窘迫、多难的僵持境况时，用此原则作为缓冲和调适，在面临生死抉择关头，实是清醒的决断。但是，为什么还不能够现在就将其作为一个应用或基本原则，因为如同相对主义一样，它会被滥用和机会主义地使用，乃至泛滥以至于不可收拾，而对于生与死的问题，是不能有丝毫偏差和随意性的，这是不能反悔的"原则"，但这种伦理精神，从正性和正义以至于爱的本意来说，是应该允许被有限地应用的。至于在技术上如何控制其出现负性偏移，我们可以再研究和商谈，我们的本意是希望在医疗决断的选择上，在对待病者生死意愿的最后决定问题上，给予他们以最神圣的尊严和自主的权利，他们是最后的决策人，假如他们有真实的行为能力的话。

当然，爱是由具体情境决定和文化传统规制的，爱并非抽象的，特别是在对于医学临床的伦理判断过程中。

> 政治理论上的现实主义与理想主义（idealism）相对。政治上的所谓理想主义在拥护者看来，其特征在于对道德规范和道德理想的忠诚，而不是对个人或集体的自身利益的忠诚；但在批评者看来，其特征在于对人类生活中抵制普遍有效的理想和规范的力量采取漠然置之甚至视而不见的态度。①

莱因霍尔德·尼布尔和弗莱彻的伦理路径有很大的不同，他不愿意过

---

① 参阅刘时工《爱与正义》，中国社会科学出版社 2004 年版，第 30 页。这段引文引自 Reinhold Niebuhr，*Christian Realism and Political Problems*，p. 120.

度放纵人性和欲望，包括生死问题。我们认为，也就是生命伦理学应该同意，宽容主义在医学生活中可以有限地扩张，在此，只有利而无害。

宽容成为一种主义，更显示出它真爱的价值。宽容主义一经扩张，势必会对康德和启蒙运动思想家所追求的普遍主义伦理提出挑战。沃尔特·李普曼指出："科学方法的影响和工业都市社会的发展是使各种绝对的东西失去信仰的主要因素。"① 文化差异必然呼唤互相理解和尊重，在平等的基础之上求得公正，通过交流与沟通，缓和对立、冲突与矛盾。爱、同情、关怀会引发宽容的行动；对文化个性与自主选择的忍让，忍受背离个人或集团文化偏爱的语言与行为，容忍局部的、可限制的、不伤害他人与社会的言行，各自保留一部分个性，促进百家争鸣，形成自由、生动的气氛，显示出博大的胸怀和精神的气度。目的总能证明手段的正当性，"基督教境遇伦理学中能自我证实的目的只有爱，其他所有目的和一切手段的正当性，都是根据无限多样的境遇的变化与偶然性而得到证明的。"② 弗莱彻坚持，被当作"虚伪者"搞两面派、逃避道德律证据的东西，是值得称赞的，"手段常常因目的而成为神圣"。爱的价值也存在计算，应在宽容之前计算爱的分量与比重，其中必须考虑是否有伤害？伤害有多大？对社会和他人是否有好处？宽容可以作为容忍表述，但必精于计划，没有限制的宽容是不道德的。宽容者必须持有预见性，并针对宽容的实践，不断完善计算的程序与公式。弗莱彻还指出："通过学会如何给良心问题中存亡攸关的因素分配数值，爱的计算有可能在伦理学计算装置中趋于精确。"③ 品质定量化尤其适合于宽容的预测。不能否认宽容主义（tolerationism）与道德相对主义的血缘联系，我们可以从启蒙运动以来科学方法在人类学田野工作中的作用以及对文化和道德价值观的差异中得到启发，绝对普遍适用的伦理是不存在的，我们只能对多元的道德价值予以逐步认同或容忍，这是一种关于道德的哲学进化。蒙田从征服新大陆时保留的材料中提出道德相对性，主张用伦理人类学观点宽容新大陆某些部落的文化习俗。在文化多样性的人类社会里，人的社会和心理特征也是多样的，这

---

① H. Tristram Engelhardt, Jr., *The Foundations of Christian Bioethics* (Swets-Zeitlinger Publishers, 2000), p. 199.

② ［美］弗莱彻：《境遇伦理学》，程立显译，中国社会科学出版社 1992 年版，第 109 页。

③ 同上书，第 97 页。

也决定了道德的相对性，“一切价值和标准是文化建构起来的”①，怎么可能用一种绝对统一的标准评价不同文化环境所产生的现象和事件？又如何用绝对统一的心理投射进行跨文化的研究呢？我们的语言和思想是在各自的文化中获得意义的，它当然最适合于我们个人的生活和行为体系，它在某种程度上可能也适合于另外的生活和行为体系，但那只是一种偶然性；它一般只能在宽容或容忍中得到认知、尊重、理解，在不同的语汇交流中寻求共同的成分，和而不同是普遍的。孔子曰：“君子和而不同，小人同而不和。”② 晋以后在中国流行的是娄迦谶的般若学而不是最初传入的小乘禅法，说明老庄哲学与般若学因相近而发生了文化上的“双向选择”。和而不同是宽容的成果，是“推动文化健康交流，促进文化合理发展的一条规则，这正符合当前世界文化多元化发展的趋势”③。宽容是一种文化和文明。中庸、妥协、变通都含有宽容的成分。一个开放的社会常常将冲突宽容和制度化。“所谓对冲突的宽容，不仅指不对其进行强制性的压抑和禁止，而且包括鼓励冲突双方放弃对抗，实行让步与妥协，达成和解与合作。”④ 尼采的道德多元论和存在主义都倾向于有多种道德标准的存在，都否定有一种绝对的占统治地位的标准，但这并不说明人类不能实现一种普遍的道德认同。努力尊重不同文化习俗，承认甚至容忍不同道德价值观的合理性，对不同的道德选择，只要不伤害人类共同的利益就应采取一种容忍的态度，从而逐渐导向在重大选择上趋于价值观上的认同。理性是人类共同具有的，道德逻辑一致性是人类共同渴盼的，反对文化霸权主义就是为证明价值理性可能具有某种共同性，而它必须建立在彼此宽容的基础之上。

恰如罗尔斯所指明的那样：“宽容是良心平等自由的一项重要内容。”⑤没有任何一种理论可以绝对控制后现代主义的动向，尽管哲学由知识压力转为以道德问题为核心；在开放的经济社会里，文化选择多以冲突出现，又以悖论终结，统一似乎永不存在。传统伦理学在很大程度上建立在对规范的认同上，医学伦理学尤其如此，医学伦理学在某种意义上就是讲述和

---

① 王晓升：《道德相对主义方法论批判》，《哲学研究》2001年第2期。

② 《论语·子路》。

③ 汤一介：《和而不同》，辽宁人民出版社2001年版，第73页。

④ 张曙光：《经济学如何讲道德》，三联书店2001年版，第27页。

⑤ 顾肃编：《罗尔斯正义与自由的求索》，辽海出版社1999年版，第93页。

研究医务活动中美德的规范的，但规范只能被有限地应用或解释；在复杂而不断变化的社会生活中，只有一条规范是不可能的，但无穷多的规范或无穷多的解释都会导致规范的无意义。假如规范是多数人依据文化偏爱和经济利益去规定价值，这就不能说是公正的，因为它不可能被所有人真实地、绝对地接受。因此，规范只能是相对的，当个人利益被多数人规范所排斥时，他就失去了自由，如果这种自由有碍于社会，剥夺是正当的，反之就是压制正义；宽容可以解决这个问题。

> 最好的生活是以不含规范的道德为价值基础并且以法律为权力形式的生活，它将使人得到尽可能多的自由和尽可能公正的约束，在可以自由的地方就有不受干涉的自由，在不可以自由的地方就有无商量的不自由。①

规范主义是一种隐蔽的专制主义，因为它常与特定风格与个性观念之外的形式相冲突，它不允许非我的存在，结果，或引发不和谐，或引发权威的崩塌。它可能侵犯知情同意权，还可能背叛有利、不伤害、公正、博爱的原则。规范在大多数情形下不代表价值，规范常常剥夺人类创造性行为的自由，规范有时是有害的。宽容并非不需要规范，但规范必须是正义的；宽容可以解决分配中的不公正，给予一种爱的感受。同情弱者，“宽容坏人”，并不是怂恿犯罪，并不是宽容坏人的行为，而是为了教育坏人，宽容是一种教育手段和策略。我们通过宽容找到保护自由的可能，又为使这种自由符合正义而必须确立经典的伦理价值，这个价值正是因为我们宽容的手段出于正当的目的而不是要庇护腐朽的、有害的作风；人类的败类是不应当得到不限制的宽容的，但在特定的环境中，他可以得到一部分宽恕。人人自由是不存在的，但宽容可以使不同文化选择的人最大限度地获得自由。宽容的基本条件是：

> 以爱作为前提；不伤害社会及公众的利益：不放弃政治信仰和原则；有利于人类进步和社会生活和谐；不怂恿坏人坏事。②

---

① 请参阅赵汀阳《自选集》，广西师范大学出版社2000年版，第214页。

② 孙慕义：《后现代生命神学》，文峰文化事业有限公司2007年版，第304页。

当然，生活的形式比生活内容更易于被打破，绝对的标准是不存在的，维特根斯坦刻意关注“遵守规则”，使哲学出现了一个重要问题，“遵守规则”不排除改变规则，但“对普遍必然真理的要求只不过是一种哲学的欲望”①。生活中有许多不确定因素，很多理想永远是一种可能，伦理学给予的道德标准只是相对于各种文化而建立的，离开了它的生长土壤，它可能就失去了善恶判断的价值或必要性，如此，余下的诸多困惑和难题或是暂时或是永久，只有通过宽容来解决。宽容有时不是真实的忍让，而是缓释文化情感差异所带来的冲突，或是一种对于特定关系的人文学技术性处置。尊重与宽容是处理医学关系、构建卫生医疗秩序、合理配置有限卫生资源和进行医疗卫生决策的实践理性要求。

恩格尔哈特教授以“允许原则”为生命伦理原则应对后现代社会道德多元化和善的个体意识存在差异性的客观事实，提出两种不同的道德生活观：与“道德朋友”基于共同的善理念而共享的道德生活；与“道德异乡人”在没有同一的充满内容的道德标准下共享的道德生活，以维持一种道德多元化的社会秩序。允许原则和境遇伦理观念为构建后卫生医疗秩序提供了一种可能。正因为多元化和差异性的存在才有自由权利秩序在关系中的生成。医学关系是所有关系中最丰富的关系之一，也是医疗秩序核心架构的支持体系，它的复杂性与情感赋义是任何文化、生活样态所无可比拟的。医学关系绝不是纯粹地存在于医疗行为中，而是在多样性关系域中的赋义生成。规范医学生活、规约医疗行为和卫生制度改革乃至生命科学行为，必须注入各种相异的个人、团体、民族、国家以相互认同的善的标准，消除医疗改革行为和技术发展带来的对立、矛盾与冲突，在理解、平等对话、相互尊重的基础上，尽可能达到和谐。

后现代文化的倡导人利奥塔之所以认为道德能力主体应当是观念并且这种观念可以成为解决道德难题的钥匙，正是因为信仰与文化差异性的观念差异的永恒性，在这个多元的时代与多极的生活世界里，自由与境遇的多样化使人们的行为选择根本不可能实现结果意义上完全的经济平等，也不可能完全抹去高新生命技术时代选择过程的个性痕迹，因而宽容成为必

① 孙慕义：《后现代生命神学》，文峰文化事业有限公司2007年版，第222页。

要，没有宽容就不会有自由，也不会有公平。在个性、差异、分歧面前只有用宽容发展科学，稳定社会，维系秩序，才会使基于秩序的生命之爱的社会生成。伦理的生命秩序将各种差异性生命个体包容于自身之中，“通过服从爱的决疑法，努力把爱同相对性的世界联系起来，它是爱的战略”。

十三 心性之血脉

人性乃心性，心性乃于信仰。

不同宗教都存在着一个共通的养心育性之用，其最初根源在于对生命需要的保护和帮助、慰抚，对生命的存在及其世界的解释。而医学伦理学和生命伦理学的诸多困惑与争议根本上在于如何看待人自身及其生命的存在与尊严。在东方和西方宗教文化中都存在对自然和生命的敬畏之情这一深刻的情感。因此，在现代技术异化和生命被降格为纯粹物的地位之历史境遇中，在医学伦理学中汲取宗教关怀伦理中的积极意义显得十分必要。

其实，佛教道德与关系哲学是所有宗教哲学中最为冲突和矛盾的；尤其在平等论观念上，是远弱于它的等级伦理与次序论的，这是与儒家差等论呼应以及皇权天子论相合的原因，它的平等主张颇有些虚伪，从来都不能在现实生活中遮蔽其本质上坚实的层级内核和差等的政治伦理意识。

佛教伦理的哲学基础有三个方面：一是把人生论作为它的伦理旨趣，在此基础上引申出信仰者的责任与义务、理念与规范，把人生意义与伦理意义结合起来。二是把果报论作为其伦理价值的基石，通过宣扬善恶报应以唤醒人们对自身命运的终极关怀，乐于从善而畏惧行恶。强调自己作业，自身受报，有助于人们去恶从善的道德选择，成为自觉实践道德规范的驱动力、支配力和约束力。三是把心性论作为伦理自觉的根源，强调明心见性是体认伦理的最高准则。佛教伦理的准则和规范主要有去恶从善、平等慈悲，佛教伦理高度重视慈悲原则，热心于尊奉之以救济众生、解除其痛苦与不幸。

佛教一方面宣扬众生平等，即生命存在的平等的一面；另一方面更强烈地规范众生的差异性和严格的宗教体制的差等性一面。在生存以及生命的存在、“生”的本质上具有明确的平等语言，甚至指明众生与佛的平等、众生与“无情”的平等等。[①] 佛教伦理强调遵守“五戒”、实践“十善”以协调人与人、人与众生之间的和谐关系，“四摄”为摄受众生，使之产生爱心，其布施与利行在某种意义上体现了一种美好的人道愿望。

基督教伦理的基本原则有以下几个方面。首先，其核心原则就是爱。基督教将人与神结合在一起，信仰至善的上帝，而最高的善就是爱，要求人们抑制心灵的惯性与习惯性运作，把心灵的方向引向爱并用爱对抗生活世界的苦难，这种爱是人的神性，它关注不幸的生命，对他们抱以爱与宽容。这种爱意味着把他人当做“人”来尊重而非作为物来看待，不是爱某种身份而是爱作为生命的“人”，不因贫贱、富贵而有所分别；它强调对弱者的爱是对上帝的崇敬，而对弱者的冷漠则是对上帝的损伤。基督教除“一神一主”外，一切世人都是“兄弟姊妹”，其人人关系平等的思想对基督医学伦理影响深远。在基督教看来，耶稣传播的福音就是爱的福音，“要尽心、尽性、尽意，爱主你的神。这是戒命中的第一，且是最大的。其次也相仿，就是爱人如己”，基督教人道主义以这一总纲作为蓝本，因此又称福音人道主义。其心理学前提是“弥赛亚”期盼，其哲学前提是柏拉图主义和新柏拉图主义关于善的理念、灵魂的转向与净化观。其次，“因信称义”。福音人道主义就是爱的人道主义，爱就是信，因信而称义并因此获得拯救，“因信称义”的实质是因恩典而信并因恩典而称义，但也不是消极地接受恩典而是对耶稣的救赎作出积极的回应。它是把神圣价值与世俗价值结合起来的道德命令。最后，意志自由。强调在善恶之间作出选择并承担责任，它不是行善和作恶的平等能力，而是趋善避恶的能力和趋向，因而强化了人在善恶面前进行选择的道德责任。这样，基督教人道主义以“信”、“望”、“爱”的结合作为塑造人的灵魂的基础，从而使得基督教成为伦理化的宗教。

基督教的伦理化使基督教成为一种美德伦理，其主德是仁慈、自制、正义和坚毅等。仁慈是爱的表现，自制是向被爱对象的完全奉献，坚毅是为了被爱对象而承担一切，正义是对爱的对象的服务。当代基督教伦理学由历史上的规范伦理向美德伦理的转变需要对“爱”的伦理价值的重新发现。这不是对“爱”的戒律的简单重复，而是对情感主义所作的价值

① “无情”是指无情感意识的，不是精神性的存在，这是对自然界万物的尊重、悲切与摄护，强调宇宙间一切生命的平等，关爱、尊重生命，敬畏、珍爱、摄护自然。

转换，使个人主义的快乐主义价值观向“仿效基督”献身救世精神的友爱主义价值转换并认识爱的普遍价值。从传统宗教价值观中吸取必要的文化、理论、精神的资源，实现世俗价值与神圣价值的融合，正是普世宗教伦理的目标。普世宗教伦理的基本原则建立在世界各宗教在价值观上的基本共识之上，即“爱人”的教义及其生命精神。很多伦理学者对基督教“爱”的戒律进行了现代价值转换，把普世宗教伦理概括为两项基本原则和四项命令，把“人道待遇”和“尊重生命”置于各项原则和命令的核心地位并作出新的解释。

剔除宗教中消极因素，各宗教体系中所体现出来的尊重生命的尊严与存在，也应该是医学伦理学讨论的理性资源之一，其辩护源自基于生命存在深处的人性呼唤，即对于自然、生命的敬畏之情和生命伦理精神。宗教伦理文化深刻地体现了医学的文化与精神本性以及珍爱生命的医学伦理精神。

谭峭在《化书》中说：“夫万物非欲生，不得不生；万物非欲死，不得不死。达此理者虚而乳之，神可以不化，形可以不生。”[①] 书中又说：“无所不能者，有大不能，无所不知者，有大不知。”[②] 结合《圣经·传道书》，可以说，本来人生是没有意义的，意义和价值是人为生存所为，这就是哲学上的“意义”的意义。佛陀认为，人的此在意义一旦把自身当做欲的主体而使之泯灭，人的此在意义就完结了；我们活在所谓文明中，不过是促进一个只是被观赏和游戏的世界，有人依然会说，人生或者生命是一场梦，所以所有宗教都在空或涅槃这个问题上扩延开来。叔本华的学生阿尔斯堡，坚决反对用精神或理性来定义“人”，理性只是人制造的概念，是语言的结果，不是语言的根；人就是“求生”，这就是“人性的原则”，有了似若宗教的追求和哲学的解惑，我们会活得更有力量，特别是当我们学会了爱、信心、充满希望和理想，我们会感恩，明晰周围的各种复杂的关系和纠缠不休的事物，或是遭遇突发的事变或者不幸，我们就有能力和智慧战胜，重新获得内心的平和与恬静。这里面最重要的是学会爱人，这一点基督教的探索取得了一定的成功，人喜欢爱与和平。我们活着，一定要珍惜这种安静平和的日子，爱我们周围的人，尽可能使每个人

---

① 谭峭：《化书》，中华书局1996年版，第13页。

② 同上书，第31页。

快乐和顺利，使我们爱的人和爱我们的人，甚至与我们有怨恨、伤害过我们的人，都能幸福，虽然这几乎不可能，但我们只是为了这种爱的行动多付出一些、多创造一些新的爱的方式，为维护一个友爱的环境，携起手来，走过这不到一个世纪的崎岖嶙峋的人生小路，跌倒了互相搀扶着站起来，继续走，再跌倒再爬起来，接着远行，直到永远爬不起来的那最后的一刻；那一刻，我们要祝福和嘱托我们的儿孙，也要像我们一样，积极争取，不断攀缘下去，向前，不要停留。这也应该作为生命伦理学的逻辑。

我们曾经因为身体的诱惑而做了并不真正符合我们作为人的心愿的事，我们的心愿并不是肉身喜欢的。我们是人，我们是由一种莫名的理性、莫名的精神认定的，我们活着是为了人的事业或事情；我们活着，活在一个十分美妙、美好、美丽的人生中。我们有时似乎无比庄严、正统、不苟于人身的那些事与那些情爱的纠结；但我们有时的确放不下我们身边的爱与恨，那些平凡的“人的事”；我们是真的人，难道我们就不应该理会这些真的人的事？我们逃脱不了，比如疼痛与流泪、情欲与快感、生和死；我们抵抗不了那个自然对于我们的律令。你觉得你高贵，你不食人间烟火，你又如何可能实现存在？你看见的，那些苦行的僧侣，那些庙宇里和圣山上世代受敬拜的圣人，也要敬拜食物与美，太阳、水、天空与大地，人间最美的事以及那种情，同样使我们心动。我们有眼泪，有激越的充溢，有对于弱者的同情和对于音乐的兴奋，我们也有不劳而获的奢望，甚至我们很想拥有那些帝王身体的厚遇，纵或为了像帝王一样的身体享乐，平凡的人都会做同样的美梦；你的欲望是否获得了满足？这是一个人生难题，你每一天，每一刻，为这个欲望，曾经付出了一切。

今天，你有幸，还活着，只是没有实现曾经向往的一切（也许你永远不可能——也不应该实现）；“我”就在想，依然活在希望之中，但是，我实际上没有实现我的身体的一切，因为身体的欲望是不可能全部得到满足的；最后，我们也只能造就身体的节制与信念。那个淡定的界限划定了，从此就永远获得了快乐！

啊，真的很快乐！

我们要“我做我所愿”，我们要有最后的通达的那个极其个性化的“自由”，任由“我”所爱、所期待，我是我的，就足够了……

我是最高的存在者，因为我是我的，我自由了，我不会被欲望所动，我是一个淡定的存在者。

斯多葛人与佛教的信者，都同意：

> 让我的灵魂用这些来赞美你，
> 哦，上帝，一切的造物主，
> 但不要让世俗的爱紧紧地依附于它们，
> 因为它们将萎谢并注定要离去，
> 朝向灭绝；
> 它们将给我的灵魂带来引向死亡的欲望，
> 因为它也渴望，并且想歇息在它所爱的事物中。
> 但是它在它们中找不到地方歇息，
> 因为它们并不牢固长久；
> 它们是短暂的，谁能跟随那些凡俗的躯体呢？[①]

曾经有人听到或正在听（有人永远听不到）：你由你的身体去吧，因为他淡定而自信，所以，他是强者！“人生中真正的要务就是生活本身——。我们把每一天每一分钟都给予了的那种东西叫做生活。搞清楚怎样生活是所有知识的最终目的。在特定的范围内，我们可以把人类的经验分为两种：一种追求功效的有用性，一种是生活的快乐。”然而，什么是人生的快乐？这快乐与痛苦的关系是什么？什么是人生的成功？什么是完满的人生？我们在《约翰福音》中读到：生命在他里头，这生命就是人的光。[②] 雨果说，人不是一根消化管道。很多人自认为找到了人生的意义，夸耀自己如何通过磨炼、修行到达了完满的人生境地；其实，这些人还不知道，完满人生需要通过内心的充实并经历无数深刻的痛苦，最后使我们的人格获得平静的报偿和普通的安谧心境来实现。

詹姆斯·里德对完满人生做过定义：第一，看生活是否具有目的或目标，为此集聚我们所有的力量，并协调我们的各种活动，我们必须在一个总的高尚目的之下找到终极归宿；第二，我们一定不能以自我为中心，我们必须像基督一样关心他人，学会爱——充分自由地爱；第三，我们是否

---

① Augustine, *Confessions*, IV, vi, 11, viii, 13; ix, 14; x, 15, trans. Boulding, 99, 98, 100, 101, 102.

② 《约翰福音》1：4。

学会和把握了应付各种生活的能力，[①] 并且在任何情形下，在任何成功或失败中，不至于被暂时的假象所迷惑，很多人中途因为迷失、经不住引诱而放弃这种追求，我们要为最后的光明不间断地拼搏下去，哪怕再艰难，也要咬着牙挺过去。看看我们眼前的高山，看看那些波涛汹涌的海面，那都是通向彼岸的必经之路。眼下和将来我们还要经受很多痛苦，即使没有身体的疼痛和疾病，我们还是会有精神的疼痛和由于突发的事故、灾难、不幸乃至挫折所造成的各种类型的痛苦，但谁也比不上由于爱所带来的基督式的痛苦，他被侮辱、被误解、被鞭打、被钉死在十字架上，但他没有放弃对人的爱，没有放弃信仰，没有放弃希望！他忍受着肉身极度的撕裂性的痛楚与世人的咒骂和抱怨以及妇女的惨叫、哭声，他摇晃着身躯，带着荆冠的、流血的头几乎被拖在山坡的石板上，他最后挺起胸膛走向各各他地，那对他实施死刑的死亡之谷。在这残酷的背后，他看到上帝所指示的光明，这就是他遭受痛苦时心灵宁静的秘密。痛苦是有目的的！我们生命中存在一种为他人服务的力量，这种力量就是从痛苦中产生的，要获得它，就要一生都付出巨大的代价，让我们在生活中“……找到一种力量去对待痛苦，同时，也能找到一种光明，把痛苦照亮，使我们把痛苦看清楚”[②]。

佛学的内敛、清静、真如性空、虚怀彻悟、禅定明心、慈悲无贪……都是做人的宝贵资源。学会超越，但不勉强，如喝茶，品茶中禅定：和、敬（静）、清、寂，只是沸水冲茶，只是一个动作，没有意义，当高远境界使人心如登环宇苍穹；菩提本非树，明镜亦非台；我们本身只是一个符号，没有什么文字可表；真如佛性，本在人心。假如一人在他国疆之外荒岛之上，远离人世，难至春秋，但心清致远，应耐得住寂寞孤独，像鲁滨孙一样生存下去。佛教乃印人悉达多化欧罗巴基因雄踞南亚次大陆所独创，尤其是它随地理、人种、人文、历史、语言、饮食、生活方式、社会心理、思维传统之多方要因而迁移、转化、适应、革新，以此信仰作为精神支柱，民族得以繁衍，有道是适者生存、物竞天择。做万事、理万机、行万里路，也都如以沸水冲茶一般，只是口干饮之，饮时自觉清香难耐，周身畅适。我们如此渺小平凡，但若洞见如此真理，就可虚怀若谷，活得踏实、自然酣畅。

布提（菩提）是“神我”化的工具，似若基督教讲的“theosis”（神

---

① ［英］詹姆斯·里德：《基督的人生观》，蒋庆译，三联书店1998年版，第4—9页。

② 同上书，第130页。

格化），即劝人苦修成圣，就是要试图戒修禁欲，脱离红尘，实现彻底的灵魂皈依，立于天地之无量之中，脱却诱惑和冲动的川流，开始运用理性而后转为自觉，超越自有的权力统治，通达身心的解放与自由，在内心形成可以分辨权势的“布提”。

布提究竟是否成为心灵的工具，像瑜伽知识所认识的，并且指导我们的知觉，建立悟觉的新秩序，使我们的日常生命受制于自性的轮回，以更加直接地享受真理的快乐，催我们精进，永不懈怠，精神充溢，领悟日月之光华，时时避免魔鬼的陷阱。

布提为我们生活的不洁和失守戒规作出了无限负荷的承担，使我们的心体与心灵“般若”纯洁，为精神的解放清洁泥泞的峡路，使我们曾经被物欲遮蔽的心清澄透明，从自由通往快乐。救度—自性—解脱—自由—福乐—玄默—灭无，最后获取涅槃之大德。

要使感官沉静下来，佛教徒为掌握正念的本领可取禅定，寻觅精神修炼的技艺，这就是巴利语中的“satipatthana”（正念的精神训练）。汉斯·昆忍不住对于曼陀罗的兴趣，并用梵文的原意“圆、环、弧、段”来理解宇宙的神秘，以其同心圆圈和正方形的连接，勾绘佛陀心智中的美学神学结构。应该有所感念以阴阳鱼、十字架和瑜伽内在的隐喻以及视觉的暗示作对比，以此抚慰人经常难以抑制的心潮大波，去连接神经系统和生物化学反应，对人的心理或意识掀起情感波澜。宇宙是什么？人是什么？时间是什么？禅宗、诺斯替、爱因斯坦、弗洛伊德、阿德勒、拉康都有他们自己的解释。但我们还是感到迷惑。这就又回到大卫·查尔默斯用非还原性功能主义（nonreductive functionalism）对于心灵和意识的说明。

大脑是什么？把意识的奥秘转换为意识的问题，是科学家的事，而哲学家与神学家回避这个问题，用神创主义和复杂论让我们度过窘境，即修行又修心，修所成慧。①

当然，俗世若浮云苍狗，总会有几个苏格拉底留下来，还在冥思苦想“我是谁”的永远无解的逻辑习题。精神的富人孤独寂寥心河涌荡，他们被仄逼着，淘淘瑜伽、破破瑜伽、觉悟瑜伽；金钱的富人，也被百无聊赖缠绕困顿着。此为瑜伽在兹。

① 星云大师：《安住我身》，上海人民出版社2010年版，第254—255页。

想到海子的一句诗：有些句子肯定早就存在于我们之间；有些则刚刚痛苦地诞生。

其实，心性的造就，实在于能够在知识和沉思之外的悟省，像摩西一样在幽暗之中挨近“神”①。

第三节　关于生命伦理学思想资源的阐释与说明：对历史过程的叙事

生命伦理思想谱系充满鬼魅性，它是在茫茫人类精神的宇宙星河中经过积淀与筛滤最后汇集而成的历史；我们如同考古队伍中的发掘者，对其做一个初步的整理和醇化。

其基本理路纲要与谱系为：

经典生命伦理学——犹太神秘主义—诺斯替主义—古希腊神话—道学与中华医乃仁术思想—希波克拉底誓言、大医精诚—迈蒙尼提斯祷文—汉谟拉比法典；古希腊哲学与基督教哲学与文化（灵魂—理智—欲望—意志—实践善）；神学作为第一哲学、德性就是知识（医学中的美德与义务的理论）—神人合一的经院哲学；路德、加尔文的宗教改革（宗教改革、新教）—清教主义伦理—文艺复兴与人道主义—德国古典与近代哲学（大阿尔波特信仰与美德之争）—启蒙运动—康德—黑格尔（精神哲学等，欲望是人的主人，事物服从于心灵；批判哲学与义务论，人为自然立法、人为自己立法、绝对命令与人是目的）—后启蒙时期人性论与人道主义伦理学—叔本华意志主义与自由意志论世界主义—柏格森与居友们的生命伦理学（生命哲学）—进化论伦理学和生命大同观—弗洛伊德精神分析的生命伦理学—尼采—海德格尔—克尔凯郭尔等。

后现代生命伦理学——现象学与分析哲学—尼采主义哲学与上帝死亡论—存在主义伦理学—功利主义哲学—法国伦理学（德日进、庞蒂、列维纳斯、利科等）—道德相对主义—生命伦理宣言（赫尔辛基宣言与贝尔蒙原则）—后现代伦理学与文化（德里达、萨特、克里斯蒂娃、利奥塔等）—敬畏生命理论（史怀泽）—实用主义—（梵蒂冈第二次大公会

---

①　尼撒的格里高利：《摩西的生平》，石敏敏译，三联书店 2010 年版，第 78 页。这个幽暗就是指“心理隐秘之处”，是犹太神秘主义的指称，即“adyton”。

议)、汉斯·昆—麦金太尔、后现代神学（解放神学、实践神学、过程神学、希望神学—女性主义神学）—境遇论神学（弗莱彻）—英美法律文化—科技哲学—医学社会学、卫生经济伦理学、卫生制度改革、赫尔里格斯和波特、基督教生命伦理学与世俗化生命伦理学奠基（拉姆塞、麦克考米克、卡拉汉、佩里格雷诺—彼彻姆、邱卓思、彼得·辛格、威奇等）—道德异乡论、自由世界主义与个人世界主义—整全伦理观念—道德共认意识理论或重叠意识（祁斯特拉姆·恩格尔哈特）与世界伦理宣言—公平正义论与“最小国家制度理论”（罗尔斯与诺齐克）—生命政治学与良善生活论（桑德尔）—米歇尔·福柯的生命政治学与解剖政治理论、医院结构论与身体伦理文化等。

一　古希腊哲学与诺斯替主义（Gnosticism）

我们已经多次论述了古希腊哲学与生命伦理学的关系。除柏拉图、亚里士多德外，就是希波克拉底，他既是一位思想家也是医生，他不直接用古希腊的道德哲学作为自己医学道德的思想根源，他铸成其古老的、最原初的、西方化的医师道德品质形成的号召，是以誓言的形式，但其誓言也是一种有宗教感的东西，像阿波罗等诸神在《希波克拉底誓言》中都有表达，所以他还是以信仰作为前提的，具有尊重、爱护病人，对病人做奉献的精神。这种精神还接受了古希腊美德论的影响，美德论主要源于亚里士多德思想。另外，神学是第一哲学，人脱离不了信仰，天地之神指示我们的行动，我们不可不为之；加上德性就是知识，美德论和义务论的叙事与表意，都集中在《希波克拉底誓言》里，构成最古老、最原始的经典生命伦理学的精神基础。

把古希腊哲学与东方神秘主义连接在一起的代表是亚历山大里亚的斐洛（Philo Judaeus，约前30—?），他是一位具有犹太血统的希腊人。斐洛一生创造和坚持使用神秘主义语言，认为沉思才是高尚而优美的生活方式，是一种最佳状态的生命道德表现。他曾经宣称：“我自己在上帝的挚爱者摩西的密授下，进入了他更为伟大的秘妙。”① 他常常自觉地被上帝的太阳推向高处，着迷与狂乱的身体成为其通达神谕的道路，被灵气所充

① ［英］罗纳尔德·威廉逊：《希腊化世界中的犹太人》，徐开来等译，华夏出版社2003年版，第67页。原文引自《对律法的隐喻解释》III，第219页。

盈。他把身体的罪恶通过逻各斯医治的救助与忏悔过程，作为人的生命过程，他强调追求一种理智生命的生活，肉身是人的灵魂的坟墓。他把《旧约》伦理作为人最根本的伦理，认为摩西律法是唯一的自然律，摩西是传达这一伟大道德律法的使者，生命的行动就在于通过执行它而获得德性。善与爱、恪守契约、守诺与诚信，都是最根本的品行，也是摩西律法所要求的，而挪亚、亚伯拉罕就是遵守律法、顺从道德自然律的典范。实际上，斐洛正式接受了古希腊的哲学伦理学观念，他鼓励人应该以灵活的、始终如一的步伐，保持笔直的路线，避免过度与无度，既不欠缺不足又不过分奢靡；既不鲁莽又不怯懦，道德的进步只有沿着最中间的路线前行。这个中道学说恰是生命伦理最重要的方法与原则之一。最适度的付出所获得的最大的收益和效果，是拉弗曲线的卫生经济学价值，也是生命和生活的伦理艺术。中间德性论使得他在亚里士多德与斯多葛学派之间进行了一个睿智的折中，这又不影响他严格遵守摩西十诫的信念。他还认为，肉体的德性就是“健康、感官的能力、四肢敏捷、肌肉发达有力”，这些与他的正义、博爱、同情、虔诚等共同构筑起其道德理想的基本结构；他指出，帮助穷人就是博爱，在本质上最接近虔诚。①

神秘主义是人的天性，是一种因对未知世界的敬畏和宿命的恐惧而难以消解的情感。犹太学者一直希望摆脱神秘主义的缠绕，但很难使其真正从世俗社会和传统中退场；其实，各民族都不同程度地存在着神秘主义的文化成分。诺斯替主义在基督教中找到了自己的栖居之所，但受到了教父的抵制，一直将其作为一种异端和走入邪路的柏拉图主义。对诺斯替主义的来源一直存在着激烈的争议，学者可以从巴比伦、波斯、印度和犹太宗教中找到其踪迹，而且它也是两希文化和伊朗琐罗亚斯德教的衍生物。这是一种先于基督教的文化运动。而犹太民族的神秘主义承继了两河流域文化，埃及、巴比伦、腓尼基与亚述的阶段性文化混融与交合，构造了希伯来文化品格。据传说，7000 年前意志弥坚的黑发苏美尔人从伊朗高原的大山中走出，来到水草丰盈的美索不达米亚平原，他们成为两河流域文明最早的胚胎，新月沃土——底格里斯河和幼发拉底河之间的美索不达米亚平原是西亚最早的文明，而苏美尔人是这

① ［英］罗纳尔德·威廉逊：《希腊化世界中的犹太人》，徐开来等译，华夏出版社 2003 年版，第 67 页。原文引自《对律法的隐喻解释》III，第 190 页。

一文明的伟大先锋和开创者，“他们似乎既不是印欧人的一支，也不是闪米特人的一支，他们的原籍可能是东方某地”。这个神秘的先民虽被闪米特人降服，化生或消融于西亚民族中，但他们的文化却遗赠与希伯来人。东移的一支闪米特人来到中华大地，建立了商朝，参与开创了华夏文明。在前3500年，苏美尔人在美索不达米亚南部开掘沟渠，织筑了复杂的灌溉网。

从苏美尔文化开始，延绵不断的地中海文化圈亚洲海岸中流行的神秘主义，如默卡巴神秘主义等，与希伯来人的境遇和情感共生，被戟掳、流放、奴役，饱经灾荒、瘟疫、筑棚、漂泊的命运，最后国破家亡，但他们以民族的精神坚持自己的独立品格，即特殊的犹太民族伟大的犹太教义，他们创立了耶和华上帝的模式，由理性的宗教形式承袭了民族的神秘主义内核和语言，如《摩西五经》[①] 等经书复制和不断宣示希伯来民族的文化和心理诉求；这对于生命伦理，特别是对后来类如“道德异乡人”等寓意与概念都产生了影响。古代的基督教与混合着诺斯替神秘主义的基督教最初来自于希伯来民族，它影响了欧洲的文化，又将希腊哲学回注给东方宗教文化之源。经过迂回、汇流和共生，基督教先后进入伊比利亚半岛的西班牙、法兰西，意大利所在的亚平宁半岛的拉丁文化，经由爱琴海和克里特岛，向东辐射到巴尔干半岛的希腊民族；在保罗们传播基督教之前，欧洲民族已经接受了希伯来等民族的神秘主义之风。

人文地理的发现提示我们，地中海沿岸各民族的文化心理形成的历史，尤其是两希文化以基督宗教为主体，浸润和融化了诸多的生命伦理晶体，赋值或赋义于各种形式的神话和宗教教义之中。

西方的文化于土壤中发酵，借用理性助力与逻辑工具，这一过程臻于成熟。犹太教的一神论、巴比伦的占星学、伊朗的二元论，是东方贡献给希腊化结构的三个主要精神力量；[②] 在欧洲信仰时代的一个危急时刻和文化交混的历史进程之中，由琐罗亚斯德教作为一种神秘因素注入了希腊哲学和希腊化的基督宗教，甚至以基督化的诺斯替教（christian Gnostics）

---

① 即《创世记》《出埃及记》以及《利未记》《民数记》《申命记》。

② ［美］汉斯·约纳斯：《诺斯替宗教》，张新樟译，上海三联书店2006年版，第13页。

影响和刺激了希腊的道德哲学和原初的生命伦理观念。[①]

如何理解诺斯替主义或者诺斯替精神原则与生命伦理学的关系呢？对此可以作如下分析：首先，按约纳斯的意见，古代诺斯替主义具有实践性与拯救性知识，并且其观念以基准理性的思想体系的理论实现，玉成了一个思辨的类别，由此放射出去，被不同的宗教派别所部分吸取，并对之加以改造和演变；它给与了生命现象、生死、疾病、衰老、性与婚姻、医疗技术以及心理问题极强烈的影响，同时融入道德的善恶评价，催生了古典生命伦理的基本观念。其次，诺斯替主义反映了希腊化晚期地中海文化圈由世俗文化向宗教文化迅速转变的那个时代的特征，作为活的化石，保存了人类的生命伦理精神基因，特别是对于基督医学与生命神秘现象研究方法的发端具有重要意义。最后，古代诺斯替主义是当代新纪元运动（New age movement）的精神沃土，而兴起于20世纪60年代的这场思想运动伴随着宗教现象的复兴，这场发端于美国大陆的运动一开始就伴随着现代生命伦理运动；神学家们开始从“神召”的传统和对于造物主的敬拜中解放出来，关注人、现世以及世俗的医学生活，关注生存状态、生命科学技术突变式发展、同性恋、堕胎、老龄问题、家庭与性，用神学、宇宙论、人类学、末世论与道德论，重新认识生命问题和人的未来。此时，正是梵蒂冈第二次大公会议召开之际，生命伦理学作为后现代的一个最具活力的生命政治化学科，被重新创构。[②]

基督教神学中的诺斯替元素或诺斯替主义中的基督教神学观念，使得经典生命伦理学有了一股神秘色彩的生命伦理意识与生命道德观。“生命支撑生命，生命发现了它自已”，人最后总要回到耶路撒冷的门口，不管是疾病和死亡，都要皈依和最终被解救；人的生命堕落、下沉、被投掷、被俘虏，他用这个世界的苦难包裹自己，他穿着活火的皮袍来到这“鲁哈”[③] 的世界，为了生命恢复自身，“异乡人”是伟大的生命派遣，觉悟地完成了自我的拯救；穿越所有的壳——移涌世界，人是随时会离开肉身

---

① J. M. Roberts, *The New Penguin History of The World* (Penguin Books, 2007, London), pp. 273-274.

② Ibid., pp. 28-29.

③ 鲁哈（Ruha）意为“灵”，是行星们的邪灵的母亲，是邪灵的灵，是光明之子的主要敌人，是“圣灵”（holy spirit）的悖论与逆情的词汇。曼达派传统认为，基督教教义的奠定者窃取与误用了他们的老师施洗约翰（John the Baptist）的信息与名义。圣灵曾被理解为一位女性，这一人物存有极大的争辩和模糊性，在基督教诺斯替主义中是重要的概念。

的亚当，遇到信仰、知识与盼望，而在这个陌生的世界里，爱为最大者，只有它使我们拥有权力……[①]生命伦理问题由此获得一种神秘信道的动力，与医道的现实相融汇，传达一种不可抗拒的律令，这同时是一种敬畏生命的启示，生命的伟大在于神赐予人的权力，其中隐含着约纳斯生命伦理语言中的那种责任。诺斯替主义是以诺斯称义而不是以事工称义的。在诺斯替文化中，明显设计了一个道德的冲突，即禁欲和纵欲，谴责的责任感以及避免世界的污染，使人知道节制和谨慎；后一种则认为，应该的禁令是一种宇宙的专制，违反律法招致惩罚只是针对肉体和灵魂的，而属灵的人超越了“黑玛门尼”[②]，可以超脱道德的约束，可以享用生命的自由，这种所谓“普纽玛”[③]人的反宇宙主义的伦理虚无主义颇似尼采的反叛，是一种后现代式的人的自我强烈的内在体验的客观化，也可以意会人与世界分裂之后重新回归人与上帝关系的二元论超验教义的精神本源。诺斯替关于人的生命的神秘诠释，成为一种不散的幽灵，活跃在基督教以及西方精神哲学的潜在的内核和血液中，产生了难以散去的影响和内驱力，甚至通过某种具有时代冲击力的普世理论，经过化合与共生，成为人类的一种情感和心灵寄托，改造这个世界的伦理结构以及人的道德心理基础。对于生命伦理学和生命科学技术的道德依傍来说，往往是一个不被人们关注的观念，这成为认识论基础的来源之一。

二　生命意志伦理学、“五月花号公约”与信仰的伦理

如果就生命伦理学的直接渊源来论述，最突出者当属阿尔图·叔本华（Arthur Schopenhauer，1788—1860），这位和康德一样生于德国东部[④]的忧愤悲悯的人，曾经涉猎医学领地，一直对生命与哲学怀有极浓厚的兴致，并励精图治一世，怀抱着印度佛教的理想和东方哲学意志，抑郁而终。今天我们所提及的自由意志的世界主义或“自由论世界主义”在其开山之时，实际上是以生命道德或生命伦理的思考揭开沉重的序幕的。这位报幕人，

---

① J. M. Roberts, *The New Penguin History of The World* (Penguin Books, 2007, London), pp. 81-83.

② 黑玛门尼（Hemarmene），即普遍的命运，此概念取自于占星学，含有诺斯替反宇宙意义，既是自然的规律，又是心理上对于类似摩西律法等暴力的屈从。

③ 即普纽玛提可（Pneumatikoi），作为精神的人可被拯救，而沙尔克可（Sarkikoi）作为放纵肉体的人，永远要接受惩罚。

④ 叔本华生于波兰但泽（今格但斯克）。

就是叔本华。叔本华一生以其摧枯拉朽的伟力，用唯意志论的生命哲学对以康德为代表的理性主义实践哲学进行了激烈批判；同时，用反理性主义的哲学方法对抗以黑格尔为代表的德国理性主义哲学。他的唯意志论哲学，特别是生命意志论伦理学，对黑格尔的思辨哲学体系进行了无情颠覆，从意志和表象出发，替代以主客体关系建构哲学体系的传统。对于生命伦理学来说，他比黑格尔更深刻和更直接地揭示了生命的本质，他对于生命是我的意志、生命是我的表象的自由奔放的宣言，以及“现象世界之表象与作为本质世界之意志的本体意义”的关注，[①] 激活了人对生命沉睡已久的热情，使人重新回到人的自然和人的本有天赋本性的主体意志中来。

叔本华认为，唯有意志是康德的那个内在之物，必须在认识生命的意志和完成对其考察之后，才能认识到人的行为方式的伦理意义；作为它自身是自由的；“必然性是大自然的王国；自由是天惠的王国”；人的身体的每一活动都是一个意志活动的现象，意志的每一剧烈扰动，都震撼着身体，身体全部的实际存在及其整个系列的机能也只是那意志的客体化，而这意志是在它身体的外在活动中按动机的尺度显现的。身体适应于意志，并由意志支配人的行为。[②] 生理学不能取消整个发展中的动物生命本身就是意志现象这一真理；身体存在与身体发育的过程是意志的现象，是意志的客体化，人的生命的适应显现为目的性，即人通过一种自然的力，生命成为各种可能。“如同人的一般体形契合于人的一般意志一样，同样，个人的身体也契合个别形成的意志，各个人的性格。”[③] 他直击身体伦理的核心，指出：

身体各部分必须完全和意志所由宣泄的各主要欲望相契合，必须是欲望的可见表出：牙齿、食道、肠的输送就是客体化的饥饿；生殖器就是客体化的性欲；至于攫取物的手和跑得快的腿所契合的已经是意志的比较间接的要求了，手和脚就是这些要求的表出。[④]

---

① 万俊人：《现代西方伦理思想史》，北京大学出版社 1990 年版，第 57 页。

② 叔本华：《作为意志和表象的世界》，石冲白译，商务印书馆 1987 年版，第 161—162 页。作者根据本书第 164、393、554 页的部分论点对这一部分文字进行了综述。

③ 同上书，第 162—163 页。

④ 同上。

叔本华给与生命伦理学两个最重要的基本点：一是生命意志本身（神秘的物自体）和意志客体化显现的活动（行为，包括生命道德意志控制的行为）；二是道德是对生命意志的一种否定与牺牲，它应该建立在牺牲自我利益的基础上。

叔本华使现代思潮从理性主义向自由意志主义转折，打破了康德、黑格尔织筑的沉闷、压抑的道德哲学理论大厦，尽管其极其巨大与坚固，在此之前几乎坚不可摧，毫不动摇地与基督教伦理神学共同对人们的生命行为选择百般进行缠缚。犹如光华辐射，19 世纪后期，特别是 20 世纪开始，意志自由的喧响宣告了一个新的解放的世界即将打开帷幕。尼采、柏格森、弗洛伊德、詹姆士、杜威、萨特等都通过意志主义的望眼穿透这个令人窒息的世界，开始对于生命本身与身体伦理进行新的评价，并以日炽之势警示人类，人从心灵到肉体都是由意志决定的，人的本质就是意志，生命的权利应该由自我主体来裁决。人的本质由理性向意志的转换，孕育了后现代生命伦理学最稚弱的胚胎。

在生命伦理学，特别是医学伦理学实践活动之中，是否仅由人是目的或目的在其本身，就可以成为一种绝对的应当？叔本华对此进行了批判和更正，他说，这种目的论是不彻底的，它并没有洞察到人的真正本质。人的生命，包括人的意识，是不是一个双重的存在？对此我们可以这样理解：一方面，作为具体存在的人的生命实体或者可称为“身体”，另一方面是生命伦理学概念中的人的本质，即“现实的人只不过是意志客体化了的表象，主宰这个躯体的还有另一个内在的本质——生命意志”[①]。人是一个受制于生命意志运动的存在，现实的人并不具备真实的目的性的意义。叔本华进一步批评将康德第二条律令，即“每个人都应该使自己的行为所遵循的道德原则成为一个普遍的道德基准”作为普遍的道德律；[②]而生命的本体追求自由的本性和自由的可能性的冲突，又不得不把自由的无根性从个性选择的表象中剥裂，人的行为归属于行为的根据律则缓和了现实中人的自由冲动和生命追逐、欲望宣泄、利益争斗的强度。在生命或生理学的世界里，自由只是一种不可能性。这里，自然律与道德律实际上实现了在意志伦理上的统一。

---

① 万俊人：《现代西方伦理思想史》，北京大学出版社 1990 年版，第 60 页。

② 同上。这是康德《道德的基础》（英文版）第 96—97 页中的综合观点。

意志论世界主义预示了生命伦理学的基本风格与特质，并埋下了必然迻译为“自由世界主义”的伏笔。形而上学的自由理想、神秘的自由冲动与具体的生命活动或医学生活的现实，使自由意志论者只有放弃绝对的对于个人生命欲求的放纵，并且设定生命伦理必须是生命意志的否定和牺牲，人在很多情境下，必须忍受更大的痛苦，包括疾病和死亡在内；人的道德行为应该是一种使命，所以应该是为他者的一种给与，最好是奉献，同情与博爱，这就从根本上背离了生命意志或无限制的自由权利。叔本华影响了尼采，提供了生命伦理化的“超人”模型，成为一种难以抑制的强力意志的人性冲动。基督教的罪性人格主义在叔本华生命伦理体验中成为一种利己主义（egoism）、恶意（malice）、同情（compassion）的人性二因素。

后现代生命伦理学肇始于美国，与其国家民族的成长史例外一样，并没有一个自然意义上的学科童年，它的有机化合过程和孕育源于一批避居荷兰的英国清教徒乘坐“五月花”号木船来到北美新大陆，如同美国的立国基础就是宗教、垦殖生活与商业一样，后现代生命伦理学的成形是宗教与医学的进步。德国的兰克和美国的史学之父班克罗夫特认为，加尔文才是美国的真正国父；[①] 这段历史本源于美国新英格兰地区的殖民活动以及清教主义宗教背景，加尔文主义已经作为一种政治哲学支撑起在襁褓中的美国政体，犹太—基督教传统中的约法观念以及其中所体现的民主观念、习惯与操作的规程，特别是伦理原则，成为其立国的一块磐石，永久地维系了美国的政治经济和文化精神的内在核心结构，以致使其成为地球上最具征服力和主体地位的国家和生命政治集团。

历史常常是诗意的，偶在地充溢着悲剧的旅程，但却获得了一个欢乐的结尾。

即如是，那艘漂泊在蔚蓝色的、有时是地狱般的令人窒息的大海上的“五月花”号，成为美国历史上民主的航标。当这艘从地狱升腾起来的木船戏剧性地并错误地驶过弗吉尼亚的地界时，意味着脱离了弗吉尼亚公司的授权范围，他们则面临着解体的危险，这批在海上经过生死爱恨大考验的团体，尽管有过朝圣客的信仰与淘金者原子式个体欲望的重大分歧，但最

---

① 参阅［美］W. 布莱福特（Willianm Bradford）《五月花号公约签订始末》，王军伟译，华东师范大学出版社2006年版，中译本序言第4页。

后还是统一在“五月花号公约”和宗教习惯的规范之下，暴风骤雨、海盗、怪兽与瘟疫没有使他们屈服，他们漂泊在海上，靠《圣经》所记录的上帝的话语、借助于祈祷和赞美诗，团结在一部临时的“海洋法”的意志之中；平等、爱、尊重、行善等美德，在这个小世界里成为主流品质，像摩西用西奈律法统治他的臣民一样，他们为了敬畏上帝所赐予的生命，严格遵从和执行“五月花号公约”，因为它体现了上帝的旨意和恩典。“五月花”号没有重复《埃涅阿斯纪》中罗马始祖埃涅阿斯弃船登陆、船队被火付之一炬的事变①，而是遵守了关于诺亚方舟的传说以及上帝和以色列人之间的约法传统。更令人叫绝的是，布莱福特——这位亲历这段神奇历史的集团领导人兼历史学者，1620 年 11 月到达北美，后于次年接替卡佛成为普利茅斯的掌舵人，而就是他与摩西只能从远处瞥视迦南地一样，没有看到美国的诞生，余下的事业要由“约书亚和他的战友们”（即华盛顿和汉密尔顿等）来完成。“五月花”号的立法行为与旧约中的约法传统血脉相连，也是洛克所借喻的“神的灵运行在水面上”，“太初有美洲”的注脚。②

“五月花号公约”所给与我们的生命伦理学启示，是宝贵的精神资源。

如同基督教伦理作为美国资本主义经济秩序中的一种精神一样，精神大多产生于某种秩序形成之前，生命伦理精神显然也先于生命科学和医学活动或体制形成之前。但这种精神却与卫生经济秩序不同，并不接受卫生经济条件和医学技术发展的直接制约，反过来，作为人类的一种神圣的控制力量，应该永恒地为生命政治和身体伦理行为指示光明的锦绣前程。而日益变化的物质条件和技术环境则正如马克斯·韦伯的警言所告诫的：

> 今天这些条件正以不可抗拒的力量决定着降生于这一机制之中的每一个人的生活。而且不仅仅是那些直接参与经济获利的人的生活。也许这种决定性的作用会持续到人类烧光最后一吨煤的时刻。巴克斯特认为，对圣徒来说，身外之物只应是“披在他们肩上的一件随时

---

① 源自于罗马史诗，埃涅阿斯弃船登陆开始建城，他的船队在神意的干预下被付之一炬，隐喻着受海神波塞冬保佑的民族由于战败而必须经历一场从海洋到陆地的迁移才能获得重生的寓意。

② ［美］W. 布莱福特：《“五月花号公约”签订始末》，王军伟译，华东师范大学出版社 2006 年版，第 11 页。

可以甩掉的轻飘飘的斗篷”。然而命运却注定这斗篷将变成一只铁的牢笼。[①]

由此可证，信仰是生命伦理的基础。信仰具有摧毁腐朽世界的力量，信仰是无限的生命的力。

信仰是人类精神的境界和理念，是一种敬畏的终极情感和坚定的精神支柱，是人的最终的精神家园和神圣的皈依地；也是一种对于崇高的敬虔对象的毫无怀疑的信义和尊崇，有时甚至是一种没有根由的敬拜和畏惧，由此会建立各种禁忌和偏好，并恪守各种道德戒规和信条。信仰是人类社会的精神基础和真、善、美的基石，也是人类克服困难，赖以生存、进化、发展、超越的动力。

信仰，谓仰信。信心瞻仰之意。信，信奉；仰，仰慕。梵语 sraddha 被译作信心、信解、信仰。《法苑珠林》卷九四曰：“生无信仰心，恒被他笑具。”[②] 信仰，是指人们对某种理论、学说、主义的信服和尊崇，并把它奉为自己的行为准则和行动指南，它是一个人做什么和不做什么的根本准则和态度。信仰属于信念，是信念的一部分，是信念最集中、最高的表现形式。信仰是人对人生观、价值观和世界观等的选择和持有。

恰好，在我们这个当下的世界里，最危急的事就是信仰的迷失。尽管有些人善变，比如路德称伊拉斯谟为普罗特斯（Proteus）[③]，但他们基本上没有抛弃信仰，因为在灵性上，他们都需要，认为是自己的栖居之地。社会秩序与道德秩序最终是由人的守法的意识和灵性的觉悟维系的，如果没有了信仰和灵性的觉悟，秩序就一定会混乱与动摇，因为根基失去了一个基本的支撑。哈罗德·伯尔曼（Haroid J. Berman）的意见是，不能仅仅把宗教视为一种超自然的信仰和实践的制度，宗教是：

---

① ［德］马克斯·韦伯：《新教伦理与资本主义精神》，于晓、陈维纲译，三联书店 1987 年版，第 142 页。引文部分据原著注释，来源于《圣徒永恒的安息》第十二章。［美］W. 布莱福特：《“五月花号公约”签订始末》，王军伟译，华东师范大学出版社 2006 年版，第 251 页。

② 谓对佛、法、僧三宝的崇信与钦仰。佛教强调修行之初，须立坚固的信心，令不动摇。“信、解、行、证”，“信、愿、行”等。

③ 普罗特斯是希腊神话中的海神，其性情与主意善变。

> 对人生的终极意义和目标表现出共同关切的活生生的人，它是对各种超验价值之共有的直觉与献身。……宗教能够为社会提供它需要以面对未来的信仰；它是向颓废开战。①

我们讲生命伦理学，始终不能忽略的就是最初的生命伦理精神和基督教信仰的关联，也就是人的生命信念和信仰的建立。

西方式教育从宗教的教育开始，授学位仪式的"道之衫袍"，为人的一生做了宗教化的铺垫，教诲我们终生要为所信、所爱、所希望的人类幸福的事业去奋斗。学堂是教堂的变体，神父与法官，身着一样的象征"上帝旨意"的传达者和裁判人，秉承公正与道义，解救苦难的信众和弱者，驱散黑暗和世间的不平，为人类坚守光明。

医院的创立，是基督教生命伦理实践的庄严序幕。在希波克拉底时代，病人或在医生的家中，或在阿斯克勒皮奥斯的神殿获得治疗。罗伊·波特认为：

> 基督教信仰的胜利带来了护理的兴旺和作为一种保健机构——医院的发明并非偶然，基督创造了治愈的奇迹……慈善就是完善基督徒的德行。在爱、服务和拯救的名义下，信徒们都参加到照顾那些需要帮助的人——贫民、跛子、饥寒交迫者、居无定所的人和患者中去。君士坦丁皈依基督教使得其成为官方的宗教。"医院"随即作为虔诚的基地出现了，并且与宗教的教义一道专用于服务同胞。②

于是，390 年，法比欧拉（Fabiola）建立了第一所医院，这位皈依了基督教的贵妇人，为穷人的利益，把自己的全部财产换成金钱创办了医院，以自己柔弱的肩膀，承担起照护病人的事务，亲自为化脓的可怜病人冲洗与消毒伤口；她用自己的模范行动，影响和感动了一个时代。在中世纪，顺应于宗教秩序，千百所非正规的医院以虔诚捐赠的方式建立起来。12 世纪的西方就是这样，医院、教会或修道院以一种不可分

---

① ［美］伯尔曼：《法律与宗教》，梁治平译，三联书店 1991 年版，第 38 页。

② ［美］罗伊·波特：《剑桥医学史》，张大庆等译，吉林人民出版社 2000 年版，第 333 页。

割的形式连接在一起，围绕宗教仪式，接受治疗和洗礼或尊严地死去，病人将医院作为自己升入天国的福地和地上的最后居所。修女自然地作为白衣的天使，护佑病人，为上帝所差遣，完成治病救人的神的至善的嘱托。

马丁·路德的宗教改革是德意志民族乃至西方世界的思想号角，是历史的必然。对于生命来说，通过医学来验证人性的最初解放，应以医生的医疗行动为最好的典范。耶稣的两大使命是济世和救人，救人包括救人的肉身和灵魂，基督教和医学的使命在本源上是并行的。史怀泽正是以基督为模板的伟大的践行者。作为虔诚的基督徒，他本身是神职人员、神学家、哲学家、音乐家和医生，史怀泽的精神超越了我们所通识的白求恩精神，他35岁放弃在欧洲的所有安逸、富庶的贵族生活，偕妻子到非洲加蓬共和国，倾其所有建立一所平民医院，像法比欧拉一样，把光明和医学送给非洲最贫穷、最落后、最愚昧的那个地区的贫民患者；他用信仰感召那片无知的、贫瘠的、荒蛮的土地，用医药和医学的道德品行开垦和耕耘，把人道的音符和生命的赞美诗注入那里的森林和河谷，唤醒了沉睡的民族。敬畏生命，体认生命的尊严与宝贵；史怀泽在非洲兰巴雷内体验生命的意义，证明自己追求的生命伦理价值，他把谦恭和对于生命的敬畏，完全化作生的意志和道德需求的结合体，并在自身的医疗实践中深刻体悟这个真理，用自己的医学行动“开拓出正义、幸福与和平的未来”①。史怀泽并不经常谈论信仰，谈论宗教或者灵魂，只是谈论人的问题，只是帮助人。他说：

> 耶稣如此紧密地把宗教和人道结合起来，以至于不再有宗教，即对他来说，没有真正的人道，宗教就不存在；同样，没有宗教，真正人道的使命也不能够被倾听……②

当然，就道德哲学史来说，史怀泽只是一位行动主义者，敬畏生命的理论不曾算是一种学问，但是，从他对于尊重生命的追求来评价，他应该

---

① 钟肇政编译：《史怀泽传》，中国社会科学出版社2004年版，第170—171页。

② ［法］阿尔贝特·施韦泽：《对生命的敬畏》，陈泽环译，上海世纪出版集团2007年版，第68页。

是一位值得我们永远尊敬的圣者和伟大的思想家，他的贡献足可以称为生命伦理学的实践者，他是以自我生命来书写道德、正义与博爱的。

就信仰的伦理价值和叔本华的意志主义，以至于和生命伦理学的血脉关联的进化史而言，还要再次提及的是伊拉斯谟与大阿尔伯特。

大阿尔伯特①曾在当时欧洲知识中心的意大利帕多瓦大学学习，他将翻译作品中的新学识从阿拉伯国家向北传播到巴黎。1245—1254 年，他在巴黎讲学，并模仿保罗的传道模式，沿着那样的理想和心中的灵智路径，把道德真经播撒到四野。他努力使亚里士多德哲学适应于中世纪思想的世界观，他比阿奎那对科学本身更为关心，特别对植物的生命意志怀有极大的兴趣，他把外出传教时对植物生命活动进行的考察研究都收罗到自己的理论中，以此推想人类的生命意志和生命道德行为。他认为，亚里士多德学说大多不是思想的定论，尽管他的敌人蔑称他为亚里士多德的模仿者，他坚信亲自进行观察调查是有价值的。他进行过类似医药炼丹术的炼金实验，对元素嬗变的可能性问题持模棱两可的看法。在这方面他发现，逆水行舟显然是困难的，然而关于此问题的可能性他持有很大的怀疑。在其著作中他对砷叙述得很清楚，所以往往有人认为砷是他发现的，尽管早期炼金术士对不纯质的砷可能是有所了解的。他的学识受到人们的怀疑，认为他几乎就是巫师。但他在教会中的地位和他的正统性保护了他。1260—1262 年，他是雷根斯堡的主教，此后他在科隆一个修道院隐居，把余生致力于研究。直到人类和基督教世界历经近 700 年的风云变幻，罗马教皇庇护十一世在 1931 年终于宣布他为教会博士，这样就自然地将他列入教会的正式名单里。在他之前，由于古希腊哲学的影响，还有神道主义、神正论的思想，哲学和神学是不可分离的。就是这位大阿尔伯特，在沉默中进行了这场伟大的革命，**把哲学和神学分开**，改变了哲学的婢女身份。阿尔伯特的颠覆与反叛是里程碑式的，他利用哲学的思辨以及对现实问题的观察，摆脱了神学的束缚，把人类思想从神学和迷茫中解放出来。从此，人类找到了一个完全不同的自我主宰的世界，不需要依赖上帝进行选择与思考，在那个时代，这需要何等的勇气与力量？因为神学和世俗化

---

① 大阿尔伯特（Albertus Magnus，1193—1280）生于德国南部的洛印根，1280 年 11 月 15 日卒于科隆。阿尔伯特是波尔施塔特伯爵，由于博学而被称为“大阿尔伯特”，在那个夸张、精神高扬和人性压抑的时代，人们还称他为“万能博士”。

的生活不完全一样，它只掌握灵魂那一部分，上帝有一个超自然的世界，那个世界是永恒的、没有时间的，是时间概念缺失的，只有上帝的世界，到那个世界无法再争辩什么事情，因此把神学和要解决真理的哲学放在一起永远解决不了真理问题，这个有魅力、有魔力的大阿尔伯特背叛了旧有的思维模式，成为历史的英雄。

思想是在一种十分简单、平凡的生活中产生的，但它却有无穷的精神威力，可以改造这个世界，同时改变人本身。有学者评价他时认为：

> “思想给了我们一种普遍存在的形式。”除此，也许不再相信除了思想还如何再有信仰。①

也就是说，历史特别是思想史从此开始了一个新的阶段，即离开了上帝的权威，人们应该独立地以自我为主体生活；阿尔伯特是真正的意志民族的思想先驱，这为500年后的康德哲学，播下了批判哲学或哥白尼式革命的种子。

托马斯·阿奎那死后，由晚其六载去世的老师大阿尔伯特到处周游宣导，教廷最后才承认阿奎那《神学大全》的绝对权威地位。当阿奎那的神学思想被确立以后，漫长的中世纪开始扬帆起航，经院哲学开篇，德国的历史开始非常稳定地在欧洲思想史上占有至高无上的地位，就此催生了德国古典哲学和德国后来的一系列思想家，而最大的受益者当属马丁·路德。路德发动了16世纪的宗教革命，当然也融合了拉丁、法兰西和德意志几个民族的思想传承，最后构成了“95条信纲”思想的主脉，这一段思想史是生命伦理学的血脉之一。马丁·路德和加尔文的宗教改革对于后来的生命伦理学的萌芽时期和生命伦理学创立者的思想形成是一个意味深长的奠基。

伊拉斯谟，不是我们故意要把他扯到生命伦理学中来，而是他的思想是生命伦理意识的渊源所在，信仰问题是一个历史人类学问题。在阿尔伯特以后，恰值对其思想成就需要予以分析式继承的时期，既要不回避人的信仰，又要保持人的自主尊严，此时，伊拉斯谟出场，这十分具有戏剧

---

① Bertrand Russell, *The History of Western Philosophy* (Simon & Schuster, New York, 1972), p. 425.

性。伊拉斯谟用经典生命伦理学视角考察与审视这段历史，是颇有意义的。

利奥波德·冯·兰克认为："在当代，信仰的不同已经不再能使西方民族整体分裂。"① 谈到生命伦理，就不能回避信仰问题。没有信仰就不会有人类精神，也就没有善的原则和法令，道德就不会有规范，生活就没有秩序。

伊拉斯谟②思想细腻，其人性自由未经污染的观念，始终激励着他关爱人的生命；他不同意路德激烈地认为的"拯救自己是对上帝灵光的亵渎"的观点，虽然也对教会进行了无情地批评，但这很像西塞罗对生命尊严的那种阐述方式。伊拉斯谟反对再洗礼派的暴力行动，他企图以一种高雅的文学语言和文化形式，弘扬生命的道德理想，犹如文艺复兴时期造型艺术的复兴一样，把人性的健康发展推向一个浪漫的顶峰。③

我们生活在现象和世俗的世界中，我们活着，经常因为难以战胜的欲望而陷入无边的痛苦和自我心灵的绞杀之中。

洒扫应对，可以尽性至命，觉解是明，不觉解是无明。④

---

① ［德］兰克：《历史上的各个时代》，杨培英等译，北京大学出版社 2010 年版，第 110 页。

② 伊拉斯谟（Desiderius Erasmus，约 1466—1536），荷兰哲学家，16 世纪初，欧洲人文主义运动的主要代表人物。1466 年 10 月生于鹿特丹一个神甫家庭。青年时代入修道院。1492 年成为神甫。1495 年去巴黎深造，开始接触一些人文主义者。1499 年去英国，结识空想社会主义者 T. 莫尔。后攻读希腊语和研究宗教改革问题。1506 年赴意大利，因对教会不满而于 1509 年返回英国，发表《愚人颂》，强烈指责教会和贵族的腐败，嘲笑经验哲学家和僧侣们愚昧无知的空谈。1511—1514 年在剑桥大学任教。1514 年，修道院要求伊拉斯谟回院，经教皇同意，伊拉斯谟保持了对修道院的独立性。1516 年发表《希腊语圣经新约批注》，对当时的宗教理论进行了深刻的批判。同年回荷兰。后任查理五世顾问，编写教育亲王的教材，还著书指责战争。1521 年前往巴塞尔，继续发表著作。M. 路德领导的宗教改革爆发后，伊拉斯谟觉得关于"文学的黄金时代"即将到来的美梦破灭了，于 1524 年写了《论自由意志》并同路德通信，批评路德。在 1529 年宗教改革的浪潮席卷巴塞尔时，他去弗赖堡。1536 年回到巴塞尔。同年 7 月 12 日逝世。他知识渊博，忠于教育事业，一生始终追求个人自由和人格尊严，但忽视自然科学，在政治上对反动势力只会讽刺，而没有像路德那样发动人民。

③ 关于伊拉斯谟的贡献，请参阅［荷兰］约翰·赫伊津哈《伊拉斯谟传》，何道宽译，广西师范大学出版社 2008 年版。

④ 冯友兰：《贞元六书》（下），华东师范大学出版社 1996 年版，第 532 页。这是冯友兰先生对于宋儒禅语的解释。

我们常常以心性和理性进行自我检省并陷于苦恼中，当然作为凡夫俗子总想摆脱或忘怀一切周遭的诱惑，我们甚至不愿意再回到原初的清醒状态，或者拼命麻醉自己的肉身，让人生消费着，燃点着；就在这时，我们只有皈依于信仰这个奇妙的道术，方可安宁；人不能没有信仰，信仰为其他任何的物质或文化的器物所无法替代；从亚里士多德开始，到伊拉斯谟和阿奎那，以至于路德，其所指都是人应该如何更好更真诚地信仰，而不是失去它；如果我们失去了宝贵的信仰，我们就失去了人生，我们的生命也就没有基本的内核和由意志管控的生命的力量，也就没有了生命的意义。

我们一直期盼的生命伦理，应该是一种信仰的伦理和价值伦理的结合，如此，我们才能够真实地解读和体验生命的内在意义和生活的目的或者人的目的。由此所编织的道德世界，就能够自然地驱散一切阴霾与瘴气：

> 道德世界的瘴气同大自然的瘴气活动方式不一样。前者喜欢升向高处，后者则弥漫于地面上。鲜花和阳光是高处的居民对付瘴气的最佳武器。二者很少同现于高处。可是在那最高的道德高地之中，人们现在有一处可以享受最纯净的空气，可看见阳光下的百合花。①

三 基督教生命伦理思想资源注疏

（一）后现代生命伦理学的天主教神学基础

湛蓝的地中海，深阔、神秘、宁静、奇异而丰富，它曾是人类的大脑和世界的心脏，它精心培育了犹太—基督教文明，给予人类历史文化以智慧和荣光。“将荣耀归与我的名”②，人的生命是上主的创造，使天主教一直以“大公”（Catholic）而自信，尽管饱受分裂、改教运动以及政治变革的创伤，天主教并没有削弱其大公性；因之它在基督教中的霸主地位在弱化之后仍然不断地表现出一种内在的、超然的伟力。天主教

---

① ［德］诺瓦利斯：《夜颂中的革命和宗教》，林克等译，华夏出版社 2007 年版，第 110 页。诺瓦利斯（Novalis，1772—1801），德国才华横溢的、最富影响力的浪漫主义诗人之一。经历了法国大革命，效法古代高人表达政治见解的隐喻手法，留下了一首首耀眼的诗篇，被誉为柏拉图隐微写作的传人。其代表作如《信仰与爱》《夜颂》等。

② 见《圣经 · 马拉基亚》2：2，即新教圣经的《马拉基书》。

学者为实现普世的伦理境遇和呼唤普遍的认同，把整体（totality）这个概念也压缩进“大公”之中，特别是第二次梵蒂冈大公会议之后，在天主教内部发端的普世运动把神学的研究推向了一个开放的高潮。现代与后现代神学思想应运而生，为生命神学的萌芽注入了丰美的营养。

阿尔弗雷德·卢瓦奇[①]是天主教现代派神学的代表，被称为“现代派之父”，被天主教会判为“所曾遇到的最危险的敌手之一”，其著作《福音与教会》被视为“一切现代主义异端邪说的总汇”。卢瓦奇认为，《圣经》的一切表述，无论宗教的、世俗的还是伦理的，都既是神圣的又是人类社会的；既是绝对的又是相对的。他说，具体的宗教生活与抽象的宗教教义有着根本的差异，福音是教会在形成过程中的产物，《圣经》被删改、补充与变动过，真正的信仰应表现在爱上帝和爱邻人的耶稣伦理中；他强调世人对神性的表述是有局限但又不可能完善的；他否定存在与科学技术截然对立的终极启示与永无谬误的权威。他提出，应建立一种人道宗教或爱之宗教，“以上帝之爱作为宇宙秩序的根基，以人世之爱作为社会道德的原理”[②]，这并非是个我之爱，而是面向全人类的普世博爱。卢瓦奇彻底的“叛教行为”和对天主教传统价值的否定，激怒了罗马教廷，但从此洒落了一场改革的春雨，第一次洗涤了人们所坚信的、不可风蚀然而已经明显倾颓的教义学古堡，动摇了一成不变的天主教神学。这种不屈服于权势的批判精神对后来者产生了潜移默化的影响。在他的启迪之下，天主教思想家穆尼埃（Emmanuel Mounier，1905—1950）和不甘寂寞的德日进开始为新的科学伦理主张而奔波。

我们已经讨论了生命的有限性，神学伦理学一直用动态宗教的概念解决生命进化的动力。亨利·柏格森说：“在理性的生命体身上，宗教被用来

---

① 卢瓦奇（Alfred Loisy，1857—1940），1857 年 2 月 28 日生于法国上马恩的安布里雷，1874 年于夏龙神学院就读，1879 年任神职。1881 年在巴黎天主教神学院、法兰西神学院学习神学与东方学，1882 年担任天主教学院希伯来文教授，1889 年担任《旧约》神学教授，1908 年 3 月 7 日因抗议教皇反现代派教令和通谕而被处以绝罚。1909 年，继任《耶稣的一生》的作者勒南之职担任法兰西学院宗教史教授，至 1926 年。1932 年他的全部著述被禁。1934 年退休。晚年对上帝内在论持修正态度，对教会攻击有所收敛，重新强调上帝的超越性。1940 年 6 月 1 日在巴黎逝世。其代表著作有《旧约经典史》《新约经典史》《第四福音书》《人的道德》《当代道德危机与人的教育》《基督教的诞生》《护神的神话》等。

② 参阅卓新平《当代西方天主教神学》，上海三联书店 1998 年版，第 13 页。

弥补对生命的依附中所出现的缺陷。”① 动态宗教把发展作为自己的目标，承认科学进步的力量；同时把生命看作上帝赐予的礼物②，神子耶稣是一位伟大的医生。③ 上帝作为最高的实体使人的本体建构的有限性令人无法怀疑；人的知识与理性、道德与伦理、欲望与幸福三方面的有限性证实了人的伟大与渺小④，既自由又受限。新托马斯主义伦理学是一种以上帝为核心的宗教人道主义，它研究人的美德问题，对其基本原则、理论依据、人的行为、道德生活以及终极目标等均进行了深刻的求证。它扩延和超越了超验托马斯主义者的工作。超验托马斯主义企望洞见人类认识局限于与之相对的宇宙，人可以超出这种存在的时空领域去争取生命、精神和科学探索的自由。罗纳根⑤的神学伦理学坦然地对生与死的问题加以伦理陈述，表现出一种唯理认知的精神回归。新托马斯主义再次引领神学，把这一回归拉回现实，使感性和灵性、生命的存在与天国的秩序实现合一。马利坦⑥可称为这一思想的先锋。出于早年严格的生物科学训练，他一开始就关注进化论与神学的关系以及担纲从科学神学的视角解救神学的危机。马利坦称感性是一切科学的认识来源，但感性与理性都属于物质范畴，人类应存在另

---

① 柏格森提出，静态宗教使人不再思考未来，使道德高于一切，依附于生命又无所作为；它既保持伟大的神秘主义，又能够正视生活事实，承认科学的进步和价值，始终把发展作为目标，这就是一种新的宗教——动态宗教。可参阅亨利·柏格森《道德与宗教的两个来源》，王作虹等译，贵州人民出版社 2000 年版，第 182 页。

② John J. Paris and Michael Poorman, "'Playing God' and the Removal of Life-Prolonging Therapy," *The Journal of Medicine and Philosophy*, Vol. 20, No. 4 (August, 1995), p. 405.

③ George Khushf, "Illnese, the Problem of Evil, and the Analogical Structure of Healing: On the Difference Christianity Makes in Bioethics," *Christian Bioethics*, Vol. 1. No. 1 (1995), p. 104.

④ 参阅何怀宏《道德·上帝与人》，新华出版社 1999 年版，第 236 页。这是指陀思妥耶夫斯基的思想中对人的有限性的分析。

⑤ 罗纳根（Bernard Lonergan，1909—1984），加拿大天主教学者，曾在北美和欧洲学习罗马文化、哲学、语言学、数学，后于罗马教皇大学攻读神学，曾在哈佛大学神学院任讲座教授，后在波士顿学院任教授，为超验托马斯主义的代表人物。

⑥ 马利坦（Jacques Maritain，1882—1973），1882 年 11 月 18 日生于法国巴黎，他的母亲是法兰西第三共和国创建者之一尤里斯·法伏列的女儿，是一名新教徒。从小在归正教会接受洗礼并受到自由派新教神学家列维尔的系统宗教教育，但与新教关系淡漠。1899 年进入巴黎大学读书，其专业为人文与自然科学，获得哲学与科学硕士学位。后受作家布洛瓦在天主教方面的指导于 1906 年受洗加入罗马教会。1906—1908 年在德国海德堡学习生物学，1912 年在斯塔尼斯拉斯学院讲授柏格森生命哲学，1914—1933 年在巴黎天主教学院担任哲学教授。在 1933 年后移居美国，在普林斯顿、纽约等大学任教。为新托马斯主义的主要理论家和大师，1945—1948 年任法国驻梵蒂冈大使，1960 年回法国，隐居在图卢兹修道院，1973 年 4 月 28 日去世。主要著作有《柏格森哲学，其批判性研究》《宣道的生命》《宗教与文化》《异中求同》《完整的人道主义》《道德哲学》等。

一种高级的能动主体，即所谓理智之光，用这种“爱克斯光”就能穿透肉体，将骨骼系统清晰地呈现出来，我们就可以把握物质与精神的生命。马利坦认为，人是一种具有理智的、能够认识周围事物的生物，而人的一切意识活动是灵魂的机能，人的灵魂必然是不朽的，且可以离开肉体而存在的。[1] 人的生命因为有灵魂才获得了个性，才拥有认识自身和世界的理智，才能对尘世生活进行思辨和把握。马利坦特别申明，科学是次居于智慧的知识，智慧就是宗教或神学；科学是善的，是合乎需要的，尽管有人利用它为罪恶服务；我们应相信，世界在本质上是有秩序的，这是一切科学的基础，这种信念只能建立在宗教感情上。宗教与科学不是对立的，是可以协调的，是能够和谐相处的统一体；马利坦用神恩创造神学与科学重归于好的条件，力图发现它们和谐的契合点；生命神学就是他所追逐的“全新精神”。我们本置存于轻灵、精微、漫美的天地之间，我们的境域如此神奇，宗教与科学平等相处，则创化出一个现实又神秘、宁谧又完美的人间乐园。马利坦鼓吹的关爱世人的人道主义正是医学人道主义的父本，他主张人应有权利充分享受人所应得的世间生活和精神生活，他用“基督教人格主义”代替个人主义的文化，他尊重人性，强调人的生命力，肯定人的自身价值；他调和人与上帝的关系，是把上帝作为人生终极关怀和道德的最高依据，他的平等、正义、尊重生命、尊重妇女是建立在尊重科学的前提下的；他提出，“必须无条件地接受人类的处境”，这几乎就是一个宣言，一个关涉神学和科学的宣言，我们无法阻挡科学技术，只有用伦理法则去规范，但不能因任何理由而设置障碍。马利坦在《历史哲学》中写道：

> ……上帝王国应当充分完成即将要来到的向王国的世界进军，它朝着自然结果的方向成长。只有历史继续将永不终止。这在基督教历史哲学和黑格尔主义之间有一个基本的不同，他们都是多边的或是积极主义者。[2]

---

① 参阅陈麟书、田海华《神圣使命——重读马利坦》，四川人民出版社1997年版，第48—51页。马氏认为，灵魂和物质是同一个东西，这是人的特殊结构。生命神学就是要解决肉身生命和灵性生命的统一；对此，我们只能暂时设定有一位“上帝”早就创造了人的灵魂，后又镶嵌入人的身体，这是马氏最后的解释。

② 同上书，第328页。原文译自 *Charles Scribner's Sons*，New York，1957.

作为天主教神学家、思想家与哲学家的马克斯·舍勒[①]，对现当代天主教神学的形成与突破性发展作出了里程碑似的贡献。舍勒可作为生命神学的启迪者，他的人心秩序[②]是世界价值秩序的主体方维的理论，给出了生命伦理学的价值论前提。他认为，人心秩序、精神气质或体验结构，是一个实质价值的偏爱系统（wertvorzugssystem），由此给时代的和文化共同体单位的伦理烙上难以磨灭的印记，具体的、实际的价值偏爱构成了生活中价值优先或后置的规则。舍勒论证了伦理相对主义的产生缘由，认为并不存在伦理原则上的公理，伦理意识的差异与现代转变可勘定伦理公理的法则。他精妙地使用价值情感现象学的人类学方法去解读神学伦理学原理和生命的考据，开拓了我们的神学思维。他沿清整基督教神学理论的心学理路建立的心之神学（theology cordis）以及对人的观念和载体的重审，为生命神学奠定了精神基础。由于医学的训练，他游刃有余地运用生理学、病理学和医学的知识，又彻悟地掺入神学情思，对生命独到的剖解和整体的裁析，令凡人不得不敬畏与感佩。医学与生命科学永恒地应以爱作为处理生活世界之价值问题的冲动，并应尽力区分出感性价值、生命价值、精神价值和宗教价值，对爱的价值的神学观照是生命神学最重要的使命。舍勒在生理学、医学、神学、哲学、人类学和伦理学之间往来穿梭，自由游弋，精心织造价值论巨网，用生命标定爱的生存（ens amans），消除生命与精神的二元对立，用“神主人类学”解救人的意识，终于使神的精神让渡为人的精神。

舍勒根据生命意义的各个层级，将那些束缚在其可能的对人类活动反

---

① 舍勒（Max Scheler，1874—1928），非同凡响的天主教神学家。于1874年8月22日生于德国慕尼黑。其父信新教，母信犹太教，而他却于1899年皈依天主教。在柏林大学、慕尼黑大学和耶拿大学攻读哲学、心理学、社会学与医学时，先后师从W. Dilthey、G. Simmel、R. Eucken等著名思想家。1907年在慕尼黑大学做编外讲师，成为“现象学运动”的成员和先锋人物。1911年起，因论著迭出而成为名流，战后受聘于科隆大学，担任哲学和社会学教授。舍勒个性热情、才华横溢、思路敏捷，讲课富有感召力与吸引力，令受众倾服。个人生活多有波折，曾为此丢掉职位，专事写作。1928年5月19日，正准备接受法兰克福大学教职的他，因心脏病而猝然病逝。舍氏学术博杂多野，是德语文化学术界的传奇人物，其人“哲思深邃、迭拓新题、建树广而不流于浅乏”，伽达默尔称他为“精神的挥霍者”；巴尔塔萨视其为“世界观的聚盆”。主要著作有《伦理学中的形式主义与质料的价值伦理学》《同情的本质与形式》《道德建构中的怨恨》《论人的理念》《宗教问题——论宗教的创新》《人与历史》《哲学人类学》等。

② 可理解为“ethos”，即心态气质。

应作用上的事实，即人的种类的环境内涵，分层地呈现给任何一种感知、回忆与期待。舍勒认为，科学将自身从对于人的此在的相对性限制中解脱出来——当然是以这样一些认识的相应性为代价的，这些认识仅朝向一个可能的周围世界一般的“方面”，这个周围世界的知识仅仅满足于统治所有那些不属于人的环境，然而还包含着与生命—此在相对的此在领域中的东西。[①] 其意旨为科学权力应逃逸人的意志的差遣，由科学自身做主，宗教的无端裁决或控制是不道德的。舍勒为基督教遗产的“生命化”而努力释解圣方济各[②]精神，目的是使生命基督化和彻底精神化，充满了普罗旺斯式的激情，劝人行善；他说：所爱的不是贫苦的贫、病者的病，而是隐于其后的东西……使病人的生命价值显露，如方济各吻流脓血的伤口，甚至不捏死咬他的臭虫。[③] 舍勒批评由贫富、健康与疾病以及按照地位、财产、生命力、权力来排列伦理价值或位格价值；他还抨击把有用价值、工具价值优先于生命价值的现代生命观。[④] 舍勒指出，赴死是生命的一种行为和活动，生物就是能死的东西，这是生命价值伦理学的基础。

对生命伦理学来说，有一位伟大的人，他生时没有创建这门学科的意想，但却为我们留下了一笔珍贵的精神遗产和知识财富——孤独的德日进，他一生桀骜不驯，为神学与科学的融构，半生匍匐在寂寥的古生物学的东方实验场里，作为一位天主教神甫，在思考宇宙秩序和生命进化本源的同时，一刻也没有淡漠自己的信仰，创造性地使神学与科学，使上帝和生命进化的学说合为一体。没有人可以比拟他的真诚，也很少有人像他那样对科学、神学兼或地执着。德日进的早期论文《基督在物质中》和《物质的精神力量》公开提出精神和物质、灵魂和肉体、意识和本能是一个同一整体的两种情态，它们不过是同一宇宙素材的两面；他大胆地申明：传统神学与教义视肉体与精神为对立的观念必须加

---

① 《舍勒选集》，刘小枫选编，上海三联书店 1999 年版，第 111 页。舍勒还创造了一个“一种可能的技术的目的设定原理”的词汇，用以表明伦理学、哲学和神学对科学的干预。

② 方济各（Francesco d‘ Assisi，1181—1226），方济各会创始人，意大利人。经常麻衣赤足，手托乞钵，宣传清贫福音。

③ 《舍勒选集》，刘小枫选编，上海三联书店 1999 年版，第 449 页。这其中间接地教诲医务人员应如何对待病人，生动地阐明生命价值的宝贵，生命价值和生命神圣观都来自于对人的尊重，源于基督教的伦理。

④ 同上书，第 517—520 页。

以修正，原罪并非是历史事实，而只能说是罪恶的存在。[①] 这位勇敢而不屈服的“大地之子”，在放逐的漂泊生活中，置身于朗朗夜空之下，注视着记录生命进化的斑驳化石，追究人的生命与上帝创造的偶合关联。德日进坚信，生命科学终有一天会破解生命的奥秘，而且人只是上帝创造的半成品，还必须由人自己进一步完善，上帝原本把改造与修订自我的权利交给了人类。这一如晴日鸣雷的话语摇撼了西天颠扑不破的信仰大厦，他用《人的现象》《神的氛围》和《科学与基督》三篇骇世巨作，素描了人、神、基督与生命科学的三重关系，漫话了人的实存状态、与自然的和谐相处以及和命运的抗争。他赞叹科学的崇高与造化人生的伟力；他发现，宇宙是从原始质料开始的，内部具有一种潜能，逐渐向复杂的结构演变，一直到出现生命与思想；精神能与物质能是生命的两种能量，缺一而不成其为生命，“物质表”影响“物质里”，最后达到临界点，偶然间发生生命。德日进还认为，既然进化使生命走上思想之路，便不能不向心智层和精神化迈进，并逐渐完成；进化其实掌握在人的手里，人是宇宙进化的核心，人能否使进化圆满完成，关键在于人自身能否完成“人化”[②] 的问题，“人化”是人类进化的必然现象。德日进开凿了科学与神学协调的先河，作为对物质与精神同一求知行为不可分割的两部分的信仰，他坚信，这一切都处于上帝之爱的照看之中；“宇宙基督”与“整体基督”与上帝同样“昔在今在以后永在”；“宇宙的仁爱者”就是“伟大的同路人”，其对于神性的向上运动和人性的向前运动，是一种潜在的力和一种展开的力。受德日进的影响，神学家开始承认：“人类为那永远与天主同在，并与他一同治理万物，且活跃于尘寰、欢乐于人间的奇妙智慧，更光明地受到照耀。”[③] 德日进思想之潜潭，水幽深几无可见底，但识者可握，穷极天理而入人心。科学与神学结为一体的性理，就此永驻，不可离去。

---

① 请参阅傅乐安编《当代西方著名哲学家评传·宗教哲学》，山东人民出版社 1996 年版，第 25 页。这些观点可参阅德日进《关于原罪的历史现象可能性》（1922 年 4 月的一次演讲）和《关于原罪的反省》（1947 年 11 月 15 日）两篇文章，主要针对正统神学家作出批评。

② 德日进非常重视“人化”的力量，按其在《人的现象》中的说法，“人化”就是指个体从本能跃进到思想的一刹那，也就是指人类的文明进步，人超越动物性的本能向精神化的演变，思想、反思等都是人化的作用。

③ 此文可参阅《梵蒂冈第二届大公会议文献》，天主教教务协进会出版社 1998 年版，第 270 页。

罗曼诺·瓜尔蒂尼①，一个在生命哲学和生存神学催生下为我们带来生机的天主教神学家；如同先知坚持永恒，如同智者坚持实存，如同哲人关注变化，如同术士关注时间，他承认生命作为原始力量的意义，又提倡一种超越自然的生命哲学，从而享有了“信仰的生命”。瓜尔蒂尼似与先知灵性的对话，使其信仰生命和宇宙新秩序的学说震慑人心。他认为，灵肉非矛盾存在，而是相互关联的，生命乃是对比体系的承载，对比在生命中，特别是在人的生命中得以显现；上帝之概念只能从绝对本质的维度构建，有限存在的人只能借助受造相似的模板来理解绝对本质，上帝的每一陈述都不过是不同的类比，“若存有对比之相似的可能，那么上帝在绝对之中就可类比为生命在有限之中”②。他认为，第一，人对生命的体验是从行动与结构的对比开始的，生命由行动的时间序列和结构的空间分布共构一个整体；第二，生命同时为充实与形式，作为肉体与灵魂的形式其实从不存在，生命的“充实”是形式的内容与血液，它们承载生命，二者互为前提；第三，生命既是个别又是整体，个别被整体确认，整体必由个别构成。瓜氏热烈鼓噪新的创造精神，认为生命的创造乃一种“自我本有”，生命是一种本有与规定的对比，克服已有并将其置于新的秩序之内，受新的目标、计划和结构所支配；生命不束缚自我，总为其创造新规律，生命不重复自我，永为其设立新开端；生命虽变化，但有节奏与周期，“在更迭中回归，在变易中延续，在一切转化中显示其目的、形态与关系之恒定”③。瓜尔蒂尼深信：生命的内在性沉潜深奥，不可测知，超越乃彼岸升华，渺远神凝，没有内在与超越的对比，就无法透悟生命的本原。用对比使灵魂获救，用对

① 瓜尔蒂尼（Romano Guardini，1885—1968），当代天主教最富影响力的神学家之一。1895年生于意大利维罗纳，后侨居德国美因茨，1911年入德国国籍。1903年入杜宾根大学学化学，后先后于弗莱堡大学和美因茨神学院学习神学；1910年晋铎神父。1918年获神学博士学位，后从事基层教会工作和伤病员护理，遂担任天主教革新计划顾问。受舍勒、布伯的影响而走上学术发展之路，正式担任神学教授。其精致、令人叫绝的演讲以及申明信仰神学等问题的百部著述，使其声名显赫。1961年被任命为“梵二”会议礼仪革新筹委会成员。后被多所大学聘为讲座教授与荣誉博士。1968年10月1日病逝于慕尼黑。主要著作有《对比说——类型学说体系之构思》《世界与人——试论基督教关于人的学说》《知觉与宗教认识》《现代世界的结束》《论年纪——其伦理及教育意义》《关怀人类》《人生阶段与回顾》等。

② 原文出自瓜尔蒂尼《对比学说》，摘自卓新平《当代天主教神学》，上海三联书店1998年版，第80页。此义为有限的人可以理解上帝的无限性，生命具有重要的相对价值与意义。

③ 卓新平：《当代天主教神学》，上海三联书店1998年版，第81页。原文载《对比学说》（*Der Gegensatz Matthias-Glrünewald-Verlag*），美因茨1955年德文版，第68页。

比使信仰更理性，用对比理解被造与继续创造，用对比追随福音启示与地上的天国实现。这一生命观可以作为生命神学的思想来源和研究方法之一。

20 世纪 60 年代，是新人类精神和新宗教思想潮水喷涌的世纪，世界经历了 50 年喋血的哀歌，从矗满十字架的、荆草覆盖的坟茔回归人间，检讨与了悟人类共有的生命。

我爱我生命中的晦暝时刻，
它们使我的知觉更加深沉；
像批阅旧时的信札，我发现
我那平庸的生活已然逝去，
已如传说一样久远，无形。

我从中得到省悟，有了新的
空间，去实践第二次永恒的
生命。①

1962 年 10 月至 1965 年 12 月，天主教在连续的文化沉雷里获得了“第二次永恒的生命”。“梵二”会议掀起了基督教思想界在当代的革新运动，使罗马天主教神学的整个面貌发生了巨大变化。围绕“梵二”会议的文件内容，神学家发表了一系列训导文集、专著与论文，形成了革命的神学体系和新宗教精神，其“世上和平”、“适应时代”和“与所有有良好愿望的人对话”的开放的号角，成为后现代神学的前奏。“梵二”会议在以下神学主张中埋下了革命的种子，并为生命神学的诞生提供了最关键的依据：用基督中心论强调肉身的价值，基督体现上帝对人类的爱，新的启示通过他进入历史与现实社会，他就是上帝的话语，就是“道路、真理与生命”；基督不只是天国的君王，更是人类的中心、现世的中心，基督通过圣灵，引领我们完成第二次“出埃及记”，这个实践的机会就在今天的地上；基督代表人性的最高本质，神学应向所有世俗民众开放，人与基督的生命结合，这种生命的伦理才是人神关系的伦理；对人的肉体的合法需求应予以尊重，上帝规定人是大地及万

① 摘自藏棣编《里尔克诗选》（人民文学出版社 1996 年版）第 34 页中“我爱我生命中的晦暝时刻”。

有的主人，人是万有的中心与极峰，人是整个社会经济生活的创造者与宗旨；人在世界上的努力、人对世界的统治与管理都是正当的，人有对世俗世界支配的自主权力，世界、地上现实的自主，人的自由都是上帝所愿的；科学与科学家有合法的自主权，应尊重科学，允许人们从事科学研究的自由，科学与信仰来自同一个真理；世界是上帝与人合作的产物，是神与人交融的伟大成果，上帝从他的被造物——人的身上不断丰富自己。“梵二”会议惊人地宣布：“世上已经有了天国的因素，天国已在世界中显现。”[①] 此谕所指的天国，虽然不是一个物质的实体，但它成为生命神国的象征，充满了积极乐观的精神。同时，上帝对世上人生的最后干预已通过道成肉身提前实现，余下的有关人生命的事物应由人类自己做抉择，上帝的这种信任已被“肉身”之道所陈述与显明；在此，基督是一种证伪的象征，基督就是对人的创新的暗示，就是一种特定的嘱托和神意的传达，而人的认信就是一种伦理约制，这一规范与监控系统就是信义的道德秩序。“梵二会议的一系列神学论述使关于上帝之国的价值、因素、标准和权能超前到来尘世的新理论诞生了。据此，基督不仅用语言，而且也用行动显示上帝的天国在现世的存在。”[②] 天国成为现在，耶和华的日子成为主的日子，末日的救赎成为人间的救赎与创造行动，来世的天国成为人间的乐园，神学被解放，王权的大能成为肉身所及，上帝之国的力量成为历史的形式；在地上，人应具有新的行动、新的责任感，人应用新的天国的价值标准判断善恶，如此我们才可以看到主的荣光；人类创造和发展成熟的价值观来源于人类的智能，原本是上帝赐予的，应该得到赞赏；人的生命始终在诞生和死亡中流动，人的欲望无穷，但能力却有限，内心充满矛盾，人不可能满全生命，但通过爱与科学可以建设和完善美好的新世界。

在人类历史上，没有任何会议能够长久、持续并激烈地掀起如此巨大的排浪似的思想高潮，也没有任何声音能如此经久不息地引发人类情感的神经以及思维和人文心理的震撼；“梵二”会议之后，几乎所有人都不自

---

① 傅乐安主编：《当代天主教》，东方出版社1996年版，第40页。原文载《论教会在现代世界牧职宪章》第39—40节。其实，地上天国的思想来源于犹太拉比们对上帝之国的诠释，即犹太锡利亚主义，后演变为基督教锡利亚主义，他认为，在末日审判之前，基督将回到世上为选民建立一个地上幸福的王国；《圣经》中也提示天国“在此世降临，由生人永享”，如《马太福音》16：28、《马可福音》9：1等。

② 傅乐安主编：《当代天主教》，东方出版社1996年版，第46页。

觉地被卷进一场文化革命的潮汐之中，在逐渐拓展的世界性科技跨越中改变自己的烂漫人生。

……，欢乐
从今开始，
居住于爱之夜，
单纯的眼中，
智慧的重重深渊留驻。
群山深处生命的景象绽绿。①

作为“梵二”会议期间激进神学改革的领袖之一，并在会议之后以“先验神学”和“神学人类学”的创建而闻名于世的卡尔·拉纳尔②，对西方思想界形成了旋风似的冲击。拉纳尔在多样性和多元化中追求一种神圣与世俗、神性与人性、本质与生存的统一与和谐；他赞赏科学的能力与成就，科学与神学同样可以超越历史，表现恩典与自然的赠礼。他用神学之思深刻预见人的存在，用哲学之言洞视神的启示；承认人作为精神之“在”的先验性，人以“言”的形式发生，以思考和求索表明生命的本质意义以及人生命的历史性。拉纳尔指出：

作为他生命的生存论根据的上帝之言必然会在人的历史中出现，即去蔽，其形态犹如人的一个言词，并以其永恒的、时时和处处都同

① 这是荷尔德林的诗《面包和酒》中“常青藤”的一段，见《荷尔德林文集》，戴晖译，商务印书馆1999年版，第477页。

② 拉纳尔（Karl Rahner）于1904年3月5日生于德国弗莱堡，1922年入耶稣会，1924—1927年在慕尼黑附近的耶稣会高校攻读神学。1932年在圣米歇尔教堂授任神职。1934—1936年在弗莱堡大学学习哲学，曾拜海德格尔为师，深受存在主义哲学的影响，1936年12月19日以《来自基督之心的教会》的论文获奥地利因斯布鲁克大学神学博士学位。后因参加反纳粹斗争而被逐出蒂罗尔地区。至1948年，先后任神职、讲授教义学，后回到因斯布鲁克大学任教义学和教义史教授。1960年出任“梵二”会议筹委会顾问，后被任命为大公会议的神学家和神父以及会议中多个委员会成员，参与多份文件的制定工作。1965年后，创办《大公会议》杂志，主编《争论问题》和《神学与教会辞典》等，影响巨大。1964年成为慕尼黑大学神学教授，1967年任明斯特大学神学系教授，1971年退休。曾被美国、英国、法国多所大学授予名誉博士和各种荣誉称号。1984年3月30日逝世。一生著述丰厚，达4000余种。流传最广的《神学论集》已出版16卷，本书对西方神学的发展产生了关键影响。其他重要著作有《沉默之言》《圣言的倾听者》《教会中的自由之言》《论死之神学》《人之起源问题》《信仰对地球的爱，论平凡世界中的基督宗教之思》《论未来神学》《教会之宽容》等。

样明晰的理念，理顺历史性的种种偶然性和不快事件的纠缠。[①]

上帝的应许在今天已经实现，人类进入历史是在获得自由权利之后；人“此在”的责任和“此在”的使命是连在一起的，人在生活中素有超越性经验，对生命的理解和改造同时得到上帝的启示与关照，人是世界的主体和精神；人之自由、责任和爱的体验正是其创造性精神自由和主体自由超越世界的方式。被创造与反叛激情摄魂捏魄的拉纳尔，不是跟从托马斯·阿奎那以来的神学大师们的思想踪迹，而是透视和考问他们的神学哲学理念，他灵性地索察那些神秘论述的价值和意义，在超乎认知概念之上坚持一种开放式地颠覆。他对未来显示出一种渴慕，敞开全新的胸怀和含有质感的先验性诉求：人应当接受上帝在基督身上所展示的自我启示，从而使人的世界持续向上向前发展、进化和跳跃。他的“超自然实存”是指上帝对人的自我启示具有超自然性和绝对自由，并隐含着人完全有能力超越自然的我和精神的我，在每个人的人性中都能发现上帝的临在、深入生命、指示人生；人不仅对临在和神启开放，也是上帝恩典的接受者；创世是一次上帝意旨的进化行动，但并非是最后的终结，人可以启动创造力进入历史，做地上真正的主人。

巴尔塔萨[②]的智慧曾令世人倾倒，这位被誉为“欧洲最有文化的人”

---

① ［德］拉纳：《圣言的倾听者》，朱雁冰译，三联书店 1994 年版，第 201 页。通过这段话，拉氏调节了神与人类的界限，并解决了人的历史性和人生命的本质，对人的生存论意义加以透彻的分析；我理解他的这一暗示：人的行动是在理解上帝的圣言之后，包括科学行为在内都获得了应许，而不是偶然的期遇，有了这种认知，人的生存与对生命的尝试都是有理由的。

② 巴尔塔萨（Hans Urs von Balthasar），1905 年 8 月 12 日生于瑞士的卢塞恩，童年起酷爱音乐与文学，1924 年，进入苏黎世大学学习文学和哲学。1926 年在柏林大学听瓜尔蒂尼讲授克尔凯郭尔的作品，被深深打动。1928 年获苏黎世大学博士学位，1929 年 10 月加入耶稣会。后又在费尔德基尔希和里昂学习神学与哲学。1936 年在慕尼黑的米歇尔教堂任神职，从 1940 年起，在巴塞尔担任学生神甫，从此成为与巴特齐名的巴塞尔思想巨人。1941 年创立学生训练团契；此间他为女医生施派尔改宗施洗，受其神秘主义和唯灵论思想的影响转而研究《约翰福音》，把教会作为在现实世界完成救赎运动的世俗机构，1950 年由于与耶稣会负责人产生分歧而退出，1956 年返回巴塞尔。巴氏不属于学院派神学家，一生未任专业教职，但其卓越的研究成就使其声誉显赫；获得多种奖励并被授予明斯特、弗莱堡等大学的名誉博士，1969 年被教皇保罗六世提名为教皇国际神学委员会成员，1973 年被选为英国科学院通讯院士和法国道德与政治科学院外籍院士；还被授予保罗六世奖。1988 年被任命为红衣主教，同年 6 月 26 日于巴塞尔逝世。一生著述极丰，主要有《德意志灵魂启示录》《死之神化》《世界的真理》《历史神学》《大卫王》《今日之人的上帝问题》《成肉身之言》《神学戏剧学》《神学逻辑学》《受造之人》《我们可以希望什么》《神学三部曲跋记》等。当代天主教著名神学家毕塞尔评价说：“巴尔塔萨的著作”已经使“我们时代的神学达到了自教父时代以来及经院哲学之大全的作者们从未达到的那种知识的广博性”（引自卓新平《当代西方天主教神学》，第 249 页）。

的基督教思想大家，以其高深的学术成就一度雄居人类精神的顶峰。峰巅上的巨人对神学美学的探究，对我们的文化生命神学喂哺了特殊的营养。巴尔塔萨的神学结构以“上帝的下降”为核心，呈现出用美、善、真陈述的“爱”的母题。这种对神走下神坛的设定，使超越进入水平的实在，使永恒步入在场，使无限化为有限，使绝对成为相对，使虚灵的神的幻象成为肉身的世人。“下降”把人对天国的仰视变成平视，使“美”观、“善”行、“真”言成为现实的可能性。上帝之爱成为人生的一种真实的必要，成为一种生命的可以获得的真理，上帝与人同处困境，人才得以解救，上帝允许人依靠自身的力量支配自己的生命。在人需要他时他就向你走来，用十字架的光照亮我们的道路，我们的自主权利就来自这位走下神坛的上帝。巴尔塔萨的神学是神学史上唯一的诗化神学（poetische theology）①，诗性的浪漫使他的神学在“爱”的泽辉里勇于自我放弃和奉献，这乃是上帝下降的目的。巴氏的主要神学思想与他赋予神学的整体生命就是他的巨篇《荣耀：神学美学》，他把美作为对人的一种灵性的投射，用拯救、健康表述美的价值和神学功能，而健康与拯救恰是生命所必需。上帝通过基督成为可感知、可触摸的实体，通过爱给予所有生命体以健康和正义；美使人远离十字架的残酷，那是一种过去的血刑，而今世的生命应是一种人间的欢悦。巴尔塔萨以“视觉”和“心醉神迷”建立起基本神学与教义神学，让人在其美育、美感和美的陶醉中参与神性，释放生命。人作为受造物是否能再次被造，则要看其信仰与观视的角度，也要考察他的耐心和接受上帝召叫的虔诚；《圣经》为我们提供了美轮美奂的文本，我们心底对美的幻象的向往都化生在耶稣基督的荣耀之中，幻象的美和肉身的美成为统一的恩典，并由圣言的台词编制成神圣的戏剧，催醒这个沉睡或正在觉醒的新世界。“神学戏剧学”用戏剧表意人的社会行为，指明至善的通道，人有所圣爱、至美与本真，上帝的真理之门就会自动敞开，人生存的实在就会成为神性的在，满负着嘱托，我们将像基督一样完成降世、受洗、宣道、受难、复活和差遣圣灵等圣剧的崇高与悲壮。人是行动的主体中心，人的价值乃在于接受恩典馈赠并回报以善举，实现生命的完满，哪怕是再造。巴尔塔萨对真作为自由的“真理伦理”（wahrheitsethos）的阐

① 诗化的浪漫只是一种表象，其美学与戏剧式的证词只是一种形式，实际隐含着严谨的论断和说明；由此他才推演为“心之神学”、“十字架神学”、“文化神学”等，而这些都是由爱作为主题的。

释，强调了人的相对自由与自发性，无生命的实体，可由植物生命、动物生命、理性生命而达理智之自在。真应成为主体的自由及充满责任感的、伦理上极其重要的行为。巴氏认为，属于真理伦理的范畴有见证、智慧、良心、责任，并由爱统辖，人可以通过爱而实现真。“人之自我意识的见证及其求真之探乃是对上帝的把握，这对人而言亦意味着上帝隐蔽之在的创造性展开。”① 上帝之真通过基督显现，其美学、戏剧学、逻辑学充分体现了美、善、真神学的三维先验性关系，他的自我呈现（美）、自我给予（善）、自我言述（真）最大限度地提升了终极神学理念，用神来之笔精妙绝伦地构筑了有机的神学逻辑体系，承托起生命神学的始基。

汉斯·昆②，这位被诗人誉为“后现代马丁·路德”的人，成为一个思想时代的结束与终结。他的勇敢精神和生发于宇宙幽处的创造力，几乎使我们整个时代为之震惊。没有他的努力，生命神学便失去了诗意的启示；他使我们牢牢地植根于大地，使人真正成为人的主人和生命的主宰者。昆标注道：

> 真正的人道、人性……如果没有背景中的基督教因素，是不易确定的。……现代后基督人道主义，除了受惠于其他传统之外，还大量地受惠于基督教，基督教的人道价值、规范、解释都或多或少得到巧妙的采纳与同化……基督教无处不在，它是我们呼吸的空气的一部分。③

---

① 卓新平：《当代西方天主教神学》，上海三联书店1998年版，第287页。

② 汉斯·昆（Hans Küng），又译孔汉思，1928年3月19日生于瑞士卢塞恩州，1948年中学毕业后入罗马教廷日耳曼匈牙利学院，随之转入格里高利教皇大学攻读哲学，1951—1955年继续在该校学神学，期间结识巴尔塔萨与龚加尔等神学家。1954年于罗马圣彼得大教堂晋铎为神父。1955—1957年，在巴黎大学神学院进修，结识巴特并成为莫逆至交，他1957年获神学博士学位。1959年以《上帝成为人，黑格尔神学思想导论》的论文通过教授资格考试，1960年担任杜宾根大学基本神学教授。“梵二”会议期间被任命为官方神学顾问，参加文件起草工作。1963年赴美国与英国讲学，其“教会与自由”的演讲引起巨大反响，被授予圣路易天主教大学名誉博士学位，同年担任杜宾根大学教义神学与普世神学教授和普世运动研究所所长。昆从1967年开始公开与教皇保罗六世对立，对其《神甫独身》通谕提出抗议，他的《教会》一书被教廷列为禁书，从此开始了与梵蒂冈的争论。昆曾对世界上许多国家进行访问，包括1979年来北京进行学术交流。1993年汉斯·昆在芝加哥发表了由他起草的《世界伦理宣言》，把与天主教神学界的长久争论引入对普世神学的沉思。昆的成就引人瞩目，建树甚丰，共计30余种著作，百余篇论文，许多被翻译为多种文字，有很大的发行量。其中有《教会》《无误吗》《论基督徒》《永恒生命?》《觉醒中的神学》《人性的辩护者》《世界伦理宣言》《世界伦理构想》《对世界伦理的肯定》等。

③ 汉斯·昆：《论基督徒》，杨德友译，三联书店1995年版，第359页。

上帝是我们的生活，他与世人和万物共在，他是世界的过程的起源、中心与目的；上帝的无限与绝对印证了人的生命存在的意义，人和人类最终要实现的，就是人性的价值；基督是一个具体的、人性的、历史的人，我们可以感觉到、接触到他的肉身，他给与我们实在的亲和力与影响力；在人类学转向科技高度发达的当代世界，神学亦应作为人学，神学必须面向生活的全部，考察与人的生命有关的所有问题。昆开辟了后现代神学的道路，用一种新的信念、价值标准和判断技能评价个人与社会，他的向普世伦理的后现代过渡，为一种更积极的个人与世界秩序指明了方向。他用生命伦理的分析方法，解读了耶稣行医的符号语汇，认为“耶稣被描绘成为凭借信仰力量进行医疗新方法的典范”，并通过思想与精神征服一切不完美、痛苦与疾病的“医生”，其目的是为上帝之国度服务，以神恩解救人，从精神到肉体给人以完全的救助，这个从荷马与赫希俄德时代就使用的“奇迹”（thauma），是以生命伦理的行动显明的，在《新约》中这种对健康的向往已演化成一种信号，科学的背后总含着伦理的内容，没有信仰就没有完整的生命。[①] 昆的神学是彻底的勇敢的神学，他对生命的终极追求和伦理化的理解，丰富了后基督时代神学哲学和后有神论伦理学，昆是一种召唤，昆是一种精神，昆是一种爱。

（二）后现代生命伦理学的新教神学基础

新教接受美国流行的现实主义和实用主义的影响，侧重哲理意义上的探讨，出现了现代派自由神学和福音派自由神学；麦金托什（Douglas Clyde Macintosh，1877—1948）作为最著名的自由派经验主义神学家，主张神学与哲学并无本质区别，神学体系可在宗教的传统质料基础上确立，并应成为一种反映现代科学精神的神学；神学应成为一种价值研究的学科，应基于对价值与实存事物关系的关切，指明上帝促成人趋向正义的目的由神学来完成。麦氏的继承人魏曼进一步主张用杜威（John Dewey）的实用主义改造神学，认为科学的进步是上帝在冥冥之中的神圣旨意与对人世历史的拯救安排。社会福音派之父格拉登（Washington Glsdden，1836—1918）一生致力于将神学思潮扩大为一种社会向善运动，带动教会信徒把焦点转向社会伦理。对此，饶申布什（Walter Rauschenbusch，

---

① 请参阅汉斯·昆《论基督徒》，杨德友译，三联书店1995年版，第290—295页。这几页文字是昆对耶稣治病隐喻的生命神学解析，耐人寻味。

1861—1918）的工作为这段历史写下了重重的一笔。饶申布什认为，上帝之国是一个漫长的历史进程，只有在人的不断努力下才能逐渐得以实现，只有人是历史的主人，上帝托付于人的事业很伟大、很艰巨，为了完成这些使命，上帝已把很多权柄交付人类，只要为了地上的荣耀，人有权力改造社会与自我，包括探索生命。人世不可能完善，人有责任不断增长这种完善。这就预示了生命科学的合教义性。

欧洲危机意识的形成，造就了危机神学的诞生；这种呼唤是由克尔凯郭尔（Søren Kierkegaard，1813—1855）和尼采（Friedrich Nietzsche，1844—1900）的思想理论学说与施宾格勒（Oswald Spengler，1880—1936）、汤因比（Arnold J. Toynbee，1889—1975）等人的历史哲学体系的协奏曲完成的。因愤世嫉俗而反叛时风的孤独的克尔凯郭尔，用“人类的双翼”鼓动后人勇敢飞翔，他坚持“只有通过生活，基督教才能得到传扬”的主张。一个本来名不见经传的乡村小牧师，就是插上了这对美丽的双翼，以一部丰碑式的《教会教义学》拯救了危机中的新教神学，他就是卡尔·巴特，他用《罗马人书注释》完成了神学史上哥白尼式的转折；他的危机神学和后来的辩证神学坚定地捍卫了《圣经》的本真性，激烈地批驳了一切虚假的骗术对教义的歪曲，劝说破除人为树立的偶像迷信，回到《圣经》的本源，不要轻易听信人为的恐吓与宣讲，并使基督徒敢于用自己的灵性在上帝面前知信经文，亲自感受生活的现实需求、价值观和由个人判断“允许是否正当”；他揭露了教会中的伪善，使神学伦理学得以重生；这种充满激情的教诲感染了许多科学家与医生，这种叛逆与反思精神，催生了美国生命伦理学先驱者的思想萌芽。正如阿尔伯特·R. 琼森所指出的：

> 在对新医学评论运动的推进中，几位教义学神学家（其中，如天主教的卡尔·拉纳和新教的卡尔·巴特）具有广泛和重要的影响。①

在第二次世界大战前后，新教神学形成了世俗神学、新正统神学和生存神学三大思潮，其中世俗神学以一种非宗教的解释和“上帝死亡论”引起西方思想文化界一次广延的世俗神学运动。生命伦理学的开创者们结合生物医学的发展，最先运用这种思想方法考察生命与死亡问题，借对传

---

① Albert R. Jonsen, *The Birth of Bioethics* (New York: Oxford Uuiversity Press, 1998), p. 35.

统神学教条的否定之机，确立了世俗生命伦理观念；重新确立了进化论并酝酿拒绝治疗和选择死亡以及强化病人权利意识。因反纳粹暴力而终被杀害的生性刚烈的朋谔斐尔（Dietrich Bonhoeffer，1906—1945）呼吁，世界已进入全无宗教的时代，基督教应重视《圣经》启示的“行动与存在”的本质，而不是宗教外衣，基督要重新赢得世界就必须进入当代社会，面对现实生活，使神学变成一种“非宗教地信仰上帝”的中介。上帝之死派神学使神学成为一种世俗哲学与伦理学，使一些激进的神学学者开始介入社会生活，参与科学哲学与科学伦理学的研究；而美国新正统派神学对人性、赎罪、正义与互爱的论证成为拉姆塞、弗莱彻医学伦理学理论的支柱之一，他们在论述医患关系、把病人作为人而不是工具的讨论中直接引用了尼布林兄弟的语言。生命伦理学的产生有一个渊源，是出于基督教思想家的边缘体验与感受，来自社会和高新生命技术对人的异化和生存方式的变革。科学化的“非在”与自我迷失迫使人必须探究人生存的本质。宗教的个我性和人的自由生存的概念是布尔特曼存在主义神学的基础，在与海德格尔结识以后，布氏的神学即人学的体系基本形成；人的生存作为与上帝平等的神学椭圆体的两大焦点之一，给医学以最高的宣教地位。他果敢地批评《新约》的神迹观念，用非神话化来解读《圣经》经文，把现代医学与神学予以精妙的联结，他写道：

> ……用现代医学和医疗手段来治病康复的同时仍相信新约中的神灵和奇迹世界。……谁若觉得他能为了自己的缘故去这样做，也必须清楚地认识到，当他宣称此举乃是为了保持基督教信仰时，实际上他已经使基督教的宣道在当代无人理解、不再可能。[①]

生命伦理学在诞生之初，给人以深切记忆的是保罗·蒂利希的生存神学理论对尚在摇篮中的这一新学科注入营养的过程。尽管至今还没有哪一位史家为这位本来是随军小牧师的人撰文，以记录他对生命伦理学学科诞生所作出的特别贡献，但写家们还是被其后来令天地震惊又体恤人心的呼唤所折服。20世纪两次涂炭生灵的世界大战使人类这一实存者，在“非

---

① 卓新平：《当代西方新教神学》，上海三联书店1998年版，第121页。原文见Hans W. Bartsch主编《宣道与神话》第1卷，汉堡1951年德文版，第136页。

在”的经历中被腥风血雨所包围，人类在孤寂、虚无和死亡的威慑中感受生命的脆弱、轻浮与爱的虚伪。作为海德格尔的忠实朋友，蒂利希挑明人的真实存在不过是一种有限生存，其特点就是感受与其本质存在的一种疏离或异化。异化即人与“存在”（Sein）的分裂，“由此不仅疏远了其存在的基础，脱离了人生的根源和目的，而且还与其自我本真及其同胞相分离——此乃《圣经》关于‘犯罪’、‘堕落’的存在论意义。”① 生命进入一种有限、相对的状态，这就形成人的无限的焦虑，而宗教是人的终极关切，透过死亡才能认识人存在的价值，使上帝与世界相联结是神学的任务。对人的精神问题、病理性焦虑、生命力与健康的探秘，使蒂氏逐渐开始关涉医学和神学的关系。他认为，每个人身上都有神经症因素，而疾病所同时具有的生理与心理的双重原因使神学与医学融合，“越来越多的医学代表人物特别是精神治疗的代表人物产生了和哲学家与神学家合作的要求”②。在处理医学人际关系中的复杂问题时，要用伦理学的生机论解释所包含的真理，那就是美德；过分的道德主义和生物学观念都会曲解人的完满性，只有神学的宽恕可以给病人以自由、勇气和精神。蒂利希提示，在解释人的存在的问题上，神学与医学一起进入哲学，神学家与牧师急切地寻求与医生的合作，结果产生了多种制度化的形式。他强调：

> 牧师的功能既包含他自己又包含医学的功能。两种功能并不是绝对地只为那些在职业上发挥该功能的人所专有。医生……无疑能把存在的勇气与自我承受存在性焦虑的力量结合起来。在这样做的时候，他并没有变成牧师，并且他也决不应尝试去代替牧师，但他可以成为对终极自我肯定有所帮助的人，因而也发挥着牧师的一种职能。……牧师绝不应追求成为牧师般的医生，尽管他可以对身心发挥治疗作用并帮助消除神经症性质的焦虑。③

临床伦理学的一个核心内容就是医患关系问题，医患关系是人与人、人心与人心、人的精神与人的信仰以及上帝关爱和属灵人之间沟通的关

---

① 卓新平：《当代西方新教神学》，上海三联书店1998年版，第136页。

② 请参阅《蒂利希选集》（上），何光沪选编，上海三联书店1999年版，第201页。

③ 同上书，第203页。

系。蒂氏专门对这一生命伦理学主题进行论述，指明应通过感化去帮助病人，“反省自新”对医学是必要的，医学重新发现它的作用；疾病，无论肉体还是精神的，都是某种形式的分裂，而“感化在医患关系中是积极有效的，无论它是由医生还是牧师进行的”。

19世纪，曾占主导地位的新教神学体系进入后现代以后发生了意想不到的崩塌与解构，神学的没落预设了人类精神的危机。历史把这个拯救的使命让渡给伟大的管风琴手、神学家、医务传道人和生态神学的创立者阿尔贝特·史怀泽，他强调：耶稣的价值在于他有一种强大的精神之流，流经我们的生活和我们所处的危机四伏的世界，但我们已经固化的观念却必须经过真理的检验，我们对于生命的敬畏其实是对基督拯救之恩的回报，只有当人认为所有生命，包括人的生命和一切生物的生命都是神圣的时候，他才是伦理的。时评家皆认为，史氏是一位生态主义者，其实，他对于生命与人的深刻关注是一般人无法理解和认知的，他所划定的生命是一种肉身与灵性的完整的生命，是宇宙间唯一的精神载体和心志的标识，他将对神学教义、康德哲学伦理学的精髓、德国古典音乐的硕美心蕴以及对医学的了悟，全部落在了对人的彻底关照和终极眷顾之中；他所创建的生态神学、医学神学关系支撑了生命伦理学大厦。人类历史上难有后人能如此透悟人性、人类、人生、人体和人心，并以具体行动和亲历的实践以及精湛的多学科综合研究，求证耶稣存在的时代意义，同时启示人们跟从无名圣者召叫的现实可能性。

生命伦理学与当现代神学的融构，是后现代生命科学进程中的必然；人类已经历的历史只给我们提供了走入未来的质料，而不应该成为应许的律令。对此，不可忽视的是潘能伯格所作出的艰苦而卓越的贡献。潘氏握持特有的哲学人类学的研究方法，从黑格尔历史主义理性哲学中找到神学与现代知识状况、多元文化处境以及人文社会科学形态联结的思维路径，他以人类学作为基督教神学的对话者，回应人类历史中可能发生的事件。他指出，历史乃神启逐渐展示的过程，我们怎么可能回答从没有发生的事实呢？“什么东西有朝一日将作为现实符合这些应许的讽喻性语词，我们还不知道。”除非我们复活，否则，我们其实不知道究竟发生了什么？化俗为民的是，耶稣就是应许，就是新传统的内容，神学应告诉人类并指导人们向上帝的未来开放；他预见说，面对新的世界，我们没必要担忧，上帝仍然可以通过爱的关照为人类开启未来。这个思想给生命科学新技术以极大的空间，而且提醒我们不必纠缠于保守主义的神学桎梏，耶稣的生命可以复活，我们只要付出同样的代价，也可得永生。他强调："人不仅改变着事物，而且也由此同时改变着对自己的本质做出判断所依据的尺度。"生命科学的真正本质在于可能发生一系列无法预见的新东西，很多人显得可笑、无奈、幼稚，苍白地批评各种新技术，而不是积极地、宽容地善待科学家，把伦理学变成沙质的路障，穷极其所能，百般挑剔与鞭挞，伤彼人而百哀，贪玄学之窠臼而不可自拔。自然、科学与历史应以大心、大爱、大化于人、于神，伦理学和神学应采宁静开阔、和谐舒徐，万族才得以欣如，人才得以游息其间，勃兴而祥瑞。潘能伯格在赞美人的科学的同时，以机警的语言告诫道：

> ……这种新东西要到未来才见分晓，他常常足以破坏人们的一切计划，但也会幸运地向好的方面发生令人惊喜的转变。希望恰恰就是针对未来事物中的这种新东西的。……希望正是在推测停止的地方开始的。……人的使命的无限性，人的彻底的开放性，不断地推动着他敢于面向未来，并希望在未来得到一个狂热的实现。①

如果认为生命神学就是神学与生物医学的相加，那就是一种极大的误会；误会使我们与真理擦肩而过的事对人类来说是司空见惯的，故并未受到多少指责；但由此延误了科学的发展和人类社会的进程倒真是值得深思。对此，哲学家和神学家肩负的责任更大。出于一种神圣的使命感，很少有人能像怀特海那样自如地把宗教神学和科学现实有机地联成一体，他和他的思想遗产对人类来说是一笔巨大的财富，也是生命神学的精神渊源之一。怀特海曾以探究科学与宗教的互补为方向，一生尽其所能，表现出严格的科学论证精神与深厚的宗教神秘情感的精妙结合，他反对用科学人道主义或科学人文主义取代宗教，尝试改革宗教以适应日益变换的科学新世界。怀特海认为，肉身是环境更本质的组成部分，人在破坏、脱离肉身的同时必须维护灵魂的明晰性。"灵魂生活的机遇是由他在环境中的在场

---

① 参见潘能伯格《人是什么——从神学看当代人类学》，李秋零、田薇译，上海三联书店1997年版，第40页。潘能伯格在此用希望、爱和上帝救恩，通过神学人类学的重建，把科学、伦理学、社会学和神学融构为一体，从而预设了生命科学新事物的应许与可能；从这个意义上来讨论克隆人、安乐死、人造子宫、转基因物种都应该有条件地获得辩护。这种学科融构的任务也就是生命神学的任务。

构成的。尽管这些灵魂机遇实质上就是无，但是对宇宙之极为丰富的领悟的统一却是通过肉体的特殊构造才成为可能的。”如果把肉体的感情决定地作为灵魂的经验，那么人就不可抛弃宗教，现代医学把肉体从灵魂中分开，无法表达求真与求善的完整意志，生命伦理正是由神学导入灵魂的观念，在审美的经验中实现科学、宗教、伦理的综合。“人若没有宗教则失去了乐观主义的基础，人生偶尔欢娱就恰如瞬间闪光、照出其巨大的痛苦和悲哀。”科学不过是宗教的另一种形式，生命只有在过程中才释放出上帝赐予的有限的能量。怀特海用笛卡尔和休谟通过人之主体可窥见实在的最基本特性的观点，把人的道德、宗教情感和科学结合起来，他强调科学中形而上学的重要价值，并指出，一切科学都必须以一种合适的宇宙论为基础，所以任何科学都应以形而上学为潜在的前提。他提出的物质极和精神极以及变化中有永恒的学说都给与人的生命以发展的定义，从而使生命神学有了依属，使以上帝本体、宇宙过程、爱为最高价值的思想成为临床医学的基石。

生命伦理学与过程神学存在一种血缘关系，是出于上帝对世界和被造物温柔关怀的判断，上帝的后现代性决定了他必然使用广义相对论来引导这个多元的世界和世俗的生活。小约翰·B. 科布作为第三代过程神学的代表，继续其师长怀特海与哈茨霍恩对上帝语词无所顾忌地颠覆，他否认作为宇宙道德主义者意义的上帝的存在，为人的解放和自由之路开启了牢狱的窄门。人类可以在自我管理的规范内享受上帝赐予的万福，并用劳动创造新的生活。有了这个信仰与理性认知，科学可以在神性的照耀下，享有各种权力，科学家也可以丢掉顾忌勇往直前。科布认为，享受是一切活的存在的特征；过程神学也为对人体重要性的广泛体认提供了本体论依据，提出人的肉体享受的现实必须予以承认；生命必须不断改变，它引起了科学观念的变化；基督教对肉身的压抑与人的灵性选择差异、与有价值的历史与自然的二元论有关，既不可抹杀人的精神又不可忽视肉身的欲望。在寻求人类—自然进步形式的探索中，科布与他的忠实的同伴格里芬从生物的命运里发现生态的和谐与神学超值评价的关联，认为科学必须尊重人神共同的经验以促进历史的进步。他指出：

> 重新获得与肉体节律相关的一种和谐，乃是达到与总的自然节律相和谐的一种途径。这种和谐可以支持、更新和改造那种首先通过对

肉体享受的压抑而获得的灵性的高级形式。①

如果人类的肉身被现代科学所改造，那么，他的灵性是否还在选择上帝？或是在可观的生命科学技术发展的今天，人类是否在地上可以建立上帝的天国？这个后基督时代如何获得上帝的应许？对此，莫尔特曼延伸了布洛赫希望哲学，把未来作为超越性的现代范式，回答康德“我希望什么”，从而针对世俗生活建构希望神学。希望的逻辑结构特点是对既定的现实发出挑战，同时预料和创造一个新的历史，科学的进步产生了关于开放的未来的一系列新观念，基督教应适应世俗文化的漂变，靠新的神学彻底摆脱传统的束缚。希望神学的伦理学要成为生命神学的理论来源之一，首先，应促使人类积极地进入社会，参与社会变革；其次，如何从上帝的概念引申出关于人性的悲惨命运；最后，是教诲人如何朝着灵恩和圣灵的经验迈进。复活、十字架与灵恩是我们全部的希望；面对人的肉身的死亡和世界之末日，必须重建新的王国，人类的明天才会更加光明。末世主义给基督教以最大的机遇，上帝之国就在人间，就由人类来把握。莫尔特曼认为，《旧约》的出埃及记和《新约》的复活都是应许，应许原则是基督教最后的原则。爱是一个永恒，应许是一个现实；没有应许就没有人类的一切可能的行动；应许成为我们的具体生存实践。生命伦理学的允许原则是莫尔特曼“应许原则”的同体，即是以应许原则作为“应该”的，没有应许就没有我们希望的伦理。希望指向死者的复活、永恒的生命、爱和正义的实现。

（三）后现代生命伦理学的东正教神学基础

罪过不是病态，也不是恐惧。人类最强烈的道德意志由于意识到存在中不可消除的罪恶事实而陷入绝望。然而，当人的灵魂陷入绝望，当它在悔过中感到悔恨的时候，它应该知道我的罪过所以会带来痛苦，只是由于我知道善才有此种可能。我所以在黑暗中感到痛苦，是因为我知道光明，是因为我不倦地渴望光明，是因为我全力以赴，以使我内心隐藏的光明有朝一日能光彩照人。②

---

① 参阅《蒂利希选集》（上），何光沪选编，上海三联书店1999年版，第158页。

② 摘自赖因哈德劳特《陀思妥耶夫斯基哲学》，沈真等译，东方出版社1996年版，第435页。

伟大的斯拉夫民族从基督的存在中感受生命，在痛苦的渊薮中追寻着阳光。历史听到这个民族的声音："起来吧，焕发出你的光芒，耶路撒冷。"①

精神是神的本质与人的本质的结合，宗教是精神与精神的关系，神学使灵魂成为一种精神、一种意志和生命的主体。爱琴海不再沉睡，基督教的精神在行动，召叫了蔚蓝色的、神圣的拜占庭帝国和"第三罗马"莫斯科。自325年"尼西亚会议"以来，东方基督教民族以其特有的方式和信仰，以其悲情的品格，建立了自己的精神大厦；东正教神学对生命的体验与感悟，为生命神学积淀了一份珍贵的理性遗产。

东正教神学家认为，没有宗教就没有伦理道德，世俗道德中的善、良心、正义、义务与原罪、得救、爱上帝、爱心以及和睦相处的宗教道德结合在一起，成为东正教道德的主要内容。舍弃尘世的欲望、忘我牺牲、清淡寡欲、慈悲、博爱、朴实和为穷人做善功是最高的道德使命。传统东正教弃绝自然与生命，苦行生活是拯救灵魂的最好形式，隐修生活是灵魂的艺术，对基督的爱是生命的内在太阳，人应带着上帝的思想走自己生命之路②；神性与人性不可分割，人的生命并非自己的生命，而属于激励它的灵。在圣三位一体中，圣子在生于圣父之时献出了自己的生命，却在圣父那里得到了新的生命，这就是赋予生命的、永远住在他里面的圣灵。

现代革新派神学家主张，平等与爱必须在人间得到显现，应关注迫切而重大的社会伦理问题，关注科学技术的发展所提出的神人关系问题和生态环境问题；关注妇女与生殖以及世俗经济伦理问题。神成肉身使基督接受人性及其历史内容；天国也可出现于此世，作为真理的见证。

列夫·托尔斯泰是俄罗斯的一面镜子，同时是俄罗斯革命神学的先驱者之一。他的丰富的精神世界和对至爱与良善的苦求，不仅通过他的文学话语得到了表达，还通过他大量的神学著作予以体现。他一生中最后的转

---

①《以赛亚书》60：1。

②此处请参阅［俄］C. H. 布尔加科夫《东正教——教会学说概要》，徐凤林译，商务印书馆2001年版，第192页。作者对传统东正教生存观念的评价是辩证的，同时也指出，僧侣主义生活不适用于全部东正教，东正教为乐观主义和快乐生活留有余地，只是谴责无限度地沉溺于世界之中；但它对笃信宗教的"士兵、沙皇、公爵、妇人与母亲"的修行之路也是加以肯定的。谢尔盖·尼古拉耶维奇·布尔加科夫（C. H. Ъулгаков，1871—1944）是现代俄国哲学家和东正教神学家。毕业于莫斯科大学，1922年被苏联驱逐，1925年以后一直在巴黎的东正教神学院任信条神学系主任，直至去世。先后发表"大小三部曲"：《安慰者》《新郎的朋友》《羔羊的新娘》。

变是从一个唯美主义者变成一个宗教道德学家。他一生强调宗教的实践价值，努力使基督的学说在我们人的生活中得到彻底地贯彻，他对于东正教神学的反叛与颠覆，对于生命意义的肯定，影响了整个世纪。托氏的生命神学与哲学的核心在于把上帝理解为爱与至善；他认为："上帝是爱，是对生命的爱，生命是物质与精神的统一，生命到处存在，任何生命都有神圣性，生命是完整的，是统一的，上帝就是普遍的和永恒的完善。"① 泛生命论和泛生命伦理是他一生的追求；他发掘世界各民族有关生命意义的智慧资源，向俗世生活学习，反对《旧约》中的暴力伦理主张。托尔斯泰说：

> 基督教义并非一种让人恪守的法则的教义，恰恰相反，它展示为一种全新的生活观而成为人的引导，正是在救赎之途中，人们才步入一个与过去迥然不同的新阶段。②

托尔斯泰试图寻找没有基督的基督教，只是在现实生活中和农民的生活中感受基督，但他却爱基督，把他作为真理来追求；由于这种矛盾，他挣扎并呼唤，摆脱自身生命的虚伪，离家漂泊，去探询生命的本源。

费奥多罗夫③，一位传奇式的禁欲主义神学家，他以独特的思想解读生命与死亡，把基督教神秘主义与生命科学技术怪异地融为一体。他认为死亡是暂时的现象，它是依赖于自然的盲目力量，我们应复活死者的生命。复活所有死去的人，科学技术、宗教和哲学都是这项行动的必经之路，在复活的伟大事业里，科学技术的作用不可低估。"对物质元素及其力量的知识，可以把死去的人的身体重新组织起来，恢复原来的状态。"④他对生命科学家寄予无限的希望，并号召整个社会所有人都来和科学家一

---

① 张百春：《当代东正教神学思想》，上海三联书店2000年版，第48—49页。我们通常只了解作为作家的托尔斯泰，而对作为神学家的托氏则了解甚少。因对东正教教义学说的分歧，1901年，东正教希腊—俄罗斯教会的主教公会曾做出决定，开除托尔斯泰的教籍。

② 刘小枫主编：《20世纪西方宗教哲学文选》下卷，上海三联书店1992年版，第1600页。原文为《上帝的天国在我们心中》。

③ 尼古拉·费奥多洛维奇·费奥多罗夫（1829—1903）是俄罗斯著名的宗教思想家，是"积极基督教"的创始人，俄罗斯宇宙论学派的鼻祖。曾学习与教授自然科学，过着几乎禁欲主义者的生活，主要研究死亡与复活，其著作有《共同事业的哲学》等。

④ 张百春：《当代东正教神学思想》，上海三联书店2000年版，第59页。

起研究这个问题。费氏预示了基因时代的到来，并指明这是一项宗教的事业和宗教的理想，任何宗教都是复活的宗教，复活是神的吩咐。他说："基督是复活者，因此作为真正宗教的基督教就是复活的事业，用复活来定义基督教是个准确的和完整的定义。"① 他指出，天国不在彼世，也不在人的心里，就在世界中，天国能够实现，但要靠人类的努力。

哲学是神学的基础与前提，神学是信仰的哲学；宗教哲学是神学与哲学之间的领域，俄罗斯宗教哲学是一种独特的神学性质的研究，是宗教哲学家自身的一种宗教体验。俄罗斯宗教哲学家对东正教传统的批判，是为了建立一种崭新的宗教神学意识，这使东正教神学研究达到一个顶峰。这个历史运动的开拓者，应该是索罗维约夫。② 他结束了俄罗斯没有哲学的时代，俄罗斯精神通过他得到深刻地表述，并传扬给我们这个世界，东正教神学与俄罗斯哲学的完美结合，使基督教神学完成了一次历史的渊化。索氏用特殊的语言重新定义宗教与人的关系，认为隐藏着的、作为启示的绝对原则就是基督教的上帝，宗教就是上帝与人或世界联系的中介，这种联系就是作为过程的宗教意识；宗教性是个人的一种情感与爱好；基督教应从传统的束缚中获得解放，并用现代科学知识、人类的各种文化遗产加以论证，基督教意识应是科学、哲学与神学的有机综合。索氏把神学作为最高层级的知识，科学与哲学是神学的基础，神学是其目的，反对科学、无视科学都是错误的。"上帝—圣父就自己的本质而言不可能没有道，这是它的表现者，也不可能没有圣灵，这是它的确定者；同时道与圣灵不可能没有第一个主体，第一个主体就是被其中的一个所表现的，被另一个所确定的，它是它们共同的根源和始原。"③ 索氏指明，人既有人性又有神性，神性也属于人，人在此世的生命是有限而相对的，但也可以修炼成永恒；上

---

① 刘小枫主编：《20世纪西方宗教哲学文选》下卷，上海三联书店1992年版，第60页。

② 弗拉基米尔·谢尔盖耶维奇·索罗维约夫（1853—1900）出生在莫斯科，祖父是神职人员，父亲为莫斯科大学历史学教授。先后进入莫斯科大学自然科学系和历史语文系学习，1873年在莫斯科神学院旁听，接受斯宾诺莎、叔本华、黑格尔等的影响。曾周游英国、埃及，迷恋通灵论神学与神秘主义，并钟爱与"索菲亚"秘密会见的感受与神秘神学的研究，后辞去莫斯科大学的教职，去奥普塔修道院开设神人类讲座，影响巨大。一生独身，四处漂泊。主要著作有《西方哲学的危机：反实证主义者》《三种力量》《神人类讲座》《生命的精神基础》《爱的意义》《善的证明》《理论哲学》《柏拉图的生命悲剧》等。

③ 张百春：《当代东正教神学思想》，上海三联书店2000年版，第84页。原文《完整知识的哲学基础》出自《索罗维约夫著作选》（莫斯科1988年俄文版），第104页。

帝可以化身为人，他可以外显“道”于世界，人是上帝与物质的联系者，人是完整的、普遍的和个性化的有机体，他是神的有机身体的存放地，他是被造物的中心，又是神的原则的实现；他相对于上帝并成为自由之身，人类的原则最终将与神的原则结合为一体，人将达到神人类，即精神上的人类，或是精神上复兴的人类；神人类是人类的使命、目的和最后的信仰；敌基督是世俗的权力，它代表恶的力量，利用人的弱点，使人屈服于欲望的现实。索罗维约夫从《圣经后典》的《所罗门智训》中获得了“索菲亚”的观念，索菲亚是神的身体，是被神渗透的神的物质，是基督的标志，是世界的灵魂，是人类的原则，是包含在神的本质或基督中的人类；“索菲亚”参与社会的创造，参与宇宙过程。神学、宗教与精神科学对神秘的探索，吸引了索罗维约夫；“神秘具有整个人类机体全部生命的最高本原的意义”，神秘居于形式与物质之上，生命只有通过神秘，与绝对始原的现实性即与上帝的生命，存在着最密切的联系。① 索罗维约夫写道：

> 在任何有机体里我们都必然地有两个统一，一方面是作用于原则的统一，该原则把众多元素归到作为统一的自己身边；另一方面是已经被归为统一的多，它是该原则的确定的形式。于是我们拥有产生的统一和被产生的统一，或者作为原则｛在自身里｝的统一和在现象中的统一。②

没有人像索氏那样关注性爱的神哲学意义，他通过性动机和性爱的力量，透视人性的道德价值。索罗维约夫强调：性爱的意义不囿于繁殖或为繁殖后代服务，而是融于高级有机体的思想与精神中，很多类生命体没有性爱，生殖照常进行，只是人类赋予这种行为以道德性质和价值的性爱追逐。他认为：

> 人类爱的意义就在于牺牲利己主义而证明和拯救个性。在这样一

---

① ［俄］索罗维约夫：《西方哲学的危机》，李树柏译，浙江人民出版社 2002 年版，第 169 页。索氏认为，在创造、知识、实践活动三种领域中，创造领域具有头等重要意义，因为在这一领域中，神秘占首要地位。神秘作为绝对阶段统领神学与精神社会。

② 参见［俄］索罗维约夫《神人类讲座》，张百春译，华夏出版社 2000 年版，第 110—111 页。这部分语言是说明有机体的意志（或目的）的一致性和形式（或构成）的一致性，即人的生命本原的合目的性和逻辑结构的统一、自恰与合理性。被产生的统一就是索氏的“索菲亚”，就是上帝的实质性元素，就是理念，在创造世界之前就存在了，上帝拥有并实现这一理念。

个总的基础上，我们才能解决我们的特殊问题：解释性爱的意义。性关系不仅被称作爱，而且普遍认为，它主要表现为爱，因而是其他一切爱的典型和理想，这不是没有道德的。①

在阿·托尔斯泰的诗中，可以寻到这样美善的意境：

到处是声音，到处是光，
每一股生命之流，都必须服从爱的律法，
万物共有的是一个根源；
我已看见了，我已听见了——
那不可见、不可听的世界。②

索罗维约夫对于身体的哲学和人类机体存在的形态与意义进行思考，对于生命伦理学来说，有意外的启示和作用，比如他描绘的逻辑关系图示：③

I	II	III
创造领域	知识领域	实践活动领域
主观基础——情感	主观基础——思维	主观基础——意志
客观原则——美	客观原则——真	客观原则——一般的善

1. 绝对阶段：神秘	神学	精神社会（教会）
2. 形式阶段：高雅艺术	抽象哲学	政治社会（国家）
3. 物质阶段：技艺	实证科学	经济社会（地方自治）

① 参见索罗维约夫《爱拯救个性》，方珊等选编，山东友谊出版社2005年版，第16页。

② 这是本书作者根据阿·康·托尔斯泰（1817—1875）的诗改写的；原诗被索氏在《神人类讲座》中引用过。

③ 索罗维约夫：《爱拯救个性》，方珊等选编，山东友谊出版社2005年版，第248页。

叶夫根尼·特鲁别茨科伊[①]是索罗维约夫的追随者、生命意义的探索者。他认为，只有基督教才能给出关于生命意义的肯定答复，人只有靠宗教才能寻找生命的意义。基督教是神人的宗教，作为神人的基督为生命意义的重大问题提供了典范与希望；基督的复活彻底地战胜了死亡，死亡是生命神学的重要构成部分。一元论认为上帝是绝对的，绝对只有一个；人的生命是相对的，但基督教把这种相对性消解了，把人与神、把世界与上帝用道成肉身完成统一；上帝把被造物作为朋友，他们有自由决定自己最终命运的权利与能力，这并未破坏上帝创世的计划，而且是这一完整行动的一个环节，在人的自由与上帝的旨意之间，唯有基督实现了这种统一。"索菲亚"是上帝关于世界的计划，是上帝关于世界的构想；被造的世界与"索菲亚"完全不同，即上帝的理念并未实现，这个理念是世界的开始而不是结束。被造物在世界进化过程中的选择是自由的，尽管他不是绝对的、无限的。

瓦西里·罗赞诺夫[②]是性生命神学家。在生命的纵深处，他看到的是性，世界的一切问题是从性出发的，性是人行为的基础；性对基督教是一个禁区，性是基督教最薄弱的环节，必须建立性的神学与性的宗教，神学才是完整的；性不是功能、不是器官，已超越生理的范围，"性就是我们的灵魂"。

罗赞诺夫的性神学意识和理论被另一位著名的俄罗斯文学家和神学家德米特里·谢尔盖耶维奇·梅列日科夫斯基[③]所接受。梅氏超越了他人对性和宗教关系的研究，把性作为重要的神学课题，认为是人和肉身最主要的内容，宗教对性的压抑与贬低是错误的，性是人与先验世界的

---

① 叶夫根尼·尼古拉耶维奇·特鲁别茨科伊（1863—1920），毕业于莫斯科大学法律系，索罗维约夫的追随者、批评者。与生命神学相关的著作有《天国的思想》《颜色中的理性：古代俄罗斯宗教绘画中关于生命的意义问题》《生命的意义》等。

② 瓦西里·瓦西里耶维奇·罗赞诺夫（1856—1919），自幼家境贫寒；毕业于莫斯科大学历史语文系；彼得堡宗教哲学协会的发起人，一生致力于宗教与性问题的研究，死于贫寒与饥饿。

③ 德·谢·梅列日科夫斯基（1865—1941），俄罗斯著名作家、文学家、宗教哲学家和神学家。出生于彼得堡，1884 年进入彼得堡大学历史—语文系学习，开始迷恋实证哲学，后转向神学，终生不悔。1905 年去巴黎居住，后又先后在波兰、意大利从事创作与神学研究，写出了大量的神学作品。1941 年 12 月 9 日在巴黎去世。其重要著作有三个三部曲（《基督与敌基督》《野兽的王国》《三的秘密：埃及与巴比伦》等）和《为什么复活》《弥赛亚》《在良知的照耀下：关于生命的思想与幻想》等。

连接点；他指出："性是唯一的活生生的、有血有肉的与'另一个世界的接触'，是从自己的肉体走向他者的肉体，从我走向你，是从一的秘密走向圣灵的秘密的唯一的途径。"[①] 梅氏用神学的语言与思维解析性，进行神化、美化与圣化，以至推演出永恒的女性和作为爱的圣母将拯救世界，圣母的伟大体现在让我们在救赎和复活的世界里享受肉体的甜蜜与神圣。他的"肉体唯心主义"重视地上的欢乐，基督复活的意义就在于使人的自然个体变成神人的、绝对的个性。梅氏用圣母—圣灵的耦联来结束三位一体的教义，创造了一种新的神学逻辑，以女性主体作为新宗教意识的核心，他在区分圣灵的母亲和上帝之母玛利亚的叙事中，强调圣母拯救人类的力量。他精妙地建构神圣的世界生命三部曲，以此转换人的生命的三种历史形态：第一个是大西岛上的人类，他们经受过大洪水的洗礼；第二个是我们历史上的人类，他们是用各各他的基督宝血洗礼的；第三个是启示的人类，他们是用圣灵、圣火洗礼的；人类必须经过艰苦的炼狱过程才能通达永恒，地上的奋斗对于人类来说是与神约定的，圣父之约、圣子之约与圣灵之约是信、爱、望的伦理之约定，这正是生命的约法。

歌德认为自己的一生是"生命的诗和真理"，别尔嘉耶夫[②]正是这样的一位伟大的思想者，他用自由主义哲学和东正教神秘主义织筑了一座精神的大厦；他一生不断追求探索生命意义的生活，解读自由、使命、生命的永恒、苦难与恶，认为人的思想应由生命的直觉提供营养；[③] 生命首先

① 原文出自梅列日科夫斯基的《西方的秘密：大西洲岛和欧洲》，莫斯科 1992 年俄文版，第 174 页。

② 尼古拉·亚历山德洛维奇·别尔嘉耶夫（1874—1948），20 世纪最有影响的思想家，神学界对其褒贬不一，但又不可忽视他，被公认为具有思想力度的大师。出生于基辅的一个贵族家庭，1894 年进入弗拉基米尔大学自然科学系，后转入法律系，对哲学与马克思主义进行研究；参加了解放工人阶级的斗争，在被捕后的流放期间，他从对马克思主义的怀疑进而对其加以批判，但对马克思本人保持崇敬。与布尔加科夫同时经历精神上的巨大危机后都回到了神学的怀抱，开始探索生命问题，1905 年与布氏主编《生命问题》杂志。因参与出版具有争议的文集《路标》而于 1915 年被判处永远流放。1920 年被选为莫斯科大学教授；1922 年在莫斯科建立宗教哲学科学院（精神文化科学院）。1922 年被逮捕、驱逐出境，去德国与法国，直至 1948 年去世。在流亡期间，其名声显赫，主编宗教哲学杂志《路》。主要生命神学著作有《新宗教意识和社会性》《创造的意义：人正论》《论人的使命：悖论伦理学体验》《论人的奴役与自由：人格主义哲学论》《精神与现实：神人精神性基础》《神性与人性的存在辩证法》等。

③ 可参阅［俄］别尔嘉耶夫《自我认识——思想自传》，雷永生译，广西师范大学出版社 2001 年版，第 78—80 页。

是运动，生命就是变化，生命的希望就在于超越，人在超越中实现自己的价值，这就是生命的意义。给予是善的形式，医生比常人幸福就在于他把爱给予他的病人，他有机会付出这种给予；他说："完成治疗病人工作的医生痛苦较少，而只能对病人同情却任何帮助也给不了的人比医生更加痛苦。"① 别氏以生命直觉为营养考察生命的存在与发展，并在对肉体进行神化的同时，不忘记人的个性与自由，即精神。他同时构造了世界上三个伟大的神启时代：律法的启示（圣父），显现人的自然本性的神性能力；救赎的启示（圣子），人开始摆脱罪恶；创造的启示（圣灵），人具有创造本性，神的大能成为人的大能；他预告，从上帝里产生人，从人里产生上帝，新基督教与新时代就是积极创造的时代，创造是关于上帝的沉思，关于真、美与精神的最高生命的凝思，创造就是人的最高使命；这一切都以人的自由为基础。在自由中完成创造是别尔嘉耶夫生命的主题，更是他新宗教神学思想的核心，他把自由作为判断任何事物的标准，他认为：

> ……没有自由既不能理解创世，不能理解原罪，也不能理解救赎。没有自由就不能理解信仰。没有自由，神正论是不可能的。没有自由，世界过程就是无意义的。②

基督教只有是自由的宗教才会有生命，人的生命只有享有自由才是完整的生命。别尔嘉耶夫对自由的理解是独特的、个我化的，他认为，自由是非被造的，它根源于虚无，根源于 Ungrund③；自由分为两种：第一种是原初的非理性的、超善恶的自由；第二种是理性的自由，善和真中的自由，这个自由既是起点与道路，又是重点与人的目的。精神的自由不仅是上帝的自由，而且更主要的应该是人的自由，人是上帝的形象与理念，人

---

① ［俄］别尔嘉耶夫：《自我认识——思想自传》，雷永生译，广西师范大学出版社 2001 年版，第 58 页。别氏在此对自己的同情心进行反省，非常自责，是一种刻骨铭心的悔悟，认为消极与封闭的同情心，违背福音书的遗训，因此人在炼狱过程中深受精神的折磨。

② 原文引自《自由精神的哲学》，莫斯科 1994 年俄文版，第 88 页。别氏理解的自由是基督教的自由，而基督教必须是自由的宗教。

③ Ungrund：德文，深渊之意，别氏专门研究过这个概念，深渊即无根基，所以自由是非造物。这与其整体神学思想有关。自由对于人来说是天赋的，是人性的一个重要内容，它是第一性的，并不为上帝所决定；太初有道，也有自由，没有自由就没有世界的道，世界则没有意义。

是非神性的，所以自由是绝对的；“上帝要求人的是精神自由，上帝需要的只是精神上自由的人”①。人的自由是一种悲剧，这就是生命的悲剧，基督克服了自由中的恶，他代我们保有了自由本身，并启示了第三种自由，即超越理性的自由，是与神恩相联结的自由。人不能被动地而应积极地努力争取自由，自由是唯一的拯救。上帝对存在是全能的，但对虚无、对自由不是全能的，上帝拥有自由的完满，上帝在自由之中，而不是在必然之中，上帝创造世界与必然无关；上帝就是崇高的自由，上帝是解放者，他使人类和世界摆脱奴役；“上帝不是存在，上帝是精神，上帝不是本质，上帝是生存”②。人的存在是对上帝存在的唯一见证，人是无限的存在物，是有限形式中的无限，是无限与有限的综合；上帝是世界的意义与真理，是精神与自由。别尔嘉耶夫用人的“个性”解决人生存的矛盾，解决人在自由中对创造的渴望；个性永远不应该服从整体的限制，个性是一个小宇宙，“个性是精神的—灵魂的—肉体的，它超越自然世界的决定论”；个性是人的行动、人的选择、人存在的中心；人的生命必须有上帝的关照与参与，同时人也应参与上帝的生命过程。在生命创造过程中，人没有必要谦虚与恐惧，“人的使命是成为创造者，成为上帝创造世界和治理世界的事业的参与者，而不仅仅是拯救”③。别氏大声疾呼“每个人都承担着世界和人类的命运”；④ 而且这一切“不是你们自己说的，乃是你们父的灵在你们里头说的”⑤。上帝的创造远远没有结束，人的创造是上帝创世的延续，这是神人共同的事业，科学技术等世俗创造活动应与宗教结合，这一末世论的行为必须获得宗教的意义，才能更加强烈地推动历史的进步；天国不仅在未来，而且还在生命创造的每一个瞬间，人只有积极地创造，才能体验和感知这些极乐与幸福的瞬间。

---

① 见《自由精神的哲学》，参阅张百春《当代东正教神学思想》，上海三联书店2000年版，第160页。

② 见《圣灵的王国与恺撒的王国》，第297页；参阅张百春《当代东正教神学思想》，上海三联书店2000年版，第165页。

③ 见《拯救与创造：对基督教的两种理解》，第360页；参阅张百春《当代东正教神学思想》，上海三联书店2000年版，第175页。这个思想与德日进神学相似，其意旨为人应把握自己的命运，改造世界与人本身，上帝已经应许用生命科学技术造福于人类；这在东正教的神学思想乃至整个神学界中可谓一种巨大的突破，这也就丰富了生命神学理论。

④ 请参阅［俄］别尔嘉耶夫《精神与实在》，张百春译，中国城市出版社2002年版，第191页。

⑤ 《马太福音》10：20。

把绝对概念作为上帝的哲学探索是俄罗斯纯哲学的特性，因此这种哲学更接近于神学。尼·洛斯基①和弗兰克②可称为这样的哲学家。洛斯基把肯定神学作为相对神学，没有宇宙的原则，上帝可以不创造世界，人可以真正获得完满的生命，上帝依照自己的形象造人是为了让人依靠自身的自由进行新的创造。“聚和的创造”即宇宙和谐一致的创造活动，其中，人的意志是自由的，“人不仅相对于外部世界是自由的，人相对于自己的身体、自己的性格、自己的过去，相对于决定时间过程的内容之规律等都是自由的，甚至人相对于上帝也是自由的”③。只有自由的存在物才能真正成为道德上的善，才能与上帝保持真正和谐的关系。没有和谐就没有善。洛斯基认为，每一个活动者都在不断地获得生命经验，并通过努力发展和上升到存在的更高层级，部分是靠创造来实现的，另一部分则靠模仿接受生命的更高级生命类型④，产生新的生命。而对弗兰克来说，生命的意义只能是宗教性的，宗教之外的生命是没有意义的，生命的意义在于对绝对原则的寻找，而不是对偶像的崇拜，不是献身于偶像，为偶像作牺牲，生命意义的前提条件是：“上帝的存在和我们自己对上帝存在的参

---

① 尼古拉·奥奴夫里耶维奇·洛斯基（1870—1965），波兰血统的白俄罗斯人，中学时因信奉无神论和社会主义被开除。后在瑞士伯尔尼大学哲学系读书，回国后转入彼得堡大学，从物理数学系转入历史语言系攻读哲学，翻译康德的《纯粹理性批判》，1900年成为彼得堡大学的编外副教授。1902年去莱比锡跟随心理学家冯特，1916年成为彼得堡大学教授。1922年被捕并被驱逐出境，先后去捷克斯洛伐克、法国、美国，1947年成为纽约圣弗拉基米尔神学院的哲学教授，1950年退休，1965年在巴黎去世。留有大量的著作，与生命神学有关的有《论证直觉主义》《世界是有机的整体》《有机世界观体系中的物质》《物质和生命》《绝对至善的条件》《世界是美的视线》等。

② 谢苗·路德维希耶维奇·弗兰克（1877—1950），生于犹太医生家庭，祖父是犹太教的拉比。早年研究马克思主义，后去德国研究政治经济学和社会学；是一位自由主义者，1906年开始讲授社会心理学，1902年成为彼得堡大学编外副教授。1905年转向东正教，1912年皈依东正教会。1921年去莫斯科，与别尔嘉耶夫共同主持自由精神文化学院的工作。1922年被驱逐出境，又因纳粹迫害犹太人而离开德国，1937年去法国，1945年去英国，这里成为其漂泊一世的最后归宿。其主要生命神学作品有《哲学与生活：文化学简论》《人的心灵：心理哲学引论》《宗教与科学》《生命的意义》《个性生命与社会建制》《黑暗中的光：基督教伦理学和社会学》等。

③ 张百春：《当代东正教神学思想》，上海三联书店2000年版，第208页。

④ 这是否可以提示我们今天的克隆人技术，在神学上也是可以得到辩护的；只要在可控制的前提下，实现更高层次的生殖技术应予以接受。我的生命神学是突破的神学、革命的新神学；当然新生命技术必须造福于人类，服务于社会。

与，获得在上帝中的生命或上帝的生命。”①

弗拉基米尔·洛斯基说，神学不仅是上帝的先验先知，而且是研究上帝的理论；② 人从神那里接受了生命，因此“他与父相等”③。在这种对人与神关系的思索中，列夫·舍斯托夫④鹤立于20世纪，孤独而坚决地坚持同理性崇拜作斗争，反对普遍必然的知识对人的束缚。他有力地批判了中世纪哲学家将信仰真理改造成知识真理，反对将雅典和耶路撒冷予以调和的努力；他认为，有关生命的启示真理来自于信仰，信仰不是知识，信仰不可以用哲学基本原则或思维技术来解释；生命现实中的信仰和理性认知应该并行。阿那克西曼德早就认为，赫拉克利特的“一切皆流，无物常住”就是巴门尼德的“思维与存在统一”，世界上是否存在不可克服的自然性，这在希腊人的理性视界内，是个不证自明的最后最高原则，但在伦理学代替本体论之后，普罗提诺却创造了一个唯一可见的道德世界，他背叛了理性，摆脱了束缚，获得人的自由和生命的自由，因为真理本身不需要强迫。⑤ 舍氏认为，科学不是表明，而是判断，它不描述现实，而是按照自己的规律创造真理，“科学乃是理性审判的生命”⑥。关于知善恶树的果实同真理的比较，在苏格拉底之后分化成多种派别，但真理成为普遍必然的判断却为大多数人所认同。舍氏把康德、笛卡尔以及斯宾诺莎挑选出来，就是与有意规避《圣经》的黑格尔区别开来；他同时用普罗泰戈拉的话表示：

---

① 见弗兰克《虚无主义伦理学》，参阅张百春《当代东正教神学思想》，上海三联书店2000年版，第221页。原文载俄文版《弗兰克著作选》，第83页。弗兰克肯定上帝，但又肯定人的存在，反对偶像崇拜，这有很大的神学与伦理学意义，它在生命伦理学与神学之间寻求一种平衡，不仅仅是一种调节，而是制造一种新的价值神学基础。

② H. Tristram Engelhardt, Jr., *The Foundations of Christian Bioethics* (Swets-Zeitlinger Publishers), p. 61. 这句话是尼古拉·洛斯基长子弗拉基米尔·洛斯基所说，他是东正教著名神学家。

③ 请参见［德］开姆尼茨《基督的二性》，段琦译，译林出版社1996年版，第112页。

④ 列夫·舍斯托夫（1866—1938），生于基辅一个犹太商人家庭。早年就读于莫斯科大学物理—数学系，后转入基辅大学法律系，1919年流亡国外，主要在法国，于电台海巴黎大学开设俄国宗教哲学课，并与胡塞尔、海德格尔、舍勒等交往。在1911年以前为生命哲学和寻神论时期，写有《托尔斯泰与尼采学说中的善》和《无根基颂》等；后一时期为宗教存在哲学阶段，写有《在约伯的天平上》和《雅典和耶路撒冷》等。舍氏坚决主张希腊哲学与《圣经》精神的不可调和性，因此被称为“独特的哲学家”。

⑤ 普罗提诺：古希腊哲学家，被舍斯托夫称为古代哲学最后一位伟大的代表人物。此段请参阅舍斯托夫《在约伯的天平上》，董友等译，三联书店1989年版，第401—422页。

⑥ 同上书，第51页。

> 既然没有诸神，既然灵魂不是不死的，既然人的生存是以生开始以死结束的短暂生命，既然我们的存在不是由看不见的线和高于我们的存在联系在一起的，一句话，既然世界万物都是有始有终的，——那么，有什么东西能够约束和有什么必要约束人的任性呢？①

当我们感受到东正教神学家的诸多深邃并充满探索勇气的神学思想时，不能忘记一位基督教辩证法大师、道德神学与性爱伦理心理学的尝试者——鲍里斯·彼得罗维奇·维舍斯拉夫采夫。② 他从费希特的哲学中获取辩证法的启示，把辩证法与基督教进行结合，进而把当代心理分析学派的“升华”概念引入基督教神学意识。他认为，基督教完全是辩证的，它自始至终都在极限的概念里运动，基督教启示世人，并关注世界、生命与灵魂，我们应在基督教神学的悖论中找到解决问题的方法，回答生命与人的各种难题。在心理分析学派的强烈影响下，他完成了令人震撼的《圣化的性爱伦理学》，他运用弗洛伊德的“升华”和荣格的“集体无意识”概念讨论复杂的神学问题，追求改变人的本质，强调圣化的性爱就是被改变并升华的性爱。他认为心理分析学派缺乏宗教情感，而法律伦理学不合理，也不现实，并与爱发生冲突，它与恩赐伦理学或神恩伦理学对峙，使徒保罗曾发现潜意识的存在，这个领域可以成为肉体领域；弗洛伊德的“利比多”过于狭窄，应以柏拉图的“艾洛斯”（性爱）来替代；《圣经》中《雅歌》就预示了性爱的强大升华作用。潜意识与性爱结合共同实现人生命的过程，它们使肉体与精神充满生机，并延续和进化下去。维舍斯拉夫采夫欲创造一种完全新的与道德主义和法律主义相对立的新伦理学，即“性爱学”，这是一门宗教化的关于爱的艺术、爱的科学的学问，他这一以基督教意识和现代心理分析学说为基础的新的创造伦理学，是化身的伦理学，是在“美”中产生的“圣化的性爱伦理学”，这是与法

---

① 参阅［俄］列夫·舍斯托夫《雅典与耶路撒冷》，徐凤林译，浙江人民出版社 2000 年版，第 88 页。其意为不能因为理性的存在，而阻碍人的应得的自由，为此就可以理解蛇没有错这一问题了。那么，生命科学技术呢？

② 鲍里斯·彼得罗维奇·维舍斯拉夫采夫（1877—1954），生于莫斯科，毕业于莫斯科大学法律系，后去德国马堡等地进修，回国后在莫斯科大学任教，探讨费希特哲学中的非理性问题，1922 年被驱逐出境。先后在柏林和巴黎讲学与从事研究工作，受荣格影响颇大，曾在巴黎谢尔盖神学院讲授道德神学。1954 年因肺结核在日内瓦病逝。重要著作有《圣化的性爱伦理学》《宗教意识问题》《基督教神秘主义和印度神秘主义中的心的问题》《马克思主义的哲学贫困》等。

律伦理学对立的宗教的、恩赐伦理学。宗教神学与哲学作为研究生命与发现、感知上帝存在的工具，并通过心理科学缓解基督教与俗世的张力，使维氏成为一个自由与开放的宗教思想家。

涅斯梅洛夫[①]，一位把终生都给与神学人学研究的神学家，他建立了俄罗斯历史上第一个基督教人学体系，这位被东正教界认作神秘学者的人，凭借哲学家深刻的思想创造性，发现了人的本质与非本质的两个“人的世界”的理论。他认为，人的本质不在自然界里，只有精神的存在才是生命的本质存在，人不仅在此世存在，而且在彼世存在，这个彼世也是人生命的一个重要部分；人对有限生命实现永恒目的的思考，就是通向基督教的道路，人生命的意义就是人存在的意义；原罪的实质是“人因迷信食用禁果而破坏了神的存在理念的真理，从而使自己的存在和整个物质自然界的存在都丧失了意义”[②]。人没有放弃上帝，上帝也没有遗弃人，他仍旧让人返回大地；但他已失去永生，死亡是由原罪引起的，人类由于食禁果而不能享用生命之树，使自己的精神生命受制于因果关系的物理法则；圣子化身是上帝降身为人，接受人的本质，救赎的事业也是人的事业，人应依靠自己纯洁的道德生活投身于救赎事业中，用生命荣耀天父；人和世界可以改变，人应用基督耶稣的学说为人建立新的生活，使生命有意义。复活就是人类的复兴，就是改变天、地、人的运动，基督在十字架上的死亡不是基督生命的结束，而是新生命的开始，也预设了人的生命正在发生巨大的变革；《旧约》中的亚当是自然人类的始祖，新亚当是精神人类的始祖，它所生育的后代是完全的新人，新人具有新的本质。

塔利耶夫[③]被称为“俄罗斯神学中道德主义最极端的代表”。他为生命神学的理论作出了重要的贡献，他一生致力于把生命哲学掺进基督教哲

---

① 维克多·伊万诺维奇·涅斯梅洛夫（1863—1937），东正教杰出的神学人学思想家。生于俄罗斯萨拉托夫省，毕业与工作于喀山神学院，1986 年成为教授。主要著作有《人的科学》《新约启示学说中关于生命的意义问题》等。

② ［俄］涅斯梅洛夫：《人的科学》第 2 卷，第 193—194 页。转引自张百春《当代东正教神学思想》，上海三联书店 2000 年版，第 269 页。

③ 米哈伊尔·米哈伊洛维奇·塔利耶夫（1867—1934），俄罗斯著名神学家与宗教哲学家。毕业于莫斯科神学院，先在教会学校任教，1902 年开始主持莫斯科神学院道德神学教研室的工作，1918—1927 年曾在多所学校讲授政治经济学和哲学课程。其名著有《生命的目的与意义》《由死到生》《基督教基础》《生命哲学》等。塔氏对生命的思考和研究，为生命神学作出了特殊的贡献。

学之中，并以生命本质与意义的研究为重点，追问生命与自然、生命与世界、生命与上帝的关系。他把生命哲学划分为横向社会生命哲学和纵向的宗教生命哲学，前者研究人类普遍的道德规范与文化，后者研究人的个性与上帝之间的关系。生命的意义是什么？对神学来说就是荣耀上帝，但是人又应如何理解自身的生命，人除了从内在生活中显现虚无中的信仰和对上帝的爱之外，还应重视世俗的生命，因为他是神的生命的显现与折射，我们如此规定世界与人生，我们就成为完全的神的儿子，在我们渺小的躯体与精神之中无时无刻不反映神的伟大与万能。人是上帝创造的最高成就，创世的目的就是生命对虚无的胜利。他说："创世的个别行为就是生命战胜虚无的一个连续的层次，直到在人身上理性和自由的生命与大地的泥土结合。"[①] 世界参与了上帝的荣耀，人参与了上帝对世界的创造，神的生命的载体是上帝，渺小中的生命的载体是人。塔氏不同意只有天上的东西和行动才是高尚的，地上的东西与行动也应表现上帝的荣耀，对上帝的爱就是一种自由生活，人的被造并没有结束神的生命在世界中启示的全部过程，上帝的创造计划并没有结束，人还不是最终目的；神的生命在世界中启示的最高形式是精神生命；人的个性生命，即人对幸福与完善的追求，是与精神生命相对的；这种思想隐含着人的精神生命与上帝精神生命的融合，人应从心理—肉身生命完成向精神生命—宗教生命的过渡。基督给人类的生命带来意义，我们必须用行动参与基督的生命，在我们身上给予圣子以应有的地位，这就是我们生命的价值和精神生命存在的目的。塔利耶夫的一生是一簇灿烁的火花，点燃了俄罗斯人的精神和催生了他们民族意识的复苏。他坦然陈情：

> 我们的精神生命是不大的火花，死后的生命还是这个火花，但已经燃成包容一切的大火了。[②]

东正教更重视精神生活和精神性，更重视圣愚与苦修的生活方式，它对天使式的伦理生命存在的理解常常使人敬畏。"东正教之心所领受的基

---

① ［俄］塔利耶夫：《生命的意义：俄罗斯宗教哲学思想原著选集》，圣彼得堡俄文版，第167页。此文转引自张百春《当代东正教神学思想》，上海三联书店2000年版，第294页。

② 同上书，第240页。转引自张百春《当代东正教神学思想》，上海三联书店2000年版，第308页。

督形象不是在十字架上受难的基督，而是活在世间的温和谦逊的基督。”①东正教没有舒适的此世之城，而是世间无家可归的永远的流浪者。布尔加科夫就是这样一位彻底的流浪者，他在漂泊中探索，在漂泊中沉思，在痛苦的精神炼狱和灵魂绞杀中，祈望解读宗教意识的本质、上帝、世界与人四大主题。他认为，基督是神之子，来到尘世，化身为人，他把自己的生命与人的生命结合起来，神成为人，这种神人之生命也赋予了我们。圣子没有自己的生命，他在生于圣父之时献出了自己的生命，“我与父原为一”②，就是指他在圣父那里得到新生命的理由是足够充分的，圣灵为他受膏，在自己的爱中展现神的爱。布氏宣称：

> 爱就是这样：它在死去的时候才活着，在活着的时候则是在死去，对于它来说，存在不意味着在自己之中和为自己而存在，而是在他人之中存在和成为他人。爱使自己的实在面目对他人来说成为透明的，他在表现出最大力量的时候，却又仿佛自我隐藏起来。③

人的创造活动只是在潜在性方面是绝对的，在现实中，人的创造是相对的；世界在六天中被创造出来，这可以理解为所有生命力量和生命的种子已经被完全留在这个世界上，他可以继续从世界和人类的现实出发进行发展，不需要新的创造性进行干预；因此，人掌握自己的命运应是上帝允许的，改造世界、改造自己，都是全部拯救计划的一个重要部分。

真理永远是二律背反的。一方面，圣言永恒地与圣三共契。另一方面，圣父把自己的儿子派到世界上，并让其亲身经历他父爱之献祭。“圣父是钉十字架的爱，圣子是被钉十字架的爱，圣灵是十字架不可战胜的力量。”基督教让圣父以虚己的形式把儿子钉上十字架，让圣灵永恒地栖于圣子，赋予生命之灵、生活之灵、人类之灵，但在圣子死亡那一刻离弃了

---

① 参见［俄］C. H. 布尔加科夫《东正教——教会学说概要》，徐凤林译，商务印书馆2001年版，第5页。

② 《约翰福音》10：30。

③ 同上书，第3页。这段语言是要表述布氏对生命、人、圣灵与爱的关系以及基督教爱的特殊属性的理解；在后来的论证中，他进一步说明，每一个人的生命都向他人的生命、向“神圣共同体”无限扩展，每个人都在教会中靠全体教会化的人类生命为生，都是人类：homo sum et nihil humani a me alienum esse puto（“我是人，所以人类的一切特性我都不陌生”）。请参阅该书第8页。

他；这其中有一个道德神学的原因，其奥秘的核心就是生命的神秘；对此，神性归于缄默，以等待那个伟大的安息日。①

你们，我的琴声！我的歌
伴他而生，好似溪泉追随江河，
他想去的地方，我也得去，
迷途上跟着这位可靠的神。②

四　新生命神学家们对后现代生命伦理学的历史贡献

我们有必要注疏无数先驱者的足迹，作为后现代生命伦理学理性背景的重要构成。

尤不可忘却赫里格尔斯、波特以及弗莱彻、拉姆塞和麦克考米克这几位令人敬仰的人，他们是我们学科当之无愧的先驱，从这个意义上来说，他们就是后现代生命伦理学的启蒙者。由于深信真理能够通过相互交流揭示出来，他们愿意通过交谈伦理以实现对话。在生命伦理学萌芽时期，世俗伦理学界与伦理神学家们策划、创造了一种特殊的谈话方式：使本来彼此很少对话的学者和专家开始交流，这种交流不仅培育了一种信仰，而且在现代美国社会的道德多元论下构筑了共同的医学道德或生命伦理背景。

宗教传统带着丰富的思想与精神遗产进入生命伦理学领域，这些遗产是关于道德生活理论的沉思和实践的忠告。这两种宗教传统都坚定了这样的信念：人是造物主和救世主唯一尊重的生命体，每个人都应该对他或她的生活和选择负责，同时根据一定的准则，能够指明人们的选择是正确的还是错误的。两种传统都要求在政治、社会和经济生活中认真约定，把基督教的启示灵感带入日常生活中。和哲学家相比，神学家谈论道德问题不是抽象的，而是在特定的社区团体中，寻找正确的生活方式。这两种宗教传统的许多观点是不同的，例如，教堂凌驾于个人之上的权威；对道德问题细节的分析和它们对引起道德争论的许多问题的解决。然而这两种传统

① 请参阅［俄］叶夫多基莫夫《俄罗斯思想中的基督》，杨德友译，学林出版社1999年版，第81页。引号中的话是书中原引莫斯科菲拉列特的评论。

② 摘自《赫尔德林诗选》，顾正祥译注，北京大学出版社1994年版，第56—57页。诗名为《盲歌手》。

都给生命伦理学带来了道德生活的智慧和解释有关道德行为时的灵活策略。[1]

至此，本书所提到的神学家来自于不同的基督教派别。犹太教中也有关于医学伦理的丰富传统，但由于这些圣训是用希伯来语写的，其他宗教信仰的学者对此了解很少，这种情况一直持续到犹太教法学博士以马内利·杰克布维斯出版了《犹太教医学伦理学——关于犹太教对医学和医学实践态度的比较历史研究》一书。[2] 生命伦理学在发端之际，犹太教的学者和医生们为伦理学家的辩护送去了传统上宝贵的理性资源。植根于《圣经》经文和丰富的希伯来宗教语言说明，这种传统深阔、广大，透过它们的复杂思维，内中闪烁着对人类生命无条件的献身精神。虽然犹太教学者们已经积极地参与到生命伦理学的讨论中，但还是十分有限的。他们的生命伦理观念与研究成果的主体部分仍然保留在犹太教监守律法者的神学义务论思想中。这些以神学誓言形式显现的教诲被作为“医学伦理学思想的源泉，被特定地镶嵌在它们的起点处”[3]。

中国的生命伦理学学者几乎忘记或根本不在意生命伦理学细微、真实的历史诞生过程；这与最初的介绍者、翻译人和引路人的学风有关，当然不应该追究学术责任，但我们今天必须清理这段历史，因为它关系着我们今后的研究路径，并应学会如何把握学科发展的历史脉络。同时我们要保持严谨的学术品格，切忌浮躁和盲从，避免用社会学的手段解决哲学问题。这与半个世纪科学技术哲学的发展过程很相似，有些本来身为哲学家的人，后来成为科技社会学者，或社会工作者。在汉语生命伦理学界，就有很多同仁已经成为医学社会学工作者，他们不再是哲学家，不再有哲学的沉思习惯，忙于奔波，听信于几张调查问卷的结果，玩弄几个案例；他们更像社会活动家，喜欢在电视里演讲；用新闻人的视角和具有刺激性的论题取悦于受众，如此境况对这个学科是很危险的。

其实，如果从尊重历史的观念出发，基督教神学与生命伦理学存在着

---

① Albert R. Jonsen, *The Birth of Bioethics* (New York, Oxford: Oxford University Press, 1998), p. 41.

② Immanuel Jackobovits, *Jewish Medical Ethics* (New York: Block, 1959).

③ 这是哲学家 Baruch Brody 的一句话。原文见“Halakhic Material in Medical Ethics Discussons,” *Journal of Medicine and Philosophy* 8 (1983): 317–328.

血脉关联，下文所提及的神学家在生命伦理学产生中就是关键的推动力量：约瑟夫·弗莱彻（Joseph Fletch）——主教神学院的牧师；保罗·拉姆塞（Paul Ramsey）——卫理公会派的教授和理查德·麦克考米克（Richard McCormick）——耶稣会的道德神学家。这个“三位一体”并不是“一个不可分的整体”，而是形成了生命神学观念的天然团契，从自由主义者的弗莱彻到英国保守党党员拉姆塞，而麦克考米克则处于他们的中轴线上。他们每个人都用一种独特的方式显示出个人的神学传统；每个人都用神学思维精致地表述生命伦理学思想，他们进行了长期的研究与艰辛的探索，最后把焦点聚在一起，爆发出璀璨的、绚丽的智力火花。紧接着，当他们紧密靠拢时，又以惊人的、尖锐的辩词，为捍卫真理而不停地交锋；历史记录了他们的奉献，在人们观赏时，尚在花圃中生长的生命伦理学在历史中复活了。

（一）瑞斯勒·波特与赫里格尔斯重新开启的真全生命国度

无论如何，是他完成了一个历史的使命，这个瑞斯勒·波特重新开启了人类生命的真全国度，那是一个大美与至善的自由理想王国。

生命伦理学是关于人的、关于所有生命的一个真全与完美的国度，发现它和拥有它，是我们的幸运，我们终于有了一门关于解决自己命运、生命状态和生存现实的学问。以往我们总是隔岸观火，或是矫情地故意与生活本身拉开一段距离，远视或瞥视自己的肉身、精神、疾病与痛苦。只有这样一门学科的诞生，才使我们真正以主人的身份和角色关注作为主“人”自身的问题。

> 我们祈求恩赐那样的思想、言论和行动——你将赋予其所有者以永恒的【生活】、真诚的【世界】和完美的国度。[①]

此句一直萦绕在我们的心头，因为再没有其他言语可以表示我们对于当代即后现代生命伦理学诞生的喜悦之情，它应该是历史的事件，我们怀着强烈的历史感献出我们的崇敬；它也许是诗人或者作曲家瞬间领悟并接受的天籁之声，记录了那人类情感深层的音符，而正是那组旋律，改变了

---

① ［伊朗］贾里尔·杜斯特哈赫选编：《阿维斯塔——琐罗亚斯德教圣书》，元文琪译，商务印书馆2005年版，第29页。《亚斯纳》第三十四章。

我们的生命。我们还不能使所有世人通过生命伦理学重新认识自然、人和世界，但是，如同启明星永远镶嵌在天际一样，总会有一刻，在暗夜里迷失的航船会通过它的照耀，为我们校准前进的航向；那是我们生命唯一需要的。

也许过高地评价了这位先行者，即使不是他的最初的完美创造，即使他不是蓝图的设计者，但是他按动了后现代这门学科的按钮，这是历史。凡·瑞斯勒·波特（Van Rensselaer Potter）作为威斯康星大学一位肿瘤学家，通过他的一本《生命伦理学，未来之桥》（*Bioethics: Bridge to the Future*）[①] 的新书，他殷切地热望，以此“新词”（neologism）[②] 把生命科学知识和人类价值系统知识结合在一起，以使人类生存得更美好。[③] 从这本书开始，历史再一次重新集合了很多美国的神学家和哲学家，他们关注生命的事实与伦理价值的关系，开始从狭隘的医学伦理或临床伦理问题的纠缠中扩展到对于整个生命的注意，把焦点集中于人类的生存境况、生命状态、生命技术的负面效应以及生死、老龄化、同性恋、动物权利、医药市场、卫生经济制度、环境与生态、灾难等诸方面的难题上；人们开始向所谓高新奇生命技术提出质疑，开始反思和争辩究竟什么才是整全的伦理和真全的生活这样的问题。

神学界的生命伦理大讨论催生了生命神学流派的形成和繁荣。而后，这个潮流席卷了美国的哲学界、医学界和社会学界，使其成为一次生命科学哲学的革命。正值很多人关在书斋中激辩现象与本质、真理与方法、意志与表象、存在与时间、书写与差异、意义与符号之际，这一石激起千层浪，把人们的眼光吸引到人类当下鲜活的生境和生存现实上，从根本上撼动了人的思想和压抑已久的悲悯心境，这不是一般的浅表的形而上学的时尚，也不是传统的市民化情绪的爆发，而是源于人类心底深处、内在的与不容回避的新启蒙运动，是后现代文化的一次最深刻的反省和人类发自于理性深层的觉悟，这是一次人类生存哲学与神学

---

① Van Rensselaer Potter, *Bioethics: Bridge to the Future* (Englewood Cliffs, N. J,: Prentice-Hall, 1971).

② 应再一次申明：在此之前，该术语早已存在，生命伦理学不是新词，只是由波特重新使用的而已，本书曾多次提及和强调这一点。

③ Albert R. Jonsen, *The Birth of Bioethics* (New York, Oxford: Oxford University Press, 1998), p. 27.

的重要转向。

应该特别纠正的是，生命伦理学并不是人们理解的应用伦理学，姑且不谈是否有一个“应用伦理学”的存在，这很容易使人误解生命伦理学仅仅是伦理学的应用。第一，生命伦理学是生命哲学的继续，本来是关于人的或生命的道德哲学理论的延伸；生命伦理学是人类第二次启蒙运动的成果，是人类自我最重要的一次反省和对自身科学文化行为的批判；第二，生命伦理学是神哲学与哲学的元理论的最终结局，从关于人的形而上的玄学的思考，到关于人的生命存在、死亡、性、生存环境等宏大叙事，无一不是哲学的核心使命；第三，神学家与哲学家最终与医生的责任相汇合，成为人类的神圣守护者，从这个意义上说，生命伦理学只是元伦理的变体；第四，“应用伦理学”指称淡化了人类的文化历史意义，任何原理和元哲学理论对实际问题的指导，都是该理论的一个部分，不应该人为地将理论与实践生活分开，其实，它们原本是结合或相融在一起的；第五，生命伦理学不是大众或世俗社会的“问题域”，对于生命科学和医学中问题的关注，是为了哲学的发展，因为哲学的进化本来就是与人类生活连接在一起的，即哲学理论无论多么晦涩深奥，都是为了生活和生命本身的；第六，只有面向未来的人和真正关注生命伦理学命运的人，才愿意献身致力于生命伦理学的高端理论研究，也只有这种元理论的突破，生命伦理难题才能够得到最后的解决；我们才有能力应对医学生活和人类与其他物种生命所发生的一切。①

恰如丹尼尔·卡拉汉（Daniel Callahan）在哈佛的研究，以至于后来在编辑《生命伦理学百科全书》的过程中，在对于具体生命伦理问题的观照中，从来都坚持对传统道德哲学原理的扬弃和改造。他在致力于对古希腊哲学到近现代哲学研究的同时，注意基督教对于生命问题的争论，他同时参与有关堕胎、医疗政策、生育、死亡、老龄问题、生命技术等的伦理讨论；特别是其关于医学目的的观点，可以使其成为这个世界有关这个焦点问题的启示者与先锋。他对具体的现实生命伦理问题的研究与他对于哲学和神学问题的思考，从来都是连成一体的。他认为，古典哲学应该做一次修正，尤其是面对生动发展了的生命科技社会；神学也必须适应于文化的变迁，并能够解释新的生命科技时代的新的生活方式。这一开放的观

① 关于应用伦理学的质疑，请参阅本书第一章“一个意味深长的质疑”。

念来自于他自己的道德哲学研究成就。[①]

下面要说的是安德鲁·E. 赫里格尔斯（André E. Hellegers），他是一位在华盛顿工作的荷兰胚胎生理学学者和产科医生，他和阿尔伯特·R. 琼森关于生命伦理学是全面的善的哲学应用还是仅仅面对医学生活需要的最后的争论，在1973年晚些时候，最终获得统一。[②] 他们和许多严肃的生命伦理学者、神学家、哲学家的意见一样，传统伦理学与神学必须改革，这个改革契机是因为当代社会，特别是生命科学的进步引发的。所谓“广泛性公共道德基础”是在深刻的道德哲学以及悠久厚重的人类理性历史的前提下诞生的，包括约瑟夫·布雷迪坚持的“行善、自由与正义”和恩格尔哈特的“尊重、不伤害”，加上彼彻姆、邱卓斯（James Childress）等的提议，在许多人的努力下，才产生了生命伦理学的四个基本原则。[③] 罗伯特·威奇（Robert Veatch）也是由神经药理学开始转为伦理学研究的，吗啡影响情感或价值的神经病学基础的专题成为最初的兴奋点；特别是对于人的权利的道德哲学吸引了他，使他立志于进行病人权利维护的理性考量和他的“三层契约设计理论”[④]。威奇将生命“自主尊重”视为最高原则，在人的自由中求得个性自由，来源于他对自由世界主义的理念。他的知情同意的尝试和实践，同时也是他的哲学理论的一个现实表达，是他的权利哲学的行动语言。我们能把他的理论分隔为应用伦理和哲学原理两个部分吗?

当然，还有拉姆塞的病人权利论、恩格尔哈特的次级相对主义、麦克考米克温和的带有功利主义色彩的本体价值论神学、埃德蒙·佩里格瑞诺（Edmund Pellegrino）的医学人文观与道德情感教育意见、弗莱彻的境遇伦理以及弗朗西斯·福山（Francis Fukuyama）关于自由世界主义卫生体制的辩护等，诸如此类生命伦理学初期的建设者们，都是把他们独有的哲学思想融入生命伦理问题的解释学中的，是对于生活现象的审查，也是通过医学实践对人类理性的一种验证。在这种原道和原理、语言与概念的应

---

① Albert R. Jonsen, *The Birth of Bioethics* (New York, Oxford: Oxford University Press, 1998), pp. 65, 81–82.

② Ibid., p. 219.

③ H. Tristram Engelhardt, Jr., *The Foundations Christian Bioethics* (Swets-Zetlinger Publishers, 2000), pp. 665–666.

④ 即霍布斯的“人性恶和权力出让”，洛克的“按自然法行事，人人享有平等自由的权利”与卢梭的“人性善、天赋人权、社会契约源于人民自由意志”等观点的融合，威奇在理论和医学实践中，汲取了这三种理论的一部分，共同建立形成一种新的有关生命权利的社会契约逻辑结构。

用与创制中，检验和回应深邃哲学理论的真理性。无论是方法和行动策略，都是善的道德哲学思想和爱的神学情感的彰显与生命政治思维的具象化。

（二）后现代生命伦理学的掘井人——约瑟夫·弗莱彻及其境遇伦理学

约瑟夫·弗莱彻（1905—1991）是马萨诸塞的剑桥英国国教神学学校的教授，讲授神学和基督教伦理学，他应邀出席在哈佛大学举办的1949年洛厄尔讲座，后来他的演说稿被名为《道德与医学》出版。他为那些演讲选择的题目是：在医学实践过程中出现与发生的一些有关善、良知以及其他一些尖锐的伦理问题。弗莱彻认为，虽然罗马天主教伦理学家们长时间忽视这些问题，但他真诚地希望开辟一条引起伦理学研究者重视的新路。这一切对于一般北美大陆的基督教神职人员或信徒来说可能会不屑一顾，但对于生命科学活动和人类社会的生活，对于我们的精神世界的冲击和影响来讲其意义则是难以低估的。

那是一个令人压抑的年代，生命科学的伦理问题还没有引起人们的兴趣，医生们依然像17世纪的炼丹术士，把自己关在与“人”隔离的密室，把“病人”说成是“病”。弗莱彻虽然没有表述他选择医学伦理作为在洛厄尔演说中主题的原因，但在此前，他已经把其神学研究的重心集中在医学世俗社会以及生命科学道德上。他深知，医学伦理不是一个令人心潮澎湃的话题，不过是人们生活舞台上的一场独角戏。弗莱彻本人从未说过他对这一领域感兴趣。然而，他对社会公正、和平正义以及友爱情感的渴盼，他那基督教神学家所特有的救世欲望，使他义无反顾地投入生命神学或基督教生命伦理学的研究与思考中。弗莱彻认为：“这是一个傲慢的时代，我们应该给我们的伦理学和精神体验寻觅一个新的思考范围——与照护和关爱病人有关的。”①

约瑟夫·弗莱彻是一位不寻常的道德神学家。他是一个来自西弗吉尼亚州矿区的年轻人，他徜徉在原生态的丛林与静静的溪水边，观察这个不平静的世界，他透过许多小事，追究社会和经济不公正的原因，而在这些问题中与人民关系最直接最核心的部分就是医疗公正，就是生命保障和生命科学新技术的伦理争议。在成长历程中，他最初并没有正式的宗教信

---

① 原文见英文版Fletcher，*Morals and Medicine*，普林斯顿大学出版社1954年版，第224页。

仰，后来在他看到教会是社会改革的发源地，并且教会里传出的正义呐喊以及与上帝的交流，恰与他血液中爱的情感发生共鸣后，他被彻底地震慑和征服了，最后加入英国国教教会，并被委任为教士。出于为劳动者服务这一目的，这个工作他干了好几年。弗莱彻在转到学术领域之后，鼓吹教堂应该用一种宗教伟力承担社会责任。虽然如此，但他成熟的作品很少是关于神学的，他偶尔引用《圣经》中的教义也不是作为辩论的理由而是作为例证。他很少使用经典的关于罪恶和拯救的论题；相反，即使在他明确的神学语汇中，他也把这些教义作为"基督教神话学"来谈及。他确实诉求于基督教伦理中具有雄辩伟性和启示性教义的帮助，像《圣经》中上帝之爱的概念和上帝对人类充满深情的关怀，这一切都暗示了每一个生命个体之间应该互相爱护。弗莱彻相信，《圣经》中的教义能够而且将会转化为世俗的语言——功利主义的善行。弗莱彻的神学情结与学养自然地引导他进入道德哲学和生命神学的研究中。他最初离开神学院安静的环境，经常以罢工纠察员的身份现身，艰苦地在逆境中前行，在争取公民权利的对抗中，他常置身于可能遭受劫难的危险境地，他不止一次地被人残忍地毒打。他曾说过，他转向令人解脱的生命伦理学领域是因为人生事事邪恶。

当我们每每打开一本关于医学伦理学方面的书，总以为会发现一些关于杰出的医学或科学进展的伦理学分析，而《道德与医学》给与人们一个特殊的视角，弗莱彻在《道德与医学》序言中写道："医学取得了巨大的令人兴奋的进展；而这些进展经常为道德争论提供新的深度和环境。"在洛厄尔演讲时，生命科学的惊人进展还没有真正开始；弗莱彻简洁地列举了医学技术和生命科学进步所引起的变化，他用第一代人工授精的例子讨论"价值和情感的冲突"，但他更重视专业性医院医务道德和医疗的公正问题。他举例说明"科学的进步"，通过鞭打"作为在《希波克拉底誓言》下发誓与疾病和疼痛斗争的医生和研究人员，如何把他们关于细菌中毒的知识用于为军国主义的细菌战服务"。弗莱彻论述的这些主题和50年前教父寇朋斯（Coppens）开创医学伦理学时论述的主题和科学背景相差不大，从技术应用上看，除使用胰岛素和精制青霉素之外，1949年的医学和1900年相比没有显著的不同。

弗莱彻向医学职业范围内被广泛接受的伦理学理论发起了挑战，例如医生应该对患者保留令人不快的病情真相这一古老的信念。他经常对广为接受的罗马天主教伦理学家的教义提出质疑，不管他怎样赞美天主教“勤勉而精微的分析”工作，他对天主教反对绝育手术、避孕、人工授精和安乐死一直进行着批驳。他认为，他们的训诫和教诲束缚了科学家与人类的自由。弗莱彻为病人争取正当的权利并非针对医生，更多的是反对伦理神学家们消极和无用的教条。在富有悠久信仰历史和宗教传统的新英格兰，他长期被作为离经叛道者和异端邪说的代言人。弗莱彻没有退却，他若矫健雄悍的苍鹰，振翅俯瞰生存着各种生灵的郁郁山峦和呼啸的大海，坚持生命神学喂育的生命伦理真义。

他批评的对象很少是医生。除了批评医生在业务上对病人隐瞒诊断的病情真相外，弗莱彻很少谈及医学中的家长制作风。他曾对现代医学大加赞扬：“我们能够确信，医学科学唯一的动机就是保护和实现人类的价值。它对我们的健康、生命和死亡给予更多的控制，从而把人类提升到一个更高的道德水平。”这样，《道德与医学》没有对后来生命伦理学的两个主要的争论发表看法，那就是医生的家长制式的干预作风或过度干涉权触犯了病人的自主权。《道德与医学》就像弗莱彻自己评论的那样：“当今被普遍认为是一个新的规范生物医学伦理学的开创性的著作。”确切地说，对于开创未来而言，它更是一本结束过去的书。

《道德与医学》是后来生命伦理学的先锋，是把神性的伦理转为医务伦理的起点，弗氏的中心议题是：“向医生要求病人的权利和责任，根据这种观点和病人的见解，在这本书里我们将尽力去审视与医护工作以及病人利益有利害关系的那些品行、原则和价值标准。”弗莱彻认为，在医疗实践中道德权利和对病人的关心应该放在与对病人肉体的治疗同等重要的位置：我们应尽可能合理地为人类权利中的病例提供伦理上的辩护，这些病例有：使用避孕药具；从捐赠者处得到匿名精子；实施绝育手术；获得适当医药帮助的无痛苦的仁慈死亡（安乐死）等。我们相信，绝对禁止这些医学行为的任何规定都是不公正的，都是破坏人类尊严和压抑人的精神的。弗莱彻的观点一开始就引发了来自基督教文化圈的争论，很多神学家对其如此勇敢的言论感到震惊，其实，他这些语言是长期深思熟虑的结论，而不是一时的冲动。作为伦理神学家在转向生命神学或创立生命伦理学时的这种选择是十分谨慎的。尽管如此，他还是成了神学家中一只振翅高飞的孤雁。那种漂泊的情形正如唐诗人崔塗在《孤雁》中所写的：

几行归塞尽，念尔独何之。暮雨相呼失，寒塘欲下迟。渚云低暗度，官越冷相随。未必逢矰缴，孤飞自可疑。[①]

约瑟夫·弗莱彻一贯把他的伦理学追求建立在对人类自由的理想上："选择权和责任是道德标准的中心和一个人道德身份的标志……随着医学科学和技术的进步，人的道德责任的范围在扩大。"这些进步意味着"控制健康、生命和死亡"和"对于道德活动，对于真正的人类行为来说控制是自由和责任的基础……在任何道德与医学的争论中，探索我们的道德自由、我们的人类活动成为必要，其中一部分决定我们的生命和死亡的问题"。他强调维护医疗中的人类权利，要求在医疗和科学选择上体现个体的责任，这在当时的医学界和神学界都是具有独立见地的、前所未有的呼声。

有人说，很难找出与弗莱彻理论相一致的伦理学源头，这是一种误解，我们在本书的前一部分曾经论证，弗莱彻对于杜威等人理论的效仿与再造，尽管他本人经常予以否认。他曾明确地表示："我的伦理学观点的基础，除了基督教信仰的结构框架外，人格是每一个人类独一无二的品质的教义和最高的善以及我们关于善的最重要的实现方法。"弗莱彻没有从细节上解释人格主义理论，虽然《道德与医学》的最后一章命名为"人格伦理学"，它几乎没有解释"人格主义"的哲学的或神学的背景。相反地，弗莱彻断言专心的读者已经开始感到：

我们慎重地相信，用逐渐积累来支持我们的中心论点，选择用临床的具体实践来说明问题，胜过创造一个伦理学理论系统体系。毕竟，让理论自己在真实生活和医疗实践中逐渐形成或产生更好，所有的伦理学争论都是具体的。[②]

弗莱彻肯定自然和风俗习惯都不能决定伦理学观念。这些认识引出了弗莱彻著名的《境遇伦理学》的写作动议，在这本骇世著作中他详细地

---

① 这是唐代诗人崔涂的《孤雁》诗，多写旅愁之作，可称文化苦旅；本诗"矰缴"为伤人之物，最后两句意味着孤飞虽然未必丧生，但失群却令人疑惧。

② Albert R. Jonsen, *The Birth of Bioethics* (New York, Oxford: Oxford University Press, 1998), pp. 44–45.

阐述了他的道德理论。1966 年这本书出版以后，约瑟夫·弗莱彻和“境遇主义”伦理学理论联系在一起，尽管波普·皮尔斯在 1956 年曾谴责欧洲存在主义的境遇伦理学，弗莱彻还是坚持自己的真知灼见，最后创建了这一学说并且将它命名为“境遇伦理学”。而且，这个学说同时对医学、伦理学和神学都产生了巨大影响，这是当初人们没有料到的。一种哲学或宗教洞见常常被我们所忽视；许多预言家只对政治和应用科学或经济感兴趣，他们没有注意引领世界精神和关涉信仰的哲学与宗教神学的价值。我们身处的时代，最缺乏的是哲学和神哲学的声音，这是个巨大的悲剧，我们正在退化为一群没有精神、信仰和思想的经济动物，我们将成为一具具可怜的空壳。

作为 20 世纪六七十年代美国基督教“新道德”运动的产物，境遇伦理学的产生和发展有其深刻的社会和生命科学背景。一方面，19 世纪末开始了基督教伦理现代化改革过程，改革的目的在于革新宗教内部的传统神学观念，达到与世俗人道主义和现代科学的融合，利用第二次世界大战以后西方社会生活中的种种矛盾，为基督教伦理寻求和开拓领地；另一方面，整个科学技术特别是现代生命科学技术的发展，与传统的道德观念发生了激烈的碰撞，宗教伦理学在这种冲击面前所受到的影响不仅仅是方法上的，而且是实质性道德观念上的。正是这种挑战在宗教伦理学内部引起了极大的关注和争议，在美国等地形成了一场基督教所谓的“新道德”革命。在这场革命中，一些宗教伦理学家和道学家转向或直接步入新科学道德的研究领域，境遇伦理学正是这种研究的产物。

境遇伦理学所主张的伦理方法，实质上就是坚持从实际情况出发作出道德决断，以具体的境遇和实际经验作为道德评价的标准，在道德判断中把实用主义和受到质疑的道德相对主义结合起来。境遇伦理学原理由一系列的命题构成，是按照实用主义、相对主义、实在论和人格至上论这四条基本的“实用原理”推导出来的行动方针。实质上，境遇伦理学正是多种理论综合构成的一种具有新质的伦理学理论，这一新的理论系统的中心坐标是个人人格，价值思维方式是实用主义和相对主义，行为方式则是以道德决断为主题的道德行为主义，其理论目标则是一种经验主义的伦理学。根据“实用原理”，境遇主义伦理学以“爱”为核心制定出六个基本命题，组成其行为伦理学的行为准则系统。这六个基本命题是：爱是唯一的善；爱是唯一的规范；爱同公正是一码事；爱不是喜欢；爱证明手段之正当性；爱由当时当地的境况作决定。这六个基本命题是其“实用原理”的进一步延伸，是对新道德方法原则的具体解释和规定。但“**爱是为了人，而不是为了原则**”，因此，弗莱彻对爱作了最高规范的赋义，本质上是一种对待生命的总原则，这体现了生命意义中爱的宗教性。这样，他把人格主义、神学和生命原则结合起来，因而，境遇伦理学的命题形式是宗教的，表达的核心思想是“上帝之爱”这一概念，但其内容却是现实道德生活的，是爱的生命与对生命的爱。

这种对于生命的爱与爱的生命原则是医学伦理学和生命伦理学的基本原则，而把爱放在具体的、境遇性的医疗实践中，正是对现实中所存在的某种不合时宜的教条、固执行为的否弃，事实上，对某种教条的固持不仅仅使得具体医疗行为缺乏灵活性，还会成为对生命责任的消解从而使某种医学行为逃遁于伦理规约和道德评判之外，这不能不引起医学实践的关注。同时，境遇伦理学与医学的关系具有直接性，一方面表现为境遇伦理学与生命伦理学所产生的社会和科学背景是完全相同的，在一定意义上，境遇伦理学的形成与解决生命伦理中的问题有直接的关系。正是因为现代生命科学技术发展所带来的一系列道德难题的解决遇到了很多困难和矛盾，境遇伦理学力求在宗教伦理和世俗道德之间找到一个契合点，以构建新的伦理方法和规则来缓和与解决这些前所未有的矛盾冲突与道德难题。另一方面表现为境遇伦理学的创始人弗莱彻本身就是一个著名的医学伦理学和生命伦理学家，他几乎在创建境遇伦理学的同时完成了几部医学伦理学和生命伦理学著作，他的这些著作应用了境遇伦理学的许多理论，而他的境遇伦理学同样运用了大量的医学道德实例来说明其“实用原理”和“爱的命题”。在一定意义上，境遇伦理学可以为诸如生命伦理学这样的学科构建提供一般伦理理论、道德规则和方法原则。

因此，境遇伦理原则所表现出来的是对后医学和后义务论时代人们伦理选择自由的深沉关切，而非是对伦理责任的放逐与消解。在弗莱彻看来，“境遇伦理学赋予自由以极高的价值，赋予自由决定的责任以极高的价值”。因此，在弗莱彻这里，爱不仅是自由的限度，是自由的规定性，而且自由也是爱的一个基础性前提，恰恰不是普遍的教条式原则而是伦理选择的自由状态使得伦理责任得以真实有效地落实，这正是生命的偶在性和复杂性、医学实践和疾病谱系的复杂性和多变性，以及责任的量和质的扩大与变化所要求的伦理应对策略。但这种自由的境遇论还是受到一些学者的反对，美国生命伦理学家拉姆塞就“主张一贯有效的普遍道德原则”，只有这样，才能更大范围地适应道德观念的新变化。他认为，基督教伦理原则的基础是爱而不是境遇。事实上，他们从不同的视角体现了一种对伦理相对主义的关注与反思。伦理相对主义作为哲学相对主义的深刻反映，不仅把现代道德哲学的方法论危机和困境呈现在人们面前，而且在实质上反映了人类伦理价值观上的冲突、困惑和无所适从以及人类对于生命存在的生存性焦虑在精神文化上的深层表现。

在境遇伦理学对生命伦理学理论作出一定贡献的同时，由于其本身存在很大的理论局限和缺陷而引起了学界的质疑；它所存在的逻辑上的混乱和无法解决的思想冲突，也遭到了很多学者的批评。

在弗莱彻的理论叙述中，境遇主义主张，除了用确定的爱作为行动者的意图之外，只有真实的特殊的环境能够决定一种行为的正当与否。境遇主义关注人的需要，把强调特殊的环境、具体问题具体分析作为伦理学的中心议题。读者能一次次地在他的著作中发现类似的解释，如“是否和什么时候进行基因控制是正确的要决定于环境”。这也许是案例分析传统的开端，但后来美国把这种方法延续并发展到了极致，甚至忘掉了生命伦理学的案例讨论必须建立在坚实的理论研究基础上，弗氏没有放弃理论探索而单独去搞“案例研究法”和“案例教学法”，那纯粹是一种歪曲，以至于以讹传讹，一叶障目。生命伦理学在传入中国后，汉语文化圈中的一部分学者也只会搞几个案例分析，以为这就是“哈佛”化或美式教学了，使中国的生命伦理学界没有了思辨的能力，一个个都成为不懂道德哲学而仅具有表演技巧的舞台明星。

弗莱彻对生命伦理学的理论探索仅仅是一个开始，不过是伦理神学研究的继续。对一些主要的观念，像责任、自由和权利等都没有进行深入的阐述。有人认为，他借用了杜威的自然主义伦理学概念，修正了他道德上深思熟虑的结论，采用了他改造过的社会人生哲学，其中包含着这样的信念：经过睿智地比较和进行有效率地伦理选择，人应当修正他们以往的经验主义哲学，在人的环境被改变的同时，我们的思想也应该不断发生变革。然而杜威的思想是散乱的，就像弗莱彻喜欢的其他哲学家一样，如威廉·詹姆斯和约翰·密尔。后来的宗教评论家认为，他是“一位集大成者而非哲学家……他对不同哲学家和神学家理论中适合自己的独特的成分进行综合，最后形成了一个独特的观念，他不是原理的创造者而是立场和观点的创造者”。《境遇伦理学》的流行很少因为它的理论力量，而是因为它的思想引发了当时自由意志论和反权威主义者的兴趣和热情。

在《医学与道德》出版20年后，弗莱彻写出了他的医学伦理学的第二本书《遗传控制伦理学——毁灭生殖的危险游戏》。至此，人类历史与生命科学技术史几乎都要重新改写。在这本书的序言中，J. 莱德博格评论说：“弗莱彻博士当初的理论背景变化的如此迅速，几乎都来不及思考，这本书可能已经被科学的巨大进步超越了。”① 弗莱彻离开了哈佛大学的主教神学院，成为弗吉尼亚大学医学院的一名医学伦理学访问教授。

置身于医学环境中，弗莱彻目睹与切身感知了关于生命科学技术和医学救助服务的非凡变化，这一切都刺激了他的医学伦理学神经。他深切地体会到：“一个道德家花费很少或者没有时间待在现代医院的临床病房里，就不能对安乐死这一话题产生出许多现实的观点和中肯的建议。”弗莱彻经常称自己为“行动功利主义者”，对一个行为正确或错误的唯一评价标准是，在此情此景下以此行动的结果是否能够帮助人类获得更大的幸福？什么是正确的？什么是最大的善？什么是更人道的？什么是更加有益于人类幸福和快乐的？这一切都建立在对爱的真诚追求之上。② 他赞同威廉·弗兰克纳把他的伦理学说成是“温和的行动主义者……一种功利主义者和后果伦理学决定论的结构体系”③，并且没有受到不同意见的哲学家和神学家批评的干扰。从这一立场看，对于弗氏来讲，对每种技术进步所形成的道德上的善提出挑战并不奇怪，如果接受伦理责难，那么，可能出现的对人类伤害的后果就会超出人类社会整体的增益。他公开谴责许多伦理学家没有对规则进行检验而先对此进行激烈反对，而且仅用神学的精神与价值标准来支持自身。在《遗传控制伦理学》和紧接着的论文集《人性：生物医学伦理学论集》中，他不仅像过去一样支持堕胎、绝育和

---

① Albert R. Jonsen, *The Birth of Bioethics*（New York, Oxford, Oxford University Press, 1998）, pp. 42–47.

② 可参阅弗莱彻的 *Ethics of Genetic Control*（英文版）第120页。转引自 *The Birth of Bioethics*, p. 61.

③ Fletcher, *Humanhood*, p. 147; William K. Frankena, *Ethics*, 2nd ed.（Englewood Cliffs, N. J.: Prentice-Hall, 1973）, pp. 36, 55–56. 即可以认为：术语“agapism”一词是由思想来表明目标和最终的弗莱彻式的“功利主义是一种爱（Agape）的创造之关系”［The term “agapism” was coined by Frankena to indicate that the goal and end of Fletcher's utilitarianism was the creation of a loving（agape）relationship］。

避孕，而且支持自愿和非自愿的基因审查、消极的或积极的优生学和人种改良运动，以及人类克隆和创造人和动物混血儿；而且比他所提倡的安乐死更进一步，他为支持“杀婴罪犯”而公开进行辩护。当然，所有这些实践都限定在它们减轻了人们的痛苦而增加了人类的善的范围之内。弗莱彻的勇敢精神和动力，源于他对神学伦理学的透悟和对于人类的无限爱恋，他把这种爱的真切完全倾注到他的生命伦理学的构筑过程中，这也是一位新型的生命神学家的心路历程。他在解决个人宗教情感与社会责任冲突的过程中，善于运用一种普世伦理的标尺进行测量，如果对人类有益而又不伤害他人和社会，这样的爱就是基督之爱，就是一种生命伦理和基督教伦理共同追求的良善。对此他认为，他作为生命伦理学家是有责任的，他有责任把二者融为一体，同时使世俗社会和教会、基督徒与非基督徒在生命或医学问题上观点一致，为此，他做了长期的努力；他竭尽全力在神学和传统伦理学中采挖资源，说服反对他的人，并耐心地教育学生，缓和他和神学界朋友的紧张关系。

中国的生命伦理学者应该从对弗莱彻的阅读中，理解他对传统反叛的理性动因，他并不是盲目地为了追求风雅而唯命于现代技术，他是在不违背神学伦理的前提之下，为人类的生命保全事业作出令人信服的辩护；他透悟了伦理学与神学，不是机械地搬弄教条，或者信守没有福音的信仰和基督之爱；它超越了原来的自我，更超越了教会的传统。试问，我们的伦理学家有这样的勇气与胆识吗？

当然，作为一位神学家，弗莱彻对生命的热爱和对神的敬慕以及对生命科学的信任曾经使他十分痛苦，他说，这也是他跟随基督走在去各各他的路上，他就是那个背十字架的古里奈人西门。在犹豫与烦恼中，他担心彰显个性很可能会把人引向制定苛刻而审慎的行为规范；而他认为，上帝也是不同意人类用愚昧的条规束缚科学的。只要有爱并且不伤害社会的整体，我们就应该开拓和发展。持续不断地批评他的最高道德原则太模糊的人使得他把他的理论变得更明确。他的论文“人性”为海斯汀斯中心会议而写，弗莱彻建议由以下这些特征构成人性的知识框架：最低的智力；个体的知觉；自我控制；对过去和未来的时间的感觉；与别人交往的能力；关心别人；能交换意见；生存控制；好奇；改变、理性和感情的平衡；风格和职责。这些构架的每一个点除去一些非核心的特征外，获得一些崭新的结论：人类不应反对人工制造，本质上可以不是父母关系的；本质上可以不是两性的生殖；人的权利与对人的尊重不是抽象的。这个构架明显地把胚胎和胎儿排除在外，从人性或者就像弗莱彻限定的从个人状况来看，它也排斥垂死的人。这个构架看起来对于许多人来讲都似乎是公平的，但是它对许多其他人来说是一个激烈的挑战和示威。

弗莱彻的理论应该说，确实为生命伦理学做了一个重要的奠基，指明了医学道德的一个应用方向，使我们在困难的时候有了一个依据，用来与不同意见的人进行友好温和的对话，其宗旨在于最后使我们脱离困境。他既然承认爱这个主体戒律，尽管他不把它叫作原则，只是规范的观念，他还是小心翼翼地把“人应当说实话”，“人应当尊重生命”等放入他的“箴言”系列之中。只是他不愿意建立什么原则，或者不情愿打破他的戒规，确立什么规则，因为他强调，境遇伦理学完全没有规则。其实，完全没有什么规则的伦理学，是没有道理的，也可以说，没有规则的伦理学还是伦理学吗？如此，我们如何规范具体的医学道德行为？也就是说，取消了所有标准的行动，还如何评价善恶对错？就如同球场上没有裁判的比赛，没有基本游戏规则的判罚，如何进行比赛？如何确认输赢？没有一个基本的秩序的游戏，绝对没有价值和诱惑力，运动员也不可能有真正的激情和荣誉感。对此，弗氏一直很矛盾和苦恼，他想尽了很多办法，以使自己的观点实现圆融。

例如，他认为，包括基督教道德在内的人类道德奋斗，最后产生了关于善的本性和正当行为的抽象理论，后来，人类又继续这种努力，希望把这些理论作为规范行为的规则以指导人的行动，“基督教的思想与实践，首先解决基督教伦理问题，阐明基于符合《圣经》的、历史的和教义的神学体系的理想”①。其次，发展到第二阶段，即道德神学根据理想设定系统阐明实用的原则与规则。最后，把这些规则和原则作为命令和规定应用于实际生活中，这也被称为决疑法（casuistry），尤其是处于道德危机（crisis morality）中时，有时为避免陷入道德狂热行为（moral zealory）的漩涡，就必须采取危机决疑法（crisis casuistry）来应对现实生活中所遭遇的困难。随后，弗氏就批评了这种道德奋斗的成果，他戏称之为“普罗克拉斯提斯之床”②，讥讽生活中这种强求一致的裁剪。他喜欢 C. E. 柯伦

---

① ［美］弗莱彻：《境遇伦理学》，程立显译，中国社会科学出版社 1989 年版，第 42 页。

② 普罗克拉斯提斯系希腊神话中开黑店的强盗。传说他劫人后，让身高的睡短床，让矮人睡大床；分别斩断身体其余的部分或者强行拉长身体与床齐平。“普罗克拉斯提斯之床”意为强求一致的制度、政策等。

神父的话，“需要一种以生活为中心而不是旨在忏悔得到的神学”。弗莱彻在此作了大胆的尝试，冒着很大的理论风险来培育和烘托他的境遇伦理学基本内核，引导我们同意他的观点。他还补充说：

> 上帝用个人自己的名字叫他。在某种意义上说，每个人都是独特的，每个具体境遇都是独特的。……常常不存在任何辩解的解决办法。在虔诚地考虑了一切有关价值之后，基督徒所选择的是在当前境遇中在他看来爱所要求之事。[①]

以上的推论可以为生命伦理学提供一个很好的次级相对主义基础。这也使得罗尔斯式的正义论哲学在生命伦理学中有所凸显。这种正当也因此在具体的生命科学技术实践中，获得善的支持。

这就进一步阐明，我们的责任是关注、热爱、尊重每一个生命；每一个生命都是一个宝贵的组合，70 亿个生命个体中每一个都是一个独一无二的美丽的神话，不可重复，是一个独立存在的目的和有意义的结构形式，都具有存在的合理性；都应该具有平等的尊严与人格；在任何情境下都不允许任何人以任何形式在不取得本人的同意时，任意破坏、更改与漠视。由肉体的欲望和心理召叫作为基础所构成的生命组合（作为直接和自然的精神）——比如家庭、肉身、性、生与死亡问题以及被文化化或者被异化而形成的冲突，家庭的生命伦理精神是被感受的精神，是爱与信任的直接性自然；为了维系生命存在的利益，并使独立自由的个人生命和家庭生命共和体联结起来成为生命体网络社会，以利益需要或生命的物质和非物质的基础构成经济系统，在分配利益过程中制定伦理制约的法则，以解决物质短缺或有效抑制人性贪婪和自私所造成的不公平，建立有利于生命存续的道义社会；医学社会是人的生命形体的集合，它是为了解除疾病、缺陷或获得美感与享乐而建立的，这种生命逻各斯是生命意向性的反映，虽然它还不是最后的生命赋形的意义，但它一定是身体的意义，这就必然会给生命的伦理认知或伦理判断提出一个物质并同时是精神的生命体意识体系；这也为生命体的个性和自主权利建立了一个理论依据。

许多医生和科学家因为是实践家，他们各自出于个人的生活状态，每

---

① ［美］弗莱彻：《境遇伦理学》，程立显译，中国社会科学出版社 1989 年版，第 42 页。

天都会接触十分丰富的具体病例和实验数据，他们的鲜活感受是他们不得不面对的不可重复的问题，对人的个我性或特殊主义境况非常熟悉，当然对弗莱彻的哲学观颇有同感。他的哲学和人们信仰的功利主义与信任的科学一样都是对人们有益的信念。他偶尔也会轻微地责备他们，因为“他们盲目的信心：一切事实都将用于善的目的，而不是邪恶的”等观念，常常是没有根据的。弗莱彻在享有盛誉的科学和医学的领导人中受到欢迎，他的朋友，弗吉尼亚大学的托马斯·亨特博士在介绍他时写道：“他不是一个科学家，但他和科学家中最优秀者进行没有限制的自由讨论，像G. 哈丁、J. 莱德博格、R. 思塞莫、B. 戴维斯、R. 威格诺和许多其他人。”① 大约至1980年，弗莱彻已经在欧洲、亚洲和澳洲的415所大学和医学院演讲过，在45所学校担任讲座或访问教授。他的上百篇论文出现在各类医学专业和伦理学文献中；40多年来，他的声音响彻生命伦理学界，摇撼了人类特别是基督教神学家的心旌，成为一个时代的主题旋律，他是一位歌者，游弋于历史与现实、传统与叛逆之间，他更是一位颠覆现有道德秩序的煽动者和医疗中人类权利和病人权利的倡导者。神学伦理学家K. 韦科斯在谈到约瑟夫·弗莱彻时说：

> 通过他的经历，弗莱彻和伦理学中的专制主义倾向进行战斗，尤其当用非人性形态学表达时，超越德行，依据爱和希望行动，牺牲和信仰，在我们日常生活中显示出人类精神的惊人的尊严，这就是弗莱彻贡献的精神特征。②

弗莱彻的六个最主要的命题是：价值的性质；把一切价值浓缩为爱；爱与公正等同；使爱脱释情绪化；陈明手段与目的的关系；根据决定和选择的行动背景或条件，验证每一项决定。

约瑟夫·弗莱彻始终坚持以人为中心，而不是以原则为中心；同时非律法主义地审查事件与行动，不以原则评价行为的善恶和利益关系，这就使得他的新伦理学与自由世界主义的主张合为一体，在这个意义上我们

---

① Albert R. Jonsen, *The Birth of Bioethics* (New York, Oxford, Oxford University Press, 1998), p. 47. 英文原文见 Thomas Hunter, *Introduction*, Flecher, *Humaanhood*, p. XI.

② Kenneth Vaux, "Tribute to Joseph Fletcher," transcript, pp. 482-490.

说，弗莱彻应该是生命伦理学的掘井人。

（三）后现代生命伦理学的首席提琴手——保罗·拉姆塞

> 天运循环，虽似神化而有节序。如寒往暑来，如朔望盈虚，昼夜长短，一切可以历数记之。①

一种新的思想的诞生，其实是在圆周中运动如常，并不游弋于四外，而是在内里完成的，从表面看来，平静如水，当你发觉变化时，新的思想，甚至一个伟大的影响人类观念的思想已经诞生了。保罗·拉姆塞就是一位具有这样创造性思想的人，中国人常常会忽略他的存在，不知晓他在生命伦理学诞生过程中所起的关键作用；这也表明了我们会出现今天由于浮躁所带来的思想危机和茫然的原因。我们必须遵循自然的规律，我们是因为服从死亡才得以展开生命本性的；神学启迪我们不拘泥于这一次生命，它给与我们每个人更远大更高尚的盼望，在生后和死后都能找到信心，用这样的方式使生命与它的起点相联结。生命伦理学的创生本来就出于这样的神学思想基础，由此理解和发展我们对于生命的哲学洞视，摆脱医学和生命科学技术所引发的困惑，解释我们的现代生活，这种语言因此就有了连续性，其历史记忆与关于生命本质的思想是流于一脉的。

保罗·拉姆塞（1913—1988）是普林斯顿大学哈灵顿·佩恩的宗教学教授，是第二个进入生命伦理学领域的神学家，他比约瑟夫·弗莱彻更具有学者气息并更忠于宗教。拉姆塞为新的生物学和医学带来了强有力的分析意见和顽强的争辩精神。他继承了卫理公会的传统，在耶鲁大学的H. 理查德·尼布尔处接受教育，受到卡尔·巴斯（Karl Barth）的归正宗加尔文运动的影响。

> （他一生）作为一位基督教伦理学家，忠诚于写作……他援引最具有吸引力的圣经经文和神学教义，维护正义、信仰、忠诚；他向往令人敬畏的神圣的生活，热爱上帝肖像下的人类，他追求理想中的圣地，释疑人与神的誓约之爱，这些通过我们的宗教文化、犹太教和基

---

① 钱穆：《湖上闲思录》，三联书店2000年版，第37页。

督教，应该被我们理解。①

虽然他的伦理原则以及他对宗教信仰是非常坦诚和忠实的，但宗教原则和信条在他的伦理学分析中并不显明。它们框定、限制和最终给予他所有的推理以根基，却很少能在他最后的文本中看到，反而显露出对传统教义的挑战、逻辑争论和把矛头直接指向基督教道德定规的某些事物。拉姆塞说过“新教基督徒应该和他的天主教兄弟论战”②，他把类似的伦理学争论勇敢地引入医学社会和现实生活。虽然神学的写作风格和宗教语言偶尔会成为文本的主体，但是宗教怀疑论者或者神学虚无主义人士通常能领会到他伦理学争论的内在力量。拉姆塞教授在《基督教伦理学基础》中表明他的基本的神学伦理思想，他把“上帝不变的爱”的概念作为基督教伦理学的中心，在上帝和人类的忠诚契约中，上帝之爱是明确的，所有人类应该服从上帝的爱，同样对同伴也要保持忠诚的爱。拉姆塞的出发点和弗莱彻很相像，即上帝对人类的爱。《基督教伦理学基础》和弗莱彻反对墨守教条陈规的声音不同，他把其道德生活的信仰限定在规则之下，并信守奥古斯丁的理论“爱并做你应该做的事”。他坚持：“善都是法定的，每件事都完全被爱所规定……并且每件事都被爱的命令所支配。”然而，拉姆塞和弗莱彻解释上帝之爱的方法是根本不同的：前者认为，这种爱不决定人类的善，但是要求人类服从。弗莱彻把神学引向功利主义伦理学；而拉姆塞的神学则暗示了道义论，他说，“基督教伦理学是一个义务论的伦理学”，“它本质上是没有目的的”。这种不同的解释主要暗示了拉姆塞后来在生命伦理学方向所做的工作：找到了在他医学道德问题分析上的一个精湛的理论根基。③ 他勾连了世俗观念与神学思想对生命的本质认识的不同话语，并对人的存在、痛苦和疾病带来的灾难给与特定的宗教化解释，用伦理学的分析使广大非基督徒认同生命之爱的目的与意义；当然，

---

① Paul Ramsey, *Ethics at the Edges of Life. Medical and Legal Intersections* (New Haven: Yale University Press, 1978), p. xiii; 另请参阅 *The Patient as Person: Explorations in Medical Ethics* (New Haven: Yale University Press, 1970), pp. xi, xii.

② Albert R. Jonsen, *The Birth of Bioethics* (New York, Oxford, Oxford University Press, 1998), pp. 81-82. 此文可查阅英文原文：Paul Ramsey, "The Morality of Abortion," in Daniel H. Labby (ed.), *Life or Death: Ethics and Options* (Seattle: University of Washington Press, 1968), p. 81.

③ Albert R. Jonsen, *The Birth of Bioethics* (New York, Oxford, Oxford University Press, 1998), p. 48.

这种世俗语言也为基督徒所接受。这个工作在医学活动方式变化和生命科学技术飞速发展的年代是异常重要的，也是十分艰难的。在这个过程中，拉姆塞并非有意想发明和创立什么，他最初也没有意识到，他的这种研究活动和思想会成为生命伦理学——这门后来被学术界所接受并在世界范围内传播的新学科。

他的那些原理概念在他研究《当代九位伦理学家》中得到深化，在书中他研究不同人的不同观点，分析这些道德家的思想，拉姆塞所建构的"上帝盟约之爱"含有"原则之爱"的学说；他认为，在传统的自然法则和宗教观念之中，必须使"公正"具有直觉主义的感觉，并且转化成为一个能够引导爱的工作程序与行动制度。这就使后来的生命伦理学者有了一个信仰的依托，而不是空泛地强调那几个孤立的、单一的、由爱衍生的生命伦理学原则。

在两篇重要的文稿以及基督教伦理学中的"行为和规则"和"个别例外的案例"中，拉姆塞详细说明在他的早期作品《基督教伦理学基础》中自由的意义，是适用于"上帝之爱的伦理学"之外的规则核心的一种防御机制。他认为，古典的罗马天主教道德神学对他的应用伦理学分析是一个有用的帮助，他最早对战争问题的关注就受到天主教教义"正义战争"的启发，尤其受"双重效应理论"的影响。在《战争和基督教善恶观念》中，他认真地把这一原理用于战争伦理学和其他问题的讨论中，例如生殖技术、堕胎等问题。

拉姆塞起初把堕胎伦理问题写成了一篇题为"生命尊严"的演讲稿，在瑞德大学的这场演讲引起了人们对堕胎问题的沉思，这个命题一直延伸到他研究的最后阶段。拉姆塞是第一个参与讨论基因工程的伦理学家；当时就引起了人们的注意，这是一个信号，道德哲学和伦理神学将由于生命科学技术的进步而发生一场震荡式的思想革命；而此人正是这场革命的先驱者。其实，现在考察这段历史发现，生命伦理学已经在那个庄严的时刻拉开了帷幕。N. H. 穆勒在 1965 年 G. A. 诺贝尔会议上建议实行积极的人种优生学和经营精子库银行，拉姆塞对此提出质疑。几年以后，拉姆塞投身到和另一位诺贝尔奖获得者关于基因的论战中，比如，对 J. 赖得博格支持克隆人申明的批评。当 20 世纪 90 年代克隆问题重新成为人们谈论的焦点时，这个辩论回应了拉姆塞大概 30 年前的思考。拉姆塞把他的注意力转向遗传学争论时，还没有神学家或者哲学家仔细地研究他的道德哲学意见。他率先进行这些工作之后，许多神学家开始加入基因问题的研究中。他们认识到这些问题几乎可以称为“科学恐怖”，它们不可回避地触及了人的本质。许多哲学家认为，这些新的技术使我们必须回到“人是什么？人是谁？人怎么样？人为什么”等问题的原点，他们不得不重新考察拉姆塞关于基因和繁殖问题的沉重思考。

拉姆塞在准备出席耶鲁大学1969年莱曼·彼彻演讲的过程中，投身到了新生的生命伦理学领域。耶鲁大学的古斯塔弗森（Gustafson）教授注意到拉姆塞关于医学伦理的论文，建议彼彻演讲委员会邀请他参加本校范围内组织的专题研讨会，这个历史性的生命伦理学会议，包括神学院、法学院和医学院的师生与研究人员，许多神学家和有宗教背景的医学界人士参与了这次学术活动。1969年4月14—17日，来自耶鲁大学和其他研究机构的不同的人聚集起来讨论“病人的人权”，他对此作了几场规模不同的报告和细腻地回答了听众的问题。他为此花了一年半的时间做准备，当时他作为乔治城大学医学院遗传伦理学J. P. 肯尼迪基金会的访问教授。他说：这个机会“使我——一个新教基督徒，能够置身于医学院的内部而不是在边缘，开始对在医学研究和实践中出现的一些道德问题进行认真研究”。在两周一次的会议中，医学院提出讨论的主题，而拉姆塞“向医学专家提出很多医学领域的问题，听他们之间的讨论并开始了解医学教师、研究人员和生命科学工作者是怎样理解他们实践中的道德问题的”。后来，他在评价这次活动时认为，受这种经历的启发，“今天的医学行为的是非问题应该接受伦理学判断，它必须被尽可能作为详细阐述、富有特色的有关生命、死亡和医护中真实的道德评价的对象”①。

到拉姆塞发表彼彻演讲为止，他已经准备了五个生命伦理学论题：研究人体受试者；临终关怀；死亡的判定；器官移植；稀缺资源的分配。他对每一个主题都作了详细阐述，分析实践中符合道德的实施方法，使问题自成体系；提出他的争论及倾向，并把它们完全阐述清楚。这个演讲后来成为《病人的人权：医学伦理的探讨》的主要内容，该书是对科学和新医学伦理学最初的后现代式研究，它不仅考虑后现代的文化与后现代神学背

---

① Ramsey, *The Patient as Person*, p. XVII；另见 Ramsey, *Ethics at the Edge of Life. Medical and Legal Intersections*（New Haven：Yale University Press, 1978）, p. XIV，再参阅 Richard A. McComick（ed.）, *Doing Evil to Achieve Good*：*Moral Choice in Conflict Situations*（Chicago：Loyola University Press, 1978）, p. 4.

景，而且用神学形而上学的思辨方法驾驭医学伦理学理论成果，在创立生命伦理学的过程中，把基督教精神融入对医学实践行动和后果的关切中。

但是，后来的继承人，那些自称为生命伦理学家的人，包括美国本土、欧洲各国和汉语文化圈的学者，放弃了这个优良的传统，忽视神学与哲学的研究方法。他们恨不得一夜之间解决所有生命科学技术和临床中的伦理难题，把精力主要集中于制定原则和发表宣言方面，而他们又缺乏坚实的思辨哲学的支持，没有根基的意见与规则成为无本之木；他们不顾及生命伦理学至今还不是一门有着基本理论体系的学科，因此，他们也有愧于"生命伦理学家"的称号。他们的理论缺陷与在实践中的窘况以及科学家和临床医生对他们的微词，使他们处境尴尬、滑稽而可笑。其实，他们已经从哲学队伍中分化出来，成为缺乏哲学素养的社会学工作者或卫生行政机构的代言人。

拉姆塞在《病人的人权：医学伦理的探讨》的序言中解释了他的神学理论，接着就把它们放入背景中，它们产生了影响，但当他进入某一特殊的具体的问题中时，就已经很难看到这些理论的影子了。他这样评价这一变化：

> 这是一本基督教伦理学家写的伦理学的书，我坚持认为医学伦理学和更宽广的人类社会的伦理学是一致的……道德指导调适医生对病人和研究者对课题的复杂关系，这是人和人之间普遍道德关系的一个特例。

拉姆塞主张普通的人类生活中特殊的医患关系被相互忠诚的契约和合同所限定。想象和讨论"在一个社会的真正的道德要求应该关注人的要求……不管我们同意与否，伦理学家应该知道他已经加入不同信仰的不同的人们之中"。在忠诚契约下，上帝之爱提供给人类个体，"生命是神圣的……人类生命精神的尊严胜过肉体的生命"①。

作为一位基督教伦理学家，拉姆塞明确指出社会的善不应该凌驾于个体的善之上，生命的神圣胜过了合同和契约的戒律；他相信即使那些没有

---

① Albert R. Jonsen, *The Birth of Bioethics* (New York, Oxford, Oxford University Press, 1998), pp. 49-51. Lamsey, *The Patient as Person*, pp. xi-xii.

宗教信仰的人也会赞同这一观点。当他进行社会调查和研究伦理学理论时，对于现当代许多伦理难题，诸如死亡和临终、器官移植等问题，重点在于强调个体的神圣不可侵犯和人们之间的忠诚。他计划在《病人的人权：医学伦理学的探讨》中探索护理的含义；制订行动和合同、契约之间的戒律；叩问生命神圣的内涵；把对人的忠诚的道德要求构建为一个逻辑体系，其中一些有关如何表达尊重、维护生命荣誉的决定是和传统的医学伦理相一致的。传统上，医学伦理曾表现出强烈的道义论，有时会发生个人与社会的利益冲突，即因对病人个体的忠诚进行医学干涉而伤害社会利益。在拉姆塞已经成为一位生命伦理学家的时代，对人这一主题的研究成为一种时尚，人类从来没有如此关心善恶问题和生命的价值，所以加倍对医学技术表示关注。拉姆塞从研究人员出发，用神的话语解决生命存在的理由，抵挡仇恨者中止生命的企图。当仇恨进入心灵后，他就会实现毁灭生命的事业，而医学和生命科学技术却是从爱开始的，是为人解脱痛苦的。而且，关于这一问题的一些研究例子已广为人知。

基督教是救赎的宗教，以恶和苦难的存在为前提；基督来到这个世界正是由于世界处于恶的统治与威胁之中，拉姆塞同意这一说法，即基督教告诫人类的理由，是世界与人类都必须具有自己神圣的十字架。“苦难是罪和恶的结果，但是苦难也是脱离恶的道路。”① 为寻找这条道路，拉姆塞把对于人类的研究放在对于病人权利的研究之上，他的《病人的人权：医学伦理学的探讨》第一章的标题为“在医学研究中，像孩子那般忠诚于教规”，这个标题推演出一个确定的理论：“在所有产生的利益中，医学伦理没有单独的理论基础，它不是一个最终形式的伦理学”，反过来说，在医学实践中，是什么构成一个正确的行动？这个问题的答案是，合理的自由要求和知情同意构成医学实践中正确的行为原则，病人与实施者之间的忠诚是医学伦理最重要的标准。可见，拉氏早就预见到短时间内生命伦理学只是一种实践的行为规范的研究，它距离一个完善的学科还很远，它的理论真空巨大，还需要在发展中加以积极填充。

拉姆塞就如何建设作为后现代文化和医学科学的哲学或神学学科——生命伦理学领域的原理——作了很多有创意的说明。从本质上看，医学伦

① 见［俄］别尔嘉耶夫《恶与赎》，中文本请参阅刘小枫主编《20世纪西方宗教哲学文选》上卷，上海三联书店1991年版，第329页。

理学不是功利主义的，然而，作为“一个重要的理论根基”——义务论，为医生如何面对作为朋友和作为实验对象的病人提出道德要求与行动标尺。他关于这个标尺制订的主张，反映了长期统治美国新教徒的宗教学教义和美国政治生活中的民主精神和民族个性。拉姆塞对生命伦理学最大的贡献是对垂死病人的关注，他的《病人的人权：医学伦理学的探讨》的第三章标题是“关注垂死病人”。开篇就列举了自从约瑟夫·弗莱彻讨论垂死病人以来，生命技术干涉在20年里已经习以为常，成为临床上一种例行公事的行动决策：广泛使用人工呼吸器、心—肺血液循环器、心脏外科手术、器官移植、肾透析和癌症化疗。拉姆塞反传统地提问说：“医生维持生命的职责有终点吗？医生寻找一种战胜死亡的救助工作的胜利是否可以通过另一种方式，是否垂死病人能够从医生手中解脱出来？”显然，他对后一个问题的回答是赞同的。他的努力是为了严格地确定医生职业的最终目的不仅仅是维持病人的生命，而是实现病人的最大利益，减轻其痛苦，以此也能对人类和社会表现出医务人员和生命科学家最大的忠诚。

我们说，拉姆塞是一位生命伦理学当之无愧的首席提琴手。

（四）后现代生命伦理学的守夜人——理查德·麦克考米克

在最初的生命伦理学创立的历史中，不能忽略一位巨星似的神学家，他就是理查德·麦克考米克。他是后现代生命伦理学复兴之初的守夜人。

理查德·麦克考米克（Richard A. McCormick）神父是罗马天主教神学家和耶稣会成员，1969年他受邀参加在耶鲁大学举办的保罗·拉姆塞的彼彻研讨会时，他正在印第安纳州西贝顿（West Baden）的耶稣会神学院为学生们讲授道德神学。麦克考米克神父因为编辑“道德神学注释”（Notes on Moral Theology）而成为天主教神学界的名人。“道德神学注释”是美国天主教神学核心期刊《神学研究》（Theological Studies）的一个专栏，其宗旨是定期回顾和汇集最新的学术研究成果和文献。他既是一个天主教传统的忠实解释者，又是一个谦恭而令人信服的天主教传统的改革者。他对自己的评价是：“我多年来接受道德神学教育，该教育深深根植于现在称为的古典派心理（classicist mentality）中，但是我清楚它的优点和缺点——后者有纠正或修改的需要。”①

---

① Albert R. Jonsen, *The Birth of Bioethics* (New York, Oxford, Oxford University Press, 1998), p. 52. 原文见：McCormick, *How Brave a New World*? p. x.

在西方，天主教传统对道德判断的基础根深蒂固，它的神学伦理学理论对人的选择与道德裁决几乎是天经地义的法则，历史曾一再表明这种对于生命问题判断的不可动摇性。麦氏对医疗道德和生命伦理的理论与实践诸问题都持浓厚的兴趣。因为他对天主教传统的忠诚和他的开放态度，修正了他认为必须更正的部分，并认识到如果不去掉由于宗教情感而引发的偏见，生命技术，哪怕是治疗性堕胎，都不能被神学界接受。当天主教传统向生命伦理学接近时，麦克考米克神父成了天主教传统的发言人。因为天主教传统认可了道德判断基于理性这个被所有关注生命伦理的人都能理解的自然律论点，麦克考米克便能很自然地加入生命伦理学或生命神学的对话中，而不考虑参与这场历史性对话者的宗教背景。生命伦理学对于神学家来说就是生命神学，而离开神学，生命伦理学将失去生命力。根据麦氏在教会里的立场，麦克考米克被称为“温和的改革派”——既忠诚于天主教传统的本体价值论神学，就官方教育而论又稍微偏离了中心……他认为，如果宗教语言阻碍了公众话语，那么宗教语言就不应该进入讨论中。理性可以从道义方面揭露和思考人类现实世界，基督教的故事和圣谕可以通过变化的方式表达现实世界。

生命伦理学的权威史家琼森，在回顾与评价麦氏的贡献时写道：

> 作为一个20世纪60年代学习道德神学的学生，我已经很熟悉麦克考米克温和的改革态度，这一点对我们许多人很有吸引力，同时我们也很欣赏教皇约翰二十三世对天主教神学的开明态度。我第一次遇见他是在天主教神学家的一次特别会议上，肯尼迪家族召集天主教神学家们到哈雅尼斯珀尔特，讨论一个信奉天主教的候选人应该如何面对流产政策所带来的问题。如果教会坚决反对流产，对天主教神学家来说不会有更棘手的问题发难于他们。……麦克考米克温和的沟通的能力，使他能在道德多元主义与民主社会相协调的基础上，将个人持有的强硬教义很好地适应于这个社会。①

在另一次生命伦理学争论中，麦克考米克采取了类似的沟通方式，这

① Albert R. Jonsen, *The Birth of Bioethics* (New York, Oxford, Oxford University Press, 1998), p. 52.

个争论的焦点，便是在天主教中引起很大波澜的避孕问题。尽管美国社会已经普遍接受避孕，最高法院1964年的克里斯沃德（Griswold）协议推翻了美国限制避孕的法律，但是天主教徒们持保留意见。许多天主教外人士认为，除了完全或定期的性节制外，天主教对所有生殖计划的谴责都与他们的生活不相关。许多天主教神学家参与了解除苛刻的教条束缚的活动。当教皇保罗六世在《重申禁止人为计划生育》（encyclical Humanae Vitae）中再次强调传统教义时，许多天主教徒受到了良心的谴责，道德神学家则把自己划归为或是正统的保守派或是自由主义的异教徒。而我们这位值得尊敬的麦克考米克神父却没有归入任何一方，他尽最大努力明确表示，正统的态度就是自由主义。

麦克考米克远离了教会内对流产和避孕的争论，投身到生命伦理学更大的领域，从事新兴领域两个主要问题的研究：人体实验和临终关怀。他对问题的研究方式不是安静地写文章，而是与好辩的生命伦理学家保罗·拉姆塞辩论与厮杀。拉姆塞和麦克考米克后来成了亲密的朋友，彼此尊重对方的正直和学识。这样，他们掀起了非常精彩的争论热潮，成为生命神学创生的信号弹和人类生命道德思想交锋的焰火，当时人们几乎没有意识到，此后被称为生命伦理学的后现代学科已经诞生了。科学研究中胎儿的使用以及在病人安乐死时对生命质量判断的合理性，这两个有争议的问题为生命伦理学最初的辩论提供了论题。回答这两个问题的基督教神学理论核心都为生命伦理学提供了十分重要的道德支持、原则和神哲学基础。

在生命质量判断的伦理合理性上，两位神学家相互挑战，他们的认真与执着，在学术界曾经产生很大影响，他们也成为神学家和哲学家的榜样。回顾这段历史，令人遗憾的是，这种学风没有成为生命伦理学学术界的一个优良的传统；其原因有许多，但主要是卫生界的官员后来介入我们的学术活动以及干预了我们的学术研究，许多学者也格外谄媚于权势与金钱，这也是这门学科先天不足的主要原因。

拉姆塞借用罗马天主教教义中“一般—特殊”（ordinary/extraordinary）原则作为他容忍为病人执行安乐死进行伦理辩护的基础，后来他收回那条教义的一个理由就是对生命质量的评估用于决定临床医疗方案是不妥当的。麦克考米克神父把解释传统天主教教义作为关注点，为此他加入了他的伦理神学的学术伙伴行列。麦克考米克在1974年发表于《美国医学协会会刊》的文章《挽救还是任其死亡：现代医学的难题》中陈述了他的观点。该文承袭了麦氏的一贯风格，其伦理选择是游弋于实用主义和教条主义之间的中庸之道（middle course），也就是，实用主义认为安乐死这种重大决策只能在每个独一无二的案例的特定环境中制定，教条主义坚持应该确立绝对的规则。罗马教皇十二世的教义认为"如果生命很难达到更高更重要的善，保存生命在道义上不是必需的"，中庸之道就是在对此教义的解释中发现的。麦克考米克认为"更高更重要的善"是"爱上帝和接近人，这便是基督教眼里生命的意义（meaning）、本体（substance）和终极（consummation）"。他还认为，只有在能够保持人际关系（human relationships）的情况下——有人际关系才可能产生使上帝接近人的爱——生命才可以被挽救……当心脏和生命衰弱到不能行使功能时，挽救生命就不是必需的了。生命质量由在这些基本人际关系中的生存能力来定义，缺乏生命质量可以证明作出放弃生命支持的正当性。这个观点与革新派的拉姆塞相悖逆，拉姆塞在《生命边缘的伦理学》（*Ethics at the edge of life*）中严厉指责了麦克考米克。他写道，麦克考米克的分析模糊了自愿安乐死与非自愿安乐死，听任死亡和积极仁慈助死的差别，最终使活着的人丧失了他们的内在价值（intrinsic value）。①

理查德·麦克考米克在生命伦理的理论层面也作出了重大贡献。在教会内被称作"双重效应原则或间接自愿原则"（the principle of double effect or indirect voluntary）的道德神学的尊重原则的讨论中，他提炼并延伸了这条原则，将之作为分析道德难题的普遍方法。这个原则最早出现在托马斯·阿奎那对正当杀人的分析中，他认为，任何行为都必然导致两个相关的后果，好的或坏的，只有在有意追求善的后果时，这在道德上才是正当的，坏的后果才能被允许和容忍。道德神学把这个理论应用到很多问题中，尤其是大部分被应用于战争和某些医学问题，例如绝育。20 世纪 60 年代，一些天主教神学家怀疑他们所相信的会变成一种过度强调物理原因和心理动机的唯物论解释。接下来的讨论帮助天主教道德神学从严格和狭隘的对自然律观念中解放出来，并形成了一个更精妙的道德分析的工具。

1974 年，麦克考米克神父辞去神学院教授的职务，接受乔治城大学

① Paul Ramsey, "Euthanasia' and Dying Well Enough," in *Ethics at the Edges of life*, pp. 171－181.

（Georgetown University）肯尼迪伦理学研究所（the Kennedy Institute of Ethics）首席教授一职，教授基督教伦理学，这其实是一个非凡的领导全世界生命伦理学方向的职位。他在职的12年期间，几乎每一次生命伦理学的争论中都可以听到他的声音，而且总会发出理由充分的声音。他受命到健康、教育、福利部门的伦理咨询委员会工作，这个委员会存在时间很短（1978—1980），期间制定了一份关于《从医疗教育福利上支持人类体外受精和胚胎植入研究》（HEW Support of Research Involving Human In Vitro Fertilization and Embryo Trasfer）的报告。在这个课题上，麦克考米克对天主教的执着信仰阻碍了他对此问题继续作出贡献。但是，虽然在某些方面他持异议，但是他协助制定了一个合理的公共政策以解决这个有争议的问题。

约瑟夫·弗莱彻和保罗·拉姆塞持完全相反的教义和观点。他们都是新教神学家，但是弗莱彻是一个冷静的神学家，他只信奉一条神学真理，即"上帝就是爱"，他很快进入了个人主义和境遇主义伦理观里，这是深层的人本主义和功利主义。拉姆塞是一个厚重的具有冷思性格的神学家，他在《圣经》和教义中寻找能应用于伦理学的真理，即使他承认基督教伦理学和世俗伦理学在很多方面有相似点，他还是坚持反对人本主义和后果论对基督教伦理学价值的削弱。这两位神学家都对医学和科学的语言、实践和理论相当熟悉。弗莱彻认为，医学和科学值得称道的贡献是对人类福利的贡献。保罗·拉姆塞即使钦佩医生和科学家的博爱精神，也担心生命科学技术所带来的后果，会对上帝创造和赎回人的模式形成背叛。

在生命伦理学诞生的最初十年里，理查德·麦克考米克进行了选择，最后他决定坚定地站在约瑟夫·弗莱彻和保罗·拉姆塞之间。作为一个执着的天主教神学家，他有能力把他信仰的教义转化为有理性的人能够理解和接受的观点。尽管有时他也被指责为一个隐秘的功利主义者，然而他还是坚持一贯的原则，这个原则就是保护人的生命、人的个性、人的自由和人的社会性价值。尽管他是一个熟练的讨论家，却没有成为一个辩论家。麦克考米克有着源自道德神学的条理清晰但教条的宗教传统，他早已积累了生命伦理学分析伦理问题的方法与经验，并形成了对容易引起争论的观点的开放态度。

（五）沿着足迹行走

其他学者型的神学家也进入了后现代生命伦理学的新领域，有时是以出书的方式，有时是以发表零星的文章的方式。许多神学家日益频繁地参加会议，成为肯尼迪研究所和哈斯丁中心（Hasting center）的常客。一些人和拉姆塞一样保守，尽量使对新问题的分析接近传统的主题；另外一些人和弗莱彻一样自由，对神的创造和人的自由感到十分有兴趣。所有这些神学家，不论其身份或倾向，都表现出一种偏爱，即无论道德问题多么新奇，都根植在神学道德传统中。他们深信道德问题受制于神哲学的分析。在更深层次上，犹太教和基督教都认为，人的个体独立性是由不能剥夺的价值和尊严赋予的，价值和尊严表现在他们的自由和责任上，这些神学家尊重这个信仰。这些神学家兼生命伦理学家已经把生命和学术人生载入生命神学的光辉史册。

当你对美国神学和医学教育进行考察时，你会发现，医学也被作为纯粹的科学和神学分离了；这虽然与西方医学入驻中国不一样，但堪称 19 世纪以来令人惋惜的历史。西方文化作为医学教育的背景，是以基督教作为主要营养来源的，因此医学与基督教的分离只是表面的；但在中国，由于没有宗教文化和宗教道德传统，本土化的西方医学彻底失去了宗教人文精神和伦理认知功能，这样的生命科学技术是令人忧虑的；认为我们的医学失去了人性也可以追溯到这个历史缘由上。因此，生命伦理学应该并可以唤醒当初就应接续下来的基督教人文关切的情怀与血脉意识。

20 世纪 60 年代，宗教学的教学被剥离出了致力于培养牧师与神学家的神学院（divinity school），进入致力于学者教育的研究所课程中。哈佛大学、耶鲁大学、普林斯顿大学、芝加哥大学、纽约联合神学院形成了完善的科系，吸引了有前途的学生，他们不仅学习教派的教义，还学习对那些教义的评析和比较史，还有它们与成体系的神学、哲学伦理学和社会学的关系。这些人员开始注意到新的生物学和医学的伦理问题，并要求他们的学生注意这些问题。在耶鲁大学，詹姆士·嘉斯塔弗逊（James Gustatson）开始为生命伦理学的争论发表一些意见。1970—1975 年，嘉斯塔弗逊关于生命伦理学问题写了一系列有名的文章。尽管生命伦理学问题很少成为课程或讲座的主题，但是他的学生对这些问题很敏感。20 世纪 70 年代早期，嘉斯塔弗逊去了耶鲁大学和芝加哥大学，他的一群来自耶鲁大学或芝加哥大学的学生成了早期生命伦理学的重要人物，在哈佛大学，有詹姆士·路德·亚当斯（James Luther Adams）、亚瑟·代克（Arthur Dyck）和拉尔夫·波特（Ralph Potter）等人。在对人口伦理学和医学中道德问题予以关注的人中，又出现一位著名的生命伦理学家，那就是似乎被中国国内生命伦理学界所忽视的威奇。

其实，罗伯特·M. 威奇（Robert M. Veatch）① 是生命伦理学众多杰出人物中的一位，他就是从这个教育环境中涌现出来的。其他早期的生命伦理学家们是因为有意或无意地学习了传统道德科目，然后就卷入了生命伦理学的问题漩涡中。威奇是自学成才的医学伦理学家。在普渡大学（Purdue University）求学时，他对医学与宗教之间的关系产生了兴趣。他考虑去卫理公会（the Methodist church）当一名医学传教士，下定决心不再行医。但是他选择进了旧金山的加利福尼亚大学医学院研究药理学，并在 1962 年获得理学硕士学位。他的研究兴趣是神经药理学，尤其是吗啡影响情感或价值的神经病学基础的专题成为其最初的兴奋点。他加入了和平队（the Peace Corp），在尼日利亚教了两年生物学和化学。

后来，他没有继续攻读理学博士学位，他选择了哈佛神学院，决定从事伦理学方面的学习，因为这与他的兴趣非常一致。他与亚瑟·代克、拉尔夫·波特一同学习，其时，正值詹姆士·路德·亚当斯教授休假，于是他拜访约瑟夫·弗莱彻教授。1964 年，他转到研究生院，在那里他被允许调整自己的课题以获得一个唯一的医学伦理学博士学位。罗德里克·弗尔斯（Roderick Firth）的思想观测论②和约翰·罗尔斯的《正义论》，是他哲学上的“良师”；福克斯（Renee Fox）和帕森斯（Talcott Parsons）在医学社会学方面给予他指导。在学习期间，他在波士顿南部一个大型的非裔美国人社区从事一项公民权利方案研究。他发现自己“把对公民权利的兴趣转到了病人权利上”，但他并没有脱离神学范畴，在这些问题上，神学伦理学和生命伦理学是一致的。

詹姆士·路德·亚当斯教授向他讲授再洗礼派（Anabaptist）与茨温利派（Zwinglians）的历史和教义，他们组成了基督教改革运动的左翼。这次学习给了威奇一个理论框架，在这里，他可以思考公民对政治权威的不服从与抵抗的道德难题。在他研究生学习期间，一个特设的哈佛委员会为脑死亡制定了标准。威奇和身为委员会成员的波特教授多次讨论，他们

---

① Albert R. Jonsen, *The Birth of Bioethics*（New York, Oxford, Oxford University Press, 1998）, p. 56.

② “威奇访谈：思想观测论”（ideal observer theory, Interview with Robert Veatch）, October, 1995. Albert R. Jonsen, *The Birth of Bioethics*, p . 56.

认为摆在委员会面前的本质问题不是死亡的定义，死亡的定义仅仅是技术层次的问题，是关于技术问题的道德意义和价值观。由科学家组成的专家队伍对价值判断的要求，潜伏着元伦理设想。这些现象所引起的冲动激励着威奇选择“科学与技术中的价值自由”（Value Freedom in Science and Technology）作为论文的主题，在论文中他分析了避孕药在使用中，医生对病人说明与建议的道德意义。

波特教授把威奇介绍给丹尼尔·卡拉汉，他聘请威奇作为海斯汀中心（The Hasting Center）的第一个工作人员。非常幸运，他为他与众不同、富有个性色彩的医学伦理学博士学位以及这个学位所标志的才能找到了发挥的地方。1971 年春天，第一届海斯汀工作人员会议决定成立一些项目组，集中研究一些特别的问题。作为医学伦理学工作人员的威奇被派去监督研究死亡与濒死问题以及行为控制问题的项目组（后来更名为研究组）。在海斯汀工作期间，威奇在生命伦理学学科建设中留下了不可磨灭的印记。由于对病人权利的主张，他将自主尊重原则规定为生命伦理学的最高原则。1979 年，威奇离开海斯汀，担任了肯尼迪研究所医学伦理学教授一职。1989 年，他成为该研究所的主管。既不是神学家，也不是哲学家，威奇可以被称为最早的生命伦理学家或生命神学家。

在基督教伦理学通往生命伦理学的过程中，发生了一件奇怪的事情。那些受神学传统教育，有时在名义上被任命为牧师的人，当他们进入生命伦理学的世界时，他们的神学和名义身份通常都会逐渐消失。作为多位生命伦理学家的良师的嘉斯塔弗逊教授注意到了这个变化。在 1975 年的一次讲座“神学对医学伦理学的贡献”中，他认为，神学和神学家有许多东西可以提供给生命伦理学，但是“对绝大多数与医疗实践有关的人来说，神学的贡献看起来可能是最不重要的，因为需要的道德原则和价值不引证上帝话语也能证明是正当的，而且以宗教信仰作为基础的态度也可以转变为用其他方式作为基础的立场”①。但这只是说明，在一些科学技术人员的眼中，神学家们没有发挥历史作用，但这并非真实的。如果没有这些人的贡献，生命伦理学即使是十分世俗化的，在这段后现代时期的重新振兴和发展过程中，也离不开基督教神学和神学家的核心作用。

---

① Albert R. Jonsen, *The Birth of Bioethics*（New York, Oxford, Oxford University Press, 1998）, p. 57.

数年后，嘉斯塔弗逊与其以前的学生斯坦雷·豪威瓦斯（Stanley Hauerwas）共同编辑了一本《医学与哲学》杂志（*Journal of Medicine and Philosophy*），致力于神学与医学伦理学研究。他们注意到这个领域最初的文献大部分是由经过神学教育的人及与宗教相关的人所写的：

> 当生命伦理学成为学术界一个蓬勃发展的学科，当传统宗教和生命伦理学的神学基础很明显失去意义时，许多受过神学教育的讲演者和作家压抑了自己的情感、拒绝相信或者对作为一门学科的神学开始淡漠了。我们文化上有历史意义的宗教团体，是传统象征的持有者，也是对实际道德问题思考的各种模型，即使被隶属于其中的人看来是四分五裂的。①

从信仰方面对这种滑落找到了最好的理由。一些早期的生命伦理学家辞去了他们在教会中的圣职。很多人在受世俗和科学文化控制的医学院中谋得工作。绝大部分生命伦理学家很快发现，当思考人类本质和命运时借用神学作形而上的参考，对生命伦理学一些实际问题的讨论，比如研究规则或资源分配问题，就能在现实世界里很自如地展开。近年来，尽管一些神学家呼吁对生命伦理学家进行神学教育，让他们回到根源，但是在进行生命伦理学分析时，他们仍然停留在信仰之外。无一例外，在早期生命伦理学中神学家和哲学家融合成了一体，成为生命伦理学家。

但是，在回顾这段历史之后，我们应当发现，生命伦理学已面临窘迫的境遇，其理论的血脉已经梗阻。我们非但没有解决所遭遇的几乎任一医学或生命科学技术的伦理难题，而且陷入一种可笑的、两难的、循环的、没完没了的、无聊的争论中，因为神哲学分析方法被丢弃或者说传统伦理神学思辨已经中断，生命伦理学的理论已经穷极；生命神学就是为重新接续已经中止的对生命本体和人的价值问题审视或思考的神学伦理学的思维血流，帮助我们在迷途中猛醒。

---

① James Gustafson and Stanley Hauerwas（eds.），"Editorial: Theology and Medical Ethics," *Journal of Medicine and Philosophy*, 4（1979）: 345；Gustafson, "Theology Confronts Technology and the Life Sciences," *Commonweal*, 105（June 16, 1978）: 386-392.

五　审视欧洲：法国后现代运动、奥地利生命同构论、英伦生命伦理心理学

人的变化与发展，人的意识构成以及人的道德观念与人所处的环境相关联，人不能够脱离其形成、发育发展初期的生态条件、境遇、所经历的历史事件的影响及其家族变迁和社会文化教育。

> 人是社会文化环境的产物；当集团的价值改变时他也随之变化……他具有历史，但不是其个人的历史。他的生活并不具有真正的命运；其特征是由他所处的总条件塑造的。①

用人文地理学研究方法寻找生命伦理学的思想源头和精神发端，是很有意义的。

通过我们对于两个“地中海”（地中海、波罗的海）文化圈以及四大半岛（小亚细亚半岛、巴尔干半岛、亚平宁半岛、伊比利亚半岛），或者两河流域（幼发拉底河—底格里斯河流域）、一山一河文化区（阿尔卑斯山脉、多瑙河）等进行生命政治的、身体伦理文化的、历史的、民族学的、经济学的、文学艺术以及宗教传播或社会心理学的研究，会发现人类对于生命理解的异同是与地域、地理、自然环境、战争以及经济历史密切关联的，甚至自然地理的因素决定人的精神行为或道德选择以及价值取向。生命观和生命伦理观受制于这些由物质和精神文化所构成的环境，人类的语言、思想、情感、行为必须顺应于复杂的生态变革，被改造和选择，被留存和淘汰，以至于创造赖于外因的精神文明。

（一）地中海文化圈，从四大半岛文明到后现代主义及其后生命道德观

地中海可被称为人类文化与文明的心脏，它由大西洋的海水涌过直布罗陀海峡，浸润了一个巨大的文化和地理意义上的盆地，因地震而使地壳隆起，把欧亚大陆东北角隔开。人们习惯于从古埃及文明想到人类的生命伦理精神，更愿意通过克里特、迈锡尼和特洛伊战争直逼古希腊罗马的人文历史，由自然的潮汐、飓风、碰撞与交汇的洋流以及地震、火山喷发所

---

① ［英］R. J. 约翰斯顿：《哲学与人文地理学》，蔡云龙等译，商务印书馆2010年版，第232页。

造成的地质地理的自然变迁，改变了人类地中海区域的政治文化命运，赐予那些理论、思想、精神以及历史英雄们展示力量和胆识的机遇。经典生命伦理学最初恰恰产生于地中海国家的意大利与希腊，并作为一个融合人类的文化概念，与基督教相连的医学科学融解、汲取法国和西班牙历史文化的营养，延伸到哲学、科学、音乐、戏剧、绘画、建筑和诗歌的福地，同时是宗教改革中心的德意志与奥地利；还不能不提及控制着博斯普鲁斯海峡和马尔马拉海的骄傲的君士坦丁堡，承继着拜占庭和奥斯曼帝国的血脉，为人类积淀了变幻莫测但异常丰富的精神资源。

地中海形同人体的心脏，汇流与交融，从全身组织（特别是西亚、中东、北非）收集含氧低、高二氧化碳、堆积着残留元素与“废旧物质”的暗红色静脉血，回流到右心房小亚细亚，经三尖瓣膜进入巴尔干（右心室），经肺动脉口，送入肺循环（欧洲大陆），通过阿尔卑斯山脉和多瑙河的暗红色毛细血管回流到右心房（亚平宁半岛的意大利、奥地利），文化积淀的血流在毛细血管壁和肺泡壁间吸收氧气，并排出二氧化碳成为鲜红的动脉血进入左心房（德国、瑞士与法国），经过二尖瓣口到达左心室（地中海地区，包括英伦三岛），再经巨大的主动脉（地中海）进入全世界的组织细胞，给予每一地域与民族。

这是西方文化血缘学示意图，这幅“身体地理图”提示我们寻览和了解生命伦理学是何以兴起的。

实证科学与经验主义存在着根本的差别，我们的本意是借用伦理地理学或人文地理学的方法，确定生命伦理学的最早发源，或者编制一个大致的学科流变史。正如哈维所指出的：

> 地理学的全部实践和哲学，都依赖于用以研究各种客体和事件空间分布的概念框架的发展。①

就比如《希波克拉底誓言》，并非希波克拉底其人撰写，而是一个地域医学人文精神和道德要约的反映。

可以为我所用的微缩地理历史学和人文地理学，在此，可称之为伦理

① ［英］R. J. 约翰斯顿：《哲学与人文地理学》，蔡云龙等译，商务印书馆 2010 年版，第 56 页。

地理学或生命伦理地理。伦理思想史离不开伦理地理学，我们人类以及这个世界有了今天的文明，可以说是地中海文化圈作为人类文化心脏的历史实践的结局。实际上，这个文明源于四大半岛，当时亚洲，特别是中国，虽然作为中央之国，但因为广阔的沙漠、浩渺无垠的戈壁以及交通隔障，加上中华帝国文化政治的自傲、自负与封闭固化的文化心理，以及封建王朝独霸天地的自恋，形成了与西方相异的道德文化思维方式。事实上，究竟谁在世界民族之林占据了思想、文明的主体地位？是否就是西方？我们和整体的东方文明的价值如何？这是不能用数学进行计算的，因为没有东方，没有中华文化，就没有今天的世界精神与人类文明。至于生命伦理学以西方还是东方作为主体，实在没有争论的价值。西方文明的质地，有很多东方文化的元素。成吉思汗统治过几乎全部欧洲大陆，曾派遣哲别和速不台西征高加索，击败了罗斯与库蛮的联军，即从13世纪开始绵延的漫长的几百年里，把中华民族的文化元素融进了君士坦丁和欧洲的民族道德心理中。

生命伦理学作为一种思想，是伴随着人类的成长历史而在冥冥之中孕育和成形的，作为一门学科，它也不是有人指点江山而后创立的，但是，它应该发源于两个地中海沿岸和四个半岛及其周边，这个边界是没有限度的。人类的文化一直有内在的联系，应该是共通的。人类越处于低级阶段，文化或文明的发展就越会拘泥于地理环境，特别是在人性方面。割裂式的、孤立式的形成和发展模式决定了世界文化的多元性；而到了发达的高级阶段，以融合、扩散为主要形式的进化，改变了每一个民族与个人的文化品质。或是从某种文化内部，又会衍生或分化出不同的类型。但交流确实是最有价值的历史推动力量。

> 跟自然界存在的杂交优势一样，两种不同的文化互相交流、融合，就会结出数量大大多于双方、质量大大优于双方的新果实。①

人文地理学或伦理地理学，可以给予我们无可辩驳的回答，生命伦理学的学科渊源应该发端于生命哲学与伦理思想、医学科学道德实践以及宗教革命、文艺复兴运动、哲学观念激辩的过程中。

① 郁龙余编：《中西文化异同论》，三联书店1989年版，第12页。

正如地中海史学者约翰·尤里乌斯·诺维奇（John Julius Norwich）所说，地中海是个奇迹，这个众多文明的发源地似乎是有意设计的。[①] 它孕育了三大灿烂的古代文明，见证了三种伟大宗教的产生和发展。地中海连接了世界，世界的文化涌流又注入地中海。在远古洞穴人穴居数千纪之后，第一丝文明的曙光同时在世界各地闪现，前3000年，后为《圣经》（Bible）发源地的比布鲁斯（Byblos）预告了青铜时代的来临。[②] 而后的三大文明圣地——埃及、巴勒斯坦和克里特，为这个躁动的人类世界奠定了信仰的基石。生命的道义和知识以四大半岛开启，人类的蒙昧时代就此结束。我们从生命伦理视角做了独特的历史哲学观测。

第一个半岛是小亚细亚半岛，实际上主要应该追溯的是灿烂的拜占庭文化，今天的土耳其，“欧洲和东方野蛮主义的分界线”[③]，光明而神秘。而罗马帝国分立东西二帝后，拜占庭作为东方罗马帝国，既继承了基督教文化，又机智地融入了希腊文明的成分，创造了自己独特的生命文化特质，从4世纪君士坦丁大帝开始，到1453年被奥特曼大帝国灭亡为止，历经千余年，为这个世界带来了新的观念和启示。拜占庭影响了文化落后的斯拉夫人，用罗马式的生命观念教育罗斯、保加利亚和塞尔维亚；它将东方的物质文明注入了欧洲腹地，为意大利、法国和德国的医学进步形成了一种推动力。君士坦丁是历史上第一个基督徒皇帝，被誉为新的摩西，他把基督徒从困境中解救出来。伟大的查士丁尼（483—565）作为一代雄主，恢复了罗马法，进行四大法学名典的编撰，并包含了医学的法令和生命伦理的条规；查士丁尼的律法指向参与了对于异族的同化，用希腊语言和基督教加深对于拜占庭帝国的情感，特别对于共同信仰的追求，成为团结的因素。拜占庭文化以生命伦理的认同感，混合了以东正教为趋同的主流成分，并主要采取温和、宽容的方式，让斯拉夫人、突厥人、阿拉伯人皈依基督教，并信奉以基督教为核心的生死观念。欧洲历史上的宗教改革，应开始于路德改教运动800年前，拜占庭皇帝利奥三世（717—741

---

① ［英］约翰·朱利叶斯·诺威奇（John Julius Norwich）：《地中海史》上册，殷亚平等译，中国出版集团2011年版，第1页。

② 请参阅［英］约翰·朱利叶斯·诺维奇（John Julius Norwich）《地中海史》，殷亚平等译，中国出版集团2011年版。

③ 法国历史学家郎波（A. Rambaud）语，意思是，这片土地既不同于欧洲，又有异于蛮族。

年在位）发动的“反圣象膜拜”（Iconoclast）的激烈斗争。这次规模巨大的运动，是西方第一次宗教改革，使得教会那种至圣的权威遭受了沉重的打击，并从此还世俗平民以自己的生命权利，将人性和神性隔离；有了拜占庭的先在革命，即11世纪的拜占庭文艺复兴和反圣象运动，才会有席卷欧洲大地14—16世纪的文艺复兴和宗教革命，才使人类与现代的生命伦理文化接续，才开启了古典生命伦理学的序幕。平等、自由精神的火炬由此点燃，圣徒与平民在君士坦丁都受到尊重，现实生活更侧重于彼岸世界。希腊化的精神生活，使道德价值受到空前的重视，人们关注生命之道，并使生命技术、炼金术和哲学思辨相联结。拜占庭人自愿就身体的卫生伦理，以心灵的祈祷，达到与上帝的交流，用一种类似古代诺斯、东方瑜伽术和禅功作业的生活精修方式，影响了医学、道德修行和宗教默思。马其顿阿索斯山的派拉马斯（Palamas）与后来的耶稣会创始人罗耀拉（Loyola，1491—1556）的生命伦理思想，影响了俄罗斯、中亚和阿拉伯的许多先哲。同期，医学有了快速发展。神学家西门赞赏解剖学，医生成了受人尊敬的职业，医学家继承希腊、罗马医学传统。诞生于拜占庭帕加蒙的盖伦（Galen of Pergamum，129—216）在从医之前，就接受了哲学教育，并在亚历山大城学习了解剖学、外科学和药物学，深受希波克拉底医学道德思想的影响。盖伦医学的神创论主体被教会所承认，医生的爱和上帝的爱连为一体。在小亚细亚形成独特的医学人文品格。他在做皇子伺医时撰写的《论医学经验》的文章，即是一篇极具生命伦理价值的希波克拉底式的生命哲学檄文。他企图建立有关生命和身体伦理的一种哲学框架，融合一切医疗技术，并联系哲学、语言、数学、伦理学、解剖学、卫生学、经脉学、营养学以及病理学、临床医学，以解释身体的结构和功能，同时考问生命的发生和疾病的原因；后人不排除他解剖过人体，因为他熟谙人与动物的解剖学比较知识，他不愿意刺激那些传统的人，他确实在一个生命伦理的高凡境界里，超越于那个封闭禁锢的时代，他生命伦理的锋芒与生命政治理想使他虽然囿于缺乏对于奴隶同情的境遇，但他所发出的尊重病人人格的呐喊却代表了先进的拜占庭生命伦理精神的呼声。

拜占庭生命伦理文化融汇了阿拉伯、埃及、希腊的生命伦理学智慧，最终集合为一体，成为生命伦理学理论的精神内质的支架。阿拉伯医学在11世纪以“穆罕默德医学”的语言，在哈伦·拉希德哈里发（Caliph Harun ar-Rashid，786—809年在位）时期得到了复兴。阿拉伯的基督徒在希腊的医学遗产中搜索盖伦的医学理论和治疗学成果，融入阿拉伯医学中的药物学知识，同时认为自然神灵存储于肝脏与静脉，从而发展了躯体论。集医学家和哲学家于一体的摩西·本·迈蒙尼德（Mose ben Maimon）的生命伦理思想集中体现在《迈蒙尼德祷词》（医生日祷词）中，其作者无论是马尔库斯·赫尔茨（Maecus Herz）[①] 还是其他人，都反映了拜占庭生命伦理思想。到此，生命伦理反对利欲熏心和好大喜功，主张以仁爱为上，认为医生应“不分贫富、善恶和敌友，愉快地帮助和支持他们”。请用爱来鼓励每一位医生吧，“但愿分歧错杂的思想不会转移我在临床工作的注意力，或在静默的劳动中扰乱我的心灵”[②]。

拜占庭时代为医生做了一个历史性的正名，人们开始重视医疗技术，不再认为医生是骗财骗物的职业，并对解剖学一类的科学予以接受，同期，开始引进伦理与法律条规，约束医生的医学行为。具有宗教建筑风格的医院逐渐兴起和发展，由修道士和修道院院长组成医院管理委员会，设有医疗监督人员，监管和教育医务人员的伦理品行，信仰亚里士多德哲学和医学技术，共同构筑医生的执业基础。

小亚细亚半岛的文化，由于拜占庭的崛起和衰落而使地中海生命伦理脉络和成分进行复杂的融通与交汇，并因为其影响的蔓延和再生而辐射到周边的民族和医学。作为盖伦的第二故乡亚历山大城，从前 300 年前后的医学文化开始，就贡献了希波克拉底的生命伦理学，并通过一位伟大的哲学家医生——亚里士多德进行了高端的渲染和推助，他在公共卫生法、社会卫生规范以及对于病人和不幸者的照顾等方面进行了理论论述。当然，亚历山大城的生命伦理思想，也应属于另一个半岛的精神，即巴尔干半岛生命伦理学体系。

罗斯，作为一个存有长久争议的古代民族和后来觉醒的世界，有许多不可理解或晦昧未明的谜团。古罗斯和这个伟大的民族，一直与拜占庭保持着内在的、信仰上的以及文化上的关联，不管拜占庭在欧洲或亚洲大陆兴盛还是衰落时期，拜占庭的传统始终影响着俄罗斯精神，在俄罗斯长期探索和迂回曲折的历史境遇中，其生命伦理智慧的内质一直延续着希腊化

① 马尔库斯·赫尔茨（Maecus Herz）为 18 世纪的犹太医生，是著名的经验主义哲学家和科学家，康德的学生，曾经在埃及等国家行医。据传是《迈蒙尼德祷词》的作者。

② 周俊、何兆雄主编：《外国医德史》，上海医科大学出版社 1993 年版，第 79 页。

或罗马风格，它们从来没有被俄罗斯丢弃和遗忘。即使俄罗斯文化经历了“罗斯受洗”（КРЕЩЕНИЕ РУСИ[①]）事件，俄罗斯民族与拜占庭内在的信仰联系以及对身体、灵性、生命、疾病、死亡等观念的认识，开始成为一种民族认同和自觉，混杂着本土多神教的淡淡记忆，虽然表象上完成了一种脱胎换骨的洗礼，但并没有实现传统的真正断裂，特别是医学和科学的关联而连带的生命伦理规范和道德语言，甚至在俄罗斯那种独有的叹息与眼泪的哲学中，都夹裹着拜占庭式的生命伦理情感，即上帝之爱与生活、疾病的苦痛，是人类选择默思、禁欲、苦行的身体伦理缘由；远离享乐、反对堕胎与救治身体的愿景，同样成为后世俄罗斯民族的追求。基辅作为“白昼文化”的中心，生命伦理精神的潜力成为第三罗马的先驱性动力，起初在少数知识阶层蔓延和生长的俄罗斯式的生命伦理认知和医学道德观念驱动了医学慈善事业的发展，并通过对于生存与死亡的思考，俄罗斯人继承了拜占庭精神，决定了俄罗斯生命伦理的命运。拜占庭的“冷峻”与斯拉夫的“随和”使俄罗斯式的生命伦理意志从幼稚走向自觉[②]，最终依然以拜占庭的直接影响混合了基里尔和梅福季兄弟的遗产，构筑了俄罗斯特殊的生命伦理性格。[③] 伊曼努尔·康德，这位哥尼斯堡的生命伦理思想先驱，就是早年接受了通过基辅和索菲亚一线的波罗的海东岸的斯拉夫民族精神、信仰和思想的浸润，才逐渐产生和创造了他的哲学批判理论，完成了生命伦理化的哥白尼式的革命，为后来的世界造就了真正的生命伦理学哲学内核，铸造了存有深刻拜占庭印记的医学社会道义论基本核心构架，并对人自在的生命的选择做了权威的确立；如此也使今天的西方与东方，具有了认识和判断生命价值与意义的能力，以及如何以整全的生命道德观，评价我们所处的时代以及解读我们所遭遇的每一个生命伦理案例。

---

① 俄文为“罗斯受洗”，指988—989年弗拉基米尔一世将希腊正教定为罗斯国教。它促进了俄罗斯封建主义思想体系、国家政治与文化的发展，但依然保留着多神教的信仰，俄罗斯的生命伦理精神也依然与拜占庭保持着密切的联系。

② 请参阅格奥尔基·弗洛罗夫斯基《俄罗斯宗教哲学之路》，吴安迪等译，上海世纪出版集团2006年版，第11页。

③ 基里尔和梅福季兄弟为斯拉夫启蒙思想家，斯拉夫字母的创造者，基督教传教士。接受罗斯季斯拉夫公邀请，从拜占庭来到摩拉维亚，建立了独立的斯拉夫教会，摆脱了日耳曼主教团的管辖。他们最早把重要的祈祷文译成斯拉夫文，对整个斯拉夫世界的宗教精神和生命伦理文化具有重要的影响。

第二个半岛是巴尔干半岛，特别是这个伟大半岛的南部，并延伸到爱琴海诸岛。地中海的波涛吹拂着这块神奇的土地，孕育了西方哲学的童年，使那份超越时空的人类智慧传达给全世界。希腊人写出了真善美人道之行的开端，通过与柏拉图的对话，用生命的逻各斯主义，创造了生命伦理学的语言与逻辑。“远观天象，近取诸身”，希腊人用诗性的文字，读出了肉身与灵魂、医学与伦理，把“认识你自己”，“最好的是健康，最美的是公正”① 的铭文刻写在德尔斐神庙的石碑上和巴尔干人的心里。米诺斯文明中的本能医学和经验医疗技艺明显与地中海对岸的埃及医学和巴比伦医学存在差异，他们以思辨和推测人的身体秘密以及凸显认识问题、发现问题作为主体的理论医学特征独立于身体和疾病文化的科学景观。尤其是疑为医神阿斯科雷皮奥斯（Asclepius）后裔的医圣希波克拉底，就以医学伦理诺言的《希波克拉底誓言》为人所称道，希波克拉底承继了泰勒斯学派的哲学，模仿了赫西阿（Hesiod）诗篇《神谱》（Thegong）的行文形式，同时吸收了毕达哥拉斯学派的许多格言，规范了医生的基本道德操守和义务，并在信仰治疗、宗教医学盛行之时，明确了医生的职责以及尊重病人的人格，建立良好的医患关系，鼓励医生们一视同仁地对待每一位病人，勇于奉献和忠于职守，永远做医学的仆人。② 希氏与亚里士多德和盖伦一道奉行济世救人的医学之道，把健康作为真善美的人类最高意志追求，使生命伦理学思想成为西方哲学的一块基石，并且直到 1100 年，还影响着整个欧洲，并辐射和培育了广大的阿拉伯和基辅以东各民族的医学人文精神。③

《希波克拉底文集》是古希腊人的智慧结晶之一，充分奠定了他们对于生命伦理思想的物质与精神基础，对于身体构成和精神载体的四种体液，人们确认了人的疾病、品质、遗传与这些神秘液体或者土气火水四元素之间的关系，并对照了希腊、北非、南俄罗斯从体质到政治伦理个性的差异，而对于“以病者安危为念”的医务道德原则，必须恪守无悔。

---

① 这两句至理名言为古希腊和西方的哲学与医学法律之魂魄，据考源于德尔斐神庙的碑文，德尔斐神庙位于距雅典 150 公里的帕那索斯深山里，是世界闻名的著名古迹。主要由阿波罗太阳神庙、雅典女神庙、剧场、体育训练场和运动场组成，其中最有名的是古代希腊象征光明和青春并且主管音乐、诗歌及医药、畜牧的太阳神阿波罗的神庙。古希腊人认为，德尔斐是地球的中心，是“地球的肚脐”。

② 请参阅周俊等编《外国医德史》，上海医科大学出版社 1993 年版，第 115 页。

③ J. M. Roberts, *The New Penguin History of The World* (Penguin Books, 2007), pp. 537-538.

前9世纪，《荷马史诗》成为希腊人生活和生命的经典，《伊利亚特》与《奥德赛》都有对于外科战伤救治的描述，歌颂英勇的战士和勇于奉献的医生。在荷马时代，人们对于疾病进行了新的思考，混杂于迷信和信仰疗法与经验医学的生命伦理观，逐渐被科学精神所融化。地中海作为一个生动的蕴藏着无限智慧的区域，把小亚细亚半岛南端的克尼杜学派中的伊奥尼亚自然哲学成分与亚平宁半岛的南意大利医派的毕达哥拉斯思想、巴尔干本土的科斯学派的实验科学成就汇集在一起，使后来的希波克拉底的医学和生命伦理学理论，成为那个时代思想的先锋。希波克拉底“爱人与爱技术应该平行”的主张，是对医生职业修养的最根本指导。生于爱琴海东岸科斯小岛而不是生于本土的希波克拉底，虽然其代表的思想不属于希腊主流思想，或者《誓词》也是出自于主张“世界可理解性”的毕达哥拉斯之手。尽管如此，在医学实践和生命伦理的理论开创过程中，作为医生兼生命道德家于一身的伟人，其医道与道德信誉无疑是古希腊人中无人可以替代的。希波克拉底最早对“有利无伤害”、为病人保守秘密、医疗行善、病人利益至上等义务伦理原则进行了严肃、正式地创制和规范。他提出：

> 同时是哲学家的医生，犹如众神。医学与哲学之间没有大的不同，因为医生也应当具有优秀哲学家的一切品质：利他主义、热心、谦虚、高贵的外表，严肃、冷静的判断，沉着、果断、纯洁的生活，简朴的习惯，对生活有用而必要的知识，摈弃恶事，无猜忌心……①

严格地说，希波克拉底是一位科学主义者，他的所谓《誓言》中沿袭使用的佑助医生和病人的神祇只是一种装饰，他并不信奉诸神至圣的力量。他和他的学派所做的发展医学的工作，旨在用身体哲学和生命科学实验，求证希腊思想根据理性所能领会的自然原因对生命和疾病现象的真理，并在其中融入生命伦理学的基本原则和善恶的评价基础。他同时肯定或强调了人的力量和科学的价值，并且作为哲学家和医学家的公共卫生伦理秩序的关注者亚里士多德与希氏互为增益，他以其显赫的地位和影响力补充了非主流的希波克拉底学派在许多方面，特别是实践应用理论上的缺

---

① 请参阅周俊等编《外国医德史》，上海医科大学出版社1993年版，第120—121页。

陷，用中道哲学激活了希氏生命伦理的美德论断，把医学作为哲学的起点，把医学最终归同于哲学；使前者成为气势磅礴、高蹈深邃的生命伦理哲思，启迪和光照世人。

亚历山大里亚，一直属于希腊文化的世界，前30年左右，有一位伟大的犹太的希腊人在这里诞生，约丢斯·斐洛（Judaeus Philo），这位犹太人的领袖和杰出的生命政治思想家，始终忠诚于他的犹太民族、上帝和博爱主义的人道精神，从而对后世的德行修为产生了重要影响。他的道德“逻各斯”，成为今天生命伦理学基本原则最初的奠基之一。

经典生命伦理学移植与后现代生命伦理学的理论精髓和临床实践法则，从没有因为任何理论风暴和思想变革而发生过动摇，其原因即是恒定坚实的善与爱的普适公理，是人类天赋的、与生俱来的生命的自然诉求，所谓上帝的创世之初，为惩治人类始祖原罪的倒逼理论，使良善成为人类生命本真的内在目的和自然常态化的生存基础。在这个设定之后，只有享用神圣的思想与学说，从罪恶中被拯救出来，人类才可以摆脱肉体的病痛和烦恼，“只有清洗每个斑点的心灵，驻在健康的身体之内”，人类才不至于由于成为违约者而遭受身体的各种疾病。[①] 斐洛以上帝的名义解读身体的价值和意义，追论不被创造者和被创造者之间的本质区别，源于《旧约》的伦理观和生命存在的目的论，是因为承受着惩罚和摆脱人类痛苦的神圣使命，这一责任正式拣选了医生这一职业人来担当。他甚至具体论述了医生在临床中使用合理谎言的正当性：

> 正如身患危险疾病的病人一样，最有高尚医德的医生不会贸然告诉他们整个真相，因为他们知道，这会使他们更为沮丧，不利于对疾病的治疗；相反，如果告知的是与真相相反的结论，他们会更容易忍受折磨他们的症状，而且，疾病较有可能得到救治。因为，心态正常的医生会对他关照的病人说“先生，你必须动手术、烧灼或截肢”

---

① 参阅［英］罗纳尔德·威廉逊《希腊化世界中的犹太人——斐洛思想引论》，徐开来、林庆华译，华夏出版社2003年版，第20—21页。斐洛是一位极其虔诚的犹太教信仰者和具有很高地位的哲学神学家。他用一种特别的神秘主义解释上帝的权力和至善，并把摩西作为其真理的启示者，他认为摩西达到了哲学的顶点，有关人的存在、生命与死亡、身体与灵魂、人与神的关系、人的本质以及本书作者所归属的生命伦理学思想，都来自于摩西的启示和引导。可以说，斐洛对于生命伦理学基本原则的注释，在那个时期已经成形了。

吗？假设一位医生会以这样的方式说话。如若他这样说了，病人就会在实施治疗前抑郁不振，这样，现存的疾病反而会加重；另外他的灵魂比当初更为悲伤，他会坚决地拒绝这种治疗。但是，如果通过医生的欺骗，引导病人期待着与他的疾病相反的结果，他会高兴地顺从医生为病患实施的每种治疗，即使用于挽救他生命的办法被证明是最为痛苦的。①

斐洛以此把医务伦理学中的医生义务诠释为履行上帝所立的法律的实践者，医生的工作是替代神圣立法者“割去人的心灵疾病的病根”。斐洛最先提出的“敬畏原则”和“敬爱原则”就是生命伦理学基本原则的母体，敬畏创造生命者与被造的生命，即医疗行善和敬畏生命以及尊重病人，并警示医生是行医的人，也是训育和告诫者。斐洛把《圣经》中的拟人论说教比成医学的临床伦理诺言，并且用摩西的“医生”式的榜样，教导医生们如何由一种伦理机术摒除人体的痛苦和灵魂的疾病，并在病理学的追查上，将疾病原因归因于人性的“病恶”导致肉身的残缺，良药在于通过医生的服务与奉献，用摩西的“良药”根治人的疾病。摩西是斐洛敬拜的对象，是最具说服力的物象化的神；而逻各斯是一种存在、一种语言和一种世界以及生命的“道”。逻各斯是上帝之子，是 eikōn，② 人只有与逻各斯相交，获得灵妙的智慧，在伦理上才具有喂养的功效性。如此肉身的人，才能如同摩西那样成为完整的人，才能过理智的生活，才得够获得拯救，清除所有罪恶，摩西的肉体——我们所能够看到的那个形象，仅仅是一种物质形式，他的目的是宣告立法之言，给人以禁令与戒律，对于生命伦理来说，是最先的生命伦理原则。十诫是摩西精神的化身，是一种“道”对于世界的植入，是自然的“三善”之法，十诫的前四戒，是与斐洛的“虔诚、崇敬、神圣和信仰”的德性相对应的，只有信仰可以驱散疾病，只有虔诚可以使痛苦根除，而审慎又是德性中的“首要”。医学中的正义与博爱，都是一种人道品德，意味着和睦、平等、恩宠和宽恕，同情、正义和博爱是连在一起的，是立法的根据。斐洛的伦理学为地中海文化的身体观念注入

① ［英］罗纳尔德·威廉逊《希腊化世界中的犹太人——斐洛思想引论》，徐开来、林庆华译，华夏出版社 2003 年版，第 75—76 页。

② 希腊语 eikōn，形象，外形，相似物。在希腊文版《旧约圣经》七十子译本的《创世记》1：26 中使用了这个词语，在《哥林多前书》11：7 等处也使用了。

了德性的灵魂，他把这种德性状态，作为克制肉体及情感的条件，以达到希望、善良的意愿与行为，最后实现幸福。[①]

巴尔干古典生命伦理文化，是地中海文化的一种凝结，古希腊人把人作为一个特定的物质世界和精神、灵魂的整体，身体是一个有序的结构，用伦理的方式认识人体，就是运用理性的、经验的、审美的、道德的力量去复现生命；真正的人的物质世界是可以证明的一种人类知识，真理的根据存在于现实世界之中；人类对真理的探索，必须伴随着批判，由此，人才能够获得自由；生命伦理是一种真理的内在形式，人必须以审慎、虔诚、博爱、信仰、平等等原则，约定医学责任和医学职业人的行为。就是说，今天的生命伦理或临床行为道德准则，早在古希腊时代就已经在思想上被确立了。

第三半岛是亚平宁半岛，由于接受了自由意志主义的精神激励，并赖于恺撒、奥古斯都长期统治的和平意识的营养，古典文明在此绽放了秋收时期的繁荣。罗马人依靠政治上的精明和扩张的军国主义气势，向原有的诸神信仰注入自己的豪迈勇气，“逼近征服了整个地中海流域和欧洲大部分地区，而且还成功地完成了自己业已意识到的使命：将自己的文明扩展到整个已知世界”[②]。罗马人率真守法的素养，加上流亡的诸多希腊人的智慧，在苏拉之后，又培育了伟大的庞贝、克拉苏和尤里乌斯·恺撒。内战和纷争，与莎士比亚笔下的克莉奥佩特拉的历史正剧，都描述了这段恢弘的生命绞杀过程，但罗马的辉煌以至于如何保持政治中心的权威国家角色，确为后人留下了一笔宝贵的遗产。

作为生命伦理智慧，无疑必须汲取政治和信仰的精神元素，罗马文化本身既然为古典成就作出了重大贡献，那么，希腊的派地亚[③]在罗马贵族的人文学科中获得了新生。罗马的法律思想因为包容了客观的真理性和自然法则而显现在科学研究、医药卫生事业、商业活动和法律事务之中；同时，由于希腊神话和罗马神话的融汇，人们的信仰和道德权威心理逐渐归于一种混合半岛的地中海模式，在克服疾病困苦和战胜死亡的探索中，既

---

① 参阅［英］罗纳尔德·威廉逊《希腊化世界中的犹太人——斐洛思想引论》，徐开来、林庆华译，华夏出版社2003年版，第190—201页。

② ［美］理查德·塔纳斯：《西方思想史》，吴象婴等译，上海社会科学出版社2007年版，第97页。

③ 西塞罗为“人文学科”选取的拉丁文译名，即humanitas。

保持了希腊的古典精神，又开创了罗马事业的规模。

在告别王政时代后，罗马人彻底统辖了亚平宁半岛的意大利，建立了罗马共和国，本属于奴隶的医生发生了地位的变化，有的已经登堂入室，与官吏并行。十二铜表法对依然作为奴隶阶层的医生的惩罚制度予以严格的规定，以约束医生的行为。79 年，罗马帝国时期，经历了五次大的瘟疫流行，人口的锐减刺激了生育政策，随之，避孕、堕胎、优生和安乐死议题，成为道德哲学和卫生政策的中心话题。

只有思想的交锋才能够促进人类精神和社会的发展，文化战争是历史的驱动力。罗马征服了希腊，但希腊的科学和哲学却征服了罗马。希腊的医学技术与罗马的生命伦理精神，成为地中海文化圈的生命科学主体。希腊医生曾被罗马人视为敌人，因为其主流贪图财富，这就促成了针对行医者的合同法和命令法，限制收费和规范收取酬金的数额。良医无伤的观念逐渐深入人心，使医生在亚平宁半岛获得了声誉，尊重妇女、保护隐私权，特别是医疗平等，成为医学伦理信条。塞尔苏斯和盖伦都谨慎地主张进行人体试验，但必须负责任，并在动物试验的基础上。罗马的动议，亚历山大城的活体解剖实践，推动了医学的迅速发展，并且成为德才兼备的医生们的一种科学荣誉。医生有义务说服病人配合医生的治疗，根据具体情境，为了病人的根本利益，是否如实告知病情或是否对病人讲真话，对这些问题都进行了相应的讨论，这应该是最初的临床活动中对知情同意原则的伦理关注。拉丁医学与希腊医学的交锋和融合，是地中海生命伦理思想最基础性的奠基，是在医学、哲学、信仰和商业化过程中，人类对于生命本身的存在状态的思考和检视，是一种人性的自觉。因为身体疾病、生死、欲望所造就的人类情感的具体直觉，使人对于自身的存在状态和命运的挂虑，完全融进延续生命的渴望之中，人本能地期待盖伦式的哲学医生，以其高超的医学技艺在罗马的文化光彩之中独显出医学的意义，并对抗不公正的贪婪的政体文化和贵族地位的显贵利益。贫民渴求医疗平等的愿望直至基督医学的兴起，才得以实现基督生命伦理理想的时代性宣泄。

这其中不能略去的是，亚历山大的和谐意识与芝诺为代表的平等观念，成为西方生命伦理精神的最早渊源。

前 337 年的危机造就了亚历山大和那个时代的伦理精神。马其顿是在与罗马人的激烈碰撞中成为历史的一过性神话的，并通过俄吕庇阿斯（Olympias）这位厄庇律斯（Epirus）放荡的公主的传说，亚历山大逐渐成为希腊和罗马共同的英雄，虽然他一生并没有形成他的生命政治观念体系，但其强大的力量和神秘的人格催化了那个时代的精神秩序，并以集君王—神混合于一体的独裁者政治模式，教化了后来的半岛世界。他以神的名义劝导波斯和马其顿人和谐一致和结成伙伴，脱离原有的有关希腊人和野蛮人的传统观念，他认为，他就是这个世界的调解人。这个观念后来成为罗马世界的基本社群观念的雏形，也成为后来西方民主的建构性因素。我们说，《希波克拉底誓言》的基本思想，以至于两名希腊医生在前280年开始研究人体结构、科斯岛的普拉克萨格拉斯（Praxagoras of Cos）以脉搏作为诊断疾病的指标等，都归因于这种思想解放运动。

亚历山大征服了世界，但在精神上他没有造成人类灵魂的震撼和裂变，他把人的视域打开，但没有建构一个新的生命政治框架和伦理形态。而廊下派的芝诺（前301—前261）、克勒安忒斯（Cleanthes，前261—231）和克律西普斯（Chrysippus，前231—前206）以及他们的继承人，承担了这一责任。来自巴比伦和塞浦路斯地区的闪米特人使希腊思想与东方的观念发生交汇，面对罗马城邦制度的瓦解，冒险地提出人人平等的观念。他们的目的之一是希望柏拉图的学说得到延续，并再现母系教派（mother cult）的文化。母系文化观给予查士丁尼《法学概要》中关于平等自然法则的滋养，母亲生育的孩子一律平等并获得同样的父爱，人们要各得其所（*suum cuique*）[①]，人生而平等，所有人都是生而自由的，这些观念源于人和动物的生育功能，由生命伦理扩展到整个自然界，最先表现在病人平等和医学职业人平等的伦理观上。乌尔比安严正地宣示：

> 自然法是自然教给所有生灵的；这法律不能限于人类，它对于所有动物都是一样的，对于那些生在地上和生在海里的都是一样的，对鸟儿也是一样的。[②]

① 详见［美］沃格林《希腊化、罗马和早期基督教》，谢华育译，华东师范大学出版社2007年版，第119—121页。这些思想和后来的基督教生命伦理学主张相契合，充分体现在巴霍芬《母系制度和早期宗教》（*Muterrecht and Urreligion*，1861）这部著作中，沃格林引自其中的第71页。

② 乌尔比安（？—228），古罗马法学家，著作有《〈萨宾派民法〉评注》《民法与告示》等。本段文字引自沃格林所著《希腊化、罗马和早期基督教》第121页。

廊下派门徒认识到“人的出生与死亡是平等的”这个最基本的自然法则，由此生存基础推演出最初的生命伦理学“公正、平等、自由、自主”这样的原始法则，以此抨击社会环境的严重不平等的现实。他们追求同宇宙本质相一致的生活，就是服从于宇宙逻各斯，这样的生活方式构成了人类基本的人格核心，这种原本是阿拉伯式的平等思想的变体最终影响了西方世界，特别是到13世纪基督教人格观念成为主流思潮后，终于酿就了意大利文艺复兴“自由、平等、博爱”的人道主义灵魂，也就在500年之后，这种人道主义灵魂在康德和黑格尔的理论中复生。

和谐与平等是人的基本道德人格，也是最普遍的善举和义务。医学中至今所强调的生命伦理品质，乃是经过历史长期积淀、历练、检验与醇化的，是数代人思想与智慧的结晶，绝不是偶然的、由任何智者灵机一动的发明。

我们从有限的文献中能够搜索到罗马医生一视同仁、勇于奉献、尊重生命、戒毁同道、保守秘密等一系列应具备的品德和职业操守。① 罗马的医生一直被认为肩负着道德、法律与医疗的双重责任。这些看似基本的道德法则，是融汇了地中海区域的所有宗教与世俗生命伦理文化的思想成就，而由罗马和希腊医生集中地通过他们的医疗为善的行为去宣表和传播的。

有学者说，希腊人以海为生，情绪多变，“海岛本身连同其国家制度和习俗一起在海中游泳”，而罗马却具有坚实的内陆基础，罗马成为人们物质化的理想，世界的城邦融入人类共存之中，罗马成为自由意志世界主义的中心，由这里发散出的有关人类关系秩序的呼唤和阻止犯罪的法律宣言通过地中海传达和播撒给世界。

基督教在亚平宁半岛的渐进渗透，是一个历史性事件，更是一个高远的文化现象。新纪元成为生命政治的意识，是基督教与罗马帝国共同开创的；亚平宁精神扩张到了非洲和东方，以色列受难和期盼救世主的含义与苏格拉底开始的新意识相互呼应，并融入柏拉图的灵魂神话、亚里士多德对野蛮人的兄弟关系的理想以及廊下派对世界城邦的探索中。它开启于新

---

① 参阅［法］雅克·安德烈《古罗马的医生》，杨洁、吴树农译，广西师范大学出版社2006年版，第150—158页。原书参考源于塞内加的《恩惠》、拉尔格的《书信集》、圣吉罗姆的《书信集》、巴尔迪的《圣奥古斯丁与医生》、普里斯安的《妇科》、塔西陀的《历史》以及乌卢（A. Houlou）的《安乐死，从安乐死到仁慈致死》等。

纪元意识，决定于耶稣的人格和疗愈疾病的信赖，成就于新社群的建构和末世心理阶段的信仰。耶稣的医生形象是基督这种神人角色的一个重要侧面，神力显示在马可（65 年）面前，耶稣曾经治愈了一个出血不止的妇女，他被女病人触摸而获得痊愈的能力（virtue 或 power），后来人们对疗效的认识在于信仰基督；而耶稣本意并不在信仰治疗，也不愿意施展治疗术，他劝导人认信和 *metanoia*①（忏悔）。我们不能根据这个表面的事例，就推论耶稣的生命道德观排斥药物或医疗技术的意义，只是以人格的因素勉励人悔改，接受忠贞、爱和奉献的品德修持，在基督和信徒之间建立稳定的联系，从而成为一个社群，奠定保罗所说的基督的身体和精神的基础。

医学中的信仰治疗（Faith Therapy），即是德性、宗教或亚宗教心理、临床技艺的一种混合物，是基督与医学结缘的最好例证，是临床上通过集中精力、沉思默想、祈祷等信仰或心理疗法对人体发生有益作用或影响的一种技艺，是人们对某些以信仰为主配合语言诱导自身活动，使病人对治疗措施信服崇拜并奉为言行准则而起到治疗健身作用的方法。如气功、瑜伽、麦斯默催眠术、梦分析法、神灵信仰、宗教信仰等都属于信仰疗法范畴。这些方法混杂着巫术、迷信和骗术，其中有大量的事例被证实是确有疗效的心理治疗方法。人是社会的人，有极其复杂的精神心理活动，由于求医者年龄、性别、性格、文化素质、经济地位、宗教信仰等的不同，对疾病的态度和疗效的感受也有很大的差别，特别是因身患绝症而在精神心理方面受到严重压抑的病人。由于求生欲的驱使，他们会将某些疗法奉为神灵，会用极大的耐力去坚持治疗，因而也就能收到较好的效果。美国著名的心理学家、英国瓦伊金出版公司出版的权威工具书《心理学词典》一书的编著者阿瑟·S. 雷伯教授认为，在绝大多数心理治疗所取得的积极成果当中，有相当一部分是以信仰或信念的影响取得的。可见，这位心理学大师给予信仰疗法极高的评价。苏格拉底说过，“医生是圣器的守护者”，“是替神工作的人”。这充分表明心理治疗或其他治疗都具有信仰的成分，具有影响人灵性的特征。

信仰治疗应属于道德精神的疗法，要信并希望，这是伦理心理的基

---

① Metanoia 为古希腊文，意思是忏悔。沃格林在其书中，一再强调忏悔应该通过灵魂的自由转换发挥治愈疾病的效力。

础，从而使施救者具有了疗愈的权力与能力。如《马可福音》描述道：

信的人必有神迹随着他们，就是奉我的名赶鬼，说新方言；手能拿蛇；若喝了什么毒物，也必不受害；手按病人，病人就必好了。①

从亚平宁传播到伊比利亚半岛，延伸至法国与英国，国王都具有一种治疗的神力，因为人们相信他们神奇的王权之中含有医学治疗的元素。直至1789年的法兰西革命，儿童生病还会由家长领到国王那里去接受治疗。1824年，随着王权的终结，在查理十世民主共和观念兴起时，这一信仰治疗的活动才宣告失去效力。这一生命政治现象和身体伦理“神迹”作用的失效，又以基督复活这一生命异象降临到社群中，潜隐在信众的心灵之中。另一个历史原因是使徒保罗在罗马的出现。保罗的工作促成了基督教社群观念从终末论朝向启示伦理学观念的转变。天国的永生理想能够替代人间世界秩序的愿景，这一生命神学意识通过保罗已经从加利利人生活的中东地区传播到地中海文化区域的中心，这一神学逻辑和人们对于生命或身体健全的向往结合起来，养育了亚平宁半岛那些精神饥渴的“能结果子的百姓”②。保罗可算是最早的生命伦理学学者之一，他宣传和强调上帝对所造物身体造化和主宰的神秘力量，让人相信弥赛亚复活的事实，他用基督身体身量的伟岸和人格健康的形态，教导人们敬拜和学习这位精神之父的榜样；同时他以政治家的特质为《希伯来书》注入生命伦理内容，保罗指出，十诫作为一套行为规范应该被遵守和延续，而这一切都应包括在“爱人如己”的律令之中，为所有的医生们和所关联的社群从事这类服务的人，制定这个保护人生命、尊重人身体、不伤害任何人健康权利的律法和生命伦理符号体系。③

保罗与奥古斯丁都证明了不道德的人要受到惩罚的伦理定律，他们分别在去大马士革的路上与米兰的花园中，发生了生命的选择，背叛了原来的生活，在追求殉难中得救，在行动和思想中学会无私，献身于一种大爱之中，完全地服务于他人。他们觉悟了，认为这是他们生命的唯一价值和

---

① 《马可福音》16：17—18。

② 《马太福音》21：13。

③ 详见［美］沃格林《希腊化、罗马和早期基督教》，谢华育译，华东师范大学出版社2007年版，第208—215页。

意义，这样的爱的普遍主义使世界发生了根本的改变，西方的医学道德和医学人文精神从此成为一种最直接的“爱人”的存在场域，从此出现了一个新的人类社会，医学不仅是一种技艺的世界，更紧要的是作为一种精神的境地。治疗成为救赎的行动，通过十字架或逐渐演变的红色十字符号、象征性地作为基督医学的逻各斯。医学中的救赎（治病救人）被如此强烈地比喻为对人类历史和人类所有苦难的一种绝对的、无可争议的完成，疾病仅仅是生命的一种试探或考验，发生在病者身体上，但却与医疗活动形成某种密切的耦联，因为都是要告诫人类勿重温亚当的原罪，这对于医生和病人都是同样有效用的，证实了人的不免一死以及肉身的苦痛的必然性。理查德·塔纳斯用复活节礼拜仪式中的祷词“啊，这是多么幸运的错误”[①] 来明证人类善与恶的隐秘知识的意义，并通过人类这一最初的自由风险、错误和堕落来解释死亡、疾病的合理性，这不是一种悲剧性的灾难，而是生命伦理的启示。人类本身的失误和经不住诱惑的罪过，造成了分娩的苦痛、疾病和性的欲望，以至于身体的残缺、不可避免的衰老与死亡，这就造成了自我救赎和医学救赎的机会，赋予医学活动以伦理价值和神圣寓意。保罗在《罗马书》中圈点了人的生命存在与肉体的意义，并最先为医生的权力划定了伦理限域，也警示和表述了治疗行为对于医患双方生命救赎的伦理价值：

> 弟兄们，这样看来，我们并不是欠肉体的债，去顺从肉体活着。你们要顺从肉体活着，必要死；要靠着圣灵治死身体的恶行，必要活着。[②]

保罗理解人的苦痛与疾病的根源在于决心走一条荣耀的人生之路，就是生命的苦难的考验。一个恶的物质世界是一个精神世界在一个陌生躯体中的陷落，保罗的生命伦理观念，把肉体与精神予以对立，是为了教诲人必须服从于律法的权威。医学所追求的圆满、健康、活力与整全，是以遵守这一最高的律令为前提的。生命的伦理发扬以及要获得身体的自由，就

---

① 详阅［美］理查德·塔纳斯《西方思想史》，吴象婴等译，上海社会科学院出版社 2007 年版，第 142 页。“啊，这是多么幸运的错误”原文为“O felix culpa!”，指“亚当夏娃的堕落，被赶出伊甸园”的事件。

② 《罗马人书》8：12—13.

必须治死身体的恶行；这正应了康德所指的“这一纯粹的、使灵魂升华的、完全消极的道德陈述”，但这一原则性态度却是生命伦理的信义。[①]医学就此成为基督医学。罗马帝国在奥古斯丁等思想领袖的影响之下，催生了医学人文主义的灵肉观，尽管东西方形成了长久的教义之争，但都从生命伦理认识上进行善恶的论断，一直坚守着博爱和医疗行善的律法原则。医学道德不仅仅囿于医学中的道义，而是作为人的或者世界主义意志的一个重要部分，或者可以认为，是在一个关涉生死疾病概念上的一种测度的伦理叙事。

生命伦理学受到女性主义思潮的影响，源于圣母意识和远古时期亚平宁的母教传统。罗马帝国末期异教徒的大规模皈依，引发了基督教成分的细微异化，承继了大母亲神的根深蒂固的信仰记忆，早已在欧洲许多民族中流行的童贞女生育天神的各种神话与圣母玛利亚崇拜得以深刻的情感契合。加之神学家将玛利亚作为神圣逻各斯的容器，使其成为最慈祥的人与基督之间的调解者，她是为人类顶罪的最伟大的女性，她的顺从和贞洁的品行，内在的美善，温柔与谦恭，简朴与奉献，成为人性的模范与理想，那种爱缓冲了旧约中耶和华形象的严酷以及摩西律法中专职家长主义的无情。这个重要的生命伦理成分的注入，使医学有了温柔的女性化的爱和母亲般的关怀，后来的临床医学以及妇产科、儿科伦理学由此发轫，别具特有的风格与品质。

对于生命伦理学来说，玛利亚童真圣母的形象更加确立了道成肉身和丰美的生育意识，其女性主义和女权思想，使生殖道德成为一种性别平等的理想，并归整为女性主义生态观的信仰基础。

时间之箭永驰。也就是这个罗马城国，以四周的高墙雄踞于这个谜一样半岛和罗马的西北隅，1929 年的《拉特兰条约》使之在人文地理上成为合法的教皇和基督教文化世界的中心。就是这个思想和精神的中心，通过一系列高蹈的神圣信息强烈地影响了后现代世界的生命伦理文化观念。20 世纪，里程碑式的梵蒂冈第二次神学大公会议（Theology of Vaticano II），其魅力在于对后现代世界自由主义文化的开启，它庄严地申明：其一，人类应该得到赞美，神学应该吸取当代哲学与科学技术成果，走向多

---

① 可参阅［瑞士］卡尔·巴特《罗马书释义》，魏育青译，华东师范大学出版社 2005 年版，第 270 页。

元的新时代，天主已经给与人类意志自由，应该警惕人类科技文明行善过程中有作恶和异化的可能；其二，世界拥有真理，但必须警惕人性的弱点，世界有好的和坏的两种前途；其三，救恩有普世性，要牢记律法，做到爱邻人因此满全天主的诫命，世上的所有人，都应该得到被爱；其四，天国将在尘世显现。人类有权在尘世建设更美好的世界，使天国与尘世相通达和渗透，实现一个整全的社会。

梵蒂冈第二次大公会议，是保罗用充满激情和美感的语言，通过拉丁教父神学改变世界的一种非凡历史的继续。生命伦理化的时代只有在这样的思想和精神背景下才能演绎为后现代人类心灵的真诚诉求，我们也必须由此理解人工授精、基因医学、器官移植以及安乐死的技术或问题进入我们的现代生活，并帮助我们度过各种生存和生命危机的原因。① 神学的后现代转变是一种文化的适应，也是神学自身生存的需求；在客观上，为文化世界和人类的生存又造就了一个最重要的历史机遇，非常机敏地面向多元化的后现代处境，特别在生命科学技术获得突破性进展的形势下，表现了后现代神学的灵活机智和豁达开明的心理。

"梵二会议"之后，以汉·斯昆为代表的神学家认识到宗教不仅给与伦理以营养，而且在某种意义上，它是普遍伦理不可替代的：

> 普遍伦理无法传达一个特殊深度、综合层面的对于正面价值（成功、愉快、幸福等）和负面价值（苦难、不公正、罪感、无辜等）的理解，也不可能无条件地保证价值、规则、动机和理想的正当性；宗教能够通过共同意识和符号以及共同的历史观和希望前景，创造精神安全、信任和希望的家园；宗教能够创造动员人民抗议和抵抗非正义的条件……②

这深刻地表明了后现代道德哲学的一个重要转向，即宗教本身可以进行历史性教义的超越和革新，只有这样，才能使宗教适应于日益发展的世俗社会以及包括生命科学技术在内的科技文明，但必须纠正把宗教归结为

① 请参阅［德］汉斯·昆《基督教大思想家》，包利民译，社会科学文献出版社2001年版，第6页。

② Hans Küng, *A Global Ethic for Global Politics and Economics* (London: SCM, 1997), pp. 142-143. 作者根据原文进行了改写。

伦理（如康德），或把伦理归结为宗教（如哈纳克认为，宗教是道德的灵魂，道德是宗教的形体），抑或如克尔凯郭尔和巴特那样认为宗教超越伦理的倾向。以上非神学的世俗主义、自由派神学和保守派神学的观点，都被以昆为代表的后现代神学学者所否定。① 昆指出：

> 全球伦理的具体形式当然可以被受宗教动机推动的人们所用。他们认为经验世界不是终结的、崇高的、绝对的精神实在和真理。但是，如果全球伦理的具体形式只是连接着宇宙意识、全球和谐、精神创造、博爱和对美好世界的期待，或对“大地母亲”的歌吟，那么，这样的做法没有充分地、严肃地对待当今高度复杂的工业社会的经济、政治和社会现实，这种具体形式终究与现实是隔离的。②

这段训导语或评论表达了昆鲜明的后现代意识，他认为，尽管全球伦理（包括生命伦理）的精神基础是宗教性的，但无论如何其表现形式是世俗的，如此，生命伦理学必须面对活生生的生命科学技术进展和临床医务活动的实际问题，多元化的后现代时期，现代性与后现代性曾经或者依然产生着价值观的对立与冲突，对于医学内部和生命问题的肯定与否定、批判与危机、同意与分裂，都存在着张力，生命伦理运动是一次道德革命运动，是“梵二会议”之后最重要的神圣文化观念向世俗社会生活转移的历史过程。这次大公会议的意义在于，不仅在基督教内部，而且对于其他宗教和整个世俗社会，都是一次思想运动，为建立理想化的全球伦理做了一个历史性的奠基。全球伦理的基本规则建立在世界各宗教的价值观的共认意识上，即生命伦理的核心母体原则是基督教的“爱人如己”和儒家的“泛爱众”、“仁”、“己所不欲，勿施于人”等金律或金规则，在任何一种宗教中都普遍存在着。而汉斯·昆等人集中了所有的伦理智慧，可归纳为两项基本原则和四项训令，两项基本原则是：第一，每个人必须得到人道的待遇；第二，你欲要人如何对待你，你就必须如何待人；四项训令是：尊重所有生命；诚实公平交往；言行诚

① 详请参阅罗秉祥、江丕盛主编《基督宗教思想与21世纪》，中国社会科学出版社2001年版，第5页。

② 同上书，第6页。

信；彼此尊重与爱护。[1] 这正是后续的彼彻姆、邱卓斯以及包括我们在内的四原则追随者所认可的医学伦理原则概念的原点，即生命伦理学“自主与尊重、医疗行善、公平正义、有利无伤”四原则的来源。应用原则的保守秘密、知情同意、最优化、医疗公正等，也都是以此为依据制定的。爱人与行善作为母原则，生发了基本原则和应用原则，其宗旨即是人道待遇和尊重每一个生命，尽管人们可能会面临多元化、处境化和民族化等具体情境和生命政治暴力，但这些基本的元素不可滤掉。

宗教给与人的是一种神圣感和权威的信仰，伊凡·陀思妥耶夫斯基借用《卡拉马佐夫兄弟》抛掷给我们一句名言：“若没有上帝，什么都可以做。”而今天的生命科学技术之所以激发了人类的生命伦理神经的震颤，就是因为人开始体验上帝对生命的创造过程与扮演上帝制造生命的“神职”[2]，对医生来说就是一种创造的冲动，与以往救治生命、延缓死亡的使命不同，是改造和制造新的生命模式和形态，在功能上替代本来唯有上帝才有权力完成的或有资格享配的天赋行为。勿扮演上帝的争论已经在后基督时代酿成了一种价值观的文化战争，[3] 神学家们由此点燃了后现代生命神学或伦理神学的思想火柱，也超出了人的传统的道德义务范畴，挑战自然和改造自然的生命结构。源于亚平宁半岛的第二次大公会议暗示和宽容了这种行为的存在；与500年前文艺复兴运动的不同之处在于，一个是以神圣霸权压制这场文艺和科技革命，另一个是宽容这场运动的潮流。文艺复兴以自由、平等、博爱作为精神的成就，而“梵二会议”给予的是第二次人类精神和身体的解放，以及对“一切都成为可能”的前卫文化行动的接受。如果说，由这种复兴运动辐射的路德宗教革命彻底改变了前现代世界，那么，梵蒂冈第二次大公会议开启的宗教改革激流，则与后现代的生命伦理学发展相互呼应，从而改变了现代人的生存方式和文化意识，并彻底摆脱了各种后现代的思想和精神束缚。经历不到一个世纪的交锋，在强大的科学、技术、工业、医学、经济、政治和生命政治学、哲学

① 详请参阅罗秉祥、江丕盛主编《基督宗教思想与21世纪》，中国社会科学出版社2001年版，第18页。

② Erde，“Studies in the Explanation of Issues in Biomedical Ethics：(II) On ‘On Playing God,’ etc.”；Grey，“Playing God，” 1998.

③ Mary Midgley，*Evolution as a Religion*：*Strange Hopes and Strange Fears*（London：Methuen，1985），pp. 51-52，57-58.

的暴风运动之后，神学已经彻底失去了那种权威主义和神圣性，并服膺于自由意志世界主义向自由世界主义甚至个人世界主义的思想转变，有关生殖、死亡等艰涩复杂的伦理语言争斗，已经被化解和销蚀，唯有生命伦理学的再次悄然升华，才逐渐对曾经发生的一切进行清整和反省。时代和世界开始依赖于这门看似幼稚的学问指导我们的真实生活，并为我们尚未踏入的奔腾的先驱激流中的航行指出方向和规则；如此，人类才重新拾回了生命的尊严和人道的信念。

观乎人文，重明丽正，方得以化成天下；医生从巫术之人，成为贤者，“淳德全道，和于阴阳”①，最后修炼成仁成圣，这是中国古代医学道德思想的核心。亚平宁半岛的医学之道，与此相通，奉天智大德，行救人之大道。② 这正应了在君士坦丁及其共治人奥古斯都李锡尼于313年所颁布的“米兰敕令”（Edict of Milan）所明示的：

> 目的就是使居住在天空的任何一位神都可能支持我们，并庇护所有在我们的权威之下生活的人们。③

第四半岛是一个奇异的、文化混合和民族杂居的伊比利亚，塞万提斯对之寄予深刻的博爱与拯救人类的希望，浓聚了唐·吉诃德这样一个挑战社会追梦者的人道形象；但又正是这位叛逆者代表着生命伦理的最高原则、大无畏的平等精神和对于弱者怜悯的情感、救人济世的英雄行为、对正义的坚信以及对爱情的忠贞等。希腊的文明和罗马帝国的医学，注入了这片半岛土地，前9世纪欧洲凯尔特人入驻之后，来自对岸的迦太基与中世纪的穆斯林摩尔人对其进行了长期文化征战，形成了独特的生命道义观念。伊斯兰与天主教文化营养，加之由希腊医生带入的争取平等和一视同仁的生命伦理理想，成为这个半岛居民的生存愿景。

伊比利亚半岛（Ibérian Peninsula）位于欧洲西南角，东部和东南部

---

① 见《素问·上古天真论》，转引自杨力《周易与中医学》，北京科学技术出版社2008年版，第910—911页。

② 李鼎祚撰：《周易集解》（上），九州出版社2010年版，第225页。原书中引《尧典》所谓“钦明文思，光被四表，格于上下”之意。

③ 约翰·朱利叶斯·诺维奇：《地中海史》，殷亚平等译，中国出版集团2011年版，第60页。李锡尼与君士坦丁的同父异母姐妹康斯坦莎婚配。

临地中海，西边是大西洋，北临比斯开湾。比利牛斯山脉在半岛东北部，与欧洲大陆连接。南部隔着直布罗陀海峡与非洲对望。西班牙最初以阿拉伯人的主体道德意识建立了以伊斯兰教为核心的西班牙生命政治文化。而半岛腹地的法国接连不断的狂暴而连续的文化洪峰，使这个半岛一直没有停止过对生命政治前卫意识的追逐。

在98—192年安敦尼王朝诸帝的“白银时代”，尤其以图拉真为代表的救济贫苦大众、重整道德秩序运动，使罗马文明达到了鼎盛，由此，强大的罗马帝国的哲学实现了高度伦理化。而支撑这个体制的斯多葛派哲学的首席先哲，即是前4年出生于西班牙考图巴（Corduba）的塞涅卡（Lucius Annaeus Seneca）。这个修辞学家的儿子，在罗马接受了斯多葛学派哲学家阿塔鲁斯等人禁欲主义的强烈影响，虽然曾遭受死刑的判决和科西嘉岛流放的亡命生活，依然故我地坚持其对于生死道德的观念，直至在政治跌宕起伏的大波澜中，与妻子双双被判为自杀的绝刑。一生矛盾，反对暴政，意图坚持斯多葛伦理学以建立清明的生命政治秩序，他讨论自然问题和寻求一种高尚的生命伦理生活方式，保持心灵的宁静，使他常常陷入唐·吉诃德式的痛苦里；他强调自然中所存在的理性，主张服从天命、神祇和命运，认为生命的逻辑要依赖于自然的律令，用波西多纽探索过的海潮涨落和月球运动关系的例子，解释宇宙整体性、生命的顺应性和自然理性的强大。他的人性论与德性论，以理性克服激情和欲望为核心，提出人是被赋予理性的生命物体；他认为：“德性是自足的、内在的善，肉体的快乐短暂且有害，健康、财富等外在的善也不能提供真正的幸福，唯有德行才能够使人的灵魂净化。”[①] 他用伊比利亚人的语言方式，表述对于人生苦难的观念，提出克制情欲、磨砺德性，在痛苦中反省、忏悔与救赎，方可通达神圣的境界；由此恩格斯说他是罗马斯多葛学派的“基督教的叔父”[②]。

伊比利亚半岛作为罗马帝国生命伦理文化的派系之一，包含着多重元素，他们重在维系神主宰自然与生命的生死以及安危的天命伦理观，而与罗马走向终结的悲凉意识相合拍的，正是马可·奥勒留的斯多葛主义趋向

① 姚介厚：《西方哲学史》第2卷《古代希腊与罗马哲学》（下），江苏人民出版社2005年版，第991页。

② 参阅《马克思恩格斯全集》第19卷，人民出版社1963年版，第328页。

没落和神性道德秩序瓦解的先兆。奥勒留（marcus Aurelius）121 年生于罗马，但他的家系西班牙的贵族，斯多葛主义的情结造就了他的精神世界，这位疲于奔命的马背上的哲学家留下的“精神日记式的《沉思录》（*Meditations*）写出了他对生命、道德、命运、天道轮回的看法，他认为人的存在只是绵延不断的感觉活动形成的迁流，以及那倾向于瓦解的肉体，灵魂只是一个漩涡，而命运是无从猜测的”①。人的身体是由灵魂支配的，人必须服从于宇宙质料构成之初的目的，完成道德的义务；他召盖伦为御医，而盖伦的生命伦理思想在经过日耳曼蛮族入侵的动乱后，被阿拉伯学者保存下来，成为西方医学道德的重要摹本，他关于“希波克拉底与柏拉图哲学的叙述”以及“最好的医生也是一位哲学家”等的观点，都是最珍贵的生命伦理学遗产。

第四半岛的生命伦理文化通过最便捷的途径，越过东北部的比利牛斯山勾连了法兰西文化，特别是与基督教的生命伦理意识，在漫长的前现代时期相互影响，最终融为一体，形成一股后现代主义的狂潮，席卷了德意志以西的地区，沿阿尔卑斯山脉的走向，把生命伦理的思想基因传播给西欧各民族和政治团体，与路德、加尔文的宗教改革思潮汇合，掀起了巨大的生命伦理潮汐，直到 4 个世纪后后现代文化浪潮云涌，催生了梵蒂冈第二次大公会议的生命伦理运动。

而法国的生命政治思潮又不能归因于伊比利亚生命伦理文化的单一延伸，它以独立个性为体现的后现代狂浪，给予这个世界以内在精神的撞击与根源性撼动。法兰西是着意于“在和世界发生关系的同时摆脱世界”②的民族，但是就在它勾连世界的那一刻，世界模仿着它，并且使它在与世界的关联中发生着变化。

从地理学定位来看，法国被大西洋、莱茵河、阿尔卑斯山、地中海和比利牛斯山所限定，蛮族、罗马人、日耳曼以及犹太民族的融合，使得这个启程于高卢凯尔特人后代和早于东地中海地区任一巨石阵文化疆域民族的文化心理，发生了无法估量的更新，即 496 年那些偏爱战斗从不畏惧死亡的法兰克人的首领克洛维经过深思熟虑之后，皈依基督教，并开始依靠

---

① ［古罗马］马可·奥勒留：《沉思录——一个罗马皇帝的思考》，朱汝庆译，中国社会科学出版社 1998 年版，第 14 页。

② 参阅［法］埃马纽埃尔·列维纳斯《从存在到存在者》，吴蕙仪译，江苏教育出版社 2006 年版，第 55 页。

权力政治和生命政治信念奠定了这片土地的自主力量和民族尊严的基石。我们已交代了加尔文改教运动和德日进生命伦理思想的概观，就此可以归溯于这一发端。包括后现代主义先锋运动以及生命伦理学的后现代兴起，都不能越过这一开源之后的、虽然时间久远但文化基因内存的宗教改革、文艺复兴、启蒙运动等精神文化的过程。

哲学与科学不同，科学可以在实验室中完成，而哲学是精神的，或是灵魂的一种逻辑思考，可以在任何事物中由感悟唤醒。生命伦理学是关于生命问题的哲学，它是属于精神的和信仰的，而不是通过实验来叙事的。在生命伦理的无意识之中，所有欲望当然有更加丰富多元的内容，可以超越欲求的对象本身。如列维纳斯所言：

> “存在—价值”（être-valeur）这一对伴生物其实并不对立。事物的真实正是由他的终极目标构成的。作为意向对象的事物就是目标、界限、终极。作为价值，作为欲望的目标，客体则是一个存在之物（être），是运动的终点，是一种冷漠状态的开始，一种自在（ensoi）的宁静休憩。①

在生命伦理学的意识和观念中，我们一直为医疗行善或者医学中的善而努力；我们不仅仅是为了邻人或那些病人由于疾病纠缠的苦痛而用义务感去述表我们的爱，特别是以爱出现的善良之心。善的问题一直是目的论问题，它又是被忽略、被隐藏、被轻视、被冷落的，但作为一种特别类型的伦理存在的本质，它通常又是裸露的，它就是被思想、被看见、被改造、被感觉、被欲求的那个客体，它从来不是、更不应该被匿名。② 生命伦理的善的目的追求一直被显现和敞开地摆放在那里。

法兰西道德文化，一直处于超越存在的过程之中，而对于生命——这一最根基性的存在者（existant）来自于伊比利亚、日耳曼和亚平宁三方的“野蛮的自身之烦（soucis de soi）文明化的世界中”的存在意识，他们通过一种非常的救赎方式完成了“实显的解体”，尽管返回

---

①［法］埃马纽埃尔·列维纳斯：《从存在到存在者》，吴蕙仪译，江苏教育出版社2006年版，第35页。

② 同上。

"il ya"[①] 十分艰难，但他们最后还是解决了"爱你的邻人"或"他所欲便施与人"的道德命题，为生命伦理学开辟了无可阻挡的空间，以至于使生命伦理的呼吁成为一种生命诉求的无限存在。

笛卡尔开启了法国乃至欧洲的理性主义哲学，他以第一哲学为指导、以二元论对医学科学中的身体和精神实体进行欧洲人文化科学主义的理性直观和演绎式归化，成就了那个时代的医学人文精神和生命伦理学语言。笛卡尔的医学情缘来自于作为医生的祖父和亲密的挚友荷兰医学博士比克曼（Isaac Beeckmann，1588—1637），他们给与他对于身体伦理的一些最核心的思考，与本身的科学主义和方法论相结合，提出了人生的基本法则和指导心灵的规则。他在 1633 年提出了关于世界和人体的机械唯物论基本观点，在《论世界》及其后来的《哲学原理》中论述了人和动物生命作为有机体类属的实体如何遵循物质运动的规律，并必须与人的形而上习性相契合。在临终前，他注意到情感与心身之间的关系，意在表达以灵魂为主体的人的存在过程中"灵魂的激情"[②]。笛卡尔对医学的精妙论断，一直是医学哲学与生命伦理学知识之树的主干，这由下述自白即可以证明：

> 哲学作为一个整体，像是一棵树，它的树根是形而上学，它的干是物理学，它的那些由于发展而来的枝是全部其他科学。它们又归结为三门主要学科，即医学、机械学和伦理学——我是指最高最完善的道德科学，它以其他各门科学的全部知识作为前提，是智能的最高等级。[③]

笛卡尔对于生命和生命道德哲学的观念是伊比利亚文化的单一特定的延伸，他更是一种历史的理性叙事。经典生命伦理学最早接受了他的"我

---

① 法语中无人称的"有，存在"，il 是无人称的主格代词，y 是方位代词，表示"那里"，a 表示"有"，总的意思是"那里有"，相当于英语中的"there is "。

② 笛卡尔曾有一部重要的关于键鼠情感分类的心身关系的著作，于 1649 年出版。本书是其应瑞典女王克里斯蒂娜邀请在斯德哥尔摩讲学之前的全部思想。一直到 1650 年 2 月 11 日因患肺炎逝世，他都在思考身体伦理问题。

③ 可参阅冯俊《法国近代哲学》，同济大学出版社 2004 年版，第 21 页。原书为法文版《笛卡尔全集》（*Oeuver de Descartes*），Charles Adam，Paul Tannery eds.，Vol. 1 –9，Paris，Librairie philosophique J. Vrin，1980，14.

思故我在”（Cogito，ergo sum）的不可怀疑的第一原理，这是在普遍怀疑之后唯一一个直观的真理立足点，为医学中的善做了无可怀疑的、专注的、源于心灵深处的表达；笛卡尔坚定地认为，人的存在或者人的属性、人的心身一体的属性，是人的唯一本质属性，人的肉身以及生物学功能仅仅是物质的机器式的、行为的幻影，它们赖于精神、理智、理性而存在，“全部意志的活动，理智的活动，想象的活动和感觉的活动都是思想”①。

“我思故我在”表达了人的自我意识是作为人的认识主体的前提条件，是人的生命存在的主要形式，而道德选择与评价本身及其结果，都是附着在“思”上面的。笛卡尔与其他哲学家一样，没有直接言说生命伦理的论断，但他们以思想为第一原因、认识的第一原则论证人性向善这一认识过程的起点。“我”是一个精神的我、一个思想的活物，而不是物质的、感性存在的那个人；这是对“认识你自己”的一个根本回答。人是镶嵌在思想里的；至于外来观念（依赖于身体的感觉）和虚构观念（依赖于外部对象的想象）都是不可靠的，唯有天赋观念（纯粹理智）是真实的，天赋观念是非物质的。笛卡尔认为，只有天赋观念是有效的，是对事物本质的认识，是永恒真理。天赋的观念包括事物的简单性质的观念；事物本质的概念；上帝的观念；普遍原则和道德原则。有关人的问题、生命的存在、痛苦和疾病的道德思考，实质上是对于人的自由的一种关注，这是人的幸福和摆脱痛苦的最重要基础。笛卡尔清晰地获得了一个自由与认识关系的结论，即自由就是果断地作出选择，就是对真和善的追求，同时，自由必须以人作为基础，人越是明显地认识善与真，就越能自由地接受善与真。②

我们惊疑地发现，笛卡尔巧妙地运用医学和生理学知识来诠释自己的诺斯替式的肉体与精神的二元论，并力求证明思想与身体的存在不可分割、身体与“我”既统一，又有区分；身体可以怀疑，精神或者一个在怀疑、在思想的我不可怀疑，不可能不存在。肉体可分，精神不可分；肉体可毁灭，精神和灵魂不朽。精神与肉体又是统一的。精神和肉体的统一是依靠大脑和神经系统作为中介完成的。笛卡尔无疑是一位具有科学气质的哲学

---

① 冯俊：《法国近代哲学》，同济大学出版社 2004 年版，第 31 页。

② 可参阅［法］笛卡尔《第一哲学沉思集》，庞景仁译，商务印书馆 1986 年版，第 418 页。

家，他设定了一个“位于脑体中部、悬于脑管之上松果腺（pineal gland）使前腔的动物元气和后腔的动物元气联络”，杜撰了一个完整的人体思维和神经活动体系，为善的意识和社会正义的人类天赋观念提供了支持。

笛卡尔的追随者，幼年多病但生活优裕的马勒伯朗士（Malebranche，Nicolasde，1638—1715），因为脊柱畸形和接连不断的疾病，不能与正常人一样运动和求学，只能寓于家中，学习拉丁文与希腊文。1654 年开始学习神学与哲学，但自觉索然无趣。1664 年成为神父，但一直充满着反叛思想和离经叛道的言辞。偶然间他发现笛卡尔的一部匿名著作《论世界》中“论人”部分的生理学论著，从此改变了他的精神生活与人生之路。身体的不幸和疾病缠身，使他与笛卡尔灵魂与肉体、死亡与永生、自然与神恩的思想相呼应，他把人的肉身的存在与善和正义连接在一起，回答了他所探求的真理和人的自然的良心等问题。他主张，人是灵魂和肉体的结合，人的身体是一架机器。精神只有通过心智的广延，借助于身体的感知觉，才能认识万物。他认为，理性作用更重要、更准确。他的偶因论启示了自然界的一般法则和道德律令的神圣性，并认为道德法则是天的实体，人必须按着这种神圣意志履行其责任，天的实体就是“自然的良心”①。有学者曾用汉语“极”来对比马氏的至善的本源之说，并推想马勒伯朗士“无极而太极”这一虚无之中存在至善之理的论理。② 他极力强调第一始因的上帝作用，认为人不可能驾驭和支配肉身的行动，甚至自然都是属于第二原因的；这就把向善的动力归因于一种绝对的意义，是意义的意义，不可以科学来认识和解释。伦理学和人性向善的基本理论是对于客观世界的一种验证过程，但一方面，人有服从至善意志的天赋责任，另一方面，人还应该有一种个人选择的自由，人可以通过自我修行实现善的理想和设计爱他人的计划，这些是马氏理论的最大缺陷。

伊比利亚培育了更多的人类精英，哥伦布扬帆于浩渺无垠的大海上，开辟了欧洲与世界的文化通道；给予毕加索以深刻影响的弗朗西斯科·何塞·德·戈雅—卢西恩特斯（Francisco José de Goya y Lucientes，1746—1828），以聋人特有的变形的创作心理，通过西班牙阴郁的风景、暴露的人

---

① 参阅庞景仁《马勒伯朗士的“神”的观念和朱熹的“理”的观念》，冯俊译，商务印书馆 2005 年版，第 113 页。

② 同上书，第 141 页。

体、雕像般疯狂的舞蹈以及死者身体的肉块、夸张变形的嘴唇等作品，张扬生命的力量，表达了对压制生命和邪恶势力的反抗。他以独有的风格编织了生命伦理的绘画语言，对性、女人、邪恶的贪欲、死亡以及疾病进行放大，并替代精神病人和麻风病人持续地发出正义的呐喊。他像后来的加缪一样，对如此荒谬的世界进行了无情批判；他在“忧—畏—烦—死”的在世情状中，勇敢地选择了行动，在与命运和恶势力进行抗争中，创造生命伦理价值和一切人类皆兄弟的平等主义以及博爱的现实主义画风。

应该变换一个角度，用生命伦理学的方法观赏和分析艺术品和艺术家的人生。这使我们想到了20世纪初生于西班牙菲格拉斯的萨尔瓦多·达利（Salvador Dali，1904—1989）。他是一位具有卓越天才和想象力的画家，一生多病，超越现实，命运多舛，充满传奇；他把梦境的主观世界变成客观而令人激动的各种形象，对生活与社会、对人与生命进行了生命政治和身体伦理的思考，细微、严肃地运用“妄想狂的批判方法”，关注精神病理的心理自动现象和社会群体的社会病理疾病。①

有什么比人性更重要的“性”呢？性、本性，即人之道，乃天之所赐，因此人应顺天，依天律而生。旷世孤星达利，与年轻精神病医生拉康在一个至善的“圣性世界”中交往，从巴黎高盖街的画室出发，直逼生命伦理语言的本真生命实在，半疯癫的达利追逐非人性的伊比利亚的情境主义的生命本源，最后不是作为拉康思想中那个他者的镜像，而是自己生命本真权利的实现。达利是在一种与自己内在的生物性欲望的争斗中，显现出与周遭世俗世界关系的，并有意遮蔽自己感性的欲望和生命道德的激情。

> 达利的存在就是大写的真实，那是一种现实中的疯狂，却又是常人无法达及的东西。②

对这个学说，我们可以以道德的讨论和精神疾病的伦理进行审视，因此当然会集中于米歇尔·福柯的本真之爱和对医院的特殊凝视上。医学的

① 这是法国当代著名精神分析学家和魔幻式原创性思想大师雅克·拉康（Jacques Marie Émile Lacan，1901—1983）的一项研究，“心理自动”指主体心理对某种外部力量无意识的臣属惯性。青年拉康以此项研究使其理论逐渐导向弗洛伊德。

② 参阅张一兵《不可能存在之真——拉康哲学映像》，商务印书馆2006年版，第338页。

渊源，四代行医的传统，使福柯生性异类，他在巴黎高师时期，就表现出有别于他人的“癫狂”的个性，他的床边一直悬挂着戈雅痛苦、扭曲的绘画作品，并迷恋梅洛—庞蒂讲授的马勒伯朗士、柏格森的灵魂肉体统一论。恰值如此思潮泛起的年代，他开始关注海德格尔对萨特存在主义的批评，在一个只有人的平面上，如何用医学的透视观念，看待医学中的人道主义。海德格尔反对一切人道主义并不是维护非人道的东西或者主张价值的虚无，而是有其生命伦理指向和对于人的真正关怀的。他认为，在给事物标明所谓价值时，是把在者主观化为单纯对象，从而剥夺了被评价事物的尊严。这里是为了说明，高唱人道主义的那些人并没有把人的权利与尊严放在首要的位置，那种人类中心主义也仅仅是一种虚伪的人性论，是把人置于一种无家可归的状态，；这一思想以存在的真理形式强烈地改变了身临“疯癫状态”中的福柯。酗酒、自杀倾向、抑郁与同性恋冲动纠缠着他，在聆听了拉康等人的演说之后，他逐渐走向真实的生活，投入对于精神病伦理学的研究中。

精神疾病的伦理是生命伦理的一个重要侧面，它所能反映的人性的晦暗与隐藏的悲剧性，恰好是道德本质与压抑的人性以及在监视和戒律之下疯癫者被束缚的精神，诸如法国的皮内尔和英国的图客，他们并没有使精神病人获得真正的解放，他们依然要求病人来承担道德的责任，并使病人在宗教和道德的环境中，把负罪感转化为一种疯人意识，使精神病人置于被审判的世界里。

福柯怀着一种特殊的质疑的心理表明他医生权威的解析，这些显然对今天的生命伦理学研究有价值，福柯认为：

> 医务人员享有权威，不是因为他们掌握科学知识，而只是因为他们的地位——他们借用了家长与法官的权威。皮内尔建立的疯人院的生活造成了一种微妙的结构。这种结构是资产阶级社会及其价值观的庞大结构的一个缩影：以家长权威为中心的父子关系，以直接司法为中心的罪与罚的关系，以社会和道德秩序为中心的疯癫与无序的关系。医生正是体现了这些关系而获得医治能力。①

① 刘北成编著：《福柯思想肖像》，北京师范大学出版社 1995 年版，第 82 页。

福柯表面上专指精神病人与精神病一生之间的关系，其意绝不限于此；他挖掘非理性疯癫的现代意义，非理性通常显露在罹患任何疾病的人身上，我们往往剥夺了与非理性患者的真理性关系，非理性的言语与行为中隐含了真实的理性，而在此，病人成了这场悲剧的主角，他们牺牲了自己的肉身和承受了难以言表的痛苦，还被作为非正常的社会的角色被扭曲和歧视，戈雅、萨德、荷尔德林、尼采与梵·高，他们以其微弱的自然本性和反自然、反对医学暴力的作品，向世人宣战，这一解放所有病人（不仅仅是疯人）的主张远远超越皮内尔解放疯人的行动。15世纪，伊比利亚半岛开始传播中世纪阿拉伯人的发明，建立疯人院和麻风病院，或者以愚人船这样的模式，虐待或对待那些可怜的人。福柯为非理性的权利而呐喊和呼吁，实际上是向启蒙理性主义霸权提出抗争，这就深刻地问责于资本主义的现代生命伦理化的矛盾，对所有病人或者将成为病人的人表示了自己有限的关怀和医学人道主义的慰藉。福柯认为：

> 由于医学变成一种公共的、无私利的、受到监督的活动，它就能够不断地改进；它在减轻肉体痛苦的过程中将会接续教会的古老精神使命，成为后者的一个世俗翻版。①

福柯尤其强调医学的政治性，并认为应该就此和那些草菅人命、轻视民众身体健康的坏政府作坚决的斗争。人们应该对人的生存状态进行管理，医学扮演了这样的角色，制定社会在身体和道德关系方面的标准。生命政治成为身体伦理的指导，因此，医学成为双重角色的科学，不能把任何身体仅仅看作有机的存在物，而是活生生的易被伤害的意识，它与活生生的社会、活生生的文化和文明相连。也就是如果失去道德的控制，社会和医学就会陷入一种病态，医学如果失去规范，人和人的行为、人的个体实现和社会的理想，就将失去方向与依托。"政治意识形态与医学科学技术要求之间存在着一种深刻根源的自发的重合现象。"② 福柯尖锐地批评

---

① ［法］米歇尔·福柯：《临床医学的诞生》，刘北成译，译林出版社2001年版，第36页。这是福柯的一个著名论断。他针对的是曾经在大革命初期提出许多方案的德拉维尼耶尔，他认为，教士和医生是教会的两大明显使命的天然承袭者，他们的使命是安抚灵魂和减轻痛苦，关心人健康的医生同样应该和教士一样受到特别的尊重。

② ［法］米歇尔·福柯：《临床医学的诞生》，刘北成译，译林出版社2001年版，第41页。

那些为实现人的身体维护而设置各种障碍的人与事，特别是对于不适合于这种商量宗旨的坏的机构和机制进行了批评和揭露。我们当下的医院或医疗机构的模式和结构体制，依然残留着那种嫌贫爱富的“传统”，这种与生命伦理学公平正义原则激烈冲突的遗传，刺激和动摇着社会的人际伦理和谐关系框架，或者可以认为侵蚀着平民的良善生活和毁损着统治集团与政党的生命政治形象。由此而导致公民对于他们的不信任和不满，直至动摇社会的基础，甚至引爆各种形式的政治抗争。医学生活的不健康和人的身体的维护、疾病治疗的道德目的的失准或虚无化，导致生命政治秩序和民生运行程序的混乱，最终会使国家机器休克甚或使政治风帆被折断。

大多数医生都难以透过病室的门窗，挂虑这个忧患的世界和人类关系中脆弱的良善体系，他们虽然有爱和信仰的支持，但是临床工作的琐屑和烦恼、个人家庭生活的负担、人际关系所带来的各种不快，收入、升迁、家族成员的抚养与教育和文化的干预或心理渗透，都会占据他们的精力和注意力，无法把自己的责任放大和升华，眼下的现实利益和生存发展遮蔽着生命政治的望眼和理性的感知。他们对于生命政治的漠然和无言，是他们生活的常态；伦理的最低要求仅限于他们对于病人的同情和对于死亡的敬畏上。

从 18 世纪开始，欧洲国家卫生监督的实践，就形成了一种生命政治制度化凝视的形式，行政监控和警察的力量结合起来，制定一些卫生法规，对于不利于或危害公民健康和阻碍医学正当行为的现象进行强制性干预，同时监督医生的工作，这就构建了一门政治医学（mèdecine politique）或制度医学（mèdecine institutionnelle）。[①] 无疑，他把医学的范畴无限地扩延和政治化了，并强调了医学的双重功能，医学使命与整治使命的重合，是医学的内在本质。观察人体与观察社会、解剖人体与解剖社会以及治疗疾病与整治社会，使得医生与政治家合为一体。医生要学习政治家对人类命运和社会改革的热情关注和政治使命感，并以政治哲学与革命者的责任感和献身精神，参与社会生活。

如果只是把人的生命视为自然的生物学现象，就丢弃了生命的意义和稀释了人的存在价值。任何一种社会分配都是为了生存，即使是暂时谋取

---

① 政治医学与制度医学是福柯在其《临床医学的诞生》中使用的词，原意是要说明流行病医学，而他的“流行病学”主要是指今天的卫生监督与疾病控制的科学、经济学与管理学。见于奇智《凝视之爱》，中央编译出版社 2002 年版，第 33 页。另可参阅米歇尔·福柯《临床医学的诞生》（刘北成译，译林出版社 2001 年版）中的有关章节。

的职业，都应该具有政治性，人不是盲目地程式化地活着，而是走在一个总体的历史进程中，为了包括自身在内的整体而生活着，在获得自身生活的基本利益或实现自身作为主人的目的的同时，实际上是为这个居于的社会奉献自己的生命。生命伦理学应该以此解决个体与世界、个人与社会的点集关系，才能理解后现代的自由世界主义观念和个人世界主义精神，重新诠释“人人为我，我为人人”的生命政治哲学，推动重建医学秩序、医学进一步社会化与完成深刻的医学人道主义的目标。这应该是福柯将医学作为生命政治事业的本意，也是所谓法兰西新觉醒或第二次人类启蒙运动、西方后现代涌浪喧嚣沉落之后，人们最需要思考的问题。

实际上，对于人的、理性的、意识的最基本观念和思想体系束缚的挣脱或者是对于人的问题的根本存在的生命伦理追问，都离不开德语思想家黑格尔、胡塞尔、海德格尔的直接启蒙与影响，辩证法、对人的生存状态的关怀与现象学思维使他们开始对人类历史、生命的价值、人的附义、社会性痛苦、生命文化进行批判。马克思、弗洛伊德和尼采由此而生，造就了极为壮观的历史书卷。我们已经不止一次地览涉了准亚平宁文化中把主体向世界开放的超越以及开辟了后现代世界的无限可能性，并且最欣慰地用“真正的哲学”① 重新观察这个世界。庞蒂的主要工作是“为了帮助人理解意识（生物的、心理的或社会的）自然之间的各种关系”②。我们作为人的存在，太依赖于身体刺激所引起的整体反应，而在量的积累或数值的累加上，造成生命的意义，我们的行为通过这些刺激的获得以及创造性地把握呈现给外在的行为方式选择刺激物或对象，而“根据的是其接收器的本性、其神经中枢的边界和器官的运动”③ 驱动我们的人性活动。肉体是最终的实存概念，是实现善的最后的主宰者。我们为什么来到这个世界？为什么附着于这样的形式的身体上默默地但并不情愿地接受无数与我们捆缚在一起的种种符号，并且由别人来主使我们的命运？我们的疾病、痛苦、灾难与最后的死亡，为什么都是由自己的身体来承担？伊比利亚和

① 梅罗—庞蒂的一句名言：“真正的哲学就是重新学会看世界。”这是一句异常深刻的论断，我们往往不能用新的视角对世界作出精准的判断，而新的哲学常常给我们以帮助和启示。参见佘碧平《梅罗—庞蒂历史现象学研究》，复旦大学出版社2007年版，扉页。

② 参见佘碧平《梅罗—庞蒂历史现象学研究》，复旦大学出版社2007年版，第37页。原文出自《行为的结构》。

③ 同上书，第42页。

法兰西意识重新调整了这种灵魂与躯体的关系，同时依凭生命的辩证过程或已知的心理结构反应，完成了人的道德行动；善或者爱，医学的、生物性的、国家民族的政治诉求等，皆由此取得合理性的正义。

接下来，又一位波罗的海东岸的伊曼纽尔[①]，即勒维纳斯，对生命伦理思想给与了重要的滋养。勒维纳斯1905年出生于立陶宛皇家港口维尔纳，维尔纳被称为北方的耶路撒冷，犹太民族的血液和犹太民族遗产对他的神秘启示以及对上帝无限崇拜的犹太教义培育了他的精神和灵魂。勒维纳斯曾经流离失所，被迫移居乌克兰，青少年时代同时包容在浓郁的东正教和俄罗斯文化的氤氲之中，陀思妥耶夫斯基和托尔斯泰的人文精神、舍斯托夫（Л·щстов）的有限性哲学，造就了他的人道主义和伦理品行。1923年到法国斯特拉斯堡大学求学，接受了柏格森的生命伦理学。从1928年开始，他在弗莱堡大学聆听了胡塞尔的现象学直观理论的演讲，并在加入法国国籍以前，就接触到海德格尔的思想。第二次世界大战之后，他开始探讨人的意义和生命的存在，并提出“道德不是哲学的分支而是第一哲学”的论断。勒维纳斯关于“面孔（或脸）”[②]的伦理学说，是生命伦理学的一个缩微变形：

> 人在世界中的存在是一种道德存在……他人的脸就是一种命令，我们不能抓住他者以便统治它，而只能对它者的脸作出反应、作出回答。这种对他者的回答也就是对他者的责任，先于任何自我意识而存在。[③]

勒维纳斯要说明的就是关于生命的和生命之间关系的道德性，可以借

---

① 伊曼纽尔·勒维纳斯（Emmanuel Levinas，1906—1995）是除康德以外，另一位以“伊曼纽尔”为名的出生于波罗的海东岸立陶宛的哲学家。作为一个犹太人，他在犹太教和现象学的诠释中对整个西方的存在论基础展开了别样的批判。如果用生命伦理学的视域来解读他，可以帮助我们理解柏格森生命哲学和生命道德中的利他主义。他尤其强调，比我生命更重要的东西就是他人的生命。

② 面孔，le visage，原为法语，另一中文译名为“脸”。这是列维纳斯习惯用词中最为神秘的，他用这个词说明自己与他者之间的关系，而“面孔”又往往不是人的真正面孔，它是身体的一个最重要的部分，是最易于看到、最具有代表性和差异的标志，最富于表情的感知意识的意向对象，更重要的人或他者的存在应该归因于“面孔”在说话。

③ 冯俊：《当代法国伦理思想》，同济大学出版社2007年版，第148页。

此指涉医生与病人的关系，病人的脸就是一种命令，我们不是要以他的求治的需求和我们的医学技艺而统治他，我们应该作出的反应和回答就是对他或他们的神圣责任。这一根本的存在伦理学是列维纳斯的第一哲学，他者的面孔就是这一道德哲学或者我们所编织的生命伦理学，按学者们的结论就"是打破古老自律传统的他律哲学的课题"①。

我们被植入的或我们所构建的医疗社会，应该是志同道合的集体，不单单是你—我，还有他者，原本不应该有第三项——商品、金钱、官员、医学研究、科学实验、利益、居所环境、商人、媒体、政治、战争、党派等——的干预，但这种纯洁的无媒介、无协调人的令人敬畏的"面对面(face-à-face)"关系在现实中已经被打破。病人是我所不是，他是弱者，即使他依然在地位或社会角色上可能是强人，我们也不应先己后人地予以伪善的慈悲，而应真心地施救，职业和医疗技能把"我"与他者区别开来，同在一个医疗社会和医疗秩序之中，而交互主体之间则不再对称，但这种不对称的二元关系常常被遗忘，医生显然成为一种掌管"父权"的人，但医学社会是一个创造福祉和健康目的的王国：

> 在这种目的王国中，在每个人既是目的又是手段，既是人格（personne）又是私人（personnel）的文明中，文明的互惠性意味着将博爱观念平均化。博爱是一种结果而非出发点，它让我们回想起爱欲的全部蕴涵。②

临床伦理学注重病人的表情与各种看得到的面容变化，但按着勒维纳斯的面孔理论，面孔是不能被认识和占有的，医生不可能毫无偏差地认清这张脸的符号意义，病人和他的疾病发出的信息，只能是相对回答医生的询问，病人的脸是不能被剥夺和统治的，脸具有他异性，是他者非实体性的出场；脸是一种需要、一种请求，是脆弱和贫穷的；脸更是一种命令，也应该是一种没有力量的权威，它并非强制你去做什么，它是一种义务和道德价值，这就是道德的应当；临床伦理所关注的医患关系，一再重现

---

① 冯俊：《当代法国伦理思想》，同济大学出版社2007年版，第148页。

② ［法］埃马纽埃尔·列维纳斯：《从存在到存在者》，吴蕙仪译，江苏教育出版社2006年版，第118页。

"我"与他者（这里指病人）之间的不对称性（dissymmetry），医生的"我"的暴力是一种职业权力和爱的能量，作为病人的"他者"自身对医学和医务人员诊治意向或行动的首肯，也隐含着一种选择和拒绝的权利或暴力，但是这种对于知情之后的同意决定被掩埋在脆弱性中，这种关系的明显不对称搅乱了治疗学或临床设计的存在。[①] 勒维纳斯认为，面孔存在脆弱性与权威性的悖论；假使医生们都如陀思妥耶夫斯基所说的那样，自觉"每一个人在其他人面前都是有罪的，而我比其他所有的人更有罪"，那么，他就会把"贫穷的"病人视为和自己平等的人，或者高于自己的德性的人，求治于他的人，是以其自身患病的奉献，给与医生行善的机会和施爱的对象，如此，病人的出现，就有了比医生生命更重要的东西，那就是作为病人的他者的生命，这样，医生显然解放了自己，重新获得了自由，并具有了正义的灵感和冲动。[②] 勒氏认为，面孔、人的思想与语言是同时出现的，这就使意义成为可能，从面孔的存在理解疾病及其所带来的痛苦，对于病人面孔和语言的应答，就是我们的责任，这时医患之间的"语言就是伦理学的，语言不仅仅是伦理学的场所，而且就是伦理学本身"[③]；人生必然应该是道德的，责任是天赋的，我们居于这个星球上，就是要尽量理解和读懂他者面孔和这一张张面孔作为无限者的观念，他们不管是你的邻人还是你的异乡人，只要他们有所欲所求便施与他们，在此，那种他异性难以改变，但正因为他们是一种弱势的所求者，特别是穷人、异乡的陌路人、孤儿和无助的寡居者，他们虚弱的哀求和呼唤，就是正义的语言，和他异者的面孔一样，那是一种责任，那就是一种权威与命令，他者是无限者，是"上帝"，我们只有服从。他多次引用陀思妥耶夫斯基在《卡拉马佐夫兄弟》中的一句话：

> 我们大家对其他每一个人都有责任，但我比其他所有的人更有责任。[④]

---

① 请参阅［法］居伊·珀蒂德芒热《20 世纪的哲学与哲学家》，刘成富译，江苏教育出版社 2007 年版，第 305 页。

② 同上书，第 274 页。这实际上如同康德把别人看作目的而不是手段的另一种说明，勒维纳斯认为，依赖于他者的伦理是第一价值的主张，是典型的利他主义伦理学。

③ 冯俊：《当代法国伦理思想》，同济大学出版社 2007 年版，第 153 页。

④ 同上书，第 156 页。

勒维纳斯的理论令人震撼，他启封了理性即正义的大门，认识到人类制造意义的意义，警示人与无限共处于这个日益更新的社会，在新的结构里毁灭了理解或者解释之后，方恍然大悟，人才最后获得一种道义的满足，填饱了道德的饥饿感和抚慰了原有的负罪心理。[①] 同时，应该重视爱的力量，爱帮助人摆脱单子论和自我中心主义困境，通过爱，实现善的目的，人类通过生育力成就了超越自我的自我；这就给予我们一个暗示：在临床上，病人的主体地位和医学职业人之间的关系，是一种友爱，它可以解决对满足的匮乏，医生从自身存在的满足中超越自我，"自我友爱地走向作为他者的他者"[②]，而对于肩负救治病人无限责任的医生来说，自我是一个现存主体的主体。这个主体需要牺牲自我而接近无限性，需要在工作中逐渐学会行善，并不需回报，因为，

> 欲望并非强调自我感受的沾沾自喜的爱，而是严格的道德自律。真正的欲望无法通过被渴求的东西来满足，而只是会使欲望不断扩大，而这就是善。在真正的善中，自我微不足道，所有的意义均来自他者。善从不期待感谢，从不强调回报。[③]

勒氏的思想和风格浸染了浓郁的犹太民族神秘主义风格，他甚至进一步玄化他的面孔理论，认为自我的面貌和面孔的差异在于，面孔仅仅是一张脸，可以被曝光和复制，并不生动和富有表情，而面貌具有独特的神韵和尊严，面貌是踏着心灵的显现，它会说话和交流，我们必须接受它们给予我们的信息，作出反应，进行对话。这种推论引导我们如何做病患他者的朋友，不负他者对于我们的期待。

勒维纳斯精细地挖掘他者独特的面貌和对"他者的踪迹"[④] 进行追究。病人的真实面貌是临床诊断和治疗的根本依据，而他们往往在寻求治

---

① 请参阅［法］居伊·珀蒂德芒热《20世纪的哲学与哲学家》，刘成富译，江苏教育出版社2007年版，第329页。

② 叶秀山、王树人总主编，谢地坤主编：《西方哲学史》第7卷（下），江苏人民出版社2005年版，第1016页。

③ 同上书，第1020页。

④ 本书的分析，可参阅叶秀山、王树人总主编，谢地坤主编：《西方哲学史》第7卷（下），江苏人民出版社2005年版，第1020—1022页。本书作者运用其意对医患关系进行解读，特别对于精神病人的病理心理予以剖析，目的是修正临床中医患关系所存在的认识上的偏差。

疗的同时，有意掩藏和隐匿很多重要的信息，他们始终把自己的身份遮蔽在最不易发现的地方。“他者既想在认同中寻求庇护，又蔑视我的暗示，这种若即若离、千呼万唤也难窥其真面貌的他者，可以称之为谜。谜不会被破解，它只会用踪迹显露自己。”①“踪迹”这个独特的术语，恰好可以被借用来作为医生诊察病情的信息和符码，对病人来说，踪迹保存了先验性，既想表现什么，又要掩盖什么；特别是对很多精神疾病的患者，我们如何觅知和窥视他们心底的秘密，他们情感淡漠、社交孤立、思想偏执、不信任或不尽责任，外倾或边缘；他们既留下踪迹而又试图毁灭踪迹，他们逃逸与躲闪健康的社会，他们在一瞬间可能会留下有限的符号，提供给我们去先验地追查和揣测；他们实际上把自己的病状刻在了踪迹或行为的划痕中，那些连起来的符号给予我们意义，踪迹承担了我们的思考。我们所有人的踪迹实际上都进入了世界秩序，都留给了历史，有时被理解为现象，有时又被淹没掉。

> 踪迹好像是存在的真正的持久的痕迹，是它在所有否定性面前的无限权利。踪迹从遥远的过去获得它的意义，是插入时间中的空间，是世界在那里转向过去的那个点。②

善静禅师释道：“竹密岂妨流水过，山高哪阻野云飞。”从伊比利亚漫扩到法国，审视这个被称为凡夫俗子的人的世界，世界很大，大到只有一粒沙尘；大海浩瀚而宽广，广到只有一滴细水；人生很漫长，长到只是一个归零；世间可能财富很多，多到只是个无；疏事端端件件紧密而繁忙，忙到只剩一个空；外面很喧嚣和嘈杂，闹到只剩一个“静”字了得；悬空寺有禅语道：净地何须扫，空门不用关；佛家说，凡夫执于境，修道人执于心，心境双亡趋向真如。列维纳斯如此踪迹之学说，就像唐朝吉州禅师青原惟信所说：“老僧三十年前未参禅时，见山是山，见水是水。及至后来，亲见知识，有个入处，见山不是山，见水不是水。而今得个休歇

① 叶秀山、王树人总主编，谢地坤主编：《西方哲学史》第7卷（下），江苏人民出版社2005年版，第1021页。原文译自勒维纳斯《他者的踪迹》，弗赖堡/慕尼黑，1987年，第222页。

② 叶秀山、王树人总主编，谢地坤主编：《西方哲学史》第7卷（下），江苏人民出版社2005年版，第1022页。

处，依前见山只是山，见水只是水。”[①]

列维纳斯的踪迹之道实乃伦理修行之道和人性的评价之道。这眼思想与真理的泉水，不可枯竭。

另一位“见山还是山”的法国后现代意志现象学和解释学大师保罗·利科（Poul Ricoeur，1913—　），他是一位有别于其他法国哲学家的后现代哲学家。他从法国东部的瓦朗斯起步，立足于巴黎和纳粹集中营，把胡塞尔现象学作为自己哲学的基础，并几乎在所有哲学领域都做了潇洒地漫步，勇敢地脱离了黑格尔、胡塞尔和萨特等人为意识而存在的命题，拒绝走上短程的生命通道，使自身选择了一条诠释学的曲折小路；以剖解“恶”的本质作为出发点和终点，回应“真善美”的理想的有限性，在批判中，阐扬“信望爱”的无意识过渡，实现自己批判性诠释；在伦理学重建的过程中，关注人类文化的命运，使人类最后皈依现实生存境遇中的生命伦理意志。

利科努力考量恶的象征性，对道德的根基和人错的本源进行拆解，将恶置于善的陪衬位置，同时分析了恶在人的行为中成为一种特别的隐喻，化解在人的思想和言语之中，并指出恶的不可避免性，申明人的生活中恶的存在的必然性，认为恶的“本身也是人的生活本质结构的一个组成部分”[②]。利科创造了人具有一种内在的“贫困的悲怆”[③]这种先天的结构，就解释了人的可错性的自然因素，像原罪那样是与生俱来的，这就给伦理反思预设了空间，也就是给与每个人都要进行赎罪、改恶从善的机会。他进一步认为：“恶没有本质，不是某种事物，不是物质，不是实体，不是世界，也不是自在的，而是由于我们，即由我们产生的东西。”[④]

利科有意把受难、疾病、死亡、失败归类为一起，象征着罪的伦理领域，“如果你生病，如果你死亡，那是因为你犯了罪过”[⑤]。这就给生命伦理学造成了一个诘难，并给病人的心理蒙上一个不应接受的“罪名”。疾

---

① 此为一句著名的禅语，被学俗各家广泛引用，更有滥用之嫌。此句出自中国佛教禅宗史书《五灯会元》第17卷（中华书局1984年版）。作者普济。

② 请参阅高宣扬《当代法国思想五十年》，中国人民大学出版社2005年版，第553页。

③ 法语原词为：la pathétique de la misère。利科认为，人应该严肃地对待这种被创兴，并坚持在悲怆与纯反思之间保持一段距离，为此，人就必须有步骤地围绕人的道德本性的认识、行动和感受三个层面进行调整和平衡。

④ 高宣扬：《当代法国思想五十年》，中国人民大学出版社2005年版，第552页。

⑤ ［法］保罗·里克尔：《恶的象征》，公车译，上海人民出版社2003年版，第33页。

病不是为了某种意义上的顶罪，也不是为了还清曾经犯下的错，而是客观的身体自然的损害或病菌的浸染；利科从伦理价值加以示表，其意在于借此警醒病人的人性检省和对以往作恶行为的心灵救赎；利科也并非真实地笃信疾病与作恶之间的关联，而是对于人的有错论进行裁判和必要的反思。客观上，他也把生命伦理学问题进一步引向一个罪—病合一的模式，造成在疾病和罪过面前人人平等，都必须进行通过赎罪过程的良心自责和德性的炼狱，悔过自新是人人都必经的心路历程。换一个角度看，他暗示了医患虽然是不同的角色，但都是社会中的人，都要接受不同的道德自救，不过是程度不同，痛苦的感受和内心体验不同而已。

另则，疾病本身与道德大体无涉，除特殊由无德造成的自体伤害外。但对于医生的道德约制，行医行动的善举和规则对任何人均应一视同仁，这是临床道德底线要约，不可更改。即使患者是明天就要被执行死刑罪的罪大恶极的要犯，也必须对其施以常规的治疗。对于那些因为吸毒、乱交、不道德自残或因犯罪而罹病的人，也是一样的。因此，可以在道德上对其予以批评和审判，或者法律上使其受到惩治，但对于他们的身体还是要负担医学责任的。疾病的概念也不能因此成为身体和精神分裂的理由，保罗诅咒肉体和肉身疏远的观念，不应被我们接受，我们在现实中依然应把病人作为一个完整的人来对待，过错意识必须有限制地作为我们审视病人或其他正常人的躯体受伤的参考。但利科利用人被试探而受欲望的诱惑，让蛇代表受动的诱惑方，在人性的外界和内心的边际处，[①] 发挥启示他者、不再天真无邪、不再愚昧和虚伪，从此世界变得生动起来，成就了疾病、责罚和罪恶；把“为什么你做这事”和为什么你会生病耦联在一起，成就了亚当典型的道德模板意义，为第二个亚当的救赎做了一个必需的铺垫并浇筑了一个神谕的地基，通过遗传和原罪观，使恶先于自身，深融于人的历史经验之中，成为心理病因、信念危机、道德疾病和肉身病患的根源。这个设计使世界（包括医学伦理世界）以恶的结构为缘由，警示人类要通过劳作、奉献、行善，重新获得圣神的信任，疾病就可以康复，行医的医生灵魂就获得了救赎。他们在圣心的庇护之下，践履了生命道德和卫生律法，修复了受伤的“心脏”和受伤的爱心。在基督教文化

① 参阅［法］保罗·里克尔《恶的象征》，公车译，上海人民出版社2003年版，第260—261页。

中，末日审判之日，选民们应站在上帝的右侧，因为基督的右肋被士兵的铁矛击中，在精神上，为人带来永福与救赎的正是右侧。这个恶的象征语言体系，使医学浸在灵肉一体的化合之中，并就此植入了基督医学和基督教生命伦理的种子，同时培育了以生命伦理性救赎为主导的身体意象文化观念，这一传统一直作为西方医学发展的导航。①

利科经过痛苦的经历和万般思索，终于走出单纯现象学的困境，过渡到解释学或者现象学解释学的人生阶段，他获得了相对自由，解放了自己和救赎了心灵。显然，这种过渡是一个人最重要的认识上的心灵过渡。期间自然迸发出来的伦理思想火花，足以使生命伦理学放射出美艳的光芒。利科说：

> 意志问题的哲学研究根源于三个主要问题。第一个关系到负责任主体的存在状况，我将把它叫做“行为”（act）问题，这是从这个词的含蓄的意义来讲的；第二个是关于人类行为和自然整体之间的关系问题，我将把它叫做“动机形成”（motivation）问题；第三个是关于人类“自由”最终的本性问题。②

人类存在状况、行为和自然规范我们或允许我们行动之间的关系以及人类挣脱束缚、争取解放的本性同样是生命伦理学的三大问题。疾病所造成的痛苦、伤残甚至死亡，足以使我们不断考量个体作为一个肉身现实、精神依附身体的存在，而客观上生命的有限性和疾病袭来的合理性对于生命实践所构成的根本性威慑，造成了医学技术深刻的伦理意义之可能，特别赋予医生以非常的对抗自然规律、暂时挽留生命的使命。医生则成为唯有上帝才能够完成的那件延期死亡的事，没有生命，人就离开了根本的自由和自有的存在。这种自由意志伦理恰好是生命伦理学的人、医学、社会、政治的统一或者意志与非意志的统一。我们要真正把意志或意识看做

---

① 请参阅［法］乔治·维加埃罗主编《身体的历史》卷1，张竝、赵济鸿译，华东师范大学出版社2013年版，第11—20页。书中详述了耶稣基督受难过程中肉体受伤、人类痛苦、救赎等宗教文化隐喻和宗教心理问题。本书为三卷本，从身体伦理学视角，运用极其丰富的文献资源，对人体生命伦理观念进行了几乎所有学科的评述。

② 转引自冯俊《当代法国伦理思想》，同济大学出版社2007年版，第160页。原文见Charles E. Reagan，David Stewart《保罗·利科的哲学——他的著作选集》，波士顿，1978年，第61页。

依附于身体以及身体的全部非意志的生活，从而指导身体的行动；我们要精准地超越“非意志生活的客观化”，就必须将意识整合到身体中，将身体整合到意识中。疾病过程既是身体的境遇，又是意识的遭遇，疾病劫杀了身体与意识，疾病常常会以恶的伦理暴露人性的始原的肯定（originary affirmation）①，疾病打破了秩序的力量，跃出了健康的轨道，从而使人伦关系发生变化和更新，使自由被压制，并通过情感的罪性，激发有意义的行为和语言，医学便有机会显示其填补身体空缺的价值，伦理学就会重新占有我们的存在，在痛苦、残缺、死亡的经验中恢复生命的欲望。医学以当下的疾病作为爱的载体，以病人为对象，摆脱那种传统的形而上逻各斯中心主义②的思维和语言，将医务道德归结为特殊或个性境遇下的一种技术。

1930年生于地中海对岸阿尔及尔的犹太人雅克·德里达（Jacques Derrida），是法国最负盛名的后现代解构主义伦理学大师，以反对逻各斯中心主义影响了世界。他认为，任何能指都存在差异，言说是由差异和距离构成的，语言是一种差异系统。这一思想无疑将交流伦理置于人与人之间共识性纠偏之后的对话伦理中，这也就为重叠共识创造了一个根本性的肯定。生命伦理学必须优先认可一连串能指转换的合法性，使医学活动和生命价值论证或各种生命道德行为在选择过程中，充分考量个体之间的差异，而不能把中心看作一种当下的存在（present-being）。在医学活动中，是难以用一个中心点固化或锁定所有价值判断的，必须境遇地具体区分道德异乡人的不同需求，从强调共性到重视个性，每一位病人的每一次每一项请求和允许，都是个别的事件，即使重复曾经发生的“过去类似”或相对一致性，对于死亡、生殖、临床征象、救治方案等，也必须重新进行正轨或规范的决策程序。非中心化

---

① 按利科的定义，始原的肯定不是先验的，它散布在人的情感之中，但又不能立刻或者直接把握它，只能在否定与缺乏的经验中，恢复这种始原肯定的意义，即最初形成的理由判定。人的存在既是一种努力，又是一种欲望；生命伦理必须把这种努力和欲望作为一种正义的行为，由它来实现生活的目的。

② 逻各斯中心主义（logoscentrism），是法国后现代主义哲学对西方理性主义哲学的一种批判用语。解构主义伦理思想的奠基者雅克·德里达认为，逻各斯中心主义是一种思维方式，它将人的思想、认识和理论看做一种外在的自在之物、客观规律、绝对真理或上帝意志的表现，特别是在生命本源和本体、人的存在始终千篇一律的不变的当下存在里，这种存在的事实和在场就是中心和最后的道德语言逻辑。在医学中，暗指选择行为的一致性和评价证据的恒定性，否定个体选择差异的正当性。

(decentering) 是后现代、后医学技术时代的特质，只要有意义，就必然存在差异。① 其实，生命体也是在差异、区别中被延缓和推迟的事物，医学的目的是完成生命的分延或延异 (différance)、散播或扩散 (dissemination)。②

人类不断地对曾经发生的和经历过的过去进行反思与批判，企及于对未来的信念和期盼，使无限生成的文本进一步分延和扩展；生命必然的消解过程，是一种解构形式，而不是对于生命的否定和毁灭。我们遭遇的疾病和残缺，是由于我们对于健康或身体的过失，或者是没有足够的应对策略去更新和生成新的身体文本或新鲜的细胞组织，以替代旧有的退化与衰老的结构体制，医学的目的应该针对陈旧的“过去”的衰落，对身体进行改造，产生新鲜的机制和生命模板，延续现实的生存的“人”的世界。

德里达是后现代文化和思想的代表，他使“后现代”成为一种语言现实。在德里达之前，医学临床与生命科学技术应用的现实，生命与死亡、快乐与痛苦、健康与疾病以及医学中的善与恶等的对立之界限，只能囿于一个严格的逻各斯或在场的中心化，不可逾越，后者的阴暗只能被扭曲着，被否定着；而人们看不到这种转化的可能和希望。“pharmakon”在希腊文中，谓指“药”，或者良药，或者毒药，都收藏在柏拉图的意识中，医学人文意识，包括希波克拉底的誓言，这些文字都难以对心灵观念作出诚实、真正地表达，道德文章只是倾向于相互作用与影响，实际上它离现实的伦理要义十分遥远，解构主义就是要医治这种病状，使生命伦理精神起死回生。要完成对于传统的疾病、身体、死亡、性、药物、纱布、堕胎术、切口等概念的海德格尔式的“解蔽”，德里达“追溯”和破解了固有的模式，赋予它们新的意义。作为东方文化之子的德里达，用东方人的思维，戳穿了逻辑中心主义的虚伪性，使得生命伦理的真理回归于生活实践，具体到一个个体的身体或精神需要，使生命的悲剧成为生命的力量，用道德的营养，灌注医学的植被，使草原丰美无限，喂育人的伦理的生命——病人的和医者的。

1870 年，英国画家约翰·维金斯·查普曼 (John Watkins Chapman) 举办了一次个人画展，因为他的油画作品而首次提出了“后现代”的口

---

① 请参阅冯俊《当代法国伦理思想》，同济大学出版社 2007 年版，第 223—226 页。

② 德里达认为，差异是一种普遍的现象，差异是空间和时间的链接，因此，différence 一词，既指差异、区别这一空间概念，又指延期、延缓这一时间概念。在汉语中，有学者坚持将其译为“分延、延异”和“散播、扩散”等。

号并以此表达法国印象派的前卫画风，体现一种批判和创造精神。47 年后，德国作家鲁道夫·潘伟慈（Rudolf Pannwit，1881—1969）在他的《欧洲文化的危机》一书中第二次提到“后现代”这个让人心神不宁的词汇。1934 年，西班牙诗人费德里哥·德奥尼斯（Fedenico de Oniz）重新诠释这一概念，认为后现代主义是 1896—1905 年现代主义文化的继续和发展，1914 年前后，是后现代向超现代的过渡，后现代主义是对于现代主义的一种反动。①

> 后现代就是隐含在现代性的表现本身中那些不可表现的部分；也是现代性中拒绝凝固成某种“好的形式”，并同样拒绝成为符合某种口味的共识的那些成分。它之所以寻求新的表现，不是为了达到某种享受，而是为了更好地感受到其中包含的不可表现的成分。②

生命伦理学之所以被谓之后现代的学科，是因为科学技术以及人的身体伦理需求，人的生命状态以及生命科学技术发展之后，现代性的语言和文化无法充分包容千万个不同个体的不同需求，人们的口味成为一种个性，源于身体生物性结构的差异和各种新异的欲望的不同而引发的文化欲求的冲突，必须调节和尽可能得到满足，并在难以抚平所有身体欲望和健康理想因缺陷而引发的权利斗争之中，寻找一种相对良善的公共法则，以解决各种健康利益冲突或纷争。医学接受后现代主义是西方生命或健康文化发展进程中的历史必然，后现代的谱系原本就应该最先给与身体伦理学以重要的地位，医学最先开启了现代科学新文化运动，并力图冲破固有的生命政治体制结构，形成一种真正公平正义的市民身体保障制度，作为一种革命精神力量，推动医学人文事业。后现代文化从文学艺术和建筑学开始，成为第二次人类思想启蒙的号角，惊醒了整个人文学术界和宗教文化界；如此，“德里达高度重视建筑方面的各种解构冒险，并认为：后现代建筑师们所从事的建筑结构解构活动，是在同我们生活中最顽固的文化、哲学和政治中的传统进行较量的最富有意义的创造性工作”③。

---

① 参见高宣扬《当代法国哲学导论》下卷，同济大学出版社 2004 年版，第 808—810 页。

② 同上书，第 809 页。这是利奥塔的评论。

③ 参见高宣扬《当代法国哲学导论》下卷，同济大学出版社 2004 年版，第 811 页。

德里达借用建筑的语言和建筑学逻辑，揭示文化革命的理想和生命内质，他认为：

> 解构不是，也不应该仅仅是对话语、哲学论述或概念以及与医学的分析；它必须向制度，向社会和政治的结构，向最顽固的传统挑战。……所有哲学和西方形而上学，都是铭刻在建筑上的。这不仅仅指石头的纪念碑，而且还指建筑总体上所凝聚的那些有关社会的所有政治、宗教和文化的诠释。①

正是应了后现代建筑的浪潮，医学与生命科学移植了后现代建筑的语言和思想，在开掘了新的身体结构理论之后，用一种的新的境遇主义和道德异乡人、部分或重叠意识的理论，激活了曾经繁荣的医学人文社会科学事业，率先重启了生命伦理学封闭已久的开关，推演了后现代生命伦理学的开场。尤其面对一系列以生殖为中心的生命科学技术和死亡伦理的挑战，不得不重新设定和规范原则与医学家的责任以及医学道德操守，回应生老病死问题中尖锐的伦理难题。很多是传统中未曾遭遇的，但又必须即刻作出选择的现实决断。医学中的后现代伦理内核，主要是打破千篇一律、普遍、恒定、中心性的思考模式和基本心态，追求具体案例的个性和不确定性，善与正当的标准不是逻辑中心主义化的事先规定，不能限制具体某位病人的特殊选择的合理性和个人世界主义的自由。求同存异，和而不同，是后现代生命文化认知绘图（cognitive mapping）② 的核心标志。

没有任何一个原则是放之四海而皆准的，所有的最后都会获得某种意义的终结；解构主义文本是一个动态的、发展的、变化的、不稳定的哲学观念，而不是那种静态的、稳定的、恒定不变的僵化的结构，把个体的选择建立在一个新的权利自主范畴内，是后现代主义最重要的原则。生命伦理学作为后现代的一种话语体系，必须完成对于以往逻辑中心主义道德传统的批判，在造就以医学知识体系为中心的论述话语的同

---

① 参见高宣扬《当代法国哲学导论》下卷，同济大学出版社2004年版，第811页。

② 这是詹明信使用的概念，以此概括后现代社会认知、观察、思考和行动的基本模式，用认知绘图来概括生活在高度都市化的后现代人的心态，以指导如何处理个人与社会、人与自然、生与死、人与人的关系等行动方式。

时重新构成医学职业人和知识阶层的主体话语属性，并适应于生命政治与社会卫生经济伦理新规，这期间不可忽视大众健康的总体需求、医学文化环境、生存与生殖的普世欲望，以此调动各方力量参与和规制高新奇生命科学技术运动。

世界上所有的生命体不可重复，每一个人都是唯一精彩的造物，都是最为珍贵的。人不能两次踏入同一条河流，由此引入了一个时间之维，结构主义是没有时间之维的后现代主义的一种革命性反动。有了这样宝贵的思想财富和观念，我们就可以面对活生生的现实生活，就可以解决生命伦理中的很多关系、问题、现象和实践。这在恩格尔哈特那里叫作亚相对主义，或者译成次级相对主义，时间的维度一经引用，全盘皆活。时间的维度是暴力，语言之所以成为暴力的一个部分，也是因为时间的维度。所谓，就是所谓的存在实际上是一个相对的存在，而所以谓才是永恒的存在，所谓就是这个印象，就是这个事件，它发生了就成为过去了，生命中不断地发生和叙述的所有点，最后组成一个人的人生轨迹，而这个轨迹是单向的，最后指向死亡，死亡就完成了人，就实现了人，古希腊的死亡同时就是实现，也就是完成。因此，后现代主义实际上在引入一个时间维度以后，把所有的问题、事件、所有的现象、所有的人、所有的生命都放在这样的意图之下来观察，我们才能够准确地决定选择，或者适当地、适合地、适时地作出选择，这样就可以达成对生活的理解，才能应对道德异乡人，对其加以理解和尊重。有了这样的一种尊重，有了这样的一种思想基础，生命伦理学的理论才能够生根。有了这样一个选择的自由，我的选择才可能适合于“我”，适合于自己的处境、状态，最后的后果才可能被接受。生命伦理学有那么多千变万化的问题，那么多复杂的难题，怎么可能以同一个标准解决，如此就会出现方案的延异性和播撒性。

后现代生命伦理学不是生命伦理问题而是生命伦理“学”，伦理学是个学科，是高原，不是平原，生命伦理学是道德的哲学；在这一道德的目的王国里，人人都是目的本身，人人都是自身的主人。

诡谲艰涩的论证，实为获得浅显圆明的真理，回到最终的后现代自由里，应是山中有水，水中有山；看山是山，看水是水；要山有山，要水有水。

（二）阿尔卑斯山脉的生命道德文化，那个奥地利案例

这个世界与人的生命是同构的。我们用对于阿尔卑斯山脉的另一种考

察方式，尝试对生命的哲学观进行分析，亦可以说是奥地利民族的人文地图。

生命的问题，是人类最根本、最核心、最不可回避而又最糊涂的问题。至今，我们无法解读生命的诸多奥秘。生物进化论、生理学、胚胎遗传学、医学和心理学，都试图解决生命的本质、人的本质问题，但都没有确切的结论，这本身就令我们迷惑和心生敬意。这也给哲学留下了空间，特别是神哲学与宗教，可以振动羽翼，疯狂地和非理性地说教或永久地叙事。人的机器的精妙，生殖方式的设计，大自然的规则，思维的运行，都给予人类无限的遐想。生命的符号，除流淌在教堂里自古不息的管风琴旋律中外，还在梵·高画布上向日葵的花瓣里，还在巴赫的卡农中，也在高斯的星历表计算中，这位德国数学王子，引进了一组辅助量（又被称为高斯常数），使求日心赤道直角坐标的计算大大简化。生命的秘密蕴藏在物理学静电场的基本方程之一的高斯定理中；高斯和贝多芬一样，用日耳曼人的神经活动方式告诉人类生命的秘密：命运、死亡、痛苦和欢乐的颂歌，或是利用几何学知识认知后的光学系统近轴光线行为和成像，或是概率统计理论和误差理论的最小二乘法——高斯误差曲线；或是弗朗茨·约瑟夫·海顿的《创世记弥撒曲》音符。

1. “要有光”——威廉·詹姆士的生命哲学

威廉·詹姆士，直到现在，人们还一直把他作为美国最有声望的实用主义者，很多伦理学学生把他看成功利主义或经验主义的代表人物。其实，詹姆士一生思考的只有 life 这一个词。他同柏格森神交多年，后来成为朋友，共同对生命的哲学解读进行探索和讨论。受柏格森的影响，他钻研生理学家和心理学家赫尔姆霍茨以及威廉·冯特的思想，还有那个法国人、新康德主义者查理·雷诺维叶。詹姆士对生命奥妙的迷恋萌发于其父亲老亨利·詹姆士，其父亲因为在一场意外事故中丧失右腿而皈依瑞典移民的神秘的斯维登鲍葛主义（swedenborgianism）教派。这一教派以瑞典科学家、见神论者和神秘主义的倡导者伊曼纽尔·斯维登堡的教义为基础。斯维登堡在度过一段研究数学和自然科学的平静生活之后，在 1745 年受到一次神秘启示。他在幻觉的基础之上提出了世界存在的三个领域：神意；精神世界；自然世界；而爱、智慧和习惯与之分别对应。在他看来，生命是同上帝共享的，神性等同于永恒的爱。现在看来，这个斯维登堡可能只是一个念叨见神论、幻想自己是先知的骗子，不过，他鼓吹的仁慈上帝却非常符合老亨利心中的想象。詹姆士一生不喜欢医学，但命运使他离不开医学，1872 年，在哈佛讲授生理学与解剖学时，雷诺维叶的唯生命意志论使他心存疑惑，对生命问题充满矛盾，他几乎痴迷在生理和心理的交替中，思考人的生命本质和生命的物质与精神存在。他无法忍受科学的无奈，于 1879 年，义无反顾地转向哲学研究，成为哲学教授，并开始了实验心理学研究的计划和行动，同时对宗教神秘主义产生了浓烈的兴趣。他无法摆脱对于生命的悬疑，甚至经常在夜间惊醒，全身战栗，在生命的神秘中接受宇宙放射出的巨大震慑力。自然的宇宙和人体的宇宙太复杂了，信仰、意志、人性、思想流、意识流、心灵等。

“神说：要有光，就有了光。神看光是好的，就把光暗分开了。”《创世记》从光开始，和水、空气一道，为所有生命的物搭建生命的居所和根基。詹姆士认为，一种哲学的价值，只要看这种哲学思考有没有能力使人心悦诚服地提出某种关于生命发生与存在的观念，在哲学中，我们不是找到理由，而是使人类接受和理解或是感觉到一种理性不能说明的生命形式。[①] 詹姆士把实用主义的考查方式同对于生命的信念联系在一起，反对理性主义为了有关生命的各种概念而不顾及生命的现实，只要为了生命，他敢于构想生命的一切存在的可能性。

2. 人文地图：奥地利深邃的思想文化谷与阿尔卑斯风

至今才有 833.4 万人口的奥地利，威廉·詹姆士的母国，雄伟的深绿色的阿尔卑斯山贯穿这个国家的西部和南部，插入云霄接近天堂的 Grossglockmer 山峰，积满白雪，它仰望着半透明的蓝色的多瑙河。在绵延不绝的山峦间满眼扑来的都是目不暇接的五颜六色，满山遍野童话世界般的花团锦簇，生动得让人呼吸停滞。在阳光下云蒸霞蔚，一片灿烂。芳草碧连天的丘陵，透悟出浪漫的旋律，它构想了海顿和莫扎特的音乐体系和詹姆士、维特根斯坦的大脑，还有神奇的哥德尔以及薛定谔。阿尔卑斯山是欧洲最高大、最雄伟的山脉。它西起法国东南部的尼斯，经瑞士、德国南部、意大利北部，东到维也纳盆地，呈弧形地贯穿了法国、瑞士、德国、意大利、奥地利和斯洛文尼亚六个国家，绵延 1200 公里。山势高峻，平均海拔约 3000 米左右。海拔 4000 米以上的山峰有 100 多座，耸立于法国和意大利之间的主峰勃朗峰，海拔 4807 米，因峰顶终年积雪而得名，是

---

① ［德］费迪南·费尔曼：《生命哲学》，李健鸣译，华夏出版社 2001 年版，第 76 页。

欧洲第一高峰。阿尔卑斯山除了主山系外，还有四条支脉伸向中南欧各地：向西一条伸进伊比利亚半岛，称为比利牛斯山脉；向南一条为亚平宁山脉，它构成了亚平宁半岛的主脊；东南一条称迪纳拉山脉，它纵贯整个巴尔干半岛的西侧，并伸入地中海，经克里特岛和塞浦路斯岛直抵小亚细亚半岛；东北一条称喀尔巴阡山脉，它在东欧平原的南侧一连拐了两个大弯后自保加利亚直临黑海之滨。大约 1.5 亿年以前，现在的阿尔卑斯山区还是古地中海的一部分，随后陆地逐渐隆起，形成了高大的阿尔卑斯山脉。整个山区的地壳至今还不稳定，地震频繁。近百万年来，欧洲经历了几次大冰期，阿尔卑斯山区形成了很典型的冰川地形，许多山峰岩石嶙峋，角峰尖锐，山区还有很多深邃的冰川槽谷和冰碛湖。直到现在，阿尔卑斯山脉中还有 1000 多条现代冰川，总面积达 3600 平方公里，比欧洲国家卢森堡还要大。在阿尔卑斯山区，因为四周有高山保护，越深的山谷越干燥，越高的山峰则有越多的雨量。2800 米以上地区则终年积雪。冬天，阿尔卑斯山区经常阳光普照，而中部地区则相反，阴霾密布。这座山给予人类最重要的物理学定理，给予人类最宝贵的哲学，给予我们对人性的解析方法，并给予我们最美好的音乐。

奥地利，一片集世界民族精神与文化财富的土地，雄踞于地中海和波罗的海中间地带，她的民族，有拉丁、法兰克、日耳曼、斯拉夫、不列颠成分，并混有匈奴、古代埃及、印度和中国的文化基因；奥斯曼帝国与幼发拉底河流域的创造力和信仰，使这个集合成为一种智慧与意志的结晶。北临德国与捷克；西邻列支敦士登和瑞士；南邻意大利、斯洛文尼亚；东临匈牙利和斯洛伐克；非东非西，非南非北地处于欧洲的文化地理中心。它集合了东西南北欧洲各民族的精粹，又剔除了历史遗存中的糟粕，克服了古欧罗巴人的野性与贪婪，汲取其睿智与精于计算的品质，那种浪漫、那种聪慧、那种坚韧的斗志和毅力，使科学、音乐、宗教与哲学有了一个最好的结合。这座山和那条河以及茜茜公主的那片无边的森林，抚育了海顿、舒伯特、施特劳斯家族、莫扎特、奥诺德·勋伯格的乐魂，洛伦兹、波尔兹曼、薛定谔以及那位“马克思体系的崩溃”的作者——批判卡尔·马克思的劳动价值论和剩余价值论，并以其“时差利息说”闻名于世的庞巴维克，还有精神分析学说的创制人，至今依然使人类尴尬和无奈的西格蒙德·弗洛伊德，都来自于这片沃土。这个由日耳曼族群的阿勒曼尼人、巴伐利亚人、法兰克人结合而成的民族，也曾与斯拉夫人、罗马化土著以及蒙古利亚人混融，有着东西方最优秀的基因和传统，虽然口操属于德意志语的方言，他们却有着极其明显的独立品行和文化精神。他们在罗马人统治时期遗留下的公教化信仰，并没有消弭他们优选的斯拉夫人的灵性心理结构，即使9世纪开始的日耳曼化，也没有从根本上改变他们抵御强大的奥斯曼等的帝国英雄意志和豪气。他们在面对法国、瑞典等新教诸侯国家的30年战争中，找到的是独有的奥地利民族性格和奥地利意识。

让我们来看奥地利人薛定谔、维特根斯坦、詹姆士、海顿、莫扎特、弗洛伊德、约翰·施特劳斯所述说的是不是一个公理，特别对于我们所认识的生命的本体，用不同的方式证明“上帝”的语言和设计，对这个复杂而充满悬疑的世界，尤其是精神现象和人的生存现实，获得了怎样一份超然的报告。这些既是另一位奥地利人库尔特·哥德尔（Reflections on Kurt Godel）的人文地理图解读，又是一个对生命考察的另类文本。不要忽略，奥地利式的公教是怎样的一位上帝。

3. 鬼魅薛定谔和他的波函数坍塌，还有那只又死又活的“猫”

薛定谔（Erwin Schrodinger，1887—1961）[①] 1925年底到1926年初，在A. 爱因斯坦关于单原子理想气体的量子理论和L. V. 德布罗意的物质波假说的启发下，从经典力学和几何光学间的类比，提出了对应于波动光学的波动力学方程，奠定了波动力学的基础。他最初试图建立一个相对论性理论，得出了后来被称为的克莱因—戈登方程（见场方程）的波动方程。但因为当时还不知道电子有自旋，所以在关于氢原子光谱的精细结构的理论上与实验数据不符。后来，他又改用非相对论性波动方程——被人们称为薛定谔方程——来处理电子，得出了与实验数据相符的结果。1926

---

① 奥地利物理学家，概率波动力学的创始人。1887年8月12日生于维也纳，1961年1月4日卒于奥地利的阿尔卑巴赫山村。1906年入维也纳大学物理系学习。1910年获博士学位。毕业后，在维也纳大学第二物理研究所工作，在1920年以前，主要在维也纳大学任教，1921—1927年在苏黎世大学任教，最初，他主要研究有关热学的统计理论问题，写出了有关气体和反应动力学、振动、点阵振动（及其对内能的贡献）的热力学以及统计等方面的论文。他对心理学的感觉问题很有兴趣，研究过色觉理论，他对有关红—绿色盲和蓝—黄色盲频率之间关系的解释为生理学家们所折服。

1913年与R. W. F. 科尔劳施合写了关于大气中镭A（即Po）含量测定的实验物理论文，为此获得了奥地利帝国科学院的海廷格奖金。在第一次世界大战期间，他服役于一个偏僻的炮兵要塞，利用闲暇研究理论物理学。战后他回到第二物理研究所。1920年移居耶拿，担任M. 维恩物理实验室的助手。

年1—6月，他一连发表了四篇论文，题目都是《量子化就是本征值问题》，系统地阐明了波动力学理论。也就在同时，他开始思索生命的物理哲学始因，并企图证明生命的物理学与化学结构。1926年3月，薛定谔发现波动力学和矩阵力学在数学上是等价的，是量子力学的两种形式，可以通过数学变换，从一个理论转到另一个理论。薛定谔起初试图把波函数解释为三维空间中的振动，将振幅解释为电荷密度，把粒子解释为波包。但他无法解决“波包扩散”的困难。而这是无机世界与有机体重要的联系纽带。1926年，薛定谔提出用波动方程描述微观粒子运动状态的理论，后被称为薛定谔方程，奠定了波动力学的基础，因而与P. A. M. 狄拉克共获1933年诺贝尔物理学奖。1944年，薛定谔花费了很大的心血，并宣誓要弄清人的问题和“上帝的功绩”，撰写了《生命是什么》一书，试图用热力学、量子力学和化学理论解释生命的本性。这本书逐渐引起欧洲乃至世界上最优秀的青年物理学家的注意，其研究开始转向生命科学中提出的问题，这是一个里程碑。它引导人们用物理学、化学方法研究生命的本性，使薛定谔成为蓬勃发展的分子生物学的先驱。薛定谔在1935年发表了一篇论文，题为《量子力学的现状》。在这篇论文中，他发表了著名的薛定谔猫猜想，为量子力学的发展作出了贡献。把一只猫放进一个封闭的盒子里，然后把这个盒子连接到包含一个放射性原子核和一个装有有毒气体的容器的实验装置上。设想这个放射性原子核在一个小时内有50%的可能性会发生衰变。如果发生衰变，它将会发射出一个粒子，而发射出的这个粒子将会触发这个实验装置，打开装有毒气的容器，从而杀死这只猫。根据量子力学，在未进行观察时，这个原子核处于已衰变和未衰变的叠加态，但是，如果在一个小时后把盒子打开，实验者只能看到“衰变的原子核和死猫”或者“未衰变的原子核和活猫”两种情况。现在的问题是：这个系统从什么时候开始不再处于两种不同状态的叠加态而成为其中的一种？在打开盒子进行观察以前，这只猫是死了还是活着抑或半死半活？这个实验的原意是想说明，如果不能对波函数塌缩以及对这只猫所处的状态给出一个合理解释的话，量子力学本身是不完备的。这个思想实验的意义是，将量子理论从微观领域带到了宏观领域，而导出和一般常识相冲突的结果。根据哥本哈根学派的解释，当观察者未打开盒子之前，猫处于一种“又死又活”的状态，该状态可以用一个波函数来描述，而波函数可由薛定谔方程解出。一旦观察者打开盒子观察，波函数会坍塌（Collapse)，猫呈现在观察者面前的只会是“生”或“死”的状态之一。这导致了对世界客观性和人意识的作用的讨论。这是一个了不起的悖论。随后，他还探讨了有关广义相对论的问题，并对波场做相对论性的处理。此外，他还写出了有关宇宙学问题的一些论著。与爱因斯坦一样，薛定谔在晚年特别热衷的是把爱因斯坦的引力理论推广为一个统一场论，虽然没有取得成功，但他认识了宇宙的神奇和奥妙。

薛定谔对哲学有着浓厚的兴趣，特别是用哲学解释生命现象和人生的问题。早在第一次世界大战期间，他就深入研究过B. 斯宾诺莎、A. 叔本华、E. 马赫、R. 西蒙、R. 阿芬那留斯等人的哲学著作。晚年，他致力于物理学基础和有关哲学问题的研究，写了《科学和人文主义——当代的物理学》等哲学性著作。

作为一名科学家，薛定谔确实有其独特的不群之处。简单说来，可关注的至少有三点：首先是他的人格形象。作为大物理学家，薛定谔行为诡异，有时使人百思不得其解；这不是奥地利性格，奥地利人是不能接受的。但是，无人相信，此公是心理病态。

薛氏尽管为革命性的量子力学作出了基础性的贡献，其本人的初衷却是恢复微观现象的经典解释；而更令人称绝的是，薛定谔本人坦承他的科学工作，常常并非是独创性的，但他总能敏锐地抓住一些始作俑者的创新性观念，加以系统地构建和发挥，从而构成第一流的理论：波动力学来自德布洛意，《生命是什么》来自玻尔和德尔布吕克，而“薛定谔的猫”则来自爱因斯坦。今天，量子力学已成为整个理论物理学和高科技的基础，从粒子物理和场论，到激光、超导和计算机、人工智能产品。格利宾的书对量子力学的历史发展和应用作了相当通俗形象的描述。但如何解释和理解量子力学的成果，却至今依然是学界，尤其是科学哲学上的热门话题。爱因斯坦和玻尔为之争论了一辈子，“薛定谔的猫”则被爱因斯坦认为是最好地揭示了量子力学通用解释的悖谬性。薛定谔的“猫悖论”引出了我们对于他的第三点关注：他的丰富的哲学思想。“猫悖论”就是一种科学哲学观念，他反对哥本哈根学派，试图用连续的波动图像，重建对微观对象的经典理解，当然，他的尝试并不成功；而在更抽象的形上层次，他则从叔本华那儿接受了古印度的吠檀多哲学，并从这种信仰中追求自然的统一，追求自我与宇宙精神的统一。至于是否有中国古人的“天人观与生命观”，则不敢断言，但那种宇宙和人性的同一律思想，却真是令人称绝的。除《生命是什么》外，《科学与人文主义》《大自然与希腊人》《科学理论与人》《心与物》《我的世界观》及其死后出版的《自然规律是什么》等哲学论著和文集，都与人和生命问题相关。他甚至一度设想过在教书之余，以哲学为主要兴趣，以至于被当代著名物理学家西蒙尼认为“是我们世纪的物理学家中最为引人注目的哲学家”。这样的科学家形象，与当代职业科学家的技术化、工匠化、商业化和平面化趋势相比较，是否也会给予我们若干启示呢？①

4. “蓝色多瑙河”的奉献——还原生命的哲学启示录

蓝色多瑙河的旋律就是上帝的语言：《蓝色的多瑙河》圆舞曲，由五首小圆舞曲组成。前面有个较长的序奏，后面有个简短的尾声。在序奏里，小提琴用轻微震音奏出水波荡漾的背景，先由圆号演奏多瑙河的音乐主题。接着，木管乐器与之相呼应。它好似一幅风景画，把多瑙河晨曦的美丽景色展现在人们眼前。当圆舞曲节奏一出现，马上给人以清新、明快之感。这时引出了第一圆舞曲，它是用多瑙河音乐主题加以发展的，描绘在多瑙河两岸和驾舟泛游河上的人们正在欢舞、高歌。还有一个副题。第二圆舞曲也有一个主题和一个副题。主题活泼，副题转降 B 大调，比较悠扬。最后是结束部，这里再现了前面几个小圆舞曲的部分旋律，好似一种回顾，最后，乐曲回到 D 大调上，把欢乐的情绪推到高潮时结束。

1（上帝）、2（基督）、3（圣灵）——；请听：1 = A 6/8　0 0 1 3 5 | 5. 5. | 5 0 5 1 3 | 2. 2. | 2　小提琴轻轻演奏的颤音，使人联想到那微波荡漾的多瑙河，这首圆舞曲的主要音调浮现出来，我们仿佛在迷蒙中，隐隐望到黎明前宁静的河岸，“一川流碧玉，两岸夹红霜”；圣灵的感动，耶和华的呼唤，基督的降生：1 = D 3/4 1 3 5 | 5 – – | 5 – – | 5 0 1 | 1 3 5 | 5 – – | 5 – – | 5（歌词：“春天来了，大地在欢笑”：好像在低吟：圣婴降临了，万民在欢歌）。②

海顿的《创世记》；舒伯特的小夜曲；莫扎特的安魂曲；哥德尔的奇异的巴赫；埃舍尔与素数的永恒金带……看吧，奥地利人给了这个世界

① 参考赵晓春、徐楠编译《薛定谔》，上海交通大学出版社 2009 年版。

② 请参考人民音乐出版社编辑部编《西洋百首名典详解》，人民音乐出版社 1985 年版，第 619—620 页。

什么？

奥地利的还原主义相信，除查明生命的化学与物理过程之外，直接研究生命是不会有结果的，是否用实验的方法把思维归结为脑子中的分子和化学运动，或是用哥德尔的公理化理论演绎生命；由于相信理性神学或宗教形而上学，哥德尔获得一个超脱凡尘的总观点和一个相对统一的总方案。在宗教问题上，哥德尔对其闪烁其词、虚与周旋十分痛恨，他认为，在这方面，伊曼纽尔太虚伪。他还终生厌恶天主教会，但不是无神论、仿效莱布尼茨的哥德尔，经常躺在床上读《圣经》。[①] 这位于 1929 年 6 月 6 日获得奥地利公民权的哥德尔启示：运用同构和翻译机制可以使我们理解形式系统中符号的意义。我们可以用这种形式解释生物遗传和生命过程中的所有信息。遗传信息储存于去氧核糖核酸（DNA）的双螺旋体内，从基因型转变为生物体表现型是通过一系列复杂的生命活动过程，也包括蛋白质的形成、DNA 复制、细胞生成与分化等。和音乐表现情感一样，要有一段集成的“块”而不是单个音符，还有音符之间的关系，如“1—3—5”这样的天籁之音，不是简单合成的，而是一组或以序曲、基调、副题与主题、终曲表达快乐与忧伤；或是以呈示部、展开部、再现部与尾声谱写的奏鸣曲。乐曲并不是隐含在唱机中的，生命过程也并非隐含或录制在 DNA 上，遗传信息是储存在 DNA 内部，还是在其之外？我们理解乐曲的美感是人脑音符组织的同构效应，我们还将有第二个哥德尔来解读巴赫式的“音乐的奉献”，我们这里是奥地利式的约翰·施特劳斯的《蓝色多瑙河》的奉献，是用生物学、数学、圣经与哲学加以奉献的，那就如同与阿尔卑斯山同构，与蓝色的宁静的多瑙河同构。因为春天的到来，生命在苏醒，有些是以复活的方式，有些装扮成新的肉身，重归世界。

哲学是揭示客观世界与人的存在的秩序法则，生命的奥秘最终无法认识与解决，只有“上帝”知晓祂设计和创造这个神秘秩序以及被称作“事物”的原因，并且分为物质和精神两类，无目的地困扰着人类。科学的每个分支，都只能寻找解读和顺应自然实在的方法，以制造、恢复人的快乐的本性；人性无所谓善恶，人是一种动物，在加注意识的同时，给予一种控制欲望的理性，人无法摆脱伪饰的本质，为此，仇恨、嫉妒、傲慢、贪婪，以及恐惧、猜疑、犹豫、愤怒、放纵、懊悔、同情、怜悯、烦

---

① 请参考王浩《哥德尔》，康洪逵译，上海译文出版社 1997 年版，第 116、228 页。

恼、自卑、友爱和情爱。性、饮食、睡眠以及各种与此相关联的社会文化经济活动，都是为了人的生存；“世界没有意义与世界的意义一定在世界之外”的沉思，本身就是为了“剔除意义”。世界是一个松散的整体，生命是一个连续统，客观世界和主观世界始终存在着矛盾和争斗，最终，主观世界服从于自然，由于适应而和谐；如此，人的现象就是一个在危机之中的偶然集合，这个集合没有目的。“世界中一切事情就如它们之所以是而是，如它们之所以发生而发生；世界中不存在价值——如果存在价值，那它们也会是无价值的。”[①] 时间与空间的发生与消亡是一个非科学问题，就如同“人和世界为什么要有意义”和“什么是意义的意义”一样。语言是人类的伙伴，是人的生命结构的模型和人的灵性的外套，语言是变态和不断进化的，它与人类进化一样，不可间断。知识和人的认识，永远有限，和人类存在以及世界有限性一样。事实存在与主观认知永远存在着差异，人只能贴近现实，感觉现实，而无法与客观存在本身完全一致。人暂时地栖居于世界中，被投放于每个互不联系的星球上，人永远孤独，即使科学技术有一天能够使他找到一两个宇宙伴侣，也还将孤独，直至他无法自救地毁灭。我们的世界没有永恒的事物，只有“虚无”是永恒的。要做平民，不做俗民，就先要承认这个永恒的“虚无”的事实。人是痛苦的动物，因为人在创造或者诞生之初，就充满缺陷，就充满矛盾与不平衡，就存在需要的不可满足。世界上没有任何事物是完美的，所以，浪漫是人的天性，是艺术的始因。人的发展，没有最后的指向和设计，没有终极目的，直至人类终结之日。我们的天性既惧怕死亡又回避终极的考虑，就是因为一切都有结束，都有死寂的那一日；那一日，一切重新归于黑暗和沉静。

（三）汉斯·约纳斯的生命伦理责任

林中有路径千万条，而旅行者往往不知道哪一条通向光明，我们只是顺应着自然的召唤，凭着生命体对自然的感觉指引的方向，选择其中的一条，作为我们心中的路，不是遭遇灭顶的灾祸，我们可能义无反顾地再也不会回到原地。我们只有抵御各种考验的准备，对将要降临于我们的野兽、蟒蛇的袭击，或者雾霾和狂烈的暴雨洪峰，不再躲避与惧怕，因为我们有战胜它们的信心与勇气。

---

① 这是维特根斯坦的一段话语。

约纳斯[①]将责任原理的绝对命令表述为：

“你的行为必须是行为后果要考虑到承担起地球上真正的人的生命持续的义务。”“你的行为必须是行为后果不能破坏地球上人的生命的未来的可能性。”[②]

约纳斯的责任伦理最大的不同在于，他挂虑的核心是人类当下的科技，特别是生命科学技术行为的后果，甚至很大一部分是那些难以预测后果的伦理，他不再像基督教和康德的伦理学那样诉诸人的行为的良好动机、善良意愿和自由意志等。在他看来，

在伦理学中诉诸人的动机是一种人类中心主义，它将人类从自然以及未来的生命的整体中完全剥离出来，将人类个体的自由和尊严视为最高的价值。它的原则是，个人按照正义行事，行动的后果交付给上帝或普遍的道德原则。[③]

生命伦理学最主体的意识，是对自己的行为的后果负责，特别是生命科学技术与临床治疗的结局，应该并且是善的意志的体现，责任伦理也正是要求人类充分考虑技术的权力所带来的大量的不可预知的全球性的破坏性后果以及我们如何制定相应的规范，对此进行有效地控制，人类也应该在人和动物的生命保全的全球计划中，扮演利他主义的凡人角色，而不是以拯救者的

---

① 汉斯·约纳斯（Hans Jonas，1903—1993），就是居于现代与后现代之交的密林中思想的探险者，他的生命就是为了批判这个以人为中心的世界，并且，他企及人与世界的分裂和生命与世界的疏离两个生命伦理的二元论哲学，来拯救这个支离破碎的道德世界。1930 年，约纳斯在海德格尔的指导之下，以基督教神学背景作为选题，完成了研究生课程论文《奥古斯丁与保罗的自由问题》。其后，在海德格尔和神学家布尔特曼的指导下，以论文《诺斯替的概念》（Der Begriff der Gnosis）获得博士学位。1933 年，他迫于德国国内的排犹浪潮而离开德国。二战期间，他以门兴格拉德巴赫犹太家族成员的身份参加英军的犹太兵团，直接与法西斯战斗。战后移居北美，接受北美新大陆精神的润泽，对医学技术和伦理学、对自然与人的关系、对其他生命和人的中心地位等进行独特的思考和颠覆性质疑；直至 1993 年 2 月 5 日在纽约逝世，他一直处于密林深处，精进不停，奋力搏击。

② J. C. Wolf Hans Jonas, *Eine naturphilosophische Begründung der Ethik*. A. Hügli & P. Lübcke. Philosophie im 20. Jahrhundert. Reinbek Verlag, 1996.

③ 参阅张旭《后现代的伦理学：论汉斯·约纳斯》，中国论文下载中心。

权威面目出现。责任伦理更不同于以效果取向的功利主义伦理学。

> 因为功利主义伦理学虽然是以理性化的、实用的效果甚至是长远的效果为目标，但是就真正的价值尺度和本体论的基础而言，它却是盲目的和虚无的，它的效果是以利益甚至是长远的利益而非以自然的目的作为评价道德行为的标准。①

自然应该是自然的自然，不是上帝的自然，也不应该是人的自然；同样，作为医学，就应该以普遍的生命之爱确立生命伦理原则，这里的行善与博爱，毫无疑问是针对所有生命、针对所有自然界中的合理存在的；这就修订或改变了康德那种以人为主体的道德应该的训令，或者基督教那种传统的要人作为主人管理这个世界的神旨，其实这作为后现代伦理或者作为后现代生命伦理，是一个"责任的命令"；只有约纳斯如是说，给与生命伦理学以先发的警示和提醒，使我们不至于在繁琐的人类自我迷恋中，丧失对所有生命的关怀。那样的伦理学是没有未来的。

约纳斯指出，自然和未来的生命就是弱者，尤其在技术统治的强大力量面前，作为弱者的自然和未来的生命更需要当代人承担自己的责任和义务。在技术文明中，人的忧虑感逐渐扩延与深化，特别是对于死亡的生命指向的永恒性，使人类对于生存意义和价值的理解更加现实。虽然人的力量随着技术的疯狂突进而空前地增长，但是人的贪婪欲望和永不满足的需求增长并没有激发对于邻人或弱小者责任的增长。人类的责任意识需要再一次启蒙。生命伦理意识中人的尊严，不是体现在他的强大之上，而是体现在他的责任伦理之中，人的尊严是因为具有责任意识而得以确立的。人对自然和未来的生命的伦理责任就在于："任何行动必须从人类的长远存在着想，或者任何行动的后果不能对未来的生命造成破坏。"这是对整个人类提出的伦理原理，而不是针对某个个体。只有古典哲学和宗教的伦理

---

① 参阅张旭《后现代的伦理学：论汉斯·约纳斯》，中国论文下载中心。意思是说，在一个技术文明时代，在福利社会和消费的时代中，功利主义使得人们无法摆脱人类中心主义的利益和需要的逻辑去思考人类和地球的生死存亡问题。由此，人类应该重新考虑，究竟应该如何对待自然中的其他生命体，并且反省自己由于发展产业和科学而对自然界所造成的危害，在获得的利益和产生的危机以及发展所带来的灾难面前，人类有责任停止脚步，建立一种人人遵守的伦理规则，这也是第二次启蒙运动开始之前的思想先声。

才针对共同体或集体提出伦理原理和道德律令。自从宗教作为伦理被驱逐出现代世界以来，一种面向未来、面向集体行动和公共领域的“大伦理”再也没有出现过。而后现代生命伦理学就应该成为宗教责任伦理的接续者，并更为强烈地回应对于包括所有生命在内的弱小自然拯救的呼唤，从而承担守护自然与实践生命道德律令的责任。

做一位自然的守夜人吧！这是一项豪迈的事业，如果你想为生命伦理学的奠基做一点事情的话，就要在第二次启蒙开始之际，召唤所有的人，“回头再来”。就像马克斯·韦伯在他的那篇“以科学为业”的著名论文的末尾引用《圣经·以赛亚书》中那句经文所指的一样[①]：

> 有人从西珥呼问我说：“守望的阿，夜里如何？守望的阿，夜里如何？”守望的说：“早晨将到，黑夜也来。你们若要问，就可以问，可以回头再来。”[②]

约纳斯实际上已经为他的责任原则作出了一种本体论的说明，第一，存在之中已经存在了目的性，存在就是合情合理的，存在有时就是道理本身，就比如生命个体的存在一样，存在或者在发生的同时，就已经获得了存在的目的和意义；第二，人类理念对于存在本身是重要的，因为前者是后者的潜在目的性的最大实现，[③] 这就是伦理原则的基础。诺斯替主义具有“根本之处的统一性”，诺斯替原则企图挣脱律法主义的束缚，但它的放荡主义形式地归于自然运动之后，又悄悄地避免反道德主义那种简单的自由，同时为希腊四德即柏拉图的智慧、勇敢、节制与公正创造伦理情境的温床。

（四）英伦三岛的进化论生命伦理基质

在人类文明的历史上，国土的面积和人口数量与其历史地位大不相符的国家只有两个：一个是古罗马；另一个就是今天称为的“大不列颠和北爱尔兰联合王国”。如果没有英格兰以及不列颠群岛的特殊作用，就不

---

① 原文参阅 Max Weber, *Gesammelte Aufsätze zur Wissenschaftslehre*, J. C. B. Mohr (Paul) Tübingen, 1985, p. 613. 中文版见韦伯《伦理之业》，王容芬译，广西师范大学出版社 2008 年版，第 35 页。

② 《以赛亚书》21：11—12。

③ ［美］汉斯·约纳斯：《诺斯替宗教》，张新樟译，上海三联书店 2006 年版，导言第 21 页。

会有如此这般模式的世界，不了解这里居住的民族以及他们的灿烂文化，就永远不会读懂今天这个世界；一个小岛带动了整个世界，浅水、大西洋暖流、蓝色的海湾、森林浴矿藏、丰富的海洋资源，养育了这个民族的精神和聪慧，天然的屏障与仅仅21英里的便捷的英吉利海峡交通，使她与欧洲和世界有机、灵动并且可以自如地连在一起。就如同一道自由掌控的闸门，接受大陆的知识、科学与技艺，特别是吸收那无尽的思想和精神营养，宗教改革的成果、文艺复兴的人道主义以及古希腊与德意志古典哲学。而杂混了进化论伦理思想、生命哲学和功利论、情感化的加尔文主义的生命伦理学和医学道德理想，也通过这条海桥吸入和呼出。

我们选择弗洛伦斯·南丁格尔（Florence Nightingale，1820—1910），这位出生于佛罗伦萨的英国妇女，作为这种生命伦理精神的实践者，是她，创造了一个生命和医学以及护理伦理的奇迹，她从克里米亚战场的硝烟中走出，成为人类的身体与心灵的维护者，一位奉行基督精神的白衣女神，倾其一生，给世界带来温柔、爱和活力。有阳光的地方就有思想，而有南丁格尔的医学，才充满了阳光：

> 如果细胞得不到光照，人类就会衰退并且变得虚弱，不管是精神上还是肉体上都同样会退化。把正在枯萎发白的植物和人放在阳光下，如果不是被过分地照射的话，他们都会恢复生机，对人来说无论是肉体还是精神都是如此。[①]

英伦三岛的土地上，培育了最早的清教主义精神，如同埃姆斯伯里的巨石“席尔”一样，指示着太阳的方向，记录着人类的人道主义和赐予人类以生命繁育的光照，永远地叙述着太阳般真诚的伦理光芒。南丁格尔以弱小的身躯支起了生命伦理的精神巨石，传达布朗克山山顶的世界健康信念[②]，克服那致死的病症，追求道德真理和生命的自由。

---

① ［英］南丁格尔：《护理札记》，庞洵译，中国人民大学出版社2004年版，第74页。

② 欧洲法国阿尔卑斯山脉的一座名山，终年积雪，为旅游胜地，曾为世人所向往。南丁格尔有一句感言：“难道说布朗克山顶的自然条件适合人们生存吗？我们可以回答说，也许若干千年之后，我们通过地球本身变得更健康才能够到达布朗克山的山脚。当我们还不能到达它的山脚时，请先不要谈论关于山顶的问题。”（［英］南丁格尔：《护理札记》，庞洵译，中国人民大学出版社2004年版，第1页）

19 世纪 50 年代开始的进化论和生物起源的英伦经验主义伦理学传统的特别主义发展，使全世界为之震动。它尤其体现了生命科学与伦理学的集合，成为现代经验主义的转折标志。英伦三岛的民俗和贵族血统以及盎格鲁—撒克逊的文化基因传统，培育了 17 世纪霍布斯们的伦理学利己主义，到十七八世纪以剑桥柏拉图学派和亚当·斯密为代表的情感主义伦理学，直至以边沁、密尔为代表的功利主义伦理学一脉，英国人的近代经验主义伦理学经历了以个人利益为中心到相互情感论，再到以普遍功利为目标的道德理论进化。而后的徘徊甚至于理性窒息曾经企及于宗教伦理的拯救，终于迎来了达尔文、斯宾塞和赫胥黎的进化论生命伦理学①，实为后现代的生命伦理学做了一个黄金道路的铺垫。进化论伦理学给与生命伦理学的理论启示在于：

其一，生命力（vitality）的形成、发展与壮大，与社会进化同构同质，人们必须遵循大自然的规律来处理生命的伦理问题，医学中的道德情感、情绪变化、行为选择和医学关系的调试，必须符合生命伦理的基本特征，否则就会扰乱应有的生命伦理秩序，引发主体或者客体的道德过失，生命的根本利益就会受到可能的伤害或损失。

其二，进化论伦理与生命伦理的统一性，造就了生命伦理的规范，人的个人道德或者在医学、生命科学实践中的道德，必须坚持社会伦理与个人伦理行为选择的统一，生命伦理行动是社会化的，人们必须在生命伦理活动中恪守团结精神与合群性，怜悯、同情、互敬互爱、求同存异、和而不同、中和、人道等是进化论伦理与生命伦理的共同规则。

其三，尊重帮扶与互助、公平正义、切勿伤害、自由自主裁决与选择，实证与经验的评价，作为医学生活的指导，社会功利、利己与利他主义的调和，建立社会正义的医学共同体，以实现自由的世界主义目的。

进化论伦理学观念的致命缺陷在于对于弱者的忽视和不顾及善恶价值评价的“物竞天择”或“适者生存”理论，在医学伦理或生命伦理选择中，严重违背后现代个人自由世界主义理想；生命伦理学必须善待每一个生命个体，在完人、残缺人、低质量的人和其他任何生命体之间，不能由其自然淘汰规律而漠视任何一个个体的生命，这个生命的伦理契约就是生

---

① 这一段议论参照了万俊人《现代西方伦理思想史》上卷，北京大学出版社 1990 年版，第 101—103 页。

命伦理的目的。尽管斯宾塞等人主张把个人的生命权利作为维护他者生命权利的前提，然而也应警惕，利己主义与利他主义在进化论伦理理论之内的假言和解。

出生于德尔比（Derby）的赫伯特·斯宾塞（Herbert Spencer，1820—1903）曾被誉为“维多利亚的亚里士多德”，他的进化论生命伦理模式，因为早于达尔文的《物种起源》，所以应该是进化论生命伦理思想的先驱。面对达尔文的自然选择、适者生存以及进化与遗传等学说，特别是合群性和社会本能使动物特别是高级动物形成了原初的道德感和道德行为，即相互帮扶、协助、同情与自我牺牲的生命伦理意向；而人类的文明、理智、生活方式使其凸显了远远高于其他生命体的道德性。斯宾塞保留了一部分达尔文主义，但他认为，自然选择与适者生存的过程，是一种有意识、合目的的适应过程，目的是物种进化，人类道德观念及生命伦理观念是人类物种的进化，不是因为自己的机遇和偶然性的巧合，而是因为人的团结精神和生命伦理倾向和相互信度，并赖于群体中的一般行为、进化行为统归于善恶行为中的“善”，方使人类保有“活力的持久性”，使得令生命快乐的和生活的潮水奔泻不息。人的生命的整全必须是道德上的整全，只有这样，才可以实现真全的理想生活。斯宾塞在批评边沁和密尔父子的最大多数人的最大幸福的主张的同时，竭力促成利己主义与利他主义的调和；斯宾塞尽管没有从根本上解决利他主义与利己主义的冲突，但他从生命伦理基本观念出发，用正义与仁慈隐含了生命伦理的基本律令和法则，他认为：

> 只有通过维持那些包含着利他主义正义情感的公平关系，社会生活才有可能。①

医学中的“公平正义原则”应该从斯宾塞这里就开始确立了，这也提示我们，生命伦理学的基本原则不是一两个先哲制造的，而是人类的大成智慧。

按斯宾塞关于正义的公式，医学中的正义应该是积极与消极的统一，利己与利他的统一；即个人对于生命整全、解除痛苦、恢复健康的自由选

① 可参阅万俊人《现代西方伦理学史》上卷，北京大学出版社1990年版，第131页。原文出自《伦理学原理》第2卷（英文版）第四部分“正义”，第23—24页。

择与社会自由可能性的统一。医疗关系中的所有人都应接受正义的观念，而且必须意识到自我、他我和共守的社会利益的一致，社会的正义当然包含生命的利益，并因这个利益或权利而使自我的自由行为与他人的自由行为得以协调。斯宾塞把这个正义公式解释为：

> 每个人的自由只能为所有人的同样的自由所限制。这就是我们所说的——每个人可以自由地做他所愿意的，但以不侵犯他人的同等自由为条件。①

这实际上就是斯宾塞生命政治观点和身体伦理的基础。

人类关注他人的命运和生命境遇，是积极的仁慈和作为生物的类属能够延续的前提，这是天赋的生命伦理情感和人性内质结构所决定的，以此抵御人性中的恶，这种冲突就构成了正义与邪恶的对峙或争斗。矛盾构成了生命的世界，生命的世界包容并涵化、消解了这种伦理的混沌，终于由普遍的道德规则或共守的契约来维持社会的稳定。斯宾塞悲天悯人的仁慈，特别对于弱者、穷人、伤残人、老人和妇女儿童的仁慈、抚恤与救济的理论，体现了英国式的幸福观和生命伦理特质。尽管存在绝对客观主义和经验主义的缺陷以及陷入客观自然主义和折中主义的理论矛盾中，尽管始终拘泥于进化论和实证主义的狭隘境域，但也不失其思想的光辉。

与斯宾塞的广义进化伦理观不同的是托马斯·亨利·赫胥黎的生命伦理观（Thomas Henry Huxley，1825—1895）。这位羞羞答答的唯物主义者，这位与达尔文比肩而立的伟大的科学家和思想家，这位贫穷牧师的儿子，通过系统医学的学习以及4年的军医生涯，开始了对生命的思考和生物进化论的关切，他的《进化论与伦理学》《科学与道德》等作品，可以作为那个时期生命伦理学的重要文献。

在话语中，我们常常用善、正义、正当，或者应当，论证或辩护我们在医学生活中的选择和行为，而我们的根据却仅仅是表面的那几条孤立的原则、规则，或者是在我们心里早已确立的经验与习惯；道德传统给与的暗示和先在的假定，并非表明我们有十分坚实的理论依据，我们常常难以

① 转引自万俊人《现代西方伦理学史》上卷，北京大学出版社1990年版，第133页。

用最有力的理由说服那些并不同意我们行为是正当的旁观者。这个自然主义的方式有时会使我们处于十分尴尬的境地。赫胥黎超出斯宾塞过分偏重行为的功利后果，而格外重视正当动机所表示的道德意义。他把社会的进化和印度佛教的因果报应连在一起，融入内在的人的良心、同情感、宗教化人生价值因素，共同维系人所遵从的生命伦理秩序。赫氏巧妙地用宇宙过程和园艺过程来划分自然进化与伦理进化（社会进化）的区别，以此克服对于天赋的利己主义道德论证，开辟了利他主义的道德情感新大陆。作为医学职业人的赫胥黎，虽然没有斯宾塞那样的人文学研究的精致和体系化，但他不同凡响、不拘泥于平庸、卓尔不群的风骨，实在应该比斯宾塞更多地获得生命伦理学后人的特别推崇与尊敬。

在不列颠，基督教的贡献既是现实的，又是教义的，并且能够通过科学，使神圣观念与世俗社会相联结。尽管教会对疾病、生与死的世俗生活保持警惕和严谨的态度，但同时又隐藏着一个对于科学探索而言至关重要的宗教动力：

> 科学探索不仅有赖于意识到人类对于今世抱有积极的责任，而且有赖于信仰这个世界的真实性和秩序性，现代科学一开始就与无所不能的无限智慧的造物主有着内在的联系。①

艾萨克·牛顿爵士（Sir Isaac Newton，1643—1727）以其非凡的研究影响了这个世界。他以英国人特有的综合能力，把科学、宗教、人和自然融化为一个整体，以最初的集合论思想更新了上帝创造生命的生物物理学观念，激活了人的智慧与浪漫的热情，并把善和关爱撒播四方。他的力学和生命的向力理论，赋予了人的生命以浪漫的牧歌体，游弋于宇宙空间，生命在接受了一个最初的推力以后，还经常蒙恩于那个神圣意志的周期性干预，这个干预对于生命说来，是维持系统规律性的必要条件。牛顿的物理学给与医学工程以信仰和责任，为所有存在身体缺陷和处于疾病过程中的人，点燃了新的希望和对于新生活秩序的向往。

---

① ［美］理查德·塔纳斯：《西方思想史》，吴象婴等译，上海社会科学院出版社 2007 年版，第 330—331 页。

Nature and Nature's lay hid in night:

God said, "let Newton be!" and all was light. ①

作为科学先锋的牛顿像研究基督教神学一样研究自然科学，为当时西方的所有医学家树立了科学与宗教调和的榜样。医学以及临床伦理则以神贫主义和爱德精神融润为核心，耶稣基督医生的道德楷模形象和医学技术的实施，成为一种医学发展的双重动力，生命伦理精神和英国贵格派、循道宗等与德国的虔敬主义、法国的詹森派以及北美的大觉醒运动相呼应，并混合了世俗对于摆脱禁欲主义和禁止堕胎等的要求，同时会聚了《自然哲学的数学原理》、达尔文主义和巴赫音乐中的浪漫旋律，开始奔往自由意志的世界主义和存在主义的生命伦理之路。培根接受《创世记》中人统治大自然的诫命，主张赋予人以不可剥夺的主体权利和固有的尊严，在现代自由主义的世俗人道主义理想中，缓解个体的道德责任、社会伦理和生命政治文化之间的紧张关系，照顾和帮助那些在疾病与灾难中煎熬的兄弟姐妹，这影响了英伦的医疗卫生体制和建构了教会支持的医疗卫生组织、机构，使宗教道德、世俗的社会公德、家庭道德操守凝聚和结晶成新型的医学伦理或生命伦理模式，英国社会逐渐形成一种民族传统和世风，维护生命、帮扶弱者、关爱病人，成为普通民众的基本义务。医生的职业也开始替代古老教会神职人员的使命，治疗病体、拯救灵魂，成为一部分传教士医生的责任，也铸就了"基督医学"的特殊品质。

但由于科学以其作为宇宙权威而称王，哲学则退居服从地位，医学也开始失去人性的重要特征，科学的思维和技术的现实压制了人性的自由，有时与宗教一起，使身体重新被圈于围栏之中，直到真正的生命伦理时代开启，失人性化的生物医学模式才被觉悟者所推倒，方才响起身体自由和生命伦理以尊重自主原则为基础的解放运动的春雷。

威廉·布莱克（William Black）激烈地反对机械的自然观，曾经呼吁"培根、牛顿，裹挟在阴暗的钢铁里"，唤醒人类拯救自己的生命道德，摈弃

---

① J. M. Roberts, *The New Penguin History of The World*, Fully Updated and Edition (Penguin Books, London, 2007), p. 685. 中文译为：自然和自然规律深藏在黑夜里面；上帝说："要有牛顿"，于是一切就大放光明。

冰冷的机械论自然哲学。威廉·华兹华斯（William Wordsworth）写道：

春天树木带来的悸动
可以比圣贤更好地教你，
正义与邪恶的分别，
做人的含义[①]

当然，我们每日有自己应尽的职责和生活的内容，但生命的匆忙不能使我们最后忘记自己的身份和存在的意义，生命伦理的目标除去为他人和社会的利益作出我们应当的贡献外，更应该寻找自己是谁以及我要往哪里去的终极谜底，想想我们为什么并且如何告别流浪，重返美丽静谧的生命的故乡。

（五）美国后现代生命伦理学玉成的思想沼泽生境

美国是一个奇迹，是信仰和伦理精神最丰美的思想沼泽中奇异的果实。

"如此简单而馥郁，又是如此地孤独而芬芳。"[②] 这是译者徐迟在汉译本亨利·戴维·梭罗的《瓦尔登湖》序中的一句话。没有普遍的道德文化和宗教伦理生境，后现代生命伦理学不可能在美国大陆诞生。人们只有期盼与追求从束缚走向解放，从阴郁、遮蔽到达心灵的敞亮，才能够实现生命的庄严与灵魂的净化。

生命伦理学的复生，正是因为人类要尽可能地保留生命朴素的本质，使我们的行为符合道德规范，并为此制定对正义的知觉和履行的原则，使很多本来对立的关系实现和解，使所有美丽的物种留存下来，增加人类的欢乐。[③] 新教伦理成就了美国的奇迹，也成就了多民族"合众"奋斗、积聚人类智慧、用信仰统一意志最终获得成功的道德模范案例，由此延伸的生命伦理精神，奠定了成熟坚实的、新型的、以人为主体的医学模式和医

① ［英］阿利斯特·E. 麦格拉斯：《天堂简史》，高民贵等译，北京大学出版社2006年版，第118页。

② ［美］梭罗：《瓦尔登湖》，徐迟译，上海译文出版社1997年版，第3页。

③ 这是梭罗一生追求的，他写过"野苹果树"的散文，引用《圣经·旧约·约珥书》中的话："葡萄树干枯了；无花果树凋零了；石榴树，还有棕榈树、苹果树，乃至这片土地上的所有树木全都枯萎了。因为欢乐从人类身上消亡了。"（《约珥书》1：12）

学中的人道主义基础。

一个被误解的学术习惯就是美国是应用伦理学的故乡。所谓应用伦理学，不过是对于伦理学理论的更加普遍而有效地应用罢了。因为美国的个人主义情感、张扬个性、追求个人意志自由以及重视实用和功效的实用主义倾向，美国化的伦理学就被更直接、频繁、自如地适用于各个领域或具体行为的选择中。于是就形成了一门专事研究应用的伦理学，以至于造成了学术上的误读，认为这一类学术需求和学术叙事行为，应该构建一个应用的道德哲学分支，作为指导道德实践的学科，比如生命、环境与生态、经济与政治伦理问题等。本书开篇就对此争议做了系统分析。至于美国人具有难以抹去的由清教主义滋养的美利坚精神，并非说明美国是一个以神权为中心的国家，尽管因上帝而实现的至圣至善的宗教一直具有强大的道德力量，特别在生与死、救助病人、处理医患关系、制定医疗卫生政策、指导生命科学技术的研究与应用上发挥了重要作用，是其他文化或政治因素不可替代的。

20世纪欧洲大陆的道德哲学到达顶峰之后，开始有了一个后现代时期的缓冲，此期就为北美新大陆哲学与伦理学走向成熟，创造了历史机遇。自然主义伦理学尤其适应于生命的自然欲望与理性之间和谐关系的确立；自然化的生物学基础是生命道德行为的依据，道德价值必须强调存在的生命事实和人的现实体验，同时要重视个人与社会的责任关系。人们一方面没有忘记教义和宗教仪式给与这个新大陆的创造性助力，另一方面又能够在开拓新天地的实践中，不断自觉地修正自己的道德意识，为在生活中不再迷失，必须重获方位的感觉。因此，梭罗对自己这样说道：

> ……在森林中你只要闭上眼睛，转一次身，你就迷路了——到那时候，我们才发现大自然的浩瀚与奇异。不管是睡觉或其他心不在焉，每一个人都应该在清醒过来之后，经常看看罗盘上的方向。非到我们迷了路……非到我们失去了这个世界之后，我们才开始发现我们自己，认识我们的处境，认识我们联系之无穷界限。①

---

① ［美］斯蒂芬·哈恩：《梭罗》，王艳芳译，中华书局2002年版，第60页。这是梭罗《瓦尔登湖》中的一句话，哈恩认为，这是对《圣经》箴言“只有失去生命的人才懂得珍惜它”的一个转换。

美国清教主义制度失败了，但其追求思想自由、反对一味追求享乐和纵欲，诚实、勤奋、仁爱的品质以及以此作为基础的清教主义伦理精神，却获得了成功的发扬。与清教伦理思想和乔纳森·爱德华兹（Jonathan Edwards，1703—1758）相对立的是来自荷兰的阿米纽教（Arminianism）[①]。阿米纽教反对通过原罪观宣扬宿命哲学，主张人的意志自由，人能够自主决定是否犯罪，人更应该主宰自己的政治选择和身体的解放。这就使美国的生命伦理思想具有了道德意义上的清教主义基础，在清教主义面临危机时刻，包括富兰克林、爱默生、林肯等道德意义上的清教主义信徒在内，都强调工作责任心、重视生活节俭、侧重事业成就等方面，奠定了美国的道德价值取向的基础，为自由意志的世界主义做了一个预示和先在性奠基。

人类几乎所有的政治行动都含有生命政治的内核，多半或是存在生命伦理动议，或是包含生命伦理特质；生命问题是最直接、最透明的人类生活计划。人凭借认识能力认识和理解世界与宇宙；而其认识与理解世界和宇宙的成果可以使人类社会更加理性和人性化，特别是当人类走向成熟以后，更加不作掩饰地为争取生命权和生存权而捍卫生命的自然法则，并为生命的自由和幸福而扭转和颠覆一切违背生命自由和人的自由自主自尊的生命政治或伦理秩序。

自然权利作为不可剥夺的人的基本权利的核心，成为美国启蒙伦理思想中的核心概念，成为美国生命伦理观最重要的语言。自然权利的基本指向，包括人生来自由、平等、任何人都具有与生俱来的生存和生活权利，人的天赋的追求自由和幸福的权利必须予以尊重和保护；任何人无论以何种理由都不能随意侵害他人的平等权利。可以认为，美国最初的启蒙主义运动和人权观念，就是生命伦理学一种最直接、最朴素的追求，是人的生命的一种原始的道德理想。这一经典论述通过《美国独立宣言》得以具体表达：

---

① 阿米纽教由荷兰神学家雅克布斯·阿米纽（Jacobus Arminius，1560—1609）创立，与加尔文主义不同的教义观念是，主张人的原罪和堕落只是部分的；人要靠神的有条件的拣选；人都可以获得救赎，无限救赎的基督为所有人而死。它与加尔文主义的另一个不同是，阿米纽教主张恩典可以抗拒，虽然神呼召所有人来接受生命的救赎，但很多人拒绝接受；加尔文主义与阿米纽教的分歧，并没有影响美国新教民的信仰，本来美国的新大陆精神就是多元和实用主义的；人们凭借自己对生命的感受，通过不同的路径，都可以到达理想王国，特别在此时，就体现了宗教的宽容，在美国本土这影响了美国人的政治态度以及对于自然权利和义务的理解。

> 我们以为这些真理是不言自明的，即所有人生来就是平等的，所有人拥有造物主赋予的某些不可剥夺的权利，它们包括生命、自由和追求幸福的权利。①

人的生命权利是生命伦理权利的基础，使生命伦理权更加身体化和医学化，作为生命政治权利，几乎与人的基本权利毫无区别。求知的权利和思想的自由，在不损害他人和社会的前提下，追求个人的幸福和舒适、健康与长寿、安静与不遭受干扰，并且尽可能长寿，能够自由地宣泄自己压抑的情感或肉身的快乐；如果身体遭遇病痛或灾难所造成的损伤，应该合理、及时得到应有的救治，孕期的妇女、老人、残疾人和所有的弱者，都应得到照顾、保护、特别的安抚和有效的医疗。生命伦理观念在此与生命政治或人权政治观念合为一体，成为美国最重要的政治原则基础，也是基本的公民道德观念，而美国的宪法与政府也必须确保这一政治原则被恪守，美国的国家机器才可以在生命政治的轨道上匀速向前运行。美国的政治文化也使人的自主权延伸为政府的自主选择权，为了人的身体权利，政府必须容忍不同的生命政治意见，一旦政府不能够履行对于公民人身权利的保护，公民就可以行使他们的权利反对和废除这种政府的权力。这是一个核心的生命政治原则。

> 每一个人以及每一个在地球上的人体都有自主的权利。人是从自然的手中获得这种权利的。个人通过他的单个意志来履行这一权利，因为多数原则是每一个人类社会的自然法则。②

托马斯·杰弗逊（Thomas Jefferson）不仅是美国的创建者，而且以倡导“自然权利”为核心，成为唯物质主义的生命政治理论领袖。他认为，运动的物质是宇宙与生命的本原，精神和生命体都必须依赖于它，生命作

---

① Steven M. Cahn, *Classics of Political and Moral Philosophy* (London: Oxford University Press, 2002), p. 1168.

② Thomas Jefferson, “Cabinet Opinion, July 15, 1790,” in Dumbauld, *The Political Writings of Thomas Jefferson: Representative Selections*, p. 83. 另见向玉乔《人生价值的道德诉求》，湖南师范大学出版社 2006 年版，第 38 页。

为物质存在的方式可以测量、可以控制。生命的道德意义在于：通过平静的思想、身体的健康、普遍的福利和安静的环境来体现生命伦理的功利追求。判断人的道德感正确与否的标准就是，自然赋予人的功力，它是检验德性的标准。[①] 美国启蒙运动缔造了一个新的国家、一种新的国家模式，同时具有生命伦理性质的生命伦理精神，即尊重每一个生命，维护每一个生命个体的生存权利；人具有自主选择并不受伤害的权利；同时对社会和他人，有责任进行帮助和关心；国家与社会集团必须坚持尽可能给与普通的人，特别是弱者，以平等、自由与爱。

在美国哲学史研究中，无人给与生命伦理学以何种学科地位，哲学家也从没有在意生命伦理学或者生命伦理思想的价值与地位，这主要由于研究方法范式的思维阈限或是一种观念的惯性，即使讨论关于生命伦理问题或身体伦理内容，也不使用生命伦理这个术语，因为学界没有这样的语言传统和思想意境。这就使我们的研究更加有价值，更有新异感和更显得鲜活。在美国的哲学史上，生命伦理资源极其丰富，这也是后生命伦理学最先在美国获得复兴的原因。在此，在很多议题上并不是要刻意套用一个生命伦理学的花冠，而是在哲学史的研究中，筛选本属于生命伦理理论的成分；我们也不是激进的时尚思想者，而是有目的地进行这样的具有生活意义的劳作，使那部分本来属于生命伦理学的珍贵的精神财富，收入和归类于生命伦理学库存，以便于重新书写生命伦理思想史和关于生命政治的哲学史。因此，这是具有历史感和深刻真理性的行动。

在美国独立战争时期，医学与化学领域因唯物主义科学观的影响，获得了显著的发展，在生命的道德行为的探讨中，以普里斯特利、库伯和拉什为群体的研究，开辟了一条生命伦理的羊肠小径，但这条曲径虽然神隐和难为人所认知，但它悠然而明晰，一旦进入，则意味无穷，令人疏狂而灿然。

约瑟夫·普里斯特利（Joseoh Priestly，1733—1804）是一位关注哲学与医学的教区牧师，他热衷于科学实验，很早就放弃了基督教关于救赎的教义，他强调身与心、物质与精神是一个整体，是不能割裂的，大脑是思维能力的住所；肉体同样具有心理力量，物质同样具有精神活动的能力。他崇尚自由，并解释那是人们心智的运作和身体的运动，是一种不受限制

① 请参阅向玉乔《人生价值的道德诉求》，湖南师范大学出版社 2006 年版，第 45 页。

的权力和权利。自由不属于意志，应该属于人，人的意志不是绝对的，而是必须接受一定的自然规律的控制。普氏兼指人的道德意愿是生命内在的先天存在状况的结果，也是依据事先具有的心理状态和对事物的评价与观念自动作出的选择与回应。这里存在一个诘难，即道德抉择假如受到一定规律和哲学必然驱力的支配，那么，是否由于环境或教育的作用，人就能够被倒逼出正义的行为和爱与美善的行动选择呢？这样，他就不是一位纯粹的实验哲学家，而是具有思辨特性的伦理思想者。①

人的生命是一个意志自律的标志性成就，因此，生命的道德行为必须遵循由自由意志确立的律令以及由价值判断所获得的原则。而人的知觉涉及人的生命以及与之相关的种种属性是否有着某种非物质的“心灵存在”，这一生命道德活动的发生学引起了这个唯物主义的化学家、生命科学家与哲学家群体的异常关注。

托马斯·库伯（Thomas Cooper，1759—1839）在牛津大学读书时，就对医学表现出特殊的兴趣，并选读了解剖学，后来加入哲学学会，还在英国首次使用氯气进行漂白工艺。1794 年到美国后，他受到杰弗逊总统的赏识，于 1804 年开始担任宾夕法尼亚州法庭的法官，长达 11 年。法学、医学、化学的知识背景以及对于哲学的偏爱，加之激进的政治观念和丰富的经历，使其可以在哲学、政治学、人体学、化学和伦理学之间自由地驰骋，综合思考生命政治和生命伦理问题。他一度对神经系统和生命现象、观念、意愿以及环境和教育产生了极大的兴趣。库伯从形而上学和生理学观点出发对物质意义进行唯物主义论证，企图为生命的德性的物质性和生命存在的自然规律进行辨析，他综合伦理学、神学和政治学观念，对心理和社会现象做物质主义的解释。他认为，思想、情感和道德意愿来自于身体某些器官当下的生理状态的内在原因，以及社会环境综合影响的外在原因。他设定把同样的婴幼儿置于贫民和知识分子家庭两种不同的环境中，会出现品德、教养方面明显差别的可能结局。② 库伯强调，心理理论

① 这种认识是本书作者的理解，它不同于流行的对于普里斯特利的评述意见。深入研读其作品可以发现，他并不是机械地回应洛克等关于人的自由的理论，并一直坚持人的意志不可能绝对自由，必须接受先于它的东西的调整和决定。对于物质与精神、必然与偶然、人的本性与自然规律等，他并没有回避它们之间的辩证关系。参阅涂纪亮《美国哲学史》（上），武汉大学出版社 2007 年版，第 156—159 页。

② 这是库伯的一个设定，见涂纪亮《美国哲学史》（上），武汉大学出版社 2007 年版，第 166 页。原文出自库伯《从形而上学和生理学观点对唯物主义的论证》，第 352 页。

和精神问题的研究，必须建立在身体理论的基础上，每一个心理事实都是大脑某种功能或活动方式正常发挥的结果，或是大脑组织发生某种变化的结果。身体或神经索状组织的震动，与人的知觉所存在的链接，是通过大脑的某一个位置上的某一结构完成的，尽管还不能明确这个有关知觉的发生，或者所有意愿和道德行为选择的特性是什么，生命的存在应归功于与生命相联系的那种组织，人类对之并不清楚。他反对那种非唯物主义的心灵说与笛卡尔以来的身心二元论，以此推论，道德行为应该依赖于大脑这种具有高度组织的物质。

库伯过于偏重生理学基础的行为选择学说，忽视了宗教、哲学、文化和社会环境、教育对于人的德性培育的重要作用，加之他并没有十分成熟的理论，始终不能够对美国哲学界产生重要影响，还遭受了苏格兰实在论者和美国先验论学派的激烈批评。但作为生命伦理学的研究者来说，我们不能简单地拒绝他的理论中的合理成分，他的观点提示了道德来源并非神授，也并不神秘和令人恐怖，用物质化归因作为道德行为的思考，可以作为元生命伦理学中关于道德意识形成、道德逻辑与道德语言成因的一种解释方式，也可以提示我们不要对身体、遗传或神经组织在道德行为选择中的意义漠然化，同时，我们在研究与深入探索道德的秘密时也不应对此予以回避。

既然要精致而全面地探讨生命伦理学的形成，就必须关注历史中每一个可能的线索和生命伦理位点，认真考察或者追踪今天的很多理论依据，那些今天看来十分自然或不证自明的原则是如何产生和成为我们求证与辩护的语言的；我们如何就能够用一个简单的、平面的“应当”结束我们的议论？我们以往生命伦理学的研究工作，实在过于粗糙与潦草，关于这个学科的真正背景我们知道些什么？我们从没有注意很多重要的细节，有些很重要的人物和很珍贵的思想都被我们忽略，被我们这种浮躁、粗暴和鲁钝的作风掩埋或遮蔽了。本杰明·拉什（Benjamin Rush，1745—1813）这位革命与联邦时期最伟大的国务活动家、《独立宣言》的签字者之一、杰出的生命政治家与卫生管理学者、了不起的医生，就是我们曾经遮蔽的开拓者之一。

这位集医学、伦理学、哲学、心理学、物理学、管理学与社会活动家、宗教学者于一身的伟大人物，为美国复兴生命伦理学运动的理论准备作出了特殊的贡献。他15岁从新泽西学院转到费拉德尔菲亚学院即宾夕法尼亚大学，学习医药学。1766 年他满怀凌云壮志去英国爱丁堡大学学习医学，3 年后返回费拉德尔菲亚行医，以精湛的医术回报他所深爱的穷困的平民，在医学实践中，他以基督的神贫主义精神，免费为苦难的大众治病，与彭伯顿（J. Pembeeton）一起创办了美国第一个反对奴隶制的协会，反对虐待犯人，支持妇女运动，主张免费义务教育，呼吁维护精神病人的权利。他的善良和基督医学伦理情感，促使他投入对生命伦理问题的关注，而这一切都来自于他的医学实践的激励和冲动。他对哲学的兴趣后来集中转移到对生命道德问题的研究上，用因果决定论研究结石病人的生理过程和心理变化。拉什提出物理原因对道德能力的影响的观点，在《文学、医学和哲学论集》和《对动物生命的原因的探索与观察》中提出，人的肉体是一个具有感觉能力的单位，人的生命是外在刺激作用与人的感觉器官并扩散到全身而产生的结果；生命不是某种神圣的东西注入惰性物质之中所产生的结果，而是由物质原因引起机械作用所造成的；心灵现象和情志发生乃至道德情感，都是建立在一定的物质基础之上的。拉什大胆地将反应能力理论引入伦理学、心理学和社会学，提出人的道德素养是在社会环境的强烈影响下形成的。他格外看重外在环境对人体物质结构变化与发育的作用，认为人辨别善恶和避恶行善的能力，受到外在环境的影响和物理因素的制约，通过外在的物理原因的刺激，人才形成了自己的道德能力和道德行为选择的目标。

生命伦理学有关道德能力的发源和道德选择限制的元理论，是一个真空；学者们也忽略了临床活动中大量的疑难案例与事故、纠纷、无视责任、践踏病人权利事件频繁发生的原因。包括医学社会浅表平面化的无伤尊重观念、医疗公平原则、知情同意原则，以及以资本为主体的医学现实和高新奇生命技术的应用，都映射了全部或局部的“丧失道德能力的病症”（micronomia），显示了一种流行的现代伦理综合征。良心处于悟性之中，道德能力处于意志之中。拉什的物理原因不是今天我们所理解的“物理学原因”，而是具有生物学基础的内在和外在的综合因素对于人的道德倾向的作用和控制，颇似头上的星空与心中的道德律这句话的另一种版本和别样诠释。

生命是一种存在，基督是爱的存在，莎士比亚是人生即戏剧的存在，泰戈尔是诗意的存在，海德格尔是存在的存在，而生命伦理学应该说是人的生命的一种道德的现实存在。为此，拉什的物理原因对道德能力的影响成为生命的元素，使我们陷入沉思，这个思考很现实但却很沉重，因为我们一直生活在十分不确定的影响道德能力的条件中，气候、饮食、饥饿、疾病与过度疼痛、导致罪恶的游手好闲、作为美德的勤奋、节俭的习性与孤独的境遇、音乐、鸟语花香与光线的照射，使人类道德选择相应地进行调整与改造，或者是善、正义，或者是恶与犯罪。自由的道德观念、共和主义的理想、和平与正义，最后通达道德幸福、政治幸福与肉体的幸福。拉什说：

> 我以上列举了对道德发生机械影响的一些主要原因。如果由于某些相互对立的物理力量的组合作用，使道德能力处于稳定不变的状态，或许，如果由这些力量引起的善与恶组成一种既包含善，又包含恶的中性特质，我希望这种情况不会导致对我们的这个普遍命题的真理性发出怀疑。①

拉什给予这个学科和这个学科的人一个永久的呼唤，他说：人活着，最要紧的是寻觅到那片代表着生命绿色和人类希望的丛林，然后选一高高的枝头站在那里观览人生，消化痛苦，孕育歌声，愉悦世界！他鼓励有生命的人，应该努力使自己站得高些，如此，

> 不但能有幸早些领略到希望的曙光，还能有幸发现生命的立体的诗篇。每一个人的人生，都是这诗篇中的一个词、一个句子或者一个标点。你可能没有成为一个美丽的词，一个引人注目的句子，一个惊叹号，但你依然是这生命的立体诗篇中的一个音节、一个停顿、一个必不可少的组成部分。这足以使你放弃前嫌，萌生为人类孕育新的歌声的兴致，为世界带来更多的诗意。②

生命伦理学必须避免宣扬最可怕的人生见解，即要把多维的生存图景看成平面。

---

① 此文源自拉什所著《关于物理原因对道德能力的影响的研究》，参阅涂纪亮《美国哲学史》（上），武汉大学出版社2007年版，第174页。

② 参阅本杰明·拉什《站在历史的枝头微笑》，转引自李海燕等编《永远的感动》，山东教育出版社2012年版。

> 因为那平面上刻下的大多是凝固了的历史——过去的遗迹；但活着的人们，活的却是充满着新生智慧的、由不断逝去的“现在”组成的未来。人生不能像某些鱼类躺着游，人生也不能像某些兽类爬着走，而应该站着向前行，这才是人类应有的生存姿态。①

历史有时会有一个轻松的缓冲，紧张的开篇与诗情画意的告别，是美国浪漫的超验主义运动思想家对上帝的自白。

从1830年到美国内战，漂泊无定的新美国人，终于把这片沃土作为自己的家园，并把忠诚与爱，以一种对于自然的眷恋之情献给正在精进的土地。如同欧洲的超验主义哲学家一样，用哲学思辨的方式思考人与自然的关系，并用新大陆的语言和热情重新诠释人的自由意志和生命政治责任，用文学的形象思维，撰写自然规律与人之间互为影响、相互作用的关系和自觉。爱默生、梭罗和麦尔维尔虽然没有丢弃对于上帝的信赖，但是，他们更强调人应该自力更生，挣脱任何机构和所谓权威的控制，重新确立人与自然之间和谐的关系，保持自然本身的原始状态。他们认为，人看待事物的方式不是建立在感觉基础上的，而是先在地存于人的思想与意识之中的，超验知识先于一切经验知识。人的德性基础源于人内在拥有的纯粹的、自发的意识。爱默生的观点，既不同于清教主义伦理（源于上帝），也不同于启蒙伦理（源于功利动机），人应该远离社会的纷扰，身居文明世界，但过一种原始拓荒的生活，在实际生活和生存体验中发现道德生活的价值与意义。爱默生与梭罗都认为，必须重视伦理学和伦理性，人的一切都是伦理化的，人类的发展与生命的存在都是道德的，这种伦理性嵌入和深深地渗透进自然的骨髓中，生命的自然显然就是为这一目的而存在的。但是，瓦尔登湖畔的思想者梭罗对待生命的道德问题和道德因素，经常处于一种无法解脱的矛盾之中，他甚至说，“道德是无益的”②。梭罗以自身的实践，争取和尝试如何获得心智的独立与自由，使身体独处，实现一种生命的彻底解放，提高生命的质量；他把对于生命的伦理追

① 参阅本杰明·拉什《站在历史的枝头微笑》，转引自李海燕等编《永远的感动》，山东教育出版社2012年版。

② Carl Bode, *The Best of Thoreau's Jourmals* (Southern Illinois Univesity Press, 1967), p. 63.

求，变成一种美学意义上的创业以及个性的生命释放，他对于善的向往和憧憬，通过浪漫的湖边自然叙事描述出来，他并不是要逃避丰富的市民生活，而是面对滚浪涌潮般的商业和资本世界的变革，企图用诗意的伦理和浪漫主义生命道德实践体验，回应人们对于生活美学的疑问。

重视实用、本真价值与功利的道德观念的兴起，并非由于人们厌倦了对于崇高道德理想的追求与向往，而是在物质化的生活与生存面前，人类必须挂虑和关注现实的生存境况。为了生存与发展，从19世纪中期开始，美国人在没有刻意背弃超验主义的精神与高远的心灵愿景时，开始认真地考量如何验证某一种观念的有效性和真实意义。美国的实用主义起源于对于现实生活问题的正视以及对于纯粹非物质主义的质疑。查尔斯·桑德斯·皮尔士（Charles Sanders Peirce，1839—1914）把他所提倡的实用主义看做一种逻辑推理方法，这种推断逻辑（abductive logic）是一种求取意义的方式，因为意义不是字典中规定的定义或人们头脑中的主观印象或原初就有的固定概念的模式。挂念不过是一种假设或推理。实用主义概念与“可错性理论”（fallibilism）都说明经过逻辑推理所获得的概念是一种可能，可能会在生活实践中被证实是错误的。对于生命而言，任何实验性研究或者任何真实的生活场景中的道德问题，都是一种实验，都可能是错误，但也可能是正确的；这不是说，我们的生活不可信，而是我们对任何现实中的可能性都不应忽略和藐视。①

因为作为神父的父亲的影响与哈佛大学医学院的背景，威廉·詹姆斯（William James，1842—1910）成为生理学思维的实用主义伦理学家，他以解剖学、生理学的教学经历和医生的感受，成为道德心理学的开创者，正是其医学视角的感悟，奠定了那个时期非决定论的生命伦理观念。他的实用主义来源于医学和对人体的理解和实践体验。他反对人的道德观念起源于过去的经验，认为道德有多种来源，并不是完全来自于过去的功利感受和苦乐经历，人的道德观念呈现出复杂的多元性，并以未来经验的可能原因的形式出现，因为人们希望明天要比今天更美好。詹姆斯将作为普遍的唯一的伦理原则寄托于任何情境下，即“善的本质在于需要的满足”。兴趣需要（demand as interest）、判断的需要（demand as judgment）以及命令的需要（demand as command），构成了实用主义需要伦理系列。詹姆

① 可参阅向玉乔《人生价值的道德诉求》，湖南师范大学出版社2006年版，第87页。

斯特别强调人的道德努力或人的精力在道德生活中的关键作用。同时，他注意到道德宽容的价值，这是因为道德多元主义制约了伦理原则具体应用的精确性。人们的个性差异、需要和兴趣的不同现实，使我们重视他人利益的初衷会遭遇各种可能的劫难或陷入困境。要使我们的理论有用，就必须承认道德异乡者评价、需求的多样性。当然，要避免堕入极端相对主义的陷阱，即使是个人世界主义，也要接受普遍主义的道德法则，就是生命伦理学中所指明的：在遵从不伤及他人和社会利益的前提下，给与个人尽可能自主选择的权利，需要、欲望、兴趣等主观范围内的选择，都要在不违反公共道德秩序的基础上。

詹姆斯关于"改善主义"（meliorism）这一概念或术语，并不是一般学者所认为的实用主义的别称，而是一个对于生命体可能获救的暗示，潜藏着深刻的生命伦理意义。改善主义介于悲观主义和乐观主义之间，既体现了这类学者对于未来世界通向光明的信心，又表达了对于人类命运的关注，同时，对于现实生活问题的正视。这个概念反映了作为一位医学职业人对于人体获救和精神救赎的双重祈盼和渴望，表达了詹姆斯心性的最后皈依和对柔性宗教的美好理想。虽然"有用就是真理"，表达了詹姆斯对于现实价值的依赖，但他从来没有失去对于身体获救与灵魂救赎的真纯意识和主观生活之流的寄托。他只是从临床经历和生理、心理实验的感受中，饱尝了痛苦对于人的致命摧残和刺激，激起他对于生命欲望和战胜疾病痛苦的冲动。他说：

> 我们说世界是可能得救的……这是说，世界得救的条件，有一些的确已实际存在，而这些条件存在的越多，一些妨碍得救的条件就越少，那么，世界得救的可能性也就愈有根据，实际得救的或然性也就愈大。①

在19世纪美国伦理精神高扬的时代，历史偶然集合起来的那一大批思想的精英为北美新大陆贡献了自己的智慧，他们的生命伦理观念、个人的情感与信仰，倾注在他的哲学思考和研究中，建构了一个饱满的伦理生

---

①　转引自涂纪亮《美国哲学史》（上），武汉大学出版社2007年版，第524页。原文见詹姆斯《实用主义》，李步楼译，商务印书馆1997年版，第145页。

态体系和有益于生命伦理学复兴并持续发展的学术生境；连同本书其他章节的评论，我们能够完整地获得生命伦理学在美国复活或复兴的整个历史过程的全貌，因而就不会肤浅地把这段学科历史误读为一种人类历史的偶然，也不会孤立地将其理解为仅仅作为医学道德或生命科学伦理的狭窄理论藩篱。美国的开发史一直与新大陆的生命伦理精神联系在一起，共同昭示、宣表、引领美国的文化、生命政治和美国社会，使新美国人创造了宝贵的精神财富，铸就了美国的理想和人类对于未来的美丽憧憬。也只有如此丰富和坚实的道德哲学理论，才能够永久地、稳固而有力地支撑起美国的政治、经济、科学与文化群山与雄踞浩海之岸的巨峰。

六　生命伦理共认意识与医学道德原始形态

"Overlaping Consensus"（"重叠共识"或"部分共认意识"）作为一个生命伦理学的核心词汇，既是恩格尔哈特的意见，[①] 又是罗尔斯正义学说的一个理论要素。

生命伦理学应该逐渐形成自己的学术观念，而不应该依赖于大的伦理或政治环境，就像有些人认为的那样，[②] 自由主义在当代世界取得了压倒

① H. Tristram Engelhardt, Jr., *The Foundations of Christian Bioethics* (Swets-Zeitlinger Publishers, 2000), pp. 67-68. 在此，恩教授认为，应联想到约翰·罗尔斯（John Rawls）引据的一个"部分共认意识"（或译为"重叠共识"，overlaping consensus）的概念，这就在不同的道德观点和哲学方法之间设置了充分的部分重叠，以证明某一特定的政治观点，如果不属于道德范畴，就是正当的。他指出："我们希望这种政治化正义观，至少能被我们称为'部分共认意识'所论证，也就是说，用一个包括所有对立的哲学和宗教学说的部分重合的共认意识，能持续并获得或多或少恰好构成民主社会的多数拥护者。"这段引文请见《司法公平——政治而不是形而上学》(Justice as Fairness: Political Not Metaphysical)，《哲学与公共事务》(*Philosophy and Public Affairs*) 第14卷，1985年夏季号，第223—251页。确定正确的部分共认意识，罗尔斯必须把这个"拼接"限定为：(1) 这一共识（共认意识）来自于那些他认为很可能不会改变的，并获得多数拥护者对应的哲学和宗教理论；(2) 符合他"或多或少恰好构成民主社会"的观点。他阐释"部分共认意识"的规范性概念（《政治自由主义》(*Political Liberalism*)，纽约：剑桥大学出版社1993年版）。"重叠共识"或"部分共认意识"是指，在观点上相似、相近甚至对立的道德指向，也存在部分甚至大部分意见的相同性和观念中的共有部分。本书作者在恩格尔哈特教授的《基督教生命伦理学基础》中，坚持将之译为"部分共认意识"，意在说明道德异乡人或道德朋友之间，应尽可能求得一种观点上的均衡，最后在某些关键性的道德评价与临床行为选择上求得和解，因此，在这种情景面前，对于多数人来说，可以将其理解为"和而不同"。详请参阅祁斯特拉姆·恩格尔哈特《基督教生命伦理学基础》（孙慕义主译，中国社会科学出版社2014年版），第70页。

② 请详阅许纪霖《公共正义的基础——对罗尔斯"原始状态"和"重叠共识"理念的讨论》，《知识分子论丛》第2辑，江苏人民出版社2003年版。

性的胜利，或者如同美籍日本学者福山所断言的“历史已经终结”。作为新生的后现代生命伦理学，应该担当起一个制造关爱和维护生命权利的伦理体系框架，号召所有与其相关的人与政府或政党，以及与其相连带的卫生医疗事业或产业，应该有一个统一的共同接受的意识，及人类生命政治的历史使命。解决理论或世纪医学生活中所有的问题应该是我们的责任，但我们不可能解决人类所面临的所有生命问题。当代自由主义面临的最大挑战源于多元价值与公共整合之间复杂的、多样态的巨大张力：自由主义者们认为，由于各自不同的动机和文化心理或者生命政治观念，对于世俗社会的理解与态度，特别是道德取向存在多元化的现实，面对多元文化价值，应把政治、哲学、宗教、经济与伦理之间的价值诉求加以整合并以一种超越性的终极标准，确立统一的原则，使生命伦理问题上的纷争达到最后的和解，或者像人们所期待的那样，不再出现无休无止的生命道德文化战争。例如安乐死、堕胎、变性与换脸术、生育控制、人体试验、克隆人技术与医疗改革、卫生经济伦理中的意见分歧。

生命政治的使命之一，是完成卫生医疗社会的整合，使之在一个统一的价值标准框架内，实现生命伦理意志的自由，在不违背公共利益的前提下，给予任何人生命伦理行为选择的自主性。这样构成的伦理秩序，既照顾到价值多元性，又不伤及个人的基本生命权利。即使我们还不能保证人人都同意存在唯一的善或善的标准的主张，但是，要实现我们前面所论及的理性秩序，就必须在“正当”问题上“建立起一致，形成公共的正义，这是社会整合的基础”①。医学中的自由主义与政治自由主义同样遭遇了文化多元主义、激进民主思潮和后现代主义的激烈批评，因为它在生命正义和生命自由方面企图建立“强制的共识”，没能给个人选择以任何余地与机会，在现实医学生活中，这其实已经成为不可能。但那种设定的基督教—希波克拉底的共认意识，或者希波克拉底—罗尔斯的共认意识，或者西方文化架构下的后现代生命伦理—中华儒家生命观的共认意识等，是否能找到一个合理的理由，转换成临床或生命科学技术选择的重叠共识中那部分共同一致意识能够覆盖的价值有限区域，从而决定生命伦理判断和行动选择的合一。生命伦理的自由主义不会像纯粹政治上的自由论者那样，不愿

---

① 请详阅许纪霖《公共正义的基础——对罗尔斯“原始状态”和“重叠共识”理念的讨论》，《知识分子论丛》第2辑，江苏人民出版社2003年版。

意压制不同意见，既不做旁观者也不做逃避主义和虚无主义者；实际上，在一个价值“诸神”并立的现代社会里，医学自由主义本身希望一方面在各种价值冲突和文化战争的现场保持中立，给予所有生命以平等的对待和尊重；另一方面有效地推动和贡献于社会的整合运动，使当代社会因医学上的和谐而达到生命意志的一致性，不至于使多彩的世界陷入瓦解中。

在医学领域中，一般来说，善在属于其类的意义上是双重相对的，罗斯认为：

> 它首先是相对于种类（kind）的——相对于该种类所指向的事物（当该词应用到人身上时），或者相对于产生该种类的活动，或者相对于该种类所促进的利益（当该词被运用到事物上时）。①

罗尔斯引用罗斯的话说，没有什么事物是必然正当或在道德上正确的。这是否意味着，善和正当都可能是相对的。无论这是不是一个圈套，他们都是要说明一个问题，在多元价值和自由论面前，既然整全伦理无法最后建立，我们就要把注意力集中到“部分共认意识”或者“重叠共识”上，由此通过允许和宽容，达到医学社会人们的和谐共处。这样，我们就可以在具体某个病人所患某种疾病提出某种特殊要求时，不至于陷入两难的怪圈而犹疑不定。比如，处置一位生命无法挽回的癌症晚期病人、痛苦难耐的老龄病人的安乐死病例。具体情况或特定场合则是我们选择方案的条件。罗尔斯指出：

> 一位好的医生，是这样的一位医生：他具有他的病人们合理地要求于他的那些技艺和能力。那些技艺和能力是那位医生的，然而那种对康复的关切——那些技艺和能力正是由这种关切来评价的——却是那些病人的。这些例子说明人们的观点是根据具体情况而变化的，说明善的定义不包含某种确定善的一般公式。这些观点和善的意义只有从在那种前后联系中已经或将要产生的特定场合来解释。②

① ［英］戴维·罗斯：《正当与善》，菲利普·斯特拉顿编，林南译，上海译文出版社2008年版，第125页。

② ［美］约翰·罗尔斯：《正义论》，何怀宏等译，中国社会科学出版社1988年版，第389页。

生命伦理学对自由主义的关注，不完全是为了获得生命自由，而是要使我们所崇尚的医疗公正即卫生领域的公平正义原则建立在恒定和持久的生命政治哲学前提之上，使不同信仰和价值观的人都可以接受我们的医疗决策，并成为一种公众选择医疗行为的基础，因为人的生命权利和生存权利，应该超越其他的一切次要的权利诉求，维护生命权利就是生命政治权力体系的核心。生命伦理学也因此会使自由主义解除或脱释在现代多元化社会中所面临的困境。

希波克拉底与基督宗教的伦理主张，如果专事表现在生命伦理问题上，应该是实现医学正义最广泛的价值，医学共同体作为生命政治原则的共同遵守者，应该维护意识层面上的基本意识形态所指涉的伦理或生命政治哲学意义上的自由世界主义。因此，在一定的条件下，应尊重和维护在医学共同体生命政治范围内的生命伦理的自由主义共认意识（重叠共识），并征得不同道德观念、信仰、政治文化、经济利益以及其他相对哲学、风俗、民族心理的普遍“认肯”，修正个人或小集团原有的自由主义整全主张，通过“生命伦理的共认意识”，退让到生命政治自由主义的原点，以重新搭建生命正义的理性秩序和实践体制的公共卫生伦理秩序，以此规范人的生命伦理选择和生命道德需求。这样的生命伦理才是可以实现的人的自由伦理，才是生命权利和生存的可能伦理。

生命伦理的“道德共认意识”（重叠共识）不能与生命伦理学传统中或生命伦理文化心理中固有的生命伦理“原始状态”的理念相悖。不能用唯一的共认意识压制人在事实上的自主性，否则就可能会演变成生命政治的家长主义、国家暴力或医生唯一代理权；临床行动方案的知情同意，尤其考量道德共认意识中同时存在的当事人原始状态；这就需要用罗尔斯的“反思平衡”技术验证事实，如果公共正义只有一个重叠共识的基础，那么，在逻辑上的确可能会发生自我否定“人们道德经验交互论证结果的道德共认意识”（重叠共识）；如果确认原始状态与道德共认意识真正实现了统一，那么，这就是我们医学上的伦理确认，就是我们可以行动的依据。

医学中的共认意识不能作为绝对的决策依据，必须认清双方或多方由于道德知觉所表述和反映的人性晦昧的一面，对于那些偏离正义的和伦理学基本原则的重叠共识，有必要分析其中利益因素的影响，因此不可轻易把法律、临床或研究政策建立在这种共识的基础上。而伦理观念“原始状态”中的“最高权威立法原理”还不能作为限制或制约共认意识的唯一根据，还应考虑确立正义原则的其他条件，比如当事人（病人本人与家属）的信仰、个性文化偏好或者病情变化本身。可以引入附属于公共正义的抽象原则（公共理性）所规范的医学正义原则，通过必要的商谈和讨论，决定具体的行动方案。是否用医学手段结束处于植物人状态的病人的生命？是否同意志愿者毒品试验的申请？是否同意双亲放弃有争议的残疾新生儿的生命？是否对躁狂型精神分裂症的患者实施海马回结扎术？是否强制因信仰原因而拒绝输血的产后大出血的妇女接受全血输注？诸如此类的临床案例，可以采用罗尔斯提倡的“反思平衡”对策进行论证。

之所以出现希波克拉底的“尤不为妇人施堕胎手术”的道德观与现代社会堕胎伦理相冲突，或者与后基督教生命伦理观不相容的情况，是因为“希波克拉底—后基督教—当代生命政治”不存在有关堕胎的共认意识。在有些情境下，正当但非善，正当应优先于善，比如为抢救一位患有严重心脏病产妇的生命而施行的堕胎。通过交流、商谈、辩论，并通过公共理性接受整全性道德指导下的公平生命正义，以及与整全性自由主义或自由世界主义不相冲突的临床伦理原则。这样获得的重叠共识应该是有效的临床决策依据或基础。

即可以说：

> “重叠共识”的本质内涵，是以政治正义为核心。而达成重叠共识的条件是：以自由平等公民为主体；多元民主和秩序良好社会为现实与理想；公共理性为实现途径。①

按罗尔斯的意见，我们设定的生命伦理学的共认意识（重叠共识）应该是：第一，寻求和确立整全性道德理论，并独立于哲学、政治、宗教观念之外。第二，这一重叠共识不是临时的协议或契约，而是对于所持有的道德观念和公共理性的医学伦理表达。第三，在引用“反思平衡”时，应注意“允许与宽容”原则的作用，意在多元价值的平台上解决纷争。

---

① 请详阅许纪霖《公共正义的基础——对罗尔斯“原始状态”和“重叠共识”理念的讨论》，《知识分子论丛》第2辑，江苏人民出版社2003年版。

第四，尊重事件主体的自主权利，但必须经受“不伤及社会与他人”规则的检验，尽可能符合自由世界主义和个人世界主义；或者说，必须遵循和恪守医学道德的原始状态。生命伦理的共认意识应该是一种道德观念，是在道德的基础上被人们所认可的，而且必须以生命政治宗旨和社会公平正义作为共识的目标。

在生命伦理学的具体实践中，对共认意识的确定，应该有一个稳定的生命政治文化核心，因为在具体的案例中，人们可能会因为不同的社会利益和经济利益而持有不同的自由伦理观念，要消除观念差异部分所反映的利益冲突，就要形成自由商谈的基本程序，例如知情同意，利益差异越大，共识性越小，通往一致的难度就越大，但在有些情境下，我们又必须在临床决策上实现多方的认可，因为生命不容许继续等待。对这种特殊主义的情境，就必须用一种合乎公共理性和社会正义的方式进行干预，但应避免“强迫性共识”，那种粗暴的结局会引起很大的不快或者使自主与尊重成为一种虚饰，自由将不复存在。①

基督教—希波克拉底共认意识（Christian-Hippocratic consensus），是在探究医学伦理学传统精神渊源的过程中恩格尔哈特的独特思考，这一“共认意识”实际上已经融入西方医学文化与医学人文精神之中，已经成为医学文化精神或思想的共同体，作为一种传统，是极其宝贵的。但是，西方学者对于这一点存在很大的歧义和争论，因为就基督教伦理学来说，在很长一段历史时期里，不承认作为异教的希波克拉底誓言，而汉语文化圈的学者和医学界则已经在宽泛的语义上接受了这种人文传统，并没有考量与关注西方思想界和神学界这种精致、微细的争论。希波克拉底的伦理观念和许多医学实践主张是有明显局限和缺陷的，恩格尔哈特则以“基督教—希波克拉底共认意识”这一富有意味的生命伦理学概念去平衡，是颇有意义的。对于中国生命伦理学界的学者来说，这值得我们深入思考与探究，可以帮助我们更好地、深刻地而不是肤浅地和表面化地理解西方医学人文精神。

恩格尔哈特教授认为：

---

① 请参阅［美］约翰·罗尔斯《政治自由主义》，万俊人译，译林出版社2000年版，第143—178页。

> 在所有有关共识性的讨论中，必须区分（1）同意采取一致的行动，和（2）同意具有一个一般性的道德认识。第一点是以允许作为前提的；第二点至少要求，处理危险中的道德问题时，认为（1）可以妥协，和（2）遇到公共监察和反省时，可以部分揭示。第一点是可能的，如果承认政治上的益处超过对原有道德上的考虑。第一点可行性理由还有，如果考虑对与道德无关的价值追求比对原有道德的追求更重要。①

值得我们思考的是，在希氏医学伦理与基督教伦理之间是否能够达成部分意识的共识，或者根本不可能。而且，应该预知，广泛共识和道德理性的承诺，是否能使基督教思想家普遍赞同医学道德传统不依赖于基督教真理。例如，尼格尔·卡梅隆（Nigel Cameron）把基督教—希波克拉底共认意识说成是构成了医学传统并且“不仅仅是传统，而是将基督教嵌入了医学内部”。显而易见，除了认为涉及医学生活的基督教生物医学关怀外，并不关涉基督教医学，试图证明，求得希波克拉底异教思想与基督徒观念的医学能够取得极其一致的意见，是个失败。价值观似乎产生于价值和技术的特殊结合。

> “价值理性和技术的密切结合，产生了：第一，希波克拉底异教思想，并及时地发展成不朽的基督教—希波克拉底共认意识”，这似乎为我们提供了一个纯粹的事实，即被作者赞美的犹太教—基督教共有的启示。有趣的是，17 世纪的一些基督徒，用毕达哥拉斯判定，实际上是犹太人的方法，来解决这个问题。T. S. 艾略特（T. S. Eliot）推定，是基督教概括并给出了最终的医学传统地位。对他来说，作为一位基督徒，作为一位真正的、广泛意义上的天主教徒，是一名医生关注的核心和真正意义的来源。②

在恩格尔哈特《基督教生命伦理学基础》一书中，恩氏转引了罗

---

① H. Tristram Engelhardt, Jr., *The Foundations of Christian Bioethics* (Swets-Zeitlinger Publishers, 2000), p. 67.

② Ibid.

杰·巴格（Roger Bulger）和艾略特的一次讨论：

> 在这次生动的交谈过程中，他发现我是一个罗马天主教徒，后来，在我表达了去医学院的一些矛盾情绪之后，他用我从未忘记的方式说："世界需要好的天主教医生。"很多次，每当我回忆起这些话，仍然好似聆听从山巅至圣传来的雷声。他似乎只是很随意地说："世界需要好的不可知论者医生"或"好的无神论者医生"或"好的佛教徒医生"，其实他告诉我的就是，世界需要好的医生，且他认为我有做一个好医生的素质。①

人类社会最终之所以留存与发展，是因为有一种原始的团结互助的精神与原始的个体依赖于群体的品行与状态，局部由于利益和文化的战争，由于差异而形成了形式的分治，但任何人和集团都离不开事实上对于他人或其他集团的依赖或帮助；他人或他集团，是为他们本身的，同时也必须是为你的或客观上是为你们的；合而纷争，分而协作，和而不同，求同存异，不凝缩于唯一的观念上，但稳定地尊崇一个至高无上，共认意识既是原始开端的基础，又是人类历史的结局。

---

① H. Tristram Engelhardt, Jr., *The Foundations of Christian Bioethics*（Swets-Zeitlinger Publishers, 2000）, p. 67. 艾略特先生的那种思想和他对我的信心，在罗杰·巴格（Roger J. Bulger）的《细究新思》（The Search for a New Ideal）中成为中心议题。引自罗杰·巴格《现代希波克拉底研究》（*Search of the Modern Hippocrates*），艾奥瓦城：艾奥瓦大学出版社1987年版，第19页。

第五章　信仰的思维与生命伦理的逻辑语言

道德哲学与伦理学是知识的、理性的，除此之外，生命伦理学还应该具有灵性和觉悟的基因。

生命伦理学应该是对人的生命的道德感受所作的一种深刻反省与对身体存在和现象的伦理评价，并且通过学术的和世俗的、自然的和理性的考察，获得合理的行动选择。生命伦理学在某种意义上是一种解释的理论和选择的哲学，对人类而言，宗教与经济利益，即生命所必需的物质质料和心理精神依存是这种选择的决定性因素，尽管信仰的压倒性力量被无信仰者认为是无比荒谬的，然而，它现实地在医学行为选择中占有重要地位。

道德危机主要是信仰的危机。

信仰是否一定是宗教化的？这是个难题，但也是一个最为重要的深刻的生命伦理问题。文艺复兴的成就在于把理性与信仰并列在同等的视度，而更大的超越在于它的后期，将理性置于信仰之上，这个肇始人是彼得拉克，他与后来的布鲁尼一起发起了反对僧侣伪善者的运动，提出僧侣的恶德是人类最坏的恶德，因为他们玷污和毁灭了信任。没有信任，我们的医学生活就不能正常运行；失去信任，我们就会灭亡。这在晚些时候的很多主张中，从对于僧侣美德外衣的批评延伸到对于医疗者欺骗患者行为的揭露。后者是世俗社会中最为人痛恨的败德行径。①

信仰含有宗教特征，但可以是世俗化的，也可以是一种心理依赖和精神寄托。历史上，精神的建筑和被视作上天赐品的文化成果，很多只被作为精神贵族和富人们的专利，即使已经深深地依赖于这些物如和物自体的

---

① 请参照张椿年《从信仰到理性——意大利人文主义研究》，浙江人民出版社 1999 年版，第 69—71 页。

人，也觉得并无精神饰品的自豪感，只是内心的一种敬拜和无法替代的信任。其实，只要是精神的物如，就应该被所有人恋求，而对于人性来说，这正是人的生命自然的本质；精神的支柱是支撑人类生存的最重要的基础，仿若飘忽不定的虚有的灵物，但它却实实在在地决定我们的命运和幸福感，是人的行为、语言、情感最可靠的居所，没有任何变故或力量可以改变、轰塌和颠覆；如果它真的被一场地震或海啸所击垮，真的被一种末世的灾难所荡涤，那世界将会回归到没有光亮和寂寥、浑荒的天地开启之前。如果是真实的信仰，则是不会被替代的。我们必须承认理性的有限性、认识的有限性和真理的相对性，理性与知识所给予我们的并非完全是正义的；科学也终归有终结。当我们的生命科学的最终理想和人类的意义发生冲突时，信仰将会调节这种由冲突所带给我们的失意和沮丧的悲剧心理。我们的生命伦理追求将力图解决这个矛盾，即道德和科学的不平衡，避免科学技术给人类带来的恶果，重新追寻人生和人的生命的根本意义。人的信仰不仅仅与灵性生命相关，它与物性生命、知性生命也不可分离。信仰可以帮助人更加像人一样地生活。

> 每个有理性的存在者的意志，都被康德当做普遍立法的意志；而意志自律正是我们如此行为选择或是“应该”的理由，我们自己设定建立在目的王国的思想，并且一再声明我们自己不是手段的理由是，我们是道德律令的主体，我们是发言者和行动者，也是为此渴盼享受最终自由意志的人；理性给自然立法就是自然的必然，理性给自己立法就是人的自由。①

在生命的问题上，人性的表达（包括中国人在内）大多源于神性或半神性的叙事，神性成为人的理性，人的主体性和人的意志经常掺杂或混杂了另外一种意志力的指使或差遣，最后才作出对于自己生与死的判决，或者把生命的后果作为博弈的结局。信仰或仰信，可谓信心瞻仰；信奉与

---

① 李泽厚：《批判哲学的批判》，安徽文艺出版社 1994 年版，第 308 页。这是李先生对康德所谓“人是目的”的诠释，我由此说明一下对于理性和信仰的区别以及内在的联系；很多人反对信仰中含有理性的成分，认为信仰是纯粹非理性的精神自觉，不容辩驳地服从是信仰的本质，而我本人以为，信仰依然是沉涵理性成分的，人的语言、行动，包括正义的冲动，都有信仰的支持和依托。

仰慕，比同梵语“sraddha”（信心、信解、信仰）。《法苑珠林》卷九四：“生无信仰心，恒被他笑具。”[①] 信仰，人对某种理论、学说、主义的信服和尊崇，并把它奉为自己的行为准则和活动指南，裁决和评价是非、对错、善恶、应该与否的根本准则。信仰是信念最集中、最高的表现形式。信仰是人类精神的境界和理念，是一种敬畏的终极情感和坚定的精神支柱，是人的最终的精神家园和神圣的皈依地；也是一种对于崇高的敬虔对象的毫无怀疑的信义和尊崇，有时甚至是一种没有根由的敬拜和畏惧，由此会建立各种禁忌和偏好，并恪守各种道德戒规和信条。信仰是人类社会的精神基础和真善美的基石，也是人类克服困难、赖以生存、进化、发展、超越的动力。

人不可没有信仰，信仰可以使人攀达高蹈和清幽的境界，使生命厚实、高尚、安静而深刻。我们因为信仰，才能够给与生活以美丽的回应，布伯说，所有实在的生存都是一种相遇，所谓“上帝”的意义就在于通过他的道与我们相遇。奥古斯丁认为：

> 人的意志也不能产生认识；通过感官和知性来感知一切，这并不在人的能力范围之内，除非人通过真实设定的有形标志来感知；而在以这种方式感知的时候，我们更多的是信仰、而不是理解。[②]

由于文化、民族与传统的原因，汉语生命伦理学界往往忽略对于信仰的关注，使得我们难以驾驭真实的人性，对于医学生活中出现的秩序紊乱、医患关系张力过度、诚信遗失的现象，也难以接受和理解。一个缺乏基础信仰或信仰危机的民族和世俗的社会，要建立整全的生命伦理体系几乎是不可能的，即使制定出精致的医学道德规范文本，也难以控制人们随意的道德失范行为，甚至本来应该和谐的医患关系，也成为激烈的染血的口岸。问题是，我们应该如何找到一种有效的道德调适方式，以缓解这种被扭曲的病态的医患关系？应用什么手段挖掘中华民族失散良久的诚信或者重新培育萌芽状态的信仰，或者努力唤醒人性深层沉睡的信任？

---

① 谓对佛、法、僧三宝的崇信钦仰。佛教强调修行之初，须立坚固的信心，令不动摇。

② 参阅［美］斯坦利·罗迈·霍珀《信仰的危机》，瞿旭彤译，宗教文化出版社 2006 年版，第 305—306 页。

第一节　解读“生命至善与三位一体”

天下之道，原贞夫一，一分为三，三归于一，此自然之理。①

这有别于黑格尔“正反合”三段论、孔子的“执两用中”或方以智《东西均》“两端中贯”以及华夏文化中的“允执其中”，基督教伦理神学的三位一体，有一种格外的“一分为三，三归于一”的逻辑的神圣感。

用伦理神学来诠释生命伦理的信仰概念，并且应该是批判与理性审视地对其进行体系化解读，发现这是一个较为整全的理论框架，足可以供我们借鉴。

由此更加深入地理解后现代生命伦理学初始那些伦理神学家和神职人员为什么不遗余力地复兴生命伦理事业，并致力于对于生与死、生命科学技术、临床问题以及医生的行为规范的伦理神学以及道德哲学研究。

基督教伦理神学认为，生命至善与圣三位一体是基督教神学的逻辑基础，这一至高、至洁、至善的理性主体——圣父（God）为独一上帝，为万有生命的本原，任何生命都属于他、服从他、听命于他，因为他是原动力与永动力，生命体离开他将失控，必定会回到原来的“空”；任何“活体”的存在都必须以他的规制为前提。尼西亚会议对于神的本质以及三位一体的定案是不容改变的，基督教任何教派对此都坚信不疑，上帝的本质为一，“无始无终，无形无象，不可分开，全能，全智，全善，一切有形无形之万物的创造主和保存者”②；绝对的上帝观决定了基督教是绝对的宗教，因为上帝在基督里的自我启示是一个独特的事件，这个静止的上帝观念被拉纳打破了，他修正了这种绝对与僵化的说法，认为“救恩一定可以在教会之外得到”，因为基督教永远不可能取代其他宗教传统。“匿名基督徒”的术语虽然受到了激烈的攻击，但是这种最早的普世主义

---

① 姜广辉：《“一分为三”何以构成一种哲学体系》，《中华读书报》2015年1月14日第8版。

② 这是马丁·路德撰写的《奥斯堡信条》“论上帝”中的话。见《马丁·路德文选》，马丁·路德著作分析小组，中国社会科学出版社2003年版，第54页。

意识却被保存下来，成为宗教多元论神哲学认知的开端。①《使徒信经》开篇即称“我信父上帝”，使上帝成为人格化的神，他慈爱并可以真正信赖，他充满活力，不是无位格的静止的神圣力量。上帝为人的世界的发生以及人类的创生给与了原始的动力；那是一个最伟大的策划，没有这个动力，一切都不会存在，一切都是空象；上帝使自然与人的生命具有了意义；无论是降生还是死亡，都由上帝所掌管；这些生命使地球有生气，这些生命体的各种类别都来自于一个本源，就是上帝的创造与爱。②《圣经》经文中并没有标明上帝的性别，旧约的上帝以父性为主体，经常被比作磐石，但上帝也被作为母亲的范型，表示对子民如对孩童的爱，这种阴柔的性情延续了迦南人强调女神的性崇拜心理传承；因之，《新约》中的上帝是通过圣母玛利亚来完善这种形象的。《旧约》以律法的严厉来规范生命，是延续了犹太教“妥拉”的传统，③ 而《新约》是以道德信实驯养人的行为的，这都透露了“性别解经”的伦理体验。

基督教教义宣称，圣子（God the Son）“为救世人，取肉身成为世人”，万生借他而造：

> 上帝的儿子，从蒙福的童女玛利亚的腹中，去了人性，所以有神人二性，无可分开，联合于一个位格之内；就是一位基督，真上帝、真人；从童女玛利亚所生，真真实实受了苦，被钉在十字架上，死了，葬了，他就能叫我们得与天赋复和，不独为人的原罪，也为人一切本罪作了挽回祭。④

阿奎那的一体三位理论，并未将圣灵引入，而是认为除父子两位之外，还有圣神一位，他借用“若望书信”宣表：“天上有三圣，给（世

---

① 匿名基督徒，是拉纳创造的一个术语，意旨那些已经经历了上帝恩典的人但本身不一定明白，这一点也曾经在第二次梵蒂冈大公会议上被采纳，如1965年10月28日通过的关于信仰的谕令（*Nostra Aetate*）中的断言：神圣真理之光确实可以在其他宗教中找到。

② 此段作为基督教神学的基本解释，请参考英文版 Rem B. Edwards：*Reason and Religion*（University Press of America，1979，New York），pp. 158-162.

③ 妥拉（Torah）为希伯来语，意为“律法书”。

④ ［德］布尔特曼等：《生存神学与末世论》，李哲汇、朱雁冰等译，上海三联书店1995年版，第54—55页。

人）证明（我是真理）：圣父，圣言，圣神。”[①] 对阿奎那来说，难以割舍对于生子或圣神（基督）的真理性情感，还把“圣言”作为后阿奎那解经学者观念中的“圣灵”来做世人通达光明真理的中介。

按伦理神学的传统解释：耶稣基督曾下到阴间，经过三个昼夜，复活并升天，坐到父的右边，统管一切受造之物，司审判活人与死人。在《旧约》中，对天使般的或超自然者偶或也用“上帝之子”称呼，如《约伯记》和《但以理书》称即将到来的弥赛亚为“上帝之子”。《新约》发展与升华了这个概念，认为耶稣是上帝的独生子，保罗说耶稣是上帝天然的儿子，而信徒是上帝收养的。十字架为我们带来了一种崭新的思考方式，一种约定的价值，必须为人所信仰；这也就奠定了生命神学的理性根基：基督的生命是特殊的，而人的生命是由基督的生命决定的，人的生命的形式与内容都由上帝通过独生子耶稣给定，从而成为上帝的“孩子们”，信徒所称的“我们在天上的父”与耶稣所用的亚兰语“阿爸”是有重大区别的。基督教所明示的上帝并不是耶稣肉身的父亲，这与伊斯兰教徒的理解不一样，“*ittakhadha*”对基督教来说是一个异端，基督教认为，耶稣的独特作用表现为，上帝在耶稣里将自己启示出来，耶稣是上帝拯救世人的代理者。“人子”的称谓，是为肯定基督的人性，基督的人性不是被吸收进神性，而是从神性中分出的；《圣经》认为，基督保留人性的一个见证，就是带着人性的圣灵感孕的实体升天，“你们见他怎样往天上去，他还要怎样来”[②]。“他们要仰望自己所扎的人。”[③] 圣子是一个受生（begotten）的存在，这是说明，生命由肉身显示它的现实性，基督在永恒中不抛弃人性的原因就是以血肉之躯与我们接近，使“道”在我们中间，只有人性的基督，才能使我们相信上帝拯救人类的目的。[④] 耶稣来到世上，为显明上帝，以自己的身体作为赎价，使被囚禁的人重获自由，并摆脱了罪的捆绑以及对死亡的恐惧，得到了生命的彻底释放，从此世人的生命变得极其珍贵，因为是基督用重价从撒旦那里买来的。世人也会更加爱

---

① ［意］托马斯·阿奎那：《论奥理》，吕穆迪译述，安徽人民出版社 2013 年版，第 101 页。

② 《使徒行传》1：11。

③ 《约翰福音》19：37。

④ 参见［德］马丁·开姆尼茨《基督的二性》，段琦译，译林出版社 1996 年版，第 27—28 页。

惜肉身，肉身使人的存在有了现实性，同时用思想与行动使对神的意旨的具体贯彻成为可能，肉身的自由状态不仅要其荣神益人，而且必须确知人的生命的真正意义就是爱。当然，如安提阿学派与亚历山大学派的争论一样，基督教内部从来没有统一对基督神性与人性合一方式的争议，基督教的许多学派与亚历山大学派一样，十分强调神的他异性，他的不变的圣洁以及不受感情影响的特性，不可能被受造的败坏所污染；堕落的人性可以获得逻各斯完美神性的医治，而神性却始终完美无缺。安提阿学派却格外重视人的生命力量，结合道成肉身，认为人类在救恩中有十分重要的意义和作用，这一点不可忽视；耶稣的人性具有自我选择的道德能力，他的人性不可看作是被动的器具，耶稣只有用人格的力量，才成为人类理智与意志的典范，使人类有可能进入高尚。耶稣必须完全作为一个人，和凡人的生命的角色一样，人把他视为同类，他同样要接受试探和诱惑，他的"神人"与"道人"的特性由于伦理的需要必须被掩盖，圣子的"一人性"，使道成肉身中"神所穿的人"与穿上肉身的人的逻各斯区别开来。①

"ruach"是希伯来词，其词义幽远，意蕴无限，绝非其他文化语境所能明示或再现，这对于我们理解"圣灵"是一个难以逾越的语言障碍。英语系统通常用三个词来对译：wind（风）\ breath（呼吸）\ spirit（灵）；显然，神学家认为，生命是属于圣灵的，教父们根据《圣经》承认圣灵为"上帝之灵"或"基督之灵"以及基督徒认识的"我信圣灵"的"圣灵"就是为生命设计的一种高尚的不可替代的神圣力量。圣道应被看作是基督教教义的源泉，但对圣道的理解，却因对《圣经》的解释不同而出现诸多的分歧，因而形成基督教不再是精神和生命的宗教，而成为文本化的宗教，这是解经学泛起的原因。究竟"奉主耶稣的名受洗"的信徒，是否同时拥有了圣灵的保障？是否圣灵降临的新力量已经对人发生作用，已经被人的生命之躯所领受，并从此人将有能力无限度地反抗敌基督的进攻？上帝是通过圣灵"赐生命的"，但是"从父出来"，还是"从父和子出来"，或是如"从父通过子出来"都肯定"圣灵"对生命形成的决定性价值？基督教为什么设定由圣灵的工作使人认

① 详见［美］奥尔森《基督教神学思想史》，吴瑞诚、徐诚德译，北京大学出版社2003年版，第207—217页。以上观点表述了历史性的亚历山大学派与安提阿学派关于基督人性的争论，而安提阿学派基督论的最伟大学者即是摩普绥提亚的西奥多，6世纪时，他曾被定为一个异端分子。西奥多的基督论具有三个关注：逻各斯的不变性；耶稣基督的意志自由；耶稣在他人性的生活中真实的挣扎与成就。

罪、悔改、成圣？并且强调信徒必须接受圣灵的感动才能在生活中表现出各种美德，才可能使神在人的生命里种下的善举的种子复活与显现。圣灵从创世至人类历史以及所有生命的终极，使真、善、美通过圣灵的运行、启迪和召叫，成为现实的存在，并让人类醒悟，彰显圣爱就是生命的品能或责任。圣灵像风，吹拂生命的甘露，像气息一般将生气吹进亚当的肉体中，使其成为一个有灵性的活人，自此生命有了“呼吸”的观念，使死与“活”有了本质的区别。圣灵是赐生命者，是神赐能力（charism），它替代上帝的具体行动，是行动的上帝，是务实的上帝，是给与人以生命和生机的上帝，它直接与人的生命实体相联系，人的生命因圣灵的检验而有价值，值得尊重；生命在特定的条件下可以重复，但必须有圣灵的应允才可以实现，才具有上帝创造的“名”，才与世界一起被赋予存在的意义。圣灵与圣父、圣子同样应接受人的崇拜。基督教神学重视圣灵的帮助，只有圣灵能使启示发生，正如布塞（Martin Bucer）在对福音书所作注释中指出的：

> 在信仰上帝和被圣灵感动之前，我们并不是属灵的，因而关于上帝的任何事我们都完全不能理解。所以说，在圣灵进入我们之前，我们所拥有的一切智慧、一切义，不过是死亡的黑暗和阴霾。①

东正教的神学家认为，圣灵（God the Holy Ghost）“是主，是赐生命的，从父出来”；②此三位一体，是上帝的三个位格，为奥秘的启示，理性领悟让渡于信仰接受。圣灵的任务是带领我们进入上帝的真理，没有圣灵，对基督徒来说真理是永远不可接近、不可理解、不可认知的。圣灵具有使人成圣和使基督徒的生命圣化的重要作用，神学的救赎伦理使有罪的人的生命重新变得有意义，使人的世界有生机，使人的肉身的欲望被净化、接纳和宽容。当代生命科学技术的目标是使人免遭痛苦与不幸，医学的目的是还健康与喜乐于人。基督教只有通过圣灵来缓解罪身与属灵的张力或冲突；加尔文的救赎应用论也把圣灵作为基督与信徒之间紧密联系的纽带。圣灵是上帝的恩赐，它使上帝理解人的生命深处的语言，并通过灵修、祷告与敬拜使人与神对话；

---

① ［英］麦格拉思（Alister Mcgrath）：《基督教概论》，马树林、孙毅译，北京大学出版社2003年版，第223页。

② 东正教用圣母—圣灵耦联，用圣灵之母拯救人类（梅列日柯夫斯基语）。基督教通称圣灵为“Holy Spirit”，也称为“God the Holy Ghost”。

在道德上，基督徒必须与圣灵同在，才能遵守生命的律法，听从上帝的召唤。东西方的基督教神学家都曾经遭遇圣灵所处位格的尴尬，因为圣灵不同于圣父子，占有自己独特的位格，圣灵还可以用于圣父与圣子，只是圣灵可来源于圣父，也可以来源于圣子，而圣子却是圣父所“生”。天主教神学家从本质上理解哲学化的上帝，而东正教神学家主要从事业上理解社会学的上帝，而新教神学家不仅对上帝进行哲学的解释和社会学的认识，还用人类学分析与说明他与人的生命的关系。圣灵就是因为人的生命现象、肉身的现实而被派遣到世界上来的。圣子具有肉身，必须通过圣灵化身，并借助圣灵完成人间的事业。圣灵完成净化人灵魂的作用，影响世界境况和人类生命状态以及生命存在的形式，把信仰与嘱托无保留地传达给人，是人与神的媒介或使臣，是行动者和圣神的工作肢体。[①] 人借靠着基督的道成肉身、生死复活，“人的生命品质发生了决定性的转变：人身上有了某种神圣的东西，于是心中满怀着希望”[②]。圣灵在此，只是“金鸡报晓”的一声吟唱，但生命的全体仍然在沉沉的黑夜中探索与煎熬，即使清晨将至，依然要经受冬夜的严寒。圣灵替代上帝启示生命、感化生命、召叫生命，使“我们”从沉睡中苏醒，从麻木中憬悟，圣灵给人以觉悟和智慧。圣灵与圣子的事业是共同的，但对人的生命具象和实体来说，圣灵并不服从圣子；基督降生于人世与人的本质相结合，这个本质对所有人都一样，而圣灵却可以针对具体某个人、某种生命现象、某一项生命活动；圣灵以个性化的、单一的方式向每一个个性生命传达上帝的旨意。圣灵是一位不知疲倦的劳作者，默默地、不停地为人的得救作奉献，没有自己独立的形象与另外位格中的显赫地位，它没有光环与冠冕；没有荣誉与归处，它以一种悲壮和勤勉陪伴和感动着“我们”的心，“我们”从此不再孤独、不再烦恼、不再嫉妒、不再埋怨、不再悔恨、不再忘记上帝和基督的爱。弗·洛斯基说：

> 基督成了获得人性普遍本质的统一形象；圣灵为每一个按照上帝形象被造的个性提供在普遍本质历史限于上帝类似的可能性。一个是

---

① 请参阅 Wayne G. Boulton, Thomas D. Kennedy and Allen Verhey, *From Christ to the World*, *Introductory Readings in Christian Ethics*, 1994, Wm. B. Eerdmans Publishing Co. 255 Jefferson Ave. S. E., Grand Rapids, Michigan 49503, All rights reserved, Printed in United States of America, pp. 63-64.

② 刘小枫：《圣灵降临的叙事》，三联书店2003年版，第170页。此处作者使用了东正教神学家梅列日柯夫斯基的观点，同时添加了作者本人的理解。

把自己的位格赐给人的本质，把自己的本质赐给人的位格，另一个把自己的神性传递给个性。这样，基督的事业是联结人，圣灵的事业是使人分开。然而，这两个事业相互是不能分开的。①

在基督徒的意识中，存在这样一种习成的心理：肉性生命如何让渡给神性生命？无归属的人是最不幸者，人的肉身最终必须让渡于“上帝”以获得神性的生命，只有这样，一个人的生命才算完成、才算完整；对基督教来说，这种灵性的皈依才是生命的新生；其原因就是罪与恶。认识恶，才能领会流浪的原因，才有归家的愿望；赎罪是一种勇敢的承担，从肉身的生命模式解脱出来，洗清罪恶，踏上被最后拯救的路，还有漫长的“道”，还要背起沉重的十字架，要效法耶稣，接受考验。

要再一次并且是真正地承担起这一切，这想法催使他这浪迹天涯者踏上回家的旅程。我们不知道，他是否会留在家园，我们只知道他又回来了。②

作为生命伦理学研究者，应该尽可能理解基督宗教化的观念，体味他们的道德神学推论，才可能解读最初创立生命伦理学的神学家的情感活动，以及体悟现代生命科学必须经受道德的审查和监控的原因，以至于逐渐作为一种规范的正常科学程序，区别于人类的其他非生命科学技术。

神学家认为，生命技术是否如“肉身”一样受到“恶”的攻讦，这在对《旧约》寓言的争议中已经得到和解，历史也从原罪的教旨困境中解脱出来，生命的光明在于以灵性统一肉体；修造生命更可以减少“恶”的缠绕，“上帝”一方面让人管理世界和万物，另一方面由圣灵监控和陪伴人。人的肉身的“半成品”说③以及怀特海“宇宙创造者的同工”说均对医学

① 请参阅张百春《当代东正教神学思想》，上海三联书店2000年版，第486页。原文见洛斯基著《东方教会的神秘神学概论》（莫斯科，1991年俄文版）第125—126页。洛氏提出一个问题，认为圣子是圣父的形象，圣灵是圣子的形象，从而说明圣灵在另外的位格中没有自己的形象，圣灵是一个没有显现的位格，它隐藏在自身中。

② 摘自里尔克著《浪子的传说》，原译文见刘小枫主编《20世纪西方宗教哲学文选》（下），上海三联书店1992年版，第1232页。本文由魏育青译。

③ 此说请参照Sunmuyi，“The Chinese Theology of Life and Modern Christian Ethical Spirit，” *Asian & International Bioethics*，Vol. 1，1996，p. 15.

和高新生命科学的进步给与基督教语言的辩护。不是罪，而是驱恶行善。恶的经验使我们向往另一个世界，恶使人想到神的存在，悲观主义使世界有生机和启发人对生活苦难的认识。疾病与生命的缺陷是恶和苦难，欧几里得智慧地提出了一个可怕的剥夺自由的问题，本来医学中的恶就是对自由的践踏。医疗手段只要能减少苦难、弥合身体缺陷、还原健康，就是善与较为善的；安乐死与克隆人都存在驱恶的目的与结果，尽管实践中这是个难以把握或者极其复杂的问题；在此，技术自由、科学家自由、医学自由完全可以与驱恶相并行。别尔嘉耶夫说："最初的非理性的自由、无限的潜力，就是恶产生的根源，如同一切生命的根源一样。"① 精神傲慢是否一定会产生恶？恶是否一定会居于精神的顶点？生命科学技术的更新是疾病与痛苦逼迫的结果，神怎么可能只对高尚精神及其自由发出召唤而不管物质底层陷入疾病的罪恶呢？"人"已被诱惑、考验、试探，曾无数次被投入痛苦的深渊，在旷野的寒风中忍受肉身的煎熬。恶不是神，人要战胜恶，生命是摆脱恶的过程，② "恶对于说明意义的理性，就是绝对非理性的界限"。因此，用境遇主义评价高新生命科学技术，可以认识"神"的存在是"恶"存在的根源，也可理解人生病，求助于现代医学技术，又不满足于现状的原因，并改变对生命、对"活"、对新的死亡形式的探索与辩护。对于被造物，人为什么不能解除肉身的痛苦？为什么一定要限制自由、停止生命科学的脚步？克隆人没有恼怒"神"，只是触犯了制造"恶"的"神圣理论"的人。伦理学失态了吗？神学变形了吗？基督不再"爱我们"了吗？"恶的可能性被存在的模糊不清的基础掩盖着"③；人的生命不会停止进化，技术进化将促进这个历史进程，哪怕我们跌入"深渊"：

> 深渊不是恶，它是一切生命、一切实存的根源，其中隐藏着恶的可能性和善的可能性。原初的非理性奥秘、深渊存在于世界生命的基础上。任何逻辑都不可能把生命这个非理性的奥秘隐藏起来。④

---

① 参见［俄］别尔嘉耶夫《恶与赎》，刘小枫主编：《20世纪西方宗教哲学文选》（上），上海三联书店1992年版，第322页。本文由董友译。

② 谢林对恶作过最深入的研究，此句源于谢林《关于人类自由本质的哲学探讨》，刘小枫主编：《20世纪西方宗教哲学文选》（上），上海三联书店1992年版，第323页。

③ 刘小枫主编：《20世纪西方宗教哲学文选》（上），上海三联书店1992年版，第324页。

④ 同上。

如同黑暗衬托光明一样，恶的存在使善显现胜利成为可能。善与恶都赖于自由，自由不偏袒任何一方，恶扭曲生命，它混淆神阶核心，“贬低高尚，抬高鄙俗，是对存在原始根源和核心的脱离……恶首先是谎言……它在毁灭生命和存在，消灭自己，它没有任何积极的意义。”① 恶反衬出善的价值，使人向往善。健康与生命的完满是善，这是由疾病和肉体的缺欠证明的；生命的世界需要恶，这是善存在的基础。来自于医学和医生的恶，是双倍的恶；因为伤害病人比伤害健康的生命更凶恶、更残忍，握持治疗的技能与知识，不去救治有病或不健全的生命，反而伤害（不管是有意伤害还是无意伤害）他们，这就是重叠的罪过和重叠的恶。

基督教认为，恶的激情和引诱每时每刻都在争取我们，为毁灭上帝的创造，在我们生命的土地上撒播死亡的种子，恶永远为了终止生命，它与疾病的目的或作为是一致的。疾病反衬健康的可贵，疾病的恶只能导致死亡，人有时能战胜疾病，但却无法逃避死亡；然而人可以用爱战胜恶，使死亡脱离恶；用爱和善改变死亡的形式与情境，改变死亡的语言与意义，那原是神所暗示我们的。生命的王国是一个完整的乐园，但疾病的恶企图破坏它，并且毁灭生命的事业；而我们用医学的信仰与科学技艺抵挡这种恶行，神学制造“获救”与“复活”，医学解除肉身的痛苦，最后用一种后现代的“死亡”，最终使肉体的毁灭（这是不可避免的）成为“安乐”，这是一种真正的生命的王国结构，是人的一种摆脱“恶”后的“归家”。

保罗·利科②将恶的象征分为忏悔型、神话型和思索型三类。人的忏悔被罪错的心理所驱动，为生命的最原始象征，是奴隶意志的外化，这种“最分化、最微妙、最内在”的负罪体验，还没有特定的语言中介；它形成的语言具有“无识别力、含糊多义、令人反感”的特点，淋漓地显现

---

① 刘小枫主编：《20世纪西方宗教哲学文选》（上），上海三联书店1992年版，第325页。

② 保罗·里克尔（Paul Ricoeur，1913—2005），又译保罗·利科。当代享有国际盛誉的法国哲学家，曾就读于巴黎大学，获哲学博士。第二次世界大战期间被俘，在德国集中营潜心研读马塞尔、雅斯贝尔斯与胡塞尔等人的著作。1948年后相继任教于法国斯特拉斯堡大学、巴黎大学、比利时鲁汶大学与美国芝加哥大学。20世纪60年代前，他的研究以存在主义和现象学为主，提出意志现象学学说，成为法国现象学的权威。他的主要著作《意志哲学》运用现象学和象征学方法，探讨了意志和非意志的相互作用，以及人的罪错性问题。后转入解释学研究和语言研究，与迦打磨一起被并称为解释学的两位大师。其主要作品有《弗洛伊德和哲学：论解释》《解释的冲突》《隐喻的法则》《行为语义学》以及《意志哲学》；《恶的象征》为《意志哲学》第2卷《有限和有罪》的第2册。《恶的象征》中文译本由上海世纪出版集团和上海人民出版社2003年出版，公车译。里克尔于2005年5月20日因心脏病在巴黎南郊逝世。

了人最集中的肮脏心理并同时被内在的、不断的反悔所折磨的生命过程。亚当的神话发育了基督教“恶”的隐喻，使《创世记》从“恶”导引人的生命延异的流程。利科通过罪的原始体验所暗示的神话已表明了理解亚当神话的双重结构：一个人与一个行为。编写《圣经》的耶和华派，“是在有关不服从禁令而被逐出乐园的一对夫妇的非常原始的神话中，衍生出由一个祖先去代表不同种族集团的观念”①。亚当吃了禁果的行为使一个清白时代永远结束，人类满带着欲望，带着罪恶，不断被诱惑所征服，并在诱惑面前经常进行有限的让步，以获得暂时的自由。生命顿时丰富起来，神人关系有了伦理内容，人的灵魂与肉体，从此被导向俄耳普斯式的净化和神哲学的大门。

原罪是受难和受惩罚的理由，基督教说服人要在生命的过程中学会“禁止”，禁止使我们的生命有意义。医学中的“恶”来自于疾病，最后与死亡相连接；我们经常遭遇“死亡”的威胁，它是最后最彻底的“罪”的报应，“不应这样”、“不要这样做”等不应该的伦理都来自于这种威胁与报应的意识，象征就是思想，“不许”使我们不自由。

> 禁止的严重性、分量都来自“否则，你就要死”。因此，禁止本身预期了受难的惩罚，并且，禁止的道德强制本身就带着情感的面具。禁忌无非是：由于禁止而从情感上对惩罚的预期和防范。因此，禁止的力量——就它提早产生害怕而言——是一种令人难以忍受的力量。②

医学针对罪与解救这一组疾病象征的理解，疾病所导致的痛苦、煎熬、折磨、生活秩序的破坏，都渴望通过治疗来中止；“上帝啊，赦免我的罪吧！”有病的基督徒哭喊着，带着原罪和后罪的悔改之心，祈求被放逐后的另一种赦罪，即治疗疾病；“血是生命”③，用血通过灵魂，即在“祭牲生命”的赎罪仪式中，“病人”带着悔悟的内心认为代表他的祭牲的死亡可替代他的死。医学就是这个“祭牲”的仪式，它带有全部的

---

① ［法］保罗·里克尔：《恶的象征》，公车译，上海人民出版社2003年版，第8页。

② 同上书，第34页。

③ 《申命记》12：23。

"救赎"特征。医学把避免或逃离死亡作为目的，如果非要死，无奈地把死亡化为一种安乐，这是哲学价值论的成就。神学曾经十分犹疑，因为这毕竟是结束一个人的生命。这是恶还是善？基督徒大多数一时还难以判断。当生命体已经失去了基本的质量，甚至已经进入无法称为"活着"这一阶段时，尽管我们向往生命久长，但如果人一直处于极端而又无法解除的痛苦中时，是否可以求助于医生施行"安乐死"呢？是否把死亡的恶由此变为死亡的善？如果世人果真不能保持真有和上帝赐予的福乐的肉身之躯，而又不能即刻结束生命，是否可以借用技术使生命提早进入死亡？假如医生用一种简洁、节约、快速、舒适或充满快感的方式催促符合安乐死条件者死亡，这能否说是远离恶？①

与后现代生命伦理学理论相关的，就是基督教忧虑的另一个概念，即"生命质量"，神学能否接受这个测量定式。一个人的生命用社会意义来计算，对家庭、友人、事业和政治文化等所产生的后果十分复杂，这并非都与财富有关。如对一位农民、作家、理发师、家庭主妇、医生、数学家、芭蕾舞演员、新闻节目主持人、牧师或总理，如何计算他们的价值？生命质量的定式应符合卫生经济伦理的目的，应有利于卫生和其他与人类生命或生存相关的资源分配的道义。其测量应该表述人类相互之间的体恤、照护与友爱；阐明社会特别是医学社会变革的原因与方向；将社会活动结果（产生）与实用（投入）加以比较；为直接的人类共同的政治和普世宗教目的以及卫生行政决策目标服务，即确定不被重视的人群、残疾人、穷人、不那么受到优惠的人、地区和生活领域的福利赤字；并且能够使决策者始终如一地倾其所能致力于增加健康投资，不断地将浮华建设花费和奢侈生活消费引导到卫生公益事业中。基督教一向倾注于爱的感召，对基督教徒的生命感受起到了决定作用。坎贝尔（Campbell，A. G. M）在1976年提出三项指标：个人对实际情况与自己生活目标的认知比较；对积极和消极情绪的平衡；研究和观察心理与情绪的紧张状态。布雷本（Bradburn）的情绪平衡标尺可检验积极情绪（心满意足）是否占上风，是不是一个人的情感主宰，据此，就可以判定舒适与否。安德鲁斯（Andrews）又创造了一个"被感知的生命质量"的二维概念模型，充分把握

---

① Wayne G. Boulton，Thomas D. Kennedy and Allen Verhey，*From Christ to the World*，*Introductory Readings in Christian Ethics*（Wm. B. Eerdmans Publishing，1994），pp. 310–311.

生活情趣的综合，就可以揭示对生活质量的总感觉。生活领域分角色境遇和价值两类，于是出现客观和主观的择一问题，安氏的概念与“安为”(Well-being) 接近，强调在情绪波动时生命质量的感受是重要的。在更为普遍的定义中，生命质量是由个体的生活条件与主观舒适状态决定的，幸福永远是一种感受。[①] 基督教追求至善，为此教义学设定终止的善为最高的目标。在死亡面前，通过技术，提供咨询，进行至善与较善的比较；进入对生命的判断，选不证自明的法则，用心灵，但不对法则作判断，法则比心灵更居上位；我们表述对死和生的最后渴望，进入最具推动力的神圣体验：爱与至善；“我就是道路、真理与生命”；生命是上帝赐予的，真理是渴望，道路就是诞生与死亡的法则。

灵魂接近上帝，记忆接近永恒，领悟明晰真理，选择爱使生命导向至善。

死亡与人的生命对峙，死亡是人生的一个部分，结束与开始都是从死亡缘起的。死是一种必然的终末、结束；死是时间的过程；死亡是生命空间的关闭；死是生的一个必备条件，是生的一种形式；死亡使生命有意义；未完成的生命才是美好的；死亡使医学有价值。

死亡唤醒了宗教，“向死存在是人的最本质的东西，对虚无之紧迫的忧虑是人类最本真的存在方式”[②]。死亡是属于宗教的，没有人能战胜死亡，死亡是大自然最后的一种暴力，只有上帝管理死亡；“所有人都要进入阴宅”；[③] “无论是聪明的，愚笨的，同样受死亡的打击”[④]。

舍勒认为，死后永生的第一个条件乃是死本身，永生是一种对于生命冲动的信仰：

> 精神—身体的位格之永生（Fortleben der geistig _ leiblichen Person）——这些词句只有着眼于死滞现象、着眼于生存和一切生命之命运的不可摆脱，才能获得某种意义。[⑤]

---

① 请参考孙慕义《后现代卫生经济伦理学》，人民出版社 1999 年版，第 332 页。

② ［法］勒维纳斯：《上帝·死亡和时间》，余中先译，三联书店 1997 年版，第 111 页。

③ 《约伯记》30：23。

④ 《诗篇》49：10。

⑤ ［德］舍勒：《死·永生·上帝》，孙周兴译，中国人民大学出版社 2003 年版，第 39 页。

神学家认为，生命冲动与死亡的精神必须统一，我们不屈服于死，但必须与死的精神和解，相信死是永生的开始和条件，一种死亡的信仰才可能建立。超越在于对肉身生命和灵性生命的认知，基督徒信奉上帝，则信奉上帝所赐予的生命过程的合伦理性，而死亡正是基督教生命时间的一个必经阶段；因为有灵性生命的存在，我们为什么还要惧怕死亡呢？神学确立永生是遵循上帝的生命之道，基督教设定获得永生的条件是：放弃世界；皈信基督；做属灵的侍奉者；勇于自我牺牲；真心地认识神并照着圣灵去撒种。如此，我们的死将成为安乐，成为一种美好的归宿。"何处是归程，心安是归处。"在上帝那里，对行善的人来说，死是转入美妙天国的驿站。

教义学观念是，创世与创生是最伟大的工程，这项工程的关键之处在于，上帝为人的生命注入智慧与灵性；心灵官能成为人生命的旷世之器。位格式的创生，引发语言的启动，语言是保存在记忆中的肖像，它描画人的外貌与本质，让爱通过生命的语言被理会、传达和接受；人的生命之爱来自于对善的标记、记忆与领悟。创生、语言与爱三者寓于灵魂中，成为记忆、领悟和意志（选择），同时又等同于实体，互相包含。

我们可以发现，生命伦理学应该是从圣道（圣父）、圣言（圣子）与圣爱（圣灵）中引出的彼彻姆四原则——尊重自主、公平正义、切勿伤害、医疗至善。生命道德哲学的三位一体归于一个圣道。基督教道德的美德与道德义务的原则是对应的，而生命道德原则一直沿用道德义务的原则，许多生命道德原则所禁止的行为和被谴责为道德上恶的行为之间也是同样对应的。圣爱引申为尊重人、尊重生命、尊重医生的劳动、尊重病人的权利，圣爱又同时引出切勿伤害或最小伤害或最优化原则；圣爱可化生为医疗行善和医疗过程中的公平正义，这也是对应于仁慈和公平的美德。① 基督教德行最有价值的特性是使圣徒式的道德理想成为约束个人行为的价值模式，不仅追求简·亚当斯所倡导的特定的道德生活，而且是向普通人详细说明道德义务如何成为我们的最低要求，这一切都是我们必须

① ［美］汤姆·L. 彼彻姆：《哲学的伦理学》，雷克勤、郭夏娟等译，中国社会科学出版社1990年版，第248—250页。

做到的。① 圣人与英雄的伦理学是一种道德行动的极端，脱离了普通人的道德能力；基督教就是用非圣人的义务作为原则的基础，而不是用英雄的美德作为应当的起点，因为伦理神学家认为，那是脱离信徒的实际生活的。基督教神学义务论高于康德的绝对命令伦理语感，因为有上帝的传言和教徒的信仰作为前提，它就不需要追查任何目的。圣爱把宗教生活同人世间的承诺联系在一起，爱上帝必须爱邻人、爱生命，必须要在现世的爱德行动中证明自己。“因为那不爱自己所看见的弟兄的，就不能爱自己所看不见的神。”②

以基督教的灵魂说来分析，灵魂通过上帝肖像（语言·基督）沉思圣三一本源后，最后给与科学之光以感召，实现生命至善的“三位一体”：实现、白描、言说（或诉求）。作为生命伦理学，可以借用生命的**自然哲学**属性探觅生命存在和产生的科学原因，引人认识圣父的万能；用形而上学认识第一始元（圣父）；用数学特别是几何学，如毕达哥拉斯般地认识肖像（圣子）；用物理学认识创世启示和上帝所赐予人类的生命礼物，这一切都要通过圣灵来显示，并由圣灵发生作用（圣灵）。

生命伦理学可以借用生命的**理性哲学**属性探觅理解生命的理由，引人认识圣言的智慧；用语法学表达生命的过程，讲述生命的缘由和开端的状态；用逻辑学辩护生命存在的合目的性；用修辞学对人的心灵产生冲击力，用一次又一次地召叫打动人心。生命伦理学主要作为一种生命的道德哲学，探觅人的生命生活的法则，引人认识圣灵的至善，用修身（monasticam）哲学暗示第一始元的非受生性，造物者没有重复性，没有后来者，他是唯一的；用齐家（oeconomicam）哲学暗示圣子的亲情与对世人的无比关爱；用政治或政策（politicam）哲学暗示圣灵的无私与慷慨，并通过“教会”这样的组织使人类的社会充满爱的恩泽和阳光，化解仇恨，缓释纷争，改造恶人。

哲学可以评价意义，但不可能回答为什么要有意义。在托马斯·阿奎那之后，哲学成为神学的基础与前提，基督教哲学是神学与哲学之间的领域，神学是信仰的哲学。基督教哲学与古希腊哲学汇合，从“使徒传道”

---

① ［美］汤姆·L. 彼彻姆：《哲学的伦理学》，雷克勤、郭夏娟等译，中国社会科学出版社1990年版，第258页。对此彼彻姆作了很好地说明，认为圣人与贫民对道德的接受不同，圣人总是超越道德义务的，而这不是普通人的标准。

② 《约翰一书》4：20。

开始，耶稣以“道”（上帝的话）服理（逻各斯），为消解神学（信仰）与哲学（理性）的冲突，阿奎那建立了“神哲学体系”即托马斯主义。神学为学问之最，支配着包括哲学在内的一切学问，哲学融合于神学，哲学与神学结为一体，神学即神哲学。

实际上，无论希腊教父的社会三一论，还是阿奎那的心灵或实体三一论，都离不开“一分为三和三化归为一”的逻辑①，似同“佛为一极，表一而出，圣亦可为三而出”这样的佛性善理。②

神哲学中善的理念源于《圣经》里的道德教诲，道德义务是神圣的命令；如康德所言：“上帝存在是实践理性或道德意识之所以可能的先决条件。”这句话意味深长，也是我们认真解读伦理神学与生命伦理学之间关联的缘由。

生命价值论一改对于绝对命令的无条件屈从，开始为停止生命规定条件，成为生命伦理学最大的理论反叛，延续已久的对“无条件的争论”和刘易斯的伦理情结有了一个基本的结语；我们头上的星空道明了“自然界的‘必须’，而心中的道德律说明‘应该’的诚实和言语的义务，或者说，只有有信仰的人（对上主和对真理的信），才服从客观的道德律”。很多人最惧怕道德相对主义，其实道德相对主义如果规范条件，即有条件的相对主义是可以缓和冲突的，而且可以允许在时间、空间和文化情境的不同场合对事实进行判断；只要不违反他人和社会的总体利益，就没有必要对“道德相对主义”进行责难，道德相对主义可以从“客观的道德律”找到对“宽容”的宽容。安乐死、堕胎、同性恋、克隆人等也都可以被宽容，只是这种“相对”不能失去控制，不能使其成为一种无边界的、无限制的、无法规约束的“技术自由”。

伦理神学的一个核心观念是，至善就是造物主，三位一体的一体也是祂，一个很重要的逻辑就在于它特别巧妙地把其一分为三：圣父、圣子和圣灵。圣父就是那个至善体，圣子恰好是圣父具体的化身，圣父旨意的体现就在圣子上，而圣灵是传达者、中介者和工作者，神学家最难定位的就是圣灵，东正教和新教的争论由来已久，就是因为圣灵不好定位，而这个

---

① 即“以三一中三个位格的区别为起点”的社会三一论，异于心灵或实体三一论之以至单至纯的“一”为起点的心灵三一论。

② 参阅《汤用彤集》，中国社会科学出版社 1995 年版，第 83 页。此处是汤用彤对《法华经》佛与理本无二致的解释。

圣灵，据我理解就是一个中介者，一个工作者，一个行动者，也就是我们不能直接从上帝那里得到感悟，上帝是通过圣灵来做人的工作的，所以基督教徒有一句话就是“圣灵的感动”，不讲上帝的感动，祂是有绝对威严的，是至高无上的，是至善体，止于至善就是止于上帝，人永远不可能至善。实际上，三位一体最高的意志者是圣父，祂是个发动者、创造者，而靠其一念的、单体的力量难以成就伟业，必须化身，分为三个位格；其中的“子”格，有一个实践意义和平民化意义，圣子天生贫民，裹着破布，生在马槽，设定了基督教是一种平民的宗教，不是贵族宗教，所谓的神贫主义来自于“子”具体的在地上的行为，然后通过圣灵来感动世人，最后回来报答“父”的恩德，这就是三位一体的逻辑。这里面“父”是创造生命的主体；“子”“为救世人，取肉身成为世人”，万生借他而造。这样的意识存有的是，上帝心里早就把耶稣的形象构造好了，然后让信徒看到或想象的形象和其心目中所描绘的那个耶稣的形象同一，子就被规制为神人二性，既是神又是人，而人理解的“子”完全是人，但是无性所生，是圣灵使圣母无性而怀胎。要说无性生殖，此为最先；所以无性生殖已先在地被预言了。圣灵“是主，是赐生命的，从父出来”，基督的诞生是圣灵赐给他的生命，而圣灵也是圣父的一个变体，这样就构成三位一体，就是“奉圣父、圣子、圣灵的名为你施洗”。东正教以圣母和圣灵耦联，通过圣灵之母拯救人类。俄罗斯神学家解释说，圣灵是圣母的一个体。

三位一体是“上帝”的三个位格，为奥秘的启示，理性领悟让渡于信仰接受。让渡的路径有：咨询——至善与较善的比较；判断——选不证自明的法则，用心灵，但不对法则作判断，法则比心灵更居上位，在上帝的维度下，很多法则不需要证明，比如爱你的邻人不证明，基督教不求证，人就是要爱，要牺牲，要奉献，这样就能救赎你的灵魂，就叫得道，称义；渴望——最具推动力的神圣体验：爱与至善，耶稣讲“我就是生命、真理与道路”，生命是上帝赐予，真理是渴望，道路是法则。

圣灵的感动就是爱的感动，爱是生命伦理学的母原则，像爱你的邻人，爱陌生人，爱仇敌，这种无私的牺牲精神、奉献精神为医学伦理四原则做了奠基，“四原则”源于一个主体原则就是爱，所以生命道德哲学的三位一体——归于一个至爱和至善，也就是圣爱和圣善。

至于分析“三位一体”的关系，路德拒绝经院学者那些微妙深奥的论证。尽管他接受关于“三位一体”的传统教义，但他着意于“一性”

和“三性”，即“上帝是一和三”[①]，就是说，“他的统一性超过人和受造之物的以及任何数学概念的一性”[②]。路德似乎坚持认为，在神性中应该存在着最崇高的一性，

> 一位上帝存在于三个位格里——每一个位格都是完全的神，但没有一个位格是作为没有其他两个位格的自为的神而存在的。[③]

“圣三一”有严格的内在逻辑，基督教是三元论，是从一元演化而来的，而路德神学显然是一元论，不是“一大二小”，而是“一大或者三大”。这就更恰适地解决了人类思想和知识觉悟问题，解决了诸多“如物”（心如格物）的存在问题，或是说阴和阳、正和负中间有一个广阔的地带，即父与子之间有一个圣灵的引导，或者说，善与恶之间有一个过渡区，或者可以比作“亦好亦坏”、“非善非恶”的中立地带，人为生存大多处于这样一种安平的中立区，大众多数也处于这样的形态里，至善和罪大恶极者只是一个“小小众”。子受到派遣，来到“善——善恶相间——恶”这样的世俗人间，圣灵作为中介，我们不可忽略，有时“立志为善由得我，只是行出来由不得我。故此，我所愿意的善，我反不作，我所不愿意的恶，我倒去作”[④]。把圣灵的这个“三”和中立地带连在一起，意指大部分属于善和恶之间，基督教认为，人心中时常有魔鬼侵扰，人身上都有恶，每日“顺着肉体活着”[⑤] 难免会有自私之心，行一些本意利己之事，但在不自觉中损害或伤害了“邻人”或异乡人的利益，只有在每日忏悔、每日灵修之中，逐渐改过、醒悟和纠正自己，最后使自己成为一个相对的诚信徒、义人或者好人。在这样一种情况下，就有一个无言的智慧的过程，所以如果有上帝的存在，就可以向祂诉说、言说自己的悔和痛，把自己的心托付给祂。人是有缺陷的，是难以整全的，所以现在就是要在“道德的中间地”分清明暗对错与善恶；基督教就重视了这样一个问题，

---

① ［德］保罗·阿尔托依兹：《马丁·路德的神学》，段琦、孙善玲译，译林出版社 1998 年版，第 202 页。

② 同上。

③ 同上。

④ 《罗马书》7：18—19。

⑤ 《罗马书》8：13。

注重人群的中间地和每个个体的中间地，它是通过三元论来解决的，因此由“父”派“子”来临，到这一方中间地来，与世人混同在一起，驱赶人们心中的魔鬼，关怀那些每日肉身和心灵遭受折磨的人，洗净邪念，跟从唯一的“父”。圣三一是天律，是自然原本始基的节律、规约和圣诫，似若巴赫的“加农”对称的曲式，也如同数学中的维达定理，或者如人体的对称，或如医患之间应有的平衡友好，万物的和谐与美善，就是要由这“三一律”来调节。

哲学可以评价意义，但不可能回答为什么要有意义这一问题。哲学是神学的基础与前提，基督教哲学是神学与哲学之间的通道，神学是信仰之学，而劝人为善、劝人爱人、劝人有信有望有爱就是“意义”。爱因斯坦相信宇宙中有一个主宰，有一个了不起的力量，有一个最高意志，这个自由意志就是世界主义的，就是历史的，就是不可颠覆的。任何人不可逆性、逆行、逆言、逆为，人要顺行天律，在此，虔信就是意义，爱就是“意义”，“圣三一”就是意义。

生命伦理学应该解读神学伦理学的论证，善的理念源于《圣经》里的道德教诲，道德义务是神圣的命令；“上帝存在是实践理性或道德意识之所以可能的先决条件”。这是康德最早的一段论述。由于自然界是“必须”，道德律是“应该”，刘易斯质疑，还存在客观的道德律吗？道德律是否像宇宙自然规律那样存在着客观，康德讲头上的星空和心中的道德律，这个道德律是不是客观的？基督教讲是“神规律—神律”演绎为生命伦理的“道德律”，则如同头上的星空那样的如是与合理，不可改变。

第二节　解读“生命至爱与道成肉身”

基督教神学认为，道成肉身（incarnation）的始因是上帝之道（逻各斯）因世人犯罪无法自救，而通过童贞女玛利亚无罪受孕取肉身成人。其意为，生命是“道”，是精神的，是“神”的心灵，是人对“神在”的感悟与人的肉化躯体的共在。

按基督教的逻辑，上帝在耶稣的生命中道成肉身具有生命科学、心理学或形而上学的意义：生命的实体存在；生活对上帝的回应与开放；体现了一种爱，对上帝、对邻人、对仇敌、对世人、对生命、对自然、对万物的无私之爱，真爱者真福，基督教信仰把这真爱作为一种高远终极善的象征，没有任何伦理所指比基督之爱更为永恒，那种贫民化的爱是一种最可及可盼可时时再现的；它就在身边，在世人中间，在“你的我的他的”身上，人的心灵要靠它来显示善和终极的眷顾，人类和社会必须有它，才有希望发展和进步；真爱是没有时空、民族、语言以及文化的界限的，只有真爱才能抵挡恶。

基督教的语言表明，伊甸园是上帝与人类发生最早关系的乐园，这已经为亚当和夏娃的肉身模型确定了伦理角色，为后来的道成肉身创制了始因，人接受末日审判的命运已经不可避免。[①] 道成肉身更强调作为人的神子耶稣的教义学价值和伦理角色，从此，恶（撒旦）的引诱——原罪——惩罚（律法·约法）直到受难（偿付）成为特有的神学语言与逻辑；生命伦理学可由此接受为什么生病，为什么有痛苦，为什么爱病人，为什么要公正，为什么不伤害，为什么要尊重，为什么要诚实，为什么要使医学成为爱人的学问，等等，人守着这“道”，便有盼望；遵循这“道”，便有信心，便能够克服任何困难，为解救病人而无私地奉献自己。“是一个特别朝神的临在开放并作出回应的人”[②]，第一，耶稣为世人作出榜样，用信心和对人的爱治疗疾病，这体现了他无条件地服从上帝，上帝有意在他的生命中体现自己的旨意，使医学有了伦理根基，这绝对不可动摇，这使上帝之“道”成为肉身，有了生命伦理价值；第二，耶稣道成肉身后，为医生作出示范的行为，并通过这种爱的举止，体现了生活在对上帝开放和回应中的人生理想；第三，在这种无私之爱的生活中，精神与物质的生命共在表现和说明“人”的意义，肉身是需要爱护和关照的，肉身是上帝的赐品，任何人不可践踏和冷漠视之，任何疏远肉身的人都不是道德上高尚的人，基督教伦理和生命伦理由此合一，共享“道成肉身”的隐喻，使人的生命在“神”的生命伦理之中。

> 耶稣走遍各城各乡，在会堂里教训人，宣讲天国的福音，又医治各样的病症。

---

① H. Tristram Engelhardt, Jr., *The Foundations of Christian Bioethics* (Swets-Zeitlinger Publishers, 2000), pp. 238-239.

② ［英］约翰·希克：《上帝道成肉身的隐喻》，王志成、思竹译，江苏人民出版社2000年版，第123页。

它代替我们的软弱，担当我们的疾病。①

基督教仪式中的洗礼，是信实与悟省以及对人皈依决定的接受，不必追求洗礼形式和各教派的差异，不管是注水礼还是浸礼，都是基督教最庄严、最神圣、最正规的皈依圣主的象征仪式；基督向门徒们说，你们要去，使万民做我的门徒，奉父子圣灵之名，给他们施洗；凡我所吩咐你们的，都教训他们遵守。施洗是耶稣立的圣事，可赦免人的原罪和本罪，并赋予上帝的恩宠与印号，由此可有权利受其他的圣事。人用纯净的水对心灵进行洗浴，这是一种对人的救赎与赦免，是为摆脱邪恶而在道德的路上通向真正的解放。为了自己的基督徒生涯更加富有意义，各种肤色的信众都愿意排除万难选择来到连接加利利湖和死海咸淡相间的约旦河②接受洗礼，因为这是当年耶稣基督接受约翰施洗的圣水，用约旦河的河水作为圣水来洗净自己凡世的罪孽，旧的“我”已经死去，新的“我”得以重生，从而成为一名“脱胎换骨”的基督徒，使自己的生命更有价值。

路德用《罗马书》中的话说明洗礼在人的一生中始终存在并意义远大、不断更新，如保罗感悟的“把人浸入水中，再提出水面”，象征旧人死亡，新人复活；基督徒应每日洗礼净化心灵，一旦开始便永久活在清洁之中。洗礼是脱却肮脏，恢复撒旦诱惑之前的“原人”，而不是原罪之人。洗礼是根据上帝的命令用水完成的，把水与上帝之言语相连，上帝之言包括和转达了上帝的一切的完满，即施洗的命令和一切与施洗有关的应许，施洗使人“给所有信徒以永远的拯救”。经过洗礼，“我获得应许：我将得救、得永生，不管是在肉身还是在灵魂方面”③。人本是没有罪孽的亚当，唯有洗礼可以证明，洗礼把基督徒带向真实的圣明，基督徒获救不是因为他们向往天国，而是因为他们有心经受炼狱的考验，他们终于得救，是因为他们经受住了这种难以忍受的炼狱；基督徒用献祭证明他们献身的决心，向着十字架表述基督救赎他们的恩典。

---

① 《马太福音》9：35，8：17。

② 约旦河主要源于叙利亚的黑门山（Hermon）之南，向南流经以色列，在约旦境内注入死海，全长360多公里，它是世界上海拔最低的河。约旦河两岸土地肥沃，风景优美，但使约旦河闻名遐迩的却是它两岸众多的历史宗教遗迹。相传，古代以色列人就是渡过这条河，进入“上帝应许之地”——迦南的。耶稣也是先在这里受洗，才走上传教布道的荆棘之路的。

③ ［德］保罗·阿尔托依兹：《马丁·路德的神学》，段琦、孙善玲译，译林出版社1998年版，第360页。

救赎是责任伦理的开启：献祭、牺牲、苦刑、宽恕、宣判无罪、赎价、赦罪等，通过耶稣的血来实现，十字架作为叙事的隐喻与象征，从此建立一种生命道德秩序：上帝的公正严明；承担世人的罪，赢得称“义”；抵挡对魔鬼、命运、罪和死亡的恐惧；生命得救乃因为“人子来，并不是要人服侍，乃是要服侍人，并且要舍命，做多人的赎价(lutron)”①。

十字架：为上帝赎回人的生命与魔鬼所做交易的一部分，上帝用耶稣的血作为诱饵留在十字架上；十字架虽然是以死亡作为显序的，但却预示着新生命的来临，预示着基督生命的复活，预示着生命苦难的结束，预示着拯救与真实的爱。十字架事件与基督不可分割，上帝通过十字架陈说自己，陈说对人的希望与爱，陈说救人脱离凶恶的决心：

> 十字架是基督教与世界宗教的差异的基点，十字架把信仰与迷信区别开来，十字架是意识形态和人本主义的人的形象的分水岭，十字架也是信与不信的分界。基督教人类学只能是被钉十字架的人类学。②

基督徒相信，基督之死是上帝成为肉身的人的再次证明，上帝之中的十字架之死和耶稣惨死之中的上帝，是基督神学的本源，这也是生命神学的伦理基础。道是没有终止的，因为基督被钉十字架上是人在向神的过渡中的苦难境遇，这给人一种昭示：凡为善行所遭遇痛苦煎熬的都能获救，这才是好的生命和好的人，灵魂不死是因为生命被十字架事件拯救，也就是被基督拣选了；人的罪也随着基督被钉死在十字架上的那一刻被赦免了。上帝在十字架上成人，目的是给人的生命以神圣的自由。肉身患病或有缺陷从而遭受痛苦，是钉十字架的苦，是以耶稣为榜样的，耶稣的行动和被钉死在十字架上的经历是值得每个肉身的人效仿的，他的死不可能替代人的生命过程，人来到这个世界上，必须使身体完全经历苦乐辛酸，经历病痛和医疗手段的折磨，这才是正常的人的正常的生命。病人的自由是

---

① 《马可福音》10：45。

② 请参考刘小枫《走向十字架上的真》，上海三联书店1994年版，第438页。原文引自默尔特曼著《人论》德文原版第37页。上帝在十字架上降身为人，成为基督的位格，而基督在十字架上的死，并不意味着上帝本身之死，而是意味着在上帝之中的死。

基督给与的，不是近代人本主义或理性主义的自由，而是对自己身体和生命的自主权和支配权，医疗自主和个人的健康义务也是十字架神学启示与赋予的，那是“上帝”的规范和意愿，更是祂所欢喜的。

神学家分析，伊甸园中的亚当与夏娃是要追求生命的完满、追求健全的生命和肉体，但结果却反把堕落留给人类；还因为有了智慧，人间顿时生动起来，人类从此才有了对幸福的盼望、美妙的性爱和亲情；而这些是文化与文明的奠基。魔鬼是启蒙者，还是普罗米修斯？基督教神学关于生命的意义从此有了分化的可能；世界也存有了意义，并使人在社会中享有地位，生命在疾病中被表达为卢曼式的演示和反省；① 有生命必有疾病或不足，生活有欢乐必有苦难。

生命伦理学不仅应该汲取基督神学或者伦理神学中的信仰遗产，而且应吸取如同中华民族传统中的那种精神；他们的“道”说充分体现了什么是人应该的担当与配当享有的权利。他们说，“上帝”并不要无辜者的血，有罪者要自己进行自体赎罪，每个人对维护生命的权利都有责任，这就是“道”，责任是“道”所示表的；“他死了，我们未必获得宽恕，他为我们的好而死，盼望我们去天堂，但他的宝血只是一种示范”，我们要学着他，一样尽善尽爱。

道成肉身（incarnation）的始因为上帝之道（逻各斯），因世人犯罪无法自救，而通过童贞女玛利亚无罪受孕取肉身成人。生命是“道”，是精神的，是神的心灵与人的躯体的共在，这一共在是为了完成对人类的至爱，至爱就是达到极顶的爱，我们所有的爱都来自于至爱，它是爱的宝库，是爱的最后的结晶，是爱的渊源，是领导爱的，是爱的权源；这一点对于理解西方的基督教道德是个关键。对于神学伦理逻辑体系来说，上帝在耶稣的生命中道成肉身具有生命科学、心理学或形而上学的意义：生命的实体存在；生活对上帝的回应与开放；体现了一种爱，对上帝、对邻人、对仇敌、对世人、对生命、对自然、对万物的无私之爱，只有真爱者有真福。

---

① 参阅卢曼《宗教教义与社会演化》，刘锋、李秋零译，中国人民大学出版社 2003 年版，第 30 页。卢曼（Niklas Luhmann，1927—　），德国百科全书式的社会学理论家，早年曾在哈佛大学攻读社会学，回德国后师从薛尔斯基，任教比勒费尔德大学，成为结构—功能系统论的理论成员，论域涉及社会学基本理论、经济社会学、宗教社会学、艺术社会学、伦理学等。他的宗教社会学是以分化为主要论题的。

道成肉身过程的神学推演，架构了恶（撒旦）的引诱——原罪——惩罚（律法·约法），即受难（偿付）、洗礼（信实与悟省）、献祭（献身——十字架——救赎）。救赎是责任伦理的开启：献祭、牺牲、苦刑、宽恕、宣判无罪、赎价、赦罪……通过耶稣的血来实现，十字架作为叙事的隐喻与象征，从此建立一种生命道德秩序，来承担世人的罪，赢得称“义”。基督教哲学中的十字架哲学学派认为，十字架幻化成很多医学符号，诸如瑞典国旗亦属此类。依照安瑟伦理论，“生命就是罪，原罪遗传”，当本当求善（积善——施爱——赎罪）的伦理观念并不可靠，因为神子已经献宝血于十字架上，而且上帝并不要他儿子的性命，是基督自愿在十字架上死，为永远赎世人的罪。

由此而道，所谓上帝并不要无辜者的血，有罪者要自己进行自体赎罪，每个人对生命的权利都有责任，这就是“道”，责任是“道”所示表的；“他死了，我们未必获得宽恕，他为我们的好而死，盼望我们去天堂，但他的宝血只是一种示范”，信徒要学着他，一样尽善尽爱。神学家解释说，耶稣一次性牺牲具有救世人的意义，是要人通过自己的实践，效法基督；耶稣死在十字架上，不是就此替代世人，名义上、精神上是替“人”抵罪，实际上是做个榜样，使人效法他做无私的奉献，要学着他尽善尽爱。所以十字架是生命神学的核心，十字架伦理学是基督教生命伦理学的基础之一。

这种象征意义也提示了世俗生命伦理学应如何理解生命的庄严和奉献精神的伟大。

第三节　解读“生命至道与因信称义”

按伦理神学的理论观点，不称义的人则没有价值；“把不义的人视为义，上帝不归罪，赦免其过，因为基督的义归为罪人”①；“主奇妙地引领他的虔诚人”，人通过信得到义，通过信而得救；信就是对基督对生命的爱。“成义论”是生命神学的重要核心，因为生命要摆脱卑微就必须认信，人如何使自己由罪人成为义人，生命得永生，应始于不动摇的虔信，信使人感知上帝的存在，并充满了恩典和真理，并且遇到了一种特殊的灵

① 《诗篇》32：1。

性的生命，完成了生命的全部，不管是基督的生命，还是人的生命，抑或是病人的生命，最后都成为完整的生命，真正的生命，使人信服的生命，可以显现，不再隐藏，最终实现超升。[①] 路德认为，“因信称义”是一个人精神生命转变为灵性生命的过程，在生命的五个阶段里，灵性的生命为最高。路德不断地解说着，信仰最初表现为对上帝全能和公正的畏惧以及人在上帝面前的渺小感、犯罪感和内疚之心；物质的存在被上帝所驾驭，用泥土造人，不是为了赎罪，这是一个连续而又发展变化的过程，上帝虽然预设了这个发展的线路，但他低估了撒旦和罪孽的力量。另外，人在开初时并没有把自己作为非存在，过于纵容自己肉身的放浪和欲望。因此，由信来彻底放弃自我，人在惧怕上帝之后，才开始认识爱的重要，产生渴望，最后变成完全的信仰，而成为义人，获得了被免除罪恶的恩典。恩典的获得就是“称义”，这是一个生命的内在转变和再生的过程。人的一生不断地发生转变，这是生命存在的特性，而由犯罪感到确定获救的心理变化、情感转移和精神升华，就是从“罪人”变成“义人”、使生命再生的过程。路德神学强调获救感是基本的确信的意义，就在于对从肉身生命过渡到灵性生命的“成义”化的解释，它解决了灵与肉的传统冲突和搏斗，也缓释了人与神的张力。如此，可以把疾病作为“成义”化的过程，依靠无比虔敬的“信”就能够克服痛苦的考验，在科学医疗的帮助下，恢复健康；这里面有个暗锁，即使种种医疗手段最终无能为力或走向死亡，也并不失去盼望，因为灵性的生命还存在，人“将因信而获救”，死亡也不可怕，因信而可得永生。真理与圣灵一样，判断一切有关生命的问题，我们只能“信”这种判断的“真”而不应怀疑这种判断的可靠性。就像承受的信仰者只能确信上帝已经宽恕了他，但不必去问为什么宽恕他，

> 人的理性不能探究他的决定的公正性，否则就要堕入不信不敬的罪恶。确定的获罪感是圣道的直接启示，人不需要任何中介领悟到的圣道使他获得童心，即脱卸了亚当遗传下的沉重负担，对未来生活充满

---

① 请参阅［瑞士］K. 巴特《教会教义学》，《戈尔维策精选》，何亚将、朱雁冰译，三联书店1998年版，第126—127页。巴特说明了人的肉身生命的特性，强调在道成肉身的生命后，人主要应坚信“道”的真理性，用基督的复活作示例，人只要虔信则可以获得永生，因此，生命得超升，必须属灵。

了信心。[①]

称义是路德神学的核心，路德把称义与救恩连在一起，把肉身化的人与心理的诉求结合起来，使人的生命在“隐藏的神”中得以存在，路德唯名论的神的自由意志使人的生命有了意义，特别是神还同时创造了撒旦，让人经受考验，受到磨难，存在获救感，撒旦是神的工具，它来到生命中间就是为使生命有冲突、生活复杂化、灵与肉争斗不止，然后，“信”才成为大“义”大“爱”大“智慧”，生命就有了永恒的目的：所信所望所爱。

基督神学给予生命伦理学的启示是，同是罪人和义人：因基督之故，“上帝”裁定，接受人为义人，就人本身，人是罪人（上帝裁判与怜悯）；称义包括因信赦罪，即把基督的义归给人。难道真的“相信再相信”人就能接受一切应许吗？这就是路德神学引起争论的原因。有人批评路德关于称义的教导会打消基督徒追求圣洁生活的动机，基督徒因此会更加放肆地犯罪；路德只好靠着爱人爱“神”，鼓励基督徒的善行，但他又认为善行的数量与称义无关；这种矛盾使路德很痛苦，他写道：“他拿这福与这福和这可怜痛苦的生活作对照。我们今世的生命除了灾难、危险、罪恶以外，没有福乐可言。……因此我们要闭上眼睛，不要看世上能看见的事物，却要盼望那永远的，看不见的事物。永远的事物是主借着十字架上的恩而成就的。”[②] 路德回避现世的神学抵消了自己信实的积极意义，这是他悲剧的学术人格之所在，也是他拒绝医疗而走向死亡的原因之一。

路德认为，就我在基督之外的本身里，我是个罪人；就我在本身之外的基督里，我不是罪人；这种双重特点为人的生命的全部；因信可得永生，伦理的善行在“信”的面前没有任何地位，它既不会带来拯救，也不会保住拯救，彰善显德，必须有信；路德的要道是：我们是可怒之子；要信；要爱；要忍耐。

---

① 请参阅赵敦华《基督教哲学1500年》，人民出版社1994年版，第589页。这应是作者解读路德的语义，而路德信的目的就是为扫清所有横在人与上帝之间的障碍，而通过真信，使个人与上帝直接交流，路德认为，信仰是生活的常青树，上面必然长着爱和智慧的果实。人的生命能够不断更新靠的就是这种不变的信仰。

② 参阅《马丁·路德文选》，中国社会科学出版社2003年版，第450页。

> 我们生活在幽暗的谷中，因为有爱、有信、有望，我们将开启辽远的路，“我的葡萄园虽然经过各种灾难，遭受毁坏，我仍能再建造起来，使之成为更美丽的地方”。①

因为神学家认为，不称义的人则没有价值，所以基督教认为要做信就先要做义人，而大阿尔伯特把神学和哲学分开了，那就是把这种称义作为一种超然的心灵体验，再不作哲学化的解释了。这给予路德以思想空间，路德承袭了大阿尔伯特的这种思想和托马斯·阿奎那的传统才创造了“因信称义”。“因信称义”实际上是宣表做义人的自由，就是人的一种解放，在解放和自由以及独立思考的基础上来信，不是说有什么力量强迫你去信，传道归传道，但不会强迫你信，

加达默尔认为，“神”是神圣者和无限美妙者之维度。语言背后不可见、不可知、冥冥缈缈又威力无穷的神秘的“炯耀灿灿的球体”，给与我们精神的召叫与呼唤，这是他对于基督教的认识。

神学家解释说，人与所谓“上帝”是在语言上发生关系的，人的堕落及与上帝的和解都在于语言，人通过十字架恢复与上帝的对话，从伊甸园被逐出一直是漂泊者，没有与上帝言说的权利，最后只有我们慢慢地体验心灵的超拔，才能接触、懂得上帝的语言。

基督教很讲究“六”，启示录最后有个“六六六”的神秘符号，源于早期犹太教神秘主义的影响。基督教的西方学者关注着这些问题：人类是否再次堕落了，需要再次被拯救？或者是否到了该末日审判的时候了？物质丰裕是好还是坏？对人来说是喜还是忧？有一个著名的麦尔寓言，魔鬼给了三个祝福但只能从中选择两个，西方选择了个体主义的自由与富裕，东方选择了社会公义与富裕，就是共产主义与富裕，但是神学选择了个体自由与社会公义，这种神学是否永远达不到富裕？富裕之后，更需要信仰。基督教是个平民的宗教，富裕这个问题可以研究，富裕的社会存在着很多危机，人永远须建立精神家园、道德家园、灵性家园，后现代人有一个共同的心理诉求，就是用生命的感悟战胜“忧畏烦”与悲观主义，物质富裕而精神贫瘠需要信仰拯救，生命伦理学遭遇了后现代，应该给予人

---

① 这是路德对《约翰福音》第15章的注释，见《马丁·路德文选》，中国社会科学出版社2003年版，第333页。

以新的信仰与生活的力量。

第四节　自由精神、后现代神秘主义与基督教生命伦理难题

正如别尔嘉耶夫所言：当认识追求从宗教神话中彻底摆脱出来的时候，它就服从于反宗教的神话了。唯物主义也是一种特殊的神话创造，它生活在物质和物质本性的神话中。实证主义生活在把科学当做包罗万象知识的神话中。[①] 这些神话形式对于人的生命存在以及生命的科学问题，不能表述精神生活的深刻现实，并且不能令人信服地说明生命的精神属性观念的价值。如此一来，对于道德的崇敬和虔诚的信仰来说，人就不可能在心中对其加以合法化地接受，因为，这些人很可能会拒斥对于生命问题的非物质观和对于生命文化的超验主义的敬拜。

一　道说与生命延异：惟名与体量

生命伦理学有必要挖掘神学语言中的结构特征。

神学语言是诗意语言，“诗意栖居”沿语言显现的本真存在的形式而渐进存在，信的人赖于一种神的权力，被语言导向一种“神性”，靠这种神性，被拯救，精神被释放，在神性的本质照耀下才能思能说。“神”这个词要指称什么？

宗教伦理与宗教伦理学之核心与世俗伦理的差异在于对先验存在的、具有无限威慑力量的一种遵从与敬拜，如果纯粹作为一种善的超验约定或者一种道德契约，就比如“你不可以杀人”的律令一样，那种威严感是世俗社会难以恪守的。对于生命伦理学来说，应该从中寻找一种替代，以奠定我们遵守生命伦理原则的基础。

宗教学家说，肉身何物？生命之载体，瀚海中万物之方舟；道说乃靠精神，“安诗惟法界，观象见天心。”天心即为道，由生命演绎，由肉身附丽，在社会中彰显，天心为天道，天道为人之心路；人之肉身所以有意义，则因道说，则因生命努力善行，传播福音，在返乡的旅途中延异。生

---

① 此段文字请参阅［俄］尼古拉·别尔嘉耶夫《自由精神哲学》，石衡潭译，上海三联书店2009年版，第59页。

命处在变化中，个体的与整体的“延异”是“上主”造就的无限之伟大，所以，生命为我们之必爱，包括肉身的生命。如何肯定自己的身份和生命在宇宙中的位置，人一经出生就形成一种对自己生命属性的幻觉，与其他“创造物”一样一直参与着世界的进化；在谈到主人与人类进化的目的时，便涌现出一种莫名的心底的骚动；人创造了“造物主”，用科学的工具研究和观察自然和我们的肉身，但终于没能完整地回答我们对于生命的疑问，特别是精神；人寄托于全能的“上帝”，用“启示”和“信任”陪伴人走过这条短暂的生命的道路；以上帝的名——这唯一的圣名来体量生命的全部意义与生活的功能。人在道说中体验生命，生命在延异中进行，这是唯一的“圣神之道”：

> 他是惟一上帝之道的最后一层意思是他的语言不可被其它任何预言超越。其宣言的内容不可超越，因为它告知我们，我们必须理解而且有助于我们理解有关上帝、人类和世界的一切，包括创设和达到所有真正值得理解的一切。其用以揭示真理的深度不可超越，因为它本身就是一切真理的源泉和标准。①

一次疾病的治愈，是重生的过程；而懊悔在人的生命中具有这种重生功能，人类靠懊悔来解救自己的灵魂，表现出生命的德性。舍勒的价值情感现象分析理论为我们找到了基督教赎罪论的精神哲学核心在于人的懊悔；这是人体量世界过程中最重要的伦理心理实验；懊悔使世界有了善的火光。

> 人只能在沉郁而痛苦的懊悔之路上赢得生命，这多么可怕。但人毕竟有一条路通向生命，这多么美妙。难道这不正表明人并非因积压的罪过而丧失生命吗?②

---

①［瑞士］K. 巴特：《教会教义学》（精选本），何亚将、朱雁冰译，三联书店1998年版，第146页。

② 参阅《舍勒选集》（上），刘小枫选编，上海三联书店1999年版，第706页。舍勒认为，人都是懊悔的罪人，这不仅在亚当身上，而且在基督身上成人进入与上帝的关系超越的无限光明中得以显明，这是上帝对沉沦的亚当的同情和怜悯，也是道成肉身的本质与原因。

懊悔是人类认识自己，为获救与解放，也为了生命“再造”，这在伦理上有着至关重要的意义，也是这个生命的世界最珍贵的环节，沉沦的人不因罪过而消极怠惰，而是重拾信心，鼓励自己勇往直前，把懊悔变作努力进取的开始和动力；“沉沦与超升处境的循环交替一再微妙地显示在福音书中：在天堂，一个懊悔的罪人的喜悦甚于一千个义人的喜悦”①。懊悔燃放爱的火柱，“懊悔是德性世界的强大的自我再生力，它抗拒着德性世界的不断衰亡”②。人类借着懊悔，延异生命，有爱、有信、有望。

《圣经》中犹太人高叫着：“杀死他，把他钉十字架，只有恺撒是我们的王。”他们还接着对彼拉多保证道：“这个人的死由我们和我们的子孙承担。”耶稣说：“耶路撒冷的女子啊！不要为我悲伤。要为你们自己及其儿女哀哭！因为日子就要到了。”耶稣又为刽子手祈祷说：“父啊！赦免他们，因为他们不知道自己在做什么。”弗洛伊德怀着一颗犹太流亡者痛不欲生的心，挖掘出摩西创立一神教而又在暴乱中被害的考据，从而推断出伟大的犹太民族由于弑亲的悔恨，方构成独特的遗传特性；自然的冲动与能量向民族精神作出深层转移，沉重的犹太民族精神史开初就是由一次伟大的失误形成的。犹太人响应了摩西的教义，却不采取行动，而当他们得到这个美好的现世时，却残忍地把他们的恩人杀害在泥波山上。也许是“上帝”有意考察这个执着、孤傲、心智悠远的民族，他们漂泊、流亡，夕阳下沙漠中蠕动着的不屈的驼群，和着那蛰伏中大卫的浩渺的琴声，唱着“哈利路亚”这来自天国的无词的颂歌；当耶稣把“上帝之道”传达给他们以后，他们再一次把爱他们的父亲出卖，这一次更加残酷；他们麻木地伫立或怨恨地站在各各他的山坡上，望着戴着荆冠的耶稣被钉死在十字架上；那天夜里，血流成河，远处是妇女的哭声……从此，犹太教被母性神祇的基督教变为一尊以悔恨心理为主体铸成的巨大精神化石。“因你赐给我的道，我已经赐给他们。”③

二　旷野中卑微者的沉思：终极企盼

基督教的逻辑设定：人的生命显示的不是肉身本体，而是由肉身承载

---

① 《舍勒选集》（上），刘小枫选编，上海三联书店 1999 年版，第 708 页。

② 同上书，第 698 页。

③ 《约翰福音》17：8。此段根据《约翰福音》《圣经故事》（段琦编著，译林出版社 1994 年版）与孙慕义著《后现代卫生经济伦理学》（人民出版社 1999 年版）的有关段落改写。

的语言，语言由思想化生；因此人的生命就是思想，就是语言；人与“上帝”是在语言上发生关系的，人的堕落及与“上帝”的和解都在于语言，人通过十字架恢复与“上帝”的对话，从伊甸园被逐出后人一直是漂泊者，没有与“上帝”言说的权利。

从生命伦理视角可以这样解读：《出埃及记》中有重要的关于耶和华让摩西带领希伯来人到旷野的记载，希伯来人在摩西的带领下积极准备，严守律令。在旷野中的三天，也是一天中的三次光照：黄昏表明生命在质料中作为物质实体，作为自然的、动物性的、感性的、外在的、物质的（尽心）人；清晨表明生命在不断地领悟中作为精神实体，作为精神性的、内在的、思考的、人化的、道德争斗中的（尽性）人；中午表明生命在永恒的行动与技艺的变化中作为神性实体，作为心灵的、超拔的、自由的、高尚的（尽意）人。“到了第三天早晨，在山上有雷轰、闪电和密云；并且角声甚大……西奈全山冒烟，因为耶和华在火中降于山上；山的烟气上腾，如烧窑一般，遍山大大的震动。”① 也就是说，经过这基督教日历上漫长而沉重的三天，耶和华开始用十诫规范人类，生命有了道德的约制，一切就此都有了规矩，凡行动的都有了章法，自由就此有了边界；人学会了控制自己的生命，学会了为人、做人、助人、爱人；人真的成了人。这是个伟大的事件。神学的人类学化是将人类与上帝的关系“意识化”的一种神学观念，其结果就是信仰的私有化；而正是这种私有化使人的信仰有了一种体悟的结局，认信的主体则由此成为一种自由，但会考虑上帝对人的心理预设。我们需要的是，既有基督徒的信仰独立性，又有信仰与生活世界，比如与政治、经济、生态以及具体的生命个体所遭遇的关联性。

西方化的生命观念深浸着宗教的文化信息，他们从意识内部接受和遗传着有罪和救赎的道德回应。他们认为，当人从无罪到有罪时，谴责所发生的诸多变化是多方面的。保罗·利科认为，律法原子化为大量戒律，对基督教来说，生活方面多种活动中的邪恶，是因为罪意识而遭受上帝的惩治，罪意识使人类的生活秩序被打破，人被指控，人在途中被抛弃，人自己艰难地选择，人在“恶的无限”张扬中回到信仰中来，所以悔罪、认信、坚守，从歧路中走向坦途；只有人本身是法律的卫士；人不可遗忘，

---

①《出埃及记》19：16—18。

因为他们知罪。这种观念影响了生命伦理观，世俗社会常常无法脱离这样的人生格式。东方人也会在生病中，呼唤或用“天罚”责难自己是否因违反“天规”而遭受疾病和苦痛的厄运。“运”本身就是神学与哲学的宿命观，命运和天道是一体的。

按《圣经》的寓言：凡基督徒都要经受考验与试探，耶稣也不例外。他在约旦河受洗后被圣灵所充满，圣灵引领他来到阴冷的旷野，魔鬼对他威胁引诱，用荣华富贵和万国的权力企图勾起人子的贪欲，野兽出没，四野枯槁，四十个昼夜，他饥肠辘辘，但他最后战胜了这一切。魔鬼被信仰者所击垮。耶稣在这四十天中，就经历了物质、精神、神性的阶梯。按圣·波那文图拉的逻辑，这三个阶段中的每个阶段都可以通过镜子和在镜子中看到上帝，这暗喻了六个阶段的炼狱过程；《圣经》喜欢“六”这个数字，六天（创世）、六个台阶（所罗门王座）、六只翅膀的撒拉弗（以赛亚看到的）、六天后在浓雾中被召叫（耶和华召叫摩西）、六天后被引领（基督引领门徒上山显露圣容）。

神学心理学认为，人的生命应该有六种官能：感觉、想象、知性、理性、悟性、神性；按此顺序，我们将由外表深入潜隐的核心，由瞬间的激动达到永恒的生命彻悟。“这些官能根植于我们的本性中，后为罪恶所扭曲，又为恩典所改造，为正义所净化，为知识所陶冶，为智慧所完美。”①神学语言称，人在被创造时，他的本性和构造是为在静观中止于安乐，因为太初没有善恶；但人类没有经受住引诱，为利益所驱动而背叛了光明，因为肉欲而被邪恶所俘获，通过原始的罪孽扭曲了整个的类。原初的人类本性并不表示人类社会的开始，所以人一开始就是心灵的无知与肉体的贪欲，基督徒认为自己是从罪过生的，也是从罪过走出来的。太初得道，也是针对罪的。如果没有用正义抵制贪欲的恩典的救助，没有用智慧帮助人认识罪孽的知识，人将永远在失明的暗夜中等待最后的审判。生命神学从象征神学、本然神学和神秘神学中获得启示，运用使信众震撼的事件，正确理解和诠释耶稣被钉十字架和以这一事件为中心的所有的智慧启迪，通过这种神圣的爱的各种形式的嘱托，明确正义、圣洁和救赎。“由于他是上帝的德能和智慧，是充满恩典和真理的成肉身的圣言，因此他产生了恩

---

①　请参阅［意］圣·波那文图拉《心向上帝的旅程》，该文由溥林译自“Itinerarium Mentis in Deum”，原文为拉丁文，出自 http：//www. be-word-art. com. cn。

典和真理，即倾注了爱的恩典，这爱的恩典出自于纯洁的心灵、善良的良知和真诚的信仰”[①]，他为世人校正了整个生命的形式和状态，使人被逐出乐园之后还能有信心实现生命的超拔和升华。智慧缘起于乐园中所犯的罪，基督徒沿着雅各的梯子上到顶点，并向高天呼喊：凡渴望我的，到我这儿来，被我的果实填饱。沉思，懊悔，被宽容，被接纳，通过洗礼看到事物的本性，坚定信仰，推断生命的各种可能性。人寻找万能；静观、信仰与推理研究，从阶梯上下往返的活动，生命经历律法的三个时代：自然时代、圣经时代和恩典时代，从关注神秘的创造历史开始，理解了一种大能，人从此有了依靠，时刻被眷顾，生命开始向往善并不断奋斗去争取正义。

生命神学应获得六项证明：创生起源；宏大复杂；美妙精致；充足自洽；赋予意义；确立功能；建构秩序并严守诫命。

生命无比丰富与丰盛，并能充满欢乐，为实现生命的过程，必须在道德上疾恶如仇，乐善好施，秉公行义；人必须“活出”一个富有深度、有意义的存在。

三　道中道说：“我是欧米伽，我是阿尔法”

世俗生命伦理学实际上应该承继“信望爱”的道德传统，这是因为它从传统上已经作为生命科学精神和生命道德哲学的人本核心。基督教的三主德是西方精神的宝贵财富：没有望就没有未来，没有爱就没有生命，没有信心就没有依靠；在路中，必传扬赐生命的和唤起生命的。

对于基督徒来说，其生命被拣选，生死、福祸存留于他们中间；他们常常不能绕过惩罚，但他们被赐予智慧，“智慧从人的生命的道上升，使他远离在下的阴间”[②]。世俗的人，并不相信生命的道由上帝掌控，而是取决于人的疾病病情、年龄、医疗水平与科学技术，加之人的社会关系、经济、文化因素以及个人的心理品格；生老病死是自然的规律，人类不可逃脱。人生结构是消失性的，人生就是准备着死亡的。卡尔·马克思对社会生活的本质做过精辟的阐明：

---

① 请参阅［意］圣·波那文图拉《心向上帝的旅程》，该文由溥林译自“Itinerarium Mentis in Deum”，原文为拉丁文，出自 http：//www. be-word-art. com. cn。

② 《箴言》15：24。

……作为完成了的自然主义，等于人道主义，而作为完成了的人道主义，当与自然主义，它是人和自然界之间的矛盾的真正解决，是存在和本质、对象化和自我确证、自由和必然、个体和类之间的斗争的真正解决。它是历史之谜的解答，而且知道自己就是这种解答。①

人类开始忘记过去，道德危机四伏，人类是否会再次堕落，发达的科学，漂变的文化，使人变得更加懒惰的技术和机器替代式劳作，使生命变质和下滑；奢侈的享乐和永无满足的贪婪，预示着人类正在第二次偷食禁果，科学进步、物质丰裕究竟是喜还是忧？

生命伦理学可以帮助我们建立一个神圣的家园群落：在精神家园里，我们陈明现世忧畏烦中的心理诉求；在基督家园里我们表述和实践人的信仰、爱人与对远方或上方的长久地遥望；在灵性的家园中，人要学会奉献、牺牲和自由。借鉴宗教逻辑的引导，人类求知、求生命；为拯救自己而“化生”，从猿到人（《创世记》：亚当）；有了知识与语言，“化人”（《旧约》：摩西）；人再次走向堕落，当科学和物质统辖人类的意志时，人“化罪”（《新约》：使徒）；人是否必须再次“经受炼狱和再次接受洗礼”，在道德和宗教的警示下，人类世界再次经历和完成“化神”（《启示录》：约翰）的壮举。

我今日所警教你们的，你们都要放在心上，要吩咐你们的子孙谨守遵行着律法上的话。因为这不是虚空与你们无关的事，乃是你们的生命。②

时间像突然开始一样，将突然终结；这个没有完知的世界、空间会“同时”消失；我们这个没有完知的人类将提前毁灭；一切遁出于意识，意识也成为乌有，乌有与虚空延异“曾经生命”的永恒。地球终将毁灭，

---

① 参阅《马克思恩格斯全集》第 42 卷，人民出版社 1972 年版，第 120 页。马克思这段文字，实际上阐述了人的生命的终结性，并且指明人道主义和生命的价值的统一性，对于道德本质来说，不可能超越自然的规律和人本身的自然属性，即必须服从生与毁灭的规律。这也是生命伦理学和医学科学的哲学前提。

② 《申命记》32：46—47。

人类作为宇宙中生态的现象和事件也肯定有开始、有终结，而我们对这个世界最后无法得到完知，在人类有限地存在阶段，晦昧未清的就是为什么会有这样一个“人的现象”？基督教给与的答案是，人化的“上帝”具有诗意性，是纯精神的，人设定了一个不变的生命伦理“位格”：他创造、主宰、爱惜生命，他不可腐朽，不可变动，他是原初、至高、万能、全智与至善；他是最后的、终极的，是没有后面的。

《启示录》启示说：“我是阿尔法，我是欧米伽，是昔在、今在、以后永在的全能者。”最后归于像亨德尔音乐奉献中的弥赛亚一样，“上帝”是最后的、终极的，祂无限神圣，是因为没有后面的。

第五节　话语的本原：生命伦理学的语言、逻辑与象征

一　语言复归考

生命伦理学作为一个后现代的人文学科，应该具有它特定的学科语境、象征系统与语言符号。

生命伦理学毕竟不同于神学化的宗教神义论。神义论者认为，“上帝”为人类提供的安慰是我们这个社会建立秩序与稳定的永恒基础。摩西在西奈山的体验和穆罕默德在西拉山的体验都通过语言把对“上帝”的理解给与人类，这种对于神学逻各斯的传言，从理想的天国通达到人间，在人群中传开去，成为一种伟大的不可战胜的力量。当数以百万计的贝拿勒斯的朝圣者，手持绽美绚漫的鲜花、唱着用圣词编织的圣歌涌向恒河时，我们看到他们把这个世界、把一切存在物、把人的心灵和全部情感都献给神灵，他们与神对话、交心、把所有的爱与期待都通过语言腾跃九天。贝格尔①格外注意神学语言的意义，对于《新约》的“Ephapax”（一劳永逸）这个在保罗给希伯来人的书信中多次使用的词努力挖掘，他认为，这个词表象意为“基督救赎的事功”，实际上是关于生命的特定的犹太教—基督教含义，它是对于身体、生命、我们这个世界的戏剧化、决定性意义的集中表达与说明。“正是生命的这种含义，促使犹太人的宗教

---

① 贝格尔（P. L. Berger），美国当代宗教社会学家，先后在鲁特基斯大学、波士顿大学任教，一直从事宗教活动，曾任美国宗教研究协会主席。他主张宗教社会学应该拓宽视野，他一直致力于探究宗教与现代社会的多元化、世俗化的关系问题。主要著作有《天使的传言》《神圣的帷幕：宗教社会学理论的诸问题》《面向现代性》等。

传统信仰死者复活，这是一种肯定肉体存在与个性的信仰。”[①] 梵文的“Samsara”（轮回）是佛教与印度教对于来世的警谕，与基督教的“复活”相对应，在伊斯兰教义中，由“复生”或“返世”所再现。

世俗生命伦理学可以从基督教文化的研究者那里接受某种启发，他们是作为静观者和批判人来权衡宗教对于当今社会的意义的，特别是对于人类在疾病痛苦之中承受心理煎熬和死亡威胁的过程之中，宗教的语言可以减轻这种苦痛和绝望感的强度。

生命伦理学的属性并不可能在一个宗教的心理基态上接受社会组织、医生和其他人员、亲友以及慈善组织代表的非科学语境，而是从中获得一部分逻辑的感悟和启示，借此实现生命伦理之爱和公正的医疗待遇。《圣经》文化是以神境来衬托人境的文化，通过上帝、先知、基督与他的门徒的语言表述伦理意愿，从而教诲信众认知这种语言或行为符号的内在意义。我们的生命道德是在科学的基础上，尊崇人道的律令，通过生命伦理学的语言存在加以证明，病人的“生命可以通过倾听‘爱语’获得安慰和平静，并且借重复、印迹、延异、暗示等实现自我保护”[②]。语言把存在规定为在场之前生命的各种印迹，诞生与死亡就是生命的延异语言，由此我们感受的痛苦与欢乐的情感则由各种连带的生命现象的语词所记录。我们理解了弗洛伊德“拓路服务于初级功能”，就已经超越了快乐原则，并对此失去了快乐感。延异对我们来说已成为一种生命的临时界限，使我们对于生与死以及生命状态的呈现，都回归于一种最初的语言的沉默，当然我们深入了一种语言、思路与我们所处的文化环境的关系中，被一种逐渐建立起来的语境所引导。语境重复再现人的困境与对于生和死的畏惧以及对拯救的期盼，语境是我们精神的家园。我们思想的田野赖于语言的种子才躲避了荒芜。世俗社会并不否认基督教《圣经》是西方文化的法典，无论在路德之前还是路德之后，不管拉比式的注释出现与否，它都以语言的运动开启了西方文化的智慧。“不管是《创世记》还是《马可福音》，耶稣不管是来了，还是暂时地去了，由语言所叙的灵恩，都使人有信心最

---

① ［美］贝格尔：《天使的传言——现代社会与超自然在发现》，高师宁译，中国人民大学出版社 2003 年版，第 124—125 页。

② 原初性“延异”和“延缓”的概念最先为胡塞尔在《几何学起源导论》中所使用，雅克·德里达认为，延异构成了生命的本质。详请参阅［法］雅克·德里达《书写与差异》（下），张宁译，三联书店 2001 年版，第 368 页。

终获得灵性的生命。"①

但是，对于医学生活中的人和科学家来说，他们最重要的是通过科学和技术手段，药物、器械和各种不断更新与改进的仪器等，来完成他们对病人的救治工作。医事活动是科学的、技术的，是物理主义的，必须客观地分析与评价施治过程，这一过程不是依赖"灵悟"和纯粹精神化地"呼风唤雨"，而是实事求是、精致、细腻、科学地诊断和治疗。由此生命伦理学学科语言应该是科学的，由医学和哲学所构筑，并且需要运用逻辑推理和数学语言与符号对于各种难题进行分析和计算。诸如如何对待歪曲医生爱意的病人？如何规劝误会医生的手术方案？如何对待一位要求安乐死的垂暮老人？如何选择高龄心脏病产妇的堕胎？等等。

生命伦理学语言既是科学的，又是诗化的。"诗意栖居"意在沿语言显现的本真存在形式而渐进存在，我们赖于一种生命的权力，被语言导向一种"诗性"，靠这种诗化的神圣语言，弱者被拯救，精神被释放，人"在神性的本质照耀下才能思能说'神'这个词要指称什么"②。加达默尔认为，"神"是神圣者和无限美妙者之维度。语言背后不可见、不可知、冥冥缈缈又威力无穷的神秘的"炯耀灿灿的球体"，给与我们精神的召叫与呼唤。我们披荆斩棘，沿着嶙峋的山路前行，我们是冒险者，探索诗性与神性的轨迹与存在的真理，语言使人真正成为健全者，成为"诗意之人"，健全的人可以聆听"诗意"的教诲，可以皈信神圣号令的召唤，被那种感受到的恩宠所感动，懂得爱，会生存，能使万事万物"在他语词的到来中现身"。语言构成意象，意象的本性是使万物都能被看见、被感知与认识。语言用"天空的面容"和形象说话，幻想、幻境构成形象：

> 形象的诗意言说将天空现象的光明和声响，与那陌生的黑暗与沉睡聚集于一。借助这种景象，神震惊了。在这种奇异中，神宣告了他稳定的亲近。③

---

① 孙慕义：《后现代生命神学》，文峰文化事业有限公司2007年版，第142页。

② 参阅王一川《语言乌托邦》，云南人民出版社1994年版，第104页。原文见海德格尔《论人道主义的信》第122页。海德格尔认为，神性是人衡量其本真存在和诗意栖居的尺度。

③ ［德］海德格尔：《诗·语言·思》，彭富春译，文化艺术出版社1991年版，第197页。

对于基督教来说，《圣经》语言与诗意语言的融合，使人通向新的世界，人瞭望寥远的星空，在各种幻象中体验呼唤。此呼唤有两种，被道说并显现的与未被道说者，但都已经被神秘地承诺；作为约诺者站立在语言本质的剖面，他无须像人一样地使用语言，因为他始终在场，他对于所爱的人呈报、允诺和拒绝，时而显示时而隐匿，它直接用语言的本质与人类对话；因为生命是他创造的，人只能理解与体会，那些灵性的指示只能被真信之人感悟。“语言之本质现身乃是作为道示的道说。道说之显示并不见基于何种符号，相反地，一切符号皆源于某种显示；在此种显示的领域中并且为了此种显示之目的，符号才可能是符号。”① 人的生命可以被理解为实验品，语言伴随着这场实验，神秘地附丽于人的一切行动，自然的力量通过给与人这种功能，让人交往、互爱，但主要是传达一种声音，人的语言只是“通向”，一直在过程中，人的道路也只是没有尽头的经历，人生只是一段很有限、很短暂的路途，人的生命应该没有开始也没有结束，只能是“道说”被截断了，再不能说话，再不能发声；永远消失在行进途中，而那条道路还在无尽地绵延，并由另一部分生命的“语言”撒落在路面上。

医生应该有这样的神圣的道德情愫，关照所有的病人，像对自己的兄弟姐妹，给与他们信心与力量。在病床旁边，他们多么渴望我们的救助和挚爱，盼望解救和援助，祈盼奇迹的出现，医学职业人应该永远地扮演这样的肉身和精神的安抚者，永远不应辱没这种信任和自己的职业责任。

后现代的伦理学者几乎一致地借用这种语言来解读或作为构建世俗生命伦理的语言，是因为后现代生命伦理学早期发轫于伦理神学，这就是他们的语言，他们语言的一致性决定了关涉生命和身体问题或者疾病认识、医务活动生命伦理的叙事与言说形态。

医道本为天道和圣道，道说之道，是“成义”之道，是通往澄明的路，这条通向语言之路便通达作为神的语言的语言目标；关于人对神的沉思则沿着隐蔽的无声的道归属于对医学事业的信。医学生活的意义就在于，通过个人认信的心路训练，自我选择生活道路，自愿承受重担，从而

① 参见海德格尔《在通向语言的途中》，孙周兴译，商务印书馆2004年版，第253页。海氏并不认为显示就是人类的一切行为，而道说才使显示得以实现；我认为，“自行显示先行与作为指引的显示”只有神的语言；在神学中，只有搞清神的话语才能够研究《圣经》的语言与信徒的语言，人与神的相通相知必须在语言互通的基础之上，因此“道说”是说给“神”的。

获得自由与解放，而不是被“圣言”逼迫成为义人的。对于生活事件的判断，或是对于生命和生命科学技术问题的观察，并没有成文的语言规范，因为世界始终在发展之中，我们所遭遇的新情况与新问题是从没有发生过的，神学语言也需要不断更新与变化，如此人的生活才能延异和进化。

进一步追问，基督教义并没有给出反对安乐死或克隆人的话语，这要由基督徒来判断和选择，为什么一定要把科学技术问题拉到“善恶”的争论中呢？难道否定生命技术的语言就是“好牧人的声音”吗？卡尔·巴特在与世长眠之前所做的最后写作是关于复合论第四部分的讲演片断，即伦理学的语言：上帝不是死者之上帝而是活者之上帝。① 巴特是后现代伦理神学的发轫者，他把我们带入一个后现代伦理神学语境里。战争的语言刺激了卡尔·巴特的神经，他从危机神学中听到后现代神学的匆匆脚步，他度过了本来无止境的纷争阶段，生活本来就是自由的，为什么我们一定要与历史相较量？在巴赫的音乐中他读出主基督的嘱托与“天国”的话语，从莫扎特的音乐中他看到创世以来人的哀怜、企盼与本真意义的超验；语言的神性使他震惊了。不要问人为什么来到这个世界，不要问人为什么有数不清的恩怨情仇，不要问人的一生应当如何度过，我们只是在“道说”中阶段地行在路上，总是匆忙，总是没有间歇，当我们有一天不知道这有限的一段路为什么戛然结束时，生命就已经完结和彻底完结了。生命只是延异与相对地持续着，但不能永恒；只是停在一个一个的驿站，不能永驻。巴特来到山顶，俯瞰大地，一切都小到几乎乌有。巴特重新选择：从现代的以人为中心进到新的以上帝为中心；从对于“宗教”人的、历史—心理的自我诠释和用历史与韧性来解说神学，进到“上帝”自己的、由《圣经》所证实的圣言，进到启示、“上帝国度”以及“上帝”的作为；从只关注概念的宗教转向对圣上“道说”的宣告；从关注形式的宗教与宗教感转向本真的基督教信仰和伦理追求；从人的宗教需要（利益与功利化的人—神关系）转向完全超越的、融通基督为人的语言之中的“上帝”（唯有奉献与牺牲精神的神—人关系）。②

① 海德格尔：《在通向语言的途中》，孙周兴译，商务印书馆2004年版，第197页。

② 这是汉斯·昆对卡尔·巴特作为后现代思想典范的一段评注，我在这里对其进行了个性化的改写。可以参照海德格尔《在通向语言的途中》，孙周兴译，商务印书馆2004年版，第199—200页。

卫生职业人从信“道”的精神和实践中体悟善和正义，并可以借鉴成功者的修身经历，考量和对照自身的职业操练。

> 因为由于信，它实际上已照他的生命的意义而生活，它生活于他的被造性与个别性的限制中，它生活于已犯错误、被别人的罪所牵涉与自己时时刻刻所犯的罪恶之中，但他仍时时刻刻凭借上帝——不管他的不配——通过上帝为他而设的中保所赋给它的帮助而生活。[①]

语言使法、罪、死亡、情欲这些具体的概念被框定，奥古斯丁的注释也使保罗在对亚当现象的思考中加添灵性的内涵，并且延伸为“人”的问题和生命的繁生以及罪的陈述。

生命伦理学的特有语境，试图解释自然之道所给与的生命的本质与意义，并对每个人说话；在劝说人以全部的生命回答“自然之道”的生活中完善自己的存在，人的精神态度就是人的全部存在，我们在完成与“自然之道”对话的同时，也使这种“原生命”的声响符号成为决定生存环境和条件的基础。我们的生存方式就是语言的方式，我们被造的生命形式也就成了语言的形式。我们讨论世俗的事，常常忘记我们肩负的神圣责任；作为人，我们必须承担我们被委派到这个世界上的使命，必须参与完成“伟大而艰巨的工程”，一切话语将为这个工程而设置，它们使我们明晰和实现生命的意义。这就似在伟大的奥古斯丁《上帝之城》的结尾，神圣的寓意所预示的，人将接受与参加世界的第七阶段，那个无法描述与定义、无法形容与想象的“第八天”，“上帝”惊喜地看到，人类按他的旨意，完成了他的创造工作，使人到达了朝圣的目的地，世界通过生命的语言最后认识了“自己的主”：“我们将宁静也将注视；我们将注视也将爱；我们将爱也将称颂。看啊，这无终止的终点！我们的终点不就是到达那永无终止的国度吗?”[②]

这样的精神体验不是任何卫生职业人所能够拥有的。但是，他可以借用这样一种方式，使医学实务有一种神圣的依托，因为是为人的，是为了他们的权利和尊严而定位这一职业角色的，必然应该用虔敬的信念和忠

---

① 海德格尔：《在通向语言的途中》，孙周兴译，商务印书馆2004年版，第498页。

② 原文出自奥古斯丁《上帝之城》卷22第30节。

诚，践履医务道德责任。

二　生命伦理学的象征系统

生命伦理学是用道德哲学的语言解读生命本质、生命现象、生命问题的，而它所使用的语言可类如《圣经》语言，充满了神圣、正义、拯救、爱的象征与隐喻的意义。语言的心理价值在于联想与借喻，正是这个原因，生命伦理学值得我们效法神学家和许多人文学科的思想者、形而上学的追求者和安于静思的人，关注这个学科的命运。

生命伦理学的语言以及具体词汇，可以从神学语汇中获得语义学的启示和象征意义。比如“生命”、“死亡”、“复活”、“婚爱”、“医病”等与“洗礼”、“十字架”、“罪”、“神”、“撒旦”、“恩典”一样，成为生命伦理学专有的词汇；生命伦理学的“堕胎”、“医生协助自杀与安乐死”、“人工受孕”、“过度治疗”、“临床筛分”等与“整全伦理”、“知情同意”、“医生的忠诚”、“嫉妒型平均主义”、“道德异乡人”、“允许”、“有利与不伤害”、“合理的谎言”、“排序/价值序列”（ranking/ordering of values）等，除表象的词义外，还有深入延拓的内容。生命伦理学语言与神学语言不同的是，神学语言没有严格的界限，任何语言都可以在神学的话语环境中找到特定的意义。它在一般话语框架中的地位也可以随着它的作用而转移。大部分词汇更集中地表达了神学的职能。不管是崇拜还是与其相连的活动或是宗教生活的体验与态度，在市民生活中都浓缩了它们的含义。生命伦理学在美国复兴之初，受到神学语言的影响，但是它已经非常世俗化地成为人们社会交往和医学活动中主体之间沟通的一种工具，逐渐成为人们解决医学生活中伦理问题的约定俗成的理性中介。一部分沿袭严格的科学言说，一部分源于道德哲学，一部分是社会中流行的交流语式和交流文化背景中通行的传统或习惯用语。人们必须在已有的部分重叠共识的基础上，达成共认意识，才能够实现真实的知情、理解，并确认和维护自己的身心健康以及人格尊严，申明应有的基本权利不受损害，最后形成伦理上有效的同意。

此外，基督教伦理语言有其特别的语言体系，普通的世俗文字可引申出宗教的意义，这就发生了一个对译和对应现象。同理，也显明了生命伦理学语言与哲学、医学等语言的差异。如蒙召或召叫（invitation 或 Called to）、律令（commandment）、蒙恩（grace）、佑助（assistance）、精进

(growth)、彰显（highlight)、拣选（Chosen)、顺从（invetation）等。

生命伦理学还应该从某些宗教语言中获得其他的启示，那是在特殊的语言境况中成为特殊的语言体系的；即使世俗或生活的词汇在宗教语境里，都可能具有特定的指向，例如“水”就与“生命”、“活”以及“洗礼”的神圣仪式联系在一起，成为道德朋友间的语言。生命伦理学语言的特殊性，应与生命敬畏的感情联系在一起，它在真正认识上的宗教洞见，必须考虑它所连接的为生命存在和实现“生命善”的目的。而生命伦理学已经脱离了宗教的语言，虽然最初由神学家们创构，但因为它原初就延续了古典哲学和经典生命哲学的语言脉络，所以早已世俗化了，已经成为一种公众与市民认可和通行的语言。把生命科学与医疗政策选择或生态问题用语言去表示、说明和辩护，只有使用源于世俗生活又加添了宗教内涵的语言，才能实现这个目的；作为一门学科不可能独占任何话语，那样只能使这个学科被封闭起来，这就不符合后现代精神与文化的要求了。我们的语言模式是开放和发展的，与我们的思想一样，不能囿于某一种具体案例、事件而使其固守不变；生命伦理学的话语和旨意，必须与爱和善的原则、人的良知以及肩负的社会责任结合在一起，如此才能获得真正的力量和精神。对遗传工程、基因技术和克隆人、美容、变性、堕胎、安乐死等的讨论，也必须通过相关的语言争辩和汇通，求得被世俗和社会各界，包括各宗教的教徒与信众都可以接受的言语和文字。

“语言转向”（linguistic turn）更适合生命伦理学的论域，进入信仰并同时选择一种现实的哲学态度，恰应了维特根斯坦“想象一种语言意味，想象一种生活方式的”说明，以便我们在“后自由神学阶段”用一种“语言游戏”去诠释生命伦理学的学科意义，即格外关注科学、哲学、宗教各种文化对生命问题的分析及其发展过程中的思想变异，从而获得对于当代生命伦理学问题的文化解释学理论。

在亚里士多德那里，语词只是象征的一种特殊情况，符号是作为象征的同义词使用的；基督教的许多语词是约定俗成的，被牧师讲解之后传导给信徒则“由名字意指的概念便是事物的定义”。书写的语词同样使印象、记忆的实物形式以及声音或心灵的联想把象征作为精神符号，引出意义的刺激和反应。生命的形式就寄生于语言之中，它以心灵状态作为精神实体存在于运用语言的人的头脑中，它经常是社会的，而不仅仅是个人的思想。①《圣经》语言有四种意义：原义、转义、晦涩义、喻义。它们分别由绝对与相对、集合与个别、复合与分离、抽象与具体等意义来解说“神义”。这些来自波尔·罗亚尔逻辑②的分析真正使神学语言开始人类学化，即将人与上帝的关系“意识化”。《圣经》的话语通过复杂而复合的途径扩大到非宗教的话语中，不仅消解了宗教与世俗的对立，而且使宗教的“圣谕”或“圣喻”成为一种庶民的交流工具。至此，宗教语言“取消了赋予某些（语言）形式的特权。辞格只能说成是一种偏离：能指方面的偏离（间接或不常见的表达法）；所指方面的偏离（同思想相对的感情）”③。象征由浪漫派艺术家使用，后来成为寓意、象形文字、语码和其他标志的符号，它既是抽象理性的象征物，又是直接把握事物方式的特性的一种形式。象征针对感知，寓意针对理性；象征复现并指称；寓意指称，但不再复现。康德使象征更接近现代意义，这在歌德与席勒的通信中被作了表述。歌德认为，耶稣被捕的前夜圣彼得待在火边的那幅画，就表现了象征的简洁性，那种图像可以成为心灵的一面镜子，它把人的话语浓缩为一种神义的价值。寓意是有意的，象征却是个我化的，融润个人的情感与认知，联合文化上的偏爱，它表达的是难以言传的内容，它不及物、不能尽其执意与理性地表达。神学的象征物使所指成为能指，营造幻象和语境使图式再现雅各布逊的隐喻。名词对于神学来说是最具德性价值的语言，它可以营造任何神秘的幻象或语境，它具有一种内在的、延伸的无穷力量，耶稣基督就通过这种命名给与我们震慑的勇气与建造有序世界的信念。在《十二使徒遗训》中，人读懂了万事万物的创造是因为“名”的缘故，是凭借“道”和“逻各斯”而发生的。“上帝”早先让摩西知道他，是通过透露自己的名字。④ 其名，就是其旨意和考验对祂的信仰是否虔诚的符号，祂对使者说：“你们在他面前要谨慎，听从他的话……因为他是奉我的名而来的。”在犹太教中，奉名的使者（Angel of the Name）就是“第二个上帝”，被称为“小雅赫维”。在《新约》中，“耶稣”就

---

① ［法］茨维坦·托多罗夫：《象征理论》，王国卿译，商务印书馆2004年版，第10页。

② 波尔·罗亚尔：法国天主教隐修院，17世纪的神学家阿尔诺在此与尼科尔合著《逻辑或思维的艺术》，后人称之为“波尔·罗亚尔逻辑”。

③ ［法］茨维坦·托多罗夫：《象征理论》，王国卿译，商务印书馆2004年版，第146页。

④ 以上均可参读《圣经》的有关经文，如《创世记》《约翰福音》《出埃及记》等，此段叙述可参阅约翰·麦奎利《神学的语言与逻辑》（钟庆译，四川人民出版社1992年版，第83页）。语言是赖于内在的意义而存在的，名词的价值就是靠存在标示的事实，神学的名词尤其如此。

是永恒生命的象征，他的名就是一种力量与德性，就是无限的爱。彼得和约翰在被问及如何对残疾人进行医疗救治之法时，他们回答："站在你们面前的这人得痊愈，是因你们所钉十字架，神叫他从死里复活的拿撒勒人耶稣基督的名。"他们接着说："除他以外，别无拯救；因为在天下人间，没有赐下别的名，我们可以靠着得救。"① 基督教的因"名"、敬"名"的传统由"圣名节"（Feast of the Holy Name）予以集中表述，人们献上颂诗，呼唤圣名，躬身以示无限敬重之意。

当然，神义论语言毕竟与世俗的道德信任存在明显差异，神义语言内含着"有神论"自觉，那种善和爱的绝对性与至上性无法与世俗伦理叙事等同。世俗化的道德训诫显然更复杂并接受了浑浊杂物的纠缠，世俗生命就没有那么澄明和透彻。生命伦理学的语言不是圣言，是世俗化的言语和交流的工具，是伦理情愫的载体，必须向广大的民众和医学受众开放，使他们便于了解医学行动的意向，在基本认知的基础上，进行医学或生命科学工作。而生命神学的话语，通过语言的内涵当为我们提供解释力，以神的名义解决生命的基本内容和本质，对生殖、死亡、生存状态和过程中的问题，用一种宗教或亚宗教的语词进行改造、转化，使其获得新的语义和寓意，对肉身、精神与灵性三个位格的生命分别进行表意，从中凸显用爱与善去赎罪，通过渐进的阶梯，使生命最后脱离人走向至善。生命伦理学可以从上述意解中获得启发，完成生命伦理语言的世俗过渡。

第六节　信仰与医学的冲突及后现代和解

健康社会可从基督神学中寻找精神，而使其最后摆脱经济正义目的所遭遇的伦理冲突与困境。走向资本主义的发展可能被描绘成经济的独立化过程，或经济联系从社会与文化准则中分离，这个过程有利于一种更强大的经济自身规律。对于基督教生命伦理学来说，其理论可帮助人们合理地分配卫生资源与建立新型、公平的卫生体制，同时不因市场竞争而影响经济道德和医疗政策的核心原则。卫生经济道德理论虽然与市场经济相联系，但由于医疗保健的道德性和宗教性，显然它有自身独立发育和形成系统的自由，而宗教与社会伦理学思想的长期哺育，使卫生经济伦理学的理

---

① 《使徒行传》4：10—12。

论内核永远具有鲜明的神学个性；后现代生命神学则是其重要的元理论。

自从拉辛格尔《信仰关系》推崇教父学与中世纪精神以来，“后现代”（post-modern）成为一种对于现代文化倒退的批判，一种对末世主义的启蒙。雅斯贝尔斯严肃、认真地分析了宗教的精神，重新指出我们时代的精神危机与宗教危机，并努力寻找“宗教死亡没有出现”的原因。基督教人化的功能主义和重视实践的神学理论，基督教的普世哲学再次把科学世界图景与宗教现实汇通在一起。神学家研究与制定了如何使自身与现代科学、高度发达的社会相协调的纲领，为此创立了使之成为彻底入世哲学的神学；使神学从旧传统中解放出来，把创造、救世与圣化合而为一；如强调实践的解放神学（liberation theology）、重视修造的过程神学（process theology）；变创世中心为“希望应许中心”的希望神学（theology of hope）；评价生命与高新医学技术，关心人类自身命运的生命神学（theology of life），等等。他们对传统教义做了革命性的转移，无论是对《出埃及记》（Exodus）、“道成肉身”（incarnation），还是对“行在地上”（will be done here on earth）① 所作的重新解释，都是对这种协调所作的理论准备。

圣经文化对人类社会产生过并继续产生着巨大影响。《圣经》颂扬正义和善良，抨击虚伪与仇恨，并通过耶稣关心人类肉体需要、解除饥饿和病痛来体现。耶稣鼓励人们打破安息日的诫训，以获取食物，使自己成为给食者（feader）和医病人的人（healer）。圣礼神学以原逻辑思维的互渗律一再肯定水、面包、酒与盐是生命之粮。《新约》十分重视人的物质属性，教导他的门徒不可忽视经济伦理对信义的称颂。虽然《新约》中有关耶稣医病的记载主要是一种隐喻，但也可以说明作为医生的耶稣对人的机体进行修理和改造的态度。这也是今天许多神学派别用生命问题的革命眼光看待“上帝是创造者”这一观点的依据。保罗在狱中所写的《达哥罗西人书》中嘱托不要离开对福音的盼望，指引人回到世界中来，照看地球及生命本身。基督启示了人类，同时又强调这一启示不是对其他教义的否定，而是为当代医学科学与生命技术提出可以凭借的理论，从而给予它空前的深度。宇宙为基督而造，“万有靠他而立”，上帝的作为与成就也须被他说明（defined by），道成肉身也正是为人类提供了一个“纠正地提高”的机会和权

---

① 《马太福音》6：10。

利。正如怀特海（A. N Whitehead）对人的使命所作的说明："在创造过程中成为参与者，成为宇宙中创造者的同工。"他认为："作为受造者的人，是有限的，有缺点的"，因为他们最初并不完善。这一观点在德日进（Teihand de Chardin）神学中有了进一步的发展。德日进神学指出，人是过去创造和进化的半成品（semi finished product），是今后进一步改造的对象，又是进一步人化的力量。从完美的杰作到半成品，这一认识上的飞跃是划时代的；这就使神学完全理性地接受了人工授精、器官移植、优生、美容及生育限制等生命技术，这就使得本来接受传统神学信仰的人有机会自觉与上帝建立一个生命修造的共同体。因为人不过是半成品，我们便应通过改造、修理、补充去促进历史、促进生命进化与再创造，以便使半成品变成成品，这就为创立生命神学理论做了最后的思想准备。实际上，上述认识也为教义学和解经学做了一个早该加添的诠释：上帝创世之初，"觉得所造的甚好"①，但又"后悔造人在地上"②，并暗喻人并非完美无缺，从而"耶和华神将那人安置在伊甸园，使他修理与看守"③，就此把修理、看守、改造作为重要责任交给了人类。当代神学家逐渐承认，上帝的创世活动及其结果的完成已经结束，而人的这一模式，上帝从未说明是不可改变的，因为上帝让"我们享受欢乐之中的欢乐"，而"不局限于苦难之中的抚慰"。他们进一步指出，世上的一切都不完善，都未最后完成，绝对完美的世界不可能提到历史之前，它只存在于人类对未来的希望中以及为之奋斗的实践中。人的未来应充满"上帝的应许"，莫尔特曼（Jurgen Maltmann）的希望神学也正是从末世观出发，渴望人类世界的重新构建，即过去把启示作重点，而今天把应许作中心。莫尔特曼认为"整本圣经都与希望有关"，上帝不是当前的存在，而是未来的力量。希望神学的价值是，希望教义和盼望心态使基督教在一个新的时代表现出号召性和革命决心，把末世主义与当代科学精神联系起来，从而把人类对自身的改造看成一种神圣使命。因此，生命神学一开始就反对帕斯卡尔式地逃避新时代的"人格丧失"（depersonalization）的影响，为说服人类接受现代生命医学技术，使新旧约解释学发生新的变化，劝基督徒放弃创世观，树立改造世界、修造生命的信

---

① 《创世记》1：26。
② 《创世记》6：6。
③ 《创世记》2：15。

念。生命神学的认识是，上帝一开始对生命的创造不是完好无缺、原封不动的，上帝只是启动和创造意识的主宰；上帝有意把治理改造生命的权力交给了人类，并尽量追求完美。既然耶稣以神子的身份不惜流血牺牲而使上帝与人立了新约，那么，人类对不完善的机体的改造，应该是被允许并被称赞的。至于运行在地上的权限，显然应由人类自己控制。末世论（eschatology）已成为当代基督教的恒常主题之一，生命神学家把《旧约》作为末世论的一部分，坚持进一步创造人，肯定现代生命技术的合理性。他们认为，世界历史并非始于堕落，主要应归于创造，而且这种对于人的再创造将永远进行下去，生命修造是个无限的过程，人的完美只能是相对的，因此这种对于生命完美的追求就永无完结。创造希望、改造世界、修造生命这一系列积极的科学活动对于当代社会而言远重于救赎。莫尔特曼虽然夸大了神学中的未来主义，但他毕竟展示了一个崭新的哲学视角，可以说，这一理论与道成肉身、三位一体一样重要，并丰富和发展了基督教哲学和伦理学的基本理论。

今天，在研究时间终了的末日事件时，基督教内部的许多学者常把历史与世界看作新的开始，“天国实现，死者复活，万物重新创造”的伟大运动必将在地上完成，从而解放神学和过程神学等为生命神学提供了更丰富的理论。以《出埃及记》作为中心教义，是现代西方神学另一个革命性变化：以色列人在摩西率领下逃离埃及，在西奈旷野艰苦奋斗四十年，回到迦南美地，得到自由、平等和解放。这个由秘鲁神父葛斯达伏·古铁雷兹（Gustavo Gutierrez）创立的解放神学，最重视神学思维中的实践，指明了基督教神学的人世性，进入世界，进入历史，进入丰富生动的人生；崇尚科学，并用科学技术的手段去创造美好的人生。他说：“神学的中心问题不是人死后（after death）怎么样，而是生后（after birth）如何”，即神学的主题应该在人世，也就是如何使人生出来更有价值，更有人类自身的尊严。哈特桑（Charles Hartshotne）作为过程神学的拥护者，对于基督教史上的“上帝绝对观”进行过有力的批驳，这在考伯和格里芬的《过程神学初解》（Cobb & Griffin，*Process Theology*，*An Introductory Exposition*）中得到很精辟的说明：“在上帝生命的每一时刻，世界上都在发生着新的、事先不知道的事情。上帝的具体知识得随从人们就世事作出的决定。上帝的知识与世界保持内在的联系，因而他的‘知’是相对化了的。”他们意在强调，上帝并非每一件事都要决定，他充分尊重人的自由，他给予人的只是爱，希望人类幸福、健康、完满，没有痛苦。而生命技术就是为了这个世界更完好，使一切活着的人更幸福。现代生命技术不但给人创造快乐，而且可以更好地“实现神的恩惠与圣善，为神创造更大的荣耀”，这正应了“我来了，是要叫人得生命，并且得的更丰盛”①。

美国的基督教徒热切关心的五大问题中的第四大问题就是生命科学问题。他们认为，以环境、生态与生命问题为中心发展的神学是一种“公义的先知呼声”，除流产、变性、同性恋、安乐死等争论外，关于生命技术始终在基督教界存在着很大的神学冲突。这一方面说明普世主义（ecumenicalism）对社会改造的决心，另一方面说明基督教徒开始面向具体的生命和医学本身。这也关系着中国神学的走向、前途与命运。生命神学不仅是一项重要的神学话题，也是评判神学研究水平的标准之一。关于生命技术，目前至少应该在这样一些生命神学思想方面实现同一：

1. 世界不是由撒旦掌管，而是由上帝统治的，并进而由人来体现上帝的形象和旨意，这个旨意包括对人体、人口、生命的修造、改善和控制（“使他修理、看守”）。

2. 信仰与道德不应相互排斥，福音不否认道德，否认道德就不是真正的福音，福音真道即是上帝救人的计划。

3. 不可把一切身体的疾病和痛苦、残缺看成出自上帝，人类没有必要拒绝一切好的救治，用科学技术改正、补充、修治人体的不足，同改造世界一样，是上帝原本应许了的（“愿天欢喜，愿地快乐”②）。

4. 拒绝任何贬低现实世界和物质生活的观念，正视为人类争取幸福和完满的责任，并勇于承担，必要时作出牺牲（“道成了肉身，住在我们中间，充充满满的有恩典有真理”③）。

5. 十字架表明了宇宙和人生的基本真理，除具有救赎意义外，同时体现和肯定了科学技术所导引的创造工作；我们无权拒绝圣灵的引导，而对生命技术等能给予人类幸福的公益事业抱虚无主义态度（“凡事不能抵挡真理，只能扶植真理”④）。

6. 确立人类关于有效控制发展、有组织的计划同面向上帝希望之间

---

① 《约翰福音》10：10。

② 《诗篇》96：11。

③ 《约翰福音》1：14。

④ 《哥林多后书》13：8。

的对立统一关系，并承认和赞许医生和生命科学家一切有益于人类的创造发明（“一切的事都是为造就你们”[①]；“这权柄原是为造就人，并不是为败坏人”[②]）。

鉴于以上分析，是否可以这样认为，生命伦理学为走向后现代的生命神学提供了道德根据。具体说明生命技术的基督教神学体系，应集中解释一切生命技术、生态论争、一切有关人类生老病死处置的医学道德问题，在这个意义上，生命神学应成为充满当代科学精神，号召人类关注生命状态、生命修造和生命进化的一面旗帜。生命神学还应包括对生命技术的神学评估。在生命技术的评估中，不确定性正从方法论的边缘进入科学决策的核心。其中，尤其容易被忽视的就是在这项技术评估中宗教因素的作用。宗教是成熟程度不同的领域之一。拉维兹和福特沃兹（J. R，Ravetz & Funtowicz，S. O.）依各种不同的不确定性所建立的评估和解释科学信息物质标志方案（NUSAP 系统）中的“A”（Assessment）也应包含基督教神学评价的定性信息，方可使系统的不确定性和决策风险的坐标值更有社会价值，并能处于稳定水平。基督教神学的生命神学分支的产生，是技术文化变革后的一个标志，它与生态哲学（eco-philosophy）即后常规科学（post-normal science）一起，正在成为控制自然界稳步向前的理论之一，也是生命伦理学理论来源的一部分。宗教是这个世界总的理论，它表达了人类不同文化与时代的社会关系，它包罗医学社会和生命存在的百态万象；宗教又是使神圣秩序得以建立的人类活动。生命伦理学从诞生到进入后现代社会，必然会快速经历重要的转折。后现代生命神学的兴起则是这一转折的前奏，它不仅是基督教神学适应技术时代的历史必然，更是人类在新的科学和文化背景下自身进化的需要。

中国的宗教与亚宗教问题也是后医学文化语境中的重要文化问题。源于明代的汉语神学与儒释道展开了长期生命问题的伦理学辩难。汉语生命神学是对作为上帝之言的生命事件的信仰的反省与言述，它与东方汉语文化圈文化、地域、历史、语文或思想经验存在共生关系。汉语生命神学应包括这样的研究内容：汉语圈人民生命问题的宗教文化传统及评价；汉语基督教学者对于生命和生态的基督教伦理学解释，后现代医学文化语境中

---

① 《哥林多后书》12：19。
② 《哥林多后书》13：10。

生命医学技术的汉语基督神学争论；汉语基督神学与儒释道对生命和医学技术问题的伦理学比较等。

中国基督教学者长期以来十分注意对实践神学、解放神学、妇女神学、过程神学、希望神学和黑人神学等的介绍，并从中汲取对中国神学有用的营养与精神，与汉斯·昆等神学家的学术对话进行有关生命技术问题的神学探讨。[①] 中国神学界人士从理性上感受到，上帝并非每一件事都要决定，他充分尊重人的自由，他给予人的只是爱，希望人类活得快活圆满，没有痛苦；生命技术正是为这一目的，使活着的人更幸福。有控制的当代生命技术可以更好地实现神的恩惠和圣善，为神创造更大的荣光。这正应了"我来了，只要叫人得生命，并且得的更丰盛"。"你们的忧愁要变为喜乐。"

马丁·路德革命以后创立的新教本质上就是把《圣经》教给广大基督徒，让他们熟悉思考真理之道，使之成为"我们的盼望"。《圣经》中的选择标准必须由现实作依托，由此考虑生命技术的可行与合法，以克服抵制的情感。

大凡用宗教理由反对生命技术和拒绝医疗者主要出于这三方面原因，本书用三个案例予以解析。

第一，直接的宗教信仰和机械的教条主义教义原则。

> 1983年5月，中国华东S市人民医院收治一名女性病人，71岁，属浸礼会（The Baptist Church）信徒，病人因溃疡病上消化道出血，失血性休克，其夫出于信仰原因，拒绝输血，不听劝阻，死于返家途中。

这与美国乔治城大学1963年收治的一名拒绝输血的孕妇案例和赖斯顿案例[②]类似，但因法官赖特要求强制输血而使孕妇获救。法院作出强迫

---

① 赵紫宸、吴耀宗、丁光训、陈泽民、谢扶雅等学者一直致力于中国基督教的处境化、本色化运动，使之"从旧传统中解放出来，把创造、救赎与圣化合而为一"；他们与世界上许多神学家一样，对新神学怀有极浓厚的兴趣与热情，使汉语基督神学正发生着跨越文化的变化。对于科学问题的神学思考，在中国起于20世纪50年代，中国基督徒一向认为实践比信仰更重要，这种东方伦理精神也是当代基督伦理精神。经文教义之所以神圣，是因为它服务于实践目标，安于人世，普度众生，对此岸抱乐观主义态度，与儒释道互补。他们强调生命技术正是为实现"要一切人享受太平，而不是遭受灾祸"的神学理想，也是保罗的"回到世界中来，照看地球及生命"的嘱托。

② W. W. Cadibury and Mary H. Johes, *At the Point of a Lancet*, *One Hundred Years of the Canton Hospital* (Shanghai, 1985), p. 96.

输血的判决，并非不尊重其宗教信仰，而是为救活其生命。反对的理由一是上帝说："唯独肉带着血就是他的生命，你们不可吃。"[①] 二是沿袭了希伯来人禁忌食血的习俗。三是血预示耶稣的生命再一次被献上，当作永远的赎罪祭。不同观点的依据其实更充分：用这血洗净我们的心；没有流血就没有赦免；"通过他的血救赎我们"等可做允许输血的宗教理由。

> 1984年11月，上海R医院外科W医生，是一位虔诚的长老会（The Presbyterian Church）信徒，早年留学英国，由于信仰原因，拒绝由自己为病人施肾移植术，他对牧师直白地说："这器官乃上帝所造，凡动刀的必死在刀下。"[②]"凡杀人的，难免受审判。"

中国某地农村一农民，按摩西律法，把头生儿女献给上帝，发生了"杀子献祭"的惨剧；这样的人表面上似乎是为求悦于上帝，其实这正与反对安乐死的生命神圣论者要"杀子献祭"一样自相矛盾，"真爱我们的上帝"如何会引导人类进入这样的误区，用大相径庭的教诲折磨这些崇拜他的人呢？

第二，潜隐的传统宗教情感和定势心理。

关于堕胎的问题很复杂，素有分歧。

中国基督徒大多数表示有条件赞同，有的人回避，但极少有人公开反对。新教神学家一般认为，上帝差遣我们来到这个世界，是盼望我们幸福安康，不是局限于个体，而是指人类整体的快乐和丰盛。人口政策也得到广大基督徒的拥护；他们普遍愿意接受，并给予恰当的解释，上帝既然千方百计解救我们，而又把管理的权柄交于世人，我们有计划地调整人口状况，也一定是上帝的意愿；上帝是大能的，是爱我们的，他通过我们的工作与努力，完成他原本想做但还未来得及做的事。

上海宗教研究所余金于1988年对上海市55位青年基督徒作了问卷调查，其中35位是神学院学生，大专文化，平均年龄32.4岁。调查结果如下：对于计划生育的各种措施，信徒应无条件支持：14（25.45%）；尽量避免堕胎：38（69.09%）；弃权：3（5.46%）；反对者可能隐含在

---

① 《创世记》9：24。

② 《马太福音》26：52。

“弃权者”中。其实，反对堕胎者在中国大多不是出于基督教原因，尚未听到有人因宗教原因而拒绝这项措施。至于对安乐死的评价，多数青年教徒希望在不违背教义的前提下采取措施，减少痛苦。但采取什么手段，许多高层基督教人士认为应凭良心判断以自由选择。这就存在一个模糊的判断原因，良心和宗教情感是无法量化的。其问卷结果是：不可用人为手段破坏生命：11（20%）；听任死亡（对无望痊愈者可顺其自然，停止治疗）：3（5.45%）；采取措施减少病人痛苦，符合人道主义原则：40（72.73%）；其他：1（1.82%）。可见大多数人的态度都较为积极，但问题是行为的依据标准到底是什么？多数人“希望在不违反教义的前提下”采取措施，以减少病人的痛苦。这就是说，关键在于教义是什么？如何做才符合教义？对于有些教义应如何解释和理解？在教义背后，即这个设定的条件背后还潜藏着一种生命绝对神圣的传统宗教伦理意识与定势心理，正如“身体发肤，受之父母，不致毁伤，孝之始也”，不但与安乐死相冲突，而且阻碍尸检、献器官、献精子、卵子等工作的开展。这种表述已远非单一的宗教情绪，而是愚昧的生命保护和狭隘变形的“孝悌”观念，我们说，生命伦理学可以在此实现一种趋同。神学理论以人类同一性，即博爱为依据，用“我在这里，请差遣我”的精神为他人作出牺牲，是理性的。生命价值论也可以说是源于基督教伦理观，目的是让世人生活得有意义，生命更有价值，而不是无条件地、消极地保存质量低劣、毫无意义的生命。基督徒应像医生路加一样为拯救人的生命而克服愚昧，甚至殉道；也更应学习耶稣基督的无私无畏精神；耶稣一生贫苦，生在马槽，身无长物，死时连衣服也被夺去。为大多数人的幸福，他甘愿被钉上十字架，他自己曾说：“没有人夺我的命去，是我自己舍的。”这是震动人心的伟大精神，这一行为所显示的爱，难道与安乐死、捐赠器官等生命医学活动的道德选择无理论上的内在联系吗？

第三，宗教敬虔的跟从心理与宗教群体的社会压力。

广东某市女青年吴某，26岁，其父母在20世纪50年代均属该市福音堂（循道派，卫斯里宗 Wesleyan Church）教徒。本人未受坚振礼（Confirmation）。她婚后怀孕三个月，一次偶然的遗传学检查，医生发现胎儿患有严重遗传病。当全家围绕是否流产的问题进行争论时，母亲的一位女教友却坚决反对，并称不管孩子将来是否残废都是神的恩典和礼物；这一对父母由于怕其他教友怀疑其信仰是否真诚而违心地阻止女儿流产。结果6个月后，女儿早产娩出一畸形女婴，至1989年6月已4岁，患有胸9神经缺失的脊膜脱出与全身软瘫。其夫（不信教）因坚持流产而又不能说服吴某一家而独居。全家苦不堪言。1989年10月，吴某患精神抑郁症。那位教友还说："这是神的惩罚，是叫你们赎所犯的罪。"

宗教家分析说，"上帝"并没有让爱他的世人用痛苦去换取低劣的生命；耶稣已为人类赎了罪，已救人脱离凶恶。基督告诉人应有爱的向往，求道德、协和、友善、解脱、和好，使人类学会区分是非，区分应该与不应该以及对生命问题所采取的行为。本案中如果没有教友的"虔诚劝诫"，这对双亲是决意要女儿流产的，或可以申明生下这个"痛苦"，本不是上帝的旨意。这既满足了敬虔心理，又避免了痛苦。《圣经》与义不在于只言片语，而应领悟完整的道德精神。《圣经》对于生命技术是有明显支持的，如行为控制；有含混或矛盾的，这就要求我们予以解释和寻找趋同点，如优生等；有明显对立的如安乐死等，这就要求研究者在尊重传统宗教情感的前提下，谨慎地用基督教道德精神去辨析，进行有限的研究。

一位真的神学家，一位追求真理的基督徒，面对变化不定的当代世界，面对生动的医学生活，面对生命修造技术的日新月异，绝不会固守所谓"属灵"的解经原则，而无视神学的解放与实践精神，这是一种革命的基督道德精神。有了这种精神，生命神学便有了进步的革命的基础，其选择才会成为一种正确的、科学的、现实主义的追求。

第六章　世界、中西方与后现代生命伦理学基础

第一节　祁斯特拉姆·恩格尔哈特的生命道德哲学思想与精神

恩格尔哈特教授是当代美国乃至世界上具有超凡学术功力的、卓越的生命伦理学与哲学学者，在某种意义上，也应该是东正教神学家。长期以来，他贡献给我们许多部极有价值的生命伦理学与哲学专著和学术文章。他的睿智与学术穿透力，在生命伦理学界很难有人与其相比，他也因此赢得了学术界普遍的赞誉，并足以作为当代世界医学人文学领域的主角。夫有志，当孝其才。我们这一代学人，其实已经遗失了前辈许多优秀的传统，仅对照清末民初，或是“五四”前后的学界先锋来讲，都可说是一种倒退。核心是因为如此误会的学术文化体制和人性逐利的风尚，挤压了学术责任与知识界的基本信仰，我们常常在“我非我”的冲突中被灵与肉的绞杀和搏斗所吞噬；而我们这些人如何在通过痛苦的历练后回归于原初的那份保有天真和性本善的自我，可以学一下这部书，接受斯人的智慧和独到的点拨。我生自然还是我身自然，本为身自然、物自体，身物本色而人生可化之为超然。人应临世风道而勿戒本道，只有炼狱苦行后，才可皈依真理的本道，太多的诱惑与生命的杂陈，亚当之后漫长旅途的劳顿与怨怒，由此平息，圆我们最初渺远的心愿，最后，只是为无愧于我们的艰辛，无愧于我们的盼望，无愧于我们的信仰与爱。

首先，恩教授的《基督教生命伦理学基础》显然深化了先在出版并已经在中国发生影响的那部《生命伦理学基础》，而且是一种智性的超越，那部书的开启是在20世纪70年代，写就于1995年；距离本书的写作整整跨越20余年，也就是说，作者从青年时期走过，随着世界后现代

风云霍起，其学术和学科体系构思以及学术思想核心已经形成，并臻于成熟。因此，以他伦理神学（严格来说应为东正教伦理神学）的角度，集合哲学、身体伦理、生命政治和医学的知识维度，对生命伦理问题，做了一个宏大地巡览与审视。与前一部书不同的是，他已经寻找到了俗世生命伦理学尝试“整全道德生活”失败的原因，他终于还没有放弃他和他的同伴对于信仰的追求以及对于灵性的敬拜。也就是说，在这部以基督教神学解读的生命伦理问题的长途远行中，他以最后的“上帝”信念保留了自己作为基督徒的思维逻辑根基，并且排除了所有世俗的干预，返回了最初出发时的耶路撒冷城墙，虔敬地聆听以斯拉的声音。

恩教授在《基督教生命伦理学基础·前言》中指出：

> 哲学的解决途径和神学真理是协调一致的：真理就是那人（a Who）。这时期的神学是人们在苦修过程中，通过在上帝面前祷告忏悔而获得的。在这样的神学理念中，生命伦理学就是生命存在的方式，只有接受邀请进入神的人才能获得生命伦理的知性。对于欲回应“我怎样才能获知真理”的人，首先要接受的第一个命令就是：在禁欲苦修中转变。这就是“清心的人有福了！因为他们必得见神”。

作者在书中特别强调：“最终，世俗道德无法解读明显自洽的、唯一的以及为理性所确证的道德文本。”他在对康德哲学、黑格尔哲学以及克尔凯郭尔主张加以分析之后认为：“世俗道德并不能替代宗教伦理去维持它自身不能维持的道德。世俗道德不能提供一种规范的世俗生命伦理学……”①

其次，恩氏的贡献不仅在于生命伦理学理论上的突破，开阔了我们的学科视域，而且将其理论和思想置于汉语文化语境中，可以使我们体味生命伦理学的神学核心本质和基督教转移基因的结构，帮助我们真实地进入西方生命伦理文化腹地，与西方学者进行深入的对话与交流。按照马克斯·韦伯的说法，中国文化中的神圣观念非常含糊和无力，表现为这种文化在历史中几乎从来无法感受到一种能与之进行真正对话的“他者”。②

---

① 此与以上引文请参阅英文版 *The Foundations of Christian Bioethics*，pp. xiii-xv.

② ［瑞］海因里希·奥特：《上帝》，朱雁冰等译，辽宁人民出版社 1997 年版，前言。

因此，作为中国的学者，特别是青年学者，就有必要理解上帝这个概念，并回答为什么恩教授坚持认为在临床治疗学中，宗教因素能够完成医疗技艺无法解决的难题，只有通过宗教的感悟和体验，疾病才能获得完整的“治愈”。同时，我也希望，本书中文版的问世，能够作为汉语文化圈一个新的生命伦理学时代的开始，并修正我们这些年来对西方生命伦理学思想的误读，改造生命伦理学或医学伦理学教育教学与学术研究生活，澄清许多糊涂的学科观念，争取成为理智的、清明的学者；若能达成此愿，我想，这是最使人欣慰的结局。

具体说来，恩格尔哈特的基督教生命伦理学，是为了与世俗生命伦理学相区别，而提出这个用基督教神学解决生命科学技术难题的学科。它的两大部分构成是：基督教生命伦理学的形成，学科地位，与世俗生命伦理学的平行关系，信仰、上帝等道德神学概念对基督教生命伦理学的理论影响，传统宗教伦理学和基督教生命伦理学的关系；生命科学技术与基督教伦理学，用神学的视角研究生命、死亡以及生存状态等问题。当然，恩氏还没有更加逻辑地组合相关的理论，但他的思想已经臻于体系化，也建立了较为成熟的概念，除对于道德异乡人、允许原则等概念的续用外，他在该书中，还建立了道德共认意识、真全生活等，并对整全性道德予以极大地充实。

中国的读者应该知道，在基督精神和基督教人文思想长期浸润和融染的西方社会，使宗教伦理和世俗伦理观念达成和谐或培育道德共认意识是何等有意义的事业；恩格尔哈特教授的研究，关系着普通民众的基本生活质量和整体幸福感，更涉及一个民族的文化境况、风貌和对未来发展的信心。同样，我们这个历史悠久、文化传统深笃的中华民族，也面临这样的选择和危机，虽然我们没有那么明确的、理性的宗教情感和独一的神祇崇拜对象，但我们从没有停止模糊地、朦胧地接受着“天道”或者“类如上帝”（As-If God）的暗示与心理召唤。尽管我们的神权观念明显功利化与较为脆弱和淡漠，然而，恩教授的这一追求和提供给我们的成果，以及他的这种探索，对我们也是一种极有价值的提醒和启示。就是说，面对这部大书，我们，特别是汉语生命伦理学者，临在信仰极度贫困和精神极度饥渴的民族，最应该做些什么！

关于恩氏的思想来源，也就是对其生命伦理观念形成产生重要影响的理性资源，我们分析有四个方面：（1）日耳曼古典哲学与近代哲学，除

3H（黑格尔、胡塞尔、海德格尔）与康德哲学外，还有克尔凯郭尔的悲情主义神学观、尼采的权威虚无化以及哈特曼哲学；（2）法国后现代主义和美国的新经济思潮以及新教伦理精神；（3）基督教神学，特别是东正教神哲学、加尔文主义和地中海、波罗的海文化圈（特别是巴尔干、亚平宁、伊比利亚三个半岛）的文化传统与宗教神秘主义、诺斯替文化等；（4）欧洲与北美的医学人文主义与传统、生命科学知识和医学科学技术哲学。祁斯特拉姆·恩格尔哈特强调文化的多元性，意在建构有限的道德相对论（或次级相对主义），虽然他经常否认道德相对主义，但他不能回避他的“部分共认意识”（overlaping consensus）与“道德异乡人”（moral strangers）理论的后相对主义内核。异乡人理论其实来源于犹太民族情结与希伯来文化，埃及囚虏和奴役、巴比伦之囚、筑棚与漂泊的境遇，以及地球在宇宙中悬置、生命寄居于肉身等文化人类学和心理印痕，构成了这种“道德异乡人”观念，这既解决了避免堕入令人恐怖的道德相对主义，又表示了一种对道德多元论的包容。

恩格尔哈特所隐藏的东正教情感的力量和文化偏好，对于中国的读者来说是十分陌生的。恩氏习惯于或者喜欢引用圣·克利索斯托姆（St. John Chrysostom）、圣·巴西拉（St. Basil）、《圣经》的七十子希腊文本以及尼西亚与后尼西亚教父系列，还有大量的东正教神学文献。因此，有必要说明一下这段历史断代。

被誉为人类文化心脏的地中海文化圈涌起了阵阵思想骇浪，其中，最先该记住的是589年Toledo的西班牙主教会议，他们把奥古斯丁在《三位一体论》一书中“圣灵从子而出”的断言，正式加进拉丁文信经中。我们这些21世纪的中国人，如何知道去神圣化有何等意义，又是何等艰难！在历史上，在“政治上帝”的暴力之下，人类遭遇过千百次灭顶灾祸；去神圣化要用鲜血与生命的代价去换取。但不要忘记，我们只是不要那种暴力的君王，我们需要一位给予我们民主、智慧、幸福与自由的“上帝”。为此，我的这位朋友，恩格尔哈特教授，从青年时代开始，几乎倾尽一生的精力，心向往之，用“部分道德共认意识”、“允许原则”、“道德异乡人”、“伦理序列”等缓释或消解人类的纷争，用“整全道德”和“真全生活”重新确立上帝的权威性。他祈盼在一尊至高无上的上帝之下，通过多元生命文化道路，通达或最终实现我们身体的自由广场，找到一幅美好的、最能体现公义的生命政治或卫生经济政策蓝图，以造就和谐的、平和的、大同的整全道德原则、真全生活模式与新型人类关系，这也是所有宗教、宗教徒和非宗教徒的理想，也就是生命伦理学道德核心价值的图示，也是全人类共享的福祉，即应该通过我们艰苦奋斗赎回曾经被我们失去的、地上的伊甸乐园。

一　多元主义、次级相对论与“允许原则”

后现代文化关注和回应了多样、多态、差异与个性的特性，重视人的个性价值，去神圣化与中心意义的消解，使道德自由的彰显导致边缘的合法化和在一个共同的背景道德（background morality）下的道德多元现实被认可。那么，后现代生命伦理学与经典生命伦理学的最重要区别在于，这个多元的伦理观念所构成的战略决策方案。后现代生命伦理学的重要使命之一就是要解决因为多元的道德主张所造成的分歧，并且给出在一个允许保留部分个性意见的基础上实现重叠的共识。这也许应该作为后现代生命伦理学的最重要内容。

实际上，道德的多元性从来都是值得争议但又没有获得最终结论的伦理议题，人类不可能找到一个适合于所有地球人的普遍伦理规范和标准，以消除所有观念的差异。

> 这个世界不是由对美德、正义和人类繁荣的共同认识统一而构成的。人们没有确立一种共同的固定的道德判断模式与标准。人们确实经常在关于性行为、繁殖、财产权利、受难、垂死和死亡的意义问题上产生强烈的分歧。而且，众多正式和非正式政治组织的公共政策都暴露了关于生命伦理学主旨理解的深刻差异。①

在生命伦理学领域中，更加明显地显露着生命伦理的多样性。从流产、安乐死到医疗保健私有资源的再分配问题都存在着普遍的争议，而不是达成了普遍的共识，或部分共识。恩格尔哈特提醒人们注意，全球范围内，盲目地信奉一个共同的道德和共同的生命伦理观念去指导医疗保健政

---

① ［美］恩格尔哈特：《全球生命伦理学：共识的瓦解——对全球性道德的探求：生命伦理学、文化战争和道德多样性》，郭玉宇等译，孙慕义编：《伦理研究（2007—2008 生命伦理学卷）》，东南大学出版社 2009 年版，第 10 页。

策，这种多样性经常会被否定或者在战略上被忽视；造成毁损生命的原因，是世俗道德之间存在着尖锐的冲突，否认或削弱分歧的重要意义，减少和排斥那些持不同政见者、不给有不同道德信仰的人提供社会空间。①恩格尔哈特对此做了翔实而有力地分析：

> 当代，拒绝或不尊重道德选择的这一明显的多样性特性，不需要推诿于任何伪饰的动机或有意的作为。这可能反映了一种强烈的无须顾忌这一人类特性的一相情愿，尽管是无意识地为某一特定内容的充分道德前提辩护，以便为其所希望的主体公共政策提供道德霸权。结果是建立一个作为意识形态的特殊的生命伦理学，一种伪造的意识（false consciousness）：主张世俗道德共识，以使公共政策及临床生命伦理学家的临床角色合法化，淡化真正和持续存有的道德分歧。这种伪造意识的目的是遮蔽困扰生命伦理和卫生保健政策的明显的道德多样性，如对平等、自由、生命和死亡的本质和道德重要性的不同理解。他们必须否认这些差异，以便确立政府伦理委员会所认可的结论，如此，就可以声称遵循了被所有人接受的共同道德，即所谓的道德共识。②

问题是，应该如何对于差异进行平衡和融通。对于独立的医学伦理委员会或保护生物医学与行为研究的人类受试者委员会等机构来说，不能拣选持有相同观点的人来构成，但又不能够把具有强烈对抗性意见并颇具道德责任感的人编成一组。恩教授举例说：

> 如果在讨论胎儿研究时，包括一个罗马教皇的代表，一个女性无神论者，一个浸礼会的原教旨主义者，一个×××主义的共产党员，一个自由主义者，和一个倡导在堕胎问题上可以自由选择的人，人们只能想象该委员会的讨论将会有何等的不同。③

恩教授认为，比较好的政治策略事实上似乎已经在做了，就是任命具

---

① H. Tristram Engelhardt, Jr., *The Foundations of Christian Bioethics* (Swets-Zeitlinger Publishers, 2000), p. 28.

② Ibid., p. 29.

③ Ibid., p. 30.

有类似背景道德承诺的人，而不是有一些理论分歧的人。他们用这种方式建立委员会，加入其中的人将被进一步灌输他们的道德通则，因为尽管有理论分歧，但分析和对话将会确保得出实质性的结论。

“拥有共同的道德但有不同道德理论承诺的人，将能够制订中级原则（middle-level principle），引导他们找到道德和公共政策问题的共同解决办法。人们可以推测，彼彻姆和邱卓斯的生命伦理原则就是这样的：它们的价值说明了这种现象。”① 同时，恩教授认为，由于作者对公正有类似的背景理解，他们可以引入一个中级公正原则，然后推导出关于卫生保健分配问题的类似结论。如果他们有本质上不同的道德（例如，如果一个是社会主义者，另一个是自由主义者），“他们引入的中级公正原则将表现出他们之间深刻的分歧，而不是他们的一致。原则的真正意义将发生变化——它们将以此作为揭示道德分歧的一种启发式方略”②。

多元主义是上帝权威被颠覆之后的一种倾向，被称为一种精神的解放运动。生命伦理学是否应该建立在多元主义文化的基础上，或是顺应多元主义潮流，恩格尔哈特认为：“世俗理性仅仅简单地通过合理论证，是无法超越以生命伦理学为基础的道德多视角的多元性的。”如此又引申到“理性本身作为伦理、道德和宗教视野的中介已经终结”的观点是否可信，或者我们是否承认，道德的思考或者生命伦理的观念又回归到古代的多神论这一问题上。③

生命伦理学的目的和宗旨应该是面向实际生活的，当然伦理学也是这样的。不得不承认现实生活是非常丰富的，它的丰富在于它是多元的，生活的样式和样态总是永远具有个性、独立性的，个人在选择过程中拥有自由，在选择的同时要表达自己的权利和意识。有的是弱势的，有的是强势的，如果是多种选择，差异就是不可调和的，就会产生冲突；当冲突发展到极致，就会发生战争，这是政治性的，也包括维护生命的权利和意识，或者经济权利的表达。在多元化的前提和客观的场景下，大多数人是否能够得到各自的自由，这恐怕就是伦理学存在的一个内因了。生命伦理学正

---

① 请参见［美］彼彻姆（Tom L. Beauchamp）和［美］邱卓斯（James F. Childress）《生命伦理学原则》（*Principles of Biomedical Ethics*），纽约：牛津大学出版社 1979 年版。

② 可参考［美］恩格尔哈特《基督教生命伦理学基础》，孙慕义主译，中国社会科学出版社 2014 年版，第 75 页。

③ H. Tristram Engelhardt，Jr.，*The Foundations of Christian Bioethics*（Swets-Zeitlinger Publishers，2000），p. 27.

是在这样一种追求之下建立它的原理的，所以必须挖掘所有理性资源，以有利于多重选择都能够非常平衡地、和谐地存有或保存，彼此相安无事，相互都能够得到不同程度或者最低限度地满足。在这样的前提下建立互相不伤害的道德原理，就是生命伦理学要设法获得的一种有限的或次级相对主义。

由于自由世界主义观念面对丰富的人类生活，身体学复杂的现象，受到科学技术的激发，精彩纷呈。当它们被伦理学家关注、议论和批评时，这些现象可能早已经被替代或置换，又一轮新的生命科学现象或事件，开始扰乱我们设计好、正准备进入的生活秩序。几乎没有人的具体、细微的生命选择是一致的，他们对于身体的理解与需求，或者对于快乐、惬意、愉悦的感受，以及对于痛苦、枯寂、绝望的体验是没有同一标准的，我们无法分辨他们由语言和表情所呈示的程度。没有一门完美的科学和存在物，能够由道德意愿来获取，康德根据纯实践理性原则，只能假定或设想实际的目标，从而评价人的真实感受。[①] 个体感受的差异带来了评价和鉴别的困难，不仅使医生在临床上遭遇经常性的尴尬，而且心理学家与社会学者也无法透视人的真实感受的本质和内在性。这样一来，我们理解和评价的病人的知情后同意的临床决定，就不能被认为是真正的同意。我们只能根据诸多的因子和经验，尽可能地接近病人的原态意向，作出手术、撤除呼吸机、放弃治疗、安乐死亡等决策。或者，我们偶尔会邂逅怪诞文化需求的病人或健康者，提出服用安乐死药丸、重新设计脸谱或漂白皮肤、智力增强、使用兴奋剂等的强烈要求；我们将如何依据医疗和伦理原则回复我们的病人。允许必须在一定的限度内，有时甚至需要我们的宽容和容忍。因此，尊重和自主的前提，是在自由世界主义或者个人世界主义指导下的去权威主义的灵动论。境遇论、次级相对论都可以缓解我们曾经僵化、顽固的伦理教条主义所造成的情感张力，特别是处于文化多元和后现代以个人自由为身体做主的环境中，在道德异乡人或文化观念异乡人之间，用宽容原则面对具体的案例。在此，没有善恶的界限，只有同意、拒绝或者建议、劝慰、告诫。

---

① 请参阅英文版 Immanuel Kant, *Critique of Practical Reason*, pp. 122-123. 另见［美］尼古拉斯·雷舍尔《复杂性，一种哲学概观》，吴彤译，上海世纪出版集团2007年版，第142页。康德认为，完美是非理性的存在物，在感觉世界随时都能获取。而道德完美只有从较低阶段到较高阶段无止境地发展，才可能实现一种合理但有限的存在。

世界是多元的，人性在普遍的基本一致性的基础上各有差异，特殊主义从边缘成为人类的重心。只有承认和接受多元性的医学道德选择才可以应对多元化的人类社会。俗世道德也必须以一种道德多元化的视角冲破程序上的机制。

世界生命伦理学具有自身的生命法则，有明确针对性地运行，并建立可以更换的权威，这是由最初的道德相对主义和次级相对主义（道德怀疑论和在道德知识必须具备的特殊条件下）决定的道德多元论；有限制的道德多元主义是由于普遍道德原则（有区域或局限性）在存有分歧的当地环境中的应用；有限的道德相对主义得到接受是出于对个人和团体选择权的尊重以及承认完全统一的不可能性。①

其实，世俗的道德权威或者并不那么纯粹，或者是可变的相对权威，如此一来，诸如流产、人工授精、安乐死、代理母亲、器官买卖交易等，都可以在某一个被限制的范围内或时段内，由某一个权威依据具体情境判定其合理性或合法性。

我们对于生命政治的多元论情势予以设定，同时对生命伦理学的多元化命运以及后现代机制给予评价，这是学科建设之先最为首要的事，只有在总体上具有这样一个基本的精神核心作为基础，我们才能够在学科研究和求全过程中不至于迷失方向，或者在争论和辩护中自相矛盾或逻辑混乱；没有一个统一理性的指导，没有一个完善的理论框架，就无法支撑起生命伦理学的广厦。我们的目标是要构建一门内容整全的、逻辑自洽的、能够在一个统一的善的基础上，令人信服地解释所有当代问题，并使其在实践中成为行动的指南；我们的一切原则、规则都要派生于这一主干，因为它是我们思想和精神永远的根基。

第一，在伪自由意志论世界主义的前提下，所有人的行动必须服从于唯一至圣的权威，如同唯一真神的基督徒对上帝的敬拜一样；生命政治上的一元化，造成了一种暴政的统治，绝对权威主义、一元化意志、家长君主制，以此解决生命伦理的现实问题，禁止流产、处死患有严重遗传疾病的新生儿、禁止同性恋、禁止安乐死、禁止变性、禁止代孕、禁止克隆技术，等等；结

---

① ［美］恩格尔哈特：《全球生命伦理学：共识的瓦解——对全球性道德的探求：生命伦理学、文化战争和道德多样性》，郭玉宇等译，孙慕义编：《伦理研究（2007—2008 生命伦理学卷）》，东南大学出版社 2009 年版，第 10 页。

果，医学社会沦落在医学法西斯主义的高压与生命科学的暴政之下。

第二，在伪自由世界主义的前提下，绝对多元主义化的生命伦理学，只要坚持既定存在的派别、信仰、民族、地区、国家、团体或者基本单元，就可以自行建立独立的生命伦理学，在极端的多元化背景下，美国生命伦理学、中国大陆生命伦理学、卢森堡生命伦理学、罗姆人生命伦理学、宗教生命伦理学（还可以再分为东正教的、路德会的、抗议宗的、浸礼会的、方济各的；或者佛教的、道家的、穆斯林的、印度教的、神道教的、萨满的、锡克教的、耆那教的、琐罗亚斯德教的，等等）、盎格鲁—撒克逊生命伦理学、儒家生命伦理学、东巴生命伦理学、中国军人生命伦理学、消防队生命伦理学、中国台湾阿美人生命伦理学……结果，如同邪教派别对人类的毁损一样，生命伦理学可能会消弭，生命伦理精神被撕成碎片，甚至堕为法西斯生命伦理，就不要讲什么赫尔辛基宣言精神，就可以继续使用“劣等民族”的器官进行人体试验，如此，就不会有什么普遍伦理意义下真正的知情同意了。生命伦理学应该强调普世价值指导下的“生命伦理学”，就像人类共同理解的道德一样，一般来说，应凸显人类共同的道德规范，比如正当与善，爱和公义；不能用过度本土化、民族特质消解普遍的伦理原则，应在各自尊重个性的前提下，共同遵守人类核心道德行为标准，否则就有可能使生命伦理学学科虚无化。绝对多元主义是危险的。

第三，如果不同意如上举例，那么，是否可在全球普世伦理精神的滋养下建立全球统一的生命伦理学，以普世人类价值为中心，以绝对的世界主义精神为指导，并由世界生命伦理委员会进行严格督察，对任何违规者进行惩治或法办；这实际上是以上第一例的翻版，建立“生命伦理学的联合国”，是一个幻境；没有个性自由，就不可能成为生命伦理；尊重自主、知情同意、个性选择自由等，是生命伦理学的基本精神，人类绝对共识正在被瓦解，为了避免更大的灾难性文化战争或现实的生命政治战争，我们必须按自由的世界主义精神，给与每一个人最基本的生命权利、健康权利和生存权利。

第四，也是恩格尔哈特与我们共同希望的，在全球性共识基本瓦解之后，要尽可能尊重“部分共认意识”（重叠共识），我们须设定一个基本的前提条件，即在尊重人的生命权、生存权、健康权以及其他不违反人类利益的真正的人性需要的统一理念下，承认“真善美”、“信望爱”、自由平等、和平民主的人类总的伦理纲领，或具体演绎为“医乃仁术”、“医疗行善”、“人所欲便施与人”等主体原则；以次级相对论允许有限度的但基本充分的个人自由

（自由世界主义观念下的多元自由论或个人世界主义），对于符合宽容条件的行为予以宽容，鼓励节制，反对生命或生活行为的放纵；尊重自主、有利与不伤害、公平正义、生命价值的基本原则，以及知情同意、医疗最优化、保守秘密、保护弱者的应用原则不变。

只有真理是不朽的，只有真正的人性是良善的，对于生命伦理学来说，应以人的尊严和真正的人性作为我们行动的唯一标准；实践不是检验真理的唯一标准，因为善甚或正当，实践常常无法予以验证，实践只能在有限的时空内和现实的人类活动中，检验一部分事务或事物的真理性；而真理是客观存在的，真理常常无须我们去检验，或者，我们有时无法获得能够检验真理的实践机会，实践是有限的。尽管实践有时是一种力量，可以暂时帮助我们辨别一部分是非曲直，但常常只是一种经历。

道德相对主义是我们面临的巨大考验，也是生命伦理学者所面临的一次挑战。因为生命伦理学接受了信仰的传统、习俗以及尊重人性，就必然会对各自身体伦理诉求和独立境遇下的道德裁决予以关注，就难以遵循整全模式的约束，不能一方面接受多元选择的医学社会，另一方面又禁止医学处置的特殊性；应该建立一种既不违反基本伦理规范，又不伤害当事人的生命伦理选择，比如同性恋、安乐死、堕胎、换容手术、变性等，尽管可能会引发文化冲突，但并未超越道德底线。

如麦金太尔所言："相对主义就像怀疑主义一样，都是到目前为止已经被推翻了好多次的理论之一。"但其本人也无法避免道德相对主义的指责。但他努力进行各种克服道德相对主义的尝试。麦金太尔并不否认真理的客观存在，他常常被人误解，认为他将不同道德传统作为道德探究得以开展的前提这种做法本身就是倡导道德相对主义。其实，他在接受道德一元性丧失之后，在如何处理各种关系和决定行动选择时，他举出康德站在历史这一点上，依据法则的力量，

> 而不能依据法则所服务的任何目的来加以说明。因此他力图从道德法则的形式中引出道德法则的内容。①

---

① ［美］阿拉斯代尔·麦金太尔：《伦理学简史》，龚群译，商务印书馆2003年版，第343页。麦氏在此是用康德的说明来调和法则与服务目的的关系，并且遗留了一个问题，就是法则的遵守和目的的实现之间的紧张关系。

我们其实是为了寻找如何照顾具体的个人目的的满足，而又不至于违背基本的道德原则，因为在医学生活中会处处遭遇这样的难题。这也是生命伦理学的重要责任，如果没有理论上的明确指导，就依然只能和康德的追问一样，因为目的的模糊最终会导致幸福概念的模糊和不确定，所以会造成临床境况下医生的手足无措。

诚然，以无可置疑的语言，把病人权利的合法性悬置在某一个传统中去验证，评判其是否符合信仰或者文化传统，但我们有时却会在医学的具体境况下表现出一种前所未有的无奈。在《三种对立的道德探究观》一书中，麦金太尔再次阐明自己与道德相对主义不同，并指出只有基于个人生活于其中的传统才能找到道德探究的可靠起点。而他不得不加注了这种解释，同时附加了一个说明：

> 在过去20年中，重新制定这些法令的迫切需要有两个截然不同的根源。一是需要专业决策议题的变化程度，在医学中，则通常是技术革新的成果；另一个是共享的有多种自由主义道德原则的社会及其必然的对提供专业所需东西的无对策性。①

其实，医学中需要这样的美德观念，恩格尔哈特试图建立这种全球性的道德约定，而又避免道德怀疑主义“拥有强大的支持基础（例如，建立在不使用不公正的高压势力对抗和平的，无辜的，意见不同的人），来对抗强制性地建立一个独特的、内容详尽的道德景象的政府，更不用说建立一个特别的全球性的道德说明”②。就好比一位医生面临为要求安乐死的病人实施“协助自杀”或允许使用“器官交易市场”的供器，进行器官移植手术一样，丧失自己职业伦理原则。

对道德相对主义，大可不必如临大敌般恐惧，不会因为有限的相对就会滑坡为道德虚无，萨特、麦金太尔、恩格尔哈特就制造了各自的次级相对主义、亚相对主义、有限相对论，由规范的相对主义给予理性控制，作

① ［美］阿拉斯代尔·麦金太尔：《三种对立的道德观探究》，万俊人等译，中国社会科学出版社1999年版，第234页。

② ［美］祈斯特拉姆·恩格尔哈特：《全球生命伦理学：共识的瓦解——对全球性道德的探求：生命伦理学、文化战争和道德多样性》，郭玉宇等译，孙慕义编：《伦理研究（2007—2008生命伦理学卷）》，东南大学出版社2009年版，第10页。

出允许或不允许的选择，医学就是这样发展的，疾病就是这样治疗的，医生就是这样工作的，我们就是这样进化与生活的，世界就是如此才精彩纷呈的，人生才会让我们留恋、依赖和为真全的生命而奉献与施爱。道德相对主义可以从“客观的道德律”中找到对“宽容”的宽容。这对生命伦理学很有意义。

就如同我们

> 坚持境遇伦理是一种充分尊重的应用规则，被视为准则，但并不作为法律或原则，可以称为原则相对主义。①

我们尤其要注意的是，在人的权利和人的多样性的多元背景下，如何处理各自的基本需求，使人的权利得到最低限度的维护。毕竟，我们面临着一个新的具有挑战性的多元文化背景。一个社会境遇必须为各种道德异乡人所接受，或者尽可能使各种人共享医学的好处。这样，

> 对存在客观规范的道德事实的可能性，对主观事实的规范标准的叙述，或者对合理性的普遍标准的判断，道德多元论无可避免地深陷于形而上学的怀疑论之中。在这种情况下，伦理学变成地域相对性的：不存在超越具有特定信仰和习俗的社会群体的道德的事实。这一观点可以解释，对于生命伦理问题，如医生协助的自杀和人类器官售卖，为什么不同国家、社会、群体会表现出极其相对的道德理解。我们有充分的理由相信，这种道德怀疑论只是针对某个国家强制确立的某种特定的、内容完整②的道德视角，而不是一个全球性的道德解释。③

很多人在此处停止，因为稍不如意，就会陷入一个伦理怪圈，既愿意为每一个权利人谋取利益，又不能越过公共道德底线；既承认多元社会和

---

① Wayne G. Boulton, Thomas D. Kennedy, and Allen Verhey, *From Christ to The World Introductory Readings in Christian Ethics* (William B. Eerdmans Publishing Company Grand Rapidshare, Michigan, 1994), p. 210.

② 应译为“内容整全的”。

③ [美] 祈斯特拉姆·恩格尔哈特：《全球生命伦理学：共识的瓦解——对全球性道德的探求：生命伦理学、文化战争和道德多样性》，郭玉宇等译，孙慕义编：《伦理研究（2007—2008 生命伦理学卷）》，东南大学出版社 2009 年版，第 10 页。

多种个性选择的合法性，又必须遵从全人类最核心的道德契约，同时不违背所处的文化和政治环境的常规，不被其“同族”视为异端，服从信仰和共在者的传统。对此，恩教授只好回应一个“允许”，即“在一个俗世的多元化的社会中，涉及别人的行动的权威只能从别人的允许得来”①。麦金太尔批评康德把各种道德观点糅合在一起，而又难以缓解道德法则和生活目的之间的张力。功利主义者显然从另一个侧面影响了生命伦理学，使其堂皇地在表面上避开了相对主义的危险，因为对于早期的生命伦理学家来说，强调个人意志和病人利益的综合以构建医学秩序，麦氏指责这个粗糙的道德心理学把道德规则变为“有效达到私人目的的工具”②。作为黑格尔、格林的后继者如情感主义和规定主义者，对于道德话语作了错误的说明，而对于这类话语的意义却给予了正确的解释，认为：“评价陈述的极贫乏意义已逐渐充塞于社会，在这个社会中道德词汇正日益增长地变得空乏无物。”③ 进而，马克思继承了黑格尔和英国的理性主义者的衣钵，只是指出单纯的道德说教已经不能起到真正的作用，因为用一种不再存在的权威和隐藏的社会法令，企图解决问题，这样的设想有可能会落空。这就被机会主义和实用主义者作为理由，制造出类似境遇主义的伦理观，混合功利论、价值论等占领生命伦理学的理论阵地。实际上，这就开始使我们再次把注意力集中到相对主义的险境之中。因为，

> 我们不能指望找到一套道德概念，不能指望我们的社会对道德词汇有共同的解说。在我们的环境里，概念的冲突是普遍性的，这是我们道德冲突的深度所决定的。因此，我们每个人都不得不在这样两方面作出选择：一是我们希望与什么人在道德上有着密切关系；二是我们希望用于指导我们的行为的目的、规则、德性是什么。……在我较重视某个目的或某种德性的选择中，我就与其他某些人有了一定的道德关系，而就不可能与另外一些人具有道德关系。在我自己的道德词汇的界限内说话，我将发现我自己被体现于道德词汇中的标准所束缚。这

① ［美］祈斯特拉姆·恩格尔哈特：《生命伦理学基础》，范瑞平译，北京大学出版社 2006 年版，第 123 页。

② ［美］阿拉斯代尔·麦金太尔：《伦理学简史》，龚群译，商务印书馆 2003 年版，第 344 页。

③ 同上。

些标准是那些讲相同道德语言的人所共有的。并且假如我得有一种社会关系的话，我必定采用某些道德词汇。①

显而易见，生命伦理学所讲究的部分道德共认意识或重叠意识，以及对“道德异乡人”格外关注，并且要有比较模糊的“允许”、宽容、尊重自主作为医学生活方式和对某种人性观点的认可，就是所谓的“次级相对主义”（Secondary relativism、Second class relativism，substandard relativism），或者称为“有条件相对论”等。

“允许”的基础实际上就是“己所不欲勿施于人”，只有经过他人的允许或同意才能对他人采取某种行动，未经允许的治疗是背离道德的。对允许原则的主要批评是它可能会导致相对主义，但恩格尔哈特本人坚定地否认允许原则的相对主义属性，当然，这样的道德观显然不是他本人自认的绝对主义者，但也许可以称为一种具有个性化的伦理普遍主义者；他曾经说，他不是形而上学意义上的相对主义者、怀疑主义者，但在认识论上应该承认有相对主义的或怀疑主义的倾向。② 至于有条件的“允许”应该指：第一，要事先规定一个总体规则或者一个基本前提（执行条件）；第二，要服从人类共同的良善、尊重、不伤害、己所不欲勿施于人（或有条件的他所欲便施与人）；第三，不违反主体传统规约和公共法条；第四，不伤害任何人的基本利益或主体利益（但有可能使某个人或相关联的人不快，情感的或者心理的，但又没有理由阻止和拒绝）。

“己所不欲勿施于人”和“他所欲便施于人”是有区别的，我不喜欢的未见得他人不喜欢，他所需要的未见得是我所求的；这其中不是一种认真和精致的语言，而是一种与人为善的精神指向，是很粗糙的“允许”，没有严格的划分和分类。有人认为：“就任何道德共同体都必须遵循允许原则，不能用任何理由、借口背离允许原则而言，这是一项绝对的原则。就任何人不管持什么道德信念都要遵循允许原则，不能有任何例外特殊而言，这是一项普遍的原则。”③ 这是对“医学允许”的一种曲解，实际上，“医学中的允许”是很自由和宽松的，没有什么强迫和必需，普遍适用，

---

① ［美］阿拉斯代尔·麦金太尔：《伦理学简史》，龚群译，商务印书馆2003年版，第345页。

② 请参阅沈铭贤《我是一个绝对主义者和普遍主义者——恩格尔哈特谈允许原则》，《医学与哲学》2000年第1期。

③ 同上。

但并非绝对使用。也可以把这种次级相对论更名为“医学相对论”。这就避开了逻辑上的、形而上的、本体论的相对主义观念，而就认识论上的相对主义则可以在医学实践中因事因人作出变通。

二 寻找权威与去神圣化

现代与后现代的缘起，发端于权威主义的没落。

路德颠覆了旧教会的权威；笛卡尔与康德以“我思故我在”和外在事物如何符合人的意识对人的主体地位进行了革命性的权威转换。尼采在宣布上帝权威已死后，即预示了形而上学自身以及存在的平衡状态的解体，欧洲文明的黄昏正是新的思想虚无主义开启之时；当人们正在为这种解放而狂欢时，由于资本与人性膨胀已经危及人类生存的后现代境况，人们突然感受到信仰危机与去权威化的恐怖以及对人类的致命伤害。

加尔文跟随奥古斯丁把人类整体的心理上的事情和情感的来源归为：上帝的知识和我们自己的知识。自然界和社会从此被彻底世俗化了，就此，理性和语言也被世俗化了。要到达上帝的国度，就必须通过人的内在的经验和神秘的感受，而不是直接的话语。上帝通过圣灵命令给与玛丽·韦林（Mary Waring）以生命的最后力量，那是一种精神的腾飞和信仰的最后皈依，在灵魂深处，长久隐藏的“单纯的词”附丽于“真实的物”的体上，物被圣化了。吕克·费里不同意康德把宗教说成是人的自然秉性（disposition naturelle），但是他又错误地诠释了没有宗教的极端价值，不要极端的神圣化，也不可以极端的非威权主义。① 哲学的上帝和神学的上帝分离之后，却给政治的或集权的、专制的上帝遗赠了绝好的制造灾难的空间和机会，依仗强力和严厉复仇的超越的上帝形象被统治者所替代，神灵化的人恰与人性化的神成为鲜明的对比，道成肉身反被肉身成“道”所替代，这也是宗教的大悲剧。

在欧洲历史上，最具政治神学意味的争议就是对381年尼西亚—君斯坦丁堡信经的希腊文原本的重大变动，其实这个变动是悄然的，至今还是一个谜。这也是造成东方与西方最后互相驱逐教会的根源。希腊原本在论及圣灵“从父”而出之后的部分，并没有包括“和子”（filioque）这个

---

① 吕克·费里在他的《宗教后的教徒》（Le religieux apres la religion）（周迈译，中国人民大学出版社2007年版）第10页中写道，他用没有宗教的社会免于集权制统治的历史审视当代社会，认为以极其复杂的政治伦理借用于宗教的遗存，作为高压统治的基础，造成与民主力量对抗的条件，可证明此时何等需要去神圣化。

子句在内："我信圣灵，赐生命的主，从父（和子）出来，与父、子同受敬拜同受尊荣，他曾借众先知说话。"

850年，当东方的主教与神学家听到这个更动后，大为恼火，以雷霆般的吼啸予以抗议，他们坚持西方的观念建立在奥古斯丁的思想上，这是非正统的异端的边缘教义，迈仁多夫表述道：拜占庭人认为，"和子"的问题是东西方产生摩擦的关键。在他们眼中，拉丁教会接受内有插入文字的信经，不但抵触基督教全体大会采用其作为普世基督教信仰表达的文字，同时又赋予不正确的三位一体观以教条的权威。①

这个微细的更动说明东西方对于民主的不同情感，反映了那种神秘的内在的情感体验。古代西方人在没有接受基督教之先，其惯有的多神主义传统其实是一种民主的文化根基，"和子"的争论恰好反映了这种分歧的民族心理差异，也可以从文化人类学角度理解。古代东方原本是一神论，尽管后来比如华夏民族由道释的多神崇拜所替代，但还顽固地惯于皇权的奴隶性，祈望于绝对的"上帝"的至高无上；如果巴尔干、小亚细亚、波罗的海文化圈和斯拉夫人承认和接受了"和子"说，上帝的绝对威权将被打破，因为必然和人子基督共同分享这个权力，而就民主主义来解释，分权的意义深刻而远大。路德与加尔文的改教运动以及文艺复兴的基础，其实就源于这种争议，尽管路德反抗的也是拉丁教会，但深刻的历史哲学根源却是令人深省的。

非常态是为了我们民族的一种精神的常态，我们错在总用一种非常的仪式去替代生命的常态和生活的常态。或可以对不应该成为偶像的物如去偶像化，我们被愚弄的心灵始终没有摆脱被愚弄的习性。亚伯拉罕·林肯并没有被后人作为神灵去纪念，而我们的现代所谓圣地却充斥着香火膜拜的亚宗教仪式。权威是为了维系国家秩序与公民的意志，乃至社群的向往与公益社会的权利，我们不应该被偶像所蒙骗，我们的智慧与感悟应该在理性的制约之下，承认权威的价值，但绝不屈从于绝对的权威，特别不能为现当代变种的封建专制主义创造机会。我们的目的就是反对专制。所谓包装了的假借市民品格的"养生与休闲文化"，经常反映了民族的世俗心理和对幸福理念的寄托，但它们在缺乏信仰的时代，却极有可能成为消解深

---

① 参阅［美］奥尔森《基督教神学思想史》，吴瑞诚等译，北京大学出版社2003年版，第327页。

刻与高尚的工具；鞭炮的振聋发聩的喧闹比酒精更易于使人麻醉，我们的悲剧在于：我们从来不是一个安静的民族。上帝是西方人手中的一个概念，我们信仰主体的思想对象就是对于眼下庶民文化的一种背叛，不是对庶民本身，是对于他们精神的和信仰的拯救，包括很多自以为是的智者和文化使者或很高尚的富裕阶级（知识与金钱拥有者）的那些“百无聊赖的人”。他们似乎拥有很多，精神的、权力的、物质的，但那是漂浮的海浪边际的泡沫，包括他们的转瞬即逝的利益以及恭维，他们将成为比庶民更可怜的人；他们还不如从来就没有握持重要权柄的、从没有显赫地位的平民，因为他们为此付出了代价，他们到死都寻求不到心理的平静和灵性的安谧。

在法语神学界，马里戎（Jean-Luc Marion）[①] 一直致力于表达在上帝退出和人们不再需要敬拜偶像之后，思考作为基督人子耶稣的存在，那种贫民化和贫民的人格，并不需要海德格尔式地对基督教传统的复兴。基督是一位卓越的贫民领袖，他不是神，他值得人去纪念，是因为他离我们很近，他的崇高，不在于他的神圣，他只标识着人类和大自然中本应该有的本真的爱，那爱是说不尽的，是永恒的；我们到哪里去找寻没有任何利益驱动、没有任何功利的爱呢？我们生活中就有，它本来不独存于天堂。[②] 伟大的亚平宁，伟大的阿尔卑斯山啊，记住589年Toledo的西班牙主教会议，他们把奥古斯丁在《三位一体论》一书中“圣灵从子而出”的断言，正式加在拉丁文信经中，我们这些21世纪的中国人，如何知道去神圣化有何等意义，又是何等艰难，在历史上，在“政治上帝”的暴力之下，人类遭遇过千百次灭顶灾祸；去神圣化要用鲜血与生命的代价去换取。

普通权威与至圣权威的差异在于，对普通权威仅仅是服从，而对于至圣权威是信仰与敬拜。中国的皇帝一直以为自己是至圣的权威，包括那些获得暂时的政治权威、政治权势的统治者，其实不过是普通的权力拥有者的那种短命的权威，如拿破仑或希特勒；那种暴力统治下的权威，是没有信仰的道德，难成为自觉的选择，缺乏悟省的自我律令，没有持久的约制力量。确立有信仰的道德权威，可以抵御人的自私与贪婪，可以对人存有永久的震慑。要分析和解决人性之恶，就必须在人的心中建立永久的“神圣”。

---

① 刘小枫选编：《海德格尔式的现代神学》，孙周兴等译，华夏出版社2008年版，第240页。此为《神学新杂志》中布里托的文章。

② 请参阅孙慕义《生命伦理学，以圣言叙事与告诫》，《金陵神学志》2013年第1期。

善恶在新的境遇中已经有了新的注解，善可以分类，还可以测量。不同了，开始分类、分层次了，尽管如此，人类还是要想方设法做一个从表面上看很粗糙但要有一个基本的、比较简单的、超历史的、大多数人都能基本接受的工程，然后有一个前提，它是为了全人类大多数人的最大幸福的，又不伤害那些不同意这个律令的人的情感。在做这样的工程之前，我们要做的一个工作就是，在打倒应时性权威、颠覆暴力或利益分配权威之后，重新寻找和确立新的生命政治的终极权威。

第一，上帝与上帝问题。在“上帝问题”上的思想历险，对中国文化来说，是值得深思的。很多人早已认识到，让上帝问题介入中国文化争论之中，是一个富于思想张力的事件。①

中国读者只要涉猎西方文化或人类思想史，就会遭遇一个难以回避的“上帝问题”。上帝的概念是基督教信仰的核心，如果我们从民俗学的角度理解“上帝”，我们可能会获得一个“神仙”、“天”、“佛”或“道”的对应物，但这与西方的上帝文化存在很大的差异。西方的上帝是与其民族血液成分融于一体的，并不自觉地影响人们的世俗生活，比如对于疾病、医疗、生殖或死亡问题的态度和选择。上帝问题不仅仅囿于教会的灵性生活，而且在阿奎那之后，就成为哲学的一个部分，并将人类各种处境作为上帝某种方式的、有指向的有效言说。这在瑞士神学家海因里希·奥特（Heinrich Ott）汲取犹太思想家马丁·布伯（Martin Buber）的思想，创造了“位格有神论”的思辨语言之后，我们就有了一个崭新的、富有存在哲学意蕴的关于上帝的理性认知，同时，对传统理智主义的自然神学与科学神学有了一个很好地接应；也是针对后有神论，即“上帝已死”神学与“无神论宗教”提出的一种新的世界观和圣经观，这种既非自然科学，又区别于历史学或社会科学的方法，解救了当代或后现代基督教的文化困境；建立在位格观念上的“对话神学”、“祈祷神学”，则帮助诸如恩格尔哈特这样的具有浓重宗教意识和情感的学者，厘清和梳理自己的学术思想和初步织筑体系化理论，并能够重新自如地游刃于哲学、宗教、科学和生命政治论之间，给予我们以特殊的、合理的、自洽的理由，使我们得以无嫌疑地、睿智机敏地处理医学生活中的诸多复杂关系，尤其当我们

① 谭立铸：《〈上帝〉序》，［德］海因里希·奥特：《上帝》，朱雁冰等译，辽宁教育出版社1997年版。

深陷于两难的伦理窘境中时，信仰和灵性就能够给予我们以方向和解决具体伦理问题的美善、灵便的方法，我们不必因认识的冲突而被仄逼进狭窄的悬崖幽谷，或承担道德的风险。

如果仅仅是就善恶问题讨论上帝的意义，或者就人们的道德选择评价上帝的权威价值，我们就一定不能回避文化心理与宗教心理对人的影响，今天，人的伦理学取向或医学伦理决断已经远离了“上帝是否存在，上帝在哪里，上帝对我们生活而言意味着什么”这类疑问，① 以至于“上帝已死”这样的颠覆性理念或多或少地影响了一代或几代人的意识。尼采的“上帝已死观”预示着人类道德标准的危机；在此，重新发现上帝与重新找回信仰、树立道德权威，对于当下是十分紧迫的事。蒂利希在后有神论神学时代，在上帝已死论流行之后，提出不应避开所有关于上帝的神学言说之突出的、形而上学的本体论基础。② 即上帝是存在本身，而这就坦陈了，如果说信仰是人类精神生活的一个重要方面，那么，上帝这个概念或者象征新概念就会在某种程度上决定我们的判断和选择。如果心中有这个至圣权威的地位，处理医患纠纷的事件就会轻松得多，人们就不会对在医生已经尽心尽力施救前提下的患者死亡一事，因蝇头小利而纠缠不休；也不会因为不信任而对医方作出种种责难；医生会尽力维护病人权利，病人及其家属会尽力体恤医生的辛苦，医患张力自然就会缓释与消解。蒂利希用神学的言说告诫我们，不要去求上帝减轻我们生活的重轭，我们应勇于承担。他指出，耶稣并不会替我们卸下生活的和工作的重担与劳苦。

> 无论我们是否归属于他……疾病与失业的威胁不会减小，工作的重任不会减轻……毁灭、伤残、不测的死亡等种种恐怖不会消失，对朋友、父母、孩子等逝去的哀伤不会停止。耶稣不能对被劝归属他的人许诺多些快乐，少些痛苦。相反，他时常告诉他们会有更多痛苦，更多磨难，更多死亡——他所称的“十字架”——的威胁。③

---

① ［德］海因里希·奥特：《上帝》，朱雁冰等译，辽宁教育出版社1997年版，前言第1页。

② 同上书，第5页。

③ 《蒂利希选集》（上），何光沪选编，上海三联书店1999年版，第626页。此段文字反映了蒂利希少年时代所经历的一段心路历程，表明了真正的对于基督的皈依原本不是出于任何功利的动机，也不可能因为信仰就会避免生活的磨难，减少对于上帝的爱或者贪恋生活的快乐，就不会成为一位好的信徒。

当代中国人流行的敬拜仪式，证明了我们这个民族确实缺乏非功利化的宗教信仰，绝大多数信众是为了图官运财气而对神祇顶礼膜拜，其自私贪欲，对于功名利禄、驱灾避祸的乞求，使之有动力去屈尊跪拜；而换一个场景，这位敬虔无限的人依然作威作福、斥四座、欺诈勒索、蝇营狗苟。如果心中真有上帝般的权威，在官场商贾之间，如何会暗流浊水涌潮不止。医院与慈善机构也被污秽浮沤所侵蚀，由此，还不该反省“上帝在我们的存在中死了”的道德文化和世俗生活的悲剧！在一个非宗教化的民族中，本来就不至于因为暴力神的权威而使得人们的生活秩序绝对的道德规范化，如果没有相适应的替代的权威，而又突然被投入各种利益的、各种形式的物欲横流的诱惑之中，人们如何能躲避道德失范的社会大灾难！

许多中国人一直以为，上帝就是天，或是“道”，或是皇帝本身，或是孔圣人，或是玉皇大帝王母、财神与送子观音；或者我们应该说，就是康德所指出的先验，要有这个先验就必须有无数的心灵体验作为积淀来补充先验存在的律。其实，中华民族只能用文化比较方式体悟西方的上帝概念，但无法用信仰理解上帝的权威作用和意义：究竟圣父圣子圣灵三位一体的圣神为什么能历史地指导人们的精神与具体的社会关系以及家庭生活？上帝为什么能够长期成为绝对的权威，成为最高存在的那个“至尊的概念或象征体”？当然，对摩西的后代来说，《旧约》的上帝是暴力，而基督教特别是宗教改革之后，有了一个颠覆，让新约化的基督与平民更加平等，耶稣是贫民主义的领袖，这是非常重要的道德哲学概念，也是生命伦理学应该研究的权威。平等与不平等的人与神都可能是权威，而神对人来说，多半是难以平等的，因为至圣的权威要人绝对地服从。这里就出现一个问题，也是伦理学研究所关注的一个问题：除了“上帝”之外，有没有世俗的权威？政治伦理对之的探索多半是失败的，我们寄希望于生命政治、生命伦理或身体伦理的价值实现，以通达上帝与庶民的和解，这里必须以医学善和身体整全为目的。

在上帝的权威还没有完全失去之前，美国发生了一场经济伦理意识的争斗，这一场“正义与自由”的世纪大战就是罗尔斯和诺齐克的理论或经济伦理文化战争。罗尔斯设计了一个超历史社会的理想程序与道德概念，一个所谓公平、公正、正义的程序，他的玄机在于承认差等的分配和权利的层级合法化，这与传统的道德理想相悖，平等、博爱，就是追求在上帝的羽翼之下，“一切人类成兄弟”。诺齐克批评道，模式化的分配可能会带来新的不正义，因而强调以权利自由平衡利益的分配。这里面存在一个重要的问题，就是由谁规划与管理、监督这种分配，那就必须有一个强国家主义体系，作为分配活动的权威。在世俗社会发生主导作用，在卫生资源分配与如何调整公民生命财产、卫生服务产品配额中，确立一个权威的保证系统，使得医疗的知情同意的主体权利得到充分保障，并且经过调整，能够使得任何需要的人，都能公平、公正、合理、及时得到救治和照护，例如提供供体肾脏、肝脏、角膜或其他器官以及身体关怀、家庭健康保障等。而作为宗教传统深笃的国家，可以以上帝的名义或以佛祖之名，作为最高权威，止于至善而施爱于民，由国家具体传达和施行，获得成功，康复或获救被平民理解为上帝的赐福，并且与个人的敬虔礼仪活动之间没有直接关系，因为对于清教徒来说，忍受苦难才是选民的记号。①

诺齐克指出，罗尔斯把天赋看作集体资产的观点，暗示着一种对天赋征税的合法性。并且，照这样推理，努力使用自己天赋的人等价于贪污、滥用和挥霍公共资产吗？这显然是荒谬的。伦理之道对于诺齐克来说，只能是自由优先，而罗尔斯的差别理论所主张的平等，必须依靠强大的国家力量来规范利益的分配，这在实践中几乎是不可能的。

在基本医疗保健的体制建设中，既要考虑自由化的权利原则，又要照顾平等，生命伦理学的指向必须克服二者之间的冲突；这就给与卫生经济伦理学一个广阔的空间。今天我们寻找权威，也就为了真正在医疗改革的实践中，找到一种平衡自由、公平的策略，为生民的身体理想而进行深度的政策设计。

不存在绝对权威，只能是实现一个基本的、大多数人都能够接受的、在实践中还觉得好用的理论，而相对的、在具体的历史境遇中有这样一种精神追求与终极概念，它就是我们的权威；作为一种永恒，只能是“上帝”。在这个意义上，上帝是人的一种精神的寄托，祂依靠人们对于祂尊崇的位格存在的力量、依靠祂主体的专制力，为世人最终自由向往的实现，而成为人类心理退隐逃避的庇护所以及回应未知世界始因的象征。如路德维希·费尔巴哈所指出的：

---

① ［美］利兰·赖肯：《入世的清教徒》，杨征宇译，群言出版社2011年版，第45页。清教徒认为，信仰不是为了捞取财富，而是为了福音的缘故，财富是社会的公益，不属于自己。

这种三位一体的上帝观不是把上帝想象为具有人的特征的世界君主，不是把他描绘为（表现于人类道德中的）善和恶的报应者或者把他虚构为人“本身所不是而希望变成的那种东西的理想形态”。①

第二，政治权威与生命政治。

政治作为社会治理行为是一个重要的权威。因为政治可以调动和产生巨大的权力和统摄功能。自由、平等、权利的道德，是政治伦理的核心。有人说：

政治制度的变革源于公众政治观念的变化，而政治观念的变化又植根于人们生活观念的变化。②

就是说，政治的基础是人的生活存在本身；而生命和身体问题即是最大的政治。可见，生命伦理决定了政治伦理与制度伦理，无视生命价值，特别是大多数普通人的生命权利，就是对政治的践踏。

当然，政治不是政府，政府只是政治和政策的执行机构，它应该体现政治愿望和公民的政治诉求，特别是要表达政治的语言和正义的行动。为了维系政治权力的权威性，就必须注重维护与确立以公民生命权为核心的权利体系，同时，体现其他民意、民治、民生、民族和民主的理想。

当有人问及蒂利希如何用两个词汇给人下定义时，他毫不犹豫地回答：人是有限的自由；随后他又以自由意志和意志奴役来解释他的定义。③ 人本应该作为一个完整的存在物自由地决定行动，这是一个生命体的基本权利，但人不可能在市民社会拥有所有自由，按神经病学家库尔特·戈尔茨坦的说法：“人是具有可能性的存在物。”④ 个人世界主义只是一种政治乌托邦，包括自由的世界主义，是当代生命政治的理想，弗格森⑤笔下的市民社会曾经是医学社

---

① 转引自［德］海因里希·奥特《上帝》，朱雁冰等译，辽宁教育出版社1997年版，第58页。

② 刘瑜：《观念的水位》，《读者》2013年第17期。

③ ［美］保罗·蒂利希：《政治期望》，徐钧尧译，四川人民出版社1989年版，第163—164页。

④ 同上书，第164页。

⑤ 这是弗格森（Ferguson）在《论市民社会的历史》（1787）中对于市民社会四个本质特征的结论。可参阅米歇尔·福柯《生命政治的诞生》，莫伟民等译，上海人民出版社2011年版，第258页。摘自作者1979年4月4日讲稿。

会的依据——自然的恒量、个体间的自发综合、政治权力的母体以及新的政治体系等——都为生命政治本质特征做了很好的注解。人们不可能因为一己的身体健康权利的维护，而无拘束、无限度地违背社会的总体利益和他人的安全，或者不能因为一个人的治疗权利和生命保全而放弃或伤害他人的生命。个人的生命价值实现要在遵从市民社会的总体不受影响的前提下，即必须遵守生命政治的基本原则，换句话说，生命或医学的个人自由或个人世界主义是在一个有限的框架内的。要考虑生命的意义，就要接受生命是“创造与毁灭的循环”。正如蒂利希所阐明的：

> 生命本身也面临着批判，这种批判具有两种形式。一种形式来自理想，另一种形式来自超越生命的事物。来自理想的生命批判用健康、力量、财富、创造性这类标准来衡量生命，但这些理想本身并不是生命……因为在生命中也可以发现疾病、虚弱、贫困和枯竭。正是精神，将生命的理想从生命的模糊性中提升出来，并不时地——仿佛出于一种自我毁灭的愿望——使“生命”与自身相对立。①

公民的健康权利满足和卫生需求的实现，是国家、统治者和市民社会的最核心政治追求，是最高的政治利益。

政治是无法替代的，民族的、家族的利益都要服从于政治利益。

人的活动和在空间中对身体的运用，必须遵循“身体技术政治原则”，把解剖学与机械理论结合起来，使人的工作和社会的政治目的实现统一，身体技术是政治活动的中心，身体的倔强无法抵抗身体的有限性，这就必须发挥身体的集合力量和社会的政治体制的效率，同时确立一个基本的管理原则，使身体发挥最大的作用，同时又能获得补充、休憩和休整，更不可缺乏的是精神的愉悦和心灵的快乐，以至于各种基本欲望的满足。要学会安抚身体，使身体可支配、可分析，经常蕴藏或积聚着潜在的能量，最重要的是不应把身体仅仅作为“机器的活的附件”②。

---

① 《蒂利希选集》（上），何光沪选编，上海三联书店1999年版，第21页。

② 参阅［法］大卫·勒布雷东《人类身体史和现代性》，王园园译，上海文艺出版社2010年版，第93—94页。

政治的权威价值在于能够调动社会的一切积极因素，为赢得好的生活、平等的地位、幸福安康的空气而建立一种理想的生命政治秩序，并使所有的人都在享有权利的同时，自觉地承担自己的责任，并且承担责任人应满足三个基本条件：第一，他必须把自己看做一个行为者；第二，他必须在假定的社会实践或情境下，反应态度是公平的（即与其他人在政治上是平等的）；第三，他的行为应该属于一种理性的选择和道德的自觉。①

第三，传统的威慑力。

传统应该有一个文化概念的固有核心与基本历史框架，之所以可以作为权威，是因为它的相对永恒性和稳定性。物质或礼仪仅仅是表面或形式的语言表达，最重要的是精神与信仰的内核。风俗和知识化的传承与观念的统一，只是这个权威的载体，思想、信仰与精神传统是人类最重要的历史动力，是人们维护伦理秩序和人的道德操守的可信性屏障。

传统这个因素是很复杂的，有民族与社会、宗教与文化、教育、家庭的因素，还有体制的因素，就像中国儒家的传统，至今还在起作用，不管好的坏的。西方的宗教也等于一种传统，是宗教传统，伊斯兰教也是一种传统，政治有时要服从传统，现在把节日都要规定为法定假日，假日都有传统的力量，过春节是一种传统，它并没有什么损失；美国的复活节也是一种传统，就像我们过春节一样。传统是和情感、心理的定势结合在一起的，我们做很多事情都受传统的控制，有的时候是自觉的，有的时候是情不自禁掉入传统的陷阱中的，有时甚至是坏的传统，都可能使我们按照传统所确定的规范和规则行事，以指导我们的行动；传统的力量是很大的，要想改变传统和反传统是非常困难的。传统一旦成为一种道德化的传统，它就具有道德性，比如对善恶的选择、是非的判断、从事一种应该不应该的行动等大多根由于传统。

对于传统权威的态度，尤其明显地体现在14世纪英国牧师哲学家奥康姆的思想中。他对于传统的奇特坚持，使其在经院哲学传统衰落之时，加倍否认共相权威在人类思想和人类语言之外的实在性，奥康姆唯名论的哲学立场以反对传统的力量，同意共相不过是名称或思想观念，而非现实

---

① 请参见［美］约翰·马丁·费舍、马克·拉维扎《责任与控制》，杨绍刚译，华夏出版社2002年版，第201—202页。本文对三个条件进行了修正，尤其是第三个条件，原本是说明前两个条件的，是我以恰当的方式建立的证据基础；实际上原书作者仅仅是为了论证，作为行为者承担责任的依据，即理性的、自觉的。这样的政治才可以作为一种引导行动的权威。

中人们意念中的实体，传统中关于共相的任何推论，无论超验的还是内在的，都是虚假的。既保留部分传统中的精华（上帝创造物的存在），又剔除创造物的“相”，这种对待传统的方式颇有意义：

> 当奥康姆思想所代表的唯名论与经验主义的结合于14世纪传遍诸大学时（尽管受到了教皇的指责），奥康姆的哲学之路便被称为现代之路，与阿奎那和斯科特斯的古代之路形成了鲜明对照。致力于将信仰与理性结合起来的传统的经院哲学事业正告结束。①

人应该被好的定律、正义的定律所控制，即使处境艰难，任由压力或恶魔所仄逼，也要坚持真理与道义，而如果这个真理就是你所遵从的传统，那么就要保卫这个传统。有人批评中国式的旧纲常，甚至遵守旧纲常所主张的政治秩序、家庭秩序的人，可能是一个具有破坏性的恶魔。有人对旧纲常的传统进行了颠覆，对那种君臣、父子、夫妻关系准则和“仁义礼智信”五常予以超越，并对传统道德哲学的义务与德性并重予以继承，我们可以同意“民为政纲，义为人纲，生为物纲”的“新三纲”；生命伦理学也可以接受“天人和、族群宁、群己公、人我正、亲友睦”的五常德。② 生命伦理学应该从传统道德哲学和宗教中，继续选找好的元素和成分，建构理论基础框架，并且要深思，为什么各民族、各宗教都有“不可杀人、说谎、盗窃、奸淫”③ 的规定；都有“公正、真诚、忠实与寻求和平”④ 的原则；都有“爱人如己，己所不欲，勿施于人”的要求；都有“非暴力与对于生命的敬畏，团结一致与公正的经济秩序，真挚与宽容，追求平等与爱”⑤ 的诉求，等等，但我们的周围却充斥着鬼逆横行，欺残凌弱，践踏生灵的现象！为什么如此漠视这些最基本的信条？

是否应该重新树立新的权威，以归化人性。

第四，个人的情感、自由选择与道德自觉。

---

① ［美］理查德·塔纳斯：《西方思想史》，吴象婴等译，上海社会科学出版社2007年版，第234页。

② 请参阅刀尔登《读何怀宏的〈新纲常〉》，《南方周末报》2013年8月15日。另可参读何怀宏著《新纲常》，四川人民出版社2013年版。

③ 源于《圣经旧约》有关《摩西十诫》的文字。

④ ［瑞士］孔汉思：《世界伦理手册》，邓建华等译，三联书店2012年版，第118—119页。

⑤ 同上书，第4—5页。

生命伦理学中的基本原则之一是生命自主，自主就是把本身作为权威，此外都必须服从于我的意志。自由世界主义观念的根本意义就在于去神圣化之后，自我如何主宰自己的命运以及身体的选择。海德格尔对赫拉克利特残篇有一段最为精彩的解释，即“人之品质（ethos）即是其守护神”，即人的道德如同神所赐予的福祉，因为“神也在场”使“ethos”获得一种深义，他暗示说：“人的居留（ethos），已然为神的在场而敞开。”① 我们可以如此理解，人可以自主选择自己的命运，但是人不可脱离自己所居留的环境限制，人的居留和以自身为权威作为主宰者，不能只是停留于仅仅作为人的层面，“人在本质上就是绽出的、出离于外的，惟有绽出状态中人才有所归属”②。“‘我’作为人，永远是有限的”，笛卡尔的“我思”之后是一个无限的人难以控制的无限，因为那位至善的权威（上帝）就在人的住处。如是，“我命在我不在天”，永远是一种理想。当然，在具体的临床行动选择过程中，人可以凭借自己的情感、判断和偏爱进行身体性选择，这个意义上的自主是很狭隘的。伦理学上的决断不是那么简单的情感问题，应该说，医疗选择的相对自由，受更深隐的社会、信仰、经济、文化等因素的制约。

这里，我们想到的一个有趣的问题就是，你对自己的决定是否有基本的把握，即治疗后果与你所选择的方案的关系。因为身体、疾病和医学技艺并不能完全地与我们的意愿相一致，所以，在有些情境下，我们的预期疗效还要凭借施行techne（技术）之后的tuche（机运），希波克拉底时代的临床技术与巫术都由文艺女神缪斯所统辖，医学缺少精确性，所以不能等同于techne的范型数学，因此，医学作为一种“机术”应更为恰当。③ 希波克拉底提出了一个宽泛的techne概念，认为医术无法摆脱机运，医术所处理的是人类本身，人体是高度复杂的生命体，“最初的经验观察往往不能预见到最后的结果，因此医术的目标和它的功效不可避免地有所偏离”④。

大自然以及人类身体的奥秘，不是个人可以一瞥了悟的，甚至有些疑问永远不可知；自然、机运、技术不可能解决或者准确地解决有关疾病的

---

① 请参阅韩潮《海德格尔与伦理学问题》，同济大学出版社2007年版，第8—9页。

② 同上书，第9页。

③ 同上书，第257—264页。

④ 同上书，第259页。

所有问题，医学是相对的科学，人的判断只是相对的，我们个人会发生许多失误，个人的权威并不可信，尽管自主是我们的权利。尽管普罗塔哥拉说“人是衡量世界万物的尺度”，那说的完全是另外一回事，是指人类的解放和自由。

人在根本上属于自然之子，是自然的造物，生命的节奏必须与自然同构，因此，人的自我决断如果不符合自然的规律，他将遭遇最根本的惩罚。人是痛苦的，这种痛苦是十分纯粹、十分真实的，特别是遭遇病变，身体会经受无尽的苦难，个人几乎无法战胜；医学的机术是有限的，尤其是当你的理性意识到死亡将近时，你将服膺于自然的选择，人的权利将归化为零。肉身暂时的快感和满足，都是短促的、微量的，并同时要偿还获得的代价；当肉身的能量入不敷出，熵增无限时，作为一未完成的造物、一个主体就将消失，回归于无机世界，完成下一个物生的循环。

个人权威遭遇了责任与义务，义务是一切道德律令的基本要素，我们的选择不管是理智的还是情感的，都必须受到限制与约束；纯粹自主的意志是不存在的，康德也不认为意志是纯粹的理性，尽管他一再批判理性，理性不是一种超验的能力，它是人类的一种本性，人类对于自在的身体欲望的本性不得不服从于自然的法则，人用意志造就一种能力，这种能力必须接受道德世界的制约，人的道德自觉来源于一种对于自然欲望的抗拒，但又不能够违背事实的概念。我们不能够粗暴地分离与自然的关联，但身体的现实必须要我们既遵从业已存在的传统道德秩序，又不背叛身体存在的自然性；因此，要成就合法的或者行之有效的自主性，就要建立一个和谐的法则和中道的律令，让当事者都能够易于遵守，并不产生抗拒的心理，只是为了维护那份自主的权利，而苛求于现实的身体或医疗存在。

看看爱弥儿·涂尔干的话语：

> 为理解渐进自主的本性，不妨让我们先来看一看自主在我们与物质宇宙的关系中得以物质化的方式。我们并非仅仅在道德观念的王国寻求并获得一种更大的独立性。我们还逐渐从对事物的依赖中解放出来，而且对这个过程洞若观火。但是，我们并不能把人的理性视为物质宇宙的立法者。物质宇宙从来没有从我们这里得到过它的法则。如

果我们从某些方面解放了我们自己，也不是我们努力的结果。①

人与我们的身体都要适应于这个变化的世界，科学仅仅是我们理解世界的一个窗口，或者是一个工具，生命伦理学按照与世界应有的关系安排我们的行为，要我们明白，为什么要树立一个主控我们在自主选择中的权威裁判者，因为我们必须在理解万事万物存在的理由的基础上，才能够培育形成道德自觉性，进而理解宇宙的构成，以及生命体构造的始因，由此我们才会坦然，我们的自主有时会被某种因素所制约、左右或者剥夺。

变换一下莱茵霍尔德·尼布尔的话，生命“伦理在人类行为的每一部分都追求精确的区别（这是为了满足每一位个体自主的选择权利），同时又把它们链接成一个自然关系的整体”②。

第五，社会关系与人性的弱点。

道德行动是超个人的，道德目标从根本上说，是以社会或社会关系作为对象的目标，合乎道德的行为，必须以集体利益作为行为的方向。

人不可能与世界分离，人用关系表达自己的存在，显示自己的生命价值与生活目的，在互相认知之中，打破“世界之夜的虚无”③；虚无的不可能以及生命的无权能，生命存在的中性，不可能回避死，也不可能避免不死。

临床死亡或者抢救生命的每一个事件，都是对诸多关系的考察，是社会的中性意义的灾异（disaster），病人或死者本身是灾异的主体，但对于社会来说，比如家庭、友人、事业伙伴、曾经把握的以权力为核心的利益链条上的各个环节的当事人（他们可能因为主体的离去而失去权力或利益），但这是一个德里达的“中性空间”，对于道德来说，是一个必须承认和接受的变故。从患病开始，生活或者家庭、社会集体、目标共同体，就开始为将来或者必然的将来的缺席与离场做着准备，因此与生活的遗忘和中性空间的开启相连接，因为主角（主体）的变故而形成的一种关系解体的事件，与此事相关的秩序和组织结构就会发生变更，如果主体是社

---

① ［法］爱弥儿·涂尔干：《道德教育》，陈光金等译，世纪出版集团2007年版，第85页。

② 莱茵霍尔德·尼布尔：《道德的人与不道德的社会》，蒋庆等译，贵州人民出版社1998年版，第55页。

③ 见赵汀阳主编《论证》，广西师范大学出版社2003年版，第79页。夏可君文认为：“德里达书写死之绝境——与海德格尔、布朗肖特、莱维纳斯一道面对‘死’。”意为存在论设定将来为思考与诗的对话，或相对于无与死之可能性（不可能的可能性）。

会生活的核心，就要在这个权力机构之相关的所有位点上，作出相应的应变和调整，使权能中心发生转移。

> “灾异是礼物，它给出灾异；它并不考虑存在还是非存在”，它只是拒绝与抵制一切现成之秩序。①

疾病是大自然的一种选择，是对于强者的一种筛滤和拣选；死亡是大自然安排的生物性替代，是关系的折断与修补，是一种后来者的机会，是个体的缺失、离场和中心地的接续，关系变化是疯狂的死亡伦理，死亡宣布旧有关系的结束与新的社会关系的确立。

道德的要素在于证明人对于社会关系与群体的依恋，人的存在需要群体的肯定和关系系列位序的可能性，个体必须在关系系列中享有合法的角色与排位，并以这样的身份确立自己存在的价值和意义。经济、法律、宗教、文化必须以道德秩序为依据，维护这种秩序，并建立某些原则，由人们恪守，巩固这种关系的结构，使这个集体为了某种目的而发挥作用。每位居于某一位点的人，都要承担自己的责任，当然，同时也拥有有限的权利。对于生活来说，不可以使权利膨胀或滥用你位点所肩负的责任而兼有的权力。如果用力不均匀，这个团契的结合体就会失去平衡，就会失去力量，甚至解体与毁灭。

人依附于人与人之间的关系，并以仁爱维系个人与他人之间的联系，同情感或许是这种道德的表达，特别是在医学生活中，以此构成“医乃仁术”的价值体系。仁术或机术，都是医学人有机会完成与实现一个自我，有道谓：“日何为而照耀？地何为而运转？山何为而峙？水何为而流？云何为而舒卷？风何为而飘荡？”② 自然抑或有目的，抑或没有，但人应有目的。生命或身体，因文化而演成，因伦理的道义而修为，又为自由或生或死，亦可谓自然人生之目的；然终期一言，我们不可离人而成为我、完成我，以此所感，医乃仁术，应作为完成和实现自我的永恒的大词。

---

① 赵汀阳主编：《论证》，广西师范大学出版社 2003 年版，第 117 页。书中以奥斯维辛迫害犹太人的历史事件作为例子，表达布朗肖特对于死亡和关系变化的思考。同样，对于生命伦理学来说，我们可以从中领悟疾病、生与死亡对于社会关系的影响；说明医学技术在社会意义上的价值。让人暂时不死，有时会改变一个时代。

② 钱穆：《人生十论》，广西师范大学出版社 2004 年版，第 16 页。

第六，时尚，文化生态与身体觉悟。①

时尚是一种诱惑，有时会成为一种流行的暴力；时尚给与人以冲击、胁迫、生理刺激，会引发政治、经济、文化的变革；时尚必须遵循美的法则和道义的天理，让先锋、前卫的创造者，为善与人类之爱而努力工作与探索。

流行是一种权威，给与人的身体以暗示和心理投射，特别是反响性召叫，常常令人无法抗拒，只有跟从，以至于成为时尚的奴隶。跟从时尚，是一种伦理选择，凡时尚必有善或恶的直接或间接社会影响效应，即使是中性的品行，也会被人融入道德元素去传播与扩散。

文化活动是人类生命流程的一种需要，携带大众文化意义符号的事物可能会成为一个时期甚至一个时代流行崇拜的时尚偶像。人们有时难以解释为什么某件事、某位歌手、某个物件、某个品牌、某种药物或某种"功法"会成为千万计狂迷癫痴的人追逐和神往的对象。这种"发烧"是一种反响病态心理现象，是正常心理和审美评价在某种情感冲动和压力面前出现的模糊或错位。对这种现象的阐释应从心理学始，如弗洛伊德讲是情感的宣泄和转移，荣格认为是心灵的回归。②

因为道德精神或信仰的危机，人们在世俗生活中找不到可以信赖的精神支持，或者由于在现实中遭遇了挫折，为挣脱这种重力和张力，人们会反转形成一种幻梦或者堕入拜物、膜拜偶像的迷狂中，借此获得心理的释放、宣泄或转移。荣格认为，这是心灵的一种回归，心灵作为球形体不时呼唤迷失在外部经验世界中的理性意识返回本真的灵魂家园，将某一事物作为承载的权威象征，造成一种病态的流行。19 世纪，非洲马里等地的人群中出现了反复强迫重复他人语言或动作的现象，后来又在亚洲的菲律宾、印度尼西亚、蒙古等国家出现。这种被人类学者称为"拉塔尔（Latar）病"的流行症是一种并不少见的心理疾患。11 世纪，兴起在德国阿罕地区的舞蹈狂就是一种群众性的精神病态，到 18 世纪的叶城，一次性无休止的疯狂的集体舞蹈，数目可达一、二万之众不停地跳舞，周围的村落也受到传染，围观者最后几乎全部加入这种恐怖的队伍中，亦有当即因过劳而暴毙者。马克·吐温有一篇小说描述道，公共汽车售票员的一句

① 其中关于"终极权威"的分析，可参阅本书第四章第二节的内容。

② 参阅孙慕义《医院伦理学》，黑龙江教育出版社 1996 年版，第 84—85 页。

“红票每张三分钱，蓝票每张五分钱”的售票职业语言，竟然在3天之间传遍全城，所有市民人人呓语不止，竟至停下手头的工作与常务。

伦理失控和心理危机往往搅扰难分，会造成古怪、荒诞不经、难抑的病态文化心理和病态人格。维特根斯坦说：“概念可以减轻危害或者加深危害。”更如同时装界和广告界，圈内人必须懂得如何把某一款式和品牌作为一种压迫工具，强加给世人，产品不是以人性化、实用、价廉、功能齐备而被人信赖，而是以一种暴力的推行方式，强制树立起权威性，让大众几乎在审丑中成为时尚的奴隶。如此，我们可以从所谓时装文化中得到启示。时装成为身体技术最古老的一种文化表述，早已被人所诟病。时装实际上是一种权威意义的过程：“时装是一种将流行的款式或形式强加于人的行为，是一种任意性很强同时又杜绝了其他款式或形式的强迫行为。”① 美容技术有时如同时装一样，可以成为一种压迫工具，这些有条件享用的人，有一种拥有财富即美丽、年轻的优越感，心理上以为“在智力、道德和社会地位方面的优越性”②。这一不公平的消费现实，或者身体技术的时尚化往往仅仅面向富人阶层，很多人则被身体技术搁置在一边。

当代医学美容技术，把女人的身体转换成充满种种向量、活力和运动的地图，用外科手术和文化移入改造本来自然的人体，使其屈服于医生的想象力，成为任人摆布的玩偶和工具，时尚、文化、消费市场和医学技术，对女性进行百般诱惑，使女人身体成为无数想象与可能的物件，同时掩藏了自然的身体和本我真实的个性。人类将承受更大的心理压力，要想在各种压力前始终保持冷静而不至于盲从甚至丧失理性，是需要进行自我训练的。

社会心理学称为的“反响行为”或“反响语言”，其危害性不可小视。反响行为与团体压力密不可分，即“从众心理压力”。“从众”这个词本身在日常语言中具有完全确定的内容，表示“适应性”。当团体向个体施加某种压力时，个体如果能认知这个团体的标准不值得服从或是错误的，则个体的心理健康程度决定了其“违拗”的自主能力。“违拗”是反

---

① ［英］珍妮弗·克雷克：《时装的面貌》，舒允中译，中央编译出版社2000年版，前言第2页。

② 同上书，前言第3页。

对从众性、不盲目崇拜以及克服反响行为的重要形式，具有违拗性，人才保有个性，才有多元性，生活才丰富多彩，资本与技术主体的病态医学潮流才会遭遇抵制，人类才会富有创新性，社会才会向前发展。

病态的语言会引发病态的行为，病态行为会蔓延成一场意想不到的、疯狂的病态运动。在日常生活中，我们每天都可能会面对各种选择、争夺和诱惑，只有靠我们的静思和经过长久洗练的理性以及“违拗”来抵制从众心理，我们才能活得更好，活得更有价值，我们作为人的生命才会更丰富和充实。

临床或生命科学实验中的种种判断与选择，不应排斥权威的作用，好的正义的权威，会造福于人类，是生命的守护神。

三　“道德异乡人”（moral strangers）和恩格尔哈特的思想

我知道这世界我无处容身，
只是，你凭什么审判我的灵魂?①

荒诞主义哲学大师加缪借用主人公莫尔索，与波特莱尔《恶之花》、司汤达的《红与黑》一样，揭示了人对自己认同的疏远，以陌路人或局外者的反省、静思以及以死亡为结局的叙事，异化或分裂道德的自我。从此，异乡人的哲学意义已经播散和演绎为一种自由意志的多元论与道德意识多元化的后现代。

特拉克尔只是说，“灵魂，大地上的异乡者”，并没有理会肉身的居所也并非永久定居于田园之中的，都是流离漂泊的旅人，都是无家可归的孤独者，我们的故乡在何处？我们从哪里来？我们如何来？到哪里去？做什么？为什么来？为什么又去？这不仅仅是“我”的存在的问题，不仅仅是人与生俱来的乡愁意识，而是人类宗教存在的思想与情感根基，是宗教哲学和生命哲学的基础，也更应该是生命伦理学的灵性本源。康德、梵·高、贝多芬、笛卡尔、帕斯卡尔、牛顿等都对此提问并追求生命最后结局的答案，这是人的一种直觉疑问、根本性疑问。我们活着，只要你清醒，你就必须接受这些问题的仄逼；你活着，就必须为此在行动上，或者

---

① 这是加缪的小说《异乡人》（L'Étranger，又译“局外人”）中的一句台词。

在心理上，承受因“生活”或者痛苦而给与的压力。

恩格尔哈特有着浓郁的东正教背景和虔诚的信仰，并且在内心深处表现出一种强烈的东欧民族的情结和文化印记；同时接受了地中海文化圈的诺斯替主义及其宗教精神，认同了这一希腊化晚期混合主义宗教运动之中的共同精神原则。“诺斯替主义”（Gnosticism）或称“灵知主义”，源于希腊语“γνωστικισμός”[1]。诺斯（gnosis）在希腊语中可以理解为“知识”，按国人的汉语思维，可能译为“灵智”或“灵知”更为精准。诺斯替的“思”、诺斯替的超越性思辨方法、诺斯替教的神与世界之关系的极端二元论，以及诺斯替主义“知识”的观念与对于生命道德中“灵”的理解，都是一份重要的有关生命伦理觉悟的精神资源。对于经典生命伦理学来说，是重要的学术心理和信仰支柱。

生命伦理学作为生命的道德哲学研究的学科，应该集中对于生命的精神特质与结构、生命存在的支点——人的正义取向、辨别善恶的能力以及价值判断之后的行为选择等予以真实关注。如此，精神的或灵性的皈依（或归一）就显得十分迫切，是首要的。而在生命中，特别是在肉身遭遇疾病、痛苦、死亡的威胁时，人会陷入并迷失在世界的迷宫之中，乞求逃脱，但却为“宇宙监狱”的看门人所阻抑和压制，人们渴望有来自于光明彼岸的救世主降临我们这个充满痛苦、狡黠、争斗、贪婪的低级世界里，照亮我们的道路和生命，为我们驱逐困难并使我们脱离凶恶，恢复良善的生活状态。在光明与黑暗、知识与愚昧、清静与情欲、自私与友爱、健康与疾病之间作出选择，获得拯救。对于“来自于光和明世界的第一位伟大的异乡生命、利于一切的物质上的崇高者”来说，我们本来就是祂的异乡人（the Alien）[2]，我们是彼岸以外的人，“异乡”是我们人的生命，是我们的身体一以贯之的属性，我们是异于这个世界而生存的，我们的身心始终皆无定所，我们每个人都来自于不知名的不同的地方、不同的故乡，特别是我们的肉身，只是暂时地被我们的灵魂所栖居，是寄养在这个陌生的世界和陌生的“皮囊”之中的，我们不属于这里，是不熟悉、不被接受、不可理解的远乡来客，我们只是操着外乡人的语言和他者的生活习惯，难以用被人认知和通达的交流方式，被同样是异乡者的陌路人作

① 诺斯替主义，指拥有诺斯（gnosis）或者“秘传知识”的人。

② 请参阅张新樟《“诺斯”与拯救》，三联书店2005年版，第197页。

为知己。所有的人都在这个陌生的、漫长的离乡或回乡的路上漂泊，受尽苦难、孤独无助、得不到同情与理解，在悲戚的境遇中茫然不知所措。

> 痛苦与思乡病是外来者命运的一部分。那些不知道外乡道路的人会迷失方向，四处游荡；而如果他太熟悉这外乡的道路，那么他又会忘记他自己乃是一个外来者，由于屈服于异国的诱惑而从另外一层意义上迷了路，疏远了他自己的血统，于是他就成了“这个屋子的儿子”。忘记自己是异乡人正是外来者悲剧的顶点，而重新回忆起自己是异乡人，重新唤起的思乡病正是回家的开端。①

我们所做的努力，是在这一个情感基础上搭建和展开的，生命伦理学对于后现代社会或后现代身体文化境遇的适应性建构，可以从“异乡者生命”的概念中得到启示。自由世界主义也正是因此更加尊重每一个生命的自主权利和摆脱暴力之后个人选择的自由。各自独立的人格组成了一个多元的文化社会与医学人伦结构体系，在互为异乡人的社会中，能够发现群体之间的部分共认意识，并由健康目标的一致性作为基础，结成一个半独立的医学社会团体，或者有条件者可以进一步组成医学（或卫生）或治疗疾病的利益联盟与共同体，尽管来自于不同的故乡，但我们的健康利益是相同的，这样，虽然我们疏远了我们的血统，但是，我们求得了在外乡道路上的共同方向感，挽回了迷路的命运。我们于是在生命的彼岸、生命个体的外面、生命的另一个世界、别人的家乡中，找到了知音；他者变成朋友或同路人，他乡遇故知，那个陌生的世界，因为身体保全和治疗的需要，则转化为“自己的世界—这个世界”，医学或卫生职业人，此时

---

① 张新樟：《“诺斯”与拯救》，三联书店2005年版，第198页。该书在注释中认为：“异乡生命这个概念是诺斯替话语中给人以极深刻印象的词语象征之一，在人类总体的话语历史中是新出现的。它在所有诺斯替文献中都有对应词，比如马克安有‘异乡神’的概念，或者就是‘异乡者’、‘不同者’、‘未知者’、‘无名者’、‘隐蔽者’；在其他许多基督教的诺斯替文献中则有‘未知的父’。它在哲学上的对应词则是新柏拉图主义思想中的‘绝对超越者’。‘异乡的’这个词在这些地方是作为神或至高存在的谓词之一来使用的，但是即使离开这种神学的用法，这个词也有它自身象征意义上的重要性，是一种人类基本体验的表达，在更为理论化的背景中对这个词的不同用法都蕴含着这层含义。‘异乡的生命’这个组合用法尤其能透露出这一层基本体验。”由此，生命伦理学语境中借用“异乡者的生命”来说明道德上的差异和生存境况的不同所引发的互为陌生感，就反映了多元化和次级相对主义、境遇理论或后现代文化中的适应性修正的缘起和理由。

则成为沟通这个与那个世界合一的中介；因为医生的拯救，黑暗世界的边界开始缩小，我们的朋友和知己的范围开始扩大，作为宇宙中存在时间的邪灵者——生命“诸移涌”至此被我们遮蔽，我们因此被最后拯救，这个被救治的道路

> ……要通过诸世代（generations）的序列：通过无数时代的链条，超越的生命进入这个世界，流连于其中，似乎经历了无穷无尽的逗留，只有通过这漫长而劳苦的道路，随着记忆的丧失与重新回想，他才能实现他的命运。①

外在的宇宙与内存的身体，曾经都是我们居住的房子，从暂时的逗留到永久的居住，是一个过程。当这个过程结束了，到了那个只有光明、没有罪恶、没有疾病的纯洁的世界时，生命就达到了尽头，在死亡来临时，两个世界则实现了重合。

首先，异乡人生命的概念是指有意唤起人的家园意识和乡愁，这是人的精神存在之根；可以联想东方的禅宗或禅家对于“悟”的体验；这个古老的思维方法、一个特定的心理感知的办法，就像东方的瑜伽一样，使我们透悟和感受到生命的本质。诺斯的思维结构为宗教神秘主义提供了文化资源。人生若梦，又不是梦；如烟，又不是烟，时间与空间，我们的存在和我们的纪念，我们所有的一切，发生过的、留下的和已经遗失的记忆。基督教以原罪学说为启动，在一个消极理论的体验上，劝人为善，以基督诞生为神人二性，并受洗、奉献、牺牲、复活、升天；远高于诸神论的佛陀解脱和叔本华的“意志上升为生命的自我否定”等，弗洛伊德后期否定了自己梦的解析的思考，回归人的物质现实和精神的宗教化，因为人的此在意义一旦把自身当做欲的主体而使之泯灭，人的此在的意义就消失了、终结了。基督教就认为一切宗教都是超验的。怀特·菲尔德作为循道派领袖和仅次于保罗的伟大传道者，一直坚信童真女受圣灵感孕的圣事。宗教先验要由宗教的经验来激发人的信仰和感动，圣灵的启示必须由各种异象来证明。对犹太教信徒来说，《佐哈尔》是仅次于《圣经》和《塔木德》的经典，这部书整个讲授犹太教的神秘主义，用流溢层解读世

---

① 张新樟：《“诺斯”与拯救》，三联书店2005年版，第200页。

界的秘密以及人的生命现象。它尤其对没有时间时的“起初”进行描述；特别对于“无”和“存在”进行原点的注释。上帝稀薄的辉光创造了最初的“无”和“我”，这样，诺斯替的信徒才能体味到，我为什么来自于称为“异乡”的家园。

其次，异乡人的另一层意义就是希伯来民族情结，巴比伦之囚的记忆曾经被任意践踏、杀戮的回忆，摩西率领希伯来人走出埃及，战胜无数困难，到达西奈旷野，忍受40年痛苦，历经磨难，到迦南地；但是，他们最终依然失去了家园，漂泊到世界各地，没有家园的犹太人行在异乡的路上，栖居于他人的领地上，成为永久的外来者和他乡人，强大的皈依感和恢复乐园的渴望，把他们重新团结在一起。他们将这种异乡人的情结或者诺斯的情结融于本民族的宗教情感之中，化为一种力量，复兴了家园，建立了神奇的以色列国家，而这种异乡人的文化和基因却世代相传。

最后，异乡人是指人与人之间都是陌生人，有时会突然感到你的兄弟姐妹、你的朋友、你的同事、你身边最熟悉的人都成为最陌生的人；从根本上讲，两个生命道德主体是陌生的，在他人的住所中，个人没有选择的自由，无法实现这个世界或者原来自我的世界的那种愿望。我们是离开自我的家乡或者从世界的边缘进入这里的，我们都留在这个黑暗的底层的寓所，这是一所必然朽坏的房子。我们的身体也是这样的寓所，虽然不能随意更换，但这并不是自己的，只是暂时披在“我”灵魂上的皮袍：

> 我是伟大生命的玛拿（mana）。他使我居住在梯比尔（tibil）之中，是他把我扔进了这肉体的残骸。……
>
> 悲伤痛苦我在这肉体的衣袍中承受，他们把我送到、扔入其中。我要多少次把它脱去，多少次地又把它穿上，不断地一次再一次地了断我的挣扎，却看不到生命在他的斯金纳（sh’kina）中。①

人的彻底独立性难以最后实现，但毕竟两个人是完全独立的个体，互相之间充满着陌生感，来自不同的故乡，你我各着不同的皮袍，皮袍仅是躯壳；男女高矮美丑各异，奥黛丽·赫本、大卫·尼文都是平凡的人，他（她）为什么是他又不是他（她）？他们只是暂时寄生在皮袍中，是暂时

---

① 张新樟：《“诺斯”与拯救》，三联书店2005年版，第202页。

的栖居，人因常悟常省常生而识人，我非我境，难以抗争。故此，在道德行为选择上原本为异乡人；道德异乡人能不能在统一基础上进行道德选择或在道德行为表达上转化为道德朋友。这在历史上有诸多的实例。各民族、不同的宗教信仰者、持不同政见者、不同生活方式者、在某一问题上的不同观念者，都可以和而不同、互相宽容、联合与接纳或被接纳。

能不能用一种力量、一种方法、一种原则追求一种理论，最后把这个异乡人变成朋友，让我们在大一些的问题上化干戈为玉帛，都能够认同这样一条原则，就可以接受某一律令，而这律令是对人类有益的，而且对大部分的生命个体是好的，也不伤害那些中间者和边外人员，我们能不能寻找这样一种理论、原理或者学说，最后使大家变成朋友。贝多芬第九交响曲和席勒的原词是：在你温暖的羽翼之下，一切人类成兄弟。这也是基督教的语言，是人类大同之约，大同之歌；也是生命伦理学这个学科的目的。苦行主义、享乐观、复杂主义、极简主义、清真主义和消费观等，能否协同一致，共同建设人类家园。

美国的大觉醒运动更新了复兴主义的观念，人们注重形式上的热烈和兴旺，但这种复兴往往忽视内在的对于真理的捍卫和理解，潮汐似的运动使人们被羁押在行进的队伍中，没有独立的思索，只有盲目跟从，“被”运动地朝着一个不自觉的方向。有人在评述美国的几次宗教复兴运动时，以爱德华兹和怀特·菲尔德作对比，认为前者就是一位不被潮流所迷惑的智者，他是美国第一位伟大的哲学家，他主张虔敬与知识的结合，为宗教热情注入理性的思想，肤浅的复兴运动很容易被异端邪说所蚕食和引诱。① 我们对于人的理解，对于生命的认知，是生命伦理学的理性基础和知识依据，道德和伦理依托于人的自然属性和生理欲望，精神和物质是二元的，不是对立的和分离的，是一个意志的整体；伦理化的人与世界，是在生命的土地上生长的，爱恨情仇、生死善恶、价值平衡、公平正当，都是因为生命的存在和人性的选择。如果说，生命伦理运动是美国的又一次神学复兴主义思潮，那么，就必须追记欧洲宗教改革运动的历史，特别是清教主义移植入美洲新大陆之后的几次复兴或思想觉醒运动。我们由此才能深刻理解高新生命科学技术所引发的伦理思想的交锋，有内在的动因和

---

① 参阅［美］阿诺德·达里茂《怀特·菲尔德传》，陈凤译，华夏出版社2008年版，代序第5—6页。

历史哲学规律。人类文化思想和精神进化的轨迹，对复述和分析“文化战争”是极其重要的。①

从生命伦理学视角论及文化（culture）的含义，是有争议的。西方语境明显有别于中国。中华民族人文化成的文化跟西方的文化差异很大，汉语境以道为主体的文化含义，是人之道文化，很空，农耕民族却离开土地，抽离文明而精神空化；西方的“文化”与生命每日的粮食有关，是生命培养基，并同时可滋生、培养细菌、恶魔或撒旦；另外，它本身是教养、教化，是由土地生长的，生命从土中来又回归土地；中华文化是倚天而降的，天地名联实则疏离。所以西方文化是一个存有的概念，是一种有的前提，而中华文化因为是从天而降的，如“天将降大任于斯人也”，是一个空无的诞生；没有牢固的根基，有些像诺斯替主义，着力虚无化。西方的土地是一个坚实的概念，我们的文化根基是由天决定的，天是主宰，决定万物；西方是从土地生成的文化，一年四季有播种期、培养期，是培养出来的，教育出来的，这种教化比较顺畅、务实、敦厚，是一种有，因此能产生存在主义，从现象推演、追问本质，考量在不在的问题。而我们讲空或不空，无或不无；佛教发源于印度，但他们以印度教替代了佛教，因为“四大皆空”的信仰，印度人不喜欢，恰好中国人将之取来作为真经，符合我们说一套做一套的性格与品行，言而无信，言行分离，“道”行逆施，道是道，行归行；一个事物是建立在空上好还是有上好？当然是建立在土地上才为真理。因此我们的价值准则跟西方不同。无常、无道德、无是非、无凡圣，这是一种无为之思，或声称“无为而无不为而为”，转到最后，倾世之末，化为“不为”，成为禅定，不动为“慧”，不动而守“戒”。所以实际上就谈不上德了，一个无道无德的文化，或者是有道无德的文化，只能被丢弃；老百姓只能求德，求获“得”，成为得实的文化，所以我们的文化是要得到，获得利益，实利主义才是我们的善德。上下尊卑不对称，形成差等，平民无凡圣，皇权高于天，断常、是非、道德，以天子为主体，百姓是奴隶的存在，如尼采所论，主人的价值

---

① “文化战争”是美国生命伦理学家祁斯特拉姆·恩格尔哈特教授习惯使用的词汇，意指如果在道德多元化的背景下发生对立或思想对抗，或者冲突形式的扩展，十分易于酿成类似于“战争”的交锋。请参照 H. Tristram Engelhardt, Jr., *The Foundations of Christian Bilethics*（Swets-Zeitlinger Publishers, 2000）. 亦可参阅祁斯特拉姆·恩格尔哈特《基督教生命伦理学》（孙慕义主译，中国社会科学出版社 2014 年版）第四章的有关内容。

观与奴隶的价值观，正义、公平当然是对于此传统的一种反动。

恩格尔哈特的异乡人文化或多元思维值得我们进行深思。从恩格尔哈特的思想渊源追踪他所生发的生命伦理学思想，是一项有意义的工作。其实，我们所有的人都是事实上俗世的、理性的和道德的异乡者，我们对于他者不可能有语义、情感、认识、知识、文化和道德上整全的认同；我们只是相对地，为了合作而必须削弱自我的个性，以求同于他者并被接纳。我们实际上隶属于不同的道德共同体，我们本来是另外的共同体的成员，但是为了生活，我来了，我必须因为生老病死的因由而有求于新的世界的成员，求其接受我的请求与呼救，让我暂时成为他者共同体的一员；我开始享有被他们的历史认同的、内容整全性的道德；与他们一起诉诸共同道德权威（我原本的道德文化传统有可能并不认同的权威）来解决伦理冲突，诸如生命的裁决、医疗问题、生命尊严、人的利益、死亡、生命技术的实行、性偏好、辅助生殖欲求以及其他；恩格尔哈特认为，道德异乡人持有不同的道德观，不能通过道德论证来解决道德分歧。他解释说：

> 道德异乡人这一术语所确认的是，在缺乏共同的道德前提或者对道德生活的共同理解的前提下，并且在不存在既不能通过充分的理性争辩，也不能通过求助于与道德权威的联结来解决重大的道德争论这一可能性的情况下，不同的个人之间的相遇。当这些个人既不能共享道德前提也不能共享道德权威的时候，他们仍然能够在有限的领域内就如何作出共同行为而达成一致，即使他们不能明白他们应该如何合作。而道德朋友就是指这样一些人，他们能够持有同一种道德观念，以便解决他们之间的道德争论，或者通过充分的理性争辩，或者求助于一种大众的公认的道德权威。在我们这个破碎的世界上，道德异乡人通常会成为挚友，即使不能成为爱人（spouses）。①

诚然，在当代社会，除道德共同体所呈现的多元趋势之外，其内部也日益产生了各种新的分歧，在生命科学技术并不发达的前现代，这是难以想象的。在对待医学高新奇技术的态度或者对待如何选择死亡方式的问题

① H. Tristram Engelhardt, Jr., *The Foundations of Bioethics* (Oxford University Press, Inc., 1996), pp. 6–7.

上，绝不仅仅限于简单的“异乡人”或“朋友”这样的划分，医学活动中的道德异乡人问题则更加复杂。

在用道德哲学和伦理神学的融合方法研究医学与生命科学问题的美国学者之中，以恩格尔哈特为最重要的标识，他是生命神学最主要的学者之一。生命伦理学界如缺乏毫无保留、勇往直前，同时不受任何外在利益和权势威胁与诱惑的学者，没有基督教精神，这样的境界是不容易达到的。

健康保健是当今时代人类社会最重要的命题。当人们捕捉具有新闻价值和吸引公众眼球的克隆人伦理争议问题时，却没有意识到健康保健这个最普通但又最为重要的时代课题。我们生活在这个世界上，我们的生命存在必须有一个好的医疗和保健作为前提；那些远离的新鲜问题尽管带有刺激性和戏剧感，但它们却不是我们应倍加关注的现实。医疗公平是生命伦理学需要研究或讨论的问题的中心。可以说，没有宗教情感的学者经不住世俗话题的诱惑，也不可能获得冷静思索之后的思想成果。

当然，传统基督教在处理拒绝治疗、放弃治疗、器官移植、给病人提供医疗辅助自杀以及对病人实行安乐死等病例时所采用的方法和医疗保健政策具有同样重要的意义，但却和世俗伦理所一贯持有的观点形成了鲜明的对比。对此，恩格尔哈特做了杰出的工作。

基督教有关流产、杀婴以及人对死亡的操作等问题的思考可以追溯到有关使徒的记载。罗马天主教对于健康保健的思想有着坚固的理论基础，这可以回顾到几个世纪前。关于此类问题，还有本书中所提及的其他的历史记载，都是从一个特别的视角展现出来的。如同所有的历史记录一样，这里提到的话题也承载着本书作者的责任。我们必须有一些关于现实的基本特征的假设或承诺才能从繁杂的事物中获得信息。每个人必须知道他大体要寻找些什么。任何一件事的确定都必须依赖人们从一个特殊的角度看待事物。生命神学是从传统基督教的角度看问题的，视角有时会决定结论。一段历史对某人来说是道德颓废的历史，但对另一个人来说就是道德进步的历史。关于生命技术和死亡问题的争论，如果从发展教义学的视角判断和观察，我们也许就不再只知道指责和抵制，而会持一种平和的心理去考察问题；也许我们会接受这些技术和手段可以解救人的生命，并将其作为健康事业的一个部分。当不同的历史记录承担着不同的伦理神学义务时，这种不同就像物理上具有分歧的记录。恩格尔哈特举例说：“透过物理镜头，亚里士多德、牛顿和爱因斯坦眼中看到的宇宙是多么不同啊。”①

恩格尔哈特认为，19 世纪末期出现并在 20 世纪 50 年代风靡罗马的天主教医学伦理手册和道德神学概略与罗马天主教的神学思想是一脉相承的，并延伸到 16 世纪初期和西方科学的繁荣时期，这时的西方科学的主要兴趣在于医学和它的基础科学。从 16 世纪向前看，文艺复兴后医学上令人瞩目的进步促动了道德神学，也使人们对医学产生了兴趣。鉴于对医学的信心，甚至连笛卡尔都相信他的生命能够延长。虽然医学带给人类的益处还没有所说的那么多，但它也是非常重要的。即使人们稍后才能看到治疗效果，这种知识的进步也是惊人的。科学和医学研究对医学新的说明改变了医学知识本来所包括的含义。

恩氏追索历史后认为，相比之下，人们仿效特伦多主教会议（1545—1563）成立了一个和罗马天主教神学思想一脉相承的组织，它一直完整地持续到 20 世纪 60 年代初期。从前经院时期到经院时期，罗马天主教道德思想在本质上发生了根本变化。前经院时期是田园风格的，它的神学精神更接近于教堂第一个千年的精神。经院时期以散在的理性思维和系统化为标志，开始于 12 世纪并延续到特伦多会议时期。始于特伦多时期的现代思想在很大程度上发扬了经院的传统，并使之得到了充分的发展。正是这个时期人们将所有工作都集中于对医学的思考上，并形成了道德神学的子学科。特伦多主教会议以后的思想、医学伦理学思想和道德神学思想都非常具有洞察力。它远远不是对以往思想的机械应用。罗马天主教医学伦理学思想和学识的重要特征是形成了一个单一连贯的研究团体。参与团体的人都要遵守一些共同的意见、假说、程序或法则。另外，他们对于谁具有道德权威去解决道德纷争有着共同的理解。纷争时有发生，也的确发生着，但在多数情况下人们都能控制住自己。为了引用托马斯·库恩（Thomas Kuhn）有关科学革命的隐喻，罗马天主教医学道德神学家采用了共同的范例。他们不理睬道德思想的危机问题，反而对世俗道德和神学思想的研究十分感兴趣，并因论证道德基础的不同而闻名。恩氏认为，我们不要害怕作出一些基本的假设，同时也要大胆而自信地应用一些基本

---

① H. Tristram Engelhardt, Jr., *The Foundtions of Christian Bioethics* (Swets-Zeitlinger Publishers, 2000), p. 8.

的原则。道德推理的大体框架和假设不但不会产生问题反而会激发人们去探询一些特殊问题，解决方法是基于对道德科学本质的理所当然的理解。我们会遇到问题，但是解决问题的方法不会引起危机感。直到20世纪60年代中期，罗马天主教才普遍开始了基督教医学伦理学或生命伦理学的研究。正如约翰·伯克曼（John Berkman）所说，从神学手册上我们可以清楚地看到道德神学的连贯性思想，1905年的手册上支持的基本思想结构和类型在1605年的手册上就已出现了。道德神学的思想信心十足地回答了新科技进步所提出的问题。如此透彻和具有穿透力的研究，在全球的生命伦理学界是罕有的；而恩氏的这种研究风格并没有被人称颂，没有人把他作为生命伦理学家园忠于职守的园丁，即使在美国本土也认为他不过是一个学派的一个学者而已。

19世纪末期，罗马天主教道德神学越来越注重对医学问题的调查。道德神学手册由传统思想转向对医生、牧师和护士的道德要求。同期，新医学技艺得到了发展，对认识论和发病机制有了新的理解，医学治疗有了明显的进步。正是在这个时期，外科手术找到了新的根基，它将麻醉法和灭菌法很好地结合在一起。而且，微生物理论成功创立，其最初的发展就是在医学中使用抗血清进行治疗。这个时期的医学促动了神学的反思。这个时代是一个促进各种进步的时代，泛世俗化和现代化给传统基督教的教义带来了难题。在第二次世界大战后，生命科学和技术得到了加速发展。随之而来的是神学医学伦理的人文学科即雏形阶段的生命神学得到了更大的发展，除了罗马天主教徒外，新教徒和犹太教学者也贡献了大量的文献。最初，罗马天主教的反思是有效的，与它手册上的传统保持了教义学上的一致。

基督教生命伦理学形成于19世纪70年代，它的精神和过去罗马天主教医学伦理学传统有很大的不同。按照它的要求，困惑的医生、护士和信徒们不需要遵守手册或是指令，它对神学的困惑和混乱做了说明。命令本来就是毫无目标、毫无判断力的：生命伦理学家从道德神学家那里吸收的思想通常是不确定的，所以没有普适的道德命令。罗马生命伦理学的学问使道德科学陷入了困惑：道德神学在寻求它的根基。由于罗马天主教经过了“梵二会议”的历史大震荡，它不可能发扬17世纪初期所形成的医学伦理学的思想传统。罗马天主教生命伦理学传统思想的断裂与“梵二会议”之后所发生的罗马天主教教义的宗教改革有关。教皇约翰二十三世[①]发动了一场旨在寻求“更加适合我们时代需要和实情的教会规则”的运动。

梵蒂冈第二次大公会议以一种教理源头的更新和第二次圣灵降临节的开端而受到人们的欢迎。伴随它而来的是重大的社会变革和制度变革，包括大批革新派牧师和修女的出现。人们对教堂的传统思想和研究神学的方法都进行了彻底的变革，在这样的背景下，生命伦理学作为神学的一个分支学科也孕育并应时而生了，人们开始关注生命科学技术和医学的进步，开始关注人类生命保全和健康幸福的各项事业与技术，并把基督教的信仰与教义学研究融进对世俗生活以及具体生命和死亡问题的解释中。孝行、虔信和教堂结构也发生了变化。结果导致罗马天主教道德神学和生命伦理思想进入了一个激烈变动和危机的时代。此危机是自我认同这个更深的危机的一小部分，它既是由罗马天主教生活信仰的改变而引起的，又是这种改变的一种表现。传统神学家亚历山大·斯金曼（Alexander Schmemann）说，由“……实际上是一些深刻的反传统愿望”所引起的实验性革命和思想自由，标志着罗马天主教礼拜仪式和理论的改变。[②] 现代主义被本来拒绝它的制度和学术接受了。在对现代化的渴求下，罗马天主教道德思想的重点从尊崇世界或逃避世界到正视、把握世界和适应世界。顶住巨大的传统压力和制度惯性，人们第一次对罗马天主教教义的基本道德理论和神学进行批判性的校准。新的信仰和神学思想唤醒了与世俗伦理文化和生命技术相适应的新思维方法。

这些变化对随后的罗马天主教的道德思考和基督教思想的重建产生了深刻的影响。对主要神学思想的重审不仅是19世纪60年代文化剧变的标志，同时又为这次剧变作出了重大的理论修正以及必要的神学重建，生命伦理学也在激荡的思想风云中诞生了。接着发生的是与社会改革交相辉映的西方基督教文化革命。“梵二会议”不仅动摇了罗马天主教的核心，而且把余波传到了其他的基督教派系。鉴于它的规模和影响力，罗马天主教教义的改革包括应对在“梵二会议”上发生的变化和那个时期的文化危

---

① 教皇约翰二十三世（Pope John XXIII，1881—1963，1958—1963年在位）是第263任罗马教皇。生于意大利贝加莫，原名朗卡利（Angelo Giusepe Roncalli），1904年获神学博士学位，升任神父；1925年任主教。在任期间，虽然他已经77岁高龄，但进行了重大改革。1962年10月11日召开梵蒂冈第二次大公会议，邀请正教与新教代表参加，谋求基督教会的合一，对人类历史影响巨大。他提出“跟上时代”的口号。曾发表“慈母与导师”、“人世和平”等通谕。

② Alexander Schmemann, *Liturgy and Tradition*, ed. Thomas Fisch（New York: St. Vladimir's Seminary Press, 1990), p. 28.

机，打破了其他西方基督教派内部的平衡，使它们感觉到了强大的文化压力。同时，当教皇与红衣主教为社会寻求一种摆脱以往失误的新秩序时，很多基督徒为了基督教的更新也试图回到他们所认为的基督教的起源上。"梵二会议"带着重塑基督教的信心结束了。这些变化使西方文化更加世俗化，保罗二世（Pope John Paul II）悲叹道："对整个人民和社区都非常重要的基督教化运动曾丰富了基督徒的信念和生活，这场运动不仅与信心的丧失相关联，而且与人们的日常生活发生关系，它将影响人类社会的根本的道德意识。一种新的伦理认识论登上了舞台中心：这就是危机的到来和对传统的彻底修正。"① 就是在这种变化中，道德理论重建的重点转向了医学道德。19 世纪 70 年代和以后形成的基督生命伦理学流行于一个新的道德图景中，抚育和教化着后现代时期来去匆匆的人们。

很多人争辩道，第二次梵蒂冈会议对 1960 年以后发生的广泛的宗教和道德意识的变化起着如此重要的作用，这些变化又对随后的基督生命伦理学给与极重要的暗示。他们将把"梵二会议"或它的后果看作文化改变的征象，而不是它的主要原因。取而代之的是，他们将这种变化归结为是因为全球后传统文化的出现，粗暴的唯物主义的市场经济发展的后果，或是被废弃的形而上学瓦解的结果。在此，恩格尔哈特重点引用罗马天主教神学家爱德华·斯可来比克斯（Edward Schillebeeckx）的话：

> 基督教的新发现，就是传到我们这儿的那种，很明显，现在它不能对大多数人提出的有关上帝的问题给予任何正确的回答。对于在这个世上的现代人对自己的意味深长的理解和对人类历史的理解，它都不能给予任何结论。这一点很快得到了证实，越来越多的人越来越不满意传统基督教给予他们提出问题的解释。②

正如史蒂文·布鲁斯（Steve Bruce）所说的，有关基督教的很多命名都是受到背离传统文献精神的影响的。基督教信仰中的重要因素——神秘

---

① John Paul II, *Veritatis Splendor* (Vatican City: Libreria Editrice Vaticana, 1993), §106, p. 158. 另参阅 H. Tristram Engelhardt, Jr., *The Foundations of Christian Bioethics* (Swets-Zeitlinger Publishers, 2000), p. 10.

② Edward Schillebeeckx, "Silence and Speaking About God in Secularized World," in *Christian Secularity*, eds. Albert Schlitzer, Notre Dame (University of Notre Dame Press, 1969), p. 158.

性、未婚女子的生育、基督肉身的复活、对基督归来的期盼、对现世永恒的诅咒等都彻底地从基督教教堂和大学的学习中消解了。毫无疑问，19世纪60年代道德、宗教、标志着自我认知的形而上学意识都发生了深刻的变化。这种认知所把握的精神改变了西方对宗教的理解。它建构和继承了“梵二会议”坚持、吸纳和应用的生命伦理文化。彼得·伯格（Peter Berger）清楚地看到了这种变化：

> 这大概是人类历史上的首创，世界宗教的合法化不仅在少数智者和其他边缘人物而且在整个社会这个宽阔的范围中失去了善辩性。一场急剧的危机开始了，它不仅涉及大规模的社会制度革命而且还涉及个人传记的重新改写。也就是说，它引起了国家或经济制度的变革和普通人常规生活都变得“毫无意义”这个现实。①

恩格尔哈特在分析这次历史变革时认为，所有这些考虑为主张激进观点的人提供了根据：“梵二会议”是因为这场激烈的文化蜕变而自我形成的，它不是因为同时期出现的生命伦理学，包括基督教生命伦理学才出现的。但生命伦理学的诞生却与这场运动密切相关，它是一个伟大的诱因，或是一个文化漂变的序幕。人类需要这种戏剧性的改革，需要不断清整自己固有的观念，对自己，对自己生命存在的本质与现象，对自己的思想、观念与灵性的醒悟；这是人类最宝贵的，也是历史和社会的希望所在。人类在延续生命，但人类又必须反省，有时不一定需要狂飙激荡和沉雷乍起，思想革命的潮汐是由一个个分子运动集合而形成的。生命伦理学的诞生就是这场宗教革命运动的成果，这簇火炬刚刚在人们的心中点燃。

在国际宗教舞台上，保守的、正统的、复古主义的运动也在晚近时期烽烟四起。这些运动因为将现代性和后现代定义为激进主义者而拒绝现代化和任何改革。但在生命伦理学诞生后，这种形势发生了巨大变化，因为有关人的生命伦理问题和科学技术发展，动摇了宗教的保守主义；必须重新编写解释学讲义。生命伦理学此时反过来激发了神学家的革新热情，这个学科的研究风潮开启了解读《圣经》和建构生命神学的智慧。

传统宗教不仅有能力生存而且能茁壮成长，“梵二会议”就是靠历史

---

① Peter Berger, *The Social Reality of Religion* (London: Penguin, 1969), p. 130.

推动的，它又反过来推动历史的例证，正是这样才会对传统基督教产生作用。一种宗教，如果决意要保护它的本质特征就可以这样做。现代犹太教是在基督教中间产生出来的，世俗文化对于它的出现，如果说没有表现出深深的敌意，那么态度也是相当冷淡的。犹太教信奉者已经成为大范围的科学、技术和经济项目研究的一支重要力量，但与此同时他们也付出了牺牲自己宗教道德名分的巨大代价。伊斯兰教的世俗化有很多传统社会的因素，因此保持了其传统的使命。它的还俗不是迫于时代的压力。然而，有人会对他们的方式和目的进行判断，例如阿亚图拉（Ayatollah Khomeini，1900—1989）促使他们国家的宗教历史走向了一个完全不同的方向。历史是由个人的选择和团体的选择共同构成的。紧接着"梵二会议"之后的罗马天主教教义的改变至少支持了议会对生命科学重大问题的态度，同时对基督教道德神学看问题的方法转变具有重要影响；在宗教生命伦理学的理解过程中，基督徒们开始重新思考道德的本质和进行道德反思。

恩氏格外重视约瑟夫·弗莱彻的历史贡献。弗莱彻预言了很多变化，这些变化将会给出道德背景的定义并成为20世纪60年代生命医学伦理学的标志。20世纪50年代弗莱彻就预见到在随后几十年里将会出现道德运动。他预言道德危机正在开始，并提出了一种基督教道德神学模式，这种模式最后被世俗人文主义者大胆接受了。基督教道德神学文献的出现是以权威和一度是理所当然的道德传统的提问为标志的。对传统基督教的批判是如此的真实，以致使对遗留的基督教的批驳非常有力。比如，在评价詹姆士·格斯塔沃有关上帝的行为毫无意图却有目的的观点时得出结论；"格斯塔沃想要避免神性的人和神同形同性论的观念的意图受命于他，最后得出神在某个重要的方面更像非人的结论"。实际上，恩氏暗隐了格斯塔沃的基督教神学令人怀疑。格氏对传统宗教文献的批评说明提示我们应该超越他的无神论观念。他的道德神学后来遭遇了很多的挑战，在这种背景下，基督生命伦理学不可能给与准确的指导。基督生命伦理学作为一个连贯的、建设性的学科注定要从基本理论和建构基本体系开始，关于这一点，很多生命伦理学家是不能够接受的，他们自负地认为生命伦理学的理论已经非常丰富并且成熟。

其实，生命伦理学是一个崭新的学科，不应是基督教神学的一个子体，虽然不能否认它与基督教神学的血脉联系，但它毕竟是已经世俗化了的独立学科，它应当有独立的理论、品行与学术性格；这是汉语文化圈的生命伦理学学者陷入窘况的原因；他们既不承认与基督教伦理学的关系，又不想重新致力于基本理论或道德哲学的艰苦的研究，到头来是什么问题都解决不了，甚至连应该做什么都不清楚，只好跟在国外同行的后面可怜地、滑稽地、令人怜悯地发出几声凄厉的喊叫。

基督教生命伦理学作为生命伦理学中的成员不应该作为一个历史过客，它记录着割不断的血脉关联。历史记录显示，它在公开的新医学辩论中处于中心地位。然后它又没有参与到公开的政策讨论中。这并不是说学者们不需要依靠吸取新教会和其他观点来使某种丰富的、富于思考的文化得到成长和培育。基督生命伦理学只不过不再像以往公众政策所热衷的那样引起它们的注意。在其繁荣期，保罗·拉姆塞和斯坦利·豪威瓦斯这样的基督生命伦理学家主张基督生命伦理学应占主导地位。很多人都注意到了他们的思想。最初，辩论的刺激性和影响力在于其自身，即使旧的基督生命伦理学所起的典范作用是不够成功的，很多学者都积极地争取创立具有教学效力和多重作用的新范例。20世纪60年代70年代早期，不同的基督生命伦理学作为生命伦理学学术的先锋繁荣一时，所以在这段时期里，如果某人想充分思考医学伦理学或是生命伦理学，他不能不充分地考虑以上述两人为代表的基督教思想家的思想成果。然而，正是因为世俗生命伦理学对公众政策起了很重要的作用而使得基督生命伦理学在文化领域的价值和影响被削弱或消退了。恩格尔哈特认为，基督教生命伦理学可以被看成世俗生命伦理学的过渡阶段。这样说或多或少因为基督教生命伦理学是以世俗的语言而不是以基督教术语与公众对话的。应该强调的是，基督教生命伦理学尽管不宣扬自身的特性，这使得公众忽视了它能够带给他们的利益；但它决定了世俗生命伦理学的历史命运。斯坦利·豪威瓦斯说过，近年来基督生命伦理学衰退的一个主要因素是没有人格外强调它的奠基性作用。但作为生命伦理学的一个宗教神学文本，它具有不可替代的重要作用；不研究这个文本，就不能理解生命伦理学基本理论的来源，生命伦理学也就是不完整的；就像“公正”、“尊重”、“医疗行善”或者“爱你的病人”一样，你就不知道它的来源和支撑它们的基本信仰，是来自于同一的“上帝”的。

恩氏在其独立研究中注意到，其他一些因素也使得世俗生命伦理学比基督生命伦理学更富有吸引力。文化的世俗化使人们失去了把基督生命伦理学当作道德的指导来源的兴趣。对传统道德权威形象的依赖如果不是一种错误意识的表达，则被认为是变坏的家长式作风。权威差等意识下的传统基督教认为，社会应该是开放的、自由的、多元的这种思想是十分愚蠢的；认为宗教传统绝对应作为道德判断的来源的想法与新兴的自主性和个人权利的想法发生了冲突。事实上，传统的基督教不仅等级森严而且家长制严重。它十分重视圣保罗的以下宣言，“男人是女人的领袖”[①] 和“男人不是因为女人创生的，而女人则是因为男人创生的”[②]。即使基督教认为，只有接受男女平等，才能获得救赎，传统基督教仍感到等级制度是一种不可丢失的荣誉和威严所在。与20世纪60年代权利运动的背景和他们对社会权威的传统主张的反抗相反，传统基督教对事物的理解既让人不可接受又让人觉得尴尬，甚至于被人们断然拒绝。这些观念反映了基督教界的道德观，并且直接控制和决定了生命伦理或性伦理意识。在生命伦理学诞生后，人们开始认识到传统基督教的承诺是对人的自主权利和人性的压制，因此在传统基督教和后传统基督教之间出现了一个很深刻的道德沟壑与生命伦理研究的文化切入点。

传统和后传统基督教之间的这种割裂性的分离使基督教道德变得更加多元化。西方基督教改革的多中心和后现代化，形成了道德的多样性格局，这一点在基督生命伦理学中得到了长期体现。传统和后传统基督教道德观点的差异使这种局面变得更加复杂，要给一些后继的基督教宗派定位和划界比分离这些宗教更加困难，传统的罗马天主教、主教派[③]和长老派[④]发现，他们对道德和生命伦理学的理解比他们对于自己宗教的更加开放的神学家和同行的理解更能取得一致。尽管一般人都鼓励对传统的叛逆，一个思维困惑的医生在寻求道德指向时会遇到诸如基督教道德多元化理解的困扰。无人清楚哪些基督宗教派别能给予道德选择以向导。例如，罗马天主教和新教在考虑避孕法、绝育和辅助生殖等时，在什么行为和决策应该是道德的问题上产生了分歧。在西方文化日益世俗化的今天，我们也很难理解哪些选择符合自认为真理的教义。基督教生命伦理学的价值就

---

① 《格林多前书》11：3。

② 《格林多前书》11：9。

③ Episcopalians，即英格兰圣公会，在英格兰被定为国教，第二次世界大战后不再称为英国国教会，而改为英国安立甘教会。

④ Presbyterians，英国清教徒派别之一。产生于16世纪下半叶，主张设立长老制管理教会，要求国教进行加尔文化的改造。17世纪英国资产阶级革命时期，该派别代表大资产阶级和新贵族的利益，主张与国王妥协。1640—1648年曾一度构成国会中的多数派，后来独立派被清洗出国会。

在于对如此纷繁复杂的局面进行研究与梳理，获得既尊重传统又尊重个性，也适应于文化背景、不伤害社会与人的尊严的结论与方案。这就需要从伦理神学的每一个细微的节点深入探究，生命神学即是最好的道德哲学、宗教学、文化人类学以及生命科学的集合。

在多样化的年代里，当考虑到信仰的不一致会带来真正的危险时，基督生命伦理学或传统基督生命伦理学所出现的差异是十分发人深省的，这就产生了对这一学科理论构建的阻碍。西方宗教战争史和严酷的高压政策制约了基督生命伦理学的发展，因为信仰与文化的原因，传统基督生命伦理主张在当代面临着质疑。在一个习惯于应对差异的成熟的社会里，对待像堕胎、同性恋、安乐死、克隆人、同性恋这类问题，基督生命伦理学主张将基督徒和非基督徒、基督徒和另外的基督徒分开，各自评价取舍的道德理由，分成世俗与宗教两个序列，制定两个根本不同的选择标准和善恶评价体系显然是可笑的，这不仅不能达到顺应历史和人类进步的目的，而且会进一步扩大人们的分歧或冲突，在文化和市民生活中，甚至在家庭内，造成极大的混乱和不稳定。这样会危害和平社会的构成。基督生命伦理学的特殊内容使得它与容忍为敌、与冲突为友。曾经造成基督教战争的基督教在20世纪中期正在形成未来的宗教战争。考虑到一些后传统基督徒的观点以及20世纪六七十年代的许多权利运动，传统基督教表现得最为反动。它拒绝进步论者将人们和社会结构从旧的束缚中解放出来的自由主义观念。他们认为，流产和避孕的社会风气不是解放的方法而是通向诅咒之门。传统基督教并不欣赏那些似乎是从已经将女人屈从于男人的生物学力量中解放出来的价值选择，他们认为，“通奸的性革命”、避孕的世风、流产都只不过是它们带来的情欲宣泄和道德混乱的进一步发展。基督教内部对于这些问题的不同看法更加深了那个时代的道德混乱。基督生命伦理学不是提供一种解决生命伦理学争论的途径而是在考虑健康保健政策后取得大多数人的意见，引起更多的思考，并且创造使医疗保健和生命科学事业如何为最大多数人实现最大幸福的理论。

恩氏认为，当基督生命伦理学面对为新时代的高技术医学提供道德指引的挑战时，发现其不能胜任这个任务。多重的困难深深地扎根于当代基督教。基督教被划分为多元的基督教，它无法提供确定的向导。一个人为了赞成他想要拥护的行为可以不加束缚地选择更多的宗教观点来进行解释。例如，有人想为人工授精找到合理的宗教解释，他只需要选择一个合适的基督教神学家。一些重要的基督徒连自己都不清楚什么是基督徒应该做的：基督教的信仰也不能给予确定的指引，因为用数世纪前的老方法解决道德纷争已经被放弃。比如，基督生命伦理学曾有为当代健康保健政策提供指导的机遇，但是它似乎搞不清该提供什么样的道德规范。结果，现代社会基督教的合理性只能引起人们的怀疑。如果这样的情况还不算太糟，那么，周遭的文化甚至有数条理由认为基督教是开放的民主政策的威胁。首先，传统基督教是在等级体制中寻找解决道德问题的答案的，而不是从个人推理和摆脱过去束缚的无拘无束的选择中寻找解决方法。其次，基督教的等级体制是家长式的。再次，因为它在道德上的特别承诺，基督教强调差别而不鼓励形成大家一致赞同的道德规范。最后，到目前为止，基督教提供的道德与世俗道德形成了对比，它不能为战后西方多元化的世俗社会的公共制度或政策提供指导。基督生命伦理学的基督性本身就是有问题的，它必须进行理论上的改造或者重新创制，如果不汲取哲学成就和后现代文化的营养，基督教生命伦理学是没有前途的。这也是生命神学发轫的缘由。

恩格尔哈特最先致力于消解基督生命伦理学与世俗生命伦理学的差别。为了弥补基督生命伦理学太过于基督化的困难，很多基督道德神学家将注意力放在显示基督生命伦理和世俗生命伦理学在精神上不存在差别上。耶稣会士道德神学家约瑟夫·福克斯（Joseph Fuchs）推论：

> ……基督教和非基督教面对着同样的道德问题，而且……他们都要通过人类真实的思考和规范来寻求解决方法；比如，通奸和婚前性行为是不是道德的或者在道德上是否可以被允许？世界上富裕的国家是否应该帮助贫穷的国家以及帮助到怎样的程度？什么形式的计划生育才体现了人的尊严？这些问题是全人类的问题。因此，如果我们的教堂和其他人类组织总是不能达成共识，这不能归结于基督教的和非基督教之间存在的道德差异这个事实。①

詹姆士·瓦尔特（James Walter），另一位认为世俗的世界和基督教的

① Joseph Fuchs, "Is There a Christian Morality?" in Readings in *Moral Theology*, No. 2: *The Distinctiveness of Christian Ethics*, eds. Chaeles Curran and Richard Mccormick (New York: Paulist Press, 1980), p. 11.

世界本质上是一致的神学家也得出了相似的结论："我的论点是在道德规范这个基础上，基督教伦理既没有任何特色又没有特别之处。"以上二人的主张与西方基督教自然法导向、道德的神学思考大体一致，说明了基督教道德显现和表述自然法则的原因。

有了这些分析基础，基督教道德神学和世俗道德哲学之间的道德差异消失了。关于基督教伦理，我们认为，它是（1）多元的，（2）与世俗伦理不同，（3）通过强调道德差别而产生使基督教和非基督教分离的危险，可以通过推理，将其与世俗伦理的本质相同的认知结成一体，从而证实全人类的道德。正如查勒斯·科兰（Charles Curran）所指出的：

> 显然，一个人认为耶稣是上帝的认知至少影响了他的意识和他意识的主要思考，然而基督教的和明确的非基督教的能够并已经形成了相同的道德结论，能够并已经分享了大体上一致的道德态度、意向和目标。然而，明智的基督徒在近似的道德态度、目标和意向上不应武断，这些包括自我牺牲的爱、自由、希望、关注邻人的需要或是认识到人只有在生命消失的过程中才会发现自己的生命。明确的基督意识的确影响了基督徒的判断和他作出道德判断的方式，但是非基督徒同样也可以并已经获得了同样的道德结论，同样也可以赞成和珍视那些基督徒从前错误地认为只有自己才能做到的最崇高的动机、美德和目标。凭着这些准确的判断，我否认存在特殊的基督教；也就是说，非基督教的也可以而且已经得到了同样的道德结论和同样珍视基督徒所珍视的意向、目标和态度。①

其他基督教道德家也详细阐述了基督教伦理和世俗伦理之间本质相同的观点。鉴于这样的理解，世俗不应该再认为基督生命伦理学是困扰人心或者是分裂世俗社会之源。原则上，他们都应该遵循同样的基本前提、道德根据和推论原则。如果我们可以正确理解，如果世俗生命伦理学是单一的，基督教生命伦理学也不是多元的，正如恩氏所认为的那样，一个能成功体现道德的自然法则应该驱除道德多元化。

接下来要考量的是作为一个基督徒是否至少应传授一种特殊的道德生

---

① Charles E. Chrran, *Catholic Moral Theology in Dialogue*（Notre Dame：University of Notre Dame Press，1976），p.20.

活模式，它不能让所有人利用，因此只能让每个生命伦理学者利用。即使基督教的和非基督教的道德规范在本质上大体相同，它们也会表现出一些差异。基督的存在主义信念使基督徒依赖于上帝指导的道德命令的本质，基督徒道德行为的方式和意图与无信仰者截然不同。非信仰者不会因为救世主耶稣基督的存在而遵循道德规则。另外，基督教神学对上帝的理解会成为他们转变行为的重点。例如，基督徒会将打破道德规则的人（例如，故意伤害他人）看作是对耶稣基督的疏远。仍旧有很多确定的道德规则，按照定义，是一个基督徒应遵守的，比如在祈祷中禁止掺杂其他宗教。作为一个基督徒同样要指导个人作出选择，比如决定参加基督宗教以给穷人提供健康保健。只有在基督的信仰中，个人才能充分理解自己的选择。当有人仍认为基督的道德规范的总的主旨与基督生命伦理学总的主旨和非基督生命伦理学总的主旨相同时，以上那些说法都得作出让步。

在这样的环境下，基督教生命伦理学不应向世俗生命伦理学多数人的意见提出挑战。它们两者在实质上是相同的；不可能在考虑辅助生殖、流产、医学资源的分配、辅助自杀或是安乐死问题时提供不同的道德规则。对问题的分析和恰如其分的理解不能只是生命伦理学特别的韬晦。如果有充分的概念分析和哲学调查，基督生命伦理学规则的多元性可以和世俗道德规范协调起来。因此，我们可以激起普遍的社会正义而不是鼓吹某个错误的特殊的道德规范。通过集中所有人都承认的一种道德规范、通过广泛的哲学检查和学术评估，我们可以克服与基督生命伦理学表面上的分裂，这个任务是属于生命神学的。

这种方法不是研究基督教生命伦理学的有力基础，而是强调世俗生命伦理学存在的事实。恩氏关于世俗生命伦理学吸引人之处得出这样的论点①：（1）基督教生命伦理学是特定的，它是多元化的一元，决策人认为，世俗伦理因为能团结人民和避免分裂而更加适合于社会；（2）因为基督教道德规范在本质上等同于世俗道德规范，所以可以由世俗哲学思想充分表达出来。这样，基督生命伦理学就既不会有分裂的危险又不会不切题意。不管是哪一种可能，人们都会接受世俗的而不是特定的基督教道德规范。而且，世俗生命伦理学以它全球性的宣言和普遍的承诺成为最恰适的宗教

---

① H. Tristram Engelhardt, Jr., *The Foundations of Christian Bioethics* (Swets-Zeitlinger Publishers, 2000), pp. 15-16.

选择。对基督教生命伦理学的这种说明似乎有利于从世俗道德哲学分析和争论中得到大家所期望的统一的目标，并使之从自身的分裂中摆脱出来。

辩证思维与悲剧意识相反，虽然承认人类的种种辉煌的成就具有相对的价值，但是我们必须拒绝笛卡尔理性主义所一致主张的线性的逻辑顺序。基督教给与人类的不仅是一种信仰，而且是一种智慧的启示。在讨论生命问题时，只有基督教生命伦理意识可以摆脱由于浅俗而带来的茫然。

人由于不能真正进入最后的精神世界，不能找回自己最后的家园，不能达到纯粹的道德准则以及实现真正合理的正义，因而是渺小的、可怜的。然而，“人具有意识，使他能够觉察人类的一切缺欠，一切局限和物质世界的一切可能性……从不接受任何妥协，因而又是伟大的”①。我们是为思想而生的，我们的生命因为思想而变得有意义，我们全部的尊严和志趣，我们的生活动力，我们的义务都因此发出光泽。

生命不可完知，像不能理解死亡一样，我们常常充满了对宇宙的敬畏与恐惧。“耶稣在地上是孤独的，不仅没有人体会并分享他的痛苦，而且也没有人知道他的痛苦；只有上天和他自己才有这种知识。”② 耶稣是在他的弟子们熟睡时，安排了他们的得救，既考虑到他们生命的虚无，又看到他们的罪恶；耶稣认为，精神是飘忽不定的，而肉体又是软弱的，并且必须摆脱人以及自己往昔的朋友，才能进入真实的忧伤，这种忧伤是为生命所偿付的。我们对未来没有完整的信念，因为构成这个信念的因素许多都是我们所不可知的。生命伦理应该是人类学会“称义”的知识，“称义”是学会善举之后完成救赎的成果，我们因此有权利分享公义，解除困惑，获得自由，这一切都是因为“基督”献上了自己。

基督教的上帝观中首要并压倒一切的就是正义，正义给与我们生活的信心，正义给与我们无穷的力量；我们不惧怕失败，不惧怕困难，不惧怕邪恶；我们活着必须为正义而奋斗；因为我们不仅生物地生活着，而且主要是思想地生活着。对此，基督生命伦理与世俗生命伦理是一致的。

恩教授在生命伦理学研究的小路上不倦探索的精神，应该成为一种生活的力量。

生命伦理学依然是幼稚的学科，仅仅是对生命伦理问题的思考，很浅

---

① ［法］吕西安·戈德曼：《隐蔽的上帝》，蔡鸿滨译，百花文艺出版社 1998 年版，第 108 页。

② 同上。原文出自帕斯卡尔《耶稣的神秘》。

层化和平面化，就问题而议论问题，耗用了很大的精力，纠缠于几个没有多大意义的现象或麻烦中，被案例所淹没，从事着无所价值的学术研究。能不能创建一个原理体系来框定这个学科，使其服从于这样一个“大道理”，我们或者会面临暂时的困难，但只要努力积累和发掘，最终完成这样的构建，才是真实的、厚道的学术行动。恩格尔哈特在做这样的工作，他致力于这种性质的研究，用后现代的主义、基督教伦理学和经典道德哲学做铺垫，为我们作出了榜样。尽管有很多人对其予以批评和攻击，他依然坚持走自己的小路，这种精神本身就是弥足珍贵的。他的伦理学给出一个客观世界的差异性，在一个差异的基础、条件和背景之上，使不同的人都能得到关爱和照顾，都能得到自由，没有自由感的伦理学是不道德的。

四 整全道德（content-full morality）、道德共认意识与自由世界主义

哲学靠表述意义与价值向人们展示它的魅力，而因为始终无法用最通俗的语言阐释清楚这个“意义”，又使很多人最后远离，并恐惧或漠视它本身的“意义”。A. J. 格雷马斯认为：“谈论意义唯一合适的方式就是建构一种不表达任何意义的语言，只有这样，我们才能拥有一段客观化距离，可以用不带意义的话语来谈论有意义的话语。”[①] 就像基督徒心中的上帝，其意义恐怕也是难以言表与深究的。但可以说，意义是可以理解的。我们应该用形而上的内在性方式，解决对于意义的认知，但又不是用超验的信仰谈论意义的多重性。我们现在就是要说明，生命伦理学是生命政治与生命政治文化的一个重要组成部分，而这一文化的目的正是至善的追求，也是人类共同的理想（通过身体哲学、身体伦理和身体文化的道路达至思想的广场）——整全的道德[②]和真全或纯全的生活（entire

---

① 参阅［法］A. J. 格雷马斯《论意义》，吴泓渺、冯学俊译，百花文艺出版社 2005 年版，第 3 页。

② 内容整全伦理（content-full ethics）或内容整全道德（content-full moral），是经过充分讨论与论证的，查阅相关翻译文献，采用“整全”一词译之；曾与恩格尔哈特教授交流，对中文读者来说，它是最恰适的词汇，最后译为“整全伦理”或“整全道德”，旨在以此译词作为生命伦理学或汉语伦理学经典词语。实际上，就“整全”来说，在英语语境下，“integrity”或“wholeness”、“full”等都具有此意，如孙尚扬即把“integrity of life”译为“生命的整全性”（见《追寻生命的整全》，华东师范大学出版社 2011 年版）。关键是，作者的内在意指是最重要的译解依据。又托马斯·阿奎那曾用“量数的‘全整’”来解释“性体全整”，说明事物整体的完善，即“整全伦理”的意义（见托马斯·阿奎那《论宇宙间灵智灵体问题》，吕穆迪译述，安徽人民出版社 2013 年版，第 80—81 页）。

lives or pure-full lives)，最后，通向“独一神圣与终极权威（God）”；这就是普世的伦理理想，就是真善美统一的那一境、信望爱统一的那一界；也就是头上的星空所照耀的、我们心中的良知，那就是真正自由的太阳伦理。

唐·库比特（Don Cupit）几乎与弗莱彻不谋而合，把伦理学从市场转向剧院，可以说是后现代哲学家作出的最具爆发力的行动。这也为恩格尔哈特的生命伦理学观念提供了理论资源，但是恩氏不完全赞同彻底剔除规则的道德以转入生活方式的道德，而是重新建立道德原则的体系，使“允许”成为人对话、交流的基础，创造一种崭新的交流语式，使异乡人成为相认者，最好成为道德伙伴，一起讨论、处理生命伦理的事务。此刻，不考虑任何所谓至上的权威，而是大家平等地、怀有诚意地共同生活，回归一种具有美学效果的、自由地表述心意、宗教式的生活方式。这个表现主义世界观和彻底的自然主义，就是使我们的世界成为“持续外泄、自我更新的，符号散播的能量舞动着的”[①] 世界，我们的生活完全浸入其中，这就是恩氏的“真全生活”，只有在整全的道德根基上，人们才有可能过渡到这样的太阳式生活。

库比特的太阳世界、弗莱彻的境遇世界，似同恩格尔哈特的自由世界。恩格尔哈特没有一味停留在传统的自由意识论世界主义特质上，他曾经批评那种不关注个人价值和偏好，为了追求所谓公共理性而抹杀生命的个性选择，用霸权和绝对权威的控制建立道德帝国主义王国，尽管他们在用词上避免了“帝国主义”这个术语。

> 自由世界主义将基本价值置于自主选择的特定理解之上，并且认为所有的人应该无一例外；自由世界主义伦理认为，人应该是自主性的、自我决定的个体；而追求这种自主品格会遭遇挫折，那是误解虚假观念的原因。在深层的道德观念分歧的情境下，自由世界主义并没有简单地将“允许”视为表述道德自主权的中心。更进一步说，在人类昌荣的历史记录中，自由世界主义为自我决定论（self-determination）确立了核心的地位。在尚无对道德真理予以超越的过程中，道德生活的中心变成了自主的自我决定论，善的生活并没有服膺于真

① ［英］唐·库比特：《太阳伦理学》，王志成译，浙江大学出版社2009年版，第11页。

与善的裁决，于是，自主即成为善不可或缺的组成部分。[①]

生命伦理学的自主与允许两大原则，应该是其原则的核心，只要遵守基本的前提[②]，决定或选择就应视为有效与合理的。

自由意志论世界主义（libertarian cosmopolitan）是一种合作共处的自由观，要完成向自由世界主义（liberal cosmopolitan）即平等的自由观的让渡，就必须具备充分的条件，尽管恩氏不完全肯定自由世界主义的善的整全性，然而它却应该是我们这个时代最重要的道德哲学多元化理论转向。这个超越是一个去神圣化的过程，从固守所谓公共道德理性或道德帝国主义转变为以个人价值为标准、抛弃权威的、自主的共在性联盟。这个前提是，必须建立和承认部分共认道德意识，通过允许原则 和宽容原则去团结“道德异乡人”或“形而上异乡人”（metaphysical strangers）；但问题是，这个部分共认意识必须是德性的主要核心，例如爱、忠诚、和平、反对暴力等。对所有人和一切生命予以尊重和满足所有人对所有事务的选择自主，几乎是不可能的，制造这样的图示是一种空想，但我们可以尽可能使绝大多数人获得自主，在规范权利时，必须是公正地对待所有人，甚至所有的生命。这个自由的世界主义追求的目的，就是实现普世的价值或普世生命伦理价值。

自由世界主义观念启示了个人世界主义。个人世界主义虽然没有被恩教授明确关注，但是他的思想中去除了当代虚无主义的“一切皆被允许”的边界以外的成分，有限度有条件地提出“允许原则”，暗示了每个人的个人生命价值的意义，可以推论出“只有一个人还在痛苦中，整个世界就没有摆脱痛苦”的结论，也就是重现了阿尔伯特·加缪赞同陀思妥耶夫笔下最黑暗的伊万·卡拉马佐夫的形而上式反抗，但“拯救所有人，否则无人得救”的原则[③]，却应该有一定的积极意义，尽管伊万表面上憎恨道德。

---

① H. Tristram Engelhardt, Jr., *The Foundations of Christian Bioethics* (Swets-Zeitlinger Publishers, 2000), p. 43.

② 请参阅本书第二部“宽容原则”。

③ 请参阅《加缪全集》（散文卷 I），丁世中等译，上海译文出版社 2010 年版，第 215 页。文题为“形而上的反抗”。其中反复以俄罗斯作家陀思妥耶夫斯基的《卡拉马佐夫兄弟》的小说人物作为道德哲学议论的案例，表述自己理性反抗的思想和情感。

《圣经·旧约》的《路得记》记载了后流放时代犹太民族社群主义的回应和反抗。以斯拉与尼希米，作为大祭司和总督，代表了犹太社群的强势道德观念，他们认为，民族的悲剧就是因为娶了外邦女子为妻，影响了社群的纯洁性。他们的道德意志认为，只有净化社群的血统，才能够得到救赎。而作为以色列人最伟大君王的曾祖母摩押女子路得，却向强势的以斯拉们提出自由社群主义的主张：上帝所希望的不是以血统为基础，而是以信仰和对上帝的爱为基础；这一勇敢即使微弱的声音，就是要建立一个新的开放的、以自由的世界主义为基础的、新的社群结构，实现民族共融。在此，决定社群关系和角色地位的不是血缘，而是基本功能和行为，是坚贞的爱（hesed）。①

医学中的大众性和个人化决定了医学中道德选择的多样态和境遇性，案例判定对于临床中的很多困难是十分重要的，因此，应该允许：

> “尽管相互对立、然而却是合乎理性的各种完备性学说保持它们各自的善观念这一多元论状况的正义观念”，而不是坚持“只能有一种可以为所有充分理性和合理性公民所承认的善观念存在的正义观念。”②

由此，我们可以确定医学优先次序（medical priorities），即在资源有限的前提下，在有时几乎同样需要急救药物或急救手术的先后次序的境况下，在多人竞争有限的保全生命的机会时，应该如何分配资源。这就必须建立一个适合于所处医疗境遇的医学道德序列（meidical ethical different rankings）：参考条件因子［医疗资源分配原则、病人支付资金款额能力、最可能的公正限度、保险或保障指数、医疗单位技术和资本能力、管理实效、信仰公民（citizens of faith）觉悟等］；联系医学伦理教学中的筛分公式：Y（预期寿命）×S（社会价值）×P（抢救成功率）×Q（智商）×M（医学价值）÷C（花费代价）。如果说这样确立的优先次序体现了一种生命政治自由主义观念，它与人类个人的充分合理性存在是相容的，我们

---

① Hesed，希伯来文为הווצמ，意为坚贞的爱、仁爱，可参见《圣经·何西阿书》（4：1；6：4），合本《圣经》将其翻译为“良善”。

② 参阅［美］约翰·罗尔斯《政治自由主义》，万俊人译，译林出版社2000年版，第142页。

的社会默认或接受了本来处于冲突中的无公度性意见之间的理性多元论，那么，我们所分析的自由世界主义就是这样的正义公平观念的资源。这个次序可以表述自主权利和医疗的公平性。而且信仰公民可以接受基本就位的先后等级次序，不至于发生激烈的纷争与冲突，以保证良善和谐的秩序。

罗尔斯的追求是善良的，其追求基于最合乎理性的社会统一基础的理想。他分析了重叠共识与临时协定的区别；重叠共识与恩格尔哈特的“共认意识”有些相似，但是共认意识必须是完全统一的观念或意见，而且理性地同意以此指导行动；重叠共识相当于“部分共认意识”，也可能是形而上的异乡人，也可能只是相识者，是否同意合作与行动，取决于他们之间共识成分的比例，特别是在核心问题和根本问题上的共识水平和程度。例如，对于严重的残疾新生儿处置问题，一直存在很大的争议。如果将个人完全自主和自由选择作为依据，以其合法代理人（双亲）为主体的意见，就可能存在很大的差异，由于信仰的原因，传统的宗教徒就不会同意以安乐死形式结束生命；而一些世俗的人就可能会同意放弃这一质量极其低劣的生命。生命主义和敬畏生命的理论显然反对安乐死，甚至会认为放弃或用医学方法处死人就是杀人。他们几乎没有公认的保存这个生命的意识。个人世界主义认为，一个人就是“一个世界”，世界正是由这无数个人构成的，所以必须敬畏每一个生命，生命质量无论多么低劣（即使智商小于10）都有与正常人一样的生存权利。一个生命也就是一切。所有以人道面目出现的思想都面临着一个权威标准的检验：对某个人生命和尊严的尊重就是对“多数人的生命和尊严”的尊重，而不是相反。这是检验伪人道主义和人道主义的试金石。“自由缺少了怜悯，就变成了魔鬼。”① 仅仅“怜悯”还不够，它必须诉诸个体对象，否则就是伪善。“每个人就是一个真正的生命……每个人就是人类。”② 所以雨果说：“把宇宙缩减到唯一的一个人，把唯一的一个人扩张到上帝，这才是爱。”个人世界主义认为，这世界上只要有一个人受难，人类就都在受难；有一个人死去，我就能感受到自己生命的一部分在死亡；有一个人正无辜地残害

---

① ［俄］尼古拉·别尔嘉耶夫：《人的奴役和自由》，徐黎明译，贵州人民出版社1994年版，第4页。

② ［法］皮埃尔·勒鲁：《论平等》，王允道译，商务印书馆1994年版，第263页。

别人的生命，我就会感到自己的双手也沾满了鲜血，或者“我感到他们是在杀我”。

当然，“个人就是宇宙”的观点有很大的局限性，这容易使个人利益主义无限放大和扩张。个人世界主义不应该不受限制地无限扩张或膨胀，应该接受理性地节制，个人自由从来都不应该成为一种暴力，任何人都不能使自己的权力绝对化，不受控制的权力往往会伤及社会和损害社群的利益。因此，一个人的生命权利和他自己构成的世界本当是有限的，这样，才能够保全个人范围之内的自由。如果我们失去了基本的人类秩序，我们也就失去了可能的一切，也就失去了赖以共同生存的世界，也就无法维护自己的、自私的、个我化的小世界的权利。我们可以列举很多平常的例子。比如，开放性的传染病患者必须服从隔离的律令；医生不可拥有滥用麻醉药处方的权力；救护车司机不应该在未受命急救任务时闯红灯；产妇不应因任何理由而随意私自堕胎等。以上的主体如果完全无所忌惮地按着个人自由意志去行动，最后，个人就没有应时的自由了。

我们生活在强大而专制的医学霸权世界和社会体制中，病人的自由十分有限，我们只能获得或争取最基本的弱个人世界主义，或者最基本的弱生命自主化。一种压倒一切的生命政治制度，使我们必须放弃我们本来可能拥有的更多的权利和自由（归于整体或集团的利益，或者是为一个民族或国家的利益而制定的统一原则和律令；为了所有人的共同身体关怀而任何人不得违抗）。生命政治目标通过医学权力力求实现其政治规划或纲领，不得不压制或牺牲个人世界的身体自由，不允许随意自作主张地无计划生育。医生的伦理训练就根植于这样的背景：

> 把学科规训同时作为知识的形式和权力形式来看待；继而研究微不足道的微型技术和实践方式，是怎样生产了前所未有的监视、评断和审度形式的；拒绝单纯地把知识看成是“单纯”之物，远离那种玄虚的领地，以一种对权力和知识的相互关系所进行的分析去取代。①

① 参阅［美］华勒斯坦《学科·知识·权力》，刘健芝等编译，三联书店 1999 年版，第 52 页。此处是作者对米歇尔·福柯关于考试制度的分析与批评。

医学教育如果是医学知识的第一个非人性变化，那么，通过考试赋予医生的资格与权力，就是第二个非人性化的形成。知识过渡到一种特定权力，医生成为“可算度的人”，一旦获得这样的权力和资格，他就可以有所顾忌或无所顾忌地剥夺作为弱个人世界主义的病人的身体自由。算度他人和被别人算度，其核心是谁是知识的主人，或谁是疾病的主人。

生命政治是一种人类社会文明的“政制”或“正制”，治理、制度与正当的管制是社会机制的结构核心。人的生命因为生存和生殖的基本需求而化生为身体政治表达，这种本源的物化的叙事，必须通过体制/机制、法制（法治）、德制（德治）来实现和完成。为了整全的宗教化理想，我们必须一边确立生命伦理的基本原则与规则，制定规范、规制、规章；一边进行道德的漂绿行动，制定基本决策与政策、管理机制，督查和改革体制，包括生命政治组织与结构、机构，展开各种复杂的、多形态的行动选择与运行；并通过对效果的监督体制与机制，随时对行为予以评价与反省，进行更加有效地控制或调节。

生命政治体必须表达人类整体的高尚品质，追求崇高的信仰与信念，不忘记自我告诫和德性自律，为了人类的最高理想而尽责，不然，这个政治体就必定会消亡。

第二节 西方伦理文化与中华生命伦理精神

比较潮流是一股奔涌的、热烈的学术潮流，是某一学科臻于成熟和深化的标志。为了理解当代医学伦理学范式的特征，就必然要进行影响研究和深层研究过程的比较活动，这是对道德问题跨文化研究的一种放大。追求普遍规律是学科发展的必经之路，就必须进行文化参考系的研究，这也是对中华民族医学道德气质的儒学解释，因为道德价值的性质是由参考系决定的。当代文化精神的比较学，就是要引入一个新参考系，通过它显示出事物在原有参考系中无法显示的性质，从而深化对事物的客观认识，以指导学科建设。如古希腊人的崇拜是以城邦崇拜和英雄崇拜为特征的，英雄或城邦保护神之间无严明的隶属关系，各自独立与平等，这是西方争取人权自由的文化根源之一；而中华民族向以祖先和鬼神崇拜为特征，“以天为宗，以德为本”，其等级意识由此发端。同样，西方人类中心论、个性主义（自然人道主义）和博爱主义（理性人道主义）与华夏文化传统的“博爱”、“兼爱”、“仁主于爱”的“克己”主义大相径庭；中国式的爱的伦理处在严酷的“君为臣纲、父为子纲、夫为妻纲”的等级框架之下，爱被悬置在空中，平民只是在梦里才能物化为个人的自由行动，被囿于儒道庄禅的宏织巨网之中，个人被挤压着活着，或猥琐惶恐地乞求等级森严的鬼神，或在虚幻中凭“命运承诺”让本真的、欲望的、荒蛮的圆空中漂泊羽化，因“我”对于他们来说已不复存在，由血缘关系或其他“关系”对博爱的间离是中国式荒谬的民本化奴性的必然结局。因之，用同一道德调控手段育成和教化两种不同文化境遇及道德惯性的医生就很可能会误入迷途。

一个民族或国家的振兴，必然要有深阔的文化根基，并应有发生在这个根基之上的哲学革命，其中尤其不可或缺的是要发生一场以伦理学为母题的或缓进或狂飙激进式的价值观念革命，信仰、权力的使用，各类关系的和谐，人伦秩序的安定与民族进取的高度自觉性是创造辉煌的精神底蕴。如果只有口号与理想描绘，而缺乏具体、有效的实践道德规范，那么，其国家理想永远是泡沫上的城堡，其转瞬即衰落的结局是不可避免的。

爱琴海世界的文化遗产对奴隶制的希腊和罗马传给现代欧洲的巨大的创造性财富起了极大的初始作用；汉谟拉比依赖历时2000年的苏美尔文化传统，用道德化法典建立和巩固了具有物质效能的巴比伦帝国；埃及人是人类历史上首次瞥见人类尊严对每个人所具有的公正意义的民族，其辉煌的崩溃正是由于这一公正的失落。当埃及被希腊人和罗马人统治时，过去的国家形式无休止地再现，但过去的伦理精神却再未恢复。因此，埃及文明结束了，以色列和波斯，希腊和罗马却凭借自身的道德精神在他们的废墟上崛起。

希伯来文化以《圣经》文化为主体，因不断为普世主义所修正而嬗变的基督教伦理精神，以犹太教、基督教等作为传播载体，成为今天无数民族繁荣的决定性因素。在这个星球上发生的几乎不可能的20世纪谜一样的奇迹，重新恢复并再现了繁荣的以色列国，这个强烈反映犹太民族追求自由、民主和平等的国度，是道德精神的一次神奇化育。1824年，英国的欧文在美国创立了一个乌托邦式的“新和谐村”，但由于没有一个统一的道德信念而昙花一现；20世纪初的巴勒斯坦犹太定居点却出现了类似的和谐村“基布兹”，这个乌托邦已存在近百年，并且它以国有企业和公有制经济为主体，是以色列强大的公有制经济的代表。他们用宗教道德作为民族团结、谦逊和互相敬重、和睦相处、共同振兴的国家纽带，总结2000年的流散生涯，勤勉劳动，致力于消灭剥削制度的社会主义。以色列神话不是靠表面上的外援与优秀人才，主要是靠犹太《圣经》的道德戒律和规范的高度自觉性，其《独立宣言》就充分表述了以色列是犹太精神的源泉。

马背上的吉卜赛民族，靠群族意识和前谕文化维系着家庭网路，平等、和谐和原罪（法老犯神）的意识是这个民族无国而不散的道德支柱。但是，吉普赛人追求实用功利，忽视正义与良心，无统一的宗教和道德精神，因此，它终于无力组织罗姆国家，终于无法与希伯来人相比。

作为印度河文明的哈拉伯文化的消失，主要是由于其道德精神的丢失，阶级压迫与不平等，人与人关系的张力而造成的。美国文化中的基督教伦理精神对资本主义经济制度下民主、自由、平等有着根本性的影响，其实用主义和追求个人价值的生存竞争原则，保护人的个性的法律，甚至宪法和白宫的一系列决策都必须接受“上帝”的监控，他们未必都相信“上帝”的存在（但任何人都不会将“上帝”作为生命政治的工具，因为他们从道德心理上已经承认其不可颠覆的神圣和庄严性），但他们却知晓这种“道德律”是任何人也不可侵犯的，这是其经济上长久保持优势并吸引世界各地人才的重要原因。

德意志精神其实是一种伦理精神，这种精神养育了康德、莱布尼茨、贝多芬、黑格尔、歌德、尼采、爱因斯坦、弗洛伊德和马克思，它的哲学与诗，它的马丁·路德的改教运动，它的交响乐几乎建构了世界文化大厦的脊梁；这种精神对人的拆解，对社会和资本的诠释，对时空观念的叙事已成为全人类的财富。

中华民族曾强烈地震撼了这个世界，她素以恢弘厚重、丰富、持恒和臻熟表达以儒道为主体的民族精神，也曾以道德为国术呈现出中央圣土之辉煌。但又不能不承认，以儒为体的传统文化精神缺乏西方那种求进取、求发展、竞争、平等的实体道德踏板，致使近代始终落后蒙辱甚至落入几乎被丢弃的悲剧境地，令人泣愧的是我们不是缺乏道德精神，而是缺乏有形的、共为一体的、鼓励竞争而又符合公民、自由、公正的新哲学和伦理学，经济理想和新经济政策替代不了伦理学，一个没有适应自身在未来世纪竞争发展的哲学理论的民族是令人忧虑的。中华民族确有古老的文化，也有过令人敬畏的灿烂历史，但那只是过去，只有创建中华民族新的哲学和伦理学文化体系才是民族振兴的最重要保证。没有哲学的国家和没有信仰的民族一样，是没有未来的。

比较医学伦理学研究，对于中国卫生经济伦理学的学科建构与发展，对于正本清源，从根本上纠正当前被动、无序、无所适从、思绪交缠的现状，有着至关重要的界碑性作用。出于各种文化交流和汇通的目的，互相借鉴优秀的理论和实践策略，对于改造我们的医学道德结构，克服暴露无遗的弱势，对于创造汉语文化的新医学经济道德模式是一个关键。

一　医学伦理学母文化考

在伦理思想史上，黑格尔曾以伦理与道德的区分凸显良心的社会性本质，并对社会、制度进行伦理审视。他“把伦理看成一个精神性的、活生生的有机的世界”，是主观和客观统一的法，其特点是自由意志通过外显和内化而获得充分的现实性。个人的权利和道德自由都以社会性、客观性的伦理实体为归宿。因此，伦理的本质在于它是“一种本性上普遍的东西”，普遍即所谓实体、共同体和人的公共本质，亦即“单一物”与“普遍物”的统一。就是说，伦理是一种以一定社会共同体为内容的、具有一定规范或范型的关系体系或结构，从而成为具体事物寻求价值合理性之现实的必然性根据。

如果在“单一物”与“普遍物”统一的实体意义上理解伦理精神，那么，与卫生秩序的建构密切相关的医学伦理精神必然内在地蕴涵三层意义：一是从医者个体的医学专业精神生态，包括既独立又相互作用的医学科学精神和医学人文精神。基于对生命之爱的人文关切，研究现代医学的发展规律及其精神文化内涵、医疗消费与疾病的关联、疾病的意义等，以同情—同感的情感机制与患者实现心灵的交融，以仁爱之心，博施济众，具有济世救人的天职观等，这是形成共同体伦理性精神的个体性因素和条件。二是医疗共同体（主要指从医者、诊疗机构、医药生产机构和医疗保险机构所构成的实体性存在）作为“实体性”个体的自我道德精神、道德意识和道德责任感，作为实体性的伦理存在，应坚持做到诚信、保证药品的质量、避免多方之间利用信息不对称和医疗市场的垄断性进行合谋的机会主义行为，以达至医学的根本价值和目的，即对人的生命健康的终极关切，形成医疗共体与其外部存在的伦理性秩序。三是制度伦理理性精神，其伦理精神的价值根基在于对生命的终极关怀、核心价值诉求归于公正，即体现公益性和福利性，这是规约个体道德世界观的保障。四是医学文化生态中文化批判领域的公共理性批判精神，这是一种制约、调和机制和伦理宽容精神。医学伦理精神就是基于这些因素的有机相关性而生成的多维、多层次的张力系统或合理性的伦理精神生态，体现了一种生命意识和生命之爱，并在实践中遵循不伤害、医疗行善和医疗公正等原则。这种精神在从医者个体的内在精神秩序、医疗共同体的伦理秩序体系、医疗共同体与社会相互作用的伦理秩序和伦理机制中得以体现。

（一）个体道德自我意识与伦理世界观的融合

伦理精神是伦理实体本质的规定，伦理实体必须通过伦理精神才能建构和实现。伦理精神作为共体的精神是对个体道德精神的主观性和个别性的扬弃，因而伦理精神的构建和生成必然涉及个体的道德精神，进而着力寻求这种作为“单一物”的个体精神中的共同本质以能够与“普遍物”统一而形成伦理精神。对于提供医疗卫生服务的个体来说，这种共同本质就应该也必须体现在对生命的终极关怀或生命之爱（包括自由的精神生命的宗教性道德信仰）之中，并把它外显于具体的医疗服务行为的实践过程中，形成相应的专业精神生态，包括对医学的本质与目的的认识、专业理想与专业素质以及精神人格意识、医学科学精神和人文精神等。

在生活世界中，道德精神的建构从个体来看在一定意义上是基于现实人性的精神生态的，人性是一个具有多重规约的复杂的现实的意识结构。在医疗卫生领域，医疗服务行为的提供者也基于自身对人性的理解和态度而形成了不同形式的对于“他者”的自我道德意识或“道德世界观”，基本问题是其自身的义务感与自然冲动的关系问题。作为医疗共同体的一种社会性存在，它具有“道德性冲动”，也就是“责任感”与义务感。作为一个本性追求自我实现和自我创造的个体而言，行为者具有“自由意志”，在提供医疗服务的过程中具有追求个体价值的“技术性冲动”和追求经济价值的“利益性冲动”。因此，医疗卫生服务提供者的活动就可能会背离医学的本质、目的和以人文、情感为核心的医学哲学的“应当”或医学理性精神，并成为医疗技术主义的微观机制。解决道德与自然的矛盾与对立的途径要求医疗服务提供者坚持“义务的本质性”，内化形成个体的美德，并诉诸现实的道德行为。

（二）医疗共同体的内在精神建构

既然个体对道德义务的履行具有一定的特殊性、抽象性和不稳定性，因此，要实现医学的目的和本质、消除医疗风险和医疗危机，仅靠个体（甚至包括与伦理实体相对而言的“集体”）自身的道德自我是不够的。而且，即使医疗共同体作为一个实体的内部伦理秩序也不能确保一种合理的道德行为，因为医疗共同体内部具有不同的个体性存在，他们在利益博弈中可能会达成某种契约，但却不是出于服务社会、服务于作为患者的大众的生命健康这一根本目的，这样就可能无法消除因医疗共同体不负责任地对待社会和健康利益需求者而形成的“外部不道德”状态。因此，必须诉诸包括医疗共同体在内的伦理实体的“伦理世界观”，即不仅是个体和共体的道德自我意识，而且是个体和共体、特殊与普遍相统一的伦理实体，即医疗共同体的客观伦理意识，亦即“伦理精神”，意识到自身应该是一个伦理性和道德性的存在并把自身置于伦理规约之中。而在个体“道德自我意识”和伦理实体的“伦理世界观”的整合和医疗共同体的伦理意识的生成中，制度和规范的参与发挥着两个方面的作用：一方面，医疗服务提供者必须受到医疗职业道德或医学伦理规范的约束，伦理的制度化、社会化运作方式体现了道德践履从社会伦理到个体道德的内化、从他律到自律的特点，真切地再现了个体生命意识和德性的生成过程。另一方面，义务和现实统一为核心的伦理行为与道德行为及其效益，只有透过现实的合理的社会制度，才具有真正具体的历史现实性，这就涉及了制度自身的伦理价值性和制度伦理精神。

（三）制度伦理精神

追求公正和体现公共性的制度伦理精神是“医学伦理—卫生经济”的政策生态。基本价值伦理是制度的根基性伦理，其最核心的基本价值是人的生命存续和优化生存。在生命危机时刻，能够达到及时救助、优化生命存续状态的制度，就具有伦理意义和伦理价值。卫生经济的实践理性原则内蕴着一种爱的伦理精神，而卫生经济政策的公正性、公益性和福利性即是我们最后的、最根本的伦理选择。

卫生经济和医学伦理与生命伦理有着极为密切的生态相关性。综观西方经济学理论发展的新视阈、新进展可以发现，经济学与伦理学一体化是现代市场经济理论发展的大趋势，它在理论和实践上所提出的新课题就是伦理—经济关系的生态复归。在医疗卫生领域，将形上出发基点和精神价值取向由医学伦理或者卫生经济的“单一物”的本体原子转换为医学伦理—卫生经济的生态性实体。这种相关性生态精神正表述了后医学时代的一种内在精神，它使卫生经济伦理学成为一种新精神哲学。卫生经济问题是医学伦理和生命伦理对于善、尊重自主和爱的研究与实践所不能忽略的，而卫生经济问题的解决和社会制度、政策的公正、合理性是内在相关的。

从卫生经济和伦理的生态性相关出发所提出的卫生经济伦理的实践理性原则应该是这样的：卫生经济政策的核心伦理精神就是追求公正或“公平的正义”和体现公共性与福利性，为此，就必须坚持“价值—利益—效率”整合的伦理制度原理以达至工具性价值和目的性价值的统一，实现多元价值的协调、平衡与整合。因此，任何一种卫生经济政策和制度的设计都应力图解决几个最基本的伦理问题：一是如何动用有限的资源使确定的目标实现最大的医疗保健效益，体现出不同于一般市场经济的公正性和公益性的效率取向；二是卫生资源的可及性和公正性问题；三是在选择体制和决策进程中尽可能地协调作为行为伦理主体追求个人利益的个人行为，实现社会伦理与个体道德的内在协调。因为义利的内在紧张与和谐构成伦理内在的矛盾运动，在这种矛盾的解决中显示出的是深邃的人文睿智和崇高的人文精神，伦理的辩证法是价值辩证法与利益辩证法的统一，它使伦理与经济成为一个现实的伦理精神生态。

因此，医学伦理学和生命伦理学必须研究这样两个维度的生态性结合：个体生命的德性或内在精神秩序以及对社会制度的正当性和价值合理性的伦理审视；生命科学技术与人文精神的生态结合。而医学和政治、经济的结合使医学获得了更加积极的意义，医学的人文性与社会性生发出对医疗体制和卫生经济政策的文化批判。医学领域应该成为分析个体的德性以及政治、经济制度的善、恶或伦理正当性的一个重要视域。医学实践的历史和现实向我们提出了这样的要求：医学每一次跨越都伴随着一种政治的觉醒、知识配置与资源配置的历史性完成乃至一种新医学模式的生成。

一个民族的文化风格在很大程度上是由其宗教信仰和理想决定的；宗教化的伦理观念同其他真理一样，都触及了人类思想深层并最终作用于人的行为。每一民族都把自己民族的宗教真理视为最高、最神圣、最不可动摇的理念，从而辐射形成这个民族某一特性和偏爱。马克思指出：

> 宗教是这个世界的总的理论，是它的包罗万象的纲领，它的通俗逻辑，它的唯灵论的荣誉问题，它的热情，它的道德上的核准，它的庄严补充，它借以安慰和辩护的普遍根据。①

中西文化的分水岭是宗教问题。中西方医学伦理学比较研究的核心即是比较宗教伦理学问题。中国是以道德代宗教的国家，一个中国人的伦理态度，举止行为，做人的准则，怎样对待生、死、病痛，怎样对待医生与病人等方面，不接受儒、道、释传统的影响是不可能的。医学行为是一种文化行为，而西方文化又与基督教密不可分，离开宗教文化，不可能认识医学道德文化背景，犹如不研究儒家与道家就不可能了解中国文化一样。

宗教是一个象征系统，一套礼仪，一系列道德原则或参与社会实践的程序规范。无论闪米特人的排他型先智宗教，印度渊源的吸收型神秘主义宗教，还是取向哲理的中国内向型宗教均无例外。宗教精神又是一种人文精神，技术主义在医学中又必须与人文精神合一，恰如把书斋作风与广场意识趋同。医学的技术环境是人文环境，不能缺少人文精神，而人文、人本又蕴含人道的内核，其均在人造的宗教中体现出来，医学实证主义容易使人丢失人文精神，但在人的实践中又可以找到它。当代医学有三种向度：院所（原为庙堂）；民间；世界。这说明医学是社会化工作，而究其根则是伦理的，是就普遍主义宗教意识解释敬畏生命的道德观，② 较特有主义的境遇伦更具有感召力。宗教是关于敬神与做人的程序规范，而做人更具有现实意义，做人就离不开信、望、爱③这三种表达式。医学的目的

---

① 请参阅马克思《黑格尔法哲学批判》导言，中国社会科学出版社 2009 年版。

② 敬畏生命的伦理观，即“敬畏生命”的伦理学，认为善的本质是保持生命，促进生命，使生命达到其最高度的发展。恶的本质是毁灭生命，损害生命，阻碍生命的发展。其创立人为法国医生、神学家、哲学家阿尔贝特·史怀泽（Schweitzer，Albert，1875—1965），他 30 岁前从事布道、学术和音乐活动，而后放弃法国优裕的生活，偕妻子去赤道非洲兰巴雷内，建立自己的丛林诊所，为当地人民义务治病，直至病逝于加蓬。爱因斯坦曾称他为“我们这一世纪最伟大的人物”，在西方当代世界，史怀泽是唯一与甘地相比的具有国际性道德影响的人物。史怀泽逝世后，世界各国先后成立了许多学术和文化机构，研究与纪念他非凡而伟大的人道主义者的一生，并建立了国际性的史怀泽协会，有关他的出版物达上千种，但国内对其提及甚少。详请参阅史怀泽《敬畏生命》，陈泽环译，上海社会科学院出版社 1995 年版。

③ 信、望、爱；Faith，Hope，Charity，《新约·哥林多前书》说：“如今常存的有信、有望、有爱这三样，其中最大的是爱。”这三者被基督教认为是最大的德性，尤其是爱，也是基督教伦理学的核心。

除处置生、死、病痛外，还有就是在这一施爱的过程中医生的做人，他的知与行，他在需要奉献的工作中如何净化和完成自身的灵魂自救。他必须在自然境界、功利境界、道德境界、天地境界中选择行为，判断善恶是非。而宗教除指导人对于终极问题的探究外，还可使医生有一个令人心理宁静的分析、判断和行动。“爱”需要对象，“望”要有目标，“信”要有内容；医生操守正义、献身，肩负责任与使命，保护病人的权利与平等，以及他们对于出世、入世、此岸、彼岸的识读，体验与心灵界定，都深受宗教的制约。宗教伦理学因而应作为医学伦理学母文化研究的核心内容。

宗教为医学规定行为规范，为医生指标方向，鼓励其信，描绘前景，评价生死，规约最高与最低、神圣与世俗、最大与最小、最远与最近、有限与无限、抽象与具体，以及情感与理性的、精神与物质的……都接受宗教的审视与筛滤。

二　关于“医学人”的生命伦理学与宗教伦理学的对应和比较

宗教伦理学讲天、地、人及其本质与关系；生命伦理学讲生态环境、人的权利与生命状态、医学人际关系。生命伦理学的人学可分为做人：医生敬业精神、使命感、义务与责任、修身；为人：基本原则、善待生命、平等、人的权利与价值；看人：评价生、死、病及一切人的生命状态。

（一）做人：此岸与彼岸、敬业与修身、责任与使命

做人，认识人生、人欲、人性，这是宗教与哲学最为关切也是古今思想大家最为之动情的内容。

用克尔凯郭尔的人生三阶段进行对照，其相似之处，令人惊叹：

大师们对人生的诠释如何有如此惊人的相似？其对人之为人的说明以及对于人的道德修养的极致教诲，原本是出于对人的存在意义的理解，这一首首恢宏磅礴的歌或诗，叙述了人生激越的过程。这其中表达了一种将宗教作为最高境界的心智，同时颂扬了人的最崇高的道德精神。

中国医生其实自古以来就十分敬重精神问题，他们敬天法祖，也可能尊儒重道、修养仁慈、公正、节制、忠诚、慎独其身，其所行善德皆为病家之生命。而基督教的爱他人如爱自己，奉守十诫，为永生而爱病人的人生目的，救赎与圣化与孔孟、穆圣、老庄、佛释互补互益。中国的医生虽

并不把儒学作为宗教，但他们深知这种传统道德的无形约束力和神圣性。当然，近代以来，西方基督医学的渗入和替代，汇通和影响了中国的医学道德文化，儒化了的基督教或基督教化了的儒学自有其特殊的美学、道德、政治内涵，它显然对医学教育、医学道德、医生的做人与自我发现以及人的尊严、价值发生了作用，与16世纪开始的基督医学密切相关的中国近代医学文化精神，具有特殊的基督教汉语语境本土特色，这是基督教道德的文化漂变。两种道德的冲突是以文化冲突或文化战争为开端的。

西方宗教的良心与良知是上帝赋予的，它是一种法律的声音，是神的旨意，是人的灵魂支配部分。良心是上帝写在人心中的法。医生的责任感就来自于这种良心，这是具有强制性的法。你是医生，你就必须“对普遍道德律予以尊重”（康德），它是“道德的自我决定”（叔本华），它“与幸福、利益、关系相联”（费尔巴哈），“无论主观、客观都是善：伦理意识”（黑格尔）。当代西方对医学伦理意识素有影响的价值论、人际交往中的存在主义等均相对于这种传统的宗教伦理观念而言。

表6—1　　跨文化德性进化阶梯比较

克尔凯郭尔	审美阶段（美的直接性生活） the life of esthetic immediacy	伦理阶段（通过悔罪） repentanle	宗教阶段（无限断弃） infinite resigration
亚里士多德	植物灵魂	动物灵魂	理性灵魂
弗洛伊德	本我（本能的欲望）	自我（道德的）	超我（理想的）
马斯洛	享乐、安全——爱——相属、劳动——创造、自我实现（巅峰）		
中国哲学	自然境界——功利境界	道德境界	天地境界
巴特勒	激情、欲望、冲动（一层次）	理性原则、准则（动机二层次）	道德能力（良心、知觉力）
巴尔塔萨	感觉观照（神学美学）	伦理行为（圣神戏剧学）	理性思辨（圣神逻辑学）
儒家	15为学——30而立——40不惑——50知天命——60而耳顺——70从心所欲不逾矩		
佛家	情景	知行	无我·空·灭度(涅槃四德)
道家	养性延命·顺其自然	顺其道流· 劝善成仙	无为·天人合一
基督教	原罪	救赎	圣化
伊斯兰教	欲	善·我	真*

* 请参阅杨捷生《伊斯兰伦理研究》，宗教文化出版社2002年版。伊斯兰教伦理的“我”为各个器官的总的指挥，也可以认为抽象的“我”就是灵魂。善、正义都与这个“我”的存在有关，可以理解为道德的阶段。另外，信仰专一、扬善抑恶、德福一致、德德相济等伦理主张都与此紧密相连。

表6—1可略显明德性养成路径。

中国人从《诗经》中读到的悲天悯人的同情心原初就具有浓重的“天下之道，内心其本”色彩，“修心得道”和“为己之道，达于人道，通于天道”的论断是中国式的弱化的宗教道德规范的说明。在中国，宗教常以抽象的体悟和无实际内涵的指向性任人发挥修身做人的方式，酷若禅宗和其他大乘佛教，以“空”或“佛性”作为不可用言语、概念表达的最高真实。唯有超脱思辨的束缚，以直悟的途径方能把握。要到达悟的境界，就必须经过修行和锻炼；但悟亦以自由与顿悟为特点。禅悟强调直悟的方式，而读经、拜佛、焚香、斋戒等宗教活动在直悟之下都无足轻重，于达至悟毫无用处。此何以规行呢？孔子曰：“可违仁，可不违。”中国无权威的律、经、伦，连佛经到了中国也不分主次。中国文化言务实，对一切宗教义理都求简法实用，无论以道德与礼教为本的儒学，多神与丹术的道教，虔静与神秘的佛教，都可在中国长期并存，相互融合，都对国学、国统、国医产生了巨大的影响，这种影响是混通而胶着的，很难分辨其彼此。这一特征使得中国宗教文化的多元性决定了宗教道德的多元性，以至于医学道德的多元性。这也是人本主义在中国医生内心中的一种超越。医生以“内圣”为主，多不以“外王”为先，无何制度保证，处处是约定俗成的“良心律”。

西方人以信为主，认为“信就是所望元事的实底，是未见之事的确据”[1]，信可以救人。中国人也讲信，但可不信，可一信，可多信；有时信，有时不信；有事信，无事不信；有时信这尊神，有时供那尊神；有用就信，无用就不信；上华山信道，去嵩山拜佛，都信都可不信。中国人在宗教信仰上，自古以来真可谓有大自由，井然恪守者为数甚少。中国政治为礼治，吉、凶、军、宾、嘉五礼均应守之。西方却诸体各求发展，不合一，所以当然要用法律维系。中国人言“礼法”，不说“法礼”，法统于礼，故人情世故的行为选择，常因礼重而忘法，人情主义盖出于此。收贿而忘义更为多见。中国人又言道法，意为法统于道；法是一种力，有法规制约才会有很好的道德秩序，因此医学活动中之道德难以得到保证。中国人把法之力放在一边不管，礼与道为一种情一种意，此情意受人心的支配，即“王道不离乎人情”，说明不能离开人情而守法。因此，中国式的

---

① 《希伯来书》11：1。

宗教均打上了人情的印痕。现代中国社会难以进入法制轨道，与本土的轻法重人情的道德化宗教有很大的关联。西方教会组织就是法的形式，是一种力量的象征，我们却缺乏这种法、这种力。西方形外，中国形于内心。西方宗教以原罪观为主始，善德统归于天主，人素有罪，天人间离为二，人皆畏上帝之命，而又不知上帝之真形。中国的道德内外相合，通天人，天人合一，以人性人情人心为出发点，此为多变多元多形的根源。①

儒家有见于正面心性的结果，倡导人人努力成德成圣的“最高限的伦理道德”（maximal moralia），但是却无见于负面心性的结果，漠视了“最低限度的伦理道德”（minimal moralia）之重要性。② 这就助长了传统的表面化而实际上虚无的道学系统，对于医学道德的影响则是“亲亲”之情替代了本应存在的原则与规则。以美国为代表的西方当代民主法治强调“最低限度的伦理道德”，要求人人必须遵守起码的法律与秩序，它与“最高限度的伦理道德”（宗教道德）两不相犯，相成相益。而我们却缺乏最低踏板与阶梯，上来就高唱超级道德，与讲究属守规律与功利效益的价值社会的伦理形成一道难以逾越的鸿沟。中国式的泛道德主义忽略了“最大多数最大福利”的西方功利主义主张，这何以能造就王阳明式的天理良知的圣人？

“医乃仁术”的口信相传，其实极难化为具体的操作规范，在医疗诸行为的应用中又被“君臣、父子、亲亲”的差等意识所替代；“仁”与“差等”相比很难发生效用，此时“仁术”则成为地道的伪术、空术。连程颐都企图用“公”或“公理”有意超儒家之仁。西方基督教的“规律中心主义”和“效益伦理”合乎傅伟勋先生的“巨模伦理”③ 需要，讲究人人必守，划定职事，公事公办。这种道德体系与法律相结合，医学道德必须接受法的制约，由此进一步严格和强化了医务人员的自身修养，加之信、望、爱的宗教追求，有理想又有具体道德定规，不好就法办，犯罪者难逃法网，运行起来，情理得当。西方学者在对儒学精华表示极大兴趣的同时，指出我们漠视“微模伦理”（内圣之道）和“巨模伦理”（外王

---

① 本段精义参阅了钱穆《现代中国学术论衡》，三联书店 2002 年版，第 1—5 页。本人根据理解对很多观点进行了评价性议论。

② 请参阅傅伟勋《从西方哲学到禅教》，三联书店 1992 年版，第 420—421 页。

③ “巨模伦理”按傅伟勋教授的规定，即公理（政治社会道德），而“微模伦理”即个人道德。具体解释请参阅傅著第 464 页。

之道）的异质性，而又混淆孝道（家庭道德）与公理（公共道德）的界限，以此建立的医学伦理秩序自然漏洞百出。中国的宗教，包括儒家道德文化系统的泛道德主义多数是伪善的理想。知识论，形而上学，心性论与伦理学构成了宗教式的解脱主义，即“为天地立心，为生民立命，为往圣继绝学，为万世开太平”。这个宏伟理想颇有侠士之风，但这种“齐家治国平天下”之决心，却抵不住君臣之宗法，难成实业。

中国哲学与宗教分开，西方哲学与宗教合一，中国人为俗事人立教，人皆可为尧舜，中国宗教随机而变，无律无序，土地城隍，鬼神奉祠，妖精百怪，非道非释，合天人、大地、山川、宇宙万物；非哲学非科学非信非不信，非神非人非鬼，祭神神即在，祭与不祭皆为庶民所定。《水浒传》以忠言为本，《红楼梦》为言情，《聊斋》主言鬼怪狐精，《金瓶梅》言乱、怪、力、情、神，化空为中国文化正统。中国的人道由天道而化，亦可由鬼道神道而来，鬼即人，人即怪，人即佛，人即神，人世界可为佛世界，地水风火四大皆空，佛心佛法乃在宇宙间，立地可成真佛。儒学之大失误在“信而好古”，“克己复礼”向往上古帝王王朝，开历史倒车，基督教信天父王国，向前看，“愿你的国降临”，与“复古”相比，总是指向未来的。

（二）看人：平等与差等，个人与群体，权利与王道

西方宗教强调个人意志，个人利益，“基督教的上帝也是一个个人的上帝，他是永恒的，自存的，无限的，确实的，独立的”（詹姆斯·桑克斯）。人唯以自己为念，使自己脱离世界整体。基督教的平等意识是当代西方医学伦理学的最重要理性基础；正因为平等才格外重视每个人的权利，尊重病人作为人的自主选择权，使他们知情，无论他们同意还是拒绝，都不可侵犯。因为“世上一切人不分男女老少，都是上帝的儿女”，在“上帝”面前，一切人类皆兄弟，不管贫富贵贱，地位高低。“我们有一位神，就是父，万物都本于他，我们也归于他。有一位王，就是主耶稣，万物都借他有的。”①《圣经》只在人与神之间划分等级，仅确立一神一王，而在人与人之间则无高低之差异。在上帝面前任何人都有罪，无任何君王之别，人人是上帝的仆人。人与人应“谦逊，温柔，忍耐，用爱

---

① 《罗马书》13：1—2。

心互相宽容，用和平彼此联络，竭力保守圣灵所赐合而为一的心”①。皇帝和乞丐都有罪，都须努力，接受苦难的考验和各种诱惑，来世方可入天堂。西方宗教对个性的承认与保护所形成的欧洲十三四世纪的任侠之风，以及十七八世纪的人权主义都是个性崇拜的突出表现，都是医学道德的思想来源。有利无伤，知情同意，生命自主，保密与公正等医学伦理学基本原则概发于此。

受儒道与中国化的佛家思想传统培育和恒久孵育的汉语文化圈群体意识，讲究“以天下为家，以中国为一人”，以“家国一体”为主张的董仲舒，以血缘关系为纽带编织成群体为上的思想体系，具有浓厚的宗教宗法色彩。它确有尽忠报国，舍身成仁，匹夫有责的积极意义，但它抑制了人的自由发展，使个人失去了主宰命运的力量和信心，无自尊感与独立性。个人只有克服自我、服从群体，以家国需要为一切，才能与世俗融洽相处。这其实既辱没了个人，又不能成全国家，只是维护了皇权、王道和天子之命，维护了封建帝王的利益，同时，这种压制个人权利的劣根性又助虐了中国式宗教的等级观念和中国现实社会的等级制度。

西方16世纪后的宗教改革并未改变以个人为本位的观念，而我们传统的伦理与道德规范体系中家族本位的家国一体制原则却愈加巩固与完善。家族中有等级制，到处是神，人与人之间可因各种因素而存在上下高低贵贱之分。君臣、父子、夫妻、主奴分别治人和受制于人，因此极易接受外来佛教的“依信名有阶梯”之规，佛下有菩萨，菩萨分十地。中国人惯于排座次，序官分品位，一人得道鸡犬升天，家意识又加家国之德教，层层叠叠，等级森严，压得个人无喘息之力，医生在如此等级织绘的大网之间，何能以真仁爱真情义真道德于病人？应该说，平等意识是公正的基础，宗教情感驱动人类家庭的和谐与个人尊严，个人及良心不可侵犯；人和社团的价值都应承认，人有责任站在穷人和受压迫人民的一边。

（三）为人：契约与人伦，博爱与仁爱，功利与道义

医生对病人的爱，应是平等的爱，视其为兄弟。中国传统的仁爱是以“尊尊”为核心的。仁指忠恕，指“克己复礼”，与平等、博爱不同；仁爱是上对下之爱，仁术是上对下之术，中国传统儒家和医学道德中的仁爱

① 《以弗所书》4：2—3。

是等级色彩极浓的爱，医生为上，病人为下，医生为施舍者，病人是被施恩之人，病人治病称求医，即恳求医生的恩赐和施舍；而西方人无“求医”，称看医；“A visit to the doctor”、“to see a doctor”，意指“造访医生”。医生通过为病人诊治，得到上帝的宽恕，用对病人的爱，求上帝的大爱，故而反求病人给医生获救的机会，因为医生的灵魂要得救，就必通过救助病人而赎罪。但中国式的见于医，疚于医，有愧于医，是不公平的。基督教神学把理智看作道德的最高原则，“耶和华以智慧立地，以聪明定天，以知识使深渊裂开，使天空滴下甘露”①。中国的人伦、人情的随意性很大，无形可定。西方以契约作为医患之间互相尊重的定规，契约渗透于《圣经》教义之中，古代犹太教中“教规”本身即是道德法则，又是神人之间联系的契约。《旧约》是基督降世之前的神人契约，耶稣降生之后又重订《新约》。奥古斯都认为，基督徒的信、望、爱是换取进入天国的凭据。基督教始终把一般伦理关系看作一种契约关系。“你们饶恕人的过犯，你们的天父也必然饶恕你们的过犯。”②“你们不要论断人，免得你们被论断。”“你们用什么量器量给人，也必用什么量器量给你们。”用契约制约尊重病人的权利，用契约精神指导人的行为，判断应该，善因善果，“好施舍必得丰裕”，这是医患关系正常、谐和的重要保证。而中国的社会结构和社会关系以家族为本位，以“礼”设计其伦理实体。“礼”的实质是“秩”，强调以血缘为基础的关系：远近、贵贱、上下、等级的严格秩序，区别性原则就是“礼”的原则。“君君、臣臣、父父、子子”便成为人们处理各种人伦关系的准则。

而中国人尊尊有序，亲疏有别的宗法伦理思想却被作为“人道之大者”，从宗教道德来分析，差等的人道是非人道，中西人道的含义也大相径庭。

至于功利主义，中外宗教差异最为明显，伦理精神以道义为核心的纲常就是儒教的最高价值。用道德理性克服个人欲望，加之道家寡欲、佛家去欲、儒家的无欲构成了中国普遍的传统社会心理。“君子喻于义，小人喻于利”，“饿死事小，失节事大”；重义轻利的价值观表面上似乎是要保持人的理性精神不沦为物，但却忽视了道德与物质的统一，不讲价值，不

---

① 《箴言》3：19—20。

② 《马太福音》6：14。

顾效益，为当代医学社会所不容。西方人的宗教关系，对于绝对价值和本体存在的超验追求与终极关怀，贯穿了思想和气质的发展历史，对于他们来说，居留于精神空间、人与人凭借精神互相交流，同居于世俗社会，依靠物质功利的交流形式互相补充又彼此对抗，由此产生灵与肉、精神与实存、个人与群体、经验与超验、有限与无限的分离与合一的经常争斗，乃是普通的存在方式。而

> 中国人自古缺少一种所谓外在超越的宗教价值体系，个体精神探索方式叫做“之远知返”，就是说，不是放纵它畅游绝对精神的超验王国，而是最终落脚在现实人生的经验范围，人与人外在的、物质功利性较强的相互关系，因此就带有本质的意味。人际的甚至个人与自我之间的精神交流，必须借助物质功利的外在生活形式，曲折含蓄地折射出来。①

中国人随遇而安，持中道，宽柔怀远，恭顺忍让，可为美德，但遇纷争只顾“和者生乐”，“和为贵”，不讲平等、公正、权利与契约、法制，绝不可取。

关于生与死的伦理观，中国一向视短命为大不幸，不用生命冒险，“长生久视”，“入于不生不死”，而西方崇尚死得光彩就是幸福，不应单选多的，而是选择最精美的，认为充满痛苦的长寿比短命更不幸。这给安乐死提供了可能性。基督教用“赎罪”得永生；佛教的身、口、意三业的善恶决定因果报应；伊斯兰教认为，善人的生命“必在恩泽中”；而道教则成仙不死，“劝善成仙”。这些都从生命哲学出发讲道德问题，规劝人于此岸行善避恶，如此又有惊人的一致性。

三　中西宗教伦理学与生命伦理学会通辩难

医学是人文主义的。医学把人文精神贯彻始终，医学中心问题中包含着每种文化中的元素，像发端于人类客观的共同条件，解除痛苦及满足需要。

中国宗教重人轻神，重现世轻来世，重此岸轻彼岸的特点正影响着西

---

① 郜元宝：《拯救大地》，学林出版社1995年版，第39页。

方宗教的实践神学、过程神学与解放神学。[①] 中国宗教伦理学的解脱性，对终极关怀的彻悟与把握，已成为人类宗教文化宝库的重要资源，并影响了当代世界的价值取向。中国宗教的道德往往是一种境界，而不仅限于对神的膜拜和依附，其终极目的则与宗教教义（对神的赞美、描述、论证、追随）相对分开，这与基督教和伊斯兰教的伦理学传统形成对比。关于神的统一性和三位一体论的本体论证明，关于神的本性和人本性在基督身上结合的研究，关于上帝的恩赐和人类原罪的人类学探讨构成了教义的全部内容，而去掉神秘主义的外衣，与世俗哲学直接交流，直接作用于世俗社会的道德文化乃是后现代人的共同愿望。医学伦理学也在更具体地接受这种中西宗教哲学的影响之下，在新的文化场景中，在医学技术全人类互通的基础上同时发生着共鸣。

其实，无论世俗化还是人文主义与基督教精神的同一化都是医学道德精神的鲜明特征，反对愚弄人民，肯定现实生活，追求幸福财富，求得个性解放与自由，赞同平等，歌颂友爱是中西方共通的人道主义化医学的追求，宗教改革在西方是人文主义运动的继续，基督教化的人文主义运动是一次划时代的历史转折，也是东西方伦理的一次会通。德国的精神革命影响了整个西方世界，康德在《实践理性批判》中写道：

> 你的行动致使你的意志的原理在任何时候都同时能适用于一种普遍的立法原则。[②]

假如人认为应该如此，那么你就能够如此，因为“能够”出自于“应该”，这是康德化的医学伦理思想来源。尼采否定叔本华从佛教信念导致虚无主义，弗洛伊德用本我、自我与超我之间的张力分析医生的个人品德操守的合理性，并提出人的权利即人的爱是信仰生活的中心。马克斯·韦伯的新教苦行主义对西方医学的影响曾由传教医生带入中国，中国

---

① 实践神学和解放神学都是强调实践和重视现世的新神学，连同重视修选的过程神学（process theology）一样都是西方神学家与第三世界的神学家在重建神学体系中的创造，这表达了面对高度发达的当代社会神学界的革命愿望。详请参阅孙慕义《后现代生命神学与当代医疗学精神》，《中国医学伦理学》1993 年第 4 期。

② 转引自杜美《德国文化史》，北京大学出版社 1990 年版，第 112 页。

人开始摆脱度①的自然宗教伦理的有限性，而以本来的现世性融于基督教神的无所不在的超我控制功能，把宗教的道德彻悟能力升华为始终如一的社会关系调节剂。黑格尔暗示，东方精神是对外在的自然界的太阳感到惊叹、敬慕而忘我；希腊精神乃是从周围的各个客体开始上升到自己内在的东西，以此创建二者之关系；日耳曼人格是按照内在太阳去构造现实，取得和解的；在中国的道德意识中，还没有产生神与人们的根本对立，东方的普遍实体精神（元首专制）和个体精神的统一，形成家园精神，这就发生了伦理关系的复杂性和冲突。因医生可给予病人新生命而使神权再现，所以常把医生划归神的王国，病人却是两脚永远留在世俗，因此也永久地丧失权利，听从称为度的实体的任意摆布，平等就此消失。西方的法与宗教道德、宗教组织体制互含，而中国的政治道德化，重礼、德，轻刑法，“出于礼则入于刑”，一再否定法的尊严，因而使医学道德的外部环境不能健康发育。西方的法律与道德在宗教的爱的基础上实现统一。“法律不是爱，但是爱的仆人”，② 法律准则被赋予了一种西方人极少能企望的神圣性，爱、信仰、恩典、盼望得救都成为弱者被保护的立法依据，而病人是弱者，就应永远受到保护。耶稣对法利赛人说：“我是来实现律法的。”“那律法上更重要的事就是公义、怜悯、信实……”③

> 诫命也是圣法、公义、良善的。④

从基督教立场，也从人道主义立场出发，帮助创造爱，这是西方人道主义传统的医学伦理学关于爱的学说的始基。美国人认为，美国的律法是符合《圣经》的，它言明了上帝的旨意，耶稣 30 岁招来彼得等四门徒，在伽利利各教会中规定：传道、治病是基督教两大使命，从此，治病救人成为一项宗教使命。因此，在西方人眼里，医生这一职业本身就具有宗教含义。近代来华的传教医生其实从根本上规范了中国西医的宗教伦理学目

---

① 度：这是黑格尔对中国宗教的一种阐释，即在中国宗教中，实体被认为是“度”，“度”表示自在自为的存在者，不变者，而“天”就是对它的客观直观，“天”即自然。详参阅长河《黑格尔宗教哲学初探文集》，学林出版社 1989 年版，第 86 页。

② 请参阅［美］伯尔曼《法律与宗教》，梁治平译，三联书店 1991 年版，第 100 页。

③ 《马太福音》23：23。

④ 《罗马人书》7：12。

的，加之基督教又被作为穷人的宗教，规定“贫穷的人有福了，因为上帝之国是你们的”，这就使“因信称义”的许多病人团结在医生周围。耶稣的受难、生平、复活、神迹是四福音书的内容，也是穷人的切身心理体验，传教医生与得救教徒之间的医患关系完全融于“上帝创世、原罪救赎、天堂地狱、诫诺驯服”这四大教义中。西方学者认为，宗教人士、医生、教育工作者的联合是20世纪道德运动的重要成就。宗教研究对象已从人与神的关系变成人与人之间的关系，即现实的社会道德问题。我们近年来接受的很多生命伦理学研究成果就是在这些神学家主持下完成的，科学家、医生、律师、哲学家和神学家组成的伦理学中心在西方社会和国家生活中发挥了不可低估的重要作用。“宗教是培养道德行为最重要的源泉”，“荣神益人，作光作盐，爱人爱己”，重视个性自由发展，使基督教进一步现代化，这是西方许多学者的愿望，因此，它对医学伦理学和医学科学精神的影响将越来越巨大。

宗教与道德的联系是双向过程，道德依赖于宗教，宗教得益于道德，几乎所有人的关系与行为都曾接受宗教伦理的制约，宗教伦理也使宗教成为一种现实的力量，对人实施有效的管理与监督。

儒学传统与宗教伦理不同的是从现实利益出发，而不是以对超自然的对象的信仰为出发点，从而构成道德体系，信徒也无明确的、必须承担的道德义务。如以“正见、正思”为首的八正道的佛教成圣之德；以“信功”为首的伊斯兰教五功；以摩西十诫为核心的犹太教教规等；基督教的新约补充了单纯从神的旨意出发的道德律令，以耶稣作为人的善行为指南约束人的全面服从，即使在遭遇极度不幸时，也不可放弃信仰，如约伯①在厄运中和幸福中都恪守这种信念一样。而更大的现世性在于，其结果好坏不与自己是否履行宗教义务情况相平行，这一点与中国人“善有善报”的企盼心理相悖，故而西方宗教的专心一致，对人伦关系的监督，不是从实用主义出发的，较东方宗教伦理精神更为有效。即使作为东方文化传统之一的佛教也是把外在权威与道德良知相结合的。断恶生善，必须

① 约伯（Job）：《旧约·约伯记》中的主人公。他是一个敬畏上帝、正直、远离恶行的人，他在遭受种种灾难之后，“仍认为上帝旨意不能拦阻”，自己只有奉行上帝的意志。由于他的虔诚，最后得到上帝的恩赐，赐给他比他从前所有的加倍。西方的各类作品中“约伯”的出现率很高，马克思曾在《法兰西内战》中将镇压巴黎公社的刽子手梯也尔当第一大臣时的境况比为“穷得和约伯一样”。

具备信、精进、念、定、慧五大条件，五根生善法，信是根本；佛、法、僧三宝与苦、集、灭、道四谛才能荡除心中污垢，净心净意，广结善缘；贪、嗔、痴称为烦恼之本，为三毒，皆为爱之仇敌；在这一点上，东西方宗教是一致的。从魏晋南北朝开始，儒佛道逐渐融合；汉斯·昆①的新基督论认为，基督非神人二性，他就是具体的人，这种东西方宗教伦理学界限的继续消解，是中西医学伦理学相同的前提。中国以儒统佛、统道，多种杂信，以众教为俗所用，无一专一，遇难绕道而行，乘虚而为人谋利，虽可认为是中国宗教伦理的弊端，但也正因此奠定了中西宗教伦理思想汇通的可能基础。

佛家一向认为最重要的是人的佛性，如烧木佛取舍利的佛教公案就显示了丹霞回答的佛教本色，而基督的神人二性却与此难以会通，结果汉斯·昆勇敢地取走了神性的外套，使会通又成为可能。实际上，这是希腊哲学与基督宗教第一次会通的重演，本来各种宗教、各种文化都有这种会通的传统。基督教《新约圣经》可以说完全是用希腊文写的，诺斯替派否定神人二性，即奥古斯丁的精神为善，肉体为恶的二元论思想的产生不仅因为他曾是摩尼教信徒，而且受到了希腊伦理思想的影响。更好地会通的例子是儒斯定把斯多葛学派所讲的“种子的理”注释成耶稣基督，把原意修正为耶稣就是最高的礼与道。这又被《约翰福音》所使用。在近代中西医学会通的过程中，传教医生们也是用他们特有的对于中国文化的理解来解释《圣经》中的道德实例的，把康德的自律道德、基督教的“爱人爱己”和孔儒的“己所不欲勿施于人”结成一体，把具有中国功利气味的宗教引入西方当代医学伦理学中的功利论，这也不是不可能的。

伦理学的会通与文化哲学的会通一样都是复杂的，有人把上帝约化为人的“良心”，把庄子的“造物者”看作天主；把天人合一看作“神人合一”，就如同理学家把孔夫子的“天”当作“理”一样，多半是歪曲，这不能算是真正的会通。荀子受道家影响，宋明理学受佛教影响，

---

① 汉斯·昆（Hans Kung，1982），当代杰出的瑞士天主教神学家，汉名“孔汉思”。生于瑞士的Sursee，现任德国杜宾根大学神学教授，并任基督教研究所所长。著作包括《基督教与世界宗教》《神存在吗》《论基督徒》等。他是战后最引人注目、最有争议的神学家。他的大胆的批判态度和改革精神，在战后神学界引起轩然大波，他对教皇与教会的“Unfenlbarkeit”（永无谬误论）的著名诘难，被视为当代“路德论纲”，是激进改革派的代表。

但无论谁都很重视道德实践意义，医学伦理学最为强调的入世以及俗世人格和人际关系的重要性，在此与基督宗教的道德观是真正可以会通的。

历史的作用力是指向未来的。

“西化”与“后现代化”是中国医学伦理学面临的双重挑战，这种挑战实际上从辛亥革命之后就开始了。发端于19世纪的中国知识分子的救国之梦，从器物技能的模仿和民主制度形式的学习，近代以来，科学主义的泛滥，使传统文化更快地消隐，因为“中国的固有思想原本是维护道德，敬重宗教的，然而我们的道德哲学基础过于脆弱，我们的宗教精神过于肤浅，因而不足以抵抗反道德反宗教的思想”①。现代化面对的“非人主义”（Dehumanism）的宗教神圣性，医学中的人格尊严被“漂白”，科学与功利取代了神位，不要再导演出弃置“筷子”的“西化”主义闹剧。

曾有学者②借用奥托（Rudolf Otto）的意见，提出警世之辞：

> 个人与神、他人、世界、自我四方面之疏离，无法沟通，以至人之存在成为毫无意义的荒谬体。其中最严重的是人与神之疏离，亦即宗教上的疏离。③

也可参照以下的一个富于启发的纲要：④

> 1. 性善论与原罪说；2. 自力与他力；3. 内存与超越；4. 天人合一与神人合一；5. 总体和谐与冥合于神；6. 参赞化育者与受造物意识；7. 孔子与基督，8. 儒家的仁与基督之爱；9. 宗教依于道德与道德依于宗教，10. 知行合一与信行合一。⑤

---

① 这是李震先生在《五十年来中国思想之大势》一文中的评论，这种勇于反省的态度十分可贵，但其观点引起了很大争论。详见刘小枫主编《道与言》，三联书店1995年版，第705页。

② 即方东美先生在1969年夏威夷大会上的论文《在宗教、哲学与哲学人类学中，人之疏离问题》（The Alienation of Man in Religion，Philosophy and Philosophical Anthropology）。

③ 刘小枫主编：《道与言》，三联书店1995年版，第707页。

④ 即项退结先生的观点，中西宗教伦理观的会通按此要点便有希望实现，这对中西医学伦理思想的会通具有返本开新之意义。

⑤ 刘小枫主编：《道与言》，三联书店1995年版，第713—714页。文题为《基督宗教与中国思想的会通》。

这是所有哲学理论与宗教教义落实于人生的验证，[①] 是儒家哲学与基督教神学的后现代对话，是仁爱与知信的最高综合，是化危机于诸家优性的会通。

古希腊哲人赫拉克利特名言——“人不能两次走入同一条河流”，就潜含着对逝去的一切无能为力的焦虑，从根本上说，具体境况的复兴是不可能的，复礼只会走入歧途；当然，人不能囿于过去或今天，总会找到最适当的语言和程式来否定每个人心中必存的黑夜，如果这个夜晚是一个历史阶段，那么黑夜深处总会迸发出宁静的光明，它的名字叫未来。

四 有没有一个“中华生命伦理学”

第一，中华民族本应有自己鹤立独行的生命伦理元素，并应该是人类道德文化的一个重要部分，但因为历史上沙障与蛮远戈壁的阻隔，几乎没有易医文化与西方医学人文精神以及经典生命伦理思想的交流或互生；我们的医学的封闭仅仅是对于自由意志的争取而缺乏自由世界主义的气势，如同科学技术一样，闭关自守的结局使中华医学及由其养育的身体人文难以克服其非科学化的内在品行；医学仅仅是维系或应付人们的健康与疾病救治的需求，作为生命本身一直存在着医药卫生的危机，由此造就的生命伦理观念也明显离异于西方道德和宗教模式。第二，儒释道文化，尤其是儒学与道学，一直直接融润和辖控着中华医学的基本理论，医学哲学包括生命伦理思想或理论，是附属和依附于儒释道思想、精神和语言的；生命伦理观念只是镶嵌于其中的一块具有动感的宝石。当然，道术与易医又具有十分独特的哲学背景和生命伦理内核，对此，作者在书中也有所关注。第三，鸦片战争以后的中西文化大交合、大碰撞的潮汐高涨之后，特别是西方基督医学的入驻，中华医学逐渐被仄逼进一个有限的区域，而新中华医学已经被迫改变了原有的纯净的架构，服膺于西方化的科学规范和原则以及世界主义精神的生命伦理学，已经淹没和遮蔽了中华民族独有的医学和生命伦理个性，其中，不乏对于民族历史积淀的精华的鲸吞或遗弃，即使我们用心挖掘、抢救与保护，我们看到的也已是严重扭曲与变形的经过粉饰的“遗产”。第四，中华民族的医学除了汉民族一方的大中医、大国医概念外，应该包括其他民族丰富的文化资源，有些具有十分特殊的科学品质和伦理特性，比如回族医学道德的伊斯兰文化

① 请参阅罗秉祥《黑白分明》，香港宜道出版社 1993 年版。

因素；维吾尔医学道德除伊斯兰文化成分外与中亚各民族之间的汇合；蒙藏医学道德与佛教文化之间的内在联系；其他如苗、羌、傣、壮、东巴等民族医学道德各自独有的伦理文化基因。第五，生命伦理学从经典阶段向后现代的转换，主要是自由意志论世界主义向自由世界主义的精神根基的进化，这个过程表达了生命政治文化的变迁以及人类对于生命神圣意义的理解和对个体生命自主权利的尊重，人类始终没有放弃通过医学的善和爱的语言叙事对于健康的真全生活的追求，而在各自的医学科学化的发展中，以整全的生命伦理作为航标，创造新的身体伦理的模式，使人类的福祉不至永远是一种无法实现的梦境。生活是现实的，特别是对于病者和伤残的人而言，恢复健康与解除痛苦不应该仅仅是一种祈盼，如是，我们的医学，不管是西方医学还是民族医学，在伦理上，应该做些什么最重要的事？应该如何把医学之爱付之于行动？

我们曾经在伦理学的诠释中制造了很多新的概念，特别是在有关生命科学技术与临床医学以及维护身体康健的政策方面，投入了许多热情。为人的身体的不幸而悲戚，为人的生命的权利而疾呼和奋争，并在生命伦理的指向上，力图用他治的伦理责任替代自治的道德。道德理想之一是使个体生存自由成为人类普遍的追求，并且从自在的意识中具体确立使自我的责任成为为他人谋取生命的权利。

中华医学包括少数民族大家庭的医学道德文化资源是极其宝贵并十分丰富的，值得我们去挖掘、醇化与清理。但是，中医学还应被定位于一门非正规的科学，它具有马塞尔·莫斯式的复杂性与文化的原始性，然而它具有特殊的科学精神，已经剔除了初级性；它的特定的人种医学的研究范围，反映了黄河与长江流域的肉体象征人类学和被沙漠所割裂的形而上学与灵学概念的锁链，与儒道释文化融汇，演变为知识的、经验的、工具化的、感悟的、现象学的群体健康依赖与精神、社会信仰；我们不能用幼发拉底河和底格里斯河的美索不达米亚区域的闪民族的两河观念，或地中海文化圈的西方科学观框定、评价、审视、质疑中医，西方主义的话语系统不适宜对中医文化和技艺的理解；只有用理性与非理性两种方式，才能共同保存中医文化结构的持续性，不要用西方式的现代性符号霸权剥夺民族传统和文化遗产，只能通过历史的反思和反省，在泛文化和时空的跨越中将其融会在人类的精神文化相关体中，中医的发展决定于人类的文化自觉，没有必要借助于任何权力或暴力。应该说，医学的诞生是目的化的，但不同文化思维和语言境遇使各民族医学不可类比，西方医学的主体地位决定于其强大的效用性、可验证性、重复性、观测性和体系化；但中医应该有自己的品格和精神，中医应该自信；关于中医的讨论只是科学与非科学之争，不应成为科学与不科学或伪科学之争。中医与西医不是结合问题，而是与其他民族医学长期互补、共存的问题；中医的发展，首先是一种文化的变革，是一种中华民族独有的思维与传统的不可再生的经典载体；其次才是一种生存工具和生活方式的迁移与选择习俗的变更。在当代，中医存在的最大危机是人文化和人文精神的危机，是中医管理队伍、中医医务人员、中医文化工作者和学者的责任感的淡化，导致中医医学科学目标和学科目的的迷失；中医行政体制和权力的滥用与腐败，加重了这种方向感的错位以及角色的失准。中医的文化哲学讨论应该以正面交锋与争鸣为主要形式，应该鼓励组建中医哲学内部和非中医哲学的外部学派，进行与语言或话语符号体系、意识、世界科学印记观念以及宗教哲学方向的对话；同时考虑与社会生活、道德习俗、政治体制、市民健康保健心理、经济消费与传媒价值、教育等的关系。应该努力挖掘、激活和开发中华民族医学中所特有的人文资源，并与西方的文化产品活思想进行比较性研究，这是一项十分艰巨的使命。

中医没有自己独立的生命伦理学，但可以有自己独特的生命伦理文化和道德意识；就中医药哲学而言，中医的生命哲学可以有特殊语境的生死观和生命伦理认知，这是由中华民族悠远的历史和医学民族情感决定的，是生态的文化形态的结果，是一种民族医学的配景。每个历史学家都是从他本人的立足点思考所处的过去以及预测未来的，科学图景正是需要在复杂的历史进程中把握学科的前途，不管前景如何，不管我们喜欢与否，就好比中医学在中国从鸦片战争以后退居后台一样，我们都必须接受。我们思考真实性与客观性，只有期望通过历史哲学或成为历史的道德哲学来承认存在的合理性和医学现实的合法性。问题是，我们确实接受了以西方医学为主体的医学体系的格局。

> 按照这种配景理论，历史学中的客观性只有在一种弱化了的或者次要意义上才是可能的。[①]

---

① ［英］W. H. 沃尔什：《历史哲学导论》，何兆武等译，北京大学出版社 2008 年版，第 110 页。

中华民族有厚重的医学道德文化卫生职业人的责任意识。中国古代医德学形成于春秋末期，约前6世纪至前4世纪，散见于从战国至汉的《黄帝内经》，东汉张仲景的《伤寒杂病论》序言，唐代孙思邈的《大医精诚》《大医学业》，明代陈实功的《医家五诫十要》，清代喻昌的《医门法律》等许多医学著作中。这些著作都反映了医生的美德和职责。我们尊重和珍视生命的"贵人"思想传统源于中国第一部医学典籍《黄帝内经》，"天覆地载，万物悉备，莫贵于人"。《内经·素问》中的《疏五过论》和《征四失论》篇提到医生应避免五种过错、四种过失，告诫医生要从病理、心理等方面分析病因，这样才能为病人解除疾病。唐代孙思邈的"人命至重，有贵千金，一方济之，德逾于此"的名言更说明了重视生命的珍贵和医德的重要性。"医乃仁术"的行医宗旨是中华民族医学责任文化的宝贵精神财富，"医乃仁术"意为医学是施行仁道主义的术业，它是儒家的仁义与医学本质的完美结合。中国儒家文化一直强调要"先知儒理"，"方知医理"。"儒医"代表了一般伦理学与医学密切结合的结果，仁既是一般伦理学的核心，也是医学伦理学的核心。《孟子·梁惠王上》称："无伤也，是乃仁术也。"历代医家皆以"医乃仁术"为行医宗旨，为医德的基本原则。唐代名医孙思邈强调医生必须"先发大慈恻隐之心，誓愿普救含灵之苦"。明代龚廷贤在《万病回春》中的"医家十要"篇中说："一存仁心……二通儒道……三通脉理……四识病原……十勿重利。"明代陈实功《外科正宗》中的"医家五诫十要"篇中提出，第一"要"为：先知儒理，然后方知医理。"医乃仁术"的命题即使在今天仍具有重要的现实意义，它提示，医学在任何时候都要坚持以人为本，要做到"仁"与"医"相结合，医患相互合作。医学责任的民族伦理要素是"普同一等"的行医原则：古代医家从"仁爱救人"、"医乃仁术"的道德观念出发，强调对病人一视同仁，"普同一等"，"一心赴救"。孙思邈提出，作为一个医生要做到"若有疾厄来求救者，不得问其贵贱贫富，长幼妍媸，怨亲善友，华夷愚智，普同一等，皆如至亲之想"。明代医生闵自成仁而好施，丐者盈门，一一应之不厌。医生赵梦弼赴人之急百里之外，中夜叩门，无不应者，七八十岁时"犹救以往"。朱丹溪是金元时代四大医家之一。他行医时，"四方以疾迎候者，无虚日"，先生"无不即往，虽雨雪载途，亦不为止"。仆人告痛，先生谕之曰："病者度刻如岁，而欲自逸耶?""窭人求药无不与，不求其偿，其困厄无告者，不待其招，注药往起之，虽百里之远，弗惮也。"宋代医生张柄，治病救人“无问贵贱，有谒必往视之”。元末明初的名医刘勉曾任太医，他在一生的医疗实践中，把“不分贵贱，一视同仁”作为自己的信条。他常说：“富者我不贪其财，贫者我不厌其求。”“三国”时期江西名医董奉隐居庐山，居山不种田，日为人治病，亦不取钱，重病愈者，使栽杏五株，轻者一株，如此数载，得十万余株，郁然成林，并以每年所收之杏，资助求医的穷人。此“杏林春暖”的传统，与尊重同道、品行端正、清廉正派的行医作风集中于孙思邈《大医精诚》篇中：“夫为医之法，不得多语调笑，谈谑喧哗，道说是非，议论人物。炫耀声名，訾毁诸医，自矜己德。”陈实功所著《医家五戒十要》也倡议：“凡乡井同道之士……年尊者恭敬之，有学者师事之，骄傲者逊让之，不及者荐拔之。”晋代的杨泉在《物理论》中说：“夫医者，非仁爱之士，不可托也；非聪明理达，不可任也；非廉洁谆良，不可信也。”即古代任用医生，一定要上德之人。北宋林逋在他的《省心灵·论医》中与此相关的另一句名言是：“夫恒德者，不可以作医。”“医生乃人命生死之所系……”从医当“自讼”、自省、自爱。①

中华民族医学德行文化与语言并非丰富，其局限于个人的操守，而又建立在差等意识的基石之上，病人与医者一般处于根本上的不平等地位，除皇室宫廷权贵外，平民只能求救于医生的怜悯和施舍的医事。很多人几乎是强制自己忍受民族医学的消解、退让或变迁，事实上，疾病治疗和人体康复文化本身，无法阻止西方医学的进驻，我们只好忍让与认输，我们只好服从于历史与现实，我们只有顺其宜宾为主的潮流。那么，极其不情愿地让位，造成我们对于“基督医学的基督”的排斥与隔离，其生命伦理精神则被我们弃之门外。

如此便造成我们的心理纠结和冲突，由于自我的忐忑不安和对于外来科学文化的内在抵触，发自于保护基因和遗传的情感化心力，以至于当西方的生命伦理学咣唧地进入神州大地之后，才意识到这种窘况和羞辱，只好勉强以西方的思维，找来所谓儒家的道德或理学的天道，在百年之后，为补偿那个当初的“失基督化”制造一个儒家生命伦理学、道家生命伦理学或是释家生命伦理学，也算是对先祖的一种祭奠和怀恋。其实，虽然这出于一种良好的心愿，但这般艰苦卓绝、无苟于大同的作为，是很痛

① 以上引文请参阅马家忠《仁术、中和与天道——中华文化身体学与生命伦理神学的多元历史建构》序，东南大学出版社2013年版。

苦的。

诚然，自然科学是由一个它所无法证明的概念出发的，在生命伦理学的本质探讨中，我们得到的准则似乎与它的母本（医学）和父本（哲学—神哲学）没有什么不同，都必须遵守“自然界一致性原则”[①]。就这个问题，将永远有异议，永远被说明，永远有意义。

我们不是要制造一个“中华生命伦理学”，而是要在汉语文化基石的基础上，构建一个具有民族个性的、易于沟通、符合独有世情的汉语文化特质的生命伦理逻辑结构，并不存在作为一个学科体系有无意义的争议，致力于这个基础问题的研究，对于有别于西方或者其他民族而言，应该说是有价值、有用的。

第三节　“耶与道”生命观比较与全球生命伦理精神

“道”的文化，在漫长的中华民族的文明史中，表述和发展了地球东方的悲壮的人文精神，而且也是东亚本土文化的灵魂，“道”的文化应该是东西方文化会通之桥，是人类共有的宝贵的文化遗产。道家的“我命在我不在天”的善德与基督教生命伦理学的比较研究，是东西方比较伦理文化研究的重要课题，其他对中西生命伦理思想的交流和融合具有深刻的现实意义。暂且不对这一血脉作人类学和人种学的纵深考据，如同不对老子和耶稣的具象人身地域作归属的追查一样，仅在精神和文化界域内，尝试从生命伦理视角，予以高蹈地比较，意在于大同的生命伦理意义。

一　“道”的文化诠释

道是中国哲学中最基本的概念，这个中国本土文化的名词，须借助于它原初的背景加以理解。它简洁，精伦，深阔，可以表述全人类共有的思想。英语中无法用更恰适的词汇对译这个“道”。这个道为：“先天地生，寂兮寥兮，独立不犯，周行而不殆，可以为天下母。”[②] 印度人的“婆罗

---

① 详见［英］F. H. 布莱德雷《批判历史学的前提假设》，何兆武等译，北京大学出版社2007年版，第31—33页。

② 参阅《老子》第25章。

门”；柏拉图的“善”；斯多葛派的“逻各斯”；黑格尔的“绝对精神”，斯宾诺莎的“自然”；柏格森的“生命力”；弗洛伊德的“宇宙力比多”等都不能说明“道”的真正概念。道曾被译为“Principle”（原则）；“creative principle（创造原则）；“truth”（真理）；“divine intelligence”（神的智力）和“way”（道路）等。而这个以自身为法度的“道”却以无法破译的神秘性近似于基督教的“自在者”：耶和华（Jehovah）。

无论从发音还是语意上都难以驳倒汉字“夷、希、微”三字不是希伯来文的耶和华（Jehovah）；“视之不见（夷），听之不闻（希），抟之不得（微），其上不在有光明，其下不在有黑暗”（《老子》第14章）。这几乎就是“荣光高过诸天”（《诗编》），“在它毫无黑暗”（《约翰福音》）的原文。黑格尔说：“那三个符号I—hi—Wei或IHV……也出现在希腊文的‘law’（以阿威）里，是‘知神派’称呼上帝的一个名字，在非洲中部也许就是一个神的意思。此外在希伯来文里叫耶和华（Jehovah），而罗马人又叫约维斯（Jovis）。”[①] 汉语《圣经》考据学所提供的证据不断地提示“一赐乐业”（以色列）、“安登”（亚当）和女娲（夏娃）等极具魅力的字谜；屈原《天问》曰：“登立为帝，孰道尚之？女娲有体，孰制匠之？”马王堆出土的帛书也证实了这些词汇曾遗留在中国先祖的记忆中。因此，无论在发音还是含义上，作为造化者、启示者、超越者、拯救者和富有生命者的“道”，这个“夷希微”就是耶和华（Jehovah）。[②]

但中国人的“道”，虽然可以是大写的“自然”（nature），可以是西方式的“存在”（existence），却不是万物的主宰，而是真理的依傍和“众妙”的栖居之所，即“道先于一切有行之帝”。在基督教神学中“三位一体”是个重要概念。传统的三位一体理论在325年的奈西亚会议和381年的康斯坦丁堡大会上，分别被东、西方教会所接受；但时至今日，关于神子或人子与父一体和圣父、圣子、圣灵为自有永有一体的解释，尚存分歧。[③] 这个《圣经》中并未出现的谜和道家的“名、实、像合一”的思想相吻合。老子的宇宙论开始于“道”：“道生一，一生二，二生三，三生万物”，从无到有止于三，是一个生命体产生的启示过程。名、实、

---

① ［德］黑格尔：《哲学史讲演录》第1卷，贺麟、王太庆译，商务印书馆1959年版，第129页。

② 此处参阅了袁步佳《老子与基督》，中国社会科学出版社1997年版，第8—9页。

③ 李小兵：《我在，我思》，东方出版社1996年版，第234页。

像三者不可缺一，“实”为道的存在，“名”是对造物主的指称，而亚当、夏娃为具体的人（像）。生命伦理学中的“道”乃是一种精神，是一个至高无上的准则，又是一种律令，循它而发生、发展、结果，即是善。“我就是道路、真理、生命。”（《约翰福音》）这句基督的话是说明“道”的，基督之道，亦是道家之道、生命之道。道家的“名、实、像”则对应于基督教的圣父、圣子、圣灵三位一体的道。老子说：“道之为物，唯恍唯惚，惚兮恍兮，其中有象，恍兮惚兮，其中有物。窈兮冥兮，其中有精。其精甚真，其中有信。”是信，是望，是生命的大德；是天地之源，是基督的大爱。道家对于生命起源的非物之物、无像之像的灵化，普天下都心向往之皈依的范式，就是基督徒心中的耶和华（Jehovah），就是一分为三而又三位一体的大道。正是“太初有道，道与神同在，道就是神。这道太初与神同在。”[①] 他们相信，圣道与天主原是一而二，二而三的。基督教哲学与道家文化对生命造化和创世的学说在此表现了惊人的一致。每个人都是道的造化，人的一生都要遵循“道”所规定的原则，只有对造物主的敬畏、顺从、皈依、仰赖，才会有生命的动力，才会免遭灾难。对道的敬畏是生命伦理的基础，有了这个大德，对生命的认识才有依据。我们秉承公正、不伤害、尊重一切生命、有利于由生命构成的生动文明的社会。因此，“道”无时无刻不在我们的行为中。道在创造这个世界之后还对这个世界进行监察与赏罚，在爱养世界的同时，继续通过人掌握这个世界，基督教人化的功能主义和“在地上实践”的神学理论、基督教的普世哲学再次把以生命科学为主休的世界图景与宗教的现实结合在一起。神学家也日益痛切地认识到，宗教的发展必须与现代生命科学、高度发达的社会相协调；为此，创立了使之成为彻底入世的生命神学；使神学从旧传统中解放出来，把创生、救世、圣化合而为一。如强调实践的解放神学；重视修造的过程神学；变创世为中心成“希望应许为中心”的希望神学等。基督教神学对传统的教义做了革命性的修正；当代的神学使道的启示作用不仅反映在异象上（如以大卫、巴兰、以赛亚、以西结、阿摩司先知的话为“上帝之道”和圣道），而且称“道”是律法的启示者，是宇宙的创造者和监督者。道家的道和基督之道应是生命自由之道。

---

① 《约翰福音》1：1—2。

“道”是中国知识分子的精神家园，是对于长期放逐、漂泊的生命的复归，是对于安身立命的渴望，是一种恒久的信念；而对于中国老百姓来说，是神圣客观世界秩序的象征，是一种无法抗拒的力量。道教并不尊道为神，而由众神来奉道，这与基督教系统由众人奉道不同，但都是建立一种“服从”的秩序和逻辑关系上的，也就是万事万物都要遵循一个至高无上的原则，这就又回归为“道”了。

二 道家生命伦理与当代基督教生命伦理学的汇通

基督教一直面临着一个教义上的诘难，既然神是全能全知全善的，为什么让人有罪性？为什么不按至善模式造出理想的生命模式？宗教思想家对此做过无数深邃的解说。但无论如何，他们忽略了一个事实，这个道的“改源”在于给与人以修复品行、就此善行、改正生命的机遇；这一逻辑的设定正适应了生命的非完整性。上帝造人的开初是有意借着他的形象，但又为道成肉身的耶稣留下了一个救赎的空间和时间，上帝的恩典和荣耀以及永恒的真理之道在拿撒勒人耶稣的身上体现出来，人只有在信实和盼望中，在互相表达爱心中克服自己、遵守戒律，获得最后自由。老子在此回答了这个问题：大道并不剥夺万物和人的任何自由，大道“大强行、不任意、不自持、不自居、不自大、不宰、不有”，人可以改造、爱养、监察、掌管这个自由生动的世界、这个多元的社会；上帝有意启示人类改革自己，包括其灵魂和肌体。这里的“原罪”，既是一个机会，一次试探，也是一次修复、改正的过程，这恰是大道的伟大与恩德。没有自由，就没有道德，自由是在道的规范之后，行在地上的权利。克隆技术与基因工程、器官移植与美容、计划生育与生殖技术、安乐死等一切生命科学问题，只要是为了这个世界的幸福和圆满，就是道的玄德，就是神的旨意，就是他所喜爱的。在遵守神的“道”的同时，必会争取使人身上“神的形象”与神相同，人与自己的造化者相通，乃是施道的一个过程，也是人通向自由的主要途径。保罗说：“主的灵在哪里，哪里就得以自由。”[①]神的道则是自由之道，他所造的都应享有自由。人不可背离这个道，“不认识永恒，便任意妄为，后果凶险”（老子），也就失去了自由。生命伦理之道，是上帝的必然之道，人不可违反，一旦失去这个道，就会堕入冲

---

① 《哥林多后书》3：17。

突。冲突引发了人生的漂泊、荒谬、焦虑与恐惧，这是当代人生哲学的主题，是神对人的回归、复命的呼唤与祈明，是《圣经》文化的核心，是耶稣的使命，也是老子的道的思想法则。①

世界上一切存在物都是有条件地存在着，都要有法则来约束，“人法地，地法天，天法道，道法自然”（《老子》第25章）。人的生命之光是由道发出来的；基督教界正是从关注生命科学开始，再次呼唤和调整宗教伦理精神，并认真思考与汲取东方道德中的圆融性，意使神学与科学再次携手合作，并成为人民的思想派别之一，继续和哲学一起为科学技术提供世界观。上帝让一切人享受太平，而不是遭受灾祸，由此使基督教真正接受这个世界。当代西方神学家正在创造一种新的神学生命伦理模式，以一种道德责任感评述和肯定生命技术，并尽可能使之服务于这个社会，他以宗教方式使人类重新理解自己的存在，并把自己投射到世界上。

世人对道家存有一种误解，认为道法自然对中医的影响主要是循自然之道，养自然之生，其实，道家摄生仅仅是脱胎于医学的一个部分，“清静无为”并不排斥对生命的改造，而是积极地创造各种“修命、修形”、“形神双修”的长寿之法，这在陶弘景的《养性延命录》、宋代的《圣济总录》中都有很好地说明。《易学》本有“变易”的深沉智慧，作为易学史上最早的一部哲学著作《彖传》，从天道推演人事，对人的生命状态进行解析，对人的生命方式进行指导，对生与死进行预卜和关切，《经法·君正》：“因天地生也以养生，胃（谓）之文，因天之杀也以伐死，胃（谓）之武。”乾卦《彖》文中的“乾道变化，各正性命”也是突出世上万物各自修正性命，以此便“以天为父，为地为母”（《十大经·果童》）②。在中国历史上，老子之后，道家有两大学派崛起于战国中期，即庄子学派和稷下道家，前者为南方楚文化范畴，后者属北方齐文化领域。老庄与其他道家学派关于生命伦理的著述，从战国中后期一直延续至西汉达数百年。近年来对《管子》的研究和对马王堆帛书《黄帝内经》的考据，证实了作为稷下道家的黄老学派在战国百家争鸣中的主流地位。也正

① 参看袁步佳《老子与基督》，中国社会科学出版社1997年版，第125页。袁文通过对道与人自由的论述，说明神道是一切存在的必然性，不认识神道，就永远达不到真正的自由。

② 详见陈鼓应《易传与道家思想》，三联书店1996年版，第23—25页。

是这一显学名分表达了与两希文化中对生命认识的惊人一致性；以至对后现代医学科学如此昌荣的今天，仍有深刻的意义和重要价值。道学把客观的道内化为人心灵的一种境界，从而形成中华民族特有的高超的境界哲学，并通过一种宗教冲击力扣人心弦，实为其他任何一种哲学所不能替代的。

道家与基督教都对生命科学产生过巨大的影响，对人类的生命伦理观念的形成和发展具有相互促进作用。生命技术改变了人的生活模式和结构，但又受到宗教对这一文化格局的评价与限制。在基督教开创时期，教父们曾根据新旧约全书，特别是其中的法律观念，结合当时流行的斯多葛伦理学说建构了基督教伦理体系。中世纪托马斯《神学大全》第二集以上帝所启示的伦理法则（十条诫命等）和自然伦理法则（行善避恶等）构成了客观伦理秩序，这种道德哲学开初就与律法即教会的教规紧密连在一起，并着重研究罪恶性质、犯罪的责任、界说大罪与小罪的界限，注释法律条文，告诫教徒伦理行为选择的理由。这种道德体制一直沿用至今，甚至在马丁·路德改教以后，有关生命伦理这一禁区也无人敢公开进入。1962—1965年召开的梵蒂冈第二次大公会议如沉雷炸裂，向人类宣布：将同各宗教和全世界进行对话，迎接科学与新生活的挑战，伦理神学界终于出现了百家争鸣的局面。随之，教会内部包括天主教界的海霖、柯伦等神学家针对伦理神学在生命道德观念上的错误进行了坚决的斗争，并于1986年9月15日在法国里尔天主教大学医学院成功地用人工授精方法诞生了天主教内第一个试管婴儿，从此把堕胎、器官移植、生殖工程、变性、同性恋和安乐死等生命科学问题的伦理神学争论推向高潮。教皇约翰·保罗二世针对神学界内部的“伦理相对论”发表了捍卫经院神学传统的《人类生命》，使这一论战达到白热化，并开始把生命伦理问题作为区别新旧两种思想辩论的核心。加拿大和瑞士主教团纷纷发表声明，“没有遵循通谕”进行现代生命技术，就“没有必要考虑在上帝面前有罪”的《科隆声明》，《华盛顿声明》《卢塞恩声明》等坚定地表明在医学科学空前发展的新时代里，宗教必须采取开放与灵活的态度。海霖、麦柯弥和拉纳等主张在运用医学技术时，应按人的动机、目的及由此产生的环境和后果去衡量其伦理价值。应注意人这一位格的价值，考虑人的自我意识，且不要忘记尊重人的良知；作为教徒，特别是经过深思熟虑地反省所做的对生命改造的伦理选择，既尊重内心的自我，又敬重自己的上帝，这才是上帝所喜悦的。海霖[①]和伦理神学家特洛亚·封丹纳（Troya Fontaines）为了寻求生殖技术方面的伦理学真知，专门系统学习了医学知识，并在研究中认为应充分注意人性及其主观价值和作为人的生命行为的内在动机，必须以人性的价值尊严为依据作为对生命技术伦理判断的准则。这一系列激烈的争论标志着基督教伦理学对生命技术进行规模宏大的思考时代已经到来。

三 关于生命技术的“道与言”与全球生命伦理精神

中国的道教作为中国的本色宗教，对老庄的道家之道有明显的背叛；至汉代，由淮南王刘安揉入各种改造人体的服气炼丹养生之命术，使道家许多玄学思想受到民俗文化、巫术和教理肤浅糅杂的迷信所干扰，但道家一整套丰富、完整的救人脱离凶恶的主张确实给予道教一个十分恒定的生命伦理之道，并作为万物之道的启示，鼓励人修身、养诲人性，靠自己的力量努力订正自我，盼望成为完美的“神仙之躯”，此与当代基督教生命哲学已呈现出会通之势。“道乃久，没身不殆。”（《老子》第16章）人生的终极归宿将复归于天极之道，道的动态形象便是创造，是太极，是无为而无不为。老子嫉俗厌世只是鞭挞毁坏生态的反自然文化，并非否认生命道德原则，道家“大顺”的生命伦理观乃是“知其荣，守其属”，“曲则全，枉则直”，这正是真人之道。[②] 中国道教化的道家思想，受到儒家入世主义的强烈影响，即道教一直尊崇的“我命在我不在天”的生命伦理观，于是在《西升经·我命章》（第26节）中假托老子言“我命在我，不属天地”。李荣更进一步注称：

> 天地无私，任物自化，若能存之以道，纳之以气，气续则不绝，道在则寿自长，故云不属天地。[③]

---

① 海霖（Bernard Harring）是现代著名的天主教会伦理学家。他从1950年登上罗马讲台后，一直以革命神学思想家的身份活跃在宗教伦理学界：除了对教会的伦理教导与社会实践相脱节和矛盾的问题提出批评外，还十分关注离婚、同性恋、人工受孕等生命伦理问题。其著名的《基督之律》和《伦理神学危机》等著作和文章，向传统神学的教理提出了挑战。他认为，人是中心，爱是出发点，应由此评价伦理行为（详见陈村富主编《宗教文化》(2)，东方出版社1997年版，第240—249页）。

② 谢扶雅：《“老子”书中的基督教价值》，刘小枫：《道与言》，上海三联书店1995年版，第369页。

③ 李刚：《道教生命伦理》，四川人民出版社1994年版，第211页。“我命在我不在天”，乃道的主体生命伦理原则，在《西升经》等书中有充分表达。

这一思想在《真气还元铭》《坐忘论序》《谷神赋》《太上洞渊神咒经》和《修真十书》中有十分热烈的阐扬。这个酷似柏格森的生命主体创造理论的思想，是对道家生命观的发展与突破。与大部分宗教不同的是，道教学者在漫长的思想探寻和对生命的思考中，逐渐形成了独有的崇尚实践、重视现世与关注过程的哲学。修道养生的理想对中国人抵御"死生由命"的观念，重视医学和修形方术的科学活动给予了有力的支持，使之一直十分关注生命存在和改造的意义，直至建立人定胜天的世界观。道教的神学论证对于老庄哲学的继承、发扬和超越，是东方生命伦理学的个性和风格，这也是东亚各民族的一笔宝贵遗产。道教从人的神秘性和永恒性出发肯定人能成仙；以精、气、神理论解释人能永恒；以形神理论证明修性可固命；以变化思想化形、修造、更生；同时以药物、金丹使人实现圆满与极乐。道教强调"化"术，以老子一气化三清为基础，并尊奉最高的道德天尊、原始天尊、灵宝天尊三清之神，帮助人造化自我，重修肉身，这是其他宗教所无法比拟的气度和胆略。

今天，在研究时间终了的末日事件时，基督教内部的许多学者也开始把历史和世界看作新的开始，也主张道教似的"化生自我"，认为"天国实现，死者复活，万物重新创造"的人类新历史是耶和华早已钦定的。以此建构的解放神学和过程神学，以《出埃及记》作为教义核心，是当代西方某些新神学理论的一个显著突破。以色列人在摩西的率领下逃离埃及，在西奈旷野用双手和智慧艰苦奋斗 40 年，终于改变了自己的命运，回到迦南美地，最后获得自由与解放。由秘鲁神甫葛斯达伏·古铁雷兹（Gustavo Gutiorrez）创立的解放神学，十分重视神学思维中的实践，强调了基督教神学中的人世性，进入世界，进入历史，进入丰富生动的人生，崇尚科学，接受现代生命科学技术。他指出："神学的中心不是人死后，而是生后如何?"即人类的尊严就在眼前。哈特桑（Charles Harshothe）作为过程神学的鼓吹者对于基督教史中的"上帝绝对观"进行了有力的批驳，这在考伯（Cobb）和格里芬（Griffin）的《过程神学初解》（*Process Theology An Introductory Exposition*）中有过很好地说明和议论，他们解释生命的选择即是"上帝"感召的那种伦理选择，他为人提供了支配和管理生命的机会，而这种自由中蕴藏着一种对于生命改进的责任。"上帝感召"表达了一种信任：

上帝为我们提供了各种机会，以突破我们的常规，寻求所有不同的事物，想象从未梦想过的东西。上帝到了对他人开放以回应各种新的远见并实现它们的作用的时候。①

这就明白地表明了他们对于传统世纪神学语言的突破性拆解，这对生命科学技术的“允许原则”做了一个特别的证明，由此也可以明确我们与过去和未来之间的关系，就如同过程神学家后来进一步说明的那样：

> 在上帝存在的每一时刻，世界都在发生新的、事先不知道的事情。上帝的具体知识应随人们所经世事作出决定。上帝的知识与世界保持内在的联系，因而他的知是相对化了的。②

他们意在提示，上帝并非每一件事都要决定，他充分尊重人的自由，他给予人的只是爱，希望人类幸福、健康、完满、无痛苦。而生命技术正是为实现这个目的。这一观点已与道家的“道”法相嵌合，并警喻上帝之外依然有被上帝应允的“道”，这是基督教哲学认识论发展的一个信号。在此，“我命在我不在天”的“道”和“我来了，是要叫人得生命，并且得的更丰盛”③的“言”已完全汇成一体，实现了“神人”共同的“恩惠和圣善”，创造了“更大的荣耀”。

经历了漫长的东西方上帝观念的“译语主义”和“原语主义”的论争历史，中国半个多世纪以来通过艰苦的努力，坚持本色化、本土化的基督教改革运动，求同存异，去除偏见，基本上实现了中国大陆上的基督教信仰和科学观上的某种大同，但这种“大同”却遭遇了空前的挑战和质疑。我们人为地消灭了神学派别，用政治伦理和制度话语强暴了神学的个性，我们失去了神学研究的自由精神，特别是抽空了生命神学的构建基础，只好重新汲取西方神学的滋补，从零点开始创造我们的生命伦理文明

---

① 请参阅［美］小约翰·B. 科布、［美］大卫·R. 格里芬《过程神学》，曲跃厚译，中央编译出版社1999年版，第169页。

② 参阅［美］小约翰·B. 科布、［美］大卫·R. 格里芬《过程神学》，曲跃厚译，中央编译出版社1999年版；［英］怀特海《过程与实在》第五编第二章“上帝与世界”，杨富斌译，中国城市出版社2003年版。

③《约翰福音》10：10。

和学科。作为外来文化的基督教和佛教，在生命道德哲学的交融中，汲取了许多道教的营养，并与儒学相混合，对中华民族的生存价值、处世态度、人道精神、沉静淡泊的人文性格，形成了一种特有的影响力和冲击力，并由此对东亚文明的繁荣和发展具有催化与滋润的作用。在对中国思想史的学术研究中存有一个误解，即儒释道并生的问题，其实，中国的文化史是以道为主体，以儒释为辅的历史轨迹，如禅乃源于道，《坛经》即道经。许多汉学家必须承认，开始于盛唐时期的基督教文化运动，已使中国本土基督教（汉语基督教）与西方基督教发生了很大的差异，因此中国的生命神学也具有鲜明的民族特色。

当代著名的美籍哲学家巴姆（Archie J Bahm）① 的主要成就之一是对于三大文化体系（希腊、印度和中国）、三大宗教（基督教、佛教和道教）的比较研究。他把阴阳鱼太极图作为排中律（西方）、否定之否定（印度）与阴阳逻辑（中国）的理想符标，以此解释一切生命文化现象，其玄机和巧想，其对于世界哲学和宗教的言说，发人深省。他引用佛陀乔达摩的“人人都是佛教徒”的名言，来说明人类在漫长、曲折而又精彩纷呈的生命进化中，默默地赖于一种一往无前的精神，完成了生命的创造，承受病痛、衰老和死亡，与命运抗争，实现人生。道家与基督教都是社会意义的来源，它是人类意识的一个重要构成部分，是对生存总秩序及其模式的认识和追求，是对建立仪式并使得那些概念神圣化的情感渴望；是与别人建立联系或与一套将要自我确立超验反应的意义发生关联的基本需要，以及当人面对病痛和死亡定局时所产生的必不可少的生存欲盼。作为世界上第一个需要诠释而又无法彻底诠释的人来说，他总是希望生活在稳定而完满的意义系统中，所以对于宗教的超验的伦理追求成为任何人都无法遏制的冲动。医学和生命技术正在创造奇迹，这使我们加倍萌动着恐惧和希望。

---

① 巴姆（Archie J Bahm），新墨西哥大学名誉教授，当代著名哲学家，是比较哲学专家和有机哲学的倡导者。其著作丰富，在当代国际学术界有很高的威望。文中所述思想请详见 *Philosophy of The Buddha*（Asian Humanities Press Berkely，Califonia，1992）.

“2011计划”“公民道德与社会风尚协同创新中心”成果

江苏高校哲学社会科学重点研究基地东南大学
“道德哲学与中国道德发展”研究所成果

国家“985”三期“哲学社会科学创新基地”研究成果

国家社会科学基金重大招标课题
“生命伦理的道德形态学研究”（13&ZD066）中期成果

江苏医学人文社会科学基金成果

后现代生命伦理学 下

——关于敬畏生命的意志以及生命科学之善与恶的价值图式：生命伦理学的新原道、新原法与新原实

孙慕义 著

中国社会科学出版社

目　录

下

第二部　新原法:生命伦理学的元理论与体系构架

第三部 新原实：生命伦理学实践与理论应用诸题

终曲 归田园居:诗的拯救

第　二　部

新原法：生命伦理学的
元理论与体系构架

第七章 “应该”的律法：生命伦理学的母原则、基本原则与应用原则

> 推理的唯一目标是发现这两方面中为这些品质所共通的因素，观察一方面那些受尊敬的品质所一致具有的特定因素、另一方面那些遭谴责的品质所一致具有的特定因素，进而由此到达伦理学的基础，找出一切责难或赞许最终由之而发源的那些普遍的原则。①

我们要做的工作是，考察生命伦理学最终被缩减为“医疗行善、公平正义、尊重自主和有利而无伤害”这样四项基本原则的原因。这不能说是由汤姆·L. 彼彻姆凭空确立的抽象原则，也不能从中推断和推论具体生命伦理或临床伦理学中普适而有效的基本原则；我们必须在考察“善”与“正义”如何在医学中得到公认并且能够普遍地适应于现实社会的情况下，在诸多围绕生命保全和维护生命价值神圣观念的规则中，筛滤出最核心、最易于接受、最普遍的原则，并使之为所有人都普遍理解和遵从，并在医学实践中得以通行和通用。不论多么玄奥和精致的伦理学理论，都不一定适合于我们的道德现实，在医学实践中，我们只看重能够普遍应用的，并同时能够表述医生们朴素而自然的良善的工作目的。也就是，

> 我们将以仁爱和正义这些社会的德性的考虑开始我们对道德原则的探究。对于这些社会的德性的阐释或许将给我们指出一条可用以说明其他德性的门径。②

---

① ［英］休谟：《道德原则的研究》，曾晓平译，商务印书馆2002年版，第26页。

② 同上书，第27页。

追问道德，或许我们就会不自觉地由“是”移动到“应该”或“不应该”的陈述，这是休谟的一个观点①。休谟反对不加解释地滑动或者不负责任的链接，因为这种由“是”到“应该”的过渡，实际上表达了一种新的关系的建立，我们需要作出新的类别和新的条件的说明，否则这种滑动是不成立的。也就是说，从“是”到“应该”的过程是很复杂的，如果我们负责任并有能力的话，就必须抛开天定论的心理，给出逻辑的推导，否则就不会令人信服；在这里，我们没有“神义”的预设。对于伦理学来说，特别是说明医学中人的活动和医疗技术被实行的情况，都是接受了某些习惯的暗示或传统的暴力，我们通常几乎不会追问，这个“应该”的合理性，就被知情、被同意、被施行、被选择了。这个传统大多是因为宗教的因素和人类在教育和道德心理发育过程中所形成的伦理裁决标准。按麦凯的说法，这个一直被命名为“休谟律”的定理，与摩尔的自然主义谬误以及开放问题的论证，都是在道德事实和其他事实之间，或者在所有存在的事实和价值之间，在描述和评价之间作出截然区分的最为人知的方式之一。但是，“休谟律”不能从“是”里推出“应该”的论点，因而它不断遭到挑战和质疑，甚至被完全否定。其理由一是生活中善、恶、优、劣的评判大多是与爱、恨、择、弃的情感以至于行动选择连在一起的，有些让渡是没有必要的，这就是不证自明。二是这其中还存在着信仰和文化的差异，可以否定绝对主义的“是”的评价和“应该”的选择。三是各民族语言对于情态助动词的理解不同，在很多情境下，会在道德声明中采用“一定要”（must）、“必须（shall）如此”，而不是“ought（应该）”或者“should（该当）”。在汉语中，应当、本当、应该、该当只有细微的语感差异和使用条件的不同，一般没有根本的清晰的层次区分。但在特定的道德评价中，是有些许区分的，比如“该当何罪”、“本当受命”，前者强调违反戒律必须受罚，后者只是陈述责任与义务，表达一种内在的使命感。在英语中，也有“should”更偏重于“应当”，而“ought to”更接近于“应该”的。

---

① 这个观点被以研究元伦理学著名的澳大利亚哲学家约翰·L. 麦凯（John L. Mackie，1917—1981）多次说明了，他在其著作《伦理学发明对与错》（*Ethics Inventing Right and Wrong*）中作了充分而精辟的讨论。本书中文版由丁三东翻译，上海译文出版社2007年版。此段文字可以参阅该书第56—76页。

我们在讲一些具体的现象问题，比如与生存状况、医药卫生、卫生经济政策以及具体的人的生存、人的生命相关联的问题，人的肉身的、精神的以至于灵性的这样的位格时，它的道德问题是非常丰富的。我们原来一直在讨论这些具体的问题，但没有得到根本解决，因为我们实际上并没有从源头上解决和探讨这些问题，所以率先从伦理神学出发进行道德哲学的对话和思考。

我们说，“写”是语言的表述，实际上和“说”一样，没有语言就无法构成人类的文化和人本身，而“写”也是语言的符号和附义的过程，“写”是记录，是叙事，“写”具有更明显的精神特质。医学中的“写”，是完成对疾病过程双重认知之后的一种追查和跟踪，是另一种形式的言说。医学语言的能指（音响形象或物质信息）从来都具有多重性，而所指（概念或心性诠释）则附义于征象①；能指激活了医生的思维，所指导引了诊治之前的分析、判断；所指的偏移会造成诊断的相异性。但是，临床事实又是唯一的科学存在和客观现实，因此，这就应了拉康的结论——“符号和句子的全域在话语的活动中是无用的”② ——这一临床现实，这个无用不是真的无用，而是指对于具体的事实判断是赖于所指的意义的，物质信息或音响形象却无关紧要了。行善与仁爱并不直接通过临床技艺来实施表达，而是隐藏在技术或科学语言的暗处，医学伦理的“所指”，是被技术实践活动的“能指系统”掩盖住的那些潜隐的价值。医生用冰冷的手下意识地为病人触诊，并没有考虑病人对于寒冷刺激的不良感受，如果事先把触诊的手预热再去接触病人的腹部，就是一个微小的善行，那么表面线条的能指语言，就没有了道德意义，但此情的所指却有了伦理价值。

有人认为，西方哲学传统把希腊文“σημειον”译成“signum”和

---

① 索绪尔否认语言与外界的联系，认为它是具有心理性质的东西，“一种两面的心理实体”。作为语言符号内部的两个要素，所指（概念）和能指（音响形象）应该也是心理性的东西。前者的心理性是众所周知的，而后者往往会被当作物质性的声音。为此，索氏专门指出：“后者不是物质的声音，纯粹物理的东西，而是这声音的心理印迹，我们的感觉给我们证明的声音表象。它是属于感觉的，我们有时把它叫做‘物质的’，那只是在这个意义上说的，而且是跟联想的另一个要素，一般更抽象的概念相对立而言的。”关于语言符号，索氏认为，它具有两个头等重要的特征：一是符号的任意性；二是能指的线条性特征。

② 请参阅［意］翁贝尔托·埃科《符号学与语言哲学》，王天清译，百花文艺出版社 2006 年版，第 21 页。

“segno”（符号）之后，到5世纪，才由希波克拉底用来表达“症状”，希波克拉底是从他以前的那些医生的口述中确立症状或症候概念的，尼多斯的医生们对这些症状进行编码，使它们成为诊断的证据。希波克拉底对语言符号没有兴趣，但他在临床上运用了症状这个所指的“概念”。

> 症状提供指令，因为对它在不同语境中做出了估价。被提出的症状只有在逻辑—语境的推论行为中才具有符号的功能。①

一个目标物件如果是我们的目的，那么言语或者“写”就是那一类针对这一目的的行为。“意义把生命赋予言语，就像世界把生命赋予我的身体”②，语音是语言的形象，“写”是无声的符号，书写文本是语言的文本化。语言是人类的栖居之所，写也是。写是一种集中灵魂的表述和精神的追求，以至肉体痛苦的诉求。有形后附义，进一步附质，人就活在失义之中；自然就是亏缺，人也是亏缺；由于亏缺，则去争取一个有，我来了从无到有，有最后又化为无，在从无到有中，我们有了人生，我们赋予这个人生以价值、意义，这就发生了冲突。本来，人活着时，无和有是没有意义的，但是我们生要造出个意义，所以为了解决意义和价值的问题，我们造就了哲学。伦理学与哲学一样，是解决亏缺与痛苦的。

第一节 原则和语言：作为存在和现象学的“是”

原则（principle）或“源则”，或“愿则”，或“元”则，是制定行为规划和行动的判断与指导标准，根据自然或生态运行准则以及社会进化规律建立的最核心的规制体系。它必须依据道德原理，逐渐形成一种人们自觉敬拜的“神律”，由此才会克服一切。即使是痛苦不堪的强化规制，我们也可以接受或必须服从；原则源于对事物本质的赞许和尊重，因此作为事物的原生规则或可被理解为天赋的、显见的、自然的律令。

原则是观察问题、处理问题的准则。人们对问题的看法和处理，往往

---

① ［意］翁贝尔托·埃科：《符号学与语言哲学》，王天清译，百花文艺出版社2006年版，第26页。

② ［法］莫里斯·梅洛—庞蒂：《符号》，姜志辉译，商务印书馆2003年版，第109页。

会受到立场、观点、方法的影响。原则会因为各种形式的因素的干预，而进行法律上、世俗社会以至于政治的变通和异化，但离开了道德的训令和客观的“善”的品质，就不能作为原则。在权力或暴力的制约下，“原则”会堕化为“圆则”，这时它就不能说是“元则”和“源则”了！原则是从自然界和人类历史中抽象出来的，只有正确反映事物的客观规律的原则才是正确的。

对事物的是非分明，且严格遵守公认的正确事物，是一个合格的领导者必须做到的。“原则”并非一些深奥玄妙的宗教哲理，也不属于任何特定的宗教或信仰，“原则”其实是人类社会颠扑不破、历久弥新、不言自明的真理。“原则”是人类行为的准则，也是不容置疑的基本道理，历经考验而不证自明。

原则应该是人类价值的体现，更是永恒道德价值实现的规范性约定。它不应该是暂时的、随意的，或为某人某利益集团的局部利益而制定的契约和貌似强制的强权制度工具。它必须体现平等和表达正义，它必须宣扬爱、人的尊严与导向自由。原则是神圣的判别事物善恶的标准，是最高的律令。①

考略一下荷尔德林的《许配里翁或希腊的流亡者》中的一段文字：

> 他完全是他所是，因此才这样美。
> 法则和命运的强制碰不到他；自由唯独在孩子身上。②

后现代生命伦理学不仅属于作为父亲学科的哲学，它还应有一个母亲学科——医学。历史上所有具有非凡影响力的思想家和大哲学家无一不谈论的问题就是生命、人、自由与正义，没有任何人能越过道德问题与现象。道德现象的核心就是人的现象、人的问题以及生命状态和生存逻辑。医学问题、卫生保健经济或政治结构与疾病现象尤其能够凸显人性和人类社会最有价值的情境以及观念。

从亚里士多德和柏拉图开始，他们要解决的是人的问题，基督教也是

---

① 此处可见［美］罗纳德·德沃金《原则问题》（张国清译，江苏人民出版社 2005 年版）第 105 页的文字。

② 《荷尔德林文集》，戴晖译，商务印书馆 1999 年版，第 10 页。

解决人的问题的，当然他们有一个上帝的观念、上帝的概念和上帝的有神论结构，也就是有了一个至高无上、神圣、不可替代的唯一主宰力量，包括多神教信仰，都为生命伦理准备了一个基本的思想条件。没有宗教的营养，就无法建构最初的生命伦理理念。后来就是康德与黑格尔的德国古典哲学，尽管康德有一些东方文化因素。① 在此，我们如今特别不能忽视的，是对后来的生命伦理思想发展作出重要贡献的，所有哲学化的著作和语言都少不了其痕迹的胡塞尔和海德格尔。他们进一步在康德和黑格尔的基础上做了一个存在主义的颠覆，他们开始追求事物的现象问题，引导人们不仅把身体的功能作为定位的中心去分析，而且开始考察身体的运动性以及反思它在构成知觉性的实在作用时，身体的功能作为知觉意向性的可能条件；胡塞尔的身体现象学为身体伦理学做了一个最重要的铺垫。同时也为后来的法国后现代主义伦理思潮提供了源头性启示。

> 最终庇护我们的，是我们的无保护性，
> 而且当我们看到它逼近时，
> 我们已改变了它，使之进入敞开者中，
> 为的是在最宽广的轨道中，
> 在法则触动我们的某个地方，来把它肯定。②

> 林中有路。这些路多半断绝在渺无人迹处。③

人的生命最终必然会回归于本源的存在，即人生之路，最后断绝于没有人迹的地方，这个法则就是生命的法则。在西方，“生命”（es 或梵文 asus）与“存在”（das sein）几乎同源，生命本属自然，自生自灭自驻自行，“es”又化生出“存在”和“是”的希腊词和拉丁词，以至于印度日耳曼语系的“ist”（“存在”与“是”）④。是可见，“存在”就是“是”，就是生命，就是自然律令，就是生命的原则！

---

① 康德和黑格尔的生命伦理资源我们此前已经详述。

② 摘自［奥地利］里尔克的《即兴诗》，转引自［德］海德格尔《林中路》，孙周兴译，上海译文出版社 2004 年版，第 290 页。

③ 同上书，扉页。

④ 参考陈嘉映《海德格尔哲学概论》，三联书店 1995 年版，第 44 页。

存在论上的或存在状态上的（das Seiende）人，是海德格尔从胡塞尔那里继承的理念，他断言：“我确定我是生活在这个世界上的第一个人。”[①] 而居于这个世界之上，就需要医学的世界和身体，对于作为另一种存在的有病的生命、死亡、性等形态，一直持续“融入普遍的和谐的经验之中作为存在的宇宙而被给予，这是确定无疑的。但要理解这种支撑生命与实证科学的确定无疑性，要阐明其合法性基础”[②]，则需要从事这种工作的人，做很多道德的事务，以致生命的科学与哲学，都把这件举足轻重的人类大事业，作为生活的一个核心，而不是应付了事或轻描淡写地旁观。

对生命伦理学理论有更重要关联的身体哲学与身体伦理思想，胡塞尔从感觉分析入手，在对知觉现象进行针对性地反思中，给与了最有价值的奠基，并引导了后来梅洛—庞蒂关于身体哲学的研究。身体是人的可以被体现的空间中的主体，在时间中伸延与殒殁；对于知觉性对象具有给予能力的身体，是围绕着包括人在内的周围世界的显现的认识，才被意识作为一种必然的存在的。由此，我们“才能够宣称空间对象只能够对一个被体现的主体显现，并由此构成”[③]。对象的视域性给与反映了观察人的有限性和肉身性的结论是否正确，取决于是否精确地把对象投射在主体意识的屏幕上，并且在这种互为因果的活动中，缩小主体身体和对象身体之间的距离。生命伦理意识并非原初地、生态地、粗糙地将自己的身体经验作为在客观空间里的对象，而是把身体作为对象的主题化的经验，这就“需要对功能性身体和主题化身体做出区别，并阐明它们的奠基关系”[④]。

身体是“我”，身体的痛苦感受，是“我”的痛苦感受，疾病是身体变故和进化过程中的生命事件，这就需要引入一种针对“身体对象主体化”变故的对抗，医疗方案与决策是这种对抗身体变故的必然结果，人类从原始医学逐渐演化，从巫术到发达的医学科技文明，都是这种针对有生命的身体的策略，与其连带的必然牵涉出主体间性关系、责任、义务、权利，以及解决各种生命伦理问题的原则。胡塞尔不同于康德的是，他把

① ［丹麦］丹·扎哈维：《胡塞尔现象学》，李忠伟译，上海世纪出版集团2007年版，第72页。

② 同上。此注与以上这两句引语，是胡塞尔本人在谈及世界意义时所表述的。

③ 同上书，第104页。

④ 同上书，第106—107页。

“先验主体性”作为一个具体和有限的主体，而非超越个人的、抽象演绎出来的辩护原则。由此，就可以认为，生与死的问题应该成为生命伦理学视域内身体观念的现象学分析。我们如何勉强事物本身，把那些不该打搅我们的事物“悬搁”或“悬置”在一旁，回到真实的身体本身；我们的世界是面向人的，所以才有意义，伦理学最终是指向人的存在和需要的，我们应该接受和普遍地承认，人的身体需要的先验意识及其特性——意向性的本质体验，并应该将其作为生命伦理的先验意识。我们尤其不应忘记医学生活的本原世界，不应成为空头的生命政治人；必须对现实的医学道德生活有一个基本的交代，那就是用善、爱和总体正义的原则，统领我们这个被没有航向的科学技术主宰的世界。我们一定要坚持，不是生命科学技术控制人，而是人控制生命科学技术。①

身体可能患病，而且必然会与世界分离或者进入“无梦的睡眠”中，这是构成一个客观和历史世界的条件。阑尾炎、糖尿病、截瘫、躁抑性精神疾病等，是身体遭遇变故之后的一个个现象，无论是感官可以感知的，还是由于限制而难以早期预测的身体疾患，都是对于主体的限制，并在一个活的传统里，具有构成性意义。医生在对他者的经验中，要体现主体间的等价性，身体相异，但意义均等，以此表述尊重、公平和正义的真理性。显然，胡塞尔开创了一个前所未有的身体道德现象学的新视野，也为我们建立“活人”医学的后现代生命伦理观念奠定了思想基础。恰如他的文字所表白的那样：

> 这里还须注意的是，在所有对事物的经验里，活生生的（lived）身体作为一个功能性的、有生命的身体（因此不是作为纯粹的物）而被共同经验到。当其自身被作为物被经验到时，它以两种方式被经验到——以及被恰恰是作为一个被经验到的物和一个功能性的活生生的身体，两者在一个身体里被共同经验到。②

胡塞尔的历史贡献远高于海德格尔，从没有被后者所超越，仅仅由于

---

① 针对海德格尔《追问技术问题》中，“不是人控制技术，而是技术控制人”。见陈嘉映《海德格尔哲学概论》，三联书店1995年版，第371页。

② 转引自［丹麦］丹·扎哈维《胡塞尔现象学》，李忠伟译，上海世纪出版集团2007年版，第107页。

胡塞尔作为犹太人的种族政治原因，而被曾任纳粹大学校长的海氏所遮蔽。还原这段思想的历史，我们应该还胡塞尔真正应有的学术地位。生命伦理学问题研究习惯于描述性刻画，并把一个个医学生活的现象和临床对象在人的亲身在场中被直观地给与；我的先验主体是一个被看做显现的、现象性的、展现的条件的主体，必须承认，那个先验的主体是属于我的具体的和个人的主体性，由此，医疗意识才可以在诸多的对象中，成为先验性反思的最重要部分。理性的医生与病人应该是同一性的，但医生既要保持自己独立执行医疗权力的一面，又要保持生活的个我性，并使自己的责任和责任的履行，成为实现人类福祉的构成部分。医学的道德化角色和使命的确定，显然不是表面上的或者语言中的，而是融通于各种关系和个人意识深处以及情感中的。那是刻进心灵中的一种自觉。心灵表象不应外在于人的存在，而是爱、行善、理性世界的观念叙述。

海德格尔一生跌宕不宁，但始终在形而上和诗境中反思和游移，从青年时期的神学理想到晚年临终前对于“上帝之道”的回归，特别是一直玄览于“天命之谓性，率性之谓道”中。对于存在和生命死亡的思考，对于人的生存状态、疾病、痛苦以及技术控制人的悲剧等的忧虑，使他被一张无形的大网所裹缚。1946 年，人类正因二战胜利而振奋时，他在被接受调查审讯之后其身体与精神几近崩溃，体验到生存的困境并接受格布斯塔尔的心理治疗，在医生的面前他落寞而抑郁，并吞咽着从 1933 年以来的政治活动种下的苦果。他被流放于托特瑙山的木屋中。1947 年 4 月，他面对拘留解除时起诉方的问话表示：“我将完全沉默。”① 这对于他后来的哲学，特别是对人的内在生命活动的考量，做了前所未有的超越。海德格尔一生追求“思中持久的因素是道路”那个生命的一切的“道”。对于“限有”和“定在”作为对于人的身体感官和精神的“此在”状态给予了难有人相比拟的最高远而深刻的关照。他在论证生死疾病时，强调“爱里也有个别化，但在突出被爱者个体性的同时又有爱与被爱的融合；那可能是一种更丰富的个别化，但不是一种绝对的个别化”②。时间是生命的绝对条件，生命在时间中存在、延伸和老化，疾病与康复，再一次疾

① 此段经历可以参考［德］吕德格尔·萨福兰斯基《海德格尔传——来自德国的大师》，靳希平译，商务印书馆 1999 年版，第 473 页。

② 陈嘉映：《海德格尔哲学概论》，三联书店 1995 年版，第 100 页。

病，奔向最终的死亡。死亡是生命的到时，是由先行的疾患逐渐演变或者突变的，虽然引入技术和科学，指医学或心理学，但我们不能消灭死亡。死亡是一种绝对的东西，是生命的成果，是存在的艺术作品的结局。我们人的生命存在是受物的吁请而来的，遵循着“天地人神”四大朴一的律令，道德地生，道德地死，故“道”为最大。人面对死亡只有无言的惊叹，医学是一种无奈的选择，更需要人文化的关怀。身体有一种自然赋予的集结生存意志的强力，否则器官和组织就会散落飘零，但“人生”作为整体的过程，“此在总是散落飘零在它的世界之中（躯体、自然、社会、文化）”[①]；人的一生一直活在生存性的努力追求之中，这显然需要一种力量，与邪恶的疾病进行抗争，并且调动医学的助力，开展连续的与病患、伤残、意志衰萎、抑郁、退化、衰老和死亡的厮杀，医学给与其信心和鼓励，医疗和卫生慈善机构以及从事这类工作的专业人员和科学家为它们提供最好的援助。

> 存在（being-sein）必须与此在（Dasein）相区分。此在是意味着表征人类的某种幸福感受。[②]

这种幸福感受只有在健康的前提下，才会获得社会文化意义的那种快乐的指向，人性通过健康的机体表述一种正常的权利生活和责任感，并且可以正当履行道德的义务。20世纪60年代后期，海德格尔邂逅了军营医生出身的默达德·波斯。波斯在荣格曾经活跃的腹地，认真研读了《存在与时间》，被那种深刻的洞见和对于人的生存以及生命现象的独特诠释所打动。他在城堡林的《措利孔讨论班Ⅷ》中，表达了对于这本书的喜爱，并希望把这些思想用于精神病的治疗。海德格尔获请在这类讨论班上尝试用《存在与时间》的“人生此在”分析理解人的精神障碍，他们围绕“同世界的开放关系是否受到损害，以及在多大程度上受到了损害”等问题展开讨论，结果是提倡坚守当下，“而不是逃避到未来和过去之中”。海德格尔同时批评弗洛伊德的理论，认为“他用构造起来的关于遭

① ［德］吕德格尔·萨福兰斯基：《海德格尔传——来自德国的大师》，靳希平译，商务印书馆1999年版，第241页。

② Roger Scruton, *A Short History of Modern Philosophy* (Routledge Classics, London and New York, 2008), p. 270.

受病痛的史前理论妨碍了这种当下的关系”[①]。关注精神病人，作为海德格尔的一项学术生活内容，他企图解救这些有着生存障碍的可怜人，重新回到开放的世界关系中，而且他经过更加深入地考察，发现正常人和精神病人之间并没有一个绝对清晰的界限，由此联想到近代文明的疯狂现状和病理学问题；他如同后来的福柯那样，对精神病人以及所有有着身心残缺的弱者，给予极大的同情和道义上的援助，这一切更加逼使他向社会发问，向医学挑战，解放那些处在痛苦之中的人们，给他们以人的权利，给他们以关爱。海德格尔思考病人的生存境况，意在论证在那个患病的时间里和朝死的绝断中，倾听良知的呼唤，对这些苦难者的生存给予实际性的生存关怀。

生命伦理学的一个语言目的，应当只想对于“物”的命名，无论是病状还是与医学活动相关的事“物”（包括精神的与物质质料的以及社会的、关系的），最应该关注的是人“物”，使物成为物的条件（bedingung）。[②] 海德格尔并没有把人作为一个特定的物质世界，但他认为是非物体化的、无条件的、绝对的有生命的东西，这就与一般的机械或无机物质的那些物件区别开来，由此使人们把人“物”（包括动物世界的生命体）不仅仅作为质料与形式的特殊结合，而是作为“埋藏在众属性之下的承担者”，同时作为“感觉与料的总和或整体”；人“物”有人格的尊严和意识，人有一种有别于他物的特质，他的权利应该与其权利意识相一致。当代社会批评把病人“物化”或工具主义地把病人作为疾病本身或有病的“物”，削减或抹杀了人性，或者将疾病与患病的主体相分离，都是必须异化和危险的偏移。疾病使人失去健康的栖居地，言说者失去宝贵的“土地”家园，离开土地，消散在开放的空间里，不能劳作，病人成为无家可归并被剥夺自由的被囚禁的“囚徒”，“我”不再是“我”，被痛苦鞭挞着、折磨着，只有医生用医学的技艺使其得到解脱和解救，医生是道德上和美学上的人类使者。生命伦理的使命是要超越传统人道主义的形而上框架，人不仅是存在者，更重要的是一种有尊严的存在，“人是存

---

① ［德］吕德格尔·萨福兰斯基：《海德格尔传——来自德国的大师》，靳希平译，商务印书馆 1999 年版，第 540—541 页。

② Bedingung，德文，译为“条件”，就是使某某成为一个物体的东西。参阅陈嘉映《海德格尔哲学概论》，三联书店 1995 年版，第 242 页。

在的‘此’，这就是说，人是存在的疏明”[①]。生命伦理学就是要超越以往种种人道主义对于人的理解，恢复人的真正的尊严，挣脱机械的、政治暴力的、资本主体的、冷面科学技术的、失人性的卫生体制和病态的医疗机制，使人性具有一种特别的现实感，在真实的友爱、温情中，作为存在者在存在的光明中，回到疏明的大地，获得生存本原方式看护着存在的真理，“以使存在者能够在存在的光明中作为它所是的存在者现象”[②]。

人体也成为被实验技术与科学去蔽的肉身的自然架构，把具有自主性的人倒逼为作为改造的对象的存在者，成为无需受命而接受的危险的作品。人体增强术添加在生命科学技术体系内，成为人类改造水电、农作物、转基因动物等一类的观照显现，人不再单纯是自然的立法者，同时成为被技术的摧毁者；医学技术强索于自然，根本性地颠覆了人与自然的关系。这一切已经不单单是自然、技术与人的关系问题了，而是如何在经历生命科学技术的风险中，依然使人类这个物种持续“葆真”，并且面对道德难题，回归诗性故园的问题了。这一方面满足人的健康、完美的需求，另一方面求得在一个合道德的框架下诗性去蔽而整全地生存。克隆人技术和可能即将到来的更具有刺激性和美感的生命增强技术，将会进一步使人作为医学技术或生命技术的囚虏，或者重新在一个新的生命伦理愿景中，摆脱这样的控制，回到本源的天命的自由。生命伦理学应该认识到技术就其本质而言不是一种工具，它只是一种时代的历史的生存方式和生活境况，人类必须控制自己无休止的欲望，最终建立指导我们生存的原则，规范生命科学行为的基本语言。

生命伦理与科学一样存在着真理性，没有理由否定人道主义的天理对于生命发展的道德规范的历史性奠基。历史性的生活也应该是生命道德哲学思考的基础。生命伦理学应该如同它本源的身份哲学一样，驾驭这个时代。尼采的生理主义和改头换面的生命竞争的达尔文主义，以一种异乎寻常的决断论取代了生命伦理思想，是鲍姆勒尔把那种思想推向极端并且纳

① 请参阅陈嘉映《海德格尔哲学概论》，三联书店 1995 年版，第 348 页。引句出自海德格尔《关于人道主义的信》第 325 页。“疏明”一词源于德文 lichtung，意为舒朗、澄明，开敞的、遮蔽的，原著中例如“以人之此在为疏明之地”；译名应出自《庄子・内篇・应帝王第七》“向疾强梁，物彻疏明”，“物”是指“事物、事情”，“彻”指“通彻”，“疏明”是“开明”的意思。

② 陈嘉映：《海德格尔哲学概论》，三联书店 1995 年版，引句出自海德格尔《关于人道主义的信》第 330 页。

粹化了。而海德格尔却冷静地把尼采的上帝已死和肉身有限性，做了一个价值论的裁决。我们可以把这种权力意志转换为生命伦理学框架内的“权利意志”，在解放人性的同时，给与身体以前所未有的自由，那就是自主权。在这个意义上，以尼采为代表的“上帝死亡，人性解放”的伦理应该是生命伦理语言至关重要的。它掺进了催生后现代生命伦理学精神的洪流。

因为有了康德、黑格尔的奠基，有了胡塞尔和海德格尔的推助，有了法国的生命哲学以及后现代先锋思想的呼唤，由路德、加尔文传递的清教主义伦理和基督教生命伦理思潮，几乎同时和北美大陆的实用主义伦理学、罗尔斯的正义论、功利主义哲学以及梵蒂冈第二次大公会议及其后的汉斯·昆等人发轫的后现代宗教革新运动一起，警醒了一大批具有维新思想和生命伦理觉悟的神学家。他们最后掀起了不停歇的后现代生命伦理学运动。

生命伦理学语言应该包括自由论世界主义向自由世界主义理论的渐变；个人世界主义；当代身体伦理学；太阳伦理学；重叠意识理论（或部分道德共认意识）、宽容和允许原则的辩护、道德异乡人；整全道德理论以及在多元文化背景下的文化战争与次级相对主义，等等。①

生命伦理学与哲学一样，应该在求是、求实的前提下，解决“我思，我爱，我会”的行动。思考是分析，目的是判断，是要解决一个价值评判、价值衡量，伦理学就是要解决价值问题，确立一个价值标准。有了这个价值标准，才能判定能否用安乐死方式结束一位老年患者的生命。这个行动是否可以获得合理的辩护？是不是有意义？是不是符合我们善的标准？有了善的标准，我们就可以作为。哲学特别是道德哲学应该指向爱，指导爱，评价爱，研究爱，这就引出了人为什么会作恶多端？为什么会贪婪、自私、凌弱、嫉妒、欺骗？医疗是行善的，这个善就表现在我们爱不爱这个个体，爱不爱病人，能否坚持医学正义和利他主义，然后解决行动问题上。“会”蕴藏着潜能，蓄势待发，聪慧、智慧使人具有生存能力，可以发现和创造新的事物，建设物质和精神的文明。

道德语言本身可以无误地帮助我们实现对于事物性质的判断，不管是

---

① 书中所列的生命伦理学语言六个位点的详述与具体理论要点，可进一步参阅本书的相应章节与段落。

如何获得思想结论的，最后都要通过各主体之间交流的习惯用语，确立那些公认的语词，来定义我们的评价对象。按休谟的推理程序，就是要找出受尊敬或受谴责的品质所具有的特定因素，进而奠定伦理学基础。“找出一切责难或赞许的最终由之而发源的那些普遍的原则。”①

第二节　生命伦理学的“词与物”

生命伦理学应该有哲学与医学人文学共同钦定的语言和词汇，使得包括医学与生命科学家在内都能够接受或认可的语符，能凝集传播过程中的情势和意义，使诸方位的人都能汇聚在一起，而相互有一个通达交流的语言工具，就会使彼此不陌生、不厌倦、不疏离、不误解。用词与所对应的“东西”，即那“物”，如同疾病和征象、症候、生化检验的数据一样，建立一个共同约定的概念，作为交谈、商讨和辩论的语言基础。

这里的词与物不完全是米歇尔·福柯造就的那个知识考古学规制，但我们依然十分关注词与生命的关系、生命对于词的依赖，以及词对于作为肉体的“物”，对于生命秩序的反映；在兹，很多词的现象是生命的道德规律和生命体的隐形规律的程式化与本质显现，或者还包括生命类属与个体之间、人与社会、人之“词”与自然之物之间的伦理关系。

生命的真实存在是与词的制造成果互为对应、互为对称、互为印证的。生命、身体感知觉、善恶取向等必须与词语的结构配列统一，或趋于统一，才会把伦理世界和伦理生活支撑起来，就如同建筑物——科隆大教堂的框架结构，就仿佛生命体（教堂）被以钙元素（金属和木料元素）铸造的骨骼（钢筋木桩）一样。词语构成了生（命）活（动），实现了人的现象。词语使生命有意义，词语使人呈示意识和理性。

这个考察与研究是生命伦理学的基本建设及其语言哲学基础的一个部分。我们可以通过对这些问题的考量，认识和把握生命伦理现象和问题的形式，并且可以由此追踪其现象背后所隐藏的道德本质，并从生命伦理叙事本身，理解和认识生命伦理选择的动因，以及那种选择与生命自然和生命社会属性之间的关联。这对生命的伦理解释学和生命伦理的解释学而言

---

① ［英］休谟：《道德原则研究》，曾晓平译，商务印书馆2002年版，第26页。

很有意义。

> 生命作品与文本作品虽然不一，甚至二者完美之间存在冲突，但文本作品仍然与个体生命存在某种亲近。一个诗人终其一生都在尝试说出那个离自己最近的词，那个像魂魄一样萦绕自己肉身的词，这个词是诗人自己的命名，也是对死亡的命名。这个词是使命。①

词与物的关系，就是文本（词）与生命（物）的关系，没有什么比生命伦理学更能贴切反映二者之密不可分的关联了，更能让我们读懂生命和知识社会的内在统一性了。②

按福柯的说法，既然“人”的概念并非先验存在的，而是晚近知识形塑的结果，那么它也就会被抹去，如同海边沙滩上的一张脸。但是，他也因为“人之死”的结论而饱受学界批评。萨特就曾基于此点批判福柯的《词与物》为“小资产阶级的最后壁垒”③。

与生命伦理学相关的是，福柯以知识考古学为名研究了后现代人文科学，他认为，在古典时代“人”（概念）并不存在，只是随着19世纪初现代认识的出现，才出现了“人”。关于人的所谓人文科学，有心理学、社会学、文学与神话研究（其实还有宗教和艺术）。但是人文科学不是科学，只是处在与生物学、经济学、语言学相临近的位置才取得了貌似科学的假象。既然“人”只是近期的一个构思，那么这个构思也可能会消失。“人”应该成为知识（le savoir）的实证领域，而并非科学（la science）的对象。福柯还得出了一个毁灭性的结论，也是他的高峰论断，即认为，随着精神分析学、人种学的发展，以及同样不谈及人本身的语言学的发展，“人”将最后终结，“人”将消失。“生命”在概念中陨落，是一个必然的结局。福柯的悲剧性研究和悲剧性结论，没有给与人类以希望和信心，只是自认为历史文化地洞见了生命存在和毁损的现实，意在警告人类

---

① 一行:《词的伦理》，上海书店出版社2007年版，第192页。

② 《词与物》（Les Mots et les choses: une archeologie des sciences humaines）本是福柯1966年出版的著作，原名为《词与物——人类科学的考古学》。在该书出版时，福柯倾向于将其命名为“事物的秩序”，但编辑希望改名为“词与物”，而该书的英文版标题则为《事物的秩序》（*The Order of Things*）。

③ 请参阅《福柯集》，杜小真编选，上海远东出版社2002年版，第104页。

的恶的基因所主导的违规的失范行为和现实。可以说，这是很有价值的一种说教，他深刻地揭示了后现代人类的种种劣迹，比如用技术阻断生物链，对动物的残害，特别是人的精神的异化，使得“人”背离了人的使命。

此外，他的四种相似性的主要形式隐喻了生命的道德律，很有生命哲学的寓意，有德日进的情思，也有柏格森或居友的思维。第一，适合（convenientia），说明物在空间上彼此接近，交缘、交融、交合，相似性就出现在两物之间的这一结合处。比如，人体循环系统类似繁茂的大树。第二，模仿或仿效（aemulatio），即不受位置律的束缚与控制，能静止地在远距离相互对应和发生作用，但始终与原型相呼应。第三，类推（l'analogie），类似于仿效，也不受位置律的限制，又类似于适合。福柯举例说，植物是站立着的动物。第四，交感（les sympathies），交感没有确定的法则，自由自在地在宇宙间发挥作用。例如，在殡葬仪式上使用的纪念死者的月季花，这些花就和死亡发生了耦联。

相似性必须使词与物可以辨认，人们必须能够联想到原有的物象；世界就是充满相似性的神秘空间，是一本用相似性的记号编辑的工具书，而理性的人，作为知识的主体所要做的就是发现、辨认、译读这些记号；相似性既是认识的形式，也是认识所产生的知识的形式。

词与物表现为两种形式：第一，在其初始形式中，词是物的完全确实和透明的符号，因为词与物相似；第二，词不再直接与所命名的物相似，但依然顽固地以另一种形式成为启示的空间，并包含在真理既被宣明又被表达的关系和环境中。

生命伦理世界和医学社会，使得我们的词概念与医学道德文化关系的社会存在形成一种类推关系，而不是指称关系。应该明确的是，就在医学关系建立的当下，词与事物、现象、纠缠的情境相互交织的空间中，是以书写的霸权为先决条件的，书写物优于言说物（词的两种变体）。基于书写的角度，原本存在三种层次：书写形式，语言是事物的一个印痕，是事物的标记；书写形式之上，存在着评论，评论重述了在新的话语中被给定的符号；书写形式之下，必备文本。三个层次通过相似性原则统一在一起。但是，福柯认为，从文艺复兴末期开始，这种基于书写的三元结构慢慢消失了，理由是三元结构被“能指/所指”的二元结构所取代，而且词本身不再表现为相似性而是表现为表象。“从古典时代开始，书写的至上性被悬置了，这是一个巨大的文化重组。”①

诚然，在医学生活中，我们很难建立一种词与物的密切关联，我们指向的善举，必须和医学科学技术的“物”合为一体，不至于只是将书写的相似体传达给我们施爱的对象，这样，我们则将书写的至上性拉回到现实，生命伦理学的目的，就是完成这种词与物的统一。福柯的思想貌似晦涩与艰深，其实，他是为了给我们一个普遍的公理，使我们不至于在生活实践中抛弃语言和行为的关联，或者由于我们日常繁杂的事物而背叛“词”的意志。

词是什么？词是人手中的一把剑，词是生命的镜像，词能帮助人认识自己，并对与你不管相关与否的“邻人”都同样接受与传达你的爱。词表达和征服我们自己，使我们如同宗教徒一样，经常检省自己；生命伦理学的词应该针对道德原则约制的“人物”的行为，让我们清醒和节俭，在“爱人”的过程中，修炼自身。就像萨特用“读与写”拯救自我一样，使用“词语”导引“我”通达自由的境界：

> 文化并不拯救任何什么，也不拯救任何人，他并不证实什么。可它是人的产物，人把自己投射到其中，又在其中认出自己，只有这面好挑剔的镜子向他反映出他的尊容。②

随之，我们这里有三个词，第一个词是“**物物**”。物物有两种解释：一种解释是一个动词一个名词，就是交易、交流，以物换物；另外一种解释就是物的存在，“物”的物，事物的存在或者物体的实在，也就是这个实体，物物是一个物表，是具体的那个东西，干细胞、活体器官、羊水、囊肿等，都是“物”的物，它可能是由很多元素构成的，可能是金木水火土，可能是风火土，三元素说、四元素说或者五元素说，这实际上是一种附表，一种表征；物可以是由一组元素组成的，但不追求究竟其复杂的结构是什么，不管由几个元素构成无机物，不管从无机物如何进化为有机物，也不问有机物的肽链结构、核酸结构，组成蛋白质之后为什么就蕴藏着动“物”的生命，所以称为物表。第二个词是物如。“**物如**”（Dinge wie）原意是指事物的本源或本质。

---

① 请参阅《福柯集》，杜小真编选，上海远东出版社2002年版，第104—106页。福柯还认为，生命物与词之间，存在差异是客观的，生命物只有通过其功能与其生存条件之间的某种关系才能有名副其实的历史。这取决于生物的内在构造。

② ［法］萨特：《词语》，潘培庆译，三联书店1989年版，第182页。

章炳麟《建立宗教论》指出："顾以为必有本体，名曰物如。物如云者，犹净名所谓色如耳。"物如又是玄学的对象，康德认为是"理性的概念"，称为先验的理念与对象；物如为现象剥去了感性的表象后剩余的东西；[①] 也可以理解为本质，如果物物作为物表的话，那么物如就是物里，是内在的；就是那物——如我们所思考的东西，或者叫做内层的，核心的，能够决定、说明和解释物的东西，并能够决定事物的性质、品行和意义。也可以认为是"物"的附义。那么，回到生命的范畴来理解物如，即是生命的本质，是活着的"物"的一种状态，人是最高级的活物和生命体，其本质是具有自我意识、有思想的存在；生命伦理学就是要规范这一"活物"的善行，制定约制人性的原则，使生命能够在善举和爱人的行为轨道上谋事，同时使医者和病者都能理解、忍让、关爱、宽容、同情和尊重，在一切的生活、生存和维护人的健康与最大快乐的境况中，获得身体的自由。第三个词是"**如物**"。如物就是物的还原，"人不学，不如物"，如物就是如客观的事物，就是回到事物的本原，从生命的人的高度的动物最后返回自然，返回金木水火土，恰应了《创世记》所载："你必汗流满面才得糊口，直到你归了土；因为你是从土而出的，你本是尘土，仍要归于尘土。"[②] 就是如物归物化物。记忆是说明词义的，不断记忆这个词又要不断更新这个词，就像猪的意义变化一样，把原来的东西排斥掉、遗忘掉，把原来的标识、意义颠覆掉。人们就是这样不断记忆，用词记忆，用物强化记忆，最后又把记忆剔除，更换记忆，把这种记忆作为一种遗忘，有些记忆是不能遗忘的，有些记忆是必须遗忘的，遗忘是最宝贵的。如果不遗忘，这个人就是不可存在的，比如说亲人去世，大哭三日是可以的，但若苦哭一世，永远处于大悲之中，停止生计，则难以再生。遗忘是伟大的，我们成长、成功，就是建立在遗忘基础上的，遗忘在某种意义上比记忆更重要。

有一组词是福柯的，属于后现代。福柯对于词与物（语言与事物）的关系尤其在意。他认为，医学是**凝视（目视）**的科学；第一个就是凝视（目视），他指出：

---

① 参阅郑昕《康德学述》，商务印书馆2003年版，第16—20页。郑昕理解康德的思想，认为现象与物如的分别，既是类的分别，则物如不能渗入现象，它不是现象里面或现象后面的东西。

② 《创世记》3：19。后半句英语为"for you are dust, and to dust you shall return."

> 临床目视不是那种能够感知现象背后纯正本质的知识之眼。它是穿越一个个肉体的具体感受力的目视，它的轨迹固定在感觉现象的空间里。①

福柯偏激地认为，临床医学的真理都是感知的真理，在病人面前和病床边上，一切理论皆陷于沉默，只有观察与经验。福柯用柯维萨尔的观点，夸大了观察、看与凝视的价值，虽然忽视了知识的基础和准备，但赞许了目视的重要性。凝视是沉默的，理论也销声匿迹，凝视可以使医生进入病者身体的自然和疾病的图示里，可以“恢复一种发生过程而产生的事物的真理”;② 疾病也会与遇到的情绪结合在一起，那些炎症，也和生活方式、年龄季节、医疗关系和道德社会紧密相关联，并决定医生的工作态度、伦理选择、语言以及治疗的结果。言说与被感知、凝视与语言、词与物的交流，足以验证伦理原则的有效性，特别是作为一种临床监管策略与科学道德告诫的重要意义。凝视也有时间限制，也是有限制的一种视，有限制的一种观察，但是凝视要加上一点思，没有思就不是凝视了，那是呆视，就是傻乎乎地望着，凝视往往会发现问题，很多思想是在凝视阶段产生的。至于评价，则是凝视、瞥视和审视的结局。“医学凝视整合了视觉、触觉、听觉以及叩觉而具有多重感知结构，这种结构为科学探索提供了跨越种种障碍（特别是道德禁忌）进入身体那看不到的深层而揭示秘密的可能性……”③ 第二个是**瞥视**，按柯维萨尔的意见:

> 医生的瞥视常常包含着如此广博的学识，和如此坚实的素养，如果不是经常、准确和有系统的感官训练的结果，那又会是什么呢？它正是在这种训练中获得实践能力、敏锐的联想力以及迅速做出判断的自信，有时这些活动显得好像是同时进行的，可以用“触诊”这一名称将它们全部覆盖。④

---

① ［法］米歇尔·福柯:《临床医学的诞生》，刘北成译，译林出版社2001年版，第134页。

② 同上书，第120页。

③ 于奇智:《凝视之爱》，中央编译出版社2002年版，第85页。其中的引文源自威廉·F.拜纳姆《19世纪医学科学史》，曹珍芳译，复旦大学出版社2000年版，第254页。

④ 这是福柯引用的柯维萨尔《胸内科疾病新辨识法》法译本前言，第X页中的文字。见［法］米歇尔·福柯《临床医学的诞生》，刘北成译，译林出版社2001年版，第135页。

因为有了相当的临床经历（当然也可以说是经验），所以医生有能力采用悟性或美感的分析向度，这一瞥是一种幸运的本能，是在一种艺术家式的感觉之中的；这样，“医学目视的基本技术就转变成关于谨慎、品位和技巧的忠告：真正需要的是‘无比的洞察力’、‘无比的注意力’、‘无比的精确’、‘无比的技巧’、‘无比的耐心’”①。我们在生活中观察这个世界，不能全部认认真真地凝视，经常是稍微地看，或者用我们聚焦的余光，瞥视还说明生命的时间有限，人生不允许我们长久凝视和审视，我们在选择中筛选事物的价值，瞥视是一种选择，因此它是一种境遇。瞥视的时候必须提供一个足够的境遇，才能让我们选择到底是凝视还是瞥视。人对周围大部分的问题，不管作为一个善恶问题，还是作为一个审美问题，看其是不是我生活的重点，是不是我有兴趣的，另外它和我的需要与欲望常常分离。在这种情况下我往往就会瞥视，只有它追求那个目标，就如同人置于百花园中，我们只能普遍地瞥视、重点凝视、个别审视与研究；青年男女恋慕，也是从瞥视开始的。第三个是**审视**。审视加入了更大的思，就是沉思或陈思、静思、冷思、审查、审计。审视带有深刻的理性，往往会问为什么？怎么样？为什么这样？有没有意义？有没有价值？在价值之内和价值之外还有没有价值？就是问意义的意义，意义的本身有意义，春花与某位少女很靓丽，装点了城市这个环境，丰富了这个世界；为什么美丽就能打扮这个世界，丑就不能打扮这个世界？显然美学中的美与丑不是这样的结论，丑是自然，也是美的元素，美德和才智对这个世界比具象、短暂、身体平面的美更有意义。进一步追问，实际上就是对美的审视；我们在生活和学习中往往离不开审视，只有审视才能深入事物的底层，才能捕捉它的核心，真正美的品质不仅仅是感性的直观，是由先验和经验作为认识基础的必然性决定。道德元素参与对这种认识对象的评价，由此才能解决表面浮现出来的矛盾、冲突、不平衡、无序，才能把它理顺。没有这样审视的过程，事物或现实中的问题、现象或者关系就无法解决，就无法获得规律性和原则的东西，所以审视阶段更为重要；对这些，福柯们并没有作出进一步阐释。在众多的审视中选取几个点，最重要的一个点，就是结点，然后它成为一个轴心，成为一个目的。在众多被审视的事物中排

---

① ［法］米歇尔·福柯：《临床医学的诞生》，刘北成译，译林出版社2001年版，第135页。原文引自鲁谢—德拉特《观察技巧教程》，第87—99页。

序，从最重要的、不重要的，最后到最不重要的、根本不需要的，选择一个最需要解决的问题，这个就是**重视**，就是把结点做出来作为最近的一个最重要的目标。与重视相对应的就是**轻视**，本来列为审视的对象，最后经过考察、思索和具体的研究，发现不值得我们作进一步思考。最后一步是更高级阶段，就是**回视**和反思，道德忏悔是属于回视与反省的；就像老年人回顾自己年轻时的作品、容貌和行为一样，看——反思——超越——批判，反过来再评价，人在这样的过程中进步，人最后才从最低的山坳奔向最高的顶点，就是马克思所讲的沿着崎岖小路到达最高点、顶峰。任何事物，任何人的思想脉络，任何一个人的成长，任何一个事物的发展规律都离不开这样一个路径，这也是法国后现代主义哲学家、思想家对我们在思想方法上的一个贡献。

> 消极的说，物如永远不为感性直观，积极的说，物如为非感性直观的对象。故物如之为对象，对于我们的悟性说，是一个问号，对于我们的知识说，它是一个分水线，是一个极限。①

医学中的事等同于人之事，是生命在一种特殊的情境下，表象或显现人性的本源的语言，自然之道与人之道浑然一体，通过医学的介入，完成对其身体诉求的回复。而身体作为医学语言的物体对象，是在回应和接受道德的观照，从而实现词与物的平衡，也就是说，在普适价值（或者总体核心价值）的框架内，遵循基本的德性原则，维系良善的秩序与和谐的关系，至于生命中身体健康的概念是顺便牵涉进来的，并不是最终的目的，最终要实现的是：以人为目的，使人生活好并拥有一个快乐的结局。这就是医学内在“善”的有用和有效性，不仅仅满足某种健康和身体平和的欲求，而且要扩大开来，最后实现终极善。

语言是人类的一部分，是世界的另一种存在形式；因此，更应该是医学生活的基础，医患关系是建立在语言上的，我们的善美的说辞与行为之先的思想，必须通过语言获得对象的认可，同时，语言作为一种约制力量，会督促医生无条件兑现对于病人治疗效果的承诺，从而使“仁术”的词应对人道服务的人“物”。

---

① 参阅郑昕《康德学述》，商务印书馆2003年版，第17页。

第三节　生命伦理学原则以及最基本的说明

医学最不能容忍的是，已经遭受疾病伤害的病人，同时又受到不公正的待遇。但恰恰在现实社会和具体医学生活中，实际的不公正却是一种常态。所以，医学需要用一种较为强制的力量，使病人在任何情境下都免于由于卫生资源的紧缺而导致的另一种伤害，即不能及时获得应有的有效的治疗。我们在此必须认真温习罗纳德·德沃金所提出的秉公执法的两个原则，我们按生命伦理的诉求和语言对其进行了必要的修订，形成了这样一种注释：第一，任何一个关于生命保全的决定都必须平等地对待所有人，也就是强调必须关心、尊重所有患病的人，包括尚未成为医生的救治对象的那些人。政府和医疗机构的负责人和管理者，不应该有任何一个决定向某一位患病的人强加比其他公民更大的道德伤害风险。附加条件是，政府和决策人必须避免强加给病人比健康人更明显的伤害。第二，政府应该把医疗公平的规则作为政治权利归还给所有人，而不能以任何理由剥夺这种天赋的生命权利，在政府人员或医生遭遇权力和病人权利冲突时，只要在舍弃政治权力不至于伤害更多人的医学权利的前提下，就应该以病人权利作为第一要务去坚守。同时，“要求公开承诺的公平性”①。

由此想起了古罗马律师、哲学家马库斯·图利乌斯·西塞罗（前106—前43），他认为，医学不仅仅是智慧，更像是一种表演，它的目的是技艺施展和技艺本身内在的东西，是要我们的观众接受它内存的思想、文化和善，所有的姿态都构成技艺的主题，就行为本身来说，就是“正当的行为”（right actions），“做得对的行为”（rightly performed actions）；医术的目的不能与智慧的完全目的相提并论，医学应使技艺包含公正和宽容，并培育道德上的高尚。在希腊语中，“telos”就是“最后目的”或“终极目的”，也就是“至善”。即是说：

……凡善的都是可赞同的，也是值得赞美的。而值得赞美的就是

---

① ［美］罗纳德·德沃金：《原则问题》，张国清译，江苏人民出版社2005年版，第105页。以上文字，是作者根据德沃金的部分解释改写的。这应是生命政治的理性基础之一，对于生命伦理学原则来说，这是其重要的政治哲学来源。

道德高尚的。因此，结论就是凡善的也是道德高尚的。[①]

如此，我们把所有原则根据其价值级别进行分类，即主体原则或称母原则，为最为普遍的与核心的、根基性的原则，此为第一级原则，其他原则均要在伦理精神与具体行为指导上，以至于在实际操作上，服从于该原则。第二级为基本原则，是指一些一般性的指导原则，这些原则被作为伦理学规定和评估人类行为的基本理由；在人类文化传统能够普遍接受的原则中，国际公认的“自主、不伤害、行善与正义”是最核心的，其中，“尊重个人自主、行善与公平原则”的《贝尔蒙报告》(关于保护人体受试者伦理学原则及准则）三原则更明确地规范了生命科学研究行为的道德操守，为医学伦理学制订基本原则和应用提供了重要参照。但是，因为“善是一切事物的目的”[②]，出于“行善”或“善行”的特殊道德价值和统辖地位，不能等同于其他较低级的原则，应该与金规则“爱”相平行。“善”是人类道德行为理想的终极目的，而爱是人类道德的最巅峰的行为标准，善是爱的结果，是爱的成就，爱是善的叙事，善是爱的花朵，是对爱的效果的检验；不应将“善”作为基本的、具体的变通行为的微观约规。道德价值就是善，不能把善过度具象化；善是美德，不是具体的小善，是博大的、宏观的德性，它几乎包含所有的具体伦理原则。行善是其他基本或应用原则的纲领，是指导原则。

因此，医疗行善或医学善，应该与生命之爱并行，以构成生命伦理原则的母体原则或主体原则。这样，我们就可以把行善原则升级为主体原则（母原则），而原有的“自主、不伤害、行善与正义”就可以改成“**自主—不伤害—正义—允许**”四大原则；或者整合为“**尊重与自主、有利与不伤害、公平与正义、允许与宽容**”四原则，作为生命伦理二级原则或基本原则。“行善”已经作为主体原则，基本原则就没有必要重复了，而所有的具体原则都要体现“医疗行善”，只有主体的“善”是总的，是医学总体目标，是理想。而更次一级的原则，即具体的应用原则有：知情

① 请参阅［古罗马］马库斯·图利乌斯·西塞罗《论至善和至恶》，石敏敏译，中国社会科学出版社 2005 年版，第 107—109 页。

② Wayne G. Boulton, Thomas D. Kennedy, and Allen Verhey, *From Christ to the World, Introductory Readings in Christian Ethics* (William B. Eerdmans Publishing Gompany Grand Rapids, Michigan, 1994), p. 106.

并同意、最优化、保密与生命价值原则，即第三级原则。

原则、规则、准则和行为的规约是生命伦理学，特别是临床伦理和科学研究伦理实践中最重要的行动指导和评价标准，其体现与表述的是医学生活或医患关系中的权利意识与道德情感。在西方，它们一直被作为伦理决策的道德依据，并被美国、欧洲等许多医学组织视为医生的执业行为基础。它们也是法律判案的参考系，虽然存在许多争议，但作为跨文化的医学伦理学评价方法，已经被国际生命伦理学或医学伦理学界普遍接受。

至于原则与规则的差异，在生命伦理学中，可以借鉴法律情境中的划分：首先，规则的规定是明确而具体的，它着眼于主体行为及各种条件（情况）的共性；其明确、具体的目的是削弱或防止在应用上随意“自由裁量”。与此相比，原则的关注不仅限于行为及条件的共性，而且看重它们的个性。个中的要求比较笼统、模糊、相对抽象，它不预先设定明确的、具体的假定条件，更没有设定明确的行为后果。其次，在应用上，规则内容具体而明确，仅能应用于某一特定类型的行为选择。生命伦理原则对人的行为及其条件有更大的覆盖和统辖性，是对从医学生活或医学或生命科学活动范畴内人际关系中概括出来的某一类行为、某一部门或全部伦理体系通用的价值准则，具有总体、宏观的指导性，其适用范围比规则宽泛。再次，在应用方法上，规则是以“全有或全无的方式”针对个案的：如果一条规则所规定的事实对错是既定的，或者这条规则是有效的，就必须在实践中，接受该规则所提供的解决办法；当然该规则也可能是无效的，对裁决不起任何作用。而原则的应用则与此有别，它不以“全由或全无的方式”应用于个案，因为不同的原则具有不同的辩护强度，而且这些不同强度的原则甚至冲突的原则都有可能存在于同一语境和具体伦理情境中，比如对于各种交织在一起的权利，就必须进行价值比较与判断，嗣后，方可作出结论，从而推导出实施方案。最后，规则因其规定是明确、具体的，并且要求其符合一定的逻辑结构。而原则的规定是抽象、笼统、概括性的，其本身并不预设明确、具体的假定条件，也不事先设定明确的后果。因此，生命伦理学原则一般不存在严密、精致的逻辑结构。

一 生命伦理学的主体原则

爱与善是生命伦理学的主体原则。爱与善应该是全球伦理所要求的，是在人类的行为、道德价值和基本道德信念方面，最易于趋同和一致之处，是世界上所有愿意过良善生活的人或具有基本人生愿望的人，在伦理方面现在已经存有的，并一直存有的最低限度的重叠意识或部分共认意识。爱与善是我们生活的基础：

> 犹太教徒的律法、基督徒的“登山宝训”、穆斯林的《古兰经》、印度教徒的《薄伽梵歌》、佛陀的说教、孔子的教导，所有这些，对于千百万民众来说，至今仍然是信仰与生活、思想与行动的基础。①

基督教长于爱的道德教导，佛教长于慈善的道德观念。圣约翰说：“没有爱心的就不认识神，因为神就是爱。”② 佛教教化民众、利乐社会，如宋初僧人延寿云：“佛法众善，普润无边，利济存亡，道含真俗。”③

生命伦理学的任何一条原则、规则，都派生于爱与善，或者是这二律的子体和分体；都在不同的侧面上体现与表达二者的终极道德目的。只有服从于这两条母体原则，才使基本原则和应用原则具有伦理价值感。

我们需要确立“是”的系统，第一，必须重新创制一套新的道德哲学理论，用人道语言去说明生命伦理学和法理学的精神实质，制定一个基础，指导“应该”原则架构。第二，要承认现象的差异性和多样性，问题只是相对地发生和具体地被认知，个体的解决只能是个体现象的存在，有些甚至不可能重复，不可能用一个标尺评判所有的现象和问题，没有永远的、永恒的、绝对的“真理”与原则，只有变化的和具体的不断更换的法则。只要不违背在此时此地此文化框架和经济背景下的“世俗善”和“相对善”的公认范畴和不低于公众或社会的道德心理底线，就可以施行和作出决定。第三，任何生命伦理问题，都不能违反“爱”和抽象的公正，即使做起来很难，也必须坚持良心的平静，生命的本体应该是一个“自由”，最快乐最幸福最自由就是“最善”，相对于另外的生命处置，只要保留这样的“最”，就是那个“爱”与“应该”。第四，要建立一个权威的象征，没有至高无上，就没有约制力，人文精神的阙如就是“恶”的始因，承认至善性，伦理才有终端；没有崇高，就没有心理根基；没有

---

① ［瑞士］孔汉思等编：《全球伦理》，何光沪译，四川人民出版社 1997 年版，第 2 页。

② 《约翰一书》4：68。

③ 参阅张怀承《无我与涅槃》，湖南大学出版社 1999 年版，第 42 页。此处转引自《万善同归集》卷下。

信仰，善的河流就没有发源。

（一）金规则——爱：生命伦理学第一主体原则

蒂利希说：爱是正义的终极原则；[①] 爱并不是一种感情，而是生活的一个原则。[②]

世界上最难以定义的词汇，就是最普通、最常用的词，因为它太易于回答而又太难作出精准的回答了。法国哲学家圣·艾克思比瑞曾经把爱定义为："爱就是我引导你回归自我的过程。"[③] 这是最为叫绝的关于爱的解释。

回归自我，就是回归人本身的行为原则，按儒家的理论，人应该以人为人，相互亲爱，即仁者爱人，"仁"字为同人，人与人之间相耦相依，耦则相亲相属；仁为以博大的爱心关心帮助他人的疾苦和生存境遇，尊重他人的人格与意愿，爱人如己，忧以天下；"君子之爱人也以德，细人之爱人也以姑息"[④]。爱人以道，爱人以德，一直是中国道德哲学的主体。其他的义、礼、忠、孝、信等概由此延伸，也由此铸就了医学道德秩序与医务伦理关系。

爱是人的一种顺天理的内在需要，是一种责任与使命，爱主要是动词，是引导人"行动"的。

"没有什么分离的种，只有一个连续的不间断的生命之流。"[⑤] 这即是人，是懂得爱的人。没有爱，这个物种就不可能存在和实现文化的连续性。爱是人类的永恒原则，是人类得以存活与繁衍的前提。爱撒播于所有，所有源于永恒的爱。爱是全部。

马克—艾伦·奥尼克说："后现代伦理学是一种爱的伦理学。"[⑥] 在人类社会，特别是医学社会里，没有任何力量能够阻挡爱的意志，人生可能存在许多不足与缺欠，有很多挫折和不公正的事端，可能会遭遇物质和精神的重大变故与打击，但人不能没有爱，爱可以战胜任何物质与精神的不足。爱就是人的生命的源泉。

---

① 《蒂利希选集》（上），何光沪选编，上海三联书店 1999 年版，第 339 页。

② 同上书，第 497 页。

③ 转引自［美］巴士卡里雅《爱和生活》，顿珠桑译，三联书店 1988 年版，第 26 页。

④ 《礼记·檀弓上》。

⑤ ［德］恩斯特·卡西尔：《人论》，甘阳译，上海译文出版社 1985 年版，第 26 页。

⑥ 原引自奥尼克《爱之思》，第 129 页。请参阅齐格蒙特·鲍曼《后现代伦理学》，张成岗译，江苏人民出版社 2003 年版，第 108 页。

在幸福与痛苦、欢乐与悲伤中，我们应该像对待我们自己一样对待所有生命，应该去制止对他人的伤害，就像发生在自己身上一样。①

这是一本非正统的《瑜伽经》中的文字，它重复了犹太教或基督教《圣经》中关于“你们应该爱邻如己”②，“己所欲便施于人”和“己所不欲勿施于人”，以及“他所欲便施于人”等爱的教谕，同样在伊斯兰教、佛教、道教、耆那教、琐罗亚斯德教、儒教、印度教、巴哈教、锡克教等宗教中都具有类似的训导，说明这种爱的训诫是人类共有的伦理原则，是一种“一般性原则，一种人类关系的普遍性原则，理性伦理的最高法则，一种重要的道德真理，一种道德的箴言，一种警句，一种格言，一种公理，如此等等”③，因此，成为今天我们生命伦理学的一条黄金法则——金规则或者主体原则。按马库斯·G. 辛格的解释是：

……它并不像道德法则一样规定某种对或错、应该或不应该做的特定行为类型，不如说它在以一种抽象的方式阐述（或说被理解为一种阐述）一种决定一系列行动的道德方法或过程。它打算提供一种原则，从其中，或者遵循它，可以演化出许多特殊或具体的道德规定，如果它有效的话。④

实际上，我们之所以需要伦理的控制或限制，“是因为我们的‘本能’已经出错，并且需要来自于‘道德’法则的帮助或者矫正”⑤。爱也需要培育，所以我们需要这样一个金规则来指导和约束医学行为，并由此

---

① ［英］H. T. D. 罗斯特：《黄金法则》，赵稀方译，华夏出版社 2000 年版，第 36 页。源自 *Yoga-Sastra*, cited in Bull, *Maral Judgement*, p. 92.

② 可分别见于《利未记》19：18 中关于道德生活的教导，亦可见基督教《圣经新约·马太福音》22：37—40；《路加福音》10：25—37；《罗马书》13：8—10；也可见《加拉太书》《雅各书》等相应章节。

③ ［英］H. T. D. 罗斯特：《黄金法则》，赵稀方译，华夏出版社 2000 年版，第 13 页。

④ 同上。源自 Singer, *The Golden Rule*, pp. 294-295。

⑤ ［英］斯蒂芬·R. L. 克拉克：《生物学与基督教伦理学》，李曦译，北京大学出版社 2006 年版，第 112 页。

衍生出一系列原则，对于人的思想、语言、行动、诸多的为我自己与为他人的幸福或者所谓身体的权利进行伦理控制。爱是总纲，不能抽调爱或偷换它；爱是人类共守的戒律，也是共有的情感，“爱是唯一的永恒善”[①]，此外无他。爱在良心上始终约束着我们，爱是一种意向和目的。爱是风险和牺牲，是主导的生活规范，为了爱，我们处处事事都奉行律法，而不是为了遵守律法而奉行爱。在爱中，人获得和完成了自我；弗莱彻还进一步解释说，我们必须恰当地爱自己，这样才能恰当地爱他人。他对“爱人如己”进行了阐明：爱世人的程度恰如爱自己；除了爱自己，还要爱世人；以你应该爱自己的方式爱世人；爱世人而不是爱自己。[②] 当然，具体医学中的爱或生活中的爱是极其复杂的，有时，如同弗莱彻所指导的那样，爱需要计算，而这种计算不是残忍！这是一种深思熟虑，既小心谨慎，又充满关心的爱，是一个智力问题，不是情感问题。“作为仇人的邻人绝不比作为朋友的邻人具有更强的权利要求”[③]；从失火的楼房中，救婴儿还是救达·芬奇的《蒙娜丽莎》名画，人格至上论的爱人的人，显然会救婴儿，因为达·芬奇的画，复印件到处皆有，而婴儿的生命不可复制。但弗莱彻又接着举例说，如果在你的父亲和一位发现了常见致命疾病疗法的医学天才之间作出选择，你应该选择这位医学天才，因为他可能会为整个人类作出贡献。这就是关于爱的计算和测量。爱的伦理学是可以计算或者应该引入计算的伦理学，因此，医学之爱是一种应该有计算的、可以测量的、作出排位分配的伦理学。这是很重要的行动突破。爱的结构不是抽象、单一和盲目的，在医学活动中，因为卫生资源的有限性，常常需要这种境遇伦理的计算，或者称为等级排位或爱他人的次序，这就由爱引出了爱与正义的重要问题。在程度不相同的疾病和危险度、紧急度中对于施治或抢救对象进行排序，谁最先需要医治，不会产生更大的问题；只是在疾病的严重性和痛苦程度基本一致时，如何选择最先救治者，这应该是医疗机遇主义的任务。何为正当以及实现最低限度的爱，对于亲属、友人、陌生者、普通同事，或与你有一定利益关联者，或者是你的敌人，如何进行排序和选择，即陷入了陌生人、你的职

---

① ［美］约瑟夫·弗莱彻：《境遇伦理学》，程立显译，中国社会科学出版社1989年版，第44页。

② 同上书，第91页。

③ 同上书，第95页。

业领导人和你的父亲之间如何进行选择的困境，从绝对利他主义和基督爱来说，应该以陌生者为首选，而选择父亲或者职业领导人都应具备一定的理由，也不失为一种合理的选择，是一个可以解释的结论。在具体案例的解困和决疑中，我们总会找到一个相对充分的理由，给与我们行动的支持；或者父亲的病情更加紧急、年纪更大、地位更加弱势；或者职业领导角色关系着整个企业的命运，并且疾病更为严重；而敌人确实还可以在比较之中作为缓行者。在兹，我们必须给人之常性留有空间，并用机术解决纷争。但爱必须是压倒一切的。

按境遇论观点，就是要把一切规则、原则和德行（即一切普遍法则）都看作爱的仆从和下属。奥古斯丁认为，爱是根本原则、关键原则，其他一切善，不论是基本（自然）善还是神学（神启）善，都依附于这一原则之上。①

爱可以给人更大的自由，奉行律法主义的道德家禁止产科医生为分娩的心脏病患者结扎输卵管以使其免受再次怀孕的致命风险；保密的自然律法告诫医生要对无辜的女性隐瞒“将嫁给一位梅毒患者”的事实；而境遇论者，为了对人的爱，就不会接受这种刻板、僵化、冷漠的偏见。②

道德哲学延续了道德神学对于爱的定义和理解，并将世界中规制的对于至圣权威的爱作为最终的源泉，从而确立了盟约或守约的基础，使对于爱的承诺同世人的平凡生活联系在一起；而在道德哲学的意义上，爱应该是一种无私的奉献，首先，它引出各种具体的条规，也就是承继了对他人（或对一群体）已经获得和实现的全部利益的真诚尊重。其次，按照至善的律令和旨意，对他人的物质和精神利益加以积极保护、恢复和促进。③爱必须是发自于真心的，而不是出于一种压力；爱必须是行动的，它必须出于一种责任而对他人表现出实际有效的关怀；医学之爱是面对精神和肉体痛苦的爱的对象，如何解除他们因疾病而造成的困难，贡献一生的最好关心和最精良的技术，并且用一种智慧帮助病人战胜自我和各种消极的因素，设计正当的医治策略，坚持平等正义，其中，特别应注意同疾病紧

① 请参阅［美］约瑟夫·弗莱彻《境遇伦理学》，程立显译，中国社会科学出版社1989年版，第62页。

② 同上书，第64页。

③ 参阅［德］白舍客《基督宗教伦理学》第2卷，静也等译，上海三联书店2002年版，第234页。

急、困难和痛苦程度相关的爱的次序的权衡，这决定了爱的后果和真实效率：

> 邻人的贫穷和痛苦并非全都是同等重大的；它们在程度上互有差别。相应地，人们在“爱人”中所给与的帮助和牺牲也互有变化。这种困难可分为极端的、严重的和普通的三种。[①]

> 医生有义务使自己的健康和生命承受比常人更大的风险（例如在对待艾滋病患者时）。[②]

传统医生由于原罪感而生发的牺牲精神和爱的奉献为医学道德提供了持久的动力和扩延的空间，这是爱与正义的交会，正义和公正是社会秩序与和平的保证，只有爱才能赋予正义以生命。当然，爱的要求应超出正义的要求，医学中的爱与正义是统一的。当它们一旦发生冲突时，应以爱的德性尊重人的本性需要的权利，正义的要求在任何时候都不可违背爱的德性，“任何同爱相矛盾的要求都不能成为正义的要求”。[③] 尊重自主、有利无伤、医疗行善以及公平正义等原则，都是出于爱的前提，包括诚实、感恩、节制、尊重、允许或宽容，都是爱德在具体医学实践或生活现实中的体现。正义是一种社会的基本规范；正义是一种评价行为和事务的标准；正义具有义务性；正义是爱的最低要求；因此医学正义往往更加紧迫和重要。

医学中也必会遭遇到“爱仇敌”的问题，医院不是战场，正如《旧约》所描述的约瑟对于曾经将自己卖到埃及为奴的兄弟们的爱，以及大卫面对扫罗王的恶意所保有的忍耐，对于曾经是自己的仇敌的病人和自己朋友的病人应该一视同仁，这就应验了“你们当爱你们的仇人，当为迫害你们的人祈祷”[④] 这样的训诫。

对敌人的爱是一种特殊的模式，同爱邻人的目标是一致的；对敌人所

---

① ［德］白舍客：《基督宗教伦理学》第2卷，静也等译，上海三联书店2002年版，第244页。

② 同上书，第245页。

③ 同上书，第268页。

④ 《马太福音》5：44。

拥有的和可能实现的价值的真诚尊重，是对于生命伦理使命的一种整体计划的推动和促进。“爱敌人的特殊目标是根除和摧毁憎恨的邪恶根源和理由。但最终这种消极目标会转向一种积极的目标，即恢复那由于憎恨所毁坏的完善和完整性。”①

生命伦理学亦应对作为敌人的病人体现出一种特殊模式的爱，因为这种情景并不罕见，比如作为与人民为敌的罪犯、反社会反人类的人以及战争狂人或者被收监的恐怖分子，第一，我们可以依然给予宽恕，由此逐渐唤醒他尚存的内在的良知，并劝慰受害者以积极的行动参与和解及改造罪恶的行动，医疗身体是最好的方式，我们并不总是需要他的道歉或者表面形式的忏悔，而是需要其发生真正脱胎换骨的变化；在此，不是全面放弃获得补偿和偿还的权利，敌人有义务弥补他对人对社会所造成的损害，这是具有教育价值的压力，但是赔偿不能造成这个作为敌人的主体的过分损失，而医疗行为的爱德可以缓冲这种压力。第二，要采用普通形式的友好与尊敬，需要采取意料之外的最低限度的社会接触，从而引导敌人（一般指犯人）承认自己的罪孽，走上悔改的道路。第三，敌人亦与一般病人一样，享有完全的知情同意权或拒绝医疗权，他们有权选择适合于自己的诊治方案，即使是死刑犯，也完全拥有对自己脏器的支配权力，这尤其要引起医务人员和科学研究者的警惕。第四，在困难中给予必要的帮助，特别是在生命危急的情境下，如在自然灾害和突发事故中，救济品的分配、获得食物和水、药品、救治手段和机会等，都应与众人一样享有，即我们“不可为恶所胜，反应以善胜恶”②。

爱敌人的戒律的目的不仅仅在于当事人的转变，而最终目的是创造一个全新的、和谐的美好社会，这是我们的责任和义务。

总之，爱是生命伦理学的核心，爱是唯一的规范，“我们是为了爱而奉行律法，而不是为了律法而奉行爱。”③

（二）善之律：生命伦理学的第二主体原则

善的思想，善的语词，善的行为在人类进化的漫长旅程中是具有最重

---

① ［德］白舍客：《基督宗教伦理学》第 2 卷，静也等译，上海三联书店 2002 年版，第 248 页。

② 《罗马书》12：20。

③ ［美］约瑟夫·弗莱彻：《境遇伦理学》，程立显译，中国社会科学出版社 1989 年版，第 64 页。

要伦理意义的因素，在不间断地为生存而斗争的过程中，这个道德或生命伦理三位一体，提供了一种无法战胜的正义力量，维持了人类的进化秩序，而且依然朝向这样一个不可更改的终极目标，在文明的轨迹上发展。尽管有诸多的邪恶干预、阻遏及与我们抗争，但这个人类的大同理想始终指引着我们的光明之路。①

善是文明的灯塔，用爱燃点，指向灿美的明天。“纯善实体，乃生存的最高目的。物性无不渴求至善。”②

陶渊明《归去来辞》云：善万物之得时，感吾生之行休。

什么是善？善为“吉祥”，通常的回答是：完好、圆满、共同满足；对满意的评价往往是：善物，善举，善事。对善人的评价是：心地仁爱，品质淳厚；良善而具善心之人谓之善人，行善，则为行为的良好或者完好的作为。又，《左传·昭公十二年》言：供养三德为善。《国语·晋语》曰：善，德之建也。

国人流传的关涉善的俗解是，上下两羊头、中间一长丰、下面一张口；羊，能供多人共享其美，共同满足以达快乐。

国人以德解“善”字，以伦理拆其“义”，即羊头，示羊角与武功，象征元首与权力，五行为金，等同爱，亦为金原则。一说，行使权力一定要如羊之温顺才符合宇宙规律，施仁术者方为“善”，否则，施暴作恶者皆毙。上下双羊之首，指宇宙规律首尾相一、周而复始、循环往复、无穷无尽；人世代谢，往来古今，绵绵延续，生命轮回；可谓生命伦理之核心要义。丰者一竖贯三横，三横喻天、地、人，即大荒宇宙；一竖系贯天、地、人三元，万法归一，一带万德；有“口”示说、言、念、讲，评思百物而不可离弃良善。善字左右对称，示表公平正义。

真、善、美为具体事物所具有的有利于社会和绝大多数人生存发展的特殊性能和自然约定，是存在于具体事物之中的相对抽象事物或元实体。善是客观具体事物的完好运动构造形态，是价值和意识的具体存在和表现形式，是真与美的中轴。

善待生命的“善”应该是类似于圣山的博大宽广的善，是一种渴望

---

① 请参考［德］恩斯特·卡西尔《人论》，甘阳译，上海译文出版社1985年版，第129页。该书认为，伦理的意义取代和接替了巫术的意义，人的全部生活成了为正义而进行不间断斗争，善即在这种斗争中承担着最重要的角色。

② ［意］托马斯·阿奎那：《论万事》，吕穆迪译述，安徽人民出版社2013年版，第13页。

生活在“成全的状态”（state of perfection）① 中的行动，也是一种伦理境界。整全的正义与通达美，方可作为健康、强壮和实现顺乎天意的大善。②

不管我们在生活中是用“善”修饰（adjunctive）还是定义（attributive）人和某个事物，总是表述一种成功、好感或者成效与功利的观念。一个好的医生能够为我们提供健康，满足我们的健康欲求，保障我们重新回返正常的生活，那么，善的语义就必须一方面如同罗斯所指出的“满足某些特定的人类兴趣（interest）”，另一方面将与此相关联的制造赋予使你有好感的事物和人连同他所制造的“被动配对物”③；更值得我们注意的是，把善应用到非人的事物和事务过程中，往往会联系到与此密切耦联的对于事物（或事务）的评价，比如医学中善意的谎言。谎言被“善”所冠名，即改变了谎言“恶”的性质，因为欺骗病人的目的是实现一个救治他生命和身体的目的。这里，正当和善实现了统一，医生也成了道德上的卓越者。

一个好的医生比一个好人更应该受到赋义的限制，因为他具有卓越性和普遍性之上的“好”的含义，远不止“好”的平均值，比普遍“善”的类属更高级，所以道德上的卓越者才能够与这个职业善相配当。医学中的善应远超越心理学、社会学的“好”，甚或高于一般语境中和一般生态群落中的良善；而医务中的善作为生命伦理评价的善，不仅仅留置于“有用”、“好感”上，而是内在的、通向终极的、彻底的“道德卓越者”，可以说是美学上的“善”。至于医学，正如亚里士多德所辨析的那样：

> 例如医学，是由一个大致目标的，（比如说健康）是普通人所希望的，而作为一种产品，又是医生的行为活动所达到的目的。但是医生工作的一个重要部分就是更准确地定义这一目的本身。如果他不知

---

① ［德］卡尔·白舍客：《基督宗教伦理学》第1卷，静也等译，上海三联书店2002年版，第390页。基督教神学把“成全的状态”这样的修为认作比遵守十诫那样的基本修为要高一层级，这一要求是属于那些想修成全德性的人的事，是超越传统伦理神学的研究对象，由克修神学（ascetical theology）关注这一宗教道德理想的实现。

② Bertrand Russell, *The History Western Philosophy* (Simon & Schuter, New York, 1972), p. 136.

③ ［英］戴维·罗斯：《正当与善》，林南译，上海译文出版社2008年版，第124页。

> 道什么是健康，他就不可能找到必要的手段来达到健康的目的。当一个医生为自己的医术感到自豪时，他一方面是对那种生产性手段的研究感到自豪，另一方面是他对健康这一目的的研究感到自豪。①

健康作为一种善的目的以后，医生就必须为这样的一个目的而努力，必须由这一目的所制造的压力而使自己终日行善举，特别是在医务活动之中，通过善的技艺实现这一善的目的，这一技艺是特定的；但医生是人，他可能被外在的势力所压服，这就会使医学善被干预和遭扭曲，发生纳粹式的“医学犯罪”或者平素的医疗错误中并不少见的事故；因此，善是脆弱的，就好似平静、幸福的生活突然发生变故一样，善会被折断。善是名词，又是动词，在医学上善的“健康”为善，为此目的的行动，是更高等级的善。善在医学上，既不能作为无具体意义的抽象，又不是全然落俗的顽语，它具有鲜明的旨归，更有原则性的价值，要我们能够明辨是非对错、正义与邪恶。善既可以由直觉主义来评判，又必须用唯理论去思考，以追问自然主义的“快乐”情感和意志活动为根基的标准。医学善最终还是要归于“最大多数人的最大幸福”这一边沁主义的“快乐主义”功利原则②；善是一种意志的发展和完成，以此，医学的善应该是行动主义（energetism）的。医生或生命科学研究活动过程，显示出医学的道德价值中善的意义。西塞罗反对把医学目的作为一种智慧的目的，因为医学要在行动过程中显现出医学的高尚。③

在社会生活中，人们的一切具体行为和各种活动都追求某种目的，任何一个职业都有其自己的职业目的，职业目的又常常影响职业行为的方向，决定着职业内从业人员的行为取向，这种目的取向总是与追求幸福生活紧密相连的。医学从诞生之时起，就始终把“解除病痛，维持功能，

---

① 转引自［美］玛莎·纳斯鲍姆《善的脆弱性》，徐向东、陆萌译，译林出版社2007年版，第128页。出自于《优台谟伦理学》1219a12及以下，亚里士多德曾经把医学科学和数学相比较，一个并不能等同于治疗活动本身的目的，就是健康，而数学、理论活动就是其本身。他一再强调，医生的活动包括其目的本身，都应该是善的意义。因此，这是关于善的原则的最好的注脚。

② 就此分析，可参阅［日］西田几多郎《善的研究》，何倩译，商务印书馆1989年版，第101—103页。

③ ［古罗马］西塞罗：《论至善与至恶》，石敏敏译，中国社会科学出版社2005年版，第108页。

恢复健康，保护生命”作为己任，作为目的。这一目的本身就是对善的追求，它要求卫生职业人的行为实现“天道所归”的“向善”、“趋善”以及“至善”，否则，医学就失去了它的意义。

医学善的主体原则应包括：第一，为大多数人的健康和快乐、安全而勤奋工作；第二，创造和维系和谐的医学秩序；第三，为建立一个“人人享有基本医疗保健”的制度而努力；第四，使最大多数人的生命权、健康权、身体安全的权利受到最大可能的维护；第五，生命科学研究必须在不损害任何一个个体生命的前提之下进行；第六，确立医务人员与病人和病家的友好联盟；第七，为真全的生活、良善的医学关系以及整全的医学伦理而尽力尽责。

生命伦理学的基本原则应该采用思想不可取消的宽泛而古老的行为准则：第一，坚持一种非暴力与尊重生命的文化，不要杀人，要尊重生命，包括一同生活在各行星上的动物和植物的生命，每一种组、每一宗教、每一个人都应该对“他者”表现出宽容和尊重；第二，坚持一种团结的文化和一种公正的经济秩序，不要偷盗，要诚实而公平，无论是谁，必须具有节制与谦和的意识；第三，坚持一种宽容的文化和一种诚信的生活，不要撒谎，言行应该诚实，表里如一，为真理而服务；第四，坚持所有人之间的权利平等与伙伴关系的文化，要相亲相爱，彼此关心，做真正的人。①

以上的原则体现了人类最基本的善，亦应作为生命伦理学的原则基础。

生命伦理学的基本原则作为第二级行动指导原则，一直存在着很大的争议。在个人生活中，我们总会自觉或不自觉地遵守某一道德规范。正如汤姆·L. 彼彻姆所指出的：

> 道德的美德与道德义务的原则是相互对应的；如果确实是相互对应的话，那么为许多道德原则所禁止的行为和被谴责为道德上恶的行为之间当然同样是相互对应的。这两种探讨道德的方式可以完美地相

---

① 以上四条源自［瑞士］孔汉斯等《全球伦理》，何光沪译，四川人民出版社 1997 年版，第 15—26 页，本书对其做了一些改动。也可参考汉斯·昆《世界伦理构想》，周艺译，三联书店（香港）有限公司 1996 年版，第 96 页。

> 互印证、相互补充：就每一条义务原则而言，存在着与之相对应的品质特征或者美德，这种品质特征或美德就是按特定方式行为的气质；就每一种品质的美德而言，同样存在着与之对应的义务原则。[①]

它用“行善、正义、诚实、不行骗、保守秘密、感恩”等作为义务原则，与“仁慈、公平、忠诚、不欺骗、可靠、感恩”等美德品质相对应，推导出行善、公正等原则，并保留“保守秘密”这一古老训条；同时在显见权利和绝对人权，比如“生命权利”、“人需要尊重”、“自由幸福并且免受伤害”等中筛选出“尊重自主”、“有利无伤”等义务原则，并参照四项限制自由的原则中的“伤害原则”、“冒犯原则”，[②] 加强了我们对于生命伦理学基本原则的意识，从而获得了尊重自主、公平正义、有利无伤以及医疗行善四项基本原则，并把“知情同意、医疗最优化、医疗保密、生命价值”作为具体应用原则。

伦理学是为了解决生活中的很多难题，最终目的是完善我们的生活，“正像医学的营养学不仅是解释，也校正自然而然的营养学的规则一样，道德哲学也不仅是证明自然的道德命令，而且也补充和改进它们”[③]。生命伦理学是为证明医学生活中的道德行为规范，限制和指导我们如何在现实中表达爱和善的愿望，把这两种生活的目标作为我们生活的向导，这些原则不仅仅告诉我们“是与应该”，还要解释这样行动、目标本身的知识背景以及所体现的价值；这些原则使我们逐渐养成一种伦理自觉，从而走向良善的生活广场，在一个和谐的医学秩序之中，通往自由的王国。不管是规约主义还是描述主义，都应该遵循善的终极标准，指导行善或施爱的行动，尽管福特激烈批评黑尔“意义的描述成分或事实成分与意义的规约成分或价值成分是分离的”[④]，但我们其实在现实生活中，并没有死守或僵化地维护一成不变的“绝对标准原理”，用“允许”这样的调节剂，缓和我们可能遭遇的窘境。

---

① ［美］汤姆·L. 彼彻姆：《哲学的伦理学》，雷克勤等译，中国社会科学出版社 1990 年版，第 248 页。

② 请参阅《哲学的伦理学》第 402 页。

③ ［德］包尔生：《伦理学体系》，何怀宏等译，中国社会科学出版社 1988 年版，第 14 页。

④ 此段分析可参阅［英］汤姆·L. 彼彻姆《哲学的伦理学》，雷克勤等译，中国社会科学出版社 1990 年版，第 546 页。

二 生命伦理学的基本原则

(一) 谁是权威：尊重自主

尊重人的观念在道德上要求每一个人都要认可人又形成自己独立判断的自由，以及选择任何方式或行为的自由，当然是在一定的道德界域之内；人应当是个人命运的主宰，因而有权拒绝别人对于自己命运的支配和不合情理的限制。

尊重与自主是以个人自由选择为具体目的的，是自由意志世界主义向自由世界主义转化后的实践表达。医学的愿望应该体现普遍的团结精神并使所有在医学特别是处于临床境遇中的人和关系均被定位于道德大家庭的成员，这些成员必须置于一个普遍的道德承诺的背景之下，理解并遵从基本原则，这就是自由世界主义的观念。自由世界主义不是无端地把自由绝对化，即使个人的世界主义，也必须把公共的利益作为自己责任的目标；只有受限制的自由，才是可以实现的自由。与接受和树立某个权威的自由论世界主义不同，自由世界主义必须完成对于神圣权威的祛魅化，转而以个人的正义行为作为正当与善的标准，经过去神圣化的路径，人的尊严才能得以真实地显现，才使病人作为医疗主体成为可能。正如恩格尔哈特所描述的：

> 自由世界主义是一种特殊的、内容整全性的道德观点，它对自治或自由这些被设定与其他价值有特殊关系（例如，自由和平等被设定为对繁荣来说有一种话语优先权）的价值持有特定的理解。自由主义者坚持自主的自我实现这种特殊理念。自由世界主义者的道德生活，一方面，既不至于陷入按照宇宙的超越意义生存之中，另一方面，也不至于陷入以同意为前提的道德异乡人的道德命令作为合作的有限目标的生存之中。与此相反，自由世界主义的目标是，致力于遵循一种特定的具体的经典的道德观念生存，这种道德观把自由、平等和个人实现作为核心。①

---

① H. Tristram Engelhardt, Jr., *The Foundations of Christian Bioethics* (Swets-Zeitlinger Publishers, 2000), pp. 140-141.

尊重自主原则。尊重是人的一种基本需要，每一个人都应该得到社会和他人的尊重。从心理学角度来认识，病人需要得到比常人更多的尊重。其内容包括尊重病人的人格和尊严，尊重病人的生命和生命价值，尊重病人的权利等。尊重原则可以延伸为被广泛使用的自主原则或病人自主原则，宽容原则也源于尊重自主原则。

医学职业原本是一个充满着浓厚的人道主义的职业，它要求医务人员以人道主义精神和态度对待病人，而不能把病人视为损坏了的“机器”，随意处置。但是，由于历史的种种原因，在医学发展的长河中，尤其是在家长式的医患关系模式下，医者处于绝对的主动地位，患者处于绝对的被动地位。随着医学模式、医患关系模式的转变与医院管理方式的改变，对病人的尊重在医疗实践中的应用日益广泛，晚近，世界各国和中国的医患关系发生了显著的变化。原先以家长式为特征的主动—被动型医患关系模式正在朝着以民主化为特征的“指导—合作”型与“共同参与”型医患关系模式转变。这种转变的最大特征就是医患关系趋向于民主化。民主化的医患关系，一方面促使患者自主意识增强；另一方面促使医疗机构和医务人员重视对病人的尊重。现代“生物—心理—社会”医学模式要求医务工作者不仅从生物学角度，还必须从社会学、心理学角度认识疾病的发生、发展和转归；既要重视患者的躯体疾病，又要了解患者的行为方式和心理状态；既要治“身”，也要治“心”；既要给患者开药物处方，还要给患者开心理处方和社会处方。在这一背景下，对病人的尊重比以往任何时期都占据着更重要的位置，尊重病人也成为医患之间共同关心的新课题。在医疗实践中，由于医者与患者之间、患者与患者之间所处的情况不同（政治情况、生活情况、经济情况、对生命的理解、人生态度以及价值取向的不同），存在着对相同疾病的诊断与治疗，医者与患者、患者与患者可能会出现不同的选择。面对这种情况，病人的自主权日益受到医疗机构与医务人员的高度尊重。现代健康教育充分利用各种传统的和现代的技术、手段对民众进行有的放矢的医学知识的普及教育，使民众的医学知识量与质都得到明显提高，这为民众在患病之后，对临床诊疗措施利弊的评价奠定了基础，也为患者争取获得尊重提供了知识准备，医患之间信息不对称的状况逐渐得以缓解。正是在这种背景下，对病人的尊重越来越受到关注。

在医疗实践中，无论是对人道的提倡，还是对生命的尊重，其最终指向的都是对病人普同一等、一视同仁、平等医疗。要做到一视同仁，就必须尊重病人的人格。只要承认人是社会的存在，就必须承认生活在社会中的每个人都有自己的尊严，这是社会给予每个人的基本权利，即“公民、法人享有名誉权，公民的人格尊严受法律保护”①。病人作为公民的一分子，在医疗服务过程中其人格尊严应该受到社会的保护。医疗机构与医务人员对任何病人（包括死去的病人）都应当绝对地、无条件地尊重其人格尊严，以免因服务态度不当和服务质量不高而造成医患矛盾，引发医疗纠纷。

随着医患关系从家长式向民主式的转变，尊重患者的自主选择权越来越受到社会和医务界的重视。患者也越来越强烈地希望在医疗过程中拥有更多的自主权。作为临床医患关系和伦理学的一个特定概念，病人自主权（autonomous right）是指具有行为能力并处于医疗关系中的病人，在医患交流之后，经过深思熟虑，就有关自己疾病和健康问题作出合乎理性和自身价值观的决定，并据此采取负责的行动。它是病人权利中最为基本的一种权利，是体现病人生命价值和人格尊严的重要内容。

尊重患者的自主选择权，首先，要增强病人的自主权意识。因为意识是行为的先导，有什么样的意识就会有什么样的行为。其次，要努力让病人获取更多的医疗信息。获得有关医疗信息是病人作出决定的前提，能让病人获取有关医疗信息是尊重病人自主权的关键环节。再次，要帮助病人理解，医务人员不能仅仅是让病人简单地签字或决定，重要的是帮助病人理解让他们作决定的相关信息。理解有关医疗信息，是自主决定的基础，离开了这个基础就无自主可言。最后，要给病人更多的自主机会。尊重患者自主选择权还应该注意医患之间关系的不对称性和不对等性的特点，使病人成为关系中的主体，应该坚持与病人协商，主动向病人提供有关疾病治疗的信息，给病人提供更多的自主机会，鼓励病人自主地作出选择。病人有拒绝诊疗的权利，这也是尊重原则的具体体现。

人的权利的一个重要内容，在于隐私的保护。隐私就是那些个人享有的与他人和社会公共利益无关的，纯属个人的私人事务。隐私权实际上就是使自己的个人隐私不受他人侵犯的权利。医疗职业的特点决定了医生常常可以了解病人的某些隐私，可涉及病人从未和他人谈到或暴露过的身心

---

① 《中华人民共和国民法通则》第101条。

领域。对病人的这些隐私医务人员要加以保护，否则，泄漏出去，就会给病人带来伤害。为此，尊重病人的隐私权一直是中外医学伦理学的一条重要的道德规范。1994 年制定的《国际医学伦理准则》规定：“由于病人的信任，一个医生必须绝对保守病人的隐私。”中国《执业医师法》也规定：“对病人生理的、心理的及其它隐私，有权要求保密。病历及各项检查报告、资料不经本人同意不能随意公开。”

尊重自主，追求自由，不可无视社会和他人的存在，是在一个道德共同体中分享自己应该获得的权利，只有在有限的自由和具备责任感以及积极奉献自己的条件下，才会充分地享有医学中的尊重和自主。即

> 如果不存在所有人都该谦卑地服从、超越一切的上帝，人类便可以体面地把自己作为道德关怀的核心，因为他们不仅是自由的，也是负责任的道德行为者。他们将不仅是把道德权力转化为道德异乡人的合作中允许的来源。他们以及他们的生活目标将是所有意义的中心和所有善的标准。①

（二）医学的公平正义与人的自由：医疗公平原则

保罗·库尔茨认为，平等原则是民主主义伦理学的基本原则，彼彻姆迁移了这个原则，将其作为对平等权利的要求和对人们期望的共同利益的追求，绝对平等是十分可怖的，而且是无法实现的，那么，追求本身就成为一种对理想和相对的利益满足欲望的渴盼。当然，如果不能承认社会对每个个体应该同等对待，个体的自由就一定会受到伤害，这在社会生活中和在一个人的生命过程中，是很不幸的。当然，遭遇伤害的经历亦是人生的一个不可或缺的有意义的内容。

“每一个人都应该得到人道的对待”②，在医疗权利和健康权利面前，应该人人平等。这源自于在生命面前，人人都是平等的。所以，任何社会与国家都把生命权放在首要的位置，给予法律与伦理的认可，医疗公平也成为医学道德的重要伦理原则。对“公平”一词的意义大体上有两种不

---

① H. Tristram Engelhardt, Jr., *The Foundations of Christian Bioethics* (Swets-Zeitlinger Publishers, 2000), p. 138.

② ［瑞士］孔汉斯等：《全球伦理》，何光沪译，四川人民出版社 1997 年版，第 14 页。

同的理解和解释：一是将“公平”简单地等同于“平等”、“平等分配”或“平均主义”；二是将“公平”与“正义”、“公正”等视为同义词来进行理解和解释。从词源上讲，第一种解释有悖于“公平”一词的内蕴。而“平等”则是指人与人之间在政治或经济上处于同等的社会地位，至于“平等分配”、“平均主义”则是指人们在分配中应享有相同的份额。医疗中所强调的“公平”与“平等”不能混为一谈，“平等分配”与“平均主义”不是医疗公正。所谓医疗公平（Medical Justice）就是根据生命权的要求，按合理的或大家都能接受的道德原则给予每个人所应得到的医疗服务。

医疗公平原则实际上不能完全等同于“公正原则”，但临床人员已习惯将其混用，成了一种约定。公益原则是其延伸，只是突出对公共利益的强化。

医疗公平原则体现了人的底线保障。医疗公平对社会成员的基本权利予以切实的保证，从最起码的底线意义上体现出对人的种属尊严和对个体人为社会所作的基本贡献的肯定。在医疗活动领域，个体人最基本的权利是人人固有的生命权。人的生命具有独一无二的价值，生的权利就是人最基本的权利，医学活动是与人的生命紧密相联的社会活动，在人的生命受到威胁的时候，就应该遵循生命神圣的道德精神给予公平的医疗，从而维护其生的权利。

医疗公平原则体现了人的生命、健康与保健机会的平等。医学上的机会平等有两层含义：一是共享机会，即从总体上说每个社会成员都应享有大致相同的基本的医疗保健和照顾；二是差别机会，即社会成员在卫生资源的享受上不可能是完全相等的，应有程度不同的差别，只要这些差距就总体而言没有达到极端化的地步，没有损害医疗公平原则和共享机会，它们就有助于卫生资源的开发和创造，就有助于激发医疗卫生事业的活力，推进医疗卫生事业的进步。

医疗公平原则表达了贡献分配的差异与享受医疗的适配对应的可能性。在社会财富的形成过程中，个体人对社会的具体贡献是有差别的。根据每个社会成员的具体贡献对卫生资源进行有所差别的分配，一方面体现了公平的理念；另一方面体现了自由的理念，充分尊重并承认了个体人对于社会各自不同的贡献。按照贡献进行卫生资源的分配，是按劳分配原则在医疗卫生领域的体现，它把个体人对社会的具体贡献同自身的健康利益紧密结合在一起。

医疗公平原则体现了社会调剂分配的权力的合理性以及生命政治效应。现代医学事业作为社会性事业不仅对同一时代的每一个社会成员产生影响，而且还会影响未来几代人。因此，立足于社会的整体利益，对初次分配后的利益格局进行一些必要的调整，可以使卫生资源在初次分配中所出现的差距程度得到缩小、缓解或消除群体之间、阶层之间由资源分配而可能引发的抵触和冲突，使社会成员普遍地、不断地得到由卫生经济发展所带来的收益，从而使医疗卫生质量不断提高，满足社会可持续发展的需要。

在医学实践中，应用医疗公平原则，应注意以下几个问题：（1）内容的整体性。医疗公平的主要内容是一个有机整体，每项内容都分别侧重地体现着医疗公平某一不可或缺的层面，执行着某项特有的功能。具体来说，底线保障原则主张在底线的意义上保护每个社会成员最基本的医疗权利；机会平等原则主张对社会成员尽可能地提供平等的机会；贡献分配原则主张在直接分配的层面上合理体现每个社会成员对社会的具体贡献；调剂分配原则主张从社会整体利益出发，确保医疗卫生事业的相对稳定，并能在较高层面上获得发展。（2）内容之间的优先次序。在医疗公平的应用过程中，道德难题往往是由于不同内容之间的交叉冲突形成的。在解决和评价道德难题时，具体内容的优先次序显得很重要，否则医疗公平就有可能缺乏层次性和可操作性。医疗公平内容之间的优先次序是指，从操作层面来看，应依次优先实施底线保障原则、机会平等原则、贡献分配原则和调剂分配原则，前一原则均优先于后一原则，前一原则均是后一原则的前提。（3）内容与其实际兑现之间的差距。在现实社会中，医疗公平的内容与其实际兑现之间往往存在着明显的差距。完全实现的医疗公平只是一种理想。医疗公平内容与其实现程度之间之所以会出现差距，是因为，第一，经济科技因素。医疗公平的实现程度受社会的经济、医学科学和医疗技术发展水平的制约。第二，政治法律因素。医疗公平的实现程度还受卫生政策的制定和保障卫生政策得以贯彻执行的法律等因素的影响。第三，思想道德因素。没有公正的思想认识和道德情操，就没有医疗公平的社会行为。正是由于受上述因素的左右，医疗公平的主要内容与其实际兑现之间往往存在着某种差距。

康德主义认为，任何人都应该平等地被当作人而受到尊重，一视同仁不仅仅是一个古老的遗训，而且必须在医学现实中尽可能成功、有效地实施；每个人从道德目的论来说，都应该被平等地对待，但是，“无论按什么样的比例来分配保健费用，都是一种不平等的分配标准”①。

病人A可能因为没有参加医疗保险而无法享有这种权利；病人B可能因为病情缓和而必须让出紧急处理的机会；病人C提出的要求可能因为不够合理而且过度诊治而被否决；病人D可能因为提出医学上无法解决的生命增强技术难题，而不能满足其所设计的医疗保健方案。如此等等，均不在所谓医疗公平原则的范畴之内。

医疗公平原则不能不受到限制，也不能被曲解，你的机会必须建立在公平并且正义的基础上，每个个体成员具有不同的特征，我们是在共性的基础上照顾最大多数人的平等机会；在逻辑上，处理自然与社会的分配平衡，尊重个性需求，但不是放任不合理的苛求。

正如弗莱彻所说的：“爱同公正是一回事，因为公正就是被分配的爱。”② 公正就是爱。

（三）神圣的爱业：有利与不伤害原则

医疗和临床诊查可能对病人造成的伤害有时是难以避免的，问题是如何将这样的伤害降到最低程度。穆勒曾经提出一个观点：“当且仅当个人或群体对他人造成伤害时，国家可以并且在某些情况下应当介入，以限制个人或群体的自由。”③ 也就是说，病人应当在接受诊疗的过程中享有受到身体与精神保护的权利。而在医学上，常常会遭遇必须在“伤害”病人身体、心理或者经济等的前提下，方可进行医治，才能获得设定的治疗效果；显然，这就引出了一个“不可避免性与非决定论”的问题。

查尔斯·L. 斯蒂文斯认为，人们在进行一般评价时，通常总是把自己的判断（judgment）限定在可以避免的或者说主观可以控制的行为范围内。而对不可避免的行为倾向于无关对错，也就无须评价。如果A指出医生B阑尾手术的切口偏大，而B却认为这位病人的病灶炎症明显需要扩大手术视野，这样的辩解是可以理解和接受的，但也可以回复说：我对

① 此段分析可参阅［美］汤姆·L. 彼彻姆《哲学的伦理学》，雷克勤等译，中国社会科学出版社1990年版，第359页。

② ［美］约瑟夫·弗莱彻：《境遇伦理学》，程立显译，中国社会科学出版社1989年版，第80页。

③ 同上书，第299页。

此无能为力，因为这是不可避免的。如此，从伦理学方法论分析，似乎这种伤害难以控制为“最小伤害”，因为最小伤害是无法测量的。医生的行为在某种意义上是可以避免的，但是，“绝对没有伤害”是“不可避免的”，这个结论也就说明了医生的诊疗行为难以实现霍布斯式的“自由”，医生总是在考虑为病人解除疾病痛苦，而要做到最小伤害，就不可能“不受阻碍地做他想做的事”①。

医学的诊查和治疗难以做到绝对的不伤害，因此，所谓不伤害原则，或者作为有利无伤原则，实际上是最小伤害原则。

不伤害或者最小伤害，是指医务人员的医疗行为，其动机与结果均应该避免对病人造成不必要的伤害。任何一项医疗技术本身都存在利弊两重性，因而，可能的医疗伤害与病人的健康利益密切相关。医学技术在为病人带来一定的健康利益的同时，也存在着对病人的潜在伤害。我们只是希望使伤害最小化，实现总体目标的有利。任何医疗措施都是与病人的健康利益及医疗伤害相伴而来的。所以，医务人员在医疗实践活动中应该树立不伤害的医疗理念，恪守不伤害的道德原则，一切考虑均以是否对病人有利为出发点，把医疗的伤害性降低到最小限度，做到以最小的损伤代价获取病人最大的利益，也就是坚持“最小伤害”的规则。医生不可能如同休谟所描述的那样，具有反对强迫的自由，这是职业的特殊性决定的。医生只能谨慎地考量疾病和病人情况或者其他附加因素，比如疾病轻重缓急、病人身体的基础状况、病人与家属的态度和意见、经济或文化等背景，以及现有的医疗技术水平、药品设备条件等；由此设计手术方案，术前预测可能出现的几种后果；医生对于伤害出现的程度和结局，常常不可预估，有时伤害是不可避免的，只能在伦理上追求“最小伤害”，仅此也难以避免发生意外的不良后果。因此，有利而不伤害原则实际上应该修正为“最小伤害”原则。

临床上，技术性伤害不仅包括由于医疗技术使用不当而造成的病人肉体或健康的伤害，同时含有在正常情况下，诊疗过程中所发生的不可避免的、程度不同的伤害。技术性伤害主要包括药物、手术以及诊断等原因造成的伤害。在临床上，违背医药科学原理或不符合病人病情及生理病理状况的用药，称为不合理用药或滥用药。这包含两层含义：一是与治疗目的

---

① ［美］查尔斯·L. 斯蒂文斯：《伦理学与语言》，姚新中等译，中国社会科学出版社1991年版，第338—339页。

不一致的用药；二是不合常规的超量使用药物。在临床上主要表现为：用药指征不明确，即没有对症下药；违反禁忌用药；剂量过大或不足；疗程过长或过短；合并用药过多，等等。滥用药物所造成的医疗伤害是：药源性疾病增多、药物性依赖增大、医药资源浪费；手术治疗以其见效快、不容易复发的优势成为根除某些疾病最常用的方法。但是，手术治疗是以一定的不可避免的创伤性、破坏性为前提的，会给病人机体带来一定程度的伤害，使病人遭受一定的痛苦。手术治疗所出现的缺陷，概括而言主要有三种：一是计划性缺陷；二是意外性缺陷；三是过失性缺陷。其中过失性缺陷当然应追究医务人员的责任。常用的辅助检查的诊断技术如放射诊断中的X线透视、造影等对病人身体也可能会造成不同程度的损伤，这种损伤在临床上被称为诊断伤害，它是导致医源性疾病的重要原因。如放射诊断中的X线透视、造影伤害生殖细胞、致畸；光学内窥镜如肠镜、支气管镜会造成对管壁的机械性损伤。另外，还可能发生行为性伤害，即由于医务人员语言、态度等行为对病人造成的精神性伤害；或者经济性伤害，如“过度医疗消费”等。

（四）行医道善与从医者行善：医疗行善原则

中世纪哲人有一句格言：行因存在而为之（agere sequitur esse）[①]，是指人善而行为善。在宗教传统中，因为有爱，而使人为善；为了美丽的生活，人人应该怀抱着爱而行善举。有人提出最底线的问题，“是什么促成善行?”回答是：计算价值。实际上，这是事物的本性使然，作为潜在的道德本质，人们天性地明白，应该如何对待人，医生也知道如何用善行实现自己的职业目标，如何行医道而为善，从医者行善。医疗行善原则是一个底线原则，是由最平常的道德意志决定的，以职业良心作为基础，对病人负责、对技术精益求精、讲真话与忠诚、尊重患者与家属、最小伤害、信守诺言、温和、宽容、同情、牺牲与奉献等，都属于医疗行善。

在基督教的传统中，曾经有七项物质性的具体的仁慈善工[②]：给饥饿者食物；给渴者饮水；照顾无家可归者；给赤身裸体者衣物；看顾患病者；探望坐监者；埋葬死亡者。与此对应的还有七件灵性仁慈善工（seven

---

① ［德］罗伯特·施佩曼：《道德的基本概念》，沈国琴等译，上海译文出版社2007年版，第72页。

② 英文原文为：seven corporal works of mercy，亦可译为“形哀七端”。见卡尔·白舍客《基督宗教伦理学》第2卷，静也等译，上海三联书店2002年版，第253页。

spirintual works of mercy)①，包括教导无知者；劝告困惑者；安慰悲伤者；纠正迷途者；宽恕伤害自己者；忍受不义的待遇；为生者与死者祈祷。

我们可以整理和仿效这样的排列，医疗行善原则应包括：对病人特别是身患不治之症、重症、难治愈疾病的慢性病人给与最好的治疗和照护；对于患有精神疾病、残疾者和智障者给与最有效的关怀和医学帮助；对于那些染上毒瘾或者患有艾滋病，或者因为行为不端而染上性病者给与积极治疗和关心；对于自杀和有自杀欲念者给与及时的援助；对于老人、妇女和儿童患者格外予以关心；对于那些经济上有困难的病人给与尽可能的医疗帮助和同样的基本医疗保障；对于遭遇灾难、瘟疫和事故的不幸者给予最及时、尽可能的医疗救护；对于所有需要医学援助的人给与尽可能的医疗帮助；对于所有患病者的家庭和亲友给与同情和不限于职业范围内的援助，等等。除此之外，医疗行善原则应该引导医务人员遵循生命伦理学的所有基本原则和应用原则。

医生的角色在社会生活、职业群集和文明的所有形式或形态中无可替代，它无法被其他职业所顶替，它的实用性、关键性乃至生命政治价值和社会意义，甚至会决定历史的命运，比如历史领袖的生死存活，对于时代变故的影响。因此，所谓“行善”的治疗或与其相关的医学行为是一种权力的特别显现，医生的治疗决策和看似平常的医学嘱托包含着解除人的痛苦和死亡的使命、关爱生命的责任和卫生职业权力，也是一种生命政治行为。医学善就此被赋予了非同寻常的意义。②

行善原则无论在传统的医学道德体系里还是在现代医学道德体系里，无论是在西方医学道德体系里还是在中国医学道德体系里，始终都是一条最基本、最重要的道德原则，它要求人们在医学活动中恪守这样一个道德信条：努力行善，扬善抑恶；做好事，不做坏事，制止坏事；做一个善良的人、有道德的人。

行善原则之所以成为医学道德关注的最重要问题之一，之所以作为与爱并重的主体原则，是因为它关涉到救死扶伤、照护与关爱人的生命及提高生命质量和生命价值等终极问题。善是道德行为的特性，“医术”历来被视为“仁术”。“仁术”的最大特征就是富有浓厚的人道性和善性。为

---

① 卡尔·白舍客：《基督宗教伦理学》第2卷，静也等译，上海三联书店2002年版，第253页。又译“神哀七端”。

② 请参阅［法］米歇尔·福柯《知识考古学》，谢强等译，三联书店1998年版，第63页。

此，行善在长期的医疗实践中，逐步被视为评价医务人员行为的重要依据，并成为一条医学道德核心原则或母体原则。

医学道德是医疗实践的产物，是伴随医学的产生和发展而形成的一种思想意识。当医学从原始的宗教和巫术中脱胎而出时，同时引发了两个颇有意义的结果：一是利用自然哲学的理论来解释人的生命、人的健康和疾病，产生了真正的医学理论体系；二是把对神的敬仰转化为对人的尊重，把健康从上帝的恩赐转化到人类自身，产生了内在的医学道德。这种医学道德的核心，就是生命神圣论。生命神圣论认为，人是万物之灵，“天覆地载，万物悉备，莫贵于人”（《黄帝内经》）。对于人来说，生命是最宝贵的，无论是人类的群体，还是人类中的个体，失去了生命就意味着失去了一切，没有生命就没有人类的一切社会实践活动和文明活动的基础。因而，人类在认识世界、改造世界的过程中，每时每刻都追求着人的生命，渴望着人的生命。医学的诞生正是人类对生命追求和渴望的结果。医学从诞生之日起就一直与生命存在或人的根本命运捆缚于一体，医生是生命的捍卫者和保护者。“人命至重，有贵千金，一方济之，德逾于此”便成了医务人员奉行的最高道德信条。从道德发生学的角度看，这一道德理念和道德信条规定了一个尊重生命和善待生命的人必须是一个行善的人，尊重生命和善待生命的行为必须是行善的行为。

医疗行善作为重要的行动原则，一直是生命伦理学界传统的意见。这是根据亚里士多德的“人的禀赋”（excellence）和“物善”的说法确立的。其实，亚氏只是把善作为能够成功地发挥作用的附义，这个底线只能在评价行为后使用，而非先在地指导行动，仅仅发挥功能，没有必要受到称赞，只是完成生命体存在的自然行为，这种“行”是中性的，我们一直误解了和沿用了这个原则，缺乏教育激力和医疗行为的约束力。医学行为应该有更高层级的伦理律令，这里的善远不如“爱”，爱是行动的，不需要过分强调“行”，而本身就是积极的，比较起来，“善”太单薄、太平面化，或者只是说明一种效果，一种含混的可能引起不同文化情感的千差万别的知觉，我们也无法鉴定它的标度或划归它的类属。医生本为行善者，爱必然会善，善如果只是发挥作用，如彼彻姆“心脏只要泵血”[①] 的

① 参阅［美］彼彻姆《哲学的伦理学》，雷克勤等译，中国社会科学出版社1990年版，第234页。这也是亚里士多德的原意。

举例，那就和“爱”不发生关联了。道德的技艺和“道德与技艺”当然是两个概念，“自然的鹅卵石成为有用的鹅卵石”的工艺禀赋不是道德的美德，那只是职务或工作所表现出来的美德或禀赋。亚氏的疏忽使彼彻姆产生犹疑与多虑，他在研究中没有清晰地说明，但他强调了“品质的美德构成道德的美德”，同时把节制、勇敢、忍耐和品质的善性，连同人的欲望以及适度的约束结合起来，最后，把“爱”引入“善”中，甚至替代了“善”，铸成医学的德性。凡善的都是值得赞美的，凡善的也都是道德高尚的，所以，医疗善就是道德高尚和终极的医疗价值；不必要求凡行医者都为病人而献身（一般救治病人并不需要献身），但行医者都必须为病家真诚、尽可能周全地服务，尽最基本的责任；不能只作为谋生（不可能要求医生不谋生、作为神），但不能把病家作为谋生的工具，特别是禁忌把行医作为敛财的职业，这就是医疗善的底线。用“不能”、“不应该”、“禁忌”规范和划界，是反证道德行为善，不作恶——不卑鄙——不虚伪——不伪装——不慢待——不消极……逐步升至“善行”，但绝不能要求所有医生“至善”，“行善”不是“行至善”，只有至圣的“人”或“神”，或者只有神才能达到至善；“止于至善”等于没有说明我们如何行善，那是一句装饰或“伪饰”的话语，凡人是达不到的，没有现实感的道德说教是没有意义的。

医学人文精神引导医生的行善，并且不伤害、尊重和公正，这就使行医活动有了道德行动和情感基础，有些“最少伤害”是技术性的和行动艺术。尊重人原发于行善，行善与尊重，互为补足；行善是目的，尊重是行善的一个实施环节，是一种演化，是一种伦理变体。至于公正，则源于众生平等，也是善的分解，是一个结点，不管是罗尔斯还是诺齐克，都不否认是为了实现事实的善。

爱需要通过眼睛与心灵汲取美德的滋养，爱是一种伟大的感情，是一种伟大的善。爱有沉重的分量，但爱永远不是我们的负担，爱不会被庸俗、低劣、粗鄙、卑污的东西所淹没，爱可能会被虚情假意所玷污或暂时的欺哄，可真爱会使其原形毕露。

> 爱是自由的，它脱离了庸俗感情。它的愿望没有阻碍，它不被短暂的利益纠缠，也不会因为人的困顿而消失。无论人间天堂，唯有爱最甜蜜，最勇敢，最高尚，最博大，最欢乐，最丰富，最完美，一切

生灵唯有爱方能得到拯救。①

爱给了我们适应的理由和能力，爱给了我们生活的权利，爱可以破解一切谜困；“爱的生活是最丰富的生活，因为它使感官充分地发挥作用；爱带来青春活力是因为青春活力的本质就是容纳。”② 我们应尽可能适应进步，适应变化，适应困难与情感的挫折；因为不习惯和缺乏连续性而造成的窘迫的最好解决方式是用爱化解。爱不依赖于财富，爱可以赢得精神的饱足和集体的富有。生命伦理学对于爱的解释和原则的创制，对于尊重自主、切勿伤害、医疗行善以及公平正义的阐释与应用均源自伦理神学，“生命伦理学即是生命之爱”③。

医疗行善归之为终结，即是善待生命、善待病人、善待社会。

此时，蓦然想到美国存在主义者威廉·巴雷特的一段文字：

> ……选择几乎永远不是在善和恶之间进行……选择便可依据全不理性的确定性作出。……这样，这个人就只能靠自己摸索挣扎，自己做出决定，除此之外，别无选择。生活的本来意义似乎也就是这个样子，因为迄今为止，还不曾见到事先为我们准备好的现成的道德蓝图，适用于各种场合，乃至我们能够绝对地确知在某种场合依据某条规则。存在的具体性就是如此，一种场合可能受若干条规则支配，这就迫使我们超出所有规则的范围，而从我们自身之内出发进行选择。④

医疗行善只是一种约规，真正的医疗行为和医生的道德表达，只能靠

---

① ［美］彼彻姆:《哲学的伦理学》，雷克勤等译，中国社会科学出版社 1990 年版，第 114 页。

② 同上。

③ 这句话语出自日籍新西兰生命伦理学家、筑波大学教授 Darryl R. . J. Macer 博士所著 *Bioethics is Love of Lofe* 一书，由 Eubios Ethics Institute 1998 年出版。书中对生命伦理与基督教的爱进行了系统的解说与论证，并取生活的现实去解决信仰问题，又用神学的研究处理生命伦理的困惑。

④ ［美］威廉·巴雷特:《非理性的人》，段德智译，上海译文出版社 2012 年版，第 220 页。作者威廉·巴雷特（William Barrett，1913—1992），美国哲学家，存在主义的代表之一，除该书外，其作品还有《什么是存在主义》《自我与本能》等。本书为存在主义最优秀的著作之一，一直被作为大学的教科书。

医生本身的觉悟，只能超出所有规则的范围，而从我们自身之内出发进行选择，因为“善”应该属于一种“医学觉悟”。

三　生命伦理学的应用原则

医学中一般是以诊疗的科学或技术事实作为依据的，通常不习惯以善与恶进行价值的判断；伦理学的这种关于工作或行为本身的价值评判，往往因为历史、文化、社会效应的影响，而给与一个独立的应当或是与非、好与坏的比较，并以其更加深远的考虑，指导人们应该做或者拒绝；而在执行或者把这种医学的权力付诸具体的实践中，因“我做我所愿”而成为我的医学行动在道德上是合理的，重要的是，我要做的是医学上的具体事实，而不是道德评价上的一般性概念；因此，我们既需要具体的伦理理论的指导，又不能脱离行动实际。我们在具体的医学伦理实践中，将责任理解为我们的工作态度，在行动时考虑行动的方案所可能导致的良好的结果，然后根据道德规则实施相应的医疗行为，而这一行为必须符合医学科学规律，就如同施佩曼所强调的那样，即按马克斯·韦伯的观点——

> 医生的责任伦理是，当一个病人害怕承受自己的真实病情时就告诉他非真实的。①

如此，我们就为临床中的“合理谎话”找到了具体的理论依据，而不是简单粗糙地遵循所谓“诚实”的原则。

因此，伦理学需要面对实际生活，我们必须将抽象的、一般性的、普遍的原则具体化，以应用于我们生动的生活。医学伦理学的应用原则实际上是医学伦理学行动的规则，包括知情同意、医疗最优化、医疗保密和生命价值原则等。

（一）底线义务：知情同意原则

知情同意是具体医学实践和科学研究工作的底线义务。

我们在概念和语言中生活，同时为生活中具体选择的冲突而挂虑，人的焦虑和良善生活的理想，使我们时常不安或紧张，我们不应该向概念的

---

① ［德］罗伯特·施佩曼：《道德的基本概念》，沈国琴等译，上海译文出版社2007年版，第127页。

恐怖与语言的暴力屈服，而应该以充分的理性激辩，为我们的健康理想不停地战斗。

首先，“Overlaping Consensus”（“重叠共识”或“部分共认意识”）应该作为生命伦理学的核心词汇[①]，这是罗尔斯正义学说的一个理论要素。

只有医生与病人以“重叠共识”或“部分共认意识”作为前提，知情同意才成为可能。

生命伦理学应该逐渐形成我们的学术观念，而不应该依赖于大的伦理或政治环境。如果像有些人认为的那样，[②] 自由主义在当代世界取得了压倒性的胜利，或者如同美籍日本学者福山所断言的“历史已经终结”，那作为新生的后现代生命伦理学，应该担当起一个制造关爱和维护生命权利的伦理体系框架，号召所有与其相关的人与政府或政党以及与其相连带的卫生医疗事业或产业，应该有一个统一的共同接受的意识，及人类生命政治的历史使命。解决理论或世纪医学生活中所有的问题应该是我们的责任，但我们不可能解决人类所面临的所有生命问题。当代自由主义面临的最大挑战，源于多元价值与公共整合之间复杂的、多样态的巨大张力。自由主义者认为，由于各自的不同动机和文化心理或者生命政治观念，对于

---

① H. Tristram Engelhardt, Jr., *The Foundations of Christian Bioethics*（Swets-Zeitlinger Publishers, 2000）, pp. 67–68. 在此，恩教授认为，应联想到约翰·罗尔斯（John Rawls）引据的一个“部分共认意识”（或译为“重叠共识”，overlaping consensus）概念，这就在不同的道德观点和哲学方法之间，设置了充分的部分重叠，以证明某一特定的政治观点如果不属于道德范畴，也是正当的。他指出：“我们希望这种政治化正义观，至少能被我们称为的‘部分共认意识’所论证，也就是说，用一个包括所有对立的哲学和宗教学说的部分重合的共认意识，能持续并获得或多或少恰好构成民主社会的多数拥护者。”这段引文请见《司法公平——政治而不是形而上学》（Justice as Fairness: Political Not Metaphysical），《哲学与公共事务》（*Philosophy and Public Affairs*）第 14 卷，1985 年夏季号。为确定正确的部分共认意识，罗尔斯必须把这个“拼接”限定为：（1）这一共识（共认意识）来自于那些他认为很可能不会改变的并获得多数拥护者对应的哲学和宗教理论；（2）符合他“或多或少恰好构成民主社会”的观点。他阐释了“部分共认意识”的规范性概念。见《政治自由主义》（*Political Liberalism*），纽约：剑桥大学出版社 1993 年版。“重叠共识”或“部分共认意识”是指，在观点上相似、相近甚至对立的道德指向，也存在部分甚至大部分意见的相同性和观念中的共有部分。本文作者在恩格尔哈特教授的《基督教生命伦理学基础》中文版中，坚持将之译为“部分共认意识”，意在说明道德异乡人或道德朋友之间，都尽可能求得一种观点上的均衡，最后在某些关键性的道德评价与临床行为选择上求得和解，因此，在这种情景面前，或者对于多数人来说，可以理解为“和而不同”。

② 请详阅许纪霖《公共正义的基础——对罗尔斯“原始状态”和“重叠共识”理念的讨论》，《知识分子论丛》第 2 辑，江苏人民出版社 2003 年版。

世俗社会的理解与态度，特别是道德取向性存在多元化现实，如何面对多元文化价值，把政治、哲学、宗教、经济与伦理之间的价值诉求整合并以一种超越的终极标准，确立统一的原则，使之在生命伦理问题上的纷争达到最后的和解；或者像人们所期待的那样，不再出现不可休战的生命道德文化战争。例如安乐死、堕胎、变性与换脸术、生育控制、人体试验、克隆人技术与医疗改革、卫生经济伦理中的意见分歧。

生命政治的使命之一是完成卫生医疗社会的整合，使之在一个统一的价值标准框架内，实现生命伦理意志的自由，在不违背公共利益的前提下，应该允许任何人的生命伦理行为选择的自主性。这样构成的伦理秩序，既照顾到价值多元性，又不伤及个人的基本生命权利。即使我们还不能保证人人都同意存在唯一的善或善的标准，但要实现前面所论及的理性秩序，就必须在“正当”的问题上“可以建立起一致，形成公共的正义，这是社会整合的基础”①。医学中的自由主义与政治自由主义同样遭遇了文化多元主义、激进民主思潮和后现代主义的激烈批评，因为它在生命正义和生命自由方面企图建立“强制的共识”，没能给个人选择以任何余地与机会。在现实医学生活中，这其实已经不可能了。但那种设定的基督教—希波克拉底的共认意识，或者希波克拉底—罗尔斯的共认意识，或者西方文化架构下的后现代生命伦理—中华儒家生命观的共认意识等，是否能找到一个合理的理由，使其转换成临床或生命科学技术选择的重叠共识中那部分共同一致意识能够覆盖的价值有限区域，从而决定生命伦理判断和行动选择的合一。生命伦理的自由主义不会像纯粹政治上的自由论者，也不愿意压制不同意见，既不做旁观者也不做逃避主义和虚无主义者；实际上，在一个价值“诸神”并立的现代社会里，医学自由主义本身一方面希望在各种价值冲突和文化战争现场保持中立，给予所有生命以平等的对待和尊重，另一方面又有效地推动和贡献于社会的整合运动，使当代社会因医学上的和谐所达到的生命意志的一致性，不至于把我们的多彩世界拖入瓦解。

在医学领域中，一般来说，善在属于其类的意义上是双重相对的。罗斯认为：

---

① 许纪霖：《公共正义的基础——对罗尔斯“原始状态”和“重叠共识”理念的讨论》，《知识分子论丛》第2辑，江苏人民出版社2003年版。

它首先是相对于种类（kind）的——相对于该种类所指向的事物（当该词应用到人身上时），或者相对于产生该种类的活动，或者相对于该种类所促进的利益（当该词被运用到事物上时）。①

罗尔斯引用罗斯的话说，没有什么事物是必然正当或在道德上正确的。这是否意味着，善和正当都可能是相对的。不管这是不是一个圈套，他们总是在说明一个问题，在多元价值和自由论面前，既然整全伦理无法最后建立，那么我们就要把注意力集中到“部分共认意识”或者“重叠共识”上，由此再通过允许和宽容，达到医学社会人们的和谐共处，取得临床上或人体试验活动中有效的知情同意。这样，我们就在具体的某病人所患某种疾病提出某种特殊要求时，不至于陷入两难的怪圈而犹疑难定。比如，处置一位生命无法挽回的癌症晚期、痛苦难抑的老龄病人的安乐死病例。具体情况或特定场合则是我们选择方案的条件。罗尔斯指出：

一位好的医生，是这样的一位医生：他具有他的病人们合理地要求于他的那些技艺和能力。那些技艺和能力是那位医生的，然而那种对康复的关切——那些技艺和能力正是由这种关切来评价的——却是那些病人的。这些例子说明人们的观点是根据具体情况而变化的，说明善的定义不包含某种确定善的一般公式。这些观点和善的意义只有从在那种前后联系中已经或将要产生的特定场合来解释。②

知情同意正是自主权利和病人意志自由的实践哲学活动之一。

生命伦理学对自由主义的关注，不完全是为了获得生命自由，而是要使我们崇尚的医疗公正即卫生领域的公平正义原则建立在恒定和持久的生命政治哲学前提之上，使不同信仰和价值观的人都可以接受我们的医疗决策，并成为一种公众选择医疗行为的基础，因为人的生命权利和生存权利应该超越其他一切次要的权利诉求，维护生命权利就是生命政治的权力体

---

① ［英］戴维·罗斯：《正当与善》，菲利普·斯特拉顿编，林南译，上海译文出版社2008年版，第125页。

② ［美］约翰·罗尔斯：《正义论》，何怀宏等译，中国社会科学出版社1988年版，第389页。

系的核心。生命伦理学也因此会使自由主义解除或脱释在现代多元化社会中所面临的困境。

希波克拉底与基督宗教的伦理主张，如果专事表现在生命伦理问题上，应该实现医学正义最广泛的价值，医学共同体作为生命政治原则的共同遵守者，应该维护意识层面上的基本意识形态所指涉的伦理或生命政治哲学意义上的自由世界主义。因此在有条件下，尊重和维护存在的医学共同体的生命政治范围内的生命伦理的自由主义共认意识（重叠共识），并征得不同道德观念、信仰、政治文化、经济利益以及其他相对哲学、风俗、民族心理的普遍“认可”，修正个人或小集团原有的自由主义整全主张，通过“生命伦理的共认意识”，退让到生命政治自由主义的原点，以重新搭建生命正义的理性秩序和实践体制的公共卫生伦理秩序，从而规范人的生命伦理选择和生命道德需求。这样的生命伦理才是可以实现的人的自由伦理，才是生命权利和生存可能的伦理。

生命伦理的“道德共认意识”（重叠共识）不能与生命伦理学传统中或生命伦理文化心理已固有的生命伦理“原始状态”的理念相悖。不能用唯一的共认意识压制人在事实上的自主性，否则就可能会演变成生命政治的家长主义、国家暴力或医生唯一代理权，临床行动方案的知情同意，尤其要考量与道德共认意识同时存在的当事人原始状态；这就需要罗尔斯的“反思平衡”技术来验证，事实上，如果公共正义只有一个重叠共识的基础，那么，在逻辑上的确有可能发生自我否定“人们道德经验交互论证结果的道德共认意识”（重叠共识）；如果确认这是原始状态与道德共认意识真正实现的统一，那就是医学上的伦理确认，就是我们可以行动的依据。

医学中的共认意识不能作为绝对的决策依据，必须认清双方或多方由于道德知觉所表述和反映的人性晦昧的一面，对于那些偏离正义的和伦理学基本原则的重叠共识，有必要分析其中利益因素的影响，因此不可轻易把法律、临床或研究政策建立在这种共识的基础上。而且伦理观念的“原始状态”中的“最高权威立法原理”还不能作为限制或制约共认意识的唯一根据，还应考虑确立正义原则的其他条件，比如当事人（病人本人与家属）的信仰、个性的文化偏好或者病情变化本身。可以引入附属于公共正义的抽象原则（公共理性）规范的医学正义原则，通过必要的商谈和讨论，决定具体的行动方案。是否用医学手段结束植物人状态的病人的生命，是否同意志愿者毒品试验的申请，是否同意双亲放弃有争议的残疾新生儿的生命，是否对躁狂型精神分裂症的患者实施海马回结扎术，是否强制因信仰原因而拒绝输血的产后大出血的妇女接受全血输注，诸如此类的临床案例，可以采用罗尔斯所提倡的“反思平衡”对策进行论证。

希波克拉底的“尤不为妇人施堕胎手术”的道德观与现代社会堕胎伦理相冲突，或者与后基督教生命伦理观不相容的境况，是因为“希波克拉底—后基督教—当代生命政治”不存在有关堕胎的共认意识，在有些情境下，正当但非善，正当应优先于善，比如为抢救一位患有严重心脏病产妇的生命而施行的堕胎手术；交流、商谈、辩论、通过公共理性并接受整全性道德指导下的公平的生命正义，以及与整全性自由主义或自由世界主义不相冲突的临床伦理原则。这样获得的重叠共识应该是有效的临床决策依据或基础。

即可以说：

> “重叠共识”的本质内涵，是以政治正义为核心。而达成重叠共识的条件是：以自由平等公民为主体；多元民主和秩序良好社会为现实与理想；公共理性为实现途径。①

按罗尔斯的意见，我们可以设定，生命伦理学的共认意识（重叠共识）应该是：第一，寻求和确立整全性道德理论，并独立于哲学、政治、宗教观念之外；第二，这一重叠共识不是临时的协议或契约，而是对于持有的道德观念和公共理性的医学伦理表达；第三，在引用“反思平衡”的同时，要注意“允许与宽容”原则的作用，意在多元价值的平台上，解决纷争；第四，尊重事件主体的自主权利，但必须经受住“不伤及社会与他人”规则的检验，尽可能符合自由世界主义和个人世界主义主张；或者说，必须遵循和恪守**医学道德的原始状态**。生命伦理的共认意识应该是一种道德观念，是在道德的基础上被人们所认肯，而且必须以生命政治宗旨和社会公平正义作为共识的目标。

---

① 请详阅许纪霖《公共正义的基础——对罗尔斯“原始状态”和“重叠共识”理念的讨论》,《知识分子论丛》第2辑，江苏人民出版社2003年版。

在生命伦理学的具体实践中，对共认意识的确定应该有一个稳定的生命政治文化核心，因为在具体的案例中，人们可能因为不同的社会利益和经济利益而持有不同的自由伦理观念，要消除观念差异部分所反映的利益冲突，就要形成自由商谈的基本程序。例如知情同意，利益差异越大，共识性越小，通往一致的难度就越大，但在有些情境下，我们又必须在临床决策上实现多方的认肯，因为生命不容许继续等待；这种特殊主义的情境，就必须用一种合乎公共理性和社会正义的方式进行干预，医务人员、委员会或某一享有病人授权的权威人士。但应避免“强迫性共识”，那种粗暴的结局会引起很大的不快或者使自主与尊重成为一种虚饰，自由将无存。①

基督教—希波克拉底共认意识（Christian-Hippocratic consensus）是在探究医学伦理学传统精神渊源的过程中，恩格尔哈特所具有的独特思考，这一“共认意识”实际上已经融进西方医学文化与医学人文精神之中，已经成为医学文化精神或思想的共同体，作为一种传统，是极其宝贵的；但是，西方学者对于这一点，存在着很大的歧义和争论，因为就基督教伦理学来说，在很长一段历史时期内，不承认作为异教的崇奉希腊神祇的《希波克拉底誓言》，而对于汉语文化圈的学者和医学界，已经在泛泛的语义上接受了这种人文传统，并没有考量与关注西方思想界和神学界这种精致、微细的争论。希波克拉底的伦理观念和许多医学实践主张，是有明显局限性和缺陷的，恩格尔哈特则以“基督教—希波克拉底共认意识”这一富有意味的生命伦理学概念去平衡，是颇有意义的。对于中国生命伦理学界的学者来说，对此加以深入思考与探究，可以帮助我们更好地、深刻地而不是肤浅和表面化地理解西方医学人文精神。

恩教授认为：

> 在所有有关共识性的讨论中，必须区分（1）同意采取一致的行动，和（2）同意具有一个一般性的道德认识。第一点是以允许作为前提；第二点至少要求，处理危险中的道德问题时，认为（1）可以妥协，和（2）遇到公共监察和反省时，可以部分揭示。第一点是可

① 请参阅［美］约翰·罗尔斯《政治自由主义》，万俊人译，译林出版社2000年版，第143—178页。

能的，如果承认政治上的益处超过对原有道德上的考虑。第一点可行性理由还有，如果考虑对与道德无关的价值追求比对原有道德的追求更重要。①

值得我们思考的是，在希氏医学伦理与基督教伦理之间是否能够达成部分意识的共识，或者根本不可能。而且应该预知，广泛共识和道德理性的承诺，是否能使基督教思想家普遍赞同医学道德传统不依赖于基督教真理。例如，尼格尔·卡梅隆（Nigel Cameron）把基督教—希波克拉底共认意识说成是，构成了医学传统并且“不仅仅是传统，而是将基督教嵌入了医学内部”。显而易见，除了认为涉及医学生活的基督教生物医学关怀，而不是关涉基督教医学外，试图证明，求得希波克拉底异教思想与基督徒观念的医学能够取得极其一致的意见是个失败。价值观似乎产生于价值和技术的特殊结合上。

价值理性和技术的密切结合，产生了：第一，希波克拉底异教思想，并及时地发展成不朽的基督教—希波克拉底共认意识，这似乎为我们提供了一个纯粹的事实，即被作者赞美的犹太教—基督教共有的启示。有趣的是，17 世纪的一些基督徒，用毕达哥拉斯判定，实际上是犹太人的方法，来解决这个问题。T. S. 艾略特（T. S. Eliot）推定，是基督教概括并给出了最终的医学传统地位。对他来说，作为一位基督徒，作为一位真正的、广泛意义上的天主教徒，是一名医生关注的核心和真正意义的来源。②

在恩格尔哈特《基督教生命伦理学基础》一书中，恩氏转引了罗杰·巴格（Roger Bulger）和艾略特的一次讨论：

在这次生动的交谈过程中，他发现我是一个罗马天主教徒，后来，在我表达了去医学院的一些矛盾情绪之后，他用我从未忘记的方

① H. Tristram Engelhardt, Jr., *The Foundations of Christian Bioethics* (Swets-Zeitlinger Publishers, 2000), p. 67.

② Ibid.

> 式说："世界需要好的天主教医生。"很多次，每当我回忆起这些话语，仍然好似聆听从山巅至圣所传来的雷声。他似乎只是很随意地说："世界需要好的不可知论者医生"或"好的无神论者医生"或"好的佛教徒医生"，其实他告诉我的就是，世界需要好的医生，且他认为我有做一个好医生的素质。①

人类社会最终之所以留存与发展，是因为有一种原始的团结互助的精神与原始的个体依赖于群体的品行与状态，局部由于利益和文化的战争、由于差异而形成了形式上的分治，但任何人和集团都离不开事实上对于他人或其他集团的依赖或帮助；他人或其他集团是为他们本身的，同时也必须是为你的或客观上为你们的；合而纷争，分而协作，和而不同，求同存异，不凝缩于唯一的观念上，但稳定地尊崇一个至高无上，共认意识既是原始开端的基础，又是人类历史的结局。

通过以上讨论，我们有必要清整知情同意的概念并重新从哲学理论上予以赋义。

知情同意（Informed Consent）是在临床上或科学实验活动中处理医患、研究者与受试关系的基本伦理准则之一，也被称为"知情承诺原则"。其基本内容是：临床医师（或研究者）在为患者（或受试）作出诊断和治疗方案后，必须向其提供包括诊断结论、治疗决策、病情预后以及诊治费用等方面真实、充分的信息，尤其是诊疗方案的性质、作用、依据、损伤、风险、不可预测的意外以及其他可供选择的诊疗方案及其利弊等信息，使其或其家属经过深思熟虑后自主地作出选择，并以相应的方式表达其接受或者拒绝此种诊疗（实验）方案的意愿和承诺。在得到患方明确承诺后，才可最终确定和实施由其确认的诊治方案。

现代意义上的知情同意，是对德国法西斯惨无人道的人体试验进行反思和否定的产物，最先反映在1946年的《纽伦堡法典》中；自此以后，尤其是世界医学联合会于1964年通过《赫尔辛基宣言》以来，西方国家医学界普遍接受了知情同意权理念。知情同意被确认为人体试验的首要原

---

① H. Tristram Engelhardt, Jr., *The Foundations of Christian Bioethics* (Swets-Zeitlinger Publishers, 2000), p. 67. 艾略特那种思想和他对我的信心，在罗杰·巴格《细究新思》（The Search for a New Ideal）中成为中心议题。载罗杰·巴格《现代希波克拉底研究》（*Search of the Modern Hippocrates*），艾奥瓦城：艾奥瓦大学出版社1987年版，第19页。

则。后来，知情同意由人体试验扩大到临床医学，被规定进患者主要权利之中。最早将知情同意引入司法实践的是1957年的一起美国医疗官司判例；1973年美国医院联合会通过了《病人权利法案》；1974年美国卫生、教育、福利部以法律形式颁布了《病人权利》官方文件，其中数个条款明确要求医方必须保证患者“充分知情”。知情同意在中国也已实行了几十年，严格执行的外科手术前患者家属签手术协议书就是典型方式，但现代知情同意的伦理特征主要是人本主义的。

理想的知情同意需要满足相当的条件。一般认为．这些条件包括：(1）患者及其家属具有一定的文化基础和自主决定的能力，这是患方知情同意的前提。（2）医方为患方知情同意提供信息的真实性、准确性和充分性，其中特别是医方应该向患者或其家属真实、详细地说明病情信息，告知预后情况，提供各种实际上可能给予的医疗方案，解释清楚各种治疗方案的可知后果。这些都有赖于医务人员丰富的专业知识、经验以及高尚的医德信念、修养，是实现知情同意原则的根本条件。（3）患者或其家属或其代理人与负责医师达成在患者利益和认知上以及相互间价值观念上的一致性，是知情同意原则实现的必要条件。显而易见，医方告知的质量是完美履行知情同意原则的关键。知情同意权的核心是“任何人体实验都必须取得受试者的同意，不允许隐瞒病人和家属在病人身上进行任何试验”。

知情同意应该包括三方面的内容。首先是信息的告知：第一，医务人员有责任提供足够的相关信息，如患者所患疾病的性质、程度、治疗方案、治疗进程、预后以及治疗的有效性、成功率、并发症等情况；患者停止治疗或更改治疗方案、出现医疗差错、医疗事故的伤害程度与补救措施等。如果涉及试验性治疗和被作为医学科学实验对象，则必须按照相关规定同时提供相关信息。第二，医疗机构有义务告知患者如下内容：（1）就诊医疗机构和医务人员的基本情况及医学专长包括医疗机构的基本情况、专业特长，医务人员的职称、学术专长、以往治疗效果等。（2）医院规章制度中与其利益有关的内容。（3）医疗机构及其医务人员的诊断手段、诊断措施。（4）所采用的治疗仪器和药品等的疗效、副作用等问题。（5）手术的成功率、目的、方法、预期效果、手术过程中可能要承受的不适和麻烦以及手术不成功可能想象到的后果、潜在危险等。（6）患者的病情。（7）患者所患疾病的治疗措施，即可能采用的各种治疗措施的内容、通常能够达到的效果、可能出现的风险等。（8）告知患者需要的费用。医务人员或医疗机构的告知义务还包括：（1）了解患者对信息的理解：患者必须对信息有适当的理解，否则就不能利用信息作出决定。为了让患者真正能够完整地理解相关信息，医务人员应当从患者利益出发，最大限度地采用患者能够理解的语言和方式提供完全、真实的信息，不真实信息可能会误导患者；当患者文化水平低，信息交流有困难时，医方不能简化程序。（2）让患者自由地同意。一个人作出同意选择时应不受其他人不正当的影响或强迫。也就是说，同意必须是在自由的情况下表达出来的，不能因为受到威胁或暴力强迫，因为害怕身体、精神或经济上的危害或损失而作出本来不会作出的决定。第三，权衡患者或监护人的同意能力。只要患者本人具备完整的意识能力和行为能力，他就是唯一合法的知情同意权利人。与患者关系密切的人可以提出建议，参与相关讨论，但最终的决定权属于患者本人。如果患者是未成年人，不具备完整的意识能力和对自己的行为承担法律责任的能力，或者虽是成年人却部分或全部失去意识能力和行为能力，则可以由第一监护人作为第一权利人代理行使知情同意权。

在特殊情况下会出现知情同意例外。如突发性事故中的重度受伤者已处于非清醒状态，或者是无行为能力的人，又无法与其亲属取得联系，此时医方只能在没有得到同意授权的情况下积极赴救。这样做符合伦理原则，应得到伦理和法律上的支持。相反，如果医务人员以无法贯彻知情同意原则为托词推卸抢救责任，则恰恰是与医学伦理原则相悖的。当然，并不是所有的医疗活动都必须向患者告知，为了避免对患者产生不利的影响，在某种情况下医务人员可不履行告知义务，如患者本人对病情十分理解，对医疗措施满意，患者本人认为自己病情轻微或者患者本人放弃被告知义务。特殊的绝症、顽症和疾病的自然转归无需向本人告知，为抢救危重患者应先行采取急救措施挽救患者的生命，可以暂不告知，对患者死因的认定在未经法医鉴定前不好告知。①

其次是患者的同意权。患者在知情的基础上作出的同意，是患者自己决定权的重要体现。同意，在医患关系中发挥着两种不同的作用：一是法律上的作用，它为医疗提供了合法的理由，没有这种同意的治疗是不法行

---

① 参阅孙慕义主编《医学伦理学》，高等教育出版社2008年版。

为。二是临床上的作用，它能获得患者的信任与合作。同意作为医疗合法的理由，有时与传统的伦理原则相矛盾，尤其是当医生的治疗方案对患者无害甚至有利时。(1) 同意的能力。就患者而言，只有具备同意的能力，他所作的同意才可能有效。关于患者同意的能力，或称自己决定的能力，取决于患者理解治疗的性质和目的的能力，包括如接受治疗将对身体所作的处置、不治疗的可能的后果、理解医生对其说明的各种危险及副作用等。理解的水平应当与所作决定成正比，理解水平越高，则决策的能力越大。所以，必须根据个案的具体情况作具体分析。(2) 同意的形式。同意的形式有明示和默示两种。明示的同意又包括书面的及口头的两种方式。在通常情况下，书面的、口头的、默示的同意被视为具有相同的法律效力。但书面的同意是证明患者确实作出了同意的最清楚的证据，故一些医疗服务部门更青睐于书面形式，以备出现纠纷时在司法程序中用来抗辩。(3) 同意的范围。即使患者同意治疗，仍有一个同意范围的问题。依传统，医生不可以扩大患者同意的范围。如在已取得同意的医疗过程中，发现了新问题须作进一步治疗，应对此新治疗程序取得患者的同意。但也有例外，当一个医生在手术过程中为挽救患者的生命或避免其受更严重的伤害，认为必须毫不迟疑地采取更进一步的措施时，同意的范围便被扩大。法院也允许医生运用他正常的理智的判断扩大手术范围。

最后是如何正确对待代理人知情同意权问题。维护代理人行使患者知情同意权的合理性取决于下列条件之一：患者与代理人意见一致，代理人受病人委托代行知情同意权；对于特殊患者，特别是“脆弱人群”（婴幼儿患者、智残患者、精神病患者、休克患者等），因本人不宜、不能行使知情同意权，而由其家属、监护人、患者单位领导或同事以及医院负责人或上级医师代行。知情同意权代理人的先后顺序为：配偶、子女、家庭其他成员、患者委托的其他人员。为了不延误抢救时机，对某些需要急诊救护又无法实行或代理实行知情同意的患者，可不受知情同意的限制。

为了更好地保护接受试验性治疗的危重患者，1996年，食品药物管理局提出了“免除知情同意”的新标准：(1) 患者处于危及生命的状态，现有的治疗方法并非最佳；(2) 无法获得知情同意；(3) 有可能使患者直接受益；(4) 不免除知情同意就无法进行研究；(5) 研究方案定义了一个治疗视窗，如果不在该视窗内获得知情同意则研究无法进行；(6) 研究过程已由伦理委员会同意；(7) 对研究已进行了公众说明；(8) 与社区代表进行了协商。如符合这些条件，则医生无须经患方知情同意。这是临床医师在极特殊情况下为挽救患者生命而享有的治疗、研究特权，也可视为患者知情同意权的特殊代行现象。或者说是推定同意的一种特殊方式。

坚持知情同意是为了促进个人的自主性，保护患者或受试者，避免欺骗和强迫，鼓励医务人员自律，作出合乎理性的决策。一方面，它是医学伦理学基本原则在临床实践中的具体体现。按照不伤害原则，实行知情同意可以保护患者，使他们不会受到伤害；按照效用原则，实行知情同意可以最大限度地保护社会中所有人的利益，包括医务人员、患者和医疗研究机构的利益；按照自主性原则，只有得到具有自主性患者的知情同意，医务人员才能取得相应行为的权力。它是尊重患者自主权的集中体现。知情同意权是患者自主权的主要内容。因为疾病诊治的各个环节都直接关系着患者的身心健康乃至生命，所以他有权获悉与自己疾病诊治相关的一切信息，并根据自己的利益和判断自主作出选择。医方必须尊重和维护患者的知情同意权。凡是不经患者知情同意，或者以欺骗、暗示、诱惑、强迫等手段得到患者承诺而实施的诊治，都是损害患者知情同意权的，都是不道德的甚至是违法的行为。另一方面，它是建立现代契约—合作型医患关系的必要条件：与以单方面医生义务论和美德论为纽带而构成的传统医患关系不同，现代医患关系是建立在信托基础上的，是以双方权利—义务关系为纽带构成的契约—合作型关系。知情同意原则为解决医患双方复杂的权利、义务关系问题提供了保证，有利于双方进行真诚的交流，有利于患方和医生一起做决定，患方可以尽自己所理解的那部分知识，尽自己能够控制的那部分，运用自己获得的信息和判断，和医生商讨更好的方案，而不是习惯于被灌输、被控制和等待。身体是我们的，在尊重医生的前提下，我们应学会和医生沟通，并肩前行。晚近的进展是，应该对知情同意进行质量分析，诸如下述问题：无效知情与无效同意；部分知情\非充分知情与胁迫同意/强迫同意；（事实上的）非知情同意/不知情同意；形式性的知情同意与未完成知情同意；条件性的假性知情同意（免费试验药物等条件）或情感性的知情同意；知情不同意与模糊性知情同意；知情的病人与医生人格平等，但不可能真正理性地共同选择医疗方案，只是相对地、感性地、有尊严地、自认为做一位聪明、自由、具有自主权利的病人；终究是一位对自己出错的身体一无所知的被动的角色；最后做决定的是医生；要和医生一起做决定，要和病人一起做决定，双方都要负起自己的责任！

生命伦理学再次被人类造就与复生，这是一个奇迹，是后现代信仰和伦理精神最丰美的果实。

知情同意是生命伦理学作为人类生活决策的道德律令。正是因为我们依然尽可能地保留生命朴素的本质，使我们的行为成为遵循道德规范的行为，并为此制定对正义的知觉和履行的原则，使很多本来对立的关系实现和解，使所有的美丽的物种留下来，增加我们人类的欢乐。①

在临床诊疗中运用知情同意原则，就是要求医生在对病人的诊疗措施作出决定和实施之前，都应当向病人作详尽的解释说明，并取得病人在充分理解的基础上自由表示出来的同意。

坚持知情同意是为了促进个人的自主性，保护病人或受试者，避免欺骗和强迫，鼓励医务人员自律，促其作出合乎理性的决策。它是医学伦理学基本原则在临床实践中的具体体现。按照不伤害原则，实行知情同意可以保护病人，使他们不受到伤害；按照效用原则，实行知情同意可以最大限度地保护社会中所有人的利益，包括医务人员、病人和医疗研究机构的利益；按照自主性原则，只有得到具有自主性病人的知情同意，医生才有取得相应行为的权力。

知情同意包括以下四方面的内容：第一是信息的告知。医生有责任提供足够的有关信息，如患者所患疾病的性质、程度、治疗方案、治疗进程、预后以及治疗的有效性、成功率、并发症等情况；患者停止治疗或更改治疗方案；出现医疗差错、医疗事故的伤害程度与补救措施等。如果涉及试验性治疗和被作为医学科学实验对象，则必须按照相关规定同时提供相关信息。第二是对信息的理解。病人必须对信息有适当的理解，否则不能利用信息作出决定。影响理解信息的因素有很多，如情绪冲动、不成熟、不理智或者受教育程度低等，都会对所提供信息的理解有不同程度的影响。为了让病人真正能够完整地理解相关信息，医务人员应当最大限度地采用病人能够理解的语言和方式（如利用音像资料）来提供这些信息，可以用测试的办法判断病人对所提供的信息是否真正理解以及理解的程

① 这是梭罗一生追求的，他曾经写过“野苹果树”的散文，引用《圣经·旧约·约珥书》中的话：“葡萄树干枯了；无花果树凋零了；石榴树，还有棕榈树、苹果树，乃至这片土地上的所有树木全都枯萎了。因为欢乐从人类身上消亡了。”（《约珥书》1：12）

度。第三是自由的同意。一个人作出同意选择时应不受其他人不正当的影响或强迫。也就是说，同意必须是在自由的情况下表达出来的，不能是因为受到威胁或暴力强迫，因为害怕身体、精神或经济上的危害或损失而作出本来不会作出的决定。第四是同意的能力。这里的能力是指一个人理解信息的能力和对自己行动的后果进行判断的能力，即处理一定量的信息和能够选定目的和适合目的的手段的能力。可以认为，一个人只要能够基于合乎理性的理由作出决定，他/她就是有能力的。一个具有知情同意能力的人必须能够理解治疗的程序，能够权衡其利弊，并且能够根据这些知识作出决定。同意的决定不能是在受他人误导的情况下表达出来的。

知情同意的权利人原则上是患者本人，只要患者本人具备完整的意识能力和行为能力，他就是唯一合法的知情同意权利人。与患者关系密切的人可以提出建议，参与相关讨论，但最终决定权属于患者本人。如果患者是未成年人，不具备完整的意识能力和对自己的行为承担法律责任的能力；或者虽是成年人却部分或全部失去意识能力和行为能力，则可以由第一监护人作为第一权利人代理行使知情同意权。

在临床诊疗实践中能否切实运用知情同意原则，关键在医方。医方应当从病人利益出发，确保所提供的信息是完全、真实的，同时要采用有效手段使患者真正理解所告知的信息；不能为了私利包括逃避可能会因失误承担责任而提供不真实的信息误导患者。医方在提供信息时，不能大量使用专业术语或含糊其辞；当患者文化水平低，信息交流非常困难时，医方不能简化程序。

一些客观因素会影响临床诊疗中贯彻知情同意原则。医生面对的是极其复杂的人体系统，人们对疾病的认识又总是受到当时历史条件和科技水平的限制，医生很难全面认识每个患者与疾病相关的所有状况，当然也就不可能将全部相关信息告知患者。再说，不同医院的医疗技术设备状况不同，那些医疗技术设备状况较差的医院，一般较难准确检查和诊断出患者的真实病情，所以难以向患者提供真实信息。

在特殊情况下会出现知情同意例外。如突发性事故中的重度受伤者已处于非清醒状态，或者是无行为能力的人，又无法与其亲属取得联系，此时医方只能在没有得到同意授权的情况下积极赴救。这样做符合伦理原则，应得到伦理和法律上的支持。相反，如果医生以无法贯彻知情同意原则为托词推卸抢救责任，则恰恰是与医学伦理原则相悖的。

知情同意的运用都应该建立在“知情”的基础上。“知情”应该满足如下伦理条件：提供信息的动机和目的完全是为了病人的利益。医务人员在提供信息的时候，其动机与目的应该是为了病人的健康利益与生命利益，否则，道德是难以支持的；提供让病人作出决定的足够信息；向病人作充分必要的说明和解释。医务人员对于诊疗方案的性质、作用、依据、损伤、风险、医疗费用以及不可预测的意外等情况，有义务向病人及其亲属作充分的、简单明了的说明和解释。

根据《纽纶堡法典》的有关精神，病人在知情的基础上作出某种许诺或承诺即“同意”应具备如下条件：病人有自由选择的权利。即病人在诊疗过程中的选择、决定不受他人或其他因素的干扰，如病人的选择行为不受他人强迫、暗示、欺骗和操作控制等；病人有同意的合法权利，即病人自身的伦理条件，病人作自主决定的年龄必须达到法定的年龄，并具有完全的民事行为能力，对法定年龄以下的病人的同意不能认可，而必须由其监护人代理同意；病人有充分的理解能力，指病人自身的心智条件，即病人必须有理解和辨识想要做的行为的意义和后果的能力。

在理论上，医方告知应该遵循：在紧急救治时，对某些需要急诊救护又无法实行或代理实行知情同意的病人，可不受知情同意的限制；即急诊急救时可以不经知情同意。“无法取得患者意见而又无家属或关系人在场，或者遇到其他特殊情况时，经治医师应当提出医疗处置方案，在取得医疗机构负责人或者被授权的负责人批准后实施。”① 在这种情况下产生的一些不良后果不应该受到事后追究。

这其中，有一个最重要的权力表达，即医疗干预权，又称医生干涉权（doctor interference），源于西方的“亲缘主义”（paternalism）或“家长主义”（parentalism），是在医学伦理原则指导下，医生为病人利益或他人和社会利益，对病人自主权进行干预和限制，并由医生作出决定的一种医疗伦理行为。它适用于特殊情况下，用于限制病人自主权利以达到完成医生对病人尽义务的目的。它有两个特点：一是行为的目的和动机是善的，符合行善原则；二是由医生代替病人作出决定。行使医生干涉权必须满足两个伦理条件：无法取得患方有效的知情同意和必须符合促进患者或社会公益最大化的目的。它主要适用于以下几种情况：病人缺乏理智的决定，拒绝

---

① 中华人民共和国卫生部《医疗机构管理条例》。

治疗会给病人带来严重后果，比如危及患者本人的生命或伤及他人的利益，或者危害社会等，医生可排除病人的这一权利；讲真话会对心理承受能力差的病人造成沉重的精神压力，进而拒绝治疗，甚至轻生自杀，为此，医生不得不隐瞒病情真相，不考虑病人的特定认知是必需的和正当的；在面对丧失或缺乏自主能力的危急病人，又联络不上其法定代理人的情况下，为了及时抢救病人，可由医生作出决定；为了他人、社会利益免受伤害，由医生决定对传染病病人进行隔离治疗，或对少数精神病人实施约束等。

代理人同意是知情同意的一种特殊形式，是指某些病人由于缺乏作决定的自主能力，在涉及医疗判断、医疗方案的选择或决定时，在医务人员向病人及其代理人说明有关医疗的好处、危险性和可能发生的其他意外情况等信息之后，由代理人为病人作出同意或不同意这种治疗的决定。代理人应以真正代表病人的最佳利益为前提，那么谁是病人的最佳利益的代理者呢？中国的传统与现实认为，代理人一般应该是病人的至亲、近亲以及合法的监护人（包括病人真诚任命或委托的合法的代理决策者），其顺序为家属——亲戚——朋友——单位领导。代理人应该是有行为能力的人，并且与病人无利益和情感上的冲突。代理人同意的适用范围如下：代理婴幼儿的同意。婴幼儿不可能知情，也不可能表示同意，对其医疗决定必须由代理人同意。代理智能障碍患者的同意。对于先天愚型，或精神分裂症，或昏迷等缺乏自主和判断力的病人，对其的医疗决定也必须由代理人同意。代理限制民事行为能力人的同意。即国际通行的 16 周岁以下的未成年人，尽管在智力上已具备或基本具备能力选择或决定是否同意的能力，但在法律上他们的自主权是被限制的，所有有关医疗决定仍需要代理人同意。代理正常成年病人的同意。这类病人虽然有足够的智力与判断力，但由于种种原因得不到自主权的实施，比如，病人根本就没有自主意识而习惯依赖于亲属决定，这种情况的代理同意也具有其道德上的合理性。

在医疗实践中，医务人员违反知情同意原则，并给患者造成损害，就应承担相应的法律责任，其形式主要包括民事责任和行政责任。此不赘述。

有关知情同意和医生干涉权一直存在着很大的哲学上的分歧与争议，但这确实是一个十分重要的问题。亲缘主义的意义在道德哲学上应该始终为了保护人体免受无端伤害，特别是由于“无意的行为”而造成与自己利益相悖的伤害，这种伤害并不是自己愿意的。曾经有一个机巧的定义：

"对个人行为自由和信息自由的限制，仅当涉及他的福利、需要或价值时方可确证。"① 也就是说，假如是为主体或者具有同意权利的主体的决定与其生命、健康利益存在根本性冲突，即和他的生命价值相违背时，可以行使亲缘主义的干涉。按着约埃尔·费因伯格的两种类型的划分，我们可以进行进一步精细的区别：

> 【一个人】有权制止某人自以为是的行为，仅当该行为实属非自愿的；或者暂时的干预是为了弄清该行为是否出于自愿之需。
>
> 强型亲缘主义主张，以限制自由的方式保护一个人或给他的利益是合理的，即使他的选择出于自愿或有根有据。②

亲缘主义的行动类似于父母对未成年的子女所存在的教育意义和代理权。为了主体的根本利益在本人并不赞同的前提下限制他的自由，防止他作出伤害自己、他人或社会，并保证他本人的根本利益，以避免其行为后果直接导致对于包括其自己在内的关系人、群体、国家等的严重危害。这样的干预或者对他本人自由的限制是可以获得确证的。比如说，要求在飞机起飞后一律关闭手机，要求摩托车手在高速公路上一律戴头盔，或者在紧急情境下强制对大出血的产妇输全血，为处于躁狂症的精神病人注射镇静剂等，均属于这种行为。

这里应该提到的是对个人自由与社会整体秩序间一种关系的意见，或者称为"哈耶克终身问题"。也就是在医疗机构或者卫生制度确立过程中，如何发现某种自生自发的医学秩序，而使整体与个人都不至于受到伤害，亲缘主义或者有限制的知情同意知识观念或可以帮助我们逐渐建立起和谐的、有利于人的生命和诊疗工作的全新医疗秩序，因此"有意识的明确知识必须被设定为受着'这样一些规则的调整或支配，但这些规则不能够反过来是有意识的'"③。尽管哈耶克的意见遭到凯恩斯等人的激烈

---

① ［美］汤姆·L. 彼彻姆：《哲学的伦理学》，雷克勤等译，中国社会科学出版社 1990 年版，第 429 页。

② 同上书，第 431 页。这是彼彻姆引自费因伯格论文《立法的亲缘主义》中的一段话，原文载《加拿大哲学杂志》1971 年第 1 期。

③ 这是哈耶克的一段文字，转引自邓正来《自由与秩序》，江西教育出版社 1998 年版，第 128 页。原文出自 Hayek, *Studies in Philosophy, Politics and Economics* (Routledge & Kegan Paul, 1967), p. 61.

抨击，但他主张运用规则或原则来证明和维持道德传统和建立一种理想的自发自生的生存方式的理论，还是可以证明生命伦理学中医生干预权与病人的知情同意原则的有效关系的，事实上，在医疗实践中，我们已经积累了大量的成功案例，足以证明它们的积极意义。

当然，罗尔斯、诺齐克、哈耶克，或者罗斯巴德这些追求自由伦理的人，都不能完美地回答医学中出现的自主选择并应该接受何种强制性干预的问题，也就是说经济学、社会学问题一旦成为道德问题就更加复杂和艰难。在医学和人的身体自主权利面前，我们就不应该使用暴力的形式，而作为自愿的、非暴力的和非攻击的干涉，就势必构成对于哈耶克强制理论的挑战。医学上对于病人自主权利的尊重，也许是一种特定的约制，这并不是哈耶克式的“专横”能够解释的。①

（二）行动目标：医疗最优化原则

> 决定命运的不是机遇，而是选择。②

追求理想王国但又难以达到生活的极致，这就是人生的真理；人永远在缺陷与匮乏中生存，因为这样的自然存有的张力，会促使人类通过智慧和圆明去与自然奋斗，才会有科学的进化和为福祉不断精进的哲思。“最好”永远是相对的。因此，医学上的最优化原则，本应该称为优化原则，也就是对于医疗效用指派方式的或者更多效用选项中的选择行为，选择使效用达到最大，或者选择使效用最大化。

> 从形式上看，作出理性选择可以等同于效用最大化。但是关键是如何解释这种等同关系。你在 X 和 Y 之间只选择 X，说明你喜欢 X 胜过 Y，你指派给 X 的效用就多于给 Y 的效用。③

治疗一位新罹患肺结核的病人选用一线还是二线抗痨药物；对化脓性

---

① 这些论述可以参阅［美］穆瑞·罗斯巴德《自由的伦理》（吕炳斌等译，复旦大学出版社 2008 年版）第 285—288 页中关于哈耶克强制理论的论述。

② ［英］阿林厄姆（Michael Allingham）：《选择理论》，陆赟译，译林出版社 2009 年版，封底语。此为 J. E. 丁格之语。

③ 同上书，第 26 页。

阑尾炎患者采取何种术式；是否对一位初产妇采用剖腹产；是否为自愿的晚期肝癌患者实行仁慈助死或其他形式的协助自杀；对慢性胆囊炎患者是否决定进行手术切除；是否对患有子宫内膜异位症的未曾生育的病人采取子宫切除手术，假如这位病人极端痛苦并一再恳求。诸如此类的病例，都需要选择，甚至不允许我们长久地犹豫。

医疗最优化原则是行善原则、最小伤害原则在临床工作中的具体应用，可以被视为一项医学伦理学普遍的应用原则。它是指在临床实践中，诊疗方案的选择和实施追求以最小的代价获取最大效果的决策，也叫最佳方案原则。如药物配伍中首选药物的最优化、外科手术方案的最优化、辅助检查手段的最优化、告知病人病情方式的最优化、晚期肿瘤病人治疗的最优化等。就临床医疗而言，最优化原则是最普通、最基本的诊疗原则。

医疗最优化原则是一种选择理论的具体应用，其道德实质是指导医务工作者在临床诊疗中，追求医疗技术判断与医学伦理判断的高度统一、协调一致。任何医学判断都是由医学技术判断和医学伦理判断构成的。比如，直肠癌的诊断，从医疗技术判断来看，就目前的医学手段而言可以采用 X 光造影检查、超声波检查、CT 断层扫描检查、肠镜及活检、剖腹探查等多种检查手段。这些方法对直肠癌的诊断均是有价值的，均可以被选用，无论选用哪一种都是正确的。但是，究竟选用何种检查方法才最有利于病人，这就超出了单纯的医疗技术判断的范围，它更多地涉及“应该与不应该”的问题。对于 A 来说，选择 CT 断层扫描检查是应该的，但对 B 而言，选择 CT 断层扫描检查就不一定是应该的，相反剖腹探查则是应该的。“应该与不应该”问题的判断或评价不是技术判断，而是伦理判断。伦理评价涉及对于综合因素的集中评估和分析，如经济基础、文化偏好、身体观念、幸福观以及价值观、健康观等问题，这些不是技术可以回应的，而是伦理评价与文化选择。临床评价需要伦理判断，任何一个医学判断，任何一个医疗行为的选择都是医疗技术判断与医学伦理判断共同作用的结果。医疗技术判断的目的在于保证医疗行为选择的科学性和正确性，其判断效用主要取决于所掌握的医学知识与技能等；而医学伦理判断的目的在于保证医疗行为的价值取向的合目的性和善性，其判断水平高低与否主要取决于判断者的道德理念、道德品质等。

行动方案必须符合疗效最佳、最小限度损伤、心理压力与痛苦最轻、经济花费最小、身体康复或痊愈时间最短等要件。

医学行动方案的确定依然存在一个民主与独裁的问题，是否也可以比照博尔达法则[①]，由决策组每位成员在诸多的选项上打分，最后将得分加总，最后选择最高选项，作为行动方案。但这涉及这个小组的成员构成以及打分的程序问题，是否设立督察和仲裁，也就是是否承认技术和伦理权威的独裁作用；特别是如果全员或者绝大多数都趋于完全一致的选票，这种形式就失去了意义；还有如何排除很多非技术因素的干扰。而且，对于强条件和弱条件分值和权重的分配也存在着难题。此外，帕莱托法则、首领制、字母表排序法等，都同样不能整全地适应于临床方案的选择。在一个个人世界主义的医学自由王国中，如何真正完美地表述我们的道德理想，不是用一个最优化原则就可以解决的。余下的道德选择或者医疗行动选择方法的空间是无限的，我们只能相对地尽最大努力，把眼下的事情做好。

（三）道德古训：医疗保密原则

> 凡我执业或社交，所见所闻，无论与我之医业有无关系，凡不应宣泄者，我当永守秘密。[②]

这是《希波克拉底誓言》中关于医学保密的古老训诫，是所有医生当有的基本品质。慎言守密一直是医务职业人必须遵循的准则。但在临床与生命科学研究中，又常常对这条戒律予以挑战，往往使医务工作者陷入两难的境况。

《医学伦理》的作者托尼·霍普列举了《柳叶刀》上的一个现代遗传学服务的案例：

> 约翰与莎拉在他们刚出生的宝宝被诊断出一种常染色体隐性病症后，咨询了遗传学门诊，这种疾病非常严重且使人衰弱，孩子第一年死亡的概率非常高，导致这种疾病的基因刚被测序出来，这使得在未来的孕程中进行出生前的诊断成为可能，约翰和莎拉同意将他们和患

---

① 博尔达法则得名于海军军官兼政治理论家让—查理·博尔达（1733—1799），这一法则被称为比例代表制，曾经遭到拿破仑的激烈反对。

② 周俊、何兆雄主编：《外国医德史》，上海医科大学出版社 1994 年版，第 119 页。

病孩子的血样用于 DNA 提取。[①]

意外的是,DNA 样品的分子分析结果显示,约翰不是孩子的父亲。这就涉及了遗传学门诊的医生们是否应该把约翰不是新生儿父亲的事实告诉夫妻中的一人或者双方。一份美国的报告认为,应该对夫妻双方都表白这个事实的真相,即从伦理学角度考虑,应该秉承诚实与开放的模式。而美国医学会遗传学风险评估委员会以其权威的角色建议,此信息只能告知女方,其理由是基因测试作为一种医学监测不应该扰乱家庭正常的关系。霍普列举了美国和欧洲的调查结论,即“对母亲隐私的保护重于真实父子关系的揭露”[②]。该项难题引起了很多争议,但很多遗传学者倾向于合理谎话的原则,假托孩子出现这种症状是新变异的结果,而不告知真相,以不使家庭发生变故为最重要的价值。但一份民间的调查却显示,3/4 的被调查者认为,“医生应该告诉丈夫他不是孩子的父亲,至少在父亲直接询问的情况下”[③]。类似的大部分案例都证明,应在具体的情境下做具体的处置。如果有病人为了治疗的目的而告知医生,孩子不是自己丈夫的,医生应该为其保守秘密;除非在特别的情况下,不公开私人的信息会使患者或者其他相关联的人面临死亡或者严重伤害的危险,也就是必须有充分的理由为告知真实信息作出辩护,否则就不能违背伦理守则。

作为英国医生执业团体的综合医学委员会曾作出如下的说明:

> 如果不公开私人信息将会使患者或其他人面临死亡或严重伤害的风险,那么未经本人同意的披露被认为是正当的,当第三方面临风险的严重性大于患者的隐私利益时,你应该征求患者的同意在适当的地方公布。如果不适当,你应该迅速将这些信息通报给合适的人或权威人士,但在此之前你应该通知患者。[④]

所谓秘密是被隐藏的、不应该被泄露的事实。这个事实或信息可以是

---

① 此案例摘自[英]托尼·霍普《医学伦理》,吴俊华等译,译林出版社 2010 年版,第 86 页。

② 同上书,第 87 页。

③ 参见[英]托尼·霍普《医学伦理》,吴俊华等译,译林出版社 2010 年版,第 88 页。

④ 同上书,第 90 页。

一个有价值的积极的资讯，也可以是一个缺点或过失，或者是因必须防止被滥用而被保护起来的具有高价值的利益，包括第一是自然的（natural）秘密，即直接来自于自然的法则，不需要传统或人为的约束力；第二是承诺的秘密（promised secret），指听者与获悉人允诺保密的义务的执行，应衡量此事的重要意义与在道德上是否有接受约制的价值；第三是委托或交付的秘密（entrusted or committed secret），是指只要获得这个秘密就必须保密，获得这个信息的前提就是保守秘密。医学生活的保密主要指这些范畴。比如临床中为了诊疗必须告知的事实，以及病人心理上的隐私，或者个人在非特殊情境下，不可能告知他人的信息。

医疗方面或身体的秘密应该受到法律的保护，但是为了治疗和生命权利的需要，医务人员在有限制的前提下，比如为病人恪守秘密，就可以获得这些信息；但不应在没有病人本人或代理人允许下通过某种方式获得，包括医疗报告中的一些敏感内容。

秘密对于个人以及社会利益的重要性决定了人们除非有令人信服的充足理由，否则就不能够泄露它；保密义务终止的要件是：如果当事人合理地允许对秘密的揭露；如果由于他人的揭露，事情已经不再是秘密；如果有充分的理由为揭露辩护。诸如下列理由：为避免公共利益的严重损害；为避免由于委托人的原因而对其他无辜者或团体产生严重伤害，比如一个男子存在性疾病，医生劝其不要结婚但本人不听劝阻，医生就有责任对新娘揭露这一秘密；为了避免委托守秘的人自身遭受严重危害或陷入严重的困境，比如揭露其有自杀的企图。①

医学中的保密原则应基于“尊重患者的自主权或隐私权、与病人达成默契以及不至于产生不利的后果”三项条件。医生应该尊重病人提出的保密范围与对何人在什么情况下可以披露该信息，或者部分信息，均由病人本人决定。医生与病人之间存在着潜在的契约，医生不能违背病人的信任而随意披露那些交付过或者并没有正式交付的应予保守的秘密；医生这一职业本身就具有为病人保密的职业义务，否则，就是违背了对于病人的承诺。

---

① 请参考［德］卡尔·白舍客《基督宗教伦理学》第2卷（静也等译，上海三联书店2002年版）第420—421页中关于“对秘密的揭露”这部分文字，本书做了整理。

> 伦理学的一个主要理论是，在任何情况下正确的做法应该是能带来最好结果的那一种。基于这个观点，医生保守秘密是重要的，因为这样做会带来最好的结果。只有当医生严格保守秘密时患者才会信任他们。这种信任在患者向医生咨询和得到帮助时是至关重要的。①

人们由此可能会对前述案例再次产生疑问。从效果论方面处置，医生如果告诉约翰他不是孩子的亲生父亲，就势必会对这个家庭产生影响；但如果出于对莎拉的默契性承诺，不告知其夫这个秘密，以使莎拉免遭行为恶果，但这又损害了约翰的知情权利；问题的关键是新生儿不是约翰所生这个信息，我们是否有足够的理由为维护约翰的利益而透露莎拉的秘密。

我们无从获知这个案例的最后结果，但我们还是认为，应该对这一对夫妻之间关系的品质、双方的感情基础以及一旦发生类似问题可能出现的变故等因素进行预测之后，再面对具体情境决定是否披露秘密，或者以什么样的方式披露。

医疗保密（medical confidentiality）通常是指医务人员在医疗中不向他人泄露能造成医疗不良后果的有关病人疾病的隐私。这一概念有三层含义：一是“病人疾病的隐私”，主要包含病人根据医生诊断的需要而提供的有关个人生活、行为、生理和心理等方面的隐私，同时还包括诊断中已了解到的有关病人疾病性质、诊断、预后、治疗等方面的信息。二是“不向他人泄露”，主要是指不向知密医生或治疗小组的医务人员之外的其他人员泄露病人的隐私。三是“医疗不良后果”，是指泄露病人的隐私会直接或间接损害病人的心身健康及人格、尊严和声誉等。

医疗保密体现了对病人隐私权、对病人人格和尊严的尊重。中国现行法律法规中病人的基本权利含有隐私权。隐私权是指病人享有不公开自己病情、家族史、接触史、身体隐蔽部位、异常生理特征等个人生活秘密和自由的权利，医院及其工作人员不得非法泄密。医疗保密是维系良好医患关系的重要保证，是取得病人信任和主动合作的重要条件。在临床医疗中，无论是有意还是无意泄露病人隐私都会对病人造成伤害，都会破坏医患间的信任关系，降低病人对医务人员的信任程度，从而导致医患关系的恶性循环，甚至因此引起不必要的医疗纠纷。医疗保密是行善原则在临床

---

① ［英］托尼·霍普：《医学伦理》，吴俊华等译，译林出版社2010年版，第92页。

中的具体应用。保护性医疗就是趋善、向善、至善的具体体现。而医疗保密则是保护医疗的一种重要的措施与手段。当医务工作者面对诸如心理承受能力差或性格不健全或癌症等特定的病人时，应该采取一定的保护性防治措施，增强其战胜病魔的信心，防止不良后果和意外事件的发生。

在医疗实践中，对病人隐私权的保护并不是无限制的、绝对的，它还会与相关权力发生冲突并受其限制。具体来说，恪守医疗保密要求必须满足这些伦理条件：首先，医疗保密的实施必须以不伤害病人自身的健康与生命利益为前提。因为在现实的临床工作中，常常会出现恪守医疗保密原则就会与病人自身健康与生命利益相冲突。如一个有自杀意向，并且有能力付诸行动的病人，要求医务人员对其自杀意向进行保密。在这种情况下，医生能为病人保密吗？显然，医务人员从病人的生命和健康考虑不能作无条件的保密承诺，这在道德上是能被接受的。其次，医疗保密原则的实施不能伤害无辜者的利益。当满足病人医疗保密的要求会给无辜的第三者带来伤害时，应该放弃保密承诺，否则，伦理学不会给予支持。例如，一方在婚前检查中被发现患有严重遗传性疾病或性病，并要求医务人员对其另一方进行保密时，医务人员就必须以不损害他人的利益作为基本的伦理前提。再次，恪守医疗保密原则必须满足不损害社会利益的伦理条件。当为病人保密的后果必然会危害他人和社会利益时，应以他人和社会利益为重，对这种保密要求予以拒绝。最后，遵循医疗保密原则不能与现行法律相冲突，否则，它的应用就失去了伦理学的意义。

医疗保密不仅指保守病人隐私和秘密，即为病人保密，而且也指在一些特定情况下不向病人泄露真实病情，即对病人保密。此外，还包括保守医务人员的秘密。当然，医务人员肩负着作为公民所负有的保密义务，如保守国家秘密或职业范围之外的应予以保守的秘密。

在对医疗保密原则进行论述的同时，不能回避的一个问题是“医学中的合理谎言”，即有益于病人利益的正当欺骗。“谎言是指一种和一个人内心的信念和知识相矛盾的口头上的声明”①，或是对真理的权利的侵犯。为了病人的根本康复或治疗的需要，临床上经常用合理的谎言这种形式。

---

① ［德］卡尔·白舍客：《基督宗教伦理学》第2卷，静也等译，上海三联书店2002年版，第400页。

一个人可能从不撒谎，却需要欺骗。奥古斯丁坚持“谎言是一种话语，这种话语是一个人希望说出他可能实施欺骗的一件不真实的事情”，奥古斯丁的这种唯一的立场成为西方的观念。这一观念发生变化后，谎言被分为三种：（1）带有有害意图，旨在损毁或伤害他人的生命、财产和名誉；（2）过于殷勤和谦恭的谎言，其目的在于防止伤害或不便；（3）谎言仅仅是一种玩笑。

恩格尔哈特曾经举出一个案例。某病人问医生：“我会死于这种病吗?”于是，医生思考“我会死于这种病吗”这个问题，他可能会说：“不会。”“不会”作为一种回答，只是就关于这一问题或回答部分的一些特殊的或特定的解释而言才讲得通。一方面，在讲话者看来，“不会”确实对应于某种真相。另一方面，就讲话者意向之外的话语而言，这种回答完全可以说是欺骗，存在着一种带有欺骗意图的明显虚假陈述。①

恩氏分析认为，对于病人“我会死于这种病吗”这样的问题，医生自始至终知道该病人可能不会康复，他可以回答说：“许多病人很容易地就恢复健康了。”通常的原则是要“让听者小心谨慎”。就发问者和回应者的话语，至少是就这些话语的意思而言，这种回答并非是虚假的。这种精细的、没有谎言的、允许误导的话语，是罗马天主教遵循常理向道德靠拢所允许的。一方面，为了欺骗说出他明知是不真实的事情，这本身是完全错误的；另一方面，有很多方法可以帮助人们毫无愧意地、错误地诱导话题的参与者。②

在医学生活中或临床实践中，在这样的情境下允许这种合理谎言的存在：形势紧迫，比如患者处于极度情感控制之中无法解脱，如果不施行欺骗，即会出现生命危险的情况，或危及他人的安全等；为了病人的根本利益和权利的维护；为了他人或者公共的利益；出于治疗的需要，而这种手段对于病人的身体康复、疾病治愈或者生命维护是重要的；出于一个纯洁、高尚的目的，医生怀有一颗善良之心，襟怀坦白。③

按伦理学辩解，可以认为：

---

① H. Tristram Engelhardt, Jr., *The Foundations of Christian Bioethics* (Swets-Zeitlinger Publishers, 2000), p. 357.

② Ibid., p. 358.

③ Ibid. 原书认为可以被接受的四条欺骗的理由是紧迫、必需、服丧期（mourning the deception，是为了避免自己内心遭受谎言的伤害，始终恪守某一真相）以及出于一个纯洁的目的。本书作者对此作了根本性改写。

> 在这些前提下，欺骗就如同一种有奇效的药物，有保留地、谨慎地以此达到一种恰当、重要的善。自主行为虽没有欺骗的目的，尽管是普遍意义的善，然而却不是最重要的高于一切的善。①

柏拉图确实认肯了“柏拉图式的隐喻”，他在《理想国》中一再称道，可以把谎言作为一种强效而危险的药物，并赞许地认为在绝望的情况下运用是必要的。他说：“虚假……如同一种药物的形式，对人们是有用的。”② 特别是在被医生运用时则更是如此：“很显然，我们必须只允许医生来使用谎言。”③ 如此，医生的谎言，因其广泛的使用而被当作一种模式。

奥利金（Origen，185—232）也宣称：“有时运用欺骗方式是允许的，而且在某种程度上，谎言好比通常所说的那样一种药物。”④ 他的学生亚历山大里亚的克莱门特（Clement of Alexandria）同样认为：“除非在医学上，为了患者的利益，医生可以欺骗或说谎。”⑤ 到5世纪，这种合理谎话的医学形式已经被医学界所确立，并为公众所接受。正如罗马的圣约翰·卡西安（St. John Cassian，360—432）所强调的，这在恩格尔哈特的《基督教生命伦理学基础》中专门做了精彩的注解：

> 因此，我们应该把谎言及其运用的本质看作是如同食用藜芦那样；当存在着一些致命疾病的威胁时，它确实是有作用的。
>
> 然而，如果不是因巨大危险所迫，食用藜芦可能会成为导致直接死亡的原因。
>
> 正如我们说到的藜芦，如果它只是在一种致命的和不可避免的疾病威胁中才不得已服用，它确实是有用的。然而，如果在机体处于健全和完全健康状态下服用，其致命的品性就会立刻击中机体的要害。⑥

---

① H. Tristram Engelhardt, Jr., *The Foundations of Christian Bioethics* (Swets-Zeitlinger Publishers, 2000), p. 358.

② 转引自上书。原出自柏拉图《理想国》。

③ 同上。

④ 同上。

⑤ 同上。

⑥ 同上书，第360页。

由于以上的分析和推论，医生们在必要时说出“合理谎言”是可以获得伦理辩护的，即由医生作出的具有治疗意义的（有益于身心健康的）欺骗，在类似语境中通常被认为是正当的，并是出于爱与善的本意。这种欺骗只要对临床治疗有利，或者对于患者的健康恢复有益，就可以适度采取，如同演员在舞台上的表演一样，扮演优秀的、善良的“医学骗子”，这类谎言就是合理与善意的。

当然，医生的欺骗行为必须得到病人的默许。这种方法对于卫生保健来说，与让患者作为自主决策者的授权是相违背的。他的理想并不是做一个公正地承诺并授权给患者的道德中立的医生。

但我们依然可以这样结束这段讨论：

> 为了病人，医生欺骗他们的病人是十分正当合理的。医生应该采用家长式的方法，以此实现病人的利益。然而，这不是一个被认可的家长制，对于它来说，至少不存在一个明确的警告。而且，默许并不是预先假定的允许欺骗的必要条件。当然，为了完成一个重要的治疗目标，欺骗不仅是被允许的，而且是必需的。①

我们说，任何道德规范体系都要把诚实与讲真话纳入其体系之中，成为其道德体系的重要组成部分。医学道德也不例外。诚实与讲真话自始至终都是临床实践工作中评判医务人员道德水准的重要尺度之一。其主要含义为：病人与医生之间的交流应当是诚实的，这是一种美德，是医患之间真诚关系的基础。病人要对医生讲真话，如实而不隐瞒地将自己的病情告诉医生；医生说话应以事实为依据，应真实地告诉病人有关诊疗情况（除例外情况之外）。而“合理谎言”或“善意撒谎”却是一个很重要的例外，这主要是由讲真话与保护性医疗之间的相互冲突造成的。保护性医疗是在医疗过程中，医疗一方为避免医疗非技术因素可能对病人身体和心理造成的伤害，从而影响病人疾病的治疗和康复所采取的防御性手段。对那些预后不良的病人、临终病人或心理素质较差的病人而言，他们在获知自己疾

---

① H. Tristram Engelhardt, Jr., *The Foundations of Christian Bioethics* (Swets-Zeitlinger Publishers, 2000), p. 363.

病的真实情况后很可能影响治疗、促进疾病的恶化或加速死亡。面对这种情境，医学长期以来采取隐瞒真实病情的做法来施行保护性医疗，其动机是从病人的健康利益或生命利益出发，防止病人对医疗失望，而放弃治疗、拒绝治疗，从而增大治疗的难度。按效果论讨论，在临床实践中也的确有一些病人，在这种保护性医疗措施下，即在医生的善意谎言和欺骗下得益；因此，只要没有出现有害的后果（本人或他人），医务人员不向病人讲真话，而采用“善意的谎言和欺骗”，这在道德上是允许的。

当然，在方法上，何种情况下“讲真话”，何种情况下采用合理谎言，应该作为一门艺术或机术来恰当地使用；对什么病人讲真话，一般分两类：对患一般性疾病的病人，无论是急性还是慢性病都要告诉本人，而且应该讲透，使病人充分了解他所患疾病的病因、症状、转归及预后等情况，树立战胜疾病的信心，以便更好地配合医生治疗；对癌症早期病人一般应告诉病人，争取病人不失时机地配合治疗；对不治之症的晚期病人，要根据病人的具体情况，其中要特别重视“预先挂虑”的告知。“预先挂虑”是帮助病人对付坏消息、帮助病人度过消极阶段而采取的有效讲真话的重要手段。

对病人讲真话，还涉及病人的文化程度与社会地位。对具有相当文化修养和知识水平者，特别是具备部分医学知识、对疾病反应异常敏感、善于联想的病人，在了解其不良预后时可能常常会陷入恶性的联想与推断中，此外还应考量家庭关系、社会地位、经济收入、医疗保险背景以及生活经历、心理承受度等。

应该承认，好与坏从存在论意义上并不是抽象结构的某种状态，而是存在的模式，是由结构决定并由目的驱使的行动，将由后果验证我们行动的性质，我们不应该阻止那种看起来不被人作出好的评价的方式但确实能够为那些弱者解除痛苦的行动。①

> 斯皮塔曼·琐罗亚斯德呀！【行医者】的手段各不相同，有的用手术刀，有的用草药，有的用神圣的语言，后者才是医中翘楚，因为他们能够治愈虔诚教徒的心病。②

---

① 此段文字受到了穆瑞·罗斯巴德《自由的伦理》（吕炳斌等译，复旦大学出版社 2008 年版）第 58 页中源自魏尔德在《自然法》中一段论述的启发。

② 贾利尔·杜斯特哈赫选编：《阿维斯塔——琐罗亚斯德教圣书》，元文琪译，商务印书馆 2005 年版，第 298 页。

(四)普世规制:生命价值原则

生命的问题在伦理学语境中应该有一个普世的规制,具有敬畏、热爱和神圣感。因为人,我们自己,我们的身体,包括我们的意向和浪漫的思想中所存在的有关生命的事物,都是值得我们尊重和维护的。

宋人葛长庚《水调歌头》云:

> 多少风前月下,迤逦天涯海角,魂梦亦凄凉。又是春将暮,无语对斜阳。①

自古人多以生命苦短而自负其心,自负其命;佛家一向以“了生死”论出世,并以佛陀问其弟子“人命在几许间”警策僧众,并告诫一定不可低估生命的价值。如此,巨赞法师有言:

> 要了生死,就要在每一举足下足处、举心动念处去着手。……我敢说,唯有从举足下足处、举心动念处去了,才是真了生死。能坐亡立化的人不一定是真了生死,真了生死的人决定可以坐亡立化。②

生命难以言说。生命被人类自身赋予了神圣的意义,意识使人类具有精神的价值,人生命的存在反映并遵循着宇宙中生命的规律;人类能够以身体和意识反省自我的存在;人类生命成为社会现象,并自觉领悟团结和友爱的力量,使个体的权利、自由服从于群体的利益,使关系的伦理调节人的生命的平衡,使人的存在有了理性的基础。

当今生命价值原则已成为生命伦理学最基本的原则之一,并成为当代医学道德的主导思想,成为当代人类对人的生命的控制和死亡控制的主要依据。其内容包括三个方面:首先,尊重人的生命,即关心人的生命,维护人的生命,捍卫人的生命。因为人的生命及其价值是至高无上的。其次,尊重生命的价值。人的生命之所以是至高无上的,是因为它的存在一方面对其自身有着第一价值性,生命对于任何人都只有一次,正如常人所

---

① 张文兵主编:《全宋词鉴赏词典》,陕西旅游出版社2008年版,第1185页。

② 巨赞:《巨赞文集》下卷,江苏古籍出版社2000年版,第860页。

说的“人死不能复生”；另一方面人的生命对于他人和社会也有着极其重要的价值，即人的生命对于主客体都存在着价值。这个价值是人的生命内在价值与外在价值的统一，是对人的需要的满足，是人的价值的核心，是医学行为选择的主要伦理依据。最后，人的生命是有价的，如果生命质量低劣，不足以作为一个具有社会意义的人，就没有义务加以保护与保存。

生命价值原则作为生命伦理学最基本的原则之一，其基本观点是：人的生命是生物学生命与社会学生命的统一；尊重人的生命包含了尊重人的生物学生命与尊重人的社会学生命的统一；尊重人的生命价值包含了尊重生命的内在价值与生命的外在价值的统一。

生命价值原则强调尊重人的生命是尊重人的生物学生命与人的社会学生命统一的生命。人的生物学生命是人的生命存在的前提。然而，人的生物学生命并非等同于人的生命，否则一个受精卵与一位明星或哲学家在生存的权利和道德的地位上就不会有差别了。为此，生命伦理学认为，人的生命除了生物学生命外，还包含更本质的生命属性，即人的社会学生命。人的社会学生命包括人的自我意识和人的社会关系两大要素。人之成为人，人与动物的区别就在于他有其他物种所没有的自我意识和社会关系。其中，社会关系是促使人的生物学生命向人的人格生命转化的终极源泉。现实的人的生命以生物学生命为前提、为基础、为载体，而以社会学生命为核心、为本质、为依据。人的生命是生物学生命与社会学生命的有机统一体。

生命价值原则主张把尊重人的生物学生命与尊重人的社会学生命有机地结合起来，并强调医学在保存人的生物学生命的同时，更重要的是要完善、增进人的社会学生命。其基本信条是：尊重人的生命，接受人的死亡。尊重人的生命必须尊重人的生存权利。然而人的生存权利，本身就包含着对死亡状态选择的权利。对无法医治又存在着身心极度痛苦的病人，在不违背病人自身利益的同时，也不会对家属、他人和社会造成危害和损失的前提下，病人作出拒绝一切救治措施或是终止治疗或放弃治疗等选择时，应该给予尊重。这种尊重是对人的社会生命的尊重。接受人的死亡是尊重人的生命的一项基本内容，这是后现代生命伦理学与经典生命伦理学、宗教生命伦理学与传统医学伦理学对待生命的重大差异。

人的生命对于主客体来说都存在着价值，而且生命的价值也有大小高低之分。判断生命价值的高低或大小可从两个方面因素加以考虑：一是生命的内在价值（即生命质量），它是判断生命价值的前提和基础；二是生命的外在价值，它是由人的社会学生命来体现的，即某一生命对他人、对社会和人类的意义。在医疗实践中，用生命价值原则看待人的生命，就既要看到人的生命的内在价值，也要看到生命的外在价值；既要重视人的生物学生命的存在，也要重视人的社会学生命的意义，这是生命价值原则的核心所在。因此，不能以个体生命的某一阶段或某一时期的内在价值或外在价值判断人的生命价值。一个新生儿，尽管在婴儿时期其生命还谈不上具有什么明显的外在价值，但不能因此结束其生命，否则就陷入了生物学生命与社会学生命相脱离的误区。衡量一个人的生命价值大小必须从生命的内在价值与外在价值相统一的原则出发，依据生命价值是一个价值过程的特性加以判断。

在高新医学技术高速发展并应用于临床的今天，如活体器官移植术的开展、人工生殖技术的临床应用等，引发了人们对医学是以人为目的，还是以人为手段的哲学思考。从医学的发展史看，归根结底，医学所做的一切，都是为了促进人的生命健康和幸福，为了促进人的生存和发展。医学最终是以人为目的的，医学的发展最终还是以是否促进了人的发展来衡量的。所以，当医学的发展与人的发展出现不和谐或相冲突时，医学必须坚持生命价值原则，作出相应的调整，使其发展与人的发展保持一致。

在医疗卫生资源供不应求的情况下，医疗机构或医务人员，依据什么标准和原则来分配贵重、稀有卫生资源？谁有权优先享受？其伦理学的根据又是什么？这成为当今卫生资源微观分配的难题之一。面对稀有卫生资源的分配，是以病情的轻重缓急为标准，还是以病人的社会地位高低、才能大小为标准？是以人的生物学生命质量为标准，还是以人的社会学生命质量为标准？生命价值原则给我们提供了理性的思考、决策的依据。

在现实的医疗生活中，医务人员面对呼吸、心跳存在而意识完全消失的“植物人”状态的病人，是不惜一切代价进行积极治疗还是放弃治疗或终止治疗？面对无法医治的临终病人，在其生命终止之前，是借助医学的特殊手段延长其痛苦不堪的生命，还是在生命终止之前，同意病人的死亡要求，采取安乐死的医学手段缩短其痛苦不堪的死亡过程呢？生命价值原则为这些伦理道德难题的处理提供了医疗行为选择的依据。

生命价值原则强调生命神圣与生命质量的统一，把生命的物质价值、精神价值和人性价值作为衡量生命的个体效益和社会效益的尺度。人的生命之所以具有独一无二的价值，是因为人是理性的行为者，能够创造工具，改造自然。人的价值决定于两个因素：一是生命本身的质量；二是对他人、对社会的意义。前者决定生命的内在价值，后者决定生命的外在价值。生的权利是人的基本权利，因此，应尊重人的生命，维护其生的权利。但生命并不是绝对神圣的，因为人类生命本身是可以用价值衡量的，就病人来说，其生命价值与社会需要、医疗需要、生命质量、治愈率、预期寿命成正比，而与维护其生命所花的代价成反比。这些因素构成了病人生命价值的非定性公式：

$$\text{生命的价值}=\frac{\text{生命质量}\times\text{治愈率}\times\text{预期寿命}\times\text{医疗需要}\times\text{社会需要}}{\text{代价}}$$

这个公式已经并必然会遭遇到各种质疑，比如医疗需要和所谓社会需要，那是一种政治或生命政治的暴力，是人为的，还是一种违背公正和正义的计算，又重新把人引入一种不平等的境地，从而剥夺人的基本生命的客观权利，那种权利是乌托邦式的所有生命体的权利。当代资本主体的体制更加重了这种市民的愤懑，人们不愿意看到因为经济地位的差异，而受到明显不公正地享受卫生配给量的差异。

> 在社会经济生活中，有许多现象是个人行动者无从阐明、并不知道也不可能知道的……遵守行为规则与指导一些东西，二者之间存在一种差异。①

所以，我们不能因为执行某种原则，而不去顾忌我们的行为可能引出的糟糕的后果；以上人为规定的这样一种计算生命质量或者说决定放弃或者保留这样重大问题的机械计算方法，不能作为我们的基本决策依据，我们的行动应该是以行善作为根本依据的，而不是这里所说的“生命价值论”。

生命质量是一项综合标准，不仅指生命现象存在或有较好的生理功能形态，而且指能过愉快、健康、有意义生活的人的生命；医疗需要指对发展医学科学的作用；社会需要指一个人对社会过去、现在和将来的现实的

---

① 请参阅邓正来《自由与秩序》，江西教育出版社1998年版，第116页。

潜在贡献。代价指医疗、社会的负担等。生命价值原则就意味着对那些生命质量极低，社会为维护其生存所花代价太高的生命不应承担救治的义务。例如，对严重残疾新生儿的处置等。

这一公式来源于对行善义务强度的说明，在西方，最早应用于对有缺陷儿处置的辩护和临床决策的依据之一，其公式是：

$$\text{行善义务强度} = \frac{\text{成功概率} \times \text{生命质量} \times \text{生命长度}^{①}}{\text{代价}}$$

这样的公式是在一个认肯生命神圣的前提下，理性地对具体生命质量进行分析，这是由生命价值论的核心概念决定的。

生命价值原则是重要的原则，也是不成熟的原则，应该加以进一步讨论和研究，以作为能够有效地帮助我们在临床上作出伦理决策的有效工具。

第四节 生命伦理学原则的应用

伦理原则的应用有自身的特点，它不是仅仅将事实代入便可以得出正确结论的，而是既要以具体的事件为背景，又需要正确的道德推理程序及解决道德难题的灵活性。

一 原则与规则

伦理原则源于理论上的追求，反映了我们的道德理想，或者称为正义的那份信仰。原则帮助我们维护主体的权利，并指导现实生活。医生的具体判断与临床决策，是以行为规范和一般性执业规则作为基础的，很多具体的医学决策是原则的决策，由此可显表原则的价值。原则的确立是为了维护病人与医务人员双方的权利，并且程序的正义必须依赖由道德目标决定的原则的正义效应；若要使所有在场的人都能受到保护的同时又能伸张正义，获得应得的权益，免受道德的伤害和身体的痛苦或不幸，唯有所有人都遵守数项原则，并在这些原则的导引下，制定相应的规范，正确地按判断、循据正当的程序，在治病救人的行动中，实现医学的正义。

---

① ［美］恩格尔哈特：《生命伦理学基础》，范瑞平译，北京大学出版社2006年版，第284页。

在此，罗纳德·德沃金举了一个“禁止堕胎”的案例：

> 在最初三个月里禁止堕胎的理由是什么？假如我们认定“从医学上讲堕胎对母亲有危险是站不住脚的”，那么我们会想到两个主要的理由。第一个理由诉诸多数派的道德意见，而用不着假定这些道德意见是站得住脚的。不过假如我们认为把这些偏好算作限制自由的一个正当化辩护否定了平等，那么我们的理论便会把这个理由指责为不可取的。第二个理由诉诸未出生婴儿的利益。假如未出生的婴儿是人，他的利益可以通过一个法规而得到适当考虑，那么这第二个理由是成立的并且经得起平等代表制度的检验。①

这个案例牵涉到善与爱的主体原则，以及尊重自主、最小伤害、医疗行善、知情同意和生命价值多项基本原则和应用原则，更涉及我们究竟如何规范生物学人的生命和社会人的生命这样一个复杂的概念争议。文化的分歧造成了道德意见的差异，这甚至在很多国家里曾经成为政治分歧和争端的起点，还牵涉到一个人的信仰和道德观念。我们不能随意杀人或随便结束一个生命。

我们的医学行动必须有关于行动的预测和判断，判断是关于具体行动的决定、裁判或结论。伦理学主要解决是否应该的行动决定。思想与精神是理论的基础，原则决定于理论，原则比规则更普遍、更基本，它是规则的依据。伦理学理论是原则和规则有机联系的理性体系，在原则与规则发生冲突或者并未出现冲突时，依然应该使用二级或三级原则或/和规则，其程序是：

评估、判断和评价→规范→规则→原则→理论→思想或精神
↓
【选择1】行为准则→【选择2】方案与行动

应用道德规范和原则解决道德难题的出路便是依靠一般的伦理学理

---

① ［美］罗纳德·德沃金：《原则问题》，张国清译，江苏人民出版社2005年版，第83—84页。

论。特殊道德准则是由可以被一般的和基本的规范与原则证明的，并由此衍生而来的特定的道德规范构成的。

伦理理论必须具有内在的统一性，这是普遍原则建立的基础，伦理理论也是应该被检验的，因此要求这一理论必须完整与系统，必须明确而简洁，必须有足够的复杂、周全与包容性。道德经验和理论是辩证地联系着的，理论又是处在不断发展与丰富过程中的，理论一方面决定我们的行动方案，同时我们也通过规则、原则的实行以及生活的事实检验，证实和评价理论的真理性。

二 “艾耶尔死谷”与原则的交叉冲突

在道德生活中，人们选择、放弃而肯定、否定某种行为，都有明示的或潜隐的、重要的道德原则的支持。道德原则是人们对行为的道德性评价与行为选择的重要依据。通常，在同一个道德规范体系中的道德理论与道德原则、道德规范存在着内在的一致性，基本理论与基本原则、道德规范是相对应的。同样，基本原则之间也存在着内在的逻辑一致性，比如，医学伦理道德体系中的尊重原则、医疗行善原则、有利无伤原则以及公正原则等，是相互交叉、互补与包容的，其道德实质是趋向同一的。

我们其实往往处于勒维纳斯式的“艰难的自由”之中，我们实际上处于一个冲突和不信任的时代，这是后现代的一个特点。每个人都追求自由，而每个人都不可能获得整全的自由，理性独断主义、单独研究认知的认识论独断主义、追求绝对真理的独断主义遭受到空前的挫折，尼采的价值重估打击了道德和信仰体系，我们不得不冷思相对主义、境遇主义、实用主义以及道德共认意识、道德异乡论等的严肃理论问题，并且重新回到评价领域之中，并考量：

> 在一个事实判断不同的价值判断领域中，或曰在一个与认知不同的评价领域中，我们有没有充分的理由去证明我们赖以作出评价的价值准则是合理的；我们有没有充分的理由去评判不同的价值准则，去评判不同的价值判断。[①]

---

① 参阅冯平《评价论》，东方出版社 1995 年版，第 246 页。

既然我们还必须面对鲜活的生活本身，并且必须在多样态的、个性化的甚至极端的身体文化要求的境况中，作出被当事人或主体接受的决策，并且又不失为伦理的、善的和正当的选择，我们显然必须坚持我们的信念和信仰。在生命伦理学发展的同时，我们必须在纷繁的后现代道德文化背景下，给与逻辑实证主义关于价值判断的情感主义以无可辩驳的回应。我们虽然不能精致和绝对地解决所有医学问题，但是凭借前述的主体原则、基本原则和应用原则，我们确实能够普遍地解决一般性的伦理难题，并获得公众的认肯。我们坚持了正义、善和爱，用自然赋予我们的神圣权力，避开了“艾耶尔死谷”①，我们以不同境遇下“人的需要”作为价值判断的依凭，以事实判断作为行动的基础，灵动地应用我们的伦理原则，在人的生命问题的选择过程中，坚持对于主体意见的尊重，坚持对于主体权利的维护，坚持行善、公平正义，就可以使生命伦理学成为有生命的、有巨大价值的学问。我们面对着多元的、复杂的、无可名状的变化着的世界，在自由意志世界主义逐渐让渡于自由世界主义的潮汐中，应该保持敬畏生命的信念，获得生活的成功。

但“艾耶尔死谷”的提出，提示我们必须远离绝对标准主义论，也就是说，在生命伦理学判断中，不存在绝对普遍的原则，爱与善是人类的一种信仰和道德信念，而在现实医学生活中，我们只能面对人的具体需要来选择我们的行动。从这个意义上讲，次级相对主义是有一定积极意义的。由此，原则的交叉也是必要的。

“艾耶尔死谷”更像是德国哲学家弗里德里希·H. 雅可比1799年提出的虚无主义。虚无主义否定人生的意义与价值，也成为恰达耶夫在《哲学通信》中愤世嫉俗、悲情孤愤和自虐情绪的情感根基；同时可以说是庸俗社会学、无产阶级文化派、尼采主义者、极端无政府主义的思想基础。② 其实，后现代的医学文化社会，尤其应该警惕这样的消极思潮占据我们的精神生活。

---

① “艾耶尔死谷”，即逻辑实证主义和激进的情感主义的代表艾耶尔提出的“价值判断没有充分的理由，评价没有合理性可言”的观点；他同时提出，伦理概念是一些虚妄概念，并认为伦理判断根本不具有任何客观的校准能力。阿尔弗雷德·艾耶尔（Alfred Jules Ayer，1910—1989），英国哲学家，因1936年出版的《语言、真理与逻辑》而闻名于世。在此书中他提出了逻辑实证主义的一个主要论点，从而成了逻辑实证主义在英文世界的代言人。1946—1959年，他曾是伦敦大学学院的精神逻辑哲学的教授，同时也是牛津大学的逻辑教授。1970年，他被封为爵士。

② 请参阅马龙闪《历史虚无主义的来龙去脉》，《炎黄春秋》2014年第5期。

后现代生命伦理学是理性的学科，是我们生活与生命存在的指导；自然界的现象是依照不变的法则与规律运行的，自然律和道德律都必须遵循和依赖于一个“万物趋善”的神圣系统，不管推之为因果律、自然律或道德律，我们都必须承认这样一个永恒的原则，我们的人生和生命本身依然循着这样的原则生存、发展与进化，虽然它不以绝对的形式来叙述，但存在的事物没有任何例外。①

在道德生活的实践中，由于具体的道德事件千变万化，形态各异，加之人们的道德观念与道德文化境遇不同，即使存在道德共认意识，即使不完全归属于道德异乡人，或者即使相同的道德观念，其认识水平也会存在不同程度的差异，致使道德原则在具体的应用中难免会出现交叉冲突或者僵持与争执。即同一道德事件可采取两种或两种以上的行为选择，而每一种行为背后都有着某一道德原则的支持。同一事件出现多种行为选择和多种道德评价，其原因在于支持其行为的道德原则的相互交叉、相互冲突、相互矛盾。这就需要我们熟悉、掌握原则应用的主次序列规律。

三　原则的主次序列

医疗行为的伦理判断与伦理选择，必然涉及道德原则的各个方面，并以其中某个原则作为主导原则。不同行为或是同一类行为的不同境况所依据的主导原则可能是不一样的。因此，在处理某一具体医学伦理问题时，医学伦理各原则的意义和作用不是平行等同的，存在着主次序列关系，这种主次序列既有相对衡定性的特点，又有随具体临床问题的不同而变化主次的机动性特征。

在一般情况下，医学道德原则的主次序列相对恒定。行善原则、生命价值原则是首先要考虑的，其次是尊重自主原则、公平正义/公益原则、有利与不伤害/最小伤害原则、医疗最优化原则、知情同意原则、医疗保密原则等。在出现道德原则冲突时，应先考虑较高级别中的重要原则。

另外，基本原则主次序列的应用又会随具体临床问题的不同而变化主次顺序。在许多特殊情况下，次要原则可以变为主要原则。在一行为选择中处于主导地位的原则，在另一行为中可能会成为次要原则；在此事件中

---

① 请参阅［英］J. B. 伯里《思想自由史》，宋桂煌译，吉林人民出版社 1999 年版，第 96—97 页。

运用的主导原则，在其他事件中不一定完全适用。反之亦如此。

基本原则主次序列的选择，还要看原则指导的行为后果，就是说，按原则做不一定都是正确的，为此，应从行为的动机和效果相统一的原则出发来考虑。例如病人有对疾病认知的权利，病人希望能了解自己所患疾病的性质、严重程度、治疗情况以及预后好坏等，医生一般应尽说明的义务，这是知情同意原则的要求。但是，如果病人了解了自己疾病的诊断及预后可能，会影响治疗过程或效果，甚至会对病人造成不良后果，医生就不得不对病人隐瞒病情真相，而不用考虑病人对疾病的特定认知要求是必需和正当的。也就是说，当病人的知情权与不伤害原则相冲突时，为了避免对病人的伤害而不满足病人的知情权是符合动机与效果相统一原则的。

如此，我们可以重温中世纪经验哲学家、唯名论者邓斯·司各脱[①]的名言：

> 我们的判断应该来源于我们自己本来具有的原则、我们的经验和习成获得的认识，或者是由存在的事实本身所决定的。[②]

这显然回答了我们的很多疑惑，因为在现实医学生活中，我们不可能面对所有属性和具体的个体人性、科学或社会诉求，都予以满意地应对。原则不是万能的，解决医学的问题，最终要靠我们对于医学善的坚守和爱德精神，以及经验、判断力、悟性和事实本身，我们制造和建立的原则，只能是我们的帮手和解决问题的工具而已。

四 阿奎那案例的启示：双重效应原则

人类的历史是一个充满冲突与斗争的历史，人类社会是按着一个规律向前的，而这种最后的轨迹乃是无数种力量的一种复杂的集合，其中有很多内在力量的抵消，而不是简单的力量的相加。道德原则和道德规范也从

---

① 汉语天主教界称其为“真福董思高”（Blessed John Duns Scotus，约 1265—1308），史称“邓斯·司各脱”（又译作“司各特”），苏格兰中世纪时期的经院哲学家、神学家、唯名论者。他提出了物质具有思维能力的推测，其论据是天主万能论，故而可以让物质具备思维的能力。著有《巴黎论著》《牛津论著》《问题论丛》等。中文版思高圣经的翻译机构“思高圣经学会”，奉他为主保圣人。

② Bertrand Russell, *The History of Western Philosophy* (Simon & Schuster, Inc., New York, 1972), p. 467.

来是千差万别的，公认的价值准则的建立必须是用人类理性协调不同的需要，使大多数人的需要获得相对满足，缓和冲突，减小悖谬，形成一个相对稳定的，在一定群体内、某一个区域中相对统一的最普遍、最基本的评价标准。

生命伦理学应该给与我们各个层级的指导，从最高的道德精神和观念、思想体系与理论，从元法则、最高的超伦理原则、最高的良知原则或者所谓绝对命令原则，到核心价值下的原则与规范。规范是结构性的观念，它们应该是关于价值可能性或者不可取的伦理技术原则，是具体告知行为的应该还是不应该的。有学者提出：

> 哲学思维并不是把各种事情归结为一个总的看法（“all as one”原则），也不是用某个看法去看各种事情（“all by one”原则），而是贯穿着各种事情去看“在各种事情之中的某种事情”（“one in all”原则）。①

伦理学讨论的大体上应该存有一种内在的一致性，那就是善和爱的表达和动机，或者称为哲学观念，或者称为评价的主体标准。但如果在现实生活中遭遇到事件本身的内部冲突，那就毫无疑问要进行二次评估与价值的比较，在临床决策过程中，这种境遇很普遍，就需要进行原则应用的主次、高低、正负效应的比较，因为任何一种行为都必须放弃一个次原则，因为它所产生的效应对病人的利益来说是次要的，尽管不可避免。

双重效应原则（principle of double effect）又称双重效果原则、双重功效原则，或者效用原则，简称 PDE，即双重效果的推理；这是托马斯·阿奎那为解决道德冲突的一个自然法理论中的原则，这是一个具有重要意义和启示的案例，是一个在评价作用时对某一“不合法的行为”允许的伦理准则（例如一个身患绝症的病人服用吗啡，缓解病人的痛苦）。双重效果原则源于托马斯·阿奎那的处理凶杀自卫②的经典案卷，引出了后来的法学家的自然法理论，即决定问题的最后效应必须是善的；恶的效应或者坏的效果是不可取的；引出坏的效应的行为必须服从于引出好的效

---

① 赵汀阳：《一个或所有问题》，江西教育出版社 1998 年版，第 168 页。

② 请参考阿奎那《神学大全》，IIA 或问：64，艺术，71。

果的行为。

例如，一位女性患有子宫癌，而她在体检中又发现受孕了，那么，医生是保全胎儿还是为保全孕妇而切除子宫，即使切除子宫、放弃胎儿也应获得允许。再如对肢体骨癌病人进行的截肢手术，目的不是使其丧失劳动能力，而是保存其生命。尽管截肢手术会使其丧失劳动能力，给病人带来极大的伤害，甚至会危及生命，但在这里，控制癌细胞的扩散或转移是第一效应，给病人带来的不利影响则是附带的第二效应。

医学的目的是人的健康、保健、延长寿命、免除痛苦、身体健全和疾病的有效诊治，病人不应该因为医学而加倍承受痛苦。但医学不是单纯的和纯粹的，不是孤立的和超越的；医学的职业人和享用医学福利的人都必然会受到某种限制，他们的权利、欲望只能是相对的，他们的自由存在着困难，他们有关生命的难题经常面临着困惑，我们是在自己的伦理作品中接受道德检验的，并非是单一的理想，在多数境遇下，是具体行动的选择或者被选择。正如彼彻姆所指出的：

> 主张享有健康权利（不是健康照顾的权利），这实际上比“不受他人迫害其健康的干扰”这一主张包含了更多的东西。……某些权利既是自由的权利，同时又是受到保护的权利，这个观点似乎是对权利的最好的理解，因此这个观点综合了消极权利（自由）和积极权利（保护）双重性的观点。①

我们的政策应该是在积极权利和消极权利之间寻求一个最可信任的平衡，作为临床指导的基础。就是说，双重效应原则要求我们的行动能够使病人得到最大可能的利益，而使危害或者他们不得不受到的伤害减到最小，这个原则要求不仅要权衡利害而且要具有在每次行动前权衡利害的能力；因为有些危害往往暗含在对病人身体恢复与康复的过程中，以及心理上或者在今后生活中可能发生的各种不良影响中。

应该指明的是，最合适的医疗要参照收益、风险及与其他相关联的代价来决定，医学中的“代价”是指不利于人的健康和福利的一切负值，

---

① ［美］汤姆·L. 彼彻姆：《哲学的伦理学》，雷克勤等译，中国社会科学出版社1990年版，第297页。

收益与好处则被规定为正值，代价/收益的关系就是预期利益的概率和大小。[①] 如果在医疗实践中，行动的有害效应大于行动的有利效应，那么其行动效果的分值小于1，也就是在同一行为过程中，如果给病人造成了损害的后果（当然是不得已的），这个行为就必须停止或者放弃。如果，你总能够计算出利大于害，你的决策就有机会施行。

这个原则延伸于行善原则、生命价值原则与不伤害原则，是其具体的应用技术。它适用于这样的情况：一行为的目的是好的，而且也可以带来明显的良好效应，这是行为的直接效应（第一效应，有利的正效应）；同时这一行为也会伴随着一些不可避免的伤害和副作用，这是行为的间接效应（第二效应，有害的副效应）；双重效应原则还可以应用于许多利弊兼存的行为，但必须满足以下条件：行为的目的必须指向第一效应，即行为者的动机必须是趋善、向善、朝向至善的；作为行为受益者从第一效应中得到的好处必须大于第二效应。

五 生命伦理学案例与道德论证的论证

生命科学的实践研究和临床对策选择是不可能完全凭借几个有限的普遍化原则决断的，在理论上，人们的特殊具体道德判断应该通过普遍抽象的伦理原则的有效演绎来得到加强，但是，

> 在实践中，一般真理和相关的那些普遍原则所产生的确定性弱于特殊判断的可靠性，为了这种可靠性，他们按照推测提出了一种演绎基础。[②]

我们还是希望制定某些一般的道德理论，用以解释和表述道德原则或一组原则，并帮助我们演绎出关于道德正当行为的必然结论，而不是使用颠倒（bottomup）的方法，我们通常惯于用一般推演特殊，而不习惯把特

---

① 孙慕义编著:《医院伦理学》，黑龙江教育出版社1996年版，第12页。

② 参阅［美］托德·莱肯《造就道德：伦理学理论的实用主义重构》，陶秀璈等译，北京大学出版社2010年版，第98—100页。该书说明并批评了约翰逊与图尔明的“新决疑法”，正如约翰·D. 阿拉斯在《生命伦理学决疑法的复兴》中所指出的：约翰逊核突耳鸣颠倒了思考特殊道德判断和一般原则与理论之间关系的标准方式。原文见“Getting Down to Cases: The Revival of Casuistry in Bioethics,” *Journal of Medicine and Philosophy*, 1991, p. 16.

殊的问题引到一般。伦理学原则是一般的问题指导慎思的结论，为了防止陷入极端的特殊主义，我们接受把亚里士多德的伦理思想当做智者派极端特殊主义和由柏拉图系统构造得到的几何学意图之间的中间道路。①

在医学伦理学教学中适度应用案例方法应该予以肯定，对于学生或初学者理解伦理学的是非判断或者具体的行动选择有很大的帮助，特别是在实践中一旦遭遇同等的境况时，可以比照此情加以处置。同时，通过具体案例的分析和推理，可以进一步了解和把握伦理学原则的应用技术。但是，在很多个案中，我们常常感觉到和曾经经历和处理的案例不甚相同，或者有着根本的本质差异，因为人的差异或者因病情、文化、教育、经济背景、法律环境、信仰等不同而提出的目标要求存在极大的区别。医学中没有绝对相同的案例，也就不可能在伦理处置和行为选择上予以复制。

临床伦理判定应是在法律和人类的最高准则前提之下使病人利益最大化。要克服传统的剥夺病人权利的规章制度的暴力和实质上对于病人知情同意权的践踏，具体案例的处置就必须遵循“允许”、宽容和一定的自由原则。这就意味着病人有权利否决医生的“命令”。但抵制医生的医疗诊治方案是艰难的。伦理学就是要给予病人这种选择的智慧，并提供选择的理由和参考策略。手术或药物选择、诊查的各种手段，都存在极大的灵动性，对于一个病例没有绝对唯一的最佳方案。

在医学伦理学学习过程中，案例分析是一个重要环节。医学伦理学为人们的行动提供了相对固定的规范体系，但对于现实医学生活中道德境遇的判断与选择尚有一个应用的规程与方法，这是一种技术，必须予以掌握。

案例分析和案例处置的理论有三：一是结构主义的方法，即客观地对案例本身的性质予以分析和评价，套用经典的道德理论来解决善恶的定性，通常不对正负价值进行计算和比较，只是考量判断的结果是否符合基本原则；二是行为主义的方法，在于对后果的考察，是否有利于病人的利益，用正负价值计算来评判处理方式的对错，伦理学辩护旨在后果的反应，而不重视本身道德的内在影响和意义；三是机会主义或次相对主义，处理具体事件，以情感和现场为依据，全然参照医生的即时直觉和病人的

---

① 原文参考 Barkeley，*The Abuse of Casuistry：A History of Moral Reasoning*（University of California Press，1988），pp. 67–68.

利益诉求，有时甚至会放弃伦理学的基本准则和规则，因此，在道德上，这种评价方式存在很大的风险。我们的要求是，既遵循伦理学原则和规则，又必须保护病人的利益，有些具体的技术问题，就要看当时医生的应变能力和艺术性了，有时经验还是有价值的。分析案例和处置案例是对医生临床技能的重要检验。

案例分析（case study）是我们学习道德知识、培养对医德问题的敏感性，以及掌握有关道德理论、原则的工具，并有助于解决现实医疗生活中的医德困惑问题，有助于临床医生在具体的医疗实践活动中作出合理的选择。

尽管现代医疗生活的复杂性使伦理学面临着挑战，案例分析的结论往往莫衷一是，然而，结论的差异、对例证的说明，理论应用和理论研究都具有重要意义。掌握了医学伦理学理论，并不能说已具有了伦理分析与判断能力。就像在内科学教科书上了解了胃癌的诊断要点，并不一定会在临床实践中准确地诊断出胃癌一样。案例分析实际上为灵活掌握所学的伦理知识提供了一个机会，但是否能运用就更需要艺术家般的灵活思维能力了。

案例分析就是运用医学伦理学的理论与原则，解决具体问题，它可以培养医学道德的思维习惯与激发道德敏感性；开阔思维；排除伦理困惑并摆脱困境。

医学伦理学案例分析的基本程序是：认识与分析事实：何时（when）；何地（where）；何人（who）；什么问题与什么事实（what）；什么原因与理由（why）；怎么办（how）；判断是否属于道德事件。如果是医学伦理事件，就要指出道德内容或成分：道德的/非道德的；进行分析的人本身的情感倾向、价值观、信仰与知识水平等。事件关系人：定位；指称；态度；对后果的作用；与何种因素相关。矛盾、冲突的核心：是什么？可分为几个环节与层次？核心问题是什么？利益关系。冲突发生的观念基础：冲突性质；原因；背景；可能的结局及影响。

冲突的相关因素涉及情感、理论、文化传统、价值体系、风俗习惯、宗教与经济理念等。能否建立双方公认之价值框架进行对话：共同目的；基本价值框架：尊重、不伤害、公平正义、行善等；选择原则与规则；对程序进行评估（控制）；确定选择与结论的条件，交流分析结果。行动方案：事实；方向；方针；方法。可能的后果：利益/风险评价；价值分析；对附加的风险、意外倾向的补救；对后果影响进行策略筹划；替代方案是否存在；行动过程评析；后果评价；事实与价值。总结：事件处理的经验；案例分析的过程、理由与经验；对理论应用的评价，有否补充与修正；自我运用知识的评价；自我价值观的影响；总结报告。

医学活动既是十分复杂的科学与技术活动，又是人的活动和社会生活的多彩叙事。在科学上，"医生为病人所规定的这些规则都是以得到的化学原理和物理学原理为基础的"①。而治疗的结果却必须与社会和伦理的因素相结合，特别是在行动决策的设计上，手段与目的、鉴定与评估以及最后的效果，乃是以科学技术为载体、以伦理原则为指导、以具体的执行者为行动主人的伦理行为主体。

六　替困（Tikkun）、决疑与危机决疑法（crisis cusuistry）

知情同意不是任何情境下都能够顺利实行的，经常会遭遇决策的困难。如是，就应该引入或借鉴决疑法，这有助于解决很多医学伦理评价和生命科学研究或临床医疗行为选择中的难题。替困问题难以用传统或通常的价值原则判定是非善恶，医学中可以用"需要等级排序"来解决，有些并不存在等级问题。比如自己的哪种权利应最先满足，在比较决疑后，保留生命还是截肢、保产妇的生命还是保胎儿的存活诸如此类的问题可以获得解决，但必须有一方或者一部分权利受到不可避免地损害。

替困，英文译为 Tikkun 或 TEYKU，原文为希伯来语，源自古老的实践通神论学说，是古代两河流域民族的一种智慧；原意为"修缮世界"或"修好世界"。按犹太神秘主义的思想，以色列的救赎就完成了万物的救赎，使万物回归到本来的位置，替困的世界就是弥赛亚救赎的世界，弥赛亚的来临意味着替困世界已经进入最后终结的状态；替困是通向万物终结之路，也是通向新的开端之路。② 人做的每件事，都在某处以某种方式作用于替困的复杂过程。只有替困能够解救人类的一切迷惑，在此不存在任何解决不了的疑难。

替困被应用于世俗社会的生活实践中，即一种无法解决的生活难题和

---

①　[美] 约翰·杜威：《评价理论》，冯平等译，上海译文出版社 2007 年版，第 26 页。

②　参阅 [德] G. G. 索伦《犹太教神秘主义主流》，涂笑非译，四川人民出版社 2000 年版，第 268—270 页。Tikkun olam 为修善世界，Tikkun ha olam 意为修好世界。而在范瑞平译恩格尔哈特《生命伦理学基础》中，该词英文为 TEYKU，译者根据中文习惯译为"特枯"。恩氏根据的是 L. Jacobs 的英文著作《TEYKU》（纽约：康沃尔书社，1981 年）。

法律争议，也说明了理性和人的智性在解决伦理难题或社会问题中的有限性。[①] 有时，人们或是用一种掷骰子的办法，或是顺其自然，或是依赖于宗教神秘主义灵悟的自觉来裁决纷争，其结果很难用道德正义或公平作出评价。但这种两难境况我们却会常常遭遇，甚至倒逼我们不可绕开，或者牺牲部分，或者舍弃一方的利益，医学中的紧急避恶和当机立断把我们置于“替困”的情势之中，如何决疑，就必须寻求一个相对合理的办法。

生命伦理学应该引入或借鉴决疑法，它有助于解决很多医学伦理评价和生命科学研究或临床医疗行为选择中的难题。替困问题难以用传统或通常的价值原则判定是非善恶，医学中可以用“需要等级排序”来解决，有些并不存在等级问题。

决疑法一词源于拉丁文“*casus*”（例证），是指对于不能直接应用一般道德原则的个别案例，设法进行推理式论证，把其放进一般规则范围，调整普遍道德原则，使其适应于特殊情况；是一种实践推理的艺术；是对于僵化的教条的颠覆。决疑法可以适用于生命的法案、判案以及对具体临床案例的裁决。

历史上的旧制度，特别是基督教思想史，一直沿袭着天主教会的赦罪方式，使用两种调节惩罚的变量：一种是“环境”因素；另一种是“意图”因素。这些因素被用来给行为本身定性。刑罚调节属于广义的“决疑法”。但此时开始出现的是一种依据被告本人的性情、生活方式、精神状态、历史、“素质”，而不是依据他的意图进行的调节。在历史上，人们在刑罚实践中，常常仅凭直觉来解决科学判案，以心理学知识取代司法上的决疑法，这在 18 世纪末开始成为一种趋势。人们在该时期的科学模式中寻找这种法典与个案化的联系。人们试图建立一种犯罪与惩罚的“林奈”式自然物种分类图示，目的在于将每一种罪行和每一个应受惩罚的人都纳入一部通用法典的条款中，从而避免任何专制行为。生命伦理学或临床伦理选择，是否能从中找到一种需要的排列方式，用一张表格列出每一位患者的病情救治的需要等级，并加以分类，这种分类的最佳原则是根据对象的生命质量与智商之和、救治成功率或有效性量度、年龄、职业的社会贡献值等因子相加之和的大小，决定和筛选最需要优先治疗或特别

---

① ［美］恩格尔哈特：《生命伦理学基础》，范瑞平译，北京大学出版社 2006 年版，第 131—132 页。

照护的人。但是，我们如何在临床中按实际情境、医疗环境技术能力的允许度和不违反公正原则等划定最佳施治分配方案？如何区分急需、必须、候治或重点、较重要、一般等级别序列？即如何制定医疗救治的决疑法程序。

决疑法必须在已知案例、发生原因以及用什么方式解决作为样本案例时，才可能成功进行。

> 罗马天主教的决疑法实践，指导某一悔罪者解决他们的道德相关问题，因为它可以以背景道德、形而上学和制度上的假设为先决条件，确定某些人为道德专家（例如，道德神学家），另一些人为道德权威（例如，神父），最后能够做出具有约束效能的道德决定。为指导审查而应用的案例，被置于一个道德审查程序内，这个程序，对于那些参与决疑的指导者来说，不存在任何缺陷。适用什么道德审查，什么人有权力（神父）将那个道德程序应用于特定案例，都是明确的。此外，他们还拥有一个内容完善的道德手册文献来指导他们。借用托马斯·库恩的隐喻，罗马天主教利用决疑法是标准决疑法的范例，虽然它使当代西方陷入决疑法危机，即此决疑法不仅对如何处理特定案例是不明确的而且是有争议的。①

其实，在临床或有关生死决策的案例中，多元决疑法已经面临着危机，并没有显示出其优越性，最后依然需要加以平衡与调整。有时，道德观念如果离开责任与承诺，就会陷入无法商谈的境况。由此，就不能把希望全然托付给这个本来是用于挽救危机悬案的“决疑”。恩格尔哈特曾经指出：“托马斯·库恩（Thomas Kuhn）区分了在某一科学范式的一般假设范围内的‘常态科学’与把一个范式植入问题的‘危机科学’。”②罗马天主教决疑法曾经提供了一个普通道德推理和普通决疑法的实例。当代道德，特别是临床伦理学，在争执什么样的道德假设应当给予医生指导和引

---

① H. Tristram Engelhardt, Jr., *The Foundations of Christian Bioethics* (Swets-Zeitlinger Publishers, 2000), p. 32.

② 请参阅［美］祁斯特拉姆·恩格尔哈特《基督教生命伦理学基础》，孙慕义主译，中国社会科学出版社 2014 年版，第 80 页。也可见库恩《科学革命的结构》（*The Structure of Scientific Revolutions*），芝加哥：芝加哥大学出版社 1962 年版。

导病人时，提供了危机道德的处理范例。在医学危机道德（crisis morality）中，只有危机决疑法（crisis casuiatry）是可行的。危机决疑法，为寻找一种方法，制定一个程序，对关涉引发问题的案例，解决争论不休的现实案例，是十分必要的。但是，这个危机决疑的具体施行依然是很复杂的。它需要如可判定案例的性质，当事人的要求、背景、条件、可能性以及平衡危机的可能选项。历史并没有给予我们成功的经验和可以参照的方法。有意味的是，罗马天主教“梵二会议”导致道德神学的基本问题更加晦昧未明，决疑法则原则上被弃置了。

在兹，我们借用两种主义的划分：一种是特殊主义的（particularism），也可以说是孤立主义的（isolationism），它意味着尊重自主的特殊性，尊重不同的条件、病情和背景，并在此基础上制定医疗政策，这是现实主义的；另一种是普遍主义（universalism）的，也可以说是普世主义或国际主义（internationalism，或者如前所说的自由世界主义）的，它试图宣扬普遍价值、普遍的伦理原则（即空洞的爱和医疗行善原则），这样的倾向太理想化、难以在现实而具体的病人救治中加以兑现。正如美国罗素·伯曼所认为的，第二次世界大战以后的美国政策就是普遍主义的政策，美国人甚至试图通过“马歇尔计划”在欧洲推行自由民主，但没有收到很好的成效。于是，美国后来又回返到原初，特殊主义和现实主义成为一种流行的风格。正是在这样的背景下，约翰逊和图尔明的新决疑法受到了广泛的欢迎，因为他们提供了一种激发人们兴趣的特殊主义范式，给道德判断的一般性原则留下了自由的余地。[①] 正像约瑟夫·弗莱彻（Joseph Fletcher）所指出的：

> 这个“决疑法”（以案例为基础）术语，是一个没有贬义和建设性的概念。我们或许应该称其为“新决疑法”（Neocasuistry）。如同经典决疑法一样，是以案例作为核心并具体化，意指基督教应该急切

---

① 请参阅［美］托德·莱肯《造就道德：伦理学理论的实用主义重构》，陶秀璈译，北京大学出版社2010年版，第98—102页。约翰逊与图尔明在1975—1978年担任美国“保护人类的生物学和行为科学研究的国家委员会”成员和顾问，他们用自己的实践进行研究。委员会是美国国会通过立法设立的，是对从事人类科学研究而引起的道德质疑和非议作出的反应。它发展了道德分类学，这个委员会也对处理那些相对于一般道德或者合法原则的特殊案例发展形成了各种标准，并取得了进步。其次级相对主义和实用主义的“新决疑范式”令人深思，对于生命伦理学来说，影响巨大。

地转为实际操作。但是，它又不同于经典决疑法，这个新决疑法，因其特殊主义而反对任何预估或现实生活中明确的政策设计的企图。①

在现实的医学生活中，我们经常会面临很多不同于以往所经历的案例，事先也不可能对其进行评估和处置的预估，只有对具体问题作具体的分析、研究和评价，道德分类法（moral taxonomy）就是按照类似的特征对各种案例进行分类，赞同对个别案例做个别裁决者远超过为这些评估提出的一般原则、理论和理由的委员会成员。他们说明了这种理由：

> 这种确定性毋宁是在于一种对特殊的人类情况中至关重要的特别之物的感知。……在理论上，他们的特殊具体的道德判断应该通过普遍抽象的伦理原则的"有效演绎"来得到加强。在实践上，一般真理和相关的那些普遍原则所产生的确定性弱于特殊判断的可靠性，他们按照准则提出了一种"演绎基础"。②

这些论述说明，决疑法始终是在一种实用化和功利化的前提之下，由评估人和仲裁者作为案例的补充应用，而决疑法本身曾经备受压抑与质疑，人们对于基于案例的伦理判断和应该以什么样的方式为当事人提供符合道德的回答，一直是比较谨慎的。他们的实证计划并没有抹杀或漠视道德基本原则。约翰·D. 阿拉斯（John D. Arras）曾经针对约翰逊与图尔明的论述撰写了《生命伦理学决疑法的复兴》，批评他们采用一种颠倒的方法，并没有制定一组实用的道德理论，表述和解释普遍的道德原则，以指导人们遵循这些原则并获得道德正当性的行为标准。他提出应该慎思我们的决定，鼓吹建立典范事例（paradigm cases）的道德分类学。但是，阿拉斯并没有明确临床选择的具体的基本原则和方法，他的批评仅仅表述了自己的不同意见。约翰逊们并不赞成丹西的极端特殊主义的观点，即不同

---

① Wayne G. Boulton et al.（eds.），*From Christ to The World*，*Introductory Readings in Christian Ethics*（William B. Eerdmans Publishing Company Grand Rapids，Michigan，Printed in the United States of American，1994），p. 209.

② 详请参阅［美］托德·莱肯《造就道德：伦理学理论的实用主义重构》，陶秀璈译，北京大学出版社 2010 年版，第 98—99 页。

意“每一个道德决定都是独一无二的”，并指明，我们应该在亚里士多德的极端特殊主义和柏拉图系统构造的道德几何学的意向之间确定一条中间道路。我们不能粗暴地对待普遍性（universality），也不应该在考虑特殊案例时，放弃对于普遍道德原则的维护。比如，医生应该在病人处于可能的恶性病变时，就设法使其在尽可能短的时间里确定这种结果，“留观”或“继续检查”等。R. M. 黑尔提醒我们，只要辨别了事情的性质，就要进一步贴靠一组普遍的精致的原则，即决疑者不要否认精致、详细的实例是不能被普遍化的。但是，实践生活是复杂的，我们不可能对于所有发生的具体案例都有充足的理论准备，一旦面对某一个案例，我们难以决断或以既符合普遍道德原则又获得个别案例裁决的正当性予以回应，我们就只有靠独立的“慎思”和高级决疑能力以及行为主体的觉悟了。

七 关于原则的说明与补充

哲学追求意义，神学追求信仰，伦理学既追求意义与价值，又不放弃信仰，而且作为医学伦理学，还必须面对现实中的生存困境和健康权利的公正性，并要积极地发现问题、剖析现象、梳理关系和解决纠纷。

我们基于道德文化的绵延不尽的传统，粗略地勾勒和描画其思想或精神哲学轨迹：运用和攫取了亚里士多德—康德—黑格尔—柏格森—爱默生—海德格尔—伽达默尔—拉康—福柯—克尔凯郭尔—罗尔斯—麦金太尔—彼彻姆—邱卓思—佩里格瑞诺以及汉斯·昆、拉姆塞、弗莱彻、恩格尔哈特等的思想，以此建构和初步编制了我们的原则谱系，但它们存在着缺环，并过于粗糙，仅仅为便于读解，以此获得一个概观而已。

（一）原则与原则性阐释

原则、规则、准则和行为的规约是医学伦理学的行动依据，其体现与表述的是医学生活或医患关系中的权利意识与道德情感。在西方，“尊重自主、不伤害、行善与公正”一直被作为伦理决策的道德原则，并被美国、欧洲等许多医学组织视为医生的执业行为依据。虽然存在许多争议，但作为跨文化的医学伦理学评价方法，它已经被国际医学伦理学界接受了；也被我们作为舶来品、在我们暂时缺乏理论的那些年代里普遍并广泛地使用着。

医学伦理学的原则可分为母原则（主体原则或核心原则）、基本原则、应用原则与辅助原则。基本原则是指医学道德最一般、最普遍的道德原则，是构建医学道德规范最根本、最一般的道德根据，贯穿于医学道德体系的始终。

基本伦理学原则，是指一些一般性的指导原则，这些原则被作为伦理学规定和评估人类行为的基本理由；而在由文化传统所普遍接受的原则中，国际公认的“自主、不伤害、行善与正义”是最核心的，其中，“尊重个人、行善与公平原则”的《贝尔蒙报告》（关于保护人体受试者伦理学原则及准则）三原则更明确地规范了生命科学研究行为的道德操守，为医学伦理学制订基本原则和应用提供了重要参照。但是，这些原则的内在道德哲学意蕴相互折射和印证，互相无法割裂，作为应用原则的保密、公正、知情同意、生命价值和最优化原则，逻辑上重叠、交错，并且存在裂隙，没有一个规范的语义标准，人们难以透悟和明晰。

我们奉行的医学伦理学“爱”或“善”的母原则亘古不变，几乎是永恒的，在世界各文化境遇中不存在、也没有必要证明与辩护。作为应用原则的知情同意原则，争议太多，实际上，知情同意只是一个理想或法律上不得不遵循的伦理基础，是十分含混和粗糙、难于控制的并且无法作出规范性操作、无法精确地进行道义让渡和制度推定。眼下，它或许成为一种法律、行政、伦理推辞和托付或理想。其实我们无法使所有的病人与家属都实现真实的、彻底的、完全的知识以及理论化的认知同意，即使我们尽最大可能提供了理论上、道德上应提供的所有信息，也不可能使服务对象全部理解和接受我们的诊治方案和规劝意见；知识和专业的把握以及质量的控制始终在医方。过度追求纯粹知情是没有意义的，也是不可能的。

（二）补充原则

伦理学和生命伦理学，特别是后现代生命伦理学，还在发展和创建之中，其原则是在应用和实践中得以进化、优化与扩展的。我们还可以补充与研究、开发很多新的原则。例如，允许与宽容原则（Allow and tolerance principle；Permission principle & The principle of tolerance）；反省性原则与取舍性规则（preference rules）；信任与希望原则；替困与境遇原则；拉弗曲线和中道原则（Laff & golden mean，The middle path rule）；召叫与告解原则（confession）；应答与许诺原则（promise & assent）；节制原则（control & frugality，Principle of parsimony,）；有限性——个我选择（个性的选择）原则，等等。但应该避免原则的泛滥、俗化与滥用。原则不是任意所为或任意确立的，原则是沉重的，不管是技术原则、科学原则还是伦理原则，都要背负天下的责任。

原则不能过多过滥，但原则也不应该无厘头地借用或为用而变换或偷换语义以及概念。不可随意制造原则。

但是，宽容和允许却足以成为重要的伦理原则，作为我们具体指导过程中的补充，这种补充有时甚至是非常重要的，常常缓和了我们的窘迫与困难，拯救了我们的尴尬境遇。

宽容即允许别人自由行动或判断；耐心而毫无偏见地容忍与自己的观点或公认的观点不一致的意见。

在选择、规范的有限性之下，我们要懂得宽容，在宽容的基础上要允许个性的选择。只有实现这样一种尊重，伦理学才是可信的，这个学科的存在才是有意义的，它的前提才是值得我们信赖的。虽然伦理学天天规范我们的道德选择，但伦理学的能力和它的可能性是有限的。考虑了以上三点，我们就要考虑境遇，在不同的境遇里，选择是不同的，在不同的文化、不同的种族、不同的信仰、不同的国家、不同的政治、不同的政治体制下有着不同的教育背景，不同的生理需要，不同的性别，不同的年龄段，不同的时代，不同的职业，不同的社会角色和家庭角色，选择都是不同的。我们昨天可能是那样判断问题的，今天则可能是这样的选择，与昨天不一样的选择，自己也常常会背叛自己，过了几十年后可能又会回归，因此要靠境遇作出选择，这不是不要道德，而是更加尊重适合我们的道德选择。很多人说，我们能不能搞一个全世界都共同遵守的道德规范？这种想法是出于一种对于人类正义和善的责任感，但是这种想法是不可能实现的。杀人有时是恶，但有时可能是善，比如安乐死。作为一个基督教徒，他可能不接受安乐死，作为一个无神论者，或者他实在忍受不了他在疾病纠缠中、在绝望中的痛苦，身心无法承受的痛苦，还有经济的、社会的、亲人的负担，他为了解除这一切，可能决心一死；这个死在这样的情况下可能就是一种善。

宗教、道德和伦理学是不能够截然分开的。“离开了启示宗教，健康的伦理道德就不可能存在并生效。将伦理学从宗教中分离出来不仅使前者变得毫无基础，而且失去了必要的动力。”①

---

① ［英］罗斯特：《黄金法则》，赵稀方译，华夏出版社2000年版，第7页。

在本书中我们多次论及，“无论何事，你们愿意人怎样待你，你们也要怎样待人”①。这被作为永恒金律的黄金法则是人类共有的。孔子曰：“己所不欲，勿施于人。”犹太教徒从《利未记》中找出“爱人如己”作这条金律的例证。印度教徒的伟大神卷《薄加梵歌》写道：“对待你一样，期望别人也是如此。”佛教有道德、冥想与智慧三种特征，学者们发现同样的道德法则在素怛缆藏的《经藏》中有明确地表述：“对待他们就像对待他自己，做到言行一致。”《太上感应篇》是一部道家经典，其中含有精致的有关黄金法则的论断：“见人之得，如己之得；见人之失，如己之失。”伊斯兰教《圣训》归于穆罕默德名下的金句是：“你自己所希望得到的，施及于众人。”② 诗人说：没有人是一座孤岛；人类是一个整体，总可以统一在一杆伟大的旗帜之下。黄金律是一个伟大的启示，它告诉我们：人类总拥有一个永恒的、共同的爱的法则，这就是最低限度但又是最重要的共识。人类既有普遍的伦理，又有局部的相对伦理，用宽容可以实现“和而不同”，可以求得人类的“大同”，宽容就是这个“大同”的前提，也就是全球生命伦理的前提。伦理观念的权威性与客观性的一个来源是共同的文化命运。宗教道德的传统可以作为我们重新建立伦理学知识合法性的一个不可或缺的文化资源。黄金法则是宽容的理性基础，宽容可以提供全球和睦相处的一个方法。宽容是一种思想，宽容是一种人类精神，是人类之爱的一种变体。儒家文化将人的普遍感情植根于宇宙的亲近性，基督教的上帝是感通的本体，道家与后现代主义企图去掉任何规定性，而我们可以在各文化沟通和理解的基础上，通过宽容努力保持各自的个性。在生命伦理学的学科建设中，我们必须创造一个广泛的、多边沟通的条件，建立一个公共的论坛，“要有共享的主题和相互理解的语言系统，共同的语法规则”。从绝对主义转向相对主义，从一元论和独断论转向多元论和自由论是后现代伦理观的一个值得注意的动向；当代，打破伦理环境的贫瘠和齐一是人们的普遍要求。医学是一个动态和多面的实体，医学中的技术与人、器物、人的思想和情感，医患关系，医生的主体人格，卫生经济与医疗保健制度变革，将为国际性合作提供广阔的空间；人

① 《马太福音》7：12。

② ［英］罗斯特：《黄金法则》，赵稀方译，华夏出版社2000年版，第36、40、100—101页。

类在利益的基础之上进行合作，寻求一种共同的伦理语言，同时保持生命群体各自的思想自由、行动权利。宽容伦理可以鼓励公众的自由争论、多元的行为和实践，发展各种不同的传统，尊重每一个人的自我选择，充分发挥每一个人的自由意志的潜在能力。医学应更多地应用于主观世界，应服务于每一个人。我们应宽容地对待伦理传统、理论和文化，通过学习各种民族医学，扩大生命伦理视界，把每一种异己的文化都视作人类的宝贵财富，从绝对走向相对，从客观走向主观，从一元走向多元，从闭关自守走向改革开放。

事物总是相互包含的，存在着一种普遍的内在联系。非地域性的伦理是人类共同的期望，生命是宇宙智慧的结晶，人类有脱离困境的共同需要。全球伦理最先由德国神学家汉斯·昆于1990年在《全球责任》一书中提出，曾引起普遍的关注，并通过一系列的世界大会和文件推向世俗。宗教与生命伦理的结合正是神圣与世俗这两种价值观在一定条件下的结合，宗教承认和接受科学也正是宗教宽容的表达。全球生命伦理是宗教多元论的进一步延伸，各种宗教都以共同的神性为基础，并在此基础上进行求同存异的对话，以实现共存的目的。宗教多元论运动启示并使许多著名生命伦理学学者涌现出来，他们都提倡宗教宽容和文化多元的时代精神。对于维护生命健康、治疗疾病、促进人类发展来说，世界各民族各国家各地区人民的意愿是一致的。这个伦理化的全球策略就是文化的趋同性，生命伦理应成为最重要的、普适的世界伦理。维护人类健康权利必须建立一种全球秩序，这是世俗伦理的核心任务之一。生命科学技术与生态保护、医患合作关系、性与死亡、卫生经济政策等都不可能在《圣经》和圣书中直接找到答案，我们再也不可能使用僵化的、无视境况的准则来判定是非，我们只能相对地规约行动，在合法和放纵主义之间寻找为全球所接受的伦理规则。对具体案例，只要在不违反人类共同利益，只要在不伤害他人的前提之下，就应给予宽容。维护健康和生存就是基本的人性与人权，人性和人权就是世界生命伦理的普遍标准，我们必须努力“以人道、真正的人性、具体地以人的尊严以及归属于它的基本价值为出发点……生命之爱是生命伦理学中最简单的定义，它普遍存在于这个世界的所有人中”①。建立一种全球生命伦理准则，只要有了宽容，就完全是可能的。

① D. Macer, *Bioethics is Love of Life* (Eubios Ethics Institute, Tsukuba, 1998), p. 1.

全球生命伦理以宽容为前提；应当是自我批判的；应当以人性为出发点；应当考虑具体境况和文化上的特殊性；应当能被普遍理解；应当与医学和生命科学技术的现实紧密相关；应当是更深入的伦理层面；这就是 world bioethic（世界伦理）。

全球生命伦理的建立需要进行长期的、艰苦的努力，需要进行广泛的对话与沟通，在宽容的气氛中进行合作，要反对不顾全球利益的文化霸权主义。多元主义并非排斥在重大问题上最低限度的统一，相对主义也不是不要自我批评，我们应在尊重各民族各群体多样性和差异性的基础上，深入挖掘文化传统中的优秀伦理思想的深层资源，从和而不同开始逐渐扩大生命伦理文化的相互认同。医学是人类共同创造的，医学文化的多样性正是文化多元性的反映，对于生命的重要问题，伦理学应超越囿于各自文化背景的差异和信仰的个性，寻找共同的原则和真理。我们应把所有民族和文化区域的道德和精神资源集中在世界上最普遍的生命伦理问题上，建立一个逐步扩张的生命伦理纲领；这个符合各国、各民族习俗、文化传统、宗教派系的对待生命状态、生殖方式、死亡和高新医学技术选择的全球生命伦理纲领，应逐步弥合由于政治、经济、大众传媒、科学技术伦理和其他生命伦理内容所引起的文化冲突，在文化宽容之下，逐渐使之成为人类共同之道、文明之道，共同的理想与信念。应允许或暂时允许在一些问题上的差异和不同评价，我们应逐步消解对抗、激烈的理论辩难和争斗，特别不应允许因在个别生命问题上的差异扩大而对人权和公共生活实施的干预。

每个人都有权选择他喜欢的生存方式和生命技术形式，只要不伤害他人与人类社会，就不应受到限制；每个人都有责任努力用宽容化解一切有关生命问题上看法的差异、冲突与矛盾，或是缩小观念的距离，而不是扩大之；宽容就是爱。这个星球上的人们应通过修炼自己的心灵，通过宗教式的冥想、祈祷或积极的思维来增进生命伦理意识，抛弃各自的偏见，综合各自的伦理传统、希腊哲学的分析、罗马法律的理论、宗教伦理的玄思，建立一种普世生命伦理模式。在一个民族及其文化面前，基本的态度应是宽容，宽容可以使通过文化表达的福音与伦理观念有所附丽，并使人类创造的福音给文化价值观念带来有益的转化和革新，这是世界每个文化体系和民族、每个伦理文化领地的神圣责任。

（三）反省性原则和取舍性规则

反省性原则（reflex principles）是让人们保持审慎明智的一项原则，

它不会通过内在或外在的根据来消除法律、一般伦理原则或者对于事实等方面的疑惑，而只是考虑在出现不可消除的疑惑时，知道到何处寻求更加正确的方法，在何处应该避免错误的行为。医学中常常会产生这样的疑惑，也就是发生两难或者出现判断或选择的困难时，我们只能在决疑中站在推定的一方。

> 推定是对疑惑情形中更为正确东西及所要规避的不义行为的推断。我们要采取被推定为有理的立场（一边），这个立场应该是一个人的权利之一，直至与此相反的事实真相得到证明。①

这项原则的基本要素是：

1. 在产生疑惑时，事物财产的占有者应该受到优先考虑；但医疗资源应允许特殊，在分配时考虑公正和不违背急救优先原则的前提下，对拥有者（制造者、发明人、专利持有人、资产拥有人等关系人实施）优先。

2. 在产生疑惑时，应该站在被控者的一边：不能假定其罪，而必须先证明罪行。

3. 在产生疑惑时，如果暂时没有可信的答案，可以暂且推论以长辈的意见作为依据。

4. 在产生疑惑时，应先认肯业已存在的行为的有效性（如急救措施正在进行中；婚姻关系；官员审核与任命；为有利于生命保护和救治，可以不顾及有疑问的合同与契约）。

5. 在产生疑问时，应该遵守有利无伤害或最小伤害原则，必须限制不利的行为。

6. 在产生疑问时，推定应以常理（the usual and the ordinary）为先，或者以平素经验为准；或者以公众接受的习俗为准。

7. 一个有疑问的法律不具有约束力，可以推定医务自由（这只适用于那些有普遍疑问的情况），即当众多专家也同时对某个法律产生疑问，比如按该法律就会对公众、社会或者某一集体造成物质和精神上的伤害时，就有理由寻求一个解决的方案。“如果医生能用确实有效的药，他就

---

① ［德］卡尔·白舍客：《基督宗教伦理学》，静也等译，上海三联书店 2002 年版，第 257—258 页。

不能用那些效力仍有疑问的药。”①

“有疑问的法律不具约束力”能否成为一条原则，具有极大的挑战性。谁有疑问？是全体还是多数人？是少数人还是个别人？不能因为极特殊的情境和个别的案例破坏了法律的权威性，就推定该法律不具约束力，只有在自由的方面明显优于遵守法律的有害性，才可以准予行为人的自由。这些争论牵涉到特殊主义、境遇论、次级相对主义以及严格主义（rigorism）、较大可能论（probabiliorism）、同等可能论（aequiprobabilism）、或然论（probabilism）以及散漫主义（laxism）等伦理理论。

伦理神学家们还致力于对于取舍原则（preference rules）的论证，并且他们一再运用这种原则解决疑难的现实问题，医学中可以借鉴这个原则作为一个有价值的参考，帮助我们在坚持生命伦理学的基本原则和应用原则的前提下，更灵动和理性地解决困难的案例。取舍原则不是外在从属性的，而是解决伦理问题的内在标准。它的一个重要前提是：人们应该优先选择更具基本重要性的价值作为行为依据，比如奥托·舍令（Otto Schlling）的排列顺序：永远的救恩—生命—健康—自由—荣誉—物质方面的利益。②

> 人生的目的的绝对价值有着至关的重要性，价值的顺序排列最终是由人的终极目的所决定的，那些对人生的目的的实现起重要作用的机制应该排列在前。当然，价值的排列顺序会随着每个人的人生目的的本质的不同而有所改变。③

按卡尔·白舍客的主张，取舍原则的细微内容包括：（1）特殊利益应该服从整体利益，个人服从集体、集团和社会利益，小集体服从大集体，紧急的事、有利于自身发展的事优先。（2）如果只有一个人适合于某项工作，那么此人就应该承担这项工作，比如团队中只有一个人的技术能力、年龄、体力情况、家庭境况等条件最适合于参加救灾医疗分队，那他就应负起责任，但如果他已经肩负了比这项任务更重要的使命，并且不

---

① 此原则请参阅［德］卡尔·白舍客《基督宗教伦理学》第1卷，静也等译，上海三联书店2002年版，第257—258页。本书作者对原有的细则做了较大的修正和补充。

② 同上书，第265页。

③ 同上书，第265—266页。

能中断这项更重要的工作，那么就应该考虑后备人选，以此推导并作出最后的选择。(3) 如果某个行动或某种条件更能促进成功，就该成为首选；但这样做的前提必须是在伦理上有充分的依据，在行动之前，必须对诸多的选项作出比较，特别要避免行为的结果造成“恶”的影响。(4) 如果某一任务处于十分紧急的地步，并且需要马上行动，就不应该忙于可以容缓的那一任务，例如，在只有一位医生时，他在面对产后出血性休克、生命危在旦夕的病人和另一位因子宫内膜异位而引起腹痛的病人时，显然应以前者为先。(5) 某个亟待满足的需要应先行于将来可能的需要。(6) 维护现存价值优先于维护将要产生的新价值，即保护现有生命的责任比赋予新生命的权利更重要；在别无选择时，可以牺牲一些低级的价值来为高级价值让路。①

显然，这不是取舍原则的全部，具体的操作与应用依然是很复杂的，在医疗实践中还是要根据具体的境况制定具体的应用方案。因此，拉纳 (H. Reiner) 指出：“取舍原则的应用也不是一件简单的事情，个人往往不能胜任这件工作。它需要集体中伦理传统的帮助，也需要有能力的伦理权威相辅佐。”②

八 “应该”的法令——价值图式和原则的场地游戏

人的生命是现象学的，人的生命不应该仅仅是经典的，它是时间与过程本身，是一种存在，是“我”与“我们”的“到场”和“到时”；我们是在此时发生的这一件一件事，我们曾经不是“这个”，现在是“这个”，所遭遇的不是那些发生过的，发生过的不再重复，不再“在”了，就是生命伦理事件和生命伦理“时间”的“在”。

但人在生命活动过程中必须建立共同遵循的总的秩序，每一个选择都要经过评价和测量，否则可能会选择失败或称作无效行动、遭遇阻隔，要有一个好的结局就必须遵守原则；伦理化的或者宗教式的或者与传统相关的规定，是生命存在的保证，生命是适应和遵守这种规矩而发生和进化的，和植物赖于肥沃的土地一样，人的生命必须赖于生命的法则，首先是

① 这段原则的内容是依据卡尔·白舍客《基督宗教伦理学》(静也等译，上海三联书店 2002 年版) 第 266—267 页中的六条规则由本书作者改写的，并结合医学伦理的实践进行了适当的补充。

② 同上书，第 267 页。

道德的法则和训令，只有这样，才能保证人的物种生命的繁衍与发展。这些原则是以人的生命需要作为前提的，是符合包括物质与精神的人性的。

医学道德的“应该”，不应该固守几个简单的原则，医生“善”的行动是自由的，临床过程的复杂性和病人文化选择的多元性，不是用四个原则就能够应对的。现实有许多可能，安乐死术对 W 来说可能是“安乐”，对 Y 而言可能就是作恶。我们还没有最好的价值图式，不过只是拥有一个抽象的“美德”或所谓“人道精神”，爱人的人经常伤害所爱的对象；什么原则可以让我们少犯幼稚的、低级的伦理错误？什么原则可以指导我们解决复杂的两难问题？什么原则可以使我们具有伦理智慧，使我们能够始终道德地生活？只靠觉悟是无法校正我们的行为的，中道有时并不美好，宽容也解救不了我们自己；在医学这个充满道德风险的场地上，处处都是道德的检验所，“游戏生命”是会葬送神圣的医学的。

生命伦理学需要三重还原：价值的、行为事实的以及道德语言的元理论。揭示某些行为的动机和规则对我们来说，就是要揭示道德行为的动机和规则，而只有解释精神生活规律的经验科学，才能够帮助我们最后解决这个问题，没有其他可以替代；人的精神活动有一定的规律，尽管它跟从多元的文化和多态的道德人格而会有一定的变化，会给相对论以机会，但人最终总会按一定的道德标准、训诫或道德心理暗示生活。

在界定道德行为或道德赞许行为时存在着两个核心的哲学问题：第一个是相对论哲学问题。我们在界定某种行为是否道德时采用何种公正标准？是行为者自己的标准，还是社会的标准，或者根据某些道德原则所确定的某些公正行为的普遍性哲学判断标准？从哲学与伦理心理学两方面分析，哈特萧恩使用的是被普遍接受或大多数人接受的规范，即社会相对论，这在生命伦理学里是不可行的；这一标准忽视了个体行为者的判断（其实他们是有能力判断并且一直这样伦理地生活着的），行为者判断是判断一种行为是不是道德的必要组成部分（如果行为人在医学生活中这种所谓公正的判断明显是错误的，则可以用康德的尊重他人原则、穆勒的福利最大化原则和体谅并且不伤害原则、宽容并有利于群体也无碍于社会等原则，在冲突的情境中加以化解）。第二个是行为的道德性取决于遵守道德规范本身，还是取决于指导行为的意图、判断或原则，或是取决于行为的福利或健康利益后果（即在医学活动中，医疗或技术行为取决于服务物件或接受个体如何进一步加工、强化伦理情境，或者技术实施过程中相关的他人利益和情感的事实性信息，以及如何预测行为的后果等）。罗尔斯为保证角色承担的公平、公正的动机与后果以及可逆性所设计的程序形式是：罩遮在“无知之幕”下作出选择的原初状态，选择者或许根本不知道他要成为某一情境或社会中的哪一种人，而且为了有意使病人在所谓技术或方案的设计与实施者达到他们预先拟订的目标（科学的、经济的，很少是道义的，往往混合着具有人道成分的医疗目标）而通用的流行的知情同意文本上签字，他们必须选择一种原则或策略，凭借这种原则与策略，个体就能在日常的工作状态下最好地从事科学研究或技术活动，本身也能心安理得地生活，即使处于技术资历和地位不是很高阶段的医生或科学家。但我们却很少考虑那些知识匮乏，经济很拮据，社会地位很低下、很卑琐的人的状况。自尊（与尊重）是正义的最基本直觉概念，这就是正义论最原始的预设，正义要解决的是如何保障所有社会成员作为人的自尊受到尊重，而主要不是每一次分配物质资源和利益的多寡，当然我们要尽可能为那些很难为自己争取到最基本最低限度健康权利的人争取利益。为了保证生命伦理学的意义和爱的价值，而且要使我们在道德试验场和生活场地中获得成功，我们必须建构一个正义的客观条件理论，限制脱离实际的理论家，更应该限制决策人、官员以及医生和科学家。

自尊是最重要的基本善，“差别原则次要于最大限度的自由原则”被平民误解的原因就是，我们道义的初衷已经被不公正的生活拖垮了，我们实际上已忘记了行善理念，我们在漫漫的征途中放在行囊里的那本曾被奉若“圣经”的书，已经被我们和其他多余的辎重一起清理掉了。善应该是一种平衡、娱悦和被个体感受的自由，善与正义的实现都必须花费生命。当然，对我们来说，尽管正义永远是一种构想，我们也要努力争取这个正义，我们相信一定存在那个用“推罗蓝”染成的美丽的生命的蓝色。

九 意志和概念恐惧后的自救：医学生活和生存问题中的自由

医学生活中充满了概念的张力，医生经常在“良心”、“良知”、善心、同情、责任、慈悲、爱、人性等概念的围剿之中，甚至为此内疚与不安，医生出于人性的纠葛与绞杀甚或在各种选择的冲突中，有时会因为一时的脆弱和私欲而失去控制，矛盾地接受本不值得以牺牲人格和自尊为代价的名誉、金钱和物质利益的贿赂，这本身就是十分痛苦的事。罗伯特·

施佩曼[①]连篇累牍地讨论良心和责任问题：

> 良心是一种绝对观念在最终本质上的体现，这种观念是在其情感结构中确定下来的。鉴于每一个个体由此体现出来的普遍性、客观性和绝对性，我们说到人的威严，没有其他原因，如果人、一个单独的人通过良心变成普遍性的人，变成一个意义整体的话，同样可以这么说，当这种普遍性，这个客观上显示为正确的、好的东西对于他来说在良心上不认为是好的和正确的时候，也就根本没有好的东西了，没有意义、没有辩解。[②]

参与讨论良心的人，不回避良心的自然性和天道观念，如同石头从高处落下，石头不懂法则，但观察者必须服从这个天理，我们这般凭良心指导自己的行为，就是在一种道德法则的限制下获得自由；如果相反，作为人我们会内疚，因为我们会自觉到，我可能伤害了他人，我们本不应该作出那样的行为。良心有时还被描述为双重行为：归属自我和超越自我。利益有时是难以抵挡和抗拒的，但因为有良心，我们会控制自己那样做或者事后反省以至受到良心的谴责。良心不仅仅是人的尊严，施佩曼的分析有偏差。他利用弗洛伊德“超我”父亲的概念是有争议的。父亲的教育和管辖是有限制的，假如儿子要寻求解放、追求自由，就必须挣脱这个桎梏。但获得自由以后，作为人，他有一天会自我检省和反思，评判这种专制或柔性的教育是否可贵，最后还是会回到良心上来的，由良心做裁决。良心培育意志，是意志的培基，良心不应该作为一个简单的概念。一位医生因为技术原因治死了病人，这位医生常常会陷于悔恨；如果良心泯灭，他会接受贿赂也不会接受谴责，良心不能说是万能的，但它在人类的道德行为选择过程中不可或缺。

良心是一种概念，但又与其他道德言说有差异，它又不纯粹是一种概

---

① 罗伯特·施佩曼（Robert Spaemann，1927— ），当今德国最具影响力的哲学家之一，曾在海德堡、慕尼黑等大学任哲学教授，潜心于哲学研究和当代伦理问题的探讨，就医学和自然科学的伦理界限，特别是基因技术的伦理问题发表了众多极具影响力的文章。其著作有《幸福与友善》《伦理学研究》等，曾获雅斯贝尔斯奖。

② ［德］罗伯特·施佩曼：《道德的基本概念》，沈国琴、杜幸之等译，上海译文出版社2007年版，第57页。

念，因为它是令人恐惧的概念。良心是一种人的永恒的存有，是一个天之律的显明性动力与生命与秩序存在的根基。道德是一种训令，接受训令的人就会得到解脱，就会不再畏惧，就能够自由地生活，否则，就是苟且偷生，我们知道，“苟且”是十分恐怖的。

人类思想的历史是由蒙昧走向文明，是由专制与独裁，经过浴血奋争，走向个性的解放和精神的自由；历史上幽暗的时代漫长并令人窒息，无数思想巨人为解放思想而牺牲和奉献自己的全部，自由的曙光终于冲破黑暗达至理性与自由的王国。即使没有绝对的自由王国，即使没有人的绝对的自由解放，人们也希望伸展自己的心神灵性，并使个性获得张扬。英国人 J. B. 伯里作为研究人类古代思想自由而闻名世界的学者，认为纯粹的私自思想的天赋自由是没有价值的，一个人心底里活跃的思想是极难以隐藏的。他说：

> 一个人既有所思，若不许传之他人，那么他就觉得不满足，甚至感到痛苦……一个人的思想一旦要怀疑支配他周围的人的行为的观念和习惯，或要反对他们所持的信仰，或要改善他们的生活方法，而他又坚信他所推证的真理，那么要叫他在言语态度中不表露他与众不同之处，那是不可能的事。……所以思想自由，从它的任何价值的意义看来，是包含着言论自由的。①

现在的政治文明极重视人权问题，其中主要也是思想自由的权利和言论自由的权利，历史上的统治者用暴力压制这种权利，最后都失败了，思想者用肉身的牺牲换取了新的自由天地。自由是一个敏感的概念，它使人联想到血腥的屠杀和战争的恐怖，人类历史上因为主义的对抗形成了比利益争夺更大的战争烽火。宗教战争的实质就是信仰的冲突，只是夹杂了某一些集团的利益引擎而已。

理性的宽容源于宗教，其后才有自由主义和个人主义的规范化追求。宗教本来应该是纯粹个人的事，是个人信仰的内心体验，是一种与他人无关联的觉悟；但人是社会性的动物，他的情感、思想，特别是言语行为必然会影响他周围的人和事、所涉及的各种关系，人是在关系中生活的思想

---

① ［英］J. B. 伯里：《思想自由史》，宋桂煌译，吉林人民出版社 1999 年版，第 1 页。

与行为是不可分割的；这样，信仰又不是一个人的私事，再隐秘的修士或比丘尼，即使隐身在群山茂林之中，也总是与尘世共享一个天空的，总有着各种形式的联系。人间不是真空。宗教只要是人化的，就一定逃脱不了世俗的连侵。前3世纪，印度王阿索卡（Asoka）面临着婆罗门教和佛教的斗争，毅然决定赋予两教同样的特权，在国中享有同样的尊敬，这是世界历史上宽容法令发布最早者，这是十分值得我们追忆的。

医学生活中的自由与世俗生活的自由一样，是跟随着宗教自由和信教的宽容的。

第八章　医学人伦理

第一节　医学社会与医学生活中人的伦理

道德如果死亡，那就是被谋杀的。

苏格拉底在70岁那年遭遇了一场巨大的风暴，他被诗人米利图斯、政治家阿尼图斯和演说家莱昂认定为“一个怪诞的恶人”。理由一是苏格拉底不敬城邦之神，二是唆使青年人反对他们的父母，三是其言论和行为威胁了雅典的社会结构。而当时的雅典已经建立了一套分辨是非的程序，由公诉人讲话之后允许被告申辩，再由200—2500人构成的陪审团举手表决，多数人的意见就是真理。苏格拉底的学说被视为异端邪说，是蛊惑人心的“罪行”，苏格拉底为自己进行了有力的辩护，他不关注普通人为个人谋私利那些事，他从事哲学是为改善雅典人的生活，让人们多一些精神和道德福祉。他为自己辩论道：

> 我们应该关心的不是反对我们的人数，而是他们反对的理由有多充分。所以我们的注意力应该由不受世人喜爱转向解释其所以然。……但是在放弃我们的立场之前先要审视一下他们得出这一结论的方法。我们对他们的反对意见给与多少重视，应取决于他们论证方法是否健全。①

在两次表决中，多数人同意判哲学家死刑，就是说，人数多少胜过了

---

① ［英］阿兰·德波顿：《哲学的慰藉》，资中筠译，上海译文出版社2009年版，第29页。作者德波顿，英伦才子作家，生于1969年，毕业于剑桥大学。作品有《爱情笔记》《爱上浪漫》《身份的焦虑》等。

批评者的思想程序，道德评价的标准没有得到公认；在生活中，我们必须“重视专家们对有关正义与非正义的事物所说的话”[①]。

在苏格拉底死后，他的预言都兑现了，雅典人最终都和他一样看问题、评价事物；公众的情绪也开始发生转向，偏见与妒忌的消除需要时间，行善最终被判为邪恶的历史误解，没有被避免。道德评价中应该遵循一个原则，服从真理；“并非所有人的意见都应该得到尊重……应该尊重好的意见而不是坏的意见……好意见出自对事物有所理解的人，坏意见出自对事物缺乏理解的人”[②]。

医学社会更为复杂多变，标准更为难以把握，人们经常会陷入两难境地；生命伦理更应经世信“是”而不留病痛，学阳明先哲“反身即格物，心明即天理”[③]，致知、性明、立诚、慎独、解惑而安身立命。此亦为医学道德评价之本。

一　生命伦理评价与生命道德养成

生命伦理评价或医学道德评价一直是这些年来伦理教育的“八股”，过于行政化和功利化；加之中华民族经过“十年大震荡”之后，恰适生命伦理学西风渐进渐骤，晦惑盲行，高等医学教育处于重建秩序和重新反省医学人文教学价值的时期；大多数缺乏生命伦理学意识与道德哲学理论修习的人，即大批量的颇有热情和能力的政工闲散人士以及政治学教师，涌入医学伦理学（当时大多作为“医德”课）的讲台；但这批先行者勇于探索与敢于历史担当；只是那段时日，思想教育和道德修习与政治说教无法区别，人们的人文意识鲁钝，明觉能力低下，知识信息如浩海沙珠，堪为医学伦理学初始教育教学先天不足的原因之一。此情不可言说，不必再说。

道德教育与道德行为习惯的养成不是一件简单的事，是人世间最为复杂、最为首要而又最为困难的事业。因此，我们还是要记得这一段特殊的历史和那些作出了奉献的人：

---

① ［英］阿兰·德波顿：《哲学的慰藉》，资中筠译，上海译文出版社 2009 年版，第 35 页。

② 同上书，第 34 页。

③ 钱穆：《国学概论》，商务印书馆 1997 年版，第 242 页。可参阅关于宋明理学评论中的一段文字。

> 凡劳苦重担的人，可以到我这里来……我心里柔和谦卑，你们当负我的轭，学我的样式。[①]

> 教导可以启发我们，使我们知道什么事该做，劝勉可以激励我们，使我们不以做知道该做的事为负担。[②]

西方的道德教育传统，是以基督教伦理文化为核心的，至今，这些教导语言与文字依然留存在社会教育、家庭训诫以及医学伦理教育过程中，我们不可忽视其对于人的道德心理发育过程的作用。问题是如何继承这些良善的和有效的教育方法，并将其应用于我们的教育教学之中。很多人写了很多关于我们这一代医生与护士职业品德形成的文章，也做了很多该方面的探讨，真正有效和真正有价值的实为罕见。教师的课堂用语和现实生活极度背离，道德理论教育严重脱离现实生活，我们还没有认清我们的角色与世界的关系，以及所处的伦理环境，也就是说，我们面对的医学社会是怎样一个生动的生活世界（lebenswelt）。[③]

医学道德评价和医学道德养成既是生命伦理学体系的重要组成部分，又是医务道德实践的基本内容，更是使医务人员在特定的生活世界中，把自己的生命融进伦理化的主题背景。医学道德评价建立在对医学道德理论、生命伦理学理论、道德哲学理论，以及不确定的原则和规范认识的基础之上，而医学道德教育则以在理性和感性的结合上认识和实际践行的、相对客观地确立的医学道德基本理论、原则和规范的教育与渗透为目的。

对人或事物进行评价，是社会生活中不可缺少的、十分有意义的、广泛存在的普遍现象。评价活动就其本质而言是一种价值认识和裁决，是确定评价者与被评价对象之间关系的一种认识和实践活动。这不仅是人类社会活动的客观要求，也是人的一种主体性需要。对医学活动中的人、关系、现象、活动或事物进行道德评价谓之医学道德评价。

---

① 《马太福音》11：28—29。

② ［古罗马］奥古斯丁：《道德论集》，石敏敏译，三联书店 2009 年版，第 132 页。

③ 生活世界（lebenswelt）的学说，是胡塞尔在 1936 年发表的著作《欧洲科学的危机与先验现象学》中提出的概念，很多学者认为，这是哲学史上的一个转折性范例。这个概念把人类的抽象的理论思维和概念预测与日常凡俗的生活世界、日常生活现实及生存的周在世界（lebensumwelt）连接在一起。医学生活正是这样一种属性的表达。

道德评价，是人们依据一定的社会的道德标准对他人或自己的行为进行善恶、荣辱、正当与不正当等道德价值的判断和评论，表明肯定或否定、赞成或反对的倾向性态度。医学道德评价是人们依据医学道德原则和规范，对医学活动中的个体及群体的行为及各类道德现象进行的判断。对医疗行为进行善恶判断，表明褒贬态度。

他人评价和自我评价是医学道德评价的基本形式。在现实的医学道德评价中，他人评价和自我评价之间存在着一定的张力。

医学道德的评价具有主观的形式。医务人员的各种医疗行为总是与各自的主观动机相联系；不同处境、不同地位的人具有不同的价值观念，对同一种医疗行为的评价会出现较大的差异。但是，医务人员的医学道德水平是通过医疗实践中的言行举止表现出来的。对医务人员行为的判断，道德高尚与否，并不以他的口头表白为标准，而是根据其在医务活动过程中的所作所为。无论是符合广大患者根本利益的行为和活动，还是损害广大患者根本利益的行为和活动，都是客观存在的。

医务人员的医疗行为是以医学道德原则、规范为律令的，医务人员的医疗行为是否符合医学道德，则是通过医学道德评价作出裁决的。人们通常把医学道德原则和规范比作“法”，把医学道德评价比喻为“道德法庭”的审判。通过医学道德评价，使良好的医学道德行为得到弘扬，恶的医学道德行为遭到谴责，促使医务人员接受道德规范的律令，维护医学道德原则和规范的权威及其实施。

医学道德评价具有社会性、时效性和持久性的特点，因而对塑造医务人员良好的医学道德品质有着重要作用，是医务人员相互进行道德教育和自我道德修养的有效形式，也是使医学道德原则规范转化为医学道德行为和医学道德品质的杠杆。这种广泛的道德评价活动使医务人员进一步了解了什么是善，什么是恶，什么是应该做的，什么是不应该做的，怎样正确选择医疗手段，以形成正确的医学道德观念和高尚的医学道德品质。医学道德评价的调节功能促使医务人员坚持知行合一，同时由于医务人员内心信念的参与、自责与内省，也培养了医务人员的品质，从而促进医务人员整体道德水平的提高。

随着医学科学的发展，诊治疾病的一些高新技术常常会与传统的伦理道德发生矛盾，从而带来许多道德方面的新课题。如器官移植、人体实验、安乐死、生殖技术等。如何判断它们的道德价值，解决其中的道德矛盾，将直接关系到这些技术的应用和发展。如果能很好地从医学道德观念上对这些新课题加以解决，作出恰当的医学道德评价，无疑将大大促进医学科学技术的发展。

对任何事物和人进行评价都是依据一定的标准进行的，评价标准是评价的前提，没有评价标准就无法进行评价，不同的标准会导致不同的评价结果。

一般说来，道德评价的标准是善恶。在现实生活中，人们依据各自的善恶标准，对他人的行为、自己的行为作出判断。人们对同一医学行为的不同评价根源于他们不同的道德价值观念。

生命伦理的价值评价的现实形态活动，并非全然属于逻辑化的理性推演过程，非逻辑化的价值判断，同样能够实现这个评价程序，作为一个评价工具也是可靠的。

这里面可以有三种价值判断形态，即分别以感觉、意象与观念作为尺度的评价。

以感觉为标尺的评价比较粗略，会引起人们功利性的喜悦或者美学的联想，而将其作为伦理价值的判断，会存在一定的风险。尼采在《悲剧的诞生》中提出两个在希腊悲剧中起着相当重要作用的原则与阿波罗神和酒神狄奥尼索斯相关联。阿波罗原则讲求实事求是、理性和秩序，而酒神（Dionysus）原则与狂热、过度和不稳定联系在一起。但在伦理学评价中的应用，却框定了这种形式的深刻意义：

> 当价值客体引起评价者快乐、幸福的感觉时，评价者认为价值客体具有正价值；当价值客体引起评价者厌恶时，评价者认为它有负价值；当价值客体不能引起评价者任何感觉时，评价者认为它无价值。①

医学心理学与疾病心理学当然是以患者对于临床诊疗行为的直接反应，包括对于医生的风格、品质与道德表象，整体地作为刺激源，特别是对于身处疾病困扰中急需得到解救的渴望者来说，身体和心理的双重反应会完成“快乐则善”的道德评价和现实生活世界的肯定式或否定式，尽

---

① 冯平：《评价论》，东方出版社 1995 年版，第 115 页。

管存在着个性化和直接性，同时会受到个体情绪的影响以及其他因素的干扰，但这种最普遍的真实的评价，是具有重要意义的。

意象就是客观物象通过主体个性化的情感活动而创造或者获得的一种美学形象。《周易》有云：

> 子曰：圣人立象以尽意，设卦以尽情伪，系辞焉以尽其言，变而通之以尽利，鼓之舞之以尽神。[①]

此语堪虞，是古代圣人创制物的象和记录语言的文字，用象征描绘其思想，设卦以竭尽自然万物的情态，由此尽情发挥神奇的万事万物之理；其目的是表达人的思想意义，以及对于某一特定事物的评价。《文心雕龙》中的“意象”，指的是一切悟彻人生的艺术家能运用笔墨描写想象中的景象，包括心理的、内心原有的先验的印记，或者是泛化的象征体。意象既有主体的现实存在也有主体对事物的理想。在临床上，这种对于医务职业人医术、服务的伦理感受，往往是一种寄托和期待效果的投射，好坏善恶应该有生动、明确的原型，评价者（以病人本人为核心）的意象应该伴随着清晰或者抽象的意识的呼应。

观念对于人的评价结果与行为选择具有核心的意义，它作为人们理性的指导，是人们通过积累、社会生活的经验以及教育、知识获得的，加之知觉、情感的综合影响，从而形成的一种思维概括、浓缩、抽象和认识完形，是对于某种事物和存在的辨别、认知以及见解和观点；它包容了生活世界、自然和社会的所有领域，生命伦理评价应该是以观念尺度为主体的评价，它应给予人们对生命的道德信念和理想。个人主义的、利他主义的和宗教化的道德观念一直影响着人们在医学实践中的评价，甚至涉及对于生与死问题选择上的差异。临床上的问题是医学科学技术与病人权利问题，更在乎的是其真实性，我们不能够因为某种文化上的偏爱或者某一部分人的利益，而剥夺患者的自由；我们可以以琐罗亚斯德拯救世人的“三善原则”作为这样的范例，为这个以观念为尺度的评价做一个最后的总结。琐罗亚斯德在《伽萨》中劝导人们努力实践：

---

① 《周易·系辞上传》（理雅各英译本），湖南出版社1993年版，第312页。

愿将自己的善思、善言和善行，
整个一生及对正教的无比虔诚，
统统奉献给神主马兹达的天官。①

行善还是作恶，做善人还是做恶人，一直是道德说教的平面内容。其深隐的意义在于人是否顺天理制人欲，并在为他者奉献仁爱和救助的过程中实现自己的道德追求和最快乐的愿望。人之初本应以原罪为起始，救赎灵魂不是宗教所独有，善其身是所有人的一份修为。道德现象是人的内在的本质的一种显现；同时人的道德情感、意志和道德智慧或者道德理念的三位一体结构，是人的主要精神存在；这决定了历史进化的可能性和人类文明的必然性。重温英国思想家贝克莱的《西里斯》，我们获得了一个重要的启示：人们在自身的道德修习中，在一定的条件下，凭借自身的能力，最终可以接受道德的法则，并走向良善；人们从外在世界和人际关系中，从感觉认识的开始，最后总会通过评价和分辨，实现一种和谐，并体悟出道德的力量并不是脆弱的，是可以战胜内在邪恶的；天赋于人的是一种朴素的道德意念，心灵是形式的寓所，观念的形成要赖于知识的教育、文化的积淀和生活世界的体验所结晶出来的觉悟；通过感觉、技艺和想象、理性（reason）、理智（intellet）与悟性（understanding）的过程，最终人可以通向伦理的自由。②

想来，医学道德原则和规范则是医学善恶评价标准的具体体现。医学道德原则和规范的制定与不断完善，从本质上反映着医学道德善恶观念的水平和进化，有利于患者疾病的缓解或治愈、身体康复、痛苦的解除。救死扶伤、济世爱人是医务职业人最基本的医学道德义务和责任，也是评

---

① ［伊朗］贾利尔·杜斯特哈赫选编：《阿维斯塔》，元文琪译，商务印书馆2005年版，第428页。《阿维斯塔》为琐罗亚斯德教的圣书，是伊朗最古老的文献，古人曾经用1万张牛皮写满《阿维斯塔》文字，现大部分散佚。《伽萨》是其六大部分中最古老的一卷，形成于前20世纪。这部古代圣书主要是教导人应心地善良、品德高尚、纯洁真诚、宽容乐观，是一部弘扬美德的宝贵经典。

② 请参阅［英］贝克莱《西里斯》，高新民等译，商务印书馆2000年版，第15—19页。这是本书作者对贝克莱思想的理解，做了一些个性化的改编，也是对这部“关于焦油水的功效以及与之有关的、相互引发的其他课题的哲学反思”的奇书的呼应。《西里斯》通过焦油水作为新药的临床应用，精论了医学的哲学思想和生命与生存之道，对于医生的创造性工作和高尚的职业品德所进行的勾画，值得我们进行深刻的研读。

价、衡量医疗行为是否符合道德要求的主要标志。如果医务人员意识到所采取的某些治疗措施会对患者疾病的缓解和根除不利，那么，不论主客观原因如何，都是违背医学道德行为的。医学是维护人类生命和健康的科学，医务人员和生命科学工作者要认真进行科学研究，不断揭示生命运动的本质规律，探索战胜疾病、增进人类健康的途径和方法。

医学道德评价的标准是统一的整体，其基本点是把患者的医疗利益和健康利益作为确立标准的依据，总体目标是增进人类的健康和幸福。但是医学道德评价是主观和客观相结合的辩证统一。所以医学道德评价是一个十分复杂的道德认识和事件过程，在这一过程中往往会出现纷乱复杂的情况，或许会导致评价偏离，这就需要正确认识和把握医学道德评价的标准。无论来自于权威的、病人的、社会的、同行的，还是制度性科学程序的，都应该既顾及精准，又不失整全。

社会舆论会反映某一个历史断代的公众对某种社会现象、事件或行为的看法和态度。它表现为社会或公众对一个人的行为和品质的赞扬或谴责，是一定社会、阶级或团体对人的行为施加精神影响的一种形式和力量。它既反映了现实的人与人之间的道德关系，又对调整人们的道德行为起着重要作用。在医疗实践中，众人的议论能够形成强大的舆论压力和精神力量。如果医务人员的医疗行为是高尚的，就会受到社会舆论的赞扬。反之，不良的医疗行为则会受到舆论的谴责。传统习俗对医学道德评价也有重要影响。传统习俗是人们在社会生活中长期形成的一种稳定的、习以为常的行为倾向。它是一种行为准则，又是医学道德规范的重要补充。它用“合俗”与“不合俗”评价医务人员的行为，判断医务人员行为的善恶，用以支配医务人员的行为。

内心信念是人们对某种观点、原则和理想等所形成的真挚信仰。对一个医务人员来讲，内心信念是医务人员发自内心的对医学道德原则、规范或医学道德理想的正确性和崇高性的笃信，以及由此而产生的实现相应医学道德义务的强烈责任感。它是医务人员进行医学道德选择的内在动机和医学道德品质构成的内在要素。因此，它是医学道德评价的一种重要方式。内心信念是人们对自己的行为进行善恶判断的重要力量，医学道德评价的作用正是通过职业良心来发挥的。当医务人员履行了符合自己道德信念的道德义务，竭尽全力治愈了病人时，就会对自己合乎医学道德的行为感到心安理得、内心无愧，得到一种精神上的满足，形成一种信念和力量，并将会在今后继续坚持这种行为。而当自己在医疗实践中出现了某些差错，给病人带来一定的痛苦或损失时，即使未被他人察觉，不曾受到社会舆论的谴责，也会因受到良心的责备而羞愧不安，促使自己作自我批评，并在今后尽力避免再发生类似的行为。这就说明，内心信念在道德评价中起着自知、自尊、自戒和不断自我完善的重要作用，是医务人员进行自我调整的巨大精神力量。

良心作为伦理学的基本范畴之一，是个人对他人和社会履行义务的道德责任感和自我评价能力，是个人意识中各种道德心理因素的有机结合。良心在人们的职业道德行为过程中的能动作用主要表现在：第一，在行为前，良心对选择行为的动机起着机制作用，对符合道德要求的动机给予肯定，对不符合道德要求的动机给予抑制和否定，从而确立正确的动机；第二，在行为中，良心对人的行为起着监督作用，对符合道德要求的情感、意志、信念以及行为方式和手段予以激励和强化，对不符合道德要求的情感、欲念或冲动行为等则予以纠正、克服；第三，在行为后，良心对行为的后果和影响有评价作用，对于履行了道德义务并产生了良好后果和影响的行为，会产生自豪感，感到满意和欣慰；否则就会产生内疚、羞愧、自我谴责、悔恨情绪。

行为是主体意志的结果，但医疗行为方式和结果还取决于环境和医疗行为客体，医学道德评价者对行为主体的评价不能简单用可见的行为方式和行为结果去认识。医疗行为虽然以医疗主体为主导一方，但医疗客体同样具有自由意志和行为自由，医患双方互相影响、制约，这就使评价者很难从复杂的医疗行为中析取出单一的医疗主体的因素。

由于评价者的道德观不同，人们的个人知识水平、生活经历的差异以及个性心理的差别，导致人们对同一医疗事件的认识和评价的不同。还有评价者的利益也是影响评价主体的重要因素。评价者作为多种社会角色而存在，总会不自觉地站在本行业、单位以及个人的立场上看问题，不同利益主体的成员就会因利益的矛盾而出现评判的差异。

生命伦理评价显然遭遇了新的问题与难题，文化的冲击、人们生活方式的改变以及各种复杂的科学技术因素，会掺杂进这种评价行为中。比如，习俗难以概观所有发展过程中的医学活动，生命科学技术和临床行为，生活是动态精进的，特别是涉及伦理争议的临床决策，一些高新奇技术的实施，关于仁慈助死和放弃治疗的选择等，就可能超越传统评价的能力和范畴，生命伦理评价的突破，也是医学人的历史责任。

当然，承认医学道德评价的复杂性并不是认为医学道德行为不可评价，而是强调在评价者进行医学道德评价时应该把相关因素纳入总体考量之中，客观公正地得出评价结论。

医学道德评价是医学道德原则和规范赖以发生作用与形成价值的“杠杆”，是医学道德原则和规范转化为医务人员的医学道德情感、医学道德信念和医学道德行为，形成相应的医学道德品质的重要环节。医学道德评价正确与否及其深度和广度，直接影响着医学科学技术的发展，决定着社会的医学道德风尚。

首先，医学道德评价应该独立并根本区别于其他的繁琐评审、评奖、评估以及各种名目的评级定位，这些非评价的评价，简直是医学和医生们的灾难。医疗当然应该是一个自由的事业，医生的医疗活动难以实行无竞争的自由体制，但医院的机构也不应该受到来自政府的过度监控和行政权力的过多干预。卫生行政机构名目繁多的评比以及督察，特别是医院级别的评定，给基层医院造成了很大的困难，医院的规模、能力、医疗水平、服务对象、社会效益等成了行政权力给与的分值和权重，医院不得不使用各种手段“升级”和伪造资料或硬性制造条件，迎合这种背后有深厚利益的“评价”；结局是牺牲了病人的利益，而迎合了检查组、巡视组的需要，这严重违背了医学道德。其实，正如米歇尔·福柯一直诟病的那样，卫生官员因自身缺乏伦理的监控而没有更好地承担责任：

> 卫生官员在实践时需要一种有节制的经验主义：在看到之后知道该怎么做；他们在知觉、记忆和重复的层次上，即在实例的层次上吸收整理经验。①

其次，令人忧挂的是“医学会”这样的行业组织的不道德行为所带来的危害。很多学会在积重难返的资本主体化和商品大潮中，没有引领医生们为病人作出职业奉献，而是为其违背良心的利欲提供诱饵；非但没有为其医学技艺和专业能力上的提高提供教育环境，而是借用学术组织的传

---

① ［法］米歇尔·福柯：《临床医学的诞生》，刘北成译，译林出版社2001年版，第91页。福柯同时批评了坏的政府和坏的生命政治制度，会教育出坏的卫生官员，为公民制造了灾难。

统权力与官化地位以及医学人的信任，赚取各种形式的利益，为医疗腐败开渠引流，大行其道，用尽心机。这样的学会必须通过伦理评估后，予以整顿，甚至取缔。

最后，应该对如何评价一位医学工作者或生命科技人员的职业能力赘述几句。

汉斯—格奥尔格·伽达默尔在他的《真理与方法》的题记中，借用奥地利诗人R. M. 里尔克的诗句：

如果你接住自己抛出去的东西，
这算不上什么，不过是雕虫小技；——
只有当你一把接住
永恒之神
以精确计算的摆动，以神奇的拱桥形弧线
朝着你抛来的东西，
这才算得上一种本领，——
但不是你的本领，而是某个世界的力量。①

显然，我们当下没有勇气和能力制造这样神奇的拱桥形弧线，也没有把握接住由某个世界的力量抛过来的东西。

仅以此说明理念的力量；就是说，生命的理念是事物的普遍共相，理念不是某种抽象概念，而是超越于个别事物之外的，并且作为其存在之根据，人的生命是依靠理念的一种存在，离开了理念就没有生命及与其相关联的事物。理念是事物模仿的模型，更是事物的动因，理念又是事物追求的目的，生命的理念是身体或生命体本质的核心，是一种精神，一种意志，而生命存在就是为实现人的世界的本质。生命作为物质为多，而作为理念则为一，生命体生灭变化，是个别的、相对的、偶然的；而生命与“活”的理念却是永恒不变的，是普遍、绝对、必然的存在。

我们对于人的评价、对生命的评价、对于与生命相关的事物的评价，

---

① ［德］汉斯—格奥尔格·伽达默尔：《真理与方法（诠释学I）》题记，洪汉鼎译，商务印书馆2010年版。此诗句被诸多的文献所引用，以说明生活世界存在一种永恒的神秘力量，人类无法逃脱与抗争。

往往拘泥于非理念的评价，对于局部、暂时、偶然的生命的问题没有追逐其本质，只是肤浅和平面地了解，而没有了悟，如何能把握生命的真理。

谈及此，有必要论及医务人员的人才评价机制。我们可粗略思考：第一，我们没有能力也没有一个良好的评价机制或更公正的方法，激励与衡量科研人员和实践技术工作者的研究成就的水平和能力、伦理修炼、道德品质、法制观念，只能依靠传统上最坏也是最实用、最公正但充满问题的测定方法，解决整全评价体系阙如背景下的评价。第二，看一种方法，要测度其正负效应比价，如果在更成熟和更科学的测量法发现之前，为使不可停歇的医疗技艺、服务态度、科学研究不至于因为不良干预而发生偏斜，只有被迫继续使用这种长期形成的传统手段来度过这段探索时期，而生活是不能等待的，这不是要适应这种惯性，而是要应对业已出现的评价危机。第三，理想的选择应该是，评价是为长远的目标设定的，不是暂时的；就如同沉寂十数年以上才获得诺奖的物理学家、生命科学家那样，把SCI作为短期评价指标，把综合测度作为特殊的评价依据，选拔人才；回想一下20世纪30年代国内高等院校的聘任制，或者如许多国家大学那种因德才兼备而施用的方法，但现有的、不合理的、坚固难摧的、复杂的、铜墙铁壁似的制度堡垒，何以可以攻破？第四，“确定性条件下的选择涉及从给定的候选菜单中选择一个或多个限定选项”①。这是选择理论的思想，就是必须要创造和发明几个或数套方案，来替代我们目前的唯一选择，并可以作为一种选择理论的研究，建立评价人才的方法多选菜单，在试验中对其效用进行对照；如果仅仅限于批评，你又不可能放弃，这就只能加深我们的罪恶感和痛苦。第五，如果避免数量的真相与伪相，就必须把握对于质量的高端测评，要做到质量测度的公平、客观、求实、民主、科学，就必须建立自然科学、社会科学、人文学（伦理学、心理学、审美）的评价体系，建立各自的评审人资质、程序、流程、具体方法、质量控制、监督和尽可能扩大评审标准化因子和评审主体的分散并大数原则。第六，要寻找理论与实践的结合点，但不能忽视纯学术研究的虚无性和玄学性，过度强调实用价值将淹没人类的精神文明，或者遮蔽真正的顶级智慧产品，这样的沉痛教训在历史上并不罕见。

---

① ［英］阿林厄姆：《选择理论》（*Choice Theory*），陆赟译，译林出版社2009年版，第29页。

医学人才道德评价问题的小气象，反映了我们时代的缺憾，这个鬼魂似的魔咒确实压得我们不能自由地呼吸，而且助长了学术界的腐败和给投机者和学术骗子提供了生长的土壤。我们依然希望以理性取代习惯和传统，但并非在短期内就能够达到至高的目的和至善；我们可以通过理性来确定我们的评价和行动规则；我们必须对各种价值判断作出取舍，并尽最大努力排除中国式的人情世故以及陈规陋习，用体制的科学性、公正性、严密性保持评价过程和评价主体的廉洁。但我们不能背离确定性，不能回避我们生活的进步，不可影响我们的事业发展；我们需要科学生活的安全与健康，或许我们根本找不到真全、至善和绝对理想的评价工具，因为我们所面临的是十分具体、现实的行动判断，有时会异常潦草与匆忙；伦理学与价值哲学以及科学成果评价“必须彻底改变通过证明最高实在而获得绝对确定性的思维方式”①，我们必须把研究和建设的重点从追求固定的目标、依赖普遍的标准转移到针对特殊的个体及其成就、能力、潜质的评价方法上，为此我们需要一个规划，以监督我们的合理性判断。

二　医学道德教育与伦理修为

道德的所有行为都须遵守预先确定的规范，这些规范规定一个人在某一既定的情境之中应该如何采取行动，由此看来，遵守规范，要靠人的道德良知和道德觉悟，那是一种修养，因为对于主体而言，道德行为是一种义务。生命伦理的规范需要具有这种道德觉悟的人来遵守和维护，这就牵涉到人要通过教育、纪律约束、个人修习和训练，才能够形成这样一种道德义务感和道德习惯。如此，生命本身就应该包含生命伦理或生命道德知识，因为我们特别是把生命科学技术活动以及维系人类健康作为使命的人，身处道德的生活世界之中。伽达默尔在论及狄尔泰哲学思想中的生命哲学倾向时，着重指出生命本身的反思性特征，他说：

> 如果生命本身是指向反思的，那么伟大艺术的纯粹体验表现就确实具有某种特殊的价值。但这并不排除这一事实，即在所有生命的表现中，知识总是已经在起作用，因而真理是客观的。因为支配人类生活的表现形式乃是客观精神的所有形式。在语言、习俗、各种法律形

① ［美］约翰·杜威：《评价理论》，冯平等译，上海译文出版社2007年版，第46页。

式中，个人总是已经提升自己超出其特殊性。个人生存于其中的那种伟大的道德世界，表现了某种固定的东西，在这固定的东西上他能面对他的主观情感的匆匆易逝的偶然性去理解他自身。正是这种对于共同目标的献身，这种全力以赴致力于共同体的活动，“人们才摆脱了特殊性和短暂性”。①

生命伦理学是普遍主义的，但它必须重视个人的权利和自由，以致它必须包含对于功利主义的批判和吸收，必须有限度地考虑借用相对主义方法，处理丰富而复杂的医学伦理世界中所发生的事件与问题。因此，我们随时应该反思自我的伦理观和对待生命个体的态度，尽力满足生命个体的需求，尊重他们对于自身生命维护的愿望。“生活本身没有价值；生活只有根据人们对它的利用才会产生价值”；生活是我们实现道德目的的手段，如此，我们的“行动就是伦理的”，因为我们的目的是救助他者，这就是一种善，就是伦理行动的真正目的。②

后现代生命伦理学的一个重要内容，就是医学道德教育，这是一种实践，是人之为人的实践。医学道德教育，是指医学教育机构、医疗卫生机构依据医学伦理学的基础理论和医学职业道德原则和规范，对医学青年或医务工作者、生命科学技术人员有目的、有组织、有计划地进行系统的医学职业道德影响的活动。

医学道德教育应分层、分时、分类，建立一个立体化的教育体系；我们还在探索之中，在历史上，除宗教信仰与义务道德教育获得了一些成功之外，还没有好的教育模式。

道德教育从提高人们的道德认识开始，进而陶冶人们的道德情感，锻炼道德意志，坚定道德信念，到养成道德习惯，最终树立优秀的道德品质。这一过程反映了道德教育的一般规律，体现了使道德由普遍化向个体化、外在化向内在化的转化。

医学道德认识，是指对医疗职业道德理论知识的理解和掌握。认识是行动的先导，没有正确的职业道德认识，就无法形成良好的医学道德行为

---

① ［德］汉斯—格奥尔格·伽达默尔：《真理与方法（诠释学 I）》，洪汉鼎译，商务印书馆2010年版，第337页。

② 参阅［法］爱弥儿·涂尔干《职业伦理与公民道德》，渠东等译，上海人民出版社2001年版，第282页。

和习惯。在现实生活中，有的医务人员就是由于缺乏正确的医学道德认识而善恶不辨、是非不明的；有的把医疗专长作为牟利工具。因此，医学道德认识是医学道德教育过程中的首要因素。医学道德教育的首要任务就是使受教育者懂得医疗职业道德的理论原则和规范，认清荣与辱、高尚与低俗等的是非界限，提高履行医学道德义务的自觉性。

对医学道德的义务有了正确的认识之后，并非一定能杜绝不道德行为的发生，这里有一个情感问题。所谓医学道德情感，就是医务人员通过对医疗行为的善恶判断而形成的一种爱憎分明、善恶分明的强烈感情。人对自己做过的事，或者"心安理得"，或者"悔恨交加"。对不道德的行为能"疾恶如仇"，这些情绪主要是道德情感的表现。医务人员职业道德情感的形成，需要内因和外因两个方面的作用，内因是医务人员个体自身的情感体验，外因是医学道德教育的激发作用。培养医务人员职业道德情感的过程，按教育心理的发展，一般要经历三个不同的发展阶段，即由直觉的情绪体验发展到与具体的道德形象相联系的情感体验，再上升到道德理性指导下的情感体验。医学道德情感一旦形成，就会对医学道德行为起到持久而强大的作用。

救死扶伤的职责决定了医务人员在履行医学道德义务时，总会遇到这样那样的困难与阻力。在困难和阻力面前，是知难而进还是知难而退，这里就有一个道德意志问题。所谓医学道德意志，就是医务人员在履行职业道德义务中排除困难和阻力的坚强毅力。一个医学道德意志坚强的人，在履行医疗职业道德义务中，就能坚持信念目标的一致性，始终如一，勇往直前。医学道德意志薄弱者，就可能在行为选择时放弃初衷或在行为过程中半途而废。因此，锤炼医务人员的医学道德意志应成为医学道德教育中不可缺少的重要内容，应在教育的同时，及时引导医务人员在医疗实践中持之以恒地磨炼医学道德意志。

在医学道德教育过程中，构成医学道德品质的认识、情感、信念、意志和行为习惯五种因素，是互相联系而又互有区别的。情感、信念、意志和行为习惯都是在一定的医学道德认识支配下形成的。因此，医学道德认识是形成医学道德品质的基础；医学道德情感是认识向信念转化的条件；信念则是认识转化为行为习惯的中间环节；意志能使医学道德行为持之以恒；医学道德行为习惯是医学道德品质形成的结果。可见，医学道德品质的形成过程，是医学道德认识、医学道德情感、医学道德信念、医学道德意志、医学道德行为习惯等多因素相互作用、相互促进的过程。

三　慎独与医学道德修养

伟大的和最后的斗争在等待着人的灵魂。①

这是俄罗斯存在主义先驱、著名思想家列夫·舍斯托夫在他的《在约伯的天平上》一书中引用的罗马哲学家普罗提诺的一句名言。舍斯托夫深刻叙述了《圣经》中人物约伯的遭遇，以他经受贫困、流放、疾病等肉身的痛楚，使善回归到本体论位置，通过灵魂的争斗和搏杀这样的约伯式炼狱过程，表述了普罗提诺“肉身是人间之恶的来源”的诺斯替信仰，劝导人要善于摆脱有形体的世界，用理性抵御自私自利；同时提出，人应该自我完成独自的道德修习，在真实的道德世界中追求整全的善。

医学道德修养，就是这样一个个人灵魂搏杀、自我修炼、磨砺意志的过程，常非我所愿但又必为我所愿，这也是医学道德修养的崎岖小路，是临床医务人员最基本的素质培育，是古往今来的医家道德修为。医生们在任何时代与社会里，不管物质欲望如何自由释放，物质是匮乏还是丰赡，医学职业人都不可吝啬其奉献、爱与为病人贡献技术技能的善举，如果造成由于自律的失范而发生的伦理规矩的颠覆，会加剧我们的道德失落与他人对我们的失信。

医学人医学伦理品质的养成，除了医学道德教育活动外，医学道德修养也是不可或缺的。修养是一种生活方式，是一种快乐主义的心理活动。医学道德教育是医学道德品质形成的外在条件，而医学道德修养则是医学道德品质形成的内在依据。

道德修养是人类自身依据社会生活和社会道德的要求，对其道德素质的自我改造和自我完善，是人类主体精神的自律和一种高级的精神活动及

① ［俄］列夫·舍斯托夫：《在约伯的天平上》题记，董友等译，三联书店 1988 年版，第 1 页。普罗提诺（Plotinus，205—270），又译作柏罗丁，罗马帝国时代最伟大的哲学家，新柏拉图主义的奠基人。生于埃及，233 年拜亚历山大城的安漠尼乌斯为师学习哲学，曾参加罗马远征军，其目的是前往印度研习东方哲学。此后定居罗马，从事教学与写作。其学说融汇了毕达哥拉斯和柏拉图的思想以及东方神秘主义，视太一为万物之源，人生的最高目的就是复返太一，与之合一。其思想对中世纪神学及哲学，尤其是基督教教义有很大的影响。

行为实践。

人们进行道德修养，不仅是一定社会道德准则转化为人们道德品质的重要手段和途径，而且是一定的道德体系人格化和社会道德风尚得到改观的重要标志；不仅是改善社会道德状况、提高整个社会道德水平的主体性动因，而且是进一步发展和完善社会道德体系的主体性基础，个人道德修养能力的增强和道德境界的提高，也意味着人群整体道德素质的提高和整个社会道德的进步。道德修养是个人作为社会主体参与社会道德建设的重要形式。

医学道德修养是医务人员经过长期医疗实践的磨炼所达到的医学道德境界，也就是医务工作者在协调与病人、与其他医务工作者、与社会关系中对自己医学道德品质的锻炼与改造的过程，其中包括在医疗实践中所形成的情操、举止、仪貌、品行等。医学伦理学之所以把医学道德修养作为重要课题加以研究，是因为医务工作者的医学道德品质不是与生俱来的，不是生来就是“善”的或“恶”的，而是后天逐步形成的。

“慎独”是中国传统伦理思想史上一个古老、特有的修养方法。《礼记·中庸》有如下的阐述：

> 天命之谓性，率性之谓道，修道之谓教。道也者，不可须臾离也，可离非道也。是故君子戒慎乎其所不睹，恐惧乎其所不闻，莫见乎隐，莫显乎微，故君子慎其独也。①

“推己及人”的实践活动需要人的内德与外行的统一；人不应把自己否定的东西强加于人，也不能把自己肯定的东西不分情境地给与人；“己所不欲勿施于人”是基本的道德要求，而最高的境界应该是“他所欲方施于人”。道德修养是主体道德完善与实现的过程，有时，这种内化是痛苦的。古人教诲说：“诚于中，形于外。故君子必慎其独也。”② 医学人尤应君子独处，守正不阿。此行有反省修德，循圣学之道，只在慎独，不移心，不变情，见善翛然以自存。汉代郑玄注解《中庸》认为：君子慎其独也，则为“慎其闲居之所为”，即独自一人，只有天道在上之时，人更

---

① 此文字见《礼记·中庸》首章。

② 《礼记·大学》。

应莫见乎隐，莫显乎微，谨慎大义，心怀敬畏，从而内省之道亦修德。如梁启超《德育鉴》所指明的，每一行为，每一动念，皆必以良知以自镜之。人应把一切萌芽状态中的邪恶驱逐，有时这是一种痛苦的经历，但因为天理良心或心中的道德律要我们必须这样行动。就如同基督教对于悔改的灵魂深处的自省外化及圣化于两件圣事：洗礼（baptism）与告解（penance），以身体的沐浴隐喻灵性的洁净，以全新的生命拥抱圣爱，听从神圣的召叫（haptismal calling），去过忠信的生活。告解为持续悔改、补赎（satisfaction）与慎独式皈依，可以驱散一切痛苦、压抑与精神的阴霾。①

慎独是通过痛苦引发的，但最后能焕发出一种为他人服务的力量，如詹姆斯·里德所言：

> 我们的声明中存在着一种能够用来为他人服务的力量，这种力量只能从痛苦中产生，而不能从其他任何渠道产生。要获得这种把他人吸引到我们身上来的力量，就需要我们付出巨大的代价。②

如此，贯穿整个宇宙的真理是什么？而这真理与（人）又有什么关系？人生的主轴究竟为何？什么才是生命中最主要的焦点所在？人生的价值为何？要如何才能活在真理之中，得到真理之义？人的生命是一次考验，也是一次试探，一切你无法拒绝，无法离开，无法回避，仅此一次，却又是你生命的主轴，这就是天道之命。生命是一种能量，它有一个天则在蕴化，天意难违，你无法抗拒，它强调在道德修养中，道德信念的重要性；强调道德修养必须在最隐蔽和微小的事情上显示人的品德；强调在无人监督时，也能按道德准则办事，不是出于勉强，而是一种内心的要求。

慎独是一种个我性的、特殊的、具有宗教感的道德静修仪式。

“慎独”既是一种道德修养的途径，也是经过长期修养所达到的一种境界。“慎独”应以信仰作为精神基础，是一种德性心理训练过程，要达到高尚的道德和思想境界，就要在“慎独”的修习过程中，培育和获得

---

① 可参阅［德］卡尔·白舍客《基督教伦理学》第1卷，静也等译，三联书店2002年版，第378页。

② ［英］詹姆斯·里德：《基督的人生观》，蒋庆译，三联书店1998年版，第127页。

无条件奉献于患者、社会和人类的信仰。

医务工作虽然具有群体性，但是，由于职业特点，常常会单独自由、自主、独立工作，无人监督，医护工作人员是否认真负责，在很大程度上依靠自己的责任心和道德信念。医务人员常常独处生境。如何履行义务和职责，尽职至何等力度，非慎独而难行。

四 医学职业道德教育递进式模型

> 光明的居所从何而至？黑暗的本位在于何处？你能带到本境，能看明其室之路吗？[①]

任何一种文化，任何一门学问，都不可能脱离传统而又在原有的基地上生发，传统的生命伦理资源和道德哲学宝藏具有永恒的价值。但面临后现代文化与新的启蒙时代，人们惊异地发现，生命伦理传统仅仅是碎片式地留存，为我们留下的支离破碎的遗产是十分有限的。如果我们依然还以为希波克拉底或者儒家的仁医之道、基督医学的爱你的邻人等医学道德资源足可以解决鲜活的生命伦理难题，那我们就只能自甘被击毁了。鉴于此，20 世纪 90 年代中期，我们曾经应用社会学与教育学研究方法进行医学道德教育模型的研究[②]，投放了 1000 份问卷，清理了可达及的中外文献，参考了 207 名各层次人员的调查情况以及 30 余人医学院教师和著名临床专家的访谈，经统计学处理，获得了一份宝贵的成果。[③]

影响医学职业道德形成的十大因素以及分值的排列是：（1）教师（2931）；（2）社会实践活动（2303）；（3）专业课教学（2172）；（4）医务道德环境和社会整体道德形态（2059）；（5）医学伦理学和医学人文教育（1690）；（6）文化因素与背景（1405）；（7）校园文化（875）；（8）家庭与传统道德（813）；（9）政治思想教育（688）；（10）中国式马克思主义理论课教学（443）。这十大因素可区分为教育影响和环境影响两个方面。

---

① 《约伯记》38：19—20。

② 本项研究源于世界银行贷款“中华人民共和国卫生部高等医学教育管理与教学”项目中的子课题 1—6—5。

③ 请参阅孙慕义等《医学生医学道德教育递进式模型的探讨》，《医学教育》1994 年第 7 期。

是否具有医学道德品质教育的目的性并不是医学道德教育的关键，但为完成既定的医学道德教育任务有目的地对医学生施加影响的过程，[①] 便是医学生职业道德教育过程，但不是最后的形成过程。这些因素来自于不同的主作用体，包括校内外、正式与非正式的、可控与不可控的，以学生作为受体，其职业道德或医务道德最初的基础，就是通过各因素的交互作用形成的。医学生显性的职业道德教育，即有目的性的程式，是可控性的；而非目的性的、非计划性的，虽然对受教育者同样会发生作用，甚至有时会发生重大的积极或消极作用，但不属于明示的医学道德教育属性，仅仅是受者自然自发自愿或者无意识接受的，是偶然的、隐性的，因此，难以为教育者所控制。

这些因素就其作用空间来讲可分为学校因素和社会因素（包括家庭，家庭是很重要的因素）；就其性质来讲可分为人文教育、经济、文化因素，这些因素与受者的个体品格、个性、心理、遗传、生物学背景（遗传）相结合，会产生教育后效应。

十大因素又可以分解为30个子因素，按分值排列为：（1）显性——学校：教师队伍、课程、实习医院、学生组织与团契、同学与伙伴（宿友）、医学伦理学学科、领导导向；（2）显性——社会：医务界道德现状、家庭、社会期待与需求、其他教育者、社会实践场所、社会文化单位与媒体、学校相关联单位；（3）隐性——学校：隐性伙伴（异性朋友）、小团体与从众目标、非正式群体、师生关系、活动小组、校内非公开事件；（4）隐性——社会：医生的经济地位、商品意识、社会价值导向、社会伙伴、重大事件、出版物与媒介、文化流行与影视作品、生活方式、文化活动、社会时尚。

研究与调查的结果是：在学校教育期间，对其职业道德素质产生重要影响的前五位因素有教师队伍的作用、有效的社会实践活动、现实的义务道德状况和形态、医学道德教育工程和校园文化环境。比较各历史时期、各个国家和区域医生职业道德形成的条件，这些因素与环节的影响是根本的、稳定的。

研究报告表明，十大因素中的“教师队伍”始终处于最重要的影响因素之首位。教师特别是临床教师的作风、思想、情感、语言举止，甚至生活小节和隐秘的个人生活方式，都会对未来的医生产生各种难以名状的

---

① 南京师范大学教育系：《教育学》，人民教育出版社1984年版，第258页。

影响，有些是消极的、负面的。在医学生的心目中，他们就是未来的"自我"，特别是那些成功的富有名望的医学专家，或是学生眼中的医生明星和精英，会给与医学生强烈的影响，会对之加以效仿或"膜拜"，他们会以一种不自觉的"偶像"感对其加以钦羡和追从。因此，教师必须是道德与知识的双重授体，其每一时刻每一境遇的教学活动、带教、课余的交往都不可忘记自已教书育人的重任在肩。凡医学院校以及教学医院任何学科与专业的教师都有责任使他的学生成为爱人、谦逊、感恩、好学、善良、诚实、脱离低级趣味，并具有优秀职业道德的未来医生。

实验与问卷数据表明：学校 12 类人员对学生成为优秀医生作用的测度排序结果为教师，1255 分，而其他 7 类人员的总和，仅为 323 分；教师测度为 79.53%。具体排序如下：医学临床课教师（524）；医学基础课教师（277）；医学伦理学教师（242）；思想品德课教师（162）；同学（155）；年级与学生工作干部（94）；政治理论课教师（50）；院部系领导（27）；工勤服务人员（18）；团委干部（7）；机关干部（2）。看来，学生道德的整体水平则为教师的影子，可为"证据确凿"。学生的理想确立、情感传达与接收，学生的道德风貌与诉求，主要是在教师的教育和影响下形成的。医学院校的教师肩负着知识传授、心理监护、生活情感照护、家长代理人等多重角色与责任①，因此，除遵循自身职业道德规范（忠诚于医学教育事业、热诚对待学生、尊重教师集体和恪守教师职责等）外，还应具有相适应的生命伦理学修养以及医学职业道德觉悟。师生关系是在校学生人际关系中最重要的关系，是关系的中轴，教师具有饱满的教育者的热情和高尚的为师之道，对学生加以感染与训化，是医学职业道德教育的重要途径之一。由霍尔近体学距离，即个人距离和社会距离二因子②引申来的师生之间的情感交流是职业道德教育的重要环节；运用入学后让学生与临床医生结成朋友的方法，可以使义务道德和作风的传授完全融于师生情谊、知识传承的过程中。有经验称，很多关系会延续终身。优秀的医学道德品行代代相传，不会形成医务道德的明显代沟。教师利用权威者、引路人和职业品德心理发育作为依托③，发挥积极的导向功

---

① 邵瑞珍等：《教育心理学》，上海教育出版社 1983 年版，第 258 页。
② 雷达林：《近体学在教学中的应用》，《医学教育》1989 年第 11 期。
③ 邵瑞珍等：《教育心理学》，上海教育出版社 1983 年版，第 258 页。

能，并把自己这一份责任作为自己事业的一部分，把与学生的友情和信任作为迸发出实现自我意志和觉悟、信念的力量的疫情体验[①]，并在这种亲身参加的医学道德的直接或间接的教育活动中，把日益丰满的教育睿智与教育之爱心献给医学生，同时在这种师生关系的构建中，深化教师自身的人格；在某种境况下，学生也可以成为教师的“教师”，青年人很多积极的、阳光的、精进的、竞争的、敏锐的品质，是值得教师们学习的，也就是这种教育是双向的。537 份有效问卷，首选答案频率最高者是“尊重、爱护、关心学生，与同学酷似知心朋友”（311 分），与“既教授专业知识，又教如何做人”无显著差异（后者 300 分，$U=0.648$，$P>0.05$），远高于“富有教学经验”（275 分，$U=2.16$，$P<0.05$），“博学、多才多艺”（235 分）和“品格高尚，为人师表”（179 分），“业务能力强，有成就”（163 分），“勇于探索，富有创新精神”（90 分）五项，进一步证实了上述论断。

社会实践活动，与医学职业相关的或者不直接相关的活动，都是以学生喜爱和欢迎的形式展开的。这对其职业品德的形成是至关重要的一个环节。问卷调查支持了这一观点。主观问卷调查的结果是：有利（582）、关系不大（149）、没关系（45）；客观调查的结果是：“培养医生优良品质的最好形式”是“亲身参加社会实践”（555），它显著高于“课堂教育与理论灌输”（212）和“党团组织活动”（29）、“日常深入细致的思想政治工作”（16）等。社会实践活动对于生命伦理的直接内容和相关内容的学习与情感冲击都是十分有效的手段。德育的过程本来就是道德传承的过程，尤其是医学道德作为一种特殊的职业道德，必须在与各类人的交往中以及在与人接触的这种基本的道德精神传达和医学道德形态的多种物化形式的活动中，获得认知、亲和与传习的。

该项目对三组调查对象（医生、教师、高年级医学生）就“医生执业品德形成的关键时期”，“除此意识到治病救人的重大责任和意义”，“初次产生为病人奉献的冲动”等调查结果，均分布在“实习阶段”和“毕业后 3—5 年内”，其分值为实习阶段（248/205）、毕业后 3 年（251/132）、毕业后 5 年（238/194）。

---

① 请参阅大桥正夫《教育心理学》，钟启泉译，上海教育出版社 1983 年版，第 131—137 页。

病患经验的叙事和现象学结构，以及作为患病能动者的那个人，只有在它们可以揭示病理生理学秩序，可以使医生病理阐述、记录为一个医学方案的范围内，才与常规的临床实践是相关的。临床叙事——即在巡视中的病例陈述——以及相伴的临床故事将病人视作人和行动者的程度，往往仅止于病人被看做对其疾病负有道德责任——如遭人鄙视的酗酒者的食管出血，或者被看做服从推荐疗法的自觉自愿的能动者。①

进一步的临床伦理判定需要时间和更多的实践，但是，医学生只有迈出第一步，才能够判断这种叙事的真伪和道德意义，才能够体恤病人的痛苦和真实的需求，而作为其需求之中的道德呼唤以及对于医生这个职业人的期待绝不限于你所面临的这个临床案例所陈述的故事。医务职业道德教育是一项系统工程，是一门艰难而复杂的特殊科学。单纯依赖平面的医务伦理学课程传授，如同其他医学理论课那种知识性和技能型教学方式，或者像政治课一样粗糙地教育对象，以此控制或制造教育环境、组织教育队伍、编制教育程序、追求那种消极的“被道德行为”，而不去深入研究医学职业道德培育和形成的规律、生命伦理理论建设和教育手段以及这一教育意识、效果和社会整体伦理环境的关系，是不可能实现这一目标的。我们应该把自己的教育理念融入对于人的、身体的以及人性的探求中，考量后现代文化对于医学、文化、经济生活和人的深刻影响；新的启蒙和新的生存价值观对于教育者与被教育者情感的冲击和生存的改造，本来被遮蔽的自由主义欲求、功利和竞争的心理取向，以至于生产方式、服务模式、科学结构、人际关系开始走出传统的形态，并造就形成新的道德价值标准，应把高尚的伦理认知和信念通过新的教育工具融入受者的意识或灵魂，激发其以善与爱重新理解自己的职业，使其觉悟地努力为病人、为这个社会勤勉地工作。

生命伦理学或医务伦理学的学习无疑是整个工程的一个重要环节。世界上的同行们已经形成这样的共认意识：这门课程是医学的一个部分，又

---

① ［美］拜伦·古德：《医学、理性与经验》，吕文江等译，北京大学出版社2010年版，第124—125页。

是非医学教育，它的教育价值是不证自明的。生命伦理教育和教学会给与学生人道主义的最基础知识和意识，给与他们尊重自主、公平正义、医疗行善和有利无伤害的基本原则和知情同意、保守秘密、最优化诊疗以及生命价值的应用伦理学教育，加深他们对宽容、允许、医生干涉权、如何使用“善意的谎言”等的理解与传授；帮助他们明确自己的责任和义务，维护病人的权利，以及如何建立良善的医患关系；教育他们在科学研究中如何尊重受试者的权益和对待风险与不良事件。如何深刻理解《赫尔辛基宣言》的基本精神，并且建立生命的观念以及如何对待死亡；如何面对高新奇科学技术的生命伦理挑战；如何看待医药广告和医药器械的商业化推销活动；如何处理性问题和同性恋问题；如何面对以胚胎干细胞、克隆技术、基因工程延伸的伦理事件；如何面对器官的商品化和商业性质的辅助生殖技术的应用；如何解决医疗改革和医疗保险，包括生态、动物权利以及一系列社会公共卫生中的问题，比如灾疫伦理、老龄化、文化病理症、自杀、吸毒等伦理问题，诸如此类，都必须有一个基本的理念和应对能力。

> 知识仍然主要指成为一名合格的社会成员“个体需要知道的东西”。……对病患表达的理解因此基本是从心灵主义角度出发的，而抽离掉“躯体化知识”、自觉感情以及形塑病患意义的社会与历史力量。①

古德的话意指医学道德教育，是一种十分自觉的人生感悟教育，是心灵的一种回归和对自体生命认知之后内在的文化经历与情感接受，这种知识传达仅仅是教育的一个程序，最终还要依赖于未来医生个人的心灵体验；医生临床技能的有效发挥是十分复杂的，没有对人的生物学、医学和精神的完整知识与应用能力、缺乏伦理判断和行善的信念，就不能产生道德的并确有真实治疗行为的效果，就不能从根本上解除病人的身心痛苦，为他们带来健康与快慰。医学伦理学教学帮助未来的医生掌握伦理学原则，建立生命伦理观念，坚定并理性地为病人奉献人道之爱。

我们的调查佐证了学习生命伦理学理论的必要性。例如，对于“是

---

① ［美］拜伦·古德：《医学、理性与经验》，吕文江等译，北京大学出版社2010年版，第76页。

否撤除呼吸衰竭的唐氏综合征患儿的呼吸机"，"是否决定为经济困难又没有医疗保障的病人首选花费昂贵的检查"，"是否为未婚女子行人工授精术"，"是否对未经请求而患绝症的极度衰竭的病人放弃治疗"等问题和难题的判断，调查表明：学习过医学伦理学课程者的得分值明显高于未学者（$\chi^2=4.397$，$P<0.05$）。

医务道德是社会道德形态的一个具有代表性的构成部分，是与生命科学技术、卫生保健水平、国家生命政治品质以及与文化相关的公民生活境况相关联的。医学道德或生命伦理形态是医学动力学（或卫生发展驱力）中的精神文明动力，是医学与卫生事业发展的人文基础。适时的医务道德状况和特质会直接影响医学生和年轻医生的职业道德心理呼应、道德情感应激和接受，对未来医生职业道德的总体形成和形态结构具有关键性的价值和意义。按不同年龄组的医学生、医生进行的五项测验结果存在着显著的差异：（1）责任感、职业信念；（2）商品意识与功利观；（3）优秀的医学道德品行；（4）医事法律意识；（5）生命伦理观念。25岁以下与26—35岁组比较平均，总分比为26.96/26.62（$P>0.05$），26—35岁组与36—45岁组为26.62/27.66（$P<0.05$）；36—45岁组与46—55岁组为27.66/29.84（$P<0.01$）；46—55岁与55岁以上组为29.84/30.45（$P>0.05$）。这一结果说明，职业道德环境、现状与社会道德形态是医务职业品德形成与发展的外在条件，46岁以上年龄的两组总分之比无显著差异，说明道德传统与文化因素与年龄增长、实践经验体验和积累、长期的医学活动以及同时期道德形态的影响与教育相关。这一点在下列四组的比较中反映得更为明显：1—3年级与4—5年级医学生总分之比是26.48/27.88；医学生组与在职医生组总分之比是27.00/28.23（$P<0.05$）；35岁以下组与36岁以上组总分之比为26.94/29.31（$\chi^2=127.7382$，$P<0.005$）；45岁以下组与46岁以上组总分之比为26.993/29.97（$\chi^2=130.6357$，$P<0.005$）。当然，医务道德状态由于政治、经济、信仰、文化和价值导向与整体医药卫生人员队伍的道德风貌和特质紧密相关，因此，这项研究在统计学处理之前，我们从理性上已经认识到"商品主体的倾向"、"功利因素"对医务道德的影响。医学生在进入临床以后，就开始直接接触这种多因素所构造的道德环境，每一日被这些强烈的人物、行为、语言、情绪、情境以及各种事件浸润与环绕，人是环境的产物，这个环境是由人创造的，这段时期是医生医务品德形成的一个关键环节。

校园文化环境是医学职业道德形成的共生因素和条件，其总体状况又取决于文化因素和人员的表演或行为叙事。每一天所生发和出现的新闻、气象与故事，对医学生职业道德取向的引导是潜移默化的；校园文化与宿舍文化的源流往往来自于适时的社会流行与时尚，流行思潮与焦点新闻事件或热点行踪，对学生的思维方式、道德偏爱会在潜隐的文化弄潮和暗流之中成为一种助推的力量。如果教育者对于这些缺乏客观的把握和现实的分析，不能及时作出正性的引导，又没有针对性的教育手段或对策，我们则会在适时的涌潮中败下阵来，被学生表面敷衍乃至于嗤之以鼻。对课余时间的文化活动，我们挑选了 12 个项目进行调查，按喜爱程度排列的次序为：观看电影、电视剧（347）；读小说和文艺作品（276）；听音乐、歌咏活动或演奏乐器（251）；球类等体育活动（174）；参加非专业或新学科讲座、报告（173）；棋牌类娱乐活动（134）；逛书店或购书（85）；跳舞（84）；美术与书法（65），等等。这些对我们应该用何形式、通过什么渠道进行有效的道德导向有一定的启示作用。在调查中，曾有几位老一代医生谈到了英国作者阿·约·克朗宁的著名批判现实主义小说《城堡》，作为20世纪五六十年代的医学生，他们曾经被其深深地打动，很多人已经两鬓落霜，但还能回忆起在医学院时读这部小说的激动心情；专访资料中记录，这部小说对他们后来的行医为人和如何奉献于病人的影响是巨大的。上海某大学附属医院的一位骨科专家在研究人员对其进行调查时，还背诵了该小说的段落：

> 这些月里，他曾经尽力去追求财富和地位，并且就一切物质的意义上讲，一直都很成功，他以为自己很快乐了。但是他并不快乐。[①]

很多医学院校在教学过程中，都规定要收看一次电视剧《希波克拉底誓言》，几乎每次都会引起很大的反响，可称为 5 年医学生活复调中的一个旋律。校园文化的常模构建是医学教育的重要环节，也是医学道德教育的基础之一。具有爱德精神、同情与体恤病患、人格高度的协调性、高效率和独立自主地自觉服务于人民；同时学会感恩、克服困难、大公无

---

① 这是阿·约·克朗宁的小说《城堡》第 441 页中的一句话。［英］克朗宁：《城堡》，主万译，上海文艺出版社 1959 年版。

私、认真与宽容等品质，一般都是在5年的大学校园生活中初步养成的。融真善美和信望爱于一身，真诚、自然、不断创造与超越自我、放弃自私自利之心和脱离低级趣味；对仇恨、冷酷、破坏性心理的拒斥与对友谊、忍让、良善、谦恭、忠诚的亲和，这是形成和培育高尚医务道德的前提。

我们将建立的这个医学道德教育的递进式模型，必须回应现实社会的如下要求：不脱离变化中的生命政治、经济、社会环境，不偏离人类正义的追求和良善的生活理想；有利于人类一切优秀的传统道德的弘扬，不脱离生命科学技术的发展态势，不脱离卫生服务模式的进化，促进国家卫生事业改革、发展以及人人享有基本医疗保健目标的实现；不脱离医学教育资源的现实；有利于人类文化发展和增进文明。

模型（5年制临床医学专业）的课程结构：第一学年：进行“医学是什么”的教育，以“医学概论”为主体教学，辅以“充任卫生员一个月”的实践；第二学年：进行从医信念的教育，以“医学哲学”（含人生观教育）为主体的教学，辅以“充任护理员一个月”的实践；第三学年：进行医学中人的理论的教育（含生命或生与死亡教育、心理学教学），以“医学史和生死学”为主体教学，辅以“充任护理员、护士两个月”的实践；第四学年：进行生命伦理学理论教育，以“生命伦理学”为主体教学，辅以“充任护士、见习医生三个月”的实践；第五学年（临床实习阶段）：进行医务道德和医学法律教育，以“医务伦理学”、“医学法律”为主体的教学，辅以实习医生（含家庭医生、社区护士）一年的实践。

模型的教育结构：水平综合——生命伦理—医学道德—人生观、生命观、价值观—临床医生职业道德；垂直综合——基础医学道德理论与实践—相关医学人文社会科学理论教育—测试与评估—回归验证。

模型的专题教育流程：医生的职业信念教育——爱病人、敬畏生命教育——医患关系、病人权利、医生义务教育——医学伦理学原则、行为规范教育——生命价值教育——医生道德规范、案例讨论——医院工作规章制度、医学法制教育。

我们虽做了这个研究，但没有一个整全的实验基地和实验验证，仅仅是理论上应该如此，是推论式的如此，或是事实上必需如此，我们所信的正是我们所追求的，我们所追求的也正是我们所钟情的，这是一个神圣的事业，对于历史来说，更是一种使命。

自古教育实多劫，尤以医学教育为甚。理学名家马一浮氏曾言说：

“今言穷理为致知之要者，亦即是致知在格物也。”[①] 古佛偈云：“身从无相中受生，犹如幻出诸形象。”[②] 教育如作画，心生法生，文采彰矣；学生本为家童白丁，投我师门，必应视为贵人，穷理而教授，知难而精进，百劳而不怠。

第二节　病人权利笔记：医患的权利、义务与医疗人际关系

应该说，伦理学的权利意识比经济学的权利概念更加强烈，我们遭遇的不是戏剧中对于自由和正义的呐喊，那种夹杂着不同唏嘘之声的轰鸣，而是来自于人的生命内层的、自然存在的静思。

或许我们可以获得的共识是，只要构成权利，即“法律认可的或伦理学上可辩护的要求或利益”，或一个行为主体自主享有的权能（实现权利的可能性）和利益，也就是作为一个人或者以他生命的名义，应该享有的“权益”，那份合乎法律或合乎伦理的利益或要求；也就是这种权益不容任何人、利益集团或者强势力量所侵犯。权利由权利主体（权利拥有者）、权利的直接客体（权利的内容，即要求什么）和权利的间接客体（对谁提出要求，即权益的控制人）三大要素构成。权利的背后注释着一种关系，权利占据着强烈的理由或人类生命成分中特别重要的东西，决定着生命和人的价值，由此应该从道义上获得他人无条件地尊重，只有懂得尊重他人权利的人，才会被他人尊重。

权利分为行为的权利和接受的权利两类，自 17 世纪权利概念产生之后，尽管权利意义发生了变化，但其内容始终处于稳定的范畴里。从强调实现人的自主性的生命、自由和财产权利（所谓公民权利和政治权利）向强调经济权利、社会权利和文化权（人权）的过渡，也即是自由意志论的世界主义向自由的世界主义或更带有后现代色彩的个人世界主义的过渡。米尔恩根据霍费尔德的权利划分，把权利分为要求权、自由权、权力权和豁免权。[③] 这就出现了一个问题，应该依凭什么伦理原则来划分法律

---

① 马镜泉、赵士华：《马一浮评传》，百花洲文艺出版社 1993 年版，第 86 页。

② 此偈语转引自陈星《隐士儒宗马一浮》，山东画报出版社 1996 年版，第 20 页。

③ 参阅［英］A. J. M. 米尔恩《人的权利与人的多样性——人权哲学》，夏勇等译，中国大百科全书出版社 1995 年版，第 118 页。

社会各成员的权利范围和界限，并使其行为能够独立而不致发生冲突。如果他们的权益是绝对相互隔绝的，那么，权利职责就可以局限与维护这种利益关系不受专横和暴力的破坏。我们深知，伦理高于法律的警戒，而且这四种权利应该源于行善、尊重生命和公正原则，伦理学引导法律为权利设限，以使法律秩序和道德律令合为一体决定社会秩序和经济秩序，“在这个秩序中，每个人把他的对一切事务（物）的权利交给社会，并接受一个被限制了的、可以在其中得到保护的领域作为对他交付的权利的偿还”①。这就在机制和权利结构上有了一个基本的根基，正如霍布斯所说的那样：在一个假定的自然状态中，每个人都拥有并坚持着占有一切事物和想做什么就做什么的权利。于是就产生了利益和行为的冲突，导致一些人反对一些人的战争；但权利制度防止了这种状态，它把每个个人的行为和自由限制在一个特殊的范围里，同时又在这个范围里使他不受他人的侵害。② 霍布斯还认为：

> 因此，如果人生而平等，那么这种平等就应当予以承认。……我便制定第九自然法如下：每一个人都应当承认他人与自己生而平等，违反这一准则就是自傲。③

平等原则或者公平正义原则，就是用来决断权利和利益冲突之间界限的，平等是最关键且最常用但又是最艰难的法则。如果“霍布斯丛林”再现，或者我们尽管获得发展和开始富有，若还是允许这个恐怖的“丛林法则”④ 重新夺获人类文明，人类将会再回到暗无天日的弱肉强食之境。可以说，人类被平等的意识折磨了几千年，还将继续下去，历史似乎循环往复地作践人类的耐心，每一个人作为个人都向往发展、满足、幸福、自由、美妙，“我的利益”与他人的利益应该是一致的，他有我必

① 孙慕义：《后现代卫生经济伦理学》，人民出版社 1999 年版，第 269 页。

② 同上。这是作者根据霍布斯《利维坦》（黎思复等译，商务印书馆 1996 年版）第 14—16 章的基本思想编写的。

③ ［英］霍布斯：《利维坦》，黎思复等译，商务印书馆 1996 年版，第 117 页。

④ “霍布斯丛林”和“丛林法则”是霍布斯 1651 年在《利维坦》中提出的。在原始状态下，人们处于弱肉强食的、没有道德、没有互助的、残暴的、赤裸的利益关系的社会里，所有人都不惜牺牲别人而让自己生存，保全个人是压倒一切的法则，对弱者来说这是一个悲惨的世界，无人权和自由可谈。

有，他所欲所得，我亦所欲所得；这在道德上是通达的，天赋能力和机会的平等或设定的平等，必须以完善和运用这些能力与实现需求的机会的平等权利为前提，但社会还没有那么充足的财富来满足所有人的需要，包括天赋的身体和精神品质以及机遇，或者包括出生的具体起点和基因继承、时空境况，都永远不可能绝对地均平，真爱是人生存的事实和悲剧命运的始因；正因此，人就把平等的乌托邦尽可能地转为公平的正义，这也是道德、法律的意义之所在。对于此项要求，弗里德里希·包尔生一直关注着并认为：

> 自然差别还在人们之间存在着，与此相应的精神和道德天赋方面的差别以及教育方面的差别、爱好和技能方面的差别也还存在着；……法律社会各个成员的权利范围要按照与他们的本性与能力相适应的行为范围来划定界限。只要存在天赋上的一般平等，权利的平等就会发展；与人的本性方面的重大的、根本的差别相适应的是我们在权利上的差别。①

不幸的是，人生而不同，两个生命体或者两个人，或者所有人，永远都是完全不同基因的组合与特有的结构，有些美好而和谐，有些则先天不足，一般都属于正常，难以拥有一致的优秀。这是自然的，或者说就是“上帝”造就的这种美丽的差异。多元的人类世界都是在偶在之中生长的，偶在性可成大器万象，“一切皆为可能”，“偶在性概念便意指着这种‘始终可以选择其他可能性’的情况。所以，偶在性即规定着复杂性中的多重选择的可能”②。诚然，偶在性夹带着鲁曼系统社会学所特有的风险特性，但什么样的行动才可以完全地规避风险呢？在此，风险与机缘共生。但是，权利意识和权利意志使“世界的不确定性是可以转变为可确定的偶在性”③的。接着，包尔生又说：

> 最合理的事情也许就是每个人绝对自由地、不受任何手段限制地

---

① ［德］弗里德里希·包尔生：《伦理学体系》，何怀宏等译，中国社会科学出版社1992年版，第541页。

② 张志扬：《偶在论》，上海三联书店2000年版，第64页。

③ 同上书，第65页。我认为不是“上帝”，是权利意志。

运用他的全部生命功能，这种生命功能导致着他的天赋能力的完善化并且包含在这种完善化的能力之中。①

如此，便再没有比这更清楚的了。在现实中，这种绝对的权利、不受限制的自由在社会中是不可能的，既然我们必须与他人共同生活，制造共生的新的美好世界，或者维护我们优良的历史传统，我们就必须对于每个人的自由和权利进行必要的限制；这个限制的目的，就是使我们能够生存下去，或者说在社会实现能力与活动的最大可能的总量这一总的利益下，按个人能力来标识权利的范围，个人能力对于社会来说应该是一种义务和责任，权利原本就是为了或者应该按义务来分配的。

李白诗“达亦不足贵，穷亦不足悲”②，便道出了对于这份机缘与权利不平等之无奈。

一 医患的权利、权力与义务

患者权利问题是在广泛的民权、女权、消费权益运动以及反种族歧视过程中提出的，医院和相关的卫生机构则是患者权利运动的中心。病人权利运动其实不是“消费者”（因为作为生命权利、健康权利的享有人不喜欢用消费这样的商品化社会词汇）、卫生产品供应者或政府的推动，而是由医院行政人员及其协会作为这一权利运动的主导的。

当然，我们需要确知的是，康德的“人是目的”是指医患双方的权利的合理性，而不是单方的权利适配。尽管医患关系是不尽对称的。患者是诸种意义的集合体，他既是痛苦的体验者，“又是意义的赋予者（assigner）”③，这个意义对于处于身体受疾病袭扰的人来说，就内含着权利的所属和权利的合伦理性。

患者权利是一个人在扮演患者角色后应该享受的权能和利益。患者权利既有法律学的意义，更有伦理学的意义。“公民在年老、疾病或丧失劳

---

① ［德］弗里德里希·包尔生：《伦理学体系》，何怀宏等译，中国社会科学出版社1992年版，第541—542页。

② 李白：《答王十二寒夜独酌有怀》，转引自李长之《道教徒的诗人李白及其痛苦》，天津人民出版社2008年版，第183页。

③ ［美］图姆斯：《病患的意义》，邱鸿钟译，青岛出版社2000年版，第25页。这是作者引用卡塞尔的话。

动力的情况下，有从国家和社会获得物质帮助的权利。”同时，“公民享有生命健康权”。

关于患者权利的讨论最早始于法国大革命时期，当时法国医疗机构中，每张病床要睡2—8位患者。对此，患者和社会公众表示了强烈的不满。1798年法国革命国民大会规定，一张病床只能睡一位患者，两张病床之间要间隔90cm。此举很快在欧洲一些国家得到了响应，并由此掀起了一场“患者权利运动”。有的国家还制定了患者权利法，规定了患者权利的内容，如医疗要郑重、凡事要患者同意、为患者保守秘密、取得患者信任等。1946年纽伦堡国际法庭审判纳粹战犯并通过了《纽伦堡法典》，要求不取得患者或当事人在自由意志下的知情同意，就不许对他们进行任何医学实验，并在《纽伦堡法典》中对患者的知情同意规定了三项必要条件，即知情、自由意志和有能力。此后，知情同意的原则从人体实验扩大到临床诊疗，成为患者权利的主要内容。

1946年，美国通过了一个要求医院符合一定标准的法案，赋予州在法律上有对医院的医疗质量进行监督和保障患者权利的权力。1972年，美国医院协会采纳了《患者权利法案》，该法案规定：（1）患者有权得到考虑周到、尊重人的医疗护理；（2）患者有权从他的医生处得到有关他的诊断、治疗和预后的完全而最新的信息；（3）患者有权从他的医生处接受在任何措施或治疗开始前提供知情同意所需的信息；（4）患者有权在法律的限度内拒绝治疗，并拥有被告知他的拒绝行动对他健康后果影响的权利；（5）患者有权不受任何人的干扰考虑有关他自己的医疗计划；（6）患者有权期望有关他与医务人员的谈话和记录被严加保密；（7）患者有权期望医院在它的能力范围内必须对患者有关提供服务的要求作出合理的反应；（8）患者有权获得他的医院及与他的医护有关的医学教育机构关系的信息；（9）患者有权拒绝参与影响他的医疗护理的人体实验研究计划；（10）患者有权期望医疗护理的合理连续性；（11）患者有权检查他的住院费用，并且得到解释；（12）患者有权知道医院哪些规章制度适用于他作为患者的行动。

我们的落后之处以及道德文明的迟滞发展，由病人的权利法规的空白即可窥见。对患者权利内容的讨论和规定，更多地散见在伦理学研究范围中。综合国内外关于患者权利方面的研究成果，可将患者的基本权利归纳为：（1）平等的医疗权。每一个公民都享有生命健康的权利。当其生命和健康遭到疾病威胁时，就应该享有基本、合理和及时的诊疗、护理的权利。这种权利不因患者社会地位的高低、财富的多寡而不同，这是一个患者的基本权利之一，是人人都应平等享受的权利。当然，这里强调的是基本、合理和及时的诊疗、护理权，而对于稀有医药资源及高新技术范畴的诊疗、护理措施不应列入基本、合理项目中。（2）疾病认知权。患者在患病后，在求治过程中，有权要求医护人员将自己所患疾病的有关情况及预后等进行解释说明。一般来说，医务人员有责任和义务将诊断结果，拟采取的诊疗措施和方案，诊疗的预期效果等，用通俗易懂的语言向患者进行解释和说明。除非有些信息对患者会造成不良后果，如癌症患者如知晓自己所患的是绝症，有可能会因承受不住打击而精神崩溃，影响疗效和预后。此时医务人员可暂时对患者保密，但必须向患者家属说明有关情况。（3）知情同意权。（4）保守个人秘密权。因为诊疗疾病的需要，患者在寻求医疗帮助时，会主动或被动地向医务人员透露自己的一些隐私，同时患者也有权要求医务人员为自己保守秘密。对于有关自身疾病的医疗信息，患者也可要求医务人员为其保密，不向无关人员透露和公开。医务人员为患者保守秘密，是对患者权利的尊重，也是建立相互信任、相互尊重的良好医患关系的基础。但如果患者个人隐私涉及他人和社会的安全，会对他人和社会利益造成一定的危害，同样医务人员应行使干涉权。（5）监督医疗过程权。患者的各项权利是在医疗过程中实现的，了解自身权利是否得以实现，患者就应对自己的医疗过程进行监督。对于诸如不合理收取医疗费用，诊疗不及时和不当造成延治、误治等侵犯自身权利的行为，患者只有通过对医疗行为过程进行监督，才有可能了解，也才能通过向有关部门和人员反映以维护自己的利益。（6）医疗赔偿权。在医疗过程中，因医疗机构或医务人员的过失而造成患者利益遭受侵犯或人身受到损害，患者有权要求按照国家有关法律法规之规定，得到相应赔偿。（7）免除一定的社会责任和义务权。患者在患病以后，承担社会责任和义务的能力降低，此时，应视患者病情的轻重，暂时或永久免除其某些社会责任和义务。如残疾人可免除服兵役的义务等。

其中的很多已经收录在我们的教材中，我们正在向未来的医生们灌输这样的意识。

权利与义务是一对矛盾的统一体，每一个公民在享受社会给予的权利的同时，也承担着对他人、对社会应尽的义务，作为患者的义务可归结为：保持和恢复健康的义务；积极配合诊疗的义务；遵守国家有关法律法规和医院规章制度的义务；支持医学科学研究的义务。

我们还应该告知学生的是，权利与权力是两个不同的大概念，经常被混淆；在法学范畴和伦理学范畴的意义也存在着差异，在学理上一直有概念和语义的争论。一般认为，医务人员的权力（power），是指由于职业需要而规定的执业权柄和必要的职权；而医务人员的权利（right）是指作为医务人员、国家工作人员和公民应该享有的相应利益和权益，“权力权利”是人的权利的一个部分。

医务人员的义务（obligation 或 duty）应该是意识到的、自愿承担的对社会、集体和他人的道德责任，同职责、责任、使命具有大致相同的含义；义务强调对社会责任的自觉行为。义务含有觉悟性，接受人的内在使命感的驱迫。在历史上和国际上，大体趋于一致的是，在职业活动中，除尊重病人、保守秘密、知情同意等外，其他还应履行的义务有：遵守法律、法规和技术操作规范；培育敬业精神，尽职尽责为患者服务；努力钻研业务；从事科学研究与发展医学科学；宣传卫生保健知识，对患者进行健康教育等。

医生执业活动中应享有下列权力与权利：在注册的执业范围内，进行医学检查、疾病调查、医学处置，出具相应的医学证明文件，选择合理的医疗、预防、保健方案；在特殊情境下行使医生干涉权；按通用的标准，获得与本人执业行为相当的医疗设备基本条件；从事医学研究、学术交流、参加专业学术团体；接受继续医学教育；在执业活动中，人格尊严，人身安全不受侵犯；获取工资报酬和津贴，享受与贡献相适应的待遇；对医疗、预防、保障工作和卫生行政部门的工作提出建议，参与所在机构的民主管理。

医生是一个特殊的古老的职业，历史上几乎无从真实地确定谁是第一位医生。编年史作者卡修斯·艾米纳认为，利萨尼亚斯之子，伯罗奔尼撒人阿尔莎加托斯是驻足于罗马的第一位医生，时间是前 535—前 219 年之间。因为他出现于布匿战争和汉尼拔即将入侵意大利这一时期。另一记载是说罗马第一位医生见于前 303 年，正值流行病猖獗之时，医生治不了这些感染鼠疫的病人，只有向医神阿斯克勒皮欧斯求救。第三种遭到质疑的说法是，第一位医生来自于拉栖第梦，而意大利南部各个城邦的医生在前 9 世纪上半叶被重新任命，洛克莱斯的费力斯提翁就是其中的一位名医。[①] 柏拉图在他的《蒂迈欧篇》中讨论了人体和疾病的问题，曾应用的“身体各部位的炎症，即体内的发烧发热，乃是胆汁所致”[②] 等医学语言，就是受他的影响。中国古代最早的医生更难考据，在殷墟出土的甲骨中，就有323片、415辞，对于20余种疾病的记录，这比《史记·扁鹊仓公列传》足足提前了一千余年。541年秦国名医医和为晋侯诊病的年代，也比古罗马医生的出现早许多。瞩目医生史，就医学德行而言，医生从产生以来就是病人权利最重要的维护者。

医生在任何时候都不应把宗教、国籍、种族、政党和出身、地位、财富拥有、阶层以及政见等因素掺杂入诊疗活动中，在医疗行为上完全应该自主，以减轻病人痛苦和治疗疾病为最高目的。病人有选择医生的自由，但医生没有拒绝“自己专业范围内和能力可及的”病人的合理医疗的自由，医生的自由应以公共利益和他人的自由为目的加以限制。医生的自主权不能变成自由权，尤其不能通过剥夺病人的医疗自由而获得医学霸权。医生必须为病人争取从业的基本条件；参加保护医生权利、权力的行业协会或组织；自由地聘请律师；对医疗费用和病人的花销有所节制。医生在改革中应该学会卫生费用的管理，熟悉卫生经济的一般规律，并鼓励自己参与市场竞争，但不能以不正当的行为，如不规范地调控紧缺医药卫生物品价格、戒毁同行、搅乱卫生经济秩序。医生给与的应该是病人所要的而不是“富人”所需的。医生在任何时候都不能放弃医学科学研究和医学教育的责任，要参与科普宣传，要反对伪医学和邪教性养生迷信。

医生应格外重视帮助病人戒除不良的生活习性和改变不利于身心健康的生活方式；应改变传统的解除疼痛的办法，明确传统医药止痛的有限性，学会应用哲学、心理学和文化的方式解除病人的疾苦。医学进步的一个后果是慢性疾病的增加，这使许多人活在一个“坏健康”中，对于“活命”的追求不应牺牲“改善生命质量”的目标；医生应该认识到，许多病人已不再是治疗而应是照料和安抚，用有效的方法照料病人有时接替了治疗这一手段。

---

① 请参阅［法］雅克·安德烈《古罗马的医生》，杨洁等译，广西师范大学出版社2006年版，第2—3页。

② ［古希腊］柏拉图：《蒂迈欧篇》，谢文郁译注，上海人民出版社2003年版，第86页。

> 不惜代价地避免死亡的时代正在结束，医生必须接受对死亡的斗争和死亡不可避免的张力，医生应明确，并非所有死亡都是早死，医生永远不应承认医学的失败，但同时要理智地关怀垂死的人。①

医生应该是有节制并且十分谨慎的人；医生参与的改革，应该致力于建立一个“供得起的医学”，这个医学应该对所有需要医学的人都是供得起的，而不仅仅是对那些负担得起市场价格的人。医生和科学家不应该用那么多精力和花费赶制与研发那些只有富人才用得起的药物和技术，特别应该拒绝参与为少数富人制造快感的身体享乐工具的活动。一个用普通工人和农民一生的积蓄都买不起的卫生产品有多大意义？医生应该永远尊重所有人而主要是大多数人的尊严和自由，尤其应该永远关心弱者；应该对医学技能和知识的使用作出负责任的、道德的选择；应该找到伦理学依据，去指导生育、精神控制、美容、变性、养生，或者终止生命，以及稀缺卫生资源的分配。医生应该学习人文学理论，应该学会敬畏生命和自然、保护环境、学会感恩、学会如何爱人；应该有信仰并淡泊对名利的追求，应该培育一种清洁的精神，应承受文化和社会的负面压力，对历史和人类负责任。

这就是医生。

如果我们从社会的立场上把个人的功能看做义务的话，是否可以这样理解，权利应当按照义务来分配。这就又回到包尔生的陷阱之中了，因为他和霍布斯不同，他没有生命伦理中爱和善的因素考虑，就是说天赋于人的除了权利、欲望、物质化快感外，还有信仰与奉献的美德。任何一位评论家都是有局限性的，绝对的真理只有“上帝”。

二　一个争论不休的话题：医患关系究竟应该是什么关系

哈贝马斯积极地使用了“生活世界”这个概念，其用意是从人们相互理解的意义上把握本体论分化的世界与生活世界的关系；而且人们可借助于这种关系把握其道德准入方式，在获得允许之后，才能够实现身体的价值。医患之间或者医际之间的关系，是显明地投放在医学的生活世界之中的，这个医学化的世界同样具有奠基性、先在性和整体性，需要通过对

---

① 孙慕义：《后现代卫生经济伦理学》，人民出版社1999年版，第276页。

于各种观念主体之间意见分歧的弥合，来实现医学的目的。医学的生活世界的确实背景，决定了医学关系的性质，而医学关系必须建立在共认意识的基础之上。尽管作为异乡者，人们的生活世界是分散的，但在追求共同的目的、享有权利和身体利益的过程中，交互主体间的社会世界、个人与其他集团的主观世界必须获得一种暂时的统一，方可实现医学伦理的决断。即

> 带着各自问题的交往行为者，把世界观及其有效性要求构成一个形式的支架，借助这个支架，把他们中一致需要的环境背景作为无问题的先在性生活世界来考虑。①

诊疗行为与诊疗过程是在病人和医生的关系中发生和进行的，而这种关系不是两个陌生人之间的关系，是一种特殊的专业关系。他们最初是对医学技术和疾病知识认知的异乡者，他们之间的关系是人际关系中一种极为特殊的、富有情感的、夹杂各种干预因素（文化、道德、经济、法律、政治、宗教信仰、家族和血缘、教育等）而又具有独立品质的类属。无论怎样对其进行模式、模型和形式的分类都过于文本化与刻板化了，难以说明其内在关系的性质。分型并不能帮助我们滤清具象的杂陈性和多元性。人为分型的平面与浅层，使得事实上的关系表达成为一种呆滞的、孤立的主体间交互动态勾连的定式或塑型，这不符合临床中人与人之间动态的、变化的、广角的真实关系形态。萨斯—柯伦德在1956年提出的、流行了多年的主动—被动、指导—合作、共同参与型，使用了一种符号化的概念和所指，机械地进行了医患关系的固化；学习者如同理解人体系统解剖学术语一样读取和记忆。事实上，几乎每一种疾病的诊疗过程都包容其中的全部模型，正如后来的经济、道德、法律形式的划归一样，医患之间的关系是变化与滑动的，只是此一刻应以什么形式为主、何种类型更为凸显而已。临床现实不像书面分型那么单纯，时间不是文本，过于强调分型没有益处。布朗斯坦氏的“传统模式”和“人道模式”又过于糊涂，没

---

①　龚群：《道德乌托邦的重构》，商务印书馆2003年版，第78页。此为本书摘录的哈贝马斯语，原文见 *Theorie des Kommunikativen Handelns*，Bd. 1，107；中译本《交往行为理论》，第101页。

有实践指导意义。英国学者伊曼纽尔从医患关系的目的、医生的职责、患者价值观的作用和患者自由四个方面出发，提出家长式、信息式、解释式和商议式四种模型，也不是特指哪一种模型具体针对哪一种情境，或者在一种情境下仅存在此一种模型。

医疗的本质是一种特殊的生命理论或知识体系的组织、理解、解释、讲授和教育、技术应用实践和临床行动以及实验与再创造；诊疗过程十分复杂，是变化和经常发生特例或意外的，显然，用某一种疾病和患这种疾病的病人对应一种关系模型是幼稚可笑的，伦理学或社会学如果如此指导医学生活的话，肯定不会成功。医患关系对任何医患二体或两方、多方关系体都是某种或某几种模式的特殊混合体。我们发现，某些个人在事件中“分裂”的经验，即那种“正在被分裂”的感觉已淹没了清明的理性，或是由于缺乏判别对错的能力而陷入被别人奴役的境地；我们因为同时进入太多的陌生领域而显得十分愚钝，又因为我们从来就没有逐字逐句地分析“拿来的知识”的原始依据，所以，我们把本来很清晰的善恶界限的判断标准编造得在逻辑上极其混乱，最后连我们这些自觉是理论家的人，也没有了解决问题的勇气，只留下一味叹息“两难”的结局。这些年来的临床伦理学和所谓研究伦理学，面对生死、高新奇技术、卫生改革等问题，一直迂回反复、徘徊不前，我们实际上一直没有真知灼见，从来就没有知识和理论的完整；虽如此，还有人一直坚持“只研究问题，不要什么理论”。任何知识的完整始终是征服人类苦难和挫折的图像；越来越多的现实难题逼迫我们创造生命伦理学的系统理论，我们不能等待或回避，在原地争论不休，或者麻木不仁，这些都是罪过。保罗·蒂利希因此感奋地写道：

> 对于什么是对的、什么是错的，已没有规范和标准来衡量。决断使必然正确的东西正确了。海德格尔的历史作用之一在于：他对作为自我而存在的勇气进行的存在主义分析，比任何人都更详尽，从历史上看也更具毁灭性。①

他又说：

① 《蒂利希选集》（上），何光沪选编，上海三联书店1999年版，第260页。

> 人创造了他之所是。他没有被给予任何东西去决定他的创造性。他的存在的本质——“应该是”、“必须是”——并非是他的发现，而是他的创造。人就是他是自己成为的那种东西。作为自我而存在的勇气也就是敢于使自我成为他只想成为者。①

我们今天就是要完成这种理论体系的创造，而且我们已经走出了一大步。

其实，医患关系往往被嵌入利益受到牵涉的医患二体延伸或连带的第三方或第四方的关系情境中，即那些个人、团体或代理单位，诸如家属、病人的单位和团体、与病人付费或风险收益相关者、保险公司、管理或拥有卫生资源的组织机构；医方的关联者也很复杂，诸如医疗组、科室和医院、律师、行业协会、责任保险公司、医生作为当事人的亲友关系人等。

医生和医院权衡是否收治某一病人？是否正式接受与认肯这种关系？是否一视同仁地对待并在治疗方案中承担资源与费用因素的限制？是否有效解决医生对病人的义务与医生资源拥有人和使用人的权利所产生的冲突？这些显然是伦理学问题。除此之外，还有一类现实的公例，即医院是否该为既无费用承担者，又无保险金，而本人又根本无能力支付医疗费用的慢性病人施以有效的治疗，特别是那些慢性重病患者？这是一个一直没有得到很好解决的伦理难题。

医患关系具有这样的特点：第一，病人在这种关系中，由于存在着无法改变的知识上拥有的不平等，始终处于脆弱与不利的地位（部分身体增强术“患者”、美容的健康“患者”、医学同行和病人双重身份持有者以及其他特殊身份的人难以确定为事实上的“弱者”）。第二，病人在求医的过程中，出于医疗的需要，可能会暴露一些隐私和有关秘密等，构成与医生的一种特殊的亲密关系，医生或成为比亲人还知情的“守秘人”。第三，病人的求医行为隐含着对医生的信任，医生必须接受病人的托付，由此构成一种信托关系；这种信托关系应强调把病人的利益放在首位，并因为是两个独立的人之间自愿发生的关系，这种关系可以视为契约关系。第四，医患之间的关系，主要是伦理的或者道德的关系，但同时具有法律的和经济的性质。

---

① 《蒂利希选集》（上），何光沪选编，上海三联书店 1999 年版，第 261 页。

医患关系具有“施爱”和“契约性”两大伦理属性，但它与借贷、租赁、抵押的契约关系明显不同，是一种自然的律法以及与“上帝”之约。医患关系不是从明确的协商之后订立的某种契约开始的，尽管存在着经济方面的内容，如付费、议价、通过保险或其他中介途径支取给医生的适当报酬，但医生通过卫生诊疗服务表达了善与社会正义、公平以及人类和医生本人的人道主义精神。医患之间不是简单的二体关系，而是渗透或镶嵌在社会系统内的；医患关系高于“契约”纯粹的法律性质，具有深刻的伦理内涵。也有人提出，医患关系是一种合同关系，或者是具有合同关系性质的“不典型的合同关系”，或是从根本上否认这是一种合同关系，等等。这场争论曾经很有热度。医患关系大致可以满足合同关系的基本条件，即要约与承诺；合同中的必要、明示或漠视条款；签约人行为能力符合法律规定和效力等。总之，**医患关系是一种较为复杂的，具有契约性质的，包含经济、伦理和法律内容的，同时是特殊的、不对称的专业关系**。①

在讨论医患关系这个内蕴深刻的话题时，医患双方和当代医生常常把理性和感觉硬性撕开，即在处理真实的医患关系案例中把亚里士多德、康德、弗洛伊德“三大德”的经典文本和人性之说悬置一边，显现出我们这个数字化时代的后现代人对人类宝贵理性恩泽不屑一顾的风度，而根本不去挂虑唯金钱主义的狂妄自大是否会引来漠视人性的灾难。这种情势与哈耶克们的煽风点火密不可分。哈耶克批评理性主义做了好事，但也娇惯坏了我们周遭的俗民。他拼命批评理性万能论，借机攻讦传统道德；他使用一箭双雕的惯用伎俩企图把我们奉为神明的理性成就统统打入冷宫。他解释道：

> 人们不愿容忍和尊重无法视作理智设计产物的任何社会力量……相信在科学的时代只有人造的伦理制度、人造的语言，或甚至一个人造的社会才能算得上是合理的，越来越不情愿屈从于那些没有被理性地揭示其作用的道德规范，越来越不情愿和那些没有弄清其理性基础的惯例保持一致。②

---

① 孙慕义：《后现代卫生经济伦理学》，人民出版社1999年版，第279—280页。

② ［英］哈耶克：《个人主义与经济秩序》，贾湛等译，北京经济学院出版社1989年版，第24页。

于是，医患关系就在这样的理论驳诘中染上了商业的流行色。商业的语言、商业心理和市场的文化境遇终于可以用“顾客”取代“病人”一词。这件不幸的事对有些人来说，真的成了事实，因为我们的很多公益事业一股脑儿都被“金钱”所遮蔽，犹大就是这样出卖耶稣的；出版物、影视作品、教育和教育者、媒体等本来还是处女之身，可在一夜之间，就堕落成了荡妇；甚至本来是慈善的事业也毫无顾忌地声称自己的商业本性。把顾客引入卫生服务中，让医生像商人一样为病人排除苦难，当然就抛弃了医患关系属性的历史传统和爱德精神。市场是否能解决卫生经济资源的短缺和卫生服务的公正问题？

病人起源于患病，他们在疾病（disease）、疾患（illness）、疾苦（suffering）、病患（sickness）和病灾（malady）中经受煎熬，疾病对于病者是一种灾难，有时是致命的，对于正常运转和合规律发展的生命是一种摧毁性的变故；他们这种致命性的损失、生命健康需要是在痛苦中的无奈选择，是被强迫和压榨中的仄逼；他们是被动的，是软弱的，是身体的失败者。而“顾客”一词则强调主体的支配能力和作用，他们是行为的主宰者，在买卖和交易中，因为他们是商品的享用人，他们持有金钱的霸权，可以主导买卖关系；患者无法拒绝医生的施救，而必须救助这样的服务在很多情境下甚至可以无须金钱的“购买”，是一种爱与奉献，是道德行动；不能用市场的商品交换原则处理医疗问题。“病人”一词本身就存在一种承诺，潜藏着爱与同情、救助与关怀，爱你的“邻人”，爱你的病人——服务于你的病人——整全地服务于你的病人，关怀和爱不是用金钱就可以购买相应量或等价位的那一份“道德”。医患关系有经济属性，但它不是建立在经济之上的，而是在伦理之熔炉中熔铸的，医务劳动的补偿形式与普通劳动补偿也不同，病人付出的现金与支票，是参与医方支付的在本次诊疗活动中耗损的药品与器械以及其他相关联的物质抵价，医务人员的卫生服务报酬，应该是制度相关人、集团和政府、所在医院以及其他慈善组织提供的。经济伦理学永远不能同意把病人和顾客混为一谈；如果去掉了其本质区别，就失掉了我们的良心，即使你口头上把“顾客”称为“上帝”，也不能等同于伦理视域中的病人；商人不可能也没必要把赚钱说成是爱。医患关系有潜在的威慑力，有职业特有的神圣价值，医生的传统道德角色不应因经济文化如何漂变而异化。

医患关系无论人的主观愿望如何以及善的修饰，它始终是一种不对称的、难以均衡的关系，这些不会因为几句口号而改变。在医学活动中，不可能以病人请求为中心，也就是说，所谓“以病人为中心”只是表述服务取向和对象心理主义的指导，而不是在这一精致、科学性活动中的主体角色，活动的主题核心毫无疑问是医生或者医方这一技术行为群体。贴上以谁为中心的标签实际上没有意义。病人中心论主要是强调病人的人格价值应得到尊重。病人对医学本身的认识有限，医生不可能受病人的情感左右，只是从病人的生命和健康、治疗的最终目的出发，很多决策需要对方参与并在尽可能知情的前提下接受和事实上同意，这个同意是在医生决定了基本方案之后，而最后的治疗权在医生。这是由医患关系的伦理属性决定的。知识的拥有决定了医患关系的行动偏向于医方而效应或利益偏向于患方，方案的执行肯定是单向的，病人只是监督、配合与有限控制，不可能起主导作用。病人的权利需要维护，但不能成为空洞的、形式主义的、表象的概念游戏，那样会使病人陷入被愚弄的境地。很多知情同意书中以大量的学术语言和科学研究的逻辑论证相充塞，给病人或家属“审读”，再取得病人的同意，这样的过程实际上已经违背了知情同意原则，是对生命伦理学的一种嘲讽。

> “以病人为中心”不是一个准确、有效、成功的表达方式和说明医务道德的口号。西方一些国家回避这个口号，不能说就不看重对病人权利的保护。医疗质量不决定于口头上以谁为中心，反而过分提出会产生一定的麻痹和欺骗作用。“以病人为中心”以什么为标准？如何定量或定性？医院不适合于空泛的口号和无实际内容的运动。[①]

医学进步、医学需求与生命科学水平的迅速提升在很大程度上受公众需要、政府计划、文化漂变、市场力量的驱动。医学服务需要正由于医学的成就、公众的信赖、生活医学化、慢性病增加、新病种出现、灾疫事件增多、寿命延长、老龄化社会以及经济结构改变等因素而显得日益迫切。医疗服务市场和药械市场正在急速扩张和膨化，这两大市场正在成为医学革命、卫生事业以及新健康观念、身体文化启蒙运动的两架发生器。医疗

---

① 孙慕义、孙力鸥：《东京第四次国际生命伦理学会世界会议主题精神及学术述评》，《医学与哲学》1999 年第 1 期。

市场也可以倒逼或启发卫生改革的进程，它能够回答并帮助创造公众对医学革新的理想，以及医生对病人优良服务的专业渴望。这个庞大的无边界的市场能够引导医疗工业和卫生公共事业投巨资于研发，不停创新，迅速淘汰旧产品，或者使品牌产品升级，以赢得利润，甚至凭借不道德的广告和推销商诱发民众的卫生消费心理，他们不择手段地使用各种伎俩活跃在医生和病人以及健康群体之间，推广和散播他们的商品；应该确知，政府引入私有化、商品自由体和市场本身主要是为舒缓医疗保健系统的经济张力或体制性压力，而市场基本上是为个人需要、愿望和偏爱负责，极大地调动了资本家、厂商、企业主体和部分股权持有人的积极性，但却不一定会对公益事业、对公众，特别是对病人有利；市场有可能发展经济、提高效率，也可以刺激医疗技术产品和医疗保健的价格浮动，但切莫过高地估量市场的好处，如果不采取一定的、有效的制约，尽管不一定要采取凯恩斯式的干预形式，市场也不可以任其自由放荡、无拘无束。市场有可能给医患关系笼罩一层阴云。市场常常受富人青睐及其偏好所控制，高价位、高质量的保健与护理，畸形的健康文化消费，只要有钱，就能形成热销的卖点。医生将被打倒，良知将被遮蔽，难以经财路而绕行，难以秉识洁身明志以求清风。低价的初级保健和轻伤小病因缺乏吸引力和利益则被漠视；人更希望用同样一双手同样的时间赚得更多的金钱。其他行业的市场往往使某些医生羡慕、妒忌或醉倒，真的医疗保健自由市场，穷人还敢问津？市场驱动的效率常与公平正义相背离。完全市场化会使公众健康计划衰亡，医院与医生被绑架，医学沦为商品文化的奴隶。应该再一次强调的是：医药卫生改革和医学科学事业万不能实行完全市场化，哪怕是一种企图都十分危险。①

西方的富人医学是有控制的医疗体制，是在笼子之中的，医学如果过度偏移于富人就是一种失误，必须找出市场与政府干预力量之间的有效平衡，使其实现爱和正义的一种威慑，或富人的神圣正义理念要与慈善行动进行共生培育，把医学扶贫扶弱作为发展卫生事业的一种公共伦理责任。市场化的生命政治取向和医学伦理意志之间的张力必须予以调解，医学再不该在其中心价值和人道目的方面受到伤害，否则最先和最主要的受害者就是医患关系。

---

① 孙慕义：《后现代卫生经济伦理学》，人民出版社 1999 年版，第 282 页。

蒂利希因此对人们说：

> 从这种对患病时代的认识，人们提出了关于新时期的问题，关于一个健康而健全的实在的问题。人们期待拯救和救世主。而拯救就是治病，救世主就是治病者。①

三　医学秩序与医患冲突以及医学暴力

今天，医学已经成为一个民族一个国家最重要的民生事业，我们开始踏入生命政治和身体文化的新时代。伴随着人类后现代思想启蒙运动和新的自由世界主义意识的觉醒，任何人都不可回避由于生命安全、身体健康、卫生保健、医疗体制和秩序所关涉的政治、道德、法律、经济、心理以及几乎所有的文化问题；这个问题尽管复杂和艰难，但因为它过于现实和鲜活，任何人也无法绕开与走空，这是我们所有事业所有领域里最有意义的核心。

重建中国医疗秩序是个至关重要的大话语，用哲学、伦理学和法学的视角试图解读这个与每一个中国老百姓密切相关的问题，对于我们来说，甚为关键。医疗与卫生保健是人的生命权利的具体表达与实现，是衡量国家政体是否为公民利益奋斗的试金石。一个国家不管你如何称呼，用什么旗号，如果你不能够在生命保全的问题上努力和使人民放心，你的性质就值得怀疑。"只为少数人享受的医疗保健是有问题的卫生和医学，只获得金牌的体育，是有病的体育运动。"

第一，秩序是实现美好目标的保证，像生命体自组织系统一样，一个社会最重要的是它运行过程中的良好秩序和节律。秩序是：

> 一种事物的状态，在这种状态中，各种各样的要素之间的关系极为紧密，以至于我们可以根据对整体中某个特殊部分要素的认识，去

---

① 《蒂利希选集》（下），何光沪选编，上海三联书店1999年版，第731页。蒂利希在此是指在施洗者询问耶稣是不是救世主时，耶稣就以他治病的能力做回答，以这样的故事暗示医生的责任和信仰的医治力量。蒂利希还有以下的文字："耶稣曾被叫做医生。当我们想要寻求健康时，我们首先寻求的正是这样的医生。而这就是善。因为正如世世代代所知道的，人的本性中具有一种治愈疾病的力量。"（见上书第733页）

形成对其余部分的正确预期，或者至少是有机会被证明为正确的预期。①

第二，按哈耶克的观点，社会秩序应该是指社会活动展现于“个人能够执行一项一以贯之的行动计划”，这项行动计划之所以能够执行是因为在执行计划的每一阶段都能够预期其他社会成员会作出有效的工作与贡献，即个人的行动是由成功的预见所指导的，这就意味着，每一个成员必须有效地使用他们的知识和技能，还必须共同有效地合作和互助。

第三，作为卫生医疗秩序，因为它是一项公益事业的秩序，必须尊重全体民众的健康利益的需要和现实，还要考虑一个国家的经济条件，制定官员和关系链中所有人，包括受益者共同遵循的原则或法规。

第四，如果在形成这一秩序的过程中，尊重了自生自发的部分“市场”成分的作用或客观存在，就必须用人为的手段或法律的形式制约背离基本道德原则的人与事物，这就需要有效的、适合于具体情境的机制与有责任感和高素质的执行人忠于职守并努力执行对这个规则的监督、教化以及必要的调试。

第五，对于医疗保健权利来说，整个社会的幸福取决于普遍地达到最基本限度的要求。如果没有实现这个基本目标，就必须舍弃很多装饰门面的巨大项目的开支，甚至应当用国家的法律裁决那些用纳税人的钱为个人所谓政绩挥霍与致力于浮华建设或奢侈消费的官员。

第六，医疗保健的公正，是当代中国社会健康秩序的前提，富人医学的产生是国家的一种罪恶，已经成为全社会的灾害，它其实对很多收入较低的阶层产生了不同程度的伤害，并加深了中国社会深层秩序的危机，刺激了处于应激状态的生命保全的心理愤怒，药械价格虚高和医疗单位唯利是图的根本原因是，决策人和国家没有认识到医疗公正、免费预防、卫生腐败的严重性，他们放弃了权力或以卫生垄断为某些利益集团谋取利益，秩序不能为垄断事业对社会横征暴敛提供条件，大医疗机构不能由于对声誉和病者信任的垄断而将其作为聚财的资本。

---

① 请参阅邓正来《自由与秩序——哈耶克社会理论的研究》，江西教育出版社 1998 年版，第 22 页。哈耶克认为，“秩序”也可以用“系统”（system）这一术语代替。但我认为，哈耶克这一替代的目的出于他强调社会秩序的自发自生作用和文化规则的制约因素，对于卫生医疗秩序来说，这并不够准确。

第七，重医疗，轻预防是严肃的生命政治问题，不仅说明卫生行政的水平或觉悟低下，而且应该将其理解为决策人的渎职行为和罪恶，医院无限制扩大，同城恶性竞争，卫生资源分配失调以及医疗商业性贿赂等，其主要责任在国家和卫生管理部门。

第八，政府与管理者负有设计这个秩序和附属于该秩序的制度、法规、原则以及监管运行机制的责任，这个责任必须保证具有一般性和公正性，在“法制下的卫生自由”的前提下，必须保证健康社会的秩序和对部门、政府、医疗与社会保障机构人员权力的合法使用，同时监督和控制这些权力的滥用。

第九，鼓励市场经济规范下的道德竞争和利益竞争，但必须禁止和杜绝不公平的医疗竞争，一方面要控制由于金钱或其他关系而引起的医疗效益获得的不平等，另一方面要限制医务人员利益追逐欲望的膨胀，竞争必须共同遵守普遍接受的游戏规则，以保证社会群体为所有人的健康利益而遵循共同的道德法则。

第十，卫生秩序不应该是自发的社会秩序或社会经济秩序，应该是在文化进化过程中发展的行动结构，必须用哲学的认知、心理学的承诺和道德、法律以及其他规则系统审慎思考和研究的观念结构，经验与知识只是部分地作为一种文化积累，我们必须以政治的警觉和责任主动建立或设计一个符合于当代中国老百姓喜欢的模式，并事实上满足绝大多数人的健康需求和防病治病的利益选择。

生命健康与医疗的权利是比温饱权利更重要的人的权利，公民社会人人都应当自然地享有和获得。只有使公民享有了这种权利，才是可依赖的社会和可以信任的政府；疾病直接危及人的生命安全，对人类来说，只有没有痛苦，才有能力争得幸福；没有疾病、有基本医疗保障、没有痛苦是人的天赋权利的底线。健康道德、生命保全道德涉及责任、义务、利益、经济花费和各种政策，为实现基本的公正分配和公正地享有这份权利，仅以道德规范作为社会必然过程的展开，作为社会存续的纽带，是不够的；因为如果缺乏公正的裁判者，缺乏解决冲突或纠纷的权威，道德规范就会变形或扭曲。法律就是这种本当的唯一的权威，强制的规约人的健康和医疗行为，为医疗关系、医务活动、医学社会以及生老病死的各种难题的伦理判断作法律的转换，是后现代医学社会的必然选择；没有这种选择，我们就没有正常的生活。

道德规范在社会生活中的实现，是一个有序而美好社会的根本。但在一个充满复杂利益关系的社会里，道德本身的存在是不够的，它本身既无法阻止也无法惩罚破坏它的行为，因此，社会需要出现另外一些规则来弥补这些不足，这些规则可以明确道德规则的内容和范围，可以控制道德规则的发展变化并决定其取舍，可以确定一个权威来裁定纠纷和执行裁决。①

法律的道德属性是不言自明的事实，法律不应该是纯粹的技术，尤其是有关生命健康的法学与法律，不是抽象的规范，它的立法、司法等所有环节都贯穿了道德的原则与精神。道德与法律从来没有分开过，于国家立场得到的宣示，必须最集中地体现统治者对公民生命保障的意志选择。

人生而平等。对平等的追求是一种人类的精神，包括罗尔斯“差异原则”即如何有利于最少受惠者的正义理论，是医学社会的伦理内核。卫生法律必须保证“无知之幕”下最弱者的健康利益选择与保健权利充分享有的可能性，这一伦理目的的实现需要通过立法来表述，正如马克思所指出的：

立法者应该把自己看作一个自然哲学家，他不是在制造法律，不是在发明法律，而仅仅是在表述法律，它把精神关系的内在规律表现在有意识的现行法律之中。②

正义理念的三项基本原则主要围绕平民权利的价值，合理性原则、民主原则和道德限度原则都是为追求人民的正义，而法律的强制性特征必须由道德加以证明。

历史上多次卫生改革的失败应该是必然的，因为我们的很多行为人没有基本的伦理学、哲学以及医学人文学素养和知识准备，他们以自认为合理却非常狭隘的卫生经济学体验处理中国复杂的、建立在传统道德文化基

① 邓正来：《自由与秩序——哈耶克社会理论的研究》，江西教育出版社 1998 年版，第 13 页。

② 《马克思恩格斯全集》第 1 卷，人民出版社 1956 年版，第 183 页。

础上并掺杂着新中国成立以来 17 年平均主义卫生利益分配的心理体验的卫生改革，当然会失败，而且将继续经历失败。医患关系紧张、医患纠纷急剧增加的后果，以及镂空人际社会和谐的中心根基和构架的公民健康危机感的出现，已经到了必须受到国家最高统治集团重视和全民关注的阶段。卫生决策与管理、控制的权力，如果被随意化或自由放任，就会被滥用，如果全部或大部分作为商品经济模式运行，就会出现巨大的危险；公正的原则如果被排斥，国家的政治权威就会受到威胁并发生震荡；鼓励自由的生气勃勃的行动力量的出现，对于卫生事业来说，不应采用市场这一工具形式，而应通过道义精神和包括物质刺激在内的有限形式的激励，各种独立的组织和给予集团自由这种形式也是不可取的。

秩序是哲学研究的对象，它又具有美学的品质；秩序是理性宇宙论的主题，它主要解决齐一与和谐的蕴涵问题，它来自于某物与他物的觉悟和联系。[①] 有价值和好的秩序必须由道德和法律来保证，养成一种遵守秩序的良好习俗和自觉性，除需要我们学习和接受教育之外，这个秩序必须是具有威信的，由此构成的秩序的法则、人员、组织、制度、机制等都应该获得社会与公众的无比信任。国家与政府机构，主要是卫生行政部门制定与执行的政策，应有较充足的卫生投入与尽可能地集结境内外所有社会组织、集团以及个人资金。分配必须公正，应以最少的花费保证所有老百姓最基本的保健医疗需求；和谐的医患关系；可亲近的医务人员；不断调整的防治制度与程序；不断提高的医疗服务质量；消弭卫生保健的真空；有机的防治体系和监督系统；必要的法制与有效功能的发挥；严惩卫生与医疗腐败；严格抑止不道德和违法药械经济中的犯罪等，这些都是我们将逐渐进化生成的卫生医疗的秩序目标。就此，规则系统和生成进化的进程常常是我们理性不及的过程，尽管我们有强烈的渴望和追求；我们设定的这个卫生医疗秩序，作为社会秩序的重要部分应该具有两个要点：维护这一秩序的人们在互动和应对特定情景下与突发事件中，都必须严格遵循业已形成的规则系统，不能随意颠覆这个系统的价值或更动它的细部操作，不管是什么人，都不应该破坏它的权威性和执行行为的一致性，否则，系统

---

① ［比］布洛克曼：《结构主义》，李幼蒸译，中国人民大学出版社 2003 年版，第 113 页。这是根据三种古典的有关结构与秩序关系的论断改写的话语，即理性宇宙论、康德先验逻辑和黑格尔的某物与他物，参考《纯粹理性批判》与《小逻辑》等。

的链条一经断裂或松动，秩序就会失去其基本结构的稳定性，我们就将丧失和谐；规则系统的建立和生成，并非全部由人为设计形成的，它是由文化进化过程中无数环节和因素逻辑地构造而成的，理性、知识、传统、经济投入、美学规划、道德法律与政治、卫生管理决策、社会心理、医学科技、生活方式、文化流行以及自然生态、教育等都会影响或干扰它的生成与运行。

医学关系是所有关系中最丰富的关系之一，也是医疗秩序支持体系核心构架的支柱。它的复杂性与富于情感是任何文化生活样态都无法比拟的，因此必须建立一个“绝对的”善，独立于人类体系所产生的想象。我们曾不停地追寻这种伦理判断的一致性，并反向地给予多极的医学生活以指导，为规约医疗改革行为和生命科学行为，我们必须注入各种相异的个人、团体、民族、国家相互认同的善的标准，消除医疗改革行为和技术发展所带来的对立、矛盾和冲突，在理解、平等对话、相互尊重的基础上尽可能达到和谐。“道德能力主体应当是观念，观念是解决一切难题的万能钥匙。”① 观念是伦理认识的中心。观念常常源于信仰与文化传习，源于生活过程和教育背景，源于社会影响和历史事件，种种因素注入文化主体，形成了主体意识，支撑着伦理认识与评价依据。而观念差距的永恒性，只有用宽容加以维护，否则就不会有自由，就不会有公平。这是一个多元的时代和多极的世界，自由与境遇的多样化使人们每时每刻都采用不同的选择，人类无法抹去经济发展过程中的贫富差别和高新医学技术时代选择过程的个性痕迹，相互忍让、谦恭、尊重、诚信、爱将由宽容来表述，因为人经常会陷入个性偏好之中。在异端、个性、差异、分歧面前只有用宽容发展科学，稳定社会，维系秩序。

把构建新卫生和医疗秩序的事件当作对文化在其政治范畴内所产生的一个神圣的挑战，是伦理学的一次深刻的自省。人类生存的方式由于在新鲜的文化变革面前已转换成一种不安和祈盼。伦理学必须给予这种危机或威胁一次成功的回答。如果伦理学拒绝随着这种危机被改革和应变，那么，接着发生的就是人的精神危机。

中国的医疗改革重新引发了人对自我认识的障碍，重新引发了人的本性、欲望和解决人的利益问题的冲突；关于人和人性的探索从来都充满着

---

① ［法］利奥塔：《后现代道德》，车槿山译，学林出版社2000年版，第67页。

迷惑和争论，人学方法论危机也成为这个新世纪到来之后有关人的文化的世界性危机。西方文化的真正危机一直被认为是用科学和科学主义挤压人文主义，从而忽视了人的问题；人类为了有限的利益，为争取陌生感和刺激强度而拼命去攻克科学难关和谋求经济利益，最后终于停留在卫生无序的困惑中。只有改革才可以超越，只有超越才可以解释终极意义的问题，人的生存依赖于这种信仰的超越。

当我们感受到这种改革成果和人类社会的空前冲突与新的人类文化危机时，企图使用各种业已存在的观念和伦理原则去平衡或度量，期望得出一种满意或基本满意的结论，期望证实我们的行为依然在经典道德的允许范围内，或者离“经”但不叛道。但我们很快就失望了，因为穷尽我们的探究，都无法找到一种方法或伦理工具能为我们解除这些疑惑；我们在做什么？我们应该继续还是立即停止？这是否符合道义？将卫生经济实践引入市场的试验是灾难还是福音？危机提示并说明我们又一次进入了未曾经历的境遇，我们已穷极了关于人的伦理学和哲学的思想，“似乎没有这样的规则是有效的”[①]。我们终于明白，这个危机来源于经典或传统伦理的危机，我们一直追求和依赖的伦理学理性资源已无法用语言表述对现有问题的说明，已无力解决“秩序”所带来的震撼和难题。显然，我们在承继传统的同时必须承认这种枯竭的现实，甚至必须摆脱旧的束缚去创造一个新的生命伦理学学说，以平定或征服这种空前宏大的挑战。

既然在实施医疗改革这一行动的评价偏爱和动机偏爱之间有着某种一致性，那么，卫生决策的行为人就应该对这一行动负道德责任。

有责任感的人的选择，一般而言，人都应对之负道德责任。这种行为应该表达他的品格、习性与偏爱，或许这些品格的变体，但这种动机的产生不只是心理成分的驱使，应该有社会责任的作用。官员、学者、管理者、科学家和科学共同体不能没有社会责任感。个人的在某种意义上就是社会的，人离开了社会就不是人，也不会有科学的社会行为，改革行为就是社会行为，社会的当然应该以道德选择为先；没有道德的制约，就没有人与社会的存在，改革成就也就没有价值。我们的行动选择既是社会的，又是历史的，个人的瞬间选择仅仅是表面现象，责任归因在认识上是历史

---

① ［英］莱斯泽克·柯拉柯夫斯基：《形而上学的恐怖》，唐少杰等译，三联书店 1999 年版，第 87 页。

的，道德责任也是一种历史概念，改革行为不是个人的行为，改革共同体更是社会共同体，他与他们一直承担着神圣的历史责任。医疗改革的行为人必须明确他们对这项事业应承担完全的责任。

尽管我们承认了卫生改革的方向与路径是错误的，但还没有最后停止错误的行动；我们还在盲目地、无节制地扩张城市医院，浪费资源，错误地理解和效法英国、德国、美国等国家的模式；制造不合理的卫生经济秩序，扩大不法利益分配体系，医院管理制度既无道德又无法律保障与监督；政府、集体与个人都潜藏着“海恩法则”所表明的责任缺失。医疗纠纷的发生率还在上升，有些甚至已转成暴力形式；药械商、广告商、部分医务人员和腐败官员等结成一个个利益集团；卫生事业在发展中，正在扩大已经十分严重的不均衡，正在急剧扩大贫富之间的差距。忽视科学理论、科学思想、科学文化和科学精神，忽视伦理学与哲学在建立科学人生观中的价值；重硬件的建设与投入，轻视人的医学道德教育、法制教育和医学道德精神的发扬；学术研究中还在蔓延腐败之风等，这些都值得我们高度警惕。如果我们忽视这些问题，最后只能收获失败，成为人民健康和医学科学的罪人，被历史所唾骂。

我们十分缺乏信仰的学习与教育，信仰不是知识，也不是科学，但它是人的文化，要培育医学信仰，信仰学是伦理学、宗教社会学和心理学的交叉学科，是解决人的信仰问题的综合学问；其内容包括信仰学知识、教育与研究方法。医学信仰是我们最缺乏的教育，也是最重要的教育，应该开展以信仰为主体的全社会教育，这是医务人员和管理者品格、素质的核心成分；信仰真理不可成为知识真理；生命的启示真理来自于信仰；信仰不可用哲学的基本原则或科学思维技术来解释；这一情感与精神可以给与我们一种智慧与改革的力量，可以使我们在重构当代中国卫生医疗秩序的进程中叙述自己的真理性。

医患冲突是在医疗活动中因技术或非技术原因而造成的医患间的矛盾状态。医患冲突的典型表现就是医疗纠纷，这是影响医患关系和医疗服务质量最重要的因素之一。

医患冲突是医患间在医疗交往活动中出现的矛盾状态。患者或患者家属对医务人员所提供的技术与非技术方面的服务不满意或自身需求未能得到满足；医务人员在提供医疗服务中出现了技术方面或非技术方面（如个人修养、职业道德原则等）的失误；医患双方在遵守相关法律、法规或制度时发生问题，都可能会引发医患冲突。

医疗纠纷是医患冲突的典型表现，但并非所有的医患冲突都会演变为医疗纠纷。因为所谓医疗纠纷实际上是当医患双方发生矛盾和冲突后，需要依据有关法律、法规和制度进行处理和调解的一种矛盾状态。医患冲突广泛存在于医患交往中，患者及其家属的要求与医疗程序、医院有关规章制度的矛盾；医院和医务人员在诊疗上的要求与患者的生活习惯、心理状态的矛盾；医务人员的服务态度、医疗事故和医疗意外等，都会引起医患冲突。但上述原因并非都必然会引起医疗纠纷。因为相当一部分医患冲突并不会对医患双方造成严重的不良后果，而是在双方的退让中被化解了。有的则因未被某一方或双方明确认知，或因某种顾虑（主要指患者一方担心影响治疗关系，对自己造成不利）而未能显现。比如，就医疗差错与医疗事故而言，并非所有的患者都能知道发生在自己身上的医疗差错和医疗事故，加之医务人员有着良好的服务态度，这种矛盾常常会被掩盖。

医患冲突的原因在理论上可以分为医务态度、事故与过失、需求与对应性满足、体制与管理、市民风尚与文化等。

医疗服务态度是导致医患冲突的主要原因。虽然随着卫生体制改革和市场经济体制的建立，医疗卫生部门社会效益与经济效益的冲突明显，但在医务人员中长期形成的惯性心理并没有得到彻底消除。施恩心理、权威心理仍然存在，加之传统生物医学模式所造成的医患间情感淡漠趋势、人病分离趋势、医患关系物化趋势等的影响，使得医疗服务态度始终未能得到彻底改变。因而，医疗服务态度问题就成了形成医患冲突的主要原因。

医疗事故是影响医患关系的重要因素。医疗事故会造成患者人身损害，在绝大多数情况下，都会严重影响医患关系，导致医患冲突的发生。只有在医疗事故发生后，医方未公布，患方也不知晓等少数情况下例外。而有些医疗过失行为，由于未造成人身损害，因而不被视为医疗事故，但也会影响医患关系。只不过这种医患冲突易于调解，很少会发生医疗纠纷。

医患冲突的发生还与患者需求是否得到满足有关。在满足患者需求方面，一般存在以个几种情况：（1）要求合理，可以满足。在不干扰医院正常工作秩序也不损害医患双方利益的前提下，患者根据自己的体会和有效用药经验，提出诸如更改方案，更换、增减药物品种、数量等要求。（2）要求合理，但无法满足。如患者提出某种诊疗要求（使用某种新药或某种诊疗设备），由于主、客观条件的限制，医务人员无力满足这类要求。(3) 要求可满足也可不满足。患者提出的要求并非必要，但满足其要求也无害。如患者提出更换疗效完全一样的不同剂型或商品名的药物等。(4) 要求既不合理也无法满足。患者提出的要求缺乏合理性，甚至会对自身、他人的利益造成损害，并超出了主、客观条件的限制。原则上，医务人员应尽可能满足患者的合理要求。因为主、客观条件限制而无法满足的，应进行解释说明；对不合理的要求，也应说明其不合理性和不能满足的原因，切忌简单粗暴地予以拒绝。

目前的医疗体制还存在着一些亟待解决的问题。如在医疗收费制度、社会保障体制、营利和非营利性医疗机构的管理模式和目标等方面，均存在着制度和体制不健全的问题。特别是在卫生经济体制改革后，医疗机构经济管理模式的转变与人们医疗消费观念的滞后，加之合理与非合理因素所导致的医疗费用迅猛增长，极易造成社会对医疗卫生部门和医务人员的不满，从而引起医患冲突。

至于医暴问题，这是医疗安全和医疗秩序方面的一种现象学反应，在中国大陆境内频发的医学暴力事件中，每一个都是个案，而连接在一起，则是一个整体的社会暴力冲突集合，在客观上构成反社会的生命政治弄潮与身体伦理的逆流，是对于社会变革、经济转型、人际关系畸形变异以及社会严重分配不公的暴力反扑；是底层与弱势群体长久忍受贫穷、冷遇、丧失人格尊严，并在强大的等级（或新生阶级）权利机制、体制重压之下的呻吟与呐喊；是对于生命政治表层核心结构，即医疗体制、机制、法制以及德制的挑战与申诉；是对于中国现行医疗改革进程中伦理和价值判断的暴力反扑；是对于社会违背马克思主义“按劳分配”道义原则制度的批评、鞭挞与以犯罪行为作为手段的对抗；是一种混合于生存危机、家庭破碎、社会保障漏洞、身体痛楚、精神变态、性压抑以及不平等的心理叙事与情感宣泄。

医患关系之间的传统文化模式已经被打破，新的模式与新的医疗秩序没有得到有效建立，医疗以资本作为主体和全社会以经济作为发展的目标，严重忽视与冷落了医学人文教育和疾病文化教育；媒体过多地渲染太平盛世与浅层的祥和，造成底层与弱者的极度反感，而官场的腐败、医生不自觉的中产角色意识以及高新奇医学、贵族医学等的争相追逐，压制或剥夺了在城市化过程中付出巨大生存、生活、生命代价的群体的权利和基本生活需求，特别是部分农民与农民工，他们成为时代和社会的弃儿，始终在媒体装点的幸福模型的边缘之外挣扎，教育、住房、婚娶、基本人性需要以及国人基本上由经济和财富支撑的繁琐的面子礼仪，压得这些人难以喘息，甚至导致整体性社会绝望，强势的发展动力剥夺了他们的美梦，只留下一个个噩梦缠身；唯有寻求可发泄的口岸，表述自己的无限愤懑和人性原始的哀告，结果是，伴随着身体的极度痛苦和生命价值的归零感，医务界和医务人员成为最易于突破的空间与对象，成为为之付出代价的牺牲品。

医务人员应该在强化自己人文意识和责任感、学习法制知识、自我道德教化的同时，克服唯技术主义，遏制追求个体自由、享乐、攀比、自负的心理；低调叙事、平等待人，学会奉献与感恩；要重视和善于发现病人的人性、超敏感心理特征及其社会经济地位和家庭境况，掌握保护自己的技术与机术，以应付突发事变。

虚伪的、流行的、差等的新文人认肯的所谓国学和儒家伦理或变形的新新儒学，使我们民族面临信仰信念的危机，我们本有的洁净之心和朴素无华的那种自觉，理智、良心、正义感正在野性的、贵族的梦幻中被撕成碎片，逐渐消弭于荒蛮的野地上；社会人与人之间的陌生、冷漠与麻木，是对于眼下拜物主义和文化时尚的最大讽刺，真诚、友爱、良善、朴实、勤俭的民风正在流失，追求奢华、享乐、自私、健康、迷信、物质欲望、金钱至上；实用主义、机会主义、急功近利、单纯追求效率之风盛行，崇尚贵族文化而鄙视个人内在修养，主流媒体和文化产品极力追求票房，在所谓“幸福”的伪装下，夸张与放大了人类为享乐所制造的各种科学和工业成果以及奢华的生活方式；我们的灵性和精神被仄逼进一个狭窄的洞穴，一切都被富人哲学的励志符号所遮蔽，整个民族正陷于一种缺乏高远心志和信仰依托的物化漩涡里。

我们处于人类第二次觉醒和启蒙的时代，在我们为所谓工业科学技术文明的成就所陶醉时，当我们失去往日那种努力精进、节制、清洁、艰苦奋斗、谦虚谨慎、远离享乐以及沉思与冷静时，我们应该进行一次深刻的、生死抉择的反省。用精神的沐浴洗净和摆脱那种浮躁、喧嚣与自负。我尤其挂虑那些天真的孩子，他们在如此环境下成长，我们的明天将如何？

当然，应该相信，我们在扫荡污泥浊水的同时，能够重新构筑中华民族精神文明体系；重新励精图治，重新建立和造就信仰与爱，让医学人文社会科学事业成为这所有工程中的一块砖石，夯入我们的民族精神大厦的基座，攀达明朗的、没有雾霾遮蔽的蓝天。

“我已经看到在广告招贴画的上方，我的名字比谁的名字都要大十倍。”这是法国歌手、作曲家和演员查尔斯·阿森纳维尔的一句凸显职业意志、渴望成功的话；普通人也可能会把追逐感情、艺术和记者生活的成功意志作为一种动力，但如果不对这种认同的追求做一个限定，仿佛它在所有的当下和场景中难以抑制的强烈渴望都必须即刻实现，即使是一个难以利用和毫无希望的机会和案例，也会被其当做一个一举成名或征服公众的最佳时机，为此，极端的狂想欲念的实现，几乎是被迫编造不存在的故事和制造各种离奇的事件，以致散布不存在的谎言，设置烟幕，把清水搅浑，离间本来的合作者亲密的伙伴关系。这是极端歇斯底里患者中的一个案例——请求狂。请求狂的患者，一刻也不能忍受平庸，或者在平静的生活中制造破绽，以一种难以遏制的病态心理裹挟自己的身体和同伴甚至集团，向“新闻精神分裂症”转变。

实际上，在这样一个鱼龙混杂的历史断代中，极个别媒体和媒体人扮演了很失体面的角色，他们的头脑已经不由自主于肉身的主人，其一向不够发达的大脑不足以补偿他本能的缺陷，医学知识的贫瘠、文字功力的空乏、哲学透悟能力的阙如，使之几次捉襟见肘，几次都灰头土脸地收场。这类人患了一种不治之症，仅仅为了几个铜板，他们唯恐医界太平，唯恐医院环境安静，生怕没有医疗纠纷，为医患的和谐深感不安，他们几乎不能忍受哪怕有一天不发生暴力的医学事件，社会和谐的生存状态与之格格不入，他们是动物中少有的觉得“和谐生存”环境不正常的几个病态媒体人之一，大有被逐出伊甸乐园和人类群体中的预感；对于这类一向蝇营狗苟、唯恐天下不乱的心怀叵测的有限的几个跳梁小丑来说，作为“笔杆子医闹”，恶语伤人，在医暴的大舞台上扮演司汤达笔下、克劳德·奥当一拉哈导演的那几位歇斯底里的、为取悦雷纳尔夫人欢心的猥琐的小人物。

古今中外，旁观在神圣的医学事业之外，从未消失的个别的媒体人与他们背后的商业推手，以其原始的生物性的破坏心理，与世界恐怖主义同行，对理性、良心和友善进行叛变，他们难以遏制和不停止的破坏性行为，可追溯于其自私自利的新行为主义基础；他们永远掩饰不了为伤害他人者辩护的动机，也理解不了、更不会听从“耶和华半途叫亚伯拉罕停止杀死自己的儿子”的忠告。在兹，我想起这样的一段文字：

> 狂欢式的破坏性是短暂的，另有一种长期的破坏性；这样的人把他的一生奉献给恨与破坏，把整个生命统一在一起，用以崇拜一个目标：破坏。这是对破坏之神撑起的偶像崇拜；崇拜者就似乎已把生命交付于它。①

文思至此，想到约瑟夫·德·迈斯特，那种开历史倒车、维护君权主义的拉丁精神的陈腐的神学家，有时真令人痛恨。迈斯特鼓吹残暴的专制主义制度，在宗教法庭上不遗余力地为那些维权者和只为恶势力欺压平民的那些人，哪怕是小小的官僚以及与他们利益相关的那些幕后的人，都极力地予以辩解，封锁正义的声音，使用下流的手段威逼更小的官僚和有能力讲真话的人，垄断医学和富人医学会让个别心怀正义的人不再为了真理而说出真相。

生命保障和身体安全是人显见的、自然的、绝对的权利，在诸多权利发生冲突时，应以生命权和人身安全的权利为先，并须在冲突的要求和社会条件最大可能的限度内，维护这种最高的权利。

医患关系不可损害任何一方的权利，知识上虽不对称，但人格上一律平等。一个社会和政权，既要保护病人求医的权利，又要保护医护工作者行医的权力和权利；如果连普通医护人员的基本权利和权力都维护不了，那这个社会是令人忧虑的，也就是说，这个民族的品格是值得怀疑的。

虽然已经是21世纪，但我们依然要警惕迈斯特这样的人。

> 一个骑马的人，
> 一个数一数二的人，
> 在迈斯特的身边
> 写着：看啊，刽子手。②

---

① ［法］E. 弗洛姆：《人类的破坏性剖析》，孟禅森译，中央民族大学出版社2000年版，第342页。

② 摘自维克多·雨果的《街道与园林之歌》。

第　三　部

新原实：生命伦理学实践与理论应用诸题

第九章　身体患病的话语与医生的道德情感

医学是独一无二的悲情科学和一首梦幻生命的叙事诗。

卡尔·贝克尔说，“理性是愿意治疗的”，而肉身一直抵抗着。我们的临床医学也一样，是在生命的驱迫中前行的。

当年为医岁月，柔情的人事与铭心的亲历已化成魅影，灰飞烟灭，唯有生死离别之数个病例、诸多病人朋友垂死迂回的病体疏影，还留存着许多深刻的、难以溶消的记忆。曾有一同龄贾姓友人，名校毕业被放逐波阳鲤鱼洲劳动，感染了血吸虫疾患，肝硬变并脾功能亢进，反复消化道大出血至出血性休克，抢救十数次，终未能挽回生命。去送葬的那个阴暗的早晨，其夫人将死者手抄的清人谭献词《金缕曲》一首交给我。数十年之后，每胸中默吟，尚难免不忍苦愍而挂泪；拾得其中几句：

> 恁春来、消除愁病，鬓丝非故。
> 草绿天涯浑未遍，谁道王孙迟暮？
> 肠断是、空楼微雨。
> 云水荒荒人草草，听林禽，只作伤心语。
> 行不得，总难住。①

读罢，泣罢，大哀渐远；作为经治医生，我心何如？

---

① 王步高主编：《金元明清词鉴赏辞典》，南京大学出版社 1989 年版，第 1129 页。

第一节　临床的道德逻辑与医学模式

疾病的状态是一种普遍的疏离状态。认同他原本健康和正常存在的基础的梳理，造成同其他与自身相关的存在物和本我的“原身”相疏离。黑格尔创造了疏离这个概念，但是，他很快就把生命的过程描述成拥有某种原初统一性的生命现象，他后来又用生命的主体性和客体性的分离将之瓦解，也就是伦理法则对爱的取代瓦解了原有的疏离。马克思反对这个疏离的概念，而认为个人和社会是疏离的而非和解的，他们反对不公义的实存的世界，并愿意解救人之困境。他们的主张是：

> 实存的人，不是他本质上所是和应当是的东西。他同他真正的存在疏离了。……人在本质上属于他所疏离者。[①]

很多宗教都把疾病认作源于某种罪孽，而保罗认为，疾病和疏离虽然背离了人所属者的人格性行动，也仅仅是把疾病和疏离联在一起，至于之所以曾经把罪恶作为疾病的一种惩罚的说教，是因为人与自己的身体疏离的结局；而这种疏离可以用爱的律法去征服。

人不可以狂妄自大；人不可以缺乏信仰；人不可以过分贪欲；人不应该违背自己的责任而成为自己善举的敌人；人不能背叛和疏离他的集体，从而丧失这个美好的世界，堕入疾病的苦难。

医生不是为个人的利益和个人的狂妄而参与对于这一病理性世界的解救的，或者也不是对于作为罪人的疏离者的怜悯，而是出于要使世界中存在的、发生的、各种形式的争斗与苦难达成和解。

临床的道德逻辑或者医务伦理的信条可以这样表述：（1）人不是一定要患病的，疾病并不是人的罪性的表达，有些外伤性或心理性疾病可能与人的恶行或生活的失误有关，但这不是疾病的主要原因；（2）人生的目的就是生命本身，健康是每个人的愿望，人有健康的权利，有医疗公平的权利，人应该追求身体整全和生命的完满；（3）人应该受到理性与光明的指引，遵循生命伦理原则，爱护自己与他人的生命，并支持医生的工

① 请参阅《蒂利希选集》（下），何光沪选编，上海三联书店1999年版，第1272页。

作和体恤医生的辛苦以及爱的奉献；（4）病人要与迷信和愚昧作坚决的斗争，“大地上美好生活的首要条件就是从愚昧和迷信的枷锁之下解放人们的心灵，从既定的社会权威的专横压迫之下，解放他们的人身”①。

医学如果有某一模式存在的话，那是人为赋予的，是说辞而已。

所谓医学“模式”并不能确切地说明医学活动或医学行为的内部运行结构与机制，以及在这一复杂的活动中所涉及的各种因素之间关系的性质。模式是一般性的基本的行为模态，是外在的表象和显示的活动式样。

当然，医学模式必须反映人类与疾病作斗争和处理医学领域中各种问题的思想和方法，是人类对健康及疾病观察与处理方法的认识与概括。一定的医学模式是与一定的社会发展和医学发展相适应的，人类社会的进步，科学技术的巨大成就推动了医学的迅速发展，也加速了医学模式的不断创立、演进与更新。

医学模式既包含医学关系的外在形态，又必须反映其内部机构和本质，人为地造就形成一种理论“模型”供我们研究和理解，以使得埋头于医疗业务中的人们有一个理想的“模范”，作为目标效仿和追求。

古代医学属于经验医学，它以朴素的唯物论和辩证法去概括防治疾病的经验、解释疾病现象，把人体与环境视为一个整体，这是一种自然哲学的医学模式。近代医学立足于实验科学和生物学研究成果的基础之上，以实验生理学和细胞病理学为基础，把人体看作完全服从物理、化学变化规律的生物体，认为每一种疾病的发生、发展过程都是外界有害因素（生物、化学、物理因素）作用的结果，都可以在器官、细胞或分子水平上找到可测量的形态变化或化学变化，疾病的诊治也是在确定这些变化的生物的或理化的原因的基础上进行的。这是一种生物医学模式，它使医学获得了长足进步；然而，这种模式过分强调人的生物属性和自然属性，把人的生理机能与心理机能、自然属性与社会属性割裂开来，把疾病与整体的、活生生的人剥离开来。

在神人关系的社会中，医生以基督的治病范型作为自己的职业追求榜样，但他们视病人为肉身与灵性的人，以此进行和开展他们的医学活动。这是一

---

① ［美］卡尔·贝克尔：《18 世纪哲学家的天城》，何兆武译，北京大学出版社 2013 年版，第 80 页。

种有信仰和唯心主义的理性空间中的关系结构，正如福柯所分析的那样：

> 在疾病的理性空间里，医生和病人并无充分的权利占据一席之地；他们的存在之所以被容忍，只是由于干扰几乎难以避免；医学的矛盾功能尤其表现为，既要中和他们，又要维持他们之间最大限度的差异，从而使疾病的理念构型在人们与他者之间显露的虚空中变成一种具体的、不受干扰的形式，最后整合成一幅静止的、无时间差异的、没有密度和秘密的图像。在这里，辨识可以自行进入由本质组成的体系中。①

这种模式始终伴随着基督医学，因此后来的所谓恩格尔的人文主义和社会学的总结，只是一个思考和补充说明，只是引起了人们的注意而已。

医学一直是几种模式混杂存在的，应该说，始终没有某一模式纯粹压制着医学和医生，我们只是顺应着理论上的召唤，进行一次策略性的转移。

模式可以帮助我们认识医学的学科性质；模式可以提示我们应该给与作为完整人的病人的爱；模式可以修正我们对于医疗制度的欠缺所造成的不合理的行为规范；模式可以倒逼我们思考如何为病人进行整全伦理的医务工作才是善的；模式可以促进卫生体制和管理体系的改革，帮助我们建立新的符合人性的医疗秩序。

从这个意义上说，对于这个医学模式的研究和争论，是有意义的。

应该说明的是，真正最先提出医学模式转变的人（如果说有所谓的医学模式转变这回事的话）不是恩格尔，而是米歇尔·福柯，他对于医学、疾病、社会、政治和生命伦理的深刻思想是开创性的、系统的，是高蹈的。福柯的《临床医学的诞生》酝酿和写作于20世纪五六十年代，1963年继《疯癫与文明》之后，在法国出版；10年后的1973年被译成英文，他的人文化的医学模式观念和生命政治的理论以及对于医学的认识论论述，在恩格尔之前已流行于英语世界。把恩格尔称为新医学模式的提出者是我们的又一个误解，如同把生命伦理学误认为是波特提出的一样，这反映了我们学术界的浮躁与潦草学风。

---

① ［法］米歇尔·福柯：《临床医学的诞生》，刘北成译，译林出版社2001年版，第8页。

福柯之后，随着现代系统科学、心理学、社会学等学科的发展，人们逐渐接受了福柯等人对健康与心理、政治、经济、社会环境之间关系的认识，对生物医学模式有了一个批判。在这样的态势下，1977 年，也就是距离福柯那本书出版 14 年后，美国纽约罗切斯特（Rochester）大学医学院精神病学和内科学系教授恩格尔（G. L. Engel）厘清了关于医学模式的说法，总结出生物—心理—社会医学模式，应该说，这是一个重要的贡献。它强调用整体、社会化的观点研究人、身体、生命与疾病，既重视生物因素在致病中的重要作用，又重视患者心理、社会、文化环境因素的重要影响，把患者的生理、病理、心理与社会环境有机结合起来。这本身就证实在接受了生命伦理意识之后人们的一次后现代道德的觉醒。医学模式的修正是医学思想的革命，它使形式相似的原理开始转变为本质科学规律，同时，

> 它使医生的感知注意力（随时随地地发现和建立联系的能力）有充分权利与本体论的秩序（先于一切现象而从自身内部组织起来的秩序），即与疾病的世界进行沟通。疾病的秩序不过是生命世界的一个“复写”（décalque）：都是同样的结构支配着，具有同样的分工形式，同样的布局。生命的合理性与威胁着它的东西的合理性完全同一。①

从这个认识出发，我们可以深刻理解这种模式变革的价值，它纠正了自然与反自然的关系，遵循医学的规律与生命或人体的生物性自然秩序同一化，时而契合、重叠，使人们对于疾病的认识建立在作为人的生命的法则基础之上。医生的治疗行为，既尊重人体的自然法则，又不可忽视人的精神、社会、政治、道德、信仰、经济与文化诸因素的影响，治疗的成功旨在于对这自然和反自然因素的综合把握，我们面对的正是与疾病本身相对应的病“人”，而“不是与生命相对的病态现象”②。

所谓新医学模式没有突出强调生命政治观念，这是这个模式的致命缺陷，这势必会使人类陷入医疗改革的困境之中，政治领袖们没有清醒地意识到“医学是最大的政治”的真理性，一直设想着把医药卫生事业放置

---

① ［法］米歇尔·福柯：《临床医学的诞生》，刘北成译，译林出版社 2001 年版，第 6 页。
② 同上书，第 7 页。

于市场中，并且极其吝啬对于卫生事业的投入，也许这正是福柯和我们所挂虑的。

第二节 临床道德行为现象学

行善原则、尊重生命（尊重自主、生命价值）、公平正义、有利与不伤害原则是临床伦理的基本原则，就是说，这是临床人员的义务，意味着必须做它，不管你愿意与否。道德在逻辑上先于法律，即道德对法律在逻辑上的居先性，是临床伦理和医生行为的基础。[①]

医学技术与伦理学密切相关，任何医学判断都是由医学技术判断和医学伦理判断构成的。医学伦理学原则在临床实践中的应用，促使医学技术判断和医学伦理判断统一、和谐。

这样，临床上最主要应用的是最优化原则、知情同意原则、保密与公正原则。

一 “医学伦理查房”——一个医学道德语义的怪胎

伦理查房是一个医务道德的怪胎。

医学临床本身就是道德化的，不存在伦理或非伦理，不存在道德或不道德。非要搞一个伦理查房，当事者岂不是不打自招地认为平素的查房不道德。这是一个极大的讽刺，也是医务人员的一种自嘲。

就好似在遵守交通规则的宣传画上再贴上一幅“不要闯红灯”的宣传语一样滑稽。医务人员的义务和权力总是表现为服务于病人的使命，在任何情况下，都应该无条件地尽自己的学识与能力减轻病人的痛苦和设法用最好最适合于他的方法使之痊愈、恢复健康，或者缓和以及减轻病痛，这是医生的责任；医生和他的同事，每一天的查房、巡诊、使用药物或手术治疗，都是为了他的病人，这个过程本身就是伦理化的，难道还要节外生枝，对医务人员进行监管式的考量？这一主张的人宣称：伦理查房是对医疗行为进行适时的审查和监督，及时发现临床医疗中的隐患和不足并加以改正，从而保护医患双方的权益，缓解医患矛盾，防止医患冲突。医学

---

① ［英］A. J. M. 米尔恩：《人的权利与人的多样性——人权哲学》，夏勇等译，中国大百科全书出版社1995年版，第32—33页。

伦理查房要查询的内容主要有：是否保护患者隐私；是否落实患者知情权；是否平等对待所有患者。具体是从患者的知情同意权、隐私权保护，医务人员的敬业守职、钻研求新、平等待患、廉洁守纪，员工之间相互尊重及文明用语等上做起。以上这一切对医务人员而言，都是正常的工作内容和行为规范，何必又要进行另外的“伦理查房”，而由党务行政人员组成什么另类组织对医务人员表现出一种不信任；作为一种辅助式的工作，或者在一个很不讲道德，很不“仁术”的环境下，为强调道德的重要性，而搞一个临时性的“伦理式”查房，作为一种仪式，也许可以理解。但非要制造一种形式来督查辛勤奉献在临床一线的医务人员，这会导致诸多的临床人员的心理逆向反应，反而会形成一种道德心理应激，形成本没有的医管之间的情感张力，使临床正常工作陷入一种繁复的道德纠结之中，如此下去，再搞一个“法律查房”、“政治查房”，那岂不成了医学伦理愚钝的笑柄。

树枝本来是直的，被重物所压弯；池水本是清的，被涡流所搅浑；“伦理查房”应该休矣。

二　柳叶刀的权力与“无力迁移原则”

17 世纪，就是在 1602 年，这个地球上悄然发生了一场医学革命，源于出生于肯特郡福克斯通的一位农民的儿子，威廉·哈维从剑桥大学凯厄斯学院，经帕多瓦来到伦敦；他开始了《关于动物心脏与血液运动的解剖学研究》的心血运动论的写作，他的艰苦的对于人体的观察和谨慎的推理，回应了亚里士多德身体运动目的论的思想，并挑战了盖伦学说。哈维建立的启蒙时代的心脏是一个机器和液泵的理论以及所有后来者的人体机械论观念，给了笛卡尔以不寻常的启示。笛卡尔因此断言：

> 我认为身体不是别的，只是上帝特意造出来的黏土像或者机器而已。①

医学步入科学的行列，是从这一次革命开始的。

---

① ［法］让—雅克·库尔第纳主编：《身体的历史》卷 3，孙圣英等译，华东师范大学出版社 2013 年版，第 17 页。原文出自笛卡尔《论人》，法文版。

而在此之前，普通医学与外科学被塞维利亚的伊西多尔从认识上分开，他说：

> 罗马人将外科叫做“用手操作”；……外科就是借助器械开刀，再利用药物治疗的普通医学不能奏效的地方实施开刀。①

在人类历史上，外科医生一直饱受非议，与普通医学不同的是，在没有麻醉术甚至连止痛剂都不使用的时代，他们的“麻木不仁”当然招致了刽子手和屠夫的骂名。当然有人理解他们的职业责任的意义和他们由于手段的残忍而遭遇的道德的不幸：“人们认为那些被叫做外科医生的人是凶残的，他们实际上非常不幸。必须忍受直面他人伤口的痛苦、由于怜悯却要用铁器切开死者肌肉的人难道不是不幸之人吗?”② 外科医生必须置身于恐怖的血腥场面：

> 他的手应当十分灵活、有力、不颤抖，并且左右手均应灵活；他应拥有敏锐的视力和冷静的心态；他应当富有同情心，乐意为病人治疗，不为病人的痛苦叫喊声打扰而手术动作过急，或者将该切除的部分不完全切除。在他实施手术时，应当能够不为那些痛苦的喊声所动容。③

外科与含有手术的专科都是临床上风险最大、技术责任和道德责任与生命关联最为紧密的专业，最易于获得赞美，同时最易于触发指控，其行动中的疏漏会在刹那间使其在天使和“杀人犯”之间转换。他们必须是强者，只能在必须成功的喝令之中保持沉着、冷静与内在的仁慈。凡手术必须侵入肉身，凡侵入肉身，必然会造成伤害，必须打破所谓“有利不伤害”的伦理原则；而且由于病人要承受躯体的巨大痛苦和术后的一系列可能的后遗反应，一旦手术失败，那种期望和怨怒、光明和黑暗的巨大

---

① ［法］雅克·安德烈：《古罗马的医生》，杨洁等译，广西师范大学出版社2006年版，第53页。

② 同上书，第56页。源自圣吉罗姆（Hieronymus）《书信集》40.1。

③ ［法］雅克·安德烈：《古罗马的医生》，杨洁等译，广西师范大学出版社2006年版，第55页。源自塞尔瑟斯，7，Prooem，4。

反差，将会使张力转为一种暴力，而手术医生则会最先成为宣泄的对象。每一次手术都是医生的一次冒险，即使具有十足把握的手术也可能会出现难以控制的意外事故。因此，早在宋国宾所著的《医业伦理学》中就已确立了手术的原则：非必要时不做手术；无把握时不做手术；病人不承诺时不做手术。

柳叶刀下的权力必须有伦理的约束和理性的控制；仅仅是一个术式的选择就内隐着深刻的伦理意义，医学临床分科的悖论增多了哲学的困惑，医生本不该以是否需要手术作为治疗手段分科或划界的依据，这本来就不是科学的。人是一个整体，疾病是因其性质来定位的，手术仅仅是治疗的方式之一；割断了外域内的整体联系往往会造成人的医学意识的分裂。外科思维的粗犷风格，淹没了手术过程的精致和为病人利益定位的最优化观念。外科医生更应该警惕技术进步所带来的高傲与自负。麻醉术的进步减轻了患者的痛楚，但增加了事故的频率，麻醉意外的发生和依赖于麻醉的外科治疗，使临床的伦理规制更加谨慎而使人心存有余悸。

微创、介入、手术机器人等新技术嵌入了手术治疗的过程，手术“中介”工具的多体化，使人性更为淡漠。战伤、烧伤、人为或自然重大灾难所造成的各种身体的变故，经常把外科救助作为和时间竞赛的主角，生命的保全和生命伦理的终极目标，使外科医生成为在场的英雄，但风险也随之增大，来自于病人、舆论、领导与社会，特别是媒体的渲染，造成了难以言表的压力，毕竟医学的作用是有限的，实践、境况和技术本身是有限度的，奇迹只是一种理想，如果没有现实主义的接受心理，疯狂的情感会像火山爆发，淹没我们的善良和爱。

外科医生是能够自觉控制自身行为的有道德意识的行为人，他们一定接受和认可了自然界因果决定论的逻辑，即使这一学说不足以使人信服，也是唯一决定人的命运的法则。但是，类似善恶报应的说教，毕竟深谙人心。选择手术的动机和真实的手术后果，未见全然一致；但是我们总是要在犹疑不决中勇敢地面对或选择，这是我们的职业和病人的呼救与召唤所确立的。因果决定论指明了一个可能的世界，就如同我们的手术方案，它必须符合自然的规律，并在时间的回溯中找到可以证明方案正确的说明，每一次成功都是以某种决定论的方式“被一个先前的事件引起的，这个事件又反过来以一种决定论的方式被一个先于它的事件所引起”①，我们依据的是善恶因果论或者道德上的因果决定论。即我们通过静思所获得的道理：“所有事件都可以在原则上通过参照世界的过去状态和自然规律而得到全面的解释。”② 伦理学家不能和物理学家一样，完全参考自然界中所发生的因果决定事实，就好像能量守恒或者作用力与反作用力那样确切无疑；伦理学只能依赖抽象的“善有善报”对行动后果进行展望式的预测，以说服人们对于道德的信任。医学的因果决定论一直是真实存在的，医生们信服像基督一样的善举必有良心安适的回报，为病人的无私奉献是天道的自然，这是接受了一种原动力的驱使，那就是道德责任。

就手术本身来说，谁也无法准确预知手术实施过程中的事态变化，病人个体的特殊性和机体对于手术的各种反应，如出凝血、对器械和麻醉药品的力度和剂量的耐受或效果、组织和器官的变异、疤痕修复、免疫排斥等所有情形，手术行为如何遵循宇宙规律和自然轨迹，使人体按手术设计一样回应于医生。这样说来，应该同意这种说法：

> 我们的道德责任观点的一种内在含义就是，我们人的本质既不需要受因果决定论的真理的威胁，也不需要受它的虚假性的威胁。③

如此，我们是否能够挣脱一种束缚，那就是我们还是凭借着精良的技艺和诚挚的心地去接受各种挑战的。柳叶刀的权力使很多医生背负着沉重的道德责任，但是这种道德责任究竟是否能够转化为积极的动力，而不至于成为一种包袱压制医生的自由？医生究竟是否能够控制自己的技术行为而不至于导致不良的后果：没有完成手术治疗的预想效果；治疗后病情较以往恶化了；发生事故或病人死亡。这里可引入无力迁移原则，即

> 当一个命题 q 得到公认，而一个人 s 没有力量去如此行动，以致 q 得不到公认时，那么，q 就是一个与 s 有关的“力量必要的”事物。力量必要性是这样一种必要性，其含义是，一个人没有对某一命题是否

---

①　[美] 约翰·马丁·费舍、马克·拉维扎：《责任与控制》，杨绍刚译，华夏出版社 2002 年版，第 9—10 页。

②　同上书，第 9 页。

③　同上书，第 11 页。

得到公认进行控制。当一个命题是与一个人有关的力量必要的事物时，这个命题事实上已经得到了公认，而且这个人对该命题是否得到公认“没有任何选择”。①

即是说，一个人虽然设定了一个方案，但是该方案超出了自己的能力限度，因而方案失败或行动遭受了挫折，那么，这个方案就与这个人发生了关联，而这个人也无力作出与此无关的选择。如此，我们是否可以获得一个经验：如果我们面临很多条道路，但只选择了其中的一条，即使是一条羊肠小道，我们实际上也对自己的行动进行了控制，因为我们虽然可以走另一条路，但我们没有做另外的选择。是否这就存在着道德责任？如果我们通过这条小路走出了森林，我们就不再会受到道德的谴责，但是由于出现了坏的结局，我们没有走出森林，或者被野兽吞噬了，那么我们是否应该为放弃了成功的选择而受到惩罚？

我们的生活总是在选择之中，我们的治疗行为也与生活一样，我们所进入的这个世界，已经被分析哲学家凡·英瓦根（Peter van Lnwagen）的限定条件所说明：这个人所进入的世界一定是他所走过的那条岔路的继续，我们很难把握和控制我们行为的后果，因此就不应该把道德责任与我们的选择控制完全连接起来；但这必须排除可能的应负的责任。我们是否在行动之前充分地对于自己的能力和是否能够胜任这一项任务进行了判断和评估？是否对这一项任务的困难程度进行了判断和评估？有了班杜拉的“自我效能感”和阿特金森的“力求成功、避免失败”的动机，方可决心实施项目，这应该作为行动的指导。

这个讨论的结论应该是：（1）一个人能为他的行为负起道德上的责任，我们无论对道德责任如何解释，似乎都离不开要对行动进行某种控制，即道德责任的核心一直是以控制为基础的；（2）在能力、努力、任务难度、运气四个因素中，对前两个要学会充分分析和适当控制，而对后两个外在因素，则要有所估计和计算，即使靠运气，也要有所把握；（3）在探讨道德责任的归因时，不能不加分析地一概而论，有些事件的变故或意外，不受人的主观意志的指导、控制，而是受另外的机制和规律所制约的；（4）凡是道德行为

① ［美］约翰·马丁·费舍、马克·拉维扎：《责任与控制》，杨绍刚译，华夏出版社 2002 年版，第 12 页。

必须是对理性的适度反应，必须具体分析一个人作出某种行为的原因，在进行道德责任归因时，弱理性反应和强理性反应都不足以说明行为者本人为此所负的全部责任。

我们的人生过程离不开道德的裁决和叙事，不管是否继续行进在我们最初选择的岔路上，或者当我们后悔自己最初没有选择另一条大路时，为时已晚；作为一个负有道德责任的个体来说，我们都在把生命的标记刻在“道德墓石”上，每个人的“人生墓石”[①] 都不一样，因为它只能显示你个人的信誉，在这份人生的报告卡上，或者磨出了光彩，或者刻录了瑕疵，甚至珩磨了一条暗纹，那都是难以抹掉的。

我想，医生们的报告卡上应该溢满耀眼的光彩。

三 医学时间伦理：紧急救护的道德哲学警示

> 生有时，死有时。栽种有时，拔出栽种的也有时。杀戮有时，医治有时。[②]

人在时间中验证生命的顽强，自然赋予生命毁灭或死亡的本质，死亡给医学以机会，但又机巧地把死亡变成生长的原动力，让新鲜的回归接续着“过时”与向死亡的箭靶飞驰。医学是与时间竞争的事业，它尽力以其勇敢和智慧抵御时间的沉重压力，虽然深知人终会被抛掷给死神，但还是反其道而夺获难以维系长久的生机。医者如同农夫，“得时之稼兴，失时之稼约”[③]；人世如天时而交道，生命因失道而遭劫运，医生如果贻误救治时机，就是客观上的渎职。

时间是不可拒斥的，时间是生命存在的条件，生命赖于时间而精彩；时间给了生存过程叙事以可能，同时也会因为衰老而死亡，人只能在有限的时间内，实现自己的行动欲望，显示生命的活力；如果没有生命时间的最后终结，人就失去了意义，医学也会变得无聊；时间使生命成为最为宝贵的圣物，正是因为消耗掉的单向性时间不再返回，也造就了医学是时间

---

① [美] 约翰·马丁·费舍、马克·拉维扎：《责任与控制》，杨绍刚译，华夏出版社 2002 年版，第 22 页。这是斯特劳森对于道德责任观的一个比喻，称为“墓石观”。

② 《传道书》3：2—3。

③ 《吕氏春秋·审时》。

的学问。

时间的暴政，规约了生活和工作的制度，成为不可违抗的律令，并成为判断行动本身和后果的价值标准。临床工作系统是一部有序运转的机器，在时间的指挥下规范地转动，任何环节都以时间为标志制定自己的工作目标和生活政策；尤其是健康的生命体必须循着时间的节奏，实现医学技术的学科理想，守时（punctuality）成为我们的职业美德。生命逼迫我们必须严格遵守生命节律，而医学工作又要求我们与地球宇宙的节律脱离，单向的、线性的时间是异己的、冷漠的、反生命的、无意义的物理主义的，我们不得不改变直接的生活经验，用有效地对自然时间的对抗，争取医学工作时间或从自然的时间暴力中，夺取机遇、挽救生命的可能以及死亡的延迟，即使某一患病的身体迟早终归会消失，我们还是要顽强地向时间的专制发起进攻。

> 随着现代生活节奏持续加快，我们开始越来越感觉到与地球上生命节律的脱节，我们不再能感到自己与自然环境的联系。人类的时间世界不再与潮起潮落、日出日落以及季节的变化相联系。相反，人类创造了一个由机械发明和电脉冲定时的人工的时间环境：一个量化的、快速的、有效率的、可以预见的时间平面。[①]

从开尔文勋爵开始就探索地球支撑生命的年龄基准，我们实际上并没有完全了解生命“深时”[②] 的意义。从地质的深时后退 22 亿年，那时建立了必然产生生命的基础，而人类生命的出场，却是一个非线性的、远离平衡状态的、不可逆的事件。时间之谜造就了生命之谜，最终化成身体组织与身体“活”存在的事实，而死亡正是把时间作为可以展示的维度的对于“活”的验证。

四时行焉，百物生焉；时间的观念使人类对于生命有着特别的畏惧和

---

① Rifkin, J., *Time Wars, the Primary Conflict in Human History* (New York: Henry Holt, 1987), p. 12.

② Deep time，地球演化或地质变迁的漫长时间，17 世纪开始建立的地球物理和地质学概念，“深时”地球环境对于地质学研究具有重要意义。生命进化是在“深时”地球环境进化的基础之上发生的。参阅彼得·柯文尼等《时间之箭》，江涛等译，湖南科学技术出版社 1995 年版，第 252—254 页。

臣服感，被时间征服的任性，只能在时间允许的限度内，分配自己的生命。而恰好疾病袭来，只有期盼于医学，或者是否能够通过医治，延迟时间的干预，依然按原有的本真的生活计划，留存在社会中实现自己未竟的事业。

医学的成就在于能够争取一种可能性，使存在重新回返，由时间作为底物，完成构造自己的功业。使旧的事物更新，最后制造一个理想的“存在”。

“急”是一个时间伦理概念，对于医学来说，是与时间竞争或接受时间的挑战，使急诊的病人在最极限的时间限度内获得有效的救治，挽回生命；比如，心脏疾病暴发时规则性心播的破坏，一方面是对于时间节奏和秩序的裂变，另一方面是发生提前结束生命时间的周期事故，这是格拉斯和麦琪的动力性疾病①的一个实例。心室纤维性颤动是暴死的一个常见的原因，而假如可以争取一个有效的抢救时间，我们可以挽救很多生命。心脏动力性疾病是一种时间的挑战，生物泵的功能障碍，对身体的“活”造成威胁，必须保持每分钟 70 次左右的正常运动，人才能够维持存在，人就基本上属于社会的，人就能够保有原有的关系和意义；这种由普尔金耶纤维发起的律动，由传导的窦房结心搏引导的刺激，使心脏实现一个伟大的人体活动，无以计数的复杂细胞活动，一旦遭遇心脏的动力性疾病，就有可能返回到生命的停滞状态，直至死亡。对这个个体来说，就结束了生命的行程，成为“虚空的虚空”。

回到急救医学的实践中，就应该理解急救具有生命政治意义这句话的原因了，急救是医疗系统的前线，具有社会性、及时性、整体性和连续性特征。一个结构优化、功能健全的急救体系是急救的基础。急救医疗系统、急救病人和药械运输系统、急救通信网络信息系统三位一体，并且与医院或急救中心有机地融为一体，实现急救流水线，在开放中，完成院内外、专业内外、家庭内外、身体内外的急救行动。

院前急救实际上是急救中心与社会、家庭急救的联合行为，包括个人急救和非医学人员的公务人员急救的综合立体工程，是一个群体的道德责任行为和开放的伦理义务的结合。如同应对突发的灾难一样，社会的每一

① ［英］彼得·柯文尼等：《时间之箭》，江涛等译，湖南科学技术出版社 1995 年版，第 244 页。

个个人都负有参与急救的责任，都不能把自己作为一个局外的部分，而应把自己视为这个急救群体中的一员，这是医学社会化和医学的一种重要的边界扩延。

我们应该清理以往对于社会性医学道德责任认识中的观念，或者触及曾经的认识的盲区。人们不应该把所有的身体的保全的主要事宜全部推给医学，身体本来仅有很有限的关于疾病的那个部分是属于医学的，尽管有所延伸和扩大，也还是很狭窄的；生命的机会和生与“活”的机会常常掌控在自己、家人、身边的同事、同路人中，而不是医生；在第一时间里往往是由他们作为第一急救人及时地传送给医生的，每个人都是急救的责任者，都必须在某人发生身体的急性事变中，作出强理性反应或者起码作出弱理性的急救反应：

> 假设某种机制 K 实际引起某种行动。强理性反应在下列条件下得到公认：“如果 K 想要发挥作用，并且想要有足够的理由去做其他事，行为者就必须认识到做其他事情的充分理由，并且因而选择做其他事情，以及确实做了其他事情。”或者我们应该：“和理性反应一样，我们紧紧把握住那种发挥作用的实际机制，然后，我们只不过要求存在某种可能的方案（或可能的世界）——具有和实际的世界同样的规律——在这种方案中有足够的理由去做其他的事情，行为者认识到这种理由，而且行为者做了其他的事情。”①

全社会化的急救责任的自觉担当，是一个公民国家的生命保全意识和急救功能的培育工程，任何人都可能会在某种场合的某一时刻发生需要急救的责任“命令”，但急救人员的有限性必须使院前急救责任分责，当人人具有简单的基础急救能力时，这个急救体系结构才可判为完成。每个公民都应该作为有效的急救者，同时成为有能力的急救者，设想一下，这个生命保障体系完备的社会，将是何等安全和美好的生活世界。这个世界的公民，（1）都肩负着急救他人的责任；（2）都随时准备参与急救，并且在医务人员未到达急救现场之前，能够具有急救的最有效的、最基本的意

---

① ［美］约翰·马丁·费舍、马克·拉维扎：《责任与控制》，杨绍刚译，华夏出版社 2002 年版，第 59 页。

识、知识和技能；（3）类似的行动不是源于强制，而是作为一种自然的天赋的义务。院前急救旨在于“急与早”，这是时间伦理的核心，时间就是生命，每提前一分钟对病人实施急救，死亡率则会下降1%或更高；如果在心脏骤停5分钟内进行有效急救，心肺脑复苏的成功率就会呈几何级数提高；院前急救由临时组建的急救联合体完成，在医务人员出场前后，均应有秩序地由应急行为人构建行动组，由平素潜埋和预留的机动人员构成，在既无外援又无专业和设备的简陋条件下，进行“非专业组的专业急救”；尤其在灾难突发时，这显示了一个地区和民族的卫生文明风貌和珍重生命的真实水平。

王羲之慨然：生命况修短随化，终期于尽；王勃警言：胜地不常，盛筵难再；虽然生命不可逆转，但医学可以使之不轻易丧失，但凡个体可以暂且停留在某一个高处，也可延期走向，而使国民形成急救意识和学习急救技能，并成为日常生活的常备，作为自发选择的道德习俗，变成世俗的生命文化或自保的传统，灾可变矣，道则不变。

第三节　传染病生态与灾疫伦理

地球生态圈中的任何生命体的存在都有其合理性，都不能说是错误或者生态意义上的事故。但这也不能说明，每一物种都具有道德能力，或者说都是善的存在。存在不一定善，善不一定必然存在。自然的对我们来说，只具有接受的意义。

> 道德能力的主体应当是观念，观念是解决一切难题的万能钥匙，道德能力与个体的或个人的伦理思想毫无瓜葛，和纯正的血统也没有关系。它（观念）在文化和政治方面都是道德能力的中心。①

瘟疫有物质实体的存在，但作为伦理认识就需要一种观念，面对微生物引发的灾难，每个人都有各自的行为选项：“一方面隔离、消毒、医学防范、祈祷，或无所作为；另一方面可以出逃、发怒、惊慌失措、遵章守

① 参见［法］弗朗索瓦·利奥塔《后现代道德》，莫伟民等译，学林出版社2000年版，第67页。这是作者引用的小山岩尾的一句话。

法，或坐以待毙。价值呈现于不同的选择：生命与财产、工作与安全、慈善行动与政府机构。”① 这就存在一个如何选择才是道德的问题，而这个看似简单的问题，却难以直面作答。

一　制度伦理与生命伦理的冲突

20 世纪 70 年代以来，“风险”这个幽灵似的概念已从纯粹技术和经济的范畴扩展为社会理论的范畴；当代社会的利益分化、权力冲突以及突发事件引发的伦理纷争也开始被这个幽灵所威慑，“风险社会”已不仅仅是一种技术狂飙时期的说教，而是透过后现代文化传媒的漂浮性成为无数作秀者的符号话语；因此，我们不仅应从社会机体的角度，而且应从制度伦理、社会结构乃至历史哲学的视界，严肃而认真地审读现代性社会的危机潜能。

在中国，生命伦理从没有像今天这样变得有意义，有着如此关乎每个人生命安全的现实内容，有着这么惊心动魄的感染力和说服力。生命伦理正引发我们进行深刻的伦理政治和伦理制度的思考。“非典”事件说明，生命伦理或“卫生伦理”也和政治伦理一样制约着现代中国社会生活的形式与价值取向，并提供调节具体社会制度环境的道德秩序，它在突发灾害和风险面前将以决定性的功能压倒一切，成为各种利益的核心；它不仅刺激了我们的生命警觉，而且刺激了我们的制度警觉和政治警觉。生命伦理的风险已远远不只是一种技术或科学上的风险，而更是一种当今社会政治或制度的风险，其中还包含人类生态危机所造成的灾难。

（一）生命伦理与制度伦理的历史冲突

卫生活动不是一项典型的生产活动和经济活动，它是一项具有福利性、社会性、政治性的公益事业，它是由国家始终干预的伦理性服务行业。公民享有基本保健和享有生命安全一样，是国家的政权秩序和国家政治理想的需要，其健康保健伦理含有极其深刻的制度伦理和政治文化伦理内容。一个国家的公民医疗保健制度其实是修葺和维护公民民主社会制度与政治文化秩序机制的重要部分，它的特殊经济生产形式旨在保护政党的权力和社会的安定，并具有无法掩饰和替代“太平盛世”的象征意义。

---

①　詹姆斯·A. 特鲁斯特：《流行病与文化》，刘忻建等译，山东画报出版社 2008 年版，第 97 页。这是该书摘自“Morris 1976：18 – 19. 1832 年英国霍乱大流行”中的一段话。

公民健康安详是一种形象、一种自信、一种国家尊严和民族精神，中华民族不可忘却那“东亚病夫的幽暗时代，那种深隐的悲怆该引发多少情感的启示”；我们必须理性地认识到，体育竞技奖牌的数量并不与国民健康素质、卫生保健水平成正比，卫生关切在任何时候都比温饱关切重要。“健康毫无疑问比其他任何东西都重要。”① 自从20世纪60年代肯尼思·阿罗、塞尔玛·马什金等一批理论经济学和计量经济学的革新者开始关注医疗机构、组织和卫生政策与制度的研究以来，卫生经济学在西方已成为一种制度伦理学，许多学界人士公开批评不重视卫生经济政策的行为，并提醒必须警惕把制度伦理置于生命伦理之上所可能导致的风险；而卫生经济伦理学又应该成为生命伦理学最重要的理论分支。②

任何成熟的政策制定人，都不可无视卫生事业的重要价值。托马斯·莫尔，这位伟大的欧洲狂飙时期的人文主义战士，在其1516年写成的《乌托邦》中，以非常显著的篇幅告诫乌托邦人要“把卫生健康当作大事来抓”；他还强调：应“注意维持公共环境卫生，以防止空气污染，防止疾病流传”③。被誉为空想社会主义第三颗明珠的德国人约翰·凡·安德里亚于1619年出版了他的著名的《基督城》，他一再劝慰道：“我们一定会重视医学，其原因并非完全由于医学把长寿献给我们，或者用它与死亡相抗衡，而是由于我们非凡的上帝一直希望，通过他的创造物和他们所产生的效用，必然会给我们带来好处。”④ 而我们的政策和制度伦理却与生命伦理发生了激烈的冲突。在相当长的一段历史时期内，我们在政策与制度上，一直没有对卫生事业的发展给予应有的重视，在经济发展过热的同时，许多人对医学发展十分冷漠。历史的统计数据是：至1992年，我们只有140亿美元的年度卫生费用，人均12美元，人类发展指数排序（HDI）为第106名，卫生经费开支仅占GDP的3.8%（WHO要求不低于6%），是美国的1/64.5，美国人均卫生费用是我们的292.25倍，印度尼西亚的人均经费还比中国人多2美元，我们占全球近1/4的人口只享有占

---

① ［美］维克托·R. 福克斯：《谁将生存》，罗汉译，上海人民出版社2000年版，第20页。

② 同上书，第258页。

③ ［英］托马斯·莫尔：《乌托邦》，戴镏龄译，商务印书馆1996年版，第6页。

④ ［德］约翰·凡·安德里亚：《基督城》，黄宗汉译，商务印书馆1997年版，第114页。

全球1/100的卫生费用。① 半个世纪以来，我国发生了翻天覆地的变化，但终究因为经费投入过少而影响了卫生事业的效率，甚至以牺牲公平为代价。现在，我们一方面卫生资源不能得到充分有效地利用，相当地域内人民的需求不足；另一方面是贫困地区和大部分农村仍旧得不到基本的医疗保健，出现一批无钱看病和没有任何医疗保障的人群。全国门诊就诊人数在1989—1999年的10年里下降了15%，住院人数下降了近10%，病床使用率下降了20%②；目前，我国有75%左右的人口没有任何保险形式来保障他们的基本健康，他们只能全部自费来应付疾病的侵害。如果不是中央采取如此果断、严厉和非正常的决策，"非典"事件发生后，公民将无法应对。在人均医疗费方面，1993年，全国劳保医疗人均费用为380元，公费医疗为281元，其他人均费用仅15元。③政府卫生预算所占比重，由1991年的22.8%下降为2001年的15.5%，社会卫生支出比重由38.4%下降为24%，而居民个人卫生支出比重，由38.4%上升为60.5%。缺乏有效的卫生保障体系，过分强调医疗机构外延，医疗费用上升过快，过分强求"大而全"，发展规模失控，盲目搞各种等级竞赛和设备攀比，严重忽视基础和基本医疗保健以及以预防为主等，都是这种局面出现的原因；而这种局面又进一步造成资源的大量闲置与浪费。制度伦理与生命伦理的冲突还表现在一些官员的作风上，为了所谓大好形势和主流气象，掩盖卫生改革中的负面问题，已成为很多人的思维定势和习性，也是官僚主义制度伦理的流毒；因此，缺乏诚信、报喜不报忧、歪曲事实真相、瞒报漏报、剥夺公众的知情权、追求虚假繁荣的行为一度贻误了"非典"的疫情，几乎酿成全民族的灾难。

（二）以预防为主与灾疫伦理学

医疗与预防保健的关系，一直是我们忧心忡忡的关系，纠缠并使我们困惑近半个世纪。我们这个民族确实有许多值得世代夸赞的优良美德，但又沾染了许多不诚实的毛病；我们执行了那么多的指示，唯独"以预防为主"这一条从未被作为"重中之重"来执行，但又始终在口头和书面上这样说着和写着；立法、管理与计划部门在行为上的"重治轻防"已

① 孙慕义：《后现代卫生经济伦理学》，人民出版社1999年版，第212页。

② 胡善联：《论21世纪中国卫生改革与发展方向》，《中国卫生经济》1999年第5期。

③ Bejing Environment, Science and Technology Update, February 2, 2001, Produced Weekly by the EST Section, U. S. Embassy Bejing.

成为全社会制度伦理和政策心理的误区，产生诸如经费投入不足、人员与资源使用不当、机构设置不合理、全员预防意识淡漠、利益分配不公正等问题。已形成的卫生体系与医学教育模式，一直是以临床医疗为主、以预防保健为辅两条线路展开的，这一认知已被固化。因此，广大的卫生官员和医务人员几乎没有以预防为先、以治疗为后的整体卫生的决策习惯和行动意识，甚至一些防保部门也置本职于不顾，为了一时的利益，实行了一系列串位服务或经营活动，开设治疗中心，在低层次定位上进行无序混合。有些地区与乡镇卫生院把防保任务视为包袱，欲弃不能。这一公共卫生伦理教育始终被制度伦理挤压着，而在伦理学中始终被认为不过是一般应用伦理学的生命伦理学研究，在公共卫生伦理学中几乎没有任何地位，很多医学院校在预防医学系教学中，根本就没有开设生命伦理学（或医学伦理学）课程。关于医学目的的全球大讨论运动的发起人，美国哈斯廷中心哲学家、伦理学家丹尼尔·卡拉汉（Danniel Callahan）在介绍医学目的（Goals of Medicine）的背景时说，将大量的钱花在高医学技术、企图消灭任何一种疾病和死亡上是一种错误，医疗正蕴藏着一场危机。人类必须重新考虑是否把大量有限的卫生经费投入这种很难有价值的研究中而忽略初级卫生保健医疗政策。我们在某一个意义并不大的高生命科学技术项目的研究上斥资数十亿，却忽视六七千万无任何医疗保障人群的基本生命健康权利，医学不能无视公平丧失，不能无视国家的最根本利益，以预防、公共卫生和基本医疗保健为主体的改革，是一次反对“现代”的后现代生命伦理运动。预防保健服务本身就包含着浓重的人道主义情感，充溢着传统的生命伦理精神，它应由国家组织、控制与管理，不能进入市场。预防工作的隐效性，使人们对其产生了许多阻碍与误解，过度经济主义会极力排斥它。如果决策人不肯花费更多的资金去换取缓慢的、内在的、隐蔽的效益，决策人就必须高度警惕可能出现的某种危机了。没有人怀疑，使全球经济风貌和文化品格发生改变的市场经济的力量，或许可以将市场理解为能最佳地允许个人进行选择的一种途径，即促进公开的、私人的自由竞争而使物质得到最有效分配的一种途径，并通过公开和私人竞争，为改正供求行为而设计的激励和遏制的一种方式。市场导向重视一部分有能力和有经济实力的病人进行更多更有文化或审美情调的多元选择，医疗市场开拓了一个十分开阔和撩人心扉的空间。市场满足了政府缓解经济压力的部分愿望，迫使病人和顾主承担更多的医疗保健费用。市场给予医学以更大的可能性，同时却孕育着更大的风险。它创造了扩大个人选择的机会，发挥了价格控制的作用和更充分的经济效能，刺激了技术的发展与有经济实效的革新，尽力满足少数富人的畸形医疗文化需求，但它损害了政府最重要的神圣职责——公众形象和信任，尤其压制了预防系统的生长与健康发育，无法保证所有人获得最低水平体面的基本医疗保健、监察质量和卫生职业道德标准，明显地剥夺了大众的健康利益并削弱了应对突发灾疫的社会控制能力。异己的经济价值一旦被引入医学，必然会危及医学慈善和利他的固有道德宗旨，商业性使总体病人选择减少，公共性受到限制，医疗保健在贫富之间的不平等缺口被扩大；依赖于政府的公共卫生部分的职能被削弱，而商业上受到鼓励的高利润、高收费、高科技的“富人医疗保健”却日益增长，较低技术强度的预防疾病和初级卫生保健计划横遭漠视；商业上虽然有吸引力，但却远离医学伦理传统。

灾疫伦理学（ethics of calamity and pestilence）是有关突发严重疫情的伦理问题、伦理关系、应对由疫情引发的公共卫生政策以及各项制度的伦理学原则研究的生命伦理学分支学科。灾疫伦理学的重点研究内容有灾难与重大疫情的道德哲学与文化；灾疫伦理关系；与灾疫相关的责任和立法；灾疫控制与预防的道德问题；灾疫伦理责任；捐赠救助的伦理；灾疫的国际协作组织与合作；灾疫伤亡赔偿伦理；灾疫自救伦理，等等。

对重大疫情的预警应是政府的责任，卫生部门已经能够代表政府的权威，非特殊情况无须国家最高领导出面具体处理或身临第一线解决问题，科学合理的指导意见和防治方案正是职能机构的工作；政府不仅要协调中央、地方和军队的关系，还应有机地调动公共服务系统，并且统一有序地控制非常时期的人口流动，建立有效的公共卫生危机管理制度；强化信息透明度，维护公民对真实疫情的知情权，但必须避免过分渲染与哗众取宠的舆论误导，新闻媒介没有必要长期全篇累牍地进行无节制地作秀似的报道，如此会因引发公众心理恐慌而造成更大的损失。值得关注的是，法律应有伦理依据，强制执行或颁布某项政令不能情绪化，对于执行隔离者必须有科学和法律根据，强行隔离者必须限定在已确诊、疑似病例和密切接触者范围内，对于来自疫区但无任何可疑医学指征的健康人没有权利限制其自由，由于“过度反应”造成的干扰社会正常生活等负面作用比疫情本身的损失更大；公民，特别是官员、管理人员必须克服对患者及其亲友、密切接触者的歧视心理，必须避免出现来自疫区的所有居民、医务人员及其家属受歧视被冷落甚至拒绝为之提供服务的现象。爱、尊重、公正从来都是具体的，在灾疫期间更应表达民族的友爱与团结精神。

（三）医学伦理乌托邦

传统社会向现代社会的转变被卢赫曼称为向“归咎习惯”（Zurechnung sgew ohnheiten）[1] 的转变，就是说，危机危害或不幸，不再由天定，不再由任何神力担保和支配，而是由社会的政治、经济、伦理秩序来承担，生命伦理学也应是制度伦理学、经济伦理学和政治伦理学，或者是生命政治学和身体政治学。很多政治家轻视生命伦理、轻视生命、轻视人，他们为了权力舍身奋斗，但不知权力的意义，权力应该是为普通大众服务的，而不是为了权力本身。斗争是为了民众的生命权利，而不是为了统治者挥霍权力的个人自由。生命伦理学是一门普世之学、生命之学，它为卫生政策、立法、国家制度提供最重要的理性资源，它可以矫正我们的思维，扩大我们的视界，增强我们的信心。

医学是一种爱人之学、人道之学，医学因为是属“人”的，只有它在沧漾的科学之海中是永恒的，伦理学必须彻底纠正现代医学科学技术和卫生政策中的“失人性化”倾向；伦理学必须下决心从理论上解决卫生服务产品和资源分配中的严重不公平、不公正和不道义问题，为改变“富人医学”、贫富不均、“因贫致病与因病致贫”的现实，必须重新思考中国的卫生经济伦理和卫生改革战略；医学应面向大地，倾听大地的呼声，公共卫生、防疫、初级医疗保健是人类生命和生存的最基本需要，健康权是人民最根本的权利，是超过温饱的需要，带有极鲜明的公益性和福利性，应以政府投资为主筹备资源，以国家为主体负担费用，这个层次的卫生产品和卫生服务产品属于非商品性质，并不以赢利为目的，决不能引入市场机制，中国的医疗改革不能实行市场化，哪怕只是一种企图都是危险的；中国医疗改革的重点在农村，“适者生存”的原则不适用于卫生事业；医院股份制只能谨慎地在个别单位实行，不应推广，它对公共卫生事业是有害的；医院必须以医生为中心；医疗保健不可等同于通常意义上的消费；必须考虑重组中国卫生组织体系。

---

① 刘小枫：《现代性社会理论绪论》，三联书店 1998 年版，第 49 页。

被当代德语学界视为传奇人物的神学家、卓越的马克斯·舍勒说：

> 强者对弱者，富人对穷人，较完美的生命对较不完美的生命的态度是，能够表示怜悯、给予相助。①

平等理念是生命伦理学最核心的理论精髓，爱、公正、尊重、宽容、生命自主都是平等的变体；无论是财富平等，还是权利平等、身份平等，都必须是身居高位者与社会地位卑微者真实地拉近其距离，享受真正意义上的健康公平；即

> 在一个正义的社会里，平等的公民自由是确定无移的，由正义所保障的权利决不受制于政治的交易或社会利益的权衡。……作为人类活动的首要价值，真理和正义是决不妥协的。②

人类往往缺乏文化地、哲学地解读宇宙永恒与自然无常的原理，有时像是违心地、十分胆怯地理解自然与人的关系；在发生灾害时，人们肯定更加能够深刻理解康德《纯粹理性批判》中的那句名言：头上的星空和心中的道德律。

在重大灾难面前，问题纠结在一起，而且往往心灵的震荡和人性的非常态表达，使很多认知出现理性的迷失，甚至会出现错误的行为选择和违背客观规律的决策。公众与媒体对于慈善行为的评价也会失准。善举是"最好的应该"，不应该是"必须应该"，更不是"强迫应该"；每位公民都有自己决定的权利，以数量级来评定善良度和爱的精神是错误的，也是十分危险的；社会如果陷入一个攀比的旋涡和为很多脆弱的、经济上低能力的好人强加一种压力与暴力，所谓"指导目标额度"就是有害的。此时，面具伦理就有了市场，甚至制造了很多新的假冒的"圣人"。不要使"觉悟"被迫成为一种流行暴力和心理张力，人们在非我的选择中，最后成为行政权力的牺牲品或失去自由的奴隶。要鼓励和表彰勇于奉献的人，但不要伤害那些心有余而力不足的善良的老百姓，更不要以多少、什么类

---

① 《舍勒选集》（上），刘小枫选编，上海三联书店 1999 年版，第 446 页。

② ［美］罗尔斯：《正义论》，何怀宏等译，中国社会科学出版社 1988 年版，第 2 页。

型的善举来划分等级，哪怕客观上只造成了差等的社会影响，也是不道德的。

关于救灾的捐助，也是灾疫伦理的具体行动难题。政府和决策部门要有一个很合理的和道德的、理性的救援计划，更要有一个特定时期的救援原则，捐助本身极大地表达了人的友爱与团结，同时对很多人来说，是自己掩藏已久的善良心理的宣泄；他们视其为自己可能的境遇的一种倾注和叙事，是一种信仰的皈依和自我灵性的拯救，不是对本人，是对自我。关于社会捐赠问题，应该有这样的行动规范：第一，不要评论捐赠的款额数量；第二，不要指责别人对自身捐赠行为的评论；第三，不要以表面数额的多少评价道德善恶和进行善举的排位。在这个问题上，攀比会遮蔽真实，很多都是一种误会。媒体或网络的评论在过程中会产生各种结果，这不是历史的，也没有必要追究责任。

综上所述，应该建立一门专事研究灾疫伦理的学科；灾疫伦理学，作为生命伦理学的一个分支，很有意义，其前景很好很令人振奋，它将会随着人类社会的进化，起到独有的价值和作用。

二 灾疫伦理秩序

人类面临从没有过的考验，在瘟疫成灾面前，我们的很多形似鲜花的象征性、装饰性、礼仪性业绩，显得如此尴尬、单薄与苍白，我们在用责任的淡漠、道德的迷失、法律的无奈表达内在的精神危机，以及心理的冲突与慌乱；腐败与诚信的丧失，几乎抵消了我们用金钱和智慧换取的荣誉和一时的赞许，当那些喧嚣的场景化为历史记忆后，当我们回到常态的生活秩序后，我们每日的粮食、牛奶、食品、道路、住宅、药品、饮料与空气，我们的饮水，我们赖以生存的土地，我们刚刚痛悔并重新眷恋与人类生存极其密切的环境与生态，能让我们安心、坦然与由衷地快乐起来吗？当我们听到那些振聋发聩的摇滚和弄噱头、耍贫嘴、庸俗搞笑的表演时，可曾意识到那种麻木感和僵死感正在腐蚀我们的崇高意志和责任心理，正在消弭我们的奋斗精神与英雄的人格。我们常常为没有一次好的亮剑的生命而惋惜，那些文化的麻醉剂的制造者和生产商，难道不该为这些人祸负责吗？我们为追求金钱，不惜铤而走险，企业的形象和产品的质量都以对金钱贪婪无道的明星们浮华的广告作为基础，用金钱买断一切信任、承诺、真实和爱。如此品行流行并遗传下去，这样的民族还有希望吗？

追究和深思我们的思想与文化境遇，该是学术界不可推卸的责任；假如我们还尚存着一个学者或政府官员、教育者、科学家的良心，假如我们还尚存着对人类和同胞、其他生命群体保护的使命感和信念，假如我们还记忆着我们曾经为崇高的事业献身的承诺，就应该沉重地研究这场悲剧的理性原因：

1. 在快速发展的过程中，由于在新秩序构建过程中的疏忽，我们快速形成了新的权力经济体制，作为基本手段的集团体系已经促成了一种新形式的“法律”和“制度”，这不是自然性，但却是合法性，约定俗成与章程的混合所构成的新经济秩序超越了政治的主体地位，司法权力也在它的功能运作中出现内部错位，因为我们一度崇信“不管白猫黑猫”只要有财富，就是英雄；对这种劣迹的责难和审判日趋困难，似乎人们和官员羞于作出判决，因为它们支撑了政府的财政税额、支持了官员们的政绩工程，参与了这种炫耀和自恋政治生活方式，它们已经成为所谓“国家或地方经济的支柱”。

2. 我们还来不及建立一个能经受住各种诱惑与考验的监督机制，在强大的由各种成分构筑的极具生存能力和自我保护能力的利益集团之外围，是各种由人性、人情、人意构成的人伦关系网络，只要是这个网节中的一个结襻，就会受到各种保护与优惠，甚至能够用免于检查、名牌等形式把它们的罪孽密封起来，他们以被保护的名义，可以为所欲为。

3. 由于长期被掩埋在急躁、浮躁、鼓噪、聒噪的政治经济和文化的空气中，我们的民族已经淡化了信仰的权威，失去了基本的公民民族自决能力和公共意识以及维护法权的觉悟，我们从“文化大革命”那种亚宗教的全民崇拜狂热中，一经冷静下来，即刻便投入一切向钱看的浪潮中，没有任何威权主义能够填补我们信仰的真空，我们一直找不到个人的高尚的理想与之相匹配的社会秩序或者体制，一直缺乏有效的监督机制和体系；党派、团体、公民、媒体一时间都俯首于各类明星政治、明星文化的语言暴力之下，并几乎无限地听命于他们不负责任的、情感的、非理性的文化训诫；他们拼命捕捉体制的漏洞，几乎用哄骗、游戏和打闹的手段强奸民意，引导我们回归和沉湎于浅表的经济繁荣之中。

4. 媒体和文化领域充斥着五光十色和光怪陆离的符号和象征性的文化垃圾产品，他们用把玩与戏说极其低俗的笑料，用调侃歪曲中华文明史和严肃的传统精神，用奢华的光电效应与超大规模的机械冥想，抽空、销蚀和抵御政治伦理、生命伦理和心性伦理内核，特别是尽可能地淡化或否定公民沉重的责任感，使各类人员和职员、官员和教育者失去信心，甚至陶醉或满足于暂时的物质欲望的快感中，已经麻木的嗅觉和失落的乡愁意识与仅存的人文精神，都随着金钱至上和享乐主义的统治消失殆尽，此时，人为性的灾祸与虎照事件、奶粉事件等，才如泉涌般汇成江河。

5. 早在“五四”文化运动中，我们以鲁迅为代表的一批杰出的革命文化战士，超越了以严、康、章、梁为主体的反孔现代性话语，汉语生活世界发生了天翻地覆的大变革，但那种专制主义下的差等意识危机以及契约心理并没有最后形成，我们的自由概念一时间成为无政府和无威权无法治的散漫主义，这恰恰应了几千年封建社会遗留的小农经济残余基因，投机与钻营已经从库存形式转换为一种时尚，资本形式下无以克服的阴暗面与农耕制度的诟病汇集在一起，滋生和培育了腐败，奢侈生活方式的世风与人性的贪婪，淹没了诚信、信义、信实、信任，正如艾森斯塔德（Eisenstadt）所揭示的：“在儒家—法家的中国社会中，政治文化中心领域被视为超越秩序与世俗间张力消解的主要焦点。”如此，在当代中国，危机已经成为一种常态；除了天灾与不可避免的疫情外，2008 年的人祸，基本上都是在这样的伦理背景下发生的，哪怕是一个有权力的官员在中间或最初的任何一个环节上奋勇地制止，“毒奶粉”或溃坝的悲剧就不会发生，如果不从体制、伦理或文化上根本改变这种现状，更大的悲剧还会发生，甚至正在形成之中。

批评与研究现实，是要在学术上负起构建新社会体制的责任，并在理论上推动学科发展和强化普遍化教育，以及影响青年，影响社会，激励和培育具有新思想的官员，从文化上构造一种新的机制，促成清明、廉洁、境界高蹈的一代新人的成长和高层领导群体的形成。此间，尤其要警惕和避免：凡事都以政治暴力手段或名义，压制民主言论与不同处理方式和策略选择的自由。

医学人文精神主要是医学道德精神，医学人文精神最终为解释世界，指导医学，改造世界；人文学主要与意义和价值发生联系，生命伦理学和医学的哲学应焕发出一种人文精神，它是医学人文学术和生命科学的内在基础和依据，它的核心是不断对科学真理与社会正义的追求。它的发展动力在于怀疑与批判；它通过生命科学所表达的深切的对人类和世界命运的终极关怀，它为一种永恒的信仰和理想而冷静地解读历史与超越传统，它鼓励人们克服困难并迸发出创造的伟力，以及寻找精神家园的乡愁理念，都说明当代生命科学鹤立于各学科之上，有其鲜明的个性与人文属性，同时也是人文精神对生命科学的意义所在。

我们正处在人的文化的大转型期，思维模式的转变影响了我们传统的概念性前提和我们制造的有关“人的语码”的研究方式，源于库恩的“基本范式”（basic paradigms）和福柯的“基本认识型”（underlying episteme）①，我们正考虑建立新的学科文本的艰巨性。对文本的诠释或建立诠释的文本本来就是学科建构的基础。人文学伦理诠释学即是对人的生命和生态伦理问题诠释的母体。②

人文学是人与法律、道德的最好中介，从人文学出发解决伦理问题也是一个重要途径；诸如履行伦理学最大的诫命“爱人如己”，由此才能得出医疗行善的原则，而且医学伦理限定了行善的人必须对等地对待病人，如果不伴随着尊重与对等性，爱就成了要人领情、要人回报的仁慈，这就意味着它不再是爱。③ 医学人文精神正是回答生命伦理学根本命题的有根性，追查它的理论根源和原则的思想奠基，从而用生命伦理学的研究诠释它的真正含义。也有理由在现代语境下对它们进行认知以及重新肯定，并赋予其崭新的意义，对其予以改造或剔除。

生命伦理学要害的研究，也是一项紧迫的任务，就是必须使我们能够影响到的学术群体与所有相关部门、相关人员接受社会责任的首要价值：我们曾经有过的生存激情被耗竭了，但社会依然向前发展，责任问题是一种人文精神的最后辐射；“任何制度都是由以相当有规则的方式行为的人构成的，并伴有人们之间的这些关系”④。人生活在这个世界和社会关系中，必须考虑，你所承担的角色的价值，并为之义勇地承担这一角色所规

---

① 请参阅［美］詹明信《晚期资本主义的文化逻辑》，张旭东编，陈清侨等译，三联书店1997年版，第54—55页。文本性（textuality）是一种具有方法论意义的假设，人本学的研究对象构成了我们破译或诠释的文本，借用神学的研究方法，对生命伦理现象与关系进行解读，从源头理论入手，有可能找到我们理论上最缺少的东西，找到问题的核心与学科的本体。

② ［意］艾柯等：《诠释与过度诠释》，王宇根译，三联书店1997年版，第4页。从圣经诠释学到神学诠释学，诠释学已进一步普遍化和理论化了，并推至学科的各个领域，目的是解决和理解人类的精神问题以及与精神有关的人类学、伦理学等问题。生命伦理学不可超越神学伦理解释学而直接进入对现实中“人”的道德问题或生命的伦理问题的认识。

③ 同上书，第133页。

④ ［澳］约翰·麦凯：《伦理学——发明对与错》，丁三东译，上海译文出版社2007年版，第74页。

约的责任，除此之外，你没有任何权利享用由于角色扮演或责任完成所获取的权利、回报或利益；如果在你的角色责任范围内，对社会或他人没有形成福利，甚至酿成了灾难，你如何能够逍遥于责任之外，坦然地过你正常的生活，没有愧疚地依然故我地行使人民赋予你的权力？由于无力迁移原则，我们不能在受罚甚至在发生灾难之后，在可能的行动之前，就作出理性的正当反应，对后果或者工作的疏漏承担历史责任。工作是一种创造，但在这种创造之前，我们绝不能因为利益驱使而做一些连我们本人都不相信的作秀和面子工程，到头来历史、后代和真理是不会饶恕我们的虚伪的。

后现代人在一片危机的呐喊声背后，最重要的是承担自己的社会责任！

使人失望的是，俗世的生命伦理学建设工程，这门后现代希望学科过于贪恋对具体问题和具体案例的话语权力，并极力谄媚于各利益集团或权力阶层，丢弃了最宝贵的信仰与精神，同时也失掉了思辨的品行和耐心探究知识的传统。而生命伦理学应该帮助伦理学重建一种世界观和一种有关生命观念的哲学态度，抢救对生命敬畏的高尚情感。“人对历史事件的预言和控制能力的人类学假设具有特殊的重要性。”① 生命伦理学虽然认真对待各种观念和重新检讨有关生命存在等重大问题的文化设定，但始终摆脱不了文化传统对道德标准与规范的影响。医学人文精神与质朴的宗教信仰不同，它是用一种理性的研究方法为生活提供科学化的辩护词，它虽然承认至善的神圣功能，但它并不是用神圣的威力压服世人，而是说服和影响社会。对人最深刻的透视和关于人的系统知识都发源于医学的人文精神，自我牺牲与奉献生命已成为一种传统的宗教式义举，加之医学人文意识所表达的完美的人类精神，使医学人文学语言成为人类真正生命精神行为的符号。医学人文学的结论是，医生的成全之德就是白求恩式的圣德在我们内心的体现，这是一种神圣的理想，也是人类的理想。医生、律师、法官的主德是全心全意地为病人的利益而克服自我与其他困难，要到达这个自我修炼德行的顶点，就必须用信德这一终极德性引领医德和法德，医德也是

---

① 请参阅［美］查尔斯·L. 坎默《基督教伦理学》，王苏平译，中国社会科学出版社 1994 年版，第 19 页。原文出自拉尔夫·B. 波特《战争与道德论》(*War and Moral Discourse*)，第23—24 页。

显现信德和爱德的最好形式；对医生来说，治病救人乃是人类给他的最好的彰示医德的机会。所谓共产主义的品德，应该超越以上的德行，但我们却没有培育起以这种道德为核心的世风，甚至因腐败而酿成了罕见的人祸。

因此，人的生命展现是被曾经的程序控制的，暗隐的作用机制——生命善的达成原理（尽管它不断被修正），是我们必须追究的。医学人文精神为生命伦理学和卫生法学发现了这个“达成原理”，而后来的世俗经历则消解了我们深入建构学科的热情，一直延续着，在没有“是”的前提下，进入“应该”的讨论和对现象的阅读与阐释中。我们让渡了能指语符，使生命伦理学被圈育在所指的“东西”和这些“东西”的意义之中，而丢弃了生命伦理学语言，我们唯有“言语”，导致我们不理解什么是“生命善”。

当代，全球面临的主要不是经济危机或金融危机，而是道德危机、信仰危机和精神家园危机，我们创造了新的世界，但这个新世界因为并不像我们想象和预知的那么善良，所以并不美好，并不和谐；道德危机成为一切危机的核心；我们不会管理、运用、控制新技术，自觉地限制我们贪婪的欲望和荒诞的文化消费以及疯狂的物质与财富挥霍；我们懒惰、麻木、精神沉落，只在享乐和刺激中追求新鲜的生活样态。我们失去了团结与信任，肤浅、急躁、浮华、投机取巧，使生活失去了基本的密度；我们已经身陷“道德恐慌”（moral panic）①的境地。生命科学技术的进步和医疗的极端不公正成为鲜明的对比。富裕不断引导和生产着诱人的图像，贫穷却不断诠释着公义的价值；卫生产品与健康消费之间正在划分明显的界限，公众消费群体和卫生消费内容发生了急剧分裂，医疗和解除疾病与健康“患者”性状增强的医学目标发生裂隙。富人除可以享受高价“治病”以外还可以选择美容、增高、长寿、功能的增强；穷人只能被拒之医疗机构的门外，忍受疾病和痛苦的煎熬，等待死亡的到来。伦理学家和社会学工作者发现，在媒体、社会控制机构、不法分子、腐败官员和道德之间的微妙平衡已经转化为更复杂更隐蔽更具毒害性的利益集团，以金钱为中心构成了新的医学伦理关系，同时逃避道德的谴责。医疗如果作为商品，如果没有伦理限制，就会把社会拖向深渊；商品作为能指符号及空间—时间

---

① 道德恐慌为西方激进社会学家在社会分析时所采用的提法，它最初由新闻界提出，意在引起人们对道德危机的关注，极力煽动公众的这种情绪，使人们从麻木中醒来，复兴道德文明。请参阅安吉拉·默克罗比《后现代主义与大众文化》，田晓菲译，中央编译出版社2001年版，第254页。

压缩的思想只能有限地使文化发展，但未见得能导致文明的进步，文明必须含有道德的成分。当前，我们是否能用理性的方式，为适应高速发展的生命科学技术及其改变现有人类生活与文化甚至思维方式的新形势，作最切实的道德选择，我们必须与人类的后退进行对抗；同时鞭挞由孤立形成的狭隘的价值体系所支撑的文化与政治制度。

> 这些价值体系以旧的文化体制为基础——或许与当时的时代相结合，与目前迫在眉睫的事情没有什么关系。因此，我们需要试验一种新的道德形式。[①]

三 “科特基奎特握手礼”和埃博拉疫情的伦理之争

传染性疾病不仅仅停留在麻风、结核、梅毒等传统病的阶段，新的流行性传染病种类始终威胁着人类的正常生活，军团病、汉坦病毒、埃博拉病毒、非典（SARS）和0157：H7大肠病毒促使流行病的文化和英雄主义时代的来临，而这一类英雄是以战胜人类共同的敌人——疾病而塑造自己的个人性格的。生命伦理精神以此添加了“天下为公”的抗病品德，同时，它们逼迫人们改变了传统的礼仪方式和社交生活，“科特基奎特握手礼”[②] 反映了在非常的疾病传播的灾疫时期人类的应时策略变革。在传染病流行时，人们将清洁、环境、人际关系、行为规范、礼仪、习俗、社会层级等，推至一个特别的境地中予以重新审视和评价，以求生命的保护，也明显暴露出不平等的待遇和伦理歧视。稀缺资源的分配、获得急救的次序、医疗条件的差异，雪中送炭还是雪上加霜，反映了社会的生命伦理品质。

特鲁斯特指出，1874年印度首次遭遇霍乱来袭，霍乱导致并象征着社会动荡。生命问题由此证明其政治的意义。疾病既代表着危险和风险意识，也意味着希望和生理故障。

---

① ［英］安吉拉·默克罗比：《后现代主义与大众文化》，田晓菲译，中央编译出版社2001年版，第160—161页。

② 1995年，在乌干达科特基奎特（Kikwit）埃博拉病毒传染的初期，村民们改用手肘接触替代握手礼，以避免病原体传染。请参阅詹姆斯·A. 特鲁斯特《流行病与文化》，刘忻建等译，山东画报出版社2008年版，第97页。

霍乱也提供了唾手可得的理论依据，让健康的殖民欧洲政权疏远“另类肮脏”的印度（Prashad，1994）。地方官员试图将“健康的”外国（殖民地）居民区和“污浊肮脏的”“本土人”隔离开来，而不是积极改善基础设施以减少印度地方人口中的霍乱和其他疾病的流行（Ibid）。[①]

因此，从生命伦理视角和生命政治学评论视角可以认为，作为一种传染病的霍乱可以说是“社会崩溃的症状，或针对穷人的阴谋”[②]，疾病迅速地在都市贫穷社区的人群中传播，因为涉及政府对于居住条件和环境的责任，不能及时地改造和整治给水系统和排泄管道并对之进行消毒，边缘化人群一直处于高发传染病的边缘。由是观之，发展中国家的生态和发达国家的生态，包括人们的卫生习惯和个人减少不必要感染的觉悟、个人卫生行为和政治因素。20 世纪 90 年代，霍乱流行区基多（Quito）街头的“霍乱时期洗手就是爱”，就是借用了马尔克斯（Gabriel Garcia Marquez）的小说《霍乱时期的爱情》（Lavar las manos es amor en los tiempos del cólera）[③] 里的隐喻式用语，标识了生命政治学或临界医学人类学中生命伦理学的核心价值。有一个意味深长的警喻式的案例：

有一组卫生科学家站在河旁，这时河里开始漂流着溺水的人。医生跳进水里把他们一一救上来，而公共卫生人员则起身抛开。“您怎么能抛弃这些人？”医生大声呼叫说。公共卫生人员高声回答说：“我去上游看看是谁把他们推进河里。”[④]

---

① ［美］詹姆斯·A. 特罗斯特：《流行病与文化》，刘忻建等译，山东画报出版社 2008 年版，第 104 页。

② 同上。源自 Goralemon，1998：33。

③ 加夫列尔·加西亚·马尔克斯（Gabriel José de la Concordia García Márquez，1927—2014）是哥伦比亚作家、记者和社会活动家，拉丁美洲魔幻现实主义文学的代表人物，20 世纪最有影响力的作家之一，1982 年诺贝尔文学奖得主。作为一个天才的、赢得广泛赞誉的小说家，加西亚·马尔克斯将现实主义与幻想结合起来，创造了一部风云变幻的哥伦比亚和整个南美大陆神话般的历史。其代表作有《百年孤独》（1967）、《霍乱时期的爱情》（1985）。

④ ［美］詹姆斯·A. 特罗斯特：《流行病与文化》，刘忻建等译，山东画报出版社 2008 年版，第 113 页。

上游发生的事件是一起政治事件，是什么人出于什么目的把病人推入河中的？为了本地域的安全而把病原散播给下游的广大地区。个体应该被拉出水，但更重要的是阻止传播、遏制病原；为了全体人员的生命安全，应避免疯狂的错误蔓延，这就是生命伦理的政治责任。

同一种病原体可以反复以其新的致病种系或新的形式和发病模型给人类带来灾难，更有甚者，下一次总比前一次要增强对疫苗或药物的抵抗力，新的变异的病原体作为一种自然性适应，会产生对人类更大的威胁。

2014 年这一开始于非洲几内亚、塞拉利昂和利比里亚的埃博拉病毒肆虐疫情，再一次把地球置于危机之中。这一次埃博拉疫情以及关于用药的争论是对生命伦理学这一学科是否“真诚”的考验。

人生是偶在的。多元的人类世界是在偶在之中生长的，偶在性方成大器万象，“偶在性即规定着复杂性中的多重选择的可能”①。诚然，偶在性夹带着鲁曼系统社会学所特有的风险，但什么样的行动才可以完全规避风险呢？在此，风险与机缘共生。但是，权利意识和权利意志能使“世界的不确定性可以转变为可确定的偶在性”②。

我们所要解决的埃博拉疫情用药问题的争论，是一种偶在中的应时选择，伦理学应该对“向病患提供未经批准的试验性药物合乎医学伦理”这一决议提供坚实的理论支持。生命伦理学确实明确制定了临床用药的伦理学原则，这是基于对人类自身安全的保护和人的生命的尊重，并且汲取了我们曾经历的第二次世界大战中法西斯医生对人体进行非法试验的惨痛教训，在纽伦堡审判之后，《赫尔辛基宣言》成了人类对生命科学研究与医学行为监督控制的法令，宣言的精神是劝人行善与施爱，而不是阻止医疗行善。

首先，生命伦理学尤其应关注正当与善的冲突与协调，在生命科学技术与医学临床活动中，往往会遭遇难以逾越的难题。康德明显以道德直觉赞同道义上的正当行为，而忽视行为的后果；黑格尔则认为，不管在哪一方的立场上，都会存在冲突，问题是，只要使善扩大，保护非常重要的人类利益，即使行为不近情理，也属“正当”。

① 张志扬：《偶在论》，上海三联书店 2000 年版，第 64 页。

② 同上书，第 65 页。我认为不是“上帝”，是权利意志。

在临床上，我们已经存在着一个固有的价值标准来定义“是”，即在道德上的善或许是相对最大可能的善（幸福或快乐，哪怕是暂时的，但是唯能如此）；由此确定我们的应当、义务与责任（实践并直觉的正当性）；并且医务人员和决策者当然要把握后果的可能的“好”（另一种理解的善）和动机的“良善”，其中，我们必须有一个明确的道德上善的引导，并遵从条件和境遇的限制，作出“应该”并“我能”成功的计算。正当的应该就是有用的，是好的。

“**爱是为了人，而不是为了原则**”，因此，弗莱彻对爱作了最高规范的赋义，本质上是一种对待生命的总原则，这体现了生命意义中爱的宗教性。这种对于生命的爱与爱的生命原则是生命伦理学的主体原则，而把爱放在具体的、境遇性的医疗实践中，正是对现实中存在着的某种不适时宜的教条、固执行为的否弃。事实上，对某种教条的固持不仅仅使具体医疗行为缺乏灵活性，而且可能成为对生命责任的消解，从而使某种医学行为逃遁于伦理规约和道德评判之外。境遇伦理所表现出来的是对后医学和后义务论时代人们伦理选择自由的深沉关切，而并非对伦理责任的放逐与消解。在弗莱彻看来，“境遇伦理学赋予自由以极高的价值，赋予自由决定的责任以极高的价值”。因此，在弗莱彻这里，爱不仅是自由的限度，是自由的规定性，而且自由也是爱的一个基础性前提，恰恰不是普遍的教条式原则而是伦理选择的自由状态使得伦理责任得以真实而有效的落实，这正是生命的偶在性和复杂性、医学实践和疾病谱系的复杂性和多变性，以及责任的量和质的扩大与变化所要求的伦理应对策略。

2014 年 8 月 12 日，世界卫生组织会议作出的决定是及时的，具有人道性与正当性；这一决定是迫于严峻现实、在特殊境遇面前所作出的“两害相权取其轻”的选择，也就是在双重效应评估之后的选择。并且强调：“在特定情形下，如果满足一定的条件，向病患提供未经证明的、有效性和不良反应尚不明确的干预，作为潜在的预防和治疗措施，是合乎医学伦理的。”双重效应原则是生命伦理学决疑法的依据之一。这个原则可延伸于行善原则、生命价值原则与不伤害原则。

鉴于此，紧随其后，美国 FDA（食药局）8 月 14 日也谨慎地作出了“允许限制性使用 TKM-ebola，并愿意协助负责任地使用”的决定。

当然，在埃博拉病毒治疗中，使用未经常规临床试验程序之前，也就是必须“满足知情同意的条件”，即病患在接受 Zmapp、TKM-ebola 或其他药物之前应签订知情同意书，充分尊重病人的自主权利。

知情同意是我们具体医学实践和科学研究工作的底线义务。

"Overlaping Consensus"（"重叠共识"或"部分共认意识"）是伦理学的一个重要前提，只有医生与病人具有"重叠共识"或"部分共认意识"，知情同意才成为可能，才真实可信，即知情和同意的质量是合乎伦理标准的。在多元价值和自由论面前，既然整全伦理无法最后建立，那么我们就要把注意力集中到"部分共认意识"或者"重叠共识"上，由此，再通过允许和宽容，取得临床上或人体试验活动中有效的知情同意。这样，我们就会在具体病人所患某种疾病提出某种特殊要求时，不至于陷入两难境地。

"允许"的基础实际上就是"己所不欲勿施于人"或"他所欲便施于人"，只有经过他人的允许或同意才能对其采取某种行动，除特殊情境外，未经允许的治疗是背离道德的。有条件的"允许"应该指：第一，要事先规定一个总体规则或者一个基本前提（执行条件）；第二，要服从人类共同的良善、尊重、不伤害、公正原则；第三，不违反主体传统规约和公共法条；第四，不伤害任何人的基本利益或主体利益。而且在这样的医疗过程中，医患双方应该共同承担可能的风险。

在医学生活中，经常会遭遇到两难，有些是人为的或是由制度或技术能力限制造成的，这会引起决策上的困难。我建议，应该引入或借鉴决疑法，这有助于解决很多医学伦理评价和生命科学研究或临床医疗行为选择中的难题。替困（Tikkun）① 问题难以用传统或通常的价值原则判定是非善恶；在表决是否使用未经临床试验的药物的会议上，就是根据这样的境遇论思想、特殊主义理论、允许原则、双重效应原则以比较决疑法作出决定的，显然，与会人士认为这是正当与善的选择。

生命伦理学引入或借鉴决疑法，将有助于解决很多医学伦理评价和生命科学研究或临床医疗行为选择中的难题。

我们还可以使用特殊主义（particularism）来为这次行动做伦理辩护。特殊主义也可以说是孤立主义的（isolationism），它意味着尊重自主的特殊性，尊重不同的条件、病情和背景，特别是为了生命的最高利益而制定的紧急医疗决策，这是现实主义的；它与普遍主义（universalism）相对应，普遍主义宣扬普遍价值、普遍的伦理原则（即空洞的爱和医疗行善

---

① 参阅本书第七章内容。

原则），这样的倾向太理想化，难以在现实、具体病人的救治中兑现。特殊主义和现实主义则成为一种流行的风格。正是在这样一种背景下，约翰逊和图尔明的新决疑法受到了广泛的欢迎，因为他们提供了一种激发人们兴趣的特殊主义范式，给道德判断的一般性原则留下了自由的余地，但也不是说“每一个道德决定都是独一无二的”，我们应该在亚里士多德的极端特殊主义和柏拉图系统构造的道德几何学的意向之间确定一条中间道路。我们并没有粗暴地对待普遍性（universality），也没有在考虑特殊案例时，放弃对于普遍道德原则的维护。

当今人类社会，几乎每时每刻都可能出现各种变故、人为和自然灾害与接连不断的疫情，这已经成为我们生活中的一种常态。

“爱你的邻人”，也就是关心这个世界上的所有人，也包括关心“我”自己，有了这样的理念，我们对于任何地方发生的任何灾难，都如同我们自己处在危机之中。

四　传染病和大流感的伦理考量

传染疾病伴随人类至今，它有特有的生态节律和文化结构，对于人类的道德心理来说，产生各种冲突是很正常的。与疾病存在一样，这是人类的一种生存状态，传染与流行，主要是社会交往过程中必然的一种关系形式；过于亲密的交流，人类社会经济发展，语言、行为选择、情感沟通，都会给人带来利益和进化的动力，同时，也会导致由于交往所感染的病菌、病毒等病原体的传播，文化的传染附带了病原体的传染，人体的接触和亲密的相互交际，特别是亲情、饮食、起居以及性行为，都会造成传染疾病完全的、局部的、团体和家族内或两性之间的共同罹病，共同承受痛苦与生死考验。人为的交流打乱了病原传播的生态链与规律，而医学防治技术和科学改变了这种疾病的本体结构，包括发病的自然表达和疾病语言叙事、传染病疾病谱都发生着不断变化。

自16世纪以来，每个世纪平均发生三次流感或其他传染病的大流行，每10—50年就会出现一次，发病率和死亡率不一，使得对下一次的预测变得更加困难。人类健康的负担加重，社会经济波动频繁，所采取的公共卫生措施对生产、商业和旅游造成了影响。公共卫生措施带来了严峻的伦理学问题：如何公平分配有限的疫苗、治疗药物、最有效的治疗？由谁分配以及何人或组织享有这种权力？医务人员的职责与监督、隔离、检疫和社会距离这些举措如何能尊重伦理规范？有关流感的计划和反应措施，一个国家对另一个国家有哪些责任？如何建立临时的权威和常设的国际组织、增强公众的信任和降低损失？

流行病学本身就应该置身于文化之中，也可以认为，流行病学就是一种文化。但流行病学者往往不能如同人类学家那样使用“自反性”（reflexivity）[①] 并付出一定的精力来检省其学说、推论、偏爱和惯例，也不能自觉地从生命伦理视角或生命政策出发，追查疾病流行过程以及人们在抗争行动中的伦理失误。“文化流行病学”的定义过于狭隘，除聚焦于与健康相关联的行为的作用外，对于信仰和正义没有足够的关注。诸如，对于平衡个人权利和公众利益的冲突、信息的充分透明和公众的积极参与以及对资源投入有限的通报，从未取得社会的理解；尤其是尊重每一位受到传染病威胁的人都有权利自主选择个人喜好且以伦理允许的方式规避瘟疫的侵害。

预防治疗优先权与公平获得治疗和预防，是疫期的重要政策难题，在个人与社会的效益或利益得到维护的前提下，必须坚持公平正义原则，应优先考虑四类人员——重病患者；弱势和残疾人群；已感染并有发生高度并发症可能性的人群或可能死亡的人群；生产和支持社会生活运行的骨干以及参加救治行动的医务力量（主要是年富力强的青壮年）的需要。同时，不应因性别、种族、年龄、地域、政治相关性、社会或经济地位等造成各种形式的歧视。

接种疫苗优先权的范围为疫苗与药品生产人员；卫生服务人员；高危传染人员；感染后易死亡者；儿童、未成年人等。同时，为了他人与国家的利益，有必要严格执行隔离、检疫、边境控制和社会距离措施；国家有责任采取措施，将瘟疫对个人和社区的疾病负担最小化；并且应考虑遵从西拉库萨原则（Siracusa Principles）。[②] 此外，不要将限制措施不公平地施加于特定的人群；对易受歧视者，如少数民族、经济拮据者、老年、囚犯、残疾、移民和流浪者，尤其需要给予照顾。其实，在任何情境下，我们都不能超越伦理

---

① 参阅［美］詹姆斯·A. 特罗斯特《流行病与文化》，刘忻建等译，山东画报出版社2008年版，第7页。

② 西拉库萨原则（Siracusa Principles）是1985年制定的，规定对某一权利限制措施之必要应是“对公众或社会的迫切需要的反应”。1995年《约翰内斯堡原则》（The Johannesburg Principles）专就国家安全与表达自由及获取资讯作出界定，提出所谓“民主社会里的必要”，必须是能够证明“该项表达或资讯会严重威胁国家安全利益，限制措施对于要保护的利益是最低的，以及与各项民主原则相符合”；此两项原则，部分地适用于灾疫期间，而且对任何人群来说都是一致的。

的界限，但又不能不考虑特殊主义的允许和宽容，过度拘泥于教条的法文（legalistic）、无法无天（antinomian）都应服从于“具体的情境”（the situational）主义。[①] 这也正是在多元化社会中，应以境遇论进行具体案例的决疑。

在8世纪后半叶丕平（Pipin）和卡尔大帝时期，人们开始对麻风病人进行强制性隔离，基本上结束了逃离城市的方式，政府颁布建立病人居住区，医生和神职人员委员会像驱赶瘟神一样，为那些人穿上病人服、戴上白色长带的帽子。这种暴力隔离形式对于疾病的传染性有所控制，但其严酷的措施令人胆战。热那亚和威尼斯曾经拒绝鼠疫爆发国家的所有船只入港，对于乘务员和乘客进行边检和控制，目的是将不良的文化、社会、经济、情感和健康后果减到最小，而伦理上的考量应该是尽可能尊重病人和疑似病人的觉悟，他们有与正常人群自由旅行的权利，他们要求和健康人一样分享生活的快乐，并且对于很多慢性非传染性的麻风类疾病的患者来说，是可以有权回归或形式上回归日常有序的生活模式的。这里面必须考虑在不引起社会混乱和伤及他人的前提下，通过知情同意，适当给与其有限的自由，主要是谋求避免歧视与维护病人的权利。

对于有症状的个体的隔离及其接触人员的检疫，应该把强制性措施放在最后；向隔离区域提供感染控制措施；确保隔离区的安全、人性化设置；考虑建立有效机制，处理潜在的经济、参与劳作或生产的后果；保护家庭成员的利益；重视法律援助和道德监督。

疫期的责任主要由政府政策予以体现，医务人员显然在前沿接受着考验，在践行道德、职业与紧急合同三重义务的同时，还应服从于“战时”的法律；政府必须确保救治人员的安全，并给与药品和各种条件的优先权利；尽最大可能减少他们被传染的风险，同时给予心理支持和对于其家庭的必要照顾。

灾疫是一种文化。

一切文化部门、新闻媒体、机构和出版单位，在灾疫面前，应放弃一切商业属性和经济利益追求，以人道责任为己任，加入维护人民生命的共同体。

灾疫文化透悟着人类本真的友善与信念，用阳光般的语言和文字，用

---

① Wayne G. Boulton，Thomas D. Kennedy，and Allen Verhey，*From Christ to The World*（William B. Eerdmans Publishing Company Grand Rapids，Michigan，1994），p. 204.

影像产品和艺术作品感染、教育公众和唤醒人们的良心。由真情的旋律和音符撼动我们，编织上天给予我们的深刻的爱、信仰和对于宇宙间所有生命的希望。

为更好、更有效率地持续建设与发展灾疫医学，有必要成立一个国际性和全国性的学术组织，它可以被称为“灾难医学工作者联盟”。联盟吸收所有关心灾疫医学的学者、教师、管理者、医务人员、干部、慈善家及社会各界人士，以致力于灾疫医学的学科建设为宗旨，从教育、教学、对外交流、科学研究、管理、参与决策和立法等各个角度关注这个发展中的事业。

我们生活在一个充满灾难和风险的球体上，每一天都有可能发生破坏程度不一、各种类别与性质的自然或人为灾难，以瘟疫为主体的灾难，尤其强化着变化了的历史时代的意识，也反映在这样一个事实中，即具有灾疫伦理教育特征的许多议题，已成为我们行动的关键词：

在灾疫方面，尚没有预防的最佳良策和预警的方案，尚没有最有效地避免明天可能发生的灾疫的知识和方法，我们还无法防止不规范研究和滥用的智慧；在知识方面，尚没有成熟的灾疫学学科体系和科学的防灾减灾理论，尚没有和根本没有掌握应对灾疫发生的完整的文化、经济、教育、管理手段，也没有可信任的免除引发风险的力量；在医院方面，尚没有有效应急处理灾疫突发的机制和熟练的管理人员和工作者。当然，“仅仅通过科学决定我们的选择，是极其有限的”①，我们必须懂得爱，“道德强迫我们像我们的爱一样行动；义务与爱面貌酷似”②。人道主义理想尚无法抵制不同的个人和团体对救灾款额和资源分配权力争夺的巨大兴趣的伪道德。

人类应该相互依存，珍视我们的共同体，人类应以灾疫伦理学这一人道主义事业作为纽带，团结一切可以团结的人，使每个人都运用自身的伦理传统和灵性资源，投身到艰苦但为人类永恒的福祉和美好的未来生活而奋斗的工作中去，这一行动将把我们带向未来。

---

① Wayne G. Boulton, Thomas D. Kennedy, and Allen Verhey, *From Christ to The World* (William B. Eerdmans Publishing Company Grand Rapids, Michigan, 1994), p. 111.

② ［英］齐格蒙特·鲍曼：《后现代伦理学》，张成岗译，江苏人民出版社2003年版，第116页。原文见F. 阿尔伯尼、S. 维科《利他主义与道德》（法文版），1990年，巴黎，第77页。

第四节　护理伦理与天使之爱

玛莎·罗格（Martha Roger）说：

> 护理是协助人们达到其最佳的健康潜能状态。护理的服务对象是所有的人，只要是有人的场所，就有护理服务。①

这句话道出了护理职业的人类学意义和文化哲学价值。

一　弗洛伦斯·南丁格尔与护理伦理学

随着医学人文意识的觉醒和修习，我们开始深刻地认识到，人类生物学和疾病或人的痛苦是“深嵌于文化之中的”，就人的肉身和精神疾病的知识以及围绕其相关的自然科学和人文学科的理论而言，很多都是富有象征性或充满社会意义的，既然如此，就饱含着处于复杂人际关系之中的伦理性。对于医学是一种符号形式的论断，可以帮助我们认识和挖掘一切具有理性价值的文化语言与医学社会机构以及人员的职业角色的历史，由此，我们复述的护理学和护士的伦理化过程，就能够超越或避免当下护理伦理学研究平面化思维的倾向。

当罗马帝国衰落，医学逐渐被作为宗教实践的一种形式，医务人员把各种形式的痛苦都看作净化灵魂与解脱自己的恩赐，对病人的精心护理也成为具有伦理意义的善举。熟谙“点心书籍”和家庭药店读本使用知识的宗教妇女团体成员，逐渐脱离“半俗尼”的身份，无需向修士会宣誓，就可以专心护理病人；有些还参与哭灵，在坟墓边守护死者，甚至看望和照顾生病的囚犯。为此，她们曾经遭受宗教法庭的迫害和世人的鄙视。但她们的奉献、技艺和超凡的智慧以及出色的劳动，极大地提高了疾病的救治率，特别是对于儿童、贫民病人和羸弱无助的老年病人的照护与关爱，受到社会的尊重，终于成为一支不可或缺的医学力量。

面对1853年欧洲的一场残酷的争夺近东控制权的战争，护理人员严重短缺，伤病员相继死亡，作为英国国防部长悉尼·赫伯特的朋友，南丁

① 转引自张新庆《护理伦理学》，学苑出版社2014年版，第15页。

格尔女士毅然带领38名女助手前往斯库塔里野战医院，她们克服重重困难以及抵制住军医官们的偏见，改变了地狱般的状况，使野战医院渡过难关，死亡率降到惊人的低点。南丁格尔被称为“令人尊重的天使”，至此，护士在人类历史上被视为“光明的使者”。

由于有了弗洛伦斯·南丁格尔这位近代护理学和护士教育的创始人、这位伟大的医学女性，我们的医学史，特别是护理学史，已经变得不一样了；以她为代表的护士群体获得了社会极大的尊重并由此影响了世界卫生事业的体制和格局；而我们今天可以更进一步地理解，有了南丁格尔，护理伦理思想史和护理伦理学，已经有了一种核心精神的榜样，职业信仰有了一种值得追寻和敬畏的皈依，因为这位护理界的先驱，给予我们一个道德的范例，让我们敬拜。优裕的家庭和先天的聪慧，却没有使她选择那种所谓流行的高雅华贵的社交生活，做一个人人钦羡的上流社会的名媛淑女。她反要奔赴硝烟弥漫的战线，为伤病员解除痛苦和孤独，她具有坚强、伟大的信念。她写道：“在我的字典中没有失望、退缩这样的词汇。”古今青史卷帙中存留的大大小小业绩的先驱们，都是怀着纯真而又牢固的“信念”进入生活的，并且始终不渝，贯彻终生。他们把那些由喜悦、痛苦以及悲哀等光明和阴影交织而成的人的感情的绫缎，不断搓捻在一起，形成人生之纲。如果这条命脉之纲粗大而牢固，那么人们就能怀着自豪和感激的心情，回首自己那包括所有苦难经历在内的一生。我认为，在一直沿着自己坚信的道路前进的过程中，存在着人生价值和真正的幸福。而护士这一职业为我们存留的，当属曾经寥寞的灿如辰星的弗洛伦斯·南丁格尔。

南丁格尔开启了护理伦理思想和精神的历史。正如其《誓言》所述：余谨以至诚，终身纯洁，忠贞职守，勿为有损之事，勿取服或故用有害之药；慎守病人家务及秘密，竭诚协助医生之诊治，务谋病者之福利。

弗洛伦斯·南丁格尔出生于托斯卡纳大公国（Grand Duchy of Tuscany）佛罗伦萨市的一个英国上流社会家庭，她不顾父母的反对，毅然选择了护士作为终生的职业。她听从了正义和奉献的律令，实现了生命的意义。

19世纪50年代，英国、法国、土耳其和俄国进行了克里米亚战争，英国的战地死亡率高达42%。南丁格尔一边给伤员换药，一边安慰他们，像天使一样抚慰痛苦中的战士，他们感动得流下了泪水。有一次，一位少校对南丁格尔说：“小姐，你还是回伦敦去吧！你就是治好了伤员，他们也不可能再上战场了。”“为什么?”南丁格尔不解地问。“你想，一个动不动就流泪的人，能冲锋陷阵吗?你和你的同伴把他们娇宠坏了!”“不!”南丁格尔说，“在我眼中，他们是人，是兄弟，他们受伤了，应该得到护理和安慰。”她竭尽全力排除各种困难，为伤员解决必需的生活用品和食品，对他们进行认真护理。仅仅半年左右的时间，伤病员的死亡率就下降到2.2%。每个夜晚，她都手执风灯巡视，伤病员们亲切地称她为“提灯女神”，战后她被人们推崇为民族英雄。

1860年，南丁格尔用政府奖励的4000多英镑创建了世界上第一所正规的护士学校。随后，她又创办了助产士及经济贫困的医院护士学校，成为真正的现代护理教育的奠基人。1901年，南丁格尔因操劳过度而双目失明。南丁格尔终身未嫁，成为人间的现实世界的天使。

南丁格尔的护理伦理观念是哲学的，她在现实具体的、繁琐的护理实践过程中，融入伦理文化精神；她把琐屑的护理事端，一一化成神圣的责任，以健康的法则和着生命的节奏，用博爱、深情和良善的生活理想以及具体精致的护理操作，催生“变化”。她说：

> 如果没有“变化”给予病人外在的帮助，那么甚至连骨折这种病都很难康复，必须要有变化的色彩使得病人的想法也发生变化，他的腿才能渐渐恢复如常。的确，没有变化是生病当中最难受的。就像骨折的时候用石膏把病人固定在一个位置，最为难受的就是一直要待在那个位置，动也没法动。①

南丁格尔是第一个把护理事业作为一种崇高的精神追求的人，把平凡的细微的繁杂的身边小事作为爱德加以践行，促进事物的变化，使痛苦的肉身置于温情的世界里；她对通风、鲜花、噪声的消除、饮食的配给、床和被褥、光线和色彩、墙壁和温度都赋予了爱、信仰和希望，她给与生命以独特的动力和勇气。这位护理道德的先行者，义行通道，大爱其知，以诸细事维护人之体，为圣德之实践家。南丁格尔的心路历程真正地始于足下，从奔向山脚开始。正如她所衷诉的：

---

① ［英］南丁格尔：《护理札记》，庞洵译，中国人民大学出版社2004年版，第47页。

难道说布朗克山顶的自然条件是适合人们生存的吗？我们可以回答说，也许若干千年之后，我们通过让地球本身变得更健康才能够到达布朗克山的山脚。当我们还不能到达它的山脚时，请先不要谈论关于山顶的问题。①

在医学社会史中，护士的角色与功能是不可忽视和替代的；护士直接与病人亲密地接触，她们与病人几乎共在地体味疾病的暴力和残酷，病人亲历的躯体的痛感和心理的孤寂以及无以言状的苦难，护士是除第一位亲友以外持有真切同情同怜的职业人，她们在和病友的日夜相处中，那种灵性的通达无法用语词言说和复述。当今之重商主义甚嚣尘上、被技术与资本主体绞杀的医学社会，医学道德问题空前复杂，我们亟须解决护理工作所特有的伦理难题和应对护理伦理的争议，并建立形成独有的护理道德哲学理论体系。护理伦理现象、道德关系、道德问题与医学伦理现象、问题有着重要关联，但又有别于普通的医学伦理或生命伦理学中一般意义的知识性叙事。随着生命伦理学从产生到发展，有必要逐渐确立护理伦理学自身的学科地位、意义与价值以及建立以医学道德哲学为理论支持与以优秀护理道德文化传承和精神为指导的护理伦理学理论架构。

护理伦理学是当代医学伦理学（生命伦理学）的一个特殊的专门道德哲学与伦理实践的分支，它应用生命伦理学原理，并结合护理学的理论进展以及护士角色的变革，在新的卫生格局、体制、医务分工和医疗健康消费运动、卫生经济规律下，强调护士与病人的关系与护理哲学文化、护理社会学、护理心理学以及护士自身的职业人格发育所建立起来的一门崭新的独立学科。

除传统规范的护理伦理学范畴外，我们还要重视围绕以下内容的道德问题研究：护理科学技术与道德哲学；护理社会化；医护主体地位互动；提倡护理劳务职业化与强调思想的自由；护理与医疗的平等化运动；护士的社会尊重度与自我尊严的认知；护理工作中如何颠覆性别伦理；医疗消费运动和市场化过程中的护理道德；高新生命科学技术与人性增强的护理伦理问题；健康保健、灾疫、精神监护、养身与老龄护理伦理等。

---

① ［英］南丁格尔：《护理札记》，庞洵译，中国人民大学出版社2004年版，引言。

我们要建立汉语护理伦理语境下的护理伦理原则：至善和仁爱的母原则——护理行善、尊重自主、公平正义；有利无伤的基本原则——最优化、生命价值、保密；知情同意的应用原则——允许、节制、宽容、告解、中道等延伸或补充原则，等等。

护理伦理学以爱的伦理为核心，护理伦理学教学的核心内容就是要让学生知道什么是爱、为什么要爱、作为一名护士该如何爱。具体到在护理活动中施爱的技术，以及遭遇利益或各种冲突时，如何评价和选择爱的行动方案。护理伦理的爱，更能说明人类之爱是人类至善的语言和理想，是人的目的，也是人类生存和发展的基础。护士的职业被称为“天职”，护士被称为“天使”，就是说，护士受命于天理和天道，对病人的爱源于对生命的敬畏。行善、感恩、奉献、悲天悯人，是护士基本的道德心理资质。

爱是对事物进行评价的一种方式，是对爱的客体——所爱的人和事物的一种积极反应；是在所爱的人或事物身上寻求有价值的东西；爱是创造价值的动因；是一种强烈的欲望与需要；爱是给予；通过评价可以找到结果——爱的评价过程必须伴有给予价值，否则就不是爱；没有爱，人生就失去了价值；失去了道德目的，就没有真正意义的人生，就不是为善的目的的爱。

在护理伦理学研究中，我们还要注意护理人员职业、家庭、社会角色的转换和共生中的语言、情感、行为的社会伦理意义，处理护患、医护、护际关系的智慧和技术，特别是当发生纠纷和冲突时，如何创造应变、调适和解决的有效策略和方法。

病人权利作为人权的一个特殊部分和表达，尤其值得我们深入研究，护士的个性和职业身份，蕴藏着信念、博爱和人类的希望，健康的理想是科学化的，更是人类对美丽生活的追求，把为人类的健康维护和守卫作为自己终生的目的和信仰，该是一种多么豪迈的职业啊！

二　天使主义和后现代护理道德

到目前为止，还没有人怀疑“白衣天使”的美誉是从南丁格尔开启的，这一具有浓郁宗教感的语词，多半源于人们对于崇尚的对象均具有神灵的米利都的泰勒斯的感叹，直到《圣经》唯一神论对于那个象征体敬畏的威严、万能的赞颂，这种充满人类理想的“天使”的形象成为一种

“光明的存在物”[①]，成为神圣荣耀的见证。作为上帝的信使，它们表征了对今世的关注，特别体现为对于肉身之人等待审判和救赎方面需要另一种力量的佑助。南丁格尔作为具体的可以看到的和亲历的人物形象，替代了人类生存和医疗过程中痛苦病人在心理上期待的上帝使者，她的上帝实在的表征的信使角色直接触及人类生存的经验范围，成为人们寥寞心灵的一种期盼和依托，并成为一种身体关怀的对等物，作为道德生活的榜样，完成了生活世界人性的诉求。

天使，希伯来语《圣经》中为：בורכ（Cherub），音译作基路伯；英文原词“Angel”来自希腊文，意为“信使、特使”、灵体；它超越人世间生命的圣洁灵物存在，亦称为“精灵”。天使在道德上应该异常完美，并且力大无比，天使肩负着很多灵性的工作，完成了光照人间的使命。[②]它们传达上帝的箴言，通报喜讯和佳音，并且善于织筑美丽的梦境，给人以希望；在西方的诗歌中，常常被吟咏为耶和华之子；天使分等级，分别有各自的义务、责任和权利，它们生活在凡间，曾以人形显现，活泼、善良，呵护了基督的一生。西方文化中把天使设计和勾绘为带翅膀的可爱的孩童或少女，中文译家称其为“安琪儿”，是美善的象征。在基督教典籍中，天使也有堕落者，撒旦是堕落天使的首领，与天使长米迦勒带领的正义天使在天上征战，这在启示录中[③]有形象化地叙述，这就设定了人类要维护既得的良善，如果不加精进和努力，人和天使那种灵性也会被污染，以此宣表人必须时刻与心中的魔鬼斗争，必须克服和防止污秽的侵蚀，从而保持内在的洁净。

关于天使的教义学被称为天使学或天使论，专事研究天使的神学地位和神圣功能。天使使人类从实存概念中去掉感官欲望以及世俗的束缚，而使这个形象成为精神和智慧增长的理性成果。天使并非作为一种陪衬，它是对于人神之间空缺位置的一种有力的补充；不能同意麦奎利否认它们是人的一种对于神圣物追求的观点。麦奎利解析“天使主义”时，带有明显的偏见，这是一部分神学家们坚持的意见。他认为：

---

① ［美］贝格尔：《天使的传言》，高师宁译，中国人民大学出版社2003年版，第180页。这是作者在本书结论式的评论中的一个关键词。

② 《撒母耳记上》29：9。

③ 在《圣经·启示录》（12：7—9）中有具体的描述。

"天使主义"一词被杜撰出来，用来表示人当中虚假的精神性，表示一种狂妄的企图，要像一个纯粹精神和理智的存在物一样生活，要过度地依赖人的精神和心智的能力。这是人类实存的不平衡和歪曲，因此是一种罪。①

当然，《圣经》学中很多的经文显表了"天使主义"的危险，如果把天使对上帝的反叛以及后来连续的堕落的叙事集合起来，将会与世俗文化关于天使美好形象发生冲突；神学家会借天使堕落的故事，表明精神的罪过比任何肉体的罪孽要严重和深刻得多，它们的傲慢给人的存在确立了一条警戒线，就好似坚守在伊甸园外面的基路伯②，不能越过规定的界限。

对于神职人员和广大的基督徒，特别是世俗的公众来说，天使主义可以作为受限制的"上帝"的使者，它们对人类形成了一种佑护的力量，解决困难，对人的生存给予助益，"奉差遣为那将要承受救恩的人效力"③。天使为世界的统一和秩序的整全而工作，为宇宙发展过程中人的存在而辛勤奔波。天使是为人的，为地球上唯一的智慧的实存者而工作，人从此不再孤独，有天使的陪护，它们应该是更高级的被造物，天使主义应该为我们打开更加高远的视野，使我们能够看见恢复身体健康的生机，在它们的协作下，医学能够显现更多的奇迹，"我们的思想也被引向了创造的浩大与丰富"④。

天使主义能够增进我们对于护理伦理的历史哲学认识。

护士首先被喻为天使，这是病人和社会对于这一职业的期望和信任，我们不能因此就表象化地停留在护士—白衣天使的语言形式中，而应深化天使存在的伦理概念，给予这种职业以实存的道德特质。这一点表现在基督医学早期修女作为护士的双合角色之中。修女恰好能够完成美丽天使的神圣、爱与温情以及对于病人身体和心灵的抚慰，她们兼任护士繁杂的、

---

① ［英］约翰·麦奎利：《基督教神学原理》，何光沪译，上海三联书店2007年版，第227页。

② 《创世记》3：24。

③ 《希伯来书》1：14。

④ ［英］约翰·麦奎利：《基督教神学原理》，何光沪译，上海三联书店2007年版，第229页。

辛苦的医辅和护理工作，正暗示了更高级存在物的使者功能。她们作为具体的可以亲近的“主的使者”履行“上帝”吩咐的责任，治病救人，并且与医生们合作，完成医生无法完成的琐碎的医务工作。她们在“燃烧的荆棘中”接受各种艰苦的事务，她们和人们心目中所想象的天使一样，成为一种人格的存在，“作为神圣的信使奔来走去”①，她们正是“服役的灵、奉差遣来效力”②。

护士处于最多的复合角色之中，妻子和母亲、社会工作者、医生的助手、独立的健康守护者、心理关怀师等；护士是一个特殊的阶层，处于科学技术和人文关怀、护理事务的执行人三元之间的区域，她们有时表现出女性的柔弱和社会地位的“卑微”以及各种角色的冲突之中；有时以特定的角色复合应对于各种关系的变化之中。后现代曾经呼唤护士以主体身份出现于社区和康复中心、临终关怀机构，发挥其作用，但是她们依然没有真正走出传统的从属地位，或者成为守护生命的先锋。

男性护士加入这个几乎一直是女性单一性别的群体，并未形成规模性的改革，而且男性护理人员往往主要活跃于精神病人护理工作的有限领域，没有使传统的职业队伍的性别成分发生根本的文化心理和角色意识的转化，相信在护理事业和医疗进步的大革命到来之前，会有一个重大的职业性别的调整。

护士面临一个难以避免的难题，就是如何拒绝不允许的医疗合作(cooperation in illicit treatments)。这在临床上并不鲜见。护士会被分配去做或参与她们凭良心不能同意的协作，如安乐死，对于已娩出的“没有出生权利的新生儿”或者对患有具有争议的“严重遗传疾病”的新生儿的处置，撤除没有完全失去生的可能的患者的生命支持系统，对精神病人进行强制性捆绑等；或者在其已经发现医生的责任失误甚至其犯罪动机而受命参与协作，诸如此类的困境，护士该如何解脱。护士的一般日常工作在道德上是中立的，如果忽视医生错误的行为和目的，她们是否应继续提供协助；或是虽非心甘情愿，但也要迫不得已而为之。她们面临三种选择：第一，虽然知错但不情愿地合作；第二，提出自己的意见和看法，但

---

① 《马太福音》1：20，2：13 等节。

② 《希伯来书》1：14。详请参阅［英］约翰·麦奎利《基督教神学原理》，何光沪译，上海三联书店 2007 年版，第 226 页。

在合作者依然固我的情势下被迫继续合作；第三，拒绝合作，退出这项工作。从理论上讲，“良心是道德行为的正确性的最终标准，并且没有人能够要求自己具有道德真理的独占权。然而，容忍的价值是一条双行道。病人和医生必须尊重忽视的良心，正如他们希望护士尊重他们的良心一样”。[①] 护士和护士的工作都是神圣的，她们像天使般美丽并使人在心灵上有依赖，应该尊重她们的各种有益于病人的选择，使她们在自主中完善其道德的职业理想和坚定信念，并且增加伦理智慧。

此处，法国最引人瞩目的女性思想家西蒙娜·韦伊曾经留给我们这样的话，可能是对于护士们最好的、最具启悟性的语言：

> 那些认为深入肉体的不幸就是他们的时代的社会的不幸的人，他们是幸福的。他们有可能并有职责认识世界不幸的真实情况，现实地注视世界的不幸……而肩负这种职责又不尽职者是不幸的人。[②]

---

① ［德］卡尔·白舍客:《基督宗教伦理学》第2卷，静也等译，上海三联书店2002年版，第303页。

② 转引自［法］雅克·卡博《信仰与重负》，顾嘉琛等译，北京大学出版社1997年版，第307页。这是韦伊（Simone Weil，1909—1943）一封信中的文字。韦伊是20世纪一位伟大的女性，法国神秘主义者、宗教思想家和社会活动家，她的思想深刻地影响着战后的欧洲思潮。其父为医生，曾经参与组建并亲自参加救护队，一生献给了学术和社会的正义事业，为平民奉献了自己的全部生命。

第十章　关于生命发生与存在

德国诗人歌德很喜欢在诗中谈哲学和生命，他曾在1812年的一篇日记中写道："总有一天，机械论和原子论概念在人们聪慧的头脑中完全被推翻，所有现象都显现为动态的和化学的现象，从而进一步证实自然界的神圣生命。"① 歌德的生命法则不是言于其话语的表象，而是对生命天书的说明：

就像在你诞生到世间的那天，
太阳处于跟行星相对的位置上，
你就要从此而且继续不断地
按照你据以起步的法则成长。②

地球上的生命或宇宙间可能尚有的生命，总是延续这一个同构论的法则；那种使用于植物的，同样适合于动物，或者亦然适合于人类；就是这样，"世界上只有一部生命的大书"。

生命因为奥妙无穷，所以引起我们的沉思和追问，让我们不间断地试图说明与遐想。但我们最终无法解决生命意义的探索，生命存在就是生命的目的，生命的意义就是那样的存在，那种形式、模型与过程，生活本身的经验使我们逐渐体会了生命存在的价值，而不致因为它存在的奥秘而成为压迫我们的负担；一种特别的知识形式会使我们的智力获得释放与情感得以解脱。我们依赖于科学认识、非经验主义的感官判断，并且最后不是

① 转引自［奥］路德维希·冯·贝塔朗菲《生命问题》，吴晓江译，商务印书馆1999年版，第59页。

② 《歌德诗歌精选》，钱春绮编，北方文艺出版社2010年版，第262页。本诗句为"宿命"中的前四句，钱春绮译。

以定理的形式解决疑惑而是以对待生活的态度的变化，构成我们对于生命的热爱和珍惜的基础。[①] 人的生命的发生使得生命在生存中与环境接触，作为表象的世界和人一起，被本质性地关注和认识，人类可以抛开纯概念的意义来解决不同的生命意义：“判断现实标准不再是认识内聚性的统一，而是人通过在这个世界所遇见的事物所感觉到的意义。”[②] 叔本华的一个伟大贡献在于使生命意志的概念具体化，在生命实践中意志作为“要求生命的意志”确立了自身的合法地位；如此，人的生命和存在的世界都同样在过程中被体验，不再成为离开人体的人的生命意志以及缺乏现实感的身体以外的东西。

第一节 西美尔的“个体法则”和生命的伦理引言

格奥尔格·西美尔[③]其实是另一位开创生命伦理学的先驱人物，一直未曾被我们注意。他的自我理论在伦理学中找到了后现代的发展可能。他把生命作为一种沟通的工具，用这一概念性工具使个人的行为同人的生命普遍要求结合起来。西美尔的工作并没有在进行生命哲学转换中消除“应该”的价值，而且证明“应该”对于一系列原则确立的重要性。人只有认识自己，才能够把握生活，并在生活中评价行为；人确实是在两个范畴内了解自己，即如同西美尔所说的那样，作为现实和作为应该，应该是我们在任何境况下作出选择的依据。

> 应该并没有高于生命或同生命对立，而是一种方式，通过这种方式应该意识到自己，就像现实就是现实。[④]

生命伦理学应特别关注西美尔的“个人规律”（或称“个体法则”）

---

① 此处可以参照［德］费迪南·费尔曼《生命哲学》，李健鸣译，华夏出版社2000年版，第9页。

② 同上书，第28页。

③ 格奥尔格·西梅尔（Georg Simmel，1858—1918），又译西美尔，生于一个犹太富商的家庭。德国社会学家、哲学家；是现代社会学的创立人之一，他对芝加哥学派产生了特别重要的影响；他致力于对社会网络、道德社会学、城市生态学和社会距离以及边缘人等概念的研究。与马克思、韦伯共同建构了现代资本主义社会一文化理论。

④ ［德］费迪南·费尔曼：《生命哲学》，李健鸣译，华夏出版社2000年版，第116页。

理论，这是我们以往不曾注意的。我们的这种忽视不能简单地归结为无知，而是一种研究和思想的浅表或潦草。尽管这个“个人规律”的伦理观念广招诟病，但它确实真正寄托了完成的个人同一般（或普遍）的沟通，在医学道德的表述上，这一点是十分重要的。个人的规律性是以代表的层次和表达方式为先决条件的，也就是在行动之前或选择时，人要在这个层次上形成个人的统一，“这种统一作为代表关系比逻辑非矛盾性更有意义”，而康德正是用绝对命令的形式和指称确立了定义并以这种逻辑的非矛盾性作为基础。如此，人对自己的义务感才不会产生自我冲突，而是把责任同个人生命联系在一起，这样的个人生命在道德上形成了统一体，伦理学由此成为生命伦理的学问，医务人员自身和他们的工作对象以及与此相连带的社会关系，都将进入全部的历史中承担责任。费尔曼通过西美尔的话最后断言道：

> 纯粹思考上的伦理转换成具体行为和态度上的伦理，这种伦理包含了人的全部：“一个人格的每一种不可描绘的风格和节奏，这个人格的基本态度，这种基本态度使每种因为时间而引起的看法成为仅仅属于个人的、独特的东西。”①

“个人规律”实际上反映了西美尔的生命伦理愿望，但并非像很多人所指责的那样，他犯了“一个唯美主义和个人主义的非道德化”的错误，这就好似很多伦理学家对于恩格尔哈特的整全道德和真全社会的理想的批评一样，他们不肯接受这种观念的原因主要是害怕再一次不知不觉地成为一种道德宗教的奴仆，怕在现实中碰壁。费尔曼认为，这种风险是和那个时代的精神相关的；难道我们所处的这个时代就能够逃离背叛“彻底贯彻相互作用原则”的威胁？我们的医学和生命科学研究、我们由医学技术作为主要内容的市场，一直不在意人与人之间、我们同其他生命之间的交流，并且把这种交流视作生命的责任或者使我们成为生命责任性的自我。医学中的相互性、让他人也如同我一样有尊严地“活”，是生命伦理和生命德性的核心，是爱你的邻人的另一种叙事形式，这种相互性就寓于

---

① ［德］费迪南·菲尔曼：《生命哲学》，李健鸣译，华夏出版社2000年版，第116—117页。

人道的普遍性之中，诸如医患关系永远是医疗关系一样，重复着医学内部的伦理活动和道德形态。

> 生命内在的责任性是以一个人类大同的想法为先决条件的，这种人类的统一把各种不同的生命形式联合在一起并在应该中规定共同生存的要求。①

只有确定个人义务的合法性，才能够顾及整体责任的可信度。个体法则（个人规律）理论是对于后现代社会中多元化和个人自由意志的认肯，更是对于实用的、具体的、境遇论的道德生活的精神生命自由的尊重。权利不是抽象的标签，在医学活动中要保证病人个体权利的不被放空，就必须完成“从理智的普遍法则道德向个体法则道德的整个转变”②。西美尔建议在历史发展之中，对那些实际内容采取化整为零的圈定和概念上的固定，从而获得个体法则作为生命统一体动机的结果。如此，生命个体在特定境遇中行使自我决定的权利才会有所保证，这样的自主原则的依据是有力的、客观的、现实的。知情同意才能够被医生们所真正理解。个体生命在应该的逻辑中成为一个个形式的表述或显现，并且冲破了由某一法则框定所有病人的选择这一传统。“应该”更应该适用于每一个有理由存在的生命事实：

> 这一个体生命的现实就是同样严格的、超越所有独断专横的“应该”结论的前提；只不过这种客观性量的表达方式并非适用于任何数量的，而仅仅适用于这种个体生命的有效性。③

我们不能接受这样一种说辞，生命整体不过是断断续续的个别部分的总和，而身体是一个“集”，由此，康德在这样的背景下为纯粹的生命集合制定统一的行事原则，劝导人承担自身的义务，按照这样的普遍适用、一劳永逸的标准化法则约束人的行为，作为不变的评价标准，显然剥夺了

---

① ［德］费迪南·费尔曼：《生命哲学》，李健鸣译，华夏出版社2000年版，第117页。
② ［德］格奥尔格·西美尔：《生命直观》，刁成俊译，三联书店2003年版，第193页。
③ 同上。

个人的权利。安乐死、堕胎、同性行为、为他人自愿代孕、拒绝手术等决定，很可能就不能由个人自由决定，知情同意也会成为一种抽掉病人个人自主权利的虚饰。

纯粹的“自我”的人的生命仅仅是或者只能是“以各种个别事物单纯连续的形式出现的生命形象的补充，是每人的一个具有教育作用的行为自行负责的整体”，以此解决自我也是一种合法化观念；而西美尔认为，超越这种论调的生命伦理依据是：

> 我并不把生命分解成作为某种空虚过程的自我和单个的、充满内容的行为，而是把在千变万化的内容中表现出来的，或者说得更准确些，是存在于内容的体验和实施中的东西，直接视为生命统一的形式。因此，整个生命要对每一个行动负责，而每一个行动要对整个生命负责。①

人的存在先于工作，同样，工作亦然先于存在；即是说，你的身体的行为和意向性，应该是人对历史所负有的责任，即使一个具体的微不足道的行动，也理应是在“应该”的个体法则的允许范畴之内的；生命伦理的道理和个体的伦理汇流的总体行为只有遵循“个人规律”才能获得这种“应该”，人可以理直气壮地选择某种方式生活和工作，而这种个体法则就成为指导我们伦理行动的条件。

生命伦理学为了生命的大同，而必须关注任何一个生命的个体价值，围绕个体生命状态和个体生命存在展开道德追问；解决生命伦理的问题和难题，生命过程的所有点和阶段以及集合，都存在伦理基质，比如其所存在的价值合理性与合法性，再比如改善状态的手段以及技术目的的意义；这种技术手段是否对任何受者全部都是善的结果，或者即使造成一定程度的伤害，在比较之后的评估依然是益处大于伤害等；这就要求我们建立一套比照的评估标准，从而制定一系列原则与规则，供我们评估之后去选择，确立做还是不做。但生命问题是极其复杂的，在每一个个体有所差异的背景下，它牵涉人的价值、医学的可能性、未确定的技术限度和风险，以及社会关系、人的情感，各种利益的平衡，对于冲突的调适等。这样就

① ［德］格奥尔格·西美尔：《生命直观》，刁成俊译，三联书店2003年版，第202页。

会引发价值意义的、功利公益的、动机后果等善与恶的争论和辩论，没有一个令人信服的辩护或合理性解释，人们是不会接受你作出的医学或伦理裁决的，方案也就无理由实行，尤其是对于死亡的决策和应对重大伤害的决定。

医学和生命科学的决策权往往依赖于权威的导向，或是依赖先例或历史的经验，或是习俗、法律制度，包括传统的道德规范。在很长的历史过程中，我们放弃了自己的理性，放弃了我们根据不同情境、后果以及对病人是否有利而深思熟虑地进行理性判断的能力。伦理学教会我们凭借自身的智慧去考量和评价，而不是凭一时的感情冲动，或是受到陈旧的礼俗、失效的法权的制约。生命伦理学就是要帮助我们从重权威和经验转变为重后果（是否给病人带来福音和利益），从重制度和习俗转变为重实践理性以及明确的伦理判断，这就是威廉·詹姆斯的“权威宝座的更迭”①。

人的生命问题，首先是生，这是生命的表意概念，什么叫人的生命？什么才叫活的生命？什么叫人？什么叫活？人是活的，不活即死；生或“活”的另一面或者可称为反面、对立面、对应式，就是死；死亡是生命中不可忽视的内容，所有人每时每刻都处于赶死的状态，死存在着巨大的伦理空间。死具有无可争议的“属我性”，死亡不是对于生的背叛，死是生的一种顺应；死与生都是存在，而死是“在”的结束，和“生”有一间距，到达了生命的极限；“来到终结是此在的最本身、最不可让与、最不可剥夺的可能性”②。死的问题，除了概念、死的意义、死的目的、死的价值以外，还有很多值得我们深入研究、探讨和争论的问题。没有哲学家不考虑死的问题，之所以存在悲观论，就是因为有死亡存在，而正是因为有死亡存在，所以才有活的状态，就像有黑夜才有白日，有黑暗才有光明一样，生命伦理学的研究要更多地投入对疾病与死亡的追问中，“生”、“活”、“死”，还有一个介乎生死之间的过渡状态，就是“病”。人有病、生命走向挫折，才有医学，才有生命科学技术，才有医生这个职业，才有医患之间的关系，才有一个常态和病态的人，以及与此相关的文化和生命

---

① 请参阅［法］约翰·杜威《评价理论》，冯平、余泽娜等译，上海译文出版社2007年版，第36页。

② 参阅［法］艾玛纽埃尔·勒维纳斯《上帝·死亡和时间》，余中先译，三联书店1997年版，第41页。这是勒维纳斯在分析海德格尔关于死亡问题、存在与时间问题时，对于生命终结如何构筑起一个整体的评论。

形态的比较。因此，舍勒价值论意义上的生命哲学或生命伦理学就把生命价值或者活力价值作为独立的价值形态。“人从自然状态到文化状态”，成为能用工具劳动的人[①]，成为有别于其他的生命体，即物质—精神—道德的统一体形式的生命，如此，“人终于在极大的静默中进入了世界”[②]。更重要的是，经过数万年之后，人学会了反省，告别了那种没有控制的阶段，离别了无秩序与失败之恶，明确了生命的必死性，是进化使人处于孤独与焦虑之中，这种道德的生命自觉，使人具有了生命的内质性伦理意义。[③]

生命伦理学实际上要关注正常的人和非常态的人，即暂时健康者和病人；就是说，所有的人和所有的生命。在特定语境下，我们要考虑非常态的人。生命伦理问题就是围绕四个状态，生或活着、病或亚健康、临终或死、除身体因素外其他需要帮助的人或者弱者（经济上的贫困、地位上的卑微、因某种原因而被剥夺了某些权力的人）的救助。生病，生活，生计都可能发生困难，需要医学帮扶与救治，而主要应关注处于疾病状态的人。人活着要生病，随时会病，随时会亡。人生难以预料，世事无常，生、病、活交互出现，最后归为死。“夫万物非欲生，不得不生；万物非欲死，不得不死。达此理者虚而乳之，神可以不化，形可以不生。”[④] 病可能会逆转为活，活可重复罹病，病可暂时复常，亦可不治而消亡。器官老化可自然死亡，视为无疾而终，因疾病或者事故死亡，更具有伦理造型的意义。人终难免一死，生命因亡而不复存在，人因必死而使生变得珍贵，使得生有意义，使活变得丰富和浪漫。

> 死亡并非在死亡的时刻才限定，才塑造我们的生命，它本身就是我们的生命对其内容进行润色加工的形式因素：死亡给生命整体带来局限性，首先影响着生命的每一个内容和瞬间；假如内容和瞬间能够超越这些内在界限，那么它们当中任何一个质量和形式也就会是另外一番景象了。[⑤]

---

① 参阅《舍勒选集》（下），刘小枫选编，上海三联书店1999年版，第1284—1287页。

② ［日］德日进：《人的现象》，李弘祺译，新星出版社2006年版，第121页。

③ 同上书，第226—227页。

④ 谭峭：《化书》，中华书局1996年版，第13页。本文引言摘自“死生”。

⑤ ［德］格奥尔格·西美尔：《生命直观》，刁成俊译，三联书店2003年版，第84页。

死亡属于死亡者自身的，更属于由于这个生命产生而发生的各种事件和存在的生活过程，以及人生经历中所确立的世界关系。

生命指向所指，能指是很形式化的、很局限的、很外在的表述，是语言声音的形象，索绪尔的“所指”就是事物的概念，我们一定要把表象和定义的概念结合起来。符号的任意性原则会激活生命或者“活着”的那人。人是感情的动物，战胜不了诱惑，但要解决一个本质，人的本质是什么？**自我意识的存在—蛋白质的逻辑构成—社会关系的总和**，这三元素构成人的生命的现象集；这里的逻辑与关系比自我意识深刻。人的现象是宇宙中非常特殊的现象，是时空中对人的生命智慧、灵性觉悟萌芽的一种放大，所以只解决形式上、功能上的构成，本质上未见的就是人，但是这样一种人是可造就、凭技术能够完成、凭科学可以实现的“生命”形式，它有可能会给人类带来灾难。生命伦理学面临的一个严峻问题就是人和身体的“过度异化”。另外，人的本质要体现人的意义和价值，我们这样一种自然产生的人的关系，比如父母的情感、将来生育子女和我的次第观念、孝悌的排序、内在的与生俱来的人与人之间的伦理关系是非常坚固的，也是非常清晰的，在关系中体现着文化、经济和社会中的意义和现实的价值，只有具有这样本质的人才能体现标准的意义和价值，而它们却是从一种离经叛道的、非正常途径得来的，它们可能会替代我们的一部分功能，但是它们不能够解决价值和人的意义，所以意义是人的核心。生命伦理学承担了一个最重要的任务，就是要解决人的价值和意义问题，解决“生命价值”和“活力价值”问题。舍勒认为的生命不仅仅在生理上而且主要在心理上，是作为体验形式存在的一种“不可转换的原始现象”，这样，生命感觉就超越了仅仅限于主观感觉狭隘的概念，而获得了一种超越性意义。“生命感觉中存在一种自己的价值，这种价值属于人的自我经验的最强的图像。”① 舍勒通过埃杜阿特·斯波朗格的话强调充满活力的生命的原始现象的独立性，“活”的力是生命的一个区域，人们再次集中地生活和思考。道德哲学的讨论就是要解决人的本质、意义和价值。这就是我们这个学科的任务。如何构建这样一个新的理论是一个长期的任务，否

① ［德］费迪南·费尔曼：《生命哲学》，李健鸣译，华夏出版社2000年版，第160页。这是舍勒的论断。

则人类的地位就会发生动摇，就不可信，所以伦理学从某种意义上讲应该是个辩护，我们要给予辩护，将来才有可能规范后科学时代的人类秩序，不能允许人的生命科学所制造的产品或者“新人”模式，扰乱我们的关系秩序、辈分，不可颠覆传统公认的道德角色结构体系。

第二节　疾病与健康的政治伦理学

究竟什么是健康？充满活力的“生命区域”是否就是健康的生活？在这种生活状态中的人是否就是健康的人？健康不仅仅是医学概念或社会学概念，而更应该是哲学概念。“健康是一种完整的人的整全性安好状态”，这一定义要比“健康不仅是没有疾病和病痛，而是个体在身体上、精神上、社会上完全安好的状态”① 的定义简洁、明确。1990 年对“健康”定义的修正又对原来的语词进行了反省，强调了身心统一和社会感知觉的幸福的圆满状态，成为“健康包括躯体健康、心理健康、社会适应良好、道德健康”的比较规范化的标准。健康应该是人的生命机构的无冲突的平衡与和谐，是生活过程中能够现实体验的舒适与行为的自由。

有批评认为，健康的标准是一种完美主义：生理与机体物质主义的、心理与精神、道德与法律的、良好社会适应能力和具备基本劳动技能的，甚至加添了“灵性的美好”，这个标准不仅可疑，甚或是不存在的；人的“活的”状态就是在不和谐与不平衡之中展开的，而且是在一种痛苦或缺陷中表述生命存在的，真正实现这种天堂中梦幻般的健康是不可能的。健康可以说是一种感觉和个体的评价，是极其唯心主义的、属我的、短暂的或一过性身心与个体关系的平衡。

“疾病是生命的阴面，是一种更麻烦的公民身份”②，这个注释仅仅是社会学的和语词化的；而对疾病的定义，曾经经历了自然哲学、宗教疾病论、自然科学等各阶段；综合各种定义，可以概括为疾病会使机体功能紊乱和发生障碍，能导致对生命的威胁，使机体功能或结构部分或整体偏离正常；疾病是遭受某一或一些因素侵害、组织或功能受损而引起痛苦、生命活动被破坏、适应性和劳动能力受限，或者出现一系列临床症状；疾病

① 世界卫生组织于 1948 年通过的健康定义，源于其“宪章的序言”。

② ［美］苏珊·桑塔格：《疾病的隐喻》，程巍译，上海译文出版社 2003 年版，第 5 页。

是对特异动因、环境变化或内在缺损的反应；疾病是指人体在一定条件下，由致病因素所引起的具有各种表现的病理过程。疾病是机体的一种特定的对内外环境或各种因素表现出的适应性变化。疾病对个体而言是一种不悦或痛苦，对于社会而言是一种损害，对于人类历史进化而言是一种必然，疾病对生物世界来说则是不可避免的。就如同缺陷、不足、异常、苦难是一种文化一样，疾病所造成的痛楚、渴望、怀恋、悲剧感，成为人类珍惜健康、向往幸福、科学创造的动力。因其并不具有追求价值和向往意义，是需要人类克服与逃避的，而且疾病使医学和医务职业人、生命科学研究者具有人道价值。因此疾病对于历史来说，具有伦理意义。

我们应该对疾病的现象进行解释和分析，但这不是疾病现象学的最终目的；我们的愿望是获得一份关于所有疾病的本质的说明，不仅仅限于“生命的阴面”或是健康王国的对应。关于疾病的知觉、明证的显示、想象、疾病的本质与规律，由疾病而发生的关于生命评价的改变以及与“我”的疏离、心理适应、道德责任和关系调整等，是疾病现象学的观念。疾病本身的意义构成，对疾病引起经验的根本反思，就是在患病之后，自己的体验与疾病相关的就诊、治疗、战胜痛苦的所有过程都会引起对这一经历的感受的思索和评价，获得一种文化性变化和行为的连接，以及对行为指导的影响。另外，疾病作为一种特定意义的痛苦和作为特定种类的痛苦而被体验着，患者对病情的体验受他所处的生活世界中的文化背景之影响；疾病代表着一种他人的存在，是一种对人的真实的特有的对生命所具有的情感的描述、叙事和表达；疾病能够使人从社会的表面回归，成为一种裸露的“我”；疾病使人对自然重新降服。疾病使人与本来生活的躯体成为“仇敌”，它不再生动，不再那么值得亲近，成为自己物质的、生理的客体或在工作中必须克服的对抗力量。疾病是一种不协调、不平衡、失去能力和不舒适的状态，这种状态体现了一种熟识世界的丧失与陌生化。生命通过痛苦变得有意义，痛苦是符号，可以知快乐，成为回报利益，可以使人得救；痛苦有理性与非理性的，包括肉身、精神与灵性的存在，疾病最后会以灵性的痛苦对忘我的“我”予以惩罚。疾病也会培育和检验人的意志、毅力和斗志；疾病是考验和锻炼，使人有机会显示自己的坚强和勇气，锻造人的耐力、不言败不放弃的品质。

疾病的政治态势是指在身体疾病事件发生之后保护病人权利的法律、经济与福利政策、医学的责任、国家的医疗与服务体系、生命政治制度和疾病治疗与预防体系结构、公务人员的义务和权力，以及医院、临床与医学研究人员的职业觉悟，这种医学职业人的道德觉悟事实上是生命政治觉悟。社会结构是十分复杂的、多元的，但是以家庭为基本单位、以各种社会群作为基础、以国家的卫生治理规划作为发展依据的，在社会肌体内部育化形成新自由主义精神的实践典范，生命政策或生活政策应使公民平等地享有基本的医疗保障。生命政策（Vitalpolitik）① 要集合起国家、集体以及个人的积极性，但前提是完成规划中或者应该承担的基本责任，而按鲁斯图②的生命政策定义，应该把注意力放在全体劳动者的生命状态上：

> 一种生命政策，根本上来说，并不像传统的社会政策那样以提高工作减少劳动时间为导向，而是注意全体劳动者的生命情况，其真实的、具体的、从早到晚和从晚到早的生命情况，物质上和道德上的健康，所有权感和社会归属感，等等……③

任何一个国家都应把医疗卫生政策以及公民生命境况和生存状态作为一项最高的政治进行核心决策，并把生命的保障和人的安全视为所有政治任务的中心。而这一点在他们的施政纲领中，往往是信誓旦旦的，但实际上他们只是因为权力和权威而极力抢占霸主的统治高地，在暗地里花心思进行获得席位与赢得进一步放大的权力的各种形式的角逐，而对于卫生政策的承诺仅仅是敷衍和拖欠。他们重农重商重实业和技术，特别是重视统治阶层利益的分配和业绩，唯独不能够以贵生作为国家之本和政治大业。

第三节　活化的生命伦理学："命如"与"命自体"

> 生命代表着诸意义的总体，这些意义向着并不被作为在世界基础上的诸"这个"提出的对象而自我超越。生命是他人的作为基础的

---

① ［法］米歇尔·福柯：《生命政治的诞生》，莫伟民等译，上海人民出版社2001年版，第130页。

② 鲁斯图（Rüstow，F. W. von，1885—1963），激进的社会主义信徒，第一批青年运动的成员，因为狂热的社会自由主义立场而成为国家社会主义攻击的目标，1933年从德国流亡后，成为伊斯坦布尔经济与社会史教授。

③ ［法］米歇尔·福柯：《生命政治的诞生》，莫伟民等译，上海人民出版社2001年版，第141页。

身体，与作为形式的身体对立，而这作为基础的身体不再能被他人的自为暗含而非位置地把握，而恰恰是能被我明确地作为对象来把握。①

生命是一个蛋白质的逻辑组成；人的生命的标志在于自我意识和社会关系的建立，因此我们的生命定义就是躯体、精神与灵魂三种意义层的统一。人的价值有内在价值和外在价值，内在价值可以借用一个生命价值质量的概念，价值是功利论的，很多人认为生命无价，对人的生命不能谈价值，美德论和义务论认为，人不管怎样，人类的生命本身不可用价值测量和评价。这是一种生命宗教或生命虚无主义。在现实生活中，我们实际上无法逃避对生命和人体的测量，社会学、经济生活、法律和伦理学尊重生命但不能不谈生命价值，这对人类的整体利益来说，有着重大意义。我们有一个标识价值的标志，就是生命质量，而生命质量有一个主要质量，就是身体质量，即肉身和智力的能力；第二个是根本质量，就是存在的意义和个体的目的，这是哲学化的，一般来讲，作为价值往往会忽视其终极意义，评价偏爱于足下的利益，作为意义的度量；第三个是操作质量，一般以智商加以衡量，但智商有偏差，因此争议很多，智商不能十分精准地反映人的智力、能力和思维力。生命力和生命价值是一个人生命力的综合评价，当然应包括情绪智商（EQ）和道德智商（MQ）。MQ 的内容应包括体贴、意志、尊重、容忍、宽恕、诚实、合作、负责、勇敢、平和、忠心、礼貌、独立、幽默等各种美德。人的智慧、与他人的关系以及献身精神等的总和构建了人的生命质量，这就整全地确立了一个对于生命价值的评价体系。人的外在价值实际上就是社会关系和存在的意义，主要是关系，另外就是作用和功能，对他人的作用。道德品质本来就难以用数值评价和衡量，要对人的道德品行、道德情感、正义的行为值、判别是非的能力以及爱的激情加以定量，这恐怕是不可能的。我们只能相对地进行十分粗鄙的大体估算而已。

以各种现实问题和理论问题作为思想的载体，可以形成一个生命伦理意识，这对人的问题、对社会的问题，乃至对制度伦理和国家伦理、对人类文明，都是不可或缺的。生命是开放的，健康的生命应该充满活力，

---

① 请参阅［法］萨特《存在与虚无》，陈宣良等译，三联书店 1987 年版，第 448 页。

“活”的意义在于它一直更新和发展着。

关于生命的本质，有两个关键词，可以帮助我们加深理解：一个是Bio-in，即命如，从“物如”而来，物如是物质世界、物体的本原，物如是知识的极限，就如同宇宙实在的理念，是在时间空间之内的一种极限形式；命如就是生命的本原；会“思”是具有心灵、具有“自意”能力的本体。[①] 第二是Bio-self，即命自体，是根据物自体来的，表明康德的二律背反，对一个本原来说是无限的，对一个物体本身而言是有限的，也就是说，世界有没有开端，就标示了生命应不应该有开端。

康德有一个正命题：所有复合的实体都是由单一的东西构成的，那么我们的生命是个复合体，它是由单一的细胞构成的，单一的细胞比较简单，是由细胞质、细胞膜、细胞核构成的，所以凡是最复杂的也是由最简单的东西构成的，生命再复杂也是由最简单的东西构成的。称为“原”或元（meta），即原理，因为它单一、简单，走向单纯与逻辑，就是化为本源之物；物如，即是物质和时空内“物”的极限，极简如初，归零主义，“网页留白”；就像美国画家罗伯特·雷曼的空白画《无题》一样。[②] 当然，这里的结论是：生命再复杂也是由最简单的东西构成的。这就应了“你本是尘土，仍要归于尘土”[③]。

康德的正命题是除了自然的因果作用以外，应该有个自由存于世界，也就是说，最终的自由应该给生命一个空间，就是生命之所以产生，是因为实现了一种自由。“生态”就是生之源、命之初、人之性、物之态；生态就是原初存在的、客观的自由状态。如果真要透解“伦理生态”，则非属现在的概念伦理不可，伦理的原生态应该是一种自然的随意性和自由情态，或者“就是那样的”，就该是那样的。伦理必须具有一种应该的必要约制；而绝对的、客观的自然态、原生态就只能是在“虚空的虚空”里的。原生态伦理追求的是一种没有人为污染的、没有人为改造的绝对自然态，也就是一种绝对的自由，因此生命原态应该是自由的。但生命从根本

---

① 请参阅郑昕《康德学述》，商务印书馆2003年版，第21—23页。

② 《无题》是现年84岁的纽约艺术家罗伯特·雷曼1961年创作的，为一幅几乎完全空白、48.75英寸见方的正方形油画。该画作以白色颜料上色，带有一点蓝色和绿色的点缀痕迹。《无题》是送拍人1988年在苏富比拍卖行竞拍到的，当时的成交价是55万美元，26年后上涨了30倍。

③ 《创世记》3：19。

上说是不可能有大自由的，生命伦理学就是研究生命的不自由的。生命不自由有两种可能原因：一种是因为客观地有一个自然律，另一种就是还有一个道德律。道德律彻底打败了生命的自由，彻底颠覆了自由，也就是要想办法制约原来的自由，实现一种新的不自由。而这个不自由恰好是为了符合两个律：一个是自然律，一个是心中的道德律，就是康德所赞美的，上有日月星辰的天理，内有爱人如己的良心；就是人头上的星空和人心中的道德律，这二律制约着生命，使人不自由而又通向一种"真自由"。这个不自由的限制是为了爱和善，有了爱和善，人类就会和谐美好，但为了追求这个和谐，正好也为了符合这两个律，为了颠覆原有的生命的原态的自由而实现一种新的"不自由"的"真自由"。这些不自由就被那些道德的人们认为是我们的新自由。生命的自由应具有道德性，有伦理的属性，所以只能相对地存留于这个世界。生命不能自由还因为人有了"性"（nature 或 sex），这是由人类始祖原罪所造就的创世而后必须接受的"罚"与"法"，或是"戒"（劾），或是"律"（率），或是"义"（乂[①]）。

古典伦理学和哲学一样，陷入了对绝对终极实在的追求和痴迷中，哲学加以思想并以逐渐接近于终极实在的真理为目的，企图最后悬揣绝对物体本身的性质，而获得对于世界本质的认识。

> 只要一个人继续是人，他就一定有情感、欲望、意向与选择；只要一个人继续是人，他就一定有关于价值的观念、判断和信仰。因此，如果企图一般地证明价值的存在，那将是最愚蠢不过的事情。只要人类社会存在，价值就存在。[②]

从因果关系和方法上解释价值，而不是解决如何描述关于价值的直接经验，这是杜威最重要的贡献。只要颠覆事实与价值的二元划分，就有可能使价值追求与科学进步同步，就能使我们关于生命和人的知识有可能并

---

① 乂：治理、安定之意；中乂：zhōng yì，居中央而治理天下。其自时中乂，万邦咸休，惟王有成绩。《书·洛诰》孔传："其当用是土中为治，使万国皆被美德，如此唯王乃有成功。"

② 这是杜威的观点，原句出自于中文译本《确定性的需求》，傅统先译，上海人民出版社 2004 年版，第 301 页；参阅［美］约翰·杜威《评价理论》，冯平等译，上海译文出版社 2007 年版，第 11 页。

且有意义地进行伦理评价。

生命伦理学是一种活化的伦理学，因为生命是活化的。一般的伦理学非常抽象，没有具体的载体，而生命伦理学包括生命状态、生命存在和情感、爱，包括人生命本身的需要和生命科学技术，以及为了维系这个生命体社会所建立的秩序的追求，甚至制度，以至政策、法律；为了秩序要立法，要有一个健康、稳定的“常态”，就要建立制度，以此保全生命，抵御风险；所以将现实的问题作为载体可以很生动地支持生命伦理理论。生命是活化的，所以生命伦理学也是一种活化的伦理学，不是僵硬的伦理学，因为它是和生命联系在一起的，另外，生命伦理学有个人的情感体验，可以更切身地理解生命伦理问题。疾病、换脸技术、医患关系、胚胎的社会价值、未经临床试验的疫苗的应用、知情同意中的风险承担等问题都倒逼着我们发掘伦理学资源，催生理论的新的突破，实现不断地活化。

世界的多元论暴力逼迫世俗伦理作出相对主义的退让，但相对主义又不能作为一个合法性概念，伦理学如何能够认肯生命伦理相对主义的境遇性功能，并且能够遵从人性的需求而在医学上有一个合理的定位，是我们面临的空前的难题。从自由意志的世界主义向自由世界主义的转化，给了我们这个可能性，这就是活化的生命伦理学。我们在现实中生活和生存，但我们不应该仅仅被经典认可的道义理念所禁锢。我们的存在是活化的，是在变化之中接受由于医学科学发展以及人性的张扬所催生的身体需求的大幅度变更。使唯一的至圣的权威虚无化，人体的改造、变性、美容、换脸术、其他身体增强术等会刺激人的文化激情，而对此的选择又必须接受社会、家庭、风尚、传统、信仰、经济等因素，乃至医学技术本身的限制；理想的有生命技术制造的良善生活是否能够被接受或持久，这个问题是很复杂的。个人自由选择的权利不能不受到一定的限制，个人世界主义要在一个价值衡平的前提之下，才能得以行动的实现。次级相对论必须在道德规范的框架之内显示其有效性。文化的纷争和对于生活认识的差异，已经在后现代潮汐中，把共识性彻底瓦解，而只能依据保留的部分共认意识（部分重叠共识），来判定具体的生命改造方案的实践程序。允许原则和宽容伦理技术，只有在道德多元的现实和个人、团体之间存有的部分统一认知的基础上才可能具有意义。只有如此，那些异乡人才能够有机会转化为道德朋友，或者做永远的持有个性的异乡人，但可以和平共处，作为好的邻居。文化战争多半不会导致政治的战争，道德分歧如果具有友好的中介和调适的方式，就不至于形成危机和风险。

在自然选择的过程中，生物进化形成了一种特别化的物种，被称为人类的生命和人。作为生物体，人的不同选择可以替代其他物种的多样性功能，以此应对环境变化所带来的生存和繁衍后代能力的挑战。

> 该选择过程有利于增多复杂的生物体——正如斯宾塞的进化定律所揭示的那样。技术演化正好展示了相同的倾向。……结果，我们创造性努力的所有方面——在物质方面、社会方面和智力方面都一样——都表明了一种从较简单到更复杂的历史运动趋势。①

生命本身的复杂性，包括人的复杂性，也就是生命选择过程中的复杂性。有些暴力是某种生命体无法承受的，那就完成了弱肉强食和物种的灭绝过程，物种每天都在灭绝，就是因为这种生命本身的多元化和它自己为了生存的需要而得不到相应的、最低水平的物质和空间呵护，一旦环境发生变化或灾难发生，物种就有可能无法维持其基本生存条件即保证生理的最低需求。或者由于同类或者异类对它的杀戮，因为自然界、生态圈、宇宙圈中的生命体生来就存在着竞争，在物质匮乏的时候有竞争，在相对有剩余的情况下也会有竞争，在物质丰富的时候依然会有另一种形式的竞争（或许人类社会永远会存在某种生存因素短缺的情形，直至人类作为物种的消亡）；如果表现在人与社会问题上，就可能掺入经济的、文化的、训练过程的以至于政治暴力等的竞争形式。人们就有可能利用战争手段、战争的工具，或者利用现代科学技术，残害对方来获得自己生存过程或在竞争过程中的满足与补偿。“现象内的‘常住的’是本质，而变化的现象是它的附性。”②

具体的实践工作者没有能力明晰生命伦理的现实性以及它对于具体实存案例的指导价值，因为我们没有这样一个理性的思维习惯。但作为生命伦理学一项实在的任务或者说是责任，我们的实践操作人员应该有这样的

---

① ［美］尼古拉斯·雷舍尔：《复杂性》，吴彤译，上海世纪出版集团2007年版，第204页。

② 郑昕：《康德学述》，商务印书馆2003年版，第169页。

意识，对具体的生与死的决策，或者在临床上制定一个普通的方案，都作为一项生命伦理的抉择，要经受住正当、善或者恶的检验，这不仅仅是经验的判断，还需要研究人员或当时的医学工作者的伦理智慧和能力。

综而观之，人类这个种系、这个物种，衍生出某一个国家、一个种族、一个部落及由此而致的政体，所谓权力的垄断集团或者正义的统治者，他们中的很多行为人为生存或者权力意志而把冲突的对方、竞争者灭绝，最先大多是因为差异造成的，这种差异首先是道德选择的差异，其次才是文化风俗的差异。生命和身体的差异造就了政治的可能性与政治的文化战争基础；道德的复杂性在于世界上没有任何两个道德主体是整全性相合的。人的身体或者称为机体不是艺术场景中浪漫主义的标签，它必须服从丰富、周全、复杂的组织原则，它显然不是线性的、简单的、平面的、十分明确而清晰的机械化的概念，它是一个前科学的、具有神秘主义色彩的自组织的复杂系统和集合。①

躯体是物质化的，精神受心理的支持，就是在生理、心理的支持之上有精有神，这也是一种意志的标识，在灵魂这一层就一定要有信仰，最后这个意义层，是宗教化的，有一种灵性，到了觉悟水平就开始逃逸纯粹精神，或者超越精神，精神超越肉身，灵魂比精神更为高蹈，因此可分三个意义层。它们不是三种序列的排列，就是说可以用躯体、精神、灵性解读同一个人。生命是一个统一场域：一是生命原体，二是生命相关体，三是生命的文化体。只有在躯体的具体的现实的存在与精神的虚拟世界的非具体结构合为一体时，才能使所谓的人文行动成为事实，成为一种能被人认识的生命存在的推动力、活动力和变化力，这就是我们所说的生命是一种理念，我们所建立的理念不能用数学将其分解成躯体的、精神的、灵魂的，它们三者相合相融相连，而且一定要有现实的存在和理念的结合，才能够解释是善行还是作恶。实际上，我们建立的道德世界是虚拟的，我们的精神世界是虚拟的，思想活动也是虚拟的，是看不到，记录不到的，生命的变化只是一种冲动，正是物理世界和虚拟世界构成了人类世界存在的现实。

变化是我们选择世界和机遇的最重要因素，生命伦理世界一定要把握

---

①　请参考［法］埃德加·莫兰《复杂性思想导论》，陈以庄译，华东师范大学出版社 2008 年版，第 25—27 页。

变化的可能性，驾驭转化，把后进转化为先进，把不利因素转化为积极因素，因为生命本身是实在与虚拟共生的，虚拟世界常常真正地标识着人的世界，在某种意义上就是全部。世界的遗失和人的遗失就在于丢弃了这个虚拟的世界，为金钱的利益所引诱，每一天都准备接受诱惑和被胁迫着进入撒旦设好的骗局。

变化是在竞争中实现的，但是作为有意识和道德能力的被造物，从来就不会接受社会达尔文主义的生物政治观念，也限制性地或仅仅有限地思考这种生命伦理思想的融合。放任自由的个人奋斗与导致生命体结构改善的斯宾塞主义不符合我们的伦理学原则，适者生存的自然法则不能作为我们行动的依据。“命如”须从行善和人类之爱中获得营养：

> “真正有效的伦理准则不能从进化论中得出”。适合于人类行为的标准不能单纯地通过推行自然选择或沿袭弱肉强食原则而获得：“我们大家都须永远懂得，社会的伦理进步不依赖于对自然进程的模仿，我们不仅要避免这种模仿，而且要同这种模仿作斗争。”①

我们的医学和医学行为就是要坚定地与所谓自然法则进行斗争，我们的基本原则就是扶持弱者和病患，给予在“森林”中不可能有的那种救助和关爱；人类是这样进化来的，是这样发展着的，是如此才确立了一种爱德文明的。伟大的赫胥黎承认人在肉体上是从其动物祖先演变而来的，但他坚定地保持了作为精神实体的独特的道德性。有了这样的认识论基础，我们才可以为生命伦理视域的人进行分级性定义，即人的生命的定义是否应最后分为五个层级。②

在临床过程中，身体表达疾病的病理形态和功能的变化，并在与医生的关系中，显示作为人体的“人”的求医愿望。临床医学语境中的身体是十分物质化的身体，在物理主义和自然主义传统的语言中，身体得以存在和被人所接受，在这样一种非常平面的思维惯性中，身体成为一种科学和技术的文化霸权的受体，在几个世纪的文明史中，人们无法超越和颠覆

---

① ［美］伊安·G. 巴伯：《科学与宗教》，阮伟等译，四川人民出版社 1993 年版，第 123 页。

② 参阅本书第二章的内容。

由于视觉和触觉所构建的身体形式与形象的规范。只有宗教和少数心理学家、哲学家用他们自己的语言，建立了各自的身体意义和备受质疑的概念。

对于第二自我的身体，一直被人所关注，也存有极大的文化与哲学上的观念差异。

凭一己之力，或在他人的帮助下，或在他人的启发下，实现自己的意向和个体的智慧迸发，特别是表达自己的思想和灵魂。肉身其实始终和人的整体融在一起，受精神和意识的指导，被称为“身”与“心”。比如，如果对那个与他不可分的另一个身体眷恋的同时，被他或她的精神伟力所征服，那就是一种铭心的爱，就能够保持到永远；人就从身体开始，敬畏这种情感，维护这种不灭的活力，双方也从中获得力量和内在的能量，使他或她的生命绽放光辉。在那种热度还在上升或还在积聚时，就必须由理性来裁定，这是真实的，不是虚浮的，从此，任何人不能再欺骗、压抑自己和对方；因为这是弥足珍贵的，这是一种永恒!①

生命伦理学应该接受宗教家的建议：身体不再成为累赘，不再为身体的外观而烦恼，不再可触摸，不再受它“束缚”，不再喂食它，照顾它，让它休息，还要加以医疗，等等。不再为死亡而抗争。天堂必定是个无身无体的世界。一个没有物质的世界，远离了疾病、死亡、残疾、脱离了细胞和蛋白质，达到了虚无状态和无真实结构的完美极致。在天空中自由回旋，没有物质负荷的牵绊。

但是，医学是人道的科学。你不能摆脱的是，眼下你活着，活在一个真实的世界和身体的物质主义王国里，但这个美丽、丰富的王国，却存在着很多邪恶，疾病、仇恨、侵略、杀戮、欺骗、贪婪，我们必须用爱去抵抗和融化之。梭罗瓦尔登湖边的实验证明，超验主义无法成就完美、整全的身体与心灵；生存和生存中的痛苦，还在缠绕着你、烦你、折磨你、引诱你——是的，我们活着，一个真实的身体负载着我们，但身体是在重压之下的“命自体”，是被击中的，它紧张、疲惫，往往在疾病之中艰难地行走，它需要道德的补给和荒漠中的甘泉。那是一种持久的爱。当我眷恋它时，很多时候发现它不在场。但我还是纠缠着它，关注着它，这种感受

① 请参阅［英］克里斯·希林《文化、技术与社会中的身体》，李康译，北京大学出版社2011年版，第153页。

融入生活中，便会使人倍感凄凉。一位病人，现在就面临着头痛、咳嗽、胸闷，正忍受着痛苦，盼望着健康。身体是一个人的有形的暴力君王，它一直会强迫你接受它的律令，不得违抗，只有驯宠。身体在压迫你，在仄逼你，人常常要绝对地被其奴役。只有生命的“宗教”再次制造了没有身体的世界，在“天国”里，你永远快乐、年轻，你永远自由地享受自由和没有实存的“存在”。但是，这个“天国”并不存在，我们原本需要众人的生命观照而不是一起参与无休止的生命竞争：

> 最具伦理道德意义的实践——我们所说的善行或恶行——包含着一个行为过程，这个过程在各个方面都是与导致宇宙间生存竞争中的成功的动因相对立的。这种实践叫人们不要无情地坚持独断独行，而要求他们自我克制；它反对将一切竞争对手置之死地而后快的做法，提倡人们不仅应当相互尊重，还应当给他的伙伴以帮助；其影响所期望的结果是，让尽可能多的人生存，而不是最适者才生存。这种实践否定了生存竞争论。①

2014年诺贝尔生理学奖获得者、挪威科学家莫瑟尔夫妇发现，内嗅皮层区域的不同细胞会产生很多不同的图形模式，就像相互重合的蜂巢与盒子的边界之间呈现出各种不同的角度与位置关系一样。他们意识到大脑中的这些网格细胞遵循着一个严格的数学公式。那些产生较小图形以及较窄空间间隔的细胞都位于内嗅皮层的顶部，而那些产生较大网格的细胞则位于底部的位置。但还有比这更加精确的对应关系：那些产生相同大小与方位图形的细胞似乎都聚集在一起，形成一个独立单元。这些单元似乎形成了沿着内嗅皮层上下方向分布的顺序，并且所有这些单元，从小到大，每隔一个，其产生图形的大小都会扩大1.4倍，这是一个常数。另外，那些对应相对盒子边界不同位置的网格细胞则是无规则地散布在整个结构之中。假设相似的结构存在于人类的大脑之中，那么就意味着这些细胞会在你毫无意识的情况下自动记录我们所处的位置；当我们在房间之间穿行，

---

① ［美］伊安·G. 巴伯：《科学与宗教》，阮伟等译，四川人民出版社1993年版，第123页。原摘自托马斯·H. 赫胥黎《进化论与伦理学》（英文版），纽约：艾普尔顿出版公司1896年版，第83页。

在街道上随意走动的时候它们会确保我们不迷路。这些发现提示我们，从古希腊时代以来科学家和哲学家们一直思考的领域——大脑，就是记忆与位置环境之间关系的。和谐的环境能够增进我们的爱，虚伪和仇恨以及战争会迫使人走向邪恶；那些依然在恐怖主义生境中的民族，依然跟随着自己仇恨的思维地图的指引，大脑中似乎形成了一个与杀戮鲜血相勾连的特定区域，其中存储了周围的有关反人类空间的信息。而网格细胞的发现最终证实了这一观点。我们的核心价值观就是要为社会制造一个友善的场景，为我们的人民，特别是我们的孩子们节约能量，展示大脑运作设计的精妙与高效率。让“优雅的六边形图案”在大脑深处指导我们的真全的伦理生活，使我们在数学中已经使用了数百年的简单几何图形——核心价值的结构和机制遵循着文明良善的数学计算原则；人生来渴求光明，但却深陷烦忧，只能面对生命的真理。

渴求光明的飞蛾啊，
你终于被火焰吞噬。
什么时候你还不解
这“死与变”的道理，
你就只是个忧郁的过客，
在这黑暗的尘世。①

① 《歌德名诗精选》，钱春绮译，太白文艺出版社 1997 年版。本诗摘自《幸福的渴望》。

第十一章　生命与生命科学的道德反省

第一节　生命科学技术的道德哲学驳诘：克隆人在案

有学者认为，在世界的大文化中，只有在西方文明中，近代科学得以发展，其原因是古希腊思想与《圣经》思想的独特融合所产生的对待自然的那种探索精神和态度。中世纪晚期哲学中所出现的信仰与理性的脱节，以及数次宗教改革运动对教会权力与权威的否定，都强烈地激发了人们对于新知识、新科学的探求热情。16 世纪，新教徒学者群开始倾向于科学技术的研究，新技术与新教义也开始重合，在评价实验科学方面归正神学甚或清教神学起到了决定性的作用。霍伊卡说：在历史上，

> 即任何事物要为社会所接受，宗教的认可乃是必备的条件的情况下，处在主导地位的宗教对于科学所采取的态度——或疑惧，或宽容，抑或积极鼓励——总会导致科学发展的巨大差异。①

宗教是人类认识的源泉与人类文化的根。

一　克隆人风险源自何方

（一）风险来自意识、信仰和人的观念

信仰是一种特殊的社会心理现象，是人的一种情感和心理体验，是人的意识和对周遭世界的态度。宗教信仰是神启的产物，它源于神而实现于人，是人对生存彼岸的终极关注；宗教信仰指导人的意识与行为，在这

---

① ［荷］R. 霍伊卡：《宗教与现代科学的兴起》，钱福庭等译，四川人民出版社 1991 年版，第 120 页。

里，“人间力量采取了超人间力量的形式”①。宗教信仰缘于对不可知世界的心灵体验、忌讳、敬畏与寄托，有着惊人的压迫力、惯性与威慑作用。遵循与再现传统的思维与行为方式，即遵守社会公认的规范、习俗、礼仪，巩固了原有的沿袭的信仰，先辈的传承、行为方式与典范就是道德的，就是真理。由信仰筑成的社会心理围墙，加之宗教情感玉成了基督教斯多葛—斐洛学说，人们怀着对彼岸世界的渴盼，决不敢亵渎神旨，并且有义务通过内心最深挚的虔诚守护它。

宗教由宗教心态、宗教行为、宗教组织和仪式等构成，其中作为其核心要素的心态就是信仰。信仰使受众虔信、崇拜与依从于神与教义，甚至为之献身。伊斯兰教把“信安拉、信使者、信天使、信经典、信前定、信后世”作为六大信仰；基督教的“信、望、爱”三主德以信德为先；佛教以“苦、集、灭、道”四真谛作为对人生缘起的解释并阐明人生的可证性、可修性，见苦、断集、证灭、修道与“业报轮回”是佛教徒最重要的修行与信仰内容。在印度教中至少有三种获得解脱的方式：羯磨（业）、虔信（崇拜）、禅定（悟解）。这些都是集中于“梵”上的解脱之路，以虔信为终极之法。杜尔凯姆认为：“神圣的本质是社会。”宗教就是人类信仰的社会，人类所谓的道德风险来自于社会意识、观念，这些观念与意识首先来自于信仰，其次是图腾和文化禁忌以及象征。抽象的人化亡灵、人造的偶像，传统的形形色色的仪规等，都制约着人的行为规范和行动选择。人类认为自己一旦违背某一特定道德文化系统即会受到严厉的惩罚——这就是道德风险。

（二）风险来自天道

中华文化的另一个道德风险意识来源是天道观。

中国古代自周开始就信天命，从《书》中的“大诰”、“召诰”；《诗》中的“文王”、“荡”；金文中的“毛公鼎”、“宗周钟”等都说明周人已信“天命靡长”，天是人类生存的最高主宰，并且，只有有“德”者才能配天膺命。天制“天下”，听天从命，惟顺天道，天经地义。

道德风险来自于神道与天道，凡违背天意者皆可受天罚。中华儒家学说是这个风险意识的重要来源之一，“巍巍乎，唯天为大”；孔子曰：“商

---

① 恩格斯：《反杜林论》，《马克思恩格斯选集》第3卷，人民出版社1972年版，第354页。

闻之矣，死生有命，富贵在天。”[①] “获罪于天，无所祷也。”[②] “天之经也，地之义也，民之行也。”[③] 董仲舒说：“道之大原出于天。”严复认为，天赋人权。这种思想集中于《中庸》。《中庸》第三十一篇写道：“大哉圣人之道！洋洋乎，发育万物，峻极于天。……溥博如天，渊泉如渊。见而民莫不敬；言而民莫不信；行而民莫不说。……天之所覆，地之所载，日月所照，霜露所坠；凡有血气者，莫不尊亲，故曰‘配天’。”孔子一生的追求莫过于入天行之境，《论语》的深刻思想源头也是天。中华民族是礼教的民族，中国是礼制传统的国家，在漫长的历史进程中，“夫礼必本于天”的思想滋养着官方与世俗社会。儒家一直以当场构成之诚解释终极实在的“天时”，并认为人不能通过概念思辨把握天道与神道的理念，同时强调“人欲”必服从“天理”。

汉以后，易学成为富有深笃影响的哲学流派，作为解释《周易》卦义之作的《彖传》是融合阴阳、儒、墨诸家思想的道家学说，其中“观天之神道而四时不忒，圣人以神道设教而天下服矣”（《观卦》），“顺乎天而应乎人”，“应乎天而时行”的人随天意的自然主义，与儒家的德治主义并行，成为中华文化传统的主体。《彖传》对天道运行提出循环论的解释，“知天乐者其生也天行，其死也物化”说明了天道对生死的主宰作用。道家的万物起源说、自然循环论、阴阳气化论、刚柔相济说均由“天地人一体观”所统辖。生之天性、生殖天行、生育天幸的生殖观固化于中国人的精神中，天命不可违，违者必遭天祸。天成为《老子》的终极情境，生存是一场无处无时不在的问题，充满了生死之争，一切宁静、欢乐、饱足、生命状态，除了“任天势”之外，别无选择。天网恢恢，疏而不漏，天所设定的终极形势不可避免。

中国人另一个行为选择的认识论依据是佛教哲学，佛教跨过悠悠的历史和茫茫的地域进入中华民族的人生观、世界观，其信仰、观念、道德规范和情感体验成为我们生活方式的一个重要组成部分，它的佛法僧“三宝”与戒定慧三行已经成为制约中国社会的一种隐形力量。佛教的天，为六道之一，即天然自然；人力不及天力，人的尊严应服从上面的天，十

---

① 《论语·颜渊篇》。

② 《论语·八佾篇》。

③ 《孝经》。

二因缘中的行因缘和五蕴中的行蕴是构成人身的一种因素，强烈的生存意志活动推动了人身的形成和生死流转，佛教淡化人的肉身与接受梵神控制的“小我”；天道乃最胜、最乐、最善、最妙、最高。《增一阿含经》中规定六道众生之一的胎生为人身唯一的生殖方式，其他卵生、湿生、化生均非人生，除非受惩处者。释家认为：五戒不持，人天路绝；人、天、三乘（声闻、缘光、菩萨）和佛不可破。

（三）风险来自宗族义序

中国是以伦理伦常组成的社会，而家庭是社会的细胞，孝悌、友恭为构筑家庭关系的原则，因情而守义，义序不可乱，此乃天定。中土道德以家族为本位，立五伦，重宗亲，农之始仁、孝、悌、义之极。亲亲、子子、君臣，辈从之分极明，不可有丝毫差池。如果错位，违反了秩序，则触犯了道德系统，必被判为大逆不道之人，天下也会随之大乱。中国的五伦就是中国的社会组织秩序，每个人的伦常地位分得十分清楚，非父即子，非兄即弟，非夫即妻，男女有别出于生理，长幼之分成于天然，辈分表示责任与义务。

孔孟、董仲舒与程朱理学，三代儒家均坚持五伦皆礼，认为子臣弟友之序性如天道，任何人不得违反。三纲主义一直是维系中国式农耕社会秩序思想的命脉，几千年来不管社会国家如何演变，一直支持着中华民族的辈分与身份的认知心理，成为坚固的家国一体的伦常构架。荀子把人伦连为四伦，如说：“君臣、父子、兄弟、夫妇，与天地同理，与万事同久，夫是之谓大本。”① 又说：“君臣不得不尊，父子不得不亲，兄弟不得不顺，夫妇不得不欢。”②

（四）风险来自《圣经》文化

宗教经籍是个独特的象征体系，它以文字为载体，使古代人类在特定的历史条件下积累和形成的宗教知识与观念得到跨时空的传播；这种较为稳定的表达方式使宗教信仰消融了个体差异，成为特定社团的集体意识。宗教典籍在指导人生和人类社会实践以及影响历史等方面发挥了巨大作用。

《圣经·创世记》给予人、神、性、生殖以不可改变的定义；基督教信奉生命创造是只有上帝才能完成的奇迹。霍伊卡说：“有关人类传统观

---

① 《礼制·王制》。

② 《荀子·大略》。

点与圣经中关于上帝一次行动中创造亚当不可分割。可以说，宗教是人类对人本身观念认识的源泉与思想之根。”①

预定论与上帝的自由意志有关，并暗示超越时限的上帝预知他所意愿之事；预定论强调耶和华的统治权。预定论思想对人的创造、尊严和地位予以肯定；对万物的预定，天地构成与人的关系（上帝决定人与自然秩序），人的定式、结构、形象与格局，人的罪过（原罪，再次破坏神的预设—重叠罪）等予以定义。预定论是西方文化的主线。《圣经》认为，被造之物存在一种秩序，这种秩序的安排是神设定的，不可改变。

《圣经》为科学研究提供了某种信息的源泉，规范人的科学行为；摩西哲学是在《圣经》经文中建立的；亚伯拉罕—塞特古埃及哲学投射入《圣经》之中；《圣经》神学取代了亚里士多德主义的神学注释；《圣经》通过世俗哲学发挥了影响社会和科学的作用。

“立约”是《圣经》中最核心的词汇之一，“约”（berith）在《旧约》中出现250次之多，仅《创世记》中就出现了22次，“约”记录了上帝与人类的立约关系；不管是以摩西作为中保的《旧约》，还是以耶稣作为中保的《新约》，都是以约法限制人类行为的；对基督徒来说，《圣经》几乎就是一部巨大的、神圣的约法；基督教就是约法的宗教；基督教文化就是约法的文化。

（五）风险：克隆人

克隆人的风险有突破人的信仰与禁忌，包括宗教信仰与非宗教信仰；破坏传统的人的形象和人类的尊严（世俗、宗教与官方尊严受伤害）、人的地位与情感受到伤害（模糊、虚幻、抽象）；性、婚姻、家庭、生育的经典或天赋格局被打碎；基因的生态秩序被破坏（重复），影响进化轨迹；人伦秩序遭到破坏，使辈分混乱，父母兄弟姐妹子女关系难以判定；人畜界限有可能被打破（异种技术），人类在动物界的至高无上的地位被动摇；克隆人个人家庭、社会与法律身份不明或难以确定；克隆人可能终身被观察、研究，终身成为被科学跟踪、研究的对象；其基因隐私公开、侵犯克隆人及其相关者的隐私权，由于其性状病状预知，可能会引起歧视与就业、教育和其他权利的危机；发生代际伦理难题，克隆人本人无法对

---

① 请参阅［荷］霍伊卡《宗教与现代科学的兴起》（钱福庭等译，四川人民出版社1991年版）第5章第2节关于《圣经》作为科学与源泉的论述。

自己的克隆人身份做到知情同意；克隆人心理发育、教育、社会地位（卑微或优越）会出现问题；继承权易于发生纠纷；单亲家庭与同性恋家庭的特殊伦理问题，等等。由于基因先存、具有商业价值则会出现商品化的纯粹工具主义倾向；更有可能在研究和“制造”过程中发生事故，更有甚者，这项技术会被任意滥用；对于专利与复制权、权力转让、克隆按钮控制权力、制度、法律、组织体系等都会引发致命的争议。

克隆人技术触犯了人的文化传统，是天道与宗教经籍不能允许的，由谁来承担这个巨大的风险？

二　后生命科学叙事与伦理清障

（一）后生命科学叙事与认识之断裂

清教徒认为，人类王国乃是对上帝王国的补充。人类王国是一个不断发展变化着的现实世界，现实世界的丰富性在于它被改造和不断进化；自然界是上帝与人共同活动的舞台，世界就是为人类利益而设计的。人类基因组计划、克隆人与胚胎干细胞研究是后生命科学事件。传统伦理学和神学伦理学在后生命科学时代的理论资源几近枯竭，已达边界；我们“只有同意识形态断裂，彻底改变其结构，才能有真正的科学”（阿尔杜塞借加什东语）。科学界、政界、宗教界和其他学术界、法律界应一边从传统中寻求辩护，一边解放伦理学和神学，使经典理论后现代化，以清除各种障碍，特别是伦理障碍，使人类获得解放。

人类精神在历史中生存；世界已不再仅仅是秩序，而是过程；我们应走出历史的时间性；克隆人的出现是后生命科学时代开始的标志；原有的高新生命科学技术发展时期只是一个科学过渡带，生命科学史从来就是由否定与反抗精神写成的；为了新的秩序，就必须有一次破坏。

（二）伦理清障

科学是自由的；科学家有创造和发现的冲动，有研究的权利和相对的自由。科学具有不以人的意志为转移的规律，可以自御风险；历史上没有一次科学研究活动因哲学、宗教或法律禁止而被中断，停止发展的，可能出现的只是技术应用过程的限制，而且这种限制大多是以科学自限为主的。

人是适应的动物，历史是适应的文明史，人将以新的观念适应后生命科学时代以及由此发生的文化变革。在新生命科学技术发展的同时，必须对传统伦理学进行改造；传统伦理学理论已不能解释高新生命科学技术所遭遇的新问题，甚至会成为其障碍；凡是伤及科学而又无益于人类社会的理性遗产，均应予以清除。伦理清障是一场神学和伦理学的革命，不管我们愿意与否，这场革命终将到来，生命科学技术的惊涛骇浪是不可阻挡的，历史的脚步是朝向未来的。

（三）辩护：消解道德风险

一切学说和主张都是辩证的，都不是僵化的。道家认为，“我命在我不在天”；在《老子》中，道已取代了天，道是自然之道，是人道、政道。中国人的道极似西人的存在（existence），并不是万物的主宰，而是真理的依傍和“众妙”的栖居之所。佛家主张：自度又度人；儒家说：“天作孽，犹可违”，“圣人之与天道也命也，有性焉，君子不谓命也”。

基督教哲学伦理学从来都是进步的，也充满了革命精神。加尔文认为：只有在信仰与督责、教训、使人归正问题上才接受《圣经》，如讨论其他，特别是科学问题，请另觅他处吧。“圣经不是科学研究的向导。”伽利略认为：《圣经》所揭示的并不是科学事实，而是关于灵魂拯救和精神方面的知识，即理性不能把握的真理，以及不能通过观察而发现的真理。

“《圣经》不清晰部分将由新兴科学结果来解释。”① 霍伊卡这句话意在科学与宗教的融通，共同处置知识的边界争端，使科学智慧获得宗教徒的信任。让“上帝”走进科学家的实验场，同样，科学家也伸出了“上帝之手”。这是很有意义的生命神学行动。

有些基督教学者的观点是，世界与人被选之后，每时每刻还要更新；人类并不是理想的模式，只是半成品，尚须改造与完善，人应更加完美，这个任务在“创世”之后就由“上帝”交付人类自己控制，自己做决定。

根据以上论述，生命科学家可以成为“上帝之手”（God's Hand）。其实，“克隆人技术行为伤害人类”这一命题只是一个情感陈述，它反映经典伦理和神学的评价标准与原则，不能为经验所证实，它不具有事实性内容；它不能成为一个定义；它只是被道德定势心理即道德风险程式所利用，这是一种糊涂的情感，不是一种理性的认知。它根据人内心生活和取向来描述并不存在的“伤害”功能，目的主要是唤起信仰，只具有心理效力，它只是宣称一种生存和信仰方式；为宣告献身精神，对信仰者来说“神”或

① 请参阅［荷］霍伊卡《宗教与现代科学的兴起》（钱福庭等译，四川人民出版社 1991 年版）第五章的有关文字。宗教改革家对《圣经》的科学诠释学以及方法，值得人们深思。

“上帝”是一个不可伤害的假设，表达信奉人为认信目标献身的一种终极情感。宗教伦理信念一旦成为判断应该与不应该的标准，就与公众感性材料同一，它为将特定的神学传统转为世俗传统提供宗教心理体验，使认识与判断模式成为认信的变体，它非理性地占据着判断，“当它被用来解释新情况时，常由于与宗教感情结合在一起，使个人生活日益合法化”①。

“克隆人技术对人类的伤害”是一种模式判断，它是传统的“根隐喻”（root motaphor）所引发的禁忌心理。人类的创造力不可预见，自由是道德责任心的先决条件。克隆人技术是文明社会中经过精心策划的非故意的科学行动，它冲破了《旧约》把人植根于自然、有限性、受造性、单一独裁性的传统；它建立了人类控制自我的新的责任体系和伦理规范。

每一个个人的独特性基于纯粹生物学理由，这也适用于具有独立身份的克隆人同胞。

根据巴伯的思想，我们可以获得这样的结论：克隆人也是新奇的基因组合，他的生命史也是一个不可重复的活动；他是一个独一无二的经验中心，他肯定具有不可穷尽的意识秘密；人格的神圣性和在根本上的平等，决定了克隆人的独立价值；他是特殊创造，也具有独立的个性，他既是对所谓“上帝之手”依赖性的张扬，又不是对遗传和进化的连续性的否定。

三　生命神学兴起与后生命科技革命

我们处于克隆人诞生的前夜，2002 年秋天与 1517 年马丁·路德改教运动前夜极为相似；每一场重大科学事件都会引发一场思想震荡或革命，而思想革命的开始常常由宗教革命作为号角，随之发生的是又一次科技革命。后生命科技革命将是第三次思想革命的新成果，这个无声的革命已经从第三次宗教改革开始，即生命神学的兴起。

起源于拉丁美洲以突出《出埃及记》为特点的解放神学（liberation theology），强调人的工作实践和创造实践，主张进入世界，探索未知，并在新的技术革命中获得人的解放与自由。解放神学还提出，神学必须从旧传统中脱离出来，参加社会生活和科学实践活动。

德日进神学讲的就是创造问题，这些神学家在辩论中认为，人是出现

① 这是巴伯引自 H. R. 尼布尔的一句话，请参阅［美］伊安·G. 巴伯《科学与宗教》，阮炜等译，四川人民出版社 1993 年版，第 152 页。

了，但是人神共同体并未完成所有任务，人只是过去进化和创造的半成品，人仍然是进一步改造和人化的对象。尽管我们是半成品，上帝已经要用我们去促进历史，促进进化，促进创造。这正是半成品成为成品的过程。

过程神学认为，上帝是宇宙的爱者，祂不但是始因，也是受到事物影响的承受者；哈特桑认为，在上帝生命的每一时刻，世界都在发生新的、事先不知道的事情，上帝的知只是相对的，人世间的事不必每一件都由上帝决定，祂充分尊重人的自由。面向世界、相对性、接受影响、不断发生变化，就是上帝的“后有性格”，人是创造过程的参与者，是宇宙创造者的同工。当代生命科学家可以成为上帝之手。生命神学从解放神学、过程神学和德日进神学中得到启发，面对生命科学技术的革命性进步，必须作出勇敢的选择，把无意中接受传统神学观的科学家、伦理学者和各学界人士从西方基督教传统文化中解放出来，共同扮演一次“上帝”。

怀特海说：“人由于参与创造过程，就有份于上帝的事业，这一有份就是他的不灭。在宇宙中作为与神同工的创造者，这是人的尊严与华美。”人的尊严是不断创造、变化与运动的，不是静态消极地等待，而是人类自我革新和自省的行动。人为什么不能扮演上帝？为什么不能履行改造或改善自我命运的使命。“Human cloning”本来就是语意的错误；复制等同于复活；我同意用“人的人工无性生殖”这一命名。基因决定论和克隆迷信都应加以反对。在反对滥用克隆人技术和反对商业化的前提下，应该宽容科学家，宽容克隆技术，宽容克隆人。

治疗性克隆与生殖性克隆在本质上都是生殖性克隆，星期是人类最具宗教色彩的最早的人为计时单位，罗马人最初把一星期定为8天，后来接受了基督教传统。用14天的胚胎作为分界本身就是宗教思考；这不是个准确的划分方法，不过是一种语言技巧或伦理政策技术，它更未脱离基督教的神学时间；它其实故意回避了问题的实质。如果依据胚胎发生学阶段的不同，完全可以更长，甚至如主张堕胎的政策一样，分娩之前均视为“非人”。划分为克隆人胚胎和克隆人，更符合我们的文化与国情。有关胎儿的科学研究的争论，完全是文化或宗教文化之争，是时间测度的宗教伦理争论。

《旧约》是从犹太文化中生长出来的，继承了犹态哲学强烈的历史意识，犹太民族特有的漂泊不定的境遇，使其只能在时间的蹉跎中展开生命。创世与造人是历史时间最重大的事件，这是犹太教基督教体系的一个创造；它不同于柏拉图的创世说，有一个初始参照的摹本，有质料与形式的准备；耶和华的创世包含了开天辟地的意义，是从无到有，遵循包括时间在内的逻辑秩序，7 日不单单是一个太阳日，而是对从此喧嚣不止的历史开始的第一场发动。时间就是开放，它既是霸主施加暴力，又是一位慈爱的民主之父，给予人以极大的自由。

> 通过创造了人类自由，上帝把一个基本不确定因素带进了尘世，没有一种神的或占卜的智慧，没有一种数学，乃至祈祷可以预见、预言这种不确定性，或者把它化合成为一种预先制定的运动。人类与生俱来的自由只是上帝创造众生和历史的即兴之作，是绝对不可预见的。①

我们应解放生命伦理学，建立具有时代特色和中华民族特色的过程生命伦理学和宽容生命伦理学，在真正深入的、冷静的、远离浮躁的理论研究中，开创中国的生命伦理学和生命神学。

眼下，有关基因医学中的人体性状增强技术存有激烈的争论，已成为伦理冲突的焦点之一。K. 贝尔格教授定义说："通过增加遗传物质或使之表达，重构或纠正缺失或异常的遗传功能或干扰引起疾病的过程纠正或预防疾病"是基因治疗；而"类似的转移遗传物质，意在改变非病理的人类性状"谓之基因增强。基因技术可能会导致意想不到的后果，假如对于人的个体形状和人类发展进程进行过强的干预，影响了人类的自然构成甚至人类进化轨迹，破坏了基因库，就应被禁止。②

我们深知，迟早有一天克隆人会成为一个无法预防的事实，仿佛有一种力量暗暗地规划和操纵着生命科学技术的历史，这种事件发生后怎么办？这才是一个严肃、现实、残酷的问题，人类历史中有些事是不可避免的。"伦理学错误地以为首要的问题是利益分配，而且往往以为获得利益就是幸福。其实利益只是幸福的一个条件，利益使人快乐，但幸福只能由自由行为所产生，是一种自由的感受。"③ 人的自由选择恐怕是最重要的权利。有些科学事件只发生于刹那，它不管人的文化偏爱，不顾人的意

---

① 安德烈·内埃：《犹太文化的时间观与历史观》，［法］路易·加迪等：《文化与时间》，郑乐平等译，浙江人民出版社 1988 年版，第 207 页。

② 请参阅本书第四章"医学宽容问题"。

③ 安德烈·内埃：《犹太文化的时间观与历史观》，［法］路易·加迪等：《文化与时间》，郑乐平等译，浙江人民出版社 1988 年版，第 124 页。

志，像大自然被一种内在规律所主宰一样，在火山和地震面前，人是何等的渺小。呼吁、讨论、制定条约与法律，但历史改变了，本来可以预料的事件发生了；我们再研究、呼吁、讨论，制定新的法律，我们总是被动地生存着。谁也抵抗不了历史，“一致同意”的思想方式是浅薄的和坏的，它几乎不具有思考价值。主动的宽容比被迫的宽容要好得多。有时宽容和有条件地宽容只是我们的一种无奈的选择，我们为什么不能争取主动快乐的宽容？宽容不是放弃思想，而是选择自由。

四　克隆人技术与现代科学自由精神

（一）科学共同体的责任伦理

1. 危机

把克隆人事件当作对文化在其科学范畴内产生的一个神圣的挑战，是伦理学的一次深刻的自省。人类生存的方式由于在新鲜的文化变革面前已转换成一种不安和祈盼。伦理学必须给予这种危机或威胁一次成功的回答。如果伦理学拒绝根据这种危机被改革和发生应变，那么，接着发生的就是人的精神危机。

克隆人技术重新引发了人对自我认识的障碍，重新引发了人的本性、欲望和解决人的利益问题的冲突；关于人和人性的探索从来都充满着迷惑和争论，人学方法论危机也成为这个新世纪到来之后有关人的文化的世界性危机。西方文化的真正危机一直被认为是用科学和科学主义挤压了人文主义，从而忽视了人的问题；人类为了有限的利益，为争取陌生感和刺激强度而拼命攻克科学难关，最后终于停留在“造新人”的困惑中，只有超越才可以解释终极意义的问题，生存依赖于这种信仰的超越。

克隆人的伦理危机与困境同其他新的生命科学技术有着更复杂的社会背景，宗教的法律的和经济的尖锐冲突更具有特殊性，它是关系人的尊严和地位的一次挑战，也是技术对理性的示威。“本体论的失误是伦理学危机的根源之一。”① 德性生活原本涉及的医学实践的合理与公正遭遇了前所未有的事件，如果不改变传统的正义观念和科学伦理观，就无法面对这个突发的重要事变。这是一个象征性明显又极具代表性的转折点。哲学第一原理、中心性、传统科学的目的性都面临着新的选择。当我们一直信奉的主

① 高国希：《走出伦理困境》，上海社会科学院出版社1996年版，第2页。

义一夜之间全然变得窘迫、局促、苍白无力时，我们如何应对现实中的问题。当“迫我不得不图改变”时，难道我们选择逃避？幻灭感与文化破碎感以及自我无异化分裂感都会使人们与永恒的真理发生疏离；我们正是怀着这种心绪，在后医学文化社会呼唤积极的后现代伦理对于传统的“修订”。解构之后的重建与理论再创乃是对待危机的最好策略。我们无须陷入“上帝已死”或“现代已死”的议论之中，但毕竟我们每天都感受着由于克隆人而带来的种种焦虑与不安。其实，社会价值观的失落和传统唯理认知方法的失败早已造成思想的混乱和茫然，激进的、否定性的后现代主义还未来得及对伦理学或宗教神学理论进行全面破坏和解构，就已完成了它的过渡时代；当它开始影响医学伦理生活时，可能已展开了新生命伦理学理论的重建工作。生命伦理学是一个时代结束和另一个时代行将开始的过渡产物；它接受了旧传统的乳汁，却蒙恩于后现代思潮。恰好在其发源地体系尚未完善时，这个转折就已气势磅礴地展开了。生命伦理学接受了这个恢弘的历史变革，在某种意义上，生命伦理学本身就是后现代的。

伦理认知是对“人”的认知，迄今对“人”的认知的伦理却遭到了致命的打击，不仅“上帝造物”的人的权威受到动摇，而且一切有关人的科学观念、世俗伦理，官方的尊严都面临着全面被颠覆的可能。在危机面前，麦金太尔指出：

> 传统意义上为一定人类群体所公认、所推崇的“德性”，实际上已不复存在。以原有的那种非个我性的、群体主义的、客观的和公认的道德标准则正在丧失，其结果人们各自以自己的道德判断标准为出发点，对其所偏好的生活方式和社会行为加以选择，对相关事物加以随心所欲之评判。①

麦金太尔和每一位激进的勇士一样过于感情用事，常用激情替代冷思，但也正是这种精神给予很多人以信心和希望。

2. 超越与伦理学重建

危机是革命最常见的酵素；文化的危机不可放任自流，伦理资源的危机最先会引发一种背叛的传统，其结果往往是对经典的超越。超越之前必

---

① 卓新平：《基督宗教论》，社会科学文献出版社2000年版，第223—224页。

须清障，超越之后必须重建。清除陈旧的、落后的、已经沦为进步障碍的理论，是后现代伦理学的重要任务。

存有的障碍是："天命不可违"的命题；"不可扮演上帝"的命题。天与上帝都是"自有"与"存有"的；任何力量与因素都无法改变，万物靠它们才存在，才得以繁衍，它们是第一推动力量，对于生命它们是万能的。

自然生态的障碍有：大自然既然是天定的，由上帝所为，就是不由人的意志改变的；人不可以改变自然性的生殖方式；只有上帝造人，人不可造人；一切不自然的生殖方式都是违背天意的。

认知上的障碍有：人类历史业已形成的固定的生殖模式，是不可以用其他形式代替的；人类已习惯于这种方式，新方式从心理上不可被理解与认知；宗教经验与文化思想顽固地驻守在我们的意识中，谁也不能破坏之。

言说与话语上的障碍有：舆论与社会交流中的话语对新的生殖方式产生排斥的压力，话语中表现人的世俗或官方的尊严，但具体的禁忌与忌讳万不可言传，即使有稍微的言说的疏离也有被歧视和孤立的可能。

文化习俗上的障碍有：禁忌本质上是文化的，是由人类自己建立起来并一直珍存着的；借助象征与符号，人类一直视生育繁衍后代的方式是天理，这是人类共有的，谁也不可违犯；有一种神秘的力量成为这类文化风俗的基础，违反这些文化规约必引发灾祸；禁忌所预示的风险始终潜伏在某处，不可言说，但它无时不在，正如雷纳克所言："禁忌是这样一种禁规，它不能论证，也不带有奉行者干预的威胁性，它的目的是保护人们免受他们所不能察觉的危险，特别是免受死亡的危险。"①

道德上的障碍有：禁忌强调的是行为的后果，道德强调人的动机；道德的身后是一种强大的舆论，对道德上善恶的裁决有时应借助于法律工具；社会的伦理选择是一种综合行动，它往往融入所有存在的因素，获得共有的判断；"克隆人违反伦理"的命题是一个综合的立论，克隆人的行动障碍不仅仅来自于道德，而且由伦理作出最后表述。

清除以上六大障碍是文化进化的必然，由伦理学解决的理论革命可被称为伦理清障。已存有的理论是非个我化的普遍存在，它的定限是先验的。我们一直不断地追求文化上的完美性，用理性成就赞誉科技进步，但一旦遭遇障碍便会陷入思虑。我们往往不去摆脱或清除思想的羁绊，而是逃避

① 金泽：《宗教禁忌》，社会科学文献出版社 1998 年版，第 21 页。

或停滞。这里需要的是超越。人必须超越传统，人也一定能超越传统。

在克隆人的文化理论重建中，伦理学家忘我地承受了压力与重力，这场超越、清除和重建运动是艰巨的，是充满险恶的。

第一，“我命在我不在天”的观念就否定人的先天定限，“上帝”是允许人做生殖这件事的。第二，“自然生态”正在发生着改变，技术已对人体进行了各种改造，改变性状、延续寿命、其他生殖方式已被接受。第三，人们在认知上已经视新生殖技术为正常，“天人同质”、“天人合一”的认知已成为一种生命道德观，人可以扮演上帝。第四，有关克隆人或胚胎干细胞的国际或各民族语言正发生着变化，交流的话语已分裂为数种，“克隆”是一种误解，因为“克隆人”的生殖并不是“克隆”，去核卵细胞还负载着可以遗传下去的数万个基因，腺粒体 DNA 也并非来自“被复制者”（Human cloning），一开始就发生了文本错接，科技语言被移植成技术乌托邦，“人的天性生殖”失去了真实的意义，随之被误解，此应清除。第五，文化习俗可以改变，由生物学因素所支持的生育文化正在发生剧变，不需男子精子，卵细胞去核，子宫借用甚至“人造”正在淡化人类的天性，作为人类智力的符号性产物的文化风俗，正在选择新样态，这一样态乃源于高新生殖技术，“人的克隆”的技术正在摧毁原有的生殖角色定位。第六，伦理学应指向未来，如果某种理论不能圆满地解读眼下发生的事件，难以评价其善其恶，难以说服人应该或不应该，不能指导人做或不做，这个理论还有价值吗？出于尊严（不管是俗民还是官方）就可以发布文件禁止一项生命技术吗？“国时作焉，百物生焉，天何言哉！”天不言，以行以事，示之世人而已啊！

生殖技术的伦理学在渡过危机之后，必然会呼唤“变法”与创制这场不可避免的革命：

> 1）有限制的克隆人技术是符合道德的；2）生命科学家在克隆人技术研究与应用中应得到宽容；3）生命科学家在克隆人技术研究与应用中必须是有节制的；4）科学家在应用克隆人技术时负有道德责任；5）功利论、价值哲学、后现代神学等支持生殖伦理学的革命。

3. 科学家创造的冲动和科学自由

科学探索充分表达了人类对未知世界的好奇心，集中体现了人性中创造的喜悦和冲动。人有强烈地创造欲望和需要，这最充分地表现在科学家的活动中。生命科学家有更多的改造生命或创造生命的理想，他们每天都接受着这种诱惑与刺激，他们面前有某种可能的但常常意识不到的禁区，并不断试图冒一些风险，这和他们所获得的愉悦比起来是微不足道的。

科学创造与科学发现的激情有时会给科学家注入一种癫狂的力量，他们能够克服一切困难，奋起反抗，排除冷漠、讥讽与怀疑，不畏攻讦和迫害，不轻易放弃自己的事业。伽利略、哥白尼、哈维、巴斯德和达尔文都是这样的斗士，最初都是由创造的冲动燃烧起这种对科学创造的热情的。

克隆人的研究必须证明克隆人研究是有意义的，是可以造福于人类的，如治疗疾病、增强人的性状、培育供体器官、改善生命和延长寿命，等等；如果这些都成为事实，并且所带来的威胁、危害和风险又是可以克服的或者远小于益处，又是可以避免的，那么，这种意义才是真实的。只有对冲动进行剖析，我们才会体味科学家那种“冲动”是可爱的，是应该保护和鼓励的；如果某项科学只能应用于反人类、反社会，这项“冲动”就必须被遏止。

> 生活首先是一个存在论事实，在它的存在论问题被阐明之前，任何断言都将是没有根据的。唯一正当方式是仅限于以生活这一存在论事实所能分析出来的东西作为依据。①

这类明证是必要的：（1）科学家的冲动如果主要在于有益的研究工作，其结果对人类社会是有利的，那么这种存在的事实是必须保护和鼓励的；（2）科学家的冲动和创造性劳动的主要部分是有利于社会的，而不利于社会的部分可以受到限制，这种存在的事实应给予保护与支持；（3）科学家的创造性工作如果部分有利于社会，而部分带有对社会的威胁，在伦理学上必须对有害的部分进行全面的预测和理论论证，如果对其有害部分可以予以限制或通过立法限制，在科学上可以避免灾难的发生，就应予以批准，但应关注其危害的发生；（4）科学家的创造性工作如果存在较大的危害，但这种危害可以避免，而它对人类的利益又很难预测，这种工

---

① 赵汀阳：《论可能生活》，三联书店1994年版，第21页。

作就必须予以限制，并规劝其改变研究内容；（5）科学家的创造性工作，如果肯定其会产生危害甚至对人类是一种灾难，全社会都必须予以谴责并禁止。

克隆人的研究属于上述第二类明证，我们应予保护与支持。

人的生活是创造性的，科学家的生活更具有创造性，这种生活集中了人类的审美感受和发现未知世界的热情。科学的冲动其实一直充满着"善"，它是整体道德的一个部分，它涉及人、世界和宗教的真实状态和需要，它的价值体系从来都是科学道德选择的基础。压抑创造冲动，常常是不道德的；有时这种压抑反而会引起道德上的邪恶，要靠良心来治理或疏导，不致因冲动的抑制而引起负面强化。当然，在现实中必须把道德上善的同内在善的所指加以区别，在生命科学创造中，我们应该追求和促进那些自身就是所谓善的行为状态和体验，也更要关注它们所产生的效应或结果是否符合社会和人类普遍的价值和标准。科学家创造的快乐有些是与道德选择无关的，但它却可能会导致道德的后果，如果只追求创造的一种愉悦而不顾及公众的利益，甚至伤害社会或人类就是一种恶行。因此，科学的自由是有限的，是被道德责任所限制的。善行必须导致利益、健康、爱、团结、快乐和避免痛苦；这些效应都是可以计算与衡量的；但克隆人的研究却不可能通过计算确定在道德上是否应该做。我们的常识、习惯和经验以及其他可以提供计算的因子不可能令人信服地代入这个尚不存在的算式里。这个价值判断又受到文化因素的影响与干预，伦理学的辩护就显得十分软弱和无力。如果通过计算可以获得是否进行某一项选择，或者某一选择是道义的，这固然值得；但这种计算对于克隆人伦理判断则无能为力。科学家也许出于纯粹的创造冲动，并未顾及其善恶的后果，因为他们没有伦理判断的经验和习惯，只是为了追求创造；责任感已经在当代生命科技时代被淡化了。

自由是人在允许限度内对这样或那样行为的选择；人的自由结构是人的连续的生物学的、心理的、社会的及其理性和感性双重决定上行为选择的秩序。"行为是把感性和理性世界结合起来的媒介，而在康德式实践理性自我立法的道德法则之中充分包含意志自身的根据，但为了实现意志，就必须对意志对象作出规定。"① 现在我们无法凭空判定克隆

① 请参阅孙慕义《后现代卫生经济伦理学》，人民出版社1999年版，第198页。

人技术行为的善恶，也就是说可以把这项技术看作是中性的，必须参照其行为后果的形成方式，其理性方可进入悟性范畴，实践理性才能以行为方式提供评判，并且同时参照目的与结果，如此，科学家以纯粹意志的自发性为基础的理性范畴，就可以成为实践理性因果性的自由范畴。欲求有各种各样的对象，人通过自由范围，决定对这些对象进行选择，欲求则被提升到理性意志的高度。偏爱必须有理性的指引，自由才是清醒的。“自由是自然世界的赠品”，但自由总是有限制的；如果自由无限，就不会有自由。自由是理性世界的秩序，正像“量”的表达式准则发展到法则所表述的那样，一切行为终归要进化为接受道德法则的制约。情状的范畴就是指导一般实践原理向道德原理过渡的范畴。每个人，包括科学家在内，都必须听从良心的召唤去选择自由，从根本意义上讲我们“是自由的”，但不是“有自由”；“是自由的”评价“自由的”情状，“有自由”是自我感受；如果听从良心反省自身，在道德反省中生存，将获得行为选择的最后自由。存在主义并非鼓吹无拘束无制御地建立在诸价值合理性之上的绝对自由，萨特不否认存在自由的责任。萨特同海德格尔一样，经过康德向黑格尔式复归，因为黑格尔认为历史是自由增多的过程。完全的自由意味着只要想做就能做到，但这种不遭遇任何挫折又容易做到的事是极其有限的，对有些人有些事来说，几乎是不存在的。范伯格一再申明“实际发生”和“意向中的”两种自由的差异，即意向性自由只有在作为欲望满足手段时才是有价值的，自由和欲望满足是两回事。自由必须合理地排除某种障碍或约束，这种障碍和约束必须在不合乎法律或代理规约的情形下，才是非要被清除的。传统和整体的约制当然不一定就是合理的，因为伦理也必须发生变化。禁止规则的“内在权威”，除内在良心认同外，还须经过反复的分析和辩护，最后解决新生事物与传统伦理约制的冲突。

4. 生命科学家与科学共同体的道德责任

自由是相对的，自由是有条件的，自由是有限的，自由必须服从于行为目的，自由应作为正义的后果，自由是理智自主，意志自由的前提是对科学必然的一种认识，“按照个人意志利用必然性改变偶然性选择最后的可能性”，必须是遵循一定的规则，规则是自由的前提，这个规则当然可以依据人类的共同意愿而不断更新和重新制定。自由必须服从于责任。

道德责任感源于行动本身，可能会出现伤害人和社会的情形，或违反社会普遍通用的规范，而且我们又关注社会与他人的利益；道德责任感是一种“反应态度”（reactive attitudes），是人际关系和科学生活中人格特质的一种态度。更广义的责任观是指科学家必须对这个社会负责任，因为文化活动中隐含着深刻的道德责任，包含着对积极的结果和消极结果的反应。

生命科学家与科学共同体必须经过考虑和成熟的判断才可以采取某种小心的方式进行克隆人的研究工作，并且在创造冲动之后便理性地查询这把双刃剑的利弊是非，而不是直觉地感知它的后果；或是经过辩论之后确定某项原则，获得“反思均衡”，应在负起道德责任后再进入行动。克隆人的科学活动无法用“无知”来进行辩解，也不能用“强迫”作为借口，而是一种科学意志和情感，“亚里士多德式的条件”不适合于这项科学选择，我们的焦点是：

> 关于道德责任的与自由有关的条件，而不是认识方面的条件。这似乎内置于我们在考虑这些事情的方式中的一种基本的预先假设，为了负起道德上的责任，一个人必须在某种意义上控制他的行为。①

责任感是控制的基础。责任是人的一种理性成分，抛弃对他人的爱、同情、尊重而一味追求创造的刺激所带来的愉悦，作为行为者置社会利益于不顾，这种失控的行动当然应受到谴责。道德责任感就可引导我们进入一种友爱和谐的境遇，具有这样觉悟的科学家当然会拥有良好的控制力。对克隆人技术使用、有限使用、拒绝使用或研究是一种特殊权利，也可以理解为我们所讨论的自由；其实，对此进行责任的思考可能会比引用一个权利概念更合适，因为就医学科学生活和环境来说，责任更能表达伦理价值选择的严肃性。在科学家参与的环境中判定价值，更能显示出由意识形态所引出的自尊和在这种特定的境况中伦理充当调节工具的思想。以克隆人技术为标志的生命科学进步从本质上扩大了人类改造自然生殖的能力，同时比以往任何一项技术的发明都扩大了我们的责任，而绝不仅仅是单纯的权力。责任的量和质的扩大，使人类选择的难度增加，这种新一轮的选

---

① ［美］约翰·马丁·费舍、马克·拉维扎：《责任与控制》，杨绍刚译，华夏出版社2000年版，第9页。

择也是伦理自由与伦理解放的过程。价值多元化和伦理相对主义在后现代社会是否能够作为克隆人或其他敏感的生命科学技术准入的理性依据，应该引导学界对之加以争辩。

技术扩大了人类的责任，责任的数量与性质都在不断扩大，我们选择的权力和余地也随之扩大，理论的限制和传统的束缚使我们陷入了两难，技术应用的现实促使我们想到解放，一个现代的、开放的、自由的生命科学技术新社会会使我们再次进行价值观的调整。如果没有新的、正确的、适时的生命价值观的改变，我们将失去真正的自我尊重。尽管这种改变或调整是被迫的，它也是一次至关重要的思想解放运动。克隆人技术逼迫高尔顿和赫胥黎式的科学方法与道德责任相联系，使其进一步具有深刻的文化性，也使对人类文明生活的挑战更加激化。对伦理价值的选择就潜含着一种责任，责任是一种道义，道义应以契约、政策与法律显现它内在的精神，从而充分保证科学家或科学共同体的科学自由。要使社会中各种人都负有一定的责任，遵循共同的准则进行单一模式的生殖是困难的；但这并不排除每个人都具有生殖过程控制能力；因为每个人都以知识、教育、信仰作为基点，理性地对社会秩序的稳定负有责任。我们探讨与主张的是，除政府与最高决策之外，有关生殖，特别是新的生殖方式所引发的一切后果，人人都负有重要责任。责任并非排斥应享有的权利，责任并非反对公民的生育选择自由。

伦理化的自由必须建立在伦理责任的前提之下，我们要为因克隆人研究这个事件而发生的危害负道德责任，我们就必须对这个事件能够实施管理控制；科学共同体既然有能力完成这项科学计划，就必须履行有关这项计划的指导控制和管理控制的责任；我们有时无法阻止一件事的发生，但我们有责任进行指导与管理。盖里·沃森（Gary Watson）提出道德责任“多重来源”的一致性理论，他刻意研究了偏爱的不同来源，以及对道德责任的影响。依照沃森的理论，“估价的偏爱”往往不如“动机的偏爱”更有效用。克隆人研究者可以放弃或无视研究目的与理由，只凭感觉驱使操作其行动。沃森认为：“评价的偏爱反映了行为者可以用来辩护的东西，把他的生活作为一个整体来进行考虑。”①

---

① ［美］约翰·马丁·费舍、马克·拉维扎：《责任与控制》，杨绍刚译，华夏出版社 2000 年版，第 173 页。

既然在实施克隆人技术这一行动的评价偏爱和动机偏爱之间有某种一致性，那么，克隆人技术的行为科学家就应该对这一行动负道德责任。

克隆人的诞生过程是人类的历史过程，这一成果是科学家行动的结果；这一科学行为的后果所可能引发的伦理纠纷都必须得到逐一地解决，并且合理地处置，至少应对当代社会作出一个公正、有说服力的答复；这一行为确实是为造福于社会或在不伤害社会的前提下造福于某个人，同时与医学科学的目的不相悖。

人通过一定的机制承担道德责任，并在环境关系的作用下，逐渐拥有对这种机制的所有权，最后在对行为进行选择的同时必然会出现对该机制的理性反应。他可以习惯性地对行为后果进行伦理判断，采取反思性态度，其行动的取舍显然充满责任感或使命感，行为人可追随社会与历史，确定本身的科学立场，或是把这一科学行动看作是个人的一种信念。“道德责任是一个真正的历史现象”，科学家必须明确这一点，并附丽于行动。有意回避后果是不正当的，也是有害的；科学家不仅要学会科学判断，也必须学会伦理判断，应把伦理判断变成一种科学自觉，科学世界就会变得阳光普照。

当然，理性的范围是有限的，理性从人的具体的、个别的存在中被抽象出来并被当作人的本质，克尔凯郭尔是不同意这种说法的。他解构思维与存在的同一，就是为了否定从理性、思维中演绎存在的可能性，通过对存在的重新诠释，他嘲弄了理性对生活超越的观点，同时告诫道，“理性并非理解人的最有把握的钥匙”，理性之外还有无限可能性的领域，偏爱、执着、好奇、追求刺激等对理性传统形成了正面挑战，人重新返归生活的中心，科学家作为有情感的、具体的、鲜活的人则成为可能。康德揭示的理性陷入二律背反的必然命题，其实已经打破了理性至高无上的权威，克氏再一次将这一哲学化为现实，他与叔本华、尼采共同“开启了以非理性形态出现的现代人本主义对人的存在的理解的基本思路”①。

看来，科学家的行为既要受到控制，又要有非理性的自由，这个讨论已经为克隆人技术的实践提供了哲学的考量，同时预设了这一科学事件的必然发生，它不是几个大国的公约就可以阻止的。这与科学家和科学共同体负有道德责任是不相矛盾的。

---

①　王为理：《人之问》，上海三联书店2001年版，第67页。

（二）克隆人技术研究及应用

1. 克隆人技术研究与应用的道德底线

（1）科学是自御性的

人类在发现自然和创造自然的过程中已经认识到自然科学的自御性。科学定律同样具有感情体验与心理体验，它虽然是创造想象的产物，但必定是审美判断的材料。它满足人类的渴望，它更是事物的一种事实。科学加载于这个人性的世界，科学成果始终具有理性，它不可能由于伤害人类而自然生长。科学的构象（construct）始终在人性的阈限之内，人何以会制造一幅荒诞的、变态的、反人类反社会的产品去伤害人类本身？普朗克写道：

> 我们思想的规律与我们由外部世界所接受的印象过程的规律性相符合。……外部世界代表一些我们所遇到的、不受我们影响的绝对独立的东西，而探索这种绝对独立的规律，对我来说，是一生中最吸引人的工作。①

胡塞尔早在20世纪30年代就倾注了大量心血投身于对欧洲危机的哲学研究中。他认为，实证导致了欧洲大陆根本的生活危机，他特别指出，出现科学危机其实突显了哲学危机、文化危机和道德危机，失掉人文性的科学应该是这场危机的祸首。科学哲学运动引爆了伦理思考的导火索，科学家也加入了这一科学回归人道的过程。

科学自御性主要源于人的价值。科学首先是属人的，人的需求与生存始终制约着科学的应用，科学的发展不断加重着人类的责任；科学的技术价值与人的价值最终总是会实现统一的；科学技术的异化也不是科学的本质，科学技术对人类社会的积极作用必须超过负面影响。科学技术是为人的；如果科学技术的异化给人、自然、社会带来负面影响，则是社会制度和人本身之恶造成的。爱因斯坦说："科学是一种强有力的工具，怎样用它，究竟给人带来幸福还是带来灾难，全取决于人自己，而不取决于工具。刀子在人类生活上是有用的，但它也能用来杀人。"②

---

① ［美］J. 伯恩斯坦：《阿尔伯特·爱因斯坦》，高耘田等译，科学出版社1980年版，第80页。

② 《爱因斯坦文集》第3卷，许良英等译，商务印书馆1979年版，第56页。

科学是由人驾驭与控制的，科学本身所具有的积极向上的力量，必定会压倒被邪恶所利用的倾向与可能。科学是文明的标志，由人们的社会存在决定科学的属性，科学自身的规律由人的意识所决定，而人最终会用爱、和平、善良、尊重去战胜仇恨、战争、残暴与歧视。爱应是科学的全部，爱是人的生活的第一内容，人的文化则是爱的文化，没有爱的科学必然会被科学自身所抑制。

（2）人类对克隆技术的心理适应与文化适应[①]

（3）克隆人技术的道德底线、规范与程序

维持、改善或改造生命的理想，是人类的一项客观必要的事业，正是因为人类渴求更好的生命理想，生命科学技术才会朝着一个无止境的未知图景径直远航。没有不变的事物，科学总是朝向未来而发展的，我们的工作不是阻止科学，而是制定规则，使其在一个基本的道德规范内运动。

任何科学行为都存在着某一个道德底线，尽管这个底线的具体划定受限于变动不居的文化和社会环境。道德底线是制定规则的前提，更是为科学技术提供自由空间的基础。如果限制无限大，则这项技术或是不开展，或是非法开展；如果限制无限小，表面上有了极大的自由，结果会导致滥用和反社会行为；这里我们可以引入以美国经济学家阿瑟·拉弗（A. Laffer）名字命名的著名的拉弗曲线：

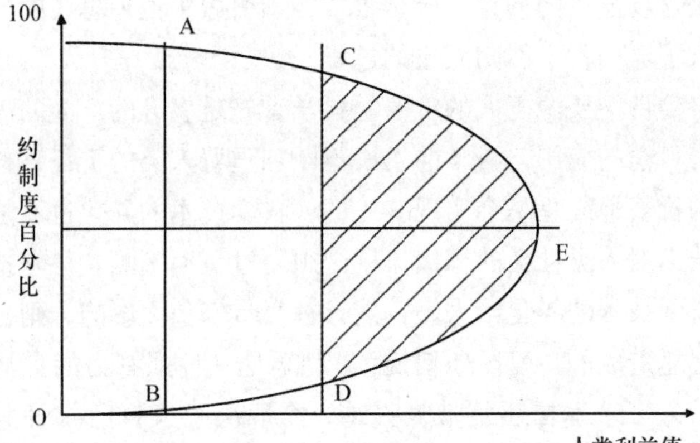

该曲线说明，当推动行为规范，约制度为零时，表面上科学家可以自

① 请参阅本书第三章“生命伦理心理的后现象学证伪与生命原体的适应”一节。

由行动、放纵自己，但科技成果必定会被滥用，社会和人类利益将受到无法控制的伤害，科学研究和技术活动将陷入无政府状态。当约制度为100%时，即全部禁止，科学技术将因受阻遏而停止，科学则陷入危境和萧条之中，科学家失业，社会和公共利益受到最大损失。拉弗曲线正处于两极之间，当约制度从B点、D点上升时，人类利益也在上升。在到达E点时其利益达到顶点；约制度连续上升则进入阴影区，科学家因约制度过大，其积极性受挫，活动减少，失去保障，人类利益下降。可能有一个例外，那就是用违法犯罪或其他反社会的途径转移科学家的创造欲望，如雷尔邪教等。在这个世界上，总是存在着产生同样利益的两种约制度，在A点与B点，C点和D点尽管其约制度高低相异，但人类所获利益却是惊人的相同，拉弗本人曾说，E点不仅仅是50%，而是一个奇特的可变数字。①

拉弗原理是古老的中庸之学的一个转换，A点与C点正如孔子所云"过犹不及"，德行就是中道，是对中间的命中。不放纵、不禁锢，宽容、宽松、宽厚，而不是无法可依，严格、严谨、严密，但又不是严酷制裁，对于人和人性的事务，不能不考虑中庸。"从律不奸，得数有常"，天、地、四时、风雨、循常道之正道，天下皆宁。极是术，"中"方才是"道"。

克隆人技术的道德底线就是一个E点；是在宽容的前提下予以适应的，但又是可以视伦理背景而加以调节的；准许有限的发展；禁止滥用；禁止商业化；不伤害社会与人类；尊重；公平；不冒犯；技术成熟者可以得到有限地准入。

科学生活从来都不应是盲目的，它不仅是一个现实的目标，目标有时可以通过克服困难去实现，而目的却饱含了人类精神上的追求。目标承担不了生活的意义，因此我们必须关注克隆人技术的目的这一人道主义的价值。科学规范正是为了科学的生存，为了人的生存或是人的生活、人的自由过程，强迫性不应抑制人的创造性生活，而是为了减少伤及人类；如果人类或一部分人有渴求，它又不伤害社会或他人，我们就没有理由强迫性地限制这一科学活动。

克隆人的技术研究与应用的法规如下：

总则：当该项技术十分成熟并不可阻挡时，人类应在有限的规范下，谨慎地予以发展，目的是造福于人类；克隆人技术必须肯定人类生命的神

---

① 孙慕义等：《医院伦理学》，黑龙江教育出版社1996年版，第333页。

圣价值，在宽容的前提下，坚持“不伤害，不冒犯，不滥用，公正，尊重，行善与自由”的原则；反对商业化；接受人类共同公约的限制与监督。

组织与人员：参加国际公约的国家与地区必须选拔高水平的官员与科学家组建克隆人技术委员会与克隆人技术管理委员会，由国家领导人授权的委员会必须吸收一定数量的伦理学家、社会学家、法学家与宗教人士参加。

委员会下设1—2个技术精良并成熟掌握克隆人技术的科学家构成的克隆人技术中心，其他任何机构、单位或个人无权进行该项目的研究与应用，否则被视为违法。

中心必须无条件接受委员会的监督与指导，任何项目都必须经过审批方可开展；所有人员必须谙熟克隆人技术法规，接受伦理学训练，明确职责、权利范围。

如果任何人员违反法规或有违规嫌疑，则必须接受审查与不同程度的处理，直至判刑。科技人员必须在规定的场所与范围内工作。

规范与程序：技术规范：克隆人的“母”本或“父”本必须符合克隆技术的健康条件，其中包括生理、心理、社会适应能力与道德上的规定；国家委员会同时制定的技术操作规范应包括对体细胞、去核卵细胞、植入子宫（包括人造子宫）等的严格监控；一次性发育凡超过单个数量的胚胎，必须在14天之内予以处置，如超过14天，对其是否用于科学研究或临床治疗必须由国家委员会批准；一旦发生意外与事故必须由独立的事故处理小组经调查、取证后提出处理意见，上报委员会，不经过委员会批准，任何人不准擅自处理；如由于事故与意外，克隆新生儿发生严重畸形或无法医治的严重缺陷、先天性病理残缺，绝不准许私自进行安乐死。

伦理规范：克隆人与母（父）本相差超过或等于20岁，可以根据被克隆人或法律代理人的意见，视为其子女，应享有婚生子女的包括继承权在内的所有权利；如果克隆人与母（父）本相差小于20岁，可以根据被克隆人或法律代理人的意见，视为其兄弟或姐妹，如果克隆人与母（父）本相差小于或等于15岁，必须视为其兄弟或姐妹；克隆人到规定年龄后应享有公民的一切权利，社会与他人必须视其为与自然生殖方式生育者等同的人，不得有任何歧视与特殊规定；指定研究机构可以在法规的允许下对其进行定期体检，但任何机构与任何人不得将其作为研究对象进行研究；禁止任何形式的商业化；知情同意书的基本内容应是：不伤害、不冒犯、不遗弃、不反悔，接受委员会的所有规约、终身合作等。

程序：已婚本人提出克隆意愿，经夫妻双方同意，经指定执行机构鉴定，由专门专家小组汇总材料后上报国家克隆人技术委员会批准，当事人签订同意书并履行所有程序、法律公证后，方可施行。

补充规定：

如果同性恋家庭合法，同性恋家庭经委员会批准，可以使用克隆人技术；被克隆人体细胞的获得须经当事人同意，可视作自愿捐赠，未成年人须经监护人同意，已去世者的体细胞所有权归本人所有，其配偶必须提供足够证据，表明其生前准予克隆的意愿，方可施行，否则将视为非法，其克隆子女应视为婚生子女；禁止克隆人广告；克隆技术不宜享有专利权。

第二节 生命的大同社会、伦理委员会与后《赫尔辛基宣言》时代

2500年前，孔子提出“大同论”，似同柏拉图的“理想国”，后来又有摩尔的“乌托邦”、傅立叶的“法郎吉”等，大同一直是我们的理想。[①]

> 虚含虚，神含神，气含气，明含明，物含物。达此理者，情可以通，形可以同。同于火者化为火，同于水者化为水，同于日月者化为日月，同于金石者化为金石。唯大人无所不同，无所不化，足可以与虚皇并驾。[②]

人类的事物与人本身就是那样的，就如同“阿门”[③] 为人的情感的统一和一致性一样；“诚心所愿”，是人类对于大同世界的理想。而生命存在的基本元素是一致的，道德的本质亦应合于这个大同。大同是道德的终极目标。

人走向大同、追求大同世界，但其言其行不可完知完信。首先，人极难以真正视同类为一等。“爱人如己”何其难也。康有为由此先宣教大同思想，后著述《大同书》；汲取了孔子大同说和基督宗教、佛教“平等”之教

---

① 此可参阅周有光《朝闻道集》，世界图书出版公司2010年版，第3页。

② 谭峭：《化书》，中华书局1996年版，第27页。

③ “阿门”：最初用于犹太教，后来为基督教所采纳。基督徒常在祷告或赞美时，用“阿门”作为总结和肯定。亦作“阿们”，希伯来语“āmēn”的译音，意为“真诚”，表示“诚心所愿，心愿如此，但愿如此”——基督教徒祈祷完毕时的用语。

义，并接受达尔文进化论、柏拉图的理想国乃至傅立叶、欧文等空想社会主义的学说；其立意高远，文辞丰赡。“吾为天游，想象诸极乐之世界，想象诸极苦之世界，乐者吾乐之，苦者吾救亡，吾为诸天之物，吾宁舍世界天界绝类逃伦而独乐哉！”[①] 可见，康氏的目的乃救苦救难和救国救民。

> 大同之道，至平也，至公也，至仁也，治之至也。虽有善道，无以加此矣。人道之苦，无量数不可思议，因时因地苦恼变矣。[②]

康有为列举众生之苦、疾患之苦为重要纲目：投胎、夭折、废疾、疫疠、疾病无医、老寿等，皆与医学相关联，从投胎之苦到寿终而寝，均需要医者施技拯救。而“岂医理之未精欤，抑医术之未至也”[③]。康氏忧国忧民，希望能以大同之道重整医学之道。并一再申明，生命同等。否则国民则不能无论贫贱共享平等福乐。这一最明确的权利意识，在其生命大同的宣言之中，显表了平等与公正的理由。

伦理委员会组织实际上是监督和控制权利是否大同的一个特殊的机构，它不是一个权力部门，但是一个特殊的关于人的，特别是病人的生命权利维护的权威机器。福柯说：“医生的首要任务具有政治性：与疾病作斗争必须首先与坏政府作斗争。人必须先获得解放，才能得到全面彻底的治疗。”[④] 预示着必须有这样的机构，监督医学行为，同时富有生命政治使命，与坏政府作斗争。

这个教训源于血腥的人吃人、医生沦为屠夫和吸血狂人的历史。人这个动物必须在付出惨痛的代价并受到惩罚之后，才能够真正地清醒；靠理性和自我会悟往往不能够让人痛改前非。人啊，只似风前絮，“欢也飘零，悲也飘零”[⑤]。

纳粹德国的政权就是一个人类历史上典型的坏政府。在纽伦堡大审判中，医生审判案成为对乙级战犯十二大审判案中的第一个。审判始于1946年12月9日。被告均为在纳粹全国性卫生部门或机关工作的官员，

---

① 康有为：《大同书》，古籍出版社1956年版，第4页。
② 洪治纲主编：《康有为经典文存》，上海大学出版社2003年版，第254页。
③ 同上书，第252页。
④ ［法］米歇尔·福柯：《临床医学的诞生》，刘北成译，译林出版社2001年版，第37页。
⑤ 王国维：《采桑子·高城鼓动》。

或在国家级医疗研究机构供职的高级医务人员（不包括在纳粹集中营供职的现职党卫军男女医生）。他们被控犯有违反人道罪，参与制定和起草对重残病人和犹太人、吉普赛人的“无痛致死纲领”，并组织和指导了利用集中营囚犯进行非人道的活人试验，特别是其中最为险恶的企图推广到所有被占领国家的高效率的绝育手术试验、杀人天使的医学实验。医生的天职本是救死扶伤，然而在纳粹当政期间，大批德国医生泯灭良知，助纣为虐，加入纳粹党，先后利用囚犯与被占领国的平民参与并在技术上主导了惨绝人寰的“绝育计划”、“最终灭绝”、颅脑损伤实验、“死亡实验”、“人体实验”、“人种比较”、“双胞胎比较”、“取骨接骨”、“疟疾试验”、“新药致死剂量试验”、“黄磷严重灼伤救治试验”等令人发指的人体试验以及“毒气室谋杀”、“磷制燃烧弹”等试验。

在1942年年中的巴拉诺维奇，一个被纳粹亲卫队的保安服务处人员占用的私人住宅中，一个11—12岁的男孩被紧绑在椅子上，他的上面是一个机械锤，每隔几秒便敲击在他的头上；这个男孩被残酷地折磨着。为了测试人体是否先天拥有结核抗体以及研究结核疫苗，在诺因加默集中营，研究人员将结核杆菌注射入“囚犯”肺部，约200名成年受试者死亡。1944年10月，亲卫队官员奥斯瓦尔德·波尔下令杀害结核测试中20名5—12岁的犹太儿童，以防止盟军找到结核病测试的证据。

为了更大规模、更快地使“劣等人”断后，纳粹医生们试验了多种残忍的大规模绝育方法，并配合希特勒寻找更快的“最终灭绝”方法，其中“毒气室”就是纳粹医生们丧尽天良的“杰作”。在“死亡集中营”里，纳粹医生们负责挑选健康的“囚犯”去做奴隶，将体质稍差的送进毒气室；纳粹医生们还参与协助盖世太保对“囚犯”的折磨、虐待，在医学上保持折磨的“质量”以及“人犯”的暂时不死。纳粹医生实施种种人体实验为希特勒的“优秀人种提供科学根据”……这些医生给希特勒纳粹对人类的犯罪在技术上提供了最重要的协助。这也就是在完成了对纳粹德国主要战犯的起诉和审判之后，纽伦堡国际军事法庭第一起审诉案件就是“医生审判”的原因。

面对控诉，纳粹医生们辩解说他们只是遵从命令，遵从上峰之命令。他们所谓昔日的“爱你的邻人的信仰”荡然无存，他们可能也会犹疑徘徊，也可能会以身奋争，但他们终于做下了伤天害理的事。这些纳粹医生显然受过最好的教育，其中一些还是当时最有名的医学家、科学家，他们的借口仅仅是"政府叫我这样做的"。

被视为医学恶魔的医生们失去了基本的人性。奥斯维辛集中营和其他集中营在亲卫队的首席精神病学家爱德华·维尔特的指导下，进行了各种危险的实验，目的是帮助纳粹开发新的武器，寻找使战伤者康复的方法。军医艾瑞伯特·海姆在茅特豪森—古森集中营进行了一系列人体医学实验。外科医生卡尔·瓦内特经盖世太保头目海因里希·希姆莱的批准，在布痕瓦尔德集中营尝试向睾丸处注射合成激素的方式来治疗同性恋囚犯。这些罪行在纽伦堡后续医生审判中被定罪，在审判过程中人们被激起了伦理情感的潮涌，深感控制不道德的医疗行为、罪犯医生与丧失人性的生命科学研究必须用法律来监督和控制。生命大同、人人平等、人权至上、尊重自主、生命神圣、有利无伤的伦理法则必须由专门的机构与部门独立地、超然于各种世俗之外的，对于医学行为进行管制、控制、法治和德治。历史审判的结果是订立了《纽伦堡法典》，作为人类第一个正式的人体试验的医疗道德守则。这是以千万个生命为代价赎回的伦理成果。

从 1941 年 3 月至 1945 年 1 月，在奥斯维辛集中营、拉文斯布吕克集中营和其他地方进行了一系列绝育实验。这些实验的目的是开发一种新方法，将百万计的人用最少的时间和成本绝育。这些实验以 X 射线、各种手术和药物治疗进行。数以千计的受害者在实验中被绝育。除了实验外，纳粹政府还将 40 万人的绝育作为其强制绝育计划的一部分。这样的绝育是丧尽天良的。

静脉注射含有碘和硝酸银的绝育方法是成功的，但带来了有害的副作用，如阴道出血、严重腹痛和子宫颈癌。放射治疗成为纳粹坏政府和坏生命政策的选择。暴露在大量辐射之下，能摧毁一个人产生卵子或精子的能力。辐射绝育通过欺骗的手段进行。"囚犯"被带入一个房间填写表格，历时两到三分钟。在这段时间里，房间被注入大量辐射线，蒙在鼓里的"囚犯"已经完全失去生育能力。许多"囚犯"遭受了严重的辐射灼伤。许多"囚犯"因纳粹的实验而死亡，也有许多人被杀，被进行验尸以完成研究。幸存者中的多数人也患有永久性残疾和精神上的困扰。①

---

① Dahl, M., Selection and Destruction-treatment of "Unworthy-to-live" Children in the Third Reich and the Role of Child and Adolescent Psychiatry, Prax Kinderpsychol Kinderpsychiatr, 2001; 50: 170–91.

1947 年 8 月 19 日，美国控告当时进行实验的医生，被盟军捕获的医生被审判，也就是俗称的“医生审判”（Doctor's Trial）。在对这些罪犯医生的审讯中，一些医生在为自己辩护时强调，没有任何国际法规监管和限制生命科学研究和医学中的人体实验。

难道他们忘记了医生的职业规训？难道他们不是救死扶伤，由上帝差遣为人解除痛苦的“天使”吗？让医学蒙羞的历史“逆天道而忘伦理”，纳粹医生失去了自度和自悟。

其实，早在 1900 年，在德国的医学界曾经有过类似的争议，艾伯特·奈瑟博士在治疗梅毒患者的临床试验中，未经感染者（主要是妓女）同意，向她们注射梅毒。大多数学术团体支持奈瑟，但是公众的主流意见是反对这种灭绝人性的行为的。奈瑟最后被英国皇家纪律法院罚款，但“以法律为基础，规管病人和医生之间的契约关系依然没有被德国法律采用”。最终，宗教领袖、社会名流、教育和医疗事务的部长发出低音频的道德提示，“如果当事人未成年或有其他原因不能胜任或者当事人在恰当地被告知和解释可能产生的不良后果后，没有给出‘明确的同意’，在任何情况下以诊断、治疗、防疫为目的的医疗干预措施（包括临床试验）应被禁止”。他们竟加注说明：这份指令没有法律约束力。

人类在挣扎着前行，人类总是困惑着；艰难不仅仅指向人类创世之初，或者是被撒旦引诱后始祖犯下的罪过；更不在古代思想漫长的“结核病是艺术家的病”那一浪漫的时代。就如同雪莱安慰济慈时所说的那样：“痨病是一种偏爱像你一样妙笔生花的人的病。”①

为解决这些人体实验所带来的争议和生命伦理问题，医学界一些人士起草了一份备忘录，名为“可被允许的医学实验”（Permissible Medical Experiment），即是《纽伦堡守则》的雏形。《守则》提出医学实验的标准，包括自愿同意（即知情同意②）的受试者，避免不必要的痛苦，实验必须不会造成死亡或残疾，守则没有在任何对被告的调查中被引用，也没有加添于德国或美国的医疗法律。

---

① ［美］苏珊·桑塔格：《疾病的隐喻》，程巍译，上海译文出版社 2003 年版，第 31 页。

② Voluntary consent 和 informed consent，即自愿同意与知情同意是有差别的。自愿是在任何情境下受试者愿意以身进行有利或不利的科学实验，后果无所顾忌；知情同意更加强调受试者的权利，通常应该是在不得不的处境中，受试者为了自身的利益而同意医生或研究人所做的人体实验或采取的临床诊断手段或治疗措施。

1971 年，《华盛顿邮报》的一位记者对一项长达 40 年的 Tuskegee 梅毒研究计划进行了调查并揭露了一个惊人的事实：1932 年，美国公共卫生部（PHS）在当时梅毒的高发地 Tuskegee 进行了梅毒研究，受试者是来自美国东南部偏远小镇的黑人，他们都是文盲，约 600 名，其中 400 多人感染了梅毒。研究者许诺为他们免费治疗、提供食物及安葬费。研究中用的是砷、铋、汞等制剂，符合当时的梅毒常规治疗方法。但是 1945 年青霉素作为治疗梅毒的安全有效的药物被广泛应用后，研究者却继续使用原来的疗法。PHS 甚至指使征兵局不招受试者入伍，以防止他们在军队里得到有效治疗。当代对人体的冷冻反应知识几乎完全是基于纳粹实验的。再加上最近研究人员使用纳粹医学研究的数据以了解化学武器光气的影响，这对现代不同意采用纳粹所获取数据的医生提出了一个道德困境。

更有甚者，日本帝国政府的 731 部队在东方的试验场，给中华民族留下了千古遗恨。

理性艰辛的跋涉，我们只好说：“像西藏喇嘛教祈祷轮那样，选择理论不倦地咕咕哝哝低语：‘一切都是有用的’。”① 而这样以千万人的生命作为代价的“有用”和醒悟，难道不是一种涩口抑心的悲哀！

《赫尔辛基宣言》与伦理委员会就是这样在腥风血雨中，以及以数千万生灵被涂炭的代价，在彻骨反省和悔悟中诞生的。

生命科学实验的受试者保护最终成为法律，是因为美国政府资助的“Tuskegee Trail”，这是 1932—1972 年于亚拉巴马州进行的黑人梅毒自然史研究。在研究期间（1943）已经发明了盘尼西林（Penicillin），梅毒已可以得到有效治疗，但是为了完整地观察梅毒病程，研究者不告知也不治疗这些黑人，结果有 100 人因梅毒试验而致死，40 人的妻子被感染，19 位婴儿一出生就染上梅毒。这一骇人事件一经于 1972 年被《纽约时报》揭发，顿时引起西方世界和科学界的轩然大波，谴责之声不绝于耳，如沉雷炸裂。1974 年，美国政府被迫提出“贝尔蒙报告”，申明生命科学研究审查三原则：自主、有益（有利）、正义。1981 年，联邦立法强制要求研究伦理及法律的基本要求。1997 年 5 月，克林顿代表政府对“Tuskegee Trail”受害者公开道歉。美国于 1981 年强制规定美国政府资助之医学及行为科学研究计划，需经人体试验委员会（IRB）同意并出具人体试验委

① ［奥］贝塔朗菲：《生命问题》，吴晓江译，商务印书馆 1999 年版，第 95 页。

员会同意函才可以进行研究。

从此有了法律来监管地球上“人用他人作为实验工具”这类事了。生命伦理学肩负着更为沉重的使命。法律产生或制定有两类：一类是未卜先知的天条，由天律或上帝决定，所谓自然法未必全属于这一种；二类是因为血腥的教训或无数惨痛的历史事实而成为救世的警钟，再不如此，人类将面临灭顶之灾；人的生命权利、人的人格尊严、人的身体安全保障应该是天赋的立法基础，这不能等同于普通的法学家所指认的所谓“自然法”，这个来源于天理的压力应该远远超出社会机体内部任何结构的调整，任何人类生活中的正当，都必须以此为前提，此外都是次要的，无论政治还是政策，都必须接受这个条件的制约，这样，我们的行动才是道德的。

就像是在某条道路上逆行，更类似于红灯的拦截；在研究进度上或者项目过程中，更像是一个路障；但这是一种规则性的必然，生命的尊严就是天则！

就这样，美国国会于 1974 年 7 月设立了隶属于卫生、教育和福利部（DHEW）的保护生物医学与行为学研究中人体受试者国家委员会，它是美国、也是人类历史上第一个制定生命伦理政策的国家机构。[①] 这个委员

---

① 即 National Commission for the Protection of Human Subjects of Biomedical and Behavioral Research，NC，1974－1978. 该委员会有 11 名委员，由 DHEW 部长指派，来自医学、法律、伦理学、宗教学、生物学、人文学科、卫生管理、政府管理及公众事务等领域，其中 5 位是从事有关人类生物医学或行为学研究的专家，主席由成员选举产生，委员会可以直接向美国的任何部门机构要求提供研究所需的材料，它在 4 年中甚至获得了 DHEW 给予的 500 万美元的经费。它确定了人体试验的生物医学和行为学研究应遵循的伦理学原则，并建立了能保证此类原则在这些研究中实施的准则。该委员会的工作主要包括以下几方面：确定生物医学、行为科学研究中人体受试者与接受常规医疗的界限；风险效益评估在判断人体试验研究中的重要性；在生物医学与行为学研究中，挑选人体受试者的准则；在不同研究中知情同意的本质及定义；伦理审查委员会（IRB）的评估与监督机制及贯彻其决策的适当的强制措施，并为对此有兴趣的人提供发表看法的机会。该委员会的工作在 1978 年结束，它向 DHEW 建议成立另外一个委员会，尽管有一些反对意见，DHEW 还是接受了建议，成立了伦理咨询委员会（Ethics Advisory Board，EAB）。早在 1970 年，NIH 就在生物医学研究草案中讨论成立一个能向 DHEW 及部长提出生物医学研究中有争议的伦理学、法律及社会问题建议的组织的必要。但是直到 1978 年，DHEW（1979 年改名为卫生福利部，DHHS）才在 NC 的建议下设立了 EAB。国会于 1985 年设立了生物医学伦理顾问委员会（Biomedical Ethical Advisory Committee，BEAC）并专门设置了生命医学伦理委员会（Biomedical Ethics Board，BEB）以监督 BEAC 的工作。BEB 由参众两院各 6 名按党派组成，国会几乎花了一年时间来组成 BEB，然后再由 BEB 指定 BEAC 的 14 名委员，因而 BEAC 迟至 1988 年 9 月才召开第一次会议。BEAC 委员组成的原则是：生物医学或行为学研究专家；临床医学或卫生保健专家；下列一个或多个领域的专家：伦理学、宗教学、法律、自然科学、社会学、人文科学、卫生管理、政府与公众事务，以及有代表性的对生物医学伦理感兴趣但没有特殊专业知识的民众。

会的诞生源于人类那一段悲剧的历史，从此人类进入了敬畏生命和人体价值的科学文明的新时代。

这一段历史是有意义的。也许我们被无知蒙昧得太久了，也许是体制上的缺憾，或许是权力阶层的浅俗以及生命伦理意识的荒漠化，我们的许多责任者和当家人尚处于十分糊涂或者深陷于半混沌的伦理迷困之中；我们依然处于无章法中的伦理委员会良莠杂生时期。目前，在很多医疗单位里，流行的伦理委员会形式即是政党委员会的变体，它是伦理委员会的另一真身，政党负责人成为伦理委员会的当然掌舵人，主持重要的或者艰难的伦理难题与案例的裁决；一类从没有任何生命伦理观念和意识修养的领导者成为这一类委员会的主宰者，手持生杀大权，判生命于生死之间。伦理委员会没有权威性、独立性和真实的代表性，只是一个符号，只是一个医院责任人的不被人在意的工具。国内伦理委员会乱象丛生，无人问津；管理者或无知或视为非权力之要务或无伤大体，任其而流之。它们对人体实验、药物临床研究、生死选择判定、胚胎或器官的商业化交易、身体资源出境、规模性种族歧视实验策划项目等视而不顾，如此百态，令人忧虑无限。

全世界几乎所有的药械卫生用品公司、产学研企事业单体，均开始全程接受伦理委员会的监督审查，参与市场准入的审定；但我国尚未实现所有科学研究必须经伦理委员会审查批准的惯例，不管是否直接存在人体试验环节；另外，也是十分重要的，所有生命科学类杂志刊发论文、出版专著、申报奖励等，必须有伦理委员会的论证与监审。所以，我们的委员会尚须适应于那个“伦理委员会能力的发展计划”（SIDCER)，或者最好还要取得国际上的普遍认可，通过这样的程序，以此自律。目前，按我们某些人的自负心理，在这样的规制下，我们能够解决好混乱、散漫、名不副实的伦理委员会组织无规范、非正规的局面吗？又有谁会信任它们呢？

《赫尔辛基宣言》（人体医学研究的伦理准则）在第18届世界医学协会联合大会（赫尔辛基，芬兰，1964年6月）上被采用，到第64届世界医学协会联合大会（福塔莱萨，巴西，2013年10月）已做了9次修订，现在真的可以说是“后赫尔辛基宣言时代”，但我们的民族、我们的科学家、我们的医生们究竟有多少拥有这样的生命伦理意识？我们很多的握持生命科学研究权柄的科学家们，还没有明确的和理性的生命道德自觉，这是最堪忧虑的，生命伦理学如何针对这一点制定与推行一系列能力增强计划，使我们的委员会成员形成和学习这样一种评价能力，能够具有审查各种临床人体实验与生命科学研究方案是否合道德性的资质，以此维护生命科学研究的规范秩序，真实地维护患者、受试者、自愿为科学献身的人的权利。

“一念相应，便成正觉。”① 盼望中国的医院伦理委员会或汉语界医学伦理审查委员会最终修成正果。

---

① 请阅楼宇烈《中国佛教与人文精神》，宗教文化出版社2003年版，第237页。这是作者对《维摩经》和《神会语录》的总结和心得。

第十二章　亚当与夏娃的遗产：性伦理

离却情感、畏惧和嗔怒的人，
求我庇护、心中唯有我存在，
他们靠智慧苦行得到了净化，
而后便能进入我的性态。[①]

性肇始于欲念，欲念源于性；性蕴藏着难以发现的奥秘。

道德操守和性态是天然的关系，不管是汉语言的性和西方语境的性，不管是Nature还是Sex，这两个性都要接受道德操守的扶持。有了这样的前提，性就是一种合理的存在，性就会得到张扬和维护，性则成为一种天赋的权力（权利），并成为一种政治权利和生命政治的重要构成[②]，也是人类进化与社会发展的原动力之一。西方的文化是从性文化开始的，伦理是从性伦理开始的。人类最先考虑的生命起源的关系就是两性的，不建立和维持这一关系就没有人类社会，所有生命包括植物生命都存在性的问题，自然的性和人类的性不可分；弗洛伊德的性同时含有Nature和Sex双重意义。无论如何，基督教文化孕育了生命伦理学的培基，和社会存在一样，肇始于性。《创世记》中的亚当、夏娃，偷吃善恶树上的果子，“性情”躁动，了悟羞耻，因此有了失乐园的灾难与复乐园的奋斗历史。上帝惩罚人类是因为性，这是祂做的一个机巧的“道德扣”，唯有这样的设

---

① 《薄伽梵歌》，张保胜译，中国社会科学出版社1989年版，第53页。选自第四章“依靠智慧舍弃有为瑜伽”，4：10。“苦行”及道德的操守；“性态”，这里指宇宙灵魂的超然性状，性质、性别、人性皆属于这种“性态”。

② “性是一种政治权利”的观点，最初于1970年由美国激进女性主义者凯特·米利特在《性别政治》艺术中提出，并强调男女性关系实际上是政治关系；在性的问题上，传统伦理学中的契约论观点是一个骗局。

定，这个精致、深刻、浪漫的故事情节才能续注，这个设计如此精妙，如此现实，又如此富有玄机与悲剧感，就因为这个性是一个起点。就如同男女小童互相迷惑生殖器官的巨大差异一样，多少民族在早期甚至在今天，依然把性象征物作为最神圣的图腾；性如此令人惊怵，并使人经常不自觉地陷入对于自然和人性本身的沉思中。传统的风俗、教化、法律以及宗教情感在维护性权利或性自由的潮流中漂变着，最终获得了回归自然态的宽容伦理选择，从人的身体主权与心理意志出发，道德有了新的归位。宗教也参与到这场变革中，同时扮演了舆论奠基的角色之一。

> 性不再是单一的生物性后果或被否定的人性，如尿失禁或所谓控制生育节律的方法是通过一些天主教的道德和教会当局的建议实现的。①

摩西十诫，与上帝订立约法，用法律、律法规定下来，律法的隐藏的基石，是原罪，这是人的法根和戒石；摩西第二次从西奈山返回，看到族人围绕金牛狂舞，勃然大怒，并惩罚了因为性而犯罪的4000名士兵，包括参与淫乱的妇女；立法的决心源于《圣经》中关于性的符号和暗示。所以性是人类生命的道德伤口，是生命救赎的磐石。道德本身是有创伤的，有创伤就有宣泄口，这个口就在性的现象，基督教给我们作出了示范。性是生命的核、质与根。性也是一个亏缺、不足，人一经诞生，就有了性的差异与性的欲望，就有了原始的动力和渴求；男女互为完整生命的一半。婚姻与家庭的稳定，要赖于人性对于差异的修复，就是要使"分"重新复合为一体，男女结合是对亏缺的补充。性是"不是"，是否定性的存在，是一种对亏缺文化的否定，性要完成"性"，要实现"性"，同时带有一种道德羞耻和伤感，快慰与罪性心理并存，性的结合不可露于大庭广众中，窥阴是罪，性是隐私，这就是"不是"；这里的"不是"，就是有罪感，性因此被文化化了，性是悖论，是冲突的发起者，是既文明又不文明的符号，性在异性或同性之间的关系中，成为伦理的有意义的对象。性是"不是"，但是"有"，有势能，并会有生殖的结局，有性之后才会

---

① Joseph Fletcher, *Morals and Medicine* (Princeton University Press, New Jersey, 1954), p. 13.

有。妻子对丈夫说："我有了"，这是有克服了罪性意识和性的行为之后的实现，是一种胜利的结局，是对整个生命的重要完成。性可以成为战争发动与和解的因素，性可以作为事业成功的动力。它是人类文明的势能，蕴藏着极大的能量，我们很多的进步都是用性推动的。

"性"文化为性文化的意识、学问与产品以及泛性的行为，包括宗教、政治、文学艺术，确立了性传播媒体文化、广告、出版印刷产品以及物质化的性消费、服装业，特别是性医药器械产业、成人用品，甚至性服务、教育与边缘黄业等身体娱乐经济。

性是社会的推动力，从亚当①到伴侣"夏娃"② 或者原罪开始，性成为生命之根。

第一节　失乐园，撒旦永远的纪念

拉·罗切拉在其《信仰声明》中指出："人的意志，是为罪所束缚。"这是指亚当与夏娃偷吃善恶树上的果子的文化事件。亚当及其后代从此整个传统都遭受着这一影响，这传统就是原罪和遗传的恶，这传统是由性开始的，撒旦充当了启蒙者，这乃是魔鬼给人类的永远纪念。恶，是上帝之前的一种罪，是胎儿在母亲子宫中的一种原有的罪，它与肉身同在。原罪概念是一种假知识，原罪没有物质结构，不存在遗传的生物学因素；遗传罪恶的话语——生物学耦联知识，对悔罪或教育是否有益，这一命题深刻而复杂。恶与原罪是西方文化的符号系统：束缚、引诱、堕落、沉沦、被逐和救赎……恶来自我们自己，是一个自由。性的恶是人的本性的罪，这又是一个伪概念；诺斯替教对《圣经》进行了解构，认为宇宙学就是灵魂拯救学，恶从外部影响人，灵魂嵌入其中，恶是外在的，性是它的具体内容，性的恶是原罪的恶，是实验性的假命题。恶是圣化或神化语言，在原罪与救赎的语境中，世界被撒旦化了。这个"恶"是产生朝向人的世界的力量，"恶"是世界存在的状态，是生存的不幸，但又不可或缺，因此，罪注定被内在化了。教父神学否认恶是世界，恶不是一种存在，性也是虚幻

① 亚当：Adam Kadmon，希伯来语：אָדָם，希腊语：Ἀδὰμ，ἄνθρωπος，转拼为 anthropos，意为最初的人。

② 夏娃：Hawwah，意为"众生之母"或"生命之源"，多数学者将其认同为汉语语境的"女娲"。

的、梦境的，所以性也是罪，是一种曾经的行为或行动。亚当是一个性的符号，是作为人的罪的起源，是与撒旦同流合污以后，在蛇和女人的引诱下完成第一次反叛的英雄；灾难通过一个由耶和华造的人用性的形式启动这个世界，他由泥土所创，并必须再化归为泥土。奥古斯丁在反对摩尼教的伦理时，不断强调人是唯一负有责任的，这都是因为有了性。耶和华神最初就设定了一个无限的过程，一个事端，一个循环，一个圈套；用七日后的安息规约时间与空间的序列，使由性引发的罪造成一场有缺陷的运动，性从来都是一种有缺陷的行为，性就是“罪”，它来自于虚无，来自于贪欲；性是一种腐败，它表述和说明了宇宙的堕落。性是本性的罪。但是，基督教对于性的观念并没有因此固化，对于这个问题，几乎没有主流伦理学观念和神学裁判。许多人和具体的规则大多比较宽松和灵活，认为这种人类行为本身应该是自然而必需的，只是被作为道德监视的对象，因为过滥和过度的“行为数量”的标准，不仅在基督教内部，而且在俗民社会也是通行的。

> 性活动成了道德区分及评价的对象，其原因既不是由于性行为本身是坏的，也不是因为性行为带有某些原始标记。像阿里斯托芬在《会饮篇》中所做的那样，有人把性交和性爱的现行方式回溯到涉及人类高傲和所受神的惩罚——那出原始悲剧上；即使这样，也从来没有人把这种行为及快感说成是坏的；相反，这种行为及快感有助于人类恢复曾经获得过的最高境界。①

肉体、快感和知识的传授，起源于性的欲望，性欲启动了人类性的历史，原罪是以知识作为解读凭证的，但却以欲望和快感作为开启的关键。这里隐藏了一个目的，就是生殖与繁衍，使人类社会传承下来，不至于中断。“上帝”的设计师是伦理化的，带有悲剧色彩，但富有诗意；因为有性，人类才有生存的可能性；为了更高境界的生存，人类围绕着性，将家庭、婚姻、生育、教育子女与爱等，都作为道德责任，控制追求性欲的无限化和任何性行为的失范。性行为由于伴有快乐的成分，因此容易被作为一种享受或娱乐的内容，另外，因为它是生命过程中生殖行为的物质基

① ［法］米歇尔·福柯：《性史》，姬旭升译，青海人民出版社1999年版，第182—183页。

础，所以就能够最好地表达人的肉体或生物性的需要；一旦失控，就会招致各种非议，结果与罪过联在一起，又含有法律界限的争论与审美心理的作用，还涉及性功能缺陷和性疾病传播；由此，性问题就包容道德、美学、法律、心理学和医学各领域的问题。神学往往用忏悔来研究性，这被米歇尔·福柯所利用。

1. 临床性伦理学对性的诱导与性罪错的研究：人的悔罪是享乐的副产品，临床医生把性的过错作为劝人悔改的缘由，分析性过错或过犯的履历、症状、临床表现、体征；性心理分析；与宗教信仰的冲突和悔改的意愿、语言、改正决心等。

2. 临床性伦理学对案例范型扩散的因果关系的追查："必须坦述一切，并能够就一切事情提出问题，这两点从赋予性以无穷无尽的多形诱发力的原则中找到了它们的根据。人们性行为中最为孤立的事件——无论它是出于偶然还是越轨行为，是显得不足还是显得过分——都被看作能够在一个人整个生存过程中产生各种各样的后果。"① 性曾经被认为是万事万物的根源，《圣经》与教义逻辑也是从性开始的，这是人赎罪和弃恶从善的原点。性带着无穷的风险，但为它伴有的快乐所消解；你要获得这种快乐，你必须承担风险，或是你必须做好偿付的准备，甚至用生命和所有的财富，包括道德尊严、权力以及和谐生活的丧失。如是，医生要预言这个结果，追查过犯的原因，提出规劝与忠告或者预防的方案。

3. 临床性伦理学对于隐藏问题的探明：为什么性是一种隐晦的事物，性的问题一直被作为一种俗话题或俗问题，是淫邪与低贱的，它只是蛹与幼虫，没有"隐得来希"②；但它的隐藏正是它的潜伏的真理；它又作为人类进化的力量，人类赖于性而存在、进步、发展，成为文明和文化主体。婚姻是圣礼，它以性交作为形式，给予万物，并以美学的"性器官的羞涩"给予来世生命以伟大的"可能性"。

---

① ［法］米歇尔·福柯：《性史》，姬旭升译，青海人民出版社 1999 年版，第 57 页。我结合福柯的研究，进行了很大的改写，只是利用了他的一个框架，因为很多问题和观点我是不同意的。基督教忏悔仪式既有心理学依据，又有信仰的基础，对于性的忏悔必须建立在临床神学的特定的程序运作中，这是一个奇特的病理神学、生命伦理学问题。

② 隐得来希：是亚里士多德的用语，在此为肉体的灵魂。按东正教神学家洛扎诺夫的解释，所有的一切都必须延续，因此就必须性交，性交就是"来世"。见洛扎诺夫《灵魂的手书》，方珊等选编，山东友谊出版社 2005 年版，第 159 页。

“太阳也有污点”。只有基督没有污点。而我们的太阳是有“罪孽”的，发光发热；发光——每逢春天，当它变“大”，当它不只发热，而且开始发烫；那时所有的动物便开始怀孕。太阳的力量，太阳的“罪过”——转移到了动物身上。万物开始发胖，肚子开始长大。大地主动索要种子……这就是德美特拉，这就是盖雅，还有再次“耸起乳房祷告的躁动不安的田地”。①

人类掩藏性的信息，给予生命以最大的神学美学和伦理学的空间；同时也用潜伏的原理忧挂生命发生的神秘和戏剧性；性爱和性交的形式改变了忏悔的精神说教，和科学实践与生活实践相结合，面临着如何延续生命又如何避免蒙受尊严丧失的屈辱。

4. 临床医生的责任：性心理情感上的忏悔应该被医生接受、宽恕，并根据具体病例给予安慰、指引、治疗。忏悔者由于认识到生命价值在于伦理上的“禁欲”，体验了由于享受性欲或发泄性欲给人生与友爱带来的伤害所形成的愧疚，产生了悔改的冲动，从而把真相和病程坦白地告知医生；医生则根据伦理的判定，解释和使忏悔作为重新燃起生活信心的起点，使病人不再有过犯。

5. 性忏悔医学：认识伊甸园的丧失源于性欲的伦理学是有益的还是有害的，在伦理上不必做任何解释；这是临床的事，在医学上并不认为性欲是有害的，“性欲是自然延续的动力”作为真理已经被历史接受，社会没有谴责满足性欲的婚姻。世俗与宗教一样，不同意婚姻以外的性活动和性欲发泄方式，《旧约》的原罪时代很短暂，当人类被逐出伊甸园之后，婚姻已经被允许，并成为一种美好和谐的生命过程；“不可奸淫”、“不可贪恋人的妻子”只是对非婚的性欲的否定；婚姻的合法性为性的完成规定了伦理路径。“性的领域已不再是仅仅以错误或罪行、过度或犯禁等观念来说明，而且是被置于常态与病态的通例之下来考察的。”② 性表现为极不稳定的病理范畴，性问题转移给了医学，性冲动、性快感、性罪错的症状在医学的干预之下获得意义；原罪观被释放，人由于性被审判又被解

① ［俄］洛扎诺夫：《灵魂的手书》，方珊等选编，山东友谊出版社 2005 年版，第 162 页。德美特拉是希腊神话中的土地神、农神。盖雅是希腊神话中司土地和地下世界的神。

② ［法］米歇尔·福柯：《性史》，姬旭升译，青海人民出版社 1999 年版，第 59 页。

放，获得了最原始的、生理学的、临床学的自由；真理通过人的忏悔得到最后的恢复。

> 惟天地之无穷兮，哀人生之长勤。往者余弗及兮，来者吾不闻。……漠虚静以恬愉兮，澹无为而自得。[①]

自然的性和性的自然，被无为所净化，如此天地无穷进化长勤，这是一种人类生存最深层、最原始的欲望，它把对生命整体的追逐作为自己的原动力和永恒的人类目的，作为人类存在的目的，人的全部在于这种性和生死的纠缠，人的命运全在于性的存在、调解、升华。爱，将保留性的隐蔽，但又用婚姻解蔽、解困，去掉性的直接性，或戏剧化，或诗意化，或把其全部提为精神，让精神与原始冲动携手，激情澎湃，但还原给生命的真理。人的深刻、高蹈、升华到某一至高境界，什么“止于至善”，厚德载物，一切一切的根基乃在于性。如此，心智始于性，无可置疑。别尔嘉耶夫说，性欲的诱惑是影响最大的诱惑，人受性的奴役是奴役最深刻的根源之一。人的性从来不仅是生理的纯粹状态，而且充满了复杂的心理过程以及爱欲的幻觉。性的生存是残缺的生存，灵与肉共同构成完成的性，两性之间相互填充亏缺，互为吸引和被吸引，在过程中完成对“恶”的修补，积善积德积性。性是生命之源，人却对之感到羞耻，把它掩藏于隐蔽的地方，甚至将其视为堕落的标记；西方性文化的一脉用罪的理念控制着性，使性欲与爱欲、性交与爱情扩延张力，失去天性和性的自由，性被禁锢，因此，性是一个永远的亏缺，是一个难以驾驭和根治的“疾病”。

我们可以从西方宗教文化中获得性伦理学的部分启示。他们认为，造物主创造了一切，独有“虚无”除外，在“虚无”之中显示创造的业绩，作为至高无上的Being，将being赋予受造的beings；人都来源于“虚无”，但必须经由造物主之手，人才得以发生。造物者是“是”，虚无是“不是”，虚无在“是”的体上，而它没有形、没有体；但只有虚无的“不是”，人才存在，历史才开始；人才被投置于时间、空间之上，成为意义的符码。如同惊雷的声音过后，才知道寂静；如同太阳降落后，才知道黑

---

① 屈原：《远游》。

暗。虚无使世界转动，否则便没有生生息息，没有轮回变迁。“虚无虽非实体，却是有力量的。它是上帝之外的一切是者的敌人，它是它们的威胁者、摧残者、破坏者和毁灭者。”① 虚无是总体的缺乏，是缺乏的根源；这就应了新柏拉图主义的“恶是善的缺乏”的语义。被造物只能是“善”的，它随时都可能接受恶的袭扰，它是可以朽坏的。对于人来说，总是与恶相伴，恶是对人的残缺的一种补足；那么，性就是这样一种东西，就好似疾病和伤口是健康的一种缺乏一样，获得治疗，就是停止恶。肉体是人的实体，它经常处于缺乏的状态，还没有人能够说，他会永远圆满，永远健康；人只能是相对的存在，不断需要完“善”和补足，需要去除恶；但这是没有办法的，因为有时人需要由“恶”来完成生存，体现人的存在；就如同人被赋予了“性”，以完成生育、延续后代、享受快乐和美化生命。恶是健康生命之善的缺乏。假如人生来就是“完善”的，就不需要“恶”的伴随和作用；人就没有必要诞生与存在，我们的生命就没有了意义；我们的生命不可能没有缺乏或缺陷，人总会生病、受伤、心灵痛苦、烦恼、忧郁、衰老和死亡，所以我们总是“恶”的，人类一直期望回复到原初的“不是”中，回复到那个原始的本真，回复到那个“虚无”。我们从缺乏，经过漫长的与缺乏争斗，最后因为不可能达到“至善”，——因为唯有造物者是“至善”的，人又回到新的“缺乏”，又进入一种新的“恶”，但这是经过一番为达到“善”的漫长过程之后的“恶”；这个“恶”是人的结局。人的生命家园、人的精神故乡，就是归于一种原有的虚无，但又不是那原来存在的虚无，是一种新的“不是”、新的缺乏、新的“恶”；人获得了性的“有”，这个“有”的在，就是生命的在，也是一种恶的在，它是相对于“虚无”的在，或虚无的那个阶段。人“不是”，但人已经“有”，有性、有恶、有缺乏。

善被减少，是生命中最常见到的恶，这种伤害使人觉察善的宝贵。“不管是者（存在者）有多弱且为何种是者，若非毁灭是者本身，要毁灭使得它成为一个是者的善都是不可能的。”② 我们作为人，每天都被恶所

① 请参阅周伟驰《奥古斯丁的基督教思想》，中国社会科学出版社 2005 年版，第 193 页。这一段落对“虚无”的论述，是奥古斯丁的重要神哲学论断，涉及虚无与恶的耦联，可查原文 *The City of God*, pp. 507 – 509. 中文译本为《上帝之城》（王晓朝译，香港道风书社 2003 年版）12：7。

② 同上书，第 196 页。

朽坏或剥夺，人不可能避免朽坏，也就是人不可能回避恶，人类的善始终被剥夺，人的生命从来就处于被朽坏的状态，善生来就是暂时的，那个最高的伦理价值是因为恶对善的剥夺而确立的；不受伤害的生命、没有缺乏的生命是不存在的，只有朽坏的现实和朽坏的过程才使大善被显露，生命的“是者”始终在被朽坏中。人拥有的善原来是朽坏所欲剥夺的善，如果它被朽坏、被彻底地、完全地销蚀掉，善就消失了，我们的伦理学、生命伦理学就将没有任何意义，因为善荡然无存，因为“此时已没有是者了”。

> 朽坏之所以能销蚀善，是因为有是者被销蚀。所以，一切的是者，都是善；倘若它不能朽坏，则是大善；倘若它能被朽坏，则为小善：但无论如何，只有愚蠢者和无知者才会否认它乃是善。倘若它被毁坏完全销蚀掉了，则朽坏本身就不会有了，因为已没有它由以寄身的是者本身了。①

虚无的“是”的缺乏是必然的，是在情理之中的，我们皈依的就是愿意承受这种缺乏的后果和决定，并为这种危险而经受苦难；而善的朽坏，则是恶侵蚀善的伤口；这对于世界来说，是真理存在的缘由；背离善为回归善奠定了基点；我们从此因为“虚无”，因为“朽坏”，因为“缺乏”，因为“恶”，来到这个世界上生存；因此，性才成为补足缺失、避免朽坏的运动。性，“不欲求，便不发生”。正如道德上的恶（罪）虽非实体，却又是不可轻视的力量一样，那是一种原动力，它使我们的世界成为存在。

我们只有用道德的善说明道德的恶，如果恶没有实体，那么它是悄然进入人的心中的；宗教把性作为恶和罪的伴体，才引入恶的概念，是夏娃与亚当叛离和败坏了“上帝”所造的善的意志，从而推动了背离善的运动；为了补足这个来自于虚无的缺失，我们敬畏那个理念，忏悔并远离下流。那个理念与恶都被奥古斯丁“去空间化”了，主要用“恶”衬托那个理念的至善性，用至善寻找“恶”的话语的存在，使人在时间的进程

① 周伟驰《奥古斯丁的基督教思想》，中国社会科学出版社2005年版，第196页。原文见Enchiridion, 10－12. in *The Essential Augustine*, pp. 65－66.

中抵制“恶”的损失或朽坏。人使历史成为行动，而且由善恶构成精神活动彼此关联的模式（the whole interlocking pattern of the world’s activity）；罪恶没有实体，但有毁损的力量，恶使人的心身匮乏，使“我的心受伤，如草枯干”[①]，如血管被毒蛇咬破，辛苦的种子从此撒在人的身上，种在人的心中，人就此堕落。在偷吃禁果之前，恶天使就已经在虚无中因其意志而堕落，这样，性的禁果只是一种缺陷因[②]，人被恶击中要害，受撒旦的诱惑，那是因为人有一种贪欲缺陷因的本性，恶不是事物的效果，而是一种缺失。在性认知之前，人还没有真正脱离最后的虚无，因为人不具有缺陷；只有有缺陷的事物才是真正的存在；本真就是一种缺陷，人本来不知道自己的错失，因为人没有“恶”的意识。人比天使更经不起肉体激情的干扰，人则最后走上必须承担悔罪责任的堕落之路，这就是那条通向人性的路。按德日进的思想，人类的贞节始终在进化之中，人向着自然神的爱集体地过渡，但这种精神的皈依，并不是背叛人的肉体，两性的结合是世界的原始力量，生理爱所焕发的生命激流和能量，正是顺应自然的秩序。对此，“神学生物学”[③] 解释性器官功能的神学目的是呈现神力，那是一种具有深度的精神的反射。童真本来就是身体的缺乏，禁欲的圣洁并非神学的最终极意义，那种圣洁或童真最后必须被激发、被征服、被转化，因为人用肉身来保持这个世界，完成性的自然和器官的自然。性别的设计是为性爱提供物质和精神基础的，性向力维护生命的延续，这难道不是来自自然的神圣中心？

生命伦理学对于性的思考和行动的始因来自于社会的压迫经验，必须克服由于战胜虚伪而导致的理性误会；生命伦理学的目的是维护人的尊严，并企盼或致力于建立一种公正的制度，巩固男人或女人的个体存在的自由，以及确立性的权利；生命伦理学是一种后现代的实践，它的观念与行动是为一个正义的社会辩护和奋斗，使灵性的经验与世俗的经验本来分离的王国重新合一。

---

① 《诗篇》102：4。

② 缺陷因：causa deficiens，为奥古斯丁的用语，说明人从善到恶这一转向本身没有有效因的作用，而缺陷因使人骄傲、失序的自爱，人则产生恶。我们的生命不能没有缺陷，不可能绝对完美，我们只有被袭击，加之缺陷因的作用，才被恶所占据。

③ 《德日进集》，上海远东出版社 1999 年版，第 310—312 页。

第二节　西奈山之约与解放性神学

西方文化中有一个传统的概念，即基督是第二个亚当，是拯救的发起者。晚期犹太教通过保罗把这种信仰遗传给基督教文化，基督教从此接受了性罪这个范型（antitype）。罚、法、罪、死亡、情欲与性是紧密联系在一起的，“人类始祖”被用偷吃果子、眼睛明亮、被放逐、失乐园、旷野磨难与考验等，镜喻性罪的过程。从第一个亚当到第二个亚当（基督），从遗传的罪到遗传的惩罚；《罗马书》第五章中释疑了人子与神子、亚当与耶稣始终被这个世界双重选择着：“因一次的过犯，众人都被定罪；照样，因一次的义行，众人也就被称义得生命了”[①]。于是，恶在双重选择中又成了范型，它是上帝对人类的一种设定，对性的定罪成了一种绝对的行为选择，而基督正是一种对立，它的范型是性与天罚（reprobation）耦联在一起，基督教哲学与伦理学一直在证明这是一个问题、一个事物的两个面，这个对称的天罚是公正的。

由此，他们同意，整个人类的接续和繁衍是对亚当失足与性欲结合的模仿，这是司法范畴与生物学范畴一种深刻的风险结合。远祖的苦难的哀号在恐怖的天幕下震摇着弗洛伊德心志幽怨的灵魂，他用《摩西与一神教》移注全部的信仰岩浆，通过对摩西遭遇的描述，回思犹太教的起源，那种执着、那种庄严、那种蔓延开去直逼时空尽头的非凡气度，对于民族苦难的悲剧性诠释，以性罪作为隐去的主线，解说那场血腥的搏杀。弗氏用摩西创立一神教而在暴乱中被害的考据，挖掘这个伟大的民族由于弑亲和性罪的悔恨，构成其独特的遗传特性；自然的冲动与力比多能量向民族精神深层转移，沉重的犹太民族精神史开初就由伟大的失误形成。流亡的生活和漂泊的踪影，那沙漠中夕阳下蠕动的、长长的、不屈的驼群，和着那蛰伏中的大卫的琴声和“哈利路亚”（hallelujah）这来自天国的无词的颂歌。

犹太的文化意象充满了沉思性的理念和游牧者安平的遐想，他们从音节中透悟的天国里的召唤为希腊理性主义哲学提供了宏大的精神和英雄主义资源。为接受天罚，摩西率犹太先民在西奈旷野，历尽千辛万苦，从耶

---

① 《罗马书》5：18。

和华的手中接下刻有律法和戒律的石板，经受了各种难以忍受的苦难和危险的考验，辗转40年，最后进入约旦河东地，为赦罪于他的人民又死在泥波山上。摩西被葬在死亡的幽谷，却留下了原始的创伤。犹太民族和犹太—基督教似应了游牧的历史警示，“牧羊人和羊群”的一神教文化成为宗教边际崇拜心理的根源。强迫性癖好和超我的“性”惩罚隐含于宗教意识之中，对父亲的畏惧和爱永远留存于对动物准图腾形式的依赖中。在犹太人和基督徒心中，耶和华是作为道德良心和复仇的超我的原始父亲。图腾制的回归，是苦难的回归，是性的回归，是游牧经济形式和生存形式以及性罪的追记。没有性与苦难，便没有这个缤纷光明的世界，而奠基这个世界的人，恰恰是这个世界以外的人。犹太人响应了摩西的教义，却未采取行动，而当他们得到这个美好的现世时，却残忍地杀害了他们的恩人。用行动替代记忆的希伯来人生存在食禁果的冒险和谋杀摩西罪恶的追悔之中，这漫长的流亡历史一直伴随着这个民族孤傲悲壮的灵魂。摩西作为救世父亲却为他的人民献出了生命，他与他的民族度过了一个个凄楚寒冷的暗夜，为这个民族的复归承受着饥饿和病痛，待到苦难结束，他却被他所忠诚的孩子们杀害了，死得安详、恬静，像是早已知晓自己悲剧的结局。犹太教被母性神祇的基督教变为一尊精神的巨大化石，由性罪和弑亲的双重罪恶构成民族心理的支架；在苦难中化生，又在苦难中歌唱。那连接不可遗忘的远祖的悔悟和用一神教拆解功利的情结再现，汇成一句千年诺言，而由圣保罗续注了另一位伟大人物的道路、真理和生命。耶稣成为这个从远古走来的信徒的现实崇拜象征，耶稣在《福音书》中再次成为他的民族和世俗人民的父亲，再次被作为救世主崇奉，最后被犹大出卖，惨死在十字架上。

> 可怜的犹太人，他们怀着常有的执拗和倔强劲头，继续否认谋杀自己的“父亲”。他们已在岁月的长河中虔诚地补赎了这一罪孽，可是他们仍然一次又一次地遭受谴责。①

可以说，原罪为基督教最正统的传统，悔罪是基督教的传统语言，这语言来源于性。摩西在西奈山上与上帝订立约法，从此，人类

① ［奥］弗洛伊德：《摩西与一神教》，李展开译，商务印书馆1988年版，第88页。

开始认罪、认信、认义、认性。康德、费尔巴哈、尼采都反对神话学，对这一伪历史作了批判，但基督教的知识却被牢牢地固化在基督教文化和人类性文化中。人开创了“恶”，原罪不可怀疑，要拯救历史就必须认信。

晚近，在西方后现代学者的认识中，是撒旦解放了性，开掘了快乐；圣保罗将性与神圣连在一起。夫妻房事是一种宗教体验，性是神圣的行为。性交只是怀着严肃、没有色情成分的感恩心情，利用造物主所造的“器具”去履行生殖过程所需的步骤。对生殖器进行关注，觉知裸体的诱惑，是撒旦的错；色欲使性蒙羞，耶稣由童贞女玛利亚娩出，受圣灵感孕，只是没有色欲参与，而“童真的性”却是延续生命的人的本能。

伦理神学辩解说，以人的性为代表的原罪是不是人身体的一种退化的标记，决定了人与神的关系。那个“上帝”设定人有罪，同时同意人的存在并延续，并用疾病和最后死亡惩治“妄为的我”；人具有能够在进化中逐渐淡化原罪的记忆，使性成为性的条件，使人在与神的疏离中确立自己的尊严。性折磨着人，是因为它能给予人放纵的时间控制和自由的限度，它又与爱和痛苦相关联；人在性欲宣泄时，常常把“我”分解成两个部分：贪欲的人和理智的人，以严肃的面目和色情的心理驾驭肉体的“器具”，扭曲的性活动把健全的“性的人”瓦解。一种犯罪的恐惧使这个超时间的事件成为一种彻底撕裂的灵肉搏斗，为了保卫圣洁和同神接近，我们压迫被肉欲掠夺的“我”——性成为阴暗欲念的玩物。人的内在的最深层的本质中心点是人的个性，人既天生具有原始的欲望，又不愿意彻底张扬和放纵这个欲念，人性之所以被认为在原罪的根基上展开，就是因为它是真正善恶的基础。人的内心生活隐藏着神的因素，而一旦与神的这种联系被削弱，那种崇敬的激情被截断或封闭，原始的恶就会成为一种无度与混乱的力量，淹没个性分裂出的理性。

《圣经》寓言中记录，摩西出了埃及，渡过了无数次难关，他把战绩写到祭坛之上：耶和华是他民族的旗帜。第三天，整个西奈山被烟雾笼罩，耶和华在火焰中降临。摩西上山，上帝向摩西颁布十诫，并把这诫条写在两块石板上。而以色列人背叛了上帝，围着金铸的牛敬拜舞蹈，摩西把手中的石板摔碎，杀死3000名叛逆。摩西又请求上帝赦免，饶恕他的人民；上帝说，他只惩罚犯了罪的人，要求他继续带着那些可怜的人经历艰苦的跋涉，到达流着奶与蜜的美地。上帝要摩西重新准备好两块石板，在西奈山上绝食40个昼夜，与上帝立约，把上帝的十条诫命刻录在石板上，摩西的脸上发出耀眼的光。摩西要以色列民从此严守诫命，这是用生命和血的承诺以及无数次考验获得的。摩西的信实使他成为西奈山与上帝立约的领袖，他是一位伟大的法律先驱，他以伦理的誓言在上帝面前铸造了法律的基座，而且他以自己的严厉惩治了违约者的行为，为人类树立了执法者的道德榜样。当士兵们把所有俘获的米甸妇女带回摩押平原营地时，他十分愤怒地说，就是因为巴兰挑唆这些妇女勾引以色列男子，才使以色列人遭瘟疫。他命令把有过性行为的妇女杀掉，并按十诫惩处了“奸淫妇女”的战士。伟大的摩西，写完了律法书和上帝的诗歌，他用颤抖而沙哑的嗓音咏唱着那用生命撰写的诗篇，他留下最后的遗嘱：“所有以色列人必须遵守上帝的诫命。”

孤独的摩西，拖着疲惫不堪的身躯，登上耶利哥城对面的毗斯迦山顶，俯瞰美丽苍郁的、流着奶与蜜的迦南全地，回眸出埃及和西奈山上立约的漫长征程，心潮如红海的大波，他的心里响着上帝的一句话：我已经让你看到这片大地，但你不能进去。摩西带着他的人，走出了囚旅的埃及之路，完成了他的使命；他把纷争和新罪的世界留给了他的子孙，留给了大地，他只是实现了他自己，但那约法没有改变，那十条诫律和他在西奈山采凿的石板被奉献给了人类，他的名字与律法共存。

第三节　同性恋与圣女贝内代塔的诡秘档案

> 愿你安住在开放的心性中，
> 愿你从苦难里解脱。
> 愿你在眼前的这一刻就能得到疗愈。
> 但愿众生都能觉醒。[①]

能否使心性开放，并在安静中获得重生。

人类在进化中，常常因为忘情失控而陷入一种危机之中，很多应激症是由于人性的膨胀或者文化歇斯底里造成的。有人在分析当前医学时曾经

---

① ［美］艾兹拉·贝达：《平常禅》，胡因梦译，海南出版社2007年版，第147页。

预言：也许人们正在走向一个既无医生也无患者病症的时代。[①] 很多人说，同性恋是一种文化，而病毒成为这种入侵身体的一种特定角色，让我们必须做医学或微生物学的思考，或者艾滋病毒就是一种生物性存在，与文化、风俗以及性生活方式无关；如同核政策一样竟与我们的病症相符合，逼迫我们防止反应亢奋或衰败。我们必须穿过文化的沙漠，找到医学和伦理的水源，但我们又不能够对于这样一些性取向与多数人不一致的朋友，采取另类的态度和评价标准，他们应该也是正常的，只是像对待来自于文化异乡的朋友一样，让清泉涌向沙漠。

倾向于选择与自己相同性别的人作为性满足的对象，这里的性满足，必须同时包括情感兴趣、性器官兴趣和性生理兴奋三方面，但三者的比重变化范围可以很大。同性恋是各种性偏离中最常见的一种，自人类有史以来就已存在。已经发现，在各种社会文化背景中，在社会各阶层、各种职业者中，都有同性恋存在。很多同性恋名人和异性恋名人同样对人类社会作出了极其杰出的贡献，人类家园是各种性取向者共同奋斗的结果；因此，性取向应该与道德无关。

金赛的调查结果是：37%的男性和13%的女性在他们的一生中，有过明显的同性恋倾向或经验；其中绝对的同性恋者在男性中占4%，女性中占2%—3%。之后的一些调查也得出了相似的结论。有学者1991年对北京市成年男性市民的调查表明，同性恋者所占的比率保守的估计为1%—2%。

没有必要纠缠同性恋究竟是由心理动力学的、社会文化的、生物学的、情景的还是教育学等的何种原因决定的。

20世纪30年代，学界开始挑战“性生物决定论”，玛格丽特·米德、波伏娃、史迪威·杰克逊等都对弗洛伊德发起了进攻。性是文化，是“社会的手稿”[②]，性是一种文化的产品；如此，社会极端论者恰与生物决定论者相对峙。

有一个能够唤醒人类文化心理冲动的案例，即意大利文艺复兴时期的佩西亚泰亚廷女修道院院长、圣女贝内代塔·卡莉妮（Benedetta Cailini）

---

① 参阅［法］吉尔·德勒兹《哲学与权力的谈判》，刘汉全译，商务印书馆2001年版，第151页。这是达戈涅（Dagognet）的话。

② 请参阅肖巍《在太阳照不到的地方行走》，九州出版社2007年版，第188—189页。

的同性恋档案，这一档案揭示了基督教神学对女同性恋的生命伦理观念。大家闺秀贝内代塔于1599年入泰亚廷修会，因犯“同性恋罪”被囚35年，死于1661年8月7日。贝内代塔编造了一段谎言：她曾多次在神秘的梦幻中做圣母似的漫游，并与基督做爱，周身出现圣痕（stigmata）；最后她堕入同性恋情网，无法自拔。贝内代塔的同性恋心态史，充分镜喻了自然性、人性、神性的归一与文化断裂过程。西方许多神学大师以《罗马人书》为核心律法，对女同性恋行为进行规约，如安布罗斯、奥古斯丁、阿奎那等都对女性同性恋的行为形式、性质、道德影响、神学教化内容和惩罚方式进行了界定、分析与讨论；其反对的理由是：保罗斥责女人与女人之间把“顺性用处变为逆性用处”违反自然法则。贝内代塔是声名显赫的圣女，即使被囚禁之后，其人格的力量仍在鼓舞世人。

这一骇世奇情、尘封久远的历史卷帙，也成为朱迪斯·布朗《不轨之举》[①] 这部基督教性观念史的启示录。布朗首次系统地揭示了女同性恋的性神学问题；神学反对女性同性恋行为；神学及基督教文化圈有意淡化或回避女性同性恋问题；神学对女性同性恋比对男性同性恋较为宽容，但由于属于渎圣行为，公开的教会律法规定：应处以严刑。“在”是思的培基，人是神造的半成品，后现代神学的“性革命”是对男权制的挑战：同性恋也是一种自然行为，也应得到宽容。贝内代塔悲剧是一个文化事件，其指涉与陈述沉重而深刻。后现代解放神学、过程神学、存在和实践神学对上帝赋予人管理、修造人与土地的权力作了重要更正和新的诠释；并对同性恋神学（“同志神学”）理论进行了伦理学解构：“同性恋是恢复人间乐园的盼望之一”；同性恋是人性的补充，像原罪（异性恋）一样，已得到神的宽容；它不伤害他人，由女人或男人自主，应得到充分的理解与尊重。“它是反传统的但又是快乐的，是多种生存方式之一”，同样可以实现“不独居，同爱，互助，和谐”功能。女性同性恋不同于男性同性恋，她们的行为可能表达了对男权的反抗，也会被神接受和彰显。人类社会已进入后基督时代，创世秩序和对两性的两次创造都需要在实践中逐

---

① ［美］朱迪丝·布朗：《不轨之举——意大利文艺复兴时期的一位修女》（*Immodest Acts The Life of a Lesbian Nun in Renaissance Italy*），王挺之译，商务印书馆1995年版。朱迪丝·布朗（Judith C. Brown）是美国斯坦福大学历史系教授，多年从事文艺复兴研究，著有《在佛罗伦萨的阴影之下》《文艺复兴时期托斯卡纳的妇女的工作》等，是美国近年来新兴的妇女史研究的杰出学者，曾与鲁杰罗主编“性史研究丛书”。

步完善；无论什么人，男人、女人或他（她）们中的同性恋者，都应在个人生命之中体现其性爱和信仰的人性与神性的现实价值。

在女修道院神秘的高墙内，我们透过常春藤和浓密的牵牛花织成的绿幔，看到那一栋栋逼向云端的古堡式的建筑，那琴声与圣诗的交混，送给游旅者以悠远的凄凉，由沉重与寂寥的钟声维系的宗教道德律，抵御着放纵情欲的世风。贝内代塔通过她制造的异乎寻常的梦幻引起了普遍的瞩目并被作为道德楷模追随，但她的不贞和同性恋却炸裂了那个深没堂奥的庭院，那份圣洁并没有因此削减，这种对教会权威的动摇却使所有知晓这一案例的人感到震惊与不安。这个被隐藏近三十年的卷宗惊醒了性神学卫道士的梦。

贝内代塔生于佛罗伦萨西北亚平宁山脉的一个遥远的山庄，弯曲、狭窄的街市坐落于蜿蜒、陡峭的山坡上，高耸的围墙关不住银色的橄榄树和高大的栗树，飘落的树叶遮蔽了山庄的台地，在远处隐约可见亚诺河宽阔的河谷。1590 年圣塞巴斯蒂安节①的晚上，卡莉妮诞生在当地位列第三的富有的家庭，父亲朱利阿诺在社会上享有很高的地位，母亲是教区神父的妹妹。父亲与母亲对宗教的痴情深刻地影响了幼年的贝内代塔，而且那些类似圣·凯瑟琳与基督象征的结婚日被作为节日来庆祝的习俗和圣母玛利亚的肖像一起留在了贝内代塔童真的记忆中。邪恶和隐秘的传说与孩童时代有关恶魔黑狗的恐怖故事，用一种异样的神秘形式控制着这位少女，跪拜在圣母像前，她听见夜莺在深夜里歌唱，而在欧洲的民间文化中，也应是肉体相爱和声色情欲的象征，从此作为上帝的工具，神秘的事物开始干预贝内代塔的人生。她认为，上帝无时无刻不在祝福她，陪伴她，监督她；而撒旦在诱惑她、试探她、考验她。“感官意识、尘世的爱以及与自然紧密相连的世界，这就是上帝恩赐的全部内容。假如贝内代塔被这些东西所吸引，她也就拥抱了上帝的世界。”② 9 岁的贝内代塔，已经决心皈依她和她父母虔心敬拜的上帝，她必须放弃眼前的这个世界，用圣母取代她慈爱的母亲，告别凡尘，穿过新发出嫩绿藤蔓的葡萄树，她被送到佩西亚的一个宗教生活的妇女团体里。那只夜莺在后面飞，跟着她飞了很远的

① 基督教殉道者。绘画中常见的被乱箭所穿的少年形象，死于 288 年。

② ［美］朱迪丝·布朗：《不轨之举——意大利文艺复兴时期的一位修女》，王挺之译，商务印书馆 1995 年版，第 24—25 页。

路，后来村民再也没有听见那只夜莺的叫声，它也皈依了神。

16 世纪 80 年代，正值修道院的改革和神学的辩论时代，能够进入修道院的少女受到了极大的限制，他们的家长必须是长期居住的富人，而且他们的虔信必须是世人所公认的。女修道院的修女因为与方济各会修士的男女情色的交往败坏了修道院的名声。除惩罚外，大公与当局开始用最有价值的宗教精神禁止修女的肉体欲望，以还击类似把木底鞋做成男性生殖器形状来引诱修女等严重的事件。教会与宗教政治化使得泰亚廷修道院获得教皇保罗五世的训谕，批准她们成立独立、封闭的修道院，时年，1620 年 7 月 28 日，这位来自韦拉诺的 30 岁的姑娘贝内代塔成为圣女的象征，她被佩西亚大教长任命为修道院长。

从 28 岁开始，各种宗教神秘体验成为贝内代塔的生活内容，祷告中圣母像突然倒下并自行行走；花园中，天使劝其完全脱离尘世的告诫以及耶稣替她驱赶野兽等都成为她后来禁食和进一步进入梦幻世界的诱因。道路是艰难的，尘世如此险恶，只有在神的引领下，才能使人这个脆弱的造物为追求至善进行抗争，仁慈的上帝将在失去光明的暗夜里指引精神的归路。一个重要的事件发生了：贝内代塔爱上了耶稣。她摆脱了神秘的际遇和最初的恐惧，她开始感到作为一个女人——一位女修道者的幸福与愉悦；情感赋予事件以意义，不仅是体验的结果，这是神意，来自于灵魂深处的一股强大伟力，使她的神经战栗，她年轻的身体开始散发出馨香和感受到电流的通过，她的女性的器物和腺体——那是神赐予的——开始膨胀和充血；而这些都来自于自己的善良、虔敬、对基督无比的爱，她以无限地献身作为形式，她那有限的智力和神学知识，使她处于一种不能自拔的灵肉冲突之中。忏悔神父教导她求助于苦功，但她陷入了更大的痛苦与欢悦交织的困境里。直到 1615 年，她说，她的祈求有了结果，每天遍及全身的剧痛，每每夜半，莫名的肌肉震颤和痛楚使她全身麻木；她仿佛置身于天堂和地狱之间，肉体的欣快感和精神上对未知世界以及神圣恋人的渴慕，使她忘记了自己实体的存在，她已经全部丢失了自己。医生们对之束手无策，他们没有基本的诊断，也不知如何治疗。

假如这个叙述是真实的或有部分是真实的话，贝内代塔的病状，与她儿时就形成的沉迷于迷狂体验的倾向与忏悔神父激励灌输的神异劝导的压力之间的激烈冲突相关联，她一方面相信这些梦幻来源于神，并且十分真切可信，同时觉得愉悦，她甚至离不开它们；每到夜半或独自入神的时候，她需要进入那种奇妙的梦幻之中。但神父认为这是邪恶的，它们会破坏她的灵修活动。这是矛盾的，假如她抵制这些梦幻，她可能会就此弃绝上帝，她爱上帝与基督；而如果接受它们，是否又帮助了魔鬼？她的意识和判断力遭遇了巨大的挑战。她责问自己：

> 我内心最剧烈的斗争是不要想去相信这是上帝……我非常痛苦，大教长告诉我不能相信，但我不能，我本来祈求这些信念被赶走，但是我反而更加坚定，我只有疯了，痛苦才会消失。①

贝内代塔特殊的疾患是她的内心深处隐藏的痛楚和她感受到的忏悔心理以及无法解决的冲突的肉体表达，并且是她灵性生命的格斗过程；她的精神原本是很健康的，她也有许多女人的各种美好的幻想，她也有各种常人的情感，爱情、快感、同情、欢笑，她陶醉于一切美妙的音乐和闪烁着光彩的绘画里。可她还是陷入了疾病之中，病痛使她更加确信，必须站在上帝一边，她对基督的爱使她理性地接受各种磨难，她感觉到她正在向神圣的道路迈进。当她还是一名23岁的年轻女人时，她就产生过几次记忆深刻的梦幻，天使告诉她必须清除内心中原有的全部尘世欲望；她当时内心感到一阵绞痛，她强烈地想离开这个感官的世界。后来的各种梦幻体验并没有削弱精神上的实在性，她已经悟到了它们的重要意义。她努力把现实的世界想象为耶路撒冷圣城，她看到耶稣骑着驴的场景，她联系耶稣受难的每一个细节，她认为能够为圣主分担苦难。她想攀爬至善之山，想象正在井里汲水的撒玛利亚妇女。幽闭的花园是玛利亚贞洁的象征，喷泉是精神再生的生命之井。她的性征，从害怕、接受到幸福的过程，是一位圣女心路历程的开端，同时圣母的心灵体验也如同“上帝”拣选她凌驾于其他女人之上一样，使她恐惧但欢喜。她的性的感受是与宗教情感以及对圣主的爱恋同时出现并日渐深刻的。她最后理性地认为，幸福感来源于神意，恐惧来源于恶魔。1617年，贝内代塔重新开始产生梦幻，她被一个青年追赶，他纠缠她，用凶器击打她的全身，长时间地折磨，使她身心俱裂。那位青年还要腐蚀她

---

① 见［美］朱迪丝·布朗：《不轨之举——意大利文艺复兴时期的一位修女》，王挺之译，商务印书馆1995年版，第46页。摘自1619年7月10日证词，我在这里进行了缩写。

的意志，诱惑她做他的新娘，但她始终没有屈服，她情愿在修道院中因热爱耶稣而患病，也不愿意回到世俗，她愿意成为“基督的新娘”。如果这是真的，贝内代塔的肉身成为一种超自然力的战场，修道院也由于她的梦幻，认为这是神恩特选的荣耀。

那个年代的修道院，宗教神秘主义流行，那是一种静修的结果；精神病理学家无法与基督教神学界人士沟通，因为世俗的百姓们也相信圣母在佩西亚的干桥上显圣。贝内代塔恰好在新修道院落成的隆重庆典的游行队伍中，再次看到圣母显圣以及鲜花、天使出现的奇迹。这位女梦幻者与天国真的建立了直接交流的通道。

在四旬斋的第二个星期五[①]，贝内代塔领受了圣痕。[②] 贝内代塔叙述道：正当深夜三点躺在床上时，一座十字架出现了，上面钉着耶稣，他在我心上划着十字，他要我把身体躺成十字，数道闪光使我面前那座十字架上人的全部伤痕重新暴露出来，那射出的光芒印在我的手、脚和肋部，短小的光芒绕过我的头，我全身一阵剧烈的疼痛，随后我内心从来没有过满足。她说，我应该准备终生忍受这种苦难。她的伙伴克里韦利也称看到了这个场面：她身体躺成十字，全身红得像燃烧的火炭，她念念有词地说：“耶稣基督，这里有比我更好的人，我不配得到你的眷顾，因为我是个罪人。”[③] 人们事后果然看到她两手、双脚和肋部有一些像小玫瑰花形状的红色瘢痕，头上有一圈深深的带状红色印迹。她从此受到所有人的尊敬，并于1620年被选为院长。

后来，更惊人的奇迹出现了。她编造说，耶稣让她解开衣服，取出她的心脏，再重新放回，或者交换心脏；并且像中世纪的情人一样，身体与灵魂连在一起。男性的基督使她将肉体的爱转化为精神的爱。她用性的媒介使自己与耶稣融合，就好似与夫君在性爱方面的结合；禁食、性爱，甚至被耶稣婚娶，戴上耶稣赠送的刻有十字架黄色纹章的戒指（据后来查验，这个戒指是其母亲给她的，黄色是她自己染上的）。她讲述了许多富于情欲的话，带有色情的挑逗；教士们认为，她彻底背离了宗教的正道。

---

① 四旬斋：天主教斋期，自圣灰日起至复活节前夕的40天，为纪念耶稣在荒野中禁食。

② 圣痕：中世纪时，基督教狂信者出现的溃疡，被认为如同耶稣被钉死在十字架上身上出现的伤痕。

③ ［美］朱迪丝·布朗：《不轨之举——意大利文艺复兴时期的一位修女》，王挺之译，商务印书馆1995年版，第50页。

特别是神秘的假造的与基督的婚礼，使这出由贝内代塔一手制作的悲剧收场了。两位修女的证词，说明她有 20 次用一根大针把自己的伤口刺开，把鲜血涂在头上。最让审查者恐惧的是，她与巴尔托洛梅亚·克里韦利的同性恋性行为。她无数次像男人一样拥抱克里韦利，身体压着她，用情话挑逗她，热烈地吻她；并告诉她说，自己就是这样与耶稣做爱的。她们互相抚摸乳房，相互手淫，强行把她的手放在自己的下身，或是进行下身的摩擦，有几次贝内代塔还亲吻她的下身，直至还达到高潮。这些寡廉鲜耻的行为彻底激怒了教会的审查者们，他们一方面要保守这个秘密；另一方面必须考虑如何处置在“我主、圣母和其它圣徒最庄严的时刻”里在女修道院中发生的令人发指的事件。这不仅是对修女贞洁誓约的背叛，而且是对上帝的辱没。贝内代塔的性反叛行为，像一颗炸弹破坏了这神圣境地的圣洁与宁静。

官方与教会对那些犯同性恋罪过的妇女一贯采用极端的刑罚，或绞死，或者烧死在鲜花广场上，这些在西班牙和意大利热那亚 16 世纪的历史卷帙中都有散在的纪录。那些妇女曾经“依靠不正当的工具来弥补她们性器官的不足”，法国的法律沿袭了西罗马帝国对其施以火刑的处罚。538 年，罗马皇帝查士丁尼安将宗教对于同性恋的敌意作为法令公布和执行，教会法庭对同性恋者判处苦役或死刑。基督教以《圣经》作为依据，如《旧约》中说：“你不可像同女人交合那样的同男人交合，那是令人厌恶的。”① 另一段训诫是：“人若与男人苟合，像与女人一样，他们二人行了可憎的事，总要把他们治死，罪要归到他们身上。”② 基督教对此认识的理由是，这种结合不能生育后代，是对既存价值的威胁。贝内代塔事件牵涉到性病理心理和宗教心理以及她本人的道德缺失，她在性欲望的强烈压抑过程中企盼移情的生理动力，与对于基督和上帝的至尊敬畏，形成一种复杂的宣泄情结；那种萌动的性爱激情借圣爱予以无遮蔽地宣泄，甚至强迫克里韦利就范。女性的性冲动与基督教性伦理观产生激烈冲撞，人性的本真借神性偷换圣谕，贝内代塔是性革命的先驱、败类，还是性神学传

---

① 《利未记》18：22。

② 《利未记》20：13。这两段经文都是针对男同性恋者的，并没有对于女同性恋作出明确的谴责；《圣经》对女同性恋的训诫集中在《罗马书》中（见《罗马书》1：26—27）。这在《古兰经》中也非常明确地对同性恋进行了批判（第四章第 20 节）。但很多资料都接受同性恋行为，《圣经》对于古希腊、罗马有过的同性恋习俗也有表述。

统的叛逆？

传统性伦理观特别是基督教对于基督徒性伦理训诫的内容面临着一系列挑战，如果专注于性行为的生育作用，那么性欲与性愉悦是否就被判定为被贬抑的生理需求？基督教缺乏对于单纯性爱价值的指导，基督徒开始在新的时代以一种积极的方法与态度，认识到性爱是人的一种价值，是造物主所愿意的，因而是美善的。同时，对于“性激情威胁了人们的灵性自我”表示了怀疑的态度。人“生”为人，就必须有另外的一个人通过性产生，每个人都是这样发源的，生殖新技术可以用其他方式替代“性”，但性的本质和原初的价值并没有发生改变；人化的自然还是原有的那个自然的发展。性的目的本来是二元化的：生殖与传宗接代；享受快感和实现情爱；后一元是正当的。“样样都很好”，“你们要生育繁殖”等经文，当然包括“性”。两性是伙伴，“人单独不好”，男女互为填充，并成为一体，完成性的自然。

贝内代塔修女没有按通常认为的自然的方式满足性的欲望，因为生活在缺乏异性交往的发泄口岸①的修女院里；她本来可能并没有同性恋的心理架构（a psychic constitution），她曾经和男教士等异性有过调笑行为。另外，她与巴尔托洛梅亚的行为并不频繁。开始时也可能是出于对基督的敬爱，但因为她心目中的耶稣太人化、太男人化了，作为圣人的吸引和作为男人的吸引都在她青春萌动的身体与精神上发生作用或产生刺激，她骚动不安；她也试图压抑这种情欲，她不准许它占上风，不准许在她的肉体中起反应；她确实有过梦幻，神秘的心理体验一度占有了她的全部，有些幻象是介于生理性和病理性之间的，夹杂着宗教训练后的神秘情感，但后来又发生梦淫，她于是从“阴蒂阶段”进入“阴道阶段”，她不能满足于缺少阴茎采取自欺的态度，像顾恋母亲那样去顾恋上帝。② 贝内代塔既违背了教会和作为基督徒的训诫，又违反了世俗的道德规范，她混淆了情爱与圣爱的界限；同时她利用自己的身份，编造谎言，制造一系列假象，欺

---

① 异性发泄口：是卡尔·白舍客在《基督宗教伦理学》（静也等译，上海三联书店 2002 年版）中所用的词，见该书第 506 页；我把其改作“发泄口岸”。

② 请参考［法］西蒙娜·德·波伏娃《第二性》，陶铁柱译，中国书籍出版社 2004 年版，第 432 页。本书作者用弗洛伊德的精神分析学说，对女性同性恋进行分析，认为女人的同性恋有自己的架构，性对象的选择也不取决于女人支配能量的多寡；女性性承受的标志是从阴蒂阶段转变为阴道阶段等。

骗了大教长、忏悔神父和修女们；没有任何证据证实她强暴了巴尔托洛梅亚。她并没有性犯罪，她只是违反了常规与宗教戒条，所以她没有心悦诚服地接受审判和处罚，她甚至没有屈服。在长达35年的囚禁后，她死于发烧与腹部绞痛，终年71岁。贝内代塔始终受到世人的爱戴，她在当时仍佩戴着圣女的光环。这也可以说明，我们平素所崇拜的偶像只是一些普通的凡人，他们并没有伟力抵御作为人所具有的欲望和虚荣，以及围绕色欲、功名利禄而来的各种诱惑；他们的虚浮的或假有的高尚经不起彻底的调查和举证——当然对于普通人我们不应该这样苛求——给世人的形象不过是一副面具而已；我们是在面具中进行交往与生活的，语言面具支持着道德面具，一张张面具遮蔽了真实的、半是魔鬼半是天使的人。我们都遭遇过假象的蒙骗，结果我们自己甚至也参与制造了这种假象，就是这样完成自己的一生的。有时，我们连自己的真实身份和本来面孔也变得陌生和不习惯了，这不是所谓异化能搪塞得过去的。贝内代塔没有选择自杀或折磨自己，据考察，她几乎没有表示悔过和祈求怜悯或宽恕；她只能在地板上吃饭，一个星期只有几次能得到面包和水，这是多么顽强的生命，忍受着几乎一生囚禁和“屈辱”的生活，需要何等坚忍的意志。她有过欢乐的、天真无邪的少女时代，她曾像鸟儿一样自由；她对上帝和基督耶稣的无比虔敬之情曾经——或许始终是真诚的；但她的虚荣和没有控制住的性欲使她陷进了“人间的牢狱”，她被活活地“掩埋”在修道院中；她的灵魂呢？是否已经飞升？只有死后，她才被准许回到公众之中，被抬进教堂，戴上黑头巾，穿上其他修女穿的衣裳。她死亡的消息在小镇上引起一阵阵骚动，那个被深深掩埋的记忆被翻了出来，40年后，她人格的力量仍然鼓舞着人们；人们根本不信任官方对她的贬低，他们瞻仰她的尸体，想触摸她那圣洁的皮肤；“贝内代塔胜利了，无论囚禁还是死亡，都没能使她湮没无闻”①。

基督教出于对《圣经》论断的遵从，特别是保罗的观点，认为同性恋应列入自绝于天国的罪孽之中；只有异性的恋情才是“顺性的”②，才可以与生育、爱和忠信存在内在的联系；同性恋是伦理上禁止的行为；持

---

① ［美］朱迪丝·布朗：《不轨之举——意大利文艺复兴时期的一位修女》（Immodest Acts The Life of a Lesbian Nun in Renaissance Italy），王挺之译，商务印书馆1995年版，第116页。

② 可以详见《罗马书》1：26。另外参阅卡尔·白舍客《基督宗教伦理学》第2卷第9章第2节。

这种认识的人认为，这不需要什么证明，同性恋不能使性行为成为爱的标志，因为那个正常的条件缺失了。信理部[①]在1975年发布了《性伦理问题宣言》（persona humana），向人们解释说，同性恋问题必须审慎对待。一些学者认为，当一个人为他的性欲所困扰时，这种伦理罪恶应该是较小的，从牧灵的角度看，同性恋行为是可以容忍的；更进一步讲，根据保罗的建议："与其欲火中烧，不如结婚为妙。"稳定的同性恋的结合，应该得到允许；同性恋应该享有与异性恋一样的性生活权利。另一种分析认为，圣保罗主要批评的是外邦人同性恋行为，同时他还表露出对于他们不能满足的性欲宣泄的可理解性。教会中也有人说，同性恋并不伤及社会生活和他人的权利，也应是上帝的"美好创造"，应享有和异性恋同样的伦理地位和受法律保护，甚至还提出同性恋婚姻的法律预准书。

应该说，对于性，可以用"身体行为"和"家庭事件"来理解，那么为什么一定要由一种形式去规范或者用一种别人认可的模式去实现呢？自制的主体是否有充分的权利支配自己的身体，并且所适用的技术不受到别人或社会质疑与谴责？高生殖技术把生育与性分开，性行为的双方主体可以不受性别的限制，同样可以繁殖后代，建立和发展家庭，传递家庭财产与家族的价值观，拥有家族的文化传统。"性状态"是一个"个人事件"[②]，只是涉及私人的欲望、愉悦和情感；当然作为人，必须使这个个人的事件进行合理的权力话语和结构安排，使之合乎社会规则，但社会规则也不应该因为主流话语的传统或规范的沿袭，而用暴力或强制个人接受性的物化信仰、惯例和多数人的模式或技术。性话语在多大程度上为社会确立性主体的"真理"，要根据舆论、道德训诫、民族、信仰和风俗以及文化流行来决定，而且，这一切也都是不断改变和不断被颠覆的。波伏娃批评精神分析学家，认为他们的错误在于，"为了迎合道德观念，将同性恋完全看作是一种非真实的态度"[③]。事实上，女人与男人在性的问题上，无论在生理和心理以及社会关系上，都是不一样的；女人的同性恋，可以

---

① 信理部是近年来具有代表性的倾向于同性恋合法化的教会组织。见《基督宗教伦理学》第509页。

② 按照福柯的分析，"性"与"性状态"是有区分的，"性"是"身体行为"和"家庭事件"，而"性状态"是个人事件。请参考布莱恩·雷诺《福柯十讲》，韩泰伦编译，大众文艺出版社2004年版，第176页。

③ ［德］卡尔·白舍客：《基督宗教伦理学》，静也等译，上海三联书店2002年版，第432页。

作为她逃避个人处境的一种方式，像贝内代塔身处女修道院的高墙内和在社会、世俗、教会组织与传统的围困之下，只有接受“把女性身体作为性欲望的对象”这一现实，她让自己的身体作为权力意志的主体，来达成其尝试性的愿望或目的的实现；她实现了，并且利用了这种方式向教会团体和官方挑战，也许她不是有意这样做的，但这确实是一种对于传统的反叛。

暂时把贝内代塔的历史卷帙关闭，我们还会再开启它。这个事件不是个人的风流逸事，而是神学的、人类的、文化上的一个深刻课题；性是生命的核、质与根，由它所展开的有关人与社会、宗教以及经济、科学发展的议论，可以使我们重新认识伦理的开放性意义。我们还没有一个非常明确的结论，但是我们应该在冷静沉思的同时，采用一种宽容的态度，教育大众和说服宗教，或是尝试一种神学研究方法，用哲学的分析影响时代和历史。最后，借用西蒙娜·德·波伏娃的话结束我们这一次讨论。

> 实际上，同性恋既不是一种厄运，也不是被有意纵情享受的一种变态，它是在特定处境下被选择的一种态度，就是说，它即是被激发的，又是自由采纳的。使主体与这一选择有关的各种因素——生理状况、心理背景与社会环境，没有一种是决定性的，尽管这些因素对解释它都有帮助。除了别的之外，同性恋还是一种方法，女人用它来解决她的一半处境，特别是她的性处境提出的问题。和人的所有行为一样，同性恋是导致虚假、失衡、受挫、谎言，还是相反，会带来有益的体验，这取决于它在现实生活中的表现方式——是不真诚的、懒惰的和虚伪的，还是明朗的、慷慨的和自由的。①

人的生命曲线若太极图，阴阳黑白、悖逆反衬、相应相合、半明半暗、强弱相济；生命时间曲线又似正态抛物线，老幼生死，来去有时。生命的过程不可与自然规律对抗。

---

① ［德］卡尔·白舍客：《基督宗教伦理学》，静也等译，上海三联书店2002年版，第450页。

第四节　婚姻与性

婚姻是生命的政治行为与现象，是自然性的变体，更是一种人类文化样态。

婚姻是一个民族、国家政体稳定的基石，是给与男人或女人具体权利的理由以及建立新的人际关系的机遇；婚姻是爱的结局与开始。是一种正义的叙事，它为一切仇恨、不公正、委屈、生活中的挫折以及消极的情感做裁判，用宽容、体贴、温存、慰藉消解与化合夫妻（两性或正在争议中的“同性”）间的误解与冷漠。

婚姻合法化是人类为了道德秩序作出的无奈选择，而且延续了亚当夏娃一夫一妻制的神圣关系；正当并且合法，在俗世中，为了性的需要和生殖以及为生活排解孤独感，从而由“上帝”建立了一种制度，相亲相爱、抚育下一代、侍奉年长人等，在道德上共同抵御私通、通奸、兽交和婚外情欲；并由此作为标准判定除此之外的性活动皆为不道德的；其实，这内中隐藏着“极大的奥秘”①。性行为所具有的恩泽的神秘性全部化生于婚床之中；但是，婚姻的神秘不仅仅在于对性的规制做了明确的限定，而且这样的性愉悦是能量的正当释放；婚姻是一种消除私通的补救措施，除此之外就是邪恶的。

婚姻是一场舞台悲喜剧。由自愿结合的男女（或者由父母设计）来编剧、导演和演艺、设计舞美背景与灯光，将要在或明或暗的天幕下，倾听儿女的心音和啼哭，那柴米油盐的交响会磨炼人们的意志和耐心，没有一位经济学家比夫妻更了解金币的功能，能以舒缓的小夜曲与平和的歌声或一句幽默，洗去因为拮据、贫穷、疾病所引发的窘迫，也会平复因富有、辉煌、地位显赫、康健而可能不经意现出的傲慢与成功的冲动，辗转一世，最后获得了真的闲静、稳重与爱。

婚姻是身体的艺术。凭一己之力，或在他人帮助和启发下，实现自己的意向和个体的智慧迸发，特别是表达自己的思想和灵魂。受精神和意识的指导，肉身会和人的整体融在一起。如果对与他不可分的另一个身体眷恋的同时，被他或她的精神伟力所征服，那就是一种铭心的爱，就能够保

---

① 《以弗所书》5：32。

持到永远；敬畏这种情感，维护这种不灭的活力，双方也从中获得力量和内在的能量，使他或她的生命绽放光辉。在那种热度还在上升或还在积聚时，就必须由理性来裁定，这是真实的，不是虚浮的，从此，任何人不能再欺骗、压抑自己和对方；因为这是弥足珍贵的，这是一种永恒。

婚姻是一瓶陈酿的老酒。要有恰适的温度，要有酒曲的发酵，要有精心的呵护；反之，则会霉变，或是酿成新醋，酸涩、苦情、矫性，无论是酱香、曲香、浓香还是清香，都要仔细品味其中的奥妙，不仅仅是初欢的记忆，而是随着岁月流逝，清纯容颜变老之后，觉得这老酒更甜美，更使两位沧桑老人陶醉。

婚姻是一杯香茶，要用一生努力品味。一品：人生更加厚实深刻，极尽甘融；顿觉清逸渺渺，如闲坐二泉石矶之上，闻听涧水淙淙，神爽而会意于尘世天堂之间，欲仙而飘动。二品：人生渐觉甜意涌心，金口飘香，侵入心扉，灼人命门，周身通透，侠骨若比剑增秀，媚情穿经，神忽而难辨南柯，犹如久醉方醒。三品：人生绝之极致，涩中有柔滑之顺利，苦中藏花蜜之芬芳，开七窍抒五经，撼七洋而镇五岳；饮罢魂魄介入九霄，开茅塞现神目洞九天，霞光炫耀，砰訇浴耳；蓦然间，一览人世苍渺，神若醉翁之意不在其醉，而悬置于浩江泛湖之上，广怡泗水茫茫，独悟红尘焦灼之苦，亦步亦趋天景之大悦。

大悦尔尔，却蕴藏了痛楚，又痛又快，则为“活”，为生而活，为人性而活，为“活”而活着。婚姻生活与非婚生活以至于围绕着性的亦散亦离、同床异梦、貌合神离、若即若离、神通貌异，使婚姻成为性的藩篱。那堵墙可以成为伦理的“柏林墙”，一直接受着各种挑战与示威。

> 今日，在所有人的性格中，可以卖弄的最有效的是“有原则的人”（man of principle）……你的伪装总会受人尊重……我绝不放弃我的充满狂浪的生活方式……事实是，我可泰然地为所欲为。我自命为有德操者，让我来裁判他人吧。①

---

① ［法］比安卡·朗布兰：《萨特、波伏娃与我》，吴岳添译，中国三峡出版社1998年版，第9页。这是莫里哀剧本中唐璜关于以德操作为勾引女性的有效工具的话语，以此映射萨特的人格以及对婚姻关系的蔑视。

让·萨特的终身伴侣、存在主义的女权理论的创立者，一位不寻常的女性学者波伏娃，以其终日沉醉在臆想中的梦幻表情使萨特着迷，萨特遵从于她。他和她给我们这个本来平静的性别世界投入了一颗异常暴烈的文化原子武器。波伏娃不仅在其精彩并富有争议的人生旅程中，给这个沉闷的性别文化模式的市民生活启动了一场潮汐，而且向传统女性观念宣战。她以个人生活的方式，质问这个男女性—婚姻关系模式化的规范的世界。她和萨特亲密生活50年，但没有结婚，并宣称这种婚姻关系的道德性。她花费近5年时间完成的被西方妇女奉为圣经的《第二性》成为女权主义的理论经典。她对于自然生态的性观念、弗洛伊德以男性为中心的恋父情结理论进行了激烈批判，并呼吁以及设计了一种制度和社会道德规划，以改变人们的两性意识，建立一种新型的妇女自由的、解放的性别角色形象。

男权社会的文化传统长期掩埋了女性的身份与伦理意义，观念、思想、行为的男权话语，使得女人没有勇气从身体开始，重新发现自己的价值，并与生命价值关联在一起，争取地位和权利的平等。这场运动和思潮应该是20世纪80年代从知识界的女性主义延扩到女性主义神学上的。女性主义神学家要求改写基督信仰的基本文本，抨击神学的男性形象和教会的男性结构，对上帝观、基督论、人的论述和创世论、救赎论、信仰学说、教会学理论等父权话语基础进行批评。[①] 基督教等父权思想源于“天父”的设定，而不是“我们的母亲”；男性神学影响了整个俗世社会，教义学在传播过程中，删除了母性文化基因。女权主义神学认为，男性式的成义论应该对女性的性负罪感负责；索菲亚的上帝之爱应代替父权主义的上帝之爱；亚拿—玛利亚—圣子的三一论应取代圣父—圣子—圣灵的男式三一论。[②] 这种反叛的思潮使得医学文化的女性主义伦理观有了一个基础和依据。

天主教以克洛代尔为首的乐观主义者认为，恶本身便含有其不容丧失的善。[③] 这正应了守卫天使向唐娜·普罗海兹所说的那一句话：“即使罪

---

① 此一段议论，请参考［德］E. M. 蕴德尔的《女性主义神学景观》中译本前言，刁承俊译，三联书店（香港）有限公司1994年版。伊丽莎白·蕴德尔（Elisabeth Moltmann Wendel，1926— ），图宾根大学神学博士，神学出版物编辑，德国女神学家，德语女性主义代表。

② 请参阅上书前言，第ii页。亚拿为圣母玛利亚之母。

③ ［法］西蒙娜·德·波伏娃：《第二性》，陶铁柱译，中国书籍出版社2004年版，第242页。

也有功德！”① 这样的宗教观念的变革，强烈地影响了世俗社会，为世俗阶层违背传统性伦理规制的人打开了自由之道。

波伏娃的反抗是深刻的。她说：

> 肉体之爱既可以不被看做是目的本身，也可以不被看做纯粹是达到目的的一种手段。它不可能为生存进行辩护，但也不可能接受外来的辩护。就是说，它在人的任何生活中，应该起一种独立的插曲作用。也就是说，最重要的是它必须获得自由。②

承继与批判性总结有关性与婚姻的道德认识论意见，可以归为：

1. 男与女双性的存在，是大自然的生态配置，是自然的本性，具有哲学、美学、人类学和历史价值与意义；自然本性是相应、相对、相合，阴阳结构乃为自然本性。男性与女性是同一事物的两面，对于生命来说，这个本质是不能改变和改造的。

2. 婚姻由一夫一妻（一男一女）结构完成，虽然不能绝对认作天经地义，但有稳定社会生活和伦理目的，相互陪伴、获得灵魂拯救，是世俗关系最为恰当的表达；对于抚育和教育后代子女是一种可靠的保障；同时对于传统文化的传递以及家庭生活的基础，除特殊情境外，是最好的模式；托马斯·阿奎那称：“婚配必须是一个男人和一个女人，结成不可分离的夫妇。夫妇交相责成的信谊，也包含专一恒久的特点。（夫妇无恒，有伤情谊，不但违反道德的真诚，而且违反心理的自然。）”③

3. 婚姻不仅仅限于男女双方身体的结合，是一种自然的、道义的、灵性的人性的呼应；婚姻本身不仅仅是为了生殖和生育，也不仅仅是满足或实现性的欲望，它对于夫妻双方的心理发展以及经济计划、生命政治文明，都是必要的基础；因病或其他原因一直保持无子女的家庭，只要双方互敬互爱，也不应受到另类的非议。

4. 以任何技术和医学手段为生育子女的夫妇定向选择后代的性别，

---

① ［法］西蒙娜·德·波伏娃：《第二性》，陶铁柱译，中国书籍出版社2004年版，第244页。

② 同上书，第474页。

③ ［意］托马斯·阿奎那：《论奥理》，吕穆迪译述，安徽人民出版社2013年版，第369页。

都是不应允许的，这一形式的对于自然配置性别的干预或破坏，都应该被生命伦理学所斥责，并应受到法律的惩处和禁止。

5. 独身主义不应该予以鼓励，但应该允许与尊重，不应遭受歧视，并应在制度上、法律上对其选择是否结婚的自由权利给予维护；对于同居者和“守节”者都应视为正当；社会和舆论对于稳定的非婚性关系（同居）也应予以保护；对其所生子女，不应歧视。

6. 婚外性事、婚外情、婚外性关系等，应该克制、限制和控制，因为这是对于婚姻和正常婚姻伦理关系的伤害，但不应视作犯罪。

7. 处于生理的某一阶段，或者为满足正常的生理需求，或者因为治疗的需要，个人或家庭内收视色情文化作品和传播资料，不应视为违背道德和法律。

8. 换妻和性俱乐部、为追求利润和其他目的的性淫乱组织，都是不道德的。

9. 同性恋行为应受到尊重，同性恋婚姻必须在适当的文化和文明框架内给与保护，但不应提倡。

10. 婚内性生活应恪守自愿、自主、尊重、无伤害的原则，夫妻双方应该永远平等相处；因为疾病、年龄、生活压力、生理和心理的原因，对婚内性生活质量造成不良影响的夫妻，应当积极克服、治疗或者予以关心和谅解，不应因此指责和疏远对方，或者导致婚姻的破裂。

11. 变性手术属于特殊的整形术，牵涉复杂的伦理与社会问题，也是一种文化选择，在知情同意和足够的论证后，可以实行，但必须在不伤害他人的前提下视作当事者的正当权利；同时必须严格恪守相应的伦理原则。

12. 手淫不应该受到道德指责，在一定的规范内是健康无害的。

13. 性药具的研发、生产、销售等，应该有别于其他普通的医药和生活用品，必须制定有效的法律，加强科学管理并纳入专业化流通系列。

14. 有关卖淫合法化的争议是严肃的，但“性工作者”在人格上不应受到社会的歧视以及不公正待遇。

15. 对色情文化应有所限制，尤其对青少年身心造成危害者必须予以惩治；应尽可能制定淫秽出版物（包括网络、影视作品）与学术行为以及科学普及产品可靠的、合乎人性的、有利于人类发展的、柔性的区别标准；适度的身体暴露是一种文化，是回归性的原生态的自然情感叙事；

“天体运动”与活动只要不伤及公共秩序，不应该一律禁止，对其中病态情感的过度宣泄形式和伤害社会者应予以控制。

16. 性权利是人的自然权利，应当受到保护；医务人员与科学家应该恪守保密原则，性行为、性活动与性选择属于个人隐私，任何人有意或无意扩散、披露、传播、揭示他人性方面的有关问题或事件，都应被视为违法。

17. 避孕、流产、绝育手术和形式选择，均为个人权利，应该予以保护；只有在特殊的复杂情境下，医务人员和代理人出于保护生命的目的，可谨慎行使干涉权，医生干涉权在生殖行为中不可滥用。

18. 医务人员不可单独对异性病人进行体检，应避免由于医学活动和诊疗行为而为病人带来性侵犯和性心理伤害。

19. 在任何情境下，男女在角色和社会、道德、法律、政治地位上，都应一律平等，“第二性”（le deuxième sexe）① 的称谓隐含着对于女性的歧视，不应作为学术、法律和生活语言。

第五节　性别伦理学与临床性伦理

延续女性主义的思考，为建立一门非男权主义的伦理学，又必须认肯性别差异伦理传统，这就有必要关注性别伦理学（The ethics of Gender）的命题，应在性差异伦理学（Ethics of sexual difference）的基础上，强调性别权利的平等，这对于女性主义伦理观念和后现代主义文化运动来说，是富有价值的思想成果。

苏珊·弗兰克·帕森斯（Susan Frank Paesons）是从基督教伦理的视角回答性别差异伦理问题的，并企图用她的性别伦理主张，建立一个体系化的、新的解放神学伦理语言。性别伦理学源于女性追求平等和权力共享意识，是对于男性主体伦理学的反抗和宣战，女性主义伦理观念和声音，是对于顽固的单性霸权的生命政治格局的颠覆。

---

① 见［法］西蒙娜·德·波伏娃《第二性》，陶铁柱译，中国书籍出版社2004年版。这一书名曾经引起很多人的批评；按法国历史学家米什莱（1798—1874）早先的提法应该是：“女人，是个相对的人。”“第二性”表述了“女人是次要者和附属的人”这样的寓意；对于男人来说，女人同样也是主体，因此称作“相异性”，更能表述这种平等性。

是要求在现实中、在新的政治与宗教制度中、在新的社会组织形式与我们的思维方式中，宣布一种普遍的人性——性别在这种人性中似乎没有合乎逻辑的位置。因此，这种性别伦理声称在女性与男性之间没有根本的差异，在任何被理解为我们的基本人类本质的品质和能力上也没有根本的差异。并且，这种性别伦理试图在政治与社会、哲学与神学改革中实现这种信念。①

人性观念的核心是不分性别的根本平等，这是一个压倒一切的前提，这种平等是基于所有人拥有的推理与理解能力的一致性，这些在客观世界和我们所处的现实社会中以及所有的关系中，不应该因为性别的原因而对思考能力产生不利于任何性别属性的人的角色、权利和地位的差异。柏拉图并没有因为性别差异而在他的《理想国》中，使精英阶层的女性在她们的生活中可以免除相应的身体和社会限制，她们对于社会责任的履行与男性没有任何差别。罗尔斯也同样把性别的差异作为社会照顾的基础，但没有对于女性在权利分配中的劣势加以表示。福柯也一再申明，“性别正义”不仅扩展到公共伦理上，而且在家庭的私人世界里依然起主导作用，性别平等没有例外。生命伦理学是新伦理学中的重要文本，是在反对父权意识的过程中重新进行的伦理学文本的创作，放弃传统，为女性的身体解放做一系列示范的工作。男性与女性是一个偶然性命题，其本身并无意义，我们作为人只是参与这个世界的多元的、文化的，或者对于人类繁衍必须履行的各种义务性生命计划；父权主义同样可以用母性权力替代或兼任。女人仅仅是由于身体和心理的差异，不应该从事力所不能及的劳作种类，就如同在男性性别内也必须体谅和关照体力较弱的人群一样，也与在竞技场上比赛项目的性别区分相类同，女性的标准必须得益于这种体能限制和相应的性别差异性规制。医学中的女性照护和女性主义生命政策的制度性评价，特别是医疗程序和医疗单位、身体保健机构必须遵循既不歧视又不过度袒护女性的医学伦理守则，但应该以关爱作为生命伦理的核心，对女性予以保护。

当代世界女性主义伦理观念其实被分裂成许多思想的碎片，上层妇女

---

① ［英］苏珊·弗兰克·帕森斯：《性别伦理学》，史军译，北京大学出版社2009年版，第26页。

以此作为权利或权力夺取的工具；很多城市小资型知识文化女性则满足或自我欣赏经过努力所获得的自由的伦理角色；但是这两种人并没有十分顾盼依然处于痛苦境地的弱势女性，她们依旧在父权、神权和夫权的男权桎梏中，失去基本的人的尊严，在少数极其贫困落后的区域，女子的生命或身体甚至不如一头牛的市场价位，她们没有任何生活资料分配的话语权，不能参与最原始的经济活动，她们几乎麻木，已经放弃了为自己申辩的欲望。索马里妇女的命运就是这样的悲剧化实证。女性解放伦理不仅仅是文本和誓言，需要包括男人在内的全球性行动，每个人都有责任参与这样的平等伦理计划，为了打碎被圈制在性别霸权中的人身上的锁链而奋斗。

苏珊·帕森斯在现代和后现代过渡的背景下，尝试性地提出三个建议，这对生命伦理学视角下的性别伦理学建构富有积极的意义：第一，必须搞清人性基本能力的内涵，以及如何在个人生活与社会生活事务中运用这些能力指导决策的途径；第二，让我们的未来摆脱或者不再纠缠于过去的问题，建立一种新的结构和模式，其意在于生命伦理学就是生命道德问题的表达和诉求，而不必另立女性主义的生命伦理模式，应该把生命伦理的所有原则不分性别地应用于所有的主体，目的是实现普遍的善和正义；第三，是自然适应于当代的人类伦理需要，对遇到的推理进行价值重构，性别问题所造成的身体差异不应被过度僵化和过分制度化，生命伦理的实践应该遵守性别的道德秩序，但最先要考虑的是我们不分性别持有的人性，同时应审慎地思考如何将之注入我们时代的伦理。①

第六节　变性手术

选择变性的话题远远不限于生物学与医学范畴，更是社会学、伦理学和文化的讨论；我们是出于一种责任，对这个复杂的人性或人类性问题予以关注。变性是对神性世界的反叛，或者称为对于性禁忌的一种身体修造的真实反动，对其的渴望曾经与恐惧相联系，现已逐渐在世俗的社会和人的文化心理中获得了一种道德依据，他或她不再忧挂是否被视作犯罪，而是另一类人性的应当。

---

① 可以参阅［英］苏珊·弗兰克·帕森斯《性别伦理学》，史军译，北京大学出版社2009年版，第138—139页。本书对其中的三个建议进行了生命伦理的修正和批评性改写。

医生参与了这个事件，帮助要求变性的对象实现他们的强烈愿望。性的变轨和脱离“常规”不应受到各种指责，应该是个人的一种自由，就本身来说，或者在不考虑当事人与另外关联者的权利关系或情感纠结时，不存在对他人的伤害；尽管有时存在已婚者当事人客观上对于配偶、子女事实上或者社会名誉、人格尊严上不同程度的“毁损”，但这种伤害不是致命的，是可以依赖某种方法进行消解的。

易性癖（transsexualism）不同于同性恋和异装癖，而且它不是决定变性手术的唯一原因。变性的动机还可以纯粹是一种文化欲求，也可以是职业的需要。舞蹈家、特工人员、保镖、护士、保姆等带有较为强烈性别色彩或特征的角色需要。但一般来说，变性是以易性癖为主体的。易性癖又称异性转换征、异性认同征、性别转换征，是一种要求重新指派自身性别的现象，于1949年由考德威尔最先命名。易性癖者的生理发育完全正常，但心理性别与生理性别截然相反。正是这一基本矛盾导致个体强调自己非经过性别转换不足以纠正自己的性别意向，强烈要求通过手术改变性器官。

在《精神疾病诊断与统计手册》（DSM—Ⅲ1980）中，对异性癖的诊断标准是：对自己的解剖学性别感到不适应，并且不能接受；希望改变自己的生殖器官，以异性的身份生活；上述情况至少持续2年以上；身体没有雌雄间性的体征或性遗传学异常；与精神疾病，如精神分裂症无关。

男子去势曾被作为一种刑罚或是宫廷差使定位的需要；人妖文化是另一类变性的理由；但伪娘文化和女性主义教育却应常常引起伦理警戒。战争年代的硝烟散去，长时间的平静、温和的太平生活，淡化了英雄主义品格，人们把情感浓缩于风花雪月的阴性生活叙事之中。伪娘主义和暖男现象盛行，无性主义的舞台以及混乱的、模糊的双性背景，为这类选择提供了温情的气象和土壤。

> ……我要与你滚动在伟大的秘密中。我们迷失了自己又找回了自己。①

① ［法］乔治·巴塔耶：《色情史》，刘晖译，商务印书馆2004年版，前言第3页。这是作者引用莫里斯·布朗肖的话。

在病理学和病理心理学上，我们对易性癖或者部分变性欲望者的物质与心理基础尚无定论，但医学界有越来越多的证据显示，所谓“易性癖”其实是一种疾病。美国整形外科专家提出“易性癖”一说，认为男性或女性在性格、心理、行为上的“女性化”或“男性化”是一种性心理障碍。但曾有研究报告表明，对有变性欲望男性的大脑解剖显示，丘脑中自我性别认知功能细胞丛存在发育缺陷，导致男性发生女性思维倾向，导致易性选择。这种大脑发育缺陷所引起的病态具有不可逆转性，药物无法治疗，患者只有通过做变性手术，才能获得正常的心理。变性人虽是极少数，但他们是病人，不应视作“异类”，而应得到人们应有的尊重。医学上只是把他们看成深受心理障碍性疾病困扰、需要帮助和理解的对象。

变性术是针对性变态中异性癖患者的一种手术治疗方法，是通过整形外科手段切除患者原有男性或女性内外生殖器官，然后再造或移植女性或男性生殖器官来转换患者性别的技术。手术需分次分期进行，不论是男变女或者女变男，在术后较长时期里均须服用相应的性激素。

变性术作为一种手术治疗手段，除了要符合一般外科手术选择条件外，还要考虑这一手术的特殊伦理条件：

首先，它在一定程度上符合医学伦理的有利原则。因为大多数的易性癖患者都清楚地知道自己的生物学性别，却在心理上感受并深信自己为另一性别，并强烈要求改变自己的生物学性别，渴望完全按异性的角色去生活。如果不能进行性别角色转换，他们将无法正常生活与工作，无法正常处理人际关系，不可忍受自己的性别角色。其痛苦无法通过心理治疗解决，唯有通过变性手术，方可使其平静下来。

易性手术在客观上多数局限于男性以女性性别作为手术目标，技术上更易于施行；但除了感官性问题外，难以按平行主义将复杂的女性转换为目标男性，施行这样的手术涉及再造或移植男性生殖器官，或阳具成形术。乳房再造手术已较成熟，阳具再造术则较为困难，利用自体组织构建尽管在技术上可行，但要在性心理上改变和实现功能上的整全性男性化，还存在很多学术困难和问题，甚至有些还存在着伦理争论。比如性生活以及婚姻的质量与和谐问题。是否对对方权利构成伤害；生育和男性品质的培育，等等。

对变性手术应该作出一定范围内的限制，但是依然要坚持自主和尊重、允许和同意、有利与不伤害、公正和尽可能的限制信息（或者保密原则）等伦理原则，以此为基础谨慎地开展这项研究。在特殊的情况下，可用排除法决定最后的手术选择或决策，并用各种形式的商谈与沟通，找到一个最佳的医方与病人的平衡点，予以最优化的方案设计，获得相对理想的结局。尽量不要留下本来可以预防的各种争议，如医学的、社会的、美学的、法律的和伦理的。

变性显然会带来不同程度的伤害，要细腻地划分变性的等级，如假性变性、形式变性、外观变性、表性变性和根本整全性变性等；但其中任何一种形式对身体均会留下创伤，而且属于不可逆转的手术。一般的手术，都将多次分步渐进式实施，受者要丧失正常健康的器官，还须定期服用激素。术后受者若要成为真正人类学意义上的异性，或者获得社会的根本性认同，是一个漫长的、复杂的困难过程。这一手术治疗时间漫长，环节繁复，费用昂贵；医生必须在术前妥善、全面地进行各方面准备。

其次，变性将给受者本人及其关联者，特别是家庭内部的人际关系、情感和性认同度、性角色关注性质、性应对和性激惹功能、性和谐境遇产生修改和变动；因此除需要有公安、户部、民事机构的有效证明外，尚须获得司法公证与备案。变性术所带来的直接后果就是变性人的性别认同。身体性别一般按出生时生殖器外观确定，随着青春期的到来，第二性征渐趋明显，不仅形体出现变化，声音及内分泌系统都将出现性征改变；若此时实行变性术，只能改变外表，不可能具有真正异性所有的生理和特质功能；受者可能会遭遇事先未曾预想的各种社会认同度的挑战，甚或会陷入孤独、尴尬、排斥和歧视之窘境。

海南歌手梦琪自杀前的一封遗书道出了这样的心理告白：“我想做个普通的女人，却被人当动物看，我被人看不起，我没有快乐，甚至我要小心翼翼地活着；我会以我的生命和鲜血告诉你们，我，也是一个堂堂正正的人，也有属于人的尊严。”由此，台湾的台中荣总医师林志坚以林国华变性人自杀案例说道：

> 多年前为了变性问题到台中荣总看门诊时表示，从小就很想当女生。经深入咨询，发现林国华情绪很不稳定，一厢情愿地认为只要变成女性就可解决一切问题，这是错误的期待；如果手术后效果不如预期，会带给他更大的打击，因此没有通过精神评估，台湾没有医师会违法替他施行手术。

这两个案例足以回证变性手术当事人知情同意后的毁约可能，难道还不应引起我们对此问题的警示吗？

变性人由于年龄、生活经验、知识水平、社会能力以及人本身的可变性，对僵固的法条给予严峻的考验，其法律地位的确定亦不可视为通规。变性人在手术前后是否为同一个人？他或她是不是我们通常所说的自然人？如果不是，一旦出现医疗纠纷和有关其他方面的社会矛盾，将难以使用惯常的规范处置。特别是当变性人组成家庭时，如离异或死亡，都将给法院带来很多棘手的问题。

最后，由于变性手术是一种致残性手术，不仅患者躯体会经受多次创伤，而且需一定的经济能力作保障，加之无相关法律予以明确规范和成功的判案作为对照，由此则会对传统的生命、生活、家庭、亲情观念、国家人口法规造成极大的、难以避免的冲击，进而引发许多社会伦理问题，因此医务人员及与之相关的专业人士，对于变性手术的申请者所要做的第一步工作就是予以劝止或进行阻止，保守主义是我们的基本态度。

人有时仅仅是暂时遭遇了难以战胜的某种欲望的诱惑，一般是由生理、心理、社会文化、经济利益甚至政治权力驱使的，其实并没有作出理性的和可以依据的整全性考量，其态度很轻率，决定也缺乏充分的科学和社会基础，只是一时冲动，一种偏爱，而由此改变的身体根基性结构或是仅因变性手术形成的一种预想不到的生活美学角色或生活能力的重大变化，与其原本勾画的美丽景观距离甚远，或会使其堕入生命困境，“理想破灭了。但并没有什么来取代它”[①]，而且已经成就了的又无法再回归原初，传统依旧，社会依旧，他人的生活依旧，只是你堕入了深渊，本该展示的魅力非但没有产生，身体与社会却发生了断裂，性的吸引力和主体的地位一并被埋葬，生命失去了基本意义。如此悲剧，医生们必须加倍警惕。

---

① ［英］约翰·伯格：《观看之道》，戴行钺译，广西师范大学出版社2007年版，第66页。

第十三章　中乂余篇

他先说知道的事，后说后知道的事；
未听到的事，他说："我未有所闻。"
他正视真理。
反对迂讷。①

中乂，居中央而治理天下；天下之大，无以与生命相比。《书·召诰》："毖祀于上下，其自时中乂。"孔传："为治当慎祀于天地。"孔颖达疏："举天地则百神之祀皆慎之也。"宋苏轼《徐州祈雨青词》："事神不恭，获戾于上下，臣等实有罪。"生命伦理规制天下万事万物万生万灵，无一物不可揽居，通视妙可为道，今原实尚余数事，选要害者，简约概论与玄览，集为"中乂余篇"。

第一节　基因、遗传与优生伦理诸事

一　基因与遗传的伦理

"DNA崇拜是一种为社会歧视与排斥正名的自然主义神话学。集体道德、对公民意识或个人责任的呼吁都站不住脚，只有'基因道德'（E. O. Wilson）或'自私的基因'（R. Dawkins）才具有重要性。"②

---

① 赛妮亚编译：《塔木德》，重庆出版社2008年版，第71页。摘于《与智者同行》。

② ［法］大卫·勒布雷东：《人类身体史和现代性》，王圆圆译，上海文艺出版社2010年版，第316页。这是一种悲观主义的基因道德论，认为技术优先会使人与人之间更为不平等甚至生存可预见性的遗传学商数（GQ），在某一天这将成为合法性的主体条件，而智商（EQ）将被废弃；按分子生物学家西尔弗（L. M. Silver，《重塑伊甸园》的作者）的寓言：基因技术在胚胎中的应用，将来会产生两个人类物种，人的尊严将等同于他们的基因以及凝聚其中的信息的尊严；一群通过严格基因选拔的人将统治对生物学角度而言"自然"或"低级"的人群。

而康德说：

> 因此，“自然史”的开端是善，因为它是神所创造的，“自由史”的开端则是恶，因为它是人的造作。①

我们用康德的话已经回答了第一句西尔弗的谬言，因为“与一切理性的存在者站在平等地位，因为它同样有权利要求被视为目的”②。康德认为，性的想象与欲望催化了遮羞叶（无花果叶）的产生，这是生命伦理化的驱使，即“使人类发展为道德存在的最初诱因，是他的礼节感”③。人控制了自己，也能够控制住自己。生命伦理学至此可以欣慰了，这就应了学科的意义。科学家的创作冲动不是“恶”的本源，而理性与自由对于科学家来说不一定就是有害的；基因伦理学的价值就在于使人“不断增长自己善的能力”④，这是人类天赋的使命。

世界短暂于人是不是一个恩惠，或者说，所谓的黄金岁月并不值得人们留恋与渴慕，人们每一个年龄光景都是唯一重要的，都是生命价值的一部分，不可分割掉，不能至生活暮年非要受制于苟活。“这个世界并没有由善转为恶，而是由更糟变得美好。”⑤

基因医学时代并非一个时代的开始，人类只是延续着原来的那个生命过程的一系列程序，生活一直被我们过着，我们没有中断过生命的进化。技术因素对我们的干扰，不可能改变这个根本的走向，人类最初规定的发展规划是不可能改变的。

我们在近百年里一直隐隐地感觉不安，过多创造过程的苦闷，使我们再次陷入迷茫，似回念和观照海上的日出，那种震慑与自由感，让我们不禁感叹生物圈各种不同的复杂现象的维系与发展一直仰赖着它，那喷薄而出的万道朝霞，就是我们生命的根。我们如此企盼的就是如何理解它的精神圈的功能以及围绕生命科学文化存在的伦理关系。

---

① ［美］曼弗雷德·库恩：《康德传》，黄添盛译，上海人民出版社2008年版，第342页。
② 同上书，第341页。
③ 同上。
④ 同上书，第342页。
⑤ 同上。

但我们必须处理由于疾病、健康需求、医疗政策所引发的伦理纠纷，并医治以生命权利为核心的文化战争所造成的伤害。

基因伦理学作为生命伦理学的一个部分，应该归附于生命伦理的意义范畴。

当代生命伦理学诞生的背景是人性的迷失与人类社会的重新震荡，包括人类内在的心绪和大气层都会随着文化漂变而迁移；精神哲学与精神科学被简约化和现象化了，医学在自然科学化之后产生人文复兴和医疗公正的民众权利运动；人类需要理性地认识生命的神圣性和处理各种纷繁的医学纠纷或道德事件的艰难判断，特别是在高新生命科学技术将改变人类传统以及对各种文化维度下的伦理关系提出挑战之后，必须释脱由此变革所引发的种种困惑，建立新的生命伦理关系构架，从而稳定我们的生活秩序。

眼下，基因编辑技术已经掀开了基因神话王国的一层面纱，生物遗传物质载体 DNA 编码信息很容易被人工设计与改变，这就为人为改造生物功能开启了无限的可能；本来还是天方夜谭，或是科幻小说的题材，在一夜间就成为一般实验室可以进行的生物品质或人性的干预技术，如此发展，如果不进行伦理学的监督与控制，后果则难以预测。

就基因伦理问题域而言，多年来我们一直热衷和纠缠于这些问题：基因信息和基因诊断中信息使用的公平性；隐私与保密；尊重基因缺陷者或基因缺陷的权利维护；基因检测和普查的策略；基因治疗的经济伦理和选择原则；基因和人体性状增益的控制；基因技术的商业化、广告、相关信息和知识产权，等等。但我们并未最后解决它们，甚至有些问题被我们生命伦理学者自身复杂化和两难化了。基因科学与技术是“显微人体学”，人的肉身不可脱离与精神统一的常态，物质的人体不能变得与人毫无关联；现象不能离开事物的本质和规律，不可因为技术的进化而违背人类文明的跃升和善的意志，不能因为科学自由冲动而带来“神圣恐怖”。另外就是，我们没有生命伦理学的理论体系，我们所使用的原则过于粗糙、简陋，缺乏厚实的理性淬炼，我们没有从人文地理视角进一步挖掘思想营养，因此，生命的道德哲学奠基羸弱，只能用“人是目的”这样苍白的辩词应付惨烈的伦理绞杀。

因此，我们的伦理学研究应该重新明确研究对象和方法，反思过去几十年里的收益与失误。尤其对于如基因伦理这类专门问题的研究，就更不该将其混同于流行的程式，放弃哲学的思辨，缩聚于无根而孤立的责任追逐，猎获几个仅有新闻效应的案例，在穷于信仰和情感地剖解之后，随意挂附上标签，在语义上进行价值的评估。我们其实需要更丰富、成熟的伦理辩证和更有说服力的理性依托，来影响人类的文化、科学、政治与社会，并在一个高生命科学水平的基础上，重建我们新的生活秩序和医疗关系。

论及转基因的伦理，其实是一个不辩自明的社会伦理或生命伦理问题，这样一种赖于科学、实践以及社会公众心理认同的事，不能凭借感情得出结论；几位没有丝毫知识背景与伦理训练的名人仅仅靠几分热情和值得怀疑的社会责任感，就凭借明星效应去进行一些违背科学验证的游戏式的非正规社会调查，随意散播绝对化的否定性意见，这是十分可笑的；也只有在当下这种诡异乱象和荒诞文化垃圾横生的后俗民时代，才成为一种可能的现实。晚近，美国纽约辩论平台“智慧广场”（Intelligence Squared）组织了一场传统牛津式的转基因辩论会，结果是科学最后赢得了多数信众。据中国生物技术信息网报道：

> 支持方是世界粮食奖得主、孟山都的 Robb Fraley 和加州大学戴维斯分校的基因学专家 Alison Van Eenennaam，反对方是有机食品倡导者、华盛顿州立大学的 Charles Benbrook 和反转组织忧思科学联盟的 Margaret Mellon。支持方理由是：转基因作物已安全生产、食用了近 20 年，到目前为止并没有任何已知的人体健康危害和风险；转基因作物能增加产量、降低农药使用以及减少对耕地需求；转基因能帮助作物抵御病虫害、抗旱以及增加营养。反对派的主要理由则是：现有监管制度没有充分评估安全性，长期安全影响不确定；环境以及生物多样性的威胁；世界上已有足够的粮食来养活所有人，应该由公共政策来解决饥饿，而不是基因工程。结果支持转基因一方大胜。在观众中，辩前 32% 支持转基因，30% 反对转基因，38% 不确定；辩后数据则为支持方 60%，反对方 31%，不确定的为 9%。

我们必须再次回到伦理学的逻辑推论方法学上来，就是阿奎那解惑，如果即刻面临因地震或战争所造成的身体伤害，需要紧急救治，为了最高价值的生命，必须采取非常手段，打破常规来维护生命的神圣，面临饥饿和死亡的境遇，还去苛求几条僵化的原则，岂不可笑；特殊主义和境遇主义的伦理，已经为这个“双倍效应策略”提供了足够的理论支持；我们从滑坡论证的缺欠为连锁推理求得最后的证明。第一步：假如你接受（合理的）命题 P（拒绝食用转基因食品或使用未经临床试验的抗埃博拉病毒 TKM-ebola，前者因可能会对身体造成不确定的伤害，后者是不符合临床治疗的伦理原则），你就必须接受 q（忍受饥饿与死亡），假如你已经接受了 q，你就必须接受 r（拒绝医学上仅仅可能的治疗手段）以及一直到 s、t 等；第二步：从反面论证，假如在下一步的某一阶段，命题变得难以接受，或暴露出错误（转基因食品仅仅是可能出现不确定的身体的危害，附加注释：食用 20 年至今尚未发现问题；TKM-ebola 在理论上和动物实验中是有效的）；第三步：应用正是逻辑（否定后件推理）去推断后面命题中的一个是错误的，那么第一个命题也是错误的。显然，不能提供足够的证据证明转基因食品是有害的，因此，拒绝是错误的。压倒一切的是解决饥饿和保卫生命，比较起来，积极的价值绝对压倒负性的作用，何况没有任何被证明的负面效应。还是那一句话，爱是为了人，不是为了原则。真理在“存在”中存在，而不是在滑坡的论证中。①

佛罗里达大学园艺学教授 Kevin Folta 在辩论会之前就预测说：反对方注定要说一些不准确的、未经证实的理由，诸如致敏问题等，而玛格丽特（Margaret）都不了解 RNA 干涉，更不知最新产品是怎样的；布鲁克（Benbrook）则宣称恐惧所有未知的，他还把转基因与自闭症、关节炎联系起来。这些都十分可笑，也不是科学的态度。辩后，凯文·福尔塔（Kevin Folta）教授评价说：反转方全是反科学、反理性、反证据的恐惧、疑问和臆想。然而科学赢了。不仅科学赢了，另一方只有恐惧而无事实的表演将一直挂在网上供公众“欣赏”。

关于转基因产品的社会争论还会继续，这当然有利于这项科学技术项目的研究，也有生命伦理的意义；但是，行动上盲目拒绝、散播伪科学言论、在情感上排斥、添加一些莫名其妙的文化噱头，或者别有用心，或出于获取一些难以光照的利益的动机，就有失科学风范了。

二　中国式优生

人的生殖行为被阿奎那最先理性地规范其目的，他认为：“既是维持

---

① 请参阅［英］托尼·霍普《医学伦理》，吴俊华等译，译林出版社 2010 年版，第 68—71 页。

人类生命的永存，是乃追求人本性的福利，故应受本性倾向的指导；为得满尽所谓的本性天职。但其第二目的，是追求市民团体的某一公共福利，故应遵守市政民法的规定。"①

另外，中国式的优生学研究，没有任何人文和伦理基础，科学理论因为缺乏生命政策的指导也十分混乱，一直被抽调了人文的内核。

"优生学"（eugenics）原本由英国生物学家高尔顿（Francis Galton）将达尔文《物种起源》理论中的遗传观念应用于人类天赋的遗传（Hereditary Genius）研究，于19世纪末创立。高尔顿对一些学生的数学考试成绩进行了研究，他发现学生之间天赋才能的差异是巨大的，因此他认为"人人生而平等"的说法，"如果是指才能而言，显然是错误的"。高尔顿给"优生学"下的定义是：研究在社会的控制下，为改善或削弱后代体格和智力上的某些种族素质的力量的科学。他建议大力开展遗传学研究，开展社会各阶层人士的遗传学调查，分析职业的家族性倾向及其原因，研究影响婚姻和婚姻制度的各种因素，宣传"优生学"对于民族国家的重要作用。

高尔顿的"优生学"理论具有一定的合理性，但是他过分强调智能的遗传性则是非科学的。高尔顿的"优生学"与英国铁路工程师斯宾塞创立的"社会达尔文主义"混在了一起，在此后的一段时间里，因为宣扬少数人所谓生而优秀的观点和人类社会弱肉强食的合理性，被德国纳粹分子所利用。纳粹当局在此基础上提出所谓"种族卫生"（Rassen Hygiene）谬论，为迫害犹太人制造了"理论根据"。

自20世纪后半叶以来，特别是20世纪70年代中期以来，遗传学摆脱了种族主义的不良影响，在理论方面取得了重大突破，出现了将遗传咨询、产前诊断与选择性流产三者相结合的"新优生学"（birth health）。

中国特色的新优生学又称为优生优育，兴起于20世纪70年代。1981年11月，中华人民共和国计划生育委员会和中华医学会等单位倡导召开了优生学讨论会，发表了《优生倡议书》。宣传的口号是"优生优育政策以改善民族素质、增强人体健康为出发点，严格以遗传学规律为理论基础，制订优生优育措施，以适应现代社会发展的要求"，等等；但在实践中，优生优育已经走偏，潜隐在后面的是，由经济财富的拥有量决定对后代的优生水平，这种在

---

① ［意］托马斯·阿奎那：《论奥理》，吕穆迪译述，安徽人民出版社2013年版，第368页。

优生实践中的不平等，特别是生活发育条件、环境、健康保障、文化教育的不平等，重新陷入斯宾塞主义的陷阱；很多富人教育观念的陈腐与愚俗，对于子女的溺爱姑息，很多富家子弟如同新八旗一代，养其尊而不优。那些边穷贫困地区和低收入家庭的子女，则受到了不公平的物质和文化教育的限制，其身心发展受到严重损害，很多现实触目惊心，令人深深地挂虑。如此没有公义基础和伦理预设，还侃侃高谈新优生之学，这岂不是一种讽刺。这种缺乏道德机制和生命伦理精神准备的所谓“新优生学”，或者仅限于遗传学层面考虑下一代个体的身体素质或奢谈下一代个体的身心健康，是有问题的优生计划；新优生伦理行动的道路还非常漫长和艰难。

从出生后脐带结扎开始到未满 28 天这一段新生儿时期的“严重缺陷”，是指智能意义上的严重缺陷和生理意义上的严重缺陷。关于严重缺陷儿童的遗弃或抚养、教育和责任等问题，是生命伦理学的延伸。

自然对于人的身体与智能的造就并非一致，总有承担“百分之若干”比率这个风险与现实表达，非常与正常共同构成这个世界的人类总体，而不能认为这个世界是属于正常者的。不正常“是从外界获得与个人原先状态不相符合的社会神话”①，我们不能够不满足于顺从天命而开展善的计划和行动，如果一味责怪命运则会错失改善自己的机会。②

对于这类人群，我们除应该予以关爱外，还应该格外维护他们的人格尊严，并更好地制定出一个普遍适用的标准或准则或用法律解决所有相关问题。

统一管理的生活与教育模式，会使得这部分应该被尊敬的人长期脱离家庭和社会的具体关爱，造成与正常人群交往的障碍，甚至使部分幼童病情恶化。

对严重缺陷新生儿的处置，包括正确界定和恰当处置两个方面的内容。一些基本的伦理原则应得到严格遵守：应按照国际上统一制定的有关标准，严格区分“严重缺陷”和不严重缺陷，并必须获得民间、宗教、少数民族中的权威性意见，针对不同情况作出最为适度的处置。严重缺陷必须属于患有无法存活的疾病或者存在着成人后生活根本无法自理的缺

---

① ［法］大卫·勒布雷东：《人类身体史和现代性》，王圆圆译，上海文艺出版社 2010 年版，第 124 页。

② 请参阅曼弗雷德·库恩《康德传》，黄添盛译，上海人民出版社 2008 年版，第 342 页。这就是康德所说的人类必须肩负改造现实的责任并且视之为一个绝好的使世界由恶转为善的机会的原因。康德在这个问题上表示了“不满于那主宰整个世界的方向的天意”。

陷，已知的先进医学手段亦无法治愈和矫正者。

按照“生命质量标准”和“代价标准”相统一的原则，针对不同程度的缺陷情况分别采用不同的方式作出精准处置建议，而且，如何处置严重缺陷新生儿的最终决定权不可完全由产妇做主，或者完全由患儿双亲做主，还须建立一个临时判定和裁决小组，通过遗传和医学、法律专家商议，最后由伦理委员会监控和批准。

1995年6月1日正式施行的《母婴保健法》第十八条规定，胎儿的严重遗传性疾病、胎儿的严重缺陷等严重疾病目录由国务院卫生行政部门规定，有一定的伦理基础，可供参照。即充分尊重患儿双亲及其他监护人的意见和建议，绝对不能按照个人的意志和个人的理解随意处置。首先，医务人员需要根据医学理论，对患儿的情况作出明确的分类诊断，在专家会诊基础上，确定新生儿缺陷的严重程度。其次，根据国务院卫生行政部门的有关规定，结合患儿的实际情况，如实向患儿的双亲以及监护人作出客观公正和全面解释，对各种可能的后果作出预测和评价，提出可供选择的相关建议，最终的决定权并不掌握在医生手中，而应使患儿双亲、亲属或监护人做到知情同意、自主决定。再次，有关的诊断结果以及相关处置意见应逐级上报，并需要经过专门的咨询委员会审核批准。有关的原始资料、证明材料等都要设立专门的档案予以封存。其中特别注意必须做到诊断确切、手续完备、程序合理、方法适当：（1）对于严重缺陷新生儿做出舍弃处置时（如积极安乐死等），必须持有医生的诊断证明和明确的医学结论，必须持有专门的咨询委员会明确的处置意见或建议；（2）必须持有患儿双亲或其监护人的处置意见或建议，有两名或两名以上亲属或其监护人的共同签名；（3）处置过程应由三名或三名以上相关专业的医务工作者或经过专门训练的人员组成处置小组共同实施，并在非公共场合进行；（4）处置完毕，患儿尸体应得到严肃而郑重地处理。

三 基因和基因技术道德

论及遗传缺陷，不能不谈“基因”一词的翻译问题。翻译界无从查考何人得此精美绝伦的译词；如同继王国维把“humor”译成“欧穆亚”18年后，由林语堂改译为“幽默”之神妙可嘉一样，基因（gene）的翻译可与之齐名。

“基因”概念最先于1909年由丹麦遗传学家约翰逊（W. Johansen，

1859—1927）在《精密遗传学原理》一书中正式提出，他继续了孟德尔的研究，根据希腊文“给予生命”之义，创造了基因（gene）一词，并用这个术语代替“遗传因子”。不过他所说的基因并不代表物质实体，而是一种与细胞的任何可见形态结构毫无关系的抽象单位。因此，那时所指的基因只是遗传性状的符号，还没有具体涉及基因的物质概念。

而与伦理学相关的“Meme”一词，最早出现在英国牛津大学著名动物学家和行为生态学家理查德·道金斯（Richard Dawkins）于1976年出版的《自私的基因》（The Selfish Gene）一书中。道金斯杜撰“meme”一词的主要目的是说明文化进化的规律。在他看来，人类文化进化的基本单位是“meme”，它后来被称为“人文基因”或“文化基因”的“模因”，也是一个很精彩的翻译范例。

基因（遗传因子）是遗传变异的主要物质。基因支持着生命的基本构造和性能。储存着生命的种族、血型、孕育、生长、凋亡过程的全部信息。环境和遗传的互相依赖，演绎着生命的繁衍、细胞分裂和蛋白质合成等重要生理过程。生物体的生、长、病、老、死等一切生命现象都与基因有关。它也是决定生命健康的内在因素。因此，基因具有双重属性：物质性（存在方式）和信息性（根本属性）。

1935年，德国威廉皇家学会（KWG）科学家德尔布吕克（Max Delbrück）提出基因是决定遗传的物质基础，基因是“遗传质”。现代研究认为，基因是对于那些具有遗传效应的特定核苷酸序列的总称，是具有遗传效应的DNA分子片段。人类基因组（Human Genome）是建立人体所需的化学密码，其基本组成是DNA。人体共有23对染色体，每一个染色体含有一个DNA分子（脱氧核糖核酸），而每一个DNA分子中含有A（腺嘌呤核苷酸）、C（胞嘧啶核苷酸）、T（胸腺嘧啶核苷酸）和G（鸟嘌呤核苷酸）四种核苷酸，构成双螺旋结构。人类的遗传密码就储存于这种双螺旋链式结构之中。它们按照不同的顺序排列组合，传递不同的遗传信息。人类基因图谱的研究，就是寻找A、C、T、G这四种核苷酸的排列组合规律。

人类基因组计划的基本宗旨是：人类基因组图谱涉及巨大的人类共同利益，因此应通过国际合作来完成人体基因组图谱的破译工作，并建立完整的遗传信息数据库，成果为人类所共有共享，仅对每一个具体基因具体作用的研究成果授予专利。其根本任务是：发现人类基因组所携带的完整的遗传信息，并将这种信息用于提高人类生命质量。

我们不应该沉迷于人类基因组测序工作，以及人类基因的应用存在于一系列项目的理想化进程中；或许我们会在这种无法补偿的遗传发现之后陷于惊恐与悔悟之中；因为我们知道了身体建筑的语言，却难以掌握应用其编辑信息并控制人类疾病或行为的“语法”，我们没有使用生物学建筑工程的逻辑秩序改造身体的能力，打开了潘多拉魔盒，却无法关闭或者阻止技术泛滥；生物成就的风险远高于核威慑。

在我们这种发展中国家里，很多孩子还读不起书，还没有基本的生活保证，很多平民百姓依然在低收入甚至在贫病交加的生命线上挣扎，我们拿不出大笔经费供几位并没有超人智慧和成功可能性的人玩火，这当然是伦理学问题。我们花费了极其昂贵的代价却对人类基因组所蕴含的遗传信息的隐私权造成莫大的威胁。此外，人类基因组图谱的使用与人的社会权利问题，人类基因组信息的医学解释与心理压力以及名誉损害问题，对于某些个体或某些群体的歧视和侮辱问题有关，甚至可能会被滥用并助长种族主义（譬如纳粹主义等）。因此，对于这个所谓测序的行动计划，应该谨慎收缩我们的参与度。

1990 年，国际人类基因组织为此专门成立了人类基因组计划伦理、法律和社会问题（Ethical Legal and Social Implication，ELSI）研究机构，预测和考虑人类基因组计划对个人和社会的意义、考查将人类基因组绘图和排序后可能引发的伦理、法律和社会后果。对此我们应予重视。

基因诊断（gene diagnosis）或基因检测（Genetic Test），其中包括针对新生儿的基因筛查，以及针对普通人群的症状前检测，必须用法律来控制和监督，会给人们的隐私权利带来高技术侵害的行为，应予严格惩治。

基因诊断存在的伦理问题主要有：对于身患绝症的患者做基因诊断，基因诊断方法所测得的结果是否可靠？对患者在诊断过程中所出现的一系列心理、社会问题、家庭纠纷等问题，是否应追究法律责任？基因诊断室规则是否确实得到严格遵守，并足以证明或确保其诊断结果不是由误差造成的？被诊断为基因缺陷阳性者如何获得法律保护，使其不受人寿保险、招聘单位和社会歧视或享有一定的特权？等等。

世界上没有一位绝对完美的基因组合，在将近 70 亿人中，每一个基因组合都是美丽的自然成果，是唯一的样本，都是宝贵的，都是平等的，都是无法替代的，都应得到保护和尊重。这个多元的自然生态景观以及多样化就是由良善的天赋法则来规范的，不应该以人为的形式予以干预。如果在基因医学中，搅乱自然的基因组合多样化的自然布局，就有可能造成极大的集群式混乱，与自然的混沌不同，人工混沌是有序的无序，而自然的混沌是无序中的有序。人工干预的无序化，将是无法挽回的灾难。

基因转移技术是决定基因治疗成败的关键。但是，我们短时间内还难以预测技术所带来的问题。基因治疗的根本目的是治疗人类疾病，不是增强人类的某些功能，因此转移的目的基因都是疾病相关基因。目前所采用的基因转移方法是转移基因在受体细胞组的随机整合，使整合部位被取代的基因失去功能，这种方法有可能影响相邻基因的表达。如果受体细胞是生殖细胞，这种随机整合的转移基因还会遗传给后代，对相关个体以及人类基因库都会产生持续的影响。因此，生殖细胞的基因治疗在当前还不被人们所接受。用于治疗的生殖细胞基因工程涉及可遗传至未来世代的不确定性改变，而且不能确定这种改变是否符合我们后代的最佳利益，不能确定他们是否会同意这种改变。其中所存在的伦理问题是：我们对未来世代负有什么责任？是否允许我们将这种不确定性的改变留在未来世代的体内？我们找不到这样的可靠证据和理由允许我们这样做。

由于生殖细胞的基因治疗在当前还不被伦理学所接受，而体细胞基因治疗在伦理学上是得到基本肯定的，因此基因治疗中的伦理问题目前主要是体细胞基因治疗中的伦理问题。争论内容包括转基因操作的安全性（包括手术、药物、食物等）、临床试验中的伦理学问题以及对家庭和社会的影响等。

我们不会轻易同意将不成熟的技术应用于实践：第一，基因治疗在技术上存在着危险，操作者无法确保绝对安全性和理想的纠正效果，其技术方面的风险远远大于自然发生的错误；事故或差错一旦发生，要再加以纠正将非常困难甚至不可能；这种错误可能会影响后代。第二，目前临床上有很多种治疗方法，不一定非要采用基因疗法；在很多情况下用传统的方法（包括预防和治疗）就可以得到有效解决，通过婚前检查就可以排除很多遗传性疾病的扩散。第三，基因治疗费用昂贵，难以做到公正与公平；基因治疗对于普通平民患者来说难以负担其费用，客观上成为真正受益者的只是少数富人。第四，通过基因治疗不可能达到纯化人类基因库的理想目的；相反，不加节制地采用基因治疗可能会导致盲目遗传的增强，从整体角度看可能会使人类产生混乱和退化。第五，在思想和认识领域会导致一种极端，即将人归结为 DNA 序列，将社会、环境和行为等问题归结为遗传原因，甚至导致纳粹“优生”观念复燃。

即念，李易安词云：

> 新来瘦，非干病酒，不是悲秋。
> ……凝眸处，从今又添，一段新愁。①

新愁是：生命只限于具有特定组织的系统，生命是内在于自然物的并可以把特征传递给另外的自然物，这个自然的结构，不可随意被打破或者受到干预；一旦干预，如果造成失败，就不仅仅是对于生命个体的扭曲和毁坏，而是对于人类整体的科学秩序与完美体系的破坏。

我们可以从贝塔朗菲的话中体悟这个警示的依据：

> 生命的另一个特征是有机体中的连续流和过程的形式。最后一个特征是，每一个有机体来源于同类的其他有机体，它不仅带有现存个体自身的过去的特征，而且带有它以前时代的历史特征。②

第二节　赛博人的挂虑和人体增强术的忧思

科幻电影中的赛博人（Cyberman）③ 已经被极大地泛化并延异了最初的含义，本来作为一种有机生命物种的赛博，起源于地球双行星Mondas的人形机器人，他们为了自我保护，把更多的人造器官移植到自己的身体上。这导致这个种族天生的邪恶与逻辑心理程序无情、精明睿智，他们所有的善良和同情心都被从思想中删除。并由此Cyberman与Daleks展开了惊心动魄的世纪性竞争。由此，人类对于行为基因决定论的完整主义幻景，随着对于记忆能力、复杂功能甚至情感的芯片植入的设计，结合美容、整形、身体增强技术的进展，使赛博文化进入了后现代生命技术浪漫时代；人们已经不再囿于狭小的器官移植，而是在一

---

① 朱传东主编：《李清照诗词集》，济南出版社2006年版，第18页。摘自《凤凰台上忆吹箫》。

② ［奥］路德维希·冯·贝塔朗菲：《生命问题》，吴晓江译，商务印书馆1999年版，第112页。

③ Cyberman，复数Cybermen，有时译成“电脑人”或音译成“赛博人”，是英国科幻电视剧《神秘博士》中的一种虚拟机器化生物（赛博格，cyborg）角色，他是博士持久出现的敌人。Kit Pedler博士（该节目的非官方科学顾问）与Gerry Davis在1966年创造了这个角色，第一次出现在William Hartnell出演第一任博士时代的最后一集The Tenth Planet中。他们在多次征服尝试中生存。

个更加奢侈的改造人体和智能的想象中，催化与描绘令人恐怖的未来。

赛博文化对于无数期盼接受治疗的患者或使用各种可能的生命技术解决残疾者生命补偿和修复的愿望来说，可能是上佳的福音；不管是利用胚胎干细胞技术、人体器官还是假器以及其他替代物，实际上都依然停留在渺想阶段，人类总是过度地为自己筹划一个难以实现的梦想，这个比到达河外星系还要艰难得多的梦境可以说目前仅仅是一个幻影。赛博主义宣布了人与人造品之间界限的瓦解，电脑的人性化开始引发人类告别身体时代，马兹利许（Bruce Mazilich）们认为，人已经过时，开始谴责人的肉身的沉重，人如果超出身体，就可能会解决所有存在的生命限制，长寿和无尽的享受生命的所有乐趣就会成为可能。

> 为了达到赛博人阶段，需要将人身上属于死亡的那部分去掉：他的身体。技术在这里被视为一种可以改变人类和世界的力量。对此类技术及科学趋势而言，人体等于一份底稿、一张草图，最紧要的是令其尽在掌握之中，改善其性能，或者为了达到更好的功能性，而不惜将其去掉。多余的身体是人的紊乱之源，当务之急是堵截生老病死的通道，让其与痛苦、疾病绝缘。①

这也应了熵主义者们希望通过技术无限延长他们存在的目的。他们声称“将精神转移近网络之中以便最终实现对身体的逾越，以虚拟永恒的方式生存”②。熵主义理论家罗斯（D. Ross）认为，只要在电脑程序中建造出特定的大脑神经元和每个突触，即可实现包括全套记忆在内的信息传送，身体可以被搁置在一边。由此，他们描绘了人放弃身体之后的未来生活，包括家庭、社区、政治欲求、性活动和文化娱乐；甚至人类的根本属性都将受到质疑，将由一种崭新的伦理图示和哲学框架支持这个未来的人类观念世界。

人为天类，“人类化于天，人性生于天。故人道即法天道，天人分合本原贯通”③。天道不可逆之。科学技术绝非没有止境，我们是在一个规

---

① ［法］大卫·勒布雷东：《人类身体史和现代性》，王圆圆译，上海文艺出版社 2010 年版，第 320 页。

② 同上书，第 324 页。

③ 《康有为经典文存》，上海大学出版社 2003 年版，第 118 页。

范的构架之内满足科学创造自由的，人类的能力是有限的，生与死是一种不可改变的永恒规律，不可逾越，自然赋予我们这种有限性是自然的真理。因为生命不可超越时间之维，神圣的单向性是我们存在的属性和基础，如果失去对于时间的依赖或遗失了时间的载体，生命就无法显现，包括所谓人工智能和由时间托起的数字电流和物质、暗物质，都不可与自然律令相悖逆，违背自然律令的一切都不会成为现实。幻境也许没有尽头，但伦理必须予以控制。

事实上，仅就器官移植技术而言，我们还存在诸多的难题，人们只是沉浸在盲目的对于未来前景的描画之中，一时间失去冷静的思考。特别是国内的器官移植面临着并不美好的境遇。严重的器官短缺、猖獗的黑市交易、管理部门无所作为、调配网络失序与失效、脑死亡立法步履维艰、捐助遭受冷落。医学界与部分医学专家过分自负，过分夸大其技术水平与成活率，公众对此的信任度逐渐下降。技术上也确实存在诸多难题。

20 世纪 70 年代环孢霉素在临床上的应用，确实明显抑制了参与排斥反应的机体免疫细胞的活力，保护了受移植的脏器，随着它在临床上的广泛应用，同种器官移植取得了进步。确有大批 20 年、30 年以上的长期存活者。但其副作用和预期效果存在严重问题，如肾脏毒性、淋巴瘤、多毛、震颤、高血压等。对此，还没有十分有效的对策。

器官移植最突出的伦理问题包括器官商品化与市场、死刑罪者自愿捐献有效性判定、自然与非自然流产胎儿器官的权限、脑死亡法、器官调配的公正性、克隆器官等，这些问题重叠交绕，难以逾越；人工器官和动物器官库的技术限制，临床上关于假性推定同意的争论，都值得生命伦理学界进行深入研究。我们的器官移植工作前景固然值得期待，但眼下的乱象和伦理考验，应引起格外警觉。

为进一步规范和加强人体器官移植技术的临床应用管理，促进我国器官移植科学化、规范化和法制化建设，经国务院批准颁发的《人体器官移植条例》于 2007 年 5 月 1 日起施行。《条例》要求具有器官移植资质的医疗机构必须成立“人体器官移植技术应用与伦理委员会”，在医疗机构每次进行人体器官移植前，须将器官移植病例提交本院伦理委员会进行充分讨论，说明人体器官来源的合法性、合理性及配型情况，即召开伦理听证会。经伦理委员会同意并报上级卫生行政管理部门批准后，方可实施人体器官移植。

亲属活体器官捐献移植是慎之又慎的工作，伦理听证会只是其中一个重要的环节。

对于活体器官捐献者，《条例》规定：活体器官的接受人限于活体器官捐献人的配偶、直系血亲或者三代以内旁系血亲，或者有证据证明与活体器官捐献人存在因帮扶等形成亲情关系的人员。

央视《新闻联播》曾播放“离异者苏丹主动复婚为丈夫捐肝救命”的案例：

苏丹和她的前夫小田来到某医院进行咨询，并提出活体捐赠肝脏移植申请。医生仔细检查并分析病情，确定小田具有肝脏移植适应证。但是他们已离婚，婚姻关系不再存续，医生告知苏丹不具备为小田捐献器官的身份资格。为此，他们果断地办理了复婚手续，并按要求备齐了器官捐献要求的所有法律文书和相关材料，返回医院，申请召开伦理听证会。伦理听证会于某一日下午召开。会议有12名委员出席，由供者苏丹及其父母、受者小田及其兄弟姐妹5人、8名相关医护人员参加。

听证会首先由供受者提出申请，表达器官捐献的真实意愿，申明不存在器官买卖和变相器官买卖行为。之后，主治医师介绍了受者病情和苏丹的身体健康状况。供者、受者和主治医师分别对委员提出的相关问题进行答辩。有专家告知苏丹，活体供肝所采取的半肝切取术是对供肝者没有任何益处的手术，且存在发生各种并发症的可能性，包括死亡。还有专家提示苏丹：“除了照顾你的丈夫，你还有赡养父母的责任，因为你是他们唯一的女儿。”

苏丹的父母支持女儿的决定。无记名投票的表决结果是：8票赞成，4票反对。国家卫生部《规范活体器官移植的若干规定》规定，“在全体委员一致同意并签名确认后，伦理委员会方可出具同意摘取活体器官的书面意见”。根据上述投票结果，总参卫生局未批准医院伦理委员会的上报意见。

接到被否定的通知，苏丹泣不成声。她反复找到医院科室的领导，并向院长写了一封长信。在信中，她声泪俱下地表述了她的痛苦、急迫和恳求心情。

她说："如果更换医院，一切都要从头开始，从联系、组织家属参加，我不知道，我们能否再来一次?"

她陈述了自己的不幸和对前夫的深情；很多医生被感动了，他们希望帮助这一对饱受痛苦煎熬的年轻人。院领导被感动了，他们请示上级部门，能否再召开一次伦理听证会。

总参卫生局在征求总后卫生部医疗管理局的意见后，同意召开第二次伦理听证会。

9月20日下午，第二次伦理听证会，15位委员全部出席，全部投了赞成票。最后手术成功。

这是个值得讨论的案例。新闻中的中心词不是道德与法律，不是条例与委员会的权力和责任，而是"感动"，这是本案最大的讽刺与瑕疵。"很多医生被感动了"，"院领导被感动了"，这是最后决定召开第二次委员会听证会的原因，也是获得全票的理由；情感与人情超越法律和道德是我们民族最大、最难逾越的文明屏障。生命伦理学本身是以原则和律令、戒条为基础的，而不是情感。情感可以通过正义的引导，制定一个普遍有价值的"应当"，而不是人性的冲动。

生命技术可能会兑现赫伯特·乔治·威尔斯[①]笔下的"莫罗博士岛"，或者如亚历山大·别利亚耶夫[②]笔下仍然活着的"陶威尔教授的头颅"。伦理学是冷静的。我们必须给与科学社会尽可能的伦理约制，毕竟，现实不像小说那般的浪漫，作家可以驰骋生花妙笔，任意遐想和无边际地设计非理性的生活，生活是真实的，我们要构建符合所有地球人利益和为大多数人最大幸福、良善的生活和真实的伦理秩序，而不是满足少数人的欲望，甚或迎合其荒诞的奇想。

---

① 赫伯特·乔治·威尔斯（1888—1946），英国著名小说家，是现代科幻文学的鼻祖和典范，他也因此被称为"科学幻想小说之父"、科幻小说界的"莎士比亚"。他一生创作了百余部作品，内容涉及各个领域，是现代最多产的作家之一。他的小说《莫罗博士岛》描写了"莫罗博士在一个荒岛上进行一项令人毛骨悚然的实验，将野兽改造为半人半兽的怪物"的故事。

② 亚历山大·别利亚耶夫（Александр Романович Беляев，1884—1942），又称别里列夫，是苏联的科幻小说大师。亚历山大·别利亚耶夫还是一位社会改革家和语言家，曾是费边社的重要成员，会晤过罗斯福和斯大林，撰写了《世界史纲》及大量关注现实、思考未来的作品。

第三节　从雨果的格温普兰论美容伦理

虽然大家都认为他是个怪物，可是的确认为他是天上的神仙……长得丑，这算得了什么？做坏事才叫丑。格温普兰只做好事。所以他最漂亮。①

这是维克多·雨果在小说《笑面人》中的一句插话，他通过盲姑娘蒂的充满阳光的语言，评价善恶和面容的美丑，道出了伦理美学和身体美学的内在吊诡式讽喻。曼陀罗花的主要成分为莨菪碱、东莨菪碱及少量阿托品，而起麻醉作用的主要成分是东莨菪碱；这种美丽的花朵被当时的毁容外科手术作为麻醉剂和止痛剂使用，由狂人医生苏斯使用“他熟悉曼陀罗的性能和各种妙处，谁都知道这种草有阴阳两性”。

借用外科手段，为了贵族的娱乐和奢靡的生活乐趣，制造自然界中没有的形象和心理麻醉的文化毒品，纯粹把人和人的身体作为一种玩具刺激其感官；美容与毁容对此的意义是一样的。中世纪拉丁土语“denasare”②这个动词就来源于残酷的毁容手术，整容术使当时霍屯督人③的脸变成罗马人的脸，“把希腊人的鼻子改变成蒙古人的鼻子，只要切除鼻根，压扁鼻孔就行了”④。

我们可以雨果下面这段文字对比如今的美容术文化，理解内在的伦理本质，或者联想为文化娱乐、赚取金钱、把人作为消闲工具的驳诘与争议。

格温普兰在孩提时代就值得别人注意，使人给他改变面貌吗？为什么不呢？哪怕只供人展览和牟利，也是值得的。从外表上看，靠儿童赚钱的人在这个人脸上下过一番工夫。……一种精深的、也许是很神秘的科学一定在这个人很小的时候，有目的地切开他的面皮，创造了这个面孔。这种精于外科手术、麻醉术和缝合术的科学，切开他的

---

① ［法］雨果：《笑面人》，鲁膺译，上海译文出版社 1993 年版，前言Ⅲ。

② 拉丁文：劓鼻，“劓”为古代割掉鼻子的酷刑。

③ 非洲西南部民族。

④ ［法］雨果：《笑面人》，鲁膺译，上海译文出版社 1993 年版，第 207 页。

> 嘴巴，割掉嘴唇，除去牙肉，把耳朵切开，除去软骨，改变眉毛和脸颊的位置，拉紧颧骨的肌肉，夷平伤疤和缝线留下的痕迹，把皮肤贴在伤口上，使脸上保持一个嬉笑的神气，于是雕刻家的深刻有力的刀子底下，产生了这个面具：格温普兰。①

医学治病救人的高尚目的被疯狂地扭曲，沦为赚取金钱和供贵族享乐的猥琐工具。我们眼下的美容术和那些造星伪美的技艺，与此有何本质的差异，不过是以“为大众服务”的标签遮掩背后的丑恶的动机和暴力。

为排释或解救那些因为生来“丑陋”者的心理负担和忧郁心境，美容业应该选择阳光正道，但对脱离伦理监控和法规约制的日趋繁杂混乱的“医学助虐”必须重新予以体制化规范。

这显然超出了现有的美容医学的范畴，我们必须保护被作为所谓艺术胚子与质料的有“思想”的自然的身体，放弃对“无意识模式下透明可知的”身体各部分、器官、姿势、语言、表情等的二次加工，或者改造概念的身体结构和颠覆身体的概念。

丑或者不尽完美，是自然的，那是一种神圣；就像疼痛和濒死感，就像痛苦，那是原本就存在的概念的身体范畴，这个体系不是僵化不变的，是由时间维度参与的，并且动态、透明而不直接暴露、潜隐但可以测量。医生如果没有能力认识和把握这种概念的身体，就无法整全地了解疾病的身体和作为人的“病人”，也就无法创造“真美”。

美容医学（aesthetic medicine），即医学美容（medicine cosmetology），是一门以人体审美理论为指导，采取手术与非手术的医学手段，来直接维护、修复和再塑人体美，以增强人的生命活力和提高生命质量为目的的新兴医学交叉学科。但这门具有高度风险的学科的目的不可走偏。

医学美容是特殊的科学技术工作，工作本身就是一种责任，医务人员必须用职业良知约束自己并告诫自己的同事，遵守和依照下列十二条基本行规：

1. 医生及所有参与美容决策或方案的人必须尽最大可能使美容的效果完美，并确知已由成功的实验、经验和受试证实可行的术式或方法，不致引起限度之外的伤害方可用于人体。

---

① ［法］雨果：《笑面人》，鲁膺译，上海译文出版社 1993 年版，第 207 页。

2. 医生不可用不切实际的设计图或方案或夸大其词的语言诱惑或变相诱惑被美容者施行无端的美容术，特别是因某种原因暗示其进行不适当的手术，以上都是不道德的，应予禁止。

3. 医生术前必须整全地说明手术效果出现理想、较为理想、一般或者不理想甚至发生副反应或失败的可能性，取得被美容者真实的同意，并签署美容知情同意书后，方可进行。

4. 美容术中所应用的各种假体、添加物、生物性或仿生材料等必须经法律认可的授权单位认定确对人体无害，方可使用，而一经发现对某个体产生排斥、过敏等不良反应应立即停止、摘除，予以有效补救并尽可能减轻其危害后果，同时按法律和规定给与补偿。

5. 任何人不得出于牟利的目的为病人实行美容手术，必须禁止出于经济原因而故意抬高手术、相关服务、药械以及材料的费用。

6. 按国家相关的条例和法规，由相应一级的权威组织和机构，定期对美容人员进行正规培训、考核和监督，对其资质进行定期核查，经法定的程序认定后，由专门的组织根据本人的连带条件（资历、学历、专业考试成绩、已取得的相应的医务执业证书等），并参照推荐人意见，职业道德鉴定的综合条件，确认全部合格后，方可批准颁发执照；一旦发生责任事故，委员会有权终止其执业资格。

7. 美容人员应尊重被美容者的人格尊严、维护其相应的权利、有义务为病人严格保密。

8. 对医学美容纠纷的裁决必须由专设机构执行。

9. 任何对医学美容执业放任自流或是将其视为一般的专科诊疗机构，都是错误的。

10. 避免任何侵犯他人肖像权的模拟脸谱手术，即使在手术过程中不慎出现模拟疑似趋向也应警惕。

11. 对易容术、换脸术以及在法律和社会学上的敏感手术均应建立申请与审查制度。

12. 应严格禁止或限制医学美容广告。

以上的伦理守则，应予以严格遵守，那个经由医学美容的美，应该是恬静、适度、另类的自然美。

成功的美，靠的是品质与内在的无以言表的功能和无限的魅力。

现代人的生活愿意作为诗与歌，过于神奇的科学和过于冲动的欲求，无限地寄希望于神话，人类只要存在，就继续和依然会受到引诱；伊甸园内生长着繁茂无比的三大名树：无花果树与智慧树、生命树齐名，人类始祖亚当、夏娃难以抗拒奇异的智慧树（善恶树）上的果子金苹果，仅仅咬嚼一小口，就违反了上帝的禁令，但他们变得心明眼亮，知赤身裸体的美妙以及人世中的智慧，用无花果叶片编织遮蔽下体（耻辱）的裙装。耶和华曾以无花果不结实、枝叶枯干为预言向以色列人示警，人必知善恶，以保安祥与平和。而金苹果与希腊神话相呼应，成为生命之果。
含有寓意的神话是：

> 海洋女神结婚，没有邀请掌管争执的女神厄里斯（Eris），她十分生气，作为报复，她在一个地方放了一只金苹果，上面写着：送给最美丽的女神；为了这个苹果，维纳斯、雅典娜、赫拉争吵不休，让神王宙斯来评判谁是最美的女神？宙斯请阿波罗裁决，左右为难的阿波罗把这个任务交给凡人帕里斯，而帕里斯最终把苹果给了维纳斯；雅典娜、赫拉气急败坏，引发长达10年的特洛伊战争。

由此，苹果的多重含义，通过地中海文化翻涌，代表欢娱、享乐，尤其成为性交快感的象征，它源于苹果内核形似女性的外阴的构图；在欧洲，苹果隐喻着爱情、婚姻、青春、繁育、春天、长寿、不朽；希腊、希尔特和北欧神话都将苹果看作众神的圣餐；苹果在希腊神话中，还是智慧的象征，当初亚当和夏娃就是吃了苹果才变得心明眼亮，如今被引申为科技的未知领域。苹果公司的标志是咬了一口的苹果，这是一种神圣的、奇异的残缺，残缺成为对于美的追求的动力，成为一种理想和希望，同时表明了科学家勇于向科学进军，探索未知领域的精神。在决定采用“苹果”这一名字时，创始人另外注意到他们的品牌不遵守习俗的自然特性。这是一种水果的名称——它的视觉符号是被吃掉了一部分的苹果——这一选择证明了它的价值观——拒绝将工具的计算机神化。苹果是人机关系中离经叛道的先行者，人们将不再崇拜或恐惧电之脑，它仅仅是人的一种交流工具，是另一种语言，是与你相伴的替代物如，或是将之视为一种娱乐。

美在相当的意义上是一种人的愿望和象征，美没有标准，美是一种觉悟，是一种不连贯的、松散的、不断变化的感觉的碎片；美是散朴性的。

第四节　神经伦理和精神疾病问题

一个新问题是，要不要建立一门神经伦理学？建立神经伦理学是为了更好地研究道德行为、道德品质以及道德现象的神经生理基础，从而为精神卫生立法提供依据。人有没有犯罪基因和作恶的生理结构原因，这一直是很神秘又具有诱惑力的话题，对之古来就有各种不同的臆断；但最终还是宗教的、社会学的、伦理学的结论占了上风；客观地说，有三种类型：大多数恶人恶性是后天和人的社会品质的习成；极少数可能有一定或者某种高级神经生理或神经心理学基础（如自私、犯罪基因等，但缺乏足够的证明）；其余的是可能有“坏基因”存在，但主要是后天或环境教化而成的“恶人”。

神经伦理的话题颇具科学魅力。稍微偏移开这个讨论，想想皮埃尔·玛里的话：

> 疯狂无处不在，没有人可以逃脱，甚至那些以治疗疯狂作为职业的人也不例外，尽管他们摆出一副无所不知的表情……我们其实是疯狂的，不疯只是疯狂的另一种表现。①

正常是一种不正常的部分，不正常是正常的一个类别。

精神疾病或精神障碍，是人类的一种异象，是非常态但具有极其合理的世界图式，几乎难得有人辩驳它存在的人道主义基础。伦理学应该格外关注精神疾病伦理或者“疯狂伦理学”。

人们其实是在伪装中实现自己的，往往因为由他者在监视或观看，出于一种表演的尊严，或者为了维护自己给与他人已经形成的想象而勉强生活着；人是为了他人和某种关系，也可以说是为了某种利益或者为了与自己相关人的利益而如此连续地表演着。他在生活的舞台上一直肩负着道义的责任，甚至是不情愿地担负着这样的重担，为他人活着而要一以贯之地坚持表演着、显现着自己的庄严和自尊。他们不够踏实，也一直挂虑表演

---

① ［法］皮埃尔·玛里：《对面的疯子：解读平常的疯狂》，黄荭、王佳玘译，华东师范大学出版社 2007 年版，引言。

的真实性和效果，一直担心表演有一天会出现破绽，或者一直遮蔽的真实面目会暴露，会被他人识破，等等。他十分痛苦，十分乏累，甚至希望暴露给众人，“我放下了，但我真实了，我回归了本来的自我”。人类其实是以“伪主体”和“伪自我”参与社会生活和公共事务的。如果我们有了这样的基本认识，就可以对精神疾患的一个绝大的群体予以新的认识和理解，而此外的真正的精神疾病就应该在一定的限度之内，但不能一律归为“疾病”。

各种因素（包括各种生物学因素、社会心理因素等）的共同作用，会造成大脑功能失调，因而出现感知、思维、行为、情感、意志以及智力等精神运动方面的异常，那么，对需要用医学方法进行治疗者，又如何获得最精准的界定呢？对此依然要有所研究，这本来就是伦理学问题。

在医学史上，有关精神疾病的记载很多，如在2000年前的《黄帝内经》中就有“弃衣而走，登高而歌”，“衣被不敛，言语善恶，不避亲疏”等症状的描述，提出“诸躁狂越，皆属于火”的归因。古希腊医学家并被称为“精神病学之父”的希波克拉底则提出了精神疾病的体液失调学说。这些都是古代医学家对精神疾病所做的朴素的唯物的解释。

在中世纪的欧洲，精神疾病被视为魔鬼附体的结果，无数精神病人受到非人的对待。人们用拷打、烧烙、针刺、溺水、坑杀等方式驱赶“躲藏”在精神病人体内的“魔鬼”，使病人遭受了非人的迫害。

18世纪之后，科学的发展逐步破除了愚昧的观念，精神疾病也被认为是一种需要并可以治疗的疾病。1792年，法国最先打开了紧铐在精神病人身上的铁链和枷锁，并将如同监狱的疯人院改造成实行人道主义的精神病院。1800年，英国率先颁布了《精神错乱者法》，强调要保护精神病患者的权益和财产，不得非法拘禁精神病患者。

精神疾病是千百年来困扰人类的古老的疾病，使人深感痛苦，但与其他疾病不同的是，患者和家属还要和围绕精神疾病的迷信、偏见和公众的歧视做斗争。1948年成立的“世界精神卫生联盟”，由专业人员、患者和家属及其他感兴趣的人士组成，其宗旨就是提高公众对精神卫生的认识：精神卫生与每个人息息相关，增加对精神卫生的理解，消除陈腐的偏见，减少歧视，增进寻求帮助、自助和帮助他人的能力。

根据米歇尔·福柯的研究，现代精神病学在18世纪末19世纪初建立起来，但在建立之初，并未被纳入整体医学的范畴。只是在后来现代精神病学的创始人露希和弗洛伊德等将原来医学上的“机体性的、结构性的疾病”扩展到“功能性的、精神性的疾病”上，并通过科学的方法建立了精神疾病的谱系之后，精神病学才被医学科学化，成为医学的一个分支。精神医学仅有一个多世纪的历史，还十分年轻，还有许多尚待研究的课题。但在精神医学的研究中，由于牵涉人的“心智”问题，在与其他医学科学研究相比时，会引起更多的伦理、法律问题。

“在蛮荒状态不可能发现疯癫。疯癫只能存在于社会之中。”尽管精神疾病是先天因素、器质因素和社会环境因素等综合作用的结果，但先天因素和器质因素只是引发精神疾病的可能性，而使可能性变成现实性，使一个人患上精神病的是后天的社会环境因素。现代精神病学在解释行为障碍的发生时，强调患者的生活体验对神经系统的决定性影响。英国学者莱恩在20世纪50年代提出：精神疾病的原因是社会造成的：精神疾病是对不正常的社会压力（如压迫性的家庭环境）的反应。

人与天地共生，又回归于天地，生性各异，难定规常。就名分来说，变态、变异可谓正常与异常，障碍者也许属于边缘或病理兼顾，异常、偏态已不能全然归为病态；因此，一般而论，把精神疾患权且称为“非常心理”应更为精准、谨慎。人的思想、情感、行为、态度、个性、心理特征等产生变态或接近变态，从而出现各种心理活动异常；非常心理应为各种非正常与非生态的心理反应、活动与思想、情感或行为的表现。

于是，非常心理学可定义为：对人类的非正常心理、思想、情感、行为和在特殊文化情境下对所有应激源的非正常、非生态化的反应，以及人类不同于通常认可、公众接受、习惯性认知或传统文化允诺的精神语言宣泄等问题的哲学、社会学、医学等视域研究的学科，包括正常、健康群体的时段性非正常行为和边缘或临界人性、精神状态和社会角色错位的研究。

疯癫与理性关系的模糊不清，使西方的理性达到一定的深度，理性—疯癫关系构成西方文化的一个独特的向度；疯癫与理性没有绝对的界限，人类的文明是在理性与张狂的交叉中进化的；医学的确立关闭了理性与疯癫的隔栅，对肉体与道德的约束，结束了理性与癫狂的对话，群体的压力和整齐划一的秩序；精神病理学或变态心理学语言是关于疯癫的一种理性独白，我们所要实现的是在沉默中对此进行语言的知识考古和批判，认识疯癫的精神哲学意义和社会意义，挖掘理性对非理性暴力征服的形式、原因与后果；在此，医学只是一种解读和管理变态行为的工具及研究或进行对话的专业语言。

任何人的心理都不同程度地含有变态的成分，这乃是人类最真实的存在和精神结构的一个部分，没有对人的异常心理的基本认识，就不会理解人性，也就无法分辨社会生活是否健全，就难以透视文化的内因和了悟文化的多样性。甚至牵涉到多元文化的社会观念、次级相对主义伦理情感，以及如何认同精神变态或异常者是人群中的重要成员；实际上，这一类“边缘人”只是集中地表现了人的情感或行为、思想或作风的极端，是精神健全者的镜像。对拉康来说，人不过是一种“言在”（être parlant）[①]，主体是无意识的主体，无意识是最为隐秘的束缚或解脱，同时也是陌生的，这是一种“外秘性”（extimité）[②] 的表达，而变态者却可以无忌惮地自由行事或言说，这是不是人性的一种解放？

人类的文明离不开精神异常者的卓越贡献和献身精神。也许是因为他们的自由和外秘性的特征，每一个人类个体，都是独一无二的“感性此在（唯一者）”[③]；更精彩的议论是：“个人存在就是一个创伤。”[④] 个人存在是一种境遇和悲喜剧，就生命的意义来说，因为时间维度介入生命，则托起了伦理价值的可能性，生命的展开有道德功能，是面对精神活动的，因为人类的群居性使得社会历史意义的存在成为现实价值的内容，人被包裹在诸多的残缺之中，只有用道德去填补，人是这个修补的主体，而畏惧在修补的过程中被抛掷掉，被遗弃了，死亡的形式就成为这个悲剧的开始和结局，人从一开始就注定要被抛掷的，抛在世上，又被抛出去，拉康将斯蒂纳、克尔凯郭尔的“唯一者”或“这一个”剥夺并抽空为零。他揭露了“空”这个事实。精神病人早上，面对“护士拿着一杯清水和那神奇的白色药片——它总好像是这个世界上唯一冰冷的白色物质”[⑤]；他或她要应付这个冰冷的世界和众生的面孔，一旦获得不了自己想要的温暖或同情，就可能会有一种被遗弃和抛离感。而神经元的激活是“全或无”

---

① 参阅［法］纳塔莉·沙鸥《欲望伦理——拉康思想引论》，郑天喆等译，漓江出版社2013年版，第24页。拉康认为人的存在就是一种言在。

② 同上书，第25页。

③ 请参阅张一兵《不可能存在之真》，商务印书馆2006年版，第16页。

④ 同上书，第17页。作者对拉康针对皮亚杰历史主义心理观念评价的评述。

⑤ ［美］爱德华·肖特：《精神病学史》，韩健平等译，上海科技教育出版社2008年版，第268页。

的反应，只要超过量，无论强弱，都不影响冲动，被激活后，神经元的强度恒定；神经元受兴奋性的冲动的刺激，也受抑制性冲动的刺激，然后整合，决定是否被激活；突触的传递决定于递质，形成轴突末梢，存于囊泡中，接受冲动充斥于突触间隙，与受体结合，发生电位变化，后分解重新吸收，再合成，或再循环。其中，介质如乙酰胆碱、多巴胺（与神经分裂症相关）、内啡肽、Y—氨基丁酸（镇静剂抑制焦虑）、去甲肾上腺素（战斗与逃跑）等，则配合基因的遗传—变异，应激于环境变化，一旦偏离正常，就可能违反正常的生活规范。

非常心理学应该是对人类的非正常心理、思想、情感、行为和在特殊文化情境下对所有应激源的非正常、非生态化的反应，以及人类不同于通常认可、公众接受、习惯性认知或传统文化允诺的精神语言宣泄等问题的哲学、社会学、医学等视域研究的学科，包括正常、健康群体的时段性非正常行为和边缘或临界人性、精神状态和社会角色错位的研究。

疯癫与理性关系的模糊不清，使西方的理性达到了一定的高度，理性—疯癫关系构成西方文化的一个独特的向度；疯癫与理性没有绝对的界限，人类的文明是在理性与张狂的交叉中进化的；医学的确立关闭了理性与疯癫的隔栅，对肉体与道德的约束，结束了理性与癫狂的对话，群体的压力和整齐划一的秩序；精神病理学或变态心理学语言是关于疯癫的一种理性独白，我们所要实现的是在沉默中对此进行语言的知识考古和批判，认识疯癫的精神哲学意义和社会意义，挖掘理性对非理性暴力征服的形式、原因与后果；在此，医学只是一种解读和管理变态行为的工具和研究或进行对话的专业语言。

任何人心理都带有变态的成分，是人类最真实的一种存在和精神结构的一个部分，没有认识人的异常心理，就不会理解人性，也就无法分辨社会生活是否健全，也就难以透视文化的内因和了悟文化的多样性。精神变态或异常者是人群中的重要成员，只是更集中地表现了人的情感或行为、思想或作风的极端而已，是精神健全者的镜像。人类的文明离不开精神异常者的卓越贡献和献身精神。变态几乎会出现在每个人身上，在每种文化中都可以看到，可以说是无处不在；有时候变态的表现是清晰明确的，容易作出判断，有时候却是非常难以判别的；给变态确立一个精确的定义至少需要一个突出的成分，该成分只在变态的人群里才有，而在“正常人”里是没有的，这是变态定义的充分条件；事实上，没有一个基本的元素可以定义所有的变态现象。我们总是倾向于用自己的标准衡量别人是否变态；自己愿意做的或接受的就认为是合适的、正常的，罕见的和不受欢迎的行为就认为是变态的。

行为在本质上是否罕见这一要素固然重要，更重要的是对之的感觉是否罕见；尤其是既少见又不受社会欢迎的行为也往往容易被视为变态。判断一种行为或一个人是否变态并不像判断温度高低一样简单，因为变态判断是具有社会性的；观察者不适 \ 适应不良 \ 非传统和违背标准等判别变态的要素都属于社会判断；社会是不断变化的，因此其判断标准也是随之不断变更的。两个观察者可能在任何一个判断变态的元素上都存在分歧；产生分歧的原因是判断变态的方法既不精确又不可测量，它不足以使每个人都同意某种行为或某个个体符合某种分类；行为越不符合常规，得到的支持诊断的信息越多，观察者之间就会有越大的共认意识部分。对于某个个体或者某种行为是否应该被判定为变态，有时会因作出判断的人的不同而存在不同的意见，即作出判断的人是出现行为问题的本人（行动者），还是观察行为问题的人。对于观察者来说不可预测和不可理解的事情，对于行动者来说则是可以预测和可以理解的；令观察者感到不适的事情，却不会令行动者感到不适。

每个人都曾经对自己的行为是否正常持过怀疑态度；在独处时，我们会受到许多思绪、想法和行为的影响，而且我们并不想让别人知道这些想法和行为；这种隐私的结果会导致我们发展出一种体验，这种体验使我们夸大了自己的某些禁忌的思想或行为的特性，这就是一种精神风险。

变态心理和精神的异常应该是一种主义，称“变态主义”，对此，一般可称为理性变态：（1）在传统认识和知识的基础上，对价值和传统意义的背叛与颠覆；（2）对原有心理模式、伦理心理结构和原则以及与他人对话、交流语式的瓦解和重建；（3）对周边环境的疏离和反叛；（4）对原有的自我原始经验的再认识、批判、否定或改革；（5）对于个人所有或部分文化认知的否定；（6）对自我的一种陌生感和创造、发展个性，对自我的新的惊喜或狂喜；（7）是一种情感的解脱、宣泄以及释放；（8）是一种具有历史感和时间意识的人性与生命形态。

意识是一种演化，是智慧与外界条件逐渐增长的复杂性和分化适应，记忆和理性由本能开始，向前推移，遭遇了复杂性，在无意识活动不能适应时，便出现了意志；人的愤怒、正义以及同情的感情，是人类祖先同环境不断斗争的成果。自我经验把变化带入我们的生活过程，我们注视客观世界，自我感觉、自我估计和自我判断决定我们的立场与认识，在特殊情况下，自我经验无法适应生存或进化、革命的要求，我们就必须发生生命的冲动，来完成和实现我们的请求——我们开始对自己感到害怕，感到陌生以及赞叹或陶醉，突然发现，我们存有自己不了解的深层潜力；如果这种冲动成为一种极端或错接，以及不恰当地对正常或经验的颠覆、出现反常思想态度或行为，就成为变态；对这样的变态，难道我们还认为是道德属性的吗？如果不是，我们如何对此类图像的价值进行定义？就是说，精神伦理学或神经伦理学是否为生命伦理学提供了理性支持，让我们能勇敢面对或者接受道德行为的神经生理基础，司法精神病学的麦克纳唐（McNaughten）规则与判案①，从另一侧面对之做了辩护。

> 图像的价值高于想象是因为它提供了一种形象的证明，低于实际的事物是在于它有更大的改动性。②

建立稳固的外部世界的形象，把自我运动—运动模式—现实印象—内心图像作为控制成分进入接受过程——回忆；人们克服了传统的生命形式，就会明白：我们的生活是表面的，而且只注意到自我褪了色的影像，只有那些粉碎了异化的“痂皮”的人，才能进入深层之我，意志才会以持续的形式出现。对此，柏格森又提出了“新的个人生活”的观念：

> 精神自我作为纯粹的持续同我们具有深度的生命的不断呼吸联系在一起。这里时间的流逝被体验为一种推动力，这种推动力促使人不断地塑造新的个人生活。③

传统的联想心理学通过空间范畴掩藏内在世界真正的动力，自我经验就成为对概念和语言的批判，人重新获得新的愿景；等待是一种张力，回到自我是一次道德反省，欲获得自由，就必须缓和心理的紧张度；等待结

---

① 参阅本书第二章第四节内容。

② ［德］费迪南·费尔曼：《生命哲学》，李健鸣译，华夏出版社2000年版，第67页。

③ ［德］费迪南·费尔曼：《生命哲学》，李健鸣译，华夏出版社2000年版，第71页。柏格森在此用一种生命哲学的方式给予说明。

局—成果—成就，可以借用别人的经验—希望—设计—追求；在失败面前充满耐心，或者理解为时间还没有持续到生命的那一刻。

弗洛伊德是历史的，是一个神话，更是人类的奇迹，他给与我们对于精神和人性的关注和敬畏；他的关于情结—情意综（complex）的说法成为对很多精神疾病原因（如 Oedipus complex，Electra complex）的注释；他关于无意识的理论、释梦的技术与治疗学、对神经症的解释以及关于生与死的本质的身体哲学理论在奠定人格心理学、动力心理学、变态心理学基础的同时，为生命伦理学做了一个极其有价值的意识学与精神学的贡献，从而为后现代的文化和所谓新医学模式开凿了一个通往神圣理想地的运河。弗洛伊德不可能不接受理论的制御，但他做了他该做的所有的工作。有人指责他理论的狭隘和论证方式的缺陷，但他依然改变了历史与我们的生活。

而梅洛—庞蒂则以身体生存现象学的独特体系，改造了黑格尔的历史哲学传统，强调胡塞尔现象学特征（回到事物自身），不是诉诸某种超越的意识行为，而是回归生活世界，以身体与心灵的辩证关系说明与描述历史何以可能，同时探究生命存在和创造的内在动力；这并非像某些人所说的那样，是接受了柏格森的法国传统的影响；庞蒂是独特的，他对直觉现象的挖掘给予历史一个新的辩护和表白，和萨特不同，他认为，人的存在与世界上一切存在物，不是由人的意识所决定的，也不是由人的主体性决定的；将现象学同人的身体运动、行为和感觉的性质结合起来，包括道德选择在内，从人生存的本质特点入手，研究作为生存基础的身体与精神的关系；他校准了身体与精神的关系应该从最简单的感知开始，身体的生存感受同精神意识相连接，如此心理的变态则必须与精神分析、社会问题、道德意识、语言现象等联系起来，“观看”就是回到事物本身、把握事实本身，重申胡塞尔的主体间性、生活世界景观，建立身体生存现象学（phenomenologie de lexistence corporelle）和生命道德意识的根基，其行为特性就在于对人性刺激的有效性，同时决定于有机体先天固有的意义与价值，这些意义与价值都是有机体本身所产生与构成的。如此一来，他提出了镜像阶段的理论，认为婴儿在出生后的6—18个月中，从镜子中看到了自己。起初，婴儿还不能区分自己的镜像与他人他物的镜像；后来，他区别了自己的镜像与自己；最后，他知道了自己的镜像是自己的形象，并认识到自己与别人别物是有区别和联系的。这样，婴儿就逐渐变成有情感和观念的人了。

行为是一种形式，存在是因为他对意识有异议，意识就是感知的意识；意义是被感知的有机体的属性；身体、情感、心灵、心理交互的关系是密不可分的；而直觉是人对这个世界的直接体验；身体是意义的纽结，身体是一个意义的整体；身体的空间性是身体存在的展开，是身体作为身体实现的方式；变态心理是一种历史价值和身体意义的体现，变态是一种非常态的直觉；物性与灵性是人和世界想要超越的两极。晦涩的议论是寻找人的真实的精神实质和道德意识的来源，从而解决人的生命伦理倾向和对于善恶偏好的心理结构的确立。

被称为“法国的弗洛伊德”的拉康，是第二次世界大战后最具独立见解而又是最有争议的欧洲精神分析学家，他严厉批评偏离S. 弗洛伊德潜意识理论而走向“自我心理学”的美国式精神分析学派。在美国，精神分析治疗集中于自我意识，解释病理性心理防御，并促进无冲突矛盾的适应能力的成长；拉康之所以全盘否定这种做法，是因为在无冲突境界里不存在的“自我”是敌视潜意识与主要精神分析过程的。他认为，精神分析是一种咨询，而不是一种治疗。对拉康来说，那种用动物进行的研究排除了心理的概念，因为心理必然与语言、意义和价值观念相关联。拉康所说的镜像阶段的活动是一种识别作用，即当主体与外界接触时，人们所认识到的形象总是客体的一个变形，是人们想象中的形象。因此，拉康从镜像阶段的理论又引出了关于个性或人格的想象、象征和现实三个层次的学说。想象的层次就是通过镜像阶段把有意识的、无意识的、知道的、想象到的都记录下来，形成世界的图像。象征是一种符号性的东西，是对世界的象征的知识，它类似于结构主义语言学中的“能指者”，它的各种因素只有联系起来才有意义。想象的东西与象征的东西结合起来就是现实，因而现实并非客观的事物，它只是通过人的主观所形成的现象，而客观事物在他看来只是一种“未知数”。拉康把他的这种理论归结为“无意识有语言的结构”和“无意识是他者的话语”，即无意识有一种语言的结构，有时候以移位和压缩的形式表现出来，人们可以通过其表现考察内在的无意识结构。这种无意识的结构包括自我与他人、他物之间的关系。

拉康的贡献在于：重新认识弗洛伊德；把弗洛伊德的潜意识结构变成以语言与象征为中介的主体间性关系结构；认为主体潜意识成为在主体间语言交往中，经过象征性运作不断变化的“能指”开放系统，欲望是潜意识的核心，是象征性本身，是一种能指；揭示主体话语；系统论述现实性、象征性、想象力；研究存在、死亡、欲望与思想创造活动的关系；强调情欲、性欲、原始欲望对创造活动的决定作用，影响后现代文化；一反西方理性主义，将人的思想归为"一种疾病"，强调人的思想反常规的合理性，并在思想的自由创造中揭示人的思想同社会、文化、符号运用以及情欲之间难以加以规则化的复杂关系。

最后，重复福柯的话语：疯癫的沉默是古典时期被理性压制的结果；疯癫是人性的一个重要部分，等等。我们只有研究疯癫才知晓什么是理性，什么是变态，人类异常和正常共同构成文明的基础；我们将三个哲学上的二元性，集中于心理学最关键的思想核心：第一，人是一个奇怪的先验—经验的二元体，真理的话语必须先于经验真理而存在，先验与经验是分开的；第二，我思与无思的经验—先验二元性是给人类主体设置的条件的产物，无意识就是无思的一般形式——自在（黑格尔）、无意识（叔本华）—异化人（马克思）—非事实（胡塞尔）；第三，起源的后退与回归，用完成、颠倒、倒退消灭时间，从相反的方向寻求真理。人成为知识主体与知识对象。

这些思想综述其实对于生命伦理学，特别是强化精神病人的权利很有意义。令人不安的是，眼下，我们的很多心理咨询者和心理学工作者，缺乏基本的理论素养和深入的学习以及系统的精神哲学知识的训练，仅仅使用一种粗俗、简陋的技术或者数字化程序去应对复杂的求医者的心理纠结与精神生活难题；他们不知原因的答案，只能面对、应付、消解，甚至用医学暴力压制心理问题，实际上可能会进一步点燃或者掩藏、遮蔽问题；中国式的心理侦查和咨询、治疗，已经显表出对于病人权利的侵害；这个机制和体制已经暴露出从业人集体能力的缺失和道德偏移。

仔细深思，精神疾病并非等同于人的"异常"，很多现象都悲剧性地反映了现代社会的精神危机，理解疯狂，是人类了解现代人精神风貌的必要通道；疯狂不违背人性，只是从另一个角度，从统治者不愿意看到的角度表现出人的正常内心世界的复杂性；显示出世界本身的荒谬性；细究尼采、陀思妥耶夫斯基、卡夫卡等人的人格及其作品，证明疯狂本身并非异常；偏执狂和疯狂原本是人的一种正常的精神状态，有助于将精神方面的精力集中于某一特定的对象和领域，他们越表现出偏执、在某一方面的执着，越独树一帜，就越有创见，也就越表现出出类拔萃的才华与魅力，表现出令人惊异的标新立异；人类任何伟大的事业和科学的任何重大发明，无不是靠精神上的偏执狂作为动力的。

精神疾患及其治疗并不是单纯的医学问题和医疗问题或者技术实践，而是某种现代知识与社会制度、社会机构共同决定的复杂权力运作网络，是由整个社会制度和文化精神所决定的；人类生活需要疯狂或变态来调节与补充，只有具备一定的才能与智慧，才有资格创造出疯狂和理解疯狂；精神疾病的产生有一定的社会基础与根源，任何变态都是特定的社会环境所决定的，疯狂与自杀是现代社会不安定、不合理现象的共生物；精神分裂是微观的社会危机的一种状态；精神疾病的治疗学是现代法制和规范的一部分，越科学和技术化，精神病人所遭受的精神折磨就越重；实证的精神疾病的医学制度，表达机构与规范制度的建立，成为具有政治意义的权力统治活动；医疗制度成为国家监视和操纵百姓的最重要手段和最有效途径，成为现代生物权力实行全面统治的最有力的助手；精神治疗的过程是权力关系所协调和导演的控制过程，它有可能成为符合于社会统治集团利益的真理游戏；蓝天式真理（实证式）取代雷击式真理（事件式），可以更有效地推行权力游戏。

我们的结论是：（1）人类是在自我完善和发展的过程中认识精神和心理异常状态的；（2）变态心理的“病因”是生物学、心理、社会、教育、风俗、文化影响或其他因素的复合，通常是由两种或多种因素搅混而形成的，并且互相作用；（3）科学不能最后解决变态心理问题；（4）心理变态和人的所有问题一样是异常复杂、多变的，具有不可重复性、变化性、多态性、不可预测性和文化性；（5）症状甚至心理变态在某种意义上是游弋和可逆的；（6）每一类型的变态心理疾患一般都是复合、交叉、重叠的；（7）随着时间、病程的推移，疾病发生了变化，往往会被忽视或误诊；（8）人类对自我的认识始终是有限的；人类对变态心理疾患，并没有根本有效的治疗方法，和人类还没有最后认识自己一样，永远无法彻底解决变态心理疾病和变态心理问题。帕斯卡尔说，其实我们是疯狂的，不疯也是疯狂的一种形式；人只要活着，就多少有些疯狂，就像大海有时喧嚣，有时平静一样。

根据流行病学家和统计学家的预测，在未来的几十年里，世界上患精神疾病的人数还会继续增加。其原因十分复杂，有人认为，主要有社会生活更加复杂化，生活紧张程度加剧；酒精滥用，海洛因成瘾，儿童时期的行为因素等。此外，大中学生心理卫生问题等均呈明显上升趋势。因此，精神疾病在目前及今后都不仅是个严重的医学问题，而且是一个不可忽视的社会问题。

就如同地震和其他灾害一样，人的精神上的灾难是一种应力的释放，也是一种人性的自然爆发，按拓扑心理学的规则，人总会有一定比例的精神例外和人性的偏离以及社会行为的背叛，这既是一种自然的力，又是一种自然的属性，是无法避免的。

精神病人承受了这个自然的偏斜，他们分担了本来应该是我们本人或我们亲人应该承担的痛苦。

如果从精神卫生立法的角度考量，除了最大限度地维护病人的权利外，还应该有这样几个问题：（1）我们的精神卫生立法一直发展迟滞，因为我们缺乏这样的知识与理论储备，因为一种急功近利的气氛包裹着我们从事这门法律建设的人和自认为捍卫人权的人；我们是否能够超越英美法系和西方法律文化的囹圄，真正制作和创立（我说的是创造性地自由地进行研究和制造）中国式的、汉语文化语式的精神卫生法和精神病人权利保护法？（2）精神卫生法的最重要核心是生命政治问题，是公民权利和特殊病人权利问题，不仅仅对于身体伦理的研究，更迫切的是如何关注人类的精神状态和心理活动，特别是反常的、变态的、病理性的精神或行为失范。身体法学应包含精神卫生法学的所有问题，在此，身体的即人的，即具有精神的生命体的。身体伦理学可以作为生命法学或身体法理学或精神卫生法理学的参照，以此回应文化意义和生物学意义人的生命存在和社会空间权利或人与人关系的诸多可能性，也可更直接地表达人的身体价值、身体权利的安全、身体社会秩序的调整和精神病人身体的利益。同样，生命伦理学也可以作为身体法学的学术追问和学科理念的基础。凡是关于人的肉身与精神的法律问题的研究，都可以构成身体法学的全部内容，身体法学更直接地与具象地对人的生死疾病、苦难、欲望、快感进行法理的辨析与对话，并对肉身的真实体验和他者的测查、社会认知、观念以及主体表达进行综合审视或评价，最后获得权利等级的排序，以求得问题或案例解决的方案和计算。身体法学较之身体伦理评价更为具体与贴近生活现实，它并不排斥精神与灵性的侦查、觉悟与沉思，而更突出和强化了身体的社会性和生命政治意义，更符合物质的实存所引发的卫生经济价值与身体的文化功效。在此，只要有法理学或法哲学的要素始终参与对于人性的反省，就不致将身体物化或仅仅作为失人性的符号。如此，人的精神的载体——身体会更加自由，更有尊严，更加个我化。[1]（3）是否存在犯罪基因和道德神经元问题，也值得我们关注。[2]（4）应该关注肉身与精神、生理与心理的界限划定以及逐渐让渡或滑动的影响要素，并加以区分、考量、评估和裁决；精神病人的权利法作为人的权利的一项立法，是具有历史意义的政治使命，使全社会知晓其重要的内在价值和深刻性，是关涉个人利益的大事和大道；特别要教育一些掌管权力的普通官员和司法人员，每一种行政权力中都含有"精神"因素，任何权力都可能会因为人的精神原因而走样或变形，人的情感、性格、信仰、好恶、自然属性、种族遗传、道德品质以及教育背景、经济地位、文化取向、传统等，都会制约权力的使用和理解，由此应监督其履行法律责任的过程并进行有效的监督、审查与合理的评价。（5）要重视精神药物和器械研发、生产、销售、管理；对成瘾性物质（烟、酒、饮料、非禁止麻醉食品）的使用与流通要进行管理；重视病理性文化行为以及涉黄、涉毒的文化传媒、文化产品、网络产品的非常态消费，包括危害身心与公民正常生活秩序的游戏、活动和娱乐方式，均可作为精神法律的外延予以研究，以引导社会集体与精神的健康和安全。

第五节　老龄、临终、死亡与生命的回归

消亡是一种变化，生命是一种自然，消亡是一种自然智力物体的规律，是变化历程的终点。阿奎那就此论证道：

> 生存有始有终的物体，不拘是什么，对于死生和终尽，都有同一潜能，倾向于矛盾的两端，能有也能无，能生存也能死亡。[3]

一　老龄伦理

歌德说：

---

① ［法］保罗·利科：《论现象学流派》，蒋海燕译，南京大学出版社 2010 年版，第 182—183 页。此句为利科对胡塞尔《第五沉思》的分析，见 Cf. ［129, 1.8］（81—82）。

② 请参考本书第二章的有关论述。

③ ［意］托马斯·阿奎那：《论万物》，吕穆迪编译，安徽人民出版社 2013 年版，第 199 页。

变老意味着开始一种新的事业；所有关系都发生了变化，其中每一种都必须停止协作行动，或者果敢有意识地扮演一个新角色。①

克拉默针对名画《丢勒的母亲》中那仅仅63岁的女性的沧桑衰老的容貌，憔悴的皮肤上覆盖着一层折叠和皱纹，透过画面，他臆断：牙齿脱落，右眼青光眼并斜视、失明；“蛋白质衰老”、对感染的抵抗力下降、调节紊乱；医学审视叙写了对于人衰老的哀歌，老人经历着自己生命的黄昏，但同时表达出最强烈的生命的尊严。“年事渐高时，面对死亡而富有尊严地变得苍老，这可能是正常生活的人类生命最伟大的目标之一。”②

生命总是在困顿中向历史和世界开放的，在自由的不可能境遇中走向自由的可能性，这或许不是根源于人类生命意识中的理性或非理性，而在于人类自身生存的悖论本性。生命情不自禁地堕入由历史、现实与未来交错所构成的“混沌”境域，而社会历史的本真意义就存在于不断地显现生命的悖论性和极限性以及在对人面临不可能性时的那种矛盾和精神痛苦的关注中显现“无”，在生命与死亡相交接的混沌地带让生命获得重生，使短暂的人生“折叠”成富有张力的多维时空，开拓一种与各种可能性相对话和相遭遇的新视域。

这个世界正经受着考验并发展到自我“反省阶段”，时间试图在这种反省和选择中通过一种伦理关怀和生命之爱消解自身的暴力性，让人类走向“无垠的前程”。我们再也不能仅依凭一种冲动式的摸索和机会来选择行为，而必须在时间和情感中消解“是”与“应该”的裂隙。后工业社会的文明所生发的危机，使我们真切地感受到爱、和谐、健康与伦理的生存从来没有像今天这样宝贵。它无论是在理论还是在实践领域都促成了一种“永恒的回归”。伦理学的生存论、解释学和后现代转向把对人及其现实生存的关怀这一伦理主题凸显出来。生命伦理学事实上也正在生命的过程中寻求摆脱去人性化的现实困境，我们主张整体性地看待生命，拒斥把生命及其生存过程分割为相互断裂的不平等阶段。生命不应在主观设定的具有较高价值的积极阶段和较低价值乃至无价值的消极阶段的价值等级秩

---

① ［德］弗里德里希·克拉默：《混沌与秩序》，柯志阳等译，上海世纪出版集团2010年版，第262页。这是歌德在他的《箴言与回忆》（Maximen und Reflexionen）中的一段话。

② 同上书，第262—263页。

序和时间序列中得到评价，因此，我们需要一种关于老年伦理的后现代建构，需要对于人口老龄化问题的伦理审视。

老龄化是社会发展的必然，人类进化史其实早已明确了这个划定的轨迹。我们只是避免不要使之过快和过于严重。实际上，按照目前人类生命的状态与人类寿命的情势，人类完全可以把年龄生理期延长30年，这是一次重大的“划龄革命”，这是一次应时或者适应性的策略调整，我们可以找到医学、人类学、社会学和伦理依据。少年成人后，把人生阶段推后20—30年，**会引发一场人类生活形态、社会结构与公众心理的革命**。“划龄革命”可与时区、时制的确立一样，会产生人类社会的大变革。我们预设的基本方案是：20岁以前作为少年，50岁以前作为青年，80岁以前作为中年，100岁以前作为老年。也就是说，20—80岁的中青年阶段有60年，是非常符合社会管理和卫生经济政策的，这样的“生命政策调整”更有利于人类发展。眼下很多关于人生计划、生活方式、教育体制、人事制度、福利政策和退休金负担的问题就会迎刃而解。我们很快就能从长寿的医学研究中找到这种科学证明和支持。这是关于老龄伦理问题的最重大突破！

老龄问题包括老年人问题与老龄化问题，而老年群体问题与老龄化问题相联系，但又不完全相同，一般把有关老年群体的社会保障和权益保护看作“老年群体问题”，把有关老年群体增加对社会经济发展的影响称为“老龄化问题”，这是从人类社会经济发展的范畴来认识老龄问题的。

人口老龄化的现实与趋势又一次使我们面临一种“危机”。但危机就同时意味着重生。这根源于老年和人口老龄化问题自身的特殊性意义，这种意义不仅仅存在于个体生命的整体性时间序列中，也存在于社会与历史的空间结构中，或者说呈现在时空的显隐中。生命走向老年阶段是一个历史性和社会性的伦理事件，而绝不仅仅是一种孤立的个体性生理事件。在当代，一场关注老年生存方式、生活样态和精神秩序的生命伦理运动已在途中。这场运动所要表达的信仰与意志可以影响人类，催生一种新的社会经济和政治结构、生命伦理学的理论体系、知识场域，改变着生命的存在方式乃至疾病及其意义和医学文化生态。我们正满怀热情地关注这场体现深刻和高洁的后现代精神的运动及其引发的健康文化、精神文化和生命责任意识的震荡和理性觉醒，以重建一种爱的秩序。我们认为，有必要呼吁高层决策机构、文化界、教育界以及社会各界来关注这个具有广泛而深远意义的老年生命伦理运动及其命运，与我们一起以极具生命精神和人文性的关切来承担老年事业的发展并以此拯救人类的生活方式和文化取向，实现一种秩序的和谐。今天，我们在全球化及重构与和谐的大背景中，在一种多元化的、超越时空和跨文化的语境和场域中，通过平等、和谐和热烈的讨论与理论交锋发布关于老年生命伦理研究的“宣言”，使其融入上述老年生命伦理运动之中并成为这一运动的重要组成部分。我们呼吁，各国决策者与社会各界倾听我们的声音，生成一种发展社会良序的政策意识，实践在这种跨文化的多元语境中凸显出来的共性社会、伦理主题。

尊重老龄人及其生命，就是从根本上尊重每一个自己和他的生命价值。在这一前提下，再议论我们有多少老年人口，是否进入老龄化社会等，已经没有多大意义；或者依然纠缠于“中国的老龄社会与西方具有十分不同的境遇和特点”，以及“未富先老、独生子女以及传统孝道的解构，经济、社会、文化方面的三个基本特征”上。

实际上，老年生命伦理问题是当前人类必须应对的一个极其重要而紧迫的民生政策与伦理问题，发展老年生命伦理学和进行老年生命科学与伦理问题的研究，具有重要的学术意义和现实意义。老龄生命质量与老龄伦理问题，不只是一个纯粹的老年问题，从根本上讲，是一个生命问题和人的问题。对待老龄人的伦理态度及其相关的伦理政策，折射着一种文明的性状和境界，也体现着一个社会的文明理念。老龄问题是中国现在和未来所遭遇的前沿性和前瞻性的课题，老龄问题的解决，呼唤一种具有深厚传统资源的创造性的新的中国伦理和中国道德哲学。老年问题所涉及的是一种学科生态群，需要哲学、伦理学、社会学、经济学、政策学、法学和医学的共同应对。对老年人人格及其生命价值的尊重，其哲学实质是对人类自身生命的肯定和敬畏；老龄生命伦理问题的道德哲学本质，是一种具有终极意义的生命伦理。老龄伦理问题的研究与解决，以及我们在进行研究之前，必须先纠正仅仅作为一项福利或社会保障事业的政策心理倾向，而应作为一项人类面对自身命运和尊严的伦理使命，因此，建构老龄生命伦理学学科分支和话语权力，是诸多人文社会科学学科发展进程中的一个不可逾越的湍流，也是后现代时期人类对自我生命原体和文化本质的探觅和回归。

（一）政府责任

要建立和完善基本的养老保障制度。这一制度要获得可持续发展的重要途径在于有限社会资源的合理配置、规避专用基金的风险和保持适当的社会养老待遇水平。因此要挖掘养老资源、根据不同层次的需要建立社区养老服务体系、建立医疗保障体系。要注意健康保障的个体性差异，研究老年人不成比例地使用保障资源的事实，必须注意“普遍的覆盖，发展的水平”目标、时间跨度和利益关系，并消除生活健康保障的不平等现象。必须坚持多元的相对的老年政策理念，各国都有自身特定的老年伦理政策的建构境域，不能强求某种统一、普适的伦理模式，必须注意老龄化、生命周期财富和社会资本流动间的相关变动规律在不同国家和地区的特殊性。中国“未富先老”和城乡二元经济结构的先定前提对于老年伦理政策的制约作用必须受到研究者的重视。

政府必须注意老年人口生活需求结构的变化，走向社会发展型政策与社会组织建设。这应该成为国际上关于老年社会政策的基本伦理取向，体现福利性和经济社会发展的统一，变权力为一种责任，要在对待老年问题上和社会变迁中成为一种服务型、负责任和关注民生的政府。政府的行政决策必须具有公共性和可及性并有适切的制度安排。

健康可以说是老年人最优先考虑的特殊需求，改善健康保障状况是老龄人口关心的主要议题和伦理维度，公众的注意力必须由一些特殊的生命伦理议题转向对健康保障的关注。必须设计一个有效的医疗服务体系、医疗保健和医疗保险制度并构建卫生资源合理配置机制，从而体现以老年人口“自由享有最基本的生存条件作为最高价值”的道德应该。凸显卫生改革以预防、公共卫生和基本医疗保健为主的制度取向，形成由政府购买公共卫生和预防保健服务，医疗保险机构购买基本医疗服务以及社会购买延伸服务的老年医疗保障新体系并在此前提下实现卫生资源的优化配置。重医疗、轻预防保健是一种严肃的卫生政治问题，必须以做好“公共卫生、预防保健”为原则建立基本的老年卫生保健制度、基础免疫体系并与改革医院的规模、层级设置相结合。

在老年化社会里，医疗保健的维持成本高，人口老龄化作为人口结构变化的一个显著的社会标志，将推动疾病图谱、医学模式和医疗卫生服务模式的转变以及相应的经济承受力。调整医疗服务体系结构以提供符合新的疾病图谱和增加社区医疗等针对老年疾病防治的医疗服务；分析不同年龄人口医疗费用在总费用中的比重，制定有利于解决医疗高费用的难题；在任何一个国家里，富人医学和卫生垄断都不应成为一种倡导的医学文化，因为它会加深社会深层秩序的危机。

要建立和完善养老保险制度（为老年人口设计的健康保险计划及国民医疗补偿制度），积极探索与农村经济发展水平相适应的社会养老保险制度。注重医疗保险制度的水平公正（水平公正既体现为非歧视性原则，也表现在医疗费用支付从健康的公众向疾病患者的转移上）和垂直公正（垂直公正则是对个人自付承受能力与收入水平挂钩或相关的一种公平，即每个人根据收入水平缴纳一定比例的社会医疗保险费用，但却享有同样的保险待遇，体现了社会医疗保险的共济性，是对水平公正原则的补充）两个方面的统一。针对中国农村的现实，要继续完善“农村合作医疗制度应逐步转向农村合作医疗保险制”，在这种统一和转变中真正实现一种“供得起”的医疗和“供得起”的保险，真正使得医疗保险成为一种风险共担、保障弱势群体的医疗救助机制，体现坚持基本权利和义务保证的统一、事前的机会平等和社会调剂原则相结合以实现医疗卫生的可及和公正，社会公正原则虽然不能以主张人人平等的要求忽略人们之间存在的广泛差异的收入与保障水平，但却能保证每一个人都有同样的机会和权利获得一个最低水平的医疗保障服务，使需要救助的人没有一个会处于无助的状态之中。在这里，筹资模式的改革，应该是全球范围内应对人口老龄化的一个制度性安排，应该由传统的现收现付制，即代际的转移再分配转向积累型制度。

（二）社会、经济与市场

和谐、冷漠和冲突是三种主要的社会关系，社会的发展和进步表现为减少冷漠、化解冲突和增加和谐。在社会人口老龄化、高龄化的社会发展变迁过程中，老年人口的日常生活需求结构和照料问题是影响社会稳定、和谐与发展的潜在重要因素。对老年问题的解决，国家的主导是重要的然而却是有限的，社会性的广泛参与在老年伦理事业的发展中也是必需的社会条件，必须形成一个包括政治、经济、社会、文化、医疗和法律的横向应对和纵向的宏观应对能力、中观应对能力以及微观应对能力的伦理化体系。作为伦理的责任主体，人类、国际组织、政府、企业、集体和医疗机构、个体都具有尊严、平等、免受冷漠和歧视、关怀与爱的权利和义务以持存某种适宜的伦理秩序。这种秩序具有两个要义：人们在互动和应对特定情景与社会突发事件中必须遵循既成的规则体系；规则系统的建立和生成，是“自发秩序”以及遵循这一秩序基础之上的“人为设计”的共生性机制。

在人口结构变动、市场化压力的双重制约下，我国建立和完善基本养老保险制度的基本市场化方向应该是：通过社会统筹包括当期统筹、代际统筹，使得养老保险费用的负担由社会经济各个部门承担转向由国家和非政府机构和所有社会能力资源共同分担，从而提高覆盖率，增强各个利益主体对风险的心理承受力；社会发展已提供了工业反哺农业、城市反哺农村的基本条件，应设法增强社会的结构活力和社会救助能力，扩大社会调节的"第三次分配"即社会慈善事业，提倡一种财富伦理；必须规范保险金融资本市场，建立适应个人条件的账户储蓄积累模式的市场化运作机制。哈耶克在其知识论上的康德主义和对理性有限性的认知前提下提出的市场经济"自发秩序"观被认为是"最伟大的发现"，但老年健康保健和生活保障的社会秩序不应该完全是市场经济的"自发秩序"，而应该是在"文化进化过程中发展的行动结构"，必须有"人为秩序"的参与。

老年伦理的研究及应对老龄化生发的各种社会问题的实践直接或间接地影响和指导着社会伦理生活，带给社会以一种深刻的人文品性、生命精神和人道主义，在实际的横向的、纵向的应对实践中使人们生成一种相互合作、交流、宽容和关爱的伦理情感，确立"我—你"伦理关系，架构和谐共在的家庭、社会和经济伦理良序和社会环境，以满足老年群体对于福乐的精神需求。

今天，我们必须拒斥关于老年人口的传统伦理误识：把老年群体归并为社会弱势群体，老龄化构成社会发展进步的阻碍。从可持续发展和时间连续性的视阈看，老龄是生命的一个部分，生命是一个理念；老年人是社会结构的一个不可缺少的有机的网结。年老不是生命最脆弱、消极、悲怜的过程，这一阶段的生命体比任何时期都更加完美和富有，塞内加和福柯的老年伦理追求不是仅指60岁以后的生理性存在状态，而是审美生存的一种理想状态，是每个生命体都可通过"自身实践"而达到的一种完满的生存境界。如果我们每个人都把自身的生存过程看成是一种类似"完成了的存在"，我们不仅可以获得一种内在于生命的精神秩序，也使得这种体验和认同的情感获得了伦理的意涵。我们必须探讨老年群体发展资源和机会匮乏的状况，在"补偿性救助"基础上把有限的援助资源更多地用于提高保障的社会经济、人文效益，促进老年群体自身的生命活力和主体性，使老年群体在"生成"中转化为一种"资源"。

（三）老龄文化生态：科学与人文

如果把文化置入人类文明演进的历史和现实关系之中，我们会发现：人文和人文精神正成为现代文明的稀缺资源，这不仅深刻地改变了文明体系的存在性状，而且直接而深刻地影响着生命的精神品质和意义、价值世界的建构，从而把人类置于现代性危机之中。人文和科学的这种对立与其说是人文学科为恢复知识与人的精神整体性而对科学的反动或“复魅”，还不如说它试图在科学独断的话语叙事的整体氛围中，寻求自身免于日益被边缘化而获取一线生机的无力表白。同样，在这样的文化伦理图景之中，对老年伦理的研究与其说处于科学和人文社会科学的边缘，处于被冷落的非主流学术地位，毋宁说它在根本上就未引起人类的普遍重视。

科学理性与伦理学的结合和调适已出现了人文化的趋势，它们一起引导着生命的价值追求。尽管我们的科学和技术尚缺乏控制高新生命科学课题和应用中引发伦理风险的足够力量，但仍然可以用来为人各个阶段的健康生存提供技术条件，我们的技术应为老年群体的生命结构、老年生命体的疾病生成的规律及其变异以及生存质量的提高提供必需的知识准备，使科学在人文精神的圆融和润泽中回归被现代实证主义和功利主义的科学观“祛魅”而失去的原初的精神实质，科学自身原本就孕育着丰厚的人文精神和价值内蕴，在这种生命终极关怀的根基回归中，消解事实和价值、是与应该之间的背反与“承担裂隙”，事实判断与价值判断之间的必要张力与论争可以导向对行为功利的拆解而实现道义性的后果。

在对老年群体生命的哲学化解释和人文关注中，我们发现了老年生命自身及其对于“他者”的意义。如果说“人类最终的境界是一种伦理的存在”和伦理的生活，那么，老年社会生活伦理的永恒主题是爱、正义、公正和责任，老年问题是关于人的问题、生命的问题，它可能会再次使我们遭遇危机。对老年群体的关注和老年伦理的研究，是一个“事件”，它是一种观念的深刻转变，观念是伦理认识的核心，是支撑伦理认识和伦理评价的根据。因而，这又不仅是文化在政治范畴内产生的神圣挑战，也是人文科学通过伦理学而进行的对于自身的一次深刻反省和解构中的“延异”。在这种反省中，我们发现了伦理自身的贫困和危机，这种贫困和危机昭示“我们又一次进入未曾经历的境遇，我们已穷极了我们关于人的伦理学和哲学”。“我们终于明白，这个危机来源于经典或传统伦理的危机”，我们一直追求和依赖的伦理学理性资源和知识场域已无法“用语言表述对现有问题的说明，已无力解决‘秩序’所带来的震撼和难题”，我们需要拓展伦理视域以建构一种新的老年生命伦理学。

（四）学术研究与老龄生命伦理

我们应致力于建构一个具有自身主题和理论视域的相对独立的学科理论。尽管如此，老年学问题涉及的是一种学科生态群，需要哲学、伦理学、社会学、经济学、政策学、法学和医学及其生态性整合而形成的边缘性学科提供理论资源，具有宽广的视野和知识场域以及独特的学科融构性和可通约性。

有关部门应增设老年伦理和社会问题研究的基金项目，拓展申报渠道以加强老年社会科学及其伦理学研究。学校领导与主管部门应重视老年伦理的教育与教学并与当前的课程设置改革相结合，在教学计划、学时安排、教学条件和科研等环节上予以保证；在人文素质的通识教育中增设关于老年问题研究的沙龙和讲座。

积极培养该领域的中青年骨干教师，明确意识到自身所担负的探索新学科的重大责任和开创学术新局面的使命，不断完善自身的知识结构，塑造深刻、严谨的学术品质，不断探索适合于培养学生主体意识、创新精神的教学模式；认真研读与教学主题相关的核心课程，力图了解该学科的核心理论、学术前沿和该学科的相关知识场域；要对当前老年伦理研究滞后的现实有清醒的意识，必须强化老年伦理研究意识，致力于培养一批高水平、具有较强科研能力的研究队伍，克服浮躁的心理和作风，远离学术功利，探究老年社会科学独特的规律和研究方法，形成独立的学术风格。注重学术交流与对话，建立老年问题研究的跨区域的国际性合作并和我国特殊的文化语境相结合，摆脱学术话语霸权的束缚，参与解决重大的老年生命伦理实践问题。迄今为止，中国国内老年问题的研究专著和教材正蕴藏着一种后发的态势，可以利用国际上该领域的先进研究成果缩短学术发展周期。我们提议，应努力制作学术精品和系列教材体系，以适应老龄化社会及其伦理应对和教育的形势需要。

建设一个全国性的乃至跨区域、跨国家的学术性组织实体是很有必要的。组织致力于老年伦理的理论研究、知识场域和体系化建构、边缘交叉学科的相互通约、渗透融合。从教育教学、对外交流、管理和参与决策和立法等多维度关注老年伦理这个发展中的、可以说是刚受到重视的事业；制度化地在组织中展示学术成果，交流学术思想，了解该领域的发展现状及其方向动态，为增进各国专家学者之间的相互接触和了解提供机会和平台。透过高素质的研讨，高水平的交流，一定会形成深刻的启示，催生新的成果。

我们必须纠正将过多的研究经费、项目审批流入增强人类性状和奢侈卫生消费的浮躁、媚俗的流行心理，这种旷日持久的生命伦理领域研究经费分配的不公正以及人力资源的绝对不对称，事实上已经反映了我们以往对于老龄问题的忽视和冷漠态度。这种局面必须立即改变，我们要与一切违背这种人类命运和历史意志的倾向作斗争。

我们曾经或者说仍然生活在历史理性的危机之中，历史理性的危机是理性模糊性的历史性呈现，但我们已然生活在变化了的历史时代意识之中。理性的反思批判不仅将拯救理性自身，也将使人类获得一次重生的机会，人类对历史模糊性的一次把握和悟省终会将“存在”的本真呈现出来：必须从我们的生存状况出发界定一切，这是我们的生活认识，是向事物本身开放的。

生命伦理学包括老年生命伦理作为后现代文化的一部分和后哲学时代人类对生命本体结构、生命现象、生命技术悟省和反思的一种新精神哲学，不是要为人们的行动选择提供一种模式，而是要在社会中形成一种既负有一定责任又有共同遵循的普遍准则，要做到这一点是困难的，但这并不排除每个人都具有评价秩序有效性的权利和能力，“因为每个人都以知识、教育和信仰作为基点，理性地对社会秩序的安定负有责任”，这种对于生命和生命存在过程的责任和生命意识，是我们对话的根基，也是我们自由的限度。

二　无效治疗与被迫放弃

治疗无效与无效治疗是两个迥异的概念，不可混淆；后者是治疗手段，对于生命延长根本就是无用的，医学上已经没有任何方法可以解决其生命保存、延长或生命指标的正常化了；但是，究竟程度如何、身体保留的完整度以及消极指数的比价，需要由科学作出判定；对此，临床诊断学上没有明确的精细的鉴定标准，具体病例难以裁决，这是一个棘手的难题。与决定是否放弃治疗或者安乐死推定有关联。

无效治疗是不可回避的敏感的伦理问题。提出这一问题实际上是基于生命维持系统和生命维持技术高端的发展，到了一个相当的阶段，体外循环、呼吸机的使用，用传统的生命指数衡量，生命体的呼吸活动始终存在。而且心脏也可以在体外器械的支持下长久维系。另外，采用高静脉注射营养的方法，以维持最简单、低水平的代谢来维持生命。由此提出了是否放弃的问题。

在临床上平素的治疗未产生效用属于“无结果治疗”，这一问题不属于此列。

我们所要讨论的是否放弃生命的“无效治疗”有这样几个问题：一个是无效治疗的判定标准：（1）医学上的；（2）多种评估体系；（3）在有效和无效之间必须找到一个界限，对不同病、不同人、不同标准难以评价，植物人状态也有多年后苏醒的特例（所以界限划分是十分重要的）；（4）经济负担、经济压力。根据这四点来确定有效还是无效，前三种是很重要的，第四种虽然不重要，但因为是社会学和卫生经济学问题，应该说也是我们考虑无效和以后放弃的一个因素，因为无效所以放弃。

那么，如何判定无效？由谁来判定？判定人可能应由此构成：（1）由医生作为判定的主体；（2）由病人或者家属自主决定，这里的病人是有意识的，是与将来主动要求安乐死有关的病人和家属；（3）由医方与患方联合判定；（4）由伦理委员会或专门的无效治疗鉴定委员会（可有特设的死亡判定小组或脑死亡鉴定委员会）判定；（5）由社会专设机构或特立的司法机构判定。目前是由医院委托科主任组织讨论，由病人代理人或者家属参加，然后一致确定，之后由病人本人或者病人代理人或者家属代表签字，最后可视为放弃有效。放弃治疗包括部分放弃、全部放弃、临时放弃、按时放弃等。

关于无效治疗，还有哈佛标准：（1）已经尝试维持生命措施，但是没有效用；（2）预期目标无法实现，且无任何效果；（3）对病人情况的综合判断以及查询有关文献资料，生还依据阙如。满足这三个条件则可判定符合无效治疗标准。无效治疗提出了一个非常尖锐的临床议题，引起了全球的医务界以及相关领域的关注，特别是触动了伦理学家和神学家的敏感神经。因为很多此类传统的“为生”者据此可以理性并合法地放弃治疗，如此就必须提供一个关于裁决人放弃生命的理论，而不仅仅限于对肤浅、具体案例的平面议论；同时此类放弃行为又潜藏着安乐死动议，即人类开始对是否“该死”进行庄严的判定。

无效治疗和放弃治疗长期困扰着临床执业人员、患者及家属、医学伦理学工作者、相关法律界人士。几乎所有的临床医生在工作中都不同程度地面对过无效治疗的确定、执行、拒绝执行和放弃治疗等抉择，社会不同层面在这个问题上各有不同的视角和争论。

从广义上讲，凡不能达到治疗目的的治疗措施均可被认为无效治疗。目前，国内外关于无效治疗的讨论主要局限在生命的终末期，是围绕脑死亡、“植物人”状态、生命支持和放弃治疗等方面展开的。从狭义上看，对无效治疗的定义可分为：（1）对脑死亡或大多处于“植物人”状态的病人进行任何的生命支持技术和对症治疗措施，包括呼吸循环支持技术、营养支持治疗等均视为无效治疗。（2）在患者生命的终末期，当现有医疗条件无法逆转患者的疾病时，虽然通过生命支持技术可以维持患者的意识状态，但在预后判断或治疗后证实患者无法脱离生命支持或监护状态，过度的生命支持技术应视为无效治疗。（3）短期内观察不到病理生理改善，又无严谨的科学证据证实可以改善远期治疗状况可被视为无效治疗。

对不可治愈的患者，终止无效的治疗措施，任其自然死亡，即为放弃治疗。广义的放弃治疗是指由于各种原因对可治愈或不可治愈患者终止继续治疗；狭义的放弃治疗是指对那些完全没有治疗价值的患者终止继续治疗。也就是说，对极度痛苦且无法治愈的晚期患者，放弃或撤除一切治疗和抢救手段，让其尊严地接受自然死亡。放弃治疗大致可分为三种情况：医院认为患者患有不可医治的绝症且时日不多，因而医生劝其或暗示家庭放弃治疗；患者自知治愈无望，要求出院，医生遵从其愿望，准予出院；医生应患者或其家属的要求，对治愈无望的终末期病人，仅做一般的护理而不再实施相应的积极医疗措施。

放弃治疗的伦理要件必须充分考虑民族、地域、经济状况和文化情境、宗教信仰、教育水平、风俗、舆论、医学能力等，对之作出综合评估，获得既相对可以操作又面向未来的方案。这是一个艰巨的任务。

当然，医生应该有能力也有责任对无效治疗和放弃治疗作出判断。“无效治疗”问题的关键是对那些治愈无望的患者实施“无效治疗”是否合理。应该承认，拒绝或放弃无效治疗并不违背医学伦理的基本原则，这样做可以减少患者及其家属的痛苦，可以减少其心理和经济上的负担，避免由于过度治疗而引起的家庭、社会和经济问题，防止把有限的医疗卫生资源耗费在已失去生命意义的过度治疗上。“无效治疗”不仅达不到挽救生命的目的，还会毫无意义地滥用医疗卫生资源，造成社会财富的巨大浪费，而且变相挤占了社会群体成员平等享受医疗卫生资源的权利和机会，间接侵犯了社会整体利益和群体公益。作为医生，其根本职责应是最大限度地维护患者“生”的权利，但面对遍身插满各种支持治疗的管道、依靠先进的仪器设备维持治愈无望的生命，面对花费大量医疗卫生资源而使社会、家庭背负沉重负担的这些患者，是继续治疗还是放弃治疗，这也是医生不得不审慎考虑无效治疗和放弃治疗的主要原因。当一个人的生命完全靠技术控制和干预，已失去生命本身意义的时候，他有拒绝接受无效治疗而选择放弃治疗的权利。放弃治疗的最终选择权利主要应属于患者而非他人。总之，终止无效治疗和放弃治疗表述了生命质量观和生命价值原则，是对患者自身利益的尊重，符合公益和公正原则。

我们可以提供一个终止无效治疗和放弃治疗的建议、对策与简洁的程序：立法与组织建设；社会舆论评估；病人自主与维护病人权利；病情与生命质量综合计算以及高级医学专家组最后判定；司法程序介入；确立关键决策者（确定代理人，代理次序是：病人选择的人，法院指定的人；如二者缺位，则推定次序为配偶、子女、父母、兄弟姐妹、朋友或旁系亲属；代理人必须是成年人，本身有决定能力，与病人无感情和利害冲突；如病人既缺乏作出判断的能力，又无现成代理人，可选择病人单位负责人、街道负责人、医务人员或医疗单位负责人）；知情同意，患者须以口头与书面形式作出双重同意决定；留存有效法律文件存档；最后决定执行。①

本节之末，顺便重提一个案例。

据英国《每日电讯》报道，在未告知家属的情况下，伦敦的切尔西和威斯敏斯特医院的医护人员对 85 岁老人奥利弗·古姆采取了备受争议的“临终关怀法”，让老人在断食断药的情况下死亡，又一次引发了人们对于放弃治疗和法律的激烈争议。

---

① 关于程序与程式，可分为如下各段：有限试验期；支持性替换措施；必要的营养和水的供给；止痛剂和姑息治疗、抗生素；护士执行放弃治疗，或由医院、科室、医生共同担责，减轻护士所承受的特殊道德或心理负担；如改变决定须由两人证明，并进行有法律效力的记录；对决定产生异议的，由伦理委员会等机构决定等。

> 去年2月，奥利弗·古姆由于肱骨骨折住进了切尔西和威斯敏斯特医院。“尽管她身体状况不太好，但我不认为她快要死了。”古姆的侄女赫本说。由于医院离家约60公里，照顾古姆不够方便，她一直在帮老太太联系离家更近的疗养院。本月11日，赫本去医院看望古姆，古姆意识清醒。然而，赫本13日再次来到医院时，却被告知古姆已经离开人世。护士说：“你是知道的，她接受了‘利物浦护理路径’。”但赫本强调，她对此并不知情。

“利物浦护理路径”是由皇家利物浦医院于20世纪90年代推出的一种临终关怀法，对医治无望的濒死病人，医护人员会撤走维持其生命的医疗器械和进食管，并为其注射大量镇静剂。这一临终关怀方案原为帮助患者及其家属从病痛中解脱。然而，一份统计资料显示，在英国约有2500个家庭对他们的亲人被列入“利物浦护理路径”名单的情况毫不知情，“被死亡”的病人日益增多。

有媒体分析认为，“利物浦护理路径”已成为一种变相的“安乐死”。一些医生指出，为腾出病房接受新病人及节约开支等因素，许多医院乐于采用“利物浦护理路径”，年老、意识不清或是无能力自理的病人往往成为受害者。也有人指出，滥用“利物浦护理路径”的根源并非是经费，而是医护人员道德沦丧，以及法律对“濒死”与“谋杀”界定不清。

医院最终承认，未能及时告知赫本有关古姆接受“利物浦护理路径”的信息，并为此向古姆的家人道歉。古姆“被死亡”的消息传出后，再一次引起英国人对这一本已备受争议的临终关怀方法的关注。包括英国工党发言人伯纳姆在内的议员呼吁，应立即对“利物浦护理路径”的实施流程进行审查。国会下院公共健康委员会成员斯基德莫尔说：“病人家属理应对此有知情权。这些‘被死亡’的案例令人发指，严重损害了医患之间的信任。”如此临终关怀的方式着实令人悚然。生命伦理在于对生命的无限敬畏，而不是对于生命的价格计算，放弃治疗和放弃生命是两个概念；安乐死也不是对生命的根本放弃，而是一种敬畏下的“尊严死亡”，是在病人与家属充分自愿、知情、真实的理性认知和坚定选择的情境之下医生的爱的释放。身体的物质化形式虽结束了，但其精神常在，即使没有灵魂，我们也服从于生命体和人类社会的秩序，我们遵从运动的规律，但我们会永存于真正所在的那个终点和另一个起点。

> 秩序，形势产生，创造力，解释混沌不可避免的内在结果，在宇宙中如此，在个体生命中也是如此。世界是动态的，它运动，它发展。作为结果，尽管采用了避免混沌的任何策略，整体的部分也将重新落入混沌。①

我们被迫或者快乐地接受世界秩序的设计，但不能忍受逆向于生命伦理的暴力。

三　良善而生，安乐之死

生命是黏乎乎的活动，一生都渴望摆脱，但一生都难以实现。我们太复杂、太传统、太老到地应付生命的事务与事件，但我们往往是错误地理解与对待。死亡打败了我们，最终我们不得不觉悟医学的无能和无计划而败下阵来，服从于天定的死亡契约，我们停止了生命；就此，再没有任何强大和威严，只是成为腐败的产物，作为白骨平息仇恨与厌恶，和其他动物、植物一样，皈依泥土，结束所有的复杂，以另一类奢华的形式完成生命的结束。

柏拉图认为，死亡是灵魂从身体的开释；毕达哥拉斯认为，死亡是灵魂与躯体的暂时分离；德谟克利特认为，死亡是自然之身的解体；黑格尔认为，死亡是扬弃，是精神的自我和解，等等。

“人命至重，有贵千金。”“身体发肤，受之父母，不敢毁伤，孝之始也。”人的生命的贵重是神圣不可侵犯的。“不知命，无以为君子②”。孟子说：“某非命也，顺受其正。”出世为生，入地为死，生生死死，自然了然，万物而泽。“生之徒，十有三；死亡徒，十有三；人之生，运之于死地，亦十有三。夫何故？以其生生之厚。”③ 因此，必须将死的变化纳入生死大化之中，纳入“万物将自化”的规律之中，才能够真正地解决死的危机。

---

① ［德］弗里德里希·克拉默：《混沌与秩序》，柯志阳等译，上海世纪出版集团2010年版，第264页。

② 《论语·尧曰》。

③ 老子：《道德经》第50章。

安乐死依然是一个富有文化磁力的话题，这个话题因为涉及生命的本源和人的本质以及世界的存在的奥秘，所以，对安乐死的讨论将永远伴随着我们；人，或者苟且偷生，或者尊严离世，或者自然了解，或者轰然而没。死，是庄严的，但未见人人神圣。

> 传道者说：虚空的虚空，虚空的虚空，凡事都是虚空……江河都往海里流，海却不满江河从何处流，仍归还何处。[①]

> 凡事都有定期，天下万物都有定时。[②]

关于死亡，无人不作最为根基性的议论，因为人类存在的本质并非一种即兴的冲动，而是“由时间之持续所要求的必死性”[③]；死亡是清偿、赔付、让渡以及告别。哲学有一种最为使人称道的理解，认为虚无是一种错误的概念，是一种对于死亡的误解，死亡并不等同于虚无，于是，人类成了一种不向死而存在的方式。[④] 灵魂说或生命轮回的宗教观，都是对于死亡的一种道义的拯救，同时，最为要害的是，死亡与善恶是关联的，或是升入天堂，或是降入地狱；死亡本身已经成为对于善行的评价性结论；死亡向前无限地延伸，制约和规范以必死为界限，使人生成为一种责任，在肉身存续阶段，实现其伦理性，这样的生命就成为一种道德的冲动，此在性与向死而生，如此就成为一种有道德价值的存在。

人于生死海中，通过修行，可与诸圣一念相呼应，知道、见道、得道。

> 心有生灭，法无去来，无念则静虑不生，无作则攀援自息。或始觉以灭妄，或本觉以证真，其解脱在于一瞬。[⑤]

---

① 《传道书》1：2—7。

② 《传道书》3：1。

③ ［法］勒维纳斯：《上帝·死亡和时间》，余中先译，三联书店1997年版，第12页。

④ 同上书，第59页。

⑤ 楼宇烈：《中国佛教与人文精神》，宗教文化出版社2003年版，第237页。此段文字引自石井本《神会语录》“大乘顿教颂序”。

永生者不死，死者无永生。“这个世界上的生命所以有意义，只是因为死亡。”① 死亡是生命中最明了又最晦暗、最有意义的事件之一，其道德内容与生命同样丰富、复杂、深阔。没有人真正、真实地从本质上不畏惧死亡；即使最后选择自愿地、尊严地、安乐地死亡，还是必须选择用一种解脱“惧怕”的无奈的形式，完成对于这场终必结束的“游戏人生”的关闭；死亡是一种面对失去未来的被动。死亡是一种生命的“最自由的形式和阶段”；是对于未来假想生命新模型的一种召唤和启动。死亡的必然结果使人一生都感受着生命本体的刺激。

向死而生，是生命的规制，死亡的伦理就是时间伦理法则的应用案例，时间的单向性已经准备和固化了最后的常模。死乃天理、天命，归天即天轨、天规、天归。人的生命历程可能是艰难的、曲折的、浪漫的，是必然到达终点的一段旅行，不同的异乡人从天地间各个不同的地方出发，不问其经历是平坦还是坎坷，是宁静还是喧闹，是长程还是短途，旅行的最后都将走向同一个终极驿站，这是最后的再不会有“后一居所”的停止，不是停留，不是歇息，是再没有“我”的告别和永别——死亡。

否定死亡是人类最初最原始的情结，这是生命本体最普遍的愿望也是最真实的情感。死亡是人对虚无的恐惧，也令自然人恒久的疑惑与憎恶，人只有把死亡作为一种心灵解脱的时刻，才认为死亡是最好的朋友。除此之外，死亡是最为不幸的不幸。这样的死亡伦理观令我们警醒：

> 我们羞愧地过着腐败的生活，带走我们的死亡比生命更肮脏。②

我们依然在修昔底德的古训中生活，世人通常并不喜欢关于“善举的长篇大论的演说”，而更加明确的是“如不可谋害人命”这一条传统的道德戒律；摩西十诫中所划定的“不可杀人”③ 是“耶和华与人约定的”。

如何选择死亡？身患不治之症或重度难治之症，处于极度痛苦、生活质量低下、濒临死亡的患者，是不惜一切代价地治疗和维持他（她）的生命，还是使其少受折磨，安详地提前结束生命——安乐死呢？这一问题

---

① ［俄］别尔嘉耶夫：《论人的使命》，张百春译，学林出版社 2000 年版。

② ［法］乔治·巴塔耶：《色情史》，刘晖译，商务印书馆 2003 年版，第 65 页。

③ 《旧约·出埃及记》20：13。

不仅是医学，而且也是生命伦理学、社会学、法学等深入研究和激烈争论的问题。

不疼的时候，我觉得平和、安宁，我从来没有像现在这般大彻大悟，能像印度圣人一样思考生与死的问题。①

“自我、于生，死，以及有去，来。
且在一切身，太空不异似。”②

“安乐死”（希腊文：Ευθανασία）就是“快乐的死亡”，或者可称为“人道的死亡”（humane death）；汉语译为“安乐死”，源自佛教净土宗之经要《佛说无量寿经》：“无有三途苦难之名，但有自然快乐之音，是故其国名曰安乐。”西词“euthansia”真义为“清净死”或“安宁死”，因为生命质量低劣，再无何求，除蕴苦外，只求安宁、无欲、清洁而去，带着生命的尊严，把最后的“价值”留给世界，再不求取任何资源，空净轻轻而来，安平无悔地离开。安乐死是一种精神经济学的实践，像诺斯替教陈留的化石一样，死是重视精神之人的一种境界。安乐死是在西方文明中，在处死那些身患不治之症、老年或身体严重畸形者的社会背景下产生的一个专门术语。

《布莱克法律辞典》认为，安乐死是“从怜悯出发，把身患不治之症和极端痛苦的人处死的行为或做法”。《牛津法律指南》认为，安乐死是“在不可救药的病危患者自己的要求下，所采取的引起或加速死亡的措施”。《韦伯新国际词典》第3版的定义是：“使患者脱离不治之症的无痛致死的行为。”1975年《新哥伦比亚百科全书》的定义是：无痛致死或不阻止晚期疾病患者的自然死亡。1985年出版的《美国百科全书》把安乐死称为：“一种为了使患不治之症的病人从痛苦中解脱出来的终止生命的方式。”并进一步解释说：

---

① 《杰克·伦敦小说选》，盛世教育西方名著翻译委员会译，世界图书出版公司2010年版，第549页。这是书中曾经不可一世的“魔鬼”号船长“海狼”的临终之言。

② 《五十奥义书》，徐梵澄译，中国社会科学出版社1995年版，第750页。此段为“唵”声《奥义书》第3卷：9。

患不治之症的患者在危重濒死状态时，由于躯体和精神的极端痛苦，难以忍受，在患者或其家属的合理及迫切要求下，经过医生、权威的医学专家机构鉴定确定，符合法律规定，按照法律程序，用人为的仁慈的医学方法使患者在无痛苦状态下度过死亡阶段而终结生命的全过程。

在此还应特别强调指出，安乐死是死亡过程中的一种良好状态及达到这种状态的方法，而不是死亡的原因。安乐死的本质不是决定生与死，而是决定死亡时是痛苦还是安乐。安乐死的目的是通过人工调节和控制，使死亡过程呈现出一种理想状态，避免肉体和精神的痛苦折磨而使濒死患者获得舒适和幸福的感受。

荷兰合法实施主动安乐死的必要条件其实很严密：（1）患者必须面对一个无法忍受的、长期痛苦的未来；（2）死亡请求必须是自愿且经过慎重考虑的；（3）医生和患者必须确信没有其他解决办法；（4）必须有一名医生的意见而且必须以一种医学上适当的方式结束生命。①

我们可以列出一个英国的案例：

患有严重风湿性关节炎的70岁的莉莲·博伊斯病人，止痛药物已经无法制止她剧烈的疼痛，她请求医生考克斯结束她的生命；考克斯医生出于对其无限的同情，并且是患者强烈要求他这样做的，于是，为她注射了致死剂量的氯化钾，结果导致她死亡。

结果考克斯被指控并被判定谋杀未遂；没有指控他谋杀（可见陪审团的犹豫不决）的理由是因为患者的病情，但她应该死于疾病本身，而不是医生协助与加速她的死亡，这当然来源于古老的训诫。控方不得不在法庭上陈述莉莲的病造成其巨大痛苦和无奈，她已经不可能恢复生命的活力了；实际上，这个指控已经为这次安乐死行动做了无罪的辩护，但是医生是以杀死她为主要目的的，而医生这个职业不应该承担这个助其死亡的“责任”。

近三十年来，或者在更漫长的时间里，人们都在积极争论和探讨安乐死（特别是主动安乐死）的合法性，但在理论上、在影视剧中、在现实

① ［英］托尼·霍普：《医学伦理》，吴俊华等译，译林出版社2010年版，第7页。

里都可以为这些被指控者辩护，而且多数都反对“安乐死是原则上错误的”观点。

第一位医生给一位将要死亡的患者注射吗啡以减轻其痛苦，并且预见到该患者会更快地死亡；第二位医生为了减轻以为快死的患者的病痛而为其注射吗啡以加速其死亡。试问，这两位医生的做法是否存在伦理上的差异？现实与理论上的推导是存在差异的，尽管其行为几乎没有任何不同：第一位是以救治为目的履行医生的正当责任，只是预测其将死；后者是以加速病人死亡为目的的；我们要问这样的辩论是否有意义？按效果论推断，结局都是一样的，不管其动机如何，都减轻了病人的痛苦，至于死亡的结果也是完全一致的。霍普认为：

> 没有令人信服的思维实验可以表明作为与不作为或者企图与预见之间道德上的区别，这个区别包含：（1）我们进行行为评估的人对于将死者有着明确的关爱的责任；（2）没有损害一人而使另一人受益的问题；（3）死亡是将死者的最大利益。①

关于安乐死的争论显然已颇有收获，道德神学家们也开始出现思想的松动。他们“试图去理性地推导出‘好死（good death）’的特征。它企望通过合理地论证构建道德理论体系，去证明医生协助自杀和安乐死的合理性，以在逻辑上一视同仁地说服信徒和非信徒。”②

多数有思想的宗教学者开始重视在这个过程中病人本人或病人代表的真实意愿，并且关注到医生确实是出于对病人实际上的关爱，他们不再空乏无味、不切实际地对于医生的良善行为和关爱进行指责。甚至教宗庇护十二世（Pius Ⅻ）已经清楚明白地宣称：

> 人们可以使用去痛药品，虽然这种药会有缩短生命的副作用。③

---

① ［英］托尼·霍普：《医学伦理》，吴俊华等译，译林出版社2010年版，第23页。

② H. Tristram Engelhardt, Jr. , *The Foundations of Christian Bioethics* (Swets-Zeitlinger Publishers, 2000), p. 331.

③ 参阅［德］卡尔·白舍客《基督宗教伦理学》（下），静也等译，三联书店2002年版，第346页。

国内第一例安乐死法案发生于汉中市，现已作为经典案例成为历史。但包括整个事件的过程依然值得索及。

1984 年 10 月，夏姓患者，59 岁，被医院诊断为“肝硬化腹水”。1986 年 6 月，因病情加重，被送入汉中市传染病院肝炎科住院诊疗。诊断为：1. 肝硬化腹水；2. 肝性脑病（肝肾综合症状）；3. 渗出性溃疡并褥疮 2—3 度。入院后的第三天，病人烦躁不安，于 1996 年 6 月 28 日清晨开始昏睡，8 时查房时，患者之子向该院院长雷某询问病情，雷某答：“病人送得太迟，已经不行了。”其闻后，要求为其母实施安乐死，理由是“免受痛苦”，雷即刻回绝。9 时，其与其妹到主治医生蒲某某办公室，要求为其母实施安乐死，蒲先回绝，在患者兄妹表示愿意承担责任后，蒲开具 100 毫克复方冬眠灵的处方，注明家属要求“安乐死”，其子在处方上签了“儿子，王某某，6 月 28 日 9 点 40 分”的字样。护士长将处方退回医生办公室，拒绝执行。蒲又指令实习生为夏执行处方，实习医生不从，但在蒲的斥责下，无奈违心地为夏注射，仅向病人体内注射 75 毫克。蒲又交代接班医生李某，“夏某某若在 12 点尚未咽气，你再续打一针”。后李某又开具 100 毫克复方冬眠灵处方，让护士注射。夏某某于 29 日凌晨 5 时死于病房。

嗣后，患者之长女将蒲医生和其弟告上法庭。汉中市公安局遂立案侦查，随后将蒲、李医生和其弟与妹收审。同年 9 月，汉中市人民检察院以故意杀人罪将蒲和患者之子王某批捕。1990 年 3 月，汉中市中级人民法院对“汉中案件”进行了公开审理，并报至最高人民法院。在最高法院“不作犯罪处理”的批复下，汉中法院于 1992 年 3 月作出终审判决：王及蒲某无罪释放。

反对安乐死首先担心的是，如果对此加以允许，会导致一种“堤坝裂口反应”（crevasse effect），即那些残疾者或危害公众社会的残疾者、精神病人等可能被处以死亡，而他们并没有痛苦；其次，有人认为，这样就会在病人和医生之间撕开一条裂缝，使基本信任这一价值受到损害，而这是医学道德所不能同意的；最后，如何认定患者本人同意是个操作上的难题，推定同意往往会给那些别有用心的人造成机会和借口，尤其是在家族内或企业内这样的案例绝不鲜见。

生命伦理学应该是一门批判与反省的学科。临床伦理就是要找到一个最合适的理由为医生或者护士的善行或者日常医疗工作的正当性评价作出保证。这就需要在诸多的医疗选择中作出比较，获得应该如何行动的答案，而不仅仅限于理论构想或者哲学洞见。伦理学会比神学更令人激动，因为它的推理是严格的，并且在逻辑上是正确的。霍普使用逻辑（有效三段论）、概念分析、一致性和案例比较、基于原则的推理四大工具，以伦理思想原则作为依凭，并且参照“对特定环境或案例的道德反应和我们的道德理论之间连续的动态变化”①，以评估已经发生的生活事实。显然，罗尔斯式的“反思平衡”能够帮助我们走出困境。道德哲学原理能够使我们心明眼亮，脱离习惯的、俗成的、陈腐的或愈加愚昧的信条，就是因为“打纳粹牌”和那场历史上的人类伤痛造成了我们整体性对于安乐死的误解和心灵拒斥。而我们要重新构建一个体系，就必须跳出或脱离那样一种沉闷已久的思想禁锢。

> 医生协助自杀为我们提供了一个道德上和神学上的罗夏测验（Rorshach test），从而显明了道德和神学基本责任。进一步的交易发展，很可能发生在许多西派基督教中，从而它们能直接凭借事实，而信奉一个将允许他们接受医生协助自杀和安乐死的全新道德观。②

四　脑死亡

我们无法回避的一个医学和伦理问题就是脑死亡。关于脑死亡，还存有争议，主要是由于人的观念、技术不断进步，具体操作的标准化，家庭结构影响以及判定中的困难，社会经济待遇变更等问题的纠结。人类的社会关系和关于生死的感受是复杂的，生命状态的定位一直伴随着人的整体教育，社会作为整体从童年开始就进入我们的精神，我们必须把“无人不晓的法律”原则在关于心肺死亡的判定标准上予以摧毁，或者仅仅作为关于死亡标准知识整体的一个次要的部分。当然，我们应

---

①［英］托尼·霍普：《医学伦理》，吴俊华等译，译林出版社2010年版，第62—63页。

② H. Tristram Engelhardt, Jr., *The Foundations of Christian Bioethics* (Swets-Zeitlinger Publishers, 2000), p. 332.

该格外警惕仅仅把使用或利用器官供给或者节约社会资源作为主要理由，而应该尊重人的情感和接受或参与关于死亡观念的革命。

1959 年，默拉勒（Mollare）和古隆（Goullon）在对不可逆性脑昏迷所做的详细描述中首次提出了脑死亡标准，具体是指人脑受到不可逆的损伤先于心脏呼吸停止而引起死亡。按照这个死亡定义，即使心跳呼吸还能加以人工维持，但只要大脑功能已经发生不可逆的损坏，就可以宣布这个患者已经死亡。随着医学科学技术的不断进步，特别是 1967 年南非医生伯纳德（Barnard）首次成功地实行了心脏移植手术，人们认识到原有的死亡标准已不准确，必须加以修改。1968 年，美国哈佛大学医学院特设委员会发表报告，提出了脑死亡诊断标准，即著名的哈佛标准：一是没有感受性和反应性；二是没有自主呼吸运动和呼吸；三是诱导反射消失；四是脑电图呈等电位。排除了体温低于 32℃ 及刚服用过大量中枢神经系统抑制性药物后，经 24 小时连续检测无变化即判定死亡的判断要素。同年，世界卫生组织也公布了相类似的标准，强调死亡包括大脑、小脑和脑干在内的整个脑功能的不可逆丧失，即使此时心跳仍然存在或心肺功能在外界动力的维持下依旧存在，也可判定的死亡。

这是人类认识死亡的一次革命。

我们正在做这样的工作，即确立脑死亡标准，在医学史上开辟了人们对死亡认识的新阶段。

新的死亡标准有利于关于“人”的标准的确立；有利于对人的生存权利的维护；有利于人体器官移植，以满足现代医学对某些活体的需要；有利于医药资源和人力资源的合理利用，以减轻社会和家庭的负担。人能正面议论死亡，是一种文明。

在现代医学中，人工维持心肺功能的技术很有成效，往日由于心搏停止和自动呼吸停止而必然死亡的病人，今天却可以在价格昂贵的机械复苏术、器官移植术等措施的作用下维持生命，先进的生物医学技术救活了许多本已死亡的病人，延长了不少临终病人的生命。然而，有时单纯延长生命的结果往往等于延长痛苦和死亡。如果延长的是一种无意识的“植物性”生命状态，实际上也失去了延长生命的实际意义，从而也就等同于浪费了更多更好的医药资源，相对于我国医疗需求多，医药资源极其有限的现实，也就意味着变相剥夺了其他人享受医药资源的机会。确定脑死亡标准，在一定程度上会克服这种弊端，使有限的医药资源和人力资源得到更为合理的利用。

用脑死亡标准完全取代心死亡标准，还未能成为现实，还有很长的路要走。虽然美国最早诞生了脑死亡标准，但对其的推行也并非一帆风顺。1972 年，弗吉尼亚州一家医院的医生依据脑死亡标准取走了一名死者的心脏，结果被告上法庭，法官倾向于认为医生违反了法律，后经陪审团和律师的据理力争，最后才作出了有利于医生的裁决，医生被无罪释放。在日本，脑死亡标准的推行所遇到的阻力更大。1984 年，日本筑波大学医学小组的 3 名医生，将一名暴死妇女的器官移植到他人身上，此手术是在这名妇女的脑电波活动全部消失但心脏尚未停跳的情况下进行的。不久，这 3 名医生受到了起诉，17 名患者康复小组成员作为原告控告这 3 名医生犯了杀人罪。

尽管脑死亡标准在世界各国引起了较大的争议，但是接受脑死亡标准的人数越来越多，在医学上接受脑死亡标准的国家，截至 20 世纪 90 年代末期，已经有 35 个，但在立法上承认脑死亡的国家仅有 13 个，而且规定不一。以美国为例，1985 年底，有 27 个州通过了立法审议，接受脑死亡新概念并加以法律上的解释，替代习惯上的死亡解释。

相对于心肺死亡而言，脑死亡标准更为客观、科学、合理，在伦理学上应该得到辩护。随着科学技术尤其是医学科学的发展以及人类的进步，脑死亡标准将会逐渐被社会和法律所接受。

脑死亡的提出，是一次革命，不是民间都可以给予的那种“他走了，去了，安息了，离开了”的简单生活判定；而是要以死亡标准改变人类的年龄生态和生命本体认知，是生命观念和价值的生态修正。

五　自主绝命

“自主绝命”是一种很有争议但有时又很有文化意蕴的死亡方式；衰老和自然死亡是由一种遗传信息预先编程决定的，是一个“后成”（epigenetic）过程，是以分化中生命引入的额外信息为基础的规范性生命体生态结局。

身体与精神的危机，或以人生之达观以自毁身体告慰人世：

> 其义曰：凡一种文化值衰落之时，为此文化所化之人，必感苦痛，其表现此文化之程量愈宏，则其所受苦痛愈甚，迨既达极深之

度，殆非出于自杀无以求一己之心安而义尽也。[①]

王国维或“道思作颂，聊以自救兮”最终怀石自沉的屈原，都是受命于文华而灭身。整体绝命一直以“义灭”为尊。

1995 年 11 月 4 日，吉尔·德勒兹[②]从巴黎住处的窗口毅然跳下去，结束了他诡异的 70 年的人生历程。德里达在悼念德氏的文中写道：“思想家德勒兹首先是一位事件的思想家。也是经常思考（自杀）这一事件的思想家，从最初到最后，一直如此。”[③] 德勒兹在其《意义的逻辑》中引用了 J. 布苏克的诗句“我对于死亡的嗜好是意志的挫折”；他努力祈望摆脱死亡或毁灭的阴影，并在自己的作品《消亡》中专事讨论死亡的哲学与艺术，并在“道德”的旁边加注，以贝克特的话借喻说：“人们最好向我要求难以实现之事。这正是我所期望的。除此之外，还能要求我些什么呢？”[④] 在所有疲劳和绝望的彼岸，他耗尽了在可能之事中无法实现的东西，又与可能之事毅然诀别，选择最后的终结。自杀对于一位没有抑郁征象也没有家族遗传基因或文化传统的人来说，确实值得我们沉思。

主体绝命是一种蓄意的或自愿采用各种手段结束自己生命的行为。自杀行为不可简单地以善恶、强者与弱者、明智与愚昧、感性与理性、病态与常态、神圣与猥琐等定义，它是一种十分复杂、丰富、充满哲学意蕴的道德、社会、心理和医学难题。

斯多葛学派认为，自杀是追求人的自由，是个人的权利。休谟与孟德斯鸠都是自杀的拥护者，他们说，这是人权的一个重要部分。殉道主义的极端，曾经以集体自杀作为神圣理想的宗教。

自杀是哲学、社会学、伦理学、法律与宗教、精神医学和心理学等诸

---

① 雷绍锋：《王国维读书生涯》，长江文艺出版社 1997 年版，第 268 页。该文字摘自陈寅恪《王观堂先生挽词序》。

② 德勒兹（Gilles Louis Réné Deleuze，1925—1995），1925 年 1 月 18 日出生在法国首都巴黎，1944 年中学毕业后进入巴黎索邦大学哲学系就读，开始致力于哲学研究。他的哲学思想的一个主要特色是对欲望的研究，并由此出发到对一切中心化和总体化予以攻击。吉尔·德勒兹是法国影响巨大的后现代哲学家，是 20 世纪 60 年代以来法国复兴尼采运动中的关键人物，德勒兹正是通过激活尼采而引发了对差异哲学和欲望哲学的法兰西式的热情。如今，德勒兹的影响遍布人文科学的各个角落，他的《反俄狄浦斯》和《千座高原》业已取得世界性的声誉。德勒兹还远未在我国学术界获得应有的重视。

③ ［日］矢代梓：《二十世纪思想史年表》，叶婷译，上海学林出版社 2009 年版，第 198 页。

④ 同上。

多领域关注的课题。在古代西方，自杀被看成是犯罪行为，为社会所禁止。欧洲文艺复兴运动以后，许多人认为自杀是个人的权利，社会应对其自由选择的权利给予尊重，不应干预。受此影响，法国在1791年、瑞士在1770年、英国在18世纪末纷纷废除了“自杀社会禁止法”。19世纪30年代以后，随着经济危机、人口的老龄化、失业等的加剧，世界范围内自杀率急剧增加，自杀成为严重的社会问题。

在医学上，自杀是生命伦理学的基础和有意义的现象。它应该属于自主性安乐死。

自杀是心理危机状态的行为反应，大多的自杀者最终是以一种不可抗拒的心理危机或压力如绝望、恐惧、抑郁等情绪导致自杀行为的。德国哲学家叔本华说：“当一个人对生存的恐惧大于对死亡的恐惧时，他就会选择自杀。”

由躯体原因导致的绝命是躯体疾病达至无可忍受、不可挽回、整全性绝望之后的一种光明的选择，解脱是用一种死亡的方式表白自己最后的生命理想，换一种“活”的方式。难以缓解的疼痛性、癌症绝望、艾滋病等对主体人格会带来无法缓释的压力，只有早一些离开，把生命重新抛向空间，回归那个虚无但没有痛苦的世界。这是一种绝望之后的愿景，是新我的再生，涅槃之后，那是一种光明。

自杀是不是一种疾病，这个论证没有意义，绝命行为与绝命的欲念首先是极其特殊的一种文化选择，其次应该将之作为一种社会和人类现象，因此涂尔干与包尔生分别说“是一种社会病态”和“道德病态”，只有弗洛伊德强调这“是一种精神疾患”①。不管认定其是疾病与否，自杀或绝命现象是一种极其复杂的身体现象和生命伦理命题，是人类对生命形式或死亡方式非常态的极端选择。因为精神疾病导致的自杀仅仅是这个人群中的一部分，比如屈原、茨威格、海明威、王国维、老舍、傅雷等就是一种理性的绝命。

干预自杀和救治自杀未遂者无疑是医生的责任，这并非是医生的伦理难题，医生对某些当事人的敬畏并非要放弃救治的职业义务，没有必要非制造一些人为的困惑去讨论“尊重自杀者肉体的自我还是精神的自我”；

① 关于这一问题的议论和求证，请参阅何兆雄编著的《自杀病学》，中国中医药出版社1997年版，第16—21页。

或者"是否否认合理自杀"等①，此类问题均属于伪伦理问题，医生对所有人都应予以尊重，包括其人格、身体，医生当然要劝慰做死亡选择的人敬畏生命，但不否认对历史上为道义而绝命者的敬重；在必要时，仁慈助死也是一种对生命的尊重；争论日久，缘何有意义继续纠缠。

殉道型自杀是一种义举，包括以意识反抗邪恶，均值得仰佩，但应从身体文化、生命政治范畴或者宗教心理观照，当区别于邪教的死亡仪式。

对老龄自杀的原因，如家庭关系失和、经济困难、久病痛苦与精神疾患等，应作出进一步精细的分类，以避免过多的悲剧发生，寻找安定和谐的良策，应该是生命伦理学的学科责任。国内现有的按社会学研究和调查得出的统计数据，多半值得怀疑，样本很少，阙如文化、教育、地区、种族、宗教信仰、经济收入、性生活与婚姻、子女、亲友等多因子影响度，仅仅是对城市与农村、经济收入、家庭纠纷等所作的有限比较，结论难以信赖。

拉法格留下这样的话：

> 我的身体和精神都还很健康，我不愿忍受无情的垂暮之年接连夺去我的生活乐趣，削弱我的体力与智力，耗尽我的精力，摧折我的意志，使我成为自己和别人的累赘。在这样的时刻到来之前，我先行结束自己的生命。②

斯特凡·茨威格更是做了这样的说明：

> 要想再一次开始全新的生活，这需要一种非凡的力量，而我的力量在无家可归的漫长流浪岁月中业已消耗殆尽。这样，我认为最好是及时地和以正当的态度来结束这个生命，结束这个认为精神劳动一向是最纯真的快乐，个人的自由是世界上最宝贵的财富的生命。③

读了这样的文字，我们还有何理由责备和挑剔他们的选择，他们的行

① 何兆雄编著：《自杀病学》，中国中医药出版社1997年版，第88—89页。

② 刘劲生等：《中外名人自杀之谜》，四川辞书出版社1994年版，第330页。

③ 同上书，第379页。

为应该和其人格一样值得尊敬。

生命的有限性是宇宙规律，是哲学上设定的有限，生物界没有无限。我们在单向时间维度的一个片段里暂时得以展开生命，死是活的另一个生命的模本，死亡本身是有意义的，死的意义恰恰应了生的价值和意义，无死无以生，生死相依存，叫做生活。死和生是对称的，开拓了中间的路径，生命在这样一个过程中表现自己，中间有活的过程，人生才有道德的展示，才有道德行为、道德选择和道德价值。生命、生存、生活、生计、生意、生机和生气，有物质的、社会的、人类的、道德的、哲学的、经济的。死是一种必然的终末，结束死是时间的过程；死亡是生命空间的关闭，是生的一个必备条件，是生的一种形式；死亡使生命有意义，未完成的生命才是美好的。

> 向死存在是人的最本质的东西，对虚无之紧迫的忧虑是人类最本真的存在方式。[①]

第六节　饮酒、吸烟的伦理

一　酒、酒神祭与酒神精神

酒的价值在于可以激活生命中坚不可摧的、充满欢乐的本性，从而掩埋悲惨的没落和生存的恐怖。它给人一种“形而上学的安慰”，成为生命的兴奋剂和强壮剂。[②]

李白诗云：“古来圣贤多寂寞，惟有饮者留其名。”诗人赋予酒以最高的文化礼赞，倒并不是仅仅为“兴来买尽市桥酒，大车磊落堆长瓶”[③]，而本是“醉翁之意不在酒，在乎山水之间也。山水之乐，得之心而寓之酒也”[④]。饮者向来不囿于酒本身的麻醉效应，而在于意指的远志与人的夙愿，在于生命伦理的真义与侠情。

酒，在人类文化的历史长河中，已不仅仅是一种客观的物质存在，而

---

① ［法］艾玛纽埃尔·勒维纳斯：《上帝·死亡和时间》，余中先译，三联书店 1997 年版，第 111 页。

② 参阅周国平《尼采在世纪的转折点上》，上海人民出版社 1986 年版，第 72—73 页。

③ 陆游：《长歌行》。

④ 欧阳修：《醉翁亭记》。

是一种文化象征，即酒神精神的象征。

尼采之所以把酒神和日神联系起来，是因为日神的光明和理性背后所隐藏的酒神所特有的迷狂和玄暗，人归根到底需要用酒唤醒被掩盖的创造性和自由。迷狂正是人的原型和最高的、最有力的情感与意志，酒只能给人一个回答：在原始的迷狂之后人的意志和真善美的运动。[①]

日神与酒神不可分割，即等同于“康德说的概念物质观就成为空洞的”[②]，日神精神是一种观念，酒神精神是一种创造性的理想。人勇敢地直面生活，但勇于进取，为权力意志而奋斗，而不是酒精作用后表面的迷狂，那种寄托与鼓舞是不能够抛开酒神精神的激励的。生命伦理学挖掘这一生命情态，借助于乙醇的生理作用，激发一种从宗教—艺术—知识的超越，实现和通达道德的诉求，从理论理性进入实践理性，从知识进入意志，从而完成欧洲式的哲学发展路径，最终皈依一个根基性的自由王国。

世界文化现象有着惊人的相似之处，西方的酒神精神以葡萄种植业和酿酒业之神狄奥尼索斯为象征，在古希腊悲剧中，西方酒神精神上升到理论高度，尼采的哲学使这种酒神精神得以升华。尼采认为，酒神精神喻示着情绪的发泄，是抛弃传统束缚回归原始状态的生存体验，人类在消失个体与世界合一的绝望痛苦的哀号中获得生的极大快意。在文学艺术的王国中，酒神精神无所不往，它对文学艺术家及其创造的登峰造极产生了巨大而深远的影响。因为自由、艺术和美是三位一体的，因自由而艺术，因艺术而产生美。狄奥尼索斯与个我解体，借用酒精的作用，身体与世界本体的生命意志合为一体，进入一种自我陶醉和腾跃升华的酒神境界；包括哲学家在内的理性精神主体人格，与诗人、画家、舞者、音乐家、小说家等一样，如同回归到原始酒神祭的仪式里，无节制的滥饮，狂歌而舞，现实变得朦胧而混沌，幻灭与宇宙本体融合而激发出无限的肉身和源于心底的灵性冲动。

酒精的作用很可能会连续激起心理反响行为，富有感染力，顿时，万事万物都沉浸在极乐之海中，酒神精神和英雄的胆略、人性的冲动与觉醒

---

① 可参阅谢地坤主编《西方哲学史》第7卷《现代欧洲大陆哲学》（上），江苏人民出版社2004年版，第142—145页。

② 同上书，第152页。

的智慧，完成了一种彻底的融汇与混合。生命由于这样的一种燃烧形式，实现了生命伦理的意志，即

> 在酒神的魔力之下，不但人与人重新团结了，而且疏远、敌对、被奴役的大自然也重新庆祝她同她的浪子人类和解的节日。大地自动地奉献它的贡品，危崖荒漠中的猛兽也驯良地前来。酒神的车辇满载着百卉花环，它驱行。一个人若把贝多芬的《欢乐颂》化作一幅图画，并且让想象力继续凝想数百万人颤栗着倒在灰尘中的情景，他就差不多体会到酒神状态了。①

酒精的作用机制大体为：环磷腺苷（cAMP）信号传导通路、磷酸肌醇（PI）信号传导通路是介导酒精效应的细胞内靶点，酒精可能会通过影响这些通路的多种环节，导致相关酶活性和基因表达调控因子的改变，从而引起细胞短期调控功能的失调和长期基因表达的改变，这些变化可能是酒精耐受和依赖形成的重要分子生物学基础。目前，乙醇及其代谢物乙醛对神经甾体合成释放及信号传导通路的作用机制以及与谷氨酸受体和GABA受体亚型的相关性仍不明了。也就是说，医学上还不能完全解释人体在酒精影响下所出现的各种异乎寻常的迸发性兴奋作用和心理宣泄效应；原料、水、添加剂、酿制方法、气候、地质条件与地球磁场、环境与气象因素的差异，是否会造成不同的身体反应。但酒后的行为多出现以和谐与团结为主体的道德效应，会使人重新具有一种尊严感和助人为乐的欣快、喜悦与成就感。因此，尼采进一步表述道：

> 此刻，奴隶也是自由人。此刻，贫困、专断或“无耻的时尚”在人与人之间树立的僵硬敌对的藩篱土崩瓦解了。此刻，在世界大同的福音中，每个人感到自己同邻人团结、和解、款洽，甚至融为一体了。摩耶的面纱好像已被撕裂，只剩下碎片在神秘的太一面前瑟缩飘零。人轻歌曼舞，俨然是一更高共同体的成员，他陶然忘步忘言，飘飘然乘风飞飏。他的神态表明他着了魔。就像此刻野兽开口说话、大地流出牛奶和蜂蜜一样，超自然的奇迹也在人身上出现：此刻他觉得

---

① ［德］尼采：《悲剧的诞生》，周国平译，三联书店1986年版，第6页。

自己就是神，他如此欣喜若狂、居高临下地变幻，正如他梦见的众神的变幻一样。①

还有什么语言能表现得如此淋漓尽致呢？因为尼采就是这样的酒神，其醉翁之意亦不在酒，但又不可疏离充满魔力的酒，他的酒神祭是庄严的、神圣的、深刻的，是一种飘逸中的哲思；他的道德目的正是要踏平人间的不平和拆解争斗的藩篱。他批评叔本华在逻辑上是不彻底的，他认为，既然生命一直是世界的本质，它就是永恒的，必然会时而毁灭个体生命，时而又产生个体生命。这就无穷地显示了人的生存本身就是宇宙生命的丰盈与充溢，以及人的生命内在的无限潜力和各种可能性。那种自我解放与自由感，被尼采的酒神精神做了一个最好的肯定和美学注释：“甚至在生命最异样最艰难的问题上肯定生命，生命意志在生命最高类型的牺牲中为自身的不可穷尽而欢欣鼓舞——我称这为酒神精神……”②

酒神精神是生命伦理意志另类形式的表达，是身体压抑良久之应力的集中迸泻以及悟觉式的灵动。其可贵，除肯定生命、热爱生命外，还包括正视困难，用生命的爆发力冲击生活和疾病的痛苦，鼓励人以强力的意志击溃失败的屈辱和所遭遇的各种羁绊，包括死亡的悲剧。酒神精神可以化解冲突与纷争，让人类重新团结在一起，在信、望、爱的美好感召下，推进历史和生命力的增强。

因醉酒而获得艺术的自由状态，也是古老中国的艺术家解脱束缚以获得艺术创造力的重要途径。“志气旷达，以宇宙为狭”的魏晋名士、第一“醉鬼”刘伶在《酒德颂》中有言：“有大人先生，以天地为一朝，万期为须臾，日月有扃牖，八荒为庭衢。”“幕天席地，纵意所如。”“兀然而醉，豁然而醒，静听不闻雷霆之声，孰视不睹山岳之形。不觉寒暑之切肌，利欲之感情。俯观万物，扰扰焉如江汉之载浮萍。”这种“至人”境界就是中国酒神精神的典型体现。

酒不是“酒”，是人的自由意志与心灵之根。人的肉身由于置于乙醇的作用下，神经系统产生特殊的升华和亢奋的激越状态，达至一种无法言

① ［德］尼采：《悲剧的诞生》，周国平译，三联书店 1986 年版，第 6 页。

② 转引自周国平《尼采在世纪的转折点上》，上海人民出版社 1986 年版，第 74 页。原文引自《偶像的黄昏》“我感谢古人什么”一文，第 5 节。

说的创造性冲动，加之与心灵的复杂的文化暗示和体验，使人性呈现整体喷发与体系性欲望宣泄，由此，构筑了特殊的人类思想与精神哲学历史。

我们的酒神精神以道家哲学为源头。庄周主张物我合一，天人合一，齐一生死。庄周高唱绝对自由之歌，倡导“乘物而游”，“游乎四海之外”，“无何有之乡”。庄子宁愿做自由地在烂泥塘里摇头摆尾的乌龟，也不愿做受人束缚的昂首阔步的千里马。追求绝对自由、忘却生死利禄及荣辱，是中国酒神精神的精髓所在。

“李白斗酒诗百篇，长安市上酒家眠。天子呼来不上船，自称臣是酒中仙。”① “醉里从为客，诗成觉有神。”② “俯仰各有志，得酒诗自成。”③ “一杯未尽诗已成，涌诗向天天亦惊。”④ 南宋政治诗人张元年说：“雨后飞花知底数，醉来赢得自由身。”

不仅为诗如是，在绘画和中国文化特有的艺术书法中，酒神的精灵更是活泼万端。郑板桥写诗自嘲：“看月不妨人去尽，对月只恨酒来迟。笑他缣素求书辈，又要先生烂醉时。”“吴带当风”的画圣吴道子，作画前必酣饮大醉方可动笔，醉后为画，挥毫立就。“元四家”中的黄公望也是“酒不醉，不能画”。“书圣”王羲之醉时挥毫而作《兰亭序》，“遒媚劲健，绝代所无”，而至酒醒时“更书数十本，终不能及之”。李白写醉僧怀素：“吾师醉后依胡床，须臾扫尽数千张。飘飞骤雨惊飒飒，落花飞雪何茫茫。”怀素酒醉泼墨，方留其神鬼皆惊的《自叙帖》。草圣张旭“每大醉，呼叫狂走，乃下笔”，于是有其“挥毫落纸如云烟”的《古诗四帖》。

如此种种，均为中国的饮酒传统，我们终于难以真正获得酒的积极性，酒其实是生命的祭品；身体在，人活着，从酒中求得一种真实的感觉，使尘寰彼此长迷。酒驾、酒罪堪为社会的大害。大禹曾言：后世必有以酒亡其国者。不必罗列具体数据，曾经有一说，每一人的亲属和友人中，至少有一人死于因酒而造成的车祸。酗酒者无法判断自身行为是否有悖于道德标准，其所谓情感发泄，无法获得法律的辩护。从商周的禁酒“酒诰”始，我们这个民族一直与酒作斗争，但禁酒的正义被“惟有杜

① 杜甫：《饮中八仙歌》。

② 杜甫：《独酌成诗》。

③ 苏轼：《和陶渊明〈饮酒〉》。

④ 杨万里：《重九后二月登万花川谷月下传觞》。

康”所消解，曹操的禁酒行动被其一句“何以解忧”的文化消弭殆尽。人类的情感发泄和心理失控是难以根本平复的，人就是一个矛盾，生命始于纠结、缺失和最原始的罪过；酒可以暂时给与解脱和释放，那个生命的口岸需要宣泄和溢出。我们可以学习美国沃尔斯泰德法案的成功范例，不要像俄罗斯那样，每年有100万人死于酗酒，恶性案件90%都与酗酒相关联。那是非常恐怖的。

酒是人类寻求精神愉悦与合理麻醉的最后方式，它不属于犯罪，但它对于人性和社会秩序运行的威慑，或者偶或把人推向困境，对如此困扰如何予以道德化治理，应该是生命伦理的责任。

所以然，酒未见只是培育贝多芬和达利的文化创造，也可以用生命伦理审视那些因酒失范和违反社会规则的案例，对肉身来说，酒对于肉身的伤害是严重的；饮酒犯罪成为各种不安定因素之一，必须予以关注。

能否制定一种方案，使人类既可以在合道德的框架内，又能够满足那种诗性的欲望和并非出格的生命狂浪，抑或这只是一种冗求，是十分困难的。

二　吸烟与禁烟

在西方，使用烟草最早可推算至432年，墨西哥加帕斯州贝克伦神殿的一张半浮雕画里，一位叼着长烟管烟袋的马阳斯教徒，头部被烟叶裹饰。而大部分史学家把烟草的发现定在1492年哥伦布发现美洲，在委内瑞拉塔巴口登陆之际，这应该远迟于烟草的文明史。[①]

香烟文化有一种特定的历史，人类社会不可阙如香烟的熏馥，香烟作为心灵的对象，抚育了人类的成长，香烟如同善恶双面天使一样拯救并加害于人，没有香烟、美酒，就难以构造一个万全浪漫、玄想与黑白杂陈的世界。

我们生活在放纵与收敛、狂浪与节制、复杂与简约以及真理与谬误并存的矛盾难解的世界上，由此，方成就了道德与法律的价值。

有一个不能回避的统计数字，到2020年每年死于吸烟者将增至1000万人。

我们依然停留于“吸烟有害于健康”，公共场所禁止吸烟的原初的话

① 参阅郑天一、徐斌等《烟文化》，中国社会科学出版社1992年版，第10页。

语上。当然，我们必须说，吸烟是道德问题。吸烟的道德比法律更重要。生命伦理学应该过问吸烟行为控制一事。吸烟从本质上来说与吸毒没有差异，吸烟是一种轻型吸毒。我们出于经济利益与税率的考虑，一直没有勇气大幅度禁烟，这是一种伦理上的姑息；甚至还为烟草院士提供伤害社会的机会，这就有悖于道德了。

人这一事物或把人生作为一场事故的话，很具有吊诡意味，不然就没有伦理空间和道德意义了。我们不可剥夺事物存在的合理性，就此而言，吸烟是一种深厚、具有历史感的文化现象。

"文化"是人类在社会发展过程中所创造的物质财富和精神财富的总和，是人所附丽的一系列器物载体和象征。吸烟已经成为一种人类生存的符号；烟文化是以烟草为基础的一系列心理、生理行为构成功能性系统后产生的。嗜烟现象与尼古丁成瘾性感知觉是身体的一种共享性文化体验，是社会的微结构单体；吸烟现象和"烟文化"的形成离不开其他文化形态的相互渗透和补充，它具有相对独立性，但又融化在整个传统文化中。吸烟还反映出民族文化的特性。烟与宗教有着密不可分的关系。

作为美洲印第安人的特有植物，烟草扮演着极其重要的角色。古代印第安人的宗教仪式，就体现了他们对烟草的崇拜。由于烟草本身具有令人兴奋的麻醉作用，它成了联系人与神及圣灵之间不可替代的物品。烟草也随之成了对天体崇拜的神圣祭品。烟草在其起源时就蒙上了一层神秘的宗教面纱，在原始民族的宗教仪式中起着很大的作用。同样，烟草和烟俗在其传播过程中也受到了宗教的影响，不同程度地左右着人们的生活方式。

应该说，人类认识烟火中散发出的香气，远比吸烟草为早。早在伏羲时代就有燃烧薪柴散发树木的香气来祭祀天地、祈祷神灵的"燔柴祭"。中国古代的香料使用，大多依靠燃烧发烟的方式，屋子熏香，衣物熏香，人在香烟气中，早就开始吸入"香烟"，吸烟实非天外绝不可解之事，烟草的吸食极容易植入中国文化之中。我国以前把类似烟草能燃烧散出烟气的植物制成品叫做薰香或焚香，虽然我国的大量文物和文献记载均未提到吸烟。虽有"菸"、"蔫"甚至"烟草"之称，但非指今天吸食的烟草。

烟草中的烟碱和其他元素制造了一种虚无的环境和精神的朦胧，人们在幻境中实现筑梦的体验，在缭绕的幻影中了悟生命本真的律动，那种心身的休憩和松弛，给与他一种现实中不曾经历的愉悦、快慰和自由。而这种简单的仪式又有别于其他毒品，它并不伴随着那种犯罪感和灵魂救赎的心理，以最简单、便宜和朴实的生活形式，通达和完成最神圣的和谐。

东方人认为，烟草自有精神，那是燃香而生的真正的“香草之烟”，所有愿望，所有祈求，所有祷告、祈盼、祝佑都随着这一股细细的香烟飘忽在上苍神灵之前，玉帝成就了你的求祷，满足你所有的心愿。一瓣心香，燃而为烟，烟是人与神的信使，烟是神的专利品。这对于东方人来说，不可谓不是一种极强烈的暗示。云雾实实在在给与中国人一种飘飘欲仙的幻觉，属于一种言之不据的文化心理特征。由于烟草的奇异功用（最早恐怕是用来防蚊虫治病驱邪的），关于烟草的亚宗教生活仪式就此诞生又伴随着人类的生息，特别是作为一种精神的化合与平复，存在而发展着。中华民族古代的焚香与美洲印第安人的吸烟毕竟同源异流。清人王忻《青烟录》就将焚香与吸烟相提并论。在2000年前的西汉出土文物中发现竹制薰笼和一批药草香料，香料可作香水，可作香油，可作香精，可作调料，也可产生“香烟”，这“香烟”不但通过嗅觉成为身心共益的享受，亦可因香料的药用价值而起到开窍清神之用。

吸烟是人性的宣泄、回归、免除孤独、建立对象化语言关系的工具；吸烟平衡心理、制造和缓的氛围、激发思考与创造性思维。吸烟是一种沟通与伦理商谈的方式；如果能找到一种既可以抵抗烟草对于身体的危害又可以保留烟草的精神文化魅力和社会交流价值的办法，那就最好不过了，但恐怕这个理想永远不会实现。

吸烟的另一面更令人纠结和沉郁。尼古丁蚀骨摄髓，啃噬着身体并麻醉着精神。生命毁损在烟雾缭绕、缓和、平静的笑谈之中。中国是世界上烟草生产和消费量最大的国家，分别占全球总量的1/3，有超过3.15亿人吸烟，每年死于与吸烟相关疾病的人数达100万，超过了结核病、艾滋病、车祸和自杀等死亡人数的总和。在全国每年新发的180万例癌症中，有1/3与烟草制品相关，每年直接的医疗费用超过230亿元。吸烟，看似一种无足轻重的个人生活习惯，实际上却带来了吸烟者与周围世界伦理关系的变化。如何避免以伤害自身的健康间接地伤害他人和社会是每一个烟民都应当思考的问题。这里关系到个人权利与义务、个人利益与公共利益的冲突，而如何处理这种冲突是衡量公民个人的道德素质和社会文明进步的标尺。

是否可做如下的总结：

1. 吸烟是有危害的，包括对于个人的身体与密切接触者以及社会，明知这一损害而又故意使之扩延是不道德的。

2. 人在享受烟草激发的快感的同时，应该自觉地限制自己的放纵；并且格外尊重他人的感受与卫生的权利；吸烟者应尽可能控制自己吸烟的欲望，减少这种危害并作为一种社会伦理责任。

3. 应该加强对吸烟的法制管理，在公共场所、人群集中的场合、有可能危及他人健康的任何空间均应严格禁烟。

4. 严格禁止青少年吸烟。

5. 烟草栽种、运输、成品生产、销售以及降低危害的科学研究，必须获得国家法治的监管；烟草税收的6成以上，应用于呼吸道疾病，特别是肺部肿瘤的防治方面以及其他与吸烟危害后果相关的公共事业。

6. 严禁香烟广告，包括宣传品与文化影视产品，均应避免柔性和隐形广告。

7. 烟草对人的危害和吸烟的行为，属于人类社会最低限度的容忍范围，吸烟与饮酒、吸毒、赌博、色情产品和服务，也许会一直伴随着人类，但是任何人都应该在文化共享、理性、自由、宽容与法律、道德的制约或正负价值博弈中，积极支持法治的实施，生命伦理学则应该尽最大的努力，使这一系列"恶行"成为人类生命、社会与身心健康的敌人。

此时，想到塞万提斯所描述的"沉睡在一切鬼魂显形之中的表面上的中魔"。

> 面容愁苦的骑士任凭自己魔鬼附体，他失去了知性，不厌其烦向每一个人保证，说这世界和他本人都经历了一次魔法的施行……这城堡里发生的所有事情，都是魔鬼作怪的结果。①

如此，只有桑丘一人保持着清醒。

第七节　药械广告的伦理

即使是普通的世人，也了解这样的圣谕式的传说：

---

① ［法］勒维纳斯：《上帝·死亡和时间》，余中先译，三联书店1997年版，第202页。这是《唐·吉诃德》第46章中的一段文字。

> 蛇对女人说：“神岂是真说不许你们吃园中所有树上的果子吗?”……
>
> 蛇对女人说：“你们不一定死，因为神知道，你们吃的日子眼睛就明亮了，你们便如神能知道善恶。”①

一向洁身自好和自恃清高的卫生服务业和为人民尽忠的社会主义医药业终于耐不住寂寞、经不住那条蛇的诱惑，加入这种挑逗和逢迎的促销大潮中。

诸神隐去，意义也随之隐身；功利的涌潮如奔泻的海潮，这撒旦的诱惑重又袭来，对于在安静而单纯和意义明朗的关系中生活的大众来说，突然呈现的实利和物欲的骚扰更加使其坐卧难宁。我们的社会与渐趋成熟的西方后现代社会的经济文化形态不同，他们的资本主体的境遇是渐进式形成的，没有发生根本意义上的社会范型转换，而我们几乎在不到10年时间内，突如其来的剧烈变革和文化震荡引爆了一场毫无思想和情感准备的深刻的经济改造运动；在西方经济文化形式纷至沓来的黎明和傍晚，我们这个神州大地上的民族于近现代从来没有遭遇过如此高节奏的躁动和激越。于是，为了征服迷醉于形象丰富之中的公众，在掩蔽乌托邦意识的同时，医药作为最具吸引力的消费品及其光怪陆离的广告也毫无羞涩地混迹于大众媒体之中，美德便出现了另一种形式的危机。

> 世界为了获得拯救所缺少的东西，总是很少。②

对于病人而言，更应该说的是，相对紧缺的药品器械更应该极大地发挥其自身的价值，用技术事实维护“必然的生命秩序”。但我们或者深陷入市场的人，却割裂了道德情感、伦理文化观念与技术事实的关联，因为这期间楔入一枚药械商品的钢板，把医学和病人无情地分开了。

李嘉图时代的经济学曾经宣扬，商品经济起源于交换生活必需品的

---

① 《创世记》3：1，4—5。

② ［法］P. 科斯洛夫斯基：《资本主义的伦理学》，王彤译，中国社会科学出版社1996年版，扉页。文字出自C. 施特恩海姆《资产阶级的英雄生活》，1913年版。

"必需"，为真正的富裕和匮乏作了相互嵌入，填平补足式的自发合作的经济似乎已经过时，发达的商品经济造成了极大的选择可能，公众的消费态度已经转向对产品差异的关注，不再是"我需要"，而是"我要更好的"或者"我要最好的"；差异观念来源于比较心理，又根植于消费的奢侈化。问题是他们用对金钱财富的拥有度来决定自己的欲望。金钱使人们在无形中被分成各种等级，这就激活了本来隐身的不公正幽魂。

经济学必须对经济现象作历史、文化及伦理的解释和分析，因为人们对于医药需求的秩序不应该仅仅受价格—批量生产关系的制约，而应该是由生活方式和健康文明水平决定的。这是L. 封·密斯的一个观点。我们实际上在发展药品经济或者与医学相关的商品经济过程中，忽视了经济的生产关系与交换关系必须接受伦理文化的影响。实际上，我们不能仅仅把引导或制约经济的自然技术原因所构成的"下层建筑"作为国民经济的基础，不应把另外的诸多因素统统作为易变的中间建筑，决定国民经济大厦的一个很重要的原因是包括伦理学在内的"上层建筑"，于此，施默勒的理论未见精准，尽管他批评"他们同样也否认伦理习俗与权利的自然本性，否认道德情感与文化观念的权力，否认这些支配着国民经济的要素"①。

西方的主要医药公司被偌大的中国市场所驱迫，无法摆脱其巨大的诱惑力，它们凭借其高水平的研发能力和源源不断的新产品，利用娴熟的广告艺术和推销技术挤兑国产的药商与企业，它们的趣味性的医药承诺和纷呈的传媒创意，烘托出一个个医药奇迹的幻境，用艺术的语言实现商业化的目的。它们按捺不住本来屈尊与洁身自好的品行，开始使用贿赂和欺诈的手段，满足其营利的用心。而产品效能的研发则受到了不同程度的压抑，它们把道德置于脑后，由功能竞争变为形象广告的竞争；国内的药企面对如此的产品广告大战，当然不甘退缩，为了扩大市场也对产品的外观进行可能的包装，对中间人进行各种形式的拉拢，对医生特别是医院的药剂科人员进行无所不用其极的收买和腐蚀；同时，为对病人和消费者形成吸引力，培育他们对某一形象的强烈偏爱和依赖，他们不惜撕破脸面、丢弃禁止医药广告的传统伦理原则，突破道德禁区，拉掉遮羞布，挤进市场竞争的潮流之中，并打造形成一种医药广告的独特文化，成为一道医药经

---

① ［德］彼得·科斯洛夫斯基：《经济秩序理论和伦理学》，中国社会科学出版社1997年版，第149页。这是科斯洛夫斯基的一篇论文《文化与伦理之间的经济建构》中的观点。

济新景观。它们利用网络，动用诸多的文艺体育明星，甚至动员有一定影响力的科学家进入这个五色杂陈的喧闹的医药广告卖场。

“广告”即广泛地告知，原意是一种传达信息的形式，目的是向公众说明产品的效能和服务的性质以及需要消费者知晓的有关注意事宜。特别是医药广告，不应出现情绪性的描述和修饰性用语。美国1984年修订的《美国医师医学会伦理守则》（American College of Ethics Manual）关于“合乎医学道德的广告”规范中，将医疗服务明确限制在下列范围内：专业类型；学历、会员资格、职业会员资格；业务部门证明；接纳病人的医院；办公时间及业务服务范围；预约服务；办事地点、电话号码与便利条件（如附近的公共交通情况，停车是否便利，有无停机坪、电梯、轮椅等）；服务的内容（如X线检查、其他诊断检查、节约手段介绍）；特种服务价差的费用额度；接受医疗补助和照顾患者；使用信用卡；使用语言等。[①]

医学市场的形成和推助使本来清纯的科学技术产品或科学家医生在治病救人的同时，兼职于加添助长富人享受身体健康的贪婪欲望，促成了医药广告的蔓延和无障碍地疯狂。安静的医学原本格外守规矩地为病人服务，但是这被经济发展、文化散漫的扩张以及人的贪欲所突破；任何一种聚财的节点都可能会吸引商人和资本的关注；为富人服务的医疗可以几倍于公共的卫生事业，显然就会聚合市场的应力。凡是财富开始增长而且人性要求与取向能自由表达的地方，我们都会发现奢侈现象很突出；这本来是维尔纳·桑巴特对人类感官快乐与奢侈问题关系的议论，也可以延伸为对于市场规律的看法；“奢侈是任何超出必要开支的花费”[②]，但是，医药的最重要功能是基本的医疗保障，而不是追求贵族式的或者享受性的过分服务、养身和奢华型的快感消费。当代医药广告业已经越过这个界限，为少数人的健康产品数量和质量方面的奢侈或挥霍注入“无益的虚荣”，恰是这些医药产品广告掩盖了分配的不公正和基本医疗存在的巨大真空，精制品的宣传掩饰了必需药品的短缺，富人奢侈享受遮蔽了大众的普通底线，医疗作为国民卫生经济基础的薄弱，当然是沉重的伦理学问题。

---

① “Ameirican College of Physicians Ethics Manual,” *Annals of Internal Medicine*, July 1984, Vol. 101, No 1, p. 135.

② ［德］维尔纳·桑巴特：《奢侈与资本主义》，王燕平等译，上海人民出版社2000年版，第79页。

唐人柳河东回应屈原《天问》之《天对》云：

> 天集厥命，惟德受之。胤怠以弃，天又佑之。①

医学如果不为普通百姓的身体安平而为之，何以被称为有德之学？何以配得天赋之权力？如此而行，医学如何会获得普天下的佑助？医学的进步与成功不是靠商业性的引导，而是靠人道主义、科学真理和技术应用的道义；市场可以在道德的控制之下激发医学内在的潜能，但必须深含信任和博爱，任何技术都不是依靠金钱的诱导与不适的欺哄。广告的形成应予避免不受约制的夸大，即使必须为病人提供优质治疗做有效舆情准备，也必须恪守实事求是的原则。广告也涉及理论观照，但往往缺乏科学性释读，诱导性艺术语言与视觉冲击只能指明观念的某种身份，但大多是片面扩大事实，而病人恰好是基于对于事实的尊奉才献出心理服从的。艺术对于事实的形象化、戏剧化延伸了遥远的目光，暗藏了广告诡计和杀机，有意伤害无辜的信众，媒体在其中充当着推销商的角色，越精明干练，越远离伦理规约，罪孽就越深重。

医院的药械人员应该有意识地拒绝参与纯粹的与推销相关的商业活动，并为病人的权益着想，抵制明暗双向贿赂。如果要尊重企业使用“广告”这种形式的权利，为提醒和指导病人注意医药的信息动向，只有重新订立医药、器械、医疗服务的广告伦理法则，以谨慎地约制这项很容易滑入相反方向的业务，它必须合乎社会公义：它不应含有任何不真实的对疗效的炫耀或不切实际的渲染，哪怕是过度解释或暗示本不存在的治疗作用都不被允许；禁止任意不适当地扩大适应征范围；禁止不恰当地举例或把个别案例典型化；不允许加入与事实无关的刺激、引诱和挑逗性的画面语言、道具和包装；应禁止医生和科学家参与广告业务；有条件地限制与严格规范名人、明星代言人或广告人的行为；禁止艺术加工科学信息；将医药广告逐步过渡到“医药信息”；制定医药广告周时量，不得超过广告周时总量的1/10；广告费用由物价局统一管理，仅仅在基本成本费的基础上进行有限加成，代言人和广告行为人所收取的劳务费用必须按较高比例缴纳“卫生公益附加税”。新闻媒体应把药械信息广而告之的业务视

---

① 上海师范大学中文系：《柳宗元诗文选注》，上海人民出版社1974年版，第48页。

为一种社会责任，而不是企业的收益，所有人和集团都应把传播有益的医药信息作为自己的人道使命。

药械广告国际通用的基本要求是：内容必须真实、合法，不得含有虚假成分的语言；药械广告不得含有违反科学或伪科学的表达功效的断言和承诺式保证；不得含有“最新技术”、“最高科学成果”、“包治百病”等绝对化、庸俗化的“练摊”式的表述；不得利用国家机关、医药器械科学研究单位、学术机构、学术组织或专家、学者、医师、患者的名义和形象作现身证明，以患者身份出现的名人广告应被视为违法；不得同为广告诉求对象；禁止含有直接显示疾病症状、病理和医疗诊断的画面与截屏；不得引发受众误解似患某种疾病或不使用该药、该器械仪器则会加重病情；不得直接或间接怂恿任意、过量使用药品。同时应禁止“免费医疗”、“无效退款”、组织义诊、有奖销售、开设特约门诊、免费惠赠等内容；不得干预家庭正常生活，声称或暗示应付困难，解决纠纷，紧张压力缓解，宜于升学、考试、就业等。药品宣传不得出现贬低其他药品、与他药临床疗效、安全性、使用前后的对照。

麻醉、精神、毒性、放射性药品以及治疗肿瘤、艾滋病、性功能、计划生育类、防疫类药品或制品，一律禁止媒体推介和作任何广告性质的商业化宣传。①

药品市场已经开始习惯于对世界品牌公司的依赖，昂贵的药价主要来自于进口药品效应性高，高价位药品恰恰呼应了病人对于此类药品疗效的高信任度，甚至中间商不遗余力地人为加价，更助推了这类药物的价格。医生和病人对于默克、辉瑞、赛诺菲、费森尤斯等名牌公司难以改变的推崇，助长了它们的市场狂傲征。当然，它们也确实集结了一批优秀的业内精英和研发能手，高超的技术手段，严格并先进的管理体制，以及不惜重金投入，不断推出新品，一代胜过一代；此外，就是它们形式各异、千变万化的营销手段和策略，让国内的医学界目瞪口呆。很多公司常年高酬金聘请医学界著名大家在全国巡回为某新药的推广进行学术助势，金钱与物质性的酬劳退居于幕后，名家堂皇的学术游说当然以学术会议或学术“运动”的名头，或者依附于高端的学术活动之中，或者以资助研究项目的名义，对已上市的药物再次冠名疗效研究，其实为推销策略之一。

---

① 请参阅田侃主编《中国药事法》，东南大学出版社2004年版，第240页。

问题在于，这类药物大多具有十分明显的疗效和优越性，专家们也大多怀着真诚的学术良心把新药介绍给同行，这种主流行为已掩盖了为利益所动的利益玄机。这种“学术广告”远比商业广告高明和真实。它有力地推动了药物与医疗器械诊治技术的进步，也鼓励了药械这一医学工具和手段的创新，这类活动虽然暗隐着金钱撒旦的诱惑，但其主要效应是回报了社会与病人。

药品目录虽然可强化医生“忧患”意识和卫生经济伦理观念，但有时会抑制医生的智慧和药学与药物治疗学的进展。药品目录和医改的药品定价不能剥夺临床医生的权力，很多高价药品能站稳脚跟是以其治疗效果和质量取胜的。

医药代表和药业推销人员已经愈见成熟和老道，悄然成为卫生业内的一代精英，这是一个不可忽视的职业群体，他们中许多人已经具有医药学或卫生管理、市场营销等较高学位，熟谙医药市场的明暗双向规则和游戏节律，知人善交，操一口流利的专业双语和江湖行话，思维清晰，能言善辩，反应快捷，办事机敏，穿梭于医生、公司、学术组织和医疗机构的相关负责人之间，游刃有余；很快就能够与公关对象经过学术、休闲、家访等活动实现情感与利益的磨合并结为一体，分也难分，拆也难散。他们是除“讲座专家”之外的另一类广告隐形人。他们的目的十分明确，就是推销本公司的药品或器械，这是药械进入市场后的必然结果。这一职业的出现和生成不仅有其深刻的卫生经济文化意义，而且必须承认和尊重他们对当代卫生事业和医疗事业的贡献及其特有的功能。他们作为原本的专业性个人人生设计完全可以成为优秀的医生、管理者、官员或成功的学者，但他们选择了另一种无名薄利的工作方式，奉献了自己的青春；他们也是为把新的药品快速传递给医生，用于临床，尽快实现药品自身救死扶伤的道德价值，实际上他们在紧张与压力中为了这个事业、间接地为了病人的所需付出了辛勤的劳动。我们的理论界对此有过边际性争论和平面化微词，权力机构也曾经予以治理和限制，但由于缺乏确定的理性依据，只好作罢。

我们设想过医疗管理模式应该是医院与医生、医生与药品的“两个分离”，改变医院、医生和药品的三位一体制，但是很难实现这样的改革。20 世纪 70 年代的数据显示，美国药品收入占医药收入的 30%，澳大利亚仅占 7%，直到 90 年代，我们还高达 60% 以上。美国药品批零差价为7%，我们是其两倍以上，约在15%—16%。因卫生投入极其有限，医疗单位不得不形成以药养医的普遍模式，很多医院如果离开“卖药”这一经济运作方式，几乎无法生存，这是把公益医院推向市场的必然结果，其责任显然不在医院的管理者。医院的责任人只有把才智集中于对药物效益的开发上，用这部分收益填补卫生服务低价的缺口，才能使医疗单位医药换位。尽管如此，医生与护士的价值也难以体现，医药费用便只能一涨再涨，药商成为其中的一只黑手，病人尽管不愿接受这个现实，医院尽管为如此沦落感到无限内疚，然而迫于无奈，只能忍受社会的谴责和辱骂。检查费、材料费、附加费等也紧随其后，支架、钢板、瓣膜等甚至昂贵得离谱，同行竞相哄抬，一时间医疗单位收费失控，满口仁义道德的白衣人却以经济重压施于病人，爱德形象扫地，仁术变成钱数，道德式微，公众怨声载道。

医药分业其实是一项具体的、有效的卫生经济伦理措施，其中有一个很好的关键环节是医生与医院的关系转换为真正的聘用关系。国家统一考核医生并颁发执业证明，医生参加具有一定法律权力的行业协会或其他的同业组织，医院向这些组织发出聘用申请，由其推荐符合条件的医生，医生必须对同业组织负责，并接受医院、同业组织、卫生行政部门、保险公司的监督，医生享有较高的薪金，这是由医生特殊的劳动价值和风险决定的，而且医生必须付出相当比例的薪酬购买医疗责任保险。

医疗消费者在获得医疗服务时，其消费内容比较复杂，大致可划分为两类：医务人员提供的技术劳务与服务；医院以其自有资金垫资而提供的实物产品（药品、器械与其他必备的医疗辅助用品）和相关的商业性用品、餐宿、交通等服务产品。第一类属于“医疗收费”；第二类属于市场化价格体系范畴，可以规约形式有限地放开，参与竞争；但它对于病人的服务具有特殊性，应予适当减免或优惠，相关部门或慈善机构可以给与亏损额部分以补贴。如果将两者混同，就是不道德的。将第二类掺入第一类中收费，就会用市场因素“污染”洁净的人道医学，不仅会加高医疗费用，而且会造成医疗服务产品涨价的假象，严重伤害病人的利益；如果第一类服务完全按市场规律参与竞争，医疗服务则改变了它自身的公益性质，受市场规律摆布，“看不见的手”就有可能干扰对于患者权利的维护，最终使医学成为资本主体“谋财”的工具，从而逐渐失去人性。医疗价格与卫生服务价值问题是卫生经济伦理问题，颇为复杂，其改革的依据应以部门平均成本作为参照，流通费用以中间值作为标准，所制定的价格中的盈利部分应尽可能加以控制，原则上应低于同时期基本生活产品的盈利比率。应注意医疗服务产品的特殊道德属性和非商品性，要维护患者的利益，如果计划经济模式下的公平方式是合理的，就应该予以保留，使“库恩损失”尽量减少。①

医药广告是一个幽灵，必须对之进行伦理干预，在任何时候都不能以牺牲道德换取新的卫生服务模式。我们的选择在很大程度上取决于我们是否把经济舞台基本上看作一种特别的相互竞争与合作的场所，取决于我们究竟是考虑全体人民的利益，还是仅仅为了满足一部分人的需要，经济正义的标准将反映我们如何构想和谋划卫生经济生活领域中公平的操作程式，从而实现基本医疗选择的自由。公民选择医疗的自主权利乃是卫生经济伦理的终极追求，也就是自由比平等更伟大。

论及此，我记起了启蒙运动时期的宗教，它以这样的信条作为生活的基本信念；（1）人并不是天生就腐化了的；（2）人生的目的就是生活本身，是在大地上的美好生活而不是死后的赐福生活；（3）人唯有受到理性和经验光明的指引，才能够完善大地上的美好生活；（4）大地上美好生活的首要条件就是从愚昧和迷信的枷锁之下解放人们的心灵，从既定的社会权威的专横压迫之下解放他们的人身。因此，休谟说，“人性的永恒而普遍的种种原则”，就必定会协调一致；我们遵循理性与常识，慷慨而宽容，成为自觉的有德行的公民，在获得基本权利的同时，担负义务，服从一个公正的制度和对于公众所设定的必要的束缚。②

---

① 请参阅孙慕义《后现代卫生经济伦理学》，人民出版社1999年版，第363—364页。医疗服务价值是医务人员凝结和倾注心智在服务产品中的社会必要劳动时间和技术付出过程；从医疗服务产品交换来理解，医务服务须经过一定的流通环节，才能进入所谓的“消费”，并实现其价值，或者称为生命政治的目标；尽管它可能并没有创造新的使用价值，但康复了的病人成为健康人或许能够替代这样的功能，其中耗费了精力和才智，这就必须追加价值，因为生命是最宝贵的。

② 可参阅［美］卡尔·贝克尔《18世纪哲学家的天城》，何兆武译，北京大学出版社2013年版，第80—81页。

第十四章　卫生经济伦理学与人类的维生困境：美丽的生命

第一节　卫生经济伦理学也是一门精神哲学

卫生经济伦理学是一个突破，在某种意义上，是一个创作或是一个崭新的道德哲学或者经济哲学制品；人文学和人道的事业支持它的生长。在此之前还没有任何精神生产者以此命名并关注这个具有挑战性的学科与领域。

人类最初与自然作斗争，是为求生，贵生、厚生、优生都是对卫生的延扩与发展。人类正值中年，但已经过早地堕入对自身存在的困惑中，这是一种危机，设定很多类似“2012”这样的末世论或末日文化，开始为这个人的“不惑”而思考，人类的经历和知识的穿透力提前给予我们惑与不惑。

卫生是一种被迫的强制，是一种生命的根本功能，当卫生只能降低或弱化为“维生”时，“避险”、“求生”、“偷生”等就说明，我们的社会已经出了问题。由于经济因素而被迫维持生命甚至放弃生命是我们眼下悲剧中的悲剧。政府与决策人，如果失去“国家的固定不变的医学—经济良心”①，那就是一种最大的犯罪，实际上，如果医疗体制没有发生根本的道义的良性改变，这种隐性的罪过就还会高频率地持续下去。

在讨论和研究重建中国医疗秩序这个至关重要的大话题时，我们用哲学、伦理学和法学的视角试图解读这个与每一个中国老百姓密切相关的问

---

① 这是米歇尔·福柯《临床医学的诞生》中的一个概念。原书指中央机构如何管理公共基金，福柯指出应分配给被救助者所必需的和充分的款项，应向照顾病人的贫穷家庭提供特殊资助。请参阅［法］米歇尔·福柯《临床医学的诞生》，刘北成译，译林出版社 2001 年版，第 44 页。

题。医疗与卫生保健是人的生命权利的具体表达与实现，是衡量国家政体是否为公民利益而奋斗的试金石。一个国家不管你如何称呼，用什么旗号，如果你不能够在生命保全的问题上努力和使人民放心，你的性质就值得怀疑。“只为少数人享受的医疗保健是有问题的卫生和医学，只获得金牌的体育，是有病的体育运动。”

秩序是实现美好目标的保证，像生命体自组织系统一样，一个社会最重要的是它运行过程中的良好秩序和节律。第一，秩序是“一种事物的状态，在这种状态中，各种各样的要素之间的关系极为紧密，以至于我们可以根据对整体中某个特殊部分要素的认识，去形成对其余部分的正确预期，或者至少是有机会被证明为正确的预期”[①]。第二，按哈耶克的观点，社会秩序应该是指社会活动展现于“个人能够执行一项一以贯之的行动计划”，这项行动计划之所以能够执行的原因在于，在执行计划的每一阶段，都能够预期其他社会成员作出有效的工作与贡献，即个人的行动是由成功的预见所指导的，这就意味着，每一个成员必须有效地使用他们的知识和技能，还必须实行共同有效的合作和互助。第三，因为卫生医疗秩序是一项公益事业的秩序，必须尊重全体民众健康利益的需要和现实，除此之外，还要考虑一个国家的经济条件，制定官员和关系链中所有人包括受益者在内共同遵循的原则或法规。第四，如果在形成这一秩序的过程中，尊重了自生自发的部分“市场”成分的作用或客观存在，就必须用人为的手段或法律的形式制约背离基本道德原则的人与事物，这就需要有效的、适合于具体情境的机制与有责任感和高素质的执行人忠于职守，努力完成对这个规则的监督、教化以及必要的调试。第五，对于医疗保健权利来说，整个社会的幸福取决于普遍的、达到最基本限度的要求，如果没有实现这个基本目标，就必须舍弃很多装饰门面的巨大项目的开支，甚至应当用国家的法律裁决那些用纳税人的钱为个人所谓政绩挥霍与致力于浮华建设或奢侈消费的官员。第六，医疗保健的公正是当代中国社会实现健全秩序的前提，富人医学的产生是国家的一种罪恶，已经成为全社会的一种灾害，它其实对很多收入较低的阶层产生了不同程度的伤害，并加深了中

---

① 请参阅邓正来《自由与秩序——哈耶克社会理论的研究》，江西教育出版社 1998 年版，第 22 页。哈耶克认为，“秩序”也可以用“系统”（system）这一术语来代替。但我认为，哈耶克这一替代的目的是出于强调社会秩序的自发自生和文化规则的制约，对于卫生医疗秩序来说，并不够准确。

国社会深层秩序的危机，刺激了处于应激状态的生命保全的心理愤怒，药械价格虚高和医疗单位唯利是图的根本原因，是决策人和国家没有认识到医疗公正、免费预防、卫生腐败的严重性，因而放弃权力或以卫生垄断为某些利益集团谋取利益。秩序不能为垄断事业对社会横征暴敛提供条件，大医疗机构不能将对声誉和病者信任的垄断作为聚财的资本。第七，重医疗，轻预防是严肃的卫生政治问题，不仅说明卫生行政的水平或觉悟低，而且应将其理解为决策人的渎职行为和罪恶，医院无限制扩大，同城恶性竞争，卫生资源分配的失调以及医疗商业性贿赂等，其主要责任在国家和卫生管理部门。第八，政府与管理者负有设计这个秩序和附属于该秩序的制度、法规、原则以及监管运行机制的责任，这个责任必须保证具有一般性和公正性，在“法制下的卫生自由”前提下，必须保证健康社会的秩序和对部门、政府、医疗与社会保障机构人员权力的合法使用，同时监督和控制这些权力被滥用。第九，鼓励市场经济规范下的道德竞争和利益竞争，但必须禁止和杜绝不公平的医疗竞争，一方面要控制由于金钱或其他关系化原因而引起的医疗效益获得的不平等，另一方面要限制医务人员利益追逐欲望的膨胀，竞争必须共同遵守普遍接受的游戏规则，以保证社会群体为所有人的健康利益而遵循共同的道德法则。第十，卫生秩序不应该是自发的社会秩序或社会经济秩序，应该是在文化进化过程中发展的行动结构，必须是用哲学的认知、心理学的承诺以及道德、法律以及其他规则系统加以审慎思考和研究的观念结构，经验与知识只是部分地作为一种文化积累，我们必须以政治的警觉和责任主动建立或设计一个当代中国老百姓喜欢的模式，并事实上满足绝大多数人的健康需求和防病治病的利益选择。

我们前期卫生改革的失败是必然的，因为很多行为人没有基本的伦理学、哲学以及医学人文学素养和知识准备，他们以自认为合理的非常狭隘的卫生经济学体验来处理中国复杂的、在传统道德文化基础上并掺杂新中国成立17年来平均主义的卫生利益分配的心理体验的卫生改革，当然要失败，而且还会经历无数次失败。医患关系紧张、医患纠纷急剧增加的后果，以及镂空人际社会和谐的中心根基和构架的公民健康危机感的出现，已经到了必须得到国家最高统治集团重视和全民关注的阶段。卫生决策与管理、控制的权力，如果随意化或自由放任，就会被滥用，如果全部或大部分作为商品经济模式运行，就会产生巨大的危险；公正的原则如果受到排弃，国家的政治权威就会受到威胁；鼓励自由的生气勃勃的行动力量的动机，对于卫生事业来说，不是用市场这一工具形式，而应通过道义精神，包括物质刺激的有限激励形式来实现，也不是给予各自独立组织或组织集团以自由。

秩序既是哲学研究的对象，又具有美学的品质；秩序是理性宇宙论的主题，它主要解决齐一与和谐的蕴涵问题，它来自于某物与他物的觉悟和联系。① 有价值的和好的秩序必须由道德和法律来保证，人们要养成一种遵守秩序的良好习俗和自觉性，除需要学习和接受教育之外，这个秩序也必须是具有威信的，构成秩序的法则、人员、组织、制度、机制等都应该获得社会与公众的无比信任。国家与政府机构，主要是卫生行政部门必须制定与执行公正的政策，保证较充足的卫生投入与尽可能集结境内外所有社会组织、集团以及个人资金；分配必须公正，以最少的花费保证所有老百姓最基本的保健医疗需求；建立和谐的医患关系；养成医务人员的可亲感；不断调整防治制度与程序；不断提高医疗服务质量；消弭卫生保健的真空；建设有机的防治体系和监督系统；保证必要的法制与有效功能的发挥；严惩卫生与医疗腐败；严格抑止不道德和违法药械经济中的犯罪活动等，这些都是我们逐渐进化生成的卫生医疗的秩序目标。为此，规则系统和生成进化的进程常常是我们理性所不及的过程，尽管我们对之怀有强烈的渴望和追求；我们设定的这个卫生医疗秩序，作为社会秩序的重要部分应该具有两个要点：维护这一秩序的人们在互动和应对特定情景和突发事件时，必须严格遵循业已形成的规则系统，不能随意颠覆这个系统的价值或更动它的细部操作规程，不管什么人，都不应该破坏它的权威性和执行行为的一致性，否则，系统的链条一经断裂或松动，秩序就会失去其基本结构的稳定性，社会就将丧失和谐；规则系统的建立和生成，不全部是人为设计的，它是文化进化过程中无数环节和因素逻辑构造而成的，理性、知识、传统、经济投入、美学规划、道德法律与政治、卫生管理决策、社会心理、医学科技、生活方式、文化流行以及自然生态、教育等都会影响或干预它的生成与运行。

---

①［比］布洛克曼：《结构主义》，李幼蒸译，中国人民大学出版社 2003 年版，第 113 页。这是根据三种古典的有关结构与秩序关系的论断改写的，即理性宇宙论、康德先验逻辑和黑格尔的某物与他物，参考《纯粹理性批判》与《小逻辑》等。

医学关系是所有关系中最丰富的关系之一，也是医疗秩序支持体系核心构架的支柱。它的复杂性与富于情感是任何文化生活样态都无法比拟的，因此必须建立一个“绝对的”善，独立于人类体系所产生的想象。我们曾不停地追寻这种伦理判断的一致性，并反向地给予多极的医学生活以指导，为规约医疗改革行为和生命科学行为，我们必须注入各种相异的个人、团体、民族、国家相互认同的善的标准，消除医疗改革行为和技术发展所带来的对立、矛盾和冲突，在理解、平等对话、相互尊重的基础上，尽可能达到和谐。“道德能力主体应当是观念，观念是解决一切难题的万能钥匙”①，观念是伦理认识的中心。观念常常源于信仰与文化传习，源于生活过程和教育背景，源于社会影响和历史事件，种种因素注入文化主体，形成了主体意识，支撑着伦理认识与评价依据。而观念差距的永恒性，只有用宽容去维护，否则就不会有自由，就不会有公平。这是一个多元的时代和多极的世界，自由与境遇的多样化使人们每时每刻都面临着不同的选择，人类无法抹去经济发展过程中的贫富差别和高新医学技术时代选择过程的个性痕迹，相互忍让、谦恭、尊重、诚信、爱将由宽容来表述，因为人经常会陷入个性偏好之中。在异端、个性、差异、分歧面前只有用宽容来发展科学，稳定社会，维系秩序。

把构建新卫生和医疗秩序的事业当作对文化在其政治范畴内产生的一个神圣的挑战，是伦理学的一次深刻的自省。人类生存的方式在新鲜的文化变革面前已转换成一种不安和祈盼。伦理学必须给予这种危机或威胁一个成功的回答。但如果伦理学拒绝根据这种危机被改革和发生应变，那么，接着发生的就是人的精神的危机。

中国的医疗改革重新引发了人对自我认识的障碍，重新引发人的本性、欲望和解决人的利益问题的冲突；关于人和人性的探索从来都充满着迷惑和争论，人学方法论危机也成为这个新世纪到来之后有关人的文化的世界性危机。西方文化的真正危机一直被认为是用科学和科学主义挤压人文主义，从而忽视了人的问题；人类为了有限的利益，为争取陌生感和刺激强度而拼命攻克科学难关和谋求经济利益，最后终于停留在卫生无序的困惑中，只有改革才可以超越，只有超越才可以解释终极意义的问题，人的生存依赖于这种信仰的超越。

---

① ［法］利奥塔：《后现代道德》，车槿山译，学林出版社 2000 年版，第 67 页。

当我们感受到这种改革成果和人类社会的空前冲突与新的人类文化危机时，企图使用各种业已存在的观念和伦理原则去平衡或度量，期望得出一种满意或基本满意的结论，以证实我们的行为依然在经典的道德允许范围内，或者离“经”但不叛道。但我们很快便失望了，因为穷尽我们的探究，也无法找到一种方法或伦理工具能为我们解除这些疑惑；我们在做什么？我们应该继续还是立即停止？这是否符合道义？我们将卫生经济实践引入市场的试验是灾难还是福音？危机的提示，说明我们又一次进入未曾经历的境遇，我们已穷极关于人的伦理学和哲学，“似乎没有这样的规则是有效的”①。我们终于明白，这个危机来源于经典或传统伦理的危机，我们一直追求和依赖的伦理学理性资源已无法用语言表述对现有问题的说明，已无力解决“秩序”所带来的震撼和难题。显然，我们一方面在承继传统的同时必须承认这种枯竭的现实，另一方面必须摆脱旧的束缚，创造一个新的生命伦理学学说，以平定或征服这种空前宏大的挑战。

自由是人对允许限内这样或那样行为的选择；人的自由结构是人在连续的生物学的、心理的、社会的及其理性和感性双重决定上行为选择的秩序。秩序是为自由而预设的，卫生医疗秩序正是为了人的健康权利的最后自由。“行为是把感性和理性世界结合起来的媒介，而在康德式实践理性自我立法的道德法则之中充分包含意志自身的根据，但为了实现意志，就必须对意志对象作出规定。”② 现在我们无法凭空判定以往医疗改革行为的善恶，也就是说，可以把这项工作看作是中性的，必须参照其行为后果的形成方式，其理性方可进入悟性范畴，实践理性才可以行为方式提供评判，并且同时参照目的与结果，如此一来，改革者以纯粹意志的自发性为基础的理性范畴，就可成为实践理性因果性的自由范畴。欲求有各种各样的对象，人通过自由范围，决定对这些对象进行选择，从而欲求则被提升到理性意志的高度。偏爱必须有理性的指引，自由才是清醒的。“自由是自然世界的赠品”，但自由总有限制，如果自由无限，就不会有自由。自由是理性世界的秩序，正像从“量”的表达式准则发展到法则的表述那样，一切行为终归要进化为接受道德法则的制约。情状的范畴就是指导一

---

① ［英］莱斯泽克·柯拉柯夫斯基：《形而上学的恐怖》，唐少杰等译，三联书店 1999 年版，第 87 页。

② 请参阅孙慕义《后现代卫生经济伦理学》，人民出版社 1999 年版，第 198 页。

般实践原理向道德原理过渡的范畴。每个人，包括所有官员与科学家，都必须听从良心的召唤去选择自由，我们在根本意义上“是自由的”，但不是“有自由”；“是自由的”是评价“自由的”情状，“有自由”是自我感受；如果听从良心反省自身，在道德反省中生存，将获得行为选择的最后自由。存在主义并非鼓吹无拘束无制御地建立在诸价值合理性之上的绝对自由，萨特不否认存在自由的责任。萨特同海德格尔一样，经过康德向黑格尔复归，因为黑格尔认为历史是自由增多的过程。完全的自由意味着只要想做就能做到，但这种不遭遇任何挫折又容易做到的事是极其有限的，对有些人有些事来说，几乎是不存在的。范伯格一再申明“实际发生”和“意向中的”两种自由的差异，即意向性自由只有在作为欲望满足手段时才是有价值的，自由和欲望满足是两回事。自由必须合理地排除某种障碍或约束，这种障碍和约束只有不合乎法律或代理规约的，才是非要清除不可的。传统和整体的约制当然不一定就是合理的，因为伦理也必须发生变化。禁止规则的“内在权威”，除内在良心认同外，还须经过反复的分析和辩护，最后解决新生事物与传统伦理约制的冲突。

第二节　行动策略

一　权利与公义

为了改善一个国家人民的健康状况，维护人民的健康权利，每个国家都要制定卫生政策。卫生政策是一个国家对卫生资源的社会使用进行合理的控制和最优化的配置，从而使有限的卫生资源发挥最大的功用，真正实现维护人类健康利益目标的一项战略政策。“发展战略”是指人们在一系列约制下，为达到某一理想和愿望而对决策系统未来目标和方向所作的选择。世界卫生组织将国家卫生政策和卫生发展战略以及二者之间的关系定义为：国家卫生政策体现的是改善卫生状况的目标，目标的重点以及实现重点目标的主要行动路线；国家卫生发展战略应以国家卫生政策为基础，并应表达社会一切有关部门介入实施某项卫生政策所必需的主要行动纲领。

现代卫生政策和发展战略的主要特征是具体的、可测度的。世界卫生组织制定的“2000 年人人健康”全球战略目标，倡导发展初级卫生保健体制是实现战略目标的关键，以 12 项全球性指标量度各会员国达到战略目标的程度，其中包括政治保证（全球性指标1）、群众的参与（全球性指标2）、资源的调拨与使用（全球性指标3、4、5、6）、卫生保健的可得性（全球性指标7）、人民的健康状况（全球性指标8、9、10）、社会经济因素（全球性指标11、12），这些对我们转变卫生政策思想，更新战略观念，全面改革卫生行政决策体制具有重要的指导意义。

世界上尚没有一种制度是尽善尽美的，作为一种存在，不管处于何种发展水平的国家，都需要进行持续的医疗卫生保健改革，这已成为整个社会政治改革的一部分，卫生保健改革已经融入整个世界的社会大变革中。为了未来的卫生战略，政策手段的选择以不同的方式影响着卫生服务的公平性、效率、可行性和承受力，改革趋势的轮廓显示出两种不同类型的正在应用的重要政策，即政府的伦理态度和价值观。

公平的正义原则是卫生领域分配的最基本原则。拥有健康是人的基本权利，这一点在WHO宪章和中国法律中有明确的规定。每个人都应享有生命保全的权利，无论其自然状况和社会身份、地位如何，这是一种对生命的呵护和关爱，是“敬畏生命”的表现，具有浓厚的“医乃人道之学”的道德烙印。为了公平，全世界都在努力，把卫生改革重点放在初级保健与预防上，这几乎成为全人类的一个方针。尽可能扩大覆盖面，保护残疾人、弱者和老人，帮助穷人和低收入者，群众监督，公开管理，强制保险等，都是为实现公平而做的努力。欧洲被证明是令人羡慕的成功范式，是建立在贯彻团结协作原则基础之上的全民普遍义务保险模式。人道主义是医学伦理学根本的、核心的思想，尽管它正遭遇来自卫生费用上涨和应该重新定义健康与疾病内涵的双重挑战，然而它还根深蒂固地存在着，并处在不断发展之中。目前，通过市场机制配置医疗卫生资源，确实可以带来更高的经济效益和医务工作者更大的积极性，但医疗卫生服务具有技术垄断性，医患双方之间拥有的信息是不对称的，这种情况有违市场经济的公平原则。在卫生改革实践中，一致的考虑几乎都是提高效率，它却是另一种意义上的公平。没有效率，对于经费十分有限的国家就不可能体现公平。提高效率的基本措施有：费用负担由国家向可以承担的病人转移；取消和筛滤不必要的保健和减少不必要的医疗行为；控制大型设备的使用；消除浪费；简化程序和引入DRG（Diagnosis Related Groups，疾病分类系统）；规定年龄界限和适度参考生命质量标准；为扩大覆盖范围而降低服务水平。

医疗卫生事业不应淡化其公益性。所谓“公益”，泛指公众的、公共的利益，或使公众共同受益。所谓医疗事业的公益性，简单地说，就是医疗服务工作不以营利为目的，应做到公平和可及，使最广大人民群众都能获得基本的医疗服务。世界卫生组织在《2000年世界卫生报告》中规定，卫生服务追求的目标有三项：（1）改善人类的卫生健康水平，降低和减少在卫生保健方面的不公平性；（2）提高人群对卫生服务合理需求的满意度；（3）保证在资金、资源分配上的公平性。或者说，就是保障基本人权的实现，使每个人都享有生存权和健康权。卫生服务包括两个方面，即公共卫生服务和为个体健康提供服务。医疗机构的主要任务是为个体健康服务。医疗服务的公平性就是使所有患病个人都能得到及时、平等、公正的医疗。消除经济性障碍，是当前世界各国医疗保障政策设计者的首要之选。

中国的医疗卫生事业是实行一定福利政策的社会公益事业，其根本宗旨是为人民健康服务，为社会主义现代化建设服务。因此，医疗卫生改革不仅要考虑经济效益和卫生事业自身发展的经济要求，而且应该坚持社会主义人道主义的道德原则和道德要求，为广大群众提供基本的优良的保健服务。中国的医疗体制改革要解决的根本问题是人口众多、医疗资源不足与人人享有卫生保健这一目标的矛盾。具体地讲，就是微观上医疗技术的可行性与宏观上资源有限性之间的矛盾，是不断增加的需求与医疗资源有限性之间的矛盾。分析这一矛盾的内外条件可以看出，人口多、资源缺乏是现状，医疗卫生保健制度的改革是方法和手段，而人人享有健康则是目标。要解决目标与现实之间的矛盾，就必须进行医疗卫生保健制度的改革。改革不是盲目的，它的目标及具体操作过程从客观上讲都应当符合绝大多数人乃至全社会的健康利益，有利于人类社会的全面发展。

中国医疗卫生制度改革应坚持医疗卫生事业的公益性质，建立基本的医疗卫生制度，为群众提供安全、有效、方便、价廉的基本医疗卫生服务，让人人享有基本医疗卫生服务。推进卫生事业改革和发展的重点是加快推进覆盖城乡居民的医疗保障制度，扩大城镇职工基本医疗保险覆盖面，健全城乡医疗救助制度；完善公共卫生服务体系。抓好重大疾病防治，落实扩大国家传染病免疫规划范围的政策措施，健全公共卫生服务经费保障机制；推进城乡医疗服务体系建设。重点是健全农村三级卫生服务网络和城市社区医疗卫生服务体系。加大全科医护人员和乡村医生培养的力度，鼓励高素质人才到基层服务。开展公立医院改革试点。制定和实施扶持中医药和民族医药事业发展的措施；建立国家基本药物制度和药品供应保障体系，保证群众基本用药和用药安全，控制药品价格上涨。支持卫生事业改革和发展，重点向农村和基层倾斜。归根到底，医疗卫生事业改革是一种道德行为，其最终思想和目标不能违背医学人道主义精神，不能丧失公益性，不能违背公平正义的原则。

卫生改革必须被一种强大的公平法则所统治，它高于人的一切信念和盼望。而要执行和恪守这个“公平”，必须由政府、集体与个人三方负起责任，解决好三者的关系。

在当代社会，政府不能包办一切，但又不能管得太少，有些事只有它才能做好，尤其是在医疗卫生领域。一百多年以前，美国的经济学教授西蒙派顿就把政府对公共事业投资视为劳动力、资本、土地之外“第四个”特别的生产要素。对公共事业投资，其收益不会直接以利润的形式体现，而是通过服务价格下降、社会福利增加、经济更有竞争力反映出来的。不能把卫生保健和纯粹的经济事业与企业混为一谈。世界银行在 1993 年《世界发展报告》中明确指出，完全市场化的提供和配给卫生保健资源都是不公平和无效率的。因此，由于伦理学上的公平理念和经济上的考虑，政府通过管理和经济调控进行干预是必要的，应发挥政府在医疗卫生事业中的主导作用。

政府过度干预卫生机构是有害的，在公共筹资和公费医疗中许多不公平、无效率的教训应及早汲取，并应使我们不断反省。必须凭借成熟的理论，同时不忘国情，在医疗卫生体制改革和政府强有力的导向之间建立一种默契与平衡。政府干预卫生事业的具体措施是制定各项政策、立法与监督、确定改革程序与时间表、组织各方力量、协调各组织的关系、确立各项评估标准、对集体和个人的责任进行总体的激励与控制、负责对外交流以及公众教育。政府还应为穷人和应该被援助的人提供他们有能力接受的卫生服务。

改革应由政府确立方向，把卫生保健的所有权及责任由政府机构转向集体、公司和私有机构各部门。引入市场机制，在不损害人民利益和公平的前提下，给卫生服务以一定的自由。在市场经济条件下，政府的经济职能应主要转向宏观调控，尤其要注意解决城乡、地区、阶层、企业等之间的贫富差距，对于贫困地区应增加卫生投入并使其逐渐具有自救能力。尽可能调动医疗单位的潜能，政府要积极扶植非政府的卫生保健模式。卫生改革的重点必须放在政府部门。因为只有政府才具有控制卫生总费用、指示方向、立法和把握节奏的权威性。政府的职责可能会被化解，但政府最终将保留控制权、决策权、管理权、干预权和民主权。

医疗卫生事业改革必须分层分类、分别处理。第一层次，公共卫生、预防与初级医疗保健是人类生存的需要，它带有鲜明的公益性和福利性，应由政府投资为主筹集资源，以国家投资为主体负责费用，不以赢利为目的，不能引进市场经济。第二层次，那些花费较大、价格昂贵的检查治疗、急危重症的救护，应逐步过渡到采用各种形式的保险（如大病保险、意外伤害保险、大病重病统筹保险、个人救助捐赠回报保险等）予以解决。第三层次，那些以延年益寿为目的的保健、养生、滋补、强身健体、美容以及以增强性状为主体的医学技术调整、卫生服务难以由公益性和福利加以涵盖，是大众健康文化和个人偏好的需要，基本上属于个人医学文化行为，可以引进市场经济机制，允许赢利和市场调节，可以作为第三产业加以发展，其费用由个人承担，政府具有监控、规范、指导的责任，不能采取完全的自由放任主义。第四层次，那些在转型期前后尚未参加医疗保险或已失去可选择机会的离退休人员，可以保险法出台前后区别为全包或增发补助费的办法；对于老干部、在乡二等乙级以上革命残废军人应由政府全部负担；对于在校大、中专特困学生和低收入职工的个人负担部分可视情况而定，由社会医疗保险管理机构予以补助或减少负担比例；对农村医疗保险和贫困农民应有专项规定。第五层次，即特殊病种，国家规定的甲类传染病、精神病、职业病、工伤、计划生育手术的医疗费用原则上全部由政府负担。

由政府参与的医疗机构消耗补偿为双向复合补偿模式，首先是政府投入财政资金和政策补偿，包括财政补助、药品加成收入留用；其次是由政府限制的医疗服务收费。政府必须明确补助范围和改变方式，制定财产补偿的原则和标准；另外应矫正价格政策，尽快结束“以药养医”及劳务性收费过低，而检查费用高昂所引起的大型设备竞相购置的局面。政府应正确运用管理学中的“结构、激励、行为”理论，用补偿机制表达和引导医疗机构的社会公义和效率。政府在发展卫生事业中的职责应该是弥补市场缺陷，为社会提供公益产品和服务，除公共卫生、基本医疗及上述归纳的范围外，医学科学研究和卫生监督执法也应由政府财政予以支持。

国家干预的作用和目标是多重性、多领域的，因此对国家和政府干预的评估是困难而复杂的。在卫生经济伦理学方面，原则上可以确立政府干预的四项评估标准：

第一，公平。主要包括初级保健。贫困人口与需要关爱的老人、弱者以及特殊境况人的基本问题是否得到了保障，特别是一切人，不管其经济和社会背景如何，是否一律享有基本保健与医疗的权利。

第二，效率。政府的一系列卫生经济政策和法律，都有利于对卫生事业改革的推动，有利于资源的合理分配，有利于社会各方力量的发挥，政府的经济投入没有被浪费。

第三，政府卫生官员是否具有普遍的责任感和适应改革与发展的政策、管理水平。

第四，在引入市场经济之后，是否形成一种能保持活力的，同时尽可能激发医疗单位和社会绝大多数成员积极性的稳态经济。

医院，是以诊治疾病、照顾病人为主要目的的医疗机构，是医疗改革的前沿，担负着医疗、教育、科研、预防和康复五项任务。医院是卫生保健共同体的核心部分，被国际上经济界人士称为卫生产业（Health Industry）的中间力量，也可以形成部分模拟市场。执业医师成立自己独立的联合会或协会组织，医生与医院逐渐分离，医师服务市场提供服务和医生，医院间相互竞争、兼并、合作，形成网络和医院联合体（Hospital Alliance）或医院托拉斯，加强供方在医疗保险制度下定点医疗的竞争力。

初级卫生保健是当今世界卫生服务的重点内容，是医疗保健公平性的具体体现，更是社区医院和其他参与者的中心工作。其服务范围除基本医疗外，还包括预防、保健、康复、计划生育和健康教育等。这部分任务完成的经济支持除医院本身外，还应来自政府、保险公司、基金会及慈善组织、企业和个人等。全科医师制度可进一步发展为广泛的初级保健全科医师中心（PCC）或通科医师组织（PCG）与地区卫生局共同形成卫生服务的中间购买人，促进内部市场的形成，提高卫生服务的效率。中间的社区医院和担负着社区医疗的全科医师应掌握一部分医疗保险费用，以更好地履行其基本医疗和基础保健的责任。

中国的医疗单位正在趋向多元化，并出现了竞争态势。从理论上讲，未来的医院可分为四类：第一类，特级医院，为国家全力支持的高级、特大型医院，为国家医疗、科研、教学的中心，一般在业务上由医科大学担任指导，集合最先进的设备和著名的专家，有最好的科学研究和教学条件。第二类，大型医院或高级医院，相当于目前的所谓“三等甲级”和大型专科医院。第三类，为中等医院，由国家支持和部分补贴。此类医院应在原三等乙级和二等甲级医院的基础上发展，是医疗保险合同的主要医院。这类医院主要以医疗工作为主，负有全民诊疗疾病的责任，地方卫生行政部门也必须把工作重点放在这类医院的建设与发展上。第四类为社区医院，这类小型医院的规模必须予以限制，以全科医学为主，完成基础的常见病诊治，只要在社区中能解决的诊疗问题，上级医院不予接诊，可依据疾病分级目录进行，以防止资源的浪费。

由谁来选择医生？决定得到什么治疗？要花费多少？以什么方式支付？是否愿意参保？获得哪一级的保健？正因为个人在健康方面有充分的自主权利，他才随时可以调换医生、转院、要求更换治疗方案，要求停止或拒绝治疗，甚至要求安乐死。由患者自己和家庭控制金钱，他有选择健康的自由。但个人又必须对自己的生命和生存状态负责；个人有责任在众多健康计划及特定医疗项目中进行选择，个人对自身的健康负责是一种道德责任。技术革命和医学进步给人类带来新的希望，但同时也带来了怪诞的奇想，每个人必须学会抵御不健康的、不道德的、反人类的生命技术行为，必须具备健康文化的理性判别能力。个人是医疗保健责任的最重要主体，健康对生命而言是基本的先决条件，个体对于自身健康是最主要的保护者，也是最大的受益者。因此，健康的权利也就是经济伦理语境中的健康责任。

在医学领域，社会成员应支持健康共同体为人类健康而制定的行动计划，但个人的生命方式、生活目的、生活质量都必须由本人负主要责任。患者必须对健康承担最初和最终的决断，如预防、保健、维持生命、治疗、康复以及何时停止积极的抢救等，医生和代理人只能听从患者的意见，假如这个意见不在医生干涉权的应用范围内。就日趋上涨的医疗费用来说，在花费过程中，部分参与者也可能已经认识到医疗费用与医疗保健道德间的对立关系，这个关系非常稳定，如果加入高度的个人健康责任感，则这个关系可能会相对统一，这是关于医疗保健和健康的经济伦理哲学。较高的花费不一定会产生理想的健康结果，在自我保健中，只要谨慎地进行选择，就会大幅度减少费用。

二　家庭账户窘境

家庭是人的社会单元与人心仪的故乡，家是人最基本的生命政治归属，家是身体的一个理想，是一个保障，是人类社会群体最基本的分子化存在；也可以用恩格尔哈特的语言：家是一个现象。

医疗改革关乎着所有人的生命状态、生命质量与身体康平的可能性；但是，医疗改革是世界性难题，核心在于其良善和公平的目的，即如何能成就生命保全和健康或医疗的正义。应该的逻辑有时在正当之其次，正当应最后成就于善之终结，止于至善。

恩格尔哈特曾经揭示了一个危机，告诫性地指出了改革理念的分歧。他指出，本体/形而上家庭模式（中国式政治权威主义模式。——作者）如果作为医疗改革中家庭账户的基础，必须面临一个挑战，即个人平等自主权利和医疗选择的自由，家长式的权威是否可以应对后现代的文化战争和现实家庭中角色权利/权力的平等，使每一个成员既能实现个人的医疗选择自主，又能保护自己身体与疾病的隐私；他们既不是一个符号，也不是一个为了“家国”和谐的数字。儒学（教）、犹太—基督教、伊斯兰教等由于信仰所生的文化传统作为真全伦理社会的基础，在这类家庭模式中显示出一种凝聚的力量。以性与生殖作为生物社会学基础的家庭权威，是否可以在新的医疗经济模式选择上，既保持夫妻或代际伦常和男女老幼的亲亲义序，又能维持成员各自角色的个性化功能，并且不辜负本身的责任和互相关爱的义务。天赋的责任必须与人道的奉献相契合，才可以解决家庭的生命伦理难题，也可以用儒家的道德规范、基督教的信仰作为前提，激活和促进从自由意志论世界主义进化为自由世界主义，为个人的医疗选择的相对自由给予最大可能的认肯。恩氏指明：这类“家庭的成功依赖于家庭的行为传承，如相互尊重，牺牲自我，相互支持，并能够理解一个共同的未来”①。如果这种传统保持完好而稳定，就可以抵御社会变革力量的干预，其家庭内部可以克服财政的危机或不足，为了某一成员的健康与医疗，有效地利用有限的家庭金融资源。

至于自由主义/自由账户（新自由主义模式），它可能赋予了每个家

① 引自恩格尔哈特的论文：The Family：Crucial to and Divisive in Bioethics。原文载《中外医学哲学》2013 年第 2 期。

庭成员自由的医疗权利，但对后代或老人赡养的义务感会削弱，这不是一个整全的家庭模式，未成年群体作为知情同意的主体能够对个人的生命预设方案进行评价，但是，他们难以作出正确的、真实的理想决策，或许会延误治疗和作出错误的决定；这样的让渡有失于道德的本意。而趋向于成熟的未成年人自主权问题，则涉及伦理学所关注的尊重原则。恩教授在尊重这种自由开放的家庭账户模式的前提下，精致、细腻地分析了这种模式所潜隐的问题和优势，即具有适应于后现代文化，应对于新型家庭模式（离异、单亲、同性等），去权威化，尊重个人尊严、自主与自由，申张女权主义，实现平等医疗权等的积极意义；但很可能会因为缺乏代际之间的默契和友爱团结精神，“没有家庭的完整性有效承诺”，尤其在不同意见与决策存在较大分歧时，会贻误某个成员生命的保全；或者由于养育和赡养义务与责任的淡化或漠视，使得尚无能力自主的青少年失去身体和心理的依靠，老年成员也易于被冷落和遗弃。恩教授虽然并未在文章中设计补偿或免于罹难的对策，但已经引发和叙事了这种挂虑和思忖。

关于本体/形而上模式，我们可以循作者以往一以贯之的思想脉络进行分析，它是指在一个伦理重叠共识（道德共认意识）基础之上，每个成员有义务作出牺牲或奉献，才可造就家庭的友爱与团结。作者曾经强调，“重叠共识”或“部分共认意识”应该作为生命伦理学的核心词汇①，约翰·罗尔斯引据的“部分共认意识”，就是在不同的道德观点和哲学方法之间，充分地发现共识性，以证明某一特定观点即使不属于道德范畴，也属正当。罗尔斯意在说明道德异乡人或道德朋友之间，包括此文中所指的“道德亲人”之间，都会尽可能求得一种观点上的均衡，最后在某些关键性道德评价与分配或调解资源行为选择上求得和解。因此，这种情境对多数人来说，可以理解为“和而不同”。如此考量这种模式的家庭账户，就可以理解在尊重传统、地域、民族、政体、国情的前提下，提出儒家、基督教、穆斯林等文化境遇的医疗的改革，可以使生命伦理学基于一种信仰的精神力量，去神圣化而又立足于现实社会，同时建立相对可信任的权威，维持或建立新的医疗秩序；使家庭成为“强大的半独立的社会单元”，以家庭账户的形式减轻国家金融资本的投入与政府的财政负

① H. Tristram Engelhardt, Jr., *The Foundations of Christian Bioethics* (Swets-Zeitlinger Publishers, 2000), pp. 67 – 68.

荷，发挥家庭有效健康医疗资源作用；家庭账户可作为发展中社会经济核算的一种补充，促进医疗改革的深化。

"传统的家庭功能重要的是作为一种有效的个人与国家之间的中介机构，能够促进其成员的道德、情感和社会支持。"我们还无法解决中国近年来出现的类似问题，如家庭账户吸引公民的作用越来越弱，造成的基金沉淀过多而导致可用资金减少，保障力度降低，互助共济作用被削弱等，但我们依然乐观地展望人类健康保障的美丽愿景。当然，在认肯这类家庭模式、强调义务的同时，也应警惕忽视自由平等权利的潜在可能，并必须清醒地意识到准后现代家庭模式正在经受危机和解构的挑战，以"性和生殖生物学作为家庭的自然根基"模式正面临瓦解的考验，个人世界主义的狂飙甚嚣尘上，家长式的权威将被毁损，以天赋的义务和血缘作为纽带的各成员链接形式已被各种社会、文化、政治、经济因素所动摇。家庭伦理和友爱与孝悌传统同样经受着严峻的考验，医疗改革中通过家庭账户表述的纷争与认知上的歧义仅仅是这种历史文化冲突和宣泄的口岸。

任何一件事的确定都必须依赖人们从价值的角度看待事物。恩氏一直追求从自由意志世界主义过渡到自由世界主义，并以自由世界主义稀释原有的所谓"公共理性"。超越"自由意志"的传统，实际上，就是从对道德异乡人的简单允许，过渡到去神圣化的自我决定，以及一切生命的自主和个人自由的价值观念，并彻底埋葬道德"帝国主义"，建立个性解放的伦理机制，最终回归或再造一幅真全的理想天国。

自由主义家庭账户，还不是降低成本、增强财务上可持续性的欧洲大陆的混合模式。我们是否可以建立一种吸取更多模式的特点，又避开负面作用，同时结合本土处境的中国模式？这是一个难题；恩教授没有涉及，但给予我们理性的指导。我们需要的是，梳理和调整个人与家庭之间的关系，在重要问题的决策上，应该尽可能强化"重叠共识"，显然不能用"异乡人"的观念处理家庭内部的矛盾；可以将"道德亲人"比照道德朋友之间的伦理平衡方式，进行民主的平等的沟通，给予最大限度的允许，以消除或缓解相互对峙的情感张力。

我们应该再一次思考个性化生命伦理学观念，以两种家庭账户的对比作为现实案例，尊重境遇但又不依赖于大的伦理或政治环境。诚然，解决理论或世纪医学生活中所有的问题应该是我们的责任，但我们不可能解决人类所面临的所有卫生经济伦理问题；诸如当下我们所讨论的两种账户，究竟哪一种为最佳的模式，在短时间内还难以有明确的结论；实际上在解释其差异与竞争的语言中，已经洞见了各自的是非优劣，并标明应在实践中互为补充、逐渐修正与不断精进，避免出现不可休止的生命道德文化战争。

生命政治的使命之一，是完成卫生医疗社会的整合，使之在一个统一的价值标准框架内，实现一种生命伦理意志的自由，在不违背公共利益的前提下，应该允许任何人的生命伦理行为选择的自主性。家庭账户的目的正是为构成这样的生命伦理秩序，既照顾到价值多元性，又不伤及个人的基本生命权利。即使我们还不能保证人人都同意存在唯一的善或善的标准，但是，要实现前面所论及的理性秩序，就必须在“正当”的问题上“可以建立起一致，形成公共的正义，这是社会整合的基础”。医学中的自由主义同样遭遇了文化多元主义、激进民主思潮和后现代主义的激烈批评，因为它在生命正义和生命自由方面企图建立“强制的共识”，没有给个人选择以充分的余地与机会，在现实医学生活中，这其实已经成为不可能。但那种设定的基督教—希波克拉底共认意识，或者希波克拉底—罗尔斯共认意识，或者西方文化架构下的后现代生命伦理—中华儒家生命观的共认意识等，是否能找到一个合理的理由，转换成家庭医疗保障模式的重叠共识中那部分共同一致的意识，以覆盖价值有限区域，从而决定社会基本单元的生命伦理判断和行动选择的合一，就好像我们眼下选择的这个家庭账户一样。自由主义的家庭账户是否能够在实践中践行“公平优先，兼顾效率”，还必须通过改革中的具体行动来验证。“对新的制度应予以社会公正、公义、公平的信仰支持，否则我们将失去我们自己。”① 我们或许不会因西方某一国家的社会保障和社会经济模式的失败或者产生了经济危机，就失去对未来的信心，那么从本书中，我们会找到一种坚定和自信。

第三节　卫生经济伦理学问题种种

卫生经济伦理学是关于人的生存的学问，它不是一种人为的、学理性的刻意杜撰，而是在后现代卫生经济发展中，对于卫生制度和秩序的道德

① 参阅孙慕义《后现代卫生经济伦理学》，人民出版社 1999 年版，第 217 页。

哲学研究以及对于相关的所有人性的、生命政策的以及经济文化的全视域考问，是生命的政治经济显身，以及生命伦理的经济语言哲学。

一　学科封面

卫生经济伦理学是以生命伦理学的理论为基础，以卫生经济行为和医疗政策为研究对象的边界学科；它应用几乎所有经济伦理学理论、方法和知识，对卫生经济问题和医疗政策进行审视与评价，并通过相关学科的研究指明维护和增进人类健康的卫生政策的基本价值定向和伦理选择。它着重研究卫生经济活动中的伦理精神、伦理气质及理论形态。卫生经济从某种意义上来说，就是道德的经济，经济关系就是道德关系，经济政策就是经济伦理政策，卫生经济问题无一不是伦理学问题。因此，这门学科的建立基于医务道德是卫生经济运行的无形资源；名医、名院和传统医疗、保健品牌是卫生伦理实体，其所创造的商业、实利价值是公众信任与医务道德以及科学技术的综合成果；人类对于健康、美和幸福的不断改变的需求，卫生保健的社会化；卫生经济管理是道德管理。

卫生经济伦理学是生命伦理学的一个重要分支。它以病人和公众享有医疗、保健、健康权利的研究为核心，用伦理学视角评价所有卫生经济学领域中决策的道德价值，它尤其重视公正、正义、公平在整个卫生服务和医疗保健中的实现，由此就必须研究效率与公平、经济效益与社会责任、生命质量和价值、疾病评估、卫生资源分配、保险政策、医药价格、国家干预与个人自由、医院规模以及医学科技政策等问题。

国家制定与实施卫生经济政策以社会经济成本与效率的理论为依据，卫生经济政策伦理分析的社会经济成本与效益的理论是以经济伦理学的基本理论为基础的。卫生经济伦理学应用的政策理论主要包括效率与公平选择理论、机会代价理论、福利经济学外部效应理论和劳动价值理论等。

效率与公平的选择理论：卫生经济政策的制定首先应考虑伦理学的通约，在政策方案的选择上主要应侧重于医学伦理学标准。这在经济学中可以称为选择理论，它是卫生经济政策分析的理论基础之一。选择理论和公平的目的基于四个不证自明的公理：（1）生产资源稀缺并有限；（2）同一资源可有许多不同用途；（3）人们因需要不同而要求各异；（4）资源分配因过程复杂，干预因素过多而常常出现偏差。选择有若干标准，如效率、公平、稳定等。

机会代价理论：当人们在稀缺物品之间作出选择时，是必须付出机会代价（Opportunity Cost）的，正如 B. A. 萨缪尔森所指出的："一项决策的机会代价是另一种可得到的最好决策的价值。"一项活动的经济合理的真实成本是决策的机会代价，它是作出某一决策而不选择另外一种决策所舍弃的东西。在完全竞争条件下的市场价格就是机会代价。在卫生经济运行中，怎样衡量医院卫生的保健成本？对这类项目的机会成本进行经济政策分析是卫生经济成本效益分析的前提，也是所有宏观经济决策和多数微观运营决策的前提。机会成本最多用于卫生保健，其作用有很高的价值。经济伦理学可将一部分机会成本称为伦理成本，这类成本即使是隐蔽的，也不可忽视它潜在的价值。

福利经济学外部效应理论：福利经济学是卫生经济伦理学重要的理论基础之一。福利经济学是以一定的伦理价值判断为前提，对经济体系的运行进行社会评价，以便确定经济体系的运行是否符合增进社会经济福利这一既定社会目标的一种规范经济学。它是衡量经济政策的伦理标准，也是制定经济政策的伦理基础。卫生经济伦理学对福利经济学理论的应用，目的是通过最适度的卫生资源配置和最适度的医疗保健权利（机会）分配，使整个医疗健康福利极大化。

劳动价值理论：劳动价值理论在很大程度上是伦理学的，因为它涉及人的劳动在经济过程中的价值表达，也是我们理解卫生工作社会经济成本和效益概念的指导思想。卫生服务就是为满足人的健康和强壮的需要、保健的需要以及可能的健康文化偏好的需要。这个社会经济效益也就是卫生经济伦理效益，这种劳动价值显然就是道德价值。评定某一卫生服务的效率，主要看其满足人们健康需要的程度和它的社会经济成本是否合理，只要财务成本尽可能低，社会经济成本尽可能合理，社会经济伦理效益就是好的。

市场经济的目标设定，应以人民利益作为最高价值并放在平等的伦理基础之上。这一价值亦是卫生经济伦理学的价值。卫生经济伦理学运用两大学科、三大领域的知识，共同理性地解释、研究、分析、评价卫生事业改革和管理中的重大问题，有利于医疗决策的科学化，有利于医学的发展，它必然会对我国迅速发展的医药卫生事业做出贡献。

世界上的万物都有一个特定的结构，结构一直被作为精神学科或精神科学的一个核心。人类历史不一定就是一种进化，其实它只是一种变动过程，“人在其中主要不再是历史性的世界，乃是象征性事务在其中不再是特定的世界，结果它显示为一个记号世界”①。对此，我们将更注意其内容，而非句法与语义。

结构主义并非从现象秩序上对现实进行指导，而是对能够复制的现实给与逻辑秩序的裁决，我们必须确认，结构概念与语词的设定是否就是我们的秩序或意义，而且就生命结构来理解，必须是普遍正确的。生命的定义必须是功能性的，各种结构并不独立于其定义的直接关联域，它们与定义是不可分割的。结构的表象仅仅是表象，与意义或内容有可能出现理解的差异；我们的生命伦理语序与生命法学或生命法哲学的命名必须去掉日内瓦语言学派和俄国形式主义，即德·索绪尔和雅克布逊的影响，使语义系统成为音位系统，并使这个音位系统真正成为一种负载生命伦理学意义的模式，使其尽可能表述其有限的多义性、语境关联性以及读解的渗透性。语言是生命的一种存在方式；人类基因组学对人类生命给与了一种新的解释，由遗传学语言对人的生命进行因果和未来预期模式的对话，由人类遗传信息和遗传语言构造的健康、疾病的程序所决定的生命观是一个新的生命信息的模式。我们对疾病的认识以及治疗的手段不过是一种医学特定语言的使用，生命为我们提供了这样的空间与场景。布洛克曼过于夸大了遗传结构的作用，身体治疗依然是传统医学的语法，只是我们可以在语言认识论范围内进行变化，调整的重点是人类行为和生命的规则。

后现代生命科学话语借助结构主义“成为代表科学内哲学与神学的无名运作方式和隐含效果的总称”②。结构主义由于被批评消解了有关生命、社会和科学的意义等根本性问题而受到指责，但它对生命构成的特有的解读方式，并增加了对生命价值深刻理解效应的功能却不可忽视。结构是一个共同体中各个部分之间的相互关系；结构是客体中发挥作用的一个类象（simulacrum）；结构主义强调符号系统、无意识、社会关系的首要性，强调主体性与意义的派生性，主体只是建构物，是由语言与语言系统决定的；任意性、差异性、无所指性使生命结构成为一个现实，而我们就可以更加恰适地解读神学和科学共同承认或接受的道德秩序。后结构主义

① ［比］布洛克曼：《结构主义》，李幼蒸译，中国人民大学出版社 20003 年版，第 2 页。

② 同上书，第 141 页。布洛克曼十分重视生命科学的结构主义特征，对遗传学和进化生物学所提供的数字语言资讯和生命秩序使神学和哲学为之震慑。

精英们把能指放在比所指更重要的位置上，显示了语言的动态生产性和意义的不稳定性。①

后现代文化能够用人道的、符合人们意愿的方式实现现代化，同时又保持与传统的平衡；后现代主义脱胎于结构主义和后结构主义，使人的消亡用激进的符号技术来替代，使人的生命的分裂分析辖域化，从而整体上使逃避路径演变为多元主义胚胎。后现代用新的范畴、新的思维与写作模式、新的价值与政治克服现代话语的不足，创造一种替代性的知识与话语模式，以新的形式注释社会与历史已发生的根本性变化，生命伦理学是其中一组理论与概念，它参与对人的生命的系统描述。

后现代主义者常常被人们理解为反叛者，这当然是十分肤浅的认识；米歇尔·福柯②就是这样一位容易被人误解但可以称为少有的思想巨匠的伟人。福柯从对癫狂、疾病、医学、偏差（deviance）和性的关注转入对前现代的古希腊、罗马与基督教文化的研究。他注重对欲望、各种道德的连续性、个人对自我的看管（the care of the self）的考察，认为欲望遇到的关注、伦理学与存在美学密切关联，人通过自我控制与伦理规范使生活成为艺术品；人对自我的看管从审美和伦理学转为后现代的欲望解释学，并强调和照顾个体差异、个体自由和社会情境，追求非普遍化、非规范化的伦理实践模式。福柯认为，伦理学就是个体反抗各种统治与压迫性力量

---

① 这里指德里达、福柯、克里斯蒂瓦、利奥塔和巴特等人。后结构主义为后现代主义的先头部队，以尼采、海德格尔的遗产为基础，强调差异比统一和同一更重要，捍卫意义的扩散，反对把意义束缚在总体化、中心化的理论和系统中；这种对界限的打破与质疑，不仅颠覆了标准的学术界限和实践模式，而且带来更具游戏性和多样性的写作模式。这对于我们建立后现代生命神学是一个语言前提，也是我们重新建立后现代生命神学价值体系的理性基础；我们在继承现代神学遗产（如本书第一章中的评述）的同时，必须颠覆标准的学术界限和以往的实践模式。

② 米歇尔·福柯（Michel Foucault，1926—1984），当代法国大思想家，后现代主义代表人物之一。1926年生于法国普瓦捷，其父是一名外科医生。从天主教会学校毕业后，他以优异的成绩考入被称为“圣地的圣地”的巴黎高师。1948—1952年先后获得哲学、心理学和精神病理学学位，后在瑞典乌普萨拉大学任教，写作《癫狂史》，以其作为博士论文获法国国家博士学位。他先后在克莱蒙—费兰特大学、突尼斯大学、巴黎大学文森学院任教。1970年进入法兰西学院，担任思想系统史教授，直至谢世。主要著作有《癫狂史》《临床医学的诞生》《词与物》《知识考古学》《监督与惩罚》《性史》等。福柯的每部著作都别出心裁、惊世骇俗。他是近代资本主义文化传统的反叛者、“科学时代毁灭”和“人之时代”终结的预言家。他一生关注现实问题，用晦涩、深奥的文体改变了法国思想史的走向，对西方文化界产生了无可估量的巨大影响。由于他死于艾滋病及其“反常”的生活，他对医学、监狱、性、疯癫等刺激性问题的研究曾引起颇大的争议；但其所创造的思想革命波澜却无人可比，可以说，福柯开辟了一个新的后现代时期。

的斗争，而生命科学需要以某种方式编写自身的历史，它以某种奇特的方式提出了关于认识的哲学和伦理学问题，生与死本来就不是物理学问题，认识生命、疾病现象，只有超越纯科学的桎梏才能揭示生命的本质。因此，仅赖于科学划界来为法律的制定提供标准，将泯灭人性与爱；从这个意义上说，生命应该是伦理的、哲学的和宗教的。

雅克·拉康是摧毁人类中心主义的第四位历史英雄。[①] 他批评弗洛伊德是生物简化论者，歪曲和误识了人与动物的界限，"利比多"理论是世界与人类梦幻似的咒语；拉康皈依新教后最重要的创意是发起解构运动，成就语言关系的互主性（intersubjectivite）。他认为，任何主体理论都是直觉享乐主义的呕吐物，他颠覆主体的用意纯属个人的文化偏爱，他企图占据语言核心的目的主要是剥夺上帝乃至人类的尊严；他敬虔语言的力量，认为语言支配一切，言语是一种契约与协议，个人通过语言进入合同关系，医患纠纷只有通过语言的折中来解除。拉康背靠黑格尔，站在弗洛伊德和索绪尔的肩上，用大他者的语言追求象征界，使意识（能指）通过无意识（所指）操纵语言，用无理性的存在为后现代主义奠定了心理学基础。这对生命伦理学后现代语言来说，是极其宝贵的理性资源与财富，它逼近了生命本体与道德的内在联系。

世俗伦理模式忽略了法律中某些超出伦理之外的要素，传统的习俗和宗教的遗存以及信仰或迷信中的社会学成分，都因为伦理人类学和伦理心理学研究的阙如，而无法直接成为法律哲学的基础。它们却使这种研究成为法律哲学的现实内容。

> 一旦把法律理解为积极的，活生生的人类进程，他也就包容了……人的全部存在，包括他的梦想，他的情感，他的终极关切。[②]

二　卫生经济伦理与法

伦理学直接过问人的问题，决定仪式、传统、权威与普遍性，而这正是法律与超验价值联系和沟通的主要方式。卫生法学主要面对人的健康、

---

① 有人评价，改变人类历史的英雄有四位，前三位英雄分别是哥白尼、达尔文和弗洛伊德。雅克·拉康（Jacques Lacan，1902—1981）早年学习医学，曾为执业医生，法兰西学院的教授，结构主义的明星。

② ［美］伯尔曼：《法律与宗教》，梁治平译，三联书店1991年版，第46页。

生命状态与死亡的公平与正义问题，因此，生命伦理学是卫生法学的母本。任何一个社会都是在伦理背景下确立法律规则和立法原则的，也只有在成熟的伦理基础和环境里，法律方能显露出价值与意义，才能发挥应有的功能以及取得它们的合法性。生命的本体价值赋予生命以意义，生命伦理学应在维护生命价值的前提之下，给生命科学行为或临床行为选择提供依据，提供道德裁决的基准；法律则以强制命令的形式捍卫和体现这个价值，使生存与死亡都在特定的标识下获得意义。政策的正义源于伦理正义，伦理正义需要法律正义来检验和守护，但法律正义一旦失去伦理正当性的支持，法律就可能会失去或迟早会失去其权威，政治正义也就丧失了震慑力，社会正义将被镂空。

> 法律不仅仅是规则和概念；法律还是并且首先是人们的一组关系。……突出法律与爱之间的差异，那就是扩大了法律中规则的作用，低估了其中人的自主决定和关系的作用。①

法律也要研究爱，通过伦理学的指导学会爱人、爱生命、爱正义、爱光明，认为法律规则的功能是对人的个性的否定是一种极大的错误。专断与强制原本是为保护生命的品质与个性的。卫生法学是为生命的差异寻找辩护，“这些差异如果被理解为相对的，那将大有裨益，但是如果被绝对化，那就非常危险了”②。法律一旦被脱离了保护大多数人生命安全和权利平等的目的的纯粹的技术或制度，就会将我们引入歧途。卫生法学必须与此进行学理性的论证，以生命伦理学作为法哲学文本告诫社会，教诲人们玉成遵守行善信条的自觉性，我们的医学生活秩序才会稳定。如果法律成为恶意双方仇视、报复、强暴、陷害对方的工具，或成为实现金钱与其他险恶目的的借口，就是坏的法律，就是对伦理学的背叛，也是法学理论的堕化。法律不应该脱离伦理学的监控，不应该拒绝接受伦理学的营养与训诫。

卫生法学是从伦理学中学会正义、学会权利意识的，法律与伦理存在共同的道德德目，植根于共同的人类活动中，并与人类健康文化、为生存

① ［比］伯尔曼：《法律与宗教》，梁治平译，三联书店1991年版，第101页。
② 同上书，第104页。

进行的维护生命权利的斗争、趋避瘟疫与疾病创造的医学科学技术紧密相联。法学中最深刻的思考、最具有挑战性的课题都存在于哲学伦理学中，法与人的利益或经济利益、公正、法律的环境与立法的条件、道德的法律强制等都是伦理学的内容，并一直影响着法哲学的发展。在法权世界观取代神权世界观以后，自由、平等、博爱、人权的表达方式即成为自然法学派的"社会契约论"与"天赋人权论"，孟德斯鸠和卢梭们是继注释法学派、评论法学派以及人文法学派之后，最积极地关注"法权的核心与终极依据是道德权利"的理论探究的思想家。人们几乎没有停止对于法律的道德思考和为寻求法律的正义而完善哲学伦理学学科构建的努力。康德与黑格尔也因此成为法伦理学的创建者。20世纪最具影响力的一部包含历史感的巨作——约翰·罗尔斯的《正义论》，即是法伦理学的鸿篇巨制，它使伦理化正义的法价值研究成为法哲学的基石。

卫生法哲学由生命伦理学创生，和伦理学是法哲学的母本一样，生命伦理学应认养卫生法哲学，在各自侧重的法律伦理学研究方面实现一种使命的统一。生命科学、后医学社会为卫生法学研究与生命伦理学学科建设提供了历史的机遇，生命伦理学与卫生法学在研究内容上存在重叠与交缘，它们虽然没有学科上的同一性，但它们在人的生命关怀上已经获得了一致。每一位法学家和法律工作者，

> 应时常表明公认的社会道德和广泛的道德理想的影响，这些影响或是通过立法公开进入法律，或是通过司法程序悄悄地进入；法律尽量包括正义原则和道德价值，并在国家制度中，通过立法反映道德律令，并用一些道德术语去填充法律外壳。①

哈特认为，民事过错和刑事罪过的责任可由流行的道德责任观念来调整。其意在伦理的命令决定法律的价值。法律伦理学与伦理法学是伦理学向法学领域的后现代延伸，它是在后现代经济社会和科学文化背景下道德哲学理论研究的一个最重要的实践成果，也表明在伦理学责任与法学责任互补之后，对人类社会生活积极关注的一次非人为取向。

塞涅卡等人在把法引入对市民社会特性和法则分析的同时，支撑了把

① 孙慕义等：《医学大法学》，西安交通大学出版社1999年版，第15页。

道德作为国家法律的基础，包括社会契约、天赋人权观念在内，伦理与道德成为制定治理国家规则的核心，并作为评价官员和公民行为以及法律本身善恶的标准。富勒认为，作为一种“有目的的事业”，法律具有“外在道德”与“内在道德”；即是说，法律既要符合社会道德和人类普遍所谓道德追求与理想，又要使道德成为对法律本身评价的动力与标尺。[①] 法哲学从伦理学中吸收义务的道德和向往的道德的资源，已实现人们对公正的公共政策、规则等制定的期待，同时满足把人类的终极关怀写入法律的渴望。

生命健康与医疗的权利是比温饱权利更重要的人的权利，公民社会人人应当自然地享有和获得这种权利，使公民人人都享有这一权利的社会才是可依赖的社会，使这一权利得以实现的政府才是可以信任的政府；疾病直接危及人的生命安全，对人类来说，先是没有痛苦才有能力争得幸福；没有疾病、有基本医疗保障、没有痛苦是人的天赋权利的底线。健康道德、生命保全道德涉及责任、义务、利益、经济花费和各种政策，为实现基本的公正分配和公正地享有这份权利，仅以道德规范作为社会必然过程的展开，作为社会存续的纽带，是无法实现的；因为如果缺乏公正的裁判者，缺乏解决冲突或纠纷的权威，道德规范就会变形或被扭曲。法律就是这种本当的唯一的权威，强制规约人的健康和医疗行为，为医疗关系、医务活动、医学社会以及生老病死的各种难题的伦理判断作法律的转换，是后现代医学社会的必然选择；没有这种选择，我们就没有正常的生活。

> 道德规范在社会生活中的实现，是一个有序而美好社会的根本。但在一个充满复杂利益关系的社会里，道德本身的存在是不够的，它本身既无法阻止也无法惩罚破坏它的行为，因此，社会需要出现另外一些规则来弥补这些不足，这些规则可以明确道德规则的内容和范围，可以控制道德规则的发展变化并决定其取舍，可以确定一个权威

---

① 曹刚：《法律的道德批判》，江西人民出版社 2001 年版，第 9 页。书中认为，义务的道德如摩西十诫，向往的道德如博爱等。而法律内在道德必须具备八个因素：一般性或普遍性；公布；可预测性或非溯及既往；明确；不矛盾；可为人遵守；稳定性；官员的行为与已公布的规则的一致性。

来裁定纠纷和执行裁决。[①]

法律的道德属性是不证自明的事实，法律不应该是纯粹的技术，尤其是有关生命健康的法学与法律，不是抽象的规范，它的立法、司法等所有环节都贯穿了道德的原则与精神。道德与法律从来没有分开过，于国家立场得到的宣示，必须最集中地体现统治者对公民生命保障的意志选择。我们必须以此抵挡医疗改革中的“恶”，医疗完全市场化是最大的恶行。

恶的经验使我们向往另一个世界，恶使人想到神的存在，悲观主义使世界有生机和启发人对生活苦难的认识。疾病与生命缺陷是恶和苦难，欧几里得智慧提出了一个可怕的剥夺自由，本来医学中的恶就是对自由的践踏。医疗手段只要能减少苦难、弥合身体缺陷、还原健康，就是善与较为善的；安乐死与克隆人都存在驱恶的目的与结果，尽管实践中这是个难以把握或者极其复杂的问题；在此，技术自由、科学家自由、医学自由完全可以与驱恶相并行。别尔嘉耶夫说：“最初的非理性的自由、无限的潜力，就是恶产生的根源，如同一切生命的根源一样。”[②] 精神傲慢是否一定会产生恶？恶是否一定居于精神的顶点？生命科学技术的更新是疾病与痛苦逼迫的结果，神怎么可能只对高尚精神及其自由发出召唤而不管物质底层陷入疾病的罪恶呢？“我们”已被诱惑、考验、试探，曾无数次被投入痛苦的深渊，在旷野的寒风中忍受肉身的煎熬。恶不是神，我们要战胜恶，生命是摆脱恶的过程[③]，“恶对于说明意义的理性，就是绝对非理性的界限”。因此，用境遇主义评价高新生命科学技术，可以认识“神”的存在是“恶”存在的根源，也可以理解我们生病，求助于现代医学技术，又不满足于现状，并改变对生命、对“活”、对新的死亡形式探索与辩护的原因。对于被造物，我们为什么不能解除肉身的痛苦？为什么一定要限制自由、停止生命科学的脚步？克隆人没有惹怒“神”，只是触犯了制造“恶”的“神圣理论”的人。伦理学失态了吗？神学变形了吗？基督不再

---

① 曹刚：《法律的道德批判》，江西人民出版社 2001 年版，第 13 页。

② 见别尔嘉耶夫《恶与赎》，原译文见刘小枫主编《20 世纪西方宗教哲学文选》（上），上海三联书店 1992 年版，第 322 页。本文由董友译。

③ 谢林对恶作过最深入的研究，此句源于谢林《关于人类自由本质的哲学探讨》，刘小枫主编：《20 世纪西方宗教哲学文选》（上），上海三联书店 1992 年版，第 323 页。

"爱我们"了吗？"恶的可能性被存在的模糊不清的基础掩盖着"①；人的生命不会停止进化，技术进化将促进这个历史进程，哪怕我们跌入"深渊"：

> 深渊不是恶，它是一切生命、一切实存的根源，其中隐藏着恶的可能性和善的可能性。原初的非理性奥秘、深渊存在于世界生命的基础上。任何逻辑都不可能把生命这个非理性的奥秘隐藏起来。②

如同黑暗衬托光明一样，恶的存在，使善显现胜利成为可能。善与恶都赖于自由，自由不偏袒任何一方，恶扭曲生命，它混淆神界核心，"贬低高尚，抬高鄙俗，是对存在原始根源和核心的脱离……恶首先是谎言……它在毁灭生命和存在，消灭自己，它没有任何积极的意义"③。恶只有反衬出善的价值，才能使人向往善。公正、健康与生命的完满是善，这是由疾病和肉体的欠缺证明的；生命的世界需要恶，这是善存在的基础。来自于医学和医生的恶，是双倍的恶；因为伤害病人比伤害健康的生命更凶恶、更残忍，握持治疗的技能与知识，不救治有病或不健全的生命，反而伤害（不管是有意伤害还是无意伤害）他们，这就是重叠的罪过和重叠的恶。如果因为市场的失控，人道被挤压、巧取豪夺，或是利用法律的缺失，为牟利而伤害病人与社会，就构成医学的恶，那是不可容忍的。医疗市场化极易导致大恶。

恶的激情和引诱每时每刻都在争取我们，为毁灭上帝的创造，在我们生命的土地上撒播死亡的种子，恶永远为终止生命，它与疾病的目的或作为是一致的。疾病反衬健康的可贵，疾病的恶只能导致死亡，即使战胜了疾病，我们也无法逃避死亡；但我们可以用爱战胜恶，使死亡脱离恶；用爱和善改变死亡的形式与情境，改变死亡的语言与意义，那原是神所暗示我们的。生命的王国是一个完整的乐园，但疾病的恶企图破坏它，并且毁灭生命的事业；而我们用医学的信仰与科学技艺抵挡这种恶行，神学制造"获救"与"复活"，医学解除肉身的痛苦，最后用一种后现代的"死

---

① 刘小枫主编：《20世纪西方宗教哲学文选》（上），上海三联书店1992年版，第324页。

② 同上。

③ 同上书，第325页。

亡”，使最终肉体的毁灭（这是不可避免的）成为“安乐”，这是一种真正的生命王国的结构，是人摆脱“恶”后的“归家”。

保罗·利柯[①]将恶的象征分为忏悔型、神话型和思索型三种。人的忏悔被罪错的心理所驱动，为生命的最原始象征，是奴隶意志的外化，这种“最分化、最微妙、最内在”的负罪体验，还没有特定的语言中介；它形成的语言具有“无识别力、含糊多义、令人反感”的特点，淋漓尽致地显现了人的最集中的肮脏心理并同时被内在的不断反悔所折磨的生命过程。亚当的神话发育了基督教“恶”的隐喻，使《创世记》从“恶”导引人的生命延异的流程。利柯通过罪的原始体验所暗示的神话去理解亚当神话的双重结构：一个人与一个行为。编写《圣经》的耶和华派，“是在有关不服从禁令而被逐出乐园的一对夫妇的非常原始的神话中，衍生出由一个祖先去代表不同种族集团的观念”[②]。亚当吃了禁果的行为使一个清白时代永远结束，人类带着欲望，带着罪恶，不断被诱惑所征服，并经常在诱惑面前进行有限的让步，获得暂时的自由。生命顿时丰富起来，神人关系有了伦理内容，人的灵魂与肉体，从此被导向俄耳普斯式的净化和神哲学的大门。

原罪是受难和受惩罚的理由，基督教说服人要在生命的过程中学会“禁止”，禁止使我们的生命有意义。医学中的“恶”，来自于疾病，最后与死亡相连接；我们经常遭遇“死亡”的威胁，它是最后最彻底的“罪”的报应，“不应这样”、“不要这样做”等不应该的伦理都来自于这种威胁与报应意识，象征就是思想，“不许”使我们不自由。

> 禁止的严重性、分量都来自“否则，你就要死”。因此，禁止本

① 保罗·利柯（Paul Ricoeur，1913—2005），当代享有国际盛誉的法国哲学家，曾就读于巴黎大学，获哲学博士学位。第二次世界大战期间被俘，在德国集中营里潜心研读马塞尔、雅斯贝尔斯与胡塞尔登人的著作。1948 年后相继任教于法国斯特拉斯堡大学、巴黎大学、比利时鲁汶大学与美国芝加哥大学。20 世纪 60 年代前，他的研究以存在主义和现象学为主，提出意志现象学学说，成为法国现象学的权威。他的主要著作《意志哲学》运用现象学和象征学的方法，探讨了意志和非意志的相互作用，以及人的罪错性问题。后转入解释学研究和语言研究，与伽达默尔并称解释学的两位大师。主要作品有《弗洛伊德和哲学：论解释》《解释的冲突》《隐喻的法则》《行为语义学》以及《意志哲学》；《恶的象征》为《意志哲学》第 2 卷《有限和有罪》的第 2 册。《恶的象征》中文译本由上海世纪出版集团和上海人民出版社 2003 年出版，公车译。利柯又译里克尔，于 2005 年 5 月 20 日因心脏病在巴黎南郊逝世。

② 请参阅［法］保罗·利科《恶的象征》，公车译，上海人民出版社 2003 年版，第 8 页。

身预期了受难的惩罚，并且，禁止的道德强制本身就戴着情感的面具。禁忌无非是由于禁止而从情感上对惩罚的预期和防范。因此，禁止的力量——就它提早产生害怕而言——是一种令人难以忍受的力量。[①]

医学是针对罪与解救这一组疾病象征的理解的，疾病所导致的痛苦、煎熬、折磨、生活秩序的被破坏，都渴望通过治疗得到中止；“上帝啊，赦免我的罪吧！”有病的基督徒哭喊着，带着原罪和后罪的悔改之心，祈求被放逐后的另一种赦罪，即治疗疾病；“血是生命”[②]，用血通过灵魂，即在“祭牲生命”的赎罪仪式中，“病人”带着悔悟的内心认为，代表他的祭牲的死亡可替代他的死。医学就是这个“祭牲”的仪式，它带有全部的“救赎”特征。医学把避免或逃离死亡作为目的，如果非要死，无奈地把死亡化为一种安乐，这是哲学价值论的成就。神学曾经十分犹疑，因为这毕竟是结束一个人的生命。是恶还是善，大多数基督徒一时还难以判断。当生命体已经失去了基本的质量，甚至已经进入无法称为“活着”这一阶段时，尽管我们向往生命久长，但如果我们一直处于极度而又无法解除的痛苦中，是否可以求助于医生为我们施行“安乐死”呢？是否可以把死亡的恶由此变为死亡的善呢？如果我们果真不能持守真有和福乐的肉身之躯，而又不能即刻结束生命，是否可以借用技术使生命提早进入死亡？假如我们的医生用一种简洁、节约、快速、舒适或充满快感的方式催促我们死亡，这能否说是远离恶？[③]

三　公平与效率

人生而平等。对平等的追求是人类的一种精神，包括罗尔斯“差异原则”即如何有利于最少受惠者的正义理论在内，是医学社会的伦理内核。卫生法律必须保证“无知之幕”下最弱者的健康利益选择与保健权利充分享有的可能性，这一伦理目的的实现需要通过立法来表述，正如马克思所指出的：“立法者应该把自己看作一个自然哲学家，他不是在制造

---

① ［法］保罗·利科：《恶的象征》，公车译，上海人民出版社2003年版，第34页。

② 《申命记》12：23。

③ Wayne G. Boulton, Thomads D. Kennedy, and Allen Verhey, *From Christ to the World* (William B. Eerdmans Publishing Company Grand Rapids, Michigan, 1994), p. 383.

法律，不是在发明法律，而仅仅是在表述法律，它把精神关系的内在规律表现在有意识的现行法律之中。”① 正义理念的三项基本原则主要是围绕平民权利的价值展开的，合理性原则、民主原则和道德限度原则都是为追求人民的正义，而法律的强制性特征必须由道德加以证明。

卫生经济政策的制定首先应考虑伦理学的通约，在政策方案的选择上主要应侧重于医学伦理学标准；其次是对这个方案进行社会经济成本和社会经济效益的分析与评价，尽管这个评价是一个系统化过程，可以不分先后，但伦理学原则应该是压倒一切的。这在经济学中可以被称为选择理论，它是卫生经济政策分析的理论基础之一。选择理论和公平的目的基于四个不证自明的公理：生产资源稀缺并有限；同一资源可有许多不同用途；人们因需要不同而要求各异；资源分配因过程复杂，干预因素过多而常常出现偏差。选择有若干标准，如效率、公平、稳定等。

公平的概念是经济学从伦理学移入的，按不同的解释，公平或指收入分配的公平，或指财产分配的公平，或指获取收入与积累财产机会的公平，它们全都涉及价值判断问题。公平并非收入的均等，而是获取收入或积累财产机会的公平，如享有医疗保健机会的均等。只要在市场竞争中“大家处于同一起跑线上”，各自按着自己的能力与努力程度参与竞争，尽管结果可能千差万别，但出发点相同，这就是“公平”；当然，不同的人由于家庭背景不同、受教育程度、居住地区、身体条件、遗传与天赋、获取收入或积累财产的机会并不一样，即使在同一起跑线上，也很难做到公平。这就须采取其他的平衡措施和福利政策补足那部分缺口，但必须有一个前提，即每个人“都按自己能力与努力程度参与竞争”。对公平的理解必须有充分的依据。因为它涉及价值判断，即道义上的是非标准。从伦理学角度分析，收入分配的均等或财产分配均等并不是道义上的公平。不考虑以何种方式、何种渠道、付出多少、其基本需求如何去均等地分配收入，恰恰是不公平的。譬如，在门诊和急诊中，让急性心肌梗死的病人与感冒的病人一起排队待诊，就不能称为公平。既避免“平均主义”又注意道义允许的差距，既摒弃收入分配均等又体现“多劳多得”，制定一个合理的差距允许限，这是卫生经济伦理学所必须解决的。

新福利经济学和洛桑学派的创始人之一，意大利经济学家帕累托的

① 《马克思恩格斯全集》第1卷，人民出版社1956年版，第183页。

“最优状态”即是新福利经济学的重要分析工具之一。“最优状态”是指生产资源的任何重新配置，已经不可能使任何一个人的境况变好，也不会使另一个人的境况变坏的状态。如果社会变革能使每个人的福利都提高，或者使一部分人的福利提高且没有人的福利下降，这种变革是可取的；反之，如果社会变革使每个人的福利都下降，或者使一部分人的福利下降，另一部分人的福利提高，这种社会变革也不足取。帕累托最优状态是一种静态的理想的伦理状态，资源最优配置，产量达到最高水平，产品分配也能使社会全体成员达到最大满足，这显然是不可实现的，但它却指明了一条市场经济合理性的途径。旧福利经济学应用了边沁的“幸福最大化”的功利主义伦理思想；新福利经济学则以“一般均衡论”、“最大社会福利的最适度资源配置”表现“最大效率”和“最优状态”，由此，福利经济学者则把研究重点集中于“经济效率是最大的社会经济福利”问题上。新福利经济学的伦理命题是：个人——不是别人——是他本人福利的最好判断者，即一个人的福利图（Welfare map）可以说是他的偏好图（preference map）；社会福利取决于组成社会的所有个人的福利，而不是取决于其他任何东西；如果至少有一个人境况好起来，而没有第二个人的境况坏下去，整个社会的境况就算好起来了。一个社会在发生经济变革后，都会使一部分人受益而另一部分人受损，因此，国家应通过财政、价格、税收等政策，让变革的受益者补偿受损者，使受损者福利水平不变，受益者仍有剩余作为福利的提高，这种变革就是成功的，这项“补偿原则”也同样适合卫生医疗改革。

资源最优配置和收入均等化是增进社会福利的两大途径。资源的最优配置有一个条件，即必须克服外部效应所引起的资源配置低效率状态。当生产和消费无意识地给其他人带来成本或效益时，外部性效应（external effect）就发生了。成本或效益被施加于其他人，而这一“其他人”却没有为此付出代价。如果一种活动的私人成本超过社会成本（或社会效益大于私人利益），这种活动就产生了外部经济；反之，社会效益小于私人利益，这种活动就产生了外部不经济。经济活动的外部性是经常发生的，尤其是公共物品与劳务的生产和分配，公共物品与劳务的效益不可分割地被扩散给全体社会成员，并且不对其他人产生外部效益或外部成本。公共物品与劳务可以有正外部效应，也可有负外部效应。外部效应是伦理经济学问题，因为无论其正负，结果都会对社会造成道德影响，在完全竞争的市场条件下，卫生服务提供者以自身利益最大化为目标，不可能认真考虑卫生经济活动的社会成本和效益，很可能会导致资源配置的低效率，政府就必须以公共选择理论为依据进行干预，矫正外部影响，沿着区域卫生规划指出的目标和方向，以社会卫生保健和基本医疗为突破点，强化卫生全行业宏观调控与管理，使社会成本与私人成本平衡，使社会效益与私人收益平衡，实现卫生资源的最佳配置。

当我们思考、证明应该做什么和怎么做时，就要提出为什么这样的问题了。人类在行动之前必先有个判断，判断和行动不能分开，达到某个判断是一个推理过程，证明这个判断和所采取的行动也是一个推理过程，在这个推理过程中所引用的理由往往就是道德规则，而要证明道德规则的正确所引用的理由就是道德原则。原则比规则更普遍、更基本，是行动规则的基础。

公正原则是“根据对社会的贡献分配”规则的基础。公正原则是卫生经济伦理学核心的基础原则。

公正概念与“应得赏罚”相联系，狭义的公正概念是指分配公正，是指社会收益和负担的合理分配，对非治疗性受试者而言这是一种分配的负担，得到的研究资助就是分配的收益。

公正原则分为公正的形式原则和公正的内容原则。公正的形式原则是，相同的人相同对待，不同的人不同对待。公正的形式原则就是形式上的平等原则，它是形式的，因为它没有说明在哪些特定方面应该对相同的人相同对待，它只是说不管什么方面，在这些方面相同的人必须受到相同对待，但是公正的形式原则没有说明哪些方面的不同是重要的。公正的内容原则是，规定一些相关的方面，然后根据这些方面来分配负担和收益，究竟根据哪些方面进行公正分配，人们提出过如下分配原则：根据个人的需要；根据个人的能力；根据对社会的贡献；根据取得的成就，等等。马克思主义的经济学语言通常强调需要，可以称为需要原则，即根据需要分配就是公正的。但如何定义需要呢？不能认为需要是一个无限制的个人偏好；一般来说，某个人需要某种东西，是指没有它就会受到损害。需要原则和形式公正原则结合起来，则可以实现经济伦理上的公正。就是说，有同等需要的人，在满足需要方面应该同等对待，对有不同需要的人应不同对待，如两个病人需要相同的药，但根据病情他们需要的量不同，就分配各自所需的量。

然而，我们却不能对所有的同等需要都做到同等分配或按需分配，在医疗保健方面尤其会受到资源不足等方面的限制，我们只能对基本需要有条件地、尽可能地这样做，如初级保健、基础免疫、计划生育等。没有这些，人们就会受到损害。在医疗中必须区别基本的医疗保健需要和非基本的医疗保健需要，毕竟目前不是每个人都可以享有核磁共振检查、肾移植、体外授精、美容手术、高档病房等这些治疗或待遇的。这一点对于公费、保险制、其他形式的社会福利制都很重要。对于非基本的医疗需要，可以根据个人支付能力来分配，至于个人支付能力的大小不等，是另外的社会公正问题，也更为复杂。

在卫生资源的宏观分配和微观分配中，尤其在涉及稀有资源时，微观分配就可能会产生难题，如“当不是所有的人都能活命时，谁该活下去”？这个问题不是由病人决定的，而是由医生或其他人为病人决定的。可以提出这样的要求：（1）制定一些规则和程序，用这些规则决定哪些人属于可以得到这种医疗和程序范围内的，可按年龄、成功的可能概率、预期寿命、医学需要标准进行初筛；（2）再规定一些规则和程序，对初筛后的人再参照一些社会标准，如病人地位、影响、作用、过去的成就和潜在的贡献等作出选择。

公义原则在经济伦理学中是公正的变体，罗尔斯把他主张的正义称为“公平的正义”（Justice as fairness）。正义原则是用来分配公民的基本权利和义务的，是划分由社会合作产生的利益和负担的主要政治和经济制度。在罗尔斯看来，人们的不同生活前景受到政治体制和一般的经济、社会条件的限制，也受到人们出生伊始就具有的不平等的社会地位和自然禀赋的深刻而持久的影响，而且这种不平等又是个人无法自由选择的，这种不平等就是正义原则的最初应用对象。换言之，正义原则就是要通过调节主要的社会制度，从全社会角度处理这种出发点方面的不平等，尽量排除社会历史和自然方面的偶然任意因素对于人们生活前景和经济状态的影响。同时罗尔斯认为，各方将选择的原则是处在一种“词典式序列”（lexical order）中的两个正义原则，第一个是平等自由原则，第二个是机会的公正平等原则和差别原则的结合。显然，第一个原则优先于第二个原则。第二个原则中的机会公正平等原则又优先于差别原则。这两个原则的伦理学含义是：完全平等地分配各种基本权利和公民义务，同时尽量平等地分配社会合作所产生的经济利益和负担（允许不可避免并在道德上容忍一些差别），坚持各种职务和地位平等地向所有人开放，只允许那种给最少受惠者带来最大补偿利益的不平等分配，任何人或团体除非以一种有利于最少受惠者的方式谋利，否则就不能获得比他人更好的生活。罗氏表示了对“最少受惠者”这一阶层的偏爱，颇有人道主义传统风范，他的“公平的正义”正是从实际出发，观照社会中各个角落，为社会经济机器布设了一个阿基米德式的支点，其理论始终体现和沉浸于“公平的正当”（rightness as fairness）这一道德观中。

公正原则又常常与公益原则相辅相成，公益是公正的前提和条件，要保证伦理上的公正就必须使公共利益不受损害，任何单位和国家，包括全人类的资源都是有限的，如何在照顾公共、公众利益的同时又做到每个人享有极大的公正，这是个难度很大的卫生经济伦理学问题，是进行卫生经济决策的重要理论依据，也是规范卫生行为的重要原则。国家利益至上，是国家经济干预权力的基础，而只有恰当的国家干预，才能保持卫生经济秩序的建立，也方能实施诸如财政补偿、社会福利政策。经济秩序并不一定以绝对的个人自由为最优，社会主义的经济伦理有时必须用“义”的价值观抑制自由放任的求利行为，这个“义”在大多数情况下是公益的概念。公益也有利他主义的内涵，它是对极端自由的制约前提，也是对卫生经济秩序重新安排的正当性的条件。任何集体和社会成员都不是孤立存在的，他们或它们必须在社会活动中对社会和他人尽可能地作出贡献，才有权利享用他们或它们所应享有的利益，因此，公共利益将包括每个成员的利益，但它不属于任何个人，而是大家的、公众的。

公平与效率的关系是卫生经济伦理关系中的第一关系，是黄金关系和巅峰关系。效率与公平无疑都是应当实现的政策目标，但中国到 1997 年也只有 140 亿美元的年度卫生费用，人均 12 美元，在人类发展指数中的排序（HDl）为第 106 名，卫生经费开支仅占 GDP 的 3. 8%，是美国的 1/64. 5，美国人均卫生费用是我们的 292. 25 倍，连印度尼西亚的人均经费还比中国人多 2 美元。而这笔占全球1/100的卫生费用在今后的若干年内不会有较大的增加，其原因是中国经济发展的实际需要和资源的严重短缺造成了巨大亏空，国家无力再从其他业已形成的项目开支中“借款”给卫生事业，那样将会使国民经济遭受损失，经济发展一旦受到影响，国家将会受到意想不到的伤害。虽然有些学者对卫生经费紧缩发表了许多建设性的意见，而且是有理论依据的，但各方的压力和限制，业已形成的发展和投入格局是很难发生改变的，这种困境只有通过卫生经济制度进行改革，依靠各方，包括公民在内的力量来摆脱。如此，总投入已成为假设不变的常数，而作为两个变量的效率和公平又不能同时得到发展，只能优先效率或优先公平，否则既没有效率，又不可能实现公平。

在卫生经济伦理语境中，有必要对效率和公平的特殊性进行探讨并予以重新定义。

卫生经济活动的特殊性应给予下述注释：（1）在市场经济条件下，一般行业经济活动的效率是市场效率，即可以在市场机制下实现的效率，但由于卫生事业永远不可能完全市场化，其效率主要是资源利用、分配和服务的效率，主要是政策的效率。医疗服务提供的垄断性、服务价格的计划性和福利性、服务产品的公共性和外部性、生产和消费在时间和空间上的基本同一性、服务市场的可及性和需求的稳定性、卫生服务的非营利性等，是不受市场机制调节的，而必须接受政府的干预，其政策导向和决策作用都表现了这种特殊性，卫生服务、部分消耗品和人才、部分股份制、私有化医院可以借用或使用市场机制来提高其效率，克服计划经济中的严重缺欠，但只是放开部分，而不是、永远不是整个卫生经济系统，任何一个国家都不会允许其在自由市场中放任自流。（2）卫生领域中的公平，体现于卫生服务产品在任一地区、任一人群中分配的合理化，以及人们在享受基本医疗服务方面的合理化。对这种公平的伦理评价也主要分析卫生服务产品的提供是否满足不同地区、不同人群的基本需要，他们享有医疗保健的机会是否均等，基本医疗服务的差距是否满足了基本需要，并呈逐渐缩小的趋势。卫生领域中的公平，不仅要求机会的公平，而且要求结果的公平，特别是结果的公平。（3）卫生经济活动的劳动成果具有特殊的形式和性质，很难用价值量大小来衡量。（4）卫生服务效率的高低，不直接表现为经济效益的好坏，也不以营利率为标准，而是以提高社会效益为最高原则的。（5）卫生服务注重的是分配效率，而不单纯追求技术效率。卫生系统不可能也不应该组织大规模的生产，医疗技术和设备、人力均不能满负荷运行，更不能只追求高新技术的使用率。卫生服务效率的提高，从宏观运行上看，主要通过资源的合理分配和国民收入的再分配，是以提高居民的支付能力来实现的，技术效率是次要的。（6）医学科学技术的研究、教育和各种继续教育培训不同于任何一门学科，在卫生经费不足的情况下，只能由国家负担这部分为数不小的花费，否则卫生事业就无法发展。

中国对效率与公平关系作了总体纠正，提出“效率优先，兼顾公平”的指导性经济发展方针是符合市场经济体制的要求的，但卫生事业的发展却不能等同于一般的经济活动，经过卫生事业相当长一段时期的发展，在很多地区和大部分城市，“医疗两难”的状况已得到解决，卫生生产力已经进入一个可以提供满足人民需要的服务产品的阶段。现在，我们一方面是卫生资源不能得到充分有效地利用，相当地域内人民的需求不足；另一方面是贫困地区和大部分农村仍旧得不到基本的医疗保障，而且又出现了一批无钱看病、没有任何医疗保障的人群。在1987—1997年里，全国患病人次增加7.1亿，达到50亿，每10人中就有1.3人患有医生明确诊断的慢性病。居民患病而不能就诊者达48.9%，应住院治疗而无法住院者达29.6%；城乡两地患病因经济困难未治疗者达四成，居民收入的增加远远低于医疗费用14%的上涨水平。门诊就诊人次数下降了15%，住院人次数下降近10%，病床使用率下降20%，无医保者就诊率降至8.6%。有近75%左右的人口没有任何保险形式来保障他们的基本健康，他们只有全部自费来应付疾病的侵害，而有限的收入却使他们只好在日益昂贵的卫生服务和产品面前望而却步。全国居民一年医疗负担达6000亿元，占GDP的5.4%，全国有近三成的家庭因病致贫。在人均医疗费方面，1993年全国劳保医疗人均费用为380元，公费医疗为281元，其他人均费用仅15元。缺乏有效的保障体系，过度强调医疗机构外延，医疗费用上升过快，过分强求“大而全”，发展规模失控，盲目搞等级竞赛和设备攀比，忽视基础和基本医疗保健及以预防为主等，都是这种局面出现的原因；而这种局面又进一步造成资源的大量闲置和浪费。如果再不顾现实，依然追求效率优先，只能造成更大的不公平。欧洲的德、英等国是在发达的资本主义经济和国民平均收入水平很高的情况下，反思“社会保障搞过了头”的，这些国家出现了社会福利发展水平超过本国经济发展水平的现象，发生了“福利制度危机”。而我们20世纪90年代一直在3.8%—4.1%（占GDP）之间徘徊的卫生经济总费用水平，难道也面临着福利制度危机和社会保障过头的问题？我们甚至低于印度的6%，距世界卫生组织提出的5%还有一段差距。广大贫困地区、无职业、无收入的城镇居民，农村合作医疗覆盖面17.59%（1996年）以外的农民，如何享受社会制度的优越性和经济、卫生事业发展所带来的利益？基于上述分析，中国的卫生经济发展的指导性方针应该是：**公平优先，兼顾效率**。

“公平优先，兼顾效率”，不是不要提高效率，而是应更切实地促进效率。在卫生经济活动中，如果“公平”的调整已经到了一个相当的水平，国家的经济有了一个较大的发展，医疗保障制度基本完善，为了卫生事业在一个更高的层次上发展，可以“提高效率，促进公平”，也可以“效率优先，兼顾公平”。不谈公平，仅以效率为核心的经济学已无法指导中国的改革实践。公平与效率，二者不一定非存在矛盾，也不是一种简单并列的关系，何者为先是一种价值选择，而不仅是时序问题。价值判断贵在选择有用性，任一原则都是后一原则的前提和基础，在卫生经济领域，有时公平本身就是效率，我们必须对新的制度予以社会公正、公义、公平的信仰支持，否则我们将失去自我。伦理学对决策的期望永远是公平至上，效率自在其中。①

“发展”是有条件的，不是绝对的，有时是错误的，特别是以牺牲环境、牺牲公平、牺牲道德文明换来的发展只能是历史中的“恶”。奢侈医疗消费市场正在引发嫉妒与强烈的仇视心理，两极分化的医疗保健背景加注了动乱的祸水，过分的医疗权利排斥加大了医患、患患之间的张力，有时，和谐的构建语词只是一种对于隐蔽的、内在的、日益酝酿的冲突的险恶境况的掩饰。

作恶多端的规程被用来为买卖医院提供理由，错误地理解和效法美国等国家的非营利性私立医院的模式；制造不合理的卫生经济秩序，扩大不法利益分配体系，医院管理制度既无道德又无法律保障与监督；政府、集体与个人都潜藏着“海恩法则”所表明的责任缺失。医疗纠纷逐年上升，有些甚至已转成暴力形式；药械商、广告商、部分医务人员和官员等结成一个个利益集团；我们在卫生事业的发展中，正在扩大已经十分严重的不均衡，正在急剧扩大贫富之间的差距。忽视科学理论、科学思想、科学文化和科学精神，忽视伦理学与哲学在建立科学人生观中的价值；名不符实的、浮华的、超大规模医疗机构建设与投入，轻视人的医学道德教育、法制教育和医学道德精神的发扬。这都值得我们反省与警惕，如果我们忽视这些问题，最后只能收获失败，成为人民健康和医学科学的罪人，将被后世所唾骂。

---

① 孙慕义：《后现代卫生经济伦理学》，人民出版社1999年版，第217页。

公平的德行是生命的源泉。一个民族的制度伦理规范如果不符合他们的道德理想，甚至是实现至善的障碍，就必然会发生新旧道德的冲突。在历史作出最后裁决之前，人们实际上已经开始酝酿或接受新的观念和生活方式，对于公道、正直、忠诚、纯洁的追求，正是他们的伦理选择，因为这种选择陈明了他们的信仰以及对未来世界的向往，这种选择同时能够把他们带向自由。

效率是一个经济学范畴，是指资源的有效使用分配量，可分为“微观效率”和“宏观效率”。微观效率指的是机构的效率，比如医生、医院有积极性提供更多的服务，少花钱治好病等；宏观效率指的是社会的效率，也就是全社会以尽可能少的投入生产更多的“健康”。在医疗领域，宏观效率和微观效率有时并不一致。一般来说，公共卫生和疾病预防投入多了，国民健康水平就会提高，但这些是市场上的医院不愿意提供的。而且，预防做得越好，患者会越少，医院收入就会下降。如果仅强调医院的效率，那么医院应该多提供服务，甚至过度的医疗服务，这可以提高医院的收益，但全社会的健康指标未必会提高。例如有些投入对人或社会是有害的，如胎儿性别诊断、某些失控的生物技术等；盲目购入设备、仪器而发挥不出作用，效率很低，又占用了大量资金；不同种类的资源富缺不一，投入缺少而闲置积压的资源，其效率也低。因此，应设计保障宏观效率和微观效率一致的制度安排，对医疗卫生服务的成本—效益进行充分的研究。

公平，既是经济学概念，又具有深刻的伦理学意义。健康公平也是起点公平，人没有了健康，即使有再多的机会也没用。对于公平的理解，不管是卫生资源分配，还是个人权利满足的程度，都涉及价值判断问题。价值判断，即道义上的善与恶、是与非问题。每个个体的条件不一，需求程度千差万别，如果决策人均等地分配权利，结果就是不公平的。用这个原理解释安乐死和“放弃治疗”，是出于公平、公正和公共利益的原则，这是当代价值论、功利主义的伦理成果。

公平优先，兼顾效率。其理论及现实依据是：第一，卫生事业是国家中具有特殊性和显著道德化特质的行业，在卫生领域中公民享受卫生服务产品和基本医疗保健的机会均等应被看成是一种神圣不可侵犯的天赋权利。第二，在卫生领域，“效率优先”会导致人类社会公平性的破坏，高效率的车轮将把人类社会公平的理想辗碎。第三，社会发展必须有和谐稳定的环境，必须使人人都能享有最基本的“保留福利”。健康是一个民族繁荣昌盛的重要标志，在卫生服务产品的分配中，“公平优先”应该是长期的方针。第四，卫生经济活动有很大成分是由国家干预的，它的伦理性不允许将其完全市场化，相当数量的劳动者和弱者不可能获得哪怕是基本的卫生产品购买力的二次分配，对于这种公平，医疗机构与市场都是不可能解决的。第五，“公平优先，兼顾效率”正是体现“低水平，广覆盖”原则和实现“人人享有卫生保健”目标的基本保证。

究竟如何协调并制定出有效而公平的政策，经济学者有四点意见：第一，效率和公平是要达到的政策目标，但二者都不是具有根本性质的社会目标；第二，公平既不是指收入的均等化，也不是指财产的均等化；第三，医疗制度改革必须与绝大多数人的利益、平等医疗的权利相一致；第四，要研究医疗享用的社会平等综合满意度及其危重病界值。以上四点也是卫生事业发展中最具伦理学意义的要素。

四　道德风险与医疗保险

道德风险与医疗保险中的道德问题是卫生经济伦理学关心的又一个重要课题。道德风险（Moral Hazard）是一种人为的无形的风险。它有两种类型：一种是被保险人参加了保险之后导致思想上的麻痹和依赖保险的心理，反而降低了其防范风险的努力，从而提高了风险事件发生的概率；另一种是指被保险人企图从保险赔款中获利而故意造成风险事故或在风险事故发生后扩大损失程度、不采取挽救措施等。虽然保险条款明确规定，因觊觎保险合同上的利益而造成的人为风险事故和在风险事故后加大后果，保险人不予赔偿，但是，在现实生活中这类现象仍时有发生，有的来自于医务人员，有的来自于患者及其家庭或其他人。

医疗保险是解决医疗资源分配和公平享有医疗权利的重要途径。自20世纪80年代中后期有关部门对医疗保险制度改革进行试点以来，针对城镇医疗保障领域内的矛盾和问题，探索性的医疗保险制度方案大致可分为三种类型：第一类，经费统筹型。其主要做法是扩大医疗保健经费统筹面，强化其社会调剂功能，把“企业自身保险”改为“行业自身保险”或“地区性统筹保险”。第二类，定额包干管理型。主要做法是按照企业中享受医疗保健的职工人数和年人均费用定额，将经费全部拨给医疗服务单位包干管理或者把医疗费用与职工个人利益逐步挂钩。第三类，建立保险基金型。主要做法是职工个人和用人单位定期缴纳一定的医疗保险费用，保险机构与用人单位和职工共担风险，其形式有意外伤害附加医疗保险、住院医疗保险、统筹式住院医疗保险、公费劳保医疗保险等。但在现实中，最大的问题是医疗保险受到个人或单位经济收入、社会地位和居住地区的影响，来自社会福利分配和企业支付、个人承担的保险费用结构十分繁杂，受许多因素的控制而无法使医疗权利人人都平等地享用。因此，我们走出困境或“医学危机”的关键在于卫生改革投入的多寡，如何按大多数原理逐步实行国家模式的保险，这其中一部分是经济学的，另一部分则是伦理学的或其他方面的难题。

1. 必须通过我们的文化来认识权力（权利），我们在维护医学权力的同时，必须尊重个人的不同文化境遇、与病人在知识占有上的不平衡以及各自在文化上的差异。

2. 尊重文化的差异是由客观事实和科学事实证明的，这个差异的存在，造成人的医学需要差异和对于卫生政策理解与接受的差异，从而使同一行为产生不同的医疗或健康心理满意度。

3. 医学权力、医生权利与病人权利冲突是一种文化冲突，利益冲突只是一种制度或法律面具，不能因为显现形式或激烈程度的不同，或者情感指数的差异，而采取不同的对待方式，从而导致不公正的后果。如果用韦伯的责任伦理来分析，应当是：（1）现实医学社会和事故或纠纷本身在伦理上是非理性的，而在解决和疏导时，我们却必须承认客观世界是一个道德理性的有机体，应尽可能使事件合理化与道德化；（2）在医疗现实中，愿望与后果经常是一种吊诡的关系，善的愿望不一定带来善的结果，有时会带来恶的结果，故应从后果与愿望（意图）的复杂关系上评价医生的行为；法律和政治或制度的裁决必须理解医生的处境；不能受患方情绪发作强度的左右；（3）在现实医学生活中，特别是发生医疗纠纷医患冲突时，当事人必须对自己的伦理与法律行为的可预见后果负责，反对将后果责任委诸他人、社会，即反对只要愿望与行为正确就可以不考虑责任与后果的态度；（4）在现实社会与医疗行动中明显存在目的与手段之间的紧张关系，其原因是善的目的往往要凭借道德上被病人理解的手段来实现，如何化解目的与手段的紧张而达到中道，则是临床医学最高的艺术。

4. 生命伦理与政治和制度伦理不同，政治与制度存在外在的强制性力量，我们一方面服从于制度伦理，另一方面，我们必须影响医疗卫生的政治与经济制度改革。

5. 现实的世界具有明显的不完善性，显示的制度，特别是卫生体制已经溃烂和崩塌，此时，作为医疗机构如何为国家的政治目标和公民的健康权利作出应有的伦理奉献，甚至牺牲自身的利益，也要为维护人民的生命权利尽职尽责。

6. 现实医疗社会错综复杂，并处在流动与变化之中，很难确立不变的行动原则，我们必须以复杂的思维、高超的智慧处理具体的医疗维权事物，并在坚持根本原则与立场的情况下灵活变通地解决突发的异常的医疗纠纷事件，而不能简单地敷衍。

7. 医疗机构与法律工作人员必须具备切实的热情、鄙视物质利益的诱惑、超越虚荣心、对人与事保持应有的距离，这样才有资格也才有可能解决、调适医务活动中的道德难题和关系。

公共卫生与保健、疾病控制、预防、环境与生态监控和改善以及食品监督工作蕴含着最大的伦理价值，是一个民族与国家文明水平的标志，我们的政府是否被公民信任，就要看其在这些活动中的道德指向、政策体制以及法律建设与执行中的行为。健康权利的维护，除考察各级政府对公共卫生的投入比率外，还要看我们各类人员的道德风貌、执法觉悟和公共卫生以及对人民身心健康的高度责任感。医疗水平不是一个国家的健康水平，它并不与人民的长寿或健康指数成正比，我们的身心发展、寿命长短、体魄素质与公共卫生、经济发展、文化水平密切相关。我们应当感谢医疗学会从事预防医学和公共卫生工作的会员们，他们为共和国的卫生与保健事业作出了卓越的贡献。我们必须从根本上扭转以医疗为中心而轻视预防事业的心理，这就是我们的政策哲学与生命价值伦理。

我们必须与寒冷作斗争，接受痛苦的威胁，最后才会孕育出生命的花朵。后现代克服了言语的禁忌，冲破了文化区域的限制，打破了分界权威的压力，在专业格栅外争取知识合成的自由。汉斯·昆、巴特和蒂利希对后现代主义进行了回应，从破坏性走向建设性，创立普世主义与全球伦理，表现了文化的后现代大觉醒与新的历史断代的伦理精神。他们将伦理生活世界的行为观点和经济学严格的经济行为模式一体化，他们不认为经济是一种道德中立主义，而是一种文化的特殊创造；离开文化的经济就是野蛮与未开化的欲望满足，包括早期文化的不确定性、无序性、反中心主义、随意性、反文化传统的倾向都不应成为后现代主义的特征。我们的法学、伦理学与哲学从没有失去理想与关怀，始终用爱应答市场经济潮汐所带来的道德危机，结合人类文化或哲学的反省，在怀疑、否定、瓦解元叙事的过程中，把生命科学的合法化危机作为第一个“后问题”接替已经崩溃的陈旧的科学合法化理论；人类用新的伦理理论与崭新的价值系统适应与牛顿时代迥异的科学年代。伦理学用其特有的思想遗存对危机伦理和生命科学的风险伦理解释与解决后现代科学研究方式与内容，借用库恩和费耶阿本德的历史理论去界定生命科学日益繁荣、瞬间跨越以及脱逸人类传统思维习性的新时代。在后现代时期，存在两大合法化神话：人文独立解放思考与对整个知识体系进行纯思辨式的思考，被称为“国家神话元素”的这两种构成模式也作为后现代生命神学的叙事原型被我们所接受。后现代的生命法哲学并不同意现代主义原型政治的使命感被革命姿态所消解，被极端现代主义所推崇的深度、焦虑、恐惧与永恒不但没有消失，而且已被后现代伦理学更新、继承与传递；哲学后现代主义从来就没有与艺术后现代主义同步。精神分裂式的后现代伦理学为寻求一种生存之道，在自由经济模式结构的压迫之中，生发出一种全新向往，同时也招致了文化末世的冲突与一系列矛盾。唯独道德哲学可以在这一复杂的关系网络和相互矛盾的语码中进行新的价值定位。后现代生命伦理学纠正了意义的不确定性、历史淡化、时空倒错、中心瓦解、深度与距离感普遍消失的倾向，后现代生命伦理学使人类恢复对文化的信任。

后现代时期被体验为是一种在危机中穿行的生活，后现代生命应该能够解决人类生活中的一些困境，纠正矛盾之外的矛盾，缓和由于不确定性和谬误而产生的深刻的道德痛楚，尽管许多情感与思想的混乱还将继续存在下去，但生命伦理学、哲学与法学所拥有的后现代智慧却可以修复由于价值颠覆和秩序紊乱所造成的人类心灵的各种创伤。零和（zero-sum）游戏①不再重新进入我们的生活，我们将在道德的黄昏以道德复兴的精彩启示降下帷幕。

---

① 请参阅［英］齐格蒙特·鲍曼《后现代伦理学》，张成岗译，江苏人民出版社2003年版，第288页。“零和”游戏即无意义、无价值、无效的试验，作者认为，后现代栖息地没有为依据后现代智慧的行动提供机会，诸如集体福利和其他全球化行动已经名誉扫地、被颠覆或者被遗失殆尽。

伦理学的后现代方法的新颖之处最重要的并不在于放弃有特性的现代的道德关怀，而在于拒绝从事道德问题研究的传统的现代方法（即用政治实践中的强制性的、标准的规则和在理论上进行绝对性、普遍性、根本性的哲学追问作为对道德挑战的反应）。①

对于后现代主义思维来说，爱不是一个稳定的因子，

对伦理立法者来说，把爱的自然倾向提高到一种抽象原则的高度，并且因此号召行为者遵从这些原则而不是他们的倾向，仅仅达到这点：死后可怕的爱的幻影；用爱的刺针，对尸体通电（使其）变成曾经由爱的冲动所鼓动的生命体的行动的神奇模仿。②

爱是否被作为权力的金属镣铐？爱的原始动机是否成为后现代语言中合法化的统治公式？“关心他者”，“为了他者去做”，“做对他者最好的事”等是否仅仅作为伦理学词汇在后现代转变中幸存，或是成为米歇尔·福柯的“代表牧师权力的变量”？③ 只有在“爱的相因而生和责任增长的条件下”，并同时拒绝意向性的意义或拒斥它的权威，爱的后现代形式才是可能的。我们必须在市场经济的伦理意识中抢救出若干积极的意义，它的机体论和非感觉领悟，开辟了向那些在前现代的不同思想和实践中引申出来的真理和价值回复的道路。对于反现代运动和对现代前生活的怀念并不是一种倒退，只是人们情感的回归；而对现代科学过度发展的负面精神和社会效应的批评，是人类本当具有的节制理性的一种反应；拒绝欺骗和对医生、科学家予以信任：医生和生命科学家不可用谎言欺骗世人，“不说谎话”的戒律对任何人都有约束力，生命科学与技术的成果必

① ［英］齐格蒙特·鲍曼《后现代伦理学》，张成岗译，江苏人民出版社 2003 年版，第 4 页。

② 同上书，第 121 页。后现代宗教家开始怀疑抽象之爱的价值，同时寻找一种治疗方法，在解决爱的最终极动机的问题上，神学将成为最主要的伦理力量。

③ 鲍曼在此并不是表达对爱的不信任，只是对人的一种净化良心的真诚表示怀疑，借用福柯的术语，就是意在讥讽爱的变种所引起的人们的误解，认为如此就更加强了虚伪的爱的欺骗性，认为这是很多统治形式中最阴险的一种，它为了群体的生命和拯救的名义以及自我牺牲的保证，都是为了伪装成自我正义的目的。

须真实，同时我们应当相信科学家的良心，他们能够根据成果的真正益处作出评价，再决定取舍或是否推广应用，对他人的信任取决于对自己正确判断能力的信任，在对自己行为负责的前提下，关注所有人生存的权利与是否享有医学公正，对政府卫生经济伦理政策的批判，是后现代爱国主义的一种最可贵的表达方式；宽容和尊重个人关系：宽容是一种成熟的伦理情感，是一种文化与文明，个人与人类大家庭存在密切的联系，在任何暴力或高压之下都没有真正的安宁，“父权制性质的社会运动不可能对建设美好的后现代做出贡献”①，应把个人关系看作一个良好社会的雏形，只要不伤害他人并对人有益（哪怕是一个人）就应予以宽容，我们不应该因狭隘的顾忌所谓“尊严”，而剥夺个人为摆脱痛苦或追求美好的行为自由；我们已处于向新景况、新世界的过渡之中。

后现代主义者是孤独的散步者，孤独的游人。

> 我不仅将寂静给与对话，给与内心的愿望与智慧的困境，这是一座神圣的庙宇，这是一种中性化的时空，在这里，依然在发生人们并不知道是什么的事物。②

尼采错了，“因为从来就不曾在哪里有过上帝，那么，他怎么会死呢？”生命却存在着，生命才是真实的，你在血脉中会感到它的震颤。③

人性中最坏的一个品质就是喜欢恭维，在成就面前只知一味地、没完没了地歌功颂德或期待赞誉和奖励，我们缺乏历史哲学的冷静反思和批评，经常被胜利冲昏头脑。唱高调是我们当代人的大敌。我们能否用批评和冷思，完成我们的深度纪念。我们的医疗就是这样一回事儿。

---

① 请参阅［美］大卫·雷·格里芬《后现代精神》，王成兵译，中央编译出版社 1998 年版，第 38 页。此段对后现代生命神学的特点进行了叙述，吸收了格里芬的少数观点，对原有的九条意见，我进行了很大的变动，格氏缺乏一种有机的内在联系，对后现代的真正伦理精神表达并不完整；对于宗教神学和生命科学的诠释是我个人的思想。

② 我在这里改写了让·弗朗索瓦·利奥塔《非人》中的一段话语，他在“风景王国”篇中慨叹后现代者的心境与迷惑，他们在时空交接的历史尽头探求的精神并不被人们所理解；他们的孤独是一切智者必然经验的孤独，他们的哲思只能是“精神禁令的失灵”。请参考利奥塔《非人》，罗国祥译，商务印书馆 2000 年版，第 201 页。

③ 请参阅［印度］奥修《生命、爱与欢笑》，陶稀译，上海三联书店 1995 年版，第 14 页。

从红军时期就逐渐萌芽的供给制，在艰苦的战争年代里，最低水平地维系着战士的生命和战伤医护，非体系化地、单线性地或者无经济因素地处理救治病人和进行野战医院的管理。同时，除传统民族医学和乡野郎中，或是贫民“自疗自医”外，在城市和发达地区，以西方教会滋养的教会医院和贫民医院体制，以慈善医学和尚在襁褓中的私立诊所共存与互补。

新中国成立初期，我们就是在这样混合和混乱的基础上进行卫生事业改造的，在没有深度研究和寻找适合于当时经济发展境况和政治精神的医疗体制和模式之前，就匆忙地、部分地引入苏联的公费医疗制度以及进行农村低级的、粗陋的合作医疗。17 年时期存在的最大问题，就是不公正的卫生经济伦理，这个体制几乎维持到 20 世纪七八十年代。政府将 80% 的经费与卫生资源，投给占全国人口 20% 的城市干部、工人、教师和国家工作人员以及部分居民，边际人口不断增加，绝大多数公民被剥夺了医疗权，在一个经济贫困的发展时期这是可以理解的；但是随着资本的增加和国家税制的完善以及经济跨越式发展，我们已经逐渐从所谓温饱通向小康，生命权和医疗权利开始凸显，冲突出现。

医疗的权利是社会福利的重要内容；社会福利取决于组成社会的所有个人的福利，而不是取决于其他任何东西；如果至少有一个人境况好起来，而没有另一个人的境况坏下去，整个社会的境况就算好起来了。一个社会的经济变革，会使一部分人受益而另一部分人受损，因此，国家应通过财政、价格、税收等政策，让变革的受益者补偿受损者，使受损者福利水平不变，受益者仍有剩余作为福利的提高，这种变革就是成功的，这项“补偿原则”也同样适合卫生医疗改革。

然而，我们却不能对所有的同等需要都做到同等分配或按需分配，医疗保健尤其受到资源不足等方面的限制，我们只能对基本需要有条件、尽可能地这样做，如初级保健、基础免疫、计划生育、突发灾疫的防治等。没有这些，人们就会受到损害。在医疗中必须区别基本的医疗保健需要和非基本的医疗保健需要，毕竟不是每个人在需要时都可以享有肾移植、体外授精、美容手术、高档病房这些治疗或待遇的。这一点对于公费、保险制、其他形式的社会福利制都很重要。对于非基本的医疗需要，可以根据个人支付能力来分配，至于个人支付能力的大小不等，则是另外的社会公正问题，也更为复杂。

五　永远没有句号的“医改”

人世代谢，往来古今；生老病死是自然规律，健康平安长寿与生命圆满，则永远是人的理想；又不能把全部的社会资源投入卫生事业，这样一来，如何以有限的资源支撑一个无限的理想，既是对国家主义的挑战，又是一个人类永远无解的难题。在这样一种困惑中生存，正是人的生存本质和卫生经济的悲剧性品质以及浪漫情节的诗意前提。

卫生活动并非一项典型的生产活动和经济活动，它是一项具有福利性、社会性、政治性的公益事业，它是由国家始终干预的伦理性服务行业。公民健康安详是一种形象、一种自信、一种国家精神。对卫生经济问题的关切，应该是对人的生命的关切，是具有人文性的终极关切。

新医改不仅面临如何贯彻落实的诸多执行问题，还有不少领域有待进一步解放思想，进一步探索和实践。解决人民群众看病难、看病贵的问题，要脚踏实地、具体问题具体解决。有人说，医改仍需要加以解决的问题包括如何保障人民群众基本医疗卫生服务的可及性、公平性；如何规范市场准入，营造公平环境；如何在政府主导下动员各种社会资源参与发展；如何实现公立医院体制改革，充分调动医务人员的积极性等。黄洁夫表示，当前最关键的问题是结合中国国情，切实对计划经济下形成的不合理的医疗卫生体制进行改革，通过改革去推动医疗卫生服务事业的发展，增加医疗卫生服务的合理供给与保障，促进中国社会与经济健康发展。

要实现我们的目标，就必须做到：（1）作为地球居民，我们的幸福度指数即主观幸福度、全民健康水平、人均拥有保健资源和生态资源依赖量的评价值提高了；（2）基本医疗制度作为公共产品向全民提供的能力使所有公民基本满意，医疗保健服务覆盖全民，不管是穷人还是富人，是官员还是老百姓都能享有而且长期稳定；（3）充分体现公益性和正义性，并且常态地、及时修复由于各种突发事变所造成的种种漏洞；（4）克服财政投入不足，建立了科学的监控机制，最大限度地补偿医疗卫生服务的真空；（5）建立了完整的医疗保险制度，与国家税收政策有机结合，更广泛地吸纳积极的民间资金，增加足够应急使用的卫生资金储备；（6）培育了一批道德高尚、学有专长、理论精通的医疗改革专家与各级各类工作者；（7）创立了符合中国特色、中国国情、中华文化传统和现实社会的卫生经济和卫生经济哲学、伦理学、法学和管理学的理论；（8）注意区域的差异，应时、因地进行研究与区分，以不同的方案和方式，不同的资金投入和不同的办法分别实施；（9）强调政府的责任，培育了高素质的卫生管理干部，消除腐败和杜绝官僚主义以及打击改革中的违法、犯罪、贿赂等人与事；（10）逐渐形成一支高水平的、有觉悟的、忠于人民的、有奉献精神的、有精湛技术的医药卫生队伍；（11）建设了高水平的、高效率的、受民众信任的各级各类各种经济性质的医院；（12）强化和改革各级医学教育，培养一批高素质的医学教育师资队伍，提高医学人文课程的教育与教学水平；（13）用法制和市场机制控制药械商品研发、生产、销售、流通，制定科学的符合现实的药品目录；（14）尽快制定合理的疾病目录，区分人类性状增强和健康基本保障以及基本医疗需求的服务性差异，整顿、清理和规范美容、变性、减肥、延寿、强身等机构与队伍。

当前，应该看到，中国的医改正处于整个人类经济运行的困难时期，如果我们的方案只是顾及暂时的、局部的舆论或文化的压力，或出于对冲突与危机的一种临时性的缓解或应力的释放，不在理论上深入探讨和对现象加以考察，而是凭借几个片面的、急于求成的、功利化的知识拥有人的臆断，并且回避相互对峙的理论争议，那么，我们的改革依然会很快流产。资本主义的理论是从普遍意义上说明经济学的，而不是哲学理论，哲学需要精神，伦理学需要正义，法律需要在实践中坚持公平；社会主义的“社会”，资本主义的“经济”，如果将二者简单相加，就不是社会化的经济，很可能是社会化的不经济。经济学主要是下层建筑，哲学则是研究正义和价值的上层建筑，而且哲学不能没有精神。我们眼下正处于没有精神哲学的时代，我们存在普遍的苦闷、压抑与茫然。马克思和马科斯·韦伯一样重视“社会”，注意社会关系的分析，但他未在伦理学上提供完整、系统的供使用的价值理论，尤其忽视了人的物质需要，在各种经济变量的决定性作用方面，存在人学研究的“空场化”；他没有像韦伯那样重视信仰与精神，给我们的道义只是“为了权力而斗争”；这是我们在那个漫长的冲动的年代里没有察觉的。新古典主义只分析物质供求关系，也就无法剖析经济关系的历史变迁；凯恩斯主义过分夸大人的主观因素的作用，他认为成功与失败，只要经济波动都是人为所致，忽视不确定发展、变化以及客观环境和特征。在历史的不同时期或对不同的国家，某一种经济理论可能特别有效，而另一种理论显得特别无力，或是所有的现存理论都不能解决现实问题；或是理论随着社会和复杂的结构的漂变而各有所长、各有所短，需要清理、汇通、再创造和更新，即需要一个与本国此阶段的具体经济实践相结合的过程。20 世纪 90 年代，“两江模式”的失败，就是一个历史教训，当事人无视 80% 的人群，而只覆盖了当时某市的 19 万人口，主持者就认为万事大吉了，这种自欺欺人的伎俩，再不允许重演！凯恩斯毕竟是一位有远见的伟人。1925 年 9 月，他代表剑桥大学对苏联进行了一次短暂的访问，返回后对苏联的政策进行了尖锐的批评，他责备列宁的共产主义正在使人民经受由宣传所造成的痛苦，并预言这种实验可能会失败，他还批评苏联在经济行为和决策中的混乱。70 年后，凯氏的预言成为现实，抛开政治不谈，苏欧经济事变的教训是否值得我们借鉴？我们在 17 年和“文化大革命”后的几个阶段里，失败的甚至幼稚的历次医疗改革，我们曾经经历的游移不定的各种卫生经济政策，难道不需要认真反省？

我们当前最缺乏的是理论，缺乏赖以生存的精神。我们盖了很多高耸云端的摩天大厦，我们的快车道快得超越了我们的反应和思想转换，我们处于危机之中。我们看到，我们正在人为地为了稳定和内需，不管用多大的代价，也要死守着房价和货币，我们几乎忘记了我们依然处在金融风暴的潜在中心，我们正在回避或掩藏几乎所有的矛盾：污染、失业、破产、矿难、教育虚空、资源耗竭、职务犯罪、官员腐败、营私舞弊、贪赃枉法、学术腐败、管理失控、塌楼塌桥、食品危机、医患冲突、病态文化和体育竞技……我们不能等待，时间永不停歇，经济社会永远变幻莫测，明天永远是第一个明天，也是今天唯一的、最后的一个明天；因为今天也和明天一样，也只有一个。我们盼望明天的灿烂阳光，用我们的责任和努力，迎接明天。

我们用科学精神和勤勉的工作去创造明天，同时，必须忍受新的经济制度在发育过程中的阵痛。在历史中寻找诫命，是智慧的标志。我们不能过度强调与指责历史，不能失去度的约限，我们的批评是为了解决当下的难题。孤傲不羁的人不愿意承认自己在认识世界和改造世界的过程中存在能力的限制。谦逊的决策可以使社会稳定地进步。中国是一个庞大的开放的系统，在系统内外都存在随机性，但我们可以避开经济冒险和冲动，干预随机中的可能性，钟摆正在偏离，而我们需要保持镇静。

经济区域是一个没有边界的区域，中国的卫生经济区域是一弯巨大的弦，在物理学的超弦理论中，弦在所有额外维数上摆动着，这就出现了一系列摆动模式，而它又存在于众多因素的合力作用下，每一种因素都可能创造一个局部的模式，无数模式又构成了一张拉紧的弦，这个张力迫使我们思考全部与局部的危机；东南区域的卫生经济危机不能说明中原区域的危机，我们的张力释解，不能说明中国医疗卫生需求压力的减缓；经济世界是现实的混沌，它提醒我们对这个新时代的认识和观念必须发生转变：从还原论向整体论；从线性观到非线性观；从忽略非解析到重视非解析认知；从简单到复杂；从局部到整体；从二元到多元……经典和传统正在瓦解。

现在重要的不是医疗卫生物化设备和技术的落后，最重要的是卫生经济理论和格局以及管理水平的落后。我们还没有一套成功的、成熟的发展中国卫生经济的理论体系，我们还缺乏对所有历史和各文化语境与框架下的卫生医疗体制精致的、深入的、细腻的调研资源和认真的理性评价，我们一以贯之的情感性决策，一直压制着中国卫生经济学者的思想，长期剥夺了他们生长的机会和培育他们优秀创意和新锐思想的沃土良田。

古代帝国的政治秩序的正当性论证是以宇宙论为基础的伦理学，由宗教神学和哲学完成，它为国家制度和政府的责任提供了宇宙论或神性的理据，并使政府官员有道理去执行命令，并且使人欲受到限制，同时使这种责任的“天理”价值成为一种信仰。任何一个国家都要借助于一种抽象的理性来完成和保卫它的江山大业，国家的衰亡或堕落首先是政治伦理和精神的死亡或蜕变。精神能催生更新的政权和国度，改革是一种变法、变政，包括卫生体制变革在内的这一“变”是中华民族面对新世界的灰幕羞涩万状之际的一种复杂多变的情感交混的生存诉求；也是康有为、梁启超百日维新的喋血运动百年之后，重执严几道中国式近代达尔文主义“天演”大旗的一次深刻而沉重的历史反省。我们经济学的落后在于，我们没有经济哲学与卫生经济伦理学的道德价值的判断标准，效率、公平、正义都是提供给“关怀”的，历史上每一次经济革命都来源于某种神圣的精神，起码是一种痕迹精神。保险制度从萌芽到成熟再传遍整个世界，正表述了马丁·路德伟大的宗教革命精神，和新教主义成为美国神话的精神一样，中国的这场卫生经济革命正是整个国家革命的一个核心，而它正是“有容，德乃大”，“易”之大“道”的精神再现。

我们还有一个一直被人诟病的病状，就是所谓理财，其实只为争财，所以才有官商勾连，才形成诸多利益集团。为什么改革是革命？因为这会损害所有与之相关的利益集团的利益。我们可以质问，旧医疗体制养肥了多少寄生虫？文化之不变，经济则不能进步。我们的卫生经济文化理论远落后于卫生经济实践，我们正在走一条未曾走过的路，不是欧洲、不是美国、不是日本，是中国的经济理论和软系统的落后，拖住了我们的脚步。

我们的许多作风所以显得急躁，就是因为太在乎所谓 GDP 的增长，经济增长是否真的可以医治所有贫穷、债务、通货膨胀、赤字、污染和社会病症？它是不是一付万能圣药？其实，只一味追求经济增长，在一定的时期和阶段里，可能会出现极大的灾难和违背公义。大卫·格里芬认为：

> 当我们把为了使我们免受增长所带来的意想不到的后果所需的费用也计算到 GDP 中去，并乐观地把它看做经济进一步增长的标志时，我们就患了过度增长癖（hepergronthmania）；而当我们耗尽地理资源和支持人类的生命的生态系统，并把这种枯竭当做目前的纯收入时，我们就进入目前的这种晚期过度增长癖状态了。①

经济包括卫生经济，是一个开放的系统，而不是孤立与密闭的，若隔断它和环境以及外界的联系，就会失掉本质的东西，政治、政体、法律条件、伦理传统、文化环境、信仰与民族习俗、心理向度等，都会制约和决定我们卫生改革的成败。生产与消费过程并不是循环的，它是一个线性的吞吐过程，它开始于消耗，终止于“污染”。热力学第二定律指明，尽管材料是不能被消灭的，但重新安排这些材料的能力却可能会耗竭，包括精神能量在内，一经耗竭，就再也无法恢复，好比“文化大革命”的信仰运动达到极致，我们再也无法恢复对于权威的崇尚和信任。卫生经济不是一架永动机，如果没有能量的不断补充，没有不断的创造和治理能力的更新，这种经济必然归于失败。如果没有哲学、伦理的资源补充，如果没有基本的法律控制，即使财政再增加超值的投入，我们的卫生改革最后还是会归于失败。我们的新医改方案忽略了补充材料源和处理垃圾的方略，必

---

① ［美］大卫·格里芬：《后现代精神》，王成兵译，中央编译出版社 1998 年版，第 165 页。

须重建一种理论来寻求“终极性资源”和建立一支精良的先锋队伍，即现场技术、信息系统、知识库、各阶段的工作者、人的思想与信念，特别是基础体制、运行规程、指挥官。单纯的方案和草图对于现实社会来说，往往是毫无意义的碎片，只有在有效率地实践和物质结构中才能体现它的珍贵和潜力的巨大，世界上不是任何一种能量都能随意把知识真理刻到物质中去的，只有通过低熵资源这个狭窄的口径，知识与理论才能进入物态经济之中，才能变成对公民有效的利益运行。比如一本《资本论》，我们在17年里，包括苏联和前东欧国家，就只能享受贫穷；历史的一句箴言，巨人的一句改革的话语，还是依凭这一本《资本论》，我们却摆脱了5000年的贫困。前人都为了这个低熵资源而奋斗终生，但都没有获得最后的成功，这仿若一个生命体没有消化系统，再丰美的食物，也不能支持它的生存。

无限增长癖自然助长了效率优先的思想，这其实是一种心理偏执，这项经济发展战略必然会导致生产先于分配的正义，在发展与公平中选择其一，只追求发展，甚至必须牺牲公正，对高速度的强调与攀比，对GDP的追逐，刺激了较高资本的形成和政府不可遏止的超大工程的投入，激发了病态的政绩综合征，导致利益冲突和价值观的负向转变；其后果是经济体制承受力苍白，人们特别是官员急躁、浮荡、赌博、冒险心理流行，道德取向失准，观念紊乱，使建设与发展最后成为哈罗德·杜马模型，即牺牲公正和丧失人的尊严与灭绝人性。贫富差距过大比普遍贫困更难忍受。在卫生事业发展中，尤其应避免两极分化，必须改变效率优先的战略。

现在，城市中许多企业的工人以及进城的务工人员基本上没有医疗保障。1993—2003年，全国患病人次增加7.1亿，达到50亿，每10人中就有1.3人患有医生明确诊断的慢性病。2008年，这个数字没有得到遏制，反而上升了。居民中患病而不能就诊者达48.9%，应住院治疗而又无法住院者达29.6%；城乡两周患病因经济困难未治疗者达四成，居民收入的增加远远低于医疗费用14%的上涨水平。门诊就诊人次数近十年来下降了15%，住院人次数下降近10%，病床使用率下降20%，无医保者就诊率降至8.6%。目前，中国有近75%左右的人口没有任何保险形式来保障他们的基本健康，他们只能全部自费来应付疾病的侵害，而有限的收入又使他们在日益昂贵的卫生服务和产品面前望而却步。全国居民一年医疗负担达6000亿元，占GDP的5.4%，全国有近三成的家庭因病致贫。在人均医疗费方面，1993 年全国劳保医疗人均费用为 380 元，公费医疗为 281 元，其他人均费用仅 15 元。缺乏有效的保障体系，过度强调医疗机构外延，医疗费用上升过快，过分强求“大而全”，发展规模失控，我们还在筹建“航空母舰”式的超大型医院；现有医疗单位还在盲目搞等级竞赛和设备攀比，忽视基础和基本医疗保健以及以预防为主，滥收费、行业不正之风愈演愈烈，等等，都是这种局面出现的原因；而这种局面又进一步造成资源大量闲置和浪费。如果再不顾现实，依然追求效率优先，只能造成更大的不公平。我们 90 年代一直在 3. 8%—4. 1%（占 GDP）之间徘徊的卫生经济总费用水平，低于印度的 6%，距世界卫生组织提出的 5%还有--段差距。广大贫困地区，无职业、无收入的城镇居民，农村合作医疗覆盖面 17. 59%（1996 年）以外的农民，如何享受社会制度的优越性和经济、卫生事业发展所带来的利益?

就是按新医改方案——3 年共计投入 8500 亿元计算，医疗医生费用也只是提高了 20 倍，而美国人均卫生费用还是我们的 100 倍。奥巴马权力层的新医改方案准备在原有投入的基础上，再投入 10000 亿美元，这使我们的决心显得黯然失色；这里还有一个关键问题，正如某院士直击决策人所说的：8500 亿元占 GDP 的百分数是多少，如果回答不了就是打马虎眼；如果不到 8%，我们还是世界的末流！主管部长不能回答这个问题，发改委不准备回答这个问题，这是什么问题？别人也在发展，人家也大幅度增加了卫生投入。要考虑一下，如果去掉药械价格和卫生服务产品涨价，去掉明显的重建和补漏性资金所占比率，我们真正可支配的经费很可能又回到原有的水平上，再加上没有一支高水平、高素质的医改人才队伍，低水平管理、严重浪费、腐败和所谓合法挪用、分层盘剥，真正用到公民身上的又有几何?

怀特海曾把货币拜物教称为“误置的具体性谬误”（fallacy of misplaced concreteness）。这种人的逻辑是，既然货币可以以复合利益的方式永远增长，那么财富也能够如此。凡对于财富的抽象符号是真实的，它就被认为对于具体的财富本身来说也是真实的。马克思和亚里士多德都曾提醒后人，当社会把它的注意力转向交换价值时，就会出现货币拜物教的危险。这种道德心理病症，危及了卫生事业的发展，开始于钱，不是病人和公民的生命价值，终止于钱，也不是公民的健康权利。医药与卫生服务产品成为纯粹的商品，治病救人的人道主义实践或医学价值退化为用来扩张交换价值的中介，医生成为中间商或经纪人。卫生事业不适宜于市场的博弈，而且必须抵御庞大的经济物质规模和对金钱的无限追逐以及账面经济的诱惑力。那种对金钱的追求就如同瘟疫传播，金钱一旦变成一种信仰，凡是崇拜金钱的人，就很难再有生活的真正力量；如果认为一切价值都要用金钱来衡量，金钱作为人生成功的标志，那么就是对于人类精神的一种残害。罗素认为，惧怕失掉金钱的远虑与烦闷，使人把获得幸福的能力消耗掉，恐遭不幸的惧怕，比起所惧怕的不幸来，还更为不幸。最快乐的人，是对金钱不太关心的人，因为他们有某些更有意义、更积极的目标。金钱给人带来欢笑，同时也会带来风险、忧虑、情感冷漠、困惑、痛楚和眼泪。

对于医疗改革，全国不应该是一盘棋。差异的现实必须以差异的生命政策应对。大一统意识对于改革来说，是有害的。

不考虑区域的特点，一概而论，不照顾地方的特殊性，就不会收到应有的效应。危机已经成为我们这个时代的常态，对危机的发现与呼吁已构成一种危机的哲学和危机的文明。很多表面的豪华实际上是对内容腐败的一种掩盖，那种超大型的“航空母舰式”的医院，其实是一种医疗机器的畸形化；我们多年来只重视大医院的建设，忽视了区域性中小医院的发展，特别是乡镇卫生院的作用，这是一个极大的失误。我们的机体最重要的是微循环的畅通，谁都知道弥散性血管内凝血的临床病理过程，那种极其危险的微循环中所形成的广泛微血栓，会导致致命的休克；我们的基层医疗和防病单元，是公民健康的保证，我们在对常熟市乡镇卫生院的调研中发现了那些极其重要的医改的部分和重心。它们有很重要的稳定医疗与保健秩序的价值，是系统结构的关键成分和网结。但这里处于中国的发达地区，有些问题是区域本身独有的，对于其他很多区域几乎没有借鉴价值。新加坡模式可能适合于北京，而我们更应从美国的混合型体制中得到启发；边远地区更应该效法英国。如此一个各区域境况不同、基础差距巨大、发展水平不一、健康教育有别的大国，怎么能用一套方案解决这么复杂的改革呢？

有些地区的经济基础良好，乡镇医疗卫生机构有条件完善和组建精良的技术团队；我们已经从追求效率的谷底中走出。但是，我们城市化进程超前，污染极其严重，也树立了几个农村工业化的坏典型。我们应该优先完成基层预防医学与临床医学的结合体，遏止超大医院的膨胀，包括食品卫生、保健康复、特殊人群的健康照护、社区网、治理环境等。

必须重视统一与区域性的辩证关系，这就是卫生改革的科学发展逻辑。

道德面临危机的时刻最需要清洁精神。无论是法律、道德还是哲学的修为，都是坚持正义，用牺牲、奉献和具体的创造性工作，为人民勤奋努力，给他们以安静的、切实的利益和良善的快乐。这就是生命的价值与生活的意义。抵制腐败，避免奢华，不能以牺牲道德为代价去换取物质享受和金钱。生命在于劳动，劳动是人的最核心的需要，生命不是无休止的、享乐式的运动或娱乐，而是富有创造的劳动和富有价值的知识性的或体力的工作。直到生命的最后，像那些逝去的令人仰佩的至尊的老者，有些一直辛勤工作到近100岁高龄的生命终极时刻。我们都肩负着分内的职业责任，我们不能因为个人的或家庭的小利益，而蚕食、啃噬或损害集体或公共利益，我们的幸福必须建立在为人民服务的前提下。

第四节 清洁精神与生活的伦理

生活的伦理永远是爱和正义的伦理。清贫是一种精神，不仅是一种哲学，它是一种奉献，它是一种选择的可能性，人类最终的境界是一种伦理的存在，我们的自由应是甘于按普遍规约的限制和世俗的需求，自愿把权力用于为公众的利益而奋斗和劳动，又不认为这是最愚拙、极其天真、极其虚伪或无聊的当下价值。享乐和娱乐常使人性模糊。人生不能没有痛苦，人生失意十之八九，痛苦是生命和信仰的一部分，痛苦不是目的，但痛苦对任何人都是珍贵的、不可或缺的，承认世界的痛苦和人生的悲剧性，比盲目乐观要真实而深刻；没有痛苦的培基，没有悲观的思想土壤，便不会有生命的真正意义与价值，便没有人类执着的理性生活，你的幸福和快乐也就没有了根基，也不会持久、深刻与可靠。最沉重的也是最为充实的，负荷越重，越贴近大地，越真切和结实，就越可以信赖和寄托希望；沉重是一种道德的负荷，是一种责任。尼采说：远观而遐视，才能周知一切事物。“只那我称为我的绝巅；为我保留着的最后的绝巅。”[①] 正是

① 《尼采文集》，楚图南等译，改革出版社1995年版，第256页。此语出自《查拉斯图拉如是说》第三部“漫游者”。

在存在痛苦的地方，才可以检验我们的能力，痛苦也是一种通向幸福的生活方式，它可以洗练我们坚强的性格，没有亲身经历的真实的痛苦，不可能理解何谓生活的艰辛与温和的宝贵，不可能体会圣人的伟大和老者的神圣。

阿尔贝特·史怀泽是集理想、善与美于一身的人，作为医生、哲学家、神学家、音乐家，他一生追求博爱与保护生命，勇敢地放弃在欧洲医学、哲学、宗教与艺术的锦绣前程，1913 年携爱妻海伦娜来到赤道非洲兰巴雷内，建立第一个丛林诊所，义务为当地人民治病，耗尽了个人的全部财产与智慧，为敬畏生命的伦理，树立了世界上少有的人道主义医生榜样；他的宽广的胸怀留给世人无私的爱，震动了这个世界；比尔·盖茨也是这样的智者，他把个人财产定义为“公共财富”，个人只拥有管理的责任，但没有挥霍的权力。

居里夫人也是这样的伟人，每月 500 法郎的工资，1 克镭价值 75 万金法郎，每年缺少 3000 法郎的生活费；居里夫妇度过残酷的岁月，过着贫寒的学者生活，他们还将困难下去，他们毫不犹豫地公布研究成果，不领取专利执照和取得任何物质的利益：“我们不能这么办，这违背科学精神。我们的发现不过偶然有商业上的用途，我们不能从中取利。”——当他们作出这种奉献的决定之后，

> 这一对在财富与贫苦之间做出选择的夫妇，骑着心爱的自行车，走出商提宜界栅的门，踩得飞快，心地坦然；他们在平静中向克拉玛树林驰去；他们拖着羸弱纤瘦的身躯，臂中抱满田野中采集的绿叶与鲜花；他们用毕生的精力赢得的瑰宝完全地献给了全人类。在最后的岁月里他们几乎每一天都在躲避恭维、鲜花和溢美之词的仪式；在暴风雨般的掌声中，没有一个人像她那样孤寂。这位到死都活在贫穷中的妇女，最迟被聘为教授，最先在院士选举中落选；她不愿重复每一次兴奋，也不把握任何一个谋求个人利益的机会。信仰的轻与重是感觉不到的，没有信仰的人不能理解这样的选择，这样的自我道德是长久宗教式沉思的果实，是离乡者愁楚之后磨光的利剑，是漂泊途中最困难的醒悟；人生的快乐不是生命本身，是向更高境界的不断攀升；卡夫卡设定另一个世界，那里把苦难变成极乐，但在这个世界上痛苦却是真实的苦、真实的磨难。居里夫人并未动用正义的冲动，并没有留给自己任何退路，退路使人厌恶，

伪善的冲动将带给这个世界更大的不幸和痛苦。①

我们需要这种清洁的精神。“清洁”不是什么人都能够进入和深刻体验的一个世界。清洁的思想正变得流失，清洁的正气正在稀疏，清洁可笑而肮脏却反令人钦羡的规则正在风靡；这个规则也在医务界发展和蔓延着，甚至被年轻人尽情地歌颂和传递，不法、不义、损人利己和庸俗、苟且正挤压着这个文明的时代。洁的意境充满义、信、耻、殉、节等文化，清的审美是恭、宽、信、敏、惠的伦理。中华民族应该是“闻清则美”的民族，为政清廉，为文清雅，为人清正，清是一种道德选择，清中有善，清中有真，“沧浪之水清兮，可以濯我缨；沧浪之水浊兮，可以濯我足”。水木清华，碧海青天，清风清月，清歌清人；清文化是高洁的美质美素的审美文化，是我们民族文化中最安静娴雅的成分。孔夫子评齐国陈文子的行为“清”，孟子称伯夷乃“圣之清者”；“有美一人，清扬婉兮”，清远的意境和志趣将使人清明了无。高尚的人总追求一世的清白。道教三尊神为玉清、上清、太清，是人向往之的仙境。“清”是对浊的反动，对俗的超越，对浓的升华，不加华彩的矫饰，不加伪奇的雕琢，清秀淡约，以清比德，以淡修德，江山清空我尘上，波心荡，清朗且无声。节制、节俭，牺牲、奉献，积累财富，勤勉务实，切忌浪费，使美国清教徒一代世界神话的开创者成为低消费的富人。生活应该是一种炼狱，是一次长跑，我们成熟的标志，就是学会清洁。

人立伟岸，经则世事；似闻大海的呼吸和感知大海的胸怀，我们要学习大海的气度和品质，纳百川而化浊流；我们要学会爱人，学会感恩，学会宽容，那是一种伦理意识，是一种人的尊严和信仰。感恩是一种文明，感恩是一种品德。感恩是一种人生的境界，是一种生活方式。感恩是一份美好感情，是一种健康心态，是一种良知，是一种动力。人有了感恩之心，人与人、人与自然、人与社会也会变得更加和谐，更加亲切。我们自身也会因为这种感恩心理的存在而变得愉快和健康。感恩不仅是一种品德，更是一种责任。感恩应是社会上每个人都应该有的基本道德准则。感恩是人类生存在世界上的意义与价值表达形式，是生命存在的行为本身的内在原因与动力，是一种基本需要和人性的叙事；感恩文化包含着很广泛

① 孙慕义：《后现代卫生经济伦理学》，人民出版社1999年版，第409页。

的价值取向，并且还在不断丰富的过程中，它包含知足、报恩、尊重、乐观、博爱等多重含义。世界上最大的悲剧或不幸，就是一个人大言不惭地说，没有人给我任何东西。人有了感恩之情，生命就会得到滋润，并时时闪烁着纯净的光芒。永怀感恩之心，常表感激之情，原谅那些伤害过自己的人，人生就会充实而快乐。感恩父母的养育，感恩大自然的恩赐；感恩食之香甜，感恩衣之温暖；感恩花草鱼虫，感恩苦难逆境；感恩自己的对手，正是他们的存在才铸就了自己的成功。太阳每天都是新的。湛蓝的天空，新鲜的空气，灿烂的阳光，美好的生活，我们有什么理由不快乐呢？有什么理由不为国家、人民、历史做一些有益的事呢？面对大海，我们还有什么挫折不可战胜？还有什么失意的苦恼不能丢弃？还有什么内心的冲突不能平复？

有道是：

> 夫忘弓矢然后知射之道，忘策辔然后知驭之道，忘弦匏然后知乐之道，忘智虑然后知大人之道。是以天下之主，道德出于人；理国之主，仁义出于人；亡国之主，聪明出于人。①

人类历史是一部永远读不完的大书，是一部记录生命成长、变化以及个体命运的天地大判词，事迹先行随后反思，使我们从纷繁复杂的事件中觉醒，人类已经完成的过去，只有在我们的生活样态相对稳定之后，才可成为预知新的成长的凭证，未来的事还在隐蔽之中，谁也不能命令明天一定要发生什么、避免发生什么或者世界舞台上演必然的悲剧和喜剧；我们的预言常常是可疑的，“给孩子命名的那个早晨还隔着许多日子才能从分娩的黑暗和辛苦的夜晚之中破晓”②。如同我们的事业经过孕育一朝诞生一样，这个时刻开始了，我们已经走过了很长一段艰险的路，往昔岁月缓慢甚至迂回的流程有一天真的带给我们一线甜美的或者庄严的光芒，这份我们共同争取的、经历的、为之奋斗的人道的曙光，就是我们的信仰和理想。

今天的记忆夹杂着批判和欣慰，我们挖掘与品尝其中的甘甜和苦涩，

---

① 谭峭：《化书》，中华书局1996年版，第31页。

② 参阅F. H. 布莱德雷《批判历史学的前提假设》，何兆武等译，北京大学出版社2007年版，第7页。

同时唤起我们的人文自觉性，其中有道德的、法律的以及哲学的知识与意识，以鞭策我们创造新的世界和创化更美好的明天。

古希腊悲剧大师欧里庇得斯（Euripides）说："没有恐怖的经历，没有神降下的苦难，我敢断言，人就无法肩负起重任。"从基戎（Chei-rong）①到他的学生阿斯科勒庇奥斯，都是以友善、公正与爱人、全心全意为人疗伤作为医学人文精神源头的，那个时代那个信仰，乃是人类西方医学人文和文化的起源。阿斯科勒庇奥斯出行提着手杖并带着一条毒蛇作伴，后来将它们传给基戎的女儿许戈雅（Hygieia）。许戈雅规范和管理人类的膳食习惯与健康的生活方式，监督其洗浴、健体与强身、清除垃圾、从事体育运动和预防疾病，而基戎的儿子马卡昂（Machaon）②则负责在神庙中免费进行水疗、气疗、按摩、涂膏、洗肠和食疗以及转移病人注意力的心理治疗，他们一视同仁地把白内障手术、脱位关节复位手术和腹部手术等，给予所有适合于这样手术的病人。

前300年，埃及亚历山大城的医生们把擅长关节复位术的希波克拉底的医学记录编辑成册，并把他冲破宗教禁锢，开展人体解剖学的贡献作为对于医学人文精神的褒奖，并请希波克拉底把一直流行于爱琴海克斯岛上一所医生学校的"誓言"，草拟成《誓言》的形式与框架语言；《誓言》反映了处于矛盾地位和权力心理觉悟的奴隶社会医生对未来和病人的一种承诺，使医生知道他能做什么和不能做什么，从而保护医生避免因治疗失败或拒绝治疗而受到指责，特别是最早为卫生职业人确立了医学伦理化的行为原则。《誓言》宣誓说：

> 我决尽我之所能与判断为病人利益着想而救助之，永不存一切邪恶之念。

要求医生恪守职业道德、保守职业和病家秘密、使病人知晓医嘱和病情、尊重与不伤害病人、对病人一视同仁、为世人谋福，不可背信弃义，

---

① 古希腊神话中医生家族的男性祖先，是马人群中的领头神怪，是长着人头马身的、生活在森林中的魔怪，一般都放浪不羁，只有基戎友善、公正、乐于助人。他在帖萨莉亚地区，向希腊英雄们传授最早的医药学技能，他的学生阿斯科勒庇奥斯（Asklepios）后来成为希腊的医神。

② 许戈雅（Hygiene）和马卡昂（Macaon）是许戈雅—卫生（Hygiene-Health）和医学（Madicine）的文化渊源与语言源头。

作为向医神阿斯科勒庇奥斯的保证；这是人类最早的医学人文主义宣言，是古希腊也是西方医学人文主义传统的源头之一。

所有卫生职业人，都应把社会责任作为自己的终生追求。

临床医疗与护理、灾难与疫事的救助、疾病预测与预防、食品卫生与生命安全保障，以及作为卫生专业之外的支援、帮扶、捐赠、施爱行为，加之对社会公德的模范遵承，等等，都是我们的天赋责任和法定责任、道义责任。

我们必须培育高尚的道德责任感。道德责任感源于行动本身，因为行动可能会伤害人和社会，或违反社会普遍通用的规范，而我们又必须关注社会与他人的利益；道德责任感是一种"反应态度"（reactive attitudes），是人际关系和科学生活中人格特质的一种态度。更广义的责任观是指秩序的维护者、政府官员、医务人员、管理者、党务工作者必须对这个社会负责任，因为文化活动中隐含着深刻的道德责任，包含对积极的结果和消极结果的反应。

我们与改革共同体必须经过考虑和成熟的判断，才可以采取某种小心的方式进行卫生秩序的重建工作，并且在创造冲动之后便理性地查询改革的是非，而不是直觉地感受它的后果；或是经过辩论之后确定某项原则，获得"反思均衡"，负起道德责任再进入行动。重建的改革活动无法用"无知"来进行辩解，也不能用"强迫"作为借口，而应是一种科学意志和情感，"亚里士多德式的条件"不适合于这项科学选择，我们的焦点是：

> 关于道德责任的与自由有关的条件，而不是认识方面的条件。这似乎内置于我们在考虑这些事情的方式中的一种基本的预先假设，为了负起道德上的责任，一个人必须在某种意义上控制他的行为。①

医疗改革必须在国际共守原则的前提下由各国政府控制、决策与管理，不要忘记这是关系全体人类的事务的，政府正是这一人类权力的执行者。现代国家已成为特洛尔奇拒绝的世俗化国家，它依据"形而上的伦

---

① ［美］约翰·马丁·费舍、马克·拉维扎：《责任与控制》，杨绍刚译，华夏出版社2000年版，第9页。

理正当性”的彼岸原则，即根据自行负责的理性来建构其法权和统治技术的理论，政府应以理性的、彼岸的天命取代非理性的神意天命。至此，权力则成为一种责任，而责任感又来自于政府的尊严。尊严有人格的内容，人的尊严决定政府的尊严，人的尊严来自于权利秩序与信任，也来自于自然造化；康德的“目的而非手段”的观点为这一尊严加注，为人的内在价值有别于手段性进行了辩护。改革共同体不可违反“人的目的”，改革行为也必须建立在敬重所有人的尊严的基础之上；人类、国际组织、政府、企业、集体与医疗机构、个人都依然具有人的尊严、平等、免遭歧视、享有关怀与爱、最可能的自由——这才是人的尊严，医疗改革不可伤及这一切，人依然是“人”，依然保持着人的权利，只是增加了责任范畴，尊严是具体的生命内容和权利现实，而非空乏的、形式化的伦理感受。政府有权力维护国家安全、发展经济、保护弱势人群，但政府无权由于对尊严理解不一致而干预个人的生活方式，每个人都有权依据自己的尊严观去自由地生活，只要不损害他人或社会，或者是事实上不伤及他人或社会，别人或政府无权用强迫的手段加以干涉。

后现代的理论为文明时代的文化繁荣描绘了美好的蓝图，多元的哲学理性和宗教思想使当代社会更加丰富多彩，伦理学给与我们明确的责任和自由，而决不损害法律和秩序以及各民族、文化与国家的利益，人的行为来自于对这个世界科技与文化的认知理解和人本身的自由意志。但我们无论如何必须对“真我”欲望和潜在欲望进行限制，并服从于某种超越局部或个人的权力或权威，如此我们将获取更真实的技术行为的自由；如果说，改革共同体拥有一项计划实施的能力，它就同时意味着必须服从于伦理责任，这一责任以正义或正当为前提。重建卫生秩序行为的责任是为满足人类寻求福乐的欲望，是为完善人类自身与社会的进步，是为实现人类已经建立或正趋于最后实现的伦理价值，是为追求意识中或意识之外的神律形式的伦理。不加限制的享乐主义原则是有害的，不加限制的自由也不是伦理化的自由。伦理化的自由必须建立在伦理责任的前提之上，我们要对因医疗改革这个事件而发生的危害负道德责任，就必须对这个事件实施管理控制；改革共同体既然有能力来完成这项计划，就必须履行有关这项计划的指导控制和管理控制的责任；我们有时无法阻止一件事的发生，但我们有责任进行指导与管理。

既然在实施医疗改革和公共卫生体制变革这一总体行动的评价偏爱和

动机偏爱之间有某种一致性，那么，卫生决策的行为人就应该对这一行动负道德责任。“士当以担负天下为己任”；“修身齐家治国平天下”；“天下兴亡，匹夫有责”等关于责任的古训依然有价值。

有责任感的人对其的选择，一般而言，都应负道德责任，这种行为应该表达他的品格、习性与偏爱或许这种品格的变体，但这种动机产生不只是心理成分的驱使，而应该有社会责任的作用。官员、学者、管理者、科学家和科学共同体不能没有社会责任感。个人在某种意义上就是社会的，人离开社会就不是人，也不会有科学社会行为，改革行为就是社会行为，社会的当然应该以道德选择为先，没有道德的制约，就没有人与社会的存在，改革成就也就没有价值。我们的行动选择是社会的，更是历史的，个人的瞬间选择仅仅是表面现象，责任归因在认识上是历史的，道德责任也是一种历史概念，改革行为不是个人的行为，改革共同体更是社会共同体，他与他们一直承担着神圣的历史责任。医疗改革的行为人必须明确这项事业所承担的完全的责任。

就其本性而言，人是一个社会的存在。人为了自身的生存在很多方面需要他人和团体的支持，如此，他才能发展下去。一旦把这种支持变成一种欺骗，或者失去基本的信任，人类将失去依存的纽带，人类对未来则会产生疑问。

人类末世意识给我们一种心理的、文化的暗示，一个恐惧能指，或者应该是一种依存方式。人有恐惧，并不是说我们要遭遇迷失，其实，恐惧会给我们一种定性，它是高于自然的一种存在。我们过于急躁与精神漂浮，用航空器速度使我们的机车被高铁化，我们的技术增值失控，已经超过我们的思维语言与信念的培基，并同时以牺牲精神文明与文化建设以及公民卫生保健的公平作为代价；我们的基尼系数 2006 年就已经达到 0.49，进入 150 个国家最危险限度的前 10 名，与其他 9 个非洲国家为伴，成为全球最不公正的国家之一。就是说，我们的贫富差别之大已经达到令人睡不安枕并令千夫所指的地步；我们太顾及暂时的表面形象与政绩，为此不惜减缓与减少卫生、教育、民生事业的投入；信息时代和高新技术搅得我们难以平静，这个世界太吵闹太杂乱太破碎了，人类太大胆太好高骛远太自不量力太贪得无厌了，我们毫不心软地挤压和盘剥地球，恨不得一天之内就把有限的资源采掘殆尽，恨不得把土地全部占领，把草场全部沙化或改为高尔夫乐园，把海洋全部变成大陆，把绿色的农田全部变成化工园，把蓝天全部涂黑，把森林全部烧光，把冰山全部融化，把自由的江河全部拦截斩断……我们正孕育着一种莫名的悲哀，它将以恐惧的形式呈现，也许会突然爆发，成为一种集体的病理征象，一种捉摸不定的不祥感将使我们无法安宁。

因为许多人都受到了“兽”的迷惑，助纣为虐，犯下了大罪，所以人类会经历巨大的灾难。《圣经·启示录》提到了规模空前的火灾、地震、冰雹、烟雾和硫黄、蝗虫、瘟疫、异常的高温与战争、水变质毒害生民、海中生物大量死亡等。本来这些灾难是惩戒人们不可作恶，要人们马上悔改其罪恶的，但《启示录》也预见到了许多人不但不悔改，反而因为自己受到的灾难与痛苦而更加怨恨和亵渎神灵。当然，最终羔羊和圣徒们战胜了邪灵怪兽，之后是所有的罪人都会经历“最后的审判”而受到彻底毁灭性的惩罚。而后，人类会进入一个新天新地、空前美好的太平盛世。《启示录》用神谕的形式告诫道，不要贪得无厌，知足者常乐，吃亏是福，这是非常肯定和严肃的，这是一种仰信，令我们深省。如果每个人都要经历一场“最后审判”的话，如果你始终无法辨别正邪而作出最后选择的话，那么，你凭什么资格去做未来美好世界的一公民呢？著名物理学家史蒂芬·霍金表示：“人类已经步入越来越危险的时期，我们已经历了多次事关生死的事件。由于人类基因中携带的‘自私、贪婪’的遗传密码，人类对于地球的掠夺日盛，资源正在一点点耗尽。”霍金讲的是人类的整体因地球的毁灭而行将灭亡，末世预言已经成为一种文化和观念，这就是那个时间的暴力和生命的有限性，是万苦之源。

我们必须学习和不断地自我训练，使我们卫生职业人具有参与公益事业的决心并负起重要责任。公益的功能有两个：促进和启发社会成员完整的人性存在；防止人性中反社会的因素（antisocial impulses in human nature），不让他们侵犯他人的权利或威胁社会秩序。人要在社会公益的集体中团结、友爱、服从良善，特别是以法律和道德约束每个成员，不可因金钱、私欲、个人名利而牺牲公众的利益。

人生可贵在于具有倒计时的属性。

时间给了生命最富戏剧性的品行，它没有重复，没有“悔过”的可能性，只是一次，只是唯一的一次，一次就是最后的、唯一的、不会再发生的；消亡就是绝对的毁灭。所有对来世众生的盼望都是虚拟的，都是不在现实维度之内的，我们皮囊的干涸就是生命的终结，因此才有灵魂之说、转世之说、复活之说、托生之说、天国之话语、地狱之话语。

第五节　最后的反省

我们依然需要用思想驱除迷雾与黑暗，我们盼望明天的朝霞和炽烈的曙光，在绚丽的曙光照耀之下，不应该再有邪恶与阴郁，但痛苦是不可缺少的，因为要把秩序与光明投入现实，要使我们的肉身和精神都能够获得自由与安宁，只有通过数不清的各种形式的痛苦甚至死亡的征程，这个征程就被称作人生。

在人类思想史上，哲学、美学与神学使灵魂成为一种精神、一种意志和生命的主体，医学承继了这一血脉。医学人文精神言说：没有人文精神就没有医学的道德，医学道德中的善、良心、正义、义务与爱心以及和睦相处的德性结合在一起，成为医学人文的主要内容。舍弃尘世的欲望、忘我牺牲、清淡寡欲、慈悲、博爱、朴实和为穷人做善功是最高的道德使命。传统西方和各民族医学弃绝自然与生命，认为苦行生活是拯救灵魂的最好形式，隐修生活是灵魂的艺术，对病人的爱是生命的内在太阳，人应怀着信仰的旨意走自己生命之路。①伦理神学言说：神性与人性不可分割，人的生命并非自己的生命，它属于激励它的灵。

我们需要发动一场新的思想启蒙运动，这也是人类的整体渴求。我们所面对的末世或终极的危机，主要是精神或信仰的危机，我们要拯救卫生文化的贫困，寻觅、捕捉、限制看不见的卫生经济政治之手，正德与自律，批评时尚中反人类和所谓厚黑学逆流，力求恢复我们的良善和友爱，并且教育后代。我们在追求世界共同价值的同时，在经济飞跃式发展的过程中，不要遗忘我们行囊中的道德圣书，这是克服人性弱点，使我们能够保持清醒的戒律和承诺。生命问题、生死问题、生活问题、生存问题，不是简单的生理问题、生物问题、生意和生产问题，而是价值问题；生命存在不是一种肤浅的形式存在，而是一种本质地争取与期盼，是一种爱的实现，我们谈民主、监督与执法独立，就是要使我们的生命有意义，使肉身地活着变成哲学地文化地活着。

---

①　此处请参阅 C. H. 布尔加科夫《东正教——教会学说概要》，徐凤林译，商务印书馆 2001 年版，第 192 页。

首先，我们要确定自己的贡献和贡献的目的，也就是我们要设计一个有意义的奉献和关心他人的行动规划；其次，要学会欣赏生活，不要总觉得处在忙碌之中，不能总是急切切地在路上奔跑，美国人常说，哎，停下来，闻一下玫瑰的芬芳，要在过程中品味生活和理解生命；再次，要找到一种适合于自己的健康生活方式，学会享受高品位的生活；最后，要与他人交流，要爱人，隐居的人是没有幸福的，他们是为了真实的生命而尝试孤独与苦修的意义。就像我们曾经攀爬的群山，有很多诗人、骚客来此一游，只是一个个都是过客；像谭峭这样的道士，总是试图用躲避消解他一生所遭遇的不幸，王安石、辛弃疾、李白、杜甫、白居易、王维、欧阳修、陶渊明——哪一个不是因为官场失意，仕途绝望，才隐居于辋川、终南山、桃花源、醉翁亭等地的？所以，我们要有人心的联系，要与心心相印的朋友时时进行情感沟通。

当年在挖掘特洛伊古城时，一位英国考古学家发现了一面铜镜。他穷尽一生的精力都无法破译铜镜背后雕刻的一段铭文。在这位考古学家去世20年后的一天，一位青年从背囊里取出一面普通的镜子，照着收藏在大英博物馆中的这面铜镜的铭文，馆长发现，一段普通的古希腊铭文是按这镜像后的文字图案雕刻上去的，一行文字清晰可见："致我最亲爱的人：当所有人认为你向左的时候，我知道你一直向右。"这是对爱人的一种最好的支持，当人身陷囹圄和困境时，多么需要慰藉与鼓励，这或许就是美丽的海伦写给她那苦难的情人的爱的警示，同时提示我们信任与自信的意义。作家弗罗斯特有一首著名的诗：林中的路分为两条，走进其中一条，把另一条留给下次，可是再也没有下次了；因为上一条路又会分成无数小路，以至于无穷，我们向左或向右，不复有可能回头走那条不曾选择的路，因为人生是一个不再返回的有限，我们选择的都是一条不归的路，人生获得实现的只是一条小路，我们舍弃的是绝大多数的机会，未完成是人生的一种常态，我们积极进取，就是要力争在这条不归的小路上坚持，并且感到活在信仰、信念、信心和幸福中；世界上，没有完全成功和根本失败的人，只有放弃追求的懦弱者，他们始终慨叹与哀怨，只能在左和右之间游移不定。

学识上的成长，灵魂实现了净化，在眼下浮躁的涌潮之间，达到心绪沉静和超然致远，进入高山仰之，江海浮之，疾风迎之，雷霆化之，百鸟千花颂之的奇妙境界。

人的一生，因为有缺陷，才有快乐。我们不曾忘记那战争的年代，不可忘记我们是从饥饿、贫穷走来的，不要忘记今天的世界上依然每隔几分钟，就会因饥饿而死去一位儿童；天赋的责任重大。我们从幼年走到今天，从最初的居家，到成人后离家，再去建立新家和大家，再去发展我们民族共生的国家；又不间断地失去我们的小家。人一生都在寻觅真正的归家，真正的安居，真正的港湾和真正的爱、和谐与友情。我现在说，安全和健康就是家，有健康才有愉悦，才有幸福，才会有奋斗的能力与成功的条件。

孔子说：祭如在。心中存有，无所谓在与不在，这要看我们是否接受它认为它曾在，而且似若真理。弗洛伊德挖掘人的意识深层，有一种深度的自觉，事到临头，言语和行为就会按这样一种自觉去回应和判断，我们常常要选择认为最优化的那一种行动，虽然它可能是错误的，但正是这个最佳构成了我们下一轮历史，人类循环往复地重复过去或发生过或根本不存在，或是我们被暗示被引导被诱惑被强迫，我们明知道将会陷入僵局和窘迫，最终还是选择了错误。“历史已经进入我们的生命之中，成为我们日常生活的一部分；就像曾化于水的盐，不必有形，不必可见，却始终存在，且无处不在。”① 存在的特有性是说无需由与其不同的存在物支持其显现，存在的现象并非总能够通过显现来证实。萨特通过海德格尔的“人的实在”是本体状—本体论的（ontico-ontologique），来说明人的存在总能超越现象走向他的存在。② 人设法自由地游弋于现象、存在、虚无之间，并且保持意识澄明，是不可能的。我们实际上是在勾画一个本不存在的、我们自己不情愿或不够情愿的生命轨迹，我们的良善十分脆弱，因为贪婪、自私、欲望、虚伪、狡诈、谎言每时每刻都纠缠着我们的判断，即使我们有一个爱和宽容的评价，有时也拗不过“恶”的魔鬼的胁迫。我们的内心是角斗的战场，我们说，我超越我，要做超人和圣人，但历史的境遇又使我们临场脱逃，上帝监控和制约着我们，我们只是模糊地试着去服从，而犯罪却成为活着的“我”的常态。

伽达默尔说：

---

① 罗志田：《历史飘渺而不虚无》，《南方周末》2010 年 12 月 23 日第 34 版。

② 参阅［法］萨特《存在与虚无》，陈宣良等译，三联书店 1987 年版，第 5 页。

> 真正的历史对象根本就不是对象，而是自己和他者的统一体，或一种关系，在这种关系中同时存在着历史的实在以及历史理解的实在。一种名副其实的诠释学必须在理解本身中显示历史的实在性。因此我就把所需要的这样一种东西称之为“效果历史”。理解按其本性乃是一种效果历史事件。①

如何克服浮躁的心绪？学习历史是一个很好的方式。以史为鉴，说的就是汲取经验教训，不要重蹈覆辙。但人的本性决定了总是来去轮回，常常会犯同样的错误。这个世界是有目的的，是一个实验，验证人的本质的统一性和世界的同构性；历史是人的社会的以及关系的时间总结，至于广阔的断代化人的活动是在地理和地域中展开的，比如阿尔卑斯山脉和多瑙河流域的文化、战争、经济、艺术、宗教事件，以及所折射的人文历史和民族心理特征。学习历史不能离开现实，特别是政治经济态势，因为只有如此才能预测未来，才可以正告我们自己不要犯错误。模糊的情境是很恐怖的，我们本真的善很脆弱，就是因为我们没有读懂历史，或用效果史来评价或揭露伪历史和历史的伪证。历史最后要与宗教问题融合，因为所有的存在，曾经硝烟弥漫、厮杀、辉煌与繁荣，最后都将化为虚无，地球将成为一片惨淡、没有知性的麻醉的液体或重归飘忽不定的气团，再一次死亡和轰然毁灭，将去等待下一个意识的幽灵，重新寻找反省的语言和繁殖的方式，有生理的基础和生物的品行，有智慧的创造和情感的记忆，那本是由虚无的历史本质决定的。漂泊流荡的罗马尼亚的作家和思想家萧沆（Cioran，1911—1995）在其用法语写的第一部非凡的作品《解体概要》中这样写道：“地球啊……这造物主犯下的原罪！我可不想再偿还他人的过错了。我要治愈我的降生，在所有大陆之外，在一片流淌的沙漠上，在一次无名的沉船中，静待死亡。”②

我们在青年时期就开始为人的“不惑”而思考，是因为经历和知识的穿透力提前给予我们惑与不惑；可以说，人生本来是没有意义的，意义和价值是人为生存所为，这就是哲学上的“意义”的意义。感恩的心态

① ［德］汉斯—格奥尔格·伽达默尔：《诠释学Ⅰ：真理与方法》，洪汉鼎译，商务印书馆2010年版，第9页。

② ［法］萧沆：《解体概要》，宋刚译，浙江大学出版社2010年版，第92页。

很重要，那是我们获得平静的理由。佛陀认为，人的此在意义一旦把自身当做欲的主体而使之泯灭，人的此在意义就完结了；我们活在所谓的文明中，不过是促进一个只是被观赏和游戏的世界，我们一生即使存在100年，最终也还是要结束这种制造的游戏和悲喜剧；有人说是一场梦，所以所有宗教都在空或涅槃这个问题上扩延开来。叔本华的学生阿尔斯堡坚决反对用精神或理性来定义“人”，理性只是人制造的概念，是语言的结果，不是语言的根；人就是“求生”，这就是“人性的原则”。我认为，为克服我们与环境、自然界在我们求生过程中所存在的不足，我们才活着，繁殖后代还是为了接续这个“求生”，终于我们解决不了“不死”的问题或无法消解所有生命的冲突，一直到人类消亡、地球毁灭，所以由上帝来拯救我们，是我们“求生”的目的与意义，也是为了“永生”。有了信仰的追求和哲学的解惑，我们会活得更有力量，特别是当我们学会了爱、信心、充满希望和理想，我们会感恩，明晰周围的各种复杂的关系和纠缠不休的事物，或遭遇突发的事变或者不幸，我们就有能力和智慧战胜，重新获得内心的平和与恬静。

为了不陷入无聊的历史真理是否存在的辩论中，我们只能重新去怀疑历史书或口传的那一切。但最近这180年的历史，确实值得中国人长久而深刻地反省。

我们必须反省过于重视应用性学术研究的教训。当代，是否还存在这样的问题与现象：真理被遮蔽，价值被稀释；思想变得鲁钝；意义在衰变；精神在迷失；理想追求被放弃；正义在凋亡；信仰陷入危机；我们正在被惩罚，对财富的贪婪和对享乐的无限追求使我们面临空前的灾难和危险，自然的与人为的交错双重责罚着人类。我们要培育自己的信仰，医学人文学学者承担着医药卫生人员的精神教育和道德意识的培育责任，承担着他们的心理驯化与人文实践技能以及生存艺术品质的教化责任，我们要建设这样美丽的精神家园，给与其信仰和高端的思想境界、高远的志向、高峰的心理体验、高蹈的认知和对时代的感悟；为了建设和铸造安全的生存环境与民众稳定健康的心绪，良好的卫生秩序与和谐的医疗关系，我们必须回归对人类的精神关注和人文关切的学术研究领域，使我们的学术焦点集中于由宏大主题引领的问题与理论研究等方向；我们正承载着历史的使命！

重商主义是资产阶级最初的经济学说。它产生和发展于欧洲资本原始积累时期，反映了这个时期商业资本的利益和要求，它对资本主义生产方式进行了最初的理论考察。这个理论曾经对人类社会发展和经济进步起过一定的积极作用；但医学在本质上是必须有别于这种商业或金钱本体化或商业本位观念的，尤其对于差等医学文化传统的中国，尤其要警惕和克制医学商业本体观所带来的消极影响。坏的医学，比如植根于腐败的卫生政治经济和差等文化的富人医学与不公正的医学；加之医药市场化与各种利益集团的竞相角逐以及医疗机构的败德行为制造了紧张的医患关系；连同腐败的各式利益链条上的人和组织，包括已经丢失优良人道传统的或被商业化的学术团体与社会团体在内，使我们广大公民对医学和慈善组织失去基本的信任；这是极其危险的。用马斯洛与弗洛伊德之人性透视可以认为，贪欲是金钱魔鬼的父亲。人性本是为生存和生殖目的的“二生论”，如果在市场的潮流中失去诚信，一切皆以“物质主义，生物主义，生理主义”为基础，如何有准则考量“性本恶、性本善、非善非恶、先善后恶、先恶后善”的卫生经济伦理文化。我们一度用感觉主义秉持和曲解“摸石头论”和“少数人先富论”，使深水期的改革历史出现道义的反流。一位作家说：“人的物质欲望是很自然的东西，不去积极提倡和刺激它都会风狂旺长，再以它为中心那就不可收拾了。”①

> 实用主义者大抵都是物质主义者，他们只热衷于实利，最怕思想，借口是“大言误国”。其实真正的大言是博大之言。一旦失去了“大言”，“大物”也就不能平衡，一个民族也就开始倾斜了。②

战争均伴随着文化纷争，文化战争、文化冲突的本质是利益的冲突，经济和权力的争端；为避免终极关切成为终极挫折，就要靠精神来拯救，靠信仰来承托；我们必须解除情感主义对价值判断和伦理判断诘难的“艾耶尔死谷”，把中国的改革家和医学人重新归入“头上星空和心中的道德律”的正道，并在医疗改革中，澄清罗尔斯差等定理的误读。

现在的任务是行动！

谢林认为：精神是不成熟的自然界，自然界是成熟的精神。自由、平等、博爱是天理；应该从亨利·戴维·梭罗的超验主义和生态德行试验中

① 张炜：《怎样创造出无愧于伟大作品的时代》，《南方周末》2011年5月5日第21版。

② 同上。

获得启示：

> 我之所以来到森林，是因为我希望过一种深思熟虑的生活，希望仅仅面向生活的基本事实，看看我是否能够学会生活所必须教导的东西，当我将来死去时，不会发现我没有生活过。我不希望过一种不是生活的生活，因为生活是多么宝贵……我希望深入地生活，吸取生活的全部精华……①

我们肩负着生命伦理学家的责任，应反省我们自己的观念、意识、研究方向和方法是不是老百姓所急需的？我们必须从只顾及所谓高新技术的伦理问题和阳春白雪的旋律中警醒，关注大众健康与社会道义。

挽救危机和摆脱窘境与困境的路在何方？

1. 反思中国模式与我们理解的“中国特色”（卫生政治经济模式、发展模式、卫生体制等）。

2. 控制 GDP；（将节余的 GDP 或提高数倍投入医药卫生、环境、食品安全，强化政府干预，喂育“看得见的手”上，大力关注和研究中国的“新农合”改革，等等）。

3. 控制富人消费行为与财产转移，大幅度强制税收，强制投入慈善以及卫生事业。

4. 改造文化环境和健康文化环境，重启文化意识产品的教育功能。

5. 设计精神文明与上层建筑新新工程，重组队伍，改造或重建教育、学术、出版格局与体制。

6. 重读凯恩斯和反思中国式马克思主义，重新回到马克思思想上；清理与制定新的卫生体制的改革纲领与调整改革路径。

7. 限制或减少应用性、俗化性、短期性的炫耀式、政绩式工程项目。

8. 加快卫生政治体制改革、政治经济模式和卫生经济制度改革，逐步粉碎一切经济利益集团和利益链条；在医药卫生事业中，批判重商主义和技术主体论，重申“以精神文明和经济建设为中心”。

9. 寻找中华民族的信仰。

10. 公平与诚信是最大的政治，宁可放弃效率，也要恢复田园生态伦

---

① 涂纪亮：《美国哲学史》第 4 卷上，武汉大学出版社 2007 年版，第 276 页。

理环境，寻求发展的新模式、新路径。

“身随乐舞，骤然一瞥，安知是舞者，还是舞?”（W. B. 耶茨）我们是“舞者”，不要陷入迷失和角色失忆中，我们不仅要驾驭舞曲，还要管理好舞池以及乐舞的规则。卡夫卡写道：

> 生命的华丽散播在每个人的周围，这种华丽始终处于最丰盈的状态，但隐藏在无法看见的深处，极其遥远。如果我们用恰如其分的词语呼唤它，用真实的名字祈求它，那么它就会应声而来。①

仁慈（柔和、爱心、同情感）；节俭（收敛、聚敛精神、等待时机）；不敢为天下先（自然无为、谦让、退守、居下）；节制原则（control & frugality）和节俭主义可以拯救我们！舒马赫的“宗教准则与物质福利作为天然的盟友”，可重建人的信仰伦理和卫生经济伦理意识。马克思·韦伯的清教主义精神，依然可以为我们重建卫生伦理精神提供参照：你须为上帝而辛劳致富，但不可为肉体、罪孽而如此；反对无节制地享受人生及它能提供的一切，反对保护寻欢作乐的专制势力，把闲谈、奢侈品、自负的炫耀当做清教道德的敌人。我们必须寻找后技术时代的信仰架构和模型。②

人最大的悲剧莫过于成为精神的贱民。每个人都是自己美丽的目的地。③

思想是一个时代的灯塔，精神是一个民族的伟大灵魂，铸造思想和时代精神是我们神圣的历史责任！

生命可以归结为一种简单的选择：“或忙于真正的生活，或一步一步走向死亡。”这是美国影片《肖申克的救赎》中的一句话，眼下，我们正是要选择一种真正的生活。

---

① 转引自［法］居伊·珀蒂德芒热《20世纪的哲学与哲学家》，刘成富译，江苏教育出版社2007年版，第419—420页。

② 孙慕义：《后现代卫生经济伦理学》，人民出版社1999年版，第144页。

③［美］艾利克斯·宾恩：《雅致的精神病院》，陈芙扬译，上海世纪出版集团2007年版，第252页。

第十五章　回归荒野：环境与生态伦理

啊，但愿太阳的明亮的脸，
从现在起，愉快地闪耀，
和煦的西风舞弄着云彩，
芦苇静静地涌起绿潮。①

危险，大自然正在行动。灾害，是无声饮泣之后的自然警示，是一种对于人类疯狂毁坏生态环境的反抗和报复，这是一场自然与人类的静默的生命伦理化对峙。

提及生态伦理学，首先想到的是恩斯特·马赫的人道主义，他的生态主义意见不仅仅面对整个人类，而且面对整个有机界乃至无机界。马赫反对滥用和浪费能源与资源，他告诫人们，地球的资源并不是无穷无尽的。马赫的下述言论也许是当代生态伦理学的先声：

> 我们无法为未来科学画出一道严格而可靠的界限，但是我们能够预见，现今把人和世界分开的坚硬的墙壁将逐渐消失；人将不仅以较少的自私心和较强的同情心彼此相处，而且也将如此这般地对待整个有机体世界和所谓的无生命世界。大约两千年前，中国哲学家列子，也许就具有这样的预感。他当时指着一堆腐朽的枯骨，对他的门徒以严谨的、精确的口吻说："唯予与彼知而未尝生，未尝死也。"②

---

① 《普希金抒情诗选集》（下），查良铮译，江苏人民出版社 1982 年版，第 60—61 页。诗名为《北风》。

② E. Mach, *Popular Scientific Lectures* (Open Court Publishing Company, U. S. A. 1986), p. 234.

生态伦理学是以生态学为科学基础、以生态哲学为价值论基础的应用伦理学，是有关人与自然统一的整体主义的道德哲学。生态伦理学的基本问题是人与自然的关系问题。它把世界看作有机的统一整体，即“人—社会—自然”的复合生态系统。人类对自然界的行为，应当以这个系统的整体性为目标，把对整个生态系统（生物圈和智慧圈）的健全作为价值的来源，把保护整个生态系统的善作为道德义务的重要方面。因此生态伦理学把人与自然的协调这一价值观作为人类未来的价值方向，通过道德纽带调节人与自然的关系，建设人与自然交融的新世界。

我们的知识与科学，以及一直被崇奉为人类智慧的技术产品，正在绞杀我们的身体和情感，我们赖以生息和繁衍后代的地球家园，正在被我们的所谓科技文明所戟掳，其身躯极其疲惫和脆弱，自从几十亿年前第一个单细胞生物出现在毒气笼罩下闷热的化学溶液里以来，我们的生命就一直为了生存与进化与地球的物理现象进行着不懈的斗争；而我们在宇宙竞争中终于获得头彩的地球，今天已经被自然的灾难和所谓的人类科技文明成果摧残得体无完肤。我们再也看不到查尔斯·狄更斯（Charles Dickensi）笔下那美丽洁净的白色圣诞节，我们几乎要戴着面罩，走向圣殿，跪拜在基督和圣母的面前，献上我们罪孽深重的儿女的忏悔以阻挡雾霾的圣锦，以让我们心中的神圣信念抵御撒旦的污损。

《世界自然宪章》可以归纳为生态伦理的核心内容为：要尊重自然，不损害必要的自然过程；不能危及地球上的遗传活力；所有形式的生命，其种群水平，不许足以维持其生存；对地球上的任何区域，都要给予保护，特别是要保护那些独特的区域和各种生态类型的代表性样地以及各种珍稀濒危物种的生态环境；认真管理生态系统、生物和海洋、大气资源，不能因为获取生产力而对生态系统或物种构成危险；不能因人为的因素而引起自然退化。

以上内容，任何人都没有任何特殊权力加以违背。

第一节　北京之霾、伦敦治雾与漂绿

低碳，也是一个伦理概念，假如我们昨天还活在无知之中，今天因为“低碳”的律令，得以警醒。人类自觉是以道德作为先行的；人是一种理性动物，他一直赖于神佑的呵护，才发展到今天，一直在自制和放纵中寻求平衡。所谓人类智慧所演绎的科学技术文明，由于带来了环境破坏与极度污染，最终将使本身的存续成为困难。人类并没有管理好这个地球，人类肆无忌惮地掠夺其他物种的生命权利并违背自然法则地污染生态，为奢侈和享乐，对自然施以强暴，手执的魔法之杖已经开始回应于人类生命存在的基础。

是否能够渡过这一场危机，真实地进行低碳经济和低碳生活的革命，是生命伦理学的重要使命。

以北京为例。

北京的雾霾已经到了惊人的或者不可容忍的程度，尽管人在这个污浊的环境之中照常喜笑颜开、“苟且”地过着阿Q式的生活，尽管生活继续着，而所有的人都被尘埃袭扰着，每一天都在呼吸系统极度疲惫的哀伤中无可奈何地进入梦乡。本来他们可以在蓝天下自由地呼吸，如今却成为一个梦。

甚至有人开释当代人的罪责，竟然把几乎稀有的历史记载作为京都今天雾霾形成的责任：

> 北京地处北方，气候干燥，距沙漠较近，从历史上看，霾灾比较频繁，最早的记录可追溯到元朝。据《元史》记载，1329年阴历三月，由于前年冬天没有下雪，春天又乏雨水，导致“雨土，霾”。明代相关记载更多，元代以前北京城市规模较小，随着城市不断扩展，建筑物增加了，空气流动速度下降，雾霾发生的概率相应提高，明代后期正逢小冰河期，北方气候变冷，降水减少，利于雾霾天气形成。

一个并不可信的统计为：2013年北京空气质量一级、优的天数有41天；二级、良的天数为135天；三级、轻度污染天数总计为84天；四级、中度污染天数为47天；五级、重度污染天数为45天；六级、严重污染天数一共有13天。全年优良天数共计176天，占全年总天数的48.2%，不足一半。①

中国环境污染已经成为世界之最，这是以人的身体为代价发展起来的经济，虽则这是一个悖论，但不可以推卸某些权力人无作为的责任，他们

---

① 参考百度网上资料。

是罪人！平民凭什么为单纯的GDP增长而背负生命的风险。

我们对于水与空气的纯洁负有无可逃避的责任。

那些人还在为一个本来像少女一样纯真的江南水乡突变为污染大户的小城镇而疯狂地鼓盆而歌，不为自己埋葬了真美、清纯的文化遗存而内疚和反省，而是陶醉于这种对生态环境野蛮地摧残与覆灭中；我们麻木不仁地记录和颂扬其侵掠原生态的功绩，却不为失去“无穷空间的永恒寂静”① 而追悔。想想，我们究竟在这种表面的发展中获得了什么？是仅仅失去了“小桥流水人家”与那种“江梅已过柳生烟，黄昏疏雨湿秋千”②那种简单的诗意生活吗？我们失去的是蓝天、空气和洁净无邪的水啊！

1952年，英国伦敦由于大量燃用煤炭以及机动车排放的烟尘污染，形成了持续数天的阴霾天气，导致上万人死亡。1952年的“伦敦雾事件”成为世界能源清洁化的转折点。英国人认为，这是民族的耻辱，是对上帝赐予的蓝天的亵渎。他们认为，人类工业文明产生的重大污染事件几乎都与能源有关。20世纪50年代的爱丁堡“大烟囱”、“伦敦雾”、宾夕法尼亚的“煤烟污染”、洛杉矶的“光化学”事件都造成了成千上万人的死亡。由于能源使用的持续增长与环境产生了巨大的矛盾，唯有走清洁化和低碳化之路才能化解能源和经济脱钩的困局。这一生命伦理认知，自1952年“伦敦雾”开始，已逐步成为世界性的共认意识。

英格兰警醒了，每一位伦敦人如芒刺在背，夜不可寐。如此，大不列颠的民族尊严何在？英国和伦敦市政府痛定思痛，于1956年出台了《清洁空气法》，决心改善能源结构，大量引入天然气以替代煤炭，开创了液化天然气之先河，励精图治，经历十年，根治了“伦敦雾”问题。1955年，美国政府由于宾夕法尼亚污染事件出台了《空气污染控制法》，严格限制煤炭消费，此后美国的煤炭消费增长缓慢。美国的能源战略长期坚持清洁、安全和高效，把清洁放在首位。他们放弃了增长，放弃了所谓的发展，为了生命，他们停止了“向前”；在世界版图上，煤炭消费区与雾霾污染区高度重合。而我们为什么不能在能源生产或供应的过程中义勇地革

① ［美］尼古拉斯·雷瑟尔：《复杂性——一种哲学概观》，吴彤译，上海世纪出版集团2007年版，第171页。这是法国哲学家帕斯卡尔《沉思录》中的一句话，意在慨叹和惊恐亚里士多德的世界崩溃了，打开了一条无限的宇宙通向无尽空间的道路；而有些人并不快乐而是惊骇。如英国神学家、诗人邓恩（John Donne）和帕斯卡尔。

② 李清照：《诗词集》，朱传东主编，济南出版社2006年版，第11页。词名《浣溪沙》。

除煤炭的命，即在“能源消费过程中需要推进提高能源效率的革命”①。

可以把生命染成任何一种颜色，但生命原本是无色的，析出时的白色最易于被染成蓝色和紫色，尽管遇到双缩脲试剂会成为紫色，遇到强氧化剂则是黄色，而黄色与蓝色的混合，则成为绿色；空气与水都应该是无色的，却总是以天空与海洋为象征在盐水中溶解着成为澄明的蓝色，那是最有活力的，遭遇被强氧化并与之结成一体，成为永远的诱人的绿，那就是希望。

人的浪漫主义和虚伪、恶行一直并行，明明是一种罪孽，却偏偏要装扮成纯洁无瑕的处子秀，令人哑言。我们惊呼于这种生态伦理和环境哲学的伪善，我们不应再受骗。

20 世纪 90 年代，人们开始对环境产生忧虑，对危害的追责意识蜂起，对这些人开动脑筋危害环境的作为进行了道德批评，绿色主义者做了一个文化的创意：漂绿（Greenwash）；这个新词由“绿色”（green，象征环保）和“漂白”（whitewash）合成而来，用来说明某一企业、政府或是组织以某些行为或行动宣示自身对环境保护的付出但实际上却是反其道而行之，在排污和污染环境中犯下了通天罪过，却打扮成环保精英；他们投注可观的金钱或时间在以环保为名的形象广告上，而不是将资源投入实际的环保实务中，通常是为产品改名或是改造形象，像是把一片森林的影像放在一瓶有害的化学物上。环保人士经常用“漂绿”形容长久以来一直是最大污染者的能源企业。

一个最常被引用的例子是乔治·布什的天空清净法案，环保人士认为这项法案实际上极大地削弱了空气污染法令，强奸了呼唤洁净环境的民意。

这实质上是一种虚假的环保宣传。这个词最初是在 20 世纪 90 年代初期在美国被使用的，1991 年三四月间一本名为 *Mother Jones* 的左翼杂志在文章标题中使用了该词并使之声名大噪。令人惊怵的是，18 年后，它在中国大行其道。

“漂”，谓浮于水也。漂潎、水中击絮也。② 在哥本哈根会议之后，生态哲学家将其移植入意识形态领域，以呼吁人文学术圈对邪恶的“漂绿”

---

① 参考“中国节能网”，2014 年 2 月 20 日。

② 《说文解字》。

倾向予以防范与批评。

有人曾经列举了2012年中国漂绿的十大表现：公然欺骗（哈药排污）；故意隐瞒（江森自控血铅门）；双重标准（阿迪达斯、耐克、沃尔玛有害物质问题）；空头支票（康菲）；前紧后松（苹果、李宁）；政策干扰（中石化）；本末倒置（双汇、蒙牛、思念）；声东击西（深发展、中国移动非法转移铅酸电池）；模糊视线（归真堂在虐熊事件后，攻击他人打击民族中药）；适得其反（晶科能源太阳能光伏污染水路）。[①]

医药卫生界、养生界、医学人文学界近年来的“漂绿”问题也已泛滥成灾，必须进行一次长期地反漂绿运动，制定反漂绿的原则和法律，以防之。

不要再谈文学、哲学是无用之学，不要再说信仰和敬拜的不是，不要再自负地放言：人定胜天。无有心，何成道？无有厚德，何以载物？无有思，何以为人？没有德行，没有源于人文之学的规矩，没有因人道、天道编织的心网，我们何以继续生存？

不要忘记悉达多头上的那棵菩提树写下的证悟，只有它能让我们清静无为，涤荡灰尘。我们由此才能够粉碎最后的所谓文明和物欲横流的染污，证得正觉，面对三界，坦表我们修持之后如此鲜白圆融、永断众流的身体。可知，正如《薄伽梵歌》所唱：万物尽皆消逝，唯有冥性不泯。

可怜的人，你们为何还没有从科技文明的美梦中惊醒，还不为你们的行为而后悔与劳作，“睡在尘埃中的，必有多人复醒，其中有得到永生的，有受羞蒙辱永被憎恶的”[②]。

哭泣一万年
流尽十亿泪
只缘当年未曾料
人类家国锦绣河山
而今都已碎[③]

---

① 2011年制定并发布，见《南方周末》2013年1月31日。

② 参阅《塔木德》第8章，重庆出版集团2008年版，第249页。

③ Bill McGuire：《全球灾变与世界末日》，梁福明译，外语教学与研究出版社2007年版，第233页。此诗句引自扎格和埃文斯《在2525年》。

人们啊，听听这句警言和劝诫吧：

> 我面前有两条路，一条是到伊甸园，另一条是到地狱，我不知我会走哪条路。①

保护环境，是全球的道德责任。

第二节　动物权利

> 在荒野的价值问题上，“价值”的含义变了，“荒野”的含义也变了。旅行者需要找到穿越陌生地带的路。②

动物权利的维护，是重新定义生命价值的文化战争，必须从人的意识出发，为动物与非人类的一切生命体，在荒野中找到它们合理生存的价值，改变它们作为我们物质资源的传统，使我们成为它们忠实的伴侣，而不是仅仅把它们作为我们栖居于荒野中的朋友。

动物与非人类的生物都是人类的朋友，我们与它们同在一个地球上，同呼吸共命运，它们可能会比我们更不幸。

毁灭物种不仅仅是从一本尚未读过的书中撕掉一些书页，那样的描述过于轻浮，物种的存在“是用人类很难读懂的语言写成的关于人类生存之地的书”③。我们万万不可做破坏罗塞塔石碑和毁灭马达加斯加岛上濒危狐猴的罪人。④ 我们不仅仅是为了保护一个物种，而是为了保卫生态存在与平衡的真理。

按目前这样的人类社会发展模式，人类继续肆无忌惮地占领野生动物的栖居地，继续过度捕捞水中的生命体，破坏海洋生态系统，继续如此规模性地干扰水系环境，拦河建坝，继续向海洋疯狂地排放含氯辛酸铵

---

① 参阅《塔木德》第 8 章。

② ［美］霍尔姆斯·罗尔斯顿：《哲学走向荒野》，刘耳、叶平译，吉林人民出版社 2000 年版，第 202 页。

③ 同上书，第 376 页。

④ 同上。罗塞塔石碑（the Rosetta Stone）是 1799 年在埃及罗塞塔镇附近发现的古埃及石碑，碑文用古埃及象形文字、通俗文字和希腊文字刻成；该石碑的被发现对于解读古埃及象形文字意义重大。

(PFOA）等有机污染物，等等，第六次物种大灭绝将成为人类的“杰作”，并将提前到来。如果地球只剩下人类，人类还能继续生存吗？由于人类的行为，鸟类与哺乳类动物灭绝的速度提高了100—1000倍。人作为自然之子，如此病态地掠夺和毁损我们赖以生存的自然，怎么能够逃脱自然的严惩？

人类凭借自己的所谓“超群”智力和创造，无限制地欺凌其他物种，与魔鬼何分伯仲？

人类需要在未被正式审判之前，用行动表示自己的歉意，用行动补偿、追悔和救赎。眼下，可以纳入生命伦理学视野中的有以下几个至关重要的议题：

1. 对于非人类，包括微生物权利的确认在内，是人类的一种高度的自觉。这是否就是人权概念的轻微化（trivialize）[①]，或者减弱了地球人权利的根本价值和人的存在意义。这是重大的伦理反动，考验着颠覆自封为独特统治地位的决心，以及人类自身的生命道德觉悟能力和水平；人能否对这样一个朴素但最具有胆识的决断做一个彻底的理性的回应。人一直安享和天经地义地接受所谓上帝赋予的“管理这个地球”、安置在伊甸园，使之修理看守的职责[②]；但人并没有遵从“上帝”的话，偷吃了善恶树上的果子，以致第一次破坏了自然，侵害了其他生命。人类由于自大，从一开始就违背了自然伦理的律令。

2. 目前，学界对于人类权利和非人类权利的认识存在误区，非人类权利并非人类想象的以人类自己的欲求而设计的，非人类权利是必须重新规范的非人类的自由，这种自由不仅仅是事实上的生存和生命保有，而是人类应该帮助它们排除条件的限制，获得一个原有的自然存在环境，回归地球生态的平衡。

3. 所有生命的权利都是神圣和有价值的，这不是一句空洞的说教，而是表明其内在存在的合法性，承认这一点不是为了人类的利益，而是自然的一种分配；我们对其生命的尊重也不是一种生命之爱，而是一种天赋的责任；我们活着，就必须让它们也活得好，或者说，我们难以生存，也应尽力保证那些有别于人类的物种还将生存下去。我们可以重温乔尔·范

---

① 王晓朝等主编：《生态与民族》，广西师范大学出版社2006年版，第30页。

② 《旧约·创世记》2：15。

伯格（Joel Feinberg）的建议：

> 每当我们亲切地对待其他受造物或避免残酷地对待他们，不仅是为了美学的、科学的或其他人类的利益，而是为了他们的缘故，我们是在运作上确认他们的权利的。①

其实在“诺亚和他的方舟”这一美好的儿童故事中就已经建立了生物多样化以及相互尊重的观念，我们的“宠物伦理”却以极大地改动和扭曲将非人类作为一种玩偶或我之为主体主人—玩具关系，这在原本《鲁滨孙漂流记》中背叛鲁滨孙的“星期五”最后的“转舵”行为中得到了验证，因为鲁滨孙不能允许它依然回归野人岛的自然中。

生命伦理学的生态伦理维度，完全应该是非人类回归到人类的关系社会，使之成为我们中的成员或社会生活的角色。我们甚至应该与其建立一种生命政治的契约，使之获得合法的生存权利，我们不应在心理上仅仅把它们作为无理性的伙伴或生活的陪衬。人类不是为了自己的生存而保护其他物种，而是它们有权利与人类分享这个地球，它们的存在就是目的本身。

我们许多关于动物的假定来自于基督教和古希腊的思想传统，认为动物因为缺乏理想灵魂而可以成为人类的工具，构成一个不平等的连续统一体，达尔文的进化学说又加剧了这种不平等观念。当下的动物伦理主张重新调整了这个统一体的主体结构，认为动物也具有理性这一终极价值，情感和理性不只是人类独有的天分；认为动物的利益可以随意忽略或侵犯，是违反基本的伦理精神的。某些人的理性还不如某些非人类动物。② 作为人类与非人类的一条整齐划一的道德化划分，这是人类权力的一种扩张和暴力。人类无权漠视动物生命存在的合法性和随意侵犯其生存权利。实际上，《圣经》素材一直是以造物主慷慨和慈爱给予所有被造之物的，就如同安迪·林奇（Andrew Linzey）所强调的那样，以人的自我奉献的模式，保护其他的生命体：

---

① 王晓朝等主编：《生态与民族》，广西师范大学出版社 2006 年版，第 33 页。

② 参阅［美］托德·莱肯《造就道德：伦理学理论的实用主义重构》，陶秀璈译，北京大学出版社 2010 年版，第 169 页。

> 动物的脆弱和无力，以及对动物的绝对权力，强化我们必须在道德上作出宽厚的回应。我提议，我们应当像基督对我们那样来对待这个受造界。……我们在受造界中的独特价值，包含在我们对其他事物有着独特的价值观中。①

动物实验是因为人类认为动物没有痛苦，或者认为它们的痛苦是不可证实的，这种行为主义和实证主义所导致的动物缺乏意识心态论，必须予以批判和纠正。

人优于动物是古老的信条，源于《创世记》，人受命于神而统治万物。康德也认为，人拥有“自我”的观念，这一事实本身就使人无限地超出生活于地球上的所有其他存在物。对于没有理性的动物，只要我们愿意，我们就可以蔑视动物。因此，康德说，就动物而言，我们没有直接义务。特别是达尔文，虽然主张人类起源于类人猿，但他极力高扬人比动物具有特殊优越性。也有少数思想家出于对动物的怜悯，表达过对动物价值及动物权利的关切。约翰·洛克在《关于教育的几点思考》中就明确指出，动物能够感受痛苦，能被伤害。对动物的这种伤害是错误的。洛克写道，许多儿童“折磨并粗暴地对待那些落入他们手中的小鸟、蝴蝶或其他这类可怜动物”。洛克认为，这种行为应予以纠正。因为它“将逐渐地使他们的心甚至在对人时也变得狠起来”。“那些在低等动物的痛苦和毁灭中寻求乐趣的人……将会对他们自己的同胞也缺乏怜悯心或仁爱心”。洛克指出，人们不仅要善待以往那些被人拥有且有用的动物，而且还要善待松鼠、小鸟、昆虫等所有活着的动物。

1982年，禁止虐待动物的议案“马丁法令”获得了通过，人类首次以法律条文的形式规定了动物的利益。保护动物免受虐待，是动物保护史上的一座里程碑。20世纪中后期，提出了“动物福利”等动物权利论重要概念，又相继制定了《动物福利保护法》《实验动物福利法》等法律。

以美国哲学家汤姆·雷根（T. Regan）为代表的动物权利论者从康德的道义论伦理学出发，认为我们之所以要保护动物，是因为动物和人一样，拥有不可侵犯的权利。权利的基础是“天赋价值”（inherent value）；

---

①　参阅［英］莱特《基督教旧约伦理学》，黄龙光译，中央编译出版社2014年版，第128页。本段引文出自Linzey的*Animal Theology*，第32—33页。

而人之所以拥有天赋价值，是因为人是有生命、有意识的生命主体（the subject-of-a-life）：拥有期望、偏好、感觉、记忆、认同感和实现自己意愿的能力，拥有一种伴随着愉快和痛苦的生活以及独立于他人的功用性的个体幸福状态。然而，成为生命主体的这些特征，动物（至少是心理较为复杂的哺乳动物）也具有。因而，动物也拥有值得我们予以尊重的天赋价值。这种价值赋予它们一种道德权利，即获得尊重的权利。这种权利决定了我们不能把它们仅仅当作促进我们福利的工具，就像我们不能以这种方式对待其他人那样。动物的权利和人的权利虽然都是不可侵犯的，但在特殊情况下，个体不应被伤害的权利也是可以被侵犯的，只要这种侵犯的目的是阻止对其他无辜个体的更大伤害。这一限制条件从质的方面限制了侵犯个体（动物或人）的权利的边界。为此，动物权利论者又提出了两个原则：伤害少数原则和境况较差者优先原则。

动物权利论的另一代表人物彼得·辛格（P. Singer）在《动物的解放》一书中认为，“人的生命，或者只有人的生命是神圣不可侵犯的信念，是物种歧视（speciesism）的形态之一”，并主张“所有动物都是平等的”；认为逃避痛苦就是善，施加痛苦则是恶。辛格通过具体考察人在工厂饲养与动物实验中对动物的虐待行为，提出人是否有这样干的权利问题，从而积极主张动物自身“权利”，阐述了摆脱人的虐待的“动物的解放”。

辛格是从功利主义哲学家本萨姆（J. Bentham）的主张中发现“凡能感到痛苦的都应被赋予道德的权利”这一大前提的。小前提“动物能感到痛苦”这一命题则是辛格自己推测的。辛格是靠本萨姆的主张和自己的“推测”导出“必须赋予动物以道德权利”的结论的。

阿尔贝特·史怀泽认为，如果只承认爱人的伦理，人们就可能无视这一事实：由于承认爱的原则，伦理就不可规则化。但是，如果把爱的原则扩展到一切动物，就会承认伦理的范围是无限的。从而人们就会认识到伦理就其全部本质而言是无限的，它使我们承担起无限的责任和义务。

我们必须真实地履行这样的伦理责任：（1）为动物提供适当的清洁饮水和保持健康与精力所需的食物，使动物免受饥渴之苦，获得不受饥渴的自由；（2）为动物提供适当的房舍或栖息场所，能够舒适地休息和睡眠，使动物不受困顿之苦，获得生活舒适的自由；（3）为动物做好防疫，预防动物疾病，及时为患病的动物诊治，使动物不受病痛之苦，获得免受伤痛与疾病的自由；（4）保证动物拥有好的条件和处置，使动物不受恐惧和精神的痛苦，获得免受恐惧和不安的自由；（5）为动物提供足够的空间，适当的设施及与同类动物伙伴一起，使动物能自由表达正常习性，获得表达所有自然行为与心理的自由。

人类应该遵守动物福利的“三 R”原则，即替代（Replacement）、减少（Reduction）和优化（Refinement）。①

我们不能肤浅地用所谓生物种类的多样性和文学中的浪漫情怀理解动物的权利，而是真正地把它们认作人类忠实的朋友，不是它们与我们相伴，而是我们必须陪伴它们；它们不是人的玩物和工具，不是为了添加的类属，更不是食物链中开放的任人宰杀的链环，它们也是生命的主体。

第三节　《瓦尔登湖》与敬畏生命

因为生活过于潦草、喧嚣与吵闹，心始终难以回归安静，所以在这繁杂的尘世中，我们先要使心真正地安静下来，以实实在在地走进这本书里，走进那静静的湖边。那是一部静静的书，极静极静的书。

> 它是一本寂寞的书，一本孤独的书。它只是一本一个人的书。如果你的心没有安静下来，恐怕你很难进入这本书里去。我要告诉你的是，在你心静下来以后，你就会思考一些什么。在你思考一些什么问题时，你才有可能和这位亨利·戴维·梭罗先生一起，思考一下自己，更思考一下更高的原则。②

听从这个劝告，把我们的视线转向内心，也是时候了；结果是，我们从来没有像今天这样“发现心中一千个未发现的地区，到这些地方旅行

① “三 R”作为系统的实验动物福利保护理论，是 1959 年由英国动物学家 William Russel 和微生物学家 Rex Burch 提出的，并逐渐得到世界范围内广大科技工作者的认同，因而被广泛采用。替代，是指使用没有知觉的实验材料代替活体动物，或使用低等动物替代高等动物进行实验，并获得相同实验效果的科学方法；减少，是指在动物实验时，使用较少量的动物能获得更多实验数据的科学方法；优化，是指在必须使用动物进行有关实验时，要尽量减少非人道程序对动物的影响范围和程度，减少或减轻实验对动物造成的疼痛和不安，尽可能保证动物的健康和安适。

② ［美］梭罗：《瓦尔登湖》，徐迟译，上海译文出版社 1997 年版，译本序第 2 页。

去”[①]。

梭罗在瓦尔登湖畔的生活，是一次使身体回归自然的沉思和实验，是一次重新皈依天道的生命的反省与沉思。

1. 对自然的忠诚。梭罗不仅仅是在他的书中发出对瓦尔登湖自然的惊叹和敬拜，而是从心底里表现出对于这个和谐、均衡、安静自然的真诚和信任，他坚信，犯罪的他必灭亡；“这虚伪的人类社会——为了人间的宏伟至上的欢乐稀薄得像空气”[②]。他这样义勇地用生活实践履行自己的诺言，是为了体验是否能够做一个保护自然秩序的先行者，作为道德主体和实验者扩大道德对象的边界，他不只是为松鸡、猫头鹰、鲈鱼、土拨鼠和蓝色樫鸟而忧虑，还不停地为那些淹没在为几张选票而心病复发和商战中败下阵来的大亨们挂虑；他欢迎诗人和哲学家与铁路工人一起来森林中朝圣，为了自由把城镇和村子抛在脑后，采摘浆果。

2. 对生命的热爱。梭罗热爱一切生命的存在，把所有生命体之间的自然关系作为一种社会和谐的真理，并且愿意保持这样一种和谐的节律，他不希望真的出现“葡萄树干枯了；无花果树凋零了……因为欢乐从人类身上消亡了”这种景象。[③] 在对生命敬畏的同时，他并没有否认生物等级序列的合道德性，他的生命伦理观念接受并认可不同种系生命体存在的价值，虽然没有把人类放在中心地位，但他同意“鲈鱼吃了蛐蛴，梭鱼吃了鲈鱼，而渔夫吃了梭鱼。生物等级的所有空缺就是这样填满的”[④]。

史怀泽敬畏生命伦理观中的“保存和促进生命的最普遍和绝对的合目的性，即敬畏生命的所关注的合目的性”[⑤]，就是生命伦理的目的；他不能接受把伤害其他生命的必然性与伦理进行统一，使其成为一种相对的伦理要求，没有任何其他的目的可以为伤害生命的行为作辩护；“如果我屈服于超个人责任和合目的性的压力，我就无论如何由于贻误了敬畏生命而负有责任”[⑥]。史怀泽是保罗式的伦理诉求者，带有一种可以放弃生活

---

① 《梭罗集》（下），陈凯等译，三联书店 1996 年版，第 650 页。

② ［美］梭罗：《瓦尔登湖》，徐迟译，上海译文出版社 1997 年版，第 29 页。

③ ［美］斯蒂芬·哈恩：《梭罗》，王艳芳等译，中华书局 2002 年版，第 110 页。这是梭罗在他的“野苹果树”中引用《圣经·约珥书》1：2 中的文字。

④ 同上书，第 43 页。

⑤ ［法］阿尔贝特·史怀泽：《敬畏生命》，陈泽环译，上海社会科学出版社 2003 年版，第 28 页。

⑥ 同上。

的信仰。而对亲历生命体验的梭罗来说，他并没有纠缠在这种理论上的冲突中，只是对于自然的合目的性的一种实践验证。他并不需要为这种保持自己生存和幸福的自私而内疚，只是在伤害“梭鱼”生命的过程中，保留那份对于生命意志的神秘感。瓦尔登湖边的生活实践，足以证实伪伦理的悲剧性。史怀泽终于从逻辑的迷途中醒来，蚂蚁、甲虫与蠕虫常常被我们踩在脚下，而我们是那样强烈地痛恨结核病菌在一位患儿的身体中繁殖作恶，最宝贵的生命成为最低级生命的牺牲品；我们不得不考虑人在处于什么样的境遇中，会以可计算的爱的伦理，与其他生命休戚与共。

3. 不断地反省和内省。“大地杀死自己的孩子，这似乎是一个极大的负价值，但她每年又生长出一轮新的生命，用以替代被杀者。大地这维护生命的生发能力，既是最具野性、最惊人的奇迹，也是最有价值的奇迹。”① 梭罗就是这样解决自己内在的痛苦和对于死亡生命的同情的。但他不愿意为了研究的科学目的而杀死一条稀有的蛇，他认为这不是获得科学知识的正当手段。他鄙视城市生活的卑琐和人际交往中的虚伪，他避开那些污浊，逃到湖边森林中，是为了给自己一个醒悟、检讨的时间；在宁静的湖中，坐在船上，观察自然和谐的秩序，发现生活的真理。我们不能抛弃自然给予我们的启示：

> 它们比起我们的生命来，不知美了多少，比起我们的性格来，不知透明了多少！……鸟儿连同它们的羽毛和乐音，是和花朵谐和的，可是有哪个少年或少女，是同大自然的粗犷华丽协调的呢？……说甚天堂！你侮辱大地。②

因此，梭罗就是要用最简单、粗陋和淳朴的生活方式，节制人性中那种奢靡的成分，并克服对于物质生活的过度贪恋与依赖；而且，物质生活的富有，并不意味着幸福，幸福需要有与物质消费不同的人生原理。如果仅仅被物质所控制，就不可能有内心的充实。梭罗用瓦尔登湖畔的生活实践证实，人生若要真正富足，就必须有内在精神方面的充实与满足，人应

---

① ［美］霍尔姆斯·罗尔斯顿：《哲学走向荒野》，刘耳、叶平译，吉林人民出版社2000年版，第227页。

② ［法］梭罗：《瓦尔登湖》，徐迟译，上海译文出版社1997年版，第185页。

该重新评估所有欲的限定和一无所有的自由精神。这正应了那句话："其中心是只要将对物质的占有欲限制到最小限度，就可使内在的思想自由地展开飞翔。"①

节制是一个重要的伦理原则，既是生命的，更是生活的；假如每个人都有一个生命的自觉和精神的自觉，就应该有深度的生命的不断呼吸；梭罗厌恶一切没有生活意义的事务性劳作，厌恶熙熙攘攘的城市，厌恶终日喧哗吵闹、每个人都在为个人的生计斤斤计较，没有宁静，为追求更多的财富而浪费生命；因为利益，他们残害自然与污染空气、砍伐森林，仅仅是把自然的湖泊和植被作为自己玩赏的工具和奴隶。他与爱默生一样赞赏苏格拉底提出的"没有仔细考虑过的生活是不知的生活的"② 断言；他对两年瓦尔登湖边的生活选择做了一个十分明确的解读，这是他愿意过一种孤独、安宁、节制生活的真谛：

> 我之所以来到森林，是因为我希望深思熟虑地生活，希望仅仅面向生活的基本事实，看一看我是否能够学会生活所必须教导的东西，当我将来死去时，不会发现我没有生活过。我不希望过一种不是生活的生活，因为生活是多么宝贵；我也不希望过顺从的生活，除非它是完全必需的。我希望深入地生活，吸取生活的全部精华……③

这是梭罗回归自然的目的和信仰，也是生命反省的结果。在此，我们应该重温一下维尔纳·桑巴特的《奢侈与资本主义》，这部小书通过对于宫廷、贵族和城市生活的揭示，极其深刻地抨击了人性中的享乐、奢靡、贪婪和堕落的本性，以及物品消费与资本主义的关系；此书对于市场与富人傲慢、嫉妒、肉欲追求如何刺激市场而拉开贫富的距离，进行了无情地揭露。由此我们可以理解梭罗的瓦尔登湖生活计划的意义。桑巴特认为："一旦个人将自己的生命从一代代人无尽的生命之流中分离出来，他自己

---

① ［日］中野孝次：《清贫思想》，邵宇达译，上海三联书店 1997 年版，第 159 页。

② 涂纪亮：《美国哲学史》（上），武汉大学出版社 2007 年版，第 278 页。

③ 这是梭罗在《我生活在那里和我为什么而生活》中的一段精彩自述。请参见涂纪亮《美国哲学史》（上），武汉大学出版社 2007 年版，第 276 页；斯蒂芬·哈恩《梭罗》，王艳芳译，中华书局 2002 年版，第 37 页。

生命的长短便成为他享有的尘世欢乐的尺度。”①

4. 自由与独立。梭罗认为，任何一个聪明的人都不会为了获得财富而牺牲自己的独立与自由，这正是他选择这种生活方式的原因，他不接受因为获得金钱而放弃自己选择的自然生活的时机，他不愿意牺牲这些去做那些经济事务和政治仆役，即使过一种十分艰苦的生活，也好过那种官场上的趋炎附势；他说：“最好的政府就是那种管理得最少的政府”②，他信服“我们首先是人，然后才是臣民”③。他痛恨专制与残暴，主张无为而治；国家应该充分尊重个人的意愿和意志，不要把公民的生活环境变成人间的监狱。

如果从生命伦理学的视角评价，梭罗的“无政府主义观念”是一种道德的自觉，首先从人的尊严出发，维护人生命的基本权利；其次以自己的身体功能和劳动，创造一种自给自足的、安静的、自然的原始生存方式，他不是为了就这样地生活下去而使用这种生活实践，而是要实现一种人身自由和人性解放的目标，完成一项积极的获得生活真理的实践；最后他得到的是“一种清冽、干净的感觉”④，人没有权利让“清洁”死去，无权远离安静；对于不义的世界，立志做一次生命伦理的讨伐者，因为

“我们的精神，起源于上古时代的‘洁’字。”⑤

① ［德］维尔纳·桑巴特：《奢侈与资本主义》，王燕平等译，上海人民出版社2000年版，第123页。

② 涂纪亮：《美国哲学史》（上），武汉大学出版社2007年版，第276页。

③ 同上书，第279页。

④ 张承志：《情节的精神》，安徽文艺出版社1996年版，第269页。

⑤ 同上书，第271页。

终　　曲

归田园居：诗的拯救

第十六章　永久的旅行者和唱给芜草的田园诗

陶渊明诗云：

> 少无适俗韵，性本爱丘山。误落尘网中，一去三十年。
> 羁鸟恋旧林，池鱼思故渊。开荒南野际，守拙归园田。

我漫步在回乡的路上，曾梦魂云集的心雨，洒落倾注于那片光华的大地。已经体味凡人离乡者的寥寞，曾与命运绞杀与抗争，背叛和颠覆者的逆境，注满了痛楚和苦涩，那种期盼解放和自由的思绪，化作一种忧伤的青丝，打落了所有的雕琢镂刻的玩偶，路上，还是梦中？

归乡途中的道与言——那是我生命的最后家园。

春天，那园中黄色的芜草隐隐地抽出几丝新绿，那是复活生命的希望。

我们可能比实际已活过的年岁更苍老一些，我们经常会无意识地把现在和过去连在一起，我们经历过的对于永恒的理想的强烈律动依然在体内震颤，这律动支配着我们生命的潮汐和人生的季节，只要有一天我们把心胸放进大海，就会通向这个生命的永恒。毁灭和死亡有什么不好呢？我们从来到世界的那一天起，实际上这个影子就一直与我们同行，它伴随我们走过人生的风风雨雨，夜泊和宿营了数不清的驿站，这影子开始变得真切起来，更加紧密地跟从在我生命的后面：

> 这些影子的召唤令他无法抗拒，因而人类和人类对他的要求一天一天离他远去。在密林深处，有一个声音在呼唤，他常常听到这个神奇的呼唤，那么具有感染力和诱惑力，使他忍不住要转身离开篝火，

离开被人踏平的土地，跃进森林，不停地向前奔跑，而连他自己也不知道要去往何方，为何要去。他也不愿明白要去往何方，为何要去。那呼唤在密林深处悠然回荡，无法抗拒。①

第一节 广场的祭坛：我们从哪里来

有一座祭坛耸立在那里，没有任何广场的讲台，比它更威严，因为这是为至善者建造的。它因为至善而集合了无数的人。

这是一种力量，让我们历尽坎坷与考验，从崎岖的林中小路集合到毗斯迦山顶的广场，那是一个不大的聚集地，围着耸立在高处的祭坛，没有音乐，没有舞蹈，只有静默的祈祷与祝福；我们走过了这一条弯曲的生命小路，忍受山野中遍布的荆棘对身体的伤害；虽有野花的芳香，但它们依然伸展出芒刺。

我沾满鲜血的一双脚在裸石上和沼泽间蹒跚，我的双眼被层层雾霭所遮掩，我看不见前面的路，不时有响尾蛇躲在草丛中窥测着我的眼睛和偷聆我脚下碾动的碎石声。它们胆战心惊地跟随着我，试探着舔吻着我丢在身后的血渍。远处森林那边有凌空飞瀑在拼命撞击河谷中横卧的青色的巨石，那是我在梦中常见到的，那溅起的水柱总想撕破阻隔思想的天帐。

我默思良久：

人显然是为了思想而生的；这就是他全部的尊严和他全部的优异；并且他全部的义务就是要像他所应该的那样去思想。

人不过是一根苇草，是自然界最脆弱的东西；但他是一根能思想的苇草。……②

---

① ［美］杰克·伦敦：《热爱生命》，贾文浩等译，北京燕山出版社2005年版，第40页。这是伦敦著名的中篇《荒野的呼唤》第六章“义勇报恩”中的一段文字。小说表述的是，命名为巴克的犬对于主人桑顿的忠诚与爱，而在桑顿死后，恢复了自由、解放了的巴克，以自己的勇猛、智慧和不可阻挡的征服力，成为一头英雄的“野狼”。

② 见［法］吕西安·戈德曼《隐蔽的上帝》，第108页。这是帕斯卡尔《思想录》中的文字。吕西安用此强调人与思想、人与宇宙、人与知识之间的关系，暗示人的尊严主要是因为人的思想。这里说明人的生命主要是精神。

揣着帕斯卡尔的忧虑，我久久地驻足在艺术馆里高更的自画像下，我不想擦拭我的伤口，我感觉到它让我隐隐地疼痛，因为只有疼痛才能使我感觉真实地存在，痛苦使我惊醒，我警觉地透悟那双眼睛，我的生命还在，我的血液汇成的清泉在流淌。

我继续吟唱那首不能休止的放逐巴比伦的古老的哀歌。

没有人可以圆满回答高更用绘画提出的哲学命题：我们从哪里来？我们是谁？我们要到哪里去？

高更，他替文明寻找到了避难所，他开拓了史前就存在的道路，突破了由现代文明所形成的社会藩篱。不寻常的人的苇草般脆弱的经历和近乎野蛮人的艺术追求，使高更成为极具独特艺术风格并最能破解上帝语言的艺术家，他放弃明暗对比法、立体画法的约制，用平涂的画面、强烈的轮廓线以及主观化的色彩表现概括和简化的“形”——那是上帝的造物：不管是这“形”还是色彩，都服从于上天所造化的秩序，服从于某种几何形的图案；高更像音乐家使绘画成为交响乐，其节奏性和神化的装饰性、夸张的色调、视觉冲击力、主观控制强度，构成了独有的综合主义特征；高更与贝多芬一样，用音符找到了天国的声音。高更永远徘徊在逃避与追求之间：逃避现代文明的窒息，追求自然与人性的完美结合，替文明本身找到避难所；即使掉进深渊，也不能阻止他对美的追求与渴望。

1888 年，高更离开喧闹的巴黎，只身登上三面环海的布列塔尼半岛，那是个古老的、充满魅力的、孤独桀骜的田园。在蓬塔旺的格洛阿内克旅馆，他用黑线条画轮廓，再辅以平坦的色面，他看到了上帝的启示，他完成了《听讲道后的幻觉》[①]：布列塔尼的农妇头上戴着古怪的帽子，使画面极具装饰效果，圣经传说的搏斗，在一个梦幻的角落成为基督徒脑海中的幻象，由左上往右下斜置的粗大的树干，冲破了连续画面所带来的平板感，画面大胆的变化和具有深度宽阔的空间中，三顶白帽子和女人的侧影，与深色的衣裙形成强烈对比并衬托着远处第三空间的天使与雅各的搏

① 又译《宣誓后的幻觉》或《天使与雅各的格斗》，这幅画描写的是布列塔尼的农妇们在听牧师讲解《圣经》之后所产生的幻觉。牧师讲解的是《创世记》中雅各与天使的搏斗。犹太人的第三代祖先雅各与哥哥发生矛盾，听从母亲的劝诫，逃往舅父家，娶了表妹和使女为妻，先后生了十几个子女。几年后他带领妻子儿女与大批牲畜，向自己的家乡走去，准备向哥哥请求宽恕。行至路上，朦胧的夜幕中走出一个人，要和雅各摔跤，决一高低，但直到天明也没能摔倒雅各，那人说：“你的名字不要再叫雅各了，要叫以色列。因为你与神较力都获得了胜利。”从此，雅各以以色列为名，意为“与神较力取胜者”。

斗；色彩与结构所结合的不存在任何比例联系的非物质空间被至善者所占有，至善者召唤着一排跪卧着的渐次缩小的妇女。潜藏在高更心灵中的原始创造力和他对《创世记》特有的情感寄托，随着他的野蛮个性、原始的狂傲的游旅、混血的贵族以及塔希提岛上“瘦狼”的冲动一起宣泄与爆发。

> 起初神创造天地。地是空虚混沌，渊面黑暗；神的灵运行在水面上。①

黑格尔在谈论伦理神学时写道：

> 有一个判断，即便最平常的知性在反思世界上事物的存在以及世界本身的实在时也不能摆脱它，那就是：一切形形色色的造物，无论它们有多么伟大的艺术安排，又有多么多种多样的合目的的彼此相关的联系，甚至包括它们的许多我们不正确地称之为世界的体系的那个整体，如果在它里面没有人（一般的理性存在者），它们的存在就会没有任何目的；也就是说，如果没有人，整个创造就会是一片纯然的荒野，就会是白费的，没有终极目的。②

《创世记》中最重要的神谕述道：

> 我们要照着我们的形象，按着我们的样式造人，使他们管理海里的鱼、空中的鸟、地上的牲畜和全地，并地上所爬的一切昆虫。③

高更用绘画语言再现了雅各胜利后人类世界再次出现的堕落，人类重复亚当与夏娃的罪过；因为人们认为：世界上的一切只有与人相关才会有价值，是人用理性观察和预设了世界的终极价值；人自大的秉性使人从很高的山巅跌入罪恶的谷底，当人第一次被作为已经犯罪的人性发问的时候，他问：人啊，你在哪里？你在哪里？对生命伦理学来说，进化论既是

---

① 《创世记》1：1—2。这是《圣经·旧约》中的第一句喻言。

② 摘自《康德论上帝与宗教》，李秋零编译，中国人民大学出版社2004年版，第226—227页。

③ 《创世记》1：26。

一个科学逻辑推论，又是一个哲学命题；哲学可以回答：我们本是站在最高处的，无论我们如何进化，我们也回归不了原位，堕落的对应就是进化。人要往何处去？人的原位在哪里？我们为什么要征服无辜的自然？人只能发现历史，只能认识自然，但人缺乏永恒之思；我们没有更铺张地证明我们的生存、存在、实存的依据；这一门学识把对生命本质和生命目的的“思”归为“至善者”，“向最伟大博学的人们公开了自己隐藏的智慧”，苏索接受了艾克哈特的著名理论：“至善者”是思（intelligere）。[①]在主的田园里，“至善者”是一个“非在”，是一个“无”，“至善者之道”，是对于这个“永恒的无”的一个详解。那散发芬芳、沁人心扉的繁茂的葡萄园中，还生长着其他杂种的野花，那种万紫千红烘托出“这种静谧的单纯的本质是单纯的生命，而单纯的生命也是它的本质”。“它”是那个永恒的未被创造的真理。……“它思它自身，它在，它生于自身之中，它是它自身。”[②] 高更深知，谁要不知晓核心里的甜美无比，就会抱怨身背躯壳的悲苦。他在《黄色基督》中表达了对人间的悲凉的沉思。这一切来自于对蓬塔汶邻村特莫罗小教堂的一尊简朴的带象牙色的至爱者受难木雕像的虔敬和痴迷，那种落叶疏影的凄惨和古老教堂秋夜里的钟声，使他心摇神伤、情思寥寞与肌肉战栗。画面被那钉在十字架上的形象所分割，布列塔尼的秋景衬在后面，整幅画在明朗柔和的黄色基调中渗透出一种凝重忧郁的情绪；单纯朴素的轮廓线对比有致的“景泰蓝式”技法，是画家自喻殉道决心的表白。他为原始太阳而燃烧，凭着至爱者所受的苦，启发我再不娇惯我的肉体，反而喜欢各种磨难，祈求受辱，熄灭我们的欲望。那柔弱的肢体被牢牢地钉在狭窄的刑柱上，两手被铁钉击穿，鲜血证明全身布满了爱的标志。……做好踏上归程的准备，有小鸟和光明的天使伴随；天堂迎接他，带着黄金的冠冕和鲜艳的花环，他最后的旅程

① 请详阅［德］苏索《论永恒的智慧》，林克译，华夏出版社2004年版，第15页。书中的艾克哈特（Meister Eckhart）1260年生于德意志，是著名的神学家与神学注述家。其天性好思辨，一度成为多明我会的省区会长，1314年在斯特拉斯堡任神学教授，曾被教皇判为异端。他反对阿奎那认识上帝的依傍与亚里士多德的“理智派”学问，而主张依傍柏拉图主义，直指心性的认识上帝之路。他的精彩的讲道文集《赞美上帝集》影响颇大，流传甚广。苏索（Heinrich Semse，1295—1366）是艾氏的学生，属德意志神秘学派，受宗教形而上学的影响，一生命途多舛，以《论真理》这部哲学论著盛名于世，曾引发一场哲学—神学论辩，创立“以痴迷奠定的合法性”。

② 同上书，第35页。原文见《布道》80Q，DWⅢ381，7—382，1。

是进入永恒的故乡。

康德称自己毕生思考并渴求回答的问题有三个：我能够知道什么？我应当做什么？我可以希望什么？这三大问题归结为一句话：人是什么？我们在现实生活里其实一直期望回答这些问题，并教诲人利用自己向善的原初禀赋，以便成为一个更善的人。在此，自然之罪开始进入自然之善，这就是至爱者被钉十字架的意义。生命最终应该是道德的结局。康德分析基督徒的皈依心理，他用伦理学阐释这种行为的缘由，认为把一种道德上的信仰基础与看起来是由一种偶然性故意使之落到我们手中的这样一种经验性信仰统一起来，就必须对我们已经得到的启示作出一种诠释，即把它彻底地解释为一种与纯粹的理性宗教普遍的、实践的规则一致的意义。

生命倾注于对超自然力量的恐惧，生命是轻的，开始就发生了倾斜，不平衡是生命的特征；人类的信仰来自于这种由于倾斜所造就的企盼。人把本来自我言说的话语认做特别的启示，它成为一种道德的最高标准，“教训、督责、使人归正等等，都是有益的”[①]，归正成为人生命的目的，成为具体生命的直接价值，从而人有生活的旨趣与内容，这和《创世记》中所记录的人的原罪经历是相呼应的。道义的灵悟，是人终归要获得的自省，引导我们进入一切真理，“这个灵就是通过教导我们而同时也借助行动的各种基本原则赋予我们生命的那个灵，它把言说中对于历史性的信仰可能还包含的一切，都完全与纯粹的道德信仰的规则和动机联系起来”[②]。有什么能比德尔菲的遗训——认识自我——更能使我们迷狂和令我们激动不已的呢？如克尔凯郭尔那样摒弃了蛇，我们就能从“无知昏睡”中获得灵魂苏醒吗？

> 蛇对女人说：“你们不一定死，因为神知道，你们吃的日子眼睛就明亮了，你们便如神知道善恶。”[③]
>
> “于是见那棵树的果子好作饰物，也悦人的眼目，且是可喜爱的，能使人有智慧，就摘下果子来吃了；又给她丈夫，她丈夫也吃了。他们二人的眼睛就明亮了，才知道自己是赤身露体，便拿无花果

① 《提摩太后书》3：16。
② ［德］苏索：《论永恒的智慧》，林克译，华夏出版社2004年版，第381页。
③ 《创世记》3：4—5。

树的叶子，为自己编作裙子。”[1]

天起了凉风，耶和华神在园中行走。……耶和华神呼唤那人，对他说：“你在哪里？”[2]

人啊，你在哪里？

罪究竟来自知识之树还是生命之树？世上的恶皆来自于人的智慧？人的创造是不是我们制造的那个意志的过错？那种至爱原本是通过造人管理大地万物，并且造一个伴侣给亚当得以体现的，而恰好是这个伴侣最先被蛇所引诱。“耶和华见人在地上罪恶很大，终日所思想的都是恶；耶和华就后悔造人在地上，心中忧伤。……惟有挪亚在耶和华眼前蒙恩。”[3] 神哲学的“上帝”是全能的，他设定了这个悖论给人类社会，给人生一个善与恶构成的伦理体系，由蛇启发人的道德发端。有生命即有善与恶的存在，蒙恩的挪亚不仅是义人，他其实是第一代知识世界的善的代表，他开启了大洪水后一个弘扬道德的时代。挪亚受命立约，遵循“你要”的嘱托，躲进方舟；从此，“你要”就成为一种伦理学中的“应该”，这是唯一调整人同“未知之力”关系的律令，“如果取消了它，在宗教领域中就会出现难以置信的混乱”[4]。我们其实不能摆脱蛇，因此我们不能放弃伦理。为什么克氏认为“跟着约伯就会到达信仰之父亚伯拉罕及其可怕的牺牲品”?[5] 伦理不会帮助人，但伦理会折磨他所厌恶的人；约伯过于脆弱，他的眼泪难有价值；亚伯拉罕错在举刀对着他最亲爱的人，他是不幸的人，企图把爱子以撒献为燔祭，并两次撒谎说妻子撒拉是自己的姐妹。哲学不能给人以信仰，更不能使信仰移动，宗教的内容应证明并且解释全部的奥秘。真正的至善者是不能直接识别的，我们必须学会体会和学习。“由于那天夜里的背叛，他生命中的最后阶段开始了，他忍受了肉体痛苦和虐待；他忍受了朋友的背叛，忍受了形单影只，受到嘲笑、遭到讽刺，被人啐唾沫，被戴上荆冠，穿上朱衣，——他孤身陷入愤怒的敌人之

---

① 《创世记》3：6—7。

② 《创世记》3：8—9。

③ 《创世记》6：5，8。

④ 克尔凯郭尔语。转引自［俄］列夫·舍斯托夫《旷野呼告——无根据颂》，方珊等译，上海世纪出版集团、上海人民出版社2004年版，第91页。

⑤ 同上书，第48页。

中——他被自己所有的朋友遗弃……这是多么可怕的孤独。”① 这就是高更，他把自己融入“黄色的基督”，那个被钉在十字架上的至爱者。他愿与他一起受难，一起被侮辱，一起和半途枯萎的百合花经受痛苦；高更搬到森林中土著人居住的地区，栖身于一所小茅屋，画那些处于原始状态的赤身女子，他迷恋她们身体的金黄色，那种粗野健康的美丽和灵魂中神秘的地方驱散了他的悲哀与绝望。《玛利亚！我们向你致敬》这幅画综合了高更的宗教玄思，用佛教雕刻的造型，以塔希提岛土著少妇为模特，用纯粹的基督教意识和感恩的线条语言作基础：“生命在每日清晨觉醒，大地复苏，阳光明媚充满温馨，内心感到无比快乐……”② 高更痛恨“文明社会”，虽然他依然贫穷，多种疾病缠身，他在孤独中失去了朋友，还有他所爱的塔希提夏娃台芙拉也跟别的男人出走了，但他还坚信艺术深植于所有被圣灵感动的人心中。信仰的血统使他动情，这个“幼稚而粗鲁的野蛮人”在直面死亡的时刻，开始对生命的意义和存在产生怀疑——我们从哪里来？我们是谁？我们到哪里去？他追求人的原位，究问“什么是人”？他已经走在归乡的最后一段艰难的旅途上了，回巴黎？还是回伊甸，寻回那失去的乐园？高更在构思人的生命的最后审判图，他把他的哲学和他一生对冥冥深处上主的崇敬与感恩，都汇集在艺术上，这是他最后最高的艺术集大成者。

1899 年 3 月，高更给蒙佛烈发出了一封信。他写道：

> 希望能在临死之前完成一幅巨作，所以几乎整整一个月时间，不分昼夜地以我前所未有的热情投入工作……完全不用模特儿，在粗糙的麻布上快速画成，加上笔触相当草率，恐怕会被误认为是未完成的作品。事实上，对自己的举止我也无法明确地断言。③

高更完全凭直觉、凭他对自己人生的全部感悟和对生命的最后疑问来描绘，来吟咏天国之歌；没有模特，没有技法，没有任何绘画规则；画面

① ［丹麦］克尔凯郭尔：《基督徒的激情》，鲁路译，中央编译出版社 1999 年版，第 110—111 页。

② 紫都、刘慕编撰：《高更》，远方出版社 2004 年版，第 128 页。这是高更本人的一段对于塔希提岛生活的口语式的记录。

③ 同上书，第 161 页。

毫无急躁与匆忙的感觉，呈现出一种严肃与庄严的气氛；紧凑而带有乐感的画面给人以沉雷般的震撼，绝非寓意性的内容所能比拟，一种异样的磅礴气势表现出人的一种生命的冲动力量。哲学也被淹没了，用不着任何话语的释解，是生命本身在至善者的安排下进行最后的演绎：画面右下方沉睡的幼儿旁蹲着三个女人和穿紫红色长袍的两个人，正谈论着他们的人生观；不依远近法，故意夸大的那蹲着并举起手臂的人，惊讶地回头看着那两个为自己命运叹息的人，中央的人物正在采摘水果，一个儿童旁边有两只猫和黑色的山羊；一座雕像神秘而带有韵律地举起双手指向海岸；另一个半坐半卧的人正聆听这尊雕像的传道；最后是濒临死亡召唤的老妪，似乎已经看破忧烦的往事和再不留恋这喧哗的世界，坦然地接受必死的命运；在她脚前，一只抓着蜥蜴的奇异的白鸟，则象征着人类语言的虚无。这一切都发生在树荫遮蔽的小溪旁，阴郁的背景是海岸连接着岛上的高山。整体的翠绿和裸体的橘红使画面如浪涛迭起，叙说着我们从不可知的远方走来，又向不可知的远方走去……

远处声声不绝：

“耶和华阿，你的话安定在天，直到永远。”
“你的话是我脚前的灯，是我路上的光。”
“你的言语一解开，就发出亮光，使愚人通达。”
“爱你律法的人有大平安，什么都不能使他们绊脚。”①

第二节　牧歌的救赎：我们是谁

我在荒野中迷了路，那雷声震撼着我的神经；我已经习惯了这夏日的沉雷，它致命地击打着万物；高天阴霾，狂风怒吼；海浪愤怒地拍打着礁石，几颗纤细的苇草在哭咽，它们的身躯在摇曳。我怜惜地把羽毛被淋湿不能再飞翔的小鸟捧在手上，它在瑟瑟发抖，它的眼睛惊异地看着我，它乞求的眼帘像生命的帷幕已降下一半，它并没有绝望，它对我述说着不幸

① 以上四句经文常常被基督徒连起来使用，并曾编成美丽动听的歌曲，每当礼拜仪式之前，在教堂中管风琴的伴奏下，圣诗班与台下的教徒一齐咏唱，令人迷醉。经文见《诗篇》119：89、105、130、165。

的话语，它等待我能给与它温情。和着远处炫目的闪电划过沉重密布的乌云，我无法绕过荆草依稀的沼泽，倒伏的淡紫色小花和浮萍间或哀泣，我知道，接下来是死寂的长夜。……但我经历了动摇，我接受了启示，用意志和信心，怀着希望，一整夜，我翻越了群山，走出了迷途。黎明来到平展广大无垠的深绿色草原，原初的太阳照亮了四野，缤纷明丽的野花昂起头来，迎着晨风绚漫地舞动着不屈服的身躯，那只鸟儿抖尽翅翼上的水珠，朝我微笑，这里是和平。

> 耶和华是我的牧者，我必不致缺乏。我虽然行过死荫的幽谷，也不怕遭害；因为你与我同在，你的杖，你的竿，都安慰我。①

这个人洗净旅行者的风尘，恭敬地来到这位留有山羊胡和鹰样目光的文森特·梵·高②自画像前，体验他一生的激情与疯狂。这位新教徒应聘自费布道，但他对于教义的特殊理解和极端狂热，以及痴迷的敬虔行为与认真的工作态度，反而激怒了教会，他没有运用花哨语言劝人皈依的天赋，他只有用画笔替代自己的忠诚。他不是自愿离开传道人角色的，而是命运认为他应该选择一种适合于他的职业；除了魂（心理学的）和体(生理学的)，以灵（灵理学的）出现在这个世界上，至善者差遣他借用画笔，用良心、直觉、冲动和爱与神交通，传达福音和正义的语言。“你在哪里?”并不是说不知道亚当的藏身之处，乃是要梵·高面对自己的问题。人类在犯罪堕落后就被赶出了乐园，并由基路伯与转动的火剑把守通往生命树的道路，使人再也无法吃到生命树的果子，免得人永远不死，经受永远的痛苦。

梵·高作为一个一心想侍奉真理的人，他和所有人一样，他的特性在于他不被确定在一定的行为方式上，与其他生物在生物学意义上编制好程序的生命历程不一样，人拥有一个宽广得多的生存的可能性活动空间，

---

① 《诗篇》23：4。

② 文森特·梵·高（Vincent Van Gogh，1853—1890），荷兰后印象主义画家，生于农村牧师家庭，曾传道，后在法国作画。一生穷困潦倒，遭遇一系列不幸，其基督似的情怀，使他体恤农民的困苦生活，画过50余幅农民题材的作品。画风写实，为荷兰传统绘画和法国现实主义画派的结合。其作品具有强烈的悲剧意识和个性色彩。一生把绘画作为再现基督教福音的追求。1890年7月29日在法国瓦兹河畔自杀身亡。

他并不局限在与自己同类的信号交流上，而且拥有能够使一切成为对象并进入对话的语言。他不仅拥有自己周围的世界，而且对世界开放，设计自己的世界，并相应地为自己创造自己的周围世界。他的生命虽然也服从遗传规律，但除此之外又拥有传承的自由与传统交往的自由。他不仅是有时间规定的，而且与时间有关系，因而是历史的。[①]

对梵·高这样的人，或者对所有的人来说，在各种可能性的活动空间里其实一直有一种必然性，而对于我们来说，每一天都不是简单地重复自己前一天的生活，新的一天一定有新的意义；每个早上醒来，我们必须思忖这一天该如何进行，从而实现我们自身。梵·高能够选择，看起来是被迫的，但他更适合于这样做，他似乎没有余地进行其他的决定，但他的决定是最好的、最后的、最适合于他的，他似乎已知道了他究竟是谁？显然，“人是谁”的答案他已经有了，每一个人都有一个适合于他自身的答案，就如同他选择的可能性是由既定性所设定的一样；“人既是在习惯的生活状况的狭隘和重复强制中，也是在他推进到不习惯和未探明的事物时令人头晕目眩的宽广中获知这一点的”[②]。作为画家的梵·高因为在接受既定事物时产生了一种新的任务的挑战，这个使命（比任务更重要）可以使他对世界更有价值，他接受了这个使命，并在一种异样的画家的离奇生活中体验刺激和生命本源的感觉。他没有再做另外的选择，他那个古皮尔公司的职位几乎没有给他留下记忆，尽管那是个不错的赚钱和谋求生计的职业。1885 年 12 月，那是他成为画家的日子，他把画家作为他的终极选择，他除了表现劳动与贫困外，还为工农大众吐露心声，他要表现撕裂他灵魂的事物，对生活中的不幸进行报复；更重要的是表白自己的虔敬与忠诚，他要效法至爱者把自己钉在十字架上。他在拉马廷广场 2 号，与大自然混为一体，那里的一切，开始在他身上舒展骚动起来，他几乎疯狂了，心中涌出一种伟大的爱，这不是凡人的心所能承受与包容的，他几乎患了“向日葵病”，他所看到的一切都围绕着太阳旋转。他燃烧着，成为一个“火人”，是上帝的“火人”；即将枯萎的向日葵，那连枝带叶剪下

① 这段精彩的话出自艾伯林《神学研究》，李秋零译，中国人民大学出版社 2003 年版，第 181 页。

② 同上。

的生命，象征着梵·高奄奄一息的命运，呈血红色的茎被剪断，如同人的生命被切断。明亮的黄色和阴暗的浅蓝色形成对比，有一种超越现实的魅力。画幅左边的拐角用跳动的红点涂过，这闪动和跳跃的色点融入笔触的浅蓝色中，这一片小小的火焰，是人类的生命之火。向日葵不是寻常的花朵，而是太阳之花，是至善者之光照形成的生命，是光与热量，是梵·高内心激扬翻滚的感情的烈火，是人类从伊甸园离开后苦难生命的象征。

《吃土豆的人》的构图特点，几乎是伦勃朗《爱莫斯的基督》的影子的又一次浮现，当然使用梵·高特有的绘画语言，但这是梵·高用至爱者的情怀对下层穷苦大众真挚的质朴的眷爱，他从心底涌现出一种深刻的同情。在拥挤的凝滞的狭小空间里，一家人围坐在窄小的桌子旁边，低矮昏暗的房顶，给人一种压抑与愤懑感；一盏煤气灯悬挂在门前，在昏暗的灯下下，农妇在斟茶，男人在切土豆。后边端碗的老人和左边戴头巾的妇女显映出沧桑岁月里衰老而丑陋的面容。他们唯一的晚餐，就是土豆。梵·高像魔鬼俯身一样审视人间的一切，他说服不了上帝，但他必须了解至善者，尽管至善者是不能了解的。风景是疯狂的，山在摇动，太阳在旋转，柏树和橄榄树在太阳的照射下扭成各种弯曲的形状。梵·高使黄色变成焦状，曲线在旋转，一切本有秩序的形在崩溃，狂热的颜色与线条造成了一种只有神才能解读的混乱。

> 太阳正在为我升起，但它仍在云层后边。①

人类未必就是万物的尺度，动物的可怜乃至自然界的无限痛苦和折磨必然会渗透进整个有生命的有机体，人是谁？人不是它们的领袖，人的无限痛苦比自然界的痛苦与渴望更为集中和强烈。

> 既然自然界是被一种未确定的绝对的紧张所捕获，从内部被撕裂，不能达到或定义它本身——这就是为什么逻各斯和口语的出现在人类中不是一个搅乱平衡的自然循环的简单过剩，而是解决生命自然界无限痛苦和僵局的一个答案，一个其难以容忍的紧张状态的解决办

---

① ［美］欧文·斯通等编：《梵·高书信选》，澹泊等译，湖南文艺出版社1991年版，第96页。

法；似乎生命自然界本身正秘密指向、等待及渴望作为其救赎的逻各斯的出现。①

不管自然是如何启示的，我们由于信仰而把生命看作不可侵犯的永恒的庙宇，圣者的身体直至复活为止是被圣灵居住的。复活是由我们的德行所造成的。人是谁？人自己永远不可能回答；这不是人的问题，人最后也不能获得“人是谁”的答案，这是一个秘密。像帕斯卡尔所想的那样：让我们不要再把一个人看成不再活着的，而是要像真理所确认的那样看成开始活着。让我们不再把他的灵魂看成消亡和向虚无的归结，而要看成永生及统一于最高的生者。② 与其说梵·高过的是一种悲剧的生活，还不如说他是在追求真理的道路上向消亡和虚无的一种归结，他比一般人最先看到结局，并站在高处审视着芸芸众生；他用画笔说明他早已经是我们中的智者，他对生命的理解胜于所有的人，他更接近于天，他能听到天堂里的对话和那里最动人的音乐。他比我们都知道，人是谁？人为什么活着？人应当如何活？但他是矛盾的，他一直在和自己作斗争；他画了一幅《星月夜》，那些在郁闷和挤压下变形的静物和自然界的水柱、云朵，在天上愤怒地翻滚着，那撕裂似火焰般的松树，是哥特式教堂的影像；一颗星在复活后显灵于11位门徒，月亮便是祂，那星夜里灿烂的银光洒落大地，梵·高的心底开始被这种爱和“道”所平复。但那抹不去的漩涡却耗尽了他的精力；梵·高在自然主义的想象和印象主义一起洒下最后一抹余辉时，在学院派的公式土崩瓦解时，在传统老化僵死之际应时而生；真理造就并成就了他和他的艺术。在塞尚致力于构建空间新概念、高更致力于构图新观念的同时，梵·高则追求刻意解放色彩，使其达到强度和表现力的顶峰。

时间和空间对基督教意味着什么，1800 年和一个新世界吗？——一直一个犹太农民卑微的一生竟有力量使一位纽约主教如此

---

① ［斯洛文尼亚］斯拉沃热·齐泽克：《易碎的绝对——基督教遗产为何值得奋斗》，蒋桂琴等译，江苏人民出版社2004年版，第83页。齐泽克（Slavoj Zizek）是斯洛文尼亚卢布尔雅那大学社会学与哲学高级研究员，拉康传统最重要的继承人，活跃于国际文化批评、哲学、精神分析等领域；有人认为是欧洲近十年来最重要的思想家之一。

② ［法］莫利亚克编：《帕斯卡尔文选》，陈宜良等译，广西师范大学出版社2002年版，第35页。

偏执顽固。帝王们的礼物44盏灯如今仍在被称作圣墓的地方燃烧；一口教堂的钟在敲；在耶稣被钉死在十字架的地方，一周内一名朝圣者洒下真挚的眼泪。——“耶路撒冷，耶路撒冷，当我忘记你时，但愿我的右手忘记她的狡诈。”“在巴比伦的河流旁我们坐下，想起锡安山我们伤心落泪。”①

梭罗在自然中找回平静，就像向生命中注入清凉的泉水。

而梵·高则把他这水化的色彩作为自然的全部元素，他在至上的层次上，就是根据最高的并实施那些人类的法则来勾画自己崇拜的对象的；同时，这种崇拜的庄严性使其必须自由地敬重和仰慕，他是异常真实地、忘我地遵循那个模糊的但又是内在的强制性法则。对于他来说，灵魂的得救、伦理的法则和艺术的福祉，乃是哲理神学以外对生命本质的体验，他只需感悟，而不必辩论。他也无数次怀疑，是否“存在一个至善者，因而尘世上也存在着一种至善”？他用画笔回答了自己，生命并不完美，人不是一个最后的成品，每个人的人生都不可能绝对成功，我们大部分人只是“活”；能够感受自己的生命沉重、有分量和密度，那就是有价值的。谈论“生命不能承受之轻”，是因为怕失去生命的分量。生命的终极并没有终极的目的，这个目的就是生命存在这回事，是实践之后的理性；人的形状和性状是至善者设定的形式，在时间和空间之内按法则展开，终极意图既是道德的东西，又是自由意志的结果。“理性在先验应用中的思辨最终导致的终极意图涉及三个对象：意志自由、灵魂不死与上帝存在。”②康德的本意是告诫我们，要服从一个事物的最高法则，这三个神圣的命题都是超验的，超越了一切知识所能推导的范围。

1890年1月，梵·高生命中的蓝色再次显现，但这一次他以彻底的悲剧情绪投入了最后的创作。《麦田上的鸦群》是他对生命的最后告别，成群的乌鸦飞来又盲目地飞去，没有目的；黄色上面出现了一片强烈的黑色，天空在激烈地翻滚和摇晃，麦田在燃烧——他献出的一生似乎并没有任何回报，2000件作品，只售出一幅，他不想再增加提奥的负担，也用不着继

① 请参阅［美］罗伯特·塞尔编《梭罗集》（I），陈凯等译，三联书店1996年版，第58—59页。文中经文见《诗篇》137：5.1。

② ［德］苏索：《论永恒的智慧》，林克译，华夏出版社2004年版，第188页。

续碰壁……他走向他画过的麦田，仰望洒落着耀眼金光的太阳，他如同向日葵一样朝着那个不改变的方向，他追随到麦田的深处，拔出手枪，向自己的胸膛射去，但子弹没有射中心脏；他回到家，口中衔着烟斗，直至第二天，1890 年 7 月 29 日子夜一点半，这位谜一样的画家和上天的仆人，就像波特莱尔，停止了呼吸。他最后的遗言是："痛苦便是人生。"

这个不稳定的人一直认为自己的生命是一个失败，为了抵制痛苦，他信奉人道主义、宗教和艺术，但他的不稳定和过度紧张的性格与生活，使他在方法和目的中找到一条综合的小径，他一生追求平衡、秩序与理智，他在精神错乱之中用神律和凝思战胜软弱，他始终给与生命以简练、和谐的热爱。他寻找形与色的和解、缓冲以及对世界抽象、紧凑的移写，以达到"自己在极端清晰时朦胧望到的艺术理想"[①]。梵·高的生命就是一个珍品，他闪闪发光的人生本身就是一种价值；他用颜色巩固素描，强调冥冥形体和轮廓，给与其简洁并舒展的节奏，规定着比例与空间；他获得一种虔诚和殉道者的皈依决心，把绘画作品作为一种人道主义的符号，送往心灵和人的视域："从逼真的现实主义观点来看颜色不是要达到局部真实，而是要启示某种激情。"[②] 他用生命的冷酷、生涩、干燥和挑衅的颜色，在对立与冲突中寻觅和谐；尖利、严峻，没有区别以及任何过渡，运用最凶狠的率直。

> 按照神的律条来认识自己全然不需要，也不可能。……上帝禁止吃知善恶树上的果实。我们的祖先违反律条吃了禁果，他们的情况又如何呢？他们会由于自己的裸体而感到羞愧！只要他们没有"认识"——他们也就不为裸体而羞愧，他们反倒欣赏裸体，而不责备"裸体"。……其实并没有裸体，有的是美。但是，"认识你自己"出现了，所以也就开始了"评判"。显然，"认识你自己"就是人类的规则。它的意义在于，要使每个人像周围的人评价和评定他那样来评价和评定自己。[③]

---

① ［法］雷蒙·科尼亚等：《现代绘画辞典》，徐庆平等译，人民美术出版社 1992 年版，第 343 页。

② 同上书，第 345 页。

③ ［俄］列夫·舍斯托夫：《在约伯的天平上》，董友等译，三联书店 1989 年版，第 215 页。

我们只有用各种可能并被允许的方式认识自己，每个人都应该学会看到自己的本质。至善者教导他们的信仰者每天要学会忏悔；悔恨对他们来说，可以作为道德心理的力量，驱使或压迫他们改正。他们要学会经常“认识自己”真实的一面，看到自己的本质，而不是给与别人的“显像”，他们从此与别人了解的“自我”区分开，这难道不是道德的胜利？我们的激情是灵性与生命的第一标志，我们应把伦理学还给心理学；我们“突然”看到这句晦涩的圣言：至善者按照自己的样子创造了人。

> 因为一切事物的观念必然存在于神内，而神就是这个观念的原因，正如人的身体的观念存在于神内，也以神为它的原因。所以凡是我们所说的关于人的身体的一切，必然可以适用于任何其他事物的观念。①

每个人都有各自的善恶标准，并按这种标准去决定自己平日的行动，判断对错，分清好人与恶人；但事物的复杂远远超出我们的能力，在我们无法清晰地认识一个行为的好坏时，我们就只能求助于“圣言”，那是不需要证明的。梵·高认为：“每天都有每天的罪恶，每天都有每天的善行，事实确实如此。如果不靠信仰来加强生存能力和使生存无痛苦可言，那么生存一定会变得无比困难，特别当每天的罪恶随世俗现象的存在有增无减的时候，更是如此。”②

梵·高站在圣坛之上，觉得好像从地下一个黑暗的洞里出现，重又回到友爱的太阳光下，一想到今后不管去哪里，都将传播福音，便升腾起一种无限的喜悦之情。他说，为了能很好地传播福音，一个人必须有一种心上的福音；他努力效仿和致力于此道，直到后来成为画家，这种对于追求做人的神圣责任感日益增进，从未衰减。他意识到，如这一生不献给宣传道义，灾祸就会降临。梵·高对圣道怀有真挚迫切的希望，他从特恩海姆一片翠绿的青草地走出来，走到金光灿灿的麦田里，他像一棵向日葵，永远朝拜着太阳；“因为凡属人身上和作品中内涵的道德的美，心灵的美以

---

① 斯宾诺莎：《伦理学》，贺麟译，商务印书馆1995年版，第56页。

② ［美］欧文·斯通等编：《梵·高书信选》，澹泊等译，湖南文艺出版社1991年版，第14页。

及崇高的美有关的事情都来自上帝。”①

梵·高是一位精神和实践的领袖，他的神来之笔在画布上腾飞；他像摩西一样坚定，发誓走出埃及、传播律法、搭建会幕。摩西宁愿从生命册上把自己的名字涂掉，而使以色列人得以保存。他几乎是匍匐着前行，带着他那200万缺乏教育、没有文化、没有组织的以色列人，夕阳下莽莽沙漠长长的驼影，那悠远的“哈利路亚”的琴声。热浪与饥渴的考验，凶恶的狼群的袭扰……摩西没有动摇，他在心中画着迦南葡萄园中的牛奶河流和蜂蜜的泉眼。古老的寓言写道：

> 上帝终于召叫摩西，让摩西代表他，给他权柄行各种神迹；阴冷的西奈山上，顶着石头雨和星夜里的惊雷，摩西与上帝同在四十天，上帝与摩西说话，“摩西只能见上帝的背”，下山时，他脸面放着光，以致必须用帕子蒙脸，然后才能与人说话。②
>
> 西奈山传的律法，其总纲有十诫，这是给人的道德律令和生命的指南，这是真善美的最具感召力的第一块奠基石。“止于至善”，人类当听从这最早的法律，它从来都导引着人，从来不可尘封；这是任何民族强盛的第一步：在绝望的时代里，希望就是通过道德的“善诫”去奋斗，不要放弃，永恒进取；这么神奇的“约”由上帝亲自用指头写在两块石板上，两面都有字。虽然这两块石板因以色列人拜金牛犊，被摩西摔碎，而上帝又另写了两块，作为与以色列人立约的凭据③。以色列人没有完全遵行耶和华，十次试探上帝，以色列人听到：亚玛力人和迦南人住在谷中，明天你们要转回，从红海的路往旷野去。④ 这样他们又在西奈旷野漂流40年。

梵·高初期的作品像荷兰古画的褐色调，他理解经文的艰涩，犹如对自己生命的困惑。到了巴黎以后，他已经把那两块石板中的文字写在心中，他勇敢地生活，生命变得舒展与明朗，它的色调也明快和直接，有时像修

① ［美］欧文·斯通等编：《梵·高书信选》，澹泊等译，湖南文艺出版社1991年版，第53页。

② 《出埃及记》7：1；32：22—23；33：11。

③ 《出埃及记》32：15—16；31：18；32：19；34：27—28。

④ 《民数记》14：25。

拉那样采用笔触分割，有时又像高更那样利用大色面构成，他的笔触激越，跳动活泼，即使夹杂着凝重和沉静，也要稍微停顿一下再注入火焰般的热情。他的画笔像火炬，照亮旷野中的民族，那个漂泊的精神已经被唤醒；看他画面中一个接一个的漩涡，向日葵、飓风、乌云都庄严地翻滚着、盘绕着通向迦南的路，那是一条生命的道路。因为，那被称为“十诫”的约只写在石板上，而没有写在以色列人的心板上。耶利米先知预言说：

日子将到，我要与以色列家和犹大家另立新约。不像我拉着他们祖宗的手，令他们出埃及地的时候，与他们所立的约。我虽做他们的丈夫，他们却背了我的约。……我要将我的立法放在他们里面，写在他们心上。……我要赦免他们的罪孽，不再纪念他们的罪恶。这是耶和华说的。①

耶利米的预言在那人身上获得应验；祂来了，他带来了恩典和大爱，那律法是借着摩西传的，而祂给我们世人带来了道路、真理与生命。梵·高与摩西都是借着他们的“至善者”：若遵行，就必因此活着，不管生命绵长与短暂，他们都实现了意义。他们为世人流血，梵·高学着“那人”扛着十字架蹒跚着一步一步走向他，并被钉死在上面。那出膛的子弹就是钉在他四肢的铁钉，他替民众受难了，他等到了高山极顶。

极顶的风光无限。这个世界上只有少数人能到达极顶，那些肯为正义付出生命的人和那些只求精神只求奉献的人；他们高洁而永远地孤独；但他们能领略到极顶的圆满与极乐。李叔同做到了，和梵·高一样，他也攀到了极顶：

若欲圆满成就其业，必须早生极乐，见佛证果，回入婆娑，指顾兼事耳。个人精修净土，以往生极乐为第一标的，其他所有之事，皆在其次。时节一到，撒手便行，绝不因尘世间事，乃至弘法等事业，而生丝毫顾惜之心。

叔同一面欣幸自己最后的大解脱，一面悲愍着众生的苦恼。入世一

① 《耶利米书》31：31—34。

场，曾享有荣华富贵，一旦大彻大悟，又历尽万千苦难，种种修习，每每徒手攀岩，指间血浴，无所痛惜，以赎前愆。生西之际，换来月圆与春满之境，有欣证禅悦之泪涓涓作流。念未能觉悟之十方众生，悲欣交集，记挂之余，边上莲台九品，存于莽莽大化，常寂光中之时，望重救诸苦于再生。弘一一生，下沉与飞升，追求复活的生命，他的下沉不是致死的，即“我们的朋友拉撒路睡了，我去叫醒他”①。弘一醒来了，“拉撒路出来!”只要信，就能复活。我们世人身体的疾患都不是致死的疾病，只有精神和意志的麻木才是没有希望的。

> 从人的立场来说，死是最终的；在人看来有生命才有希望。然而，按基督教的理解，死亡绝非是最终的归宿，而只是永恒生命中的一个微小事件；并且，在基督教看来，在死亡那里比在生命那里有着更多的、更无限多的希望；不管这生命是人类意义上的生命，还是最健康最有活力的生命。②

我们再大的痛楚也不是致死的疾病，对人来说，只有一件事，就是灵魂的飞升；灵魂如死，乃为真死。我们不可因个人的逃脱，而背叛正义，染上致死的疾病，那我们从坟墓里就再也走不出来了。背叛正义，绝望地苟且活在人世之间，暂时地睡着了，但他内心隐藏着不安，隐藏着争斗、不和谐，他在欺骗中焦虑，恳求医生医治他，甚至用吗啡麻醉意志。绝望于罪孽和绝望于罪的宽恕而导致的罪，使他们听不到伦理的声音；放弃信仰，冒犯我们虔信的人，我们就无法再被唤醒。

1942 年 9 月，隐士儒宗马一浮大师为叔同圆寂，慨扬生命和佛性，比拟人生迅如朝露又难涉春秋：

> 春到花枝满，天心月正圆。一灵元不异，千胜更何传？
> 交谈心如水，身空火是莲。要知末后句，应悟未生前。③

---

① 《约翰福音》11：11。

② ［丹麦］索伦·克尔凯郭尔：《致死的疾病》，张祥龙等译，中国工人出版社 1997 年版，第 6 页。

③ 请参阅马镜泉、赵士华《马一浮评传》，百花洲文艺出版社 1993 年版，第 47 页。

自我先验的生命存在方式，常常使我们感到恐怖。人既作为现实又作为伦理的应该，人的个人生命的规律是和他的历史责任连在一起的，"应悟未生前"就是先验地接受我们生命的可能性已经被设定，但当我们了悟人生的意义以后，我们就会追逐一个自认为最有价值的目的，就是那个极顶；梵·高和李叔同们都向这个极顶攀爬，他们是从死墓中走出来的清醒的拉撒路；但他们往往不被尘世所容纳。我们不再沉睡，这是人的决定，但人的生命的样式又是另外一回事，因为摆脱世俗对活着的人来说，是异常艰难的；人往往把神圣的决定抛置一边，擅自一意孤行，甚至犯过错。不沉睡、醒来或清醒是不同的，我们必须求得清醒，那是很痛苦的，有时又必须经历孤独，被指责和讥笑，甚至咒骂；后来梵·高选择死亡，当然他不是害怕世俗，而是真正地长久地远离；李叔同也一样，在完成一次生命伦理后向生命美学转化。他们从人义论到神义论，通过人的生命证明世界应该如何存在，于是只有他们才够得上承担"原始的痛苦"和"原始的统一"。

金庸一直不停地追问："我是谁?"他以特有的方式呈示人类的乡愁意识。50岁的金庸涵盖过宇宙，如书剑江山的陈家洛一样才气四溢，潇洒俊逸；他截断过险浪中流，如郭靖般平山断海，特立独行；更有过随波逐浪，放马行空，如韦小宝一世随心而为……至人生之境末，已历尽人生中还乡之路的沉郁、嶙峋、坎坷或飘逸，其爱恨情仇，其成功失意，尽没在了身后的烟雨之中。郭靖的指点江山，杨过的心路归程，令狐冲的桃源绿林，以及韦小宝的苍苍春流，渡舟而知炎凉，沉浮而知风雨。

郭襄可为金庸臆想中最为失意的女子，一剑一驴，风霜裹寒衣，瑟风托朗月，浪游惹心事，少女情愫，落魄终不悔。

> 古佛青灯，油枯火暗为谁长明？芳心一点，足堪破世间万般欢愉。①

真乃可称"悲欢离合总无情，一任阶前点滴到天明"②。

---

① 桂冠工作室：《金庸评传》，中国社会出版社1994年版，第34页。

② 引自宋末词人蒋捷《听雨》，原词为："少年听雨歌楼上，红烛昏罗帐。壮年听雨客舟中，江阔云低，断雁叫西风。而今听雨僧庐下，鬓已星星也。悲欢离合总无情，一任阶前点滴到天明。"

金庸用诗一样的笔触写尽了人的文静平和的儒家入世的达观，那种怡然自得流露在《鹿鼎记》和《明报》的字里行间；用牧歌一样的旋律唱罢了人的虚静恬淡的道家无为的自然，那种悠然自在在《笑傲江湖》和侠文化的峻影剑锋中显现无限；用水墨丹青般的泼彩记录了人的寂静澄明和佛家救赎以及苦乐相依的平常之心，那种蓦然自了在《天龙八部》和人生坎坷中被隐映。儒玉、道气、禅灯是我们生命造化过程中玉成的道德圣律之象征，那种悟达高远、轻雾柔雨、养晦凝重把一位诗化的生命伦理学家的情致与风骨表达尽致，那种委婉的哲思和淡淡的乡愁，对人生透彻的解蔽，对生命毫无杂质的忠诚，对人性成熟孤傲的淬炼，为我们呈现了一个何等伟岸的道德十字架！

而那位放浪不羁的尼采，是从神义论进行美学转化的，展开了对价值重估的伦理学试验，尼采曾经自认为获得越来越多愈加强烈的生命哲学的特点；从不需要辩护的生命出发，神义只能导致取消神的结论。这个结论后来并没有被用来保护世界以减轻人的负担，人类更加忧虑和陷入对未来的恐惧中，人类并不能摆脱负罪的心理。尼采采用查拉图斯特拉的方式把压力放到自己身上，从“酒神”到背十字架，最后以疯狂告终。尼采实际上完成了一个失败的试验，尽管他用生命对抗理性、道德与真理，这样的生命概念成为现代精神变形的动力。用宗教解决生命问题，已经被所有生命哲学家看到了，因为宗教不是轻率地破坏理性，而是劝诫人把生命燃烧，恢复生命的和谐和寻觅生命永恒的意义。我们的生命归宿乃是在高山极顶，“叔本华回到生命的原因是他认识到理性在生命身上找到了衡量自己的不可置疑的尺度。因为有一点他心里非常清楚：渴求生命是一种充满秘密的、只要求生命，除了生命什么也不要的必需。”① 尼采对基督教来说是一个威胁，后现代生命伦理学对生命的解释派别构成了一股潮流，为适应这种潮流，应该超越并发展。在生命的认识面前，改变信仰与理性各自独立，或者可以反复论证“真正的哲学就是真正的宗教，真正的宗教也就是真正的哲学”②。

---

① ［德］费迪南·费尔曼：《生命哲学》，李健鸣译，华夏出版社2000年版，第57页。叔本华认为生命体的生命意志的充塞，没有任何理由，生命意志是一切理性的原因，理性是人的每种理解力的基础。

② 杨慧林：《罪恶与救赎》，东方出版社1995年版，第115页。

第三节　生命的天路：我们走向何方

> 太初有道，道与神同在，道就是神。这道太初与神同在。……生命在他里头，这生命就是人的光。光照在黑暗里，黑暗却不接受光。①

那是一部不朽的长诗，它作为圣言，为拯救这个世界和痛苦的人，指示人最后的灵性的家园当居于何处？归期几何？

走在落满露珠的青草地上，我望着在晨风中闪动身姿的五彩的野花；溪边的青蛙结成对，早起的粉蝶伺护着清碧的泉水。“我的肉身也要安然居住……你必将生命的道路指示我。”② 石板上的青苔湿滑，松鼠在齐天的香柏树上嗑啃着松核，几只小鹿在溪水边欣赏自己的倒影。野百合、野蘑菇与野玫瑰夹杂着婷立，远处有无花果树送来淡淡的清香。我曾几次陷入淤泥中，“你的瀑布发声，深渊就与深渊响应，你的波浪洪涛漫过我身。”③ 而你使我如今立于磐石之上，这是我力量的磐石，我生命的高台；从此，我化解了一世乡愁，寻到了回乡的山路。

雪莱称大卫的子孙，那位至爱之人，为“最是超凡入圣的诗人”。首先，他情感丰富，是爱的化身；其次，改造世界使世人自由的思想彻底与坚定；最后，他又以艺术家的想象力，为信他的人描画美丽的远景；他让瘫痪者行走，让盲人重见光明；他为世人展示了天国的美景，宣传人道的伟大与必胜的信念。天国是想象中光的世界，我们的生命本是上帝的一个想象，由光来组合。这个光是诗的元素，是生命的歌。

> 兴起！发光！因为你的光已经来到，耶和华的荣耀发现照耀你。
>
> 看哪！黑暗遮盖大地，幽暗遮盖万民，耶和华却要显现照耀你，它的荣耀要现在你的身上。万国要来就你的光，君主要来就你发现的光辉。

---

① 《约翰福音》1：1、2、4、5。

② 《诗篇》16：9、11。

③ 《诗篇》42：7。

在黑暗中行走的百姓看见了大光；住在死荫之地的人有光照耀他们。①

1737年7月，盛夏的阳光再次给了亨德尔以信心，贫病交加和几部歌剧上演的失败没有压垮这位歌者、这位战士；《弥赛亚》的脚本成为潦倒的亨德尔灵修生活的圣品，他的生命在归程中燃烧。56岁的他，再次仰望至善者的慰藉，《弥赛亚》浇灌着他的心田，他透悟地被至善者感动，觉察出“圣灵”的真实存在，它被一种无以名状的神力所推动。至善者创造了声音，旋律靠天上的风传动，那织体、变奏与合唱，带领他进入了乐音的神界，那是源自天上的美声，只有虔信的人才能感知并记录，因为他们离至善者最近，亨德尔和巴赫、贝多芬一样，是传送天乐的使者。

亨德尔在1741年8月22日（星期六）下午开始投入《弥赛亚》的写作，恰好6天完成了第一部分，9月6日，又是一个“6”日，完成第二部分，9月12日完成整曲的架构，然后创作了管弦乐部分，一共是4个6日共24天。那充满灵感与激情的日子，亨德尔常常泪流满面，泪水如泉，流经他的心田，他的每一根血管都被天国的元素所冲荡，泪水浸湿了他的手稿。当他写到《哈利路亚》大合唱时，他再也抑制不住，他看到一束束光影向他扑面而来，那是至善者的背影，像给与西奈山的摩西一样，“就是他，就是他；上帝啊，我就在这里，我在记录你的声音，把它传达给世人”；他像至爱者一样，跪倒在客西马尼园，双手向天：“我看到天堂的门已经打开了！”

Alleluia: for the Lord God omnipotent reigneth. The Kingdoms of this world are become the kingdoms of our Lord and of His Christ; and He shall reigh for ever and ever.

KING OF KINGS AND LORD OF LORDS.

（哈利路亚！因为主我们的上帝，全能者作王了。世上的国成了

① 为亨德尔《弥赛亚》歌词9—11部分。原词为查理·詹宁斯（Mr. Jenmens，1700—1733）所作。脚本采掘《圣经》资料，以《弥赛亚》为重心，有诗篇、福音书与书信为佐，约伯记与小先知书（哈该书、撒迦利亚书、玛拉基书等）穿插其中。他们两人于1725年成为密友，后由于对艺术和救世主的深切理解，他们共同合作，从而升华和再现了神学的意境和乐境。

我主和主基督的国；他要作王，直到永永远远。

万王之王，万主之主。)①

亨德尔仿佛听到那人的祷告："父啊！如果这苦杯不能离开我，一定要我喝下，愿你的旨意成全吧！"1742年《弥赛亚》在都柏林进行慈善演出，海报上醒目地注明："为了一些困苦的囚犯，以及美尔舍医院的福利。"4月23日首演，引起轰动。次年在伦敦上演时，当英王乔治二世听到第二部终曲《哈利路亚》奏响时，按捺不住内心的激动，音乐厅内所有人的眼睛里都盈满了热泪，听众与英王站起来听完了全曲，从此必须站立聆听《哈利路亚》成为一条至今不变的传统和一种特定的艺术修养。亨德尔的清唱剧质朴感人，极致的亢奋的艺术表现力和虔敬的宗教信仰化入每一个音符之中；德意志音乐严谨的对位法、意大利轩昂激越的独唱艺术和英格兰如海啸般壮美的合唱都完美地融为一体，这部史诗般的音乐华厦，把巴洛克时代的阶梯伸向辉煌的极顶。1759年，74岁的亨德尔已双目失明，他曾亲手点燃华丽的《水上音乐》，他带着那份稚气从山底攀登，这一天，在雷鸣般的掌声和《哈利路亚》的赞美声中，这位音乐巨人倒下了，他终于迈入了天国的门槛。《弥赛亚》是人类历史上演出最多的清唱剧，经莫扎特在1789年重编乐谱之后，从18人诗班、33件乐器，发展为275位人声及248件乐器；而1859年伦敦亨德尔逝世100年纪念会时，合唱团多达2765人，乐器460件；更有甚者，1869年美国波士顿"和平日节庆"演出时，由一万人合唱《哈利路亚》，乐器伴奏500件，那排浪似的赞美声划破广宇，那庄严深阔响彻夜空的配器，使人忘情而迷狂。世界上的人们因《弥赛亚》而受到鼓舞，追求真理，把福音的种子撒播到地球的每个角落。《哈利路亚》还被美国"发现"号航天飞机带到太空，那里离天国更近，它本来就是从天上传来的。因为有《弥赛亚》，我们从《旧约圣经》中的预言，到至爱者的诞生、清贫一世、传道医病、遭受劫难、被钉死在十字架上，直至复活。亨德尔找到了真正的人生大道。

你眼睛就是身上的灯。你的眼睛若亮了，全身就光明；眼睛若昏

① 原文为《弥赛亚》英文文本的节选，也是詹氏的歌词。中文译文见《圣经·启示录》19：6，11；15，19；16。

花，全身就黑暗。所以你要省察，恐怕你里头的光或者黑暗了。若是你全身光明，毫无黑暗，就必全然光明，如同灯的明光照亮你。[①]

我们去何处？何处是归程？这条“道”——那延异绵长崎岖不平的路本在“诗”中。正义的“道”化作诗，诗拯救人类。诗意和思想一样同属存在，存在自身拥有诗意，“唱与思是诗的邻枝。”[②] 亨德尔与梵·高，都在思，思在唱中，思在画里，思入神，思入歌；《弥赛亚》是最美的赞美诗：哈利路亚：[③] 人类走在林中路上，我们常常迷失自己，我们的民族、国家、团体和个人常常在无止境的竞争、利益的无休止追逐中染病在身，我们用火箭撞击彗星和航天器的胜利是何等渺小，我们的骄傲是多么幼稚而无聊；我们陷入失败的痛苦和成功的更大痛苦中，我们的肉体和精神都患有疾病。我们在行路中感到我们的神经是何等脆弱，肉体是何等虚浮，我们好像往来的云烟正和着尘埃从半山腰顺着泥水倾泻下去，再不可复转；我们的精神无法倒流。这是一个集体患病的时代，集体的麻木，集体的寥落，集体的浮华，集体的低俗；我们失去了往日的真诚的爱和互助，没有了奉献和牺牲，没有了和谐与本真的诚实；互相猜忌、仇视与妒忌；我们的精神更加贫困，我们失去了基本的信仰和纯真。我们唯一的命题是“健康而健全的实在的问题”[④]，因此，我们今天比任何时代都需要救世主和拯救，需要诗、音乐、艺术、神学，需要肉身与灵魂的医生，需要思、冷思和治疗：

而拯救就是治病，救世主就是治病者。因此当施洗者问耶稣是不是救世主时，耶稣就以他治病的能力作为回答。他说：“如果我治好了聋子和瞎子，治好了精神病人，新实在就已降临于你们”。[⑤]

蒂利希认为，福音书中令人感到棘手的治病救人的故事，确实是今天

---

① 《路加福音》11：34—36。

② M. 海德格尔：《诗·语言·思》，彭富春译，文化艺术出版社 1991 年版，第 20 页。

③ “哈利路亚”为希伯来文：hallelujiah，其意为赞美耶和华。最初为犹太教的欢呼语，后被基督教沿用，在礼仪赞美诗、圣歌中用以表示欢乐。初只在复活节用，后亦在礼拜日和其他节日礼仪中使用，有些新教教派则随时应用。

④ 《蒂利希选集》（下），何光沪选编，上海三联书店 1999 年版，第 731 页。

⑤ 同上书，第 731 页。

我们理解的治病救人与医学的事。它们揭示了人类的境遇，揭示了肉体疾病与精神疾病的关系，疾病与罪孽的关系以及渴望治愈和惧怕治愈的关系。我们今天很多关于人类本性的深刻洞见都能在这些故事中找到。地球上的人，这个未完成的半成品，并没有汲取精神疾病与权力滥用造成大灾难的教训，而且我们还不承认很多人正在经历疾病，而且他们把肉身与精神乃至心灵全部割裂开来，使罪孽与疾病分开，这就造成了人类内在的最大冲突。我们理应怀有负罪之感，我们期望被赦免，只有与世界和解，我们才能恢复，成为健全而健康的人。

> 信仰被一种比我们更伟大的力量所把握，那是种震撼我们、倒转我们、改造我们、医治我们的力量。服从这种力量就是信仰。耶稣过去和现在所能治愈的人们，就是那些过去和现在都服从于这种神力的人们。他们放弃了那分裂的、与自身相矛盾的人格，放弃了被厌弃的、对自身绝望的人格，放弃了仇恨自己因而也怨恨他人的人格，放弃了害怕生活、背负罪感的重压、指责自己又原谅自己、躲避他人而隐遁于孤独之中、逃离自己而隐遁于他人之中、最后试图逃脱生存的威胁而向精神和肉体之疾病的痛苦和虚假的安全中求得隐蔽的人格。①

病人被托付给这样的医生，这种托付就是一种信仰。祂认真对待他的病人，祂不欺骗他们，也从不炫耀他的医术，认为自己与患难的病人是一样的；自己必须把原有的健全的肉体还给信他的人，那是原初的造物，他们本来没有疾病，因为他们有罪，他们的虚弱、焦虑、缺陷以及神志或判断善恶的混乱，所以才需要救治，这种救治的力量足以征服全世界的个人和各个国度的人们。医生们如果被显现的新实在所把握，就成为至爱者的替代者，对于他们的病人就成为被无上信任的保护人，他们具有如神力一样的救治之术。祂就是我们医生的榜样，就是善，祂能利用人性和体内治愈疾病的力量，强化人身的整体，协调各冲突的部分，鼓励和激发生命的积极因素，使我们恢复活力，获得肉体与精神的自由，征服狂想与焦虑，使人恢复协调与外界的互助，恢复自由的思考与行动。祂是一位正义的救治者，祂使我们完整。

---

① 《蒂利希选集》（下），何光沪选编，上海三联书店1999年版，第732页。

因为是由它而得生的，即使我们并不认识它。因为它就是重新和好的力量，它的工作是健全，它的名字叫做爱。①

我们的梵·高、我们的亨德尔是怎样描绘祂的呢？他们的绘画和音乐歌颂着这种救治力量背后的事物，寻找着世界上精神分裂和肉体残缺的原因，他们呼唤一位道德说教的智者、一位社会改革家、一位心胸宽广、性格宽厚的受难的人。我们活着，每天都面临着新的考验，每天都要求我们接受比“入神”的浪费或合理的服务更根本、更神圣、更具拯救力、体现圣爱的行为。

十字架不拒绝这种神圣的浪费，不拒绝这种入神的奉献。它是最圆满、最神圣的浪费。十字架也不拒绝那种有目的的作为，不拒绝那种理性的服务。十字架是在普救众生的计划中全部智慧的完成。在十字架这种自我奉献之爱中，理性和入神、道德的服从和神圣的浪费得到了统一。②

梵·高和亨德尔都用爱的充实的心灵竭力浪费他们的生命，他们满怀着对天意的信仰，理性地服务于这个世界，他们为拯救精神和肉身病患者满心欢喜地消耗和浪费自己，他们不愿看到罪恶蚕食人的心灵和肉体，他们神秘地参与了拯救世界的神力。还有巴赫，那神秘的《音乐的奉献》，那迷人的至善者的语言——一支支卡农③，是一层层步入未来的阶梯；那是光波组成的真理与生命的天路，那是引领我们脱离凶恶和罪孽，脱离低俗和浮华生命的最后归程。

诗与歌能拯救我们的生命——我们麻木许久、沉睡多年的意识与灵性；它们会重新给与我们激情。诗化愿望是一种审美需求，诗意能使人进

---

① 《蒂利希选集》（下），何光沪选编，上海三联书店 1999 年版，第 735 页。

② 同上书，第 741 页。

③ 卡农是一种音乐创作形式，基本点是单一的主题与它自己相伴而奏。由加入的各个不同声部分别唱出主题的副本，巴赫的《音乐的奉献》中有十首卡农，可谓巴赫作品中最复杂的卡农；这种对称的技法十分神奇，画家与数学家曾对之进行剖析，巴赫在他类似的作品中埋藏了许多对宗教与上帝的理解和敬畏，也给出了巧妙的暗示。请参阅［美］侯世达《哥德尔、埃舍尔、巴赫——集异璧之大成》，严勇等译，商务印书馆 1997 年版。

人深刻的居住，只有在诗意中，人才能本真地发现和拥有他的世界。生命的本质是诗意的，生命承载着诗的生命，诗给与生命以灵性，诗是天国的语言，诗就是我们自我救赎之路，是人之道、天之道。人与人、生命与生命爱的链接是诗意的交流。诗人呼唤自然的一切光明与乐音的悸动、企盼以及喧响，溶解那陌生的黑暗和沉睡，我们在诗意中学会高尚，高尚需要诗一般的纯真与善良。只有高尚的生命才能创造出高尚的诗，才能传送高尚的诗情画意，才能建筑天国、自然与生命秩序的和谐。生命之诗即是生命之思，静思即是寻求生命实在的真理，而不仅是对生命本质的认识，不仅是在贫困的夜里走遍大地。

> 作为终有一死者，世人庄严地吟唱酒神，追踪着远远诸神的踪迹，盘桓在诸神的踪迹那里，从而为其终有一死的同类追寻那通达转向的道路。然而，诸神惟在天穹之中才是诸神，天穹乃诸神之神性。……在贫困时代里作为诗人意味着：吟唱着去摸索远去诸神的踪迹。因此，诗人就能在世界黑夜的时代里道说神圣者。……世界黑夜就是神圣之夜。①

爱德主义的踪迹是救治生命的劳绩，这个学说设定的主体没有隐而不显，而是生活在穷苦的人中间，创造了人间喜乐获救的诗，他是一位真正的“贫困时代的诗人”，他特别地诗化（dichten）了诗的本质和生命的本质。他挽救人的命运和世界的命运，他用诗人的道说，打碎了封堵河流的坚冰，在世界黑夜的夜半，揭露贫困和战胜生命的贫困，替代所有假想的诸神，救我们脱离深渊，用他的鲜血唤醒我们、暗示或指引我们，在沙漠上修平我们上帝的道，最后到达诗人营造的神境。

> 一切沟壑都将填满，一切山冈都将削平，坎坷凹凸将变成坦途，嶙峋崎岖将化为平原。②

---

① 请参阅［德］马丁·海德格尔《林中路》，孙周兴译，上海译文出版社 2004 年版，第 284 页。

② 这是《弥赛亚》第一部分第三段的歌词，我对原词进行了重译。英文原文是：Every valley shall be exhalted, Every valley shall be exalted, and every mountain and hill made low, the crooked straight and the rough places plain.

匡庐胜境有三叠泉，人可以端坐第二瀑的池边，池水闲静雅适，清碧可鉴，断处上下，可闻湍流。鸣声如雷，砰訇远近。大家赵紫宸[①]有感言：

> 有时朗日在天，人影在池，碧玉盘空，春绮水澈，不晓得第一瀑之上有骤雨，但觉得转瞬之间，池水泛涨。人当其景，见其静是何等静，察其动是何等动啊！人的宗教生活亦若是。[②]

人的生命就是这第二瀑，上接上天的第一瀑完全地倾注，彻底地遮蔽，天与地、人的生命与人间的百世百态都在那飞流之下；我们下连第三瀑的同流。我们必须时时地努力进取，勤勉精进，清澄坦白，流转不息。只要人的心与“上天”息息相通，就有无穷的平安快乐，我们将获得永久的安宁、永久的信心、永久的生命。人生复杂多变，但只要有了这个信心和清澄，我们就会奔腾踊跃，冒险前行，我们不怕路途遥远、无有尽头，我们不怕虎狼出没、荆草丛生，我们愿意将所有的爱奉献给我们的同胞。我们愿将我们获得的恩宠和喜乐，倾注进同胞的生命之中。“人生是深山巅上的石潭，澄清静止，幽鸟鸣于上，丛枝覆其旁，鲜花摇曳于其外，圆砾盘旋于其中，而不自忧其所来，自应其所往，依然常注入，常倾出，而常常犯涨充盈。”[③] 我们追求生命的意义，并不超越理性和意识去理解“上天”、自然、同类和我们自己，我们从人的生命经验中感悟和理解人生的存在，肯定我们所以存在的原因和基础，并不排斥科学，并不排斥现实社会，并不排斥人的悲欢离合，我们同时与“圣约”交感，与

---

① 赵紫宸（1888—1979），20世纪前半叶中国基督教的代表人物，浙江德清人。1907年受洗入教，早年就读于东吴大学，1914—1917年赴美留学，1918年回国，曾任东吴大学教授，最初为公理会信徒，后转入圣公会，曾于1941年担任中华圣公会会长。1947年获美国普林斯顿大学荣誉神学博士学位，是举世公认的基督教神学家、哲学家、诗人、文学家与教育家。1928—1952年任燕京大学宗教学院院长；1948年当选为世界基督教协进会六主席之一，在中国文化史、世界基督教学术界始终占有重要地位。赵氏对中国古典诗词、戏曲以及书法，都有很深的造诣，曾兼任燕京大学中文系教授。著有《耶稣传》《圣保罗传》《神学四讲》《基督教哲学》《学仁》等大量作品。

② 燕京研究院编：《赵紫宸文集》第1卷，商务印书馆2003年版，第312页。

③ 同上。

“圣言”的生命合流、与同类的生命合流。“人是人格，上帝亦是人格，人格相感，互相认识，并非是人格与非人格交感，也并非是人格中有什么非人格性与宇宙的非人格性互相交感。”① 我们在生活中必将面临大考验，直至生命的最后一息。我们必在永存的现在中认清最高的生命是人格。人格愈高尚，人的信仰愈简洁，如泉水、如飞瀑、如春潮，澄碧透明，自由绚烂；人的旨趣愈高远，人的喜乐愈悠长深刻，如古柏、如峭石、如沸海，挺拔树立，广大开阔。

“诗人思入那由存在之澄明所决定的处所。”② 诗意建造了居住的特别本性，是居住维度的本真测定和形式，是居住本源性的承诺。生命伦理学就本质来说同样是给人带来居住的福祉，昭示生命的此在，它的伦理化语言应是实现人生存的最深沉最有价值的手段。在道德和精神贫乏的时代，它用诗意的语言、用歌唱去言说世界性的生存。对直觉的表达只有诗的语言最透悟，生命之谜须由宗教语言去解密，诗与宗教共同回答生命和自然的造化之伟大；我们通过诗意才能抵达高山之巅去领略享受幽静的生活，在那儿，我们可以透过清寂而纯洁的空气，借助极明丽耀眼的太阳光照，自由地向普天下、古往今来眺望，揭露一切隐喻的黯淡；我们可以简化和领悟世界体系的壮丽图像，把由“至善者”创制的世界作为我们情感生命的支点，直接通达灵性的和谐与安宁。只有生命伦理学能够最后满足生命的主体审美需求，它最后化为诗，言情、言志、言性；如《诗篇》一样，如《哈利路亚》一样，以诗人和歌者的智慧和天赋文化心理感受以及奔突的诗化人生的体验，才能够透过寥廓迷障昭示我们的乡愁个性。我们每个人都如在生命征途上长途跋涉的苦行的旅人，最后都自觉或不自觉地渴望返归一个特定的精神家园，我们通过纠绕、缠绵、悲怆的无数次争斗，最后走入诗意的安居之所，或隐逸，或脱俗，或超凡，或皈依，或持戒，如东方式骑士，从儒入世，后从道避世，再止于佛而出世。

……人生永远美满似乎不大可能，就算最后圆满，茫然的感觉也在所难免，一切目的都达到了，还是很空虚的。……人的悲欢苦乐是

① 燕京研究院编：《赵紫宸文集》第1卷，商务印书馆2003年版，第312页。这种认识颇有后现代生命神学的意蕴，它既明确了人的人格独立，又说明了与“上帝”的关系，和人的生命的真实存在；赵氏肯定“上帝是人格，与人交感，是人格的交感”。

② ［德］马丁·海德格尔：《林中路》，孙周兴译，上海译文出版社2004年版，第285页。

交织着茫然了。[①]

俄罗斯的圣愚用殚精竭虑的苦行生活折磨肉身，他们古怪的行为和丑陋的外表述说着他们圣徒般的虔诚。他们为解救人的罪恶和驱赶人的淫邪，拼命地唱诗和疯狂地跳着舞蹈；他们忍受着苦难、蹂躏和非人般的嘲弄，他们隐身避人，如野人般出没于森林与河流之间，夜半与野兽同卧于长满苔藓的岩石之上，他们被打得遍体鳞伤，但他们的眼睛中不时散发出咄咄逼人的光芒。他们用血泪把某种训诫传送给戏弄他们的人。医学无法对圣愚这一文化现象作出最合理的结论，这是不是久已泯灭的拜占庭苦行僧的文化化石。保罗并没有完全否定这些行为异常的但完全献身于至爱者的人。他们过度的肉体节制、谦恭和极端的牺牲，他们的精神变态和粗野的生活方式，是否就是大智、大悟与大慧？他们是否彻底地抛弃了这个光明的世界？在研究伏尔加河流域和西伯利亚居民笃信萨满教超感觉心理变态的学者中，从没有获得一致的意见，心理学、医学、人类学、哲学与神学的研究也没有对斯拉夫民族皈依基督教后的精神轨迹予以最后的划类。俄罗斯圣愚是不是通过人的变态行为取得神性智慧的形式？这是一个生命伦理学问题。他们浪迹天涯是不是一种诗意般澄明的存在？那种愚痴的狂浪、那种灵魂的深刻历练，是对病态现实的一种诗意反抗？[②] 那是一种人类被压抑许久的痛苦的呐喊：[③] 我们是否也能够来到“立君”的锡安山上，听着大卫的金诗，我的灵快乐，我的心欢喜，我的肉身从此安然居住；不管人们耻笑我，用脚踢我，不管离你多久、多远，我都能最后获得你的慈爱和你的收容，因为我为赎人的罪恶而经受苦难和鞭挞，只要有这诗相伴，我将被拯救，不管如何被折磨，我都不至于羞愧。

交谈伦理要建立在理性之上，就必须区别康德独白式的道德戒律，除个人与个人之间、主体与主体之间，更使人敬畏的是人与“至善者”之间，这里面不仅是普适性的沟通与互认，而是一种自愿的带有崇拜性的自

① 参阅费勇、钟晓毅《金庸传奇》，广东人民出版社 1996 年版，第 155 页。另见孙慕义等《医院伦理学》，黑龙江教育出版社 1996 年版，第 335—337 页。

② 关于圣愚问题，请参考汤普逊《理解俄国：俄国文化中的圣愚》，杨德友译，三联书店、牛津大学出版社 1998 年版。圣愚是一种深刻的文化现象，与神学、医学、人类学、心理学有密切联系，值得认真探究。其实在伊斯兰教、佛教（特别是藏传佛教）以及许多民族的宗教中都有不同程度地表现。

③ 这是我对圣愚的理解，文字组合请参考《诗篇》。

由精神，与“至善者”的对话和交流，是诗的浪漫、诗的纯情。生命伦理学应该追求终极的道德理想，宽容多元与个性，创造诗境。最好的哲学与神学都是诗，都是歌，都有自然赋予的韵律，都可以被吟唱，都可以伴同火的舞蹈，都可以幻化为绘画，规范生命的轨迹，释解人生和透明夙愿。只有用诗一样的语言才可以表达人的世界和境界，唯有诗才有把握“思”的能力，“思维的说”与“诗意的说”，即思维与诗化本当是对生命的“说”，伦理学与诗都说着“存在”，都解说着“道”，因“道”而思，因“道”而鸣，因“道”而唱响人的居住与生命的“在”。生命与人的历史都有韵律，都不仅是符号，都是自由体的诗，都具有大的“澄明”，大的自由；诗境是一种境界，生命之境、人之境，就是诗之境、爱之境、善之境。至爱者的大爱就是诗境的爱。伦理学迟早是诗，诗的色泽滋育了神学，使人的梦、人的思、人的信与爱，都化为诗，最后入神。

肉体的美丽是虚空的，如果没有思，我们就无法获得真正的生命；唯有义人的诗才可在世间存留。“空”的幻化使宇宙间万物互相关联，不能独立不倚，它们依存不绝、互为转化、永恒流变。“空”是“无我”的最后阶段，乃是善的极致，是人生命的极顶；踏遍沟壑万重，涉遍湖海大川，获得生命的空势。真空的律吕是人生的终极，道德的空境，就是诗，诗化则幻化、空化。山高方得心远，心远，即从“此在”通达玄览坐忘之诗界，化解一世“乡愁”，复归于“婴儿”和本真；“残阳过远水，落叶满疏钟。世事静中去，道心尘外逢。”修成道心可求原点的回归，在寻觅“方生方死”中，攀达“空无”。

一世异朝市，此语真不虚。人生似幻化，终当空归无。

这种达观而彻底的生命价值观，对人生的伦理体系和情感之道的意义释解，何等畅快。我们在还乡路上的寄托，我们的道德追逐，我们安身立命的叙事，我们从无助与盲目的诞生始，到通向壮丽死界的结束，都在挥斥我们的伦理化诗情，不管我们遭遇顺世、玩世、混世，还是弃世、绝世与救世，我们都是在与他人共有的文化命运中优化生命，我们因此获得意义。文化回归是善的回归，是伦理的回归，是用诗，使生命回归到一个原点，是零、是无、是空、是死亡或下一次复活的生命。对此，贝多芬、亨德尔、梵·高与高更，都完成了，都成就了这种诗化与幻化，在他们身上都卓越地综合了一切完美和一切生成，他们通过圣言的奥体感受茫茫人海中任何一分子所为之心颤的一切惊和喜的反弹，他们同时占有物质与精神的伟力，使世界爱化与圣化。德日进憧憬希望的生命福地：

> 宇宙趋同于基督体浮现的双重意识（和情感），各自以其特有的方式占据了我的全部身心。两者虽然均触及我骨髓深处，但完全可以想象这两股意识流，因从不同角度达及于我……我一生的喜悦和力量就在于看到这两种精神成分汇到一起时永不枯竭地相互反应作用，并爆发出异乎寻常的闪光：它们的内破裂发出的光如此强烈，以致使世界的深层在我看来都发生了变形（甚或是变体）。①

诗的能量化成了圣在。只需要一束光亮落入精神圈的任何一处，便会引发爆炸，我们的星球立刻就会霞光万道。

“我们来了，又必离开。”循着一个圣道，心中的金律，复归日月星辰。那时，你将隐约倾听最后的一句断断续续的箴言：

> 你上这亚巴琳山中的尼波山去，在摩押地与耶利哥相对……你可以远远地看，却不得进去。②

这一次，我真的看到了，万道霞光照耀的是我生命最后的家园。

---

① 请参看《德日进集》，王海燕编选，上海远东出版社2004年版，第38—39页。原文名为“论基督维”，写于1955年3月纽约。德日进的这种宇宙趋同与基督体浮现的双重意识和观念影响了许多世界上最优秀的自然科学家，并肯定了例如爱因斯坦这一类科学家的“自然神学”信仰。

② 《旧约·申命记》32：49—52。

参考文献

《马克思恩格斯选集》第4卷，人民出版社1995年版。

蔡元培:《中国伦理学史》，东方出版社1996年版。

陈中耀:《阿拉伯哲学》，上海外语教育出版社1995年版。

杜继文、魏道儒:《中国禅宗史》，江苏人民出版社2007年版。

樊浩:《“伦理形态”论》,《哲学动态》2012年第11期。

樊浩:《伦理精神的价值生态》，中国社会科学出版社2001年版。

冯友兰:《贞元六书》（上），华东师范大学出版社1996年版。

甘绍平等主编:《中国应用伦理学2002》，中央编译出版社2004年版。

穆旦:《蛇的诱惑》，曹元勇编，珠海出版社1997年版。

尼萨的格里高利:《论灵魂与复活》，张新樟译，上海世纪出版集团2006年版。

钱穆:《现代中国学术论衡》，岳麓书社1986年版。

孙慕义:《后现代卫生经济伦理学》，人民出版社1999年版。

孙慕义:《论神学与医学美学的冲突与协调》，《医学与哲学》1994年第10期。

孙慕义主编《医学伦理学》，高等教育出版社2008年版。

孙志文:《现代人的焦虑与希望》，陈用禹译，三联书店1994年版。

谭峭:《化书》，中华书局1996年版。

万俊人:《现代西方伦理学史》上卷，北京大学出版社1990年版。

王为理:《人之间》，上海三联书店2001年版。

杨捷生:《伊斯兰伦理研究》，宗教文化出版社2002年版。

姚泰主编:《生理学》，人民卫生出版社2004年版。

一行:《词的伦理》，上海书店出版社2007年版。

张灿辉:《海德格尔的现象学概念》，《中国现象学与哲学评论》，上海译文出版社 1995 年版。
张怀承:《无我与涅槃》, 湖南大学出版社 1999 年版。
张世英:《论黑格尔的精神哲学》, 上海人民出版社 1986 年版。
张一兵:《中国有没有生命政治》,《艺术时代》2011 年第 22 期。
郑昕:《康德学述》, 商务印书馆 2003 年版。
周宪主编:《文化现代性与美学问题》, 中国人民大学出版社 2005 年版。
[丹麦] 克尔凯郭尔:《恐惧与颤栗》, 刘继译, 贵州人民出版社 1992 年版。
[德] 康德:《历史理性批判》, 何兆武译, 商务印书馆 1990 年版。
[德] 彼得·科兹洛夫斯基:《后现代文化》, 毛怡红译, 中央编译出版社 1999 年版。
[德] 费迪南·费尔曼:《生命哲学》, 李健鸣译, 华夏出版社 2000 年版。
[德] 弗里德里希·包尔生:《伦理学体系》, 何怀宏、廖申白译, 中国社会科学出版社 1988 年版。
[德] 赫尔曼·施密茨:《身体与情感》, 庞学铨、冯芳译, 浙江大学出版社 2012 年版。
[德] 黑格尔:《精神哲学》, 杨祖陶译, 人民出版社 2006 年版。
[德] 卡尔·白舍客:《基督宗教伦理学》第 2 卷, 静也等译, 上海三联书店 2002 年版。
[德] 康德:《实践理性批判》, 邓晓芒译, 人民出版社 2003 年版。
[德] 罗伯特·施佩曼:《道德的基本概念》, 沈国琴等译, 上海译文出版社 2007 年版。
[德] 尼采:《道德的谱系》, 周红译, 三联书店 1992 年版。
[德] 朋霍费尔:《伦理学》, 胡其鼎译, 上海世纪出版集团 2007 年版。
[德] 叔本华:《伦理学的两个基本问题》, 任立、孟庆时译, 商务印书馆 1996 年版。
[德] 席林:《天主教经济伦理学》, 顾仁明译, 中国人民大学出版社 2003 年版。
[德] 伊曼努尔·康德:《康德论上帝与宗教》, 李秋零编译, 中国人民大学出版社 2004 年版。
[俄] 杜比宁:《人究竟是什么》, 李亚卿等译, 东方出版社 2000 年版。
[俄] 弗兰克:《实在与人》, 李昭时译, 浙江人民出版社 2000 年版。

［俄］马林诺夫斯基：《文化论》，费孝通译，中国民间文艺出版社 1987 年版。

［俄］索福罗尼：《俄罗斯精神巨匠长老西拉》，戴桂菊译，华东师范大学出版社 2007 年版。

［俄］索洛维约夫：《神权政治的历史和未来》，钱一鹏等译，华夏出版社 2001 年版。

［俄］索洛维约夫：《西方哲学的危机》，李树柏译，浙江人民出版社 2000 年版。

［法］阿兰·科尔班主编：《身体的历史》卷 2，杨剑译，华东师范大学出版社 2013 年版。

［法］安德烈·罗宾耐：《模糊暧昧的哲学》，宋刚译，北京大学出版社 2006 年版。

［法］保罗·利科：《论现象学流派》，蒋海燕译，南京大学出版社 2010 年版。

［法］大卫·勒布雷东：《人类身体史和现代性》，王圆圆译，上海文艺出版社 2010 年版。

［法］法朗士：《黛依丝》，傅辛译，上海译文出版社 1982 年版。

［法］孔多赛：《人类精神进步史表纲要》，何兆武等译，北京大学出版社 2013 年版。

［法］罗杰·加洛蒂：《论无边的现实主义》，吴岳添译，百花文艺出版社 1998 年版。

［法］米歇尔·福柯：《生命政治的诞生》，莫伟民、赵伟译，上海人民出版社 2011 年版。

［法］莫里斯·梅洛—庞蒂：《符号》，姜志辉译，商务印书馆 2003 年版。

［法］莫里斯·梅洛—庞蒂：《知觉现象学》，姜志辉译，商务印书馆 2005 年版。

［法］让·弗·利尔塔尔：《后现代状态》，车槿山译，三联书店 1997 年版。

［法］萨特：《存在与虚无》，陈宣良等译，三联书店 1987 年版。

［古罗马］西塞罗：《论至善与至恶》，石敏敏译，中国社会科学出版社 2005 年版。

［古希腊］柏拉图：《斐多》，杨绛译，辽宁人民出版社 2000 年版，第

65 页。

［古希腊］亚里士多德：《尼克马科伦理学》，苗力田译，中国社会科学出版社 1990 年版。

［捷克］米兰·昆德拉：《生活在别处》，安丽娜译，青海人民出版社 1998 年版。

［美］爱德华·S. 里德：《从灵魂到心理》，李丽译，三联书店 2001 年版。

［美］A. 麦金太尔：《三种对立的道德探究观》，万俊人等译，中国社会科学出版社 1999 年版。

［美］L. 科尔伯格：《道德发展心理学》，郭本禹等译，华东师范大学出版社 2004 年版。

［美］阿拉斯代尔·麦金太尔：《伦理学简史》，龚群译，商务印书馆 2003 年版，第 18 章。

［美］艾伦·伍德：《康德的理性神学》，邱文元译，商务印书馆 2014 年版。

［美］保罗·蒂利希：《基督教思想史》，尹大贻译，东方出版社 2008 年版。

［美］保罗·尼特：《宗教对话模式》，王志成译，中国人民大学出版社 2004 年版。

［美］查尔斯·L. 坎默：《基督教伦理学》，王苏平译，中国社会科学出版社 1994 年版。

［美］恩格尔哈特：《生命伦理学基础》，范瑞平译，北京大学出版社 2006 年版。

［美］理查德·纳塔斯：《西方思想史》，吴象婴等译，上海社会科学院出版社 2007 年版。

［美］马克·博斯特：《信息方式——后结构主义与社会语境》，樊静晔译，商务印书馆 2000 年版。

［美］玛莎·纳斯鲍姆：《善的脆弱性》，徐向东等译，译林出版社 2007 年版。

［美］曼弗雷德·库恩：《康德传》，黄添盛译，世纪出版集团 2008 年版。

［美］尼古拉斯·雷舍尔：《复杂性——一种哲学概观》，吴彤译，上海世纪出版集团 2007 年版。

［美］祁斯特拉姆·恩格尔哈特：《基督教生命伦理学基础》，孙慕义主译，中国社会科学出版社 2014 年版。
［美］乔治·H. 米德：《心灵、自我与社会》，赵月瑟译，上海译文出版社 1992 年版。
［美］苏珊·桑塔格：《反对阐释》，程巍译，上海译文出版社 2011 年版。
［美］汤姆·L. 彼彻姆：《哲学的伦理学》，雷克勤等译，中国社会科学出版社 1990 年版。
［美］约翰·罗尔斯：《道德哲学史讲义》，张国清译，上海三联书店 2003 年版。
［美］约翰·罗尔斯：《正义论》，何怀宏等译，中国社会科学出版社 1988 年版。
［美］约翰·罗尔斯：《政治自由主义》，万俊人译，译林出版社 2000 年版。
［美］约瑟夫·P. 德马科等编：《现代世界伦理学新趋向》，石毓彬等译，中国青年出版社 1990 年版。
［美］约瑟夫·祁雅理：《二十世纪法国思潮》，吴永泉等译，商务印书馆 1987 年版。
［西］雷蒙·潘尼卡：《印度教中未知的基督》，王志成、思竹译，四川人民出版社 2003 年版。
［西］斯瓦米·洛克斯瓦南达：《印度生死书》，闻中译，浙江大学出版社 2013 年版。
［意］艾柯等：《诠释与过度诠释》，王宇根译，三联书店 1997 年版。
［意］圣·波纳文图拉：《中世纪的心灵之旅》，溥林译，华夏出版社 2003 年版。
［意］托马斯·阿奎那：《宇宙间的灵智灵体问题》，吕穆迪译述，安徽人民出版社 2013 年版。
［英］比尔·麦克奎尔：《全球灾变与世界末日》，梁福明译，外语教学与研究出版社 2007 年版。
［英］彼得·科尔斯：《霍金与上帝的心智》，李醒民译，北京大学出版社 2005 年版。
［英］亨利·西季威克：《伦理学史纲》，熊敏译，江苏人民出版社 2008 年版。

［英］莱斯泽克·柯拉柯夫斯基：《形而上学的恐怖》，唐少杰等译，三联书店 1999 年版。

［英］乔治·弗兰克尔：《道德的基础》，王雪梅译，国际文化出版公司 2007 年版。

［英］斯蒂芬·R. L. 克拉克：《生物学与基督教伦理学》，李曦译，北京大学出版社 2006 年版。

［英］特里·伊格尔顿：《后现代主义的幻象》，华明译，商务印书馆 2000 年版。

［英］休谟：《道德原则研究》，曾晓平译，商务印书馆 2001 年版。

［英］约翰·希克：《宗教之解释》，王志成译，四川人民出版社 1998 年版。

《薄伽梵歌》，张保胜译，中国社会科学出版社 1989 年版。

《德日进集》，王海燕编选，上海远东出版社 2004 年版。

《荷尔德林文集》，戴晖译，商务印书馆 1999 年版。

《钱锺书散文集·读〈道德定律的存在问题〉书后》，浙江文艺出版社 1997 年版。

《塔木德》，赛妮亚编译，重庆出版社 2008 年版。

《坛经》（汉英对照），顾瑞林译，湖南出版社 1996 年版。

《亚里士多德选集》（伦理学卷），苗力田编，中国人民大学出版社 1999 年版。

Albert R. Jonsen. *The Birth of Bioethics*. New York，Oxford：Oxford University Press，1998.

Bertrand Russell. *A History of Western Philosophy*，*A Touchstone Book*. Simon & Schuster，New York，1972.

Fred Davis. *Yearning for Yesterday*：*A Sociology of Nostalgia*. New York：The Free Press，1979.

G. W. E. Hegel，*Hegel's Philosophy of Right*. trans. T. M. Knox. Oxford：Clarendon Press，1965.

H. Tristram Engelhardt，Jr. *The Foundations of Christian Bioethics*. Swets-Zetlinger，2000.

索　引

（按字母排序）

E

F

G

H

J

Z

后　记

夜，沉沉的，万物皆已休憩，唯有古木在风中低语着，像为了参加早春的仪式；本应是一个该飘雪的季节，至今依然阙如那银白色的背景；自然已经不是原来本当存在的那样的自然，人干预了它，它无声地回应了人。回过神来，既是未完成的，又是过度雕琢的生命；或者，既是未实现的，又是过分伪饰与宣表的身体。即如是，我们已经难有认真的哲学的慰藉，又陷入概念的恐怖和致死的病状之中。我从来都喜欢银白背景中所衬托的生命的蓝色，因为那是没有污染的生命的原本世界，生命应该就是那样的。

这部可说是用我生命泼洒的书稿终于脱稿，此刻，再一次想起2006年早春二月，在白令海峡上空的那个日月相辉的黎明，机舱中，遥望着我们所居星球上纯净冰雪世界的那番壮美，就仿若看到那人类之初银白间或透着深蓝的伊甸，那是没有被毁损的亚当夏娃之前的那个世界。人的渺小与宇天的伟大，透悟出理性的郑重和灵魂的庄严。

50年前，我是作为一个踌躇满志的文学青年，意外地、戏剧性地来到医学院学习的；吊诡的命运选择，让我经过20余年的苦行，以白衣人的身份，完成了对人的肉身守护之后，终于转身，开始对人的生命现象和生存行为进行道德哲学与神学的洞测；计算起来，从事生命伦理学研究和教育，也已近30个春秋。实际上，我已经在这半个世纪的读解身体和人的历史中，通过思想行动与心灵画了两个圆形；如今又回到了零点；文思之末，就像回到中学时代，做完了一道艰难的数学习题，纵然使用了很多定理与公式，塞满了几页演算的草纸，而它最后的答案是“零”，那一刻，谁也掩饰不了那种归零之后的惊喜。

在这个极简、高速、空化、快餐文化的当下，我固执地坚持把生命与生命伦理复杂化，原因是，无论这个世界如何由平面的语言去描述和叙事，或者着意寻求一个零和、“空与虚无”简洁的神秘主义观念，依然难以摆脱其复杂性。首先，尽管个体渺小和脆弱，我们还是需要一个宏大的概念（macro-concepts），因为我们需要用形而上学共生互联的宇宙中星座思维，理解生命存在的真理性及其内在的秩序与逻辑特征。这里，我试用法籍犹太哲学家、复杂学思想者埃德加·莫兰（Edgar Morin）提出的三个原则，添加我的读解，来佐证我对生命存在和生活现实的认识：第一，两重性原则：生命在一个能够自我再生的稳定的生物化学基础上，稳定性决定于携带一种可以遗传的记忆——DNA（去氧核糖核酸）；一个多种形式的不稳定的并且不断衰变和重建的蛋白质，即决定生命表现型并与环境发生联系的存在可能性，与另一种稳定性逻辑保证了生命的繁殖。第二，组织循环原则：生命的产生和结果同时又是原因和产生它们的事物的生产者；个人产生了社会而社会又产生了个人，它是自由世界主义的依据，所有这些被产生的东西通过自我构建的、自我组织的和自我产生的圆环又回到了产生它们的事物身上。第三，全息与同构原则：不仅部分存在于整体中，而且整体也存在于部分中；生命中，我们机体的每个细胞都包含了这个机体的遗传信息的总体，而不认识部分就无法认识整体；同时生命是同构的，任何生命体都围绕着生存和生殖的目的而顽强地存在着，在奋争中活着。

莫兰三原则不仅仅是生命的法则，而且是生命伦理原则所认同的可能性基础。

钱穆有道：“日何为而照耀，地何为而运转？”人的身体与生命，因文化而演成，循道义而修为，终为自由并顺自然而决生死。

此即是我以医生的角色步入复杂哲学世界的动因之一；显然，我不会同意什么“痛并快乐着”这样狡黠的江湖语言，如同人们惧怕死亡一样，痛不仅仅是痛，而且含有具体实存的苦；这是人与医学社会真实的常情、命理、生态与世道，由于这个生之痛苦与死亡恐惧的现实存在，才有我们民族独有的一种生存的智慧——参禅和禅觉，那是因为我们这个民族太压抑，而又缺乏消弭我们沉郁精神世界的信仰，只有从“净地何须扫，空门不用关”的机会主义悟觉中，方能缓释我们的神经和最后获得生命伦理的自由以及宗教化的灵性解放。

人，真的应该像梭罗一样，切除一段生命或生活的时间，回到那就像这个嘈杂人世未曾存在过的自然中去，就像只有随着林中的鸟鸣伴着血管的律动，静静地、静静地，就是那样静静地活着，走着，自由着，独语着，劳作着，思想着。

生命本来应该是一块未经雕刻的璞玉，它的丰盈与青涩，在于可以化为任何造型的可能。未竟的质料，可以镶嵌到任何作品的部位；也似等待织体组合的音符，可以构成最感人的旋律，英雄或者田园，叙事曲或《维也纳森林的故事》。

未开始的是最美的。

但我们还是开始了，而且必须多次选择开始，是在无声中完成的“开始”，是为了一个有意义的实现的开始。人的拆解最后真的应皈依为生命的厚度，作为一个曾经为了肉身的疾患而具象地以解救人的痛苦为使命的人，当然能够更加深切地践履生命伦理的使命，从肽链的维度直散扩到风云变幻的关系社会里；那一真一实一虚的对人的了悟和透视，使我无法平复我的心潮、“爱你的邻人”以及敬畏生命的哲思，那种截断历史和时空体验的情感，一直作为我个体生命追求的那个永恒。

精神的充实才应该算是生命的存在，这个存在，就是我在了，我在过了，我曾经真实地匍匐在大地上，依靠着森阔的密林和不可沉落的、静静的加利利湖，攀登耶利哥守望的毗斯迦山顶，而又不畏这高，不畏这险峻，只是为了对生命有一个气傲的、有责任感的结局；上帝不准许摩西享有他的劳绩，尽管唯有他配当；他只能孤独地、高远地伫立在山上瞭望，但他依然继续冥想，祈愿于他的事业。

伊曼纽尔·勒维纳斯曾说：

> 踪迹好像是存在的真正的持久的痕迹，是它所有否定性面前的无限权利。踪迹从遥远的过去获得它的意义，是插入时间中的空间，是世界在那里转向过去的那个点。①

历史现象只是一种记忆，其神秘的踪迹仅仅是对“那山那水”的否定之否定的结果，而我们只是曾经存在的那人，过去的就成了“曾经”，时间之流没有停顿。那个我们曾经拥有的“点”，已经消失得无影无踪。

① 叶秀山、王树人总主编，谢地坤主编：《西方哲学史》第7卷（下），江苏人民出版社2005年版，第1022页。

《诗篇》（76：9）最后说："你从天上宣布你的审判；大地畏惧，默默无言。"勒维纳斯借用赫什·拉给什的学说回答道："上帝与初始的万物立了一个约；否则我要让你们重归混沌。"

蓦然回首，距离我的《后现代卫生经济伦理学》的完成恰好15个春秋，期间，我试图从人的生存权利、卫生经济利益、身体或疾病的物理和生物化学基础及其生命关系的视角，将神圣心理与精神、权力意志、信仰或灵性的修习与至善追求，作为我学术追求的一个重要部分，于是我在2007年出版了《后现代生命神学》；而本书名为《后现代生命伦理学》，应该是在这精神与物质的生命道德沉思过程中一个观念的终结性奠基。我如此规制和设计我的学术行动，旨在构筑或者制造一个缘起并不存在的连续性的有机学科体系，展呈我的生命伦理的新原道、新原法和新原实，宣表我的美丽寄托和情感。其实，我并没有过度在意这个"后现代"构架三段漫曲组织秩序的合理性和合法性，只是一个人对一个人的话语沟通，像波隆贝斯库的《叙事曲》、亨德尔的《弥赛亚》或者梵·高的向日葵画作一样，只是画给自己，唱给自己，只是向"上帝"表明，或是向理解我，或与我有学术共认意识的读者表白；这是一种太阳伦理的语言和律令的真诚告解或尝试性示表，从而祈求能够获得，但或许永远不会获得召叫和感应。

实际上，我在这里试图先在地完成一个"解构"，其目的是对生命、身体和人作为对象从本质上重新制造一个不曾建构的体系，在道德哲学形态上，做一个纲要性的整合，不管他者是否接受、认肯，我想最先尝试消解本已固化的经典的传统伦理意识，意在把浩如烟海却很神圣的、典藏的理性质料，梳理并逻辑地编织起来，包括伦理神学部分，尽量使之后现代并世俗化，这种制造异常复杂和艰巨，同时化简化俗的工程浩大，或者说，我这种重构工作具有无限的冒险性。但我以我对于真理和知识的忠诚，最后呈现我摆在案头的这部并非成熟的作品。

我继续在森林中走着，只是一个人苦寂地徘徊与寻觅。

回首近半个世纪的坎坷经历，我的生命向度向来是不安分的，因此我不可能实现我的全部理想。我并不怨恨我生命中的否定，也不求助于多少多大程度上的肯定，现在，就是此刻，我只想能够回归于快慰的"缄默"，或者斯巴达式的僭越；如同狄奥尼修斯对"神秘神学"的定义那样：

在先前的书中的论证从最崇高的范畴向最低下的范畴进发，在这下降的道路上包容进越来越多的，随着下降的每个阶段而增加的观念。但是现在我的论证从在下者向超越者上升，它攀登得越高，语言便越力不从心；当它登顶之后，将会完全沉默，因为它将最终与那不可描述者合为一体。①

很不幸的是，蓝天被一直遮蔽着，现代人类文明发展到连自己的生存都出现危机而自己又不能挽回的境地，这是一种后现代的晦暗和悲剧。生命伦理学由此身负大任，就在生活的原地给予对抗，尽管是很微小的声音，但它在，它在低沉地呼唤，它在不停地警告。

事，尚未终结。我决心继续为这一首庄严的序曲，制造我的音符，制造一个我的真全世界。

为本书的完成，我一直与浮躁、潦草的周遭相悖逆，过程考验了我足够的耐力，我克服了人生很多驳诘与痛苦，纷繁的心绪、嘈杂的文化背景、利益的减损、难以安宁的变故；倒是我的亲人与友人，我的同事和学术共同体的每一个成员，包括我那些可爱的学生们，一直给与我极大的鼓励和创造的激情。

此书着笔于我和我的研究基地所主办的 2007 年 11 月南京国际生命伦理学会议，我本想对我的学术感悟做一个历史记录，结果一发难收，坚持到今天，成就了这部书；并由我所在的学术团体作为一个重点项目，获得了特别的优惠。

在兹，我首先要借本书的出版，祭拜、告慰和呈献给我在天国里一直祝福我的神学家父亲和我慈爱的母亲，是他们在那个冥冥的灿耀的世界中，赋予我灵魂的精进和召叫我自由的精神，给予我如此忍耐寂寞、静思与脱释俗世的基因。其次要感谢著名哲学家、我的胞兄孙慕天教授，是在他的影响下并最初由他引领我在临床蹉跎中遭遇生命困顿时，毅然选择了这一条更为适合于我生命特质的有意义的人生之旅；在人类文明的后现代时期，为后现代文化的后现代生命伦理学事业，做一些独有的对历史有益的工作。临本书尾校之时，他在繁杂、紧密的学术节奏中，特意拨冗，抽

① 见（托名）狄奥尼修斯《神秘神学》，包利民译，三联书店 1998 年版，第 21 页。

出几日，星宿秉烛，专事为我作了一篇华彩慧明之序，也着意点睛生命伦理之大业的兴隆。

此外，我特别要感谢我美国莱斯大学的学术朋友恩格尔哈特教授；在本书写作期间，恰值我主译并出版了他的造诣宏博的巨作《基督教生命伦理学基础》；在历经五个春秋的艰苦的迻译和再造的漫长过程中，深深受到他那些弥足珍贵的、哲思独有的学术精论的影响，使我在构筑学术框架和选择节点中，避免了知识与理论的歧路，很多关键的思想警醒，是因缘于他的研究和观念的。

今天，我更不应忘记的是，中国社会科学院的邱仁宗教授、大连医科大学的杜治政教授、东南大学的王育殊与陈力行教授，以及南京金陵神学院的陈泽民、骆振芳等教授，是他们在我选择生命伦理学为第二事业的初期，给予我真诚的、启蒙式的指导与对于这项神圣事业殷切的托付。

同时，再次感谢我的挚友樊和平教授，他对我这项研究多年来提供了无私的精神与经济上的支持，不仅给与情感与语言的勉励，还给与有关学科建设等各方面精致的关照；临末，又为本书赠予了一篇感人至深的序言，表述了他对我本人戏剧感的学术人生的框定和过度但真情的褒奖，友谊至此，令人心动难平。

在此，我还要感谢我的学术伙伴和朋友：河北医科大学的边林教授、清华大学的肖巍教授、大连医科大学的赵明杰教授、上海中医药大学的樊民胜教授、南京中医药大学的马家忠教授、中国社会科学院的王延光教授、香港城市大学的范瑞平教授、山西医科大学的王洪奇教授、湖南师范大学的李伦教授、《江苏社会科学》杂志金晓瑜教授和李静教授、苏州大学附属常州人民医院的张晓膺教授、南京第一人民医院的王黎明教授、南京金陵神学院的汪维藩与王艿教授、南京医科大学的刘虹教授、昆明医科大学的董峻教授，他们都给与我很多宝贵的支持。

还有我的学术同事与学科点的同仁：田海平、王珏、董群、徐嘉、林辉、何伦、邵永生等教授，以及我的学生程国斌、万旭、陈育民、龙艺、许启彬、包玉颖、郭玉宇、鲁琳、张志斌、张廷干、常俊、赵晓龙、马晶、刘璟洁、张青、吴菁、周逸平、刘剑、黄功勤、王军、徐治、江璇、张轶瑶、周煜、阿赛·古丽、郑金林、黄瑞玲、陈劲红、陈勰、董晓燕、赵金霞、钟文娜、胡娜、孙长虹、王启辉、丁久阳等，都关注我的研究并给与了各种形式的帮助。

最后，我要感谢我的妻子尹莲芳教授，这些年来，除繁重的临床工作外，还一直承担着家庭的各种生活事务，那种自学生时代开启的友谊与爱以及与我终生相守相伴、共同面对清贫与劫难的深刻情愫是难以言叙的；远在美国的儿子孙力鸥博士，在生命伦理学的研究上，他以生命科学研究者的视界，经常提出令我振奋和感动的意见，对于本书的完成，是不可或缺的。

这部书的出版倾注了中国社会科学出版社冯斌主任、周晓慧编辑与其他出版界朋友的心血，历史永远会让我记得他们的友情。

夜深了，冬夜无眠，天际深阔，显表出沉重；尽管我们希望把复杂转化为简洁，而生活依然在简洁与复杂中不停地变换；复杂是一种存在，清洁与节俭是一种信念；实际上，无论我们如何选择生活的样式，生活都难以超越人的“散朴性”，即生活“就是那样的所是”；我看，真善美尽管遥不可及，但始终是我们生活的积极力量，假恶丑也同时永远与人相伴随，就像那枚金币，总是有正反两面，这正是我们伦理生命存在的意义。我们还是应遵循《哥林多前书》中的那句经文：“如今常存的有信，有望，有爱，这三样，其中最大的是爱。”（《哥林多前书》13：13）因为这是我们凡人能够做到的。

翘首窗外，默默祝福这片充满生机的大地，耳边似又响起亨德尔荡气回肠的天籁之音——《弥赛亚》，它既能越海磅礴又可抚慰灵魂：

> 一切沟壑都将填满，一切山冈都将削平，坎坷凹凸将变成坦途，嶙峋崎岖将化为平原。

2014 年 12 月 26 日夜　南京贰浸斋